发育神经生物学

蔡文琴　主编

科学出版社

北　京

内 容 简 介

发育神经生物学是神经科学的一个重要分支。本书参阅国际上已出版的相关专著，结合近年来发育神经生物学的进展，着重介绍了神经系统从发育到老化中的有关问题及其分子调控与研究方法。全书共 19 章，由多位专家教授共同编纂而成。

本书适用于从事神经科学的教研人员及研究生，也可供生命科学相关专业的学者及医学院校师生参考。

图书在版编目（CIP）数据

发育神经生物学/蔡文琴主编．—北京：科学出版社，2007

ISBN 978-7-03-016833-7

Ⅰ. 发…　Ⅱ. 蔡…　Ⅲ. 发育生物学：神经生理学　Ⅳ. Q42

中国版本图书馆 CIP 数据核字（2006）第 007257 号

责任编辑：王　静　彭克里　席　慧　袁碧波/责任校对：李奕萱
责任印制：徐晓晨/封面设计：王浩

科 学 出 版 社 出版

北京东黄城根北街 16 号
邮政编码：100717
http://www.sciencep.com

北京凌奇印刷有限责任公司印刷

科学出版社发行　各地新华书店经销

*

2007 年 2 月第　一　版　　开本：787×1092 1/16
2025 年 1 月第五次印刷　　印张：42
字数：981 000

定价：268.00 元
（如有印装质量问题，我社负责调换）

本书编写人员名单

（按章节顺序排序）

主　编　蔡文琴

副主编　李海标　周国民　曾园山

参加编写人员

刘　毅	军事医学科学院基础医学研究所（北京）
葛学铭	军事医学科学院基础医学研究所（北京）
范　明	军事医学科学院基础医学研究所（北京）
姚忠祥	第三军医大学基础医学部组织学与胚胎学教研室（重庆）
蔡文琴	第三军医大学基础医学部神经生物学教研室（重庆）
杨　辉	第三军医大学第二附属医院神经外科（重庆）
柯越海	美国加州大学，圣地亚哥 Burnam 研究所
冯根生	美国加州大学，圣地亚哥 Burnam 研究所
范晓棠	第三军医大学基础医学部神经生物学教研室（重庆）
周国民	复旦大学上海医学院组织学与胚胎学教研室（上海）
李泽桂	第三军医大学基础医学部组织学与胚胎学教研室（重庆）
刘　昕	第三军医大学基础医学部分子遗传教研室（重庆）
吴希如	北京大学第一医院儿科
刘国法	美国西北大学医学院神经内科（芝加哥）
饶　毅	美国西北大学神经科学研究所（芝加哥）
李海标	中山大学基础医学院组织学与胚胎学教研室（广州）
曾园山	中山大学基础医学院组织学与胚胎学教研室（广州）
罗振革	中国科学院上海生命科学研究院神经科学研究所
梅　林	美国乔治亚医学院神经病学系
杨　锋	美国国立健康研究院儿童发育研究所神经发育与可塑性实验室
鲁　白	美国国立健康研究院儿童发育研究所神经发育与可塑性实验室
陈活彝	香港中文大学解剖系
薛庆善	中山大学基础医学院分子生物学研究中心（广州）
杨　忠	第三军医大学基础医学部神经生物教研室（重庆）
袁碧波	第三军医大学基础医学部神经生物教研室（重庆）
黄连碧	中山大学基础医学院组织学与胚胎学教研室（广州）
陈宁欣	中山大学基础医学院组织学与胚胎学教研室（广州）
陈新安	香港中文大学解剖系

王　君　香港中文大学解剖系

苏国辉　香港大学医学院解剖系，神经科学研究中心

陈应城　香港大学神经科学研究中心

蒋子栋　香港大学神经科学研究中心

黎振航　香港大学神经科学研究中心

鄢　俊　加拿大 Calgary 大学 F 医学院生理与生物物理学系

伍亚民　第三军医大学大坪医院野战外科研究所（重庆）

赵士福　第三军医大学第二附属医院神经内科（重庆）

邓志宽　第三军医大学第二附属医院神经内科（重庆）

王建枝　华中科技大学同济医学院病理生理学系（武汉）

谢富康　中山大学基础医学院组织学与胚胎学教研室（广州）

郭畹华　中山大学基础医学院组织学与胚胎学教研室（广州）

陈　军　第四军医大学全军神经科学研究所疼痛研究中心（西安）

胡志安　第三军医大学基础医学部神经生物教研室（重庆）

阮怀珍　第三军医大学基础医学部神经生物教研室（重庆）

熊　鹰　第三军医大学基础医学部生理教研室（重庆）

王廷华　昆明医学院神经科学研究所，四川大学华西医学中心（昆明）

周嘉伟　中国科学院生物化学与细胞生物学研究所（上海）

周丽华　中山大学基础医学院解剖学教研室（广州）

李东培　中山大学基础医学院解剖学教研室（广州）

姚志彬　中山大学基础医学院解剖学教研室（广州）

田东萍　汕头大学医学院病理学教研室（汕头）

顾晓松　南通大学医学院神经科学研究所（南通）

徐慧君　南通大学医学院解剖学教研室（南通）

金国华　南通大学医学院解剖学教研室（南通）

章静波　北京协和医科大学基础医学研究所

鞠躬序

M. M. Cowan 在 1994 年为 Swanson 和 Swanson 翻译的 Cajal 的《神经系统组织学》的序言中有一段话:"我清楚地记得大约 10 年前 Francis Crick 对我说,经过 10 年关于神经系的阅读和思考,他最终认识到分子生物学和神经科学的主要差别在于人们对于'recently'一词的用法。一位分子生物学家说最近有一新发现,或最近有一篇发表的论文,他通常是指前一两个月;而一位神经科学家说最近有某项发现或某篇论文,他指的是过去 10 年或 20 年内的事"。我在 50 年前也曾为新版经典《神经解剖学》一书中用"最近发现……",而一查引用的文献发表在 20 年前而感到纳闷。Crick 的那段话是在约 20 年前讲的。现在分子生物学已经几乎融入到生命科学的每一个领域,分子神经科学(或生物学)已是神经科学中最重要的领域之一。在发育神经生物学的发展史中,有一段时期处于理论滞后阶段。神经生长因子的发现者 Rita Levi-Montalcini,在 1986 年获诺贝尔奖时所做的讲座中,在其 *Neurogenesis and its early experimental approach* 一节中引用了 P. B. Medwar 1967 年的一篇论文中的部分内容:"But something is wrong, or has been wrong. There is no theory of development in the sense in which Mendelism is a theory that accounts for the results of breeding experiments. There has therefore been little sense of progression of timeliness about embryological research. Of many papers delivered at embryological meetings, however good they may be in themselves…one too often feels that they might have been delivered five years beforehand without making anyone much the wiser, or deferred for five years without making anyone conscious of a great loss"。

发育神经生物学"最近"的迅速发展正是分子生物学融入发育神经生物学的结果。曾几何时,干细胞跨胚层的发育被认为是不可思议的,而今日没有人会因不断出现跨胚层发育的新证据而感到诧异。甚至最近发现的胎儿细胞可进入母体,组合在母体神经系统内,也并没有让人在惊讶之余觉得难以置信。除干细胞领域的发展之外,发育神经生物学的其他各方面的进展,诸如神经胶质细胞的作用、神经元迁移与突触生成的新概念、中枢神经系的再生及功能发育学等,都是读者们可以在本书中读到的内容。作为在神经科学领域内工作了半个世纪的工作者,眼看着中国神经科学的喜人发展,我感谢该书著者们所做的努力。这听起来像是"老大爷"级人物的口气。我不是"大爷",并没有什么大成就,老则老矣,但科研野心不止。最近有人问我对"夕阳红"有什么感想,我的回答是:"夕阳红和我有什么关系?"为此我也感谢作者给了我一次学习的机会。

2006 年 5 月

前　　言

　　进入新世纪以来，随着发育生物学以全新的面貌在生命科学领域中的突起，发育神经生物学也有了极大的发展。发育生物学中胚胎干细胞、神经干细胞与中枢神经系统的发育及神经损伤修复等的研究大大拓宽了发育神经生物学的研究范围，分子生物学的发展和渗入使对神经系统发育与再生的基因调控有了更深入的认识。许多新的资料有待于补充，一些旧的概念有待于更新。国际上有专业的发育神经生物学杂志，如 *Developmental Brain Res.*，*Developmental Neuroscience* 等和专门的发育神经生物学国际会议。事实上，在神经科学众多的书籍及杂志中，神经的发育及再生的研究始终是神经科学研究的主要内容之一。发育神经生物学之所以受到如此广泛的重视是与其学术价值及社会应用价值密切相关的。发育神经生物学的发展不仅为我们认识脑、开发脑和创造脑提供基础医学资料，而且为脑发育的保护、发育中脑损伤的预防、临床脑的损伤修复、神经的再生及神经退行性疾病的发病机制及治疗等提供新的思路。发育神经生物学所研究的中心问题正是与人民群众切身健康利益密切相关的问题。

　　本书编写的目的一是介绍发育神经生物学的国际最新进展，使读者能了解并追踪本领域的学术前沿，另一方面也是介绍我国从事发育神经生物学的科技工作者在本学科领域所取得的科研成果，使国内外相关学者了解我国在发育神经生物学这一领域的发展水平。因此，本书以神经的发育和再生为主线，对神经嵴、大脑、轴突与树突的发育等内容做了最新进展的介绍，根据学术发展状况对神经细胞编程性死亡和脑内移植等内容做了适量介绍；重点讲述以下几方面：胚胎干细胞、神经干细胞与中枢神经系统发育、修复的关系，神经胶质细胞起源、发育与功能的研究进展；发育脑中神经细胞的迁移，突触发育与可塑性，突触可塑性调控的细胞与分子机制，视觉与前庭、听觉系统的发育，可塑性与分子调控机制；中枢神经的再生，脑发育中的脑损伤，脑发育与营养、类固醇类物质的相关性以及痛觉、学习与记忆、睡眠的发育，此外还有发育神经生物学常用动物等，以填补国内在这方面的不足。

　　全书 19 章，100 余万字，由国内外近 20 所院校及研究所的专家教授共同编纂而成。负责撰写这些内容的作者都是个人和（或）实验室在国际和（或）国内从事这方面研究的专家，包括相当一批在本领域国际学术界崭露头角的中青年专家。本书的编写工作还荣幸地得到部分旅美与在港学者的参加，著名发育神经生物学家鲁白（美国国立健康研究院儿童发育研究所神经发育与可塑性实验室）、梅林（美国乔治亚医学院神经病学系）、饶毅（美国西北大学神经科学研究所）教授等支持和组织其实验室人员参加了本书编写，对本书的出版给予了极大的帮助。同时，本书还获得了 2006 年国家科学技术学术著作出版基金资助。

　　感谢第三军医大学各级领导及袁碧波博士等在本书编写过程中给予的支持和帮助。希望本书的出版能为我国发育神经生物学的人才培养和科研发展起到一点微薄的作用。

本书主要读者对象为从事神经科学的教研人员，也可供从事与生命科学相关的专业学者及医学院校师生参考。

　　由于主编学术水平的限制，在本书的统筹及内容审查上难免有错误或遗漏之处，敬请读者批评指正。

蔡文琴

2006 年 10 月于重庆

目　　录

Contents

第一章　机体发育过程中的基因表达及同源异型框

　　高等生物体都是由同一来源的细胞——受精卵发育而成的。受精卵通过细胞不断分裂增加细胞数目，其中一部分细胞通过改变其胞内表达的基因，合成特异的蛋白质，产生各种不同类型的细胞，最终发育成为一个完整成熟的个体。这种细胞之间产生稳定差异的过程叫做细胞分化，细胞分化是多细胞有机体发育的基础与核心。影响细胞分化的因素有很多，包括细胞分裂的不对称性及细胞间的相互作用等，但细胞分化其关键在于特异蛋白质的合成，所以无论哪种因素最终都要启动或抑制某种特定基因的表达，因此细胞分化的实质在于基因的选择性表达。细胞分化贯穿于高等动物个体发育的全过程，其中以胚胎发生期最为明显。

第一节　胚胎细胞分化

一、胚胎细胞分化概述

　　多细胞生物体发育从受精卵开始。受精卵的分裂称为卵裂，其速度很快，分裂后的子细胞连续分裂，但卵裂球仍和受精卵一样大小。果蝇的卵裂情况比较特殊，它不是细胞分裂而是核分裂，在同一细胞质中可达上千个细胞核，然后在每个核外形成细胞膜使之细胞化。两栖类动物的早期卵裂球在 2～16 细胞时为实心结构，称为桑椹胚，在 16 细胞时，桑椹胚逐渐出现缝隙，成为中空的球形结构，称为囊胚。缝隙扩大称为囊胚腔，围绕囊胚腔的细胞形成上皮层。这时细胞分化为两类：一类为内细胞团，将来发育成为胚胎本身；另一类为内细胞团的上皮滋养层，将来发育成胚胎外组织。

囊胚形成后，胚胎进入原肠形成期。许多动物胚胎发育的共同特征是原肠期形成内、中、外 3 个胚层，称为原生胚层，分别代表 3 种不同的组织类型。这时，早期胚胎的各种器官预定区开始显现出来，其中外胚层发育成表皮、神经组织、眼晶状体等；中胚层发育成真皮、骨骼、肌肉、心血管、血细胞和结缔组织等；内胚层发育成为肺及消化器官等。

二、胚胎细胞分化潜能的决定

（一）细 胞 决 定

细胞分化具有严格的方向性，细胞在发生可识别的形态特征变化之前，分化的方向就已经由细胞内部的变化及周围微环境的影响确定了未来发育的命运。细胞预先做出了发育的选择并向着特定的方向分化，这叫做细胞决定（cell determination）。决定先于分化，并制约着分化的方向，而且决定之后，分化的方向一般不会中途改变。在生物发育的早期阶段，即从受精卵开始分裂到囊胚形成，这时的胚胎细胞具有发育成各种不同细胞类型的潜能，这种细胞称为全能性细胞。随着发育进程的演进，细胞发育的潜能渐趋局限化。首先局限为只能发育成本胚层的组织器官，然后各器官预定区逐渐出现，此时细胞仍具有演变成多种表型的能力，这种细胞称为多能细胞，最后细胞向专能稳定型分化。这种由全能型转变为多能最后定向为专能的趋势，是细胞分化过程中的一个普遍规律。

（二）细胞决定的稳定性与遗传性

一旦细胞决定后，细胞沿着决定方向分化成特定细胞类型的能力便具有稳定性和遗传性。例如，果蝇的成虫盘是幼虫体内未分化状态的细胞团，其在幼虫体内所处的位置已经做了细胞决定，若将成虫盘转移到成体果蝇腹腔内，可以一直保持未分化状态并不断繁殖。经过多次移植，持续数年，繁殖上千代，再取出成虫盘移植到幼虫体内，幼虫变态时，移植物仍能发育成相应的成体结构。这说明成虫盘的细胞决定具有高度的遗传稳定性。

（三）转 决 定

一般胚胎细胞一旦决定，沿着特定类型进行分化的方向是稳定的，但在果蝇中发现某种突变体或培养的成虫盘细胞中有时会出现不按已决定的分化类型发育，而生长出不是相应的成体结构，这种现象叫转决定（transdetermination）。转决定是对细胞决定的否定，即改变了特定细胞分化的方向。转决定表现为从一种遗传状态转变为另一种遗传状态，是遗传突变的结果。转决定一旦发生，从一个细胞突变产生的细胞克隆，在其后发生的转决定组织中，既有突变细胞也有正常细胞，转决定的细胞可以回复到决定的原始状态，较多的是变成其他类型的结构。当突变体表现为机体的某一部分结构转变为其他部分的结构时，称为同源异型突变，相应的这种突变体称为同源异型突变体。

（四）镶嵌型与调节型发育模式

根据细胞决定的时间，胚胎细胞分化可以分为两种类型：镶嵌型和调节型。如果胚胎细胞发育取决于它们在受精卵中所处的位置，每个细胞自主分化而不受周围细胞的影响，以这种分化占优势的胚胎细胞将进入镶嵌型发育模式。在发育的稍后阶段，细胞之间相互作用，细胞发育取决于它们在胚胎中所处的位置，以这种细胞分化占优势的胚胎细胞将进入调节型发育模式。镶嵌型与调节型两种胚胎发育模式是相对而言的。首先，在不同生物之间，一些生物的胚胎细胞分化以镶嵌型占优势，而另一些生物则以调节型占优势。其次，对于任何特定生物，胚胎发育过程中上述两种机制均起作用。

三、胞质位置信息与核质相互作用

（一）胞质位置信息

受精卵的每一次分裂，都伴随着细胞内物质的重新分布，包括基因组的细胞核内物质均匀地分布到子细胞中，因此子细胞中的遗传物质是等能的。但受精卵的胞质物质有一定区域分布，卵裂的不同胞质组分在子细胞中的分配也有差异。从宏观上看，两栖类卵在形态上是球形对称的，而胞质成分则是不对称的，卵裂后富含卵黄的植物极细胞将发育成消化道，而动物极的细胞发育成许多其他组织。同时，由于受精时精子由卵细胞的一侧进入，在精子进入位置的对面，由精子带入卵细胞的中心粒所调节的细胞骨架重新组装分布。某些两栖类动物的卵在受精后有一个不对称区域称为灰色半月体，卵细胞正好切割在灰色半月体的中央，分裂后的两个卵裂球将来形成身体的左右侧。从微观上看，复杂的胞质内含物有一定的区域分布，不同的胞质内含物在受精卵中的特殊位置和卵裂时细胞物质对子细胞的不同分配称为细胞质定域。

（二）核质相互作用

细胞核与细胞质彼此相互依赖协同作用，以履行细胞的生理功能，二者缺一不可。细胞质通过氧化磷酸化和无氧酵解为细胞提供大部分所需要的能量，胞质中的核糖核蛋白体还是蛋白质的合成场所。细胞核提供特异的 mRNA、rRNA 及 tRNA 的合成模板，在细胞分化中起最关键的作用。细胞核与细胞质相互依存，一方面细胞质对核内基因的表达起调节作用，另一方面核内的基因又控制着细胞质的代谢活动。

四、细胞之间的相互作用

胞质位置信息与核质相互作用主要是细胞内因对分化的影响。随着胚胎细胞的增加，细胞之间相互的作用及细胞外的一些物质对胚胎分化的影响渐趋重要。细胞间的相互作用主要表现为分化诱导作用和分化抑制作用。

（一）细胞外物质的介导作用

细胞外物质的介导作用主要有近距离和远距离两种，起近距离介导作用的主要是细胞外基质与黏合分子，起远距离介导作用的主要是激素与细胞因子。细胞外基质主要是指胞外的多糖复合物，这些物质在器官发生时合成并终生存在。细胞黏合因子在细胞识别、聚集与迁移中起重要作用，主要的细胞黏合因子（CaM）包括钙导黏合素、免疫球蛋白超家族 CaM 和多糖 CaM 这 3 种。其中研究较多的是神经细胞黏合分子（N-CaM）和肝细胞黏合分子（L-CaM）。在胚胎发育晚期，细胞也可以受到激素的调节。激素产生后通过血液循环将特定信息运送到不同部位从而影响细胞的分化。细胞因子与神经干细胞的增殖、分化密切相关。参与神经干细胞诱导分化的细胞因子有白细胞介素类，如IL-1、IL-7、IL-9 及 IL-11 等。另外，在多能造血干细胞向成熟免疫细胞的分化过程中也必须要有细胞因子的参与。

（二）分 化 诱 导

分化诱导又称为胚胎诱导，是指通过胚胎中邻近细胞的相互作用，各胚层之间能够相互促进细胞分化与器官发生。在 3 个胚层中，中胚层首先独立分化。这一启动过程对相邻胚层有很强的分化诱导作用，促进内胚层、外胚层各自朝着相应的组织器官分化。中胚层（脊索）诱导外胚层决定向神经分化和区域特化，脊索继续诱导神经板细胞形成，此为初级诱导；神经板卷成神经管后，其前端进一步膨大形成原脑，原脑两侧突出的视杯诱导其上方的外胚层形成晶状体，此为次级诱导；晶状体进一步诱导其表面的外胚层形成角膜，此为三级诱导。通过进行性的细胞相互作用，胚胎完成一系列的分化而发育成完整的个体。分化诱导是调整型发育模式的细胞相互作用的基础。

（三）分 化 抑 制

分化诱导是胚胎发育过程中细胞之间的正性相互作用，这一过程必须有负反馈调节才能使胚胎发育有节制的进行。完成分化的细胞可以产生称为抑素的化学物质。抑素可以抑制邻近的细胞进行同类分化，这种作用称为分化抑制。把正在发育的蛙胚置于含有成体蛙心组织的培养液中培养，蛙胚将不能发育成正常的心脏。成体蛙心组织对蛙胚心脏发育的抑制作用便是分化抑制。分化抑制是负性分化诱导作用。分化诱导与分化抑制共同作用，从而完成胚胎的正常发育程序。

第二节 机体发育过程中的基因表达调控机制

一、转录前水平的调节

从一个受精卵发育到完整的个体需要经过许多特定程序的步骤，在此过程中分化的细胞经过分裂后仍然维持其分化的状态，表现出细胞具有某种"记忆"的能力。细胞的这种"记忆"能力来源于其胞内 DNA 和染色质的一些永久性的变化，通过这些变化来影响基因表达的过程都属于转录前水平的调节。

（一）基 因 丢 失

某些原生动物、昆虫及甲壳动物细胞分化过程中存在部分染色体丢失的现象，如马蛔虫的一个变种，当个体发育到一定阶段时在将要分化为体细胞的那些细胞中，染色体破裂为碎片，有的含有着丝粒，在细胞分裂中保留；有的不具有着丝粒，而在分裂中丢失。而在将形成生殖细胞的那些细胞中则不发生染色体的断裂和丢失现象。基因丢失最为典型例子的是哺乳动物的红细胞，在其形成过程中整个细胞核都丢掉了。

（二）基 因 重 排

基因重排是基因选择性表达的一种调控方式。重排可以使表达的基因发生切换，由表达一种基因转为表达另一种基因。在研究 B 淋巴细胞分化过程中发现，编码抗体分子的基因有重排现象，重排的结果是重链和 Kappa 轻链都有数百个 V 基因片段，可由 V 与 C 基因片段的不同排列组合形成多种 DNA 序列，从而产生具有高度异质性的抗体分子，以适应错综复杂的免疫反应的需要。哺乳动物能产生上百种抗体，并不意味着细胞内具有相应数量的基因，除重链和轻链的随机组合以外，免疫球蛋白的多样性主要来源于基因的重排。

（三）基 因 扩 增

基因扩增是指细胞内某些特定基因的拷贝数专一性地大量增加的现象。某些脊椎动物和昆虫的卵母细胞，为储备大量核糖体以供受精卵受精后发育的需要，通常都要专一性的增加编码核糖体 RNA 的基因（rDNA）。在研究非洲爪蟾卵母细胞成熟过程中，发现产生 18S 与 28S rRNA 的 rDNA 选择性复制，使成熟卵母细胞的 rDNA 拷贝多达 2×10^6，与仅有 900 个 rDNA 拷贝的二倍体细胞相比，基因扩增了上千倍，从而使核糖体的量高达 10^{12}，而随着卵母细胞的不断成熟，多余的 rDNA 将会被逐渐的降解掉。昆虫在需要大量合成和分泌卵壳蛋白时，其基因也先行专一的扩增。此外，在肿瘤细胞中常可以检查出有癌基因的扩增，癌基因的扩增将导致其表达产物的增加，使细胞持续分裂而致癌。

（四）染色体 DNA 的修饰和异染色质化

染色体 DNA 甲基化是后天基因沉默的一种主要决定性因素，它能够引起染色质结构、DNA 构象、DNA 稳定性以及 DNA 与蛋白质相互作用方式的改变，从而控制着基因的表达。在这个复杂的过程中，DNA 甲基转移酶催化 *S*-腺苷-*L*-甲硫氨酸的一个甲基转移并加到胞嘧啶的 5 位碳上。研究表明，基因的甲基化程度与基因表达成反向平行关系，即转录活跃的是低甲基化或不甲基化的基因，而不表达的基因则是高度甲基化。

呈浓缩状态的染色质称为异染色质，是非活性转录区。真核生物可以通过异染色质化而关闭某些基因的表达。例如，雌性哺乳动物细胞有两个 X 染色体，其中一个高度异染色质化而永久性的失去活性。一般来讲，低等动物发育过程中细胞的决定和分化常通过基因组水平的加工改造来实现，高等动物对于分化后不再需要的基因则采取异染色质化的方法来永久性地加以关闭。

二、转录活性的调节

真核生物的基因调节主要表现在对基因转录活性的控制上，转录水平的调控是各级调控中最重要的一步。基因的转录活性与基因组 DNA 和染色质的空间结构状态密切相关。真核细胞的活化可分为两步：首先，由某些调节因子识别基因的特异部位并改变染色质结构，使其疏松化；然后，由激活蛋白或阻遏蛋白或其他调节物进一步影响基因的活性。

（一）染色质的活化

凡是活跃转录的基因全部位于常染色质中，处于异染色质中的基因则不表达。转录发生前，染色质常会在特定的区域被解旋或松弛，这些变化包括核小体结构的消除或改变，DNA 本身局部变构或解链如双螺旋的局部解旋或松弛等。这些变化将导致结构基因暴露，促进转录因子与启动区 DNA 的结合，从而导致基因转录。染色质活跃转录区中对 DNA 酶特别敏感的序列称为超敏感位点（hypersensitive site），位于转录基因 5′ 端一侧 1000bp 内，长 100～200bp，个别基因的超敏感位点也存在于 3′ 端或基因内。超敏感位点相当于一些已知调节蛋白的结合位点，它的存在使的具有转录活性的染色质对核酶降解的敏感性大大增加。在转录非常活跃的区域，缺少或完全没有核小体，同时，转录活性区的 C_pG 序列中的胞嘧啶也很少发生甲基化。染色质的疏松状态与核小体的松散或缺失有关，影响核小体变化的原因包括核小体组蛋白的乙酰基化和磷酸化等。组蛋白 H3 和 H4 是蛋白酶修饰的主要位点，它们的赖氨酸残基被乙酰化有类似解旋酶的作用，能降低整个核小体对 DNA 的亲和力，使染色质活化。当基因不再转录的时候，核小体的乙酰化被组蛋白脱乙酰化酶降解，基因又趋于沉默，染色质恢复无转录活性的状态。组蛋白 H1 对核小体的装配密切相关，它可以确定核小体的方向，并对 30nm 的螺线管起维持稳定的作用，H1 的磷酸化必然会导致其对 DNA 亲和力的下降，造成染色质疏松，直接影响蛋白质的活性。

（二）顺式作用元件

顺式作用元件（*cis*-acting element）是与结构基因串联的特定 DNA 序列，包括启动子、增强子、沉默子、加尾及终止信号等。

真核细胞的启动子由一些分散的保守序列所组成，包括 TATA 框、上游控制元件 CAAT 框和 GC 框等。TATA 框决定转录起始的位点，CAAT 框和 GC 框决定 RNA 聚合酶转录基因的效率。启动子是 RNA 聚合酶进行精确而有效的转录所必需的元件，位于基因转录起始位点的上游，只能近距离（一般在 100bp 内）起作用，具有方向性。

增强子是一类能促进基因转录，增加转录效率的顺式作用元件。它的特点是所在位置不固定，可以位于基因的上游、下游或内部；可以远距离的发生作用；没有基因的特异性，对各种基因均有作用，但是具有组织或细胞的特异性。增强子跨度一般为 100～200bp，由一个或多个具有特征性的独立的 DNA 序列组成。

还有一些顺式作用元件的作用方式与增强子相似，但是起抑制转录的作用，称为沉默子或衰减子。沉默子与相应的反式作用因子结合后可以使正调控系统失去作用。

加尾及终止信号是指一段保守的 AATAA 序列，位于 polyA 尾位点的上游 10～20bp 处，如果没有这段序列，基因会连续转录下去而不会不终止。

（三）反式作用因子

反式作用因子（*trans*-acting factor）是一类细胞核内的蛋白质因子，通过与顺式作用元件和 RNA 聚合酶的相互作用而调节转录活性。一个完整的反式作用因子包括两种结构域：DNA 结合结构域和转录活化结构域。反式作用因子通过 DNA 结合结构域与 DNA 特定序列结合，通过转录活化结构域发挥转录活化功能。DNA 结合结构域大小多在 100 个氨基酸以下，大体可以分为螺旋-转角-螺旋、锌指结构、亮氨酸拉链和螺旋-环-螺旋这 4 种形式。关于反式转录因子的作用机制目前有成环假说、扭曲假说、滑动假说和 Oozing 假说等几种。

三、转录后水平的调节

试验研究发现，细胞核与细胞质中的 RNA 数量、结构及种类都有所不同，在活跃生长的细胞与静止的细胞之间，其 RNA 的情况也存在差异。这表明遗传信息在转录后还有多种多样的选择性，转录后调控在决定细胞表型多样化方面也是非常关键的。转录后水平的调控是指基因转录后对转录产物进行一系列的修饰和加工过程，主要包括：5′端"加帽"和 3′端"加尾"、mRNA 的选择性剪接、RNA 的编辑及 RNA 的运输控制等。

（一）5′端"加帽"和3′端"加尾"

真核生物 mRNA 在转录后要在 5′端形成一个特殊的结构：7-甲基鸟苷三磷酸（$m^7 GpppN$），即加帽反应。5′端的帽子结构与蛋白质合成效率之间的关系非常密切。帽子结构是前体 mRNA 的稳定因素，没有帽子结构的转录产物将很快被核酸酶降解。帽子结构还可以为蛋白质合成提供识别标志，可以促进蛋白质合成起始复合物的生成，提高翻译强度。

与核糖体结合的大多数真核生物 mRNA 在 3′端都含有一段多聚腺苷酸尾，即 polyA 尾，这也是在转录之后加上去的。polyA 尾的功能是保持 mRNA 的稳定性，延长 mRNA 的寿命。细胞可以对不同 mRNA 的 polyA 选择性地加长或剪短、去除。那些被剪短或去除 polyA 尾的 mRNA 将很快被降解，而那些加长 polyA 尾的 mRNA 则可以保持稳定，可以进行多次翻译。

（二）mRNA 的选择性剪接

转录生成的前体 mRNA 需要经过内含子的切除和外显子的拼接，这个过程称为剪接（splicing）。内含子和外显子是个相对的概念，某些 mRNA 序列对于某个基因来说是外显子，但对于另外一个基因可能就是内含子。在不同的剪接方式中，一个或多个外显子可以在成熟的 mRNA 中保留，也可以选择性地除去其中的一个或几个；内含子同样也是如此。这就是所谓的选择性剪接（alternative splicing）。由于选择性剪接的多样性，一个基因可以在转录后通过剪接形成多个 mRNA，由此可以翻译成多个蛋白质。

（三）RNA 的编辑

RNA 编辑（RNA editing）是一种较为独特的遗传信息加工方式，即转录后的 mRNA 在编码区发生插入、删除或转换的现象，是在 RNA 分子上出现的一种修饰现象。RNA 编辑改变了 DNA 模板来源的遗传信息，可以编码出氨基酸序列不同的多种蛋白质。RNA 编辑不同于 mRNA 的剪接。剪接是切除内含子后得到成熟的 mRNA，其编码信息均可在原始基因中找到，而 RNA 编辑后得到的成熟 mRNA，它的编码信息的改变则不出现在原始的基因中。

（四）RNA 的运输控制

成熟的 mRNA 并不是全部进入细胞质。^{3}H-尿嘧啶标记实验证明，大约只有 20% 的 mRNA 进入细胞质，留在核内的 mRNA 约在 1h 内降解成小片段。RNA 通过核膜的运输是一个主动运输的过程，大多数 RNA 只有经过加帽、加尾、剪接后才能被运输。RNA 运送的位置也具有特异性，有的运到内质网，有的被运至细胞质中。这些都说明 RNA 的出核是受到控制的，但是具体的调控机制目前还不清楚。

四、翻译及翻译后水平的调节

（一）翻译水平的调节

翻译水平的基因表达调节主要是控制 mRNA 的稳定性和有选择地进行翻译。一般来讲，一种特定的蛋白质合成的速度与细胞质内编码它的 mRNA 水平呈正比。真核细胞中的一些"持家基因"（house-keeping gene）和高等生物的一些高度分化的 mRNA 极其稳定，有的寿命可以达到几天。mRNA 5′端的帽子结构和 3′端的 polyA 尾都有利于 mRNA 分子的稳定，而且对翻译的效率也有调控作用。

（二）翻译后水平的调节

从核糖体释放的多肽链还需要进行氨基酸的修饰和肽链的正确折叠与装配。翻译之后的加工过程主要包括：除去起始的甲硫氨酸残基或随后的几个残基；切除信号序列；形成分子内二硫键以固定折叠构象；肽链断裂或切除部分肽段；某些氨基酸的修饰，如甲基化、乙酰化、磷酸化等；加上糖基、脂类分子或配基等结构。肽链正确的折叠和装配则与催化相应蛋白质折叠的酶及分子伴侣密切相关。经过翻译后的加工与折叠，多肽链最终形成具有生物活性的成熟蛋白质。

综上所述，多细胞的复杂有机体由一个受精卵开始，在个体发育的过程中逐步的分化产生各种组织和细胞类型，而分化是不同基因选择性表达的结果。某种生物体的各种细胞类群总是按照一定的"计划"不断地进行严格的调控，关闭某些基因，开启另一些基因；合成某些蛋白质，不合成或者降解某些蛋白质，使得个体发育得以顺利进行，最终形成成熟的个体。

第三节 果蝇胚胎发育中体节分化的基因表达

受精卵发育为新个体是受一系列基因调控的，这些基因在发育过程中，按照时间、空间顺序启动和关闭，互相协调，对胚胎细胞的生长和分化进行调节。根据对果蝇、家蚕等实验动物的研究，发现在卵细胞中，首先表达的是母体效应基因，这些基因在滋养细胞中转录，然后被输入卵细胞，如 bcd、nos 等。这些基因产物在胚形成时，沿前后轴形成一个浓度梯度，决定了胚的前后位置和头尾区域。这些母体基因的产物是一种 DNA 结合蛋白，它激活分节基因的转录。分节基因分为 3 类，间隙基因（gap gene）、配对基因（pair-rule gene）和体节极性基因（segment polarity gene）。这 3 组基因也是等级关系，间隙基因控制配对基因，配对基因控制体节极性基因。间隙基因的产物将胚胎分为相当于 3 个体节的区域。间隙基因产物在它们各自的表达区内形成浓度梯度，这些梯度提供位置信息给配对基因。配对基因的功能是把将间隙基因分成的区域进一步划分为体节，是胚胎分节的前奏。体节极性基因被配对基因激活，分别在每个体节的前、后部细胞中表达，以形成和维持体节结构。体节极性基因又激活同源异型基因，它决定每一体节的性质与形态特征，即选择体节向某个方向发育、分化。整个激活过程如图 1-1 所示。同源异型基因的突变将会导致发育的异常，如在本来该长触角的地方长出腿来，在该形成平衡棒的部位长出第二对翅，如图 1-2 和图 1-3 所示。

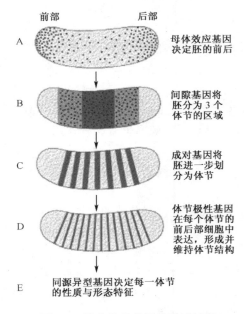

图 1-1　体节分化基因的激活过程

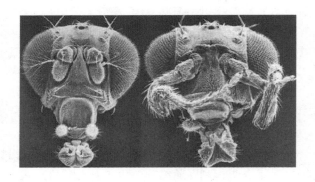

图 1-2　本来该长触角的地方长出腿来（引自 Albert 2000）

图 1-3　本该形成平衡棒的部位长出第二对翅

一、母体效应基因

一个细胞在胚胎所处的位置，对其分化有决定性的影响，这是一种位置效应。胚胎发育过程中，不同种类的细胞皆源自同一个受精卵。它们的基因组（genome）皆相同，但基因的表现则互异。在发育起始，细胞间的差异有些是由于卵裂前细胞质里的物质分布不均匀所造成的，这些物质由母体效应基因所控制。母体效应基因（maternal-effect gene）产生一些基因调控蛋白，这些蛋白质在卵及初期胚胎中呈阶梯式的不均匀分布，这将导致不同位置的细胞接受到不同的发育信息，并进而影响其后的发育进程。果蝇和线虫的发育基因绝大部分可以在其他动物身上找到，相对应的基因也有相对应的发育功能。这说明动物发育的基本机制是保守的，并不因为外表体型演化而有所改变。母体效应基因分为 3 组：前部组、后部组与末端组。它们的基因型、表现型及结构和功能如表 1-1。

表 1-1 影响果蝇胚胎发育前后部极性的母体基因的结构与功能

基因型	表型	结构与功能
前部组		
bcd	头胸缺失，由反转尾节代替	前部分节决定子含同源结构域
bxu	缺失前部头结构	固定 bcd mRNA
swa	同上	同上
后部组		
tud	无腹部 无极细胞	
tsk	无腹部 无极细胞 卵形成缺陷	
vas	无腹部 无极细胞 细胞化形成缺陷	
val	无腹部 无极细胞 头部形成缺陷	
stau	无腹部 无极细胞 头部形成缺陷	
nos	无腹部	后部形态发生素
pum	无腹部	将前部信息转移至腹部
bic	无腹部	nos 蛋白的可能结合位点
末端组		
tor	无末端	可能的形态发生素
trk	无末端	
tsl	无末端	
fs（1）N	无末端 卵萎陷	
fs（1）ph	无末端 卵萎陷	

二、分节基因

分节基因的功能是沿着胚胎前后轴将胚胎分成分节的重复系列。分节基因突变将导致胚胎缺失一定的体节或体节的一部分。这些缺失提示 3 种类型的分节基因的存在，即间隙基因、配对基因和体节极性基因。3 类基因之间是等级关系，间隙基因控制配对基因，配对基因控制体节极性基因。3 类基因所对应的基因位点如表 1-2 所示。

表 1-2　分节基因所对应的基因位点

基因类型	基因位点		
Gap 基因	krupped（*kr*）	knirps（*kni*）	hunch（*hb*）
	giant（*gt*）	tailless（*tll*）	huckebein（*hkb*）
配对基因（初级）	hairy（*h*）	runt（*run*）	even-skipped（*eve*）
配对基因（次级）	fushitarazu（*ftz*）	odd-paired（*opa*）	odd-skipped（*sdd*）
	sloppy-paired（*slp*）	paired（*prd*）	
分节极性基因	engrailed（*en*）	wingless（*wg*）	cubitus interruptus（*ci*）
	fused（*fu*）		
	hedgehog（*hh*）	armadillo（*arm*） patched（*ptc*）	gooseberry（*gsb*）

间隙基因（如 *kr*、*kni* 等）的基因产物将胚胎分为相当于 3 个体节的区域。如 *kr* 基因主要在位于果蝇胚胎中心的副节 4～6 区表达，这些基因的缺失导致胚胎相应区域的缺陷。副节指的是由中胚层的增厚区与外胚层所分割的胚胎区域。这些沟将胚胎分成 14 个区域。这些区域常与分节基因的活性结构域相吻合。间隙基因产物在它们各自的表达区内形成浓度梯度，这些梯度提供位置信息给配对基因。配对基因的功能是把将间隙基因分成的区域进一步划分为体节，是胚胎分节的前奏。配对基因的突变（如 *ftz*）常引起每隔一个体节的缺失。体节极性基因（如 *en*、*wg* 等）被配对基因激活，分别在每个体节的前、后部细胞中表达，以形成和维持体节结构。这一组基因的突变导致每个体节的部分缺失，由体节另一部分的镜像结构所取代，如 *en* 基因的功能是保持分节之间的前后交界，它的突变体表现相邻体节之间互相融合。3 类分节基因的功能与突变产生的表型改变如图 1-4 所示。

三、同源异型基因

3 类分节基因的调节呈现等级控制模式，如图 1-5 所示。这一级联反应由母体效应基因启动，它控制 *Gap* 基因的活化。*Gap* 基因相互作用以控制它们自身的转录，并以集团作用控制配对基因的活化。配对基因相互作用以产生重复体节的分割。配对基因与 *Gap* 基因也作用于同源异型基因，后者决定每个体节的结构。在囊胚期末，每个体节原基呈现 *Gap* 基因、配对基因与同源异型基因产物的各具特点的有序集群。

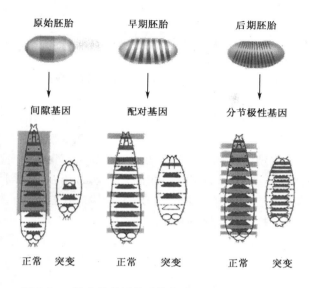

图 1-4　3类分节基因的功能与突变产生的表型改变

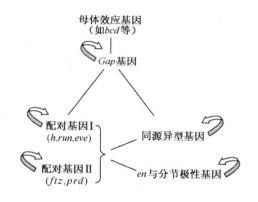

图 1-5　发育基因调节的等级控制模式

　　同源异型基因是动物形态蓝图的设计师，在发育过程中控制身体各部分形成的位置。如果同源异型基因发生突变，会使得动物某一部位的器官变成其他部位的器官，这叫做同源异型。比如，让某个同源异型基因发生突变，能使果蝇在该长眼睛的地方长出翅膀，或者在该长触角的地方长出了脚（图 1-2 和图 1-3）。同源异型基因在所有的脊椎动物和绝大部分无脊椎动物中都存在，调控的机制也相似，这表明它可能是最古老的基因之一，在最早的动物祖先中就已存在。海绵只有 1 个同源异型基因，节肢动物有 8 个，哺乳动物则有 4 组共 38 个同源异型基因。在小鼠和果蝇的同源异型基因中，有 6 个相似。同源异型基因的突变一开始时在胚胎早期引起的变化不大，但随着组织、器官的分化定型，突变的影响逐步被放大，导致身体结构发生重大的改变。

第四节　同源异型基因

一、同源异型基因与同源框的发现

1983 年，在瑞士 Gehring 实验室绘制 *Antp* 基因外显子图谱的过程中，首次检测到果蝇 *Antp* 的 cDNA 克隆和染色体上距 *Antp* 基因左侧 30kb 部位有一弱的交叉信号，并发现该信号是 *ftz* 基因转录单位的一部分。在此之后，人们在 *Ubx* 基因中也发现了相同的 DNA 片段。利用这一片段作为探针，在许多已知的基因，如同源异型基因、分节基因和母体效应基因等均检测到这个共同的 DNA 片段。比较 *Antp*、*ftz*、*Ubx* 基因外显子 3' 端的 DNA 序列，发现它们均具有一个长约 180bp 的 DNA 序列，命名为同源框序列。这 3 个同源框序列之间的同源性高达 75%～79%。同源框序列位于最远端外显子的 5' 前接点附近，并有一个共同的可读框。由 DNA 序列推出的其相应蛋白质序列表明，它们在蛋白质水平上的保守程度更高达 75%～87%，从而提示，同源框编码的高度保守的蛋白质结构域是受进化压力选择的。这种蛋白质结构域被称为同源结构域，而对于同一个基因簇，同源结构域是相同的，但位于该结构域两侧的 DNA 序列，则在同一基因簇个体间的同源性迅速降低到随机水平。同源框的另一个显著特点是其表达蛋白质中的碱性氨基酸残基高达 30%，从而有利于该蛋白质与 DNA 的结合。

在其后的研究中，人们在具有同源异型突变的甲虫、环节动物的蠕虫等无脊椎动物以及脊椎动物爪蟾早期胚胎的 mRNA 中均发现了同源框编码的序列，后来在小鼠与人的基因组中也找到了相似的 DNA 保守序列。进而，科学家们将含有这段同源框 DNA 序列的基因统称为同源框基因（homeobox gene，Hox），而由同源框基因编码的蛋白质则称为同源结构域蛋白（homeodomain protein）。目前认为，同源结构域蛋白是一类主要的转录调节因子，作为反式作用因子调节细胞的发育和分化，通过调控其他基因和基因产物在包括神经发育的多种发育过程中起着重要的调控作用。

二、同源框基因的种类

迄今为止，人们已发现了 300 多个同源框基因，它们广泛分布于从酵母到人类的各种真核生物中。根据对不同种属的同源框基因序列的比较分析，可将它们分别归属于不同的同源结构域蛋白家族。根据同源框基因同源结构域以外的特征保守序列，还可对其进一步分类，分为 Antp 家族、HOX 家族、PAX 家族、LIM 家族、POU 家族、CUT 家族、EN 家族、ZF 家族、NK/NKx 家族、SIX/SO 家族等（图 1-6）；此外，根据同源框编码的 60 个氨基酸序列分析比较，亦可得到非常相似的分类结果，表明同一种同源域蛋白质家族的同源结构域序列比不同家族的更相似。

三、同源异型基因的结构及调控模式

果蝇的 3 号染色体包含大部分的同源异型基因（图 1-7），主要分成 2 个区域。第一

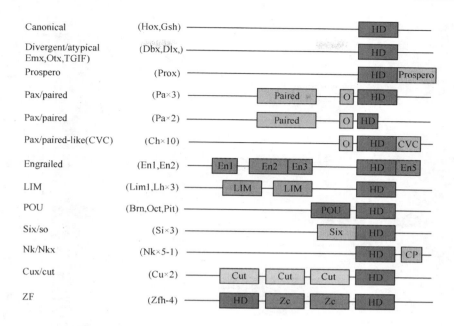

图 1-6　同源蛋白家族的分类（引自 Vollmer et al. 1998）

个区域是触角足复合物（Antp-c），包括以下同源异型基因：唇基因（*Lab*）、触角足基因（*Antp*）、性梳诱导基因（*Scr*）、变形基因（*Dfd*）与口器足基因（*Pb*）。第二个区域是双胸复合物（Bx-c），包括 3 个编码蛋白质的基因：超双胸基因（*Ubx*）、腹 A 基因（*abdA*）与腹 B 基因（*abdB*）。

　　同源异型基因的结构复杂，提示相应的复杂调控模式。它有几个较突出的特点：

　　1）有些同源异型基因有多个启动子与多个转录起始位点。*Antp* 基因有 2 种转录产物，一种转录起始点位于另一个内含子中间，从第一个启动子的转录由 kr 蛋白活化，受超双胸蛋白的阻抑，从第二个启动子开始的转录由 hb 蛋白与 ftz 蛋白的激活，受 osk 蛋白的抑制。尽管由两种启动子开始驱动所产生的蛋白质是一致的，但启动子使基因在不同细胞内表达，由第一个启动子产生的转录对胸背部发育是必需的，第二个则对胸腹部（腿）的发育及胚胎生存能力是必需的。Antp 蛋白由外显子 5～8 编码，同源结构域由 3′ 端外显子编码，另有 2 个多腺苷酸加成部位可以终止转录。Hogness 等采用 DNA 足迹实验，结果表明超双胸蛋白结合在 *btp* 基因第一个启动子区的多个位点上。将 *Antp* 的第一个启动子与 *CAT* 报道基因融合，将融合基因转移至通常没有任何同源异型基因表达的培养细胞内，这种结合阻抑 *Antp* 基因的活化。*Antp* 基因受 ftz 蛋白的活化，如再转入由强启动子驱动的 *Ubx* 基因，*Antp* 基因被阻抑（图 1-8）。

　　2）有些同源异型基因可以通过不同的 RNA 剪接方式产生相关蛋白质家族。超双胸基因即采用这种方式产生几种蛋白质，这些蛋白质具有交叉特异性（图 1-9）。在果蝇早期胚胎发育中，仅有一种 Ubx 蛋白决定外周神经系统副节的特异性；在幼虫的第二次至第三次蜕皮期间，如 *Ubx* 基因表达，将使触角转化成腿。

　　3）有些同源异型基因有许多内含子。*Antp* 的内含子之一约 57kb，这个长度超过

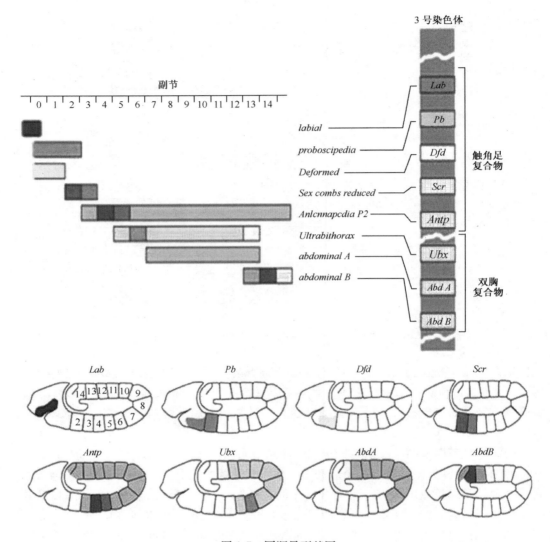

图 1-7　同源异型基因

所有外显子总和的 10 倍，这些超长的内含子可能是调控基因的瞬间表达。在果蝇胚胎发育中，不同基因的开启与关闭迅速转换，*Gap* 基因、配对基因与同源异型基因在胚胎的活化时间每种仅约 3h，估计在 25℃时果蝇基因转录效率是每分钟 1000bp，*Antp* 的大内含子使基因表达延迟约 1h。

四、同源异型基因的表达

（一）同源异型基因的表达模式

胚胎分布界限明确后，由同源异型基因完成每个体节的结构特化。唇基因（*Lab*）与变形基因（*Dfd*）特化头部分节；性梳诱导基因（*Scr*）与触角足基因（*Antp*）特化

A Antp启动子与CAT基因融合并转染果蝇细胞

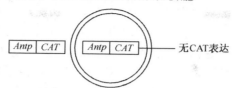

无CAT表达

B ftz基因加强的启动子

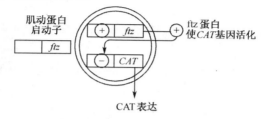

肌动蛋白启动子

ftz蛋白使CAT基因活化

CAT表达

C 增加Ubx又阻抑CAT基因表达

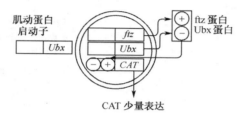

肌动蛋白启动子

ftz蛋白
Ubx蛋白

CAT少量表达

图1-8 Antp基因表达受ftz的正调节与Ubx的负调节

A Ubx基因

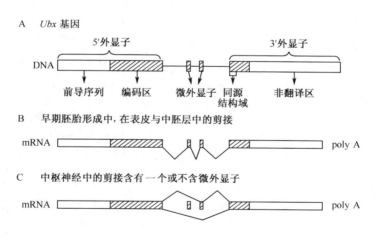

DNA

5′外显子 3′外显子

前导序列 编码区 微外显子 同源结构域 非翻译区

B 早期胚胎形成中，在表皮与中胚层中的剪接

mRNA poly A

C 中枢神经中的剪接含有一个或不含微外显子

mRNA poly A

图1-9 由不同的RNA剪接产生的Ubx mRNA结构

A. Ubx基因；B. 含有2个微外显子的mRNA，在这一组中第一个外显子的5′
剪接部位是可变的；C. 含有一个或不含微外显子的mRNA家族，两类Ubx蛋
白的同源结构域均由3′外显子编码

胸部分节；口器足基因（Pb）主要在成年期起作用，但它缺失时，口部触须转化成腿；双胸复合物基因主要在腹部特化分节中起作用。2个不同基因的突变能够互补，发生在

同一个基因的突变导致突变表现型。因为这些基因与体节特化有关，它们的突变导致异乎寻常的表现型，称为同源异型突变。触角足基因的功能是特化第二胸节，当显性突变时，它在头和胸部都表达，头部的成虫盘特化成胸，头窝内长出腿而不是触角；当隐性突变时，它不能在第二胸节表达，从腿的位置长出触角。与触角足基因突变相似，当双胸复合物缺失时，含平衡棒的第三胸节转化成第二胸节，使果蝇长出 4 个翅膀。表 1-3总结了小鼠同源异型基因突变对大脑表型所造成的影响。

表 1-3　小鼠同源异型基因突变对大脑表型所造成的影响

部位	基因	突变型	表型
前脑	*Emx1*	失去	细微的前脑缺陷，造成大脑皮质不完全分化
	Emx2	失去	齿状回缺失，海马减少；皮质边缘缩短
	Otx1	失去	端脑，中脑和小脑背侧的细微缺陷
	Otx2	失去	前脑和中脑缺失，胚胎死亡
	Lhx1	失去	头前部结构的缺失
	Lhx2	失去	没有眼睛，大脑皮质缺陷
	Dxl-2	失去	改变前脑嗅泡神经元的分化，出现非正常的无中枢神经结构
	Dxl-1/Dxl-2	失去	改变纹状体的分化
	Chx10（*or*）	失去	小眼睛，视网膜薄且细胞过少，视神经发育不全
	Pax2	失去	改变视网膜色素化，造成内耳格局的缺损或改变
	Pax3（*splotch*）	失去	露脑，脊柱裂，非中枢神经结构发生改变
	Pax3	获得	腹侧抑制底板神经元的分化
	Pax6（*sey*）	失去	眼睛和鼻子结构的缺失，前脑/间脑布局缺陷
	Pax6	获得	眼睛特异性异常
中脑	*Rx*	失去	没有可视的眼部结构，前脑结构缺失
	Prop-1（*df*）	失去	依赖于垂体的 Ames 侏儒症
	Brn-2	失去	下丘脑和垂体的部分缺失
	Pit-1（*dw*）	失去	封闭垂体前部的发育
	Lhx3	失去	垂体的部分缺失
	Lhx3/Lhx4	失去	封闭拉特克囊的发育
	Pax2 [neu]	失去	中后脑、小脑缺失，眼睛和非中枢神经结构缺陷
	Pax5	失去	改变小脑的生叶，阻碍早期淋巴细胞生成
	En-1	失去	中后脑缺失，非中枢神经结构改变
	En-2	失去	改变小脑的折叠模式
后脑	*En-1/En-2*	失去	小脑和中脑缺失
	Gbx-2	失去	没有小脑和 V 运动神经，中脑前部不正常
	Phox-2a	失去	蓝斑丢失，感觉和自主神经节缺陷
	Brn-3.0	失去	红核、致密核、三叉神经节等部位丢失神经元
	Hoxa-1	失去	中脑形成及耳、颅内神经缺陷
	Hoxa-1	获得	菱脑节规格化的重编程
	Hoxb-1	失去	后脑形成缺陷，运动神经元不正常迁移
	Hoxb-1	获得	后脑，菱脑节转化缺陷
	Hoxa-3	失去	非中枢神经结构缺陷（头部、胸腺、甲状腺等）

（二）同源异型基因表达模式的起始与维持

同源异型基因表达的起始受配对基因与 Gap 基因的启动。在 ftz 胚胎，Scr、$Antp$ 与 Ubx 基因的转录效率低于野生型胚胎。这些基因的早期表达通常分别局限在 2、4、8 尾节，它们分别对应于 ftz 基因 1、2、3 表达带。ftz 蛋白对 Dfd 基因转录起负性调控作用。在野生型胚胎，ftz 蛋白带的前部边缘形成 Dfd 表达的后部边缘。在 ftz 胚胎，Dfd 在整个后部表达。Dfd 基因的表达由其他配对基因 eve 与 opa 激活。因为每个同源异型基因通常在分节或副节中连续表达，配对基因产物本身显然不能决定同源异型基因表达的边界，否则同源异型基因将从前至后间隔表达。一些实验说明 Gap 基因限制同源异型基因表达的边界，kr 基因激活 $Antp$ 基因转录并抑制 $abdB$ 基因转录，kni 基因通过抑制 $Antp$ 与 $abdB$ 基因而划定其表达界限。于是在胚胎中心区域，高浓度的 kr 蛋白增强 $Antp$ 基因的转录而抑制 $abdB$ 基因的转录。

同源异型基因的表达是一个动力学过程。$Antp$ 基因最初在第 4 副节表达，并迅速出现在第 5 副节上，随着生殖带的扩展，从神经管预定区直至后部第 12 副节均有 $Antp$ 基因表达。在其后的发育过程中，$Antp$ 基因的表达又明显局限于第 4 和第 5 副节。$Antp$ 基因转录受其后部所有同源异型基因的负性调节，就是说每个双胸复合物基因抑制 $Antp$ 基因的转录。如超双胸基因缺失，$Antp$ 基因表达范围通过正常 Ubx 表达区域，直至 Abd 开始表达的区域才终止表达，这样使第 3 胸节形成像第 2 胸节一样的翅膀。如果整个双胸复合物缺失，$Antp$ 基因在整个腹部表达，使整个腹部表皮与第 2 胸节相同，但幼虫不能存活。总之，前部同源异型基因的表达受较后部同源异型蛋白的抑制，即 $Antp$ 受 Ubx 抑制，Ubx 受 $abdA$ 抑制，$abdA$ 受 adB 抑制。

五、同源框基因表达蛋白的结构

同源框基因表达蛋白，又称同源结构域蛋白，在结构上可分为两种不同的结构域，即同源结构域（homeodomain）和特异结构域（specific domain）。通常，特异结构域位于同源结构域的上游，靠近蛋白质的 N 端，而同源结构域靠近蛋白质的 C 端，且这 2 个结构域在其表达蛋白质发挥转录调节因子作用时均起着决定性的作用。

（一）同源结构域

同源结构域是由 180bp 组成的同源框基因序列编码的 60 个氨基酸所构成，它具有高度保守的氨基酸区域，大约 30% 为碱性氨基酸，从而提示它与 DNA 结合的可能性。不同的同源结构域，如 $Antp$、en、$MAT\alpha2$ 与 $Oct\text{-}1$ 等同源框基因表达蛋白均可与 DNA 结合，形成的同源结构域-DNA 复合物是极为类似的球面折叠结构。

在同源结构域-DNA 复合物中，大多数活性位点的特异相互作用位于识别螺旋上的氨基酸残基，且大多数同源结构域识别的 DNA 序列是 $5'\text{-}ATTA\text{-}3'$ 的核心基序。应用核磁共振谱（NMR）检测到 Antp 同源结构域与其识别的 DNA 的结合模式为：同源结构域的 C 端有一段螺旋-转角-螺旋（helix-turn-helix）的结构，该结构与原核生物 DNA 结合蛋白的结构极为相似，是由 3 个紧密相连的螺旋组成，其中的螺旋 3（helix 3）被称为识别螺旋（recognition helix）（图 1-10）。识别螺旋可插入到 DNA 的大沟中，其氨基末端臂则可插入到邻近的 DNA 小沟中，螺旋 1 和螺旋 2 之间的环和 DNA 骨架产生相互作用。氨基化与乙基化干扰实验也已证明，同源结构域与 DNA 的结合部位主要是在 DNA 大沟的一侧。对它们相互作用的动力学分析结果显示，氨基酸侧链在几毫秒内即可在 2 个以上的 DNA 结合部位之间移动，这种内部移动提示，它们的相互作用是一个连续的动态过程。在同源结构域-DNA 复合物蛋白质界面上存在的水分子，能介导蛋白质的氨基酸侧链与 DNA 上极性基团的特异氢键的瞬间形成。

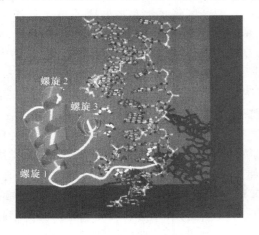

图 1-10　同源结构域蛋白结构模拟图（引自 Vollmer et al. 1998）

各种同源结构域与其相应 DNA 的特异性结合并不完全存在于识别螺旋之内，在很大程度上也可能发生在同源结构域的 N 端臂上。在游离蛋白质中，同源结构域的 N 端臂是可变的，并在其与 DNA 结合中具有重要的作用。在 Oct-1-DNA 复合物的晶体结构中，同源结构域的 N 端臂构成了第 2 个 DNA 结合位点的一部分。在 N 端臂上，特异的氨基酸残基的缺失或磷酸化将显著性地降低其与 DNA 的结合活性。

此外，同源结构域的 DNA 结合和功能活性还取决于该蛋白质与其他转录因子的相互作用，这种相互作用不仅存在于溶液中游离的蛋白质与蛋白质之间，也同样存在于蛋白质与 DNA 之间。当蛋白质含有 2 个或更多的可分离的 DNA 结合结构域时，与 DNA 结合的特异性将会明显增加。

（二）特异结构域

其他同源框基因家族的表达蛋白的结构包含多种不同的特异结构域。

Antp 家族的特异结构域为含有 IYPWMK 六肽（hexapeptide）的共有序列，该序列可能参与蛋白质-蛋白质之间的相互作用。

PAX 家族的特异结构域称为配对结构域（paired domain），其中包含有 128 个氨基酸，PAX 蛋白的配对结构域和配对形式同源域（paired-type homeodomain）均可识别不同的 DNA 序列。PAX 家族的同源结构域与 ATTA 基序相结合，而其配对结构域则可识别一个包含 GTTCC 的 24bp 核苷酸的结合核心序列，介导蛋白质与特异 DNA 序列的结合。可见，PAX 同源域蛋白含有 2 个与 DNA 结合的结构域。

POU 家族的特异结构域被称为 POU 特异结构域（POU-specific domain），包含 81 个氨基酸，其两端是酸性氨基酸簇，并可分为 A 和 B 2 个亚结构域，其中含有序列高度同源的 28 个不变氨基酸残基，2 个亚结构域的中心都具有一个碱性氨基酸簇，在 C 端都具有一个 α 螺旋。完整的 POU 同源域对于所有的 POU 蛋白与 DNA 的结合都是必需的，但 POU 特异结构域的作用则根据 DNA 结合位点和 POU 蛋白的不同有所变化。如 Pit-1 的 POU 特异结构域可增强其与 DNA 结合的亲和力和特异性，而同源结构域的识别螺旋和特异结构域亚结构域 A 的 α 螺旋必须保持完整，才能使之与 DNA 形成有效的结合；Oct-1 的 POU 特异结构域和 POU 同源结构域与 AD2 八聚基序（octomer motif）的一半碱基相结合，同源结构域主要为其提供与 DNA 结合所需的能量，而特异结构域主要为其提供与八聚基序结合的特异性。此外，POU 特异结构域还是蛋白质-蛋白质之间相互作用所必需的，并可增加 POU 蛋白的调节特异性。由此可见，*POU* 基因家族表达蛋白的特异结构域主要是赋予 POU 蛋白与 DNA 的结合特异性和调节特异性。

LIM 家族的特异结构域称为 LIM 结构域（LIM domain），它是 LIM 同源框基因所编码蛋白质中最典型的结构，位于同源结构域的 N 端，由 2 个串联的可与锌结合的富含半脱氨酸（C）和组氨酸（H）的 LIM 基序（LIM motif）组成，LIM 基序的序列为：[（C-X2-C-X17-19-H）-X2-（C-X2-C-X7-11-1C）-X8-C]。研究 LIM 结构域的一级结构时，人们发现它所含有的半胱氨酸和组氨酸组成序列，与通常所见的一些 DNA 结合蛋白的锌指样结构极其相似。尽管 LIM 结构域的锌指样结构十分类似于 DNA 结合部位，但目前尚未发现 LIM 结构域具有 DNA 结合特性；与之相反，LIM 结构域通常是蛋白质的结合和功能调节部位，主要介导蛋白质-蛋白质相互作用，使得 LIM 同源框基因编码蛋白和其他多种转录调节因子结合，形成更高级有序的转录调节因子复合物，进而调控特定基因的表达并参与更加广泛的发育过程。此外，也有实验发现，LIM 结构域在 LIM 同源域蛋白中能抑制同源结构域与特异性 DNA 序列结合的活性，作为反式作用因子负调控 LIM 同源框基因表达蛋白的功能作用。

ZF 家族的特异结构域为锌指结构（C2-H2 zinc-finger），该结构域的数目通常为 9～17 个，而 ZF 家族同源结构域的数目则为 1～4 个，锌指结构可位于同源结构域之间，其组成为特异的锌指 DNA 结合基序（zinc finger DNA-binding motif），因而可介导 ZF 蛋白与 DNA 的结合活性。

总之，同源框基因表达蛋白同源结构域的主要功能是具有与 DNA 的结合活性，其氨基酸顺序在进化上具有极强的保守性，是各种真核生物同源框基因表达蛋白作为转录调控因子调节相应基因转录的基础；而其特异结构域主要是提供了同源框基因表达蛋白与 DNA 结合的特异性，其氨基酸顺序在进化上也具有一定的保守性，在各种真核生物的同源框基因表达蛋白中主要是起着调节基因转录特异性的作用，但目前还有很多同源域蛋白家族的特异结构域的结构或功能尚不完全清楚。

第五节 同源框基因家族与神经系统发育

近年来人们发现，控制神经系统发育的分子机制在进化过程中似乎很保守，其他许多非神经组织也利用这种调控机制，这主要是由于控制发育过程的调节基因具有惊人的相似性。近年来大量研究表明，在神经系统的发育过程中，作为重要的转录调节因子，多种同源域蛋白家族参与了神经元细胞分化即细胞命运的决定、神经元细胞分化的时间控制、神经元细胞的空间控制和格局化即位置特征性等多个发育过程。同源框基因家族对神经系统发育和分化的作用越来越引起人们的重视。

一、*HOX* 同源框基因与神经系统的格局化

分节是生物体的基本原则，不同节段根据沿纵轴的不同位置常具有不同的解剖结构。*Hox* 同源框基因可能是脊椎动物神经系统产生、分布以及分节特征化的主控基因。它们的表达产物就是与神经系统格局化密切相关的一类重要转录调节因子，在建立并保持不同神经节及其神经内发育的不同类型神经元的位置特征方面均起着决定作用。

（一）*Hox* 基因在结构和功能上的进化研究

脊椎动物中含有同源结构域的基因被统称为同源框基因。通过对其基因组结构的分析，人们发现 *Hox* 基因与果蝇的同源异型基因复合物（HOM-C）具有高度的相似性。比较鼠与人的 *Hox* 基因复合物，发现它们位于 4 条不同的染色体上，共含有 38 个 *Hox* 基因，总长度约为 120kb。每个基因簇的转录方向都是从 5′端到 3′端。而且，在其他的脊椎动物中，*Hox* 基因的结构也基本相同，说明 *Hox* 基因是由一个共同的原始无脊椎动物基因进化而来。

比较 4 种脊椎动物 *Hox* 基因簇与果蝇 HOM-C 的组织结构同源性时发现，脊椎动物 *Hox* 基因簇是由最早的 *Hox* 基因复合物通过两步复制过程产生的，而且，没有任何一个复合物能包括全部的 38 种 *Hox* 基因成员（图 1-11），从而推测，*Hox* 基因复合物一定是在进化复制过程中丢失了某些基因，只选择性地保留了一部分基因。对于同一个 *Hox* 基因复合物，所有脊椎动物均保留同一组基因，这提示在进化早期必有一个很强的选择压力，这是现存的高等脊椎动物为获得脊椎动物的特征，保持复制与趋异的 *Hox* 基因复合物的特点，同时也说明 *Hox* 基因在机体形成过程中起着重要的作用。

与果蝇类似，脊椎动物的 *Hox* 基因簇也是 3′端的基因首先被激活，在胚胎最前部边界处最先表达，对 RA 高度敏感，随着基因逐渐向 5′端开启，表达也逐渐向胚胎后部推移，对 RA 的敏感性随之减弱。*Hox* 基因具有高度的组织特异性和发育阶段特异性。脊椎动物的细胞分化与个体发育的复杂性远远超过果蝇，很难观察到自然的同源异型突变。1980 年代末发展的基因敲除方法可检查功能丧失（loss of function）与功能获得（gain of function）突变。表 1-4 总结了在鼠胚胎中观察到的由功能丧失与功能获得突变产生的 *Hox* 基因簇表型改变。

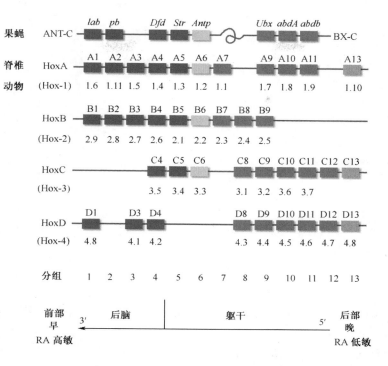

图 1-11　脊椎动物 *Hox* 复合物的分组排列及其与果蝇 HOM-C 的比较

图上部是果蝇 HOM-C，位于 Antp 与 Ubx 之间的缺口表示 ANT-C 与 BX-C 的连接部位；在脊椎动物的
4 个 *Hox* 基因簇中，封闭的盒表示已知的同源异型基因，盒上都是目前的名称，盒下部标出旧名称作
对照；在尚未发现基因的部位留出空隙；图底部的大箭头表示作用脊椎动物的 *Hox* 基因转录方向相同，
同时也标出前后轴线，时间关系及对 RA 的敏感性，显而易见位于左侧的基因最先表达，平台最前部对
RA 敏感性最高

表 1-4　鼠 *Hox* 基因功能丧失与功能获得突变的一般表型总结

基因	功能丧失	功能获得	表型转化		形态异常
			前部	后部	
Hoxc-8	+		+		
Hoxb-4	+		+		
Hoxa-2	+		+		
Hoxd-3	+		+		
Hoxd-13	+		+		
Hoxa-5	+			+	
Hoxa-11	+			+	+
Hoxa-3	+				+
Hoxa-1	+				+
Hoxd-7		+		+	
Hoxc-4		+		+	

基因	功能丧失	功能获得	表型转化		形态异常
			前部	后部	
Hoxc-6		+	+		
Hoxc-8		+	+		
Antp	+		+		
Ubx	+		+		
abd-A	+		+		
abd-B	+		+		
Scr	+		+		
Def	+		+		
Ubx		+		+	
abd-B		+		+	

例如，果蝇的 *Antp*、*Ubx*、*abd-A* 与 *abd-B* 基因的功能丧失、突变导致胚胎前部的同源异型转换，功能获得突变诱导后部的同源异型转换，而 *Dfd* 与 *Scr* 基因的功能丧失突变导致胚胎后部的同源异型改变。鼠的 *Hoxc-8*、*Hoxb-4*、*Hoxa-2*、*Hoxd-3* 与 *Hoxd-13* 基因的功能丧失突变表现为中轴骨骼或神经嵴的前部同源异型的转换；*Hoxa-5* 与 *Hoxa-11* 基因的功能丧失突变表现在后部的同源异型转换；而 *Hoxa-1* 与 *Hoxa-3* 基因的功能丧失突变尚未检测到其表型转换，但却具有头部与神经间充质的分化作用。*Hoxa-1* 基因突变可干扰后脑分节，菱脑第 5 原节（r5）的全部或部分缺失，从而导致头部神经组织排列紊乱。鼠 *Hoxc-6* 与 *Hoxc-8* 基因功能突变后可产生前部转换，而 *Hoxa-7* 与 *Hoxd-4* 基因突变则产生后部转换，目前仅发现 *Hoxa-4* 的基因表达改变会产生消化道异常，但尚不知在消化道外是否存在有异位结构域。总的看来，基因敲除产生的表型改变远远少于基因表达类型的改变。产生上述结果可能有两种原因：①其他的 *Hox* 基因的功能代偿作用；②后部基因与前部基因的显性功能可同时在一个结构域中表达。

（二）*Hox* 基因的表达调控

目前对 *Hox* 基因表达调控的研究，主要是采用细胞系和转基因动物的方法，以鉴定 *Hox* 基因的上游顺式调控区。在转基因动物实验中，采用相关复合物的较小区域，可重建内源性 *Hox* 基因适宜的组织特异性分布、前后部分界、线性限制、激活与修饰的时间顺序等。上述结果似乎说明，单个的 *Hox* 基因的适宜调控并不需要整合到相应的内源复合物上，即 *Hox* 基因的表达似乎并不需要等级控制机制。那么，为什么 *Hox* 基因的成簇结构在进化中具有高度的保守性呢？在相关的转基因动物实验研究中，α-半乳糖苷酶显色并不能反映基因表达的相对水平、不同的转录本以及一些细微的时空分布差异，而上述这些功能特点可能正是和 *Hox* 基因簇的结构密切相关的。同时，

Hox/LacZ实验是在野生型的遗传背景上做的，而此时，内源性的 Hox 蛋白已有了适宜的分布。如果自动调节相互作用是 Hox 基因调节的基本过程，而转基因实验可能仅仅介导了其中部分自动调节信号的表达。实验已证明，转基因实验难以重建 Hox 基因的内源性表达模式，如构建的 Hoxb-7 与 Hoxb-6 基因表达后，仅产生了它们表达模式的其中一部分。因此，显示多种成分与长距离相互作用对基因的表达来说是必需的，且某些缺失成分可能是与其相邻的基因所共有的。尽管单个基因能够在非成簇的结构中被调节，但从内源性复合物中将单个的 Hox 基因去除后，会同时缺失其他 Hox 基因所需的调控区域。总之，脊椎动物 Hox 基因簇结构的保守性与其在胚胎成形中的限制性表达模式是密切相关的。

用缺失分析方法研究 Hox 基因表达的上游调节子时发现，某些调控基因在 Hox 基因表达中具有增强子作用，如 Krox-20 的异位表达可激活携带 Hoxb-2 增强子的报道基因在转基因动物中的表达提示，Krox-20 是 Hoxb-2 基因表达的直接上游调节子。

（三） Hox 同源框基因在神经系统格局化建立中的作用

分节是生物体的基本原则，不同节段根据沿纵轴的位置常含有不同的解剖结构，发育生物学中的一个基本概念就是潜能相同的节段通过处于有机体的不同位置（即位置特征性）获得差异。分节组构原理也适用于脊椎动物的神经系统，在胚胎发育过程中，中枢神经系统的后脑（菱脑）可见到分节样的结构，称为神经节（菱形节）。研究表明，神经节确实代表与神经元分化空间格局相关的分节域，而基因表达有严格的空间域是构成这种形态学和细胞学的基础，Hox 同源框基因的表达产物就是与神经系统格局化密切相关的一类重要的转录调节因子，它们在建立并保持不同神经节及在其内发育的不同类型神经元的位置特征方面均起着决定作用。

果蝇的同源异型基因复合体（HOM-C）参与控制果蝇胚胎发育的分节和分节特征，而脊椎动物中与 HOM-C 高度同源的 Hox 同源框基因，最先表达在发育的神经系统。通过与果蝇 HOM-C 复合体中相对应基因的相似性比较，已发现 Hox 基因在中枢神经系统的有序表达模式，从而提示，Hox 同源框基因可能是脊椎动物神经系统产生、分布以及分节特征化的主控基因。

脊椎动物 Hox 同源框基因复合物是 4 种从同一祖先进化而来的 Hox 基因簇，分布在 4 个不同的染色体上，为 Hox-a、Hox-b、Hox-c 和 Hox-d，每个基因簇上的基因在结构和组成上都与其他基因簇上相对应的特殊成员高度相关，这些相关基因被称为共生同源基因（paralogous gene），脊椎动物和果蝇 Hox/HOM-C 基因簇包含了 13 个共同的同源基因组（图 1-11，其中的 1～4 在脊椎动物后脑和鳃弓中表达，5～13 则在脊髓中表达）。

研究发现，小鼠 Hox 同源框基因簇中的基因，在胚胎神经上皮内的表达彼此重叠，但每个表达带的前端界限却十分明确；在后脑中，Hox 基因的表达界限与菱形节的界限也非常一致。例如，Hox-b4 表达的前端界限在菱形节 r6 和 r7 之间，共生同源基因簇 4 基因的表达前端界限也在 r6 和 r7 之间；Hox-b3 表达的前端界限在 r4 和 r5 之间，共生同源基因簇 3 基因的表达前端界限也在 r4 和 r5 之间。目前的研究已经揭示，果蝇

HOM-C复合体中，不同同源框基因的功能是沿纵轴分布的不同节段建立不同的位置特征，其中某个基因发挥作用的节段与该基因在 *HOM-C* 基因簇上的位置密切相关，位于3′端的基因则可影响靠前面的节段，位于5′端的基因可影响靠后面的节段，这种在染色体上的位置与表达域之间的相关性在进化上呈现相当的保守性。小鼠 *Hox* 基因簇上不同基因在染色体上的排列次序完全对应于它们在果蝇 *HOM-C* 基因簇上的同源基因，而且小鼠中位于3′端基因的表达也比那些位于5′端的基因更靠前（图1-11）。*Hox* 基因簇的这种在序列、染色体定位以及表达前界等方面的平行保守性，揭示 *Hox* 基因簇在特化脊椎动物后脑的位置特征性方面（至少是沿纵轴）起着重要的作用。

现发现，*Hox* 基因簇中的基因仅有少部分在后脑表达，而其余大部分都在脊髓中表达，且在脊髓有一个很明显的前端界限。在发育晚期，*Hox* 基因在脊髓表达中的作用可根据神经发生过程的表达模式来进行时间分析，中枢神经系统的不同种类的神经元是在不同发育阶段以及不同的背腹区域产生的。分析神经发生过程中横切面的 *Hox* 基因表达时发现，*Hox* 基因的表达处于动态变化之中，并与神经元成熟的步骤相平行。其中，*Hox-b* 基因簇所有成员的表达模式都完全一致，即在运动神经元中表达下调，连合神经元中表达上调，随后，该基因簇局限性地在背部感觉神经元中表达。上述这些表达模式提示 *Hox* 基因可为不同类型神经元的形成提供位置特征。而其他 *Hox* 基因复合体的基因表达则表现为不同的背腹限制性区域，从而提示，不同的 *Hox* 同源框基因簇可能对不同类型的神经模式形成起调控作用。

二、PAX 家族同源框基因与神经系统发育

Pax 同源框基因配对盒（paired box）的 384bp 共有 DNA 序列最早是从果蝇的配对（paired-rule，prd）基因和两种节段极性基因（gooseberry-proximal，gsb-p 和 gooseberry-distal，gsb-d）中发现的。除此之外，上述 3 种基因均还包含另一个与同源框相关的高度保守序列，被称为配对形式同源框（paired-type homeobox）。但随后对果蝇 Pax 同源框基因的研究发现两种含有配对盒的基因：*pox-neuro* 和 *pox-meso*，却不包含配对形式同源框序列。之后，在小鼠、蛙、海龟、线虫、人、斑马鱼、鸡和鸟的基因组中也相继发现了含或不含配对形式同源框的配对盒基因。这些基因结构相似、功能相当保守，主要参与诱导、特化多种细胞形式以及神经系统格式化等多种发育过程的调控。

应用同源筛选技术，已成功地分离出 9 种不同的鼠 *Pax* 基因（*Pax1*～*Pax9*）。研究鼠 *Pax* 基因在发育中的表达时发现，所有 *Pax* 基因在胚胎发生早期的 8～9.5 天 PC（交配后，post coition）就开始表达，且以时间和空间限制性的方式沿着头-尾轴的顺序表达，这种表达方式贯穿整个发育阶段，甚至在某些特殊情况下的成年期也可观察到。*Pax* 基因的这种早期表达方式，且在神经系统表达的时间和空间局限性，提示 *Pax* 基因在某些神经诱导过程、特殊细胞形式的分化过程以及神经发育中的各种解剖界线建立等多方面起着重要的作用。

神经系统中，具有完整配对形式同源框的 *Pax* 基因通常表达较早，且局限于有丝分裂活跃的细胞中，而不具备配对形式同源框的其他 *Pax* 基因似乎仅在分化细胞中表达。*Pax-3*、*Pax-6* 和 *Pax-7* 都具有配对形式同源框序列。在神经系统发育时，它们的

表达都较早，一般在 8.0～8.5 天 PC 的前脑中有表达，在前端和端脑表达升高；发育后期 *Pax-3* 和 *Pax-7* 基因在前脑中的表达减少，而 *Pax-6* 基因的表达则维持早期的水平。目前研究表明，*Pax-6* 基因是这个家族中最早表达的基因，且其表达贯穿整个神经发育过程。*Pax-6* 的表达与多种解剖界限的建立是一致的，例如，头部 *Pax-6* 基因的表达从端脑延伸到间脑，直到划分间脑和中脑区域的界限至大脑后连合。在间脑中 *Pax-6* 基因的表达局限于腹部丘脑且不进入背-腹部丘脑的界限，而 *Pax-3* 和 *Pax-7* 基因的表达也不进入神经节的界限，仅仅局限在上丘脑和前顶盖。*Pax* 同源框基因（*Pax-3*、*Pax-6*、*Pax-7*）在大脑的这种空间限制性地特异性高表达，提示它们可能参与大脑区域的格局化，尤其是特化纵向和横向的限制性结构域的形成，且对于维持神经系统的位置特征性是必需的。

　　在神经管的形成过程中，*Pax-3*、*Pax-6* 和 *Pax-7* 在 8 天 PC 时的基因表达仅局限在腹侧活跃增殖的神经上皮细胞中。在神经发育过程中，神经上皮细胞注定要迁移到中间和边缘层，并分化成神经元和胶质细胞。*Pax-6* 基因的表达与神经管的闭合一致，并局限在神经管的基底板和中间板；而 *Pax-3* 和 *Pax-7* 的表达却局限于神经管的背部，*Pax-3* 基因在发育早期的神经管背部表达，随后表达在神经嵴、脊髓的背部，*Pax-3* 基因一方面对于神经嵴细胞的适当释放、迁移和增殖以及随后发育成为不同的结构或器官是至关重要的，另一方面该基因功能的正常发挥对于组成中枢神经系统完整性先决条件的神经管的适当闭合以及神经外胚层的增殖都是非常必要的。*Pax-3*、*Pax-6* 和 *Pax-7* 在神经管早期的背、腹部呈现限制性的表达模式，提示它们可能参与神经管的背、腹限制性表达模式的形成和特殊细胞形式的特化，并使细胞能够沿特定的通路分化。

　　此外，*Pax* 基因在脊椎动物视觉系统的发育中也起着关键的作用：*Pax6* 是眼睛发育的重要调控基因，在 8.5 天 PC 时，在视泡中可检测到 *Pax6* 基因的表达。在眼睛诱导过程中，晶状体形成的神经外胚层和外胚层上表面都有 *Pax6* 基因的表达，在眼茎、分化的眼泡、视网膜、晶状体和角膜中均有高水平的 *Pax6* 基因表达。在鼻子的发育过程中，*Pax6* 基因先是在嗅觉上皮中表达，随后在嗅球中表达。可见，*Pax6* 基因在包括视网膜、虹膜、角膜等在内的多种细胞构成以及视觉系统的轴突发育诱导过程中均起着重要作用。*Pax2* 基因可参与调控从视网膜延伸至眼睛之外的轴突特异性分化，在视觉交叉发育和指导同侧或对侧视神经轴突生长中发挥重要作用。此外，成熟动物视神经中也依然可以检测到高表达的 *Pax* 基因；特别是在视神经再生的区域可检测到 *Pax* 基因的特异表达，提示 *Pax* 基因对视觉系统的再生也有重要作用。

三、*LIM* 同源框基因与神经系统发育

　　目前研究表明，几乎所有发现的 *LIM* 同源框基因家族在特定神经元亚群中均有表达，在线虫、果蝇和脊椎动物等多种生物的神经系统器官发育中起着重要的作用。

（一）*LIM* 同源框基因在无脊椎动物神经系统发育中的功能

　　在线虫（*C. elegans*）中，*lin-11* 和 *mec-3* 基因是其感觉、运动以及中间神经元特

异性终端分化所必需的，其中 *mec-3* 基因直接调控编码 β-微管蛋白的 *mec-7* 基因和编码离子通道的 *mec-4* 基因的表达，若基因敲除 *mec-3* 则可导致触觉受体神经元的突变以及上述触觉受体神经元特征基因表达量的明显降低或缺失。对果蝇 LIM 同源框基因 *apterous*（无翅基因）的功能研究表明，该基因可在果蝇幼虫翅膀发育、肌肉发育、轴突生长和神经递质选择等多种不同发育变化中起决定作用，并可调节其翅膀中 *integrin* 的表达，从而参与细胞黏附作用的调控。此外，*apterous* 还在神经元对神经肽 FMRF-amide的表达中起直接调节作用。

（二）LIM 同源框基因在脊椎动物神经系统发育中的功能

在研究脊椎动物神经系统发育时发现，LIM 同源框基因通过不同的时空表达模式可参与包括前脑、间脑、垂体、视网膜和脊髓等多种神经系统组织的发育分化。例如，*Lhx1* 基因通常在一些与感觉功能相关的多种细胞类型中表达，并在神经诱导中起作用，若将 *Lhx1* 基因突变则无法形成正常的大脑结构，导致胚胎死亡。将 *Lhx2* 基因敲除后发现，突变后的小鼠在 E13.5 仍未能形成晶状体和视网膜，并可造成大脑皮质以及脊髓的发育畸形。基因敲除研究表明，*Lhx3* 和 *Lhx4* 基因在脑垂体形成的多级过程中，通过控制垂体腺前体——Rathke 囊的形成，调控脑垂体特有细胞系的扩增和分化，从而决定不同种类动物垂体器官的同一性，但其中 *Lhx3* 基因的功能似乎比 *Lhx4* 更为重要。胚胎发育早期，*Lhx3* 基因可在大脑、脊髓以及 Rathke 囊中表达，Sheng 等发现 *Lhx3* 基因对 Rathke 囊同源框基因 *Rpx* 的维持表达起重要作用，*Lhx3* 基因表达产物还可调控垂体前叶某些功能性基因的表达，在 *Lhx3* 基因缺失动物中，与垂体腺功能特异相关的 αGSU 和 βTSH 的表达亦会消失，由此提示，*Lhx3* 在垂体发育及其功能维持中均起着调控作用。此外，*Lhx3*、*Lhx4* 以及 *Islet-1* 基因在脊髓运动神经元的发育中也具有极为重要的作用，上述基因在运动神经元中瞬时表达，调控脊髓运动神经元细胞分化和轴突生长的多样性。*Lhx5* 基因是在前脑中表达的早期基因之一，从 E10 到 E12.5 期，可依次在中脑、延脑、脊髓、神经节突起、丘脑和下丘脑中检测到 *Lhx5* 基因的表达，从而提示 *Lhx5* 可能在前脑的模式形成中起重要作用；Zhao 等实验发现，*Lhx5* 基因通过调节前体细胞的增生，控制神经细胞分化和迁移，在哺乳动物海马形成中起重要作用。对 *Lhx6* 和 *Lhx8* 基因的研究发现，它们在胚胎小鼠前脑的特定区域中表达，但到目前为止，还没有相应的功能研究结果。S. Bertuzzi 等克隆到了 *LIM* 同源框基因的 *Lhx9* 基因，该基因是 *Lhx2* 的相关基因，也在中枢神经系统发育中表达，且 *Lhx9* 基因仅在大脑皮质的早期神经元中表达，而 *Lhx2* 基因的表达则遍及皮质的整个发育时期。

总之，许多 *LIM* 同源框基因产物在不同种类动物（如线虫、节肢动物和脊椎动物）中都表现出类似的调控功能。在神经系统开始发育时，大多数 *LIM* 同源框基因可被激活，在神经系统发育早期的组织器官特征形成和神经元细胞分化，以及后期调控组织特异性基因的表达中均具有重要功能。

四、POU 同源框基因与神经系统发育

现已发现属于 POU 同源框基因家族的成员有：线虫的 unc-86、哺乳类细胞的 Pit-1/GHF-1、Oct-1、Oct-2、Oct-3、Oct-4、Oct-5、Oct-6、Oct-7、Oct-8、Oct-9 和 Oct-10、大鼠的 Brn-1、Brn-2、Brn-3 以及 SCIP/tst-1 等。

线虫的 unc-86 基因在感觉神经节细胞中表达，主要参与决定包括感觉神经元在内的神经元表型的发育。大鼠的 Brn-3 基因是线虫 unc-86 基因的高度同源基因，也在感觉神经节细胞中表达。Brn-3 基因表达产物的表达模式以及蛋白质序列均与 unc-86 的十分相似，提示这两种基因的作用在不同生物体中也具有保守性。

Brn3a 是具有 POU 结构域的转录因子，该基因在外周感觉神经元和尾部中枢神经系统的特殊中间神经元中表达。Brn3a 基因在感觉神经元中的表达受到其特异的上游增强子的调节，在 Brn3a 基因敲除小鼠中其增强子的活性将大大增强，从而提示，Brn3a 可负调控其自身基因的表达。Brn3a 基因和其增强子的结合位点具有高度的保守性，如果这些位点发生突变，将影响 Brn3a 调控的下游靶基因。此外，Brn3a 基因在感觉神经中枢的表达水平在 Brn3a$^{+/+}$ 和 Brn3a$^{+/-}$ 小鼠中都十分相似，从而提示，该基因可通过增强 Brn3a$^{+/-}$ 小鼠中仍保留的 Brn3a 基因的表达来弥补其等位基因缺失；而相反，Brn3a$^{+/+}$ 小鼠中导入的过表达基因的表达会受到抑制。以上结果提示，Brn3a 是神经发育过程中的一个关键调控因子，该基因的表达在发育中可靠其自身调节来维持一定的表达水平。

Oct-6 基因在发育及成年脑的特定神经元中均有表达。大鼠的 Oct-6 同源基因 SCIP/tst-1 在大鼠出生后外周神经系统发育的施旺氏细胞中表达，且 SCIP/tst-1/Oct-6 只在施旺氏细胞分化的髓鞘生成之前以及髓鞘生成细胞快速分裂的时期短暂高度表达，提示该基因可能在这些细胞的渐进性决定（progressive determination）过程中起重要作用。其他的 POU 基因也在大、小鼠的神经系统发育中以不同的时间和空间模式表达。Oct-1、Oct-2、Brn-1、Brn-2、Brn-3 和 Pit-1/GHF-1 均在神经管中表达，发育晚期，在神经系统中以各种不同的模式表达。

一些 POU 基因由于存在着不同的剪接方式而使其表达模式更加复杂化。例如，Oct-2 的各种不同剪接物在鼠的神经系统的不同区域中表达，其中一个编码包括 Oct-2 POU 结构域的蛋白，被称为 Mini Oct-2，该转录产物在发育过程中的嗅觉神经上皮存在极高的表达水平；在成年大脑中，该基因在嗅球的僧帽（mitral）细胞层中也有持续的表达。由于嗅觉系统是哺乳动物神经系统中感觉神经元持续生长和分化的唯一区域，因此嗅觉细胞不断重新被神经支配而保持着增殖状态，这一增殖过程离不开某些 POU 同源框基因的表达调控。

Pit-1/GHF-1 基因在神经管短暂表达后，在垂体中表达并影响发育过程中从同一种细胞系来源的 5 种不同细胞形式在精确的时间分化形成。在小鼠的垂体前叶分化（E13.5）时，分化前 24h 可检测到 Pit-1/GHF-1 的转录产物，直到分化 3 天后检测到 Pit-1/GHF-1 蛋白，这一过程与启动生长激素基因和催乳素基因的表达相关，提示 Pit-1/GHF-1 基因参与垂体细胞命运的决定以及神经内分泌细胞分化的时间控制。

此外，Oct-1、Oct-2、Oct-4 等 POU 转录调节因子不仅可以激活转录，而且还可刺激 DNA 的复制。显微注射 Oct-4 反义寡核苷酸到已受精的卵细胞中，可明显抑制 DNA 的合成并使胚胎保持在一个细胞阶段。综上所述，一些 *POU* 同源框基因表达产物在神经细胞增殖阶段呈现高表达，提示 *POU* 同源框基因可能参与神经元细胞增殖以及神经细胞命运的决定过程。

五、其他同源框基因与神经系统发育

果蝇是一个极好的研究同源框基因在神经组织诱导过程中作用的模型。在研究该模型时，科学家们发现，在果蝇胚胎神经发育中，有 2 个非常重要的基因在起作用：腹侧神经发育基因（*Vnd*）及其相关基因（*Vnd*/*NK2*）和肌肉同源框基因（*msh*）。上述基因都是同源框 *NK2* 基因家族中的成员。NK2 同源结构域具有 2 个高度保守的氨基酸序列，第一个位于 N 端，第二个是 NK2 的特异结构域位于同源框序列和 C 端序列之间。*Vnd*/*NK2* 是在果蝇神经系统发育和早期神经模式功能形成中第一个表达的神经发育基因，该基因是成神经细胞形成所必需的，可在正常条件下通过增加或保持早期神经基因的表达在神经前体细胞形成成神经细胞的过程中发挥功能作用。

Nkx-2 同源框基因是小鼠中与果蝇 *NK-2* 基因相关的基因，它包括小鼠的 4 种 *Nkx-2* 基因。*Dlx* 同源框基因是脊椎动物中与果蝇 Distal-less（*Dll*）基因相关的基因，目前已发现属于 Dlx 家族同源框基因的基因有小鼠的 4 种 *Dlx* 基因，爪蟾的 5 种和斑马鱼的一种 *Dll* 相关基因。研究发现，小鼠的 *Dlx-1*、*Dlx-2* 和 *Nkx-1*、*Nkx-2* 及 *Nkx2-3* 在发育的前脑中表达。有些实验证据表明，前脑可能是从一个分节样前体发育而来的。*Dlx-1* 和 *Nkx-2* 同源框基因的表达界限与划分前脑功能和解剖区域的形态学界限是一致的，提示：像 *Hox* 基因参与后脑分节一样，*Dlx*-和 *Nkx-2* 同源框基因在前脑的模式形成，尤其是间脑的模式形成中起着重要作用。

Emx 同源框基因是小鼠中与果蝇 empty spiracle（*ems*）同源框基因相关的基因，它包括小鼠 *Emx-1* 和 *Emx-2* 基因。*Emx-1* 基因仅在发育和成熟的大脑皮层和海马的神经元中限制性表达。使用 ES 细胞和转基因技术，将 *cre* 基因直接插入到 *Emx-1* 基因启动子的下游，制备出转基因小鼠，在这种转基因小鼠的大脑皮层中可检测到 Cre 蛋白的存在和表达，并且在体外可观察到其具有介导与 loxP 特异结合的功能。

Otx 同源框基因是小鼠中与果蝇 orthodentide（*otd*）同源框基因相关的基因，包括小鼠 *Otx-1* 和 *Otx-2* 基因。*Emx-1*、*Emx-2*、*Otx-1* 和 *Otx-2* 基因均在 E10 小鼠胚胎的发育大脑中表达。*Otx-2* 在端脑、间脑和中脑的所有背侧和大部分腹侧区表达。*Otx-1* 的表达区域与 *Otx-2* 基本相似，但范围比 *Otx-2* 小并包含在其中。*Emx-2* 的表达区域包括端脑的背侧和小部分间脑的背侧和腹侧区域，而 *Emx-1* 的表达限制在端脑背侧的区域。当大脑的大部分区域格局化发生时，这 4 种基因的表达区域是以 *Emx-1*＜*Emx-2*＜*Otx-1*＜*Otx-2* 的顺序互相包容的连续区域。4 种基因转录产物出现的顺序是：*Otx-2* 最先表达（E5.5），随后 *Otx-1* 和 *Emx-2* 表达（E8～E8.5），最后 *Emx-1* 表达（E9.5），推测这 4 种基因可能以背侧端脑为中心，以一种各自独立的渐进性过程建立胚胎大脑不同区域的界限。

　　总之，同源框基因表达蛋白是一类重要的转录调节因子，作为反式作用因子调节细胞的发育和分化，决定机体的形态。它规划身体各主要区域的蓝图，将胚胎沿头-尾轴分为不同的区域，然后分化为不同的器官结构。在神经系统的发育中，多种同源域蛋白家族参与了神经元细胞类型即细胞命运的确定、神经元细胞分化时间的控制以及神经元细胞分化的格局化和空间控制等。同源框基因是神经系统的主控发育基因，以此来解释发育机制，大大加深了对神经系统发育的理解。不仅如此，"再生往往是个体发育的重演"，这提示同源框基因可能在神经再生中也具有非常重要的作用。

（刘　毅　葛学铭撰　范　明审）

主要参考文献

陈彪，范明. 1997. LIM 同源框基因家族与神经系统. 生理科学进展，28：24～28

范明，甘思德，Tough E 等. 1993. 中枢神经系 *Isl-1* 基因表达. 中国应用生理学杂志，9：326

葛学铭，范明. 2004. 与神经系统发育相关的基因. 见：神经生物学. 鞠躬等. 北京：人民卫生出版社

Albert LL, David LN, Michael MC. 2000. Principles of Biochemistry. 3rd edition. New York：W H Freeman & Co.

Alberts. 1996. Molecular Biology of the Cell. New York：Garland Pub. Inc

Beachy PA, Krasnow MA, Gavis ER, et al. 1998. An Ultrabithorax protein binds sequences near its own and the *Antennapedia* P1 promoters. Cell, 55：1069～1081

George O, Danny R. 2002. A unified theory of gene expression. Cell, 108：439～451

Guo H, Hong S, Jin XL, et al. 2000. Specificity and efficiency of Cre-mediated recombination in Emx1-Cre knock-in mice. Biochem Biophys Res Commun, 273：661～665

Harrison PR. 1990. Molecular mechanisms involved in the regulation of gene expression during cell differentiation and development. Immunology Series, 49：411～464

Hartmann B, Hirth F, Walldorf U, et al. 2000. Expression, regulation and function of the homeobox gene empty spiracles in brain and ventral nerve cord development of *Drosophila*. Mech Dev, 90 (2)：143～153

Harvey Lodish, Arnold Berk, et al. 2004. Molecular Cell Biology 5th Edition. New York：W H Freeman & Co.

Hobert O, Westphal H. 2000. Functions of LIM-homeobox genes. Trends Genet, 16 (2)：75～83

Krasnow MA, Saffman EE, Kornfeld K, et al. 1989. Transcriptional activation and repression by *Ultrabithorax* proteins in cultured *Drosophila* cells. Cell, 57：1031～1043

Lupo G, Andreazzoli M, Gestri G, et al. 2000. Homeobox genes in the genetic control of eye development. Int J Dev Biol, 44：627～636

Mann RS, Hogness DS. 1990. Functional dissection of *Ultrabithorax* proteins in *D. melanogaster*. Cell, 60：597～610

Mansouri A, Goudreau G, Gruss P. 1999. Pax genes and their role in organogenesis. Cancer Res, Apr 1；59 (7)：1707～1709

Manzanares M, Wada H, Itasaki N, et al. 2000. Conservation and elaboration of Hox gene regulation during evolution of the vertebrate head. Nature, 408 (6814)：854～857

Mcginins W, Garber RL, Warz J et al. 1984. A homologous protein-coding sequence in *Drosophila* homeotic genes and its conversation in other metazoans. Cell, 37：403～408

Mcginins W, Levine M, Hafen et al. 1984. A conserved DNA sequence in homeotic genes of the *Drosophila Antennapedia* and bithorax complexes. Nature, 308：428～433

Nüsslein-Volhard C. Wieschaus EF. 1980. Mutations affecting segment number and polarity in *Drosophila*. Nature, 287：795～801

Reichert H, Simeone A. 1999. Conserved usage of gap and homeotic genes in patterning the CNS. Curr Opin Neurobiol,

9 (5)：589～595

Robb Krumlaccf. 1994. Hox gene in vertebrate development. Cell, 78：191～201

Scott F, Gilbert, Susan R, et al. 2003. Developmental Biology, 7th Edition Sunderland, Massachusetts：Sinauer Associates, Inc.

Strachan T, Read AP. 1994. PAX genes. Curr Opin Genet Dev, 4 (3)：427～438

Trainor PA, Krumlauf R. 2000. Patterning the cranial neural crest：hindbrain segmentation and Hox gene plasticity. Nat Rev Neurosci, 1 (2)：116～124

Underhill DA. 2000. Genetic and biochemical diversity in the Pax gene family. Biochem Cell Biol, 78 (5)：629～638

Vollmer JY, Clerc RG. 1998. Homeobox genes in the developing mouse brain. J Neurochem, 71 (1)：1～19

Walter J. 1994. Homeodomain-recognition. Cell, 78：211～223

第二章　干细胞与中枢神经系统发育

第一节　干细胞概述

　　机体的发育是一个连续不断的过程，它开始于精子进入卵细胞后的受精卵，由受精卵分裂、分化及生长等过程转变为一个多细胞的个体。在这个过程中，受精卵首先经桑椹胚（morula）形成多细胞囊胚（blastula，或称胚泡，blastocyst），囊胚由外周的滋养层和内面的内细胞群（inner cell mass，ICM）构成（图 2-1）。内细胞群进一步分化为内胚层、外胚层和中胚层，它们将形成胚胎的全部。

　　从内细胞群可分离克隆出胚胎干细胞（embryonic stem cell，ES 细胞），ES 细胞具有分化形成机体任何组织细胞的潜能（图 2-2）。ES 细胞为研究哺乳动物胚胎早期发生、细胞组织分化、基因表达调控等发育生物学基础研究的一个非常理想的模型系统和非常有用的工具，也是进行动物胚胎工程研究及生产和临床医学研究的一个重要手段。因此，各国学者都竞相积极地投身于哺乳动物 ES 细胞的分离、克隆、建系和定向分化等研究。

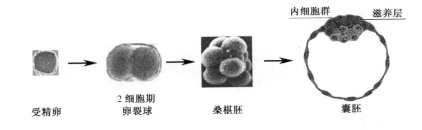

图 2-1　囊胚的形成过程

受精卵　　2 细胞期卵裂球　　桑椹胚　　囊胚

内细胞群　　滋养层

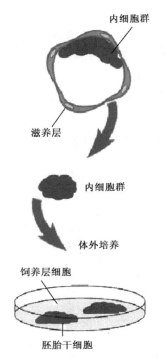

内细胞群

滋养层

内细胞群

体外培养

饲养层细胞

胚胎干细胞

图 2-2　胚胎干细胞的克隆培养

神经系统各种细胞除了可以从 ES 细胞分化而来外，近年大量的研究证实在胚胎和成年哺乳动物脑内均存在神经干细胞（neural stem cell，NSC），它们能够在离体条件下大量增殖、分化为神经元和胶质细胞。神经干细胞所具备的生物学特性使之不仅成为研究神经系统的细胞发育分化非常有用的对象，而且由于神经干细胞具有多向分化潜能，将其植入组织后易于存活，因而使其成为细胞移植治疗神经疾病的理想种子细胞类型。如果能进一步研究直接指导神经干细胞增殖与分化的因子和条件，对神经疾病和神经损伤后的自我修复将具有极大的促进作用，因而有着广阔的应用前景。

机体在发育的不同阶段和不同的组织器官中还经历或发育分化形成多种干细胞，如造血干细胞、生殖干细胞、表皮干细胞、心肌干细胞、骨骼肌干细胞、肝脏干细胞、胰腺干细胞等，它们可以分化形成相应组织器官的终末细胞。最近的研究显示，某些组织干细胞可分化为在发育学上无直接关联的其他系列的细胞类型，称为"可塑性"（plasticity）或"转分化"（transdifferentiation），这些报道结果目前还存在争议。

一、干细胞的概念与一般特性

（一）干细胞的概念与基本特性

干细胞（stem cell）是指来源于胚胎或成体的细胞，在一定条件下具有自我更新（self renewing）能力和长期（或伴随成体终生）的增殖能力，具有分化形成至少一种特定细胞类型的特性。在个体发育的不同阶段和机体的不同组织中均存在干细胞，随着年龄的增长，干细胞的数量逐渐减少。

目前，根据干细胞分化潜能的差异将其分为以下几种类型：

1）全能干细胞（totipotent stem cell），指具有发育成为哺乳动物完整个体的多潜能干细胞。受精卵经过卵裂形成 8～16 个细胞的实心球体即桑椹胚，形成 16 细胞以前的每个卵裂球仍保持上述的全能性，将任一卵裂球分离开来置入合适的环境条件，它们都可以发育成为一个完整的个体。

2）三胚层多能干细胞（pluripotent stem cell），该类干细胞虽然丧失了发育成为完整个体的能力，但仍具有分化发育形成来源于内胚层、中胚层和外胚层 3 个胚层所有细胞的潜能，主要包括胚早期的内细胞群、分离培养的 ES 细胞和胎儿早期的胚胎生殖细胞等。

3）单胚层多能干细胞（multipotent stem cell），该类干细胞只能分化成同一胚层来源的几种特定类型的细胞，如间充质干细胞通常只能分化形成肌肉、软骨、骨、脂肪等细胞。

4）单能干细胞（monopotent stem cell）和祖细胞（progenitor cell），为分化方向确定的中间类型的细胞，来源于胎儿期或成年组织，祖细胞具有有限的增殖和分化能力，但没有自我更新能力。如造血祖细胞，也称定向干细胞，淋巴系造血祖细胞可以分化形成 T 淋巴细胞、B 淋巴细胞和 NK 细胞等淋巴细胞亚型，而不具有分化发育为其他细胞系如红细胞系的能力。

5）前体细胞（precursor cell），指未完全成熟阶段的细胞，可能也有一定的分裂增殖能力，但没有自我更新能力，最终发育成熟为终末分化细胞（terminal differentiated cell）。

根据分离培养干细胞时取材来源的发育阶段和组织来源的差异，可将干细胞分为胚胎性干细胞和组织（器官）干细胞（现在通常称为成体干细胞）。胚胎性干细胞主要是指来源于囊胚内细胞群的 ES 细胞，但通常人们将从畸胎瘤（teratocarcinoma）中分离、筛选到的多能性胚胎瘤细胞（embryonic carcinoma cell，EC 细胞）和从胎儿早期的原始生殖细胞（primordial germ cell，PGC）来源的胚胎生殖细胞（embryonic germ cell，EG 细胞）也归于胚胎性干细胞。畸胎瘤是由哺乳动物和人类生殖细胞产生的，它由无序排列的多种组织构成，其中含有一些未分化的 EC 细胞，具有分化为各种组织细胞的潜能，但 EC 细胞常常表现出某些恶性肿瘤的特性，其染色体核型异常，分化潜能亦有限。原始生殖细胞来源于胚胎时期卵黄囊壁的内胚层细胞，它经原始消化管道系膜迁入生殖嵴内，从原始生殖细胞分离得到的 EG 细胞也具有多能性，但其体外增殖能力、分化潜能均比 ES 细胞弱。组织干细胞是指来源于胚胎晚期或出生后的各种组织或器官，数量很少，主要功能为维持细胞功能的稳态，早先人们认为在一些经常更新的组织（如血液、小肠黏膜、表皮等组织）才存在干细胞，但近年的研究显示一些曾经被认为成熟后不再进行分裂的组织（如脑、肝脏、骨骼肌、胰、角膜、视网膜等组织）中均存在特异性的组织干细胞。

胚胎性干细胞和组织干细胞都可在体外进行自我更新和增殖，并且在适宜的条件下均可分化为具有特殊形态和特定功能的子代细胞。但它们也有明显的区别：①来源不同，胚胎性干细胞多取自早期的胚或胎儿，尤其是极早期的胚，如桑椹胚、囊胚，而组织干细胞多来源于晚期胎儿或出生后组织。②增殖能力不同，胚胎性干细胞大多具有理论上的无限增殖能力，而组织干细胞的增殖能力通常有限。③分化潜能差异明显，胚胎性干细胞具有多能性，单个的胚胎性干细胞经过体外增殖分化后具有形成体内 200 多种细胞的潜能，而组织干细胞通常多为单胚层多能干细胞。④应用潜力互有优缺点，胚胎性干细胞替换疗法有可能替代体内受损的各种细胞，恢复其功能，但胚胎性干细胞可自动发生分化，容易形成畸胎瘤，因此胚胎性干细胞处于何种分化阶段才适于移植有待进一步研究；另外，胚胎性干细胞移植还有可能引起免疫排斥反应。而组织干细胞的分化通常需要外界的刺激，而且成体组织干细胞可取自自体的某一组织，避免了免疫排斥反应的发生。最近，随着研究的逐步深入，发现成体组织干细胞的分化潜能大大超出人们的想像，因此，成体组织干细胞具有了更广阔的应用前景，不至于引起伦理学上的争议，同时可有效地避免免疫排斥反应。

（二）干细胞的研究历史、现状与研究内容

早在 1961 年，Till 和 McCulloch 通过小鼠脾集落形成实验证实在脾中存在造血干细胞，后来的研究进一步发现在成体脊椎动物的一些更新较快的组织（如血液、皮肤及小肠上皮）中都存在干细胞，它们不断增殖以补充机体衰老死亡的细胞或参与创伤后的愈合修复等。1964 年，Pierce 等发现来自小鼠睾丸畸胎瘤的一些细胞具有多能性，它可分化为多种细胞类型，这种具有多能性的细胞称为 EC 细胞，将 EC 细胞注入囊胚中，可以形成嵌合体小鼠，表明 EC 细胞具备干细胞的特征，因而 EC 细胞成为研究小鼠胚胎发育的良好模型之一。

1981 年，英国剑桥大学的 Evans 和 Kaufman 用延缓着床的胚泡、美国加州大学旧金山分校的 Martin 用条件培养基等条件，分别成功地在体外分离、培养了小鼠的 ES 细胞。1998 年，Thomson 利用临床上体外受精的胚胎内细胞团建立了人 ES 细胞系。人 ES 细胞系的建立成为干细胞研究史上的重要转折点，在这之前，ES 细胞系主要用于转基因小鼠的建立等研究，这之后，研究的重点是如何诱导人 ES 细胞定向分化以及特定基因的表达等研究，使得运用分化细胞移植治疗各种疾病，甚至在实验室内制造人体器官成为可能。

长期以来，人们认为脑神经元、骨骼肌等细胞将永久性退出细胞增殖周期，不再发生分裂，因而不具有再生能力。神经干细胞的概念始于 20 世纪 90 年代，是从成年个体脑组织中分离培养了能不断分裂增殖且具有多向分化潜能的细胞群后提出的。1992 年，Reynolds 等首次提出成年哺乳动物的脑中存在神经干细胞。1997 年，McKay 等正式提出神经干细胞定义是：具有分化为神经元、星形胶质细胞和少突胶质细胞的能力，能自我更新，并足以提供大量脑组织细胞的细胞群。2000 年，Gage 进一步概括神经干细胞的特性为：①可生成神经组织或来源于神经系统；②具有自我更新能力；③可通过不对称细胞分裂产生新的细胞。近年，对神经干细胞的分化潜能和诱导定向分化进行了较多的研究，使人们看到了将神经干细胞应用于神经损伤和再生以及神经退行性疾病的替代疗法等方面的广阔前景。

我国的干细胞研究和应用已有一定的基础，其中研究和应用最多的是造血干细胞。早在 20 世纪 60 年代，我国就开始了骨髓移植的研究，到 70 年代末 80 年代初，临床骨髓移植治疗血液病在我国陆续开展，90 年代以来，除骨髓移植外，外周血和脐血干细胞移植也逐步普及应用于治疗血液病和肿瘤等，许多白血病和其他疾病患者接受了干细胞移植治疗后已完全治愈。

近年的研究报道，很多成体组织都存在干细胞，包括骨髓、外周血、脑、脊髓、血管、骨骼肌、肝脏、胰脏、角膜、视网膜、牙髓、皮肤、胃肠道上皮、脂肪等。目前，有关干细胞的研究主要集中在以下几个方面：

1) 干细胞的分离鉴定。目前，全世界已经取得了多株人 ES 细胞系，其特征性标记物与小鼠 ES 细胞相似。由于人 ES 细胞分离培养的条件仍不成熟和稳定，这些细胞系主要集中在美国、澳大利亚、新加坡、以色列和印度等少数国家，远未达到普遍开展相关应用研究的程度。组织干细胞存在于机体的各种组织器官中，组织干细胞的含量很少，即使含量最丰富的骨髓中，干细胞也仅占细胞总数的万分之一。许多组织干细胞的特异性标志物还不清楚，从细胞形态和生长特征来分离组织干细胞不太容易。因此，体外分离培养、纯化和鉴定各种干细胞仍较为困难，寻找各种干细胞的适宜的分离、纯化和鉴定方法，仍是当前研究的热点之一。

2) 干细胞的体外增殖。对于许多疾病，细胞移植替换受损的组织细胞无疑是行之有效的方法之一，将具有某种特定功能的细胞移植到体内相应的受损部位，不仅可以有效地促进和恢复该部位的功能，而且避免了传统的药物治疗可能导致的毒副作用。目前，"种子细胞"的体外增殖仍需要深入研究，特别是各种组织干细胞的体内外生长特性和表型可能不尽一致，但组织干细胞通常处于静息状态，具有有限的增殖分裂能力，虽可连续分裂几代，但分裂缓慢，也可在较长时间内处于静止状态，极大地限制了它们在临床的应用前景。因此，如何改善其体外增殖条件，延长其增殖代数，大量增加其细胞数量，仍将是一个很重要的课题。

3) 干细胞的定向分化。胚胎性干细胞具有理论上的无限增殖能力，但由于其具有多向分化潜能，直接移植后极易导致畸胎瘤的形成。组织干细胞也具有分化为多种细胞的潜能，最近的研究还发现，在适宜的培养条件下，组织干细胞还具有较强的可塑性，即还具有一定的转分化的潜能。如果能够诱导干细胞定向分化，在体外大量产生某种特定类型的细胞或其亚型，将更有利于细胞的替代疗法。目前，对于控制干细胞分化的分子机制了解甚少。

4) 干细胞的应用研究。干细胞具有临床应用前景和价值，但仍有诸多问题有待解决。干细胞的分化是一个连续的过程，处于什么阶段的细胞最适宜于移植？如何避免免疫排斥反应？安全性如何评价？可能有什么毒副作用？

干细胞的研究正蓬勃发展，进展迅速。但总的说来，干细胞的研究仍处于初期阶段，很多问题亟待解决。由于其潜在的应用前景，它吸引了越来越多的人力和资金。毫无疑问，随着干细胞研究的逐步深入，必将带来生物医学的又一次重大革命。

（三）研究干细胞的科学意义

干细胞的用途很广，涉及医学多个领域。干细胞及其相关生物技术的迅速发展得益于对干细胞特性的认识。目前已能在体外分离纯化、鉴别、扩增和培养人 ES 细胞以及多种组织干细胞，并以干细胞为种子培育成功了一些组织器官。干细胞及其衍生组织器官的临床广泛应用必将产生全新的治疗技术，导致一次医学革命，即再造正常的甚至年轻的组织器官。这种再造组织器官的新医疗技术将使任何人能用上自己或他人的干细胞和干细胞衍生的新组织器官，来替代病变或衰老的组织器官。假如在年老时能使用上自己或他人婴幼儿或青年时期采集保存的干细胞及其衍生组织，那么人类长期追求的长生不老的幻想就有可能成为现实。

新加坡国立大学医院和中央医院通过脐带血干细胞移植手术，根治了一名因家族遗传而患上严重地中海贫血症的男童，这是世界上第一例移植非亲属的脐带血干细胞而使患者痊愈的手术。脐带血干细胞移植手术并不复杂，就像给患者输血一样。由于脐带血自身固有的特性，使得用脐带血干细胞进行移植比用骨髓进行移植更加有效。现在，利用造血干细胞移植技术已经逐渐成为治疗白血病、各种恶性肿瘤放化疗后引起的造血系统和免疫系统功能障碍等疾病的一种重要手段。实际上，移植造血干细胞取代病变的造血细胞，治疗白血病和一些遗传性血液病已有几十年的历史，挽救了许多人的生命。造血干细胞移植包括骨髓移植、脐血和外周血干细胞移植。造血干细胞移植是目前治愈难治性白血病和某些遗传性血液病的唯一希望，在肿瘤和难治性免疫疾病的治疗中也有其独特的作用。干细胞移植需要供者和受者的白细胞抗原匹配，才不产生排斥反应，使供者的干细胞能在受者体内长期生存。孪生兄弟姐妹间白细胞抗原型号完全匹配，是最理想的供体，但孪生兄弟姐妹很少，实际上临床应用不多。同胞姐妹或兄弟之间的白细胞抗原型号匹配的可能性较大，是目前临床异基因造血干细胞移植的主要干细胞来源。然而临床上只有 1/4 的患者能获得同胞的干细胞。特别在我国，多数家庭只有一个孩子，能获得亲属干细胞的可能性就更低。非亲属之间造血干细胞的白细胞抗原型号完全匹配的可能性只有 1/100 000～1/50 000。因此，许多适合造血干细胞移植的患者因找不到所需的白细胞抗原配型相同的造血干细胞而失去治疗的机会。为解决干细胞来源缺乏的困难，许多国家的医疗机构或红十字会建立了骨髓库和脐血库，前者主要将志愿捐献骨髓者进行登记检查和白细胞抗原配型，一旦有患者需求，通知健康志愿者前来捐献骨髓。后者则采集储存可供移植的脐血干细胞，随时提供给白细胞抗原配型基本相同的患者进行移植治疗。骨髓和脐血干细胞库的建立和完善必将使更多的患者能有机会接受到这一新的治疗方法。目前干细胞的研究已扩展到间充质干细胞、神经干细胞和血管干细胞的移植以及多种组织的再造。可以预料其他组织干细胞的移植在不久的将来会广泛应用于临床。

科学家预言，用神经干细胞替代已被破坏的神经细胞，有望使因脊髓损伤而瘫痪的患者重新站立起来；不久的将来，失明、帕金森病、艾滋病、老年性痴呆、心肌梗死和糖尿病等绝大多数疾病的患者，都可望借助干细胞移植手术获得康复。

二、胚胎干细胞

Robertson 用不同品系、不同倍性、孤雌生殖小鼠胚胎和具有不同遗传病的胚胎建立了各种 ES 细胞系并对 ES 的多能性和嵌合特性进行了分析。目前小鼠 ES 细胞系研究已经做到：①从体外培养的 ES 细胞到小鼠育种之间的所有途径都已打通，方法学已经建立。②对 ES 细胞基因组进行操作。③利用 ES 研究细胞的分化。

细胞分化是发育生物学的核心问题之一。ES 细胞在有饲养层或抑制因子存在的条件下能保持其未分化状态，一旦去除这些分化抑制因素或添加某些诱导分化因子可诱导

ES 细胞向某些特定方向分化。目前 ES 细胞体外诱导分化研究仍主要限于小鼠 ES 细胞：①研究方案上，主要采用改变培养状态和改变诱导方式。②研究证实，去除饲养层，ES 悬浮培养可出现多种广泛的分化产物。不同的诱导方式所得分化细胞的类型和数量不同，相同的诱导方法，不同的培养状态其分化行为不同。③体外分化的细胞包括造血细胞、内皮细胞、心肌和肌肉细胞以及神经细胞等。在动物 ES 细胞克隆条件的基础上，1998 年，美国威斯康星大学的 Thomson 利用临床上自愿捐献的体外受精的受精卵培养至囊胚期，从其中 14 个胚泡的内细胞群分离得到 5 个细胞系，这些细胞系被继续培养了 5～6 个月并传 32 代，仍可继续生长。5 个细胞系均可被冻存、复苏而保持未分化状态，具有端粒酶的高表达特性而且保持正常核型及与其他哺乳动物 ES 细胞相似的细胞表面抗原标志。5 个细胞系分别被注射到患有免疫缺陷的小鼠体内，结果小鼠身上均长出了畸胎瘤。所有的畸胎瘤都包括消化道上皮组织、骨和软骨组织、平滑肌和横纹肌、神经上皮、神经节和复层鳞状上皮等，证明人 ES 细胞系具有形成内、中、外三个胚层的潜能。同年，美国霍普金斯大学的 Gearhart 等从临床流产的胚胎组织中得到原始的生殖细胞，然后在体外进行培养生长 9 个月，这些细胞与 Thomson 分离的人 ES 细胞具有类似的生物学特性。

人 ES 细胞系的建立及开发利用具有重大的意义。目前对人胚胎发育的了解主要是对胚胎的组织切片和从其他种属胚胎的研究获取信息。尽管小鼠胚胎发育保持着哺乳动物胚胎的特点，但与人胚胎发育过程和成体结构都有很大的区别，人 ES 细胞的利用和研究会弥补小鼠 ES 细胞在人体生长发育研究中的局限，开辟了人类研究其自身胚胎发育过程及组织功能研究的最好途径。通过寻找胚胎细胞在决定和定型分化等生物学过程中的关键因子，研究细胞分化谱系，为 ES 细胞体外定向诱导分化奠定基础。通过研究其体外分化特性，从而识别某些靶基因，对人类新基因的发现、功能基因的组织学研究、药物的筛选和致畸实验及基因治疗的研究等均具有重要意义。通过研究控制其分化的机制，探讨人类 ES 细胞体外定向诱导分化条件，获得纯化的定向终末细胞，如诱导纯化的心肌细胞用于增强心衰的心脏功能，神经细胞用于治疗脑、神经变性疾病，造血细胞用于造血系统异常治疗等，从而为临床组织、器官移植提供丰富的资源。为了去除不同个体间移植排斥，可将克隆的人 ES 细胞系经过免疫排斥基因的敲除后，再定向诱导分化。此外，人 ES 细胞将在出生缺陷、不孕、流产的控制和检测等方面发挥重要作用。

（一）胚胎干细胞的概念与基本特性

胚胎干细胞（embryonic stem cell，ES 细胞）是从哺乳类动物的囊胚内细胞群或原始生殖细胞分离、体外培养（抑制其分化）获得的具有发育全能性的细胞，它能分化为机体的任何组织细胞，并具有形成嵌合体的能力（包括生殖系嵌合体）。培养的 ES 细胞与其他细胞一样，为正常的二倍体核型，可增殖和进行遗传操作，具有发育的全能性或多能性。在适当条件下，ES 细胞可被诱导分化为多种细胞、组织，也可与宿主囊胚形成嵌合体。ES 细胞是研究哺乳动物胚胎早期发生、细胞分化、基因调控等发育生物学基本问题的理想模型，也是组织工程、药理学和临床医学研究的重要工具。

1981 年，Evans 及 Martin 等分别建立了小鼠 ES 细胞系后，人们一直把小鼠 ES 细胞作为人类相应细胞的模型。研究证实：分离的小鼠 ES 细胞在体外可以分化成各种细胞，包括神经元、造血干细胞和心肌细胞等。ES 细胞还具有自发发育成某些原始结构的趋势，如在一定的培养条件下，一部分 ES 细胞会分化为类胚体，而另一些细胞会发育成包含造血干细胞的卵黄囊。形成类胚体和卵黄囊的比例可通过改变培养基而改变。由于不同种属之间在生理、解剖结构和遗传学上存在巨大差异，近年来，人们试图将 ES 细胞作为组织工程的种子细胞以定向分化，用于临床移植治疗伤病，因此，对人 ES 细胞的探索和研究取得了飞速的进展。

（二）人胚胎干细胞的一般生物学特性

Thomson 等（1995）从恒河猴的囊胚中分离建立了 ES 细胞系，ES 细胞体积较小，细胞核大，呈集落生长，相差显微镜下折光性强，它具有稳定的核型，能分化形成滋养层和 3 个胚层的组织，高密度培养时易形成类似早期胚胎组织的类胚体或拟胚体（embryoid body，EB）。Thomson 等（1998）从人受精卵发育至囊胚期的内细胞群分离克隆出人 ES 细胞系，保持未分化状态，它们具有正常的核型，端粒酶活性高，表达灵长类 ES 细胞表面抗原。Gearhart 等（1998）从含原始生殖细胞的 5～9 周人胚胎生殖嵴和肠系膜中分离克隆出人 ES 细胞系，其特征类似于小鼠胚胎生殖细胞和 ES 细胞，呈碱性磷酸酶（alkaline phosphatase，AKP）和特异性免疫标志物阳性。ES 细胞为未分化的多能干细胞，它表达早期胚胎细胞及胚胎肿瘤细胞的表面抗原。在鼠和人的 ES 细胞之间存在种属差异性，如小鼠内细胞群细胞、ES 细胞和胚胎肿瘤细胞均表达阶段特异性胚胎抗原-1（stage-specific embryonic antigen-1，SSEA-1），但不表达 SSEA-3 和 SSEA-4。应用免疫细胞化学技术显示人 ES 细胞和恒河猴 ES 细胞均呈 SSEA-1 阴性，而从人原始生殖细胞分离培养的胚胎生殖细胞的 SSEA-1、SSEA-3、SSEA-4、TRA-1-60 和 TRA-1-81 均表现为阳性（表 2-1）。人 ES 细胞表面抗原与小鼠和其他哺乳动物 ES 细胞表面抗原有所不同，表明人胚胎早期基因表达调控和细胞分化等特性与其他哺乳动物存在一定差异。

表 2-1　几种不同种属不同细胞的标志物表达差异

项目	SSEA-1	SSEA-3	SSEA-4	TRA-1-60	TRA-1-81	AKP	端粒酶
小鼠内细胞群	＋	－	－	？	？	？	？
小鼠 ES 细胞	＋	－	－	？	？	？	？
小鼠胚胎肿瘤细胞	＋	－	－	？	？	？	？
小鼠胚胎生殖细胞	＋	？	？	？	？	？	？
人 ES 细胞	－	＋	＋＋＋	＋	＋	＋	＋
人胚胎肿瘤细胞	－	＋	＋	＋	＋	＋	？
人原始生殖细胞	＋	－/＋	＋	＋	＋	？	？
恒河猴 ES 细胞	－	？	？	？	？	？	？

注：＋阳性；－阴性；＋＋＋强阳性；－/＋可疑阳性；？未见报道。

人 ES 细胞同哺乳动物 ES 细胞具有相似的形态和结构特征。当细胞呈集落生长时，细胞间紧密堆积，无明显的细胞界限，形似鸟巢。细胞体积小，核大，细胞质少，有一个或多个核仁。

人 ES 细胞源于早期胚胎细胞，具有稳定的整倍体核型。Thomson 分离到的 H1、H13、H14 细胞系具有正常的 XY 核型，H7、H19 具有正常的 XX 核型。其中 H1、H7、H13 和 H14 经过反复冷冻、复苏培养 5～6 个月仍保持正常的核型。Gearhart 从原始生殖细胞分离到的人胚胎生殖细胞系，与 Thomson 分离到的 ES 细胞具有相似的生物学特性。

ES 细胞系呈现端粒酶高表达活性，端粒是位于染色体末端的重复 DNA 序列，其长度作为细胞分裂及细胞衰老的生物时钟，它在每一次细胞分裂中都会变短，但是可以被端粒酶修复。端粒酶是一种核糖蛋白，与人细胞的永生化高度相关。随着年龄的增长，染色体的末端变短，端粒酶表达减少或不表达；相反，在胚胎组织，端粒酶是高表达的。因此，人 ES 细胞端粒酶活性的高表达表明其复制的寿命长于体细胞复制的寿命。Thomson 和 Gearhart 所分离的人 ES 细胞和胚胎生殖细胞均具有端粒酶高表达的活性，这也揭示用人 ES 细胞和胚胎生殖细胞较体细胞核移植可能具有更现实的应用前景。

人 ES 细胞具有表达早期胚胎细胞、胚胎肿瘤细胞表面抗原的特性。Thomson 建立的人 ES 细胞系具有表达 SSEA-3、SSEA-4、TRA-1-6、TRA-1-81 及碱性磷酸酶的特性，Gearhart 分离的人胚胎生殖细胞系除具有表达上述抗原特性外，尚可表达 SSEA-1 抗原特性，提示 SSEA-1 可作为源于原始生殖细胞的多能干细胞的标志。

人 ES 细胞具有分化为三胚层的潜能，在体外培养的条件下，无论培养液中有无 LIF，当去除饲养层时，均呈现自分化现象。在体外自分化 2 周后，培养液内可检测到 α-甲胎蛋白和人绒毛膜促性腺激素，表明有内胚层和滋养层分化。

（三）胚胎干细胞向神经分化的研究

从哺乳动物神经系统分离多潜能神经干细胞已成为现实，为体外分析早期神经系统发育和生产用于神经修复的供体细胞提供了令人兴奋的应用前景。神经嵌合体在研究神经干细胞的发育潜能方面显示了极大的前景。在移植入胚胎脑室后，神经干细胞参与了脑的发育而且分化为各部位特异性的神经元和胶质细胞。这些发现表明在神经系统发育中神经干细胞的迁移和分化在很大程度上受外源信号的调节。由遗传修饰过的细胞组成的神经嵌合体可用于研究这些诱导线索的分子机制，探索成年脑细胞替代的可能。然而，神经移植的关键问题是合适的供体组织的获得，而神经干细胞体外大量增殖受限。另外，与神经干细胞相比，ES 细胞分化程度更低、可塑性更强并且在体外建系更容易，由 ES 细胞来源的神经干细胞组成的神经嵌合体显示了 ES 细胞的多能性和作为神经修复的实际上无限制的供体源。人和啮齿类动物细胞组成的种系间神经嵌合体的产生促进了向人类神经系统修复临床应用方面的转化。

将小鼠 ES 细胞直接注入 PD 大鼠脑内，观察到由 ES 细胞分化产生了新的多巴胺能神经元，动物的 PD 症状也有所改善，但是，该研究结果的应用还存在一些障碍，即有一部分动物发生了畸胎瘤。进一步研究显示，将 ES 细胞稀释后注入 PD 脑内，每个动物注射的 ES 细胞少于 2000 个，25 个动物中的 6 个未见存活细胞，5 个在进行功能观察前死亡，另外 14 个动物的脑中发现存活了 4 个月移植细胞，所有移植存活细胞中都包含有至少部分多巴胺能神经元，许多神经元表达 PD 鼠缺乏的特异性神经元标志物 AHD2，移植后 9 周，动物的 PD 症状（旋转）改善约 40%。但是上述研究给人们更大的启发是：是否可以诱导脑内本身存在的干细胞分化为多巴胺能神经元呢？

　　1995 年，Brustle、Campbell 和 Fishell 3 个实验室分别独立地报道了同一个实验模型，该模型将脑组织来源的神经干细胞注射入胚胎脑室，证实神经干细胞广泛参与发育阶段啮齿类动物脑的整合。该模型的特点是：细胞不是被移植入脑组织中，而是通过子宫壁注射入胚胎脑室内，移植时间在 E15～E18 之间，这一时期是许多脑区快速发育的阶段。移植术后让胚胎正常发育至出生由阴道自然分娩。移植后于不同时间对胚胎脑进行分析显示，移植的细胞整合入多个脑区并获得各自区域的部位特异性表型，即表现为高度的可塑性。表明在神经系统发育中，细胞的迁移和分化受局部信号诱导。

　　上述研究衍生出如下的问题：对局部诱导信号的敏感性是否是神经干细胞的一个普遍特征。如果是，那么神经系统外产生的神经干细胞能够在发育脑中分化为神经元和胶质细胞吗？为了探索这一问题，Brustle 等完全从体外建立了神经干细胞的来源库——ES 细胞。一些实验已经证明视黄酸（retinoic acid，RA）诱导 ES 细胞分化产生神经元和胶质细胞。Bain（1995）在体外模拟了从 ES 细胞向神经元分化的途径，他们根据 ES 细胞与 P19 细胞系（一种胚胎肿瘤细胞，类似于神经干细胞）具有某些共同特征，按照在 P19 细胞取得的经验，应用 RA 诱导 ES 细胞分化为神经元。用 RA 处理单层或聚集的 ES 细胞能导致向神经元分化，但效率并不高。也许由于 ES 细胞的一些特性显示它比 P19 细胞处于更早期的阶段。因此，他们首先将 ES 细胞聚集培养 4 天（无 RA），希望 ES 细胞能达到一个与 P19 细胞相似的发育阶段，接下来用 RA 处理培养 4 天，这一程序（称 4－/4＋法）极大地提高了 ES 细胞向神经元分化的效率。当将 4－/4＋法聚集培养的 ES 细胞分散后种植于铺有黏附物的培养皿，大约 40% 的细胞显示神经元表型（neuron-like cell，NLC），其余许多细胞显胶质纤维酸性蛋白（glial fibrillary acidic protein，GFAP）阳性，表示为星形胶质细胞。ES 细胞来源的神经元表型细胞发出突起可被河豚毒素（tetrodotoxin，TTX）阻断，神经元表型细胞表达谷氨酸、γ-氨基丁酸和甘氨酸（glycine）的功能性受体，神经元表型细胞之间有一定数量的功能性突触，在分化过程中强烈诱导 GAD65 和 GAD67 表达。由此可见，神经元表型细胞具有基本的神经元特征。将 ES 细胞来源的神经元移植入喹啉（quinoline）和 6-羟多巴胺（6-hydroxydopamine，6-OHDA）致损伤的纹状体内，这些细胞保持它们的神经元特性并能分化成表达不同神经递质的成熟表型。然而，RA 诱导 ES 细胞产生大量的不同细胞类型，妨碍了高纯度、大量的神经干细胞的获得。

　　Brustle 创造了一种新的方法从 ES 细胞获得大量的神经干细胞。其步骤是：首先增殖 ES 细胞，然后分化形成球形的类胚体。将 4 天大小的类胚体种植于条件培养液，促进神经干细胞存活。如此生成的细胞在 bFGF 存在时进一步增殖，随着生长因子的撤除而分化为神经元和胶质细胞。为了检测这些完全在体外产生的神经干细胞是否对局部诱导信号产生反应，将它们移植入胚胎大鼠脑室。与来源于发育大脑的神经干细胞类似，

ES 细胞来源的神经干细胞离开脑室迁移至多个脑区，包括皮质、纹状体、隔、丘脑、下丘脑、小脑和视皮层等。停留在脑室里的细胞形成明显的类似于发育中神经管的上皮结构，偶尔形成非神经组织岛。整合入胚胎脑实质的供体细胞产生神经系统的所有 3 种主要细胞类型：神经元、星形胶质细胞和少突胶质细胞。形态学上它们与胚胎自身的相邻细胞无法区分，仅靠它们基因差异进行鉴定。一些 ES 细胞来源的皮层神经元显示极性形态，具有长的顶端树突、锥形胞体、基部轴突突入胼胝体。移植的星形胶质细胞经常伸出突起至邻近毛细血管。ES 细胞来源的少突胶质细胞显示与髓鞘紧密接触而参与髓鞘形成。这些发现表明完全在体外产生的神经干细胞对周围环境产生足够的反应，被诱导发生局部迁移和分化为发育脑中多个部位的神经元和胶质细胞。

由 ES 细胞来源的神经干细胞经子宫壁移植产生的神经嵌合体对分析研究神经干细胞在体内原位迁移和分化的分子机制提供了一个有用的工具。既然 ES 细胞很容易增殖和转染，就可能产生大量基因完全一致的供体细胞用于神经移植。这一方法的重要优点是可用于分析于神经系统发育之前就死亡的基因敲除动物的神经表型。同源基因敲除的 ES 细胞能在体外直接分化为神经干细胞，当移植入发育脑区后，这些细胞的迁移和分化可以在一个功能性神经系统中进行分析。主要地，这一方法不通过产生基因敲除动物来评价靶基因失活后的神经表型。

Brustle 等（1999）成功地向神经系统有缺陷的实验鼠体内移植了由 ES 细胞培养而成的神经胶质细胞，以 ES 细胞系诱导的少突胶质细胞和星形胶质细胞在治疗髓磷脂疾病上有重大突破，证明了这种人工培育的 ES 细胞能真正取代动物自身的细胞。他们指出，ES 细胞移植技术和其他先进生物技术的联合应用在未来几年可能在移植医学领域引发革命性进步。ES 细胞向造血干细胞、神经、肌肉等组织的分化的研究已纷纷开展。

三、成体干细胞

（一）概念与概况

根据其发育阶段，干细胞分为胚胎性干细胞和组织（器官）干细胞。胚胎性干细胞具有全能性，能分化为体内所有的组织和器官。组织干细胞来源于胎儿晚期和出生后机体的组织器官，现在通常称为成体干细胞（adult stem cell），成体干细胞具有多能性，是成年动物体内组织和器官修复再生的基础。早期的研究认为成体干细胞的分化潜能较窄，仅能分化成一种或有限的几种组织细胞，但是最近几年的研究表明，成体干细胞的分化能力远超过传统观点局限的范围。例如，骨髓成体干细胞在合适的体内外环境中可长期生长，也可分化为成骨细胞、软骨细胞、脂肪细胞、平滑肌细胞、成纤维细胞、骨髓基质细胞及多种血管内皮细胞，还可形成肝脏前体细胞（肝卵圆细胞）、神经元、胶质细胞和心肌细胞，高度纯化的造血干细胞可分化形成肝细胞、内皮细胞和心肌细胞等。骨骼肌细胞能分化出造血细胞，中枢神经系统干细胞可形成血液细胞、肌肉和许多其他体细胞。成体干细胞这种跨系统分化特性称为"可塑性"（plasticity）。这为利用成体干细胞治疗各种慢性疾病提供了可能。可以设想，如果一种组织的成体干细胞能按照人们的需要转化为其他组织细胞，就可以利用患者非病变组织的干细胞来替代病变组织的细胞，治疗病变组织，避免了由于异体移植而导致的免疫排斥及医学伦理学等目前移植医学中的难题。

与胚胎性干细胞相比较而言，成体干细胞具有如下优势：①成体干细胞可从患者自身获得，而不存在组织相容性的问题，治疗时可避免长期应用免疫抑制剂对患者的伤害。②虽然胚胎性干细胞能分化成各种细胞类型，但这种分化是"非定位性"的，目前尚不能控制胚胎性干细胞在特定的部位分化成相应的细胞，容易形成畸胎瘤。在应用胚胎性干细胞治疗前，必须先进行初步的细胞诱导分化，以防止畸胎瘤的发生，还必须首先确认胚胎性干细胞供者没有诸如（肌）营养失调症等遗传性疾病。相对而言，成体干细胞不存在上述问题，如骨髓移植实验并不引发畸胎瘤。③成体干细胞也具有类似于胚胎性干细胞的高度分化能力。在人体发育的过程中，成体干细胞是存留在多种组织中、具有多向分化潜能的亚全能干细胞群体，这些细胞都具有相同或相似的细胞表型，在合适的微环境下可分化成多种组织细胞。成体干细胞移植是治疗血液系统疾病、先天性遗传疾病以及多发性和转移性恶性肿瘤疾病的最有效方法之一。

（二）种类与基本特性

成体干细胞存在于机体的各种组织器官中，其生理意义就是更新正常衰老死亡的细胞，维持机体的正常结构与功能。目前已在骨髓、软骨、牙髓、血液、神经、肌肉、脂肪、皮肤、角膜缘、肝脏、胰岛等多种成体组织中发现了干细胞，证实许多组织中的干细胞具有多向分化潜能，并以干细胞为"种子"培育成功一些组织器官。

各种成体干细胞的体内外生长特性和表型可能不尽一致，但成体干细胞通常处于静息状态，分裂缓慢，在形态学上表现为细胞体积小，胞内细胞器稀少，细胞内 RNA 含量低。成体干细胞具有一定的增殖分裂能力，可连续分裂几代，也可在较长时间内处于静止状态。成体干细胞主要以对称分裂和非对称分裂两种方式生长。干细胞在整个增殖过程中处于相对静止状态，通常等数分裂为干细胞和定向祖细胞，当受到损伤等情况时，干细胞的分裂方式会发生改变以适应机体的需要。成体干细胞在组织结构中位置相对固定，处于一个由干细胞、基底膜和控制干细胞更新、分化的细胞组成的微环境之中。成体干细胞的含量很少，即使含量最丰富的骨髓中，成体干细胞也仅占细胞总数的万分之一。许多成体干细胞的特异性标志物不清楚，从细胞形态和生长特征来分离成体干细胞不太容易。利用单克隆免疫吸附能识别细胞类型或细胞谱系表面抗原的特点，通过免疫磁珠筛选、流式细胞仪分离等方法可以将成体干细胞分离出来。

（三）成体干细胞的转分化

传统认为，成人组织中的干细胞只能定向分化为其所在组织类型的成熟细胞，但最近的一些研究结果显示，即使干细胞已经专门化，在某些条件下，成体干细胞具有多向分化潜能，甚至可以打破胚层界限，转分化为其他类型的成熟细胞。估计体内可能存在着处于不同分化阶段和不同分化潜能的干细胞，这些干细胞在向成熟细胞分化时，可能并不直接分化成终末细胞，而是先分化成定向祖细胞，然后再经过多次分裂后定向分化，进一步可准确无误地分化为有丝分裂后细胞及终末细胞。

1. 造血干细胞

造血干细胞（hematopoietic stem cell，HSC）是最早进行研究的干细胞，现已证明单个造血干细胞就可以重建整个造血系统的所有髓系和淋巴系细胞。最近一系列实验证明造血干细胞具有很强的可塑性。有报道证实成年动物造血干细胞可分化为星形胶质细胞、少突胶质细胞和小胶质细胞，其供细胞来源于雄性小鼠，用 5-氟尿嘧啶富集造血干细胞，导入 neoR 基因，移植给亚致死剂量照射的雌性小鼠，受体小鼠品系的干细胞有缺陷，可为供体干细胞的生长提供增殖优势。通过 neoR 转录本的检测、Y 染色体荧光原位杂交技术、大胶质细胞抗原（f4/80）和星形胶质细胞抗原（GFAP）的检测，发现移植 3 天后在脑组织中可检测到 300 个 neoR 阳性细胞，2～4 周为 2000 个，有的达 30 000 个，分布于海马、中隔、下丘脑、皮质、松果体、桥脑和小脑等，10% 的 neoR 阳性细胞有神经胶质细胞特异性抗原表达。另有报道，将 Lac Z 标记的雄性造血干细胞移植于雌性 PU1 裸鼠腹腔内，1～4 月后检测 Lac Z 和 Y 染色体以计算移植存活的造血干细胞，结果发现 90% 的脾细胞、10%～15% 的肝细胞、2.3%～4.6% 脑细胞呈 Y 染色体阳性，0.3%～2.3% 的神经元呈 Y 染色体阳性。由此可见，造血干细胞可能转分化为神经元、肝细胞等。还有报道证实造血干细胞也参与肌肉再生和血管再生，动物实验研究表明，将鼠的骨髓干细胞诱导到患病心脏中可以修复病变的心脏组织并能提高存活率。研究人员首先诱导小鼠产生心肌梗死，然后给小鼠注射激素类药物（细胞因子）诱发骨髓干细胞向病变心脏迁移，结果发现大量的骨髓干细胞迁移到梗死部位并产生新的心肌组织。在之后 27 天的心脏病继发过程中，接受细胞因子治疗的小鼠的损伤心肌有 70% 的组织得到了更新，新生的组织包括心肌细胞和血管，在新生的冠状动脉中有成熟红细胞流动，这表明心脏已经开始利用这些新生的血管。

2. 骨髓间质干细胞

骨髓间质干细胞（marrow mesenchymal stem cell，MMSC）是存在于成体骨髓中的另一种干细胞。它是骨组织成分、支持造血的基质和脂肪细胞的前体细胞。具有向多种中胚层和神经外胚层来源的组织细胞分化的能力，这些细胞包括肌细胞、肝细胞、成骨细胞、软骨细胞、成纤维细胞、皮肤细胞、神经细胞、脂肪细胞等，也可以分化为造血干细胞和基质细胞，在一定条件下，还可以形成肌小管和肌腱。有证据表明它与造血干细胞在上游具有共同的干细胞来源。MMSC 具有快速黏附的特性，能很容易地与非黏附的造血干细胞分离。在合适的培养条件下，可形成成纤维细胞样集落，因此，最初称 MMSC 为成纤维细胞集落形成单位（colony forming unit-fibroblast，CFU-F）。刺激 CFU-F 扩增的促有丝分裂因子有血小板源性生长因子（PDGF）、表皮生长因子（EGF）、碱性成纤维细胞生长因子（bFGF）、转移因子-β（TGF-β）、胰岛素样生长因子-1（IGF-1）。在最适宜的条件下，多克隆来源的细胞系可在体外传 25 代（多于 50 个细胞倍增），因此具有很高的自我复制能力。MMSC 的可塑性研究，如 Ferrari 等将转基因小鼠（带有在肌肉特异性启动子控制下的 β-Gal 基因）的骨髓移植到免疫缺陷小鼠，在诱导胫前肌损伤后，在再生的肌纤维中可检测到小量的 LacZ 染色的核，表明骨髓细胞可分化成肌肉细胞。Gussoni 发现 MMSC 可恢复 mdx 小鼠骨骼肌中抗肌萎缩蛋白的表达。Goodell 发现 MMSC 对心脏局部缺血损伤后的心肌修复和新血管形成有贡献。Shi（1998）用狗移植模型做实验，证明骨髓 CD34[+] 细胞可转化为血管内皮细胞。Peterson 发现骨髓细胞参与了肝细胞的再生。最近还发现骨髓细胞可分化成具神经元表型的细胞。

3. 神经干细胞

　　神经干细胞存在于胚胎及成年神经系统的某些特定部位，其特征性的标记物为神经巢蛋白。从成年哺乳动物脑中分离出的神经干细胞，能在体外长期培养并保持多向分化潜能。将体外培养、扩增后的 NSC 注入成年大鼠的海马、小脑等处，可分化成与环境相对应的神经元细胞。神经干细胞的可塑性最早见于 1999 年 Bjornson 的报道，他们将从胎鼠或成年小鼠前脑分离的神经干细胞，经尾静脉注入经亚致死剂量照射而丧失了造血功能的小鼠体内，发现后者体内出现了供者源性的骨髓样细胞、淋巴细胞和早期造血细胞，上述结果提示神经干细胞在骨髓造血微环境下，经某种机制可能转化为造血干细胞，然后分化成了血细胞。2000 年，Clarke 从成年鼠脑中分离神经干细胞，和胚胎干细胞离体共同培养，产生了神经干细胞源性的肌丝。如果把神经干细胞注射入鸡和鼠的羊膜腔，神经干细胞可参与分化产生各胚层的细胞。在 Rietze 的实验中，发现新鲜分离的神经干细胞与肌细胞系 C2C12 共培养时，有约 57% 的神经干细胞分化成纺锤形的肌球蛋白重链阳性的肌细胞或肌管。

4. 其他干细胞

　　Young 发现真皮来源的干细胞能分化为骨骼肌、脂肪、软骨和骨。Goldring 发现人皮肤成纤维细胞在诱导剂 galectin-1 的存在下，能产生成肌细胞。Toma 自鼠皮肤分离的真皮干细胞，单个细胞的克隆在培养条件下可扩增、分化，产生神经元、胶质细胞、平滑肌细胞和脂肪细胞。最近发现脂肪组织中含有丰富的成体干细胞，这类细胞具有与 MMSC 相似的多向分化潜能，可在体外被诱导分化为神经、肌肉、骨、脂肪等。把肌肉干细胞注入到骨髓已被放射线杀死的小鼠中时，发现这些干细胞取代了死骨髓。这些本应该 2 周后死亡的小鼠却存活了 6 个月。当取出这些新的血液干细胞重新注入到另一只小鼠中时，发现这些造血干细胞转而又产生肌肉细胞了。

5. 影响成体干细胞转分化的因素

　　由于成体干细胞发育分化的机制还不清楚，体外模拟体内微环境有较大难度，体外定向诱导分化还有许多技术问题。从发生机制来看，干细胞所处的微环境对干细胞分化调控的影响极为重要，干细胞分化依赖于一组相邻细胞相互作用的综合效果，细胞处于一种三维空间结构中，接受三维分化信号。干细胞的分化受细胞与细胞、细胞与细胞外基质间相互作用的影响，甚至连机械作用力也可以影响干细胞的分化进程。组织中的细胞因子在传递细胞与胞外基质之间、细胞与细胞之间的信息中起重要作用。Orlic 等报道将表达绿色荧光蛋白基因的造血干细胞注入裸鼠心脏梗死区边界，新生的心肌细胞表达 GFP。这些例子表明，在局部微环境的刺激作用下，存在成体干细胞向其他细胞类型分化的可能性。

此外，细胞融合可能导致成体干细胞具有多向分化的潜能。Terada 报道小鼠骨髓细胞与胚胎干细胞融合后具有多向分化的潜能。骨髓细胞来自雌性 GFP 转基因鼠，与雄性来源的胚胎干细胞共培养，培养体系中加入 IL3 和 LIF，分别支持造血干细胞和胚胎干细胞生长。第 7 天撤去 IL3，使造血干细胞的生长失去支持，加入嘌呤霉素，杀死胚胎干细胞。3 周后，分离出 GFP$^+$、抗嘌呤霉素的胚胎干细胞样细胞。这些细胞在体外可形成心肌细胞。注入 SCID 小鼠，可形成畸胎瘤。认为造血干细胞与胚胎干细胞融合后，使造血干细胞具有向非造血细胞分化的能力，这也许有助于解释成体干细胞向其他类型细胞的分化。

血液循环中的干细胞可进入组织并存在于组织中。Issarachai 将 GFP 转基因鼠的造血干细胞移植给受照射受体鼠，4～8 个月后，9 只小鼠中的 5 只给予 G-CSF 以动员造血干细胞从骨髓中释放出来。实验结果表明，动员组肌细胞悬液中 CD45$^+$ GFP$^+$ 细胞数明显高于未动员组。这一实验支持肌肉中的造血活性细胞来源于循环血液中的造血干细胞。

6. 对细胞转分化的再认识

成体干细胞转分化这一惊人发现不仅引起整个生命科学界的极大震动，而且还引起世界各国政府与经济界的巨大关注，乃至普通公众也都对此产生了浓厚的兴趣与厚望。但是，近几年的一系列报道质疑了成年组织干细胞"可塑性"这一重要理论成果，归结出的中心问题是：自然界真的存在成年组织干细胞的"可塑性"吗？成年组织干细胞"可塑性"是实验设计不严谨上的失误还是一种主观判断错误所致？成年组织干细胞的"可塑性"与全能干细胞或胚胎性干细胞有何关联？因为从传统发育生物学的角度来看，只有胚胎性干细胞才能产生不同胚层的各类细胞，而成年组织干细胞在其进化潜能上则有更多的局限性，即成年组织干细胞只能向其所在胚层的某些或某类细胞进行分化或转分化，而不能跨胚层或跨系分化。因此，也有报道认为：所谓的成年组织干细胞的"可塑性"缺乏足够的科学依据，成年组织干细胞的"转分化"实际上可能是成年组织中余存的胚胎原始干细胞所为，或者与自发融合相关。细胞转分化现象的原因和机制还不清楚，但根据目前已经观察到的细胞转分化现象，有报道认为细胞的转分化可能有多种途径和方式：①由一种成年组织干细胞直接分化形成了两种不同的终末细胞；②由一种成年组织干细胞首先去分化形成更早期的干细胞，然后分化形成了不同种的终末细胞；③也有可能在组织中本来就存在两种或以上的成年组织干细胞；④在成年组织中可能存在更早期的干细胞未被发现，由它们直接或间接分化形成不同的终末细胞；⑤由两种不同的终末细胞通过细胞融合形成了新的干细胞或终末细胞（图 2-3）。

2002 年，Verfaillie 等证实在成年许多组织中余存着一种稀有数量的胚胎样原始干细胞，表达 ES 细胞的特异性标志物如 Oct-4、Rex-1 和 SSEA-1，体外培养条件也基本类似于 ES 细胞，曾被命名为多能性成年祖细胞（multipotential adult progenitor cell，MAPC）或多能性成年干细胞，也称为成年源干细胞（adult derived stem cell，ADSC）或旁群细胞（side population cell，SPC）。多能性成年干细胞在细胞因子的体外诱导下

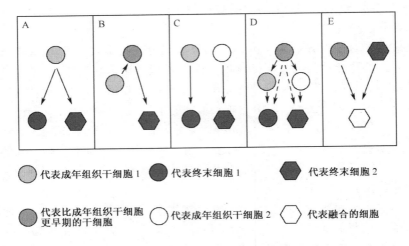

代表成年组织干细胞 1　　　代表终末细胞 1　　　　　代表终末细胞 2

代表比成年组织干细胞
更早期的干细胞　　　　　代表成年组织干细胞 2　　　代表融合的细胞

图 2-3　成年组织干细胞的转分化可能的途径和方式
A. 表示由成年组织干细胞直接分化为两种不同的终末细胞；B. 表示成年组织干细胞逆
向分化为更早期的干细胞，然后再分化为另外的终末细胞；C. 表示组织中可能存在两
种不同的成年组织干细胞，分别分化为两种不同的终末细胞；D. 表示组织中可能存在
着更原始的干细胞，直接或间接分化为终末细胞；E. 表示两种终末细胞可能通过细胞
融合形成新的干细胞或终末细胞

可以分化为内、中、外 3 个胚层各种组织定向干细胞。由于缺乏特异性形态、表面标志
和分化抗原，所以至今还不能高度纯化分离多能性成年干细胞，况且这类细胞都处于静
止状态，很难实现克隆化。因此，各种成年组织干细胞的体外培养中，必然混杂有多能
性成年干细胞，所谓的成年组织干细胞"可塑性"很可能是这些细胞所为。

2002 年，Terada 等的研究结果表明，将 GFP 标记的小鼠骨髓细胞与未标记的 ES
细胞共培养，很快就发现 ES 细胞在体外与造血干细胞能自发地发生造血干细胞与 ES
细胞之间的融合，诱导造血干细胞进行"转分化"为胚胎样干细胞，然后表现出 ES 细
胞的某些表型特征和相应功能，由此使所谓的成年组织干细胞具有了"可塑性"潜能。
进一步研究发现这些融合细胞的染色体异常，多为四倍体，显然是两个细胞融合的结
果，因此，它们不能成为替换组织的可靠来源。Smith 研究神经干细胞与 ES 细胞的共
培养得到了类似于 Terada 的结果，即神经干细胞与 ES 细胞发生了融合。

Shine 等以 B6 小鼠为移植受体，以表达 LacZ 标志的 Rosa26 小鼠为供体，移植其
骨髓成年源干细胞后发现，虽然受体鼠外周血中 80%～95% 的白细胞表达 LacZ，但其
中枢神经系统所在部位（包含嗅球和颈髓）均未检测到 LacZ 基因，即便是在施加脑皮
质刺伤后亦是如此，同时，移植未经分离的骨髓细胞也未见"转分化"为神经细胞，因
此，Shine 等认为成年骨髓成年源干细胞或其子代细胞在他们的实验条件下是不能发生
"转分化"的，骨髓的"转分化"可能不是一个共性，而是取决于或者有赖于研究者为
了验证某种假设所采用的实验体系。

Weissman 为了严谨地证明骨髓造血干细胞在体内的分化命运，采用了移植单个标
有标记基因的 GFP+ 骨髓造血干细胞的策略，结果表明绝大多数非造血组织系统，如
脑、肾、肠及肌肉中并未发现 GFP+ 非造血细胞，未见明确的转分化现象；在肝脏细胞

中则发现了极低概率的转分化现象，在肝细胞中 GFP$^+$ 的频率为 1/70 000，GFP$^+$ 肝细胞始终是以个体或孤立的方式存在，远不像先前所报道的那样形成明显结节状的 GFP$^+$ 肝细胞。因此认为，骨髓造血干细胞及其子代细胞的转分化即便发生，其概率也是很低的，并非发育程序中的原有共性。

四、干细胞的应用前景

ES 细胞对科学发展和人类健康具有重要意义：①基因疗法的载体细胞：ES 细胞体系已经成为基因功能研究的有效手段。根据同源重组的原理，利用基因打靶技术实现基因组内指定基因的失活，借此可以破译人体基因的功能。②了解胚胎早期分化发育和细胞分化增殖机制的理想模型：ES 细胞系建立后，可从根本上揭示人及动物发育过程中的决定基因，有助于阐明发育早期的复杂事件。③药物研究模型：ES 细胞可作为评价新药及化学产品毒性及效能的检测系统，ES 细胞研究能极大地改进评价药品安全性的实验方法。ES 细胞系具有组织、细胞的广谱性，可模拟体内组织细胞间复杂的相互作用。例如，新的药物或治疗方法可以先用人的细胞系进行实验，这不会取代在整个动物和人体身上进行实验，但这会使药品研制的过程更为有效。实验表明药品对细胞系是安全并有好的效果时，才有资格在实验室进行动物和人体的进一步实验。ES 细胞在药物筛选和农用化学品上的用途，可减少动物检测，降低成本，有重要的商业价值。④替代疗法（移植）治疗多种疾病：ES 细胞具有重要的临床意义，即 ES 细胞有可能成为细胞替代疗法和组织器官移植的最佳来源。ES 细胞作为个体发育之初的原始干细胞，理论上，它无限地提供特异性细胞类型，用于置换疾病组织和放化疗损伤后的造血系统，为遗传病、肿瘤和衰老等疾病的治疗提供新的思路。

移植 ES 细胞来源的组织细胞后，还要克服组织相容性与移植物的排斥反应。因此，需要建立有组织相容性意义的 ES/EG 细胞库，或基因修饰干细胞使移植物更容易被接受，或进行患者的体细胞核移植，建立自身遗传背景的 ES/EG 细胞系。

ES 细胞处于高度未分化状态，容易形成胚胎组织瘤，必须进行体外分化，产生特异性细胞前体，才能用于移植。因此，如何控制 ES 细胞定向分化是 ES 细胞应用于临床医学的关键。目前设想应用 ES 细胞进行临床替代疗法的基本途径是：自胎儿性腺或早期胚胎分离 hES 细胞→体外增殖→基因修饰减轻免疫排斥→体外定向分化→移植。若取出成人的体细胞核，将其移植到去核的成熟卵母细胞，体外发育分化得到囊胚，从中分离克隆 hES 细胞，这样可为临床器官移植和细胞治疗提供具有自身遗传背景的供体。

人体多能干细胞最为深远的潜在用途是生产细胞和组织，它们可用于所谓的"细胞疗法"。许多疾病及功能失调往往是由于细胞功能障碍或组织破坏所致。如今，一些捐赠的器官和组织常常用以取代生病的或遭破坏的组织。遗憾的是，受这些疾病折磨的患者数量远远超过了可供移植的器官数量。多能干细胞经刺激后可发展为特化的细胞，使替代细胞和组织来源的更新成为可能，从而可用于治疗无数的疾病、身体不适状况和残疾，包括帕金森病、老年痴呆症、脊髓损伤、中风、烧伤、心脏病、糖尿病、骨关节炎和类风湿性关节炎。几乎没有一个医学领域是这项发明没有涉及的，举其中两例说明如下：①健康心肌细胞的移植可为慢性心脏病患者提供新的希望，这些患者的心脏已无法正常跳动。这种希望在于，从人体多能干细胞中发育出心肌细胞，并移植到逐渐衰退的心脏肌肉，以便增加衰退的心脏功能。在小鼠和其他动物身上进行的初期工作已表明，植入心脏的健康心肌细胞成功地进驻心脏，并与宿主细胞一起工作。这些实验表明这种类型的移植是切实可行的。②在许多患有 I 型糖尿病的人身上，特异的胰腺细胞，即胰岛细胞的生成胰岛素的功能遭到破坏。已有证据表明，移植完整的胰腺或分离的胰岛细胞可减少胰岛素的注射量。人体多能干细胞中分化胰岛细胞系可用于糖尿病研究，最终可用于移植。

　　成体干细胞的最大用途是用于临床细胞移植治疗各种疾病和构建人工组织或器官。目前临床应用最多的成体干细胞是 HSC。HSC 的最重要特点是移植后可以重建长期造血免疫功能，已从骨髓移植发展到外周血造血干细胞移植和脐血造血干细胞移植，用于治疗急、慢性白血病、恶性淋巴瘤和重症贫血等血液系统疾病，或用于各种实体瘤（如乳腺癌、脑肿瘤等）由于大剂量放、化疗引起的造血衰竭。HSC 移植还可能成为某些感染性疾病（如艾滋病等）患者的免疫重建的措施。HSC 在合适的条件下可以转变为肝细胞和神经细胞等血液系统以外的细胞，因此可能成为肝硬化、脑神经细胞退行性变等难治性疾病的移植治疗的种子细胞，为这些疾病的治疗开辟一条全新的治疗途径。角膜干细胞移植术治疗严重眼表疾病，已取得较好疗效。将自体眼角膜缘干细胞培养后形成的细胞层移植到患者眼角膜表面，成功实现眼表面重建。帕金森病、老年性痴呆等中枢神经系统退行性疾病均表现不同程度的神经元丢失。将 8～9 周人胚分离出的神经前体细胞植入帕金森病患者的一侧纹状体中，发现这些神经元不仅能在人脑中存活下来而且使患者脑内的多巴胺水平提高，缓解疾病的症状。HSC 不仅可修复神经元的缺失，而且可以修复损伤的神经胶质，将来自视神经的少突胶质细胞前体细胞体外扩增后植入发生脱髓鞘损伤的成年大鼠脊髓内，发现脱髓鞘的轴突至少在形态上恢复了正常。另外，通过诱导 CNS 中的原位干细胞增殖，迁移和分化也可达到修复受损神经元的目的。成体干细胞具有多向分化的潜能和便于体外操作等特点，是构建人工生物组织的最理想种子细胞。当前，人工骨、肌肉、血管、皮肤、神经等已经开始进入临床试验，胰腺、耳朵以及手指也正在实验室中成形，其中具有生物活性的人工皮能够自己分泌胞外基质蛋白、生长因子，已经进入产业化发展阶段。当然，利用组织工程技术再造的组织和器官总的来讲还是结构比较单一的器官，或器官的一部分，而对于三维结构复杂，涉及神经、血管等多种细胞类型的组织（如心脏、肝脏、肾脏等）目前还是一种美好的愿望，只有在弄清成体干细胞分化和组织器官形成的分子机制后，才有可能实现。

　　成年中枢神经系统中存在神经干细胞为以细胞替代方法治疗因疾病或损伤造成的神经细胞缺失带来了新的机遇。由于神经干细胞有潜在的分化能力，即在一定条件下能够定向分化，同时神经干细胞具有较强的增殖能力，故植入成体神经组织后也易于存活。神经干细胞可能拥有潜在的临床应用价值，主要体现在以下 3 个方面：①它是理想的细胞供体源，用于细胞移植替代治疗；②可以传代培养和易于基因操作使之可作为携带目的基因的运载细胞被移植到宿主中枢神经系统并表达基因产物，特别是它能和神经组织发生整合的特点更显示出它特有的优势。③通过诱导中枢神经干细胞在原位增殖、迁移及定向分化成特异的细胞表型，成为内在的供体细胞源用于细胞替代治疗。前两方面的应用价值已经在帕金森病、亨廷顿病和脱髓鞘疾病动物模型身上得到初步验证，接受神经干细胞移植治疗的动物模型在不同程度上得到了恢复，展现出令人兴奋的应用前景。

目前 NSC 作为一种全新的生物学治疗方法，其开发研究的方向主要集中在以下几方面：①直接细胞移植进行替代治疗，或以 NSC 作为基因载体，携带治疗作用的报道基因进行移植，从而达到细胞替代和基因治疗的双重作用。②通过对生长因子和细胞因子的研究，诱导分化内源性 NSC 进行神经自我修复。

（一）细　胞　移　植

过去的脑移植治疗实际上是胎脑组织移植，但临床上能提供的脑组织相当有限，同时更受到社会法律、伦理等方面的限制，因此脑移植研究始终停滞不前。而 NSC 不仅存在于胚胎脑组织中，同时也存在于成熟的脑组织中，并已能被分离和培养。这不仅可以用于异体移植，而且还能用于自体移植。尤其是"永生化"神经干细胞系的建立，可以无限制地提供神经元和胶质细胞，解决了脑移植数量不足的问题，避免了伦理束缚，为脑外伤后神经缺失提供了替代治疗的充足材料。临床显示，经过移植治疗后的患者均不同程度地改善了症状和体征，尸检病理组织学证实：将 NSC 移植到受损的脑组织后可以良好生长、分化并嵌合于宿主的脑组织，并与其他神经元建立通路，从而使受损脑组织达到解剖和功能上的修复。此外，NSC 还是非常理想的基因载体，这是因为它有着其他载体无法比拟的优越性：①有自我复制功能；②有细胞迁移能力，可远距离迁移至病损部位；③表达稳定，维持时间长；④避免排异反应。将 NSC 携带各种生长因子或细胞因子的报道基因，植入体内可表达外源性基因，产生相应的生长因子或细胞因子，诱导自身干细胞定向分化，从而达到细胞替代和基因治疗的双重作用。

（二）诱导分化自身的神经干细胞

目前脑移植进展困难的另一原因是异体免疫排斥反应。大量实验已证实哺乳动物中枢神经系统的神经元再生能力有限的原因并非由于缺乏足够的神经干细胞（NSC），而是由于缺乏刺激 NSC 分化所必需的神经因子。因此，人们试图通过对生长因子和细胞因子的研究，以期激活内源性 NSC 进行诱导分化，达到神经自我修复的目的，同时从根本上解决脑移植带来的免疫排斥问题。当脑组织损伤后，首先反应的是胶质细胞，在各种因子的作用下快速分裂增殖，形成胶质瘢痕，而在这个过程中其实也有神经胶质干细胞的参与，可不幸的是大多数干细胞增殖后分化为胶质细胞，而不分化成神经元，这可能是缺乏细胞支架的结果。尽管还未找出诱导 NSC 分化的确切机制，但目前的研究至少能够证明 NSC 的定向分化是可以人为控制的。

干细胞及以它为基础的现代组织工程技术几乎涉及人体所有的重要组织和器官，也涉及人类面临的大多数医学难题，如造血免疫重建，创伤修复和各种退行性疾病、肿瘤、衰老等治疗。成体干细胞具有来源丰富、可塑性强、离成熟细胞近和具有多向分化潜能等特点，而且可以实现个体化治疗，无免疫排斥问题，因此是最具有临床应用优势的种子细胞。成体干细胞及其衍生的细胞、组织和器官是替代、修复或加强受损的组织或器官生物学功能的新策略和临床医学发展的方向。

虽然成体干细胞的研究已经取得较大进展，但成体干细胞的应用也存在诸多的问题：①人们尚未从成体的全部组织中分离出成熟干细胞。尽管多种不同类型的专能干细胞已得到确定，但所有类型细胞和组织的成体干细胞尚未在成体内发现。②成体干细胞含量极微，很难分离和纯化，且数量随年龄增长而降低。③如果尝试使用患者自身的干细胞进行治疗，那么首先必须从患者体内分离干细胞，并体外培养，产生足够数量的细胞才可用于治疗。对于某些急性病症，恐怕没有足够的时间进行培养。④在一些遗传缺陷疾病中，遗传错误很可能也会出现于患者的干细胞中，这样的干细胞不适于移植。⑤有证据表明，成体身上获得的干细胞，可能没有年轻的干细胞那样的增殖能力。⑥由于日常生活的暴露，包括日光、毒素以及在 DNA 复制过程中的某些错误，成体干细胞可能包含更多的 DNA 异常。⑦成体干细胞可能无法用于研究细胞特化的早期阶段，因为它们的特化性比多能干细胞强。⑧一个成体干细胞可能形成几个，可能是 3 个或 4 个组织类型，但目前还没有明确的证据表明成熟干细胞具有多能性，无论是人类还是动物。⑨目前的多数实验结果来自动物体内实验，而且许多是群体细胞研究，并未在克隆细胞水平得到证实。人成体干细胞的特性是否与动物一致，体外结果是否与体内一致还不知道。⑩更重要的是成体干细胞的分化潜能到底有多大，分化的分子机制还不十分清楚。这些潜在的弱点将限制成体干细胞的应用。成体干细胞的应用研究刚刚起步，但现代生物技术在成体干细胞相关研究中的应用必将加快其在临床移植修复治疗中的应用进程。

第二节　神经干细胞

长期以来，中枢神经系统被认为无自我更新能力，成年哺乳动物中枢神经系统神经元在疾病或损伤后因为无神经干细胞而不能再生。然而，近年来的研究结果否定了传统的观念，大量研究证实在成年哺乳动物脑内存在神经干细胞，它们与存在于胚胎中的神经干细胞具有一样的特性，即能够在离体条件下大量增殖、能分化为神经元和胶质细胞。神经干细胞所具备的生物学特性使之不仅成为研究细胞发育分化非常有用的对象，而且由于神经干细胞具有多分化潜能，将其植入组织后易于存活，因而使其成为细胞移植治疗神经疾病的理想细胞类型。如果能进一步发现直接指导神经干细胞生发和分化的分子，神经疾病和神经损伤的自我修复将成为现实，因而有着广阔的应用前景。

一、概念与基本特性

1989 年，Temple 等从 13 天大鼠胚胎脑的隔区取出细胞进行培养，发现这些细胞发育为神经元和神经胶质细胞。神经干细胞（NSC）的概念始于 20 世纪 90 年代，人们从成年个体脑内分离培养了能不断分裂增殖且具有多种分化潜能的细胞群后提出的。1992 年，Reynolds 等首次提出成年哺乳动物的脑内存在 NSC。而后的许多免疫组化实验都证实，人脑内也同样存在神经干细胞。这十几年来对于 NSC 的定义，一直存在争议。大多数研究者对于干细胞的定义是借助于血液系统干细胞的定义来考虑的，提出干细胞应具备多向分化潜能，高度增殖能力，并能够进行自我复制更新。神经生物学者认为，当前神经干细胞的定义除包括可以生成神经元和胶质细胞的多向性干细胞之外，还应该包括某些具有干细胞特性但分化能力相对局限的定向干细胞，如少突胶质细胞的祖细胞等。1997 年，McKay 正式提出 NSC 的定义：具有分化为神经元、星形胶质细胞和少突胶质细胞的能力，能自我更新，并足以提供大量脑组织细胞的细胞群。2000 年，Gage 进一步总结 NSC 的特性为：①可生成神经组织或来源于神经系统，具有多向分化潜能。NSC 不仅具有分化为中枢神经系统 3 种主要类型的细胞的能力，而且还能转化为其他细胞，如骨骼肌细胞、血细胞等。NSC 的跨胚层转分化能力使人们对其多潜能性有了更深层的认识。② 能进行自我复制与自我更新。③可通过不对称分裂产生除自身以外的其他细胞。NSC 通过不对称分裂产生一个新的干细胞和一个祖细胞，对称分裂则产生 2 个干细胞或 2 个祖细胞。另外，作为可被用于细胞移植的神经干细胞还应具有以下特点：①在体外能从供体材料中大量获得。②必须能保持未成熟的和有表型可塑性的特征，使其能根据需要分化为适当的神经元和胶质细胞类型。

神经干细胞的特殊标志物包括巢蛋白（nestin）和（或）波形蛋白，以及 RC1 抗原等。一般认为，在周围环境的控制下，多能神经干细胞先产生各种前体细胞，如神经元限制性前体细胞（neuron-restricted precursor，NRP）、胶质限制性前体细胞（glial-restricted precursor，GRP）和神经嵴干细胞（neural crest stem cell，NCSC）等，而后再形成相应的成熟细胞。神经干细胞一般并不局限于产生某些特定的前体细胞，而是在环境因素诱导下向某一方向分化。

目前对于 NSC 的研究主要有以下方法：①体外研究：切取活体动物脑内确有细胞分裂的脑组织，在体外培养基中孵育，经过增殖，诱导细胞向不同的子细胞分化，然后进行生物学鉴定。②体内研究：将体外扩增后的 NSC 移植到脑内，然后对其生物学行为进行观察。近年来，国内外相继报道了建立神经干细胞系研究工作的情况。由于体外状态很难维持原代神经干细胞生存或增殖达到足够长的时间以检测其特性或对外源性因子的反应，因此人们通过基因转移技术得到的永生化神经干细胞系为体外观察和移植研究提供了更稳定的材料。产生永生化神经干细胞的经典方法是通过逆转录病毒将编码癌基因蛋白的基因克隆到发育中的脑细胞，改变细胞的表型，使部分细胞渡过细胞分裂的危相期，而停留在细胞分裂的某一时期，不能进行终末分化，并获得长期传代的能力，从而使 NSC 得到"永生"。目前应用最广的是 V-myc、大 T 抗原等。在引入原癌基因 V-myc 的细胞系中，原癌基因的有丝分裂作用在不断表达，NSC 不断增殖，当在培养基中加入四环素后使得 V-myc 蛋白减少并导致 NSC 停止增长，并朝神经元方向分化。

二、来源与分布

神经干细胞不仅存在于发育中的哺乳动物神经系统，而且也存在于包括人在内的所有成年哺乳动物神经系统中。神经干细胞在脑内终生存在，不断分裂并沿固定的通路进行脑内迁移，对特定区域内的细胞进行补充。在胚胎期的纹状体、海马、脑皮层、视网膜、脊髓、嗅球、侧脑室的脑室区、室下区存在神经干细胞。在成年，神经干细胞存在于嗅球、皮层、侧脑室和脊髓的室管膜、部分室管膜下区和海马齿状回等部位。神经干细胞来源较多，可来源于神经组织，也可来源于其他组织细胞。①来源于神经组织，目前从哺乳动物胚胎期的大部分脑区、成年期的脑室下区、海马齿状回的颗粒下层、脊髓等部位均成功分离出神经干细胞。②来源于胚胎干细胞、胚胎生殖细胞（EGC）等细胞的定向诱导分化而来。但因伦理道德、潜在的致瘤性、组织相容性等问题使其应用受到一定的限制。③来源于血液系统的骨髓间质干细胞（MSC）、成年多能祖细胞（MAPC）及脐血细胞等。它们在无血清培养加上 bFGF 刺激下表达神经干细胞的标记巢蛋白 mRNA，在诱导分化时产生神经元、星形胶质细胞、少突胶质细胞表型。

1990 年 McMay 报道了以一种中间纤维细胞骨架蛋白——神经巢蛋白作为胚胎期神经干细胞的特异性分子标志。神经巢蛋白是神经干细胞的标志性抗原，属于第 VI 类中间丝蛋白质。巢蛋白阳性的神经干细胞能够分化为神经系统 3 种类型的细胞：神经元、星形胶质细胞和少突胶质细胞。虽然巢蛋白的分布并不局限于神经干细胞，但是目前巢蛋白作为神经干细胞的一种重要分子标志之一仍然被广泛接受。应用流式细胞技术对神经干细胞表面的分子标志进行系统的研究和筛选发现，神经干细胞选择性地表达 $CD133^+/CD34^-/CD45^-$ 以及 CD9、CD15、CD81 和 CD95 等表面标志。其中 CD133 是神经干细胞特异的表面抗原，被用来分离和鉴定神经干细胞。流式细胞分析的研究结果表明，在从成体小鼠室管膜和脑室下区分离出的直径大于 $12\mu m$ 细胞中，花生凝集素（peanut agglutinin，PNA）和热稳定蛋白（heat stable antigen）阴性的细胞为神经干细胞，也可以作为神经干细胞分离的标志。虽然有报道认为成体哺乳动物室管膜下层表达胶质纤维酸性蛋白（glia fibrillary acid protein，GFAP）的细胞属于神经干细胞，但是对于胶质细胞和神经干细胞的关系仍颇有争议。特异性地消除室管膜下层 GFAP 阳性细胞并不能阻止神经球的形成。神经巢蛋白表达起始于神经板的形成，在神经元迁移和分化开始后逐渐消失。故可通过巢蛋白免疫组化染色阳性来证明神经干细胞的存在。通过对巢蛋白的检测，已证实 NSC 主要分布于室管膜下区、室下区、海马齿状回颗粒细胞层下层、纹状体、隔、脊髓及大脑皮层。室管膜睫状细胞可能是 NSC 的来源。另有学者认为 NSC 普遍存在于脑组织中，而不是几个分散的区域。但一般认为成人脑中的 NSC 主要分布于两个特定区域：室下区和海马。

为了确定成年中枢神经系统神经干细胞的所在部位，不同区域的脑组织被仔细分离出来，经体外培养来确认其产生神经细胞的能力。大多数研究认为成年大脑的海马齿状回下分子层和前脑的室管膜下区是神经干细胞的主要生发区域，有报道在大脑皮层、小脑、中脑和纹状体等部位也分离出神经干细胞。在成年动物前脑的脑室下区存在一些具有分化潜能的细胞，这些细胞可根据神经系统发育或损伤修复的需要分化并迁移至嗅球、海马等处。此处的多潜能神经干细胞对表皮生长因子（epidermal growth factor，EGF）的作用有应答反应。bFGF 对这一区域的神经干细胞也有刺激增殖的作用。在成年大鼠海马齿状回下分子层发现有类似的细胞存在，如果将其取出植入脑室则这些细胞可向神经元和胶质细胞分化。用细胞分裂增殖的标志物溴化脱氧尿嘧啶（bromodeoxyuridine，BrdU）标记成年啮齿类海马齿状回下分子层分裂增殖细胞的研究表明，这一区域每天有数百个细胞进行分裂，其中一半左右的细胞演变成分子层神经元，15% 的细胞分化成胶质细胞，其余的细胞直至其分裂 4 周后仍不能确定属于神经元表型还是胶质细胞表型。新生神经元的数量会随着年龄的增加而减少。用相同的标记方法观察到成年人大脑海马齿状回也存在着新生的神经元。由此可以认为这些新生的神经元起源于海马齿状回下分子层的多潜能神经干细胞，同时也提示成年中枢神经系统可能有未分化的神经干细胞存在。

近年证实在成年小鼠脊髓内也存在具有自我更新和繁殖能力的神经干细胞。Kalgani等的实验结果还支持胚鼠（E10.5）脊髓尾侧神经管上皮细胞是神经干细胞，且这些细胞的存活需要 FGF 和鸡胚提取物的维持。这些细胞亦可向神经元或胶质细胞分化。目前，神经管上皮细胞正被认为是向脊髓运动神经元和其他脊髓细胞分化的一个常见的干细胞。需要进一步弄清楚的是神经干细胞位于脑室管膜下区及其他区域，还是神经干细胞有自己独立的生发区。

为了明确神经干细胞在动物不同发育时期的脑内动态变化，应用免疫组织化学ABC 法，对不同发育时期大鼠脑的嗅球、室管膜、室管膜下区、顶叶皮质、纹状体、海马齿状回进行巢蛋白免疫组织化学染色及光镜观察。结果表明巢蛋白从胚胎 18 天至出生后 7 天在脑内表达较强，阳性细胞在所观察的部位较多，出生后 1 个月巢蛋白阳性细胞数急剧下降，成年鼠和老年鼠仅在嗅球、室管膜、部分室管膜下区及海马齿状回分布有巢蛋白阳性细胞。研究结果显示，大鼠 E18 天脑内嗅球、皮质、纹状体、隔区、室管膜及室管膜下区等部位具有较多的神经干细胞，直至大鼠出生后 1 周，脑内各脑区还分布有相当数量的神经干细胞。至成年和老年时，神经干细胞的分布受限，数量急剧下降，仅分布在嗅球、室管膜、海马齿状回、部分室管膜下区等部位。说明随动物年龄增长，神经干细胞数目逐渐减少，嗅球、室管膜、室管膜下区及海马齿状回终生具有神经干细胞存在，可能具有神经再生功能。以往一直认为神经发生和结构的可塑性局限在低等动物和鸣禽类，神经发生大多在哺乳类动物出生前及出生后早期阶段。在最近年大量的研究揭示结构的可塑性在成年神经系统某些区域可以发生。

神经干细胞的精确部位仍是待解之谜，详尽的形态学研究发现成年前脑脑室内表面存在一单层的室管膜细胞，此层下面有一层称之为室管膜下层的细胞，它们是具有快速增殖能力的干细胞的生发地。有人认为增殖迅速的室管膜下层的细胞并非神经干细胞。最近有文献指出成年中枢神经系统中纤毛化的室管膜上皮可能是神经干细胞的主要发源地，但是，一般认为室管膜上皮属高度分化的细胞从而形成脑-脑脊液屏障，故这一发现需要进一步地证实。可以相信，随着越来越多的神经干细胞标志物被发现，在活体状态下对神经干细胞的发源地进行精确地定位也越来越可能了。

三、成年脑的神经干细胞

自从提出神经干细胞及其概念以来，各国科学家们纷纷对此进行研究和探索，人们不仅在胚胎期的动物或人神经系统内分离、纯化了神经干细胞，而且在成年啮齿类动物或人的体内也相继发现了神经干细胞。神经干细胞作为干细胞的一种，它具有其他所有干细胞的基本特征：①自我维持和自我更新能力；②具有多种分化潜能，具有分化为本系统大部分类型细胞的能力；③增殖分裂能力；④这种自我更新和分化潜能可以维持相当长的时间甚至终生；⑤对损伤和疾病具有反应能力。

1992 年，Reynolds 等从成年鼠纹状体中首次分离出能在体外持续增殖并具有向神经细胞及星形胶质细胞分化的多潜能的细胞群，1998 年，Eriksson 等证实成年人脑内同样存在神经干细胞。目前已经证实，哺乳动物的神经干细胞在胚胎时期存在于脑室周围、皮质、海马、脊髓等处，而成年哺乳动物大部分脑区不具有产生新生神经元的能力，但在海马的齿状回和环绕侧脑室的室管膜下层与纹状体中存在神经干细胞。人们对神经干细胞分离培养的成功，为神经系统的损伤修复和退行性病变的治疗带来了新的希望。目前对神经干细胞的研究已经形成两个方向：①神经干细胞体外增殖分化，借助于细胞因子等将体内的神经干细胞激活，分化形成神经元或胶质细胞；②将神经干细胞及其分化后细胞移植。由于外科手术和研究条件的限制，尤其是人们对于人神经干细胞生物学特性知之甚少，因此，神经干细胞的研究主要转向体外试验，免疫组织化学的发展特别是神经巢蛋白的发现使神经干细胞的研究获得飞跃性的发展。

目前广泛应用的神经干细胞体外分离培养方法是通过体外长期选择性培养进行筛选。近几年来，研究者们采用了消化法和流式细胞分选技术成功分离和培养了大量的神经干细胞。最为常用的体外获得神经干细胞的方法是，将中枢神经系统来源的组织用酶消化法或机械分离法分离成单细胞悬液，培养于含有有丝分裂因子，如 EGF 和 bFGF 等特定因子的无血清培养基中。由于非神经干细胞在无血清培养条件下很快死亡，只有神经干细胞才能接受促分裂原的刺激而存活下来并进行增殖，从而可选择性地培养出神经干细胞，然后将筛选出的存活神经干细胞进行多次传代，即可获得比较纯的神经干细胞。中枢神经系统神经干细胞培养物有两种生长方式，贴壁生长于基质表面者形成包括少量神经元、胶质细胞和大量神经干细胞的细胞克隆，而悬浮生长条件下则聚集成典型的以神经干细胞为主的多细胞神经球（neurosphere）。两种生长方式的神经干细胞经吹打消化为单细胞悬液后进行传代培养，可以重新形成细胞克隆或神经球。神经干细胞可以在体外增殖一定的时间而仍保持自我复制和多潜能分化的特性，分化产生具有电生理活性的神经元，移植到被损毁的纹状体可长期存活。这种神经干细胞筛选培养的方法虽然简便可行，但是分离效率低，筛选培养时间长，而且不同标本培养出现神经球需要的时间以及神经球中不同细胞成分的比率变异极大，不能满足细胞移植治疗对细胞稳定性和标准化的要求。随着流式细胞分选技术的日臻成熟和免疫组化技术的发展，可以利用神经干细胞表面特异性的分子标志直接从神经组织分离高纯度的神经干细胞。

Nobuke 等先后实验了 50 多种细胞表面标志抗原，发现流式细胞术分选出的 $CD45^-$/$CD34^-$/$CD133^+$ 细胞为神经干细胞，可以体外培养，并且能够分化和增殖，因此可应用流式细胞术直接在体外分选神经干细胞，并对分离出来的神经干细胞加以鉴定。利用绿色荧光蛋白（GFP）作为神经干细胞内某些活跃基因的报道基因，结合流式细胞分选技术，可分选出成体的神经元前体细胞和神经干细胞。因此，可以肯定流式细胞分选技术是一种可行的直接获得神经干细胞的新方法。此外，神经干细胞表达特异性生物学标记神经巢蛋白；神经干细胞成熟分化后，其子代神经元表达 βIII 微管蛋白、NeuN 蛋白、微管相关蛋白 2（MAP2）、微管相关蛋白 5（MAP5）、多种神经营养因子、Tau1 蛋白和 NSE，胶质前体细胞表达 A2B5 抗原，星形胶质细胞的标志蛋白为 GFAP，少突胶质细胞的标志蛋白为 O4 抗原、半乳糖脑苷脂（GC）和髓鞘碱性蛋白（MBP）。利用逆转录病毒或胸腺嘧啶核苷/溴脱氧嘧啶核苷（BrdU）可在体内外检测干细胞的存在。逆转录病毒只感染正在进行分裂的细胞，并传递至所有子代细胞，胸腺嘧啶核苷或 BrdU 可在任何阶段检测分裂细胞的数量。

Wangs 等将绿色荧光蛋白（green fluorescent protein）的基因转导于神经干细胞中，而该基因的启动子为巢蛋白，一旦神经干细胞表达巢蛋白，则该细胞可获得绿色荧光蛋白的表达，通过荧光分析识别并分离出神经干细胞。分离的细胞经体外培养具有产生 β-微管蛋白型和 MAP2（微管相关蛋白）型神经元的能力。除了这种转导荧光蛋白分离神经干细胞外，也可用荧光直接标记神经干细胞表面抗原（CD133、P75）经流式细胞术（flow cytometry）分离神经干细胞。

免疫磁珠法是 20 世纪 80 年代出现的技术方法，这一方法的核心是在磁珠表面包被具有免疫反应原性的抗体，直接与靶细胞的抗原分子或与事先结合在靶细胞表面的抗原进行抗原抗体反应，在细胞表面形成玫瑰花结，这些细胞一旦置于强大的磁场下，就会与其他未被结合的细胞分离，具有超强顺磁性的磁珠脱离磁场后立即消失磁性，这样就可以提取或去除所标记的细胞，从而达到阳性或阴性选择细胞的目的。该方法分离过程对目的细胞的损伤小，故分选所得细胞可以供继续研究如细胞培养或鉴定使用，从而使神经干细胞的研究有条件得以深入。

上述方法虽在神经干细胞与自我复制能力控制因子的分析研究中占有优势，但也受到一定限制。例如，构成神经球的单一细胞现被认为是具有多分化能的神经干细胞，那么在形成神经球的不同培养时间点上，单细胞处于何种状态？如果在体内，这些单细胞应位于哪个部位？类似的问题也同样存在于造血干细胞中。这种神经球方法作为神经干细胞的简便调控法，已为越来越多的学者所采用。然而，构成神经球的细胞中，并非仅限于多分化潜能的神经干细胞，还有一些决定其他特定细胞命运的前体细胞也不可忽视。

1994 年，Temple 开创了低密度神经干细胞选择培养法，他将大白鼠胚胎大脑神经细胞及胶质细胞的上清培养液再以低密度培养，发现有大致 7% 的克隆可分裂为数百个细胞，其中约 40% 分化为神经元、少突胶质细胞和星形细胞，而再次低密度培养散在的克隆细胞，则可重复显示出克隆细胞的自我复制性。这种细胞培养方法特别适用于细胞分化流程图分析，以及对决定细胞命运的不同因子鉴定分析。在神经发生过程中的神经干细胞分布于体内及其意义怎样？相对于神经发生过程的神经干细胞分布又如何呢？研究表明，神经管形成以前，神经干细胞主要分布于神经板（neural plate）。在神经管诱导时期，可于整个神经板检测到神经干细胞的选择性标记物，构成小鼠神经板细胞，具有高效形成神经球的能力。神经管形成之后，神经干细胞则位于神经管的脑室壁周边部（ventricular zone）。

四、增殖与分化调控机制研究进展

将培养的海马神经干细胞移植到成年大鼠海马、嘴侧迁移流（rostral migratory stream，RMS）、小脑和视网膜后，只有在大鼠脑神经生发区如海马分子层和 RMS 处，这些培养的细胞才能分化成神经元，这说明局部信号对神经元分化有极为重要的作用。有趣的是，将这些细胞移植到 RMS 中，它们会沿着 RMS 到达嗅球并分化成酪氨酸羟化酶（tyrosine hydroxylase，TH）阳性的嗅球内神经元，然而，成年海马神经元并不表达 TH，此现象表明移植的神经干细胞适应局部生存环境，细胞表型能发生转化。在发育的视网膜中，被移植的神经干细胞也能分化成几种视网膜细胞的表型，但它们不能表达类似于视网膜神经元的终末阶段标志物，这提示培养的神经干细胞的内部因子在一定程度上能够限制它们对外周环境的反应，或者因为神经干细胞在移植时有利于干细胞完全分化的细胞外部环境不完全具备。综上所述，中枢神经干细胞有较大的发育潜能，能对成年中枢神经系统中存在的神经分化信号有应答行为，但已存在一定的局限性。

目前，诱导神经干细胞分化的机制仍不清楚。综合已知的文献可得出下列一些简单的结论：应用生长因子对神经干细胞的分化有一定的诱导作用，但其作用的发挥至少需要两种或两种以上的因子参与。周嘉伟等报道，联用5-羟色胺（5-hydroxytryptamine，5-HT）和酸性成纤维细胞生长因子（acid fibroblast growth factor，aFGF）可诱导胎鼠皮层及纹状体细胞向多巴胺能神经元分化，而单独应用则不起作用。Sieber等证实，早期神经嵴的发育除需一些神经干细胞因子外，还需一些神经营养因子[（nerve growth factor，NGF）、（brain-derived neurotrophic factor，BDNF）、（neurotrophin-3，NT-3）]的协同作用。现已证实，FGF与其他细胞生长因子如EGF等联用可诱导神经干细胞分化。Palmer证实，本该发育为胶质细胞的一些神经前体细胞，在体外加入FGF诱导后则向神经元分化。Shah等证实，转化生长因子β（transforming growth factor-β，TGF-β）可促使神经嵴干细胞向平滑肌细胞分化。而Shetty的实验则表明，BDNF可促进新生小鼠海马、皮层、小脑、中脑及纹状体内的神经干细胞（对FGF反应）向不同类型的神经元分化。目前，除神经营养因子和某些神经肽对神经干细胞的分化有诱导作用外，一些文献还报道细胞因子，如白血病抑制因子、白细胞介素-6、血小板源性神经营养因子等均可调节神经细胞的增殖分化。可以看出，神经干细胞的分化需要一种或几种因子的参与，而多数情况是两种或两种以上因子相互作用的结果。

许多研究已经阐明了诸如血清、RA、bFGF、BDNF、NT-3及其他生长因子等特异性信号分子能够影响或决定神经干细胞向何种细胞类型分化的命运。例如，甲状腺素启动干细胞向少突胶质细胞分化；睫状神经营养因子诱导神经干细胞向星形胶质细胞分化；而血小板源性神经营养因子则有促使神经干细胞分化成神经元的作用；EGF和bFGF有保持神经干细胞处于未分化状态的功用。这些作用在胚胎和成年神经干细胞中均可观察到。有些研究认为前脑多潜能神经干细胞的增殖分裂能力相对有限，胰岛素、脑源性神经营养因子以及胰岛素样生长因子Ⅰ可能具有调节前脑神经干细胞增殖分裂的作用。新近的文献报道了动物的运动活动和学习记忆行为可以对位于大脑海马区的神经生发过程产生一定的影响，这提示海马的功能与成年中枢神经系统中神经元的生发有较为密切的关系。目前尚不清楚内源性因子是否对神经干细胞也有调节作用，但是，在神经干细胞所在区域的确有许多具有调节神经干细胞作用的转录因子不断地被发现。总之，外源性（细胞外）因子对神经干细胞的发育作用已经比较肯定，神经干细胞内源性（细胞内）因子的作用程度尚不得而知。

在多细胞的有机体内，NSC的分化、增殖受到复杂的内、外环境多种信号之间的相互作用的调控。其中生长因子则扮演了举足轻重的角色，它不仅影响干细胞后代的分化增殖，还关系到干细胞本身的多系分化转归。表皮生长因子（EGF）和碱性成纤维生长因子（bFGF）是目前研究最多的生长因子，EGF有促室管膜下区NSC的增殖能力。实验证明，它可促进成年小鼠纹状体中分离的NSC的存活、增殖，并可维持其处于干细胞状态，从培养基中撤走 EGF 后，NSC 则停止增殖，进一步分化为神经元、星形胶质细胞及少突胶质细胞，这时可发现细胞在分化过程中，巢蛋白的表达越来越少，而出现神经元特征性的蛋白质——微管相关蛋白（MAP2）及胶质细胞的特征性蛋白质——胶质纤维酸性蛋白（GFAP）。bFGF 也有同样作用，它能刺激胎鼠纹状体、海马、成年鼠海马及人胎脑的 NSC，使其分裂增殖，但其促存活和分化作用很可能受由 bFGF 诱导产生的其他细胞因子调节，并且 bFGF 对 NSC 存活及增殖的作用存在剂量依赖性的特点，在低浓度下能诱导干细胞向神经元分化。通过培养胎鼠的 NSC 比较 EGF 与 bFGF 的作用，发现单独用 EGF 可使细胞巢蛋白阳性表达时间延长，而单独用 bFGF 可增加 MAP2 阳性表达。因此推测 EGF 的主要作用是维持 NSC 的生存，而 bFGF 对 NSC 则起分化的作用。有证据表明在发育方面 bFGF 敏感细胞比 EGF 敏感细胞要出现得早些。在分化方向方面 EGF 敏感细胞生成神经元非常少，绝大多数是星形胶质细胞，而 bFGF 能使神经元比例增加。两者是不同细胞群的有丝分裂源。在"永生化"大鼠神经干细胞系 EGF 作用的研究中利用 mRNA 差异显示技术，找到一个 bFGF 敏感基因，该基因只存在于脑组织中，这将会揭示 bFGF 在脑早期发育中的作用，但有待进一步证实。在 NSC 的分化过程中，还有很多神经生长因子影响着 NSC 克隆的分化增殖过程，如血小板衍化生长因子（PDGF）、睫状神经生长因子（CNTF）、白血病抑制因子（LIF）、脑源性神经生长因子（BDGF）和胰岛素样生长因子（IGF）等。此外，在脑中还发现有许多细胞因子，如红细胞生成素、集落刺激因子、白细胞介素家族等，也影响着神经元的发育。IL1、IL11、LIF 等可以促使 NSC 向多巴胺能神经元分化，而肿瘤坏死因子则可抑制该过程。以上研究表明神经元表型是可控的，人们可以用后天信号操纵神经元的分化以期获得目的神经生化表型。在对 NSC 进行体内研究时发现，植入的 NSC 的分化方向似乎与其所处的局部环境有关，而非内在的特性决定。实验证实移植细胞对移植区域的发育信号能准确反应，不仅可以在发育期脑内和周围神经系统中广泛移行，而且向神经元和胶质细胞分化，甚至可以跨种系分化。植入的细胞在正常发育的脑内对局部信号的适应性反应导致了这种"嵌合"现象，使其与宿主细胞很难区别。这将为 NSC 用于脑外伤治疗奠定理论基础。

有报道证实，抗坏血酸（维生素 C）具有浓度依赖性地促进大鼠中脑神经干细胞分化为多巴胺能神经元的能力，100μmol/L 抗坏血酸能将多巴胺能神经元的比例至少提高 20 倍。进一步应用 MAPK/ERK 信号通路抑制剂 PD98059 证实抗坏血酸的作用是通过阻断 MAPK/ERK 信号通路而实现的，检测其基因表达，发现 Nurr1、Shh 和多巴胺转运子（dopamine transporter，DAT）的表达增强，提示它们参与了其调节过程。

研究发现，对限制胚胎干细胞多能性（即干细胞发育成任何成熟动物细胞类型的能力）起关键作用的受体即生殖细胞核因子（germ cell nuclear factor，GCNF）。首次揭示了哺乳动物胚胎干细胞如何失去多能性的机制——在小鼠胚胎中这是一个精确控制的开关。随着进一步的研究，GCNF 受体将能够开启通向制备胚胎干细胞的全新方法的大门，而无需引起有关牺牲胚胎的伦理争议。了解 GCNF 如何关闭基因可以使我们拨回细胞发育的时钟指针，这些信息使我们可以将普通的成熟细胞退回胚胎干细胞阶段，GCNF 是现知第一个对多能胚胎干细胞中表达的关键基因 Oct4 有抑制作用的因子。虽然 GCNF 可能只是指挥小鼠胚胎细胞多能性的复杂细胞机器上的一个小齿轮，但认为

GCNF 是至关重要的因子：没有 GCNF，对多能性的限制就不会正常发生，胚胎因而最终会死亡。确定 GCNF 是 Oct4 表达的抑制因子，为了解 *Oct4* 基因的调控机制进而了解控制多能状态的方法提供了捷径。发现 Oct4 和 GCNF 之间的关系为了解多能干细胞和分化细胞之间的区别是如何产生又如何维持的提供了重要线索。只在少数细胞中有活性的 *Oct4* 基因，是目前已知唯一对维护多能性起实质作用的基因。只要它的表达受到 GCNF 抑制，细胞多能性最终都会消失。当胚胎干细胞分化时，受到严格调控的 Oct4 活性有规律地逐步减小；GCNF 最终限制 Oct4 在体细胞中表达，使表达只发生在生殖细胞中。

　　内源性的调控因子在干细胞的分化过程中也发挥了重要的作用，这些因子包括 Wnt1、Pax6、BMP2 和 Mash1 等。Wnt 是 wingless（果蝇的无翅基因）与 Int（Insert，在小鼠乳腺癌相关病毒基因插入后再被激活）的缩合。Wnt 家族是一组分泌型糖蛋白信号分子，*Wnt-1* 是 Wnt 家族中被研究得最为广泛的一个发育相关基因，在细胞分化发育过程中，总是伴随着 *Wnt-1* 的表达，*Wnt-1* 的表达和细胞的分化成熟有密切关系。*Wnt-1* 还能诱导胚胎干细胞向神经细胞分化，通过 NF-κB 途径对抗神经元凋亡。Yang 等将 *Wnt-1* 基因转入 P19 细胞，结果在没有维甲酸诱导的情况下，P19 细胞也能大量分化为神经元，表明 Wnt-1 有诱导神经元分化的作用。研究表明，*Wnt-1* 与神经系统的发育，神经干细胞的分化，神经元的成熟与凋亡都有密切关系。

　　Pax 基因因编码 128 个氨基酸的成对结构域（paired domain）而得名，其蛋白质是一类重要的转录调控因子（transcriptional control factor，TCF），在胚胎发育过程中对组织和器官的特化起重要调节作用。研究表明 *Pax-6* 是参与调控神经细胞迁移的重要基因之一。Quiring 等证实 *Pax-6* 突变将导致中脑峡细胞的迁移出现障碍。Horie 等也发现 *Pax-6* 表达不足将延迟脊髓神经元的迁移及定植（settlement）。Dellovade 等发现敲除小鼠 *Pax-6* 基因后会导致神经干细胞自 SVZa 向嗅脑迁移的数量减少，嗅脑体积明显变小，与此同时，球周细胞层内的 TH 阳性神经元数量也减少。

　　骨形成蛋白 2（bone morphogenetic proteins-2，BMP-2）作为高度保守的转化因子 β 基因超家族成员，越来越受到人们的重视。目前的研究显示 BMP-2 对机体多种器官系统的正常发育有着重要的作用，BMP-2 功能的实现有赖于其信号转导途径中的三种受体，即 BMP 受体 IA、IB、II，而这三种跨膜受体被证实为丝氨酸-酪氨酸激酶家族成员，它们通过与相应的配体结合从而发挥其生物学效应。

　　Mash-1 在神经系统发育过程中有着非常重要的作用，含碱性螺旋-环-螺旋（basic helix-loop-helix，bHLH）结构域，能与 E 蛋白结合启动下游基因的转录。DNA 结合抑制物（inhibitor of DNA binding，Id）竞争性地和 E 蛋白结合从而实现对 *Mash-1* 基因的负调控。Mash-1 在中枢神经系统发育过程中是通过 Notch 介导的一系列信号来调控转录。Mash-1 在中枢神经系统和周围神经系统发育中都有表达，Mash-1 对神经元和神经胶质细胞的分化都有很重要的作用。

　　研究人员还发现一种同癌症相关的基因是神经干细胞增殖的关键性调控因子，这种基因叫做 *PTEN*；了解 *PTEN* 促进神经干细胞发育的机制将有助于利用干细胞治疗神经系统疾病。*PTEN* 是丢失频率第二高的肿瘤抑制基因，能引起多种人类的癌症，包括脑癌、乳腺癌、前列腺癌和子宫癌。有证据表明 *PTEN* 基因编码的蛋白质在神经系统的发育过程中占有一席之地，*PTEN*基因丢失或者变异的人通常会表现为巨头畸形或者不正常的大脑袋。在人和小鼠的发育过程中，*PTEN*基因是在中枢神经系统中表达的，但是还从没有人仔细研究过PTEN在神经系统中的作用。敲除小鼠的*PTEN*基因会造成小鼠胚胎的早死，甚至在出现明显的脑发育之前小鼠就死去了。通过遗传手段对小鼠进行操作，在妊娠后期将*PTEN*基因敲除，在小鼠胚胎中敲除*PTEN*基因后似乎过度激活了一条调节脑细胞增殖和死亡的信号通路。这是PTEN蛋白调控动物细胞大小的第一个证据。使用神经球培养来自正常小鼠和变异小鼠大脑的干细胞，以观察干细胞发育的细节。神经球是脑细胞的小集合，其中包括干细胞和不同发育阶段的干细胞后代。通过施加生长因子，来自大脑不同区域的细胞群落被诱导增殖并分化。变异的细胞群落比正常的增殖更快。同样，在体内实验中，变异的细胞同正常细胞一样能够分化出正常的神经元细胞、星形胶质细胞和少突神经胶质细胞。这些实验证明PTEN蛋白是神经干细胞发育的主要调控者，它负责细胞增殖周期和细胞的程序化凋亡。这项研究揭示的信号通路很可能影响将来的临床研究。关于PTEN在神经干细胞发育中的调控作用的发现有助于更好地了解那些能够消除PTEN作用的变异是如何在癌症中引发细胞的无限增殖的。在后续的研究中观测PTEN是否是触发正常的干细胞进入细胞周期并增殖的开关，仔细分析在成年动物中PTEN的敲除是如何触发癌症的。这些知识可以通过防止PTEN介导的通路的过度激活，来对癌症患者进行药物治疗。

总之，NSC在脑外伤的应用前景无限诱人，对它的研究和开发已成为当今生命科学的热点。目前主要研究焦点集中在：①寻求诱导NSC定向分化的方法；②借用神经再生工程技术对NSC进行改造；③探寻NSC的移植方法；④对NSC移植治疗的疗效评定。以上研究还需进一步探索，将NSC应用到临床还有一段时日。但我们相信，不远的将来，对严重脑外伤后进行神经功能修复和功能重建已不再是梦想。

（姚忠祥 蔡文琴 撰）

第三节 神经干细胞与中枢神经系统发育

干细胞在大多数动物某些特殊组织的形成和维持方面起重要作用。最近几年，在中枢和外周神经系统发现了干细胞。首先，成体内不断的神经发生说明成体内存在一种存活期较长的祖细胞。从胚胎的中枢神经系统（包括基底前脑、大脑皮质、海马、脊髓）和外周神经系统成功的分离出干细胞样细胞以及体内多能的干细胞样祖细胞存在的证据均证明了它们在神经系统发育中的重要作用。过去的研究热点是从灵长类动物、大鼠已知的神经生发区（如室管膜下区和海马齿状回）分离得到成体神经干细胞，最近在脊髓、新皮质等非传统的神经生发区观察到神经发生，说明干细胞在成体中枢神经系统的存在比我们以前认为的更为广泛。前面已介绍了神经干细胞的分布和生物学特性等，本节侧重介绍神经干细胞与中枢神经系统发育的关系。

一、中枢神经系统早期的发育

　　神经系统是机体最重要和最复杂的系统，不仅因其主宰着机体的一切功能，还因其谜一样的发生过程吸引着科学家为之探索。

　　神经管发生是一个重要的涉及建立中枢神经系统原基的胚胎学事件，是指从神经板出现到神经管关闭的胚胎发育过程。在此过程中，神经板必须准时准确地关闭形成神经管，神经系统才能得以正常发育，否则将出现神经管关闭缺陷（neural tube closure defect，NTCD）和随之而来的脊柱裂（spina bifida）及无脑（anencephaly）等常见畸形。

　　追溯人神经系统的发生始于胚胎第 18 天，此时胚盘中轴部的外胚层（ectoderm）细胞增殖，呈现为一个细长的、拖鞋形的、增厚的外胚层板，称神经板（neural plate）。随后神经板沿其长轴凹陷形成神经沟（neural groove），沟两侧的隆起称神经褶（neural fold），随着进一步发育，两侧神经褶开始在神经沟的多个部位发生闭合，最后神经沟完全关闭形成神经管，神经管是中枢神经系统的原基。在神经管关闭过程中，一些细胞迁移至神经管的背外侧，形成两条纵行的细胞索，称神经嵴（neural crest）。神经嵴主要分化为周围神经系统的结构。最初神经管管壁是由一层较厚的假复层上皮组成，称神经上皮（neuroepithelium）。神经上皮的内、外表面均有一层薄膜，分别称内界膜和外界膜。神经上皮细胞呈柱状、锥形或梭形，细胞核位于不同平面。在腔面，细胞间彼此以闭锁堤连接。神经管的神经上皮细胞均处于细胞周期的不同时期，而且核的位置随细胞周期的不同而在内、外界膜之间往返移动。应用同位素跟踪实验，可见处于 S 期的神经上皮细胞，细胞缩短变圆，向内界膜移动，胞核也随之移向内界膜；细胞进入 G_2 期，与邻近细胞的连接消失，胞核变圆进入 M 期。分裂完成后，细胞间重建连接结构，核再度变长移向外界膜进入 S 期，并居于外界膜深层。靠近内界膜处 M 期细胞聚集成 M 带，而 S 期细胞核在近外界膜处形成 S 带，在 M 带和 S 带之间的是中间带（intermediate zone，I 带）。在神经上皮不断增殖的过程中细胞也开始进行迁移和分化，分裂后的一个子细胞向神经上皮的外周迁移，并分化为成神经细胞（neuroblast）。它们不具备摄取 [3]H -胸腺嘧啶的能力，也不再分裂，事实上是幼稚的神经元。在神经板和早期神经管中的子细胞可再进入有丝分裂周期，不能进入分裂周期的子细胞则迁移进入套层。各种类型的神经元和神经胶质细胞在套层发生分化。一些神经胶质细胞在受适当刺激情况下仍可以进入有丝分裂周期，而另一些神经胶质细胞则暂时离开细胞分裂周期或永久离开细胞周期，一般认为神经元是永远离开细胞周期的。处于细胞周期中的神经上皮不断增生，其中部分细胞分化为成神经细胞（neuroblast），并向神经上皮的外周迁移，形成套层（mantle layer）。来自神经上皮的成神经细胞形成后，其近腔端的突起消失，整个细胞移入套层并失去分裂能力。移入套层的成神经细胞开始为圆形，后来才分化为具有树突和轴突的神经细胞，其轴突伸出套层外，形成边缘层（marginal layer）。此时神经管管壁由内向外由 3 层组成，依次为神经上皮层、套层和边缘层。与此同时，另一部分来自神经上皮的细胞也移入套层，但这些细胞仍保持分裂能力。并保留其两端的胞突，成为梭形的成胶质细胞（glioblast）。其后，成胶质细胞的胞突脱离内、外界膜，分化成星形胶质细胞，另有一部分神经上皮细胞从外周缩回胞突，成为柱状上皮形态，其近腔端长出纤毛，成为室管膜细胞（ependymal cell）。套层内的成神经细胞起初为圆形无突起，称无极成神经细胞（apolar neuroblast）；以后细胞两端出现突起，成为双极成神经细胞（bipolar neuroblast）。双极成神经细胞朝向神经管腔一侧的突起退化，变为单极成神经细胞（unipolar neuroblast），其突起分化为轴突，向外界膜方向生长，在套层与外界膜之间形成边缘层。单极成神经细胞的内侧端又发生原始树突，成为多极成神经细胞（multipolar neuroblast），多极成神经细胞进一步生长分化为多极神经元（图 2-4）。

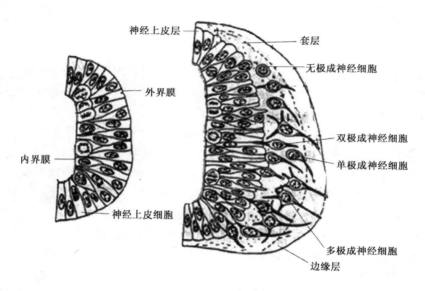

图 2-4　神经管的组织发生

关于神经元和神经胶质细胞的起源，是神经系统发育中一个有争议的问题，长期以来存在着不同意见。目前，大多数神经生物学家认为神经元和神经胶质细胞来自于共同的干细胞。这种干细胞由胚胎早期的室管膜上皮产生且具有多向分化潜能，称为多潜能干细胞（multipotent stem cell，MSC）。将 MSC 体外培养表明，它可以发生神经元、放射状胶质细胞和星形胶质细胞。最近研究表明，干细胞不仅存在胚胎早期，而且生后在室管膜下层可长期存在。应用免疫组织化学染色显示神经管上皮细胞均显示巢蛋白免疫组织化学反应阳性（图 2-4）。"干细胞"根据所研究的系统和研究者的观点不同而有很多不同的定义。一般来说，干细胞是指具有自我更新和多向分化潜能的细胞，干细胞领域的大多数研究者认同这一基本定义，在本章中，"祖细胞"（progenitor）将作为任何可分化为不同系子代细胞的分裂细胞的总称，不管它是否具有自我更新能力，而"前体细胞"（precursor cell）是指具有明确的分化方向的细胞。

除了自我更新和分化潜能这两大基本特征外，在某些系统的干细胞还具有一些特定的特征，而不是所有细胞的共同特点。干细胞在生后存在的功能可能是补充皮质中死亡或损伤的神经细胞。

二、神经干细胞及其在神经系统正常发育中的作用

目前的研究集中在阐明神经干细胞的特征以及其在发育和成体神经系统的功能，以揭示它在中枢神经系统生物学中的地位，为进一步研究其在中枢神经系统损伤修复中的应用。研究神经干细胞，我们可以从收集大量其他生物其他系统的干细胞知识出发，找出可能揭示干细胞基本特征的共同点和揭示神经干细胞特征的不同之处。

（一）神经系统是否仅起源于一种神经干细胞

祖细胞的潜能是指它可以产生的细胞类型的谱系。通常认为，所有的细胞都是通过干细胞潜能的逐步限制产生的。最原始的细胞被认为是可以产生整个器官和组织的全能干细胞。随后对潜能的限制发生在一个干系（stem lineage）中，所以干细胞可以是多能的（可以分化为许多不同类型的细胞，但非全部），少能的（能分化为几种类型的细胞）或单能的（只能产生一种子代细胞）。成体皮肤的上皮干细胞就是一种单能干细胞，它似乎只能产生角化细胞。干细胞也可以产生多能的，少能的单能的祖细胞，作为分化为终末细胞前的过渡细胞群体。血液的形成即遵循这一基本模型，原始的造血干细胞通过潜能的限制分化为祖细胞，最后分化为终末血细胞。

目前还不清楚是否存在一种干细胞可以分化为包括神经元和胶质细胞的整个神经系统组织。被认为是全能细胞的胚胎干细胞可以产生神经干细胞，胚胎来源的神经干细胞的体外培养或将其种植于胚胎的实验均证明其可以整合产生很多类型的细胞。胚胎干细胞是否可以产生所有类型的神经细胞有待进一步研究，但它们可能是最具可塑性的神经干细胞。早期胚胎中存在既可以产生中枢神经系统又可以产生外周神经系统衍生物的干细胞，说明它们具有广泛的分化潜能。从发育或成体的某些区域以及将演化为周围神经系统的神经嵴均可分离得到多能干细胞。含有一些干细胞的胚胎神经祖细胞群体可以从发育中枢神经系统移植入其他区域生长并表现出相当好的相容性（integration），产生与移植区域原位细胞相似的细胞。

与其他祖细胞相比，干细胞在移植区域对形成终末细胞的作用目前还没有被证实，但目前的资料表明干细胞可以对区域微环境的信息做出反应调整其自身分化方向。神经干细胞是否能像胚胎干细胞一样产生所有类型的神经细胞仍不清楚。但目前有的研究已表明它们不能产生所有类型的神经细胞。移植区域的细胞并非完全整合，与移植区域原位细胞相比，分化而来的终末细胞往往具有相似的形态特征却不能表达特异的分子标记物。例如，被移植入胚胎间脑的大脑皮质来源的干细胞将终身表达大脑皮质细胞标记物。同样，海马来源的干细胞移植入成体视网膜可以表现出与视网膜神经元和胶质细胞相似的形态却不能表达其标志物。进一步的研究表明，神经干细胞的整合具有区域选择性。将鼠的背根节来源和腹侧中脑来源的祖细胞同时注入胚胎侧脑室，背根节来源细胞优先整合入纹状体，而腹侧中脑来源细胞优先整合入海马和中脑。中枢神经系统腹侧来源的细胞都不能有效整合入背根结构中，如大脑皮质和海马。

以上资料均表明干细胞的潜能具有空间限制性。较早的胚脑皮质来源的祖细胞移植

入较晚的胚脑皮质可以产生与胚龄相当的分化细胞，反之，将较晚的胚脑皮质来源的祖细胞移植入较早的胚脑皮质却不能产生相当胚龄的细胞。同样，胚 10.5 天来源的祖细胞比胚 13.5 天来源的祖细胞具有更广泛的整合性。这些数据均表明干细胞的潜能具有时间限制性。这些对指导我们研究成体神经干细胞的分化潜能具有重要的意义。成体神经干细胞可以产生神经元、星形胶质细胞、少突胶质细胞，但它们产生的神经元和胶质细胞的类型是有限的。成体干细胞移植入发育中的神经系统可以产生更多的细胞类型。然而重要的是要搞清楚成体干细胞能否产生在胚胎发生早期产生的主要投射神经元（major projection cell）。成体神经干细胞的体外长期培养将使其易于向胶质细胞方向分化，有些将最终丧失分化潜能。

神经干细胞不仅可以分化为各种神经细胞，而且可以分化为其他组织细胞。研究发现，成体中枢神经系统分离到的干细胞植入放射治疗的宿主骨髓中可以分化产生血细胞。虽然这一实验证明了干细胞极强的可塑性，但并不能说明它产生神经细胞的潜能。并且，分化产生的血细胞真正的起始细胞并不清楚。是神经干细胞通过去分化或横向分化获得了造血干细胞的特征，还是脑中存在极少量的全能干细胞，甚至可能是迁移中的幼稚细胞导致了本实验中血细胞的产生。如果确实是神经干细胞分化产生了血细胞，那么这是它正常的生物学特性，还是植入前在体外长时间培养的结果？毫无疑问，这些问题终将得到回答，并且有助于我们搞清楚成体脑中干细胞的类型，其正常分化潜能，以及长期体外培养如何改变其分化潜能。

虽然还没有发现可以产生所有神经组织的神经干细胞，但发育神经系统中干细胞的研究表明，与在血液系统一样，神经系统中干细胞的分化是通过潜能的逐步限制实现的。在中枢神经系统和外周神经系统中，多能干细胞产生神经元和胶质细胞的限制性祖细胞。干细胞是如何实现潜能限制的呢？有研究者指出，在很多系统中，越原始的干细胞，其很多基因处于可读框中从而可以低水平广泛的表达转录产物。潜能的限制可能是通过关闭一些基因的表达同时上调另外一些基因的表达实现的。在神经系统中这或许可以解释，为什么胎儿大脑皮质谷氨酰胺能和 γ-氨基丁酸能神经元都能表达谷氨酸脱羧酶，为什么脊髓中的祖细胞在分化为终末细胞前可以同时表达中间神经元和运动神经元的基因型。潜能的限制也可能是通过众多有等级的转录因子的不断激活而实现的。在果蝇中，前神经基因 *achaete*、*scute*、*atonal* 即是通过激活一系列的转录因子实现的。

脊椎动物中上述基因的同源基因也是通过相似的方式得以表达。例如，鼠的 *achaete/ scute* 同源基因 *mash-1* 通过激活转录因子 phox2a 进一步激活表达全部神经特征和 c-RET 受体，从而决定下一步分化的亚型。mash-1 在嗅觉系统中引发不同转录元件的级联反应，也可通过 notch 信号通路在胚胎期腹侧前脑的神经发生中起重要作用。包括 achaete、scute、atonal 及其同源物的 b-HLH 转录因子家族的研究比较多，但对于它们通过何种机制影响干细胞向不同方向分化还有待进一步的研究。

（二）早期脑发育中干细胞的潜能和神经系统局部微环境

有必要指出，我们研究的细胞潜能往往带有很大的主观性。我们将细胞置入特定的环境中，然后检测它可以产生何种类型的细胞。因此，干细胞往往不能表现出它所有的分化潜能。小脑细胞植入脊髓中或许可以分化成运动神经元，这是它的可塑性表现，但并不是它的正常发育生物学特性。并且，我们也不能由此推断早期的神经干细胞是未分化，不包含局部信息的，或许它们从局部获得的信号是可以改变的。事实上，干细胞很早就从局部环境中获得了信息。例如，体外培养早期胚胎神经系统不同区域分离得到的祖细胞分别分化为具有它们分离区域局部特征的细胞类型。胚胎视网膜祖细胞产生视网膜细胞，小脑祖细胞产生小脑细胞，神经嵴祖细胞产生典型的外周神经衍生物（derivative）。

　　已经知道在正常神经发育中，早在原肠胚期神经诱导发生过程的同时就具有了预示神经系统区域化的信息。研究干细胞在组织培养中的特性后我们可以推断神经干细胞携带了位置信息。因此，干细胞在正常发育中的一个重要作用就是翻译其所携带的位置信息通过产生与区域相应的细胞放大这一信息。在移植实验中观察到的干细胞的可塑性在正常发育中的作用表现在初始位置信息的表达，在神经区域边界调控祖细胞的分化方向，协调整个胚胎发育中的调控事件。干细胞还可以修复在自然环境正常发育中常见的疾病和损伤。事实上发育机制的进化与修复机制进化密切相关，调控果蝇发育和疾病的几条相似的信号通路正好证明了这一点。

　　我们可以进一步地探究，发育神经系统的不同区域是只有一种祖细胞———一种小脑祖细胞或一种皮质祖细胞。在早期大脑皮质中，所有细胞似乎经由相同的路线循环，没有明显特征显示其具有多样性。然而，即使在早期，培养细胞的克隆分析表明仅有10%的细胞具有干细胞特性。或许是克隆培养系统的不够完善导致了干细胞表型不能充分表达，或许在原始的神经上皮中干细胞只是一个亚群。与早期大脑皮质相似，神经嵴包含有很多不同类型的祖细胞。这些祖细胞是由一个更为原始前体细胞分化而来，还是起源于背侧神经上皮的不同实体。记载的几个研究表明原始神经上皮很早就产生了异质性。目前的几项研究也证明了这一推断。因此，脊椎动物的神经上皮和果蝇具有更多的相似性。在苍蝇中各种成神经细胞的分离存在，分别形成不同的体节，产生相应的子代细胞。在果蝇中，激光磨削实验表明神经上皮具有一定的可塑性。前神经细胞群中的这些祖细胞可以取代成神经细胞，但是形成的细胞数量较少，重编程将受到限制，这点与脊椎动物相同。

　　虽然已经知道发育中的中枢神经系统中确实存在可塑性的多能干细胞，但目前还没有足够证据证明可以产生所有类型的神经细胞的干细胞的存在。通过多能干细胞潜能的逐步限制产生终末细胞并不是细胞产生的唯一机制。早期，不同类型的干细胞根据位置信息产生限制性的子代细胞，进而产生某类神经细胞，最终与干细胞产物混杂在一起。神经上皮并不是一层相同的，不受调控的细胞，而是受位置信息影响的具有特定角色和局限的发育可塑性的细胞。

（三）在发育和成体神经系统中干细胞的自我更新或自我维持

　　自我更新或自我维持是干细胞定义的另一重要方面。这是干细胞状态的基本要素，保持产生更多干细胞的能力以备将来可以产生更多的子代细胞。自我更新可能是所有干细胞的共同特征，也可能是干细胞中一个特定的群体的特征，它们具有分化分裂的能力。因此，干细胞状态的维持是由群体的原动力随机决定的。自我更新能力——干细胞的一个重要功能的证明是一个有争议的实验。在神经系统中，干细胞自我更新能力的证明是通过在体外培养干细胞，分离出子代的克隆证实至少其中有一些子代具有干细胞的特性。这一实验在贴壁培养系统中表现为亚克隆的细胞可以产生次级克隆，在非贴壁培养系统中表现为亚克隆细胞可以产生次级神经球，这个巨大的漂浮的神经球表达干细胞标志物。

　　"自我更新"具有两方面的意思：①干细胞保持它的发育潜能；②保持其增殖能力。理想的干细胞具有这两个相互关联的特征，但正常干细胞并不一定都具有。谈到潜能，就像前面提到的，全能干细胞通过潜能的逐步限制形成各种类型的血细胞，发育中的神经系统也一样。因此，在组织形成过程中，细胞特性的改变可能是比细胞潜能的维持更重要的干细胞功能。从最原始的多能干细胞到单能干细胞的干细胞发育的不同阶段均有部分细胞通过分裂维持自我更新的潜能。在成体，最原始细胞自我更新能力的维持对保证体内细胞数量的平衡具有重要作用。

　　在自我更新的过程中干细胞的增殖能力会下降。造血干细胞可以移植入新的宿主并且在几个特定的时间重新开始增殖，表明干细胞的增殖能力并不是无限的。事实上，由表面标志物决定的不同类型的造血干细胞的增殖能力各异，提示增殖能力是一有限的由内因决定的能力。胚胎比成体干细胞具有较强的分裂能力。胚胎和成体神经干细胞都可以在体外存活相当长的一段时间，但这种存活的极限和这两方面特性的比较还有待进一步研究。最近一项研究表明大多数胚胎脊髓来源的干细胞只能分裂到 3～6 代（passage），能够继续分裂的细胞只能产生非神经性的子代。

　　组织中干细胞分化潜能和增殖能力的改变似乎是必然的现象。除了上述例子外，在小肠憩室和成体海马神经生发区观察到干细胞有年龄相关性改变，这进一步对干细胞无限的增殖能力提出了疑问。

　　使用严格的自我更新定义对干细胞中某些细胞的内涵提出了质疑。有些研究者提出果蝇的成神经细胞并不是真正意义上的干细胞，因为它们的特性随时间而改变，并且只能经历几次产生成神经细胞的不对称分裂。有些研究者称之为干细胞是因为它们是多能的，可以进行不对称分裂，是中枢神经系统的基本组织。摒弃这一严格的定义，我们可以认为自我更新是干细胞维持其干细胞状态的有限的能力，而不是维持干细胞本身。新的定义与在正常发育和修复中起重要作用的干细胞分化潜能的改变，以及不可避免的年龄相关性改变不发生冲突。我们可以认为自我更新是干细胞根据发育和成体系统不同需求产生相应的子代细胞的一种可修饰的特性。

　　自我更新能力的大小可能与端粒的活动有关。随着躯体细胞的连续分裂，染色体末端的端粒逐渐变短。在某些干细胞种系（germ line）中，由于存在一种特殊的端粒酶，端粒酶的缩短较慢。这种端粒酶全酶由一 RNA 模板和包含一逆转录酶的很多蛋白质组件构成。在某些增殖细胞和绝大多数的异常新生物如神经瘤中端粒酶的活性较高，细胞的增殖能力较强。在几例实验中截断染色体的端粒导致了细胞的永生化细胞系的建立。以往研究表明端粒酶在发育中神经系统有表达，在生后表达显著下降。在成体中其活性极其低下，以至于不能被检测到。但是在成体的神经和造血系统可能还是存在极少数低表达端粒酶的干细胞。端粒酶的活性是维持正常神经系统发育所必需的。缺乏端粒酶

RNA 的鼠会产生与高增殖缺陷相关的越来越严重疾病的子代，大约 6 代之后，胚胎在很早的时候就会因神经管未闭而不能存活。

（四）增殖/休眠对维持干细胞状态的重要性

有研究者提出，胚胎神经干细胞并不是真正意义上的干细胞，因为它们分裂得过于迅速，他们认为干细胞的分裂应该较慢或者处于休眠期。这一观点是错误的。事实上，不同干细胞的增殖速率有很大区别。小肠憩室干细胞大概一天分裂一次，造血干细胞和上皮干细胞等分裂速度更慢，还有一些干细胞如肌肉卫星细胞可能是完全处于休眠期的。这些休眠的干细胞可以补充丢失的分裂干细胞。在血液和肌肉中均存在这种现象。小肠憩室储备的干细胞实际上是干细胞快速分裂形成的子代，可以去分化进而保持干细胞的状态。

干细胞具有如此强大的增殖能力，所以干细胞的分裂速度必然是经过精细调控的。小肠憩室中只有 5～7 个干细胞，多一个细胞则多，少一个细胞则少，细胞数目的稳定是通过分裂和凋亡的平衡实现的。环境因子可能是导致干细胞数目和细微变化的一个重要因素。在血液系统中，细胞因子可以很快的刺激静止的造血干细胞进入分裂状态。

在正常神经系统的发育中，种系细胞的增殖速率因时因地而异。神经生发区（neural germinal zone）干细胞的分裂速率可以达到 7～10h/次，孕后期只有 18h/次，成体干细胞的分裂周期可能长达几天。从胚胎到成体的正常神经发育中，不同时期不同区域神经干细胞的增殖速率不同。这些事件的具体调控机制目前仍不清楚。然而有丝分裂原可能是参与这一时空变化调节的环境因素之一。中枢神经系统终身表达 FGF-2、EGF、TGF-α，体内体外均可刺激神经干细胞的增殖。除此之外，肯定还有很多未被发现的调控神经干细胞分裂的分子，在保持干细胞功能的同时，抑制神经瘤细胞的分裂。

（五）分裂对称和不对称分裂在正常神经系统发育中的作用

有丝分裂产生的两个子代细胞具有相同的基因型却不一定有相同的基因附属元件。基因附属元件包括胞质决定子（determinant）——可以决定细胞命运的分子。因此改变这些分子在细胞分裂过程中的分布方式，可以改变细胞的命运。当祖细胞分裂产生两个相同命运的子代细胞称为对称分裂，产生两个不同命运的子代称为不对称分裂。有时，一个细胞分裂产生两个相同的子代，而子代由于环境因素的影响向不同的方向分化，这种分裂有时也被认为是不对称分裂。这是对不对称分裂定义的过度延伸，因为定义的关键是分裂过程本身产生两个相同的子代细胞。

通常认为不对称分裂是干细胞的一个基本特征。不对称分裂是同时进行自我更新和产生具有不同分化方向的子代的一种方式。然而这并不是唯一的方式。例如，在一个干细胞群体中，一些细胞负责产生更多的干细胞，另一些则分化为不同的子代细胞。在这种情况下，干细胞的自我更新和分化能力就不是对单独一个细胞而言，而是对于一个细胞群体。如此，就不必通过不对称分裂维持这两大基本特征。还有一种方式是干细胞经过对称分裂产生两个相同的子代进而迁移入不同的环境，一部分进行自我更新另一部分进行分化。

目前已有直接证据证明不对称分裂在一些干细胞的存在。某些物种祖细胞系的重建为不对称分裂提供了直接证据。果蝇中枢神经系统中干细胞样成神经细胞的不对称分裂产生一个位于顶部的较大的成神经细胞和一个位于基底部的较小的被称为神经节母细胞（ganglion mother cell，GMC）的子代，GMC 进而分化产生两个神经元或胶质细胞。成神经细胞的反复分裂源源不断的产生 GMC，进而源源不断的产生成对的子代细胞。

果蝇和秀丽新小杆线虫（*Caenorhabditis elegans*）神经系统的典型不对称细胞系的建立为研究不对称分裂提供了一个理想的模型。对这两个系统的突变的研究发现了参与不对称分裂过程的一些基因。在果蝇神经发育中，Prospero 和 Numb 是在不对称分裂水平直接影响细胞命运的命运决定因子。Prospero 是一种含同源域（homeodomain）的转录因子，Numb 是有磷酰基结合位点的衔接蛋白（adapter protein）。成神经细胞分裂中期这两种蛋白质在基底部皮层的分布是不均匀的，分裂后被分配到 GMC 中。Prospero 在胞质分裂前聚集于底部皮层形成新月体，成神经细胞分裂后分配到 GMC 中。在 GMC 中当 Prospero 从皮层部进入核内就可以调控成神经细胞特异性基因和 *GMC* 特异性基因的表达。Prospero 阻止细胞的分裂，刺激细胞的分化，因此 GMC 只能分裂一次产生两个神经元和胶质细胞。Numb 在 GMC 中的功能还不清楚。Numb 不对称的分配到两个子代细胞中，通过抑制其中一个细胞 Notch 信号通路而产生两种不同的细胞命运。

胞质复合体维持 Prospero 和 Numb 的不对称分布状态。Bazooka 和 Inscuteable 对于维持成神经细胞有丝分裂中纺锤体的正确方向和从上皮细胞到成神经细胞的顶-底极性是必需的。在分裂前 Bazooka 和 Inscuteable 在顶部不对称分布为其他分子（Miranda、Staufen、Prospero、Pon、Numb），在底部皮层的聚集提供位置信息并使它们在分裂后分配到 GMC 中。

Prospero 的不对称分布与细胞周期密切相关。在间期，Inscuteable 沿顶部皮层形成新月体。Miranda 是一个存在于细胞膜表面有多结构域的衔接蛋白，依次衔接 Inscuteable、Prospero、Staufen 和 Prospero mRNA。当成神经细胞进入分裂中期，Miranda、Inscuteable、Prospero、Staufen 和 Prospero mRNA 一起进入底部。分裂后这一蛋白质和 RNA 复合体分配到 GMC 中。目前这一复合体迁移的机制还不清楚。相似的，顶部存在的 Inscuteable 为 Numb 复合体在分裂的成神经细胞基底部的聚集提供位置信息。虽然 Miranda 在体外可以和 Numb 相互作用，但它并不是 Numb 不对称分布所必需的。PON 与 Numb 共存于有丝分裂成神经细胞的底部皮层，PON 功能缺失会使 Numb 不能维持其在成神经细胞中的不对称分布。

目前已经分离出很多停留在成神经细胞而没有分配到 GMC 中的顶部分子。它们都不是成神经细胞的命运决定因子。发现命运决定因子的意义在于发现那些功能是维持干细胞状态基因的。在成神经细胞底部复合体知识积累的基础上我们有希望在不久的将来发现这种分子。

脊椎动物中枢神经系统增殖区细胞分化原动力的研究表明，早期大多数的细胞进行的是对称分裂，以增加干细胞的数量。随着神经发生的不断进行，细胞分裂逐步倾向于不对称分裂。研究发现这种细胞分裂方式的转变和有丝分裂中室区的细胞表面分裂板的方向有密切的关系。早期的不对称分裂中分裂板的方向垂直于细胞表面，而晚期的分裂中分裂板多是水平的。或许垂直分裂就是对称分裂，水平分裂就是不对称分裂。研究白鼬（ferret）皮质切片表明至少在早期垂直分裂的子代具有相似的行为，以相似的速度迁移入室区，而水平分裂的细胞则不能。长时间追踪这些细胞对明确分裂板方向的改变与对称不对称分裂的关系有重要作用。在有些情况下二者没有关系，如在植物胚胎组织中当祖细胞产生不同的细胞时分裂板的方向发生改变，然而进行的却是不对称分裂。

　　在体研究脊椎动物尤其是在子宫内发育的哺乳类祖细胞的分化树（lineage tree）在目前仍是不可能的。我们可以识别在体内发育的一个克隆的组成部分，比如通过用逆转录病毒标记中枢神经系统室区的细胞，等待一段时间，然后用组织学技术显示。在大脑皮层采用的标记实验中，一个克隆通常分布于不同的皮层之间，表明反复不对称分裂使干细胞的分化局限在一层中，表明对称分裂是干细胞增殖的一种类型。但是我们目前仍不能通过现有的这些方法明确对称分裂和不对称分裂在克隆发育中的具体作用以及克隆成员如何随时间而产生。

　　在组织培养中可以长时间追踪研究单独分离的鼠胚室区细胞的发育。通过记录这些细胞的分裂和免疫染色显示子代细胞建立了哺乳动物干细胞体外发育的分化树。这些资料直接表明大鼠皮层祖细胞大多是通过不对称分裂产生神经元的。大的成神经细胞不对称分裂产生一个小的成神经细胞（相当于一个可以产生 10 个神经元的"小包装"）和一个继续进行不对称分裂的干细胞样祖细胞，继续产生神经元的"小包装"，如此周而复始。有时小的成神经细胞可能在进行对称分裂的同时产生子代细胞（或许这与定位于皮层中逆转录病毒标记的克隆相当）。对称分裂与胶质细胞克隆扩大密切相关。然而绝大多数成神经细胞克隆是通过不对称分裂产生。有趣的是，皮层成神经细胞的分化树与秀丽新小杆线虫和果蝇极其相似，说明神经细胞产生机制的进化保守性。

　　搞清分裂方式是否与在非脊椎动物中一样在决定皮层细胞的细胞类型上起作用是非常重要的，建立脊椎动物不对称分裂的机制同样重要。Numb 的同源物不对称分布于皮层室区的细胞中，与 Numb 具有相似的功能。皮层干细胞可以在没有正常环境因子的培养基中进行不对称分裂的事实表明其他细胞对中枢神经系统祖细胞的不对称分裂并不是必需的。果蝇中同样可以观察到成神经细胞体外不对称分裂。鼠胚是一个通过细胞-细胞间通讯塑造终末器官的高度分化的系统，我们非常吃惊的发现其中枢神经系统的形成过程中的分裂方式竟然与非脊椎动物一样。然而我们必须知道，虽然细胞分裂是产生神经细胞的基本机制，但这些过程都是可以随环境因素的不同而发生改变的。

（六）干细胞的微生态环境

　　通过对血液干细胞以及其他类型干细胞的大量研究，目前已经阐明干细胞直接接触的环境，即干细胞的微生态环境，对干细胞的生物学行为具有重要的决定意义。在这个基本的环境中，干细胞可以得到其所需的生物学信息，从而决定是否开始分化以及分化后的细胞类型。干细胞需要处在骨髓间质微环境中以保证它的自我更新。骨髓微环境是由细胞外基质成分构成的复杂的生态境，细胞外基质成分主要有黏蛋白，包括干细胞因子在内的生长因子，粒细胞/巨噬细胞集落刺激因子以及成纤维细胞生长因子。特殊的细胞因子将血液干细胞从微环境中释放出来，介导干细胞进入循环和增殖。在体内其他系统中，干细胞同样存在于复杂的微环境中，从而实现对干细胞生物学行为的调节。将神经系统分化出的干细胞植入骨髓，这些干细胞可以分化成为血液细胞。同样的，肌肉干细胞可以分化为血液细胞，如果将血液干细胞植入适宜的微环境，它们可以分化为骨骼和肌肉细胞。

在神经系统正常的发育过程中，神经干细胞位于生发区（germinal zone），尤其是室区（ventricular zone）和室下区（subventricular zone）。成年个体中，中枢神经系统的神经发生主要局限于几个特殊的区域，即侧脑室周边和齿状回，有研究表明，能在这些区域发现细胞外基质分子（包括黏蛋白）和生长因子（如 EGF 和 FGF）。现在比较明确的是，同样存在区域特异性的微环境分子，例如，将细胞移植入特殊的区域后，细胞将获得一种全新的分化能力。在移植前改变胚胎祖细胞表面的成分，可以改变这些细胞识别区域信号的能力。

在成人神经系统中，尽管发生神经发生的区域比较局限，但是能够在非神经发生的区域分离出神经干细胞，例如，对脊髓干细胞进行人工培养，能够产生神经元和神经胶质细胞，但是如果将干细胞植入正常的脊髓组织中，只能产生神经胶质细胞。如果将脊髓干细胞植入如室下区等能够进行神经发生的区域，那么，这些干细胞能够分化成神经元和神经胶质。这些现象表明，位于成人中枢神经系统内不同微环境中的关键性环境分子，能够调节干细胞向神经元或神经胶质细胞的分化。因此，寻找微环境中的能够调节干细胞特化、自我更新的关键因子将是一个重要的研究领域，微环境可能最终决定干细胞的分化。

三、神经干细胞中是否存在分子限制性

通过干细胞的分子特征，我们能够识别对干细胞分化调节具有重要作用的组分，也能帮助我们了解有关干细胞的生物学特点。此外，在细胞选择中利用这些标记，能够为研究者提供纯化的干细胞集落，并且应用于治疗目的。因此，学者们投入了相当大的努力去寻找干细胞的标记，尤其是寻找分离出的活细胞的表面标记方面。在这方面的研究中，造血干细胞可能是最佳的研究对象，在研究中，它们可以被较容易的分离（通过表达特异的表面抗体）和移植。表皮干细胞能够表达高水平的 $\beta 1$-整联蛋白，能够用于细胞选择。

在体内多个系统中干细胞表现出的一般特征能够帮助我们识别干细胞。例如，最初在果蝇中发现的 Notch 信号系统，在多种干细胞分化中均发挥调节作用。血液干细胞中有 Notch 的表达，骨髓内有 Jagged 表达；受体的活化可能使血液干细胞保持在静息状态。肌肉祖细胞中表达的 Notch 同样调节其分化。Notch 参与了表皮祖细胞两种不同分化命运之间的转换，即非神经细胞和成神经细胞，或者是两种不同神经元之间的转换。通过 Notch 及其配基 Delta 的反馈调节，可以决定神经上皮层中成神经细胞的数量和分布。在脊椎动物的神经系统中的发育时期，Notch1 及其配基 Delta 和 Jagged 广泛表达于生发区，胚胎细胞系中 Notch 的组成性表达表明，其活化可能使祖细胞向胶质细胞分化，而不是向神经元分化。在成人中枢神经系统，Notch 表达在室管膜和室管膜

下区这两个神经发生区。Notch 同样表达于长期存活的成人少突胶质细胞 O-2A 祖细胞中，此细胞具有类似干细胞的特性，同时 Jagged 表达于成熟的少突胶质细胞和神经元中。成人 O-2A 细胞中 Notch 的活化可能保持其处于一种非成熟的状态。

有关干细胞的大量研究揭示了干细胞共同特性的其他表现，例如，FGF 家族中紧密相关的 FGF-1 和 FGF-2、EGF 或与 EGF 相关的 TGF-α 在多种干细胞中均促进有丝分裂，包括表皮、骨骼、血液、肠、神经等系统的干细胞以及原生殖细胞。类似地，骨形态发生家族（bone morphogenetic family，BMP）中的成员对这些干细胞的分化起到负性的影响。这些信号通路中的成分可能帮助我们了解干细胞的分类。

无论从植物还是到动物，某些标记定位于特殊种类的干细胞。例如，*piwi* 基因特定的表达于果蝇的原始干细胞。作为进化保守性的良好例证，*piwi* 基因在结构上类似植物中称为 *zwille* 的基因，*zwille* 的基因的表达可见于植物分裂组织的干细胞上。相关的转录因子家族可能帮助我们识别原始干细胞的类别和理解进化保守的机制。

神经干细胞除了表达 Notch 和各种 EGF/FGF/BMP 信号通路的组分外，还表达许多细胞内在的标记物。它们表达 RNA 结合蛋白 Musashi（果蝇 Musashi 在鼠中的同源基因）。在蝇类中，Musashi 参与神经元发育，它在神经干细胞中的存在表明它可能在这些细胞中起重要作用。有充分证据表明室下区的成体干细胞表达中间丝蛋白 nestin 和胶质纤维酸性蛋白 GFAP。至今还没有发现一种神经干细胞特有的标志物。例如，在成体中 Notch 也可以表达于分裂后神经元的亚群，星形胶质细胞可以表达 Musashi 和 GFAP。或许我们可以在分子水平用不同的标志物组合来定义神经干细胞。分离和纯化神经干细胞需要更多的表面标志物信息。在损伤的神经如坐骨神经中可以分离到携带低亲和力 P75 神经营养素受体的神经嵴干细胞，表明它的存在比我们以前认为的要长得多，在修复和肿瘤形成中发挥作用。

四、结　论

不管是动物还是植物，干细胞对很多组织的正常发育和维持都起着至关重要的作用。干细胞之所以可以广泛的产生各种各样的组织，或许是因为干细胞能将产生各种类型细胞的信息在聚集在一个小的单位中，等待刺激信号的出现，或许是因为干细胞本身拥有多种发育可能性使得发育和维持内稳定的信号可以有效整合。与此观点相同，多能祖细胞可以有效整合多种因子复合体的信息。干细胞由此识别不同来源的信息并做出相应的反应。

鉴于此，干细胞最恰当的定义仍然是自我更新和多向分化。然而，随着研究的不断深入，我们可能很快就可以完善这一定义，将干细胞划分为不同的亚群，并且描述它们的分子特征，这将有利于更全面搞清这一细胞群体的独特之处。

（蔡文琴　撰）

第四节　脑脊髓损伤与神经干细胞移植

神经干细胞是神经系统中未成熟的前体细胞，通过不对称分裂产生神经细胞和神经祖细胞而自我维持和保持多向分化潜能；通过对称分裂实现自我更新和增殖。因此，可以利用神经干细胞的特性（自身内源性或者外源神经干细胞）来替代受损的神经细胞。神经干细胞增殖和定向分化的研究是神经干细胞研究的热点和难点。研究神经干细胞自我维持、自我更新、定向分化的分子机制对于将来临床神经干细胞移植治疗中枢神经损伤具有十分重要的意义。

在胚胎乃至成体的中枢神经系统都存在神经干细胞。胚胎发育期，神经干细胞可进行复制、增殖，同时部分神经干细胞分化为神经元、星形胶质及少突胶质细胞，成为神经系统的细胞组成，形成神经系统的结构和功能基础；成年后，神经干细胞多处于静息状态，只有在受损伤或疾病刺激后才活跃增生，一般来讲，这些神经干细胞多分化为星形胶质细胞，参与局部的胶质瘢痕的形成，难以达到真正意义上的结构修复和功能重建。因此，研究神经干细胞分化调控的机制，诱导其定向分化，是神经干细胞应用于中枢神经系统移植和替代治疗的关键。

一、参与神经干细胞增殖及诱导分化的分子机制

（一）bHLH 转录调控因子家族

bHLH 是神经干细胞分化过程中重要的转录调控因子。bHLH 蛋白因其在一段近60 个氨基酸的片段内有一特征序列模式：一个 HLH 基序及其上游短的富含碱性氨基酸顺序而得名。bHLH 转录调控因子家族成员与神经干细胞分化相关，主要有这些特异基因：*MASH*、*XASH*、*MATH/ NEX*、*HES*、*NeuroD2*、*NeuroD3*、*Ngn2*（即*MATH-4A*）、*Ngn3*、*NeuroD4*（即 *MATH-3*）和 *NeuroD5*。根据它们在神经分化过程中的作用先后，bHLH 转录调控因子可分为决定因子（determination factor）和分化因子（differentiation factor）。

1. 决定因子

决定因子包括 MASH-1、MATH-1、MATH-4A 和 Ngns。MASH-1 是植物神经系统和嗅神经元正常发育所必需的因子。MASH-1 蛋白产物可能决定了神经存活的功能，参与了从神经前体细胞向成熟分化细胞的转变。Ngn 是 NeuroD 的转录激动子。*Ngn1/NeuroD3* 是 NeuroD 的上游基因。Ngn1、Nng2 和 Mash1 在中枢和外周神经系统神经细胞谱系的决定中具有重要作用，Ngn1 和 Nng2 与 bHLH 蛋白形成二聚体，再与带正电的 DNA 序列结合，启动特异基因表达，促使干细胞向神经元方向分化。Ngn1 通过隔绝 CBP/P300/Smad1 复合体与胶质启动子、抑制 Jak/STAT 信号通路促进神经干细胞向神经元分化，同时抑制向胶质细胞分化。

2. 分化因子

分化因子包括 NeuroD、NeuroD2 和 MATH-2。NeuroD 能引起神经前体细胞的早熟分化。由于 NeuroD2 在胚胎发育的晚期表达，且它有激活下游基因如 GAP-43 等的启动子的功能，因而，与 NeuroD 相比，NeuroD2 是神经分化的更下游的调控因子。作为具有特殊功能的 bHLH 转录调控因子家族，不同的转录调控因子调控不同的靶基因，但是如何识别这些靶基因的机制未完全阐明。

（二）BMP 家族

TGF-β 超家族对神经发育、分化有着重要的作用。骨形成蛋白（bone morphogenetic protein，BMP）家族是 TGF-β 超家族和生长因子家族中最大、最重要的成员。BMP 配体和受体亚单位在整个神经发育过程中都有表达，不同浓度的 BMP 和其他细胞因子共同促进在神经管期不同类型神经细胞的分化；在发育晚期，BMP 作用于腹侧区的神经前体细胞，抑制这些细胞分化为神经元及少突胶质细胞，促进其分化为星形胶质细胞，同时也作用于非腹侧区的神经前体细胞，促进神经前体细胞的存活及其分化。不同浓度的 BMP 在不同发育阶段、不同部位来源的神经干细胞分化中发挥复杂的调控作用，诱导神经干细胞分化形成不同的神经系统组成细胞。少突胶质细胞的分化不仅受到诸如 SHH 等信号分子诱导，而且受包括 BMP2 在内的抑制信号调控，是 SHH 和 BMP2 等细胞因子共同作用的结果，通过调控 Olig2 在内的相关转录调控因子，从而抑制神经前体细胞向少突胶质细胞分化；BMP 是一有力的诱导剂，可以通过上调 bHLH 转录调控因子 Id1、Id3、Hes-5，抑制转录调控因子 Mash1、Ngn 表达，诱导神经干细胞向星形胶质细胞分化；在外周神经系统发育中，BMP 诱导神经嵴干细胞和外周神经干细胞向神经元分化，并参与决定神经元亚型，在中枢神经系统发育中，BMP 在室管膜区可以通过上调 bHLH 转录因子家族的成神经元基因，如 *Mash1*、*Ngns*、*NeuroD*、*noggin* 等的表达，促进神经元的分化产生启动新皮层前体细胞向神经元分化。

（三）Notch 信号系统

Notch 是一个进化上十分保守的跨膜受体蛋白家族，是一条高度保守的信号通路，Notch 信号通路对于神经干细胞分化的命运具有至关重要的作用和意义，Notch 信号转导过程包括 Notch 受体与配体的结合、Notch 受体的酶切活化、可溶性 NICD（notch intracellular domain Notch，细胞内结构域）转移至细胞核并与 CSL DNA 结合蛋白相互作用，从而调控靶基因的表达。Notch 活性水平、时间和空间分布受到包括配体、蛋白质转运、泛素化降解等多水平内源性和外源性诱导因素的调节。神经前体细胞随时间、空间和部位的不同对 Notch 信号的反应也不同，通过调控不同部位的神经前体细胞的增殖和分化结果而影响中枢神经系统局部的细胞组成。与 bHLH 信号作用相反，Notch 信号的作用主要表现为抑制神经干细胞向神经元方向分化，并促进向胶质方向分化。

（四）Wnt 家族、Pax 家族

Wnt 信号参与控制神经干细胞及神经嵴干细胞的增殖和决定其最终分化命运。Wnt 信号通路对神经干细胞的影响及其作用结果依赖于细胞的内在特性，从而决定神经干细胞如何对 Wnt 信号分子的反应。Pax 基因编码一组特异 DNA 序列而结合转录因子，在胚胎发育，特别是神经系统的发育中发挥着重要作用。研究表明 Pax6 在 SVZa 神经干细胞分化及迁移中发挥重要作用，敲除小鼠 Pax 6 基因后 SVZa 神经干细胞向嗅球迁移的数量减少，嗅脑的体积缩小，球周细胞层的 TH 阳性神经元的数目明显减少。

（五）调控神经干细胞增殖、分化的微环境

神经干细胞的命运取决于其生存的微环境，研究表明，表皮生长因子（EGF）和碱性成纤维细胞生长因子（bFGF）的单独或相互作用可维持神经干细胞在未分化状态下保持自我更新能力。bFGF2 在神经干细胞增殖的早期阶段发挥促有丝分裂的作用，使神经干细胞获得对另一作用更强的促有丝分裂因子 EGF 的反应性，在增殖后期，EGF 对神经干细胞的增殖刺激作用明显增强。当这些细胞因子被撤除后，再用其他的特定因子处理，神经干细胞将会向特定细胞类型分化。例如，胶质生长因子（GGF）可刺激外周神经系统干细胞分化成施旺细胞；胰岛素样生长因子-I（IGF-I）、骨形成蛋白2、4（BMP2、BMP4）可刺激神经元的发生；脑源性神经营养因子（BDNF）可刺激神经元前体细胞分裂，但在促进细胞分化中的作用还不确定。在中枢神经系统，甲状腺素可导致少突胶质细胞的发生。睫状神经细胞营养因子（CNTF）使鼠的神经干细胞向星形胶质细胞分化，而在人胚中 CNTF 则促进神经干细胞分化成神经元。血小板源性生长因子（PDGF）则明显减少人胚胎神经干细胞分化成神经元的比例，神经生长因子（NGF）不影响神经元和胶质细胞的形成。例如，EGF 和 bFGF2 作用的神经干细胞分化形成的神经元多为 γ-氨基丁酸（GABA）能神经元，未发现有 5-羟色胺（5-HT）、TH 和胆碱乙酰基转移酶神经递质活性的神经元的存在。从多巴胺能神经元发育的部位中脑曲生殖区分离出来的大鼠神经干细胞在体外并不能自动分化成多巴胺能神经元。而IL2-α 和 IL2-β 可诱导神经干细胞向多巴胺能神经元的分化，分化出来的神经元具有 TH 免疫活性，其他标志多巴胺能神经元的特征性标记物，如多巴胺（DA）、多巴脱羧酶（DDC）和多巴胺转运体（DAT）也可被检测出来。但这种诱导出来的 TH 免疫活性神经元缺乏多巴胺能神经元的形态学特征，神经元胞体呈圆形，几乎未观察到突起存在。当联合应用 IL-1、IL-11、GDNF 和白血病抑制因子（LIF）时发现，多巴胺能神经元不仅在数量上进一步增加，而且随时间延长逐渐出现较多较长的突起结构，形态上类似于脑内的多巴胺能神经元。研究中还发现，BDNF 虽然作为已经公认的多巴胺能神经元营养因子，却不能促进多巴胺能祖细胞的分化和形态发育进程。

二、神经干细胞移植治疗中枢神经系统疾病

（一）神经干细胞移植治疗神经系统退行性疾病

　　临床上对于神经系统损伤后修复以及一些退行性病变的治疗效果一直不够理想。主要是因为难以同时满足下述几项条件：①细胞容易获取；②体外培养后能够迅速增殖；③免疫耐受性或免疫无反应性；④能长期存活并能与宿主脑内结构相整合；⑤法律和伦理学问题。神经干细胞的发现则可以同时满足这些条件，为治疗神经系统损伤和变性病提供了理想和丰富的细胞来源。我们用 *bFGF*、*TH*、*Pax6* 等基因修饰神经干细胞，成功地提高了神经干细胞分化为神经元和 TH 阳性神经元的比例。采用 FGF-8 和 Shh（sonic hedgehog）联合诱导 Nurr1 高表达的神经干细胞，又进一步提高了 TH 阳性神经元的数量（内部资料）。移植入成年 PD 模型大鼠脑纹状体后，2 周内可见有大量未分化细胞增殖，这些细胞可存活 20 周之久，并分化出神经元、星形胶质细胞和少突胶质细胞，其中相当一部分神经元具有酪氨酸羟化酶活性。异体移植的神经干细胞可明显改善 PD 大鼠的行为学改变。美国洛杉矶 Cedars-Sinai 医学中心进行了神经干细胞自体移植治疗 PD 的一期临床研究，虽然神经干细胞脑内移植治疗 PD 的长期疗效尚需要深入观察，但它对于神经干细胞移植治疗神经系统疾病真正应用于临床具有巨大的意义。

（二）神经干细胞或神经前体细胞在脊髓损伤修复中的应用

　　脊髓损伤后移植神经干细胞的作用有以下几方面：①神经干细胞移植后分化成的神经细胞和胶质细胞可以分泌多种神经营养因子，改善受损脊髓局部微环境并启动再生相关基因的顺序表达，使损伤轴突开始再生，它们同时产生多种细胞外基质，填充脊髓损伤后遗留的空腔，为再生的轴突提供支持物；②补充损伤后缺失的神经元和胶质细胞；③使残存脱髓鞘的神经纤维和新生的神经纤维形成新的髓鞘，保持神经纤维功能的完整性。1999 年，McDonald 等报道，将胚胎干细胞移植到大鼠胸段脊髓挫伤处，观察到胚胎干细胞在体内存活至少 5 周。在移植后的 2～5 周，可观察到胚胎干细胞从移植处向头端或尾端迁移了约 8mm，并可分化为神经元、少突胶质细胞和星形胶质细胞，发现该种大鼠后肢能支撑体重以及步态协调行为得以部分恢复；Akiyama 等报道，将来源于成人脑组织的神经前体细胞移植入大鼠脱髓鞘的脊髓中，发现这些细胞能以一种类似于施旺细胞成髓鞘的方式形成髓鞘，并且形成髓鞘后的轴突能以几乎正常的速度传导冲动，这表明有功能性的髓鞘形成。

　　我们用重物压迫法制作大鼠颈段脊髓损伤模型，并将从胚胎 SD 大鼠脊髓中分离出的神经干细胞植入损伤模型中，移植 50 天后通过免疫荧光双标染色观察到移植部位有10％左右的细胞分化为神经元，约 39％为星形胶质细胞，5％为少突胶质细胞，证实了移植的神经干细胞具有多分化潜能，并可观察到新生的神经纤维穿过受损区域到达正常部位；电镜结果显示新生神经元与宿主神经元之间建立了突触联系；电生理学检查表明受伤侧的动作电位与健侧相比无明显差别，运动学检测表明，移植组大鼠患肢运动功能

得到了明显改善，但仍不能达到正常水平（图2-5～图2-8）。

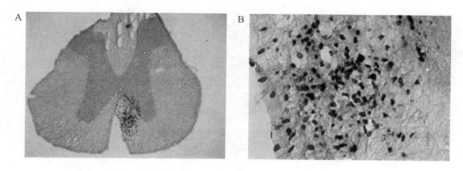

图2-5　神经干细胞移植远侧端脊髓横断面

在远离移植部位尾端5mm左侧脊髓前角处存在大量的来源于移植后神经干细胞分化的细胞，说明神经干细胞具有较强的迁移和分化能力，B图为A图左侧脊髓前角的放大照片

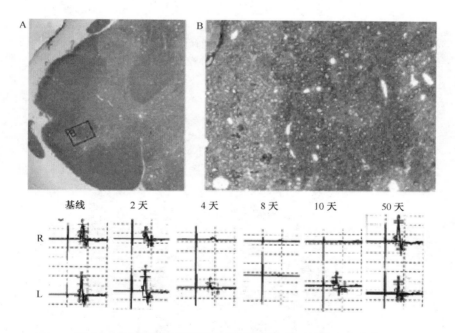

图2-6　脊髓损伤神经干细胞移植后组织学及诱发电位变化

脊髓损伤50天后，邻近移植部位的右侧（伤侧）脊髓前角聚集大量来源于移植后神经干细胞分化的细胞，并与宿主建立了良好的组织结构（图A和图B）；右侧脊髓诱发电位恢复到左侧正常水平。说明神经干细胞移植后与宿主建立了功能联系

　　另外，神经干细胞移植到中枢神经系统的非神经元生发区也可以分化为神经元，这可能与移植手术距脊髓受损时间较长（相差1周）有关，此时，脊髓损伤区的炎症反应已经很轻微，局部的抑制因子和毒性因子也减少，移植的神经干细胞能够更好地存活；再者，部分神经干细胞是以神经球的状态移植的，这样细胞间可能存在自分泌和旁分泌机制，这对神经干细胞的分化有一定影响和促进作用。研究结果还表明，神经干细胞或

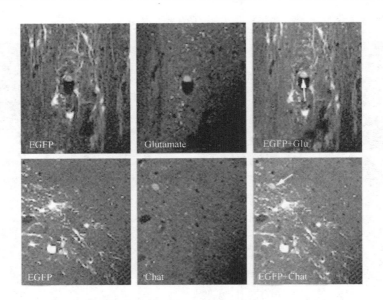

图 2-7　免疫荧光双标法显示胚胎神经干细胞脊髓内移植后 6 周，受移植部位微
环境因素的影响分化成为谷氨酸能神经元和乙酰胆碱能神经元
（分别如上图白色箭头所示）

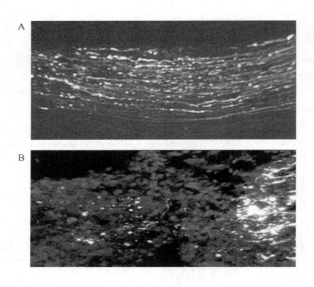

图 2-8　神经干细胞脊髓内移植后分化成少突胶质细胞并形成髓鞘
A. 纵切面；B. 横切面

前体细胞移植入 CNS 后，能够在宿主体内存活、迁移、与宿主组织整合，并可根据所
处的局部环境不同而分化成不同的细胞表型。

（三）神经干细胞移植治疗缺血性脑损伤

脑梗死占脑血管意外的 85%，缺血性脑损伤的治疗具有重要的现实和理论意义，神经干细胞移植是目前最有可能实现对缺血坏死区结构与功能重建的方法之一，并取得大量令人振奋的结果。当前神经干细胞治疗缺血性脑损伤的主要策略有：

激活成年哺乳动物脑室下区（SVZ），尤其是前下区、海马齿状回颗粒下区（SGZ）、大脑皮质下区内的神经干细胞自身修复机制，正常情况下，这些细胞大部分处于休眠状态，但脑损伤后，这些细胞能被激活，发生增殖、迁徙并分化。成年大鼠脑损伤后可诱导脑室室管膜下区的神经干细胞增殖，并表现为受损部位周围神经干细胞梯度递减形式，提示了神经干细胞在脑损伤后重要的修复；在局灶性脑缺血模型中观察到被BrdU 标记的细胞在 SVZ 和 SGZ 聚集，它们还同时表达增殖细胞核抗原，更有趣的是局灶性脑缺血能激发 SGZ 的神经干细胞增殖，这些增殖的细胞能向损伤的纹状体迁移并呈现出发育及成熟的纹状体神经元的标记物。目前已知 BDNF、EGF、bFGF、NTF、PTEN、shh、BMP、TGF2A、noggin、PDGF2AA 和 PDGF2BB 等均对 NSC有影响。有人发现，PTEN 可以调控室管膜下区 NSC 的功能，特别对缺氧引起的细胞迁移和凋亡作用显著。尽管上述现象不断被发现和证实，缺氧和（或）缺血诱导的神经再生的机制目前还不很清楚，仍然需要大量的和深入地研究。

中枢神经系统内的神经干细胞总数量很少，在无人为因素干预的情况下，无论是内源性或者外源性 NSC 参与的修复作用都是微弱的，即中枢神经系统自身修复能力极为有限。如何最大限度地发挥 NSC 在 CNS 疾病中的治疗作用，利用外源神经干细胞增殖和分化的特征脑内移植来实现变性坏死区神经的修复、替代不失为一个有效的方法，这也是目前研究的一个热点。研究证实将神经干细胞移植到大鼠局灶性脑缺血模型的纹状体及皮质中，移植 3～5 个月后，移植的细胞移行至损伤区，重建了受损区锥体层的大致形态结构，出现了神经元和胶质细胞的表型，认知功能得到一定恢复，甚至感觉及运动障碍可基本恢复到缺血前水平。

Chen 等将人 BMSC 静脉注射到大脑中动脉阻塞模型小鼠体内，发现能够促进鼠内源性血管内皮生长因子及其受体水平的升高，并诱导缺血区新生血管的形成，这些研究结果为缺血性脑损伤治疗的基础理论翻开了新的篇章。虽然还没有完整的机制能圆满地解释神经干细胞治疗 CNS 损伤的疗效，但是这并不意味着应用到临床治疗神经变性疾病、外伤和中风等不可能。相信随着对其研究的深入一定会给神经系统疾病的治疗带来广阔的前景。

（杨　辉撰）

第五节　神经干细胞的信号转导

神经干细胞是一类具有自我更新（self-renewal）和增殖能力（proliferation），同时能分化（differentiation）成多种神经细胞的多能性干细胞（pluripotent stem cell）。神经干细胞通过增殖分裂产生相同的干细胞维持自身存在，也可以通过不对称分裂产生另一分化细胞，不可逆地分化产生功能专一的神经细胞。过去认为神经干细胞仅存在于哺乳动物胚胎神经管形成的早期，而成体的神经系统不再具备再生能力。但近年来研究发现成体哺乳动物中枢神经系统中存在两个神经干细胞富集区，分别是位于侧脑室壁的脑室下层（subventricular zone，SVZ）和海马齿状回的颗粒下层（subgranular zone，SGZ），同时在成年哺乳动物的嗅球、皮层、室管膜层以及脊髓均发现了神经干细胞的广泛存在。这些神经干细胞在神经损伤的一定条件可以被诱导激活替代受损神经组织，这为神经损伤再生开创了新的机遇。目前研究神经干细胞的更新与增殖，以及分化诱导调控机制已成为神经干细胞在再生医学应用中所面临迫切解决的问题。

　　神经干细胞的自我更新与分化受一系列的基因调控，基因时序表达受到机体发育固有的分子程序调控以及周围环境的相互作用。在神经系统发育的不同阶段，调控基因的差异表达决定了神经干细胞的不同分化命运。目前在分子水平上，如何精确描述这一复杂而有序的遗传信息表达调控依然很困难。近年来大量细胞学研究表明神经干细胞的自我更新、增殖、分化与细胞因子密切相关，不同的细胞因子，时序与浓度差异，以及因子间相互作用对神经干细胞的影响有很大差异。细胞因子对于神经干细胞的各种复杂的功能调控主要通过激活信号转导途经来实现，目前在对细胞信号转导与通路的研究正逐步揭示这些细胞因子如何精确调控神经干细胞的自我更新与分化的分子机制。

一、激活信号转导的生长因子和细胞因子

　　细胞因子是一类具有广泛调节细胞功能作用的多肽小分子，广泛存在于包括神经系统在内多种器官组织中，对细胞增殖、分化等多种生理效能起着重要的调控作用。细胞因子的生物学功能实现主要依赖于与靶细胞膜表面相应的特异受体结合，激活细胞膜内信号，通过一系列的酪氨酸激酶和磷酸化酶作用将信号转导至不同的细胞效应器以及核内的特定基因转录表达，从而控制神经干细胞的更新、增殖、分化等多种生物学功能。目前发现神经干细胞调控相关的细胞因子主要包括：①生长因子类（growth factor），如成纤维细胞生长因子（basic fibroblast growth factor，bFGF）、表皮生长因子（epidermal growth factor，EGF）、血小板衍生生长因子（plate-derived growth factor，PDGF）、神经生长因子（nerve growth factor，NGF）、胰岛素样生长因子（insulin-like growth factor，IGF）；②细胞因子类（cytokine），如白血病抑制因子（leukemia inhibitor factor，LIF）、白细胞介素（interleukin，IL）；③神经营养因子类（neurotrophic factor），如胶质细胞源性神经营养因子（glial cell line-derived neurotrophic factor，GDNF）、睫状神经营养因子（ciliary neurotrophic factor，CNTF）。

（一）生 长 因 子

1. 碱性成纤维细胞生长因子

　　碱性成纤维细胞生长因子（bFGF）属于成纤维细胞生长因子家族重要成员，由146 个氨基酸残基构成，早期主要来源于牛脑和脑垂体的提取液，最初功能发现与促进

成纤维细胞生长、增殖及血管形成有关，因故得名。近年来大量的实验证明 bFGF 广泛存在于胚胎期中枢神经系统的发育中，是一种重要的前脑神经初始细胞的促有丝分裂素。bFGF 最早在鼠科大脑皮层发育早期（E9.5）可以检测到，在 E14～E18 达到顶峰，在出生后回落到正常水平。bFGF 的高表达水平基本跨越了胚胎的神经干细胞的增殖、神经元发生和胶质细胞发生早期，显示 bFGF 的作用与神经干细胞的增殖和神经元发育密切相关。研究发现 bFGF 是神经干细胞增殖与分化诱导的重要生长因子，其主要功能表现在促进神经干细胞的增殖和存活以及调节促进神经元分化。bFGF 发挥生物学效能主要途径是与细胞表面 bFGF 受体结合，与多数生长因子受体一样，bFGF 受体属于糖蛋白酪氨酸蛋白激酶受体家族，在与配体（ligand）结合后发生二聚体化，从而激活一系列酪氨酸激酶，典型的途径是依次激活 Shc/Ras-Raf/MAPKKK-MAPKK-MAPK 通路的基础上，将信号逐步传入细胞核内，激活核内转录因子而促进相关基因表达。

2. 表皮生长因子

表皮生长因子（EGF）是一类重要的与细胞增殖和分化相关的生长因子家族，最初因发现能促进表皮细胞生长繁殖，加速受伤表皮细胞的修复功能而得名。EGF 家族主要包括 6 种结构类似蛋白分子，其中转化生长因子 α（transforming growth factor-alpha，TGF-α）和肝素结合样表皮生长因子（heparin binding EGF，HB-EGF）被认为与神经系统发育和维护功能密切相关。EGF 蛋白家族尤其是转化生长因子 α 大量表达及广泛分布于神经系统发育阶段以及成体中枢神经系统的皮层、嗅球、海马区和脑干。EGF 表达最早可以在胚胎期 E12～E14 被检测到，EGF 促进神经干细胞的更新与诱导分化的作用是多方面的，主要表现在：

1）促进神经干细胞或神经前体细胞的增殖；

2）促进神经元细胞与神经胶质细胞的分化；

3）促进脑室下层（SVZ）成体神经干细胞的迁移；尽管表皮生长因子与成纤维细胞生长因子都能促进神经干细胞增殖、存活和诱导分化过程，EGF 和 bFGF 的共同作用是对神经干细胞体外培养维持（maintenance）所必需。然而，EGF 和 bFGF 对神经干细胞的作用存在明显的功能差异和互补，这主要表现在：①bFGF 效应产生于神经干细胞的早期阶段，在小鼠胚胎期 E8.5，就可以检测到 bFGF 敏感态神经干细胞（bFGF-responsive NSC），而 EGF 敏感态神经干细胞（EGF-responsive NSC）相对出现较迟，大致在 E12～E14；体外培养神经干细胞以受体不同可被分成 EGF 和 bFGF 两种不同的敏感态干细胞群体。②EGF 和 bFGF 在促进神经干细胞的诱导分化的功能有差异，bFGF 主要促进神经元干细胞分化，而 EGF 主要作用在胶质细胞分化与神经细胞的迁移方面。表皮生长因子的受体是属于酪氨酸蛋白激酶受体家族的基本成员，包括 ErbB2/c-neu、ErbB3 和 ErbB4，经配体结合激活形成异二聚体，同时受体产生自磷酸化或转磷酸化过程逐步激活细胞内信号转导通路，产生多种细胞功能效应，典型信号转导通路与 bFGF 相似，依次激活 Shc/Ras-Raf/MAPKKK-MAPKK-MAPK。

3. 其他重要的生长因子

1）血小板衍生生长因子（PDGF）可以刺激神经前体细胞的增殖，抑制神经胶质细胞的分化，但同时也可诱导未分化的神经上皮细胞产生神经元细胞。

2）神经生长因子（NGF）是神经元细胞生长、发育和功能所必需的营养因子，近年的研究发现神经生长因子具有调节神经元前体细胞增殖和分化的作用，同时诱导神经干细胞定向迁移。

3）胰岛素样生长因子 I（IGF-I）是属于胰岛素家族成员，是一类多功能多效应的细胞增殖调控因子。目前研究认为 IGF-I 是神经干细胞增殖所必需，缺乏 IGF-I 的作用，bFGF 和 EGF 都不能有效刺激体外神经干细胞的增殖，同时 IGF-I 可以促进神经干细胞分化成少突神经胶质细胞。

（二）细 胞 因 子

1. 白血病抑制因子

白血病抑制因子（LIF）是一种具有广泛生物学功能的细胞因子，能调节胚胎干细胞、原始生长细胞、内皮细胞等细胞的增殖与分化。LIF 对于小鼠来源的胚胎干细胞增殖与自我更新，抑制分化起着关键作用。有研究认为白血病抑制因子维持了神经干细胞生存，白血病抑制因子受体（LIFR）缺陷的神经干细胞体外形成神经球的能力大大降低，显示 LIF 与神经干细胞的更新与增殖有关，同时白血病抑制因子还促进了胶质细胞的分化诱导。白血病抑制因子作用与神经干细胞主要通过细胞膜上的白血病抑制因子受体结合激活 gp130/LIFR/Jak/Stat 信号通路产生的。

2. 白细胞介素

白细胞介素（IL）是一组具有介导白细胞间相互作用的细胞因子，在免疫细胞的成熟、活化、增殖和免疫调节中发挥重要作用，白细胞介素对于神经干细胞主要作用是参与干细胞诱导分化。目前研究发现多种白细胞介素家族成员调节了神经干细胞的增殖与分化。其中 IL-1 与少突神经胶质细胞分化和增殖有关；IL-7 参与了胚胎来源的神经细胞分化与存活；IL-11 在海马区有高表达，体外研究发现可刺激海马区神经元前体细胞的生长。

（三）神经营养因子

神经营养因子家族在胚胎神经系统发育以及成体脑组织中广泛存在，参与了神经细胞生长、存活与再生。其中与神经干细胞分化调控相关的重要的营养因子有胶质细胞源性神经营养因子（GDNF）和睫状神经营养因子（CNTF）。GDNF 主要参与了神经元的发育；CNTF 主要参与了神经干细胞的维持和胶质细胞的分化。CNTF 受体主要由结合配体的 CNTFR、功能性受体 LIFβ 和 gp130 组成，是激活 JAK-STAT 途径进行信号转导的重要配体。

二、神经干细胞相关的重要信号转导通路

（一）酪氨酸蛋白激酶介导信号转导的基本模式

神经干细胞的增殖和分化调控受到环境因子的重要影响，神经干细胞生存环境中的有丝分裂原、细胞因子和营养因子相互作用控制并决定了神经干细胞的增殖、存活和分化的最终命运。而这些细胞外源因子对细胞核内的转录和调控基本依赖于受体介导的信号转导途径来实现的，其信号转导的基本模式可分成受体酪氨酸蛋白激酶（receptor tyrosine kinase，RTK）途径和非受体酪氨酸蛋白激酶（nonreceptor tyrosine kinase，NRTK）途径两大类。

1. 受体酪氨酸蛋白激酶途径

受体酪氨酸蛋白激酶（RTK）是一类跨膜糖蛋白家族，其共同特征是受体胞内区含有蛋白酪氨酸激酶（protein tyrosine kinase，PTK），激活该类受体活性的主要配体以生长因子为代表（如 FGF、EGF、PDGF 和 IGF），激活过程首先由细胞外源配体与受体的胞外区结合引发。配体与受体结合可导致受体的构象改变产生磷酸化，如以单体形式存在的 EGF 受体的二聚体化过程，而本身以二聚体形式存在的受体如 IGF-1 受体产生自体磷酸化过程。受体的构象改变以及自磷酸化过程的最终效应导致了受体胞内区的蛋白酪氨酸激酶（PTK）的激活，而 PTK 可以通过转移 ATP 上 γ-磷酸过程催化多种含有蛋白质酪氨酸残基的底物磷酸化，从而实现胞外信号跨膜传递至细胞内的关键一步。此后磷酸化的受体招募胞内大量的含有 SH2 结构域信号分子，通过胞内酪氨酸激酶及其对应的蛋白磷酸化酶作用，实现信号的逐次传递，最终实现调控细胞核的转录效应。受体酪氨酸蛋白激酶途径的典型模式可以概括成生长因子（配体）→受体蛋白酪氨酸激酶（RPTK）→衔接子蛋白（adaptor）→Ras/Raf→MAPK→进入细胞核→转录因子激活→调控基因表达→细胞效应产生。与神经干细胞增殖和分化诱导调控相关的生长因子如碱性成纤维细胞生长因子（bFGF）、表皮生长因子（EGF）、血小板衍生生长因子（PDGF）和胰岛素样生长因子 1（IGF-1）均可依循 RTK/ Ras/Raf /MAPK 这一基本途径作用与神经干细胞。近年来研究表明 RTK/ Ras/Raf /MAPK 信号转导主要在神经干细胞增殖和神经元的分化起着正调节作用。尽管激活途径模式相似，但由于有丝分裂原（配体）的不同，导致该通路激活的持续性和时序性差异，以及诱导其他信号转导路径的差异。这些不同的生长因子激活具体信号转导途径及其精确调控依然处于探索中。受体型蛋白酪氨酸激酶（PTK）除了激活 Ras/Raf /MAPK 以外还可以激活磷脂酰肌醇 3 激酶（phosphatidylinositol 3-kinase，PI3K）/AKT 转导途径。PI3K 含有 SH2 结构域可与受体型和非受体型酪氨酸激酶广泛结合，PI3K 是由 p85 和 p110 两个亚单位构成的异二聚体，p85 与受体磷酸化的酪氨酸相结合，调节 p110 催化亚单位的活性，促进底物 AKT 蛋白磷酸化。在神经干细胞的分化调控中，一般认为血小板衍生生长因子（PDGF）和神经生长因子（NGF）可以激活 PI3K/AKT 转导途径。而 PI3K/AKT 的主要功能是促进神经干细胞和神经元前体细胞的存活。

2. 非受体酪氨酸蛋白激酶途径

非受体酪氨酸蛋白激酶（NRTK）信号转导以细胞因子（如 LIF、白细胞介素和 CNTF）为代表，此类受体胞内区本身不具备酪氨酸蛋白激酶，受体一般为单次跨膜糖蛋白，与配体接合后直接导致二聚体的构象改变，二聚体激活的受体胞内区可以直接与胞内非受体的 JAK（Janus 激酶）家族结合，JAK 家族是一类不含有 SH2 和 SH3 的非受体酪氨酸蛋白激酶。JAK 的激活可直接催化其底物 STAT 分子，STAT 是一类含有 SH2 和 SH3 结构域的信号转导与激活分子家族。STAT 被 JAK 的激活产生磷酸化，可以携带信号分子进入细胞核内直接调控转录因子。非受体酪氨酸蛋白激酶信号转导的基本途径可以概括为细胞因子→受体结合→受体二聚体化→JAK 激活→STAT 二聚体化激活→进入细胞核→转录因子激活→调控基因表达→细胞效应产生。白血病抑制因子（LIF）和睫状神经营养因子（CNTF）基本依循 NRTK/JAK/STAT 信号传递模式，对于 JAK/STAT 途径的细胞功能研究表明其主要在神经干细胞的自我更新和胶质细胞的分化诱导中起着正调节作用。

（二）其他重要的信号转导通路

1. Notch1 信号途径

Notch1 信号转导途径在多系统中广泛存在且高度保守，可抑制多种干细胞和前体细胞的分化。Notch1 信号途径基本作用表现在两个方面：①促进神经干细胞的自我维持（self-maintenance）；②抑制神经元分化。研究表明 Notch1 促进了神经干细胞的自我更新，在分化中的干细胞 Notch1 的活性大大降低，同时 Notch1 也抑制了神经元细胞的分化。最近有研究认为 Notch1 可能有某种促使胶质细胞发育的诱导作用。目前详细的 Notch1 信号转导路径依然不清楚，有研究发现 CNTF/LIF/gp130 的激活正调节 Notch1 信号，同时也有认为 FGF2 在促进神经干细胞的增殖的同时激活了 Notch1 的信号通路，从而实现了 FGF2 在刺激神经干细胞大量增殖的同时也抑制了神经元分化维持了干细胞更新能力。

2. 整联蛋白信号转导

整联蛋白（integrin，又称整合素）是一类庞大的膜受体家族，由 α、β 两个亚单位非共价键连接组成的异二聚体（heterodimer），特异性结合多种细胞外基质（extracellular matrix，ECM），整联蛋白分布于多种组织细胞，广泛参与细胞间的信号转导，激活多种胞内信号转导通路，促进神经系统的发育和神经干细胞的分化，同时整联蛋白对于神经细胞的黏附（adhesion）和迁移（migration）、神经元的发育有着重要作用。

3. 神经干细胞分化调控网络

神经干细胞的诱导分化分别产生神经元细胞和胶质细胞的过程是极其复杂的分子调控过程，是处于一个激活信号和抑制信号相互作用的调控网络中。近年来的研究初步描绘了一个调控模式，首先 CNTF/LIF 激活了 JAK/STAT 传导通路，促使信号的细胞核转移和转录因子的激活。骨形成蛋白（bone morphogenetic protein，BMP）与 Smad 家族分子、CBP/p300 复合体的协同作用实现信号核转移并与 STAT 共同激活胶质细胞特异的基因转录表达，STAT/p300/Smad 分子诱导星状胶质细胞分化。在神经元分化方面，一种螺旋-环-螺旋（bHLH）结构转录因子与 neurogenin 1 和 neurogenin 2（Ngn1 and Ngn2）相互作用共同促进了神经元分化，而在促进神经元分化同时也抑制了 STAT 分子对胶质细胞分化的作用。

三、结　　语

神经干细胞的信号转导调控是复杂而有序的细胞生理过程，目前的研究依然处于相当模糊阶段。尽管从受体学说和磷酸化传导路径，大致可以罗列一些基本的调控模式，然而在神经发育不同阶段，脑组织不同的区域，即使同样的配体与受体的激活也可能会导致多种信号的传递，产生不同的生物学效应。另一方面，作为效应细胞感受外源刺激后也可能存在有不同的调控元件甚至交换传导路径来实现信号强度和持续性的调控。由此最终决定神经干细胞产生的生理学功能往往是时序性的，动态的，互作的效应叠加过程，是一种混沌式模糊调控，很难归纳成简单的正负反馈关系，而这种混沌式调控机制确保了神经系统发育的信号的精确性和完整性。

（柯越海　冯根生　撰）

第六节　中枢神经系统的神经元生成

干细胞为多细胞有机体的基本组成部分。它们具有最显著的特性之一是能够自我更新产生更多的干细胞，并依据其在发育过程中产生的时间与地点及其分化潜能通过分化产生特定的细胞类型。虽然细胞类型的分化在生后即迅速完成，许多组织在急性损伤或整个生命过程中仍存在自我更新。因此，一些躯体干细胞终身具有产生特定组织的能力，如表皮、毛发、小肠与造血系统。成年中枢神经系统（CNS）被认为主要由分裂后细胞组成，其再生能力极其有限。因而，在成年中枢神经系统证实神经干细胞的存在备受关注。最早观察到这一现象可以追溯到 40 年前，在包括人类在内的所有哺乳动物的特定区域观察到有新生神经元的产生，并将这一现象称为神经发生（neurogenesis）。

近十年来，在啮齿类及人类中枢神经系统的不同区域包括室管膜与室管膜下区、嗅球、海马、中隔、纹状体及皮质与脊髓均分离到成体神经干细胞。这些成体的神经干细胞能够在体外大量扩增，在体外培养及在体移植到特定区域后，均能分化为神经元，星形胶质细胞与少突胶质细胞。最新的研究发现，成体神经发生产生的新生神经元为功能性神经元。成体干细胞的这些生物学特性使其在成人中枢神经系统损伤及退行性疾病治疗中有重要潜能。

一、成体中枢神经系统内源性神经干细胞神经发生的观察方法

（一）³H 胸腺嘧啶放射自显影

要证实成年脑内有新生神经元，必须要有证据表明成年脑内的前体细胞能够进行分裂，且分裂的子代细胞具有神经元的表型。测定细胞分裂的经典方法为³H 胸腺嘧啶放射自显影。在体研究时，可将一定量的³H 胸腺嘧啶注射入动物体内，³H 胸腺嘧啶能够整合入处于细胞周期 DNA 合成期（S 期）的细胞中，故³H 胸腺嘧啶可以作为增殖细胞与前体细胞的标志。³H 胸腺嘧啶整合入细胞的过程可通过放射自显影进行观察，结合免疫细胞化学技术，可以明确新生细胞的表型。

（二）5-溴脱氧尿嘧啶核苷标记方法

近来用 5-溴脱氧尿嘧啶核苷（5-bromodeoxyuridine，BrdU）标记方法代替³H 胸腺嘧啶已成为研究成年神经发生的新方法。与³H 胸腺嘧啶类似，BrdU 够整合入 S 期的细胞，可以作为增殖细胞与前体细胞的标志。此外，BrdU 标记为非放射性标记方法，可以用免疫组化方法观察。Magavi 及其同事发现 BrdU 标记后新皮层神经元死亡，并观察到小量 BrdU 标记神经元经长距离投射至新皮质的靶区。在另一项研究中发现 Nakatomi 与其同事诱导海马 CA1 区锥体神经元缺血性损伤，Nakatomi 与其同事在另一项研究中发现缺血性脑损伤累及海马 CA1 区锥体神经元后，将两种生长因子表皮生长因子（EGF）与碱性成纤维生长因子（FGF-2）注入脑室内，证实 BrdU 标记的神经元起源于海马室周区内源性神经干细胞，迁移至海马并再生了 CA1 区正常数量神经元数的一半，同时观察到伴有明显的功能恢复。假设没有明显的 BrdU 整合入非分裂的细胞，这些研究结果提示内源性神经干细胞在成年中枢神经系统的神经元发生区域以外的其他区域能够实现向神经元方向的分化。因为 BrdU 标记的证实需要固定与免疫染色，而成体神经干细胞神经元的功能特性难以检测。

（三）利用逆转录病毒对处于分裂状态的细胞进行标记

由于一定的逆转录病毒的整合与转基因的持续表达需要细胞的分裂，van Praag 及其同事将表达绿色荧光蛋白的逆转录病毒立体定向注射入成年小鼠的齿回。这一方法使成年神经干细胞分裂产生的 GFP 阳性神经元的形态得以显示，并采用急性脑片电生理学的方法研究其生理学特性。这些研究显示新生的颗粒神经元发出长的轴突投射，并形成复杂的树突树。更为重要的是这些新生的 GFP 阳性神经元能够激发重复性动作电位，并接收功能性突触输入。比较性研究分析表明这些新生的神经元与齿回成熟的颗粒神经元具有相似的功能特性。运用相似的逆转录病毒策略 Carleton 及其同事最近追踪到成年小鼠新生中间神经元的发育过程。这些新生的神经元首先产生于室下区，然后沿吻侧路径迁移至嗅球。运用一系列的电生理研究，他们证实了嗅球中间神经元的功能成熟与

整合。综合看来，这些研究提示神经元的发育过程在一定条件下能够在神经元发生区域与非神经元发生区域实现重演。此外，内源性成年神经干细胞由于技术上的限制，及许多神经元生后的快速死亡，因此目前并不清楚成体神经干细胞产生的神经元是否具有功能，以及能否被中枢神经系统用于替代由疾病及损伤造成的细胞死亡。

二、内源性成体神经干细胞功能性神经发生的机制调节

活跃的神经发生主要位于成年中枢神经系统的两个特定区域，即成年海马齿回的颗粒下区（SGZ）与室下区（SVZ）。而在完整中枢神经系统的其他区域则主要产生胶质细胞而非神经元，因而被认为是非神经源性的。然而，这些非神经源性区域的细胞进行体外培养具有多潜能干细胞的特性，并在一定条件下产生神经元。

在过去的 10 年，胚胎神经发育研究领域的巨大进展对我们理解成年中枢神经系统的修复机制有重要影响。胚胎与成年中枢神经系统微环境的巨大差异提示在两种不同状态下神经元发育的调控机制有本质差别。SGZ 与 SVZ 的成年神经发生作为模式系统有助于理解在成年中枢神经系统环境中调节神经元发育的一系列过程。

（一）成年神经干细胞增殖的调控

研究已经证实 SGZ 与 SVZ 成体神经干细胞的增殖受一系列刺激因素包括老化、应激、休克与生理活动的调控。神经递质（5-羟色胺、NMDA、NO）与类固醇激素均能够调控成年神经干细胞的增殖。最近的研究发现局部的微管结构与星形胶质细胞能够提供这一类的细胞信号。体外培养中发现，海马与室下区的星形胶质细胞促进成年神经干细胞的增殖，而血管结构及星形胶质细胞密切相关。另外，促进内皮细胞增殖的因子亦增加成年鸣禽的神经发生，提示二者有重要的相关性。然而，来源于血管与星形胶质细胞的促有丝分裂因子仍需进一步加以证实。目前已经证实几种分子诱导成年神经干细胞的增殖非常有效。脑室内注入表皮生长因子（epidermal growth factor，EGF）、成纤维生长因子-2（fibroblast growth factor-2，FGF-2）、转化生长因子-α（transforming growth factor-α，TGF-α），发现能够促进正常和损伤条件下的成年神经干细胞的增殖。EGF 与 FGF-2 被用作成年神经干细胞体外培养的有丝分裂素。FGF-2 对培养神经干细胞的促有丝分裂作用需要糖基化半胱氨酸蛋白酶抑制剂 cystatinC 的协同效应。将 FGF-2 与 cystatin C 共同注入成年小鼠的齿回，刺激 SGZ 区域神经干细胞的增殖。最近的研究发现，音速刺猬蛋白（sonic hedgehog，Shh）信号调节成年神经干细胞的增殖。Shh 信号的丢失引起齿回与嗅球的异常。成年脑内 Shh 信号的药理性抑制与刺激分别引起海马与室下区 NSC 增殖的减低与升高。离体研究发现，Shh 对成年大鼠海马源性神经干细胞的增殖是必需的，然而小鼠 SVZ 神经前体细胞缺乏 Smoothened-Shh 主要的下游信号，神经球的形成数量则明显减少。其他因子尽管被认为是非经典的促有丝分裂素证明能够调节成年神经干细胞的增殖。如 Eph/ephrin 信号认为参与轴突导向，神经嵴细胞迁移，分节范围的确立与毛细血管网的形成。将 EphB2 或 ephrin B2 的外功能区注入侧脑室内不仅破坏神经嵴细胞的迁移，而且增加成年小鼠 SVZ 神经干细胞的增殖。成

年神经干细胞的增殖信号激活一系列胞质内信号转导通路，最终导致核内基因转录激活。然而，许多通路在其他类型细胞中得到广泛证实，而参与成体神经干细胞增殖的特异性胞质内通路仍需进一步研究。

（二）成体神经干细胞命运特化的调节

一些研究证据显示局部微环境对成体神经干细胞命运的特化有重要作用。通常情况下，在成体神经干细胞的多数区域增殖细胞仅仅产生神经胶质细胞，体外分离培养或在体特异性损伤条件下能够产生神经源。源自非神经元发生区域的成体神经干细胞形成的克隆移植入其来源区域往往只形成神经胶质细胞，然而将其移植入神经元发生区域则确实可以分化为神经元。近来离体研究表明成体神经干细胞神经源性区域往往含有促进神经发生的细胞成分。源自神经元发生区域海马的培养的星形胶质细胞通过促进成年海马成体神经干细胞的增殖及向神经元方向分化调控成体的神经发生。同样，SVZ 培养的星形胶质细胞促进 SVZ 干细胞神经元的生成。而来自非神经元发生区域脊髓的星形胶质细胞不能促进神经发生。这些研究提示成体神经干细胞产生神经元的能力部分是由于区域特化性星形胶质细胞引起的。在早期发育过程中，大多数的星形胶质细胞是在神经元形成后才产生的，因而它们不可能主导胎儿神经干细胞的神经元分化。这些研究显示调控发育胚胎神经发生与成年神经发生的调控机制存在差异。成体神经干细胞命运特化的分子机制仍不十分清楚。骨形成蛋白（bone morphogenic protein，BMP）家族成员分子使成体神经干细胞向胶质细胞进行分化。在神经源性区域 SVZ，BMP 的抑制剂 noggin 由外侧壁室管膜细胞释放，能够封闭 BMP 的胶质化效应。我们检测 noggin 与 BMP4 在大鼠海马的发育学表达，发现 noggin mRNA 与 BMP4 mRNA 在生后及成年大鼠海马的齿回颗粒细胞层均有表达，二者在海马的表达与大鼠的发育年龄密切相关，并呈现相反的表达模式，为 noggin 与 BMP4 调控成年海马神经发生提供了重要的形态学证据。运用反义寡核苷酸封闭内源性 noggin 基因后，大鼠海马齿回与齿回颗粒下区神经干细胞的增殖明显受到抑制，并伴有星形胶质细胞的大量增生，表明内源性 noggin 基因能够促进海马齿回颗粒细胞层增殖干细胞向神经元方向进行分化。这些促进成体神经干细胞向神经元分化的因子，包括由海马及室下区星形胶质细胞释放的因子，仍需进一步证实。

（三）成体神经干细胞新生神经元的迁移

成年神经发生一显著特点在于中枢神经系统环境中能够产生新生神经元，进行长距离的迁移及延长轴突，反之则抑制成熟神经元的迁移及轴突生长。在嗅球的神经发生，致力于嗅球神经发生的前体细胞位于室下区的前部。将逆转录病毒、氚化胸腺嘧啶、活体染料或病毒标记的 SVZ 细胞显微注射至生后动物室下区的前部，这些标记细胞最终会在嗅球发现。到达嗅球后这些标记神经元会分化为嗅球特异性中间神经元、嗅球颗粒细胞及球旁细胞。到达嗅球后，成神经细胞将沿吻侧迁移流至嗅球，一旦进入嗅球，神经元沿放射状胶质进行迁移并分化为中间神经元。值得注意的是引起成神经细胞迁移方向的因素，及参与发动与调控迁移的因素。中隔尾部外植体离体研究显示能够分泌一种弥散性因子，可能是 Slit 分子，排斥嗅球神经前体细胞。与此观点一致的是 SVZ 前体细胞迁移是由排斥分子进行定向的，在没有嗅球存在时，SVZ 前体沿 RMS 向前部迁移。而细胞的切向迁移至少部分是由表达在成神经细胞本身的 PSA-NCAM 所介导的。这一作用可以被位于 SVZ 附近的结合腕蛋白（黏蛋白）与硫酸软骨素蛋白多糖加以修饰。成神经细胞沿 RMS 进行链式迁移，而不是沿着放射状胶质进行迁移，尽管胶质在迁移中起作用。Garcia-Verdugo 的解剖学证据显示 SVZ 成神经细胞在缓慢分裂的星形胶质细胞鞘内进行迁移。然而，星形胶质细胞鞘对切向迁移却并非必需，因为大量的切向迁移发生在生后最初的几个星期，而此时人 RMS 内还没有星形胶质细胞。

　　对于齿回的神经发生，往往伴有有限的神经元迁移。成年海马齿回的颗粒下区，即颗粒层的最内侧部分产生新的细胞并最终成为神经元。这些新生的神经细胞沿短距离迁移至颗粒细胞层，发出树突至海马的分子层，发出轴突至海马的 CA3 区。成年产生的海马颗粒神经元形态上与周围的颗粒神经元无明显差别。这些前体细胞能够迅速成熟，它们在分裂后 4 天即发出轴突至 CA3 区。前体细胞与海马的微环境致力于细胞的迅速成熟。由此可以推测新生的神经元不表达抑制成年中枢神经系统轴突再生相关因子的功能性受体，或是具有不同的胞内变化（高水平的神经元 cAMP）允许在环境中生长。致力于新生神经元的这种导向行为的活性机制并不清楚。有趣的是，许多轴突或树突导向分子参与胎儿发育过程中发育颗粒神经元的导向作用，如 semaphorin，在成年也有表达，参与新生神经元的导向。

（四）成体神经干细胞新生神经元的成熟与整合

　　成年神经发生的功能作用仍需进一步研究，近来的研究提供了可靠的证据显示新生的神经元能够整合入成年中枢神经系统的神经元回路。成年神经发生的成熟与整合的功能性研究结果显示成年中枢神经系统神经元的发育特性不同于胚胎及新生阶段。齿回的神经发生，几乎一半的新生神经元在 2 周内死亡。电生理研究结果显示逆转录病毒标记 4 周后，一些残留的神经元能够记录到电活动并接受突触输入联系。是否这些新生的颗粒神经元与靶区神经元建立功能性突触联系并参与信息流的活化仍需进一步阐明。树突及树突棘密度的复杂性，及兴奋性突触的主要位点持续升高至数月。因而，成年中枢神经系统新生颗粒神经元的成熟过程比胚胎阶段新生颗粒神经元的成熟过程要明显延长。对于嗅球的神经发生，电生理记录结果显示无关的迁移神经元表达突触外的 $GABA_A$ 与 AMPA 受体，而在较晚期的放射状迁移的神经元表达 NMDA 受体。神经递质受体的相继表达不同于胚胎神经元的发育，即 NMDA 受体的表达通常先于 AMPA 受体的表达。这些新生的嗅球神经元在迁移完成后形成突触联系，而明显的活动要在神经元几乎完全成熟后，这也不同于胚胎期神经元，它们在建立联系前即可记录到动作电位并释放神经递质。对神经元成熟过程的一个重要假说为兴奋性成熟的延迟可以预防新生的细胞破坏成年中枢神经系统已经存在的神经环路。而对成年神经干细胞成熟及突触形成的机制仍不清楚。离体研究成年海马神经干细胞发现局部海马的星形胶质细胞对新生神经元的成熟及突触形成过程有重要作用。在没有星形胶质细胞的情况下，培养的成年神经干细胞的新生神经元具有不成熟的特性,包括形态与功能上的。它们表现为形态简单,有限的膜兴奋性,不能产生动作电位,几乎不能形成功能性突触。相对而言,在星形胶质细胞存在的情况下,成年神经干细胞产生的新生神经元获得与成熟中枢神经系统相似的生理特性。星形胶质细胞调节突触形成的活性作用在先前的新生神经元中有相似的结果。

三、以成年神经发生为基础的 CNS 的修复治疗前景

　　分离成体干细胞的研究进展与对调控成年中枢神经系统功能性神经发生的基本机制的理解促使我们用成年神经发生为基础的细胞替代治疗中枢神经系统疾病。激活内源性成体神经干细胞或采用成体干细胞体外扩增获得的子代细胞进行自体移植与其他干细胞移植比较具有安全可靠,克服伦理学障碍等诸多优点。然而目前仍面临一些挑战。首先是要确认这些成体来源的干细胞的特性。成功分离成体干细胞后,需要进一步明确这些成体干细胞子代的功能特性。需要进一步鉴别局部微环境中的因子以促进新生神经元的存活,成熟及靶向性迁移。最后新生神经元在神经环路中的整合需要调控以避免副反应的发生。正如曾经指出的干细胞在做什么与干细胞能做什么之间存在差别。就细胞治疗的前景而言,我们在遵循可能性,而实际性可以为我们获得这一目标提供蓝图。因而,对正常脑发育研究感兴趣的发育学神经科学家与对干细胞治疗感兴趣的临床科学家应当共同将干细胞研究与治疗达到一新的高度,使中枢神经系统治疗的梦想成为现实。

（范晓棠 撰）

主要参考文献

蔡文琴等. 2001. 医学神经生物学基础. 重庆:重庆师范大学出版社

范晓棠,蔡文琴. 2003. 海马成年后神经发生的研究进展. 生理科学进展,34 (3):259~262

邱克军,刘仕勇,杨辉等. 2002. 神经干细胞转染酪氨酸羟化酶基因后的分化. 中华神经外科杂志,18 (5):290~293

郑敏,王冬梅,焦文仓. 2003. 神经干细胞体外扩增和诱导分化为多巴胺能神经细胞. 科学通报,48 (10):1041~1044

Akiyama Y, Honmou O, Kato T, et al. 2001. Transplantation of clonal neural precursor cells derived from adult human brain established functional peripheral myelin in the rat spinal cord. Exp Neurol, 167:29~39

Andrew EW, Kinichi N. 2004. Cell fusion-independent differentiation of neural stem cells to the endothelial lineage. Nature, (15):350~356

Bjornson CRR, Rietze RL. 1999. Turning brain into blood: a hematopoietic fate adopted by adult neural stem cells in vivo. Science, 283:534~537

Brustle O, Jones KN, Learish RD, et al. Embryonic stem cell-derived glial precursors: a source of myelinating transplants. Science, 285:754~756

Carleton A, Petreanu LT, Lansford R. 2003. Becoming a new neuron in the adult olfactory bulb. Nat Neurosci, 6:507~518

Catherine M, Verfaillie, Martin FP, et al. 2002. Lansdorp. Stem cells: hype and reality. Hematology, 369~391

Chen JL, Zhang ZG, Li Y, et al. 2003. Intravenous administration of human bone marrow stromal cells induces angiogenesis in the ischemic boundary zone after stroke in rats. Circulation Res, 92 (6):692~699

Ciccolini F, Svendsen CN. 1998. Fibroblast growth factor 2 (FGF-2) promotes acquisition of epidermal growth factor (EGF) responsivenessin mouse striatal precursor cells: identification of neural precursor responding to both EGF and FGF-2. J Neurosci, 18: 7869~7880

Fan XT, Xu HW, Cai WQ, et al. 2004. Antisense Noggin oligodeoxynucleotide administration decreases cell proliferation in the dentate gyrus. Neuroscience Lett, 366 (1): 107~111

Fan XT, Xu HW, Cai WQ, et al. 2003. Spatial and temporal patterns of expression of Noggin and BMP4 in embryonic and postnatal rat hippocampus. Brain Res Dev Brain Res, 146 (1~2): 51~58

Fred HG. 2002. Neurogenesis in the adult brain the journal of neuroscience, February, 22 (3): 612~613

Fricker J. 1999. Human neural stem cells on trial for Parkinson's disease. Mol Med Today, 5: 144

Gage FH. 1998. Stem cells of central nervous system. Curr Opin Neurobiol, 8: 671~676

Gage FH. 2000. Mammalian neural stem cells. Science, 287 (5457): 1433~1438

Goh EL, Ma D, Ming GL, et al. 2003. Adult neural stem cells and repair of the adult central nervous system. J Hematother Stem Cell Res, 12 (6): 671~679

Gradwohl G, Fode C, Guillemot F. 1996. Restricted expression of a novel murine atonal-related bHLH protein to undifferentiated neural procursors. Dev Biol, 180: 227~241

Guillemot F, JoynerAL. 1993. Dynamic expression of themurine Achaete-Scute homologue Mash1 in the developing nervous system. Mech Dev, 42: 171~185

Haas S, Weidner N, Winkler J. et al. 2005. Adult stem cell therapy in stroke. Curr Opin Neurol, 18 (1): 59~64

Kelly S, Bliss TM, Shah AK, et al. 2004. Transplanted human fetal neural stem cells survive, migrate, and differentiate in ischemic rat cerebral cortex. Proc Natl Acad Sci USA, 101 (32): 11839~11844

Lee JE, Hollenberg SM, Snider L, et al. 1995. Conversion of *Xenopus* ectoderm into neurons by neuroD, a basic helix-loop-helix protein. Science, 268: 836~844

Lee JE. 1997. Basic helix-loop-helix genes in neural development. Curr Opin Neurobiol, 7 (1): 13~20

Li L, Liu F, Ross AH. 2003. PTEN regulation of neural development and CNS stem cells. J Cell Biochem, 88: 242281~242284

Liu SY, Zhang ZY, Yang H, et al. 2004. SVZa neural stem cells differentiate into distinct lineages in response to BMP4. Experimental Neurology, 190 (1): 109~121

Magavi SS, Leavitt BR, Macklis JD. 2000. Induction of neurogenesis in the neocortex of adult mice. Nature, 405: 951~955

Mahendra S Rao. 2005. Neural development and stem cells. 2nd edition. Totowa, NJ: Humana Press

Martens DJ, Tropepe V, van Der Kooy D. 2000. Separate proliferation kinetics of fibroblast growth factor-resposive and epidermal growth factor-responsive neural stem cells within the embronic forbrain germinal zone. J Neurosci, 20 (3): 1085~1095

Marx J. 2003. Cancer research: mutant stem cells may seed cancer. Science, 301: 1308~1310

Mcdonald JW, Liu XZ, Qu Y, et al. 1995. Transplanted embryonic stem cells survive, differentiate and promote recovery in injured rat spinal cord. Nat Med, 5: 1410~1412

McKay R. 1997. Stem cells in the central nervous system. Science, 276: 66271

Mehler MF, Mabie PC, Zhang D, et al. 1997. Bone morphogenetic proteins in the nervous system. Trends Neurosci, 20 (7): 309~317

Mezey E, Chandross KJ. 2000. Turning blood into brain: cells bearing neuronal antigens generated in vivo from bone marrow. Science, 290: 1779~1782

Murray RC, Navi D, Fesenko J, et al. 2003. Widespread defects in the primary olfactory pathway caused by loss of Mash1 function. J Neurosci, 23 (5): 1769~1780

Nakashima K, Takizawa T, Ochiai W, et al. 2001. BMP2-mediated alteration in the developmental pathway of fetal mouse brain cells from neurogenesis to astrocytogenesis. Proc Natl Acad Sci USA, 98 (10): 5868~5873

Nakatomi H, Kuriu T, Okabe S. 2002. Regeneration of hippocampal pyramidal neurons after ischemic brain injury by recruitment of endogenous neuronal progenitors. Cell, 110: 429~441

Rosaria Maria Rita Gangemi, Marzia Perera, Giorgio Corte. 2004. Regulatory genes controlling cell fate choice in embryonic and adult neural stem cells. J Neurochem, 89 (2): 286~306

Sanjay S M, Jeffrey D. 2002. Macklis Induction of neuronal type-specific neurogenesis in the cerebral cortex of adult mice: manipulation of neural precursors in situ. Developmental Brain Research, 134 (1~2): 57~76

Sommer L. 2004. Multiple roles of canonical Wnt signaling in cell cycle progression and cell lineage specification in neural development. Cell Cycle, 3 (6): 701~703

Temple S. 2001. The Development of neural stem cells. Nature, 414: 112~117

Terada N, Hamazaki T, Oka M, et al. 2002. Bone marrow cells adopt the phenotype of other cells by spontaneous cell fusion. Nature, 416: 542~545

Thomas A R. 2002. Neural stem cells: form and function. Nat Neurosci, 5 (5): 392~394

Vogel G. 2002. Stem cell research: studies cast doubt on plasticity of adult cells. Science, 295: 1989~1990

Vogel G. 2002. Stem cell research: rat brains respond to embryonic stem cells. Science, 295: 254~255

Wagers AJ, Weissman IL. 2004. Plasticity of adult stem cells. Cell. 116: 639~648

Yamamoto S, Nagao M, Sugimori M, et al. 2001. Transcription factor expression and Notch-dependent regulation of neural progenitors in the adult rat spinal cord. J Neurosci, 21 (24): 9814~9823

Yang H, Mujtaba T, Venkatraman, et al. 2000. Region-specific differentiation of neural tube-derived neuronal restricted progenitor cells after heterotopic transplantation. Proc Natl Acad Sci USA, 97 (24): 13366~13371

Zhang R, Zhang Z, Zhang C, et al. 2004. Activated neural stem cells contribute to stroke-induced neurogenesis and neuroblast migration toward the infarct boundary in adult rats. J Cereb Blood Flow Metab, 24 (4): 441~448

Zheng M, Wang DM. 2004. Inducing dopaminergic differentiation of expanded rat mesencephalic neural stem cells by ascorbic acid in vitro. Progress in Natural Science, 14 (1): 26~30

Zigova T, Snyder EY, Sanberg PR. 2002. Neural Stem Cells for Brain and Spinal Cord Repair. Humana Press

第三章 中枢神经系统的发生、分化与发育异常

第一节　中枢神经系统的发生

一、胚盘中轴结构的形成

　　人胚泡植入时，内细胞群增殖分化依次演变为二胚层胚盘（第 2 周）和三胚层胚盘（第 3 周）。第 2 周初，内细胞群逐渐分化形成一个由上胚层和下胚层组成的椭圆形盘状结构，即二胚层胚盘（bilaminar germ disc）。上胚层（epiblast）是由内细胞群临近极端滋养层的细胞分化而成的一层柱状细胞，下胚层（hypoblast）是内细胞群临胚泡腔侧的细胞分化而成的一层立方细胞，两个胚层之间借助基膜紧贴在一起，它是人体的原基。随后，在上胚层的邻近滋养层一侧形成一个囊，即羊膜（amnion），上胚层位于羊膜腔的底。下胚层的周缘向胚泡腔面延伸并汇合形成另一个囊，称卵黄囊（yolk sac），下胚层构成卵黄囊的顶。与此同时，胚泡腔内逐渐出现松散分布的胚外中胚层细胞。继而，胚外中胚层的细胞间出现腔隙，并逐渐汇合形成一个大腔，称胚外体腔（extraembryonic cavity）。胚外体腔的出现使胚外中胚层分成 2 层，内层覆盖于卵黄囊的外表面，外层则附着于羊膜的外表面和滋养层内面。至第 2 周末，随着胚外体腔和羊膜的扩大，羊膜顶壁与滋养层之间的胚外中胚层相对缩小形成一条索状，称体蒂（body stalk），将

胚盘和羊膜、卵黄囊悬吊于胚外体腔中。三胚层胚盘形成时期也是胚盘中轴结构形成时期。

至第3周初，二胚层胚盘尾侧正中线的上胚层细胞迅速增生，形成一条细胞索，并向羊膜腔内隆起，称原条（primitive streak），成为胚盘的中轴结构。原条的出现确定了胚盘的方位，原条所在的一侧为胚盘的尾端，将来发展为胚体的尾部，相反的一侧则为胚盘头端。原条的头端略膨大呈结节状，称为原结（primitive node）。继而，在原条的背侧中线出现一条浅沟称原沟（primitive groove），原结的背侧中心出现浅凹称原窝（primitive pit）。原条深面的细胞迅速增殖，其中一部分细胞进入下胚层，并在下胚层中继续增殖、扩展直至取代下胚层形成内胚层（endoderm），而下胚层细胞则被推移向腹侧加入卵黄囊。原条增殖而来的另一部分细胞迁移到上下胚层之间，形成松散的间充质。原条两侧的间充质细胞继续向胚盘的侧方和头端扩散，形成一个新的胚层即胚内中胚层（intraembryonic mesoderm）简称中胚层（mesoderm），它将在胚盘边缘与胚外中胚层续连。与此同时，原结细胞也在上下胚层之间沿中线向头侧方向增生，形成头突（head process），原凹也随着深陷，使头突成为一条中空的细胞索，改称脊索管，该管随后闭合，衍化为脊索（notochord），位于胚盘的中轴。头突和脊索形成后，诱导其背侧的上胚层在中线处增厚形成神经板（neural plate），继而其中央沿胚盘中轴下陷形成神经沟（neural groove），沟两侧边缘隆起称神经褶（neural fold）。原条和脊索是一过性的结构。随着脊索向头端生长、加长，原条则相对缩短，最终消失。脊索最终退化成为椎间盘中的髓核。至第3周末，内胚层和中胚层形成后，上胚层改名为外胚层（ectoderm），内、中、外3个胚层组成三胚层胚盘。同时，紧邻脊索两侧的轴旁中胚层呈节段性增生，形成块状细胞团，称为体节（somite）。此时胚盘的平面观呈头端大、尾端小的梨形，在脊索的头侧和原条的尾侧，各有一个无中胚层的小区，该区的内、外胚层直接相贴呈薄膜状，将来分别发育为口咽膜（buccopharyngeal membrane）和泄殖腔膜（cloacal membrane）。原条、脊索、神经板和体节因均位于胚盘的中轴线上，故称胚盘的中轴结构。

三胚层胚盘的形成奠定了胚胎各种组织、器官发育的基础。外、中、内3个胚层分别发育演化成为不同的器官和组织。随着胚层的分化，扁平形的胚盘逐渐变成圆柱形的胚体。

二、神经系统发育分化的基本规律和模式

整个中枢神经系统以及松果体、神经垂体和视网膜等器官都来源于神经管。神经管的区域化是其发育、分化中的重要变化。在解剖水平上，神经管经过膨大或收缩，在预定脑的前端，管壁变宽变厚，形成脑室，而后端仍呈单层细胞的管状。在组织水平上，神经管壁的细胞群体经历迁移、重排，形成不同的脑功能域和脊髓。在细胞水平上，来源于神经板的神经上皮细胞分化成多种类型的神经元及胶质细胞。

由上可见，神经系统的形态发生是较复杂的，它包括几种组织的形态形成，以及这些组织结构之间的相互联系。从神经系统发育过程来看，可以分为5个阶段：首先是神经诱导，脊索诱导其背侧的上胚层演变为神经板。第二阶段是神经前体细胞必须经过分

裂增殖和分化产生神经系统组织结构的材料。这个增殖和神经元特异化的阶段称为"神经发生"。第三阶段是新产生的神经元必须从它们的诞生地按神经系统总的发育计划迁移到合适的地点，这种现象称为"神经迁移"。第四阶段是细胞体必须生长树突来接受其他细胞传来的信号，并发出轴突与特定的靶细胞发生联系，这个阶段叫做"突起生长"。第五阶段是当轴突到达特定靶区后，它必须识别有关的靶细胞并与之形成突触连接，这一阶段称为"突触形成"。除以上细胞增殖、迁移、分化和细胞间联系等过程外，也存在细胞死亡的现象。

神经系统发育过程有 3 个基本特点：①中枢神经系统源自排列紧密、缺少细胞间质的神经上皮；②发育过程中任一精密的时空整合程序均反映了基因和环境因素相互作用；③在发育过程中，细胞的相互作用起着关键作用，或诱导或抑制，二者相辅相成，维持胚胎正常发育。有些细胞间的相互作用是暂时性的，主要为下一个相互作用创造条件；而另一些相互作用则产生永久性的细胞形态及特性。可以认为，在成体神经细胞间的相互信息传递，是神经发育过程中细胞间相互作用的信息机制保留下来的结果。

三、神经诱导与分化决定

神经诱导是神经发育过程中一个重要过程，它包括形成神经板的初级诱导和形成早期脑和脊髓的次级诱导。在发育过程中，细胞之间互相构成对方生存和发育的环境而相互影响。一部分细胞或组织引起其他细胞产生决定与分化的作用叫做诱导（induction）。起诱导作用的称为诱导者（inductor），被诱导的称为反应组织（responding tissue）。细胞决定（cell determination）是指细胞在出现可识别的形态、功能变化之前，细胞内已产生了更细微的变化，从而决定了该细胞的演变方向。细胞决定是细胞对发育前景的选择，是细胞分化的前奏。细胞分化（cell differentiation）是指细胞之间逐渐产生稳定性差异的过程。

（一）神经板和神经管发育的极性与模式

脊椎动物早期神经形态形成时，背侧外胚层在组织者（两栖类指胚孔背唇，在哺乳类动物指 Hensen 结）诱导下，逐渐形成神经板，并进行前后轴（anteroposterior axon，A-P）和内外轴（mediolateral axon，M-L）定型发育。以后，神经板形成神经管。神经管沿着 A-P 轴和背腹轴（dorsoventral axon，D-V）进行区域化，最终形成中枢神经系统的基本结构。

（二）神经上皮形成中的有关的信号

Spemann 和 Mangolds 的组织原移植实验（1924）首次在蝾螈中证实：原肠胚（gastrula）时（在形态上原肠胚变成三胚层），背侧中胚层能对其上方的外胚层诱导形成神经板。近年来，大量工作集中在解释两栖类胚胎诱导的机制。有关外胚层神经诱导进行了两类有意义的实验：①两栖类原肠胚早期动物帽组织的分散实验；②活化素的负显性受体表达实验。实验结果均提示在外胚层内存在对神经发生起负调控作用的抑制性信号，能阻止神经化，可把外胚层推向表皮命运。目前实验已证明，BMP4 是内源性的神经抑制因子。证据如下：①分散的动物帽细胞神经化可以通过添加 BMP4 蛋白而被阻止。②BMP（与活化素同属于 TGF-β 家族）的负显性受体促神经发生。③原位杂交结果显示其表达的时间和位置，即在原肠形成一开始，BMP4 及其受体就存在于整个动物帽、腹侧部。稍后从即将成为神经板的部分外胚层中消失。推测 BMP4 转录的阻遏是一种在预定神经外胚层内 BMP4 活性丧失的机制，这也与其神经抑制功能相吻合。这些结果提示，阻断 BMP 信号转导，外胚层的细胞就接受神经化命运。另一方面，重组 DNA 技术和分子克隆研究显示组织者可分泌 Noggin、Chordin、Follistatin、Cerberus、xnr3 等信号因子拮抗 BMP 的神经抑制作用。生物化学研究进一步表明，Noggin、Chordin、Follistatin、xnr3 等均可与 BMP 直接结合，阻止了 BMP 与其受体结合，导致 BMP4 信号转导在背侧外胚层受到抑制，从而神经化命运开始。因此，研究者提出了两栖类动物，如爪蟾、鱼的神经诱导"缺效"模型（图 3-1）。按照这一模型，在原肠胚期，由于组织者（背侧中胚层）释放的诱导因子阻断了 BMP 抑制神经发生的作用，造成背侧外胚层内 BMP 的"缺效"，结果外胚层就向神经化命运发展。然而与鼠、鸟类等羊膜动物的神经诱导相比较，两栖类动物与羊膜动物是有些区别的。最近对羊膜动物的研究表明：其神经诱导不需要组织者（相当于鸡鼠的原结），并且神经诱导发生在组织者形成前的囊胚期。再有，BMP 拮抗剂不在神经诱导中起作用，而是 Wnt 信号系统决定了外胚层细胞发生神经化还是上皮化。

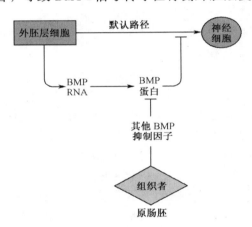

图 3-1　脊椎动物胚胎神经诱导的分子途径模型

对于组织者发出的诱导信号，有人提出了两种信号途径，即垂直信号和水平信号。垂直信号是背侧中胚层产生的可溶性分子诱导它上方的外胚层成为神经组织。第二种途径即水平诱导，是背侧中胚层来源的信号分子在外胚层平面水平地转导。支持垂直信号存在的实验提示：原肠形成期间，如果阻止外胚层同下面的中胚层接触，也就是阻止垂直向上的途径，就不能进行神经诱导。此外，诱导因子 Noggin 等基本上以垂直作用为主。另一方面，Nieuwkoop 等（1952）提供了神经诱导的水平信号证据：把两栖类外胚层褶的切块垂直插入到宿主早期原肠胚的神经板 A-P 轴向的不同位置，以了解此移植外胚层在远离中胚层作用时的反应。结果显示，移植外胚层的近端分化与邻近宿主组织相符，如置于脊索前板位置的移植块，其与宿主接触的近端和对应远端均形成前脑结构。而置于脊索尾部位置的移植块，其近端和远端均为脊髓结构。如置于脊索前中部位置，其近端发育为后脑结构，远端发育为前脑结构。故移植外胚层的前后轴（A-P）模式建立说明神经诱导信号分子可以水平方式起作用，以及提出一种假设：神经诱导的两步骤，即先激活，将外胚层神经化并发育为前脑结构；后转化，根据诱导信号的强度，将形成的前脑转化为后脑和脊髓结构。研究表明，后端化的信号分子是 FGF、Wnt 和视黄酸（RA），它们参与 CNS 后端，包括脊髓在内的发育。并且最近研究提示，神经板后端化分两步：首先是 FGF、Wnt 使后端的神经板下调前端基因的表达，而视黄酸（RA）不参与此过程，然后 FGF、Wnt 和 RA 共同激活后端的基因转录使前脑结构转化为 CNS 后端结构。

两种信号的存在对于神经诱导都是必要的。很可能水平传导的信号在神经管建立过程中起着对垂直信号的补充作用，似乎参与后脑和脊髓外胚层的聚集性延伸。但关于垂直信号和水平信号所起的确切作用，目前尚没有明确的认识。

实际上，以上主要说明由背侧中胚层即组织者通过分泌 Noggin、Chordin、Follistatin、Cerberus 等因子诱导背侧外胚层产生前端神经组织，这个过程对于神经板 A-P 定型起着重要作用。此后，神经管出现背-腹（D-V）的基本定型，它受到组织者的轴向中胚层脊索和脊索前板的调控。脊索具有强烈的神经诱导活性，可诱导脊索背侧的神经板腹中线细胞形成底板。底板和脊索又诱导底板两侧的腹侧细胞形成运动神经元。当胚胎除去脊索，神经板就没有底板，D-V 基本定型就被破坏。如果从一胚胎切出一段脊索，移植到另一宿主神经管的侧面，宿主神经管将形成另一组底板细胞。研究已表明，Shh 是导致脊索对 D-V 基本定型的主要分子。Shh 的 N 端肽（Shh-Np）能模拟脊索和底板的活性，诱导底板和运动神经元（图 3-2）。此外，Shh 还拮抗来自神经管背部及邻近外胚

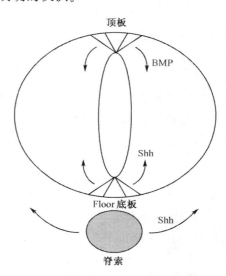

图 3-2 来自脊索和底板 Shh 启动
神经管 D-V 轴的建立

层表达的 BMP，阻止神经管腹部的背方化，与前作用共同导致神经管具有背腹轴基本定型。值得注意的是，脊索不在前脑的下方，它负责中脑之后神经组织的特性，而脊索前板位于前脑神经板下方，与脊索相连，负责前脑腹部的特化。研究提示来自脊索前板的 Shh 也对前脑腹部进行基本定型。Nkx2.1 基因的表达局限于前脑神经板中间内侧，故以其作为神经板前端内侧的标志分子。实验显示，小鼠的神经板培养物中，诱导 Nkx2.1 表达需要脊索前板的存在或在缺乏脊索前板的条件下，直接用 Shh-Np 蛋白或表达 Shh 的转染 COS 细胞的培养上清处理。基因型 Shh$^{-/-}$ 小鼠胚胎的整个神经胚轴失去腹部神经结构，包括前脑腹部结构的缺陷，这一表型也肯定了 Shh 在前脑腹部基本定型中的作用。

（三）内部因素与预模式化

研究发现，同一诱导因子作用于胚胎不同位置的反应组织，却产生了不同的结果。这提示导致被诱导组织的模式建立除诱导因子本身外，还在于应答组织本身，即它们之

间存在内在差异。如在原肠胚早期，活化素（activin）诱导背侧外胚层发育为前部结构，而腹侧外胚层则发育为后部及腹侧组织。因此这种背侧及腹侧外胚层对活化素不同的反应，可以解释为背腹侧外胚层进行了不同的预模式化发育。再者，蛙原肠胚的背侧外胚层看来也有神经诱导内部因素。因为它比腹侧相应部位更易于被诱导为神经。外胚层的重组物导致在背侧外胚层强烈表达神经标志物，而对相同的信号，在腹侧外胚层的表达水平较低。对此因素的不同反应，可能是背侧外胚层中表皮标记物 Epi-1（在非神经性外胚层表达，而不表达于以后的神经板）的快速下调。此外，神经板不同的 A-P 位置对 Shh 的应答能力就表现不同。Shh 沿着轴向中胚层组织者（脊索前板和脊索）表达，是对 A-P 轴影响的重要因子。在腹部整个区域被诱导表达 Nkx-2.2、NHF3β 等。而 Nkx-2.1 只在前脑神经板表达，Nkx-6.1 表达在更后一些。不同基因的表达不同是由于神经板对脊索前板和脊索的诱导信号有不同的反应能力，结果产生不同的 A-P 分化。

　　然而，其他的研究显示，如将蛙胚的动物极旋转，仍能使蝌蚪正常发育。组织原移植物以及背侧中胚层和腹侧外胚层的平面重组物的研究显示，腹侧外胚层也可形成全部神经组织。因此，目前尚不清楚外胚层的内部因素及预模式化在正常发育中的意义。

（四）神经诱导因子与神经诱导本质的探索

　　神经诱导在神经发育过程中起着重要作用。研究证明，诱导的方式有两种，接触性诱导（contact induction）和非接触性诱导（noncontact induction）。接触性诱导是通过细胞之间的直接接触而实现诱导；非接触性诱导则是借助细胞所分泌的某些化学物质（如可扩散因子）来发挥作用，这种方式更加普遍。无论哪种方式，在本质上都是通过信号分子起诱导作用。诱导作用的本质是调控基因表达。理论上说，凡是能对基因表达起调控作用的分子，都可能成为诱导因子。诱导因子作用于反应组织后，引起细胞内某些特异基因激活并开始表达，导致细胞的决定与分化。近年来，分子生物学技术已成功地应用于非洲蟾蜍和小鸡的研究，并已识别了许多很有希望成为诱导神经组织或促使其模式形成的内源性分泌因子，这使人们对神经诱导的机制有了进一步的认识。前面已介绍被广泛认可的神经诱导的缺效模式，参与这一模式的关键分子是 BMP 拮抗剂，如 noggin、chordin、follistatin、cerberus、Xnr3 等。

1. noggin

　　noggin 是组织者的分泌蛋白之一。在外胚层注入 noggin mRNA 可以模拟组织者的作用。noggin 是神经诱导最早探索的对象。在爪蟾胚胎 noggin mRNA 最初位于背唇区域，然后在脊索内表达。在鸡胚和小鼠胚，表达在 Hensen 结和中胚层及内胚层的头突，类似与在爪蟾的表达。近来的研究表明，注入 noggin 的表达性质粒，在不存在中胚层的条件下，能诱导预定外胚层形成神经组织。因此 noggin 是作为直接的神经诱导物，而且这一作用是在原肠胚阶段起作用。当 noggin 加入到原肠胚的外胚层后，外胚层被诱导表达出前脑特异性的神经标志分子，在被诱导的外胚层中没有测到后脑及脊索的标记物。但是 noggin 突变型小鼠却前脑发育正常，然而另一实验显示，由于 chordin

和 noggin 在小鼠表达部位重叠，故将二者均突变后，胚胎表现为前脑不分裂成两个半球，而后脑发育相对正常。因此推测 noggin 是前脑发育所必需的，而且与 chordin 作用互补。

有关 noggin 活性的机制很多是通过果蝇胚胎实验来研究的。注入的 noggin 可以拮抗 BMP4，但不能抑制 BMP4 受体的活性。推测 noggin 是在 BMP4 配基与其受体激活之间的某个位点起作用。根据作用亲和性等证据，noggin 可以直接同 BMP4 相互作用，以高亲和性直接结合于 BMP4，阻止 BMP4 与其受体结合，从而阻断 BMP4 信号。noggin 对 BMP7 的亲和性较低，对 TCF-β 或 activin 几乎没有结合活性。所以 noggin 被认为在预定外胚层的神经化中起着主要作用。

2. chordin

chordin 也是组织者的分泌蛋白，其基因可被含同源异形域结构的转录因子 goosecoid 和 Xnot 2 所激活，转录物能诱导神经形成。chordin 在脊椎动物如爪蟾、小鼠和鸡表达相似，首先表达在原条前端，以后出现在原结和脊索，表明 chordin 在胚胎早期定型中起作用。chordin 注射到爪蟾囊胚的腹部，能诱导次级胚轴。此外，chordin 突变型小鼠除耳发育异常外，头部发育近正常。但如上所提到 chordin 和 noggin 全突变小鼠的前脑畸形，也表明 chordin 和 noggin 是小鼠前脑发育所必需的。以上这些都被认为是干扰 BMP4 的结果。BMP4 在爪蟾的整个囊胚中产生，活跃地使中胚层腹方化。组织者（背方中胚层）通过分泌 chordin 和 noggin 来阻断 BMP4 信号。所以，组织者能阻止自身的腹方化。把 BMP4 同 chordin mRNA 或其表达载体注入胚胎，观察它们的相对效应，结果显示在缘带和预定外胚层中它们显示出强烈的拮抗作用。因此，chordin 特性完全符合组织者诱导因子的标准。

3. follistatin

分离的 follistatin 最初是作为垂体 FSH 分泌的抑制剂，它通过直接结合活化素并抑制后者起作用。在非洲蟾蜍胚胎中，follistatin 表达在原肠胚期的组织原区，后限于脊索和前部神经系统中。在动物极，移植体中 follistatin 的表达导致中胚层表达神经标记物。像变异的活化素受体一样，follistatin 可诱导神经管一般的和前端的神经标记物表达。原先认为它只结合活化素。活化素或活化素样蛋白质似乎能抑制神经化诱导。follistatin 通过结合活化素，解除后者对神经化的抑制作用，使外胚层神经化。现在认识到 follistatin 还可以结合 BMP7。BMP7 是 BMP4 激活所必需的，因此通过抑制 BMP7，follistatin 还能进行神经化诱导。

4. cerberus

cerberus 是前脑神经组织的强烈诱导因子，诱导 CNS 的最前端结构。爪蟾的 cerberus 和 小鼠 cer-l 结构有 48% 同源。同 noggin 和 chordin 等不同，cerberus 于早期原肠期表达在前端中内胚层（mesendoderm；中胚层与内胚层均未分化），这一区域可能等同于小鼠胚胎前端脏壁内胚层（visceral endoderm），cer-l 于原条前期和原条期表达在此区。尽管二者表达相似，但功能有所不同：cerberus 可分别与 BMP4、Xwnt8 和

nodal 结合抑制后者的信号转导，而 cer-l 则仅是 BMP4 和 nodal 拮抗剂，不能直接抑制 Wnt 信号。另外，当 cerberus mRNA 注入到在爪蟾囊胚腹侧区域后，导致在受注射的异位区域形成头部结构包括大脑和眼，而 *cer-l* 基因失活并没有影响头部形成或前部模式化。

研究表明，*cerberus* 基因的转录既可以被 follistatin、noggin 和 chordin 激活，又能被 nodal/activin 和 Wnt 信号激活。Taira 进一步在爪蟾中证实了是 homeodomain 蛋白整合了后者的激活过程，结果如下：Xlim-1、Xotx2、Mix.1 和 Siamois 直接激活 cerberus 表达。此外，由于相关研究提示在体 *Xlim-1*、*Xotx2* 和 *Mix.1* 很可能是 nodal 信号的直接靶基因，*Siamois* 可能是 Wnt 信号的直接靶基因。因此 Taira 提出一种存在于组织者的分子连续诱导模式，即 nodal 信号直接激活在背侧中内胚层（组织者）的 *Xlim-1*、*Xotx2* 和在组织者边缘区的 *Mix.1* 基因表达。然后这 4 个蛋白质在组织者区通过与 cerberus 启动子直接结合，启动 cerberus 表达，导致 cerberus 蛋白被合成和分泌，继而 cerberus 与 BMP4、nodal 和 Wnt 结合阻止后者抑制神经发生的作用，导致外胚层前部被诱导神经化和负反馈调节 nodal 和 Wnt。这些结果均体现了诱导分子间的相互影响。

总而言之，这 4 个诱导因子 noggin、chordin、follistatin 和 cerberus 是 BMP 拮抗剂。它们只诱导前端神经组织，不会诱导后端结构。此外，研究也证明有其他的诱导因子，如 Notch、Wnt、FGF、HGF（肝细胞生长因子）、Dorsalin、Hedgehog 等。这些因子共同作用诱导神经组织发生。

四、细胞黏附分子与神经发育

神经系统的正常发育依赖于细胞与其局部环境间复杂的相互作用。这些相互作用受几种细胞黏附分子（cell adhesion molecule，CAM）的介导。神经系统表达多种 CAM。CAM 在神经管形成、神经元迁移、迁移后分化以及成熟神经元结构维持中具有相当重要的作用。另外 CAM 还促进接触依赖性细胞间连接的形成。

CAM 的表达变化出现在胚胎发育第 3 周，是外胚层在诱导下分化为神经外胚层时期的最明显的变化之一。在鸡胚上观察到，早期外胚层同时含有神经细胞黏附分子（neural cell adhesion molecule，NCAM）和肝细胞黏附分子（liver-cell adhesion molecule，LCAM）。神经外胚层形成时，其细胞只表达 NCAM，不再表达 LCAM。CAM 变化的机能意义尚不清楚。有人认为 CAM 的浓度和分布与其特定组合以及与细胞外基质有关物质共同组成"形态发生密码"，引导胚胎细胞紧密结合而形成组织。

所有脊椎动物的多种组织和细胞表达 NCAM。它是目前研究得最广的 CAM 之一。NCAM 是细胞表面的一种糖蛋白，属于免疫球蛋白超家族的一员。其基因定位在小鼠第 9 号染色体、大鼠第 8 号染色体和人第 11 号染色体。在大脑中主要有 3 种：NCAM-120、NCAM-140 和 NCAM-180。在结构上，三者胞外区均包含 5 个 Ig 区和 2 个 FnIII 区。而 NCAM-120 通过 GPI 被锚在细胞膜。NCAM-180 和 NCAM-140 则均含有跨膜区和胞内区，而且前者胞内区长于后者。此外，外显子 a、b、c、AAG 和 VASE 选择性拼接更加导致 mRNA 的多样性，因而不同脑区在不同的发育时间可表现出不同的细胞黏着性。除以上 3 种与细胞膜相连的结构外，还有可溶性 NCAM 分子形式，存在于脑脊液和血浆。

另外，NCAM 进行转录后修饰，包括磷酸化、硫酸化和糖基化，尤其重要的是 L2/HNK-1 表位和 PSA 修饰。研究表明：L2/HNK-1 表位是硫酸化残基，与细胞黏附有关，其抗体可以干扰细胞黏附。多涎酸链 PSA 在大脑大多和 NCAM 结合构成 PSA-NCAM，主要在胚胎表达，因此 PSA 在 *NCAM* 基因敲除小鼠中表达下降了 85%。涎酸多意味着负电荷多，使 NCAM 分子间相互引力减弱，降低细胞黏附力，这可能与胚胎时期细胞连接不紧密，易于移动的特点有关。

NCAM 的表达部位随发育过程而变化。在小鼠神经管发育过程中，*NCAM* 基因的时空表达呈双峰即 E8.5，NCAM 除头端沿着喙尾轴表达于增殖的神经上皮，以后表达下调，直至 E9.5，NCAM 又高表达在所有神经区的有丝分裂后神经元，持续至 E12.5。以后 NCAM 主要表达在神经元，少数表达在胶质细胞。然而，许多与发育中的神经肌组织邻近的组织，却不表达 NCAM。有趣的是，游走于神经管和体节间的神经嵴细胞，其表面的 NCAM 丧失，而当这些细胞聚集形成背根神经节时，细胞又重新表达 NCAM。

目前认为 NCAM 可介导细胞的黏附与识别。在神经元发育中，NCAM 参与黏附与轴突生长及延伸，并可能促进突触的可塑性。在成人脑中，NCAM 分子可能与突触结构的维持、模式重建以及神经元出芽生长有关。

研究表明，NCAM 配体糖蛋白存在于神经元、胶质细胞以及细胞外基质中。因此，NCAM 既介导细胞间黏附又介导细胞与基质间黏附。NCAM 通过同种和异种亲合作用完成细胞之间的黏附。同种结合是表达 NCAM 的细胞彼此间形成连接即 NCAM-NCAM，二者结合部位受 PSA 影响，即如果是 PSA-NCAM，则 NCAM 之间通过各自的第一个和第二个 Ig 区结合；如果 PSA 不存在，则 NCAM 之间通过所有的 Ig 区结合。同种结合可以激活某种信号转导从而导致钙通过电压门控钙通道流入细胞内促进神经突起生长。此外，有研究表明，后者作用的发挥需要 p59fyn 酪氨酸激酶和 p125FAK。然而，含 VASE 的 NCAM 却不能促进神经突起生长，可能是 VASE 阻止 NCAM 与 FGF-R 结合。异种结合是指 NCAM 与细胞黏附分子 L1 和 TAG-1/axonin-1 结合。除此外，NCAM 还与细胞外基质成分连接，如胶原、含硫酸软骨素的蛋白聚糖和硫酸化肝素等。

在发育进程中，NCAM 结构发生了变化，导致作用也改变。PSA-NCAM 广泛表达在胚胎和出生后早期的大脑，故将其称作胚胎 NCAM（eNCAM），占 NCAM 蛋白重量的 30%，以后在成年大脑下降至 10%。与此相伴随的是含 VASE 外显子的 NCAM 表达却随发育进程而增加，直至在成年大脑占大约 50%。这种结构的变化提示 NCAM 从促可塑性因子转变为促稳定因子。前面已提及 PSA 可以降低细胞间黏附，故胚胎的 PSA-NCAM（eNCAM）可通过此作用而使结构重塑，而在成年，PSA 在 NCAM 含量下降而导致结构稳定。此外，PSA-NCAM 表达在时空上与轴突生长、分支和轴突投射区的连接装置如神经肌突触形成等有关。研究显示，NCAM 缺乏的转基因小鼠或酶解离 PSA 的小鼠均导致嗅球明显减小，表明 PSA-NCAM 在嗅颗粒前体细胞的迁移中起重要作用。再有，在 NCAM 纯突变体的海马区，可见苔藓纤维不能丛生，导致在 CA3

区突触产生异常。尽管 NCAM 突变能产生神经系统的畸形，但这些小鼠发育相对正常，故表明 NCAM 的部分作用可被其他分子替代。此外，免疫组化和 Western 杂交方法检测 NCAM 180 在出生后不同发育时期的猫视皮质表达情况，提示在神经元间联系逐渐成熟稳定的过程中，NCAM180 胞内区能与抗体 D3 结合的表位被遮蔽。

　　NCAM 在神经组织和轴突通路的构筑中也起作用。NCAM 在神经胶质细胞和神经上皮前体细胞的表达，促使进一步深入研究发现，鸡视网膜神经节细胞轴突向顶盖生长的途径，恰恰是由神经上皮细胞终足上 NCAM 预先形成的通路决定的。若将抗 NCAM 抗体注入此通路中，专一地损毁生长锥与终足的黏附，则可导致神经纤维通路的紊乱。

　　此外，神经元培养的研究发现，大部分神经细胞表达的 CAM 能刺激轴突延伸，NCAM 也不例外。小脑神经元在转染了 NCAM cDNA 的 3T3 细胞上生长比在亲代细胞上长得更长，轴突的分支也更多。一个有趣的发现是，只有当 NCAM 表达达到一个关键性水平，才能引起神经元的反应。超过此值后，NCAM 的微小变化能引起与之不成比例的大效应。此结果与早期的研究资料相符，并再次强调 NCAM 表达上的微小变化对功能影响的重要性。

　　NCAM 促进轴突生长的原因可能是它们通过为神经元突起生长提供更具黏附性的基质而起的机械性作用，或者它们的相互作用可能启动了能刺激轴突延伸的细胞内信号。关于 PC 细胞的研究结果强烈支持后者的可能性：①通过抗体结合，触动细胞表面的 NCAM，导致磷酸肌醇与 Ca^{2+}，以及胞内 pH 这两类胞内信使系统的改变；②NCAM 对轴突的延伸反应可被百日咳毒素（G 蛋白抑制剂）阻断，并被钙通道阻断剂所大大减弱。触动分离出的生长锥表面的 NCAM，导致微管蛋白酪氨酸磷酸化减低。这可能是关于某一系列事件之结尾的一个线索。目前，对于 NCAM 与胞内事件的连接步骤尚一无所知。亦不能排除间接机制，即细胞基质黏附性的增加导致细胞骨架重组织而启动了胞内的一系列事件。

　　最后，已有研究表明，在成年脑中，NCAM 在学习过程中涉及的神经结构可塑性方面起作用。一般认为，在学习过程中，长时程记忆的建立与神经结构的变化有关。证据如下：①大鼠和鸡均显示，动物在学习后的一段时间内被注射 NCAM 抗体，导致阻碍学习效果的巩固即损坏长时程记忆的建立。与此结果相似的是，NCAM 在长时程记忆建立的时期被合成。②*NCAM* 基因敲除小鼠表现为空间学习障碍。③动物经学习后，PSA-NCAM 在成年脑表达增加。由于 PSA-NCAM 被认为能降低细胞黏附和促神经突生长，故推测在长时程记忆建立的过程中神经元之间联系可以重塑。相同的是，酶解去掉 PSA 损坏了大鼠对空间记忆的获得和保持。

五、神经系统的发生

（一）神经管的发生和早期分化

　　神经管是中枢神经系统的原基。人胚第 3 周初，位于原条前方的神经外胚层受诱导增厚形成细长形的神经板。以后，神经板逐渐长大并凹陷，形成神经沟。在相当于枕部体节的平面上，神经沟首先愈合成管。愈合过程向头、尾两端进展，最后在头尾两端各有一开口，分别称前神经孔和后神经孔。胚胎第 25 天左右，前神经孔闭合；第 27 天左右，后神经孔闭合，完整的神经管形成。

从组织水平看神经管的早期分化，神经板由单层柱状上皮构成，称神经上皮（neuroepithelium），它有活跃的分化能力。当神经管形成后，管壁变为假复层柱状上皮，以后分化出成神经细胞。成神经细胞属分裂后细胞，不再分裂增殖。它们起初为圆形，称无极成神经细胞（apolar neuroblast），以后生出两个突起，成为双极成神经细胞（bipolar neuroblast）。双极成神经细胞朝向神经管腔一侧的突起退化消失，成为单极成神经细胞（unipolar neuroblast）；伸向边缘层的一个突起迅速增长，形成原始轴突。单极成神经细胞内侧端又形成若干短突起，成为原始树突，于是成为多极成神经细胞（multipolar neuroblast）。多极成神经细胞进一步生长分化为多极神经元。至此，神经管壁由内向外，依次是神经上皮层、套层和边缘层。

从解剖水平看神经管的发生，当神经褶融合成神经管时，神经褶头部在脊索前方发育成较宽的两叶状态，以后发育为前脑（prosencephalon）。在此宽大的神经褶内面两侧各出现一浅凹，称视沟（optic sulcus）。前脑区后缘向尾端至第一对体节平面的较窄的一段神经沟，将形成中脑（mesencephalon）和菱脑（rhombencephalon）的头部。与这一较窄的神经沟相对的表面外胚层增厚，称为听板（otic placode）。脑原基的更尾段相当于第 4 对体节的区域将形成菱脑的尾部。大约 23 天时，神经褶的闭合已达耳板平面，菱脑区已变成管状，眼沟下陷更深，仍然开放的神经管头端增厚，出现丘脑的原基。25 天左右，前神经孔关闭。前脑两侧的眼沟即成了两个向外突出的眼泡（optic vesicle）。此时神经管的脑部呈现 3 个扩张，依次称为前脑泡、中脑泡与菱脑泡。中脑泡与菱脑泡之间缩窄的区域称脑峡（isthmus）（图 3-3）。以后，神经管前段膨大，衍化为脑；后段较细，衍化为脊髓。

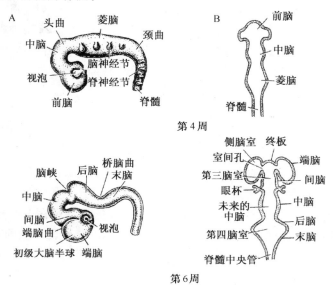

图 3-3　脑泡的发生及演变（侧面观及冠状切面观）
上：第 4 周　下：第 6 周

（二）脊髓的发育

Nieuwkoop 等提出在脊椎动物神经板 A-P 轴定型过程中，需要信号分子使神经板已具有的前端结构后端化。研究表明，后端化的信号分子是 FGF、Wnt 和视黄酸（RA），它们参与包括脊髓在内的 CNS 后端发育。最近研究提示，神经板后端化分两步：首先是 FGF、Wnt 使后端的神经板下调前端基因的表达，而 RA 不参与此过程；然后 FGF、Wnt 和 RA 共同激活后端的基因转录，使前脑结构后端化。脊髓就是由神经板（管）的尾端分化发育而来。神经管的管腔演化为脊髓中央管，套层分化为脊髓的灰质，边缘层分化为白质。同时，脊髓沿着头尾轴分化成不同的区域，*Hox* 基因在建立或定义此模式中起作用。

神经管的两侧由于套层中的成神经细胞和成胶质细胞的增生而迅速增厚，腹侧部增厚形成左右两个基板（basal plate），背侧部增厚形成左右两个翼板（alar plate）。神经管的顶壁和底壁均薄而窄，分别形成顶板（roof plate）和底板（floor plate）。关于对鸟类胚胎的研究显示，脊索对底板形成是必需的，也是足够的。脊索通过分泌 Shh 诱导底板和运动神经元形成。此外 Bmp、Nodal and Delta/Notch 和中胚层特异的 T-box 转录因子如 spt 和 ntl 也调节底板形成。

由于成神经细胞和成胶质细胞的继续增多，基板和翼板均增厚，在神经管的内表面出现了左右两条纵沟，称界沟（sulcus limitan），向上直通到下丘脑沟。同时左右两基板向腹侧突出，致使在两者之间形成了一条纵行的深沟，位居脊髓的腹侧正中，称前正中裂。同样，左右两翼板（及该处的室管膜层）也增大，但主要是向内侧推移，并在中线愈合，致使神经管的背侧部分消失。左右两翼板在中线的融合处形成一隔膜，称后正中隔。中央管的腹侧部分形成永久的中央管（图 3-4）。基板形成脊髓灰质的前角（或前柱）和侧角（或侧柱），前角中间区的成神经细胞分化为躯体运动神经元，其轴突向外生长，离开脊髓，组成脊神经的前根，分布于骨骼肌。侧角中间区的成神经细胞分化为内脏运动神经元。翼板形成脊髓灰质后角（或后柱），其中间区的神经细胞分化为后角联合神经细胞。至此，神经管的尾侧分化成脊髓，神经管周围的间充质分化为脊膜。此时脊髓灰质的形态特征有后角、前角、侧角及狭小的中央管。就细胞类型产生而言，研究表明：在斑马鱼中，运动神经元和少突胶质细胞的产生需要 olig2 和 Hh 信号的下游分子共同参与。此外，Delta/Notch 调节运动神经元数量。

就轴突导向而言，对许多种类动物研究表明：神经元突起沿着固定途径，经过航行或找路到达靶区。在脊髓，由于大多数神经元是中间神经元，故它们的轴突在脊髓内找路到靶区形成突触。但是感觉神经元 RB 和运动神经元的轴突则在脊髓外找路支配靶器官。首先，对存在脊髓内分散的轴突束来说，研究显示，斑马鱼脊髓的左右两侧各有 3 个主要的轴突束，分别是背侧纵束 DLF（dorsal longitudinal fasciculus）、腹侧纵束 VLF（ventral longitudinal fasciculus）和中间纵束 MLF（medial longitudinal fasciculus）。这主要是由中间神经元的轴突形成的，而且 3 种轴突束所含的神经元种类是不同的。目前研究表明，导致这种不同的神经元突起在不同的轴突束内延伸的可能原因之一是底板和脊索释放的分泌因子。另外 Semaphorin7 也参与此作用。接着，脊髓内感觉神经元

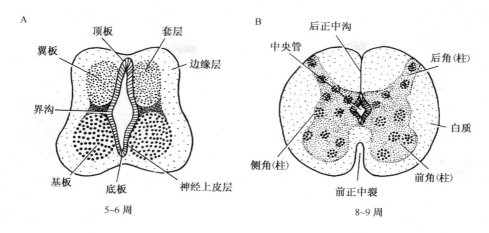

图 3-4　脊髓的形态发生示意图

RB 和运动神经元从脊髓伸出的突起找路支配靶器官，如 RB 神经元的外周突到达皮肤。Islet2 对此外周突的存在是必需的，而乙酰胆碱酯酶则有利于外周突的延伸。具体的 RB 神经元外周突的导向机制有待进一步研究证实。相反，对运动神经元的轴突导向机制研究得较多。从细胞机制而言，通过实时观察斑马鱼初级运动神经元的轴突生长情况可知，脊椎动物每个神经元轴突都有其固定的发育模式。例如，CaP、MiP、RoP 是脊髓的 3 个初级运动神经元，它们的轴突依次伸出脊髓，并通过初生的水平肌膈来相应地支配肌肉的腹侧、背侧及二者之间的肌纤维。故从细胞轴突找路的角度看，这是细胞特异的。从分子机制而言，通过分离与轴突导向相关的基因，发现：①轴突排斥分子，表达在肌肉，如硫酸软骨素、tenascin C、Semaphorin3ab、Semaphorin3aa、Roundabout3 和 netrin-1a 等。②轴突导向分子，表达在运动神经元，如 Contactin2（Tag1）、L1 相关黏附分子和 Neurolin（黏附分子）。通过筛选有轴突导向破坏的突变体基因，发现 diwanka、unplugged 和 stumpy 这些基因与轴突导向有关。

　　白质由神经管的边缘层演化而成，主要为神经细胞突起与神经胶质细胞所组成的网状支架。其中神经细胞突起在脊髓内上下走行，形成神经束。通过观察大鼠胚胎发育的过程中，脊髓以上中枢神经系统发出下行纤维投射到脊髓情况，发现投射源细胞的产生顺序不是纤维下降顺序的主要决定因素。此外，不仅来源不同的纤维下降速度不同，而且同一来源纤维的下降速度随时间变化而变化。

　　胚胎第 3 个月之前，脊髓与脊柱等长，其下端可达脊柱的尾骨。此时，每条脊神经的起始部和它通过的椎间孔都在同一高度上。第 3 个月后，由于脊柱和硬脊膜生长得比脊髓快，所以脊髓短于脊柱。由于脊髓头端与脑相连而固定，而脊柱逐渐超越脊髓向尾端延伸，故脊髓末端的位置相对上移。第 6 个月时，其末端位于第一骶椎水平。到出生前，脊髓下端与第三腰椎平齐，仅以终丝与尾骨相连。成人的脊髓尾端终止于第二腰椎。由于节段分布的脊神经均在胚胎早期形成，并从相应节段的椎间孔穿出。当这种不均等生长造成脊髓的位置相对上移后，脊髓颈段以下的脊神经根便越来越斜向尾侧，至腰、骶和尾段的脊神经根则在椎管内垂直下行，与终丝共同组成倾斜度较大的马尾。

　　髓鞘由少突胶质细胞所形成。胎儿 4 个月时，开始出现髓鞘；出生一年后，其形成速度逐渐减慢。运动神经纤维髓鞘的形成一般是在具有较完备的功能之后，于出生后1～2年才逐渐完成。

（三）脑 的 发 育

1. 脑外形的发育

第 4 周时，前脑随脑的生长及胚体头褶的加深而向腹面突出。前脑的生长围绕口咽膜、脊索与脑的会合处，而胚体头部也围绕此会合点弯曲，从而在中脑处产生一个明显的凸向背侧的屈曲，称中脑曲（mesencephalic flexure）；菱脑与脊髓相连处随同胚体的头褶也出现一不太明显的凸向背侧的颈曲（cervical flexure）。在菱脑腹外侧面上出现一些分段的隆起，称菱脑节（neuromere）或神经管节。34 天左右，中脑曲与颈曲更加明显，眼泡已转变成眼杯。随着脑部的继续生长，在菱脑中段产生第 3 个凸向腹侧的弯曲，称脑桥曲（pontine flexure）。同时，菱脑的顶壁张开，向两侧扩张并变薄。在38～39天时，眼杯前下方的前脑两侧壁长出两个端脑泡（telencephalic vesicle），即为两大脑半球的原基。约 41 天时，桥曲更加明显，菱脑被此曲划分成两部分，即头端的后脑（metencephalon）与尾端的末脑（又称髓脑）（myelencephalon）。后脑经脑峡向头部与中脑相连，末脑则与脊髓相续。中脑在中脑曲上方稍扩展，其背侧最前方以前脑顶壁尾部的小突出物为界，此突出物即松果体。前脑两侧的端脑泡更加扩大，位于两端脑之间的前脑成为间脑（diencephalon）。眼杯形成的视神经位于间脑底的中央突出物的前方，此突出物即神经垂体原基。此时，神经管的脑部从前向后依次由两个端（大）脑泡、间脑、中脑、后脑与末脑这 5 部分组成。以后，后脑演变为脑桥和小脑，末脑演变为延髓。脑的内腔成为脑室和中脑导水管。在鸡胚与小鼠胚的移植及基因表达研究显示，脑峡调节中脑与后脑的早期发育。首先，脑峡处细胞分泌 FGF 和 Wnt，二者参与中脑和后脑的分化及形成。Wnt1 敲除的小鼠表现为中脑发育异常及小脑几乎缺失。其次，脑峡及其周围细胞表达转录因子 En1、En2、pax2 和 pax5。这些基因突变导致中脑和小脑结构丢失。此外，一系列基因表达决定脑峡的区域，其中重要的基因是 Otx2 和 Gbx2。前者表达在前脑和中脑，后者表达在后脑的头端，而前者表达的后限与后者表达的前限之间区域就是脑峡区。Otx2 基因敲除的小鼠，前脑和脑干头端部分缺失。Gbx2 全突变小鼠表现为小脑和脑桥结构缺失。但 Hoxa2 可能抑制小脑头端的发育，原因是 Hoxa2 基因敲除的小鼠发育出头端异常增大的小脑。

胚胎第 5 周末，5 个脑泡已明显形成。大约 6 周时，末脑（延髓）表面已出现数对脑神经。桥曲很明显，但脑桥尚未隆起。后脑背侧的两侧缘增厚，称菱唇（rhomben-cephalic lip），为小脑的原基。菱脑顶板的其余部分扩张成薄膜状。中脑扩展，略为突起于菱唇上方。端脑泡已扩大为两个大脑半球，并在间脑两侧向后、向上并向前扩展。这些扩展超过间脑的背侧壁和头端，致使两个半球的内面在间脑背面上方互相贴近，接触面变扁平，两者间的间充质形成大脑镰（cerebral falx）。每一半球的前下端各出现一小的嗅球。第 3 个月时，两个半球扩大，并向后盖过间脑的侧壁，再继续向后盖过中脑的背外侧。最后，两个半球的尾端扩展到与发育中的小脑贴近，两者之间的间充质变密，形成小脑幕（tentorium cerebellum）。

大脑半球主要向前、上、后 3 个方向不均一地扩展，致使两个半球的下外侧面相对凹陷，成为脑岛区（insular region）。紧邻岛区后方的脑壁生长迅速，并向前下方扩展至岛区的下外侧，形成颞叶。大约 9 周时，颞叶已位于间脑底壁下方两侧，间脑底壁形成下丘脑。脑岛上前方的部分形成额叶。颞叶形成后，大脑半球继续向后扩展，形成枕叶。上述大脑半球各部形成后，其表面仍是光滑的。大约 24 周时，半球表层的皮质迅速增生，致使表面产生褶皱，形成脑沟与脑裂。额叶与顶叶之间的半球外侧面出现中央沟（central fissure），其前方的中央前回成为躯体运动的控制中枢，后方的中央后回成为躯体感觉中枢。同时，脑岛周围脑区的继续扩大使岛区更为凹陷。各脑区包围并趋向覆盖脑岛的突出物称岛盖（operculum）。共有额、顶和颞叶的 3 个岛盖，它们三者互相靠拢，逐渐将脑岛封闭起来。它们之间的深沟称外侧裂（lateral fissure）或斯氏裂（sylvius fissure）。

脑回与脑沟的发育有明显的规律性。出现最早的脑沟是半球内侧面的海马沟，继之为顶枕沟、距状沟与嗅球沟。24 周时，外侧裂与中央沟出现，此时内面的顶枕沟与距状沟连接成 Y 形。其他第二级脑沟如颞下沟与额上沟出现于 28 周前后。第三级脑沟直到胎儿后期才陆续形成，并延续到生后。脑回发育的状况可用来判断胎龄。一般认为，脑回的发育程度取决于大脑皮质内外层的生长比例。在两种皮质发育异常所造成的平滑脑与脑回过小现象中，均有皮质分层的异常。

2. 脑内部构型的发育

前、中、后（菱）3 个脑泡形成时，各自内部均有相应的腔。大约 35 天时，菱脑腔扩张，顶壁变薄，两侧壁的基板与翼板朝背外侧展开。此处扩大的腔以菱脑中段最宽，向头、尾端逐渐变细，大致呈一头尾向的菱形，这就是以后的第四脑室。菱脑腹外侧壁的内面出现 6～7 个分节状隆起，与其外表面的神经管节相对应，又称菱脑节。这些节以后消失，不清楚它们的功能意义。有可能是此脑区发育的机械性压力造成，也可能与鳃弓神经的发育有关。中脑内腔稍窄，形成以后的导水管。大约 6 周时，两端脑泡变显著，随脑泡突出的腔成为两个侧脑室，两者在间脑的前上方处通入间脑腔，后者称第三脑室。第三脑室向后与中脑腔相连续，向两侧与侧脑室的沟通口较大，即为原始室间孔（primitive interventricular foramen）。第三脑室前端的间脑壁很薄，此处称终板（lamina terminalis）。两侧界沟从脊髓延伸入菱脑内的菱脑节背侧，向前进入中脑，再向前与下丘脑沟相连续，此沟将丘脑与下丘脑的原基分开。

大约 7 周初，菱脑底壁增厚，菱脑节消失，第四脑室外侧部更向两侧扩张。后脑顶壁的前外侧缘增厚形成的菱唇随着桥曲的发育突入脑室，成为小脑原基。随着大脑两个半球的发育，其底壁增厚突入侧脑室，形成纹状体原基。两侧室间孔则相对变小。此时下丘脑下方有通向眼柄的管腔开口，眼柄下方的终板内有一增厚区，标志着视交叉的出现。

3 月初，第三脑室已接近成人形态，室间孔更缩小，丘脑占据了间脑侧壁的绝大部分，其背侧借一不很明显的上丘脑沟与缩小的上丘脑分开；其腹侧面借下丘脑沟与较大的下丘脑分开。在终板的中段内出现一增厚的前连合。两半球暴露的内侧面更扩大。此时中脑腔仍较大，但中脑底壁因纤维束增加而变厚，形成被盖与大脑脚。后脑基板的边缘带内出现纵行和横行纤维，致使脑桥和延髓的腹侧壁增厚突出。小脑进一步增大而形成室内与室外部分。第四脑室的两侧角称为侧隐窝，它们从两侧向腹侧扩展到延髓上端的外侧面（图 3-5）。出生后，脑持续发育至少 20 年。结构上表现为：①生后 5 年内大脑体积增大，以后无明显变化。在生后两年内，突触发生增加，趋势为先升高后降至成人水平。而且，在不同脑区，升高达到最高密度和降低至成人水平的时间均不同。如在视皮质，最高密度是成人的 150% 左右，需在生后 4～12 月达到，而额叶前部皮质则在一年后才达到。在活体人脑，通过 PET 技术也证实了各皮质发育的时间不同。②生后大多数神经纤维髓鞘化。MRI 显示生后 3 年时所有主要的纤维束才可见到。白质持续增加至成人期，尤其在脑前区。③12 年后，皮层灰质明显下降。

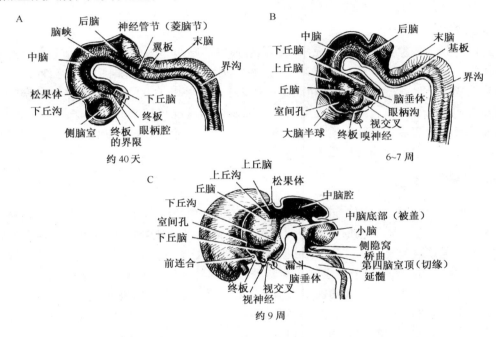

图 3-5　人胚胎脑室内部构型的发育（左侧半内面观）

3. 各脑区的局部发育

（1）末脑（延髓）的发育

末脑的尾端仍保持和脊髓相似的内部构型，但末脑头端以上的脑干的组织形式和脊髓明显不同。这种差别的形成是由于：①中间层（套层）的细胞群受许多下行的纤维束穿过，从而变分散；②从中间层向边缘带再度迁移出大量的神经细胞；③在脑的特定区域内，神经元的群聚构成脑干神经核。

末脑下端，管腔保持较细的中央管状态。与脊髓不同的是翼板内的成神经细胞在第 5 周向背侧迁移到边缘带中，形成孤立的灰质区，位于内侧者形成薄束核，外侧部分形成楔束核。此二核与脊髓上升入延髓的感觉神经束相联系。大约第 8 周时，从发育中的大脑皮质下降的粗大皮质脊髓束穿行于末脑腹面两侧边缘带，称为锥体束（pyramidal tract），左右束在末脑下端互相交叉。

　　第 2 月中，末脑上端的桥曲更加显著，致使末脑前端的腹侧壁向两侧张开，顶板因而被拉长变薄，成为第四脑室顶，并使延髓上端的基板与翼板的位置由腹背方向变为内外方向：翼板所形成的感觉神经核团位于基板所形成的运动性神经核团的外侧，内脏传出性与传入性核团则位于上述感觉与运动核团之间。

　　5～6 周时，随着支配鳃弓的神经的发育，末脑头段内又出现了"特殊"内脏传出（运动）核团，位于基板所形成的"一般"躯体传出和"一般"内脏传出两类核团之间。同时，随着特殊内脏感受器的发育，它们的传入纤维和翼板最外侧的细胞群发生联系，分化为特殊躯体传入核团。这样，末脑头段第四脑室底（腹）面两侧从外向内各形成 7 个灰质团，即脑神经核。它们包括：①特殊躯体传入核，接受外胚层性特殊感觉器官（耳）的感觉神经纤维的传入。其中一部分细胞从翼板向腹侧迁移，形成橄榄核。②一般躯体传入核，接受头面部周围性躯体感觉末梢的传入，在延髓上部形成三叉神经脊束核，接受耳后区与头面部表面的神经冲动。③特殊内脏传入核，是与特殊感受器（味与嗅觉）传入纤维相联系的终止核团。在末脑上部为孤束核。④一般内脏传入核，位于最靠近界沟的外侧，主要分化成迷走神经孤束核，接受胸、腹内脏和咽喉黏膜的一般感觉传入纤维。以上 4 组核团均为翼板的分化产物。从界沟再向内侧依次为：⑤一般内脏传出核，其轴突是分布到胸腹内脏（心、肺与消化道）去的植物性神经系统的副交感节前纤维。在延髓上部分化为迷走神经背侧（运动）核和舌咽神经的下涎核，分别支配内脏平滑肌、心肌与腮腺。⑥特殊内脏（鳃弓性）传出核，这些运动细胞发出纤维到达非躯体性中胚层起源的头部或鳃弓肌肉。在功能和结构上，这些骨骼肌与躯体中胚层来源的肌肉并无不同，"特殊"是强调了所支配的肌肉的起源不同。特殊内脏（鳃弓性）传出核在末脑上部中发育成支配第二对鳃弓肌肉的面神经核和支配第三对鳃弓肌肉的舌咽神经疑核。⑦一般躯体传出核，其纤维支配躯体中胚层所形成的肌肉。在延髓上部形成支配枕节的舌下神经核。末脑底板形成非神经性的中缝。

　　由此可见，脑神经在功能上除具有和脊髓相同的 4 类纤维（一般躯体传出与传入，一般内脏传出与传入）外，又增加了 3 类特殊纤维，即特殊内脏传入、特殊躯体传入与特殊内脏传出纤维。它们按不同种类和比例组成 12 对脑神经。翼板和基板各自形成 3 或 4 种不同功能的脑神经核。它们有的只存在于脑干的某一局部平面，有的则延伸成长柱状跨越若干脑区，如三叉神经感觉核与孤束核。所有脑神经的初级传入感觉神经元均位于脑干外的感觉节中。上述 7 种核团在末脑上部表现出较规则的排列（图 3-6）。

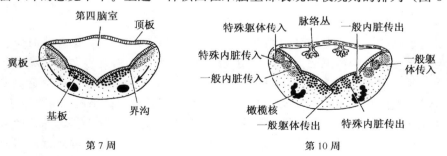

图 3-6　末脑的分化

（2）后脑（脑桥）的发育

后脑包括 3 部分：①原始中轴部分称被盖（tegmentum），是末脑向上的延续部；②翼板的最后区（背外侧）有一特殊扩展部，即菱唇，形成以后的小脑；③来自末脑翼板外侧的增生部，称为桥球隆突（bulbopontine extension），它进入后脑形成较分散的桥核，并与中枢其他部分形成联系。上述后两部分是种系发生上比被盖部新的部分。

与末脑上部相同，桥曲的出现造成后脑两侧壁张开，顶板被拉薄，形成了三角形的第四脑室顶的前半部，其尖端朝前，向后则与延髓上部的第四脑室顶共同形成一菱形薄膜。而第四脑室底包括后脑与延髓上部，称菱形窝（rhomboid fossa）。第四脑室的两侧角即侧隐窝。

被盖部的基板与翼板分别发育成 6 对神经核，即翼板从外向内依次形成：①躯体传入核，即三叉神经感觉核的脑桥部和前庭耳蜗复合体的一小部分；后者起源于菱脑节。②特殊内脏传入核，即舌咽神经孤束核的头部；③一般内脏传入核，即迷走神经背侧感觉核的最头端。基板由外向内依次形成：①一般内脏传出核，即上涎核，发出面神经运动纤维，支配颌下腺、舌下腺、鼻内腺体与泪腺；②特殊内脏传出核，即三叉神经的运动核与面神经核，支配第一二对鳃弓肌肉；③躯体传出核，即展神经核，支配眼外直肌（图 3-7）。

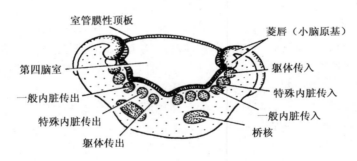

图 3-7　5 周末后脑横切面

上述菱脑（末脑和后脑）的各神经核与神经束在第 8 周时即已形成，且与出生时有基本相似的排列状态。

（3）小脑的形成

菱唇是小脑的原基，是后脑两侧翼板的外侧增生形成的，在后脑分化时位于菱形窝上方的两侧缘。在后脑尾侧部，菱唇互相分离较远，头端两唇逐渐向中线靠近。随着桥曲的加深，两菱唇成为横列的小脑板（cerebellar plate），最后融合在一起。12 周时，小脑板形成两侧稍膨大的小脑半球及中央较细的蚓部。起初，小脑原基主要向脑室突入，大约 3 月中时，小脑外翻到第四脑室外面。第 2 月时，小脑生长迅速，两半球更加扩大。第 4 月时，小脑表面出现裂沟。首先出现的是靠近小脑尾端的后外侧裂，裂后方的小部分小脑为绒球结节叶（flocculonodular lobe），其中央区称小结，两侧部形成绒球。它们位于第四脑室两侧隐窝的前方，是小脑分化最早的部分，称古小脑（archicerebellum），与前庭神经核有密切联系。外侧裂前方的小脑主体称小脑体（corpus cere-belli）。第 4 月后期，小脑体上出现一原裂（fissura prima），将小脑体分成前后两叶。不久在后叶上又出现一次级裂（fissura secunda）。次级裂和原裂之间的区域称新小脑（neocerebellum）。这部分在人类明显发育，扩展成小脑的两侧半球，其功能为协调肌肉活动，是随大脑新皮质的发育而发展起来的。位于次级裂和后外侧裂之间的区域连同前叶共同称旧小脑（paleocerebellum）。它们接受脊髓来的纤维，功能为维持肌张力和姿势。第 4 月末以后，小脑表面出现更多的平行的裂和裂间小叶（图 3-8）。

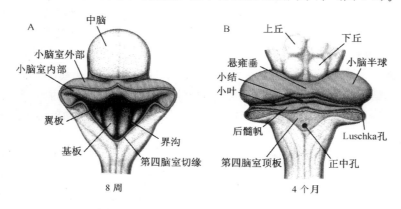

图 3-8　小脑形成示意图——中脑和菱脑背面观

　　在菱唇发育中，前端逐渐贴近中脑，后端逐渐覆盖第四脑室顶。小脑的前后缘分别和扩展变薄的顶板相连。此时的第四脑室顶板只由一层室管膜细胞构成，称为脉络上皮板（lamina choroidea epithelialis）。当其表面被软脑膜覆盖时，称为脉络组织（tela choroidea）。大约 7 周时，脉络组织突入第四脑室，形成脉络丛原基。随着桥曲的加深和第四脑室侧隐窝的出现，软膜内的血管进入脉络丛的突出物内，并在第四脑室变薄的顶板上形成一陷入脑室的横裂，称脉络裂（choroidal fissure）。脉络裂和小脑后缘之间的顶板称后髓帆；小脑前缘和中脑相连的顶板较薄，不形成脉络丛，称前髓帆。第 4 月时，在脉络裂的稍后方，室管膜变得很薄并突到表面的蛛网膜内，形成一囊状憩室。不久此憩室消失，在第四脑室顶板上留下一个与疏松的蛛网膜交通的网，即正中孔（median aperture），它使第四脑室脉络丛所产生的脑脊液由脑室流入蛛网膜下。这样，脑脊液使脑表面的软蛛网膜部分分离，形成蛛网膜下间隙，并在小脑下方形成较宽大而疏松的小脑延髓池。

　　桥球隆突，是来自末脑翼板的细胞群，迁移到后脑基板腹侧，形成分散的桥核。桥核发出横行纤维进入边缘带，互相交叉后即转向背侧进入对侧小脑。此一来自脑桥本身的纤维束形成了小脑中脚或桥臂。随着小脑半球的发育，后脑腹侧基底部内的这些和小脑联系的纤维不断增多。随着大脑皮质和脊髓的发育，从两处来的上行和下行纤维也穿过后脑腹侧的边缘带，从而使后脑基底部增厚并向腹面隆起，形成脑桥。

　　（4）小脑皮质的组织发生

　　与脊髓和脑干不同，小脑的神经上皮和成神经细胞的迁移有其独特之处。起初，小脑板的 3 层结构与脊髓相同，即室管膜层、套层和边缘带。在小脑有两个生发区：室管膜层和外颗粒层。10～11 周，小脑板增厚，其神经上皮细胞增生并通过套层迁移到边缘带表面，形成一薄的细胞层，称浅层皮质或外颗粒层。部分细胞从室管膜层迁移至外颗粒层下方，形成一个细胞较大的带，即浦肯野细胞层。浦肯野细胞是沿着放射状胶质细胞依赖 reelin 途径外迁。另外，迁移和已定居的浦肯野细胞通过释放 Shh 因子来刺激其上方外颗粒层中的颗粒前体细胞分裂增殖。16 周前后，外颗粒层细胞迅速增生达六七层细胞厚。同时一部分细胞又由表面向内沿着 Bergmann 胶质细胞的突起迁移，穿过已出现的浦肯野细胞层，聚集于该层深面，形成内颗粒层。此时浦肯野细胞已长大并开始长出轴突。21 周后，随着外颗粒层细胞的陆续内迁，内颗粒层逐渐增厚，外颗粒层则逐渐变薄。这种细胞内迁一直持续到生后第 7 月。研究表明，黏附分子 TAG1（微管蛋白相关糖蛋白 1，tubulin-associated glycoprotein 1）、L1 和 astrotactin 在内迁过程中起作用。当外颗粒层细胞不断内迁时，边缘带的细胞逐渐稀少，浦肯野细胞的树突和内颗粒层细胞的轴突向表面生长，使原来的边缘带形成了小脑最表面的分子层，原来的内颗粒层则改称颗粒层。

室管膜细胞起初向外迁移时，部分细胞停留在较深的中间层即套层内，它们形成 4 对髓质核团。这些位于深层的核团几乎和浦肯野细胞同时形成。最早分化的髓质核团是位于最中央的细胞，它接受小脑古皮质的浦肯野细胞的轴突联系；最外侧的细胞发育最晚，形成最大的齿状核（dentate nucleus），接受来自新小脑的浦肯野细胞轴突，再由它的神经元轴突经小脑上脚向头端进入中脑。人类齿状核和小脑上脚出现于第 8 周末。小鼠小脑髓质核团的细胞几乎和浦肯野细胞同时（胚 11～13 天）形成。稍后（15 天），高尔基 II 型细胞也向上迁入皮质。此外，小脑板的尾端可以产生脑桥核团和下橄榄核

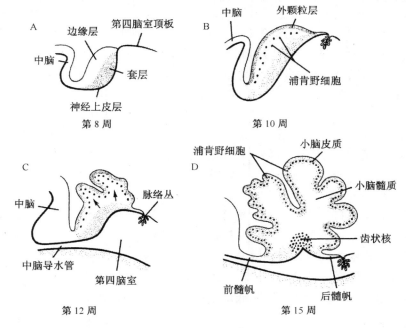

图 3-9　后脑顶部矢状切面示小脑形成

团。Math1 表达在小脑板，当其被敲除后，小鼠内无脑桥核团和颗粒层形成（图 3-9）。

小脑皮质由中间层和浅层皮质共同形成。成年的小脑皮质由 5 种神经元成分精密组合而成。其发育有这样 3 个具有普遍意义的特点：①分化前的成神经细胞离开生发带，并通过较早发育的细胞（在小脑为浦肯野细胞）到达其最终位置，这和大脑皮质的发育过程很相似；②成神经细胞的迁移和它们的最终位置受到迁移中的特种胶质细胞胞突的影响；③发育中的各类神经元之间有明显的相互影响和制约作用。在小脑中胶质细胞突呈垂直的放射状排列，即 Bergmann 星形细胞的放射纤维，它们跨越小脑皮质的全层。与浦肯野细胞和髓质核团发生部位相同，室管膜层还产生小脑的中间神经元，即分子层的篮细胞和星形细胞。这些细胞的产生和浦肯野细胞层的分化接近完成以及浦肯野细胞发出初级树突大致同步。灵长类分子层的中间神经元约在出生时完成分化，而颗粒细胞的分化则在生后 6 个月到 2 年才能完成。

颗粒细胞、篮细胞和星形细胞的发育体现了细胞之间相互影响对神经元分化的重要作用。颗粒细胞从外颗粒层内迁时，必须穿过分子层和浦肯野细胞层。当浦肯野细胞处于双极状态时，颗粒细胞胞突的方向平行于脑膜但和浦肯野细胞树突垂直，这就是早期的平行纤维。颗粒细胞再发出第三条胞突垂直进入分子层，而胞体沿此下伸的胞突移动，随伸长的胞突下降到浦肯野细胞下方，从而将原来的双极性胞突留在后面形成平行纤维。这些平行纤维就成了颗粒细胞"T"形轴突的分支，它们与浦肯野细胞的树突棘接触。外颗粒层细胞胞突在分子层内的向下生长和胞体的移动，被室层产生的 Bergmann 星形胶质的放射胞突引导，这些早分化的胶质细胞的胞体位于浦肯野细胞层下方。移动着的颗粒细胞沿此胶质纤维到达颗粒层。放射状胶质纤维对颗粒细胞的这种引导作用对后者的存活和正常发育也是必需的。Rakic 等对一种常染色体突变小鼠的观察证实，此小鼠颗粒细胞的缺乏是由于颗粒细胞产生后不能正常迁移到其最终位置，而非外颗粒层细胞增生减弱所造成的。对同合子与异合子的摇晃者小鼠的电镜分析显示，在颗粒细胞开始迁移前，有广泛的放射状胶质纤维变性或胶质纤维有广泛的方向迷离。凡放射状胶质纤维存在并有正确方向的皮质区内，很少有颗粒细胞的变性。

Rakic 等的研究还显示，在大鼠浦肯野细胞发育的早期（胚 7 天），胞体表面的小棘被攀缘纤维贴附而形成突触；胚 12 天，随着胞体小棘的消失，攀缘纤维的突触被篮细胞在胞体表面形成的突触所代替。以后随着浦肯野细胞树突的发育再出现平行纤维的轴-树突触。胚 7 天时所形成的颗粒细胞到胚 12 天时并未和浦肯野纤维形成突触，直到胚 15 天时两者才形成突触。胚 12 天和胚 15 天所形成的颗粒细胞均在出生时形成平行纤维-浦肯野细胞突触。早期攀缘纤维-浦肯野细胞胞体突触是诱导浦肯野细胞成熟（树突分支与树突棘形成）和平行纤维在树突上形成突触的重要前提，而平行纤维对浦肯野细胞的成熟起关键作用。如缺乏平行纤维，浦肯野树突减少并变形，其正常的"树栅"状树突丛似乎是由平行纤维的"修饰"所造成的。如用病毒或 X 射线破坏颗粒细胞，由于苔藓纤维失去和颗粒细胞的会合，它们就继续向上生长到浦肯野细胞层上方，并停顿下来与浦肯野细胞或篮细胞的树突形成"迷离"性突触。可见，当环境条件发生改变时，发育中的神经细胞会尽量利用其他途径来形成突触。

小脑分子层的中间神经元（篮细胞与星形细胞）在外颗粒层和分子层交界处变成分裂后状态并保持圆形。当颗粒细胞的平行纤维由深向浅逐渐堆积时，两种中间神经元开始长出和平行纤维垂直的双极性胞体。其位置因出现于细胞周围的越来越多的平行纤维而被固定。它们的双极性胞体向上、下分支，最大限度地增加和平行纤维接触的数量。篮细胞发生较早，故它位于数目较少的平行纤维表面而与浦肯野细胞较近。当更多平行纤维堆积时，篮细胞被固定，此时其树突向外（朝脑膜）生长而加长，与正在增多的平行纤维形成突触。星形细胞发育较晚，并按其发育的时间不同而停留在分子层的不同平面。篮细胞与星形细胞两种细胞的传出纤维（轴突）在浦肯野细胞胞体与树突表面形成抑制性突触。

不同物种的小脑皮质的发生有时间差异。猴小脑皮质的发生早于人类，并在出生时已近成熟；大鼠由外颗粒层来的神经元主要在生后产生。在生后 10 天大鼠小脑的 Golgi 银染的切片中，各种细胞的位置和分布与 21～25 周的人胎儿类似。由此可见，动物研究对阐明人类小脑皮质的发生有很大帮助。

（5）中脑的发育

中脑不发生明显扩张，故其基板与翼板的位置仍呈腹背方向。中脑由 3 个区域组成：①被盖，位于中脑腔的腹侧面，由基板发育而成；②顶盖，位于背侧，由翼板发育而成；③大脑脚，位于腹侧最表面，主要由来自大脑的纤维形成。中脑界沟位于中央管的两侧。

第一月末，界沟腹侧的基板增厚，被盖开始发育。7 周左右，基板的中间层细胞形成动眼神经和滑车神经两核。它们位于中脑腹侧的中线两旁，头端为动眼神经核，尾侧为滑车神经核。两者均为一般躯体传出性核团，发出的纤维支配眼肌。在动眼神经核的外侧，基板又形成一小的动眼神经副核，其轴突为副交感性一般内脏传出的节前纤维。副核只存在于中脑上部的上丘平面。

7～8 周，界沟背侧的翼板开始增厚。部分细胞向背侧迁移入顶板（边缘带），形成两条纵嵴，称为丘板（collicular plate）。第 8 周时，每条纵嵴被横沟分成头尾各一对隆起，分别称为上丘和下丘，合称四叠体或顶盖（rectum）。当顶盖发育时，成神经细胞向表面迁移，形成分层状的顶盖核。使上丘、下丘具有了一层表面灰质。上丘成为视反射的中枢，下丘成为听反射的中枢。当翼板背面迁移时，另一部分细胞向腹侧迁移到基板腹面的中间层，可能与红核与黑质的形成有关。

大脑脚是中脑的最腹侧区，由发育中的大脑皮质发出皮质脑桥束、皮质延髓束和皮质脊髓束（锥体束）等下行纤维，穿过被盖边缘层形成的。随着皮质的发育，这些纤维不断增加，使中脑腹面隆起，形成明显的两条纵行的大脑脚。

中脑导水管，也称 sylvius 导水管，由基板与翼板向内面突入中脑腔使脑室缩小而形成，连接后脑第四脑室与头端间脑第三脑室。中脑无底板，有人认为，神经管的底板终止在后脑的前端。中脑很快被发育中的大脑和小脑所覆盖。

从细胞而言，中脑多巴胺能（DA）神经元参与控制多种脑功能活动，如运动和情感，故有关 DA 神经元发育的研究也层出不穷。在小鼠，通过用抗 TH（酪氨酸羟化酶）抗体显示发育早期 TH 阳性细胞在中脑的位置，从而说明 DA 神经元发生历程。在 E9.5，TH 阳性 DA 祖细胞出现在中脑近脑峡处，然后呈放射状向腹侧中脑迁移，最终产生中脑 DA 神经元。其发育的分子机制仍在不断探讨。研究表明，细胞外信号分子、转录因子和靶区纹状体均在发育过程中起作用。已知，参与腹侧中脑发育的因子有转录因子 En1、En2、Pax2、Pax5、Hes、Otx2、Hnf3α、Hnf3β、Nurr1、Lmx1B 和 Pitx3及生长因子 FGF8、Shh、Wnt1、BDNF、GDNF 和 TGF。我们聚焦在与中脑 DA 神经元发育相关的分子上。目前提出一种发育模式：首先，神经管腹侧的脊索分泌信号分子Shh，脑峡分泌 FGF8。二者在腹侧中脑共同诱导 DA 祖细胞向神经元定向。再者，En1、En2、Wnt1、Pax2、Pax5 和 Lmx1b 在此区表达，可能与祖细胞分化有关；随后，转录因子 Nurr1 被激活表达来维持和促进细胞决定；接着，Nurr1 和 Lmx1b 分别诱导 TH 和 Pitx3（DA 神经元特异因子）的同时表达，DA 神经元产生。最后 DA 神经元与传入和传出神经元建立正确联系并通过与靶区纹状体神经元相接触来调节 DA 主要功能，如递质合成和摄取。在啮齿类动物，DA 合成和细胞内聚集出现在 Nurr1 表达后不久，而几天后才发生高亲和摄取终止神经传递。此外，出生后 DA 神经元发育经免疫组化显示：多巴胺能神经元数量在黑质和腹侧被盖区无明显变化，而且在出生后 14～75 天黑质细胞大小也无变化。

(6) 间脑的发育

第 5 周末，前脑两端的两个眼泡凹陷形成眼杯，借眼柄和前脑侧壁相连。眼柄附着处的前下方脑壁向外突出，形成两个大端脑泡，间脑即是位于此二者之间的前脑中央部分。6 周末时，端脑与间脑已明显划分，此时，端脑的侧脑室仍与间脑腔（第三脑室）广泛相通。眼柄上方的间脑前壁稍增厚，形成终板。视交叉出现于终板的下部。视交叉前方的间脑底壁相对凹陷，称视前隐窝（preoptic recess），是间脑与端脑在正中线处的分界。视交叉后方的间脑底壁不久也形成一突出，称为漏斗（infundibulum），以后发育为脑垂体后叶。间脑背侧壁的一小突出物即松果体原基。

第 6 周时，间脑两侧壁上有一浅沟，向后和中脑的界沟相延续，称下丘脑沟。大约第 7 周，下丘脑沟上方又出现一上丘脑沟，于是将间脑侧壁分成了下丘脑沟下方的下丘脑、两沟之间的丘脑和上丘脑沟上方的上丘脑三部分，它们各形成一突入第三脑室的隆起。第 3 月后，丘脑的生长快于上丘脑，后者相对缩小成与松果体相邻的小区域。第 13 周时，缰核及其相关纤维出现。上丘脑由间脑顶板和翼板背侧部形成，此处的中间层细胞分化成缰核（habenular nucleus），恰位于松果体柄附着处的下方。缰核发出的纤维向后进入中脑的大脑脚，即缰脚束。上丘脑的顶板内出现连接两侧缰核的横行连合纤维束，穿过松果体的前方，称缰连合或上连合。在间脑向中脑过渡处的顶板内，连接两侧的内纵束纤维于松果体后方构成一后连合。

下丘脑区域的中间层分化成一系列与植物性神经系统功能有关的核团。各核团除有少量纤维进入脑垂体后叶外，其大部分轴突都不离开中枢神经系统。如将下丘脑看作界沟的延续部，则下丘脑各核可看作是从基板发育而成。不过，更可能是界沟终止于中脑前端，因而难以将下丘脑看成基板演化物。在下丘脑的尾端腹侧，较早即出现一对圆形隆起，称乳头体。

丘脑部中间层发育成各丘脑核以及内侧膝状体和外侧膝状体的主要（背侧）部分。第 2 月末，进出间脑的主要纤维束已能辨认。丘脑各核团的迅速生长使间脑侧壁在第 3月末明显突出。不过，这一突出物在以后被向后扩展的大脑半球掩盖，只有膝状体（或后丘脑）和外侧丘脑核（丘脑枕）能从表面看到。两侧丘脑也向内突入第三脑室，常常在中线上互相有部分融合，形成丘脑间连接（interthalamic connexus）。丘脑与下丘脑之间的区域产生出丘脑下核团（未定核、Luys 核或丘脑下部核），它们更接近丘脑，其准确起源尚不明了。间脑顶板变得很薄，它的一部分在第 3 月初随同外面的血管一起突入第三脑室，形成脉络丛，其形成过程和第四脑室脉络丛相似（图 3-10）。

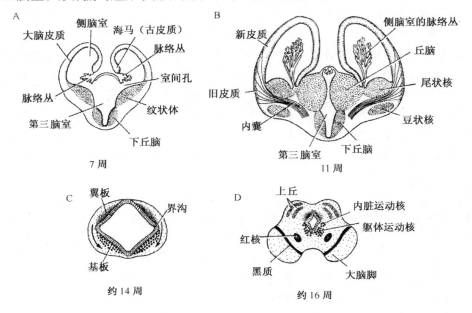

图 3-10　间脑、端脑与中脑的发育分化

（7）端脑（大脑）的发育

与脑的其他部分相比，端脑的发育稍迟。但一旦分化开始，即迅速发展。由于端脑外侧壁与后壁迅速扩展，从而大脑两半球很快覆盖间脑与脑干。两侧半球的腔形成侧脑室，它们和位于中央的第三脑室有一广阔沟通，随着半球的发育，此孔相对变小。第 2 月时，大脑向头端扩展。至 2 月中，标志着原来脑干最前端的终板相对后退到两半球的近中间平面处。终板向后与间脑顶壁相连接，终板尾端借视隐窝与视交叉分界，从而使视隐窝成为端脑和间脑的分界。随着两半球的发育，横穿终板的连合纤维不断增加，在视交叉上方又出现前连合与海马连合。由于终板位置不变，前连合与海马连合随着半球向终板前方的扩张而逐渐移向大脑中部。

第 2 月末，继续扩展的半球向后覆盖在后脑上方，大脑壁也开始分化。大约第 6 周，两半球的底壁增厚，形成纹状体原基，从而使大脑向下方的扩展受到限制。半球向尾侧扩展时，其后下 1/4 内侧壁和间脑外侧壁贴近，且互相融合，从而使纹状体直接位于丘脑外侧。除底壁以外的脑泡壁较薄，称脑皮层（pallium）。两半球向上的扩张部在间脑的背侧互相靠近，沿半球与间脑连接处，半球内壁下缘的血管与软膜组织突入两侧脑室，形成脉络丛。7 周左右，脉络丛由室间孔后方沿半球内侧壁向后延伸，并在两半球内面形成前后方向的脉络裂。裂上方的半球内壁也产生一与其平行的增厚区，突入两侧壁成一纵行的隆突，即海马（hippocampus）原基。海马上方的半球内表面也出现一条与海马相应的纵行海马沟，此沟与其下方的脉络裂相平行。海马沟以上的半球内侧壁直到纹状体原基处均为新皮质的原基。当半球向后方扩张到小脑处，因受阻而使半球尾端转向下扩展，再向前形成颞叶。因此，整个半球的扩展从侧面观大致呈"C"形。

随着大脑半球的生长，其中的脑室也发生相应改变。两侧室向前、上、后并最后再弯向前（在颞叶中），形成前、后、下 3 个角。在这一弯曲过程中，半球将脑室与脉络丛也一起带向下向前。两半球薄的内侧壁下方的海马在半球上方与后方处位于脉络丛的上方与后方，但从侧室后角处转向下前方时，海马又倒转成位于脉络丛下方。

当大脑皮质分化时，来自新皮质和丘脑的粗大的内囊纤维束穿过纹状体，将它分隔成背内侧部的尾状核与腹外侧部的豆状核。尾状核内侧面突入侧脑室前部的底面，豆状核的外侧部细胞染色较深，称壳（putamen）；内侧部染色浅，称苍白球（globus pallidus）。内囊纤维束经过纹状体时呈"V"形弯曲，弯曲的尖端朝内侧，纤维束的前支分隔豆状核和尾状核，后支则位于豆状核（苍白球）与丘脑之间，尾状核与丘脑直接贴近。部分皮质纤维不经过内囊而通过豆状核外侧，称外囊，它将豆状核和一薄层表浅细胞群分隔开，此核团为屏状核，位于脑岛的深面。半球扩张时内囊也在前后方向上变长并成"C"形，尾状核也随侧脑室延伸而变成马蹄形，其膨大的头部位于侧室前角底面，拉长的体部位于侧室主体的下方，尾部则转向下并位于侧室下角的顶面。这一弓形的尾部向前终止于一较大细胞群处，即杏仁核。尾状核体部因半球下内侧壁与间脑外侧壁的融合而与丘脑直接接触，两者间的内囊纤维穿过融合处，再通过下丘脑进入中脑大脑脚。

大脑的新皮质和海马的古皮质都起源于端脑泡的纹状体上部，大脑的旧皮质则来自纹状体外侧区。海马原基是人类皮质最早分化的区域。早在 6 周时，半球壁的背内侧部的中间层细胞向表面边缘带迁移，形成表浅的皮质板。当半球向后并再向腹外侧扩展成颞叶时，海马也随同半球内侧壁同时生长而形成一个和脉络裂平行的弯曲的纵行隆起。由于围绕海马的新皮质生长很快，使海马受压从半球内壁突入侧室，这在侧室下角处更为明显。以后，两侧海马从前向后发出连合纤维互相联系，形成海马（或穹隆）连合，这些纤维穿过终板上部。虽然海马出现很早，但古皮质的细胞组合的形成直到胎儿晚期才形成。位于侧室背侧的海马上部随胼胝体的发育反而明显退化，保留一很窄的带状区，称海马残迹，又称胼胝体上回或灰被（indusium griseum）。只有突入侧室下角的海马下部发育成海马本体和齿状回，它从旧皮质接受三级嗅神经元的轴突。海马发出的投射纤维形成海马伞与穹隆，分别到下丘脑乳头体和隔核，并与对侧海马形成联系。

旧皮质是除海马外另一发育较早的皮质区。大约 8 周时，旧皮质出现于大脑半球外侧壁的下部。从中间层迁移而来的细胞在边缘带内构成一薄的细胞板（层），将边缘带分成 3 层：最外层形成未来的分子层；中层为皮质板，形成旧皮质（梨形皮质）；内层称中间层，将皮质与套层分开。此皮质区从嗅球接受二级纤维，借嗅沟与新皮质分开。

古皮质和旧皮质原基发育后，半球壁的纹状上区发育出新皮质。由于室层及中间层细胞迅速增生与迁移，在早期即形成一浅层薄板，称皮质板。皮质板先在半球外侧壁形成。然后扩展入顶壁及海马上的内侧壁。额板与枕板区域的皮质板出现较晚。大约 9 周时，整个大脑内均有皮质板出现。在哺乳类，新皮质最先分化的区域相当于成长时的顶区，而此区也最早出现丘脑皮质传入纤维。这些最早的纤维是一般躯体感觉性的，其优先发生可能对新皮质的组建有优势影响。当皮质板不断增生和分化后，新皮质形成 6 层构型。半球由于新皮质的扩展而扩张，在第 6 月时其表面出现沟与回，使新皮质的面积远远超过海马和梨形皮质。

（8）大脑连合的发生

前神经孔关闭后，前脑前壁（终板）向背侧与前脑薄的顶板相续，向下（腹）与前脑增厚的底板相续。大脑半球出现后（大约 5 周时），终板增厚，称连合板（commissural plate），两半球的纤维穿过此板。第 8 周末，随嗅球和梨形皮质的发育，两侧嗅球的连合纤维首先在板的下部出现，称前连合（anterior commissure）。不久，在板的上部又出现海马连合。有关 7 周人胚脑发育的研究显示，早在 49～51 天连合板腹面的隔区内发育出与行为和认识有关的隔核。第 3 月中，海马连合背侧的连合板内出现新皮质的连合纤维，形成一小的圆柱状束，即胼胝体（corpus callosum）原基。随着新皮质的扩展和分化，胼胝体迅速在前后方向上变长，连合板也随之前后伸长。扩展的胼胝体还侵占其上方的海马，此处海马明显缩小成海马残迹。约 6 月时，胼胝体的吻、膝、体与压 4 部分已全部形成。位于其下方的连合板被拉得很薄，形成透明隔（septum lucidum）。与此同时，隔内出现一腔，即透明隔腔（cavum septum pellucidum），它可能是因胼胝体和海马连合生长方向与速度不同而造成的机械性压力所产生。此腔有时被称为"第五脑室"，但它既不和真正的脑室系统相通也不和外界沟相通。

足月时，胼胝体上方的海马缩小成胼胝体上回（灰被），胼胝体后下方的海马沟从内侧面分隔出海马皮质的已分化部分，即齿状回。齿状回上方的海马投射纤维呈条穗状，即海马伞。两侧海马伞再向上向前成为穹隆后柱，在胼胝下方穿行，然后两侧的后柱会合成穹隆体，在透明隔的后缘延伸。再向前穹隆又分开，在每侧室间孔前方穿过，成为穹隆前柱，再通过前脑壁到达乳头体和下丘脑。

上述大脑连合发育时，前脑中还有视交叉、上连合与后连合发生。视交叉位于连合板下份，早在 8 周时出现，由视网膜内侧半的纤维向对侧交叉形成，然后再投射到外膝体与上丘。当连合板内视交叉、前连合与海马连合出现后，在间脑顶壁的松果体柄附着处的前、后方，分别出现上连合（缰连合）与后连合（内纵束连合）。

（9）大脑皮质的组织发生

详见本书第十章。

4. 神经节和周围神经的发生

神经节起源与神经嵴详见本书第八章。

周围神经由感觉神经纤维和运动神经纤维构成。神经纤维由神经细胞的突起和施旺细胞构成。感觉神经纤维中的突起是感觉神经节细胞的周围突；躯体运动神经纤维中的突起是脑干及脊髓灰质前角运动神经元的轴突；内脏运动神经的节前纤维中的突起是脊髓灰质侧角和脑干内脏运动神经核中神经元的轴突，节后纤维则是植物神经节节细胞的轴突。施旺细胞由神经嵴细胞分化而成，并与发生中的轴突或周围突同步增殖和迁移。

施旺细胞与突起相贴处凹陷，形成一条深沟，沟内包埋着轴突。当沟完全包绕轴突时，施旺细胞与轴突间形成一扁系膜。在有髓神经纤维时，此系膜不断增长并不断环绕轴突，于是在轴突外周形成了由多层细胞膜环绕而成的髓鞘。在无髓神经纤维，一个施旺细胞可与多条轴突相贴，并形成多条深沟包绕轴突，也形成扁平系膜，但系膜不环绕，所以不形成髓鞘。

5. 垂体和松果体的发生

（1）垂体的发生

垂体是由两个截然不同的原基发育而成的。腺垂体来自拉特克囊（Rathk's pouch）。此囊由口凹顶的外胚层上皮向背侧突起形成。神经垂体由间脑底部神经外胚层向腹侧生长形成漏斗状突起，称神经垂体芽。然而在低等脊椎动物如蟾蜍和鸡，移植研究显示，拉特克囊不是由口凹顶的外胚层上皮向背侧突起形成的，这是单从形态观察导致的错觉。实际上，在拉特克囊形成前，腺垂体就起源于神经外胚层的神经嵴前端（anterior neural ridge，ANR）。ANR 位于表皮外胚层下方，后方为下丘脑和神经垂体的漏斗的原基即神经板前端，两侧为神经脊前侧部，是原代嗅觉神经元的原基。ANR 不同于形成周围神经系统的神经嵴。在形态发生过程中，ANR 脱离神经外胚层，向尾侧迁移至前脑底下，逐渐它的后尖部与前肠的头端连接，此时类似拉特克囊形态。以后，拉特克囊脱离前肠，并向漏斗方向生长，最终与漏斗建立联系。

人胚胎发育至第 8 周，拉特克囊增大，并向漏斗方向生长，囊与口凹上皮的连接处逐渐拉长缩窄，最后退化消失，于是囊与口凹分离。此后，拉特克囊的前壁细胞迅速增生，形成垂体远侧部（前叶），并向上长出一结节状突起包绕漏斗柄，形成结节部。囊的后壁很薄且生长缓慢，成为中间部，囊腔变窄呈裂隙状或闭锁。腺垂体中分化出多种腺细胞。漏斗形成神经垂体的正中隆起、漏斗柄和神经部（后叶），只含神经胶质细胞和来自下丘脑的神经纤维，其中一些神经胶质细胞分化为垂体细胞。

从细胞类型产生而言，研究发现，对于小鼠和人，Pit-1 参与腺垂体中生长激素细胞、催乳激素细胞和促甲状腺激素细胞的生成。因为：① *Pit-1* 基因早于催乳素、生长激素和促甲状腺激素基因激活；② *Pit-1* 在这 3 种细胞内高表达；③ *Pit-1* 基因缺失导致 3 种基因不表达和 3 种细胞不能增殖，从而导致先天性甲状腺机能减退症、侏儒症和催乳素缺乏症。

（2）松果体的发生

胚胎第 7 周，间脑顶部向背侧突出，形成一囊状突起，即松果体原基。囊壁细胞增生，囊腔消失，形成一实质性松果样器官，即松果体。其中的松果体细胞和神经胶质细胞均由神经上皮分化而来。

（周国民　撰）

第二节　脑发育过程中的程序性细胞死亡

一、概　　述

　　神经系统发育中一个十分引人注目的现象就是伴随着细胞生长分化的同时也发生了大量的细胞死亡，发育中出现的这种由细胞内特定基因程序性表达介导的细胞死亡称为程序性细胞死亡（programmed cell death，PCD）。有人估计胚胎时期产生的神经元在向成体发育过程中通过程序性细胞死亡几乎丢失了 50%～80%。越来越多的资料表明，PCD 存在于神经系统发育的多个环节，从未分化的神经上皮到迁移后的有丝分裂后细胞，从神经管的形成到神经元与靶区的匹配都有 PCD 发生。凡不能与靶区正确匹配和参与正常神经网络形成的神经元均通过 PCD 加以清除。因此，PCD 在神经系统发育中最突出的意义是雕塑了神经系统，它使神经系统的发育达到了结构的高度精细和功能的尽善尽美。

　　除了发育阶段的大面积程序性细胞死亡外，神经元死亡也发生在一些急性或慢性神经疾病，如脑中风、阿尔茨海默病（AD）、肌萎缩性脊髓侧硬化症（amyotrophic lateral sclerosis ALS）以及一些遗传性神经疾病，如遗传性运动神经元疾病等。认为这些疾病过程中发生的神经元凋亡是由于营养缺乏或毒素损害。令人感兴趣的是发育或疾病中控制神经元凋亡的分子机制是相似的，发现都是由细胞内部的死亡装置（cell-intrinsic death machinery）调控的。

　　在发育过程中，来自神经细胞内部和外部环境中各种因素的刺激将决定神经元是走向存活还是死亡。如营养因子的缺乏、神经毒素的作用、氧应激（oxidative stress）以及 DNA 损伤等。通过这些因素刺激线粒体凋亡装置（mitochondrial apoptotic machinery）的信号转导通路将最终介导细胞的存活或死亡。

　　近年一些令人感兴趣的研究证据提示，脑无论在胚胎发育或成体阶段，一些行将死亡的有丝分裂后细胞又出现细胞周期蛋白（cell cycle protein）的表达。但是，有丝分裂后神经元细胞周期的再进入并没有发生细胞的增殖和分裂，相反激活的却是凋亡信号。目前对丝分裂后神经元细胞周期再进入的作用和机制的研究成为热点。因为细胞周期的调控对于发育中的神经系统是非常重要的，在细胞内外环境作用下，处于细胞周期中的细胞增殖和细胞死亡均是为适应脑在不同发育阶段的需要服务的。

二、细胞凋亡与程序性细胞死亡

　　现在一些研究者常把细胞凋亡（apoptosis）与程序性细胞死亡通用，但在概念上两者是有区别的，前者是形态学上的概念，后者是功能上的概念。PCD 意味着发育中的自然出现的或生理性的细胞死亡；而细胞凋亡是形容细胞一系列形态学的改变，如细胞缩小、染色质浓缩，与细胞坏死有着明显的区别。而且细胞凋亡可发生在前面述及的各种外源性因素的诱导或病理情况下，如神经细胞凋亡可以发生在脑缺血、肿瘤、脑损伤与神经退化性疾病等情况下，不局限于发育学的范围。并非所有的 PCD 都具备细胞凋亡的形态学特征，如发育中的鸡睫状神经节的神经元。但在现实应用中，两者有时难于区别，因此本章依照国家细胞生物学名词统一规定译为程序性细胞死亡（PCD），而未应用程序性细胞死亡，并将 PCD 应用于发育中的自然出现的生理性的细胞死亡。而细胞凋亡则用于所有具有凋亡细胞形态学特征的死亡细胞。

三、神经管发育中神经上皮的细胞周期

细胞分裂增殖与细胞死亡，从功能的角度来看是两个截然相反的生物学过程，然而近年来随着人们对这两个过程研究的深入，有越来越多的证据表明，这两个原本截然相反的过程，实际上有着非常密切的联系。

细胞有丝分裂与细胞凋亡在形态学上十分相似。细胞凋亡形态学上的变化如前所述大致分为 3 个阶段。人们很早就已经注意到，当细胞进入有丝分裂期后，细胞的形态出现了一些与细胞凋亡相类似的改变，如核膜的崩解、染色质的浓缩等。细胞有丝分裂早期的形态学变化与凋亡细胞第一段的变化很相像，也要经历染色质的浓缩、核膜的崩解、细胞体积的缩小这样一个过程。这种形态学变化的一致性，提示细胞增殖和凋亡在初期可能要经历某种共同的生化机制。

（一）神经上皮的细胞周期特点

位于神经管内的神经上皮（neuroepithelium）呈假复层柱状，上皮的腔面和基底面分别有薄层的内界膜和外界膜。在腔面，细胞间彼此以闭锁堤连接。神经管的神经上皮细胞均处于细胞周期的不同时期，各种类型的神经元和神经胶质细胞在套层发生分化。在神经板阶段和早期神经管阶段中，分裂后的子细胞可再进入有丝分裂周期，而失去与管腔基底连接。不能进入分裂周期的子细胞则迁移进入套层。在神经上皮不断增殖过程中细胞也开始进行迁移和分化。分裂后的一个子细胞向套层迁移，并分化为成神经细胞（neuroblast）。以后不再分裂，因此事实上是幼稚的神经元。

有趣的是，神经管的神经上皮细胞核的位置随细胞周期的不同而在内、外界膜之间往返移动。应用同位素跟踪试验，可见处于 S 期的神经上皮细胞，细胞缩短变圆，向内界膜移动，细胞核也随之移向内界膜；细胞进入 G_1 期，与邻近细胞的连接消失，细胞核变圆进入 M 期。分裂完成后，细胞间重建连接结构，核再度变长移向外界膜进入 S 期，并居于外界膜深层。靠近内界膜处 M 期细胞聚集成 M 带，而 S 期细胞核在近外界膜处形成 S 带，在 M 带和 S 带之间的为中间带（intermediate zone，I 带）。

神经上皮细胞核往返移动的机制还不很清楚。应用细胞松弛素 B 可以完全阻止鸡胚神经管间期核的迁移。但作用于神经上皮细胞顶端，则可破坏细胞内微丝及神经管腔处细胞间的贴附。应用秋水仙素可抑制细胞的分裂，从而也终止细胞核的移动。因而认为细胞周期中细胞形状的改变及间期核的移动可能与微管的活动有关。

其次，研究发现，神经上皮细胞分裂周期中核的移动还可能与 DNA 含量以及核大小有关。Sauner 发现核的体积在向外运动中增加 1 倍，向内运动时再增加 1 倍。实验证明，核内 DNA 含量和核的体积是相对应的。在早期神经管阶段，贴近管腔的小核含

有多于 $2n$ DNA 量。证明细胞在 G_1 期停留很短，分裂后 DNA 合成立即开始。同时核开始向外侧移动，抵外界膜处于 S 期。当核返回管腔时 DNA 继续复制。在神经上皮内约 1/3 的细胞核含 $4n$ DNA 量，说明它们处于 G_2 期，到达内界膜时进入 M 期。

在 M 期，因细胞分裂为两个子细胞，每个含有 $2n$ DNA 量。M 期一般历时 40～70min，随着发育的进程 M 期逐渐延长。在鸡胚神经管，M 期的时间在 E3 为 0.7h，E4 为 1.1h，E6 为 2.5h。M 期随发育进程而逐渐延长的现象也见于小鼠等啮齿类动物。M 期后进入分裂后期 G_1 期，G_1 期的时间差异很大，自数分钟、数小时至数天。G_1 期的时间也随发育而延长。如在小鼠的端脑，G_1 的时间在 E10 为 0.1h，而在 E11 为 3.8h。

（二）成体脑细胞的细胞周期特点

本室应用流式细胞仪测定大鼠及人脑细胞的细胞周期，结果发现，在大鼠大、小脑 G_1 期的细胞峰值在 E18 天占测定脑细胞数总数的 54.3%，以后逐渐降低。出生后 G_2/M 期细胞急剧降低。新生鼠与成年大鼠 G_2/M 期细胞数无明显差异。进化过程中出现较晚的大、小脑 G_1/M 期细胞数明显高于中脑、脑桥、延髓和脊髓。人的大脑皮质脑细胞 G_2/M 期峰值在胚胎 4 月，但 G_2/M 细胞值明显低于大鼠，仅达 6.2%。而且随发育进程 G_2/M 期细胞数逐渐降低，到成年仅保持在 1.0%。成年大鼠 G_2/M 期细胞数为 1.99%。

以上数据表明，在高度进化的人类，脑细胞分裂稍低于啮齿类动物。但本实验未区分神经元与神经胶质细胞，无疑所显示的 G_2/M 期细胞中神经胶质细胞是主要的。究竟成年动物神经元有无 G_2/M 期分裂相细胞呢？即正常成体神经系统内是否有神经元的分裂和新的神经元的产生呢？这一问题长期以来存在争议。哺乳动物海马、小脑皮质和嗅球的颗粒神经元在出生后仍继续分裂和增殖已得到公认，而其他部位成体神经系统内神经元可以分裂的资料主要来自同位素放射自显影术的研究结果，如 3 月龄大鼠的视皮质，主要在 IV 层以上，发现 $[^3H]$ TdR 标记的神经元占总数的 0.011%。其次，国内外学者用电镜技术和突触电位记录技术，均报道在成年动物脑内观察到神经元的分裂相。

新生的神经元是脑区原有的神经元进一步增多还是弥补成年期不断死亡的神经元？科技工作者对此问题进行了研究，用大鼠海马连续切片观察到，生后一个月海马颗粒神经元平均为 1 276 734 个，颗粒层的总体积由生后 1 个月的 1.69mm^3 增到 1 年的 2.28mm^3，体积约增加 35%，单位体积内的细胞密度也增大。据此认为是新产生的神经元使原有神经元数进一步增多。但嗅球颗粒神经元生后虽不断进行增殖分裂，嗅球神经元总数并未见增多。因此，嗅球神经元的新生是用于补充死亡的神经元。可见神经元的新生因部位而异，并且受遗传、营养、激素以及环境因素的影响。我国学者徐静、黄莲碧等的观察结果表明，脑创伤后除神经胶质细胞的增生外，同时也出现神经元的分裂相。脑创伤、胎脑脑内移植和碱性成纤维细胞生长因子（bFGP）、NGF 等均可促进神经元的有丝分裂，至于这些分裂的神经元是否具有修复脑损伤的作用还有待于进一步的研究。

（三）神经上皮细胞周期的调控机制

神经上皮细胞细胞周期的控制机制目前了解甚少。一般认为，在自然状况下遗传基因的调控起决定性作用。同位素示踪实验表明，遗传性形状相同的一群克隆细胞，经过二三次细胞周期后变为不同步。例如，肠腺上皮细胞，腺底部细胞周期大于 24h，腺体部细胞周期短约 8h，顶部细胞不增殖，因而有研究者据此提出"位置信息"可能是基因调控细胞周期的具体途径。"扳机蛋白质"（trigger protein）假说则认为 G_1 期末有一个 R 点，G_1 期细胞必须合成一种"扳机蛋白质"。当其含量达到或超过阈值时，才能越过"R"点进入 S 期。此假说虽能解释不少现象，但缺少直接的实验证据。

近来主要从以下 3 个方面研究控制真核细胞进入和经过细胞周期的机制：①突变基因分析，主要研究在细胞周期中有缺陷的酵母 cdc 突变；②生化分析蛋白激酶和其他酶在细胞周期中的变化；③检测分裂细胞中有丝分裂的诱导者如细胞周期蛋白（cyclin）和成熟促进因子（maturation promotion factor，MPF）等的变化。

由酵母基因 *cdc28* 和 *cdc1* 编码的蛋白激酶是为 G_1 到 S 和 G_2 到 M 期所必需的。分裂的酵母基因 *cdc2* 和它的同源体在较高级的真核细胞编码一种 34kDa 的蛋白质 P34cdc2，它含有 16 个氨基酸序列，是丝/苏氨酸蛋白激酶，故称为 cdc2 激酶。应用免疫细胞化学实验表明 P34cdc2 存在于所有真核细胞中。cdc2 激酶的浓度在细胞周期中始终是稳定的，然而由于是蛋白激酶，它必须与其他蛋白质结合共同组成 MPF。MPF 是有丝分裂的蛋白激酶，含 34kDa 和 45kDa 两个亚单位，细胞进出 M 期都是由 MPF 控制的。其所含的 45kDa 亚单位即细胞周期蛋白。细胞周期蛋白在每次分裂间期合成，而在有丝分裂时被降解，呈有周期性的波动，是 cdc2 激酶的活性调节单位。只有当 cdc2 与细胞周期蛋白共同组成 MPF 时，cdc2 才表现出激酶活性。细胞周期蛋白是一个蛋白质家族，控制有核细胞进入分裂期。现已知有细胞周蛋白素分为 A、B 两种类型。从细胞周期的 S 到 M 期，细胞周期蛋白增加，但一旦细胞进入分裂期，细胞周期蛋白立即降解。细胞周期蛋白的重新合成激发另一轮细胞周期的重新开始。细胞周期蛋白激活 P34 蛋白激酶的促成熟因子，使细胞内 Ca^{2+} 释放。细胞内钙的增加则激发 M 期开始。

多肽生长因子可以刺激神经胶质细胞的增殖，来自星状胶质细胞的包括胶质细胞成熟因子（glia maturation factor）、血小板衍生生长因子（platelet-derived growth factor）、睫状神经营养因子和类胰岛素生长因子。由于神经胶质细胞易于培养，因而在确定这些生长因子对神经胶质细胞的增殖和分化方面取得了较迅速的进展。但抑制因子的确定比较困难。现已确定的可抑制脊椎动物细胞分裂增殖的是一种水溶性多肽因子，称为抑素（chalone）。它可作用于局部或通过循环发挥作用，呈剂量依赖关系，具有组织特异性但无种族特异性。一般认为抑制主要作用在 G_1 期至 S 期。有的组织具有两种抑素，G_1 抑素（或 S 因子）及 G_2 抑素（或 M 因子）。总而言之，在正常发育中控制神经上皮细胞分裂的因子尚不清楚，而神经上皮丝状分裂发生因子（neuroepithelial cell mitogenic factor）的分离和确定进展尤为缓慢。

在神经系统发育中抑制细胞增殖的药物还有 5-氟脱氧尿嘧啶核苷酸（5-fluorodeoxyuridine，FUDR），其作用是抑制胸腺嘧啶的合成从而停止有丝分裂，FUDR 的作用发生很快，常在给药后 1h 即出现。加入 100 倍于 FUDR 的胸腺嘧啶可以逆转 FUDR 的抑制作用。高剂量的 FUDR 可产生染色体的断裂和细胞死亡。细胞毒制剂对培养的非神经细胞有作用，对神经元或神经干细胞作用可能不一样，如 BrdU 可导致细胞染色体断裂和抑制培养软骨细胞的分化，但对延迟神经元分化的作用仍有待确定。

新近研究发现，异常的细胞周期和细胞死亡之间存在一定的关系。在 weaver 突变小鼠中，虽然其小脑内细胞分裂异常活跃，但却缺乏细胞的分化，同时伴有颗粒细胞的大量死亡。在斑马鱼突变体中，视网膜神经上皮极性的破坏导致细胞不能进入分裂期，提示神经上皮的细胞周期还受到上皮极性的调控。在一种 cfy 斑马鱼突变胚胎中，由于细胞增殖上调和细胞被阻滞在 M 期而导致细胞分裂指数增加，其可能的机制有：①细胞增殖上调可能是某些原癌基因被激活或是由于肿瘤抑制基因的缺陷；②有丝分裂的阻滞常常导致细胞的凋亡。破坏微管蛋白会使细胞停留在有丝分裂的中后期交界处，最后导致凋亡。

四、神经管发生中的程序性细胞死亡

神经系统起源于一个结构简单的神经板。从一个结构简单的神经板到一个构筑精巧绝伦、功能精细复杂的神经系统，必须遵循生长和退化同在、增殖与死亡并存的发育过程。一旦这种生长与死亡之间的平衡遭到破坏，将导致各种神经系统的发育畸形。近年的研究表明，在神经板形成神经管的过程中，正常 PCD 是维持发育不可缺少的因素之一；而在神经管关闭过程中发生率很高的各种神经管关闭缺陷（neural tube closure defect，NTCD），其中的大多数也与神经上皮或周围组织的异常凋亡有关。因此，神经管发生与程序性细胞死亡的关系日益受到人们的重视。

（一）神经管形成阶段的 PCD

可以说在神经系统发育中首次出现的 PCD 就是发生在神经板转变为神经管的过程中。Greelen 等观察了 19～20 体节的小鼠胚胎，发现神经沟首先在颈区开始闭合。在闭合前表皮外胚层与神经外胚层连接处出现大量细胞死亡。另外，在脑泡关闭过程中，前神经孔部位也有大量细胞死亡。继后，Jeffs 等报道了 8 期鸡胚的中脑顶板也有大量细胞死亡。即使神经沟关闭以后，仍有大量细胞死亡发生在背侧中线。

进一步研究发现，PCD 除沿神经管背侧中线发生外，也出现在神经管腹侧区。最引人注目的是在未来间脑与端脑的连接部。神经管形成阶段 PCD 的生物学意义主要有两方面：①有助于神经管与外胚层脱离；②有助于神经管头端脑的塑形，使其在形态上具备头端发育为脑泡、尾段发育为脊髓的外形基础。因此，神经管形成阶段的 PCD 应属器官发生水平的 PCD。

笔者的工作观察到，在小鼠神经管形成过程中，神经上皮细胞内确实有 PCD 发生。从时间分布看，9.0 天 PC 的细胞凋亡率最高，这些凋亡细胞具有典型的凋亡特征，光镜下可见染色质边聚、细胞核固缩和凋亡小体。9.5 天 PC 后细胞凋亡率降低，10.5 天

PC 降至更低。从空间分布看，光镜下检测到神经管头端的凋亡细胞明显多于中段和尾段。本实验结果提示，9.0 天 PC 神经管的高细胞凋亡率，可能与神经管的关闭有关，此时在表皮外胚层与神经外胚层连接处出现大量细胞死亡，有利与神经板与外胚层脱离。笔者还观察到在神经管颅侧的细胞凋亡率高于尾侧，提示神经管颅侧的细胞死亡与脑泡的塑形有关。

（二）神经上皮分化阶段的 PCD

与神经管形成阶段的 PCD 相比较，发生在神经上皮分化阶段的 PCD 应属组织发生水平的 PCD，其生物学意义在于对神经细胞的表型进行负向选择（negative select）。研究表明，神经管关闭以后，在其不同的发育阶段和不同的部位，仍有细胞死亡发生。在 17～19 期鸡胚，可观察到 3 个细胞死亡区出现在发育中的神经管。第一个是在背侧区，包括神经嵴部位，细胞死亡高峰在 18 期；第二个细胞死亡区位于腹侧，在底板和运动神经元之间，腹侧的细胞死亡高峰期在 17 期；第三个区域位于底板正中部位，细胞死亡高峰出现在 19 期。

机体在此发育阶段对细胞表型进行负向选择的目的可能主要有两个：①企图通过 PCD 来消除那些对机体不适合的细胞类型。例如，在未来端脑水平，不应该有底板的细胞和运动神经元存在，因此这些细胞必须通过 PCD 进行清除。②企图通过 PCD 来平衡神经元与非神经细胞之间的数量比例。特别是在未来中枢神经系统背侧份，在不同节段所需神经元的数量是不同的。例如，后脑背侧部将有小脑发生，需要神经元比例多，因而细胞凋亡数就减少；而在背侧只产生非神经元如脉络丛的部位，细胞死亡数量就相对较多。这种现象在 Lumsden 等的研究中也得到证实，他观察到鸡胚 10～11 期的后脑顶部细胞死亡率很低；而在神经管背外侧的第一、二菱脑节连接处则有大量细胞死亡。

由于缺乏早期细胞的标记分子，目前尚难于确定神经上皮分化阶段死亡的细胞类型是神经元、神经胶质细胞或未定向的前体细胞。根据目前获得的研究结果，推测它们可能是代表了一个祖细胞系列，或是非常早的有丝分裂后细胞。因为：①所有显示退化信号的细胞都位于室区的内侧部；②死亡细胞的极性沿神经管横断面呈放射状排列；③未观察到死亡细胞内含细胞骨骼。

近年研究还发现，在神经上皮分化阶段，除了上述发生在非常早期的细胞死亡外，在鸡胚发育的稍晚期，即鸡胚 25～27 期，在颈神经管腹侧也观察到大量细胞死亡。过去曾认为该部位的细胞将发育为交感神经节前神经元。但最近的证据表明，这些细胞将分化为躯体运动神经元，因为有躯体运动神经元标记分子 Islet 蛋白和 Lim-3 mRNA 共存于这些细胞。研究发现，这类细胞死亡的启动是由细胞内自发程序（cell autonomous program）控制的，不受环境因素影响，也不受神经营养因子的恢复。至今对调控这类细胞死亡的基因还不清楚。

（三）神经上皮细胞凋亡后的去路

一般认为细胞凋亡后的去路有 3 种：第一种是由相邻细胞或巨噬细胞的溶酶体经异噬作用（heterophagocytosis）消除死亡细胞；第二种是由细胞自身的溶酶体经自噬作用（autophagocytosis）消除；第三种是不经任何溶酶体作用，即退化（degeneration）。发现在神经管发生早期的细胞死亡主要是通过相邻神经上皮或巨噬细胞样的细胞消除。由于细胞死亡的速度很快，因此人们往往观察到相对低的细胞凋亡指数而相对多的细胞内吞噬碎片。在此过程中观察到一个非常有趣的现象，即由相邻神经上皮吞噬的死亡细胞碎片常与健康细胞的核密切接近。电镜下常见死亡细胞的碎片被包埋在健康细胞核膜的一侧。对这种现象人们常常认为是由于吞噬碎片后受细胞内有限空间的压力作用，使二者被动靠拢。如果这种压力作用成立，二者的膜应该直接接触。但是二者的膜间始终有一很小的间隙存在，就不能仅仅解释为压力作用，可能还有其他的生物学意义。推测这种密切接触可使死亡细胞碎片中的物质被健康细胞再利用，符合经济节约的原则。同时死亡细胞碎片还可能提供重要的信号给发育中的细胞和组织。

（四）神经管关闭缺陷与程序性细胞死亡

正常神经管的关闭涉及多基因的相互作用，其中 Pax-3、N-cad 和 N-CAM 作用于正常神经嵴细胞的迁移。bcl-2、Wee-1 和 p53 作用于细胞周期的调节以保证神经管的正常关闭和神经嵴细胞的迁移。近年研究表明，神经管关闭缺陷（NTCD）与 PCD 有密切关系。一旦神经管发育中的 PCD 发生时间和部位的偏差，就可能导致 NTCD 的发生。已发现许多基因的突变与缺失与 NTCD 有关，如 p52、p53、转录因子 *AP-2*、*Pax*基因及人们熟知的 *bcl-2* 基因家族等。

在神经管形成过程中，由于神经管周围组织基因的异常表达，也可影响神经管的关闭过程。如对一种突变卷尾（Curly tail）鼠的研究中发现由于后神经孔的延迟关闭导致发生 40%～60%的 NTCD 胚胎。认为 Curly tail 小鼠胚胎发生 NTCD 的原因不是来自神经管内部而是来自外部，研究发现由于这种突变小鼠后肠和脊索的细胞增殖缺陷，导致胚体腹侧过度弯曲妨碍了后神经孔的关闭而形成 NTCD。进一步研究发现，Curly tail 胚胎的细胞增殖缺陷与维甲酸受体 β（RARβ）在后肠的表达降低有关。另外，在头部表皮外胚层中表达的转录因子 AP-2 及在头部间充质中表达的 *Cartl* 基因和 *twist* 基因的降低也会引起颅神经管发生 NTCD。虽然这些基因都不在神经上皮表达，但它们可能是通过调节颅侧非神经上皮的细胞行为，从而产生外部力量来影响颅神经管的正常关闭。

目前 PCD 与 NTCD 的关系正在受到人们的重视，虽然对其详细的作用机制和作用环节尚有许多问题没有解决。特别在神经管颅侧，因为其分化的结构比尾侧复杂，因而调控其演变的基因也比尾侧多，故更易受到各种因素（包括遗传因素和环境因素）的影响而发生 NTCD。因此深入了解神经管形成过程中 PCD 的发生、发展及基因调控机制，将为预防 NTCD 的发生带来新的策略。

五、人脑发育中的程序性细胞死亡

虽然神经系统发育中的细胞死亡现象早也为人们熟悉，但关于人胎儿神经系统 PCD 的发生规律却一直不清楚。越来越多的资料表明 PCD 存在于神经系统发育的多个环节，从未分化的神经上皮到迁移后的有丝分裂后细胞，从神经管的形成到神经元与靶区的匹配都有 PCD 发生。凡不能与靶区正确匹配和参与正常神经网络形成的神经元均通过 PCD 加以清除。PCD 的意义在于对神经系统进行雕塑，最终使人神经系统的发育达到了结构的高度精细和功能的尽善尽美。因此研究人神经系统发育中的 PCD，将为揭示人脑的发育、老化及某些神经系统退行性疾病提供新的理论依据。

陈活彝等观察了 14～32 周人胎儿脑发育中 PCD 的发生情况及与原癌蛋白 Bcl-2 表达的关系，在中枢神经系统许多部位均观察到典型的凋亡细胞，证实了在人胎儿神经系统发育中确实有 PCD 的发生。但除发现海马分子层的细胞凋亡指数随胎龄增加而增加外，在所观察的其余脑区均未发现 PCD 的时空分布规律。陈活彝等认为所观察到的相对低的凋亡指数并不排除曾有较多的 PCD 发生于人胎儿神经系统的发育过程中。

笔者在此工作基础上，增大了胎龄范围（12～39 周）和样本含量（利用流式细胞仪的高效、快速和大样本），用流式细胞术结合 FITC 标记的 TUNEL 染色在国内外首次获得了人胎儿中枢神经系统发育中 PCD 的时空变化规律。发现在人胎儿中枢神经系统发育过程中，各胎龄段及各脑区均检测到 TUNEL 阳性细胞，尤其引人注目的是出现了两次细胞死亡高峰期。

第一次峰值出现在人胎儿 12 周，细胞死亡率在大脑皮质额叶高达 87.98%，其余脑区分别为枕叶 86.5%、顶叶 75.65%、海马 77.86%、嗅球 78.61%、小脑 79.21%、延髓 73.78%、脊髓 57.97%。人胎 12 周，许多细胞刚从神经上皮迁移不久或正在迁移中，各部位的细胞密度很高，因此人胎 12 周出现的 PCD 峰值可能与清除这些从神经上皮产生出的过量细胞有关，以便为神经回路的精确建立做好准备。

人胎儿神经系统发生中第二次 PCD 峰值出现于 39 周，分别为额叶 56.4%、顶叶 60.98%、枕叶 50.88%、颞叶 61.57%、海马 59.53%、嗅球 56.74%、小脑 69.22%、延髓 41.38%、脊髓 39.45%。此阶段神经细胞正在与靶区建立突触联系，但胚胎时期建立的神经回路及联系是弥散而不精确的，同时也是过量产生的。此期 PCD 峰值可能与清除这些过量的神经联系有关，笔者认为这次 PCD 峰值可能会持续到出生后的一段时期。因为大鼠脑的 PCD 高峰期也在生后 1 周，至生后 1 月末开始下降。另外，在某些脑区，还观察到有一个 PCD 的小峰值存在于 28 周，虽然这个峰值比 12 周和 39 周的要低得多，而且不发生于所有脑区，但对其存在的生理意义仍值得探讨。

中枢神经系统发育中 PCD 作用之一可能是调整细胞的数量和神经元间的联系，以便与靶区正确匹配而建立起精确的神经回路。但是中枢神经系统在发生早期缘何产生比成体高出数倍的细胞，孕育这些细胞产生的微环境条件是什么，在采取抗衰老策略中能否用生物工程技术对其再利用，这是值得进一步研究的课题。

六、神经细胞程序性死亡的意义

大量的研究表明，在神经系统发育过程中，各个部位都有 PCD 的发生。PCD 可发生于感觉神经元、运动神经元、自主神经元和中间神经元，以中间神经元居多，其原因尚难确定。在神经系统发育过程中的 PCD 具有重要的生物学意义，首先是适应发育进程的需要。从人类而言，从简单的神经板到复杂的神经系统，其外形的改变犹如雕刻家在雕塑一件艺术精品。通过进化上高度保守的细胞自杀的主动细胞学事件，以维持发育中的自稳平衡（homeostasis）。因此，神经元的过度增殖是为了神经系统形态及功能发育的需要。可以说整个神经系统的发育都是在神经细胞的增殖与凋亡的动态平衡中进行的。在此过程中，PCD 建立了引导轴突投射的间隙、小管、小孔等。PCD 还在神经元表型的分化、修正发育过程中神经元的错位、迷路以及与靶细胞的错误匹配中发挥作用，使神经系统发育在结构和功能方面都日趋完善。研究发现虽然诱导细胞凋亡的信号各异，但凋亡的生物化学特征及死亡通路却高度保守和恒定。

其次，从进化意义而言程序性细胞死亡是机体保护自身的健康生存的有效措施。因为在动物的进化过程中，对于单细胞生物而言，修复损伤的 DNA 是维持生存的唯一办法。而多细胞生物在面临 DNA 损伤时，其可选择的办法则比单细胞生物多得多。尽管采取修复或凋亡都是多细胞生物对 DNA 损伤所做出的合理反应，但对机体整体而言，实际上消除一个在遗传物质方面受损的细胞要比修复它来得更安全。因为后者往往要冒使肿瘤获得自主性的危险。

七、神经细胞死亡的调控机制

（一）调控神经细胞死亡的外部因素

神经元凋亡的启动常常是由于缺乏维持细胞存活的外部因子（extrinsic factor）或是存在促进细胞死亡的外部因子。缺乏维持细胞存活的外部因子多见于发育中的细胞死亡，而存在促进细胞死亡的外部因子则是神经疾病的显著特征。

在调控发育中神经细胞凋亡的外部因子中，神经营养因子是最重要，也是研究最深入的调控因子之一。认为在发育中过量产生的神经元，通过与靶组织连接中发生细胞死亡来调节其合适的数量，以达到与靶区的正确匹配。研究发现，靶区控制了发育凋亡阶段中应该存活的神经元正确数量。建立在这些实验观察上的神经营养学说，强调发育中神经元必须竞争来自靶区的有限营养因子。按照神经营养学说观点，凡能与靶组织形成正确连接的神经细胞才能成功获得神经营养因子而存活。反之，则不能获得神经营养因子而死亡。由于发现神经营养因子与神经细胞死亡有重要联系，近半个世纪以来，神经生物学家纷纷寻找能促进神经元存活的神经营养因子。已经发现神经生长因子（nerve growth factor，NGF）能促进周围神经系统中交感神经元的存活，以后又分离纯化出 NGF 相关蛋白-脑源性神经营养因子（BDNF）、神经营养因子-3（NT-3）和 NT-4/5，它们同属于神经营养因子家族。

研究发现，中枢和周围神经系统对不同神经营养因子的生物学效应是不一样的。如 NGF 促进交感神经元背根神经节细胞的存活。而 BDNF 和 NT-3 则对大的背根神经元存活有作用。调节中枢神经系统细胞死亡的因子较周围神经系统更为复杂，通常为多因子形成的网络调控。如在小鼠小脑细胞凋亡的高峰期，颗粒细胞的存活就需要 BDNF、NT-3 以及它们的受体 Trk B 和 Trk C 共同作用。在中枢神经系统，神经元的存活除需要神经营养因子外，还有赖于神经元正常电活性的维持。体外实验证据提示，在视网膜、小脑和大脑皮层等脑区发育过程中，神经元的电活性可抑制凋亡发生。体内实验也发现，突触电活性的缺失是发育中脑细胞凋亡的重要启动因子。

发育中神经细胞凋亡的发生是由细胞信号通路介导的。神经元的死亡除了受外源性存活信号缺乏的影响，还受到外源性促凋亡信号的启动。在某种条件下，神经营养因子以及神经营养因子的前体分子可通过激活低亲和力的受体 p75（p75NTR）而导致神经细胞凋亡。尽管 p75NTR 在参与神经元死亡中的作用是复杂的，但在 Trk 家族受体缺乏的情况下，p75NTR 的激活是启动凋亡的事实已被广泛接受。p75NTR 除了介导发育中神经细胞死亡外，也作用于病理条件下的细胞死亡，在脑缺血、阿尔茨海默病、肌萎缩性脊髓侧束硬化症等疾病中，包括 prion 蛋白碎片 PrP 和 β-淀粉肽在内的神经毒性肽可结合并激活 p75NTR 而介导神经元的凋亡。

（二）调控神经细胞死亡的内部因素

细胞自发死亡装置（cell-intrinsic death machinery）是指由基因程序调节的细胞自发死亡的因子和细胞器。研究发现，细胞自发死亡装置从蠕虫到哺乳动物都是高度保守的，都是由 Bcl-2 家族和 caspase 家族共同作用于细胞的程序性死亡，由凋亡蛋白酶诱导因子 1（apoptotic protease-inducing factor 1，Apaf-1）作为 Bcl-2 家族和 caspase 家族的诱导蛋白。随着真核细胞的进化，细胞的自发死亡装置被组装在线粒体周围，在有丝分裂后神经元，线粒体作为启动细胞自发死亡的中心，通过 Bcl-2 家族调节包括细胞色素 c（cyto-chrome c，Cyt-c）等因子在内的控制细胞死亡的执行者。

1. Bcl-2

自 1985 年发现原癌基因 bcl-2 以来，人们对它在调节凋亡通路中的作用和机制进行了大量研究，表明 bcl-2 是抑制细胞凋亡通路的重要分子，能抑制不同凋亡信号介导的细胞死亡，如血清或生长因子缺失等。关于 bcl-2 与 NTCD 的关系报道较少。一种斑点突变鼠（murine mutant splotch，Sp）是研究 NTCD 的成熟模型。最近发现 Sp 小鼠的神经管关闭过程中，bcl-2 等 11 种基因都有改变，提示 bcl-2 与 NTCD 之间存在某种内在联系。但其确切作用目前仍不清楚。

研究发现，在不同致畸因子引起的不同 NTCD 中，bcl-2 的表达是不一样的，在 Valpric acid 介导的小鼠 NTCD 模型中 bcl-2 的表达增高，提示了 Valpric acid 引起 NTCD 的机制不是增加细胞凋亡而是改变了神经上皮的增殖速度。而在苯妥英（phenytoin）介导的小鼠 NTCD 模型，Bcl-2 与 Pax-3 都是降低的，而且 Bcl-2、维甲酸 α 受体（retinoic acid receptor alpha）及 Pax-3 的降低都是发生在神经管关闭的后期。而 c-jum、

Ⅳ型胶原蛋白（col-Ⅳ）及细胞黏附分子钙粘连蛋白等则在神经管关闭的早期降低。仅细胞维甲酸结合蛋白-2（cellular retinol binding protein-2，RBP-2）是在神经管关闭的中期降低，提示神经管在发育的不同时期是受不同的基因及其产物调控的。我们发现18周人胚的脊髓前角细胞，嗅球和皮层已开始表达Bcl-2蛋白。但目前关于Bcl-2在NTCD中的确切作用及机制仍是值得进一步研究的问题。

关于Bcl-2家族对凋亡的抑制机制，早期的研究认为它们是通过和Bcl-2家族中促进凋亡的分子形成异二聚体化来调控凋亡的，但随后的研究发现并非如此。这类蛋白质主要是通过直接作用于类CED-4分子，抑制下游caspase蛋白酶的活化，阻止apoptosome复合物的形成，从而抑制caspase-9的激活。据认为真核细胞内CED-4的同源分子是Apaf-1。此外Bcl-2主要定位于线粒体外膜上，对保持线粒体膜的完整性至关重要，其膜内部分可结合Cyt-c直接或间接地抑制线粒体释放Cyt-c，阻断凋亡。许多学者认为Bcl-2这种作用可能与其对线粒体膜渗透性转换（permeability transition，PT）的调控有关。最近，Chinnaiyan和Wu等先后证实，Bcl-2可直接将胞质中甚至已与caspase-9结合的Apaf-1结合于线粒体外膜，形成线粒体-Bcl-2-Apaf-1-caspase-9的四聚体复合物，并对Apaf-1结构进行调控，使Apaf-1失去对caspase酶系的活化能力。

2. Bax

Bcl-2家族的另一个主要成员是Bax（Bcl-2-associated X protein），Bax是Oltva于1993年用Bcl-2特异性单克隆抗体免疫沉淀等方法从人和小鼠B细胞中发现的，分子质量为21kDa。Bax与Bcl-2有40%的同源性并具有高度保守的BH1和BH2的同源结构域。人 *bax* 基因位于染色体19q13.3～19q13.4。与Bcl-2促细胞存活的作用相反，Bax促细胞凋亡。Cyt-c属凋亡相关蛋白质，线粒体释放Cyt-c是细胞凋亡的早期事件。近来Manon等观察到，Bax可通过诱导Cyt-c的释放导致细胞凋亡。体外实验也证明，重组的Bax可在人工合成膜上形成一种通道。

研究发现，*bax* 是维持正常神经系统发育所必需的基因，在 *bax* 缺失的纯合子小鼠，在E11.5～P1期间，其周围神经节、脊髓的运动神经元池、脑干三叉神经核团、海马、小脑及视网膜等部位的细胞死亡减少。而正常情况下，这些部位在此发育时期应有一定数量的细胞死亡。这些本该死亡的细胞虽然存活下来，但却发育不正常，表现为轴突发育不良，直径小于其他正常细胞的轴突，提示Bax参与调节正常神经系统的发育。如果Bax失去作用，发育中应该凋亡的细胞即使存活下来也不具备正常细胞的功能。

Bax蛋白广泛分布于新生鼠的神经系统。在成年鼠大脑皮层和小脑，Bax水平降低了20～140倍，Bax降低的时间正好发生于正常程序性细胞死亡期之后。成年鼠的Bax蛋白还分布于丘脑下部的神经分泌细胞、脑干孤束核及延髓的背侧角，脊髓的Bax免疫反应阳性细胞集中于Ⅱ板层。而这些细胞所接受的前一站神经元如脊神经节、三叉神经节等也表达Bax蛋白。在正常人的中枢神经系统，大脑皮层，海马CA1、CA2、CA3区及基底节，小脑和脑干等部位的多数神经元也表达Bax蛋白。笔者观察到18周人胚的Bax蛋白集中于脊髓前角，在脊髓后角未观察到Bax蛋白存在。除此之外，我们也观察到18周人胚的皮层下白质，脑干等部位的神经元表达Bax蛋白。

关于神经管发生早期的神经上皮是否表达 Bax，Bax 是否与 NTCD 有关，目前未见文献报道。但由于正常的神经管关闭过程及异常的 NTCD 都有细胞凋亡现象出现，我们推测 *bax* 基因可能参与其中的某个环节。如 *bax* 基因的表达受 *p53* 基因的调节，而在 Sp 小鼠的 NTCD 中发现 *p53* 基因的表达有改变。虽然只有 50% 的依赖于 *p53* 的凋亡需要 *bax* 基因的参与，但在 NTCD 中 *bax* 基因有无作用、有何作用仍然引起了人们的兴趣。

3. Bcl-x

bcl-x 也是 *bcl-2* 基因家族的重要成员，它与 Bcl-2 蛋白氨基酸序列的同源性为 44%。*bcl-x* 基因产物有两种形式，一种为编码 233 个氨基酸的 Bcl-xL，含保守的 BH1 和 BH2；另一种为 Bcl-xs，其 BH1 的 BH2 区缺乏 63 个氨基酸。Bcl-xL 与 Bcl-2 相似，能抑制细胞凋亡；Bcl-xs 则对抗 Bcl-2 和 Bcl-xL 的抑制凋亡效应。

小鼠 E13～E19 及出生后的神经组织主要含 Bcl-xL。在成体鼠 Bcl-xL 分布于小脑、大脑皮层、海马、丘脑下部、中脑、桥脑、延髓、纹状体和丘脑等。我们观察到人胚 18 周的皮层下白质、脑干、脊髓前角运动神经元含有 Bcl-xL 蛋白。Bcl-xL 与 Bcl-2 高度同源，在细胞内都定位于线粒体外膜和核被膜，这提示 Bcl-xL 与 Bcl-2 有相同的作用机制。更有趣的是，最近发现 Bcl-xL 在保护淋巴细胞免于因去除白细胞介素-3 介导的细胞凋亡时比 Bcl-2 更有效，因而使人们联想到中枢神经系统富含 Bcl-xL，所以神经元较之淋巴细胞能得到更有效的保护。但是在神经管形成的早期，Bcl-xL 的表达情况如何，在 NTCD 中有无作用目前尚不清楚，因此也吸引了人们的研究兴趣。

实验证明，Bcl-xL 抑制凋亡的机制也是通过抑制 Cyt-c 从线粒体释放入胞质以及线粒体膜的去极化而实现的。

4. *Pax* 基因

Pax 基因是因为编码 128 个氨基酸的成对结构域（paired domain，PD）而得名，属于进化保守的基因家族。研究表明，*Pax* 基因表达的蛋白质是一类重要的转录调控因子，对胚胎发育中组织和器官的特化起调控作用。在小鼠神经管形成中，*Pax-3* 于 E8.5 开始在背侧和尾侧神经上皮表达。研究发现 *Pax-3* 基因功能丧失与 Sp 小鼠有关，Sp 纯合子（Sp+/Sp+）NTCD 的发生率为 100%，并于 E16 死亡。提示 *Pax-3* 的正常表达涉及神经管的关闭过程。因而 *Pax-3* 也是维持正常胚胎发育和存活的必需基因。最近在对糖尿病鼠胚研究中发现，在尚未融合的神经褶顶部出现很清晰的凋亡细胞带。而正常情况下，此部位的细胞凋亡只发生在神经褶融合以后，同时发现该部位的 *Pax-3* mRNA 的转录下降甚至检测不到。据此认为糖尿病鼠胚发生 NTCD 的原因是由于糖代谢异常诱导了 *Pax-3* 的下降，而 *Pax-3* 的下降又导致未来神经管顶部的细胞发生异常凋亡所致。目前，*Pax-3* 在神经管中作用的靶基因尚未找到，认为可能是下降的 *Pax-3* 介导了细胞存活基因的失活而使细胞走向凋亡。

5. caspase 家族

caspase 家族是细胞凋亡的主要执行者，其本质是一种半胱氨酸蛋白酶。caspase 既可作为蛋白酶的始动者，特异引起 caspase 家族成员的级联反应；又可作为效应器（如 caspase-3、-6、-7），降解重要的细胞蛋白。caspase 的靶蛋白包括结构蛋白，如层粘连素、纤维粘连素和肌动蛋白；DNA 修复酶包括 poly A 聚合酶、拓扑异构酶 I；调节蛋白如激活 caspase 的 DNA 酶抑制剂（inhibitor of caspase-activated DNase，ICAD）。

在迄今已鉴定出的 caspase 家族 14 个成员中，有 11 个存在于人类。caspase 家族多数成员都涉及神经元凋亡。最先发现 caspase 家族参与神经细胞凋亡的证据来自药理学抑制实验，以后在不同的小鼠模型在体实验中得到确认。虽然 caspase-1、-2、-3、-9、-11 和 12 缺陷小鼠显示有神经元表型，但 caspase-3 和 caspase-9 缺陷小鼠显示有极其严重的神经发育缺陷，这类小鼠由于凋亡缺陷，脑内出现大量的异位神经元。caspase 除作用于发育中神经元的凋亡外，还在急、慢性神经疾病中扮演重要角色，如脑中风、ALS、亨廷顿病。例如，抑制 caspase 的作用可降低神经元对缺血和营养因子去除的敏感性，因此，对 caspase 的抑制，有利于脑缺血后的神经保护作用。

（三）细胞周期的非正常进入可致有丝分裂后神经元凋亡

长期以来一直认为神经元一旦分化，细胞周期也将永远停止。所以在有丝分裂后神经元内细胞周期蛋白是下调的，但近来对这种观点提出质疑，日益增多的研究证据显示，有丝分裂后神经元能再进入细胞周期。然而，重新进入细胞周期的神经元，极少按细胞周期的规律进入细胞的增殖状态，相反却导致了细胞的凋亡。研究显示，在即将死亡的神经元内细胞周期组分的再活化将作用于发育脑的神经元凋亡和成体脑的神经元退化。

首先发现异常细胞周期可致细胞凋亡的证据来自对编码视网膜母细胞瘤蛋白（retinoblastoma protein，Rb）基因的分析，视网膜母细胞瘤蛋白作为一种肿瘤抑制因子，正常情况下将细胞阻止在 G_1 期。研究发现，Rb 对增殖细胞从 G_1 期进入 S 期的转折点发挥作用。非磷酸化的 Rb 处于失活状态，能通过抑制 E2F 转录因子来抑制细胞周期的进行。当细胞处于正常有丝分裂情况下，发生磷酸化的 Rb 可激活细胞周期蛋白 CDK4/6 复合物并释放 E2F。因为 E2F 的下游靶基因对于细胞从 G_1 期进入 S 期是必需的，所以 $Rb^{-/-}$ 突变体在胚胎早期不能存活并显示有严重的神经发生缺陷。令人感兴趣的是，$Rb^{-/-}$ 胚胎中枢和周围神经系统均表现为 DNA 的合成和凋亡的发生同在。这些研究提示，细胞周期的非正常进入可能与终末分化后的神经元死亡有密切关系。因此认为凋亡是发育中神经元未能进入正常的细胞周期所致。

发育中出现的神经元凋亡是一种积极的生理过程，有利于神经元和靶区的精确匹配。相反，成年后出现的神经元死亡则是一种病理现象，可导致严重的行为障碍。然而令人感兴趣的是，这两种细胞死亡的分子机制却很相似。因此，神经元细胞周期的非正常进入（aberrant re-entry into the cell cycle）将发育调节（developmental-regulated）中的细胞死亡和急慢性神经退行性病中神经元的丢失联系起来。例如，根据脑缺血后发生的神经元死亡分为缺血中心部的细胞坏死和缺血周围部的细胞凋亡，可用 caspase 抑制剂减轻神经元的凋亡作为脑缺血的治疗策略，可使缺血动物的组织损伤减轻和神经行为得到改善。

目前关于脑缺血中细胞周期事件的研究数据主要来自动物模型。细胞周期蛋白 D、细胞周期蛋白 G、CDK4、CDK2、p21、phospho-Rb、E2F 和 PCNA 的表达先于缺血介导的凋亡，因此认为非正常进入细胞周期和 DNA 复制触发了脑缺血后神经元的死亡。以后，这种假设被实验结果证实，即使用 CDK 抑制剂阻止细胞周期的非正常进入后，显著地减轻了缺血后的组织损伤和改善了神经行为。因此，使用 CDK 抑制剂对脑缺血后神经元的保护是非常有用的治疗策略，使人们看到了脑缺血这类长期以来击溃人类的顽症有了治愈的希望。然而，CDK 抑制剂的使用也会干扰正常的细胞周期并作用于正常的增殖细胞而带来副作用。因此，进一步研究神经细胞死亡的分子机制和寻找作用于神经系统细胞周期的药物靶向是非常重要的研究课题。

（李泽桂　蔡文琴　撰）

第三节　神经系统发育中的基因表达调控通路

中枢神经系统的发育涉及多个过程的协调进行，包括神经诱导（neural induction）、细胞周期的调控、神经元特异基因的表达和神经前体细胞的分化等。这些过程都涉及多个信号通路及众多基因表达产物的相互作用。其总的趋势是：先是少数几个基因产物发挥作用，一些信号通路活化，活化的信号通路又促使更多的基因转录，活化更多的信号通路，逐渐使不同的细胞出现基因表达差异，进而出现结构和功能的差异，最后细胞建立相对稳定的、可传递的、与结构和功能相适应的基因表达模式。

神经板是最早出现的神经系统发育的结构，早在 1924 年 Spemann 就提出了神经板发育的组织者（organizer）假说，认为是由中胚层诱导了神经板的发生，参与诱导神经板的中胚层细胞组成了"组织者"。此后直至 1992 年，人们才在此假说的基础上，从中胚层中分离出"神经诱导物"（neural inducer），包括 noggin、follistatin、chordin 等；进而一系列参与神经发生、神经板产生的基因相继被发现。神经发生与三胚层结构的建立几乎是同步的，许多参与三胚层结构发育的基因也参与了神经发生。总的来说，这些基因的编码产物多半是不同信号通路的组成成分。

一、BMP/TGF-β/Activin/Nodal 信号通路

多肽生长因子 TGF-β 超家族成员是一个庞大的多肽生长因子家族，由这个家族的配体和受体及细胞内的相应信号分子构成的信号通路存在于脊椎动物和非脊椎动物，广泛参与了动物机体的发育；这些成员包括：骨形成蛋白（bone morphogenetic protein，BMP）、TGF-β、activin、Nodal 等。脊椎动物中的 30 多个 TGF-β 超家族成员可以分为 BMP、生长与分化因子（growth and differentiation factor，GDF）、TGF-β、活化素/抑制素（activin/ inhibitin）、米勒氏管抑制物（Müllerian duct-inhibiting substance，MIS）等 4 组以及不能归入上述 4 组的一些成员。相应的受体也有十多个。果蝇中 TGF-β 超家族成员的同源基因是 *dpp*、*60A*、*screw*，受体的同源基因是 *Thickveins*、*Saxophone* 和 *Punt*（图 3-11A）。

　　TGF-β超家族多肽的受体有两种类型：I型（在哺乳动物中被称为 activin receptor -like kinase，ALK）和 II型（图 3-11B）。两型受体细胞内部分都具有丝/苏氨酸激酶的结构和活性。受体的活化信号通过 SMAD 复合物向下传递。在细胞外，TGF-β超家族多肽首先形成同源二聚体，同源二聚体与 II型受体结合，引起其寡聚化，随后与 I型受体结合并导致其寡聚化；配体与受体结合后，II型受体胞内部分磷酸化 I型的胞内部分，被磷酸化后的 I型受体具有激酶活性，磷酸化受体激活的 SMAD（receptor activated SMAD，R-SMAD）。SMAD 也是一个有多个成员的多肽家族，按功能和结构可以分为受体激活的 SMAD、通用 SMAD/通用介体 SMAD（common SMAD/common mediator SMAD，Co-SMAD）和抑制 SMAD（inhibitory SMAD，I-SMAD）；激活的 R-SMAD 与 Co-SMAD 形成复合物，进入细胞核内，识别或辅助识别、结合特定的增强子序列，募集辅激活因子，最后形成转录起始复合物。这一信号转导途径在多个水平受到比较严格的调控。由于 TGF-β超家族组成复杂，一些因子对某些成员是其促进作用，对另一些因子则可能是抑制作用，如 EGF-CFC 抑制 activin 活性，但却促进 Nodal 活性。

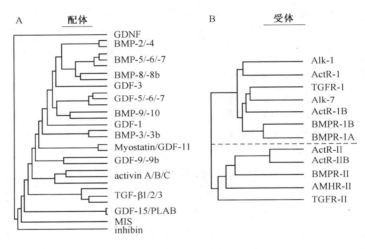

图 3-11　TGF-β超家族及其受体

　　对 TGF-β超家族分子信号通路的调控表现在配体合成分泌、配体受体结合，SMAD 磷酸化和核内转录调控复合物形成等阶段。

1. TGF-β超家族配体合成分泌阶段的调控

　　TGF-β前体合成后被裂解为 N 端的 LAP（latency-associated protein）和 C 端的 TGF-β，两者以非共价形式结合在一起被分泌到细胞外，这一复合物称为潜在 TGF-β（latent TGF-β）。一组分泌型糖蛋白 LTBP（latent TGF-β-binding protein）可与 LAP 共价结合，促进潜在 TGF-β分泌。纤溶酶原活化系统、血小板反应蛋白（thrombospondin，TSP）、6-磷酸甘露糖受体（mannose 6-phosphate receptor）、整联蛋白 avβ6、基质金属蛋白酶 2/9 等参与了潜在 TGF-β的活化。

2. 配体受体结合阶段的抑制因子

Noggin 和 Chordin 是最早确认的来自 Spermann 组织的神经发生诱导因子，Noggin 分子质量只有 32kDa，而 Chordin 则有 120kDa。这两个蛋白质与 BMP 结合后抑制 BMP 与受体结合，促进神经发生。目前已经发现的具有抑制 TGF-β 超家族受体与配体结合的还有：LAP、蛋白多糖 Decorin、follistatin、Chordin/SOG 家族、DNA/Cerberus 家族［包括哺乳动物中的 DNA、Dante、Drm/Gremlin、Cerl、PRDC（protein related to DNA and Cerberus）爪蟾中的 Cerberus，禽类中的 Caronte 和线虫中的 CeCan1］，这些抑制因子都是通过与配体结合，抑制其与受体结合（图 3-12）。

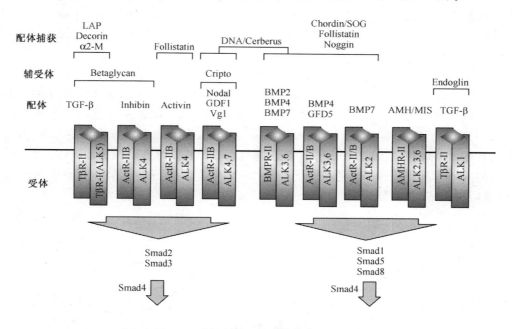

图 3-12　TGF-β 超家族配体受体结合阶段的调控

BAMBI（BMP and activin membrane-bound inhibitor）与 I 型受体相似，与 I 型受体结合形成异源二聚体，阻止结合了配体的 I 型受体磷酸化。

FKBP2（FK506 binding protein 2）结合 I 型受体的 GS 结构域，阻止 I 型受体被 II 型受体活化。

3. 配体受体结合阶段的促进因子

促进 TGF-β 超家族配体受体结合的多是一些附着在细胞表面的蛋白多糖和糖蛋白，它们又被称为辅助受体（accessory receptor，coreceptor），包括：β-多聚糖和糖蛋白 Endoglin；β-多聚糖又被称为 TFG-βIII 型受体，它能促进 TGF-β 与 II 型受体结合（图 3-12）。

EGF-CFC 是一组分泌蛋白，其家族成员在哺乳动物是 Cripto 和 Cryptic、两栖类是 FRL-1、斑马鱼是 OEP。EGF-CFC 是 Nodal 与受体结合所必需的，但却是 Activin 的受体拮抗剂。

　　另外一些蛋白质有拮抗拮抗剂的作用，即拮抗剂的拮抗剂，包括 Tolloid、其在爪蟾中的同源蛋白 Xolloid 以及在人中的同源蛋白 BMP1 和 hTld1。这些蛋白质都是金属蛋白酶，它们作用于 TGFβ 受体拮抗剂如 Chordin 后，后者就不再具有拮抗活性。

　　Smad 需要与受体相互作用、磷酸化、形成激活复合物、在核内聚集才能激活相关基因的转录。这一系列过程也受到多种方式的正负调控。

4. 抑制 Smad 信号转导的因子

　　Smad7 与 R-Smad 竞争 I 型受体，阻止其被受体磷酸化；Smad6 与 Smad1 结合，抑制其与 Smad4 结合形成激活复合物；Smurf-1（Smad ubiquitination regulatory factor-1）促使 R-Smad 泛素化；RAS-ERK 具有阻止 R-Smad 进入细胞核内的作用。

5. 促进 Smad 信号转导的因子

　　SARA（Smad anchor for receptor activation）可以促进 R-Smad 与活化的受体结合；R-Smad 进入细胞核内后，特异结合 DNA 序列 CAGAC，一些蛋白质包括 FAST、OAZ、Mixer、Milk 等协助 R-Smad 与这一元件形成高亲和力的紧密结合；R-Smad 结合到靶基因的调控元件以后主要是通过局部染色质结构来调控靶基因的表达；参与这一过程的既有促进转录的辅激活因子如 p300/CBP，也有辅阻遏物如 TGIF、c-Ski 和 SnoN 等（图 3-13）。

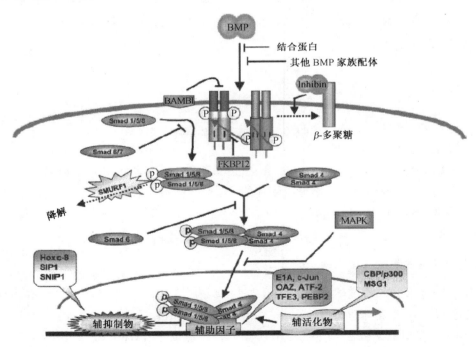

图 3-13　TGF-β 超家族多肽信号转导途径

二、Wnt 信号通路

Wnt 是有多个成员的分泌蛋白家族，在人类已经发现了 19 个家族成员。脊椎动物和非脊椎动物中都发现有 Wnt 家族，但在植物和单细胞生物如酵母和原核细胞中尚没有发现 Wnt 家族。果蝇中的 wingless（wg）也是 Wnt 的同源基因。Wnt 的受体有两类，一类是 Frizzled（Fzd）家族，Fzd 是一类有 7 个跨膜结构域的蛋白质，属 G 蛋白伴随受体（G protein-coupled receptor，GPCR）；还有一类是低密度脂蛋白受体相关蛋白质（low density lipoprotein receptor related protein，LRP），其果蝇中的同源基因是 arrow。Wnt 与 Fzd、LRP 结合后在细胞膜上形成复合物，其进入细胞内的信号通路分为 3 支（图 3-14）：①通过 β 连环蛋白（β-catenin，果蝇中的同源基因是 Armadillo）将信号传递到细胞核内。β 连环蛋白进入细胞核内后与 LEF/TCF（lymphoid enhancer factor/T cell factor）形成共激活复合物，激活受到调控的基因。在没有与 β 连环蛋白结合前，LEF/TCF 与 Groucho 等辅阻遏物结合，抑制了被调控基因的转录。②平板细胞极性通路，这一通路涉及 JNK 的活化和细胞骨架的重新排列。③Ca^{2+} 通路。

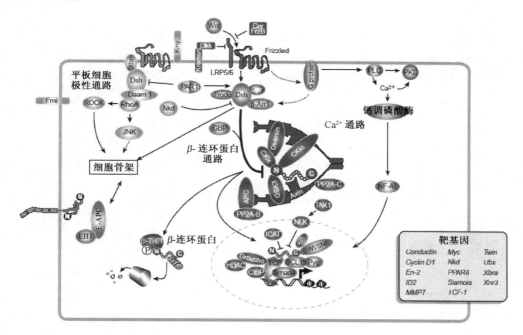

图 3-14　Wnt 信号转导途径

在 Wnt 没有与受体结合时，β-连环蛋白与支架蛋白（scaffold protein）Axin、腺瘤性结肠息肉病（adenomatous polyposis coli，APC）蛋白、糖原合成酶激酶 3（glycogen synthase kinase 3，GSK3）形成复合物，由 GSK3 磷酸化，磷酸化的 β 连环蛋白与 E3 泛素连接酶复合体中的 β-TrCP 结合，进而泛素化，被蛋白酶体降解。

　　Wnt 与受体结合后，活化受体的胞内部分使另外一种支架蛋白 Disheveled（Dsh）磷酸化，磷酸化的 Dsh 可以抑制 GSK3 的活性，稳定 β-连环蛋白，使 Wnt 的信号传递到细胞核内。

　　这一通路在多个水平上受到调控。在配体受体结合时，cerberus、Frzb 与 Wnt 结合，干扰其与受体 Fzd 的结合；Dkk 在细胞表面 kremen 分子的协助下，与 LRP 结合，促使其内吞，抑制 Wnt 与 Fzd 的结合。

　　细胞内有多个分子协助 GSK3β 和 CKIα/ε 磷酸化 β-连环蛋白，促使其被泛素系统降解，这些分子包括：βTrCP、axin、APC、divesin 和 PP2A。Dpr 是 Dsh 的拮抗剂，也起到促进 β-连环蛋白磷酸化的作用。

　　协助 Dsh 稳定 β-连环蛋白的分子有：GBP/Frat-1、PAR1、frodo 和 β-arrestin 1。

　　β-连环蛋白进入细胞核后，与转录因子 LEF/TCF 结合，募集组蛋白乙酰化蛋白 CBP、染色质重构复合物 SWI/SNF，促使 Wnt 控制的基因转录。在没有结合 β-连环蛋白时，LEF/TCF 与辅阻遏物 CtBP、Groucho 结合抑制 Wnt 控制基因的转录。

三、Hedgehog 通路

　　Hedgehog 是多成员的分泌蛋白家族，在脊椎动物已经发现了 3 个同源基因，*Dhh*（Desert hedgehog）、*Ihh*（Indian hedgehog）和 *Shh*（Sonic hedgehog），它们均与机体发育过程有关，其中 *Shh* 是控制体节和神经管发育的主要信号分子（图 3-15）。

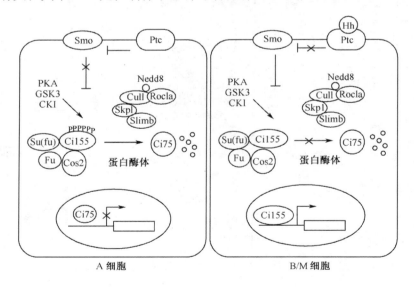

图 3-15　Hedgehog 信号通路

　　成熟的 Shh 多肽有 439 个氨基酸残基，分子质量约 45kDa，经过蛋白酶的作用断裂为 19kDa、174 个氨基酸残基、拥有 Hedgehog 全部活性的 N 端片段（Hh-N）和 26kDa、265 个氨基酸残基的 C 端片段。C 端片段可以协助这一过程，并协助在

Hn-N 的 C 端加上一个胆固醇分子（Hh-Np）；这个胆固醇分子协助 Hh-N 固定到细胞膜上，限制了 Hh-N 的扩散。Hh-N 在细胞间的扩散受到了多种调控，一些与 Hh 释放、转运相关的分子对于 Hh 的活性有重要影响，如 Disp、Hip1 等；细胞表面的蛋白多糖也与 Hh 的活性相关，因此与蛋白多糖合成有关的分子也会影响 Hh 的活性，如 ttv。

细胞表面 Hedgehog 的受体是跨膜蛋白 Patched（Ptc），Ptc 有 12 个跨膜结构域；另一个有 7 个跨膜结构域的跨膜蛋白 Smoothened（Smo）与 Ptc 相偶联，Smo 和 Wnt 受体 Fzd 一样，是一种 GPCR。Ptc 在没有与 Hh-N 结合时抑制 Smo 的活性，与 Hh-N 结合后不再抑制 Smo 的活性，Smo 与胞质中的 Ci 复合物相互作用，将 Shh 的信号向下传递。

在果蝇中，Hedgehog 受体活化信号通过 Ci（cubitus interruptus）向内传递。Ci 是一种锌指蛋白，其在脊椎动物中的同源蛋白是 Gli 锌指蛋白家族。完整的 Ci 有 155 个氨基酸残基（Ci155），在胞质中 Ci 与 Cos2，Fu 和 Su 形成复合物，并被 Cos2 固定在微管上；在没有活化信号时，Ci155 受到依赖于 cAMP 的蛋白激酶 A（cyclic AMP-dependent protein kinase A，PKA）、GSK3 和 CKI（casein kinase I）3 个激酶的作用被磷酸化，磷酸化的 Ci 被蛋白酶体降解，形成了只保留 N 端 75 个残基、含有锌指结构域的 Ci75。Ci155 与 Ci75 活性相反，Ci155 具有转录激活作用，激活受 Hedgehog 调控的基因；Ci75 则抑制这些基因的表达。

四、FGF 与 RTK 信号通路

成纤维细胞生长因子（fibroblast growth factor，FGF）是一类结构相似的多肽生长因子。在哺乳动物已经发现了 20 多个 FGF 基因，这些 FGF 编码的多肽长度在 155～268 个氨基酸残基；其中心结构域（central domain）约 120 个氨基酸残基的相似程度在 30%～60%，这部分氨基酸残基构成了 FGF 与肝素结合的结构域。大部分 FGF 都是典型的分泌蛋白，具有信号肽，合成后被分泌到细胞外发挥作用。

编码哺乳动物的 FGF 受体的基因有 4 个，其编码产物具有基本相同的结构：胞外结构域、一个跨膜结构域、细胞内的酪氨酸激酶结构域和胞内的调节结构域。许多生长因子受体都有类似的结构，这类细胞内部分有酪氨酸激酶结构域和活性的受体称为酪氨酸激酶型（receptor tyrosine kinase，RTK）受体，常见的有 EGFR、VEGFR、胰岛素受体、IGF-1R。根据这些 RTK 胞外部分的结构，至少可以分为 14 个亚类（表 3-1）。细胞表面的肝素硫酸糖蛋白（heparin sulfate proteoglycan，HSPG）协助 FGF 附着在靶细胞表面，促进其与受体的结合，形成含有 2 个 FGF、2 个 FGFR 的四聚体；形成多聚体后 FGFR 的酪氨酸激酶结构域活化，将调节结构域的酪氨酸磷酸化，磷酸化的调节结构域募集、活化含有 SH2（src homology 2）的信号转导分子，组装形成胞内的信号转导复合物，激活 RAS、磷脂酶 C-γ 和丝裂原激活的蛋白激酶（mitogen activated protein kinase，MAPK）等信号转导通路，活化相关基因的表达（图 3-16）。

表 3-1　主要的 RTK

分类	举例	结构特征
I	EGFR、NEU/HER2、HER3	富半胱氨酸序列
II	胰岛素受体、IGF-1 R	富半胱氨酸序列，通过二硫键形成异四聚体或二聚体
III	PDGFR、c-Kit	5 个 Ig 样结构域，含有激酶插入序列
IV	FGFR	3 个 Ig 样结构域，含有激酶插入序列和酸性结构域
V	VEGFR	7 个 Ig 样结构域，含有激酶插入序列
VI	HGFR、scatter factor (SC) R	类似 II 类受体的异二聚体，其中一个亚基只有胞外部分。HGFR 由癌基因 Met 编码
VII	神经营养因子受体家族 (trkA、trkB、trkC)、NGFR	无富半胱氨酸序列；NGFR 含有富亮氨酸序列

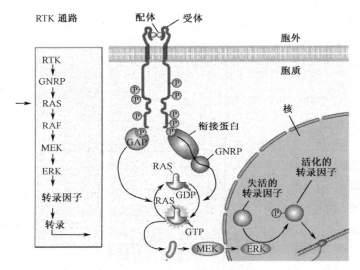

图 3-16　FGF 和 RTK 通路

五、Notch 信号通路

上述信号通路均以旁分泌（paracrine）的形式参与发育过程的调控，Notch 通路则是以邻分泌（juxtacrine）的方式参与发育过程的调控。

Notch 信号通路最早在果蝇中发现，其核心成分包括 Notch 受体、Notch 配体和 CSL DNA 结合蛋白。

Notch 是单跨膜区膜蛋白，分子质量约 300kDa，有 2500 多个氨基酸残基。除了果蝇发现有 1 个 Notch 基因外，在线虫（Lin-12 和 Glp-1，所以 Notch 受体又称为 LNG 受体：Lin-12、Notch、Glp-1）和脊椎动物中都发现了 Notch 的同源基因（人类为 Notch 1～Notch 4）。未被剪接的 Notch 蛋白主要由 3 个部分构成（图 3-17），从 N 端到 C 端依次是：①胞外部分（extracellular Notch，ECN），这一部分包括 30 多个串联的

EGFR（EGF like repeat）结构域和 3 个富含半胱氨酸的 LNR（Lin/Notch repeat）结构域。②跨膜结构域（TM），在跨膜结构域及附近有 3 个蛋白酶作用位点：S1、S2、S3。③胞内部分（intracellular domain of Notch，ICN）也称 Notch 胞内结构域（Notch receptor intracellular domain，NICD），包括 RAM（RBP-J kappa associated molecular）结构域、6 个锚蛋白（cdc10/ankyrin，ANK）重复序列结构域、位于锚蛋白两端的 2 个核定位信号（NLS）、反式激活结构域（transactivation domain，TAD）和 PEST（proline、glutamate、serine、threonine rich）结构域。RAM 结构域、锚蛋白结构域介导 NICD 与 CSL 的结合，PEST 结构域与 Notch 的降解有关。

　　Notch 配体在果蝇中为 Delta 和 Serrate，在线虫中是 Lag-2，因此也称 DSL 配体。在哺乳动物中发现的 5 种 Notch 配体分别是 Jagged1、Jagged2、Delta-like 1、Delta-like 3 和 Delta-like 4。DSL 配体也是单跨膜区蛋白，其胞外区含有数量不等的 EGF 样重复区，N 端有一个结合 Notch 受体必需的 DSL 基序，DSL 配体的胞质区很短，只有 70～215 个氨基酸残基。

　　Notch 在细胞的靶分子是 CSL［脊椎动物中是 CBF1、果蝇中是 Su（H）、线虫中是 Lag-1］。CSL 先后被称为 RBP-Jκ（recombination signal binding protein of the Jκ immunoglobulin gene）、KBF2（MHC enhancer κB binding factor）、LMP-2［Epstein-Barr virus（EBV）latent membrane promoter binding protein］和 CBF-1（EBV latency C promoter binding factor 1）。

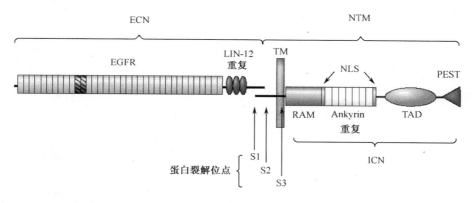

图 3-17　Notch 的结构

　　从无脊椎动物到脊椎动物，Notch 信号通路的成分和活化过程都是高度保守的。其基本过程是：位于细胞膜上的 Notch 配体与受体结合后，促使受体受到蛋白酶的作用，受体胞内部分（intracellular domain of Notch，ICN）从细胞膜的内侧断裂、游离出来，含有核定位信号的 ICN 进入细胞核后与 CSL 结合，促使原来为阻抑物的 CSL 转变为转录激活因子，激活受 Notch 调控的基因转录（图 3-18）。

　　在高尔基氏体内，Notch 前体由 Furin 样蛋白酶在 S1 处切割成两个分子，胞外亚基（extracellular Notch subunit，ECN）和跨膜亚基（Notch transmembrane subunit，NTM）。转运到细胞膜上后，两个亚基以依赖 Ca^{2+} 的非共价键方式结合形成成熟的 Notch 受体。受体与配体结合后，NTM 对蛋白酶的作用更为敏感，来自 ADAM（a

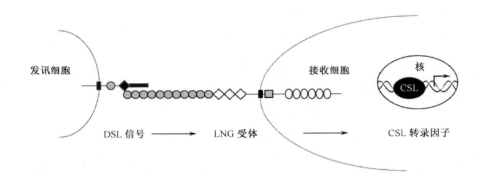

图 3-18　Notch 信号通路

disintegrin and metalloprotease domain) 金属蛋白酶家族的 TACE（TNF-α-converting enzyme）或 Kuz（kuzbanian）在 S2 处切割 NTM，导致 ECN 从膜上游离。随后由早老素（presenilin，Psn）、Nicastrin、APH-1 和 PEN-2 组成的复合物，产生 γ-secretase 活性，作用于 NTM 的第 3 个蛋白酶作用位点 S3，将 Notch 的胞内部分（ICN）切割、游离出来；ICN 进入核内与 CSL 结合。

在没有 ICN 时，CSL 与辅阻抑物 SMRT/NcoR/HDAC（组蛋白去乙酰酶）和 CIR/HDAC2/SAP30 结合，形成复合体，抑制相关基因的表达。在 SKIP 的辅助下，进入核内的少量 ICN 促使 CSL/辅阻抑物复合体解离，并形成含有组蛋白乙酰酶（HAT）辅转录激活因子，激活相关基因的转录。

最后，蛋白酶体和泛素系统降解 CSL-INC-HAT 复合物，以保证子代细胞仍然要在 Notch 的控制下发育。

由于这一通路的活化需要细胞间的直接接触，所以信号发送细胞和信号接受细胞通常为同一类细胞；同时由于这一通路受体后信号转导由受体直接介导，因此这一信号转导途径反应较为迅速，信号接受细胞能很快出现 Notch 通路激活的反应；活化的 Notch 会调控细胞表达配体，典型的例子是旁侧抑制（lateral inhibition），即 Notch 通路活化细胞抑制邻近的细胞合成 Delta（Notch 配体）。

Notch 信号的靶基因多为 bHLH 转录因子，它们又调节其他与细胞分化直接相关的基因的转录，如哺乳动物中的 HES（hairy/ enhancer of split）、果蝇中的 E（spl）（enhancer of split）及非洲爪蟾中的 XHey-1 等。

六、VegT 和母系分子信号

脊椎动物的胚胎细胞直至囊胚期早期仍具有胚胎多能干细胞的特征。脊椎动物胚胎最早可见的细胞分化的结构发生在原肠胚期。单细胞移植实验也证实：多能干细胞多能性的丧失，始于原肠胚期。这一阶段的细胞分化和发育的信号主要有两类：①所谓胞质决定的（cytoplasmic determinant），即在成熟的卵细胞中预先合成的蛋白质或 mRNA 其在胞质中的分布是不均匀的，随着受精后细胞的快速增殖，这些母系（maternal）分子也不对等的分配到不同的子代细胞中，进而导致不同细胞基因表达的差异；②在上述母系分子不对等的作用下，子代细胞通过细胞间的相互作用（cell-cell interaction）彼此决定了对方的命运。非洲爪蟾受精卵最初 12 代卵裂是每 30min 分裂一次，并且每一个细胞都是同步分裂；在分裂了 12 代后，受精卵就发育到了中期囊胚转换阶段（mid blastula transition，MBT），此时的胚胎有 4096 个细胞。直至 MBT，胚胎细胞才开始基因转录，但此前细胞已经开始出现差异。促使胚胎细胞差异发育最初的信号是来自卵细胞的母系分子。有证据表明：来自囊胚植物体（vegetal mass）母系分子是启动三胚层结构发生的初始信号，现在已经证实：母系的 VegT 分子在三胚层结构的发生中起着决定性的作用。

　　VegT 是 T 盒（T box）基因家族中的一员（图 3-19），这一家族包括脊椎动物中的 Brachyury（T，tail），小鼠中的 Tbx1-7，爪蟾中的 ET、Xbra、eomesodermin 和 VegT。该家族成员拥有一个共同的识别、结合 DNA 序列的结构域，T 盒；T 盒识别的序列是 T［G/C］ACACCTAGGTGT GAAATT；T 盒家族中的多数成员具有转录激活作用。

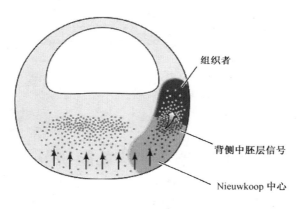

图 3-19　VegT 信号

　　实验表明来自植物体的母系 VegT 是三胚层发生所必需的，VegT 促使植物体细胞转录 Wnt 和 TGFβ 通路的多个成员，如 wnt、β-连环蛋白、Xnr、derriere 等，启动三胚层结构的发生。

七、原神经基因——bHLH 转录因子

　　外胚层细胞经过最初的诱导，出现了神经前体细胞。在这些细胞中一些原神经基因（proneural gene）开始转录，控制神经前体细胞的分化。这组基因的表达产物是一些含有 bHLH 结构域的转录因子（图 3-20）。这类转录因子的结构特征是在 N 端有一个与特异结合 DNA 序列的碱性结构域，在 C 端是一个螺旋-环-螺旋的结构，是 bHLH 转录因子形成有活性的同源二聚体所必需的。

　　原神经基因促使神经前体细胞分化的过程有两个阶段：第一个阶段原神经基因的表达和活性水平都比较低，作用后的前体细胞仍然可能向神经途径以外的方向分化；第二个阶段，由于原神经基因表达和活性水平都比较高，促使神经前体细胞形成了相对稳定的基因表达模式，神经前体细胞只能向神经系统的细胞分化。

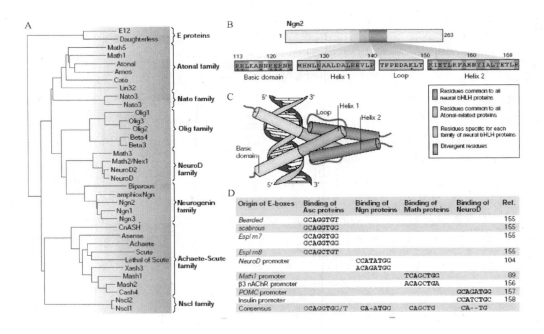

图 3-20　bHLH 转录因子

（刘　　昕撰）

第四节　脑发育中的脑损伤

一、发育中脑的易损性

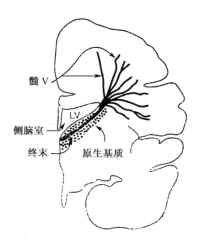

图 3-21　原生基质

　　未成熟脑在胎儿及出生后发育过程中，其结构组织方面经历了显著的改变。在此过程中，有些结构在出生后发育中进行性增加，如神经通路的成髓鞘，因此成熟脑含有未成熟脑所缺乏的脑白质。另一方面，发育中的脑也含有一些结构及细胞成分是成熟脑所缺少的，如原生基质（germinal matrix）（图 3-21）。原生基质是早中期妊娠时，神经元及胶质细胞的发源地。该结构在足月妊娠末期前应已消失，但在早产婴儿则该处可以是颅内出血的好发部位。

　　未成熟脑与成年脑的区别不仅因为它缺少一些成年脑所具有的结构如髓鞘等，也由于它还具备一些暂时性的结构，直至出生后才逐渐退化。这些神经生物学方面的特点，与临床神经心理学的特点是一致的，如婴儿与儿童在某些方面的行为能力也确实随年龄增长而逐步减弱或消失。

认识由于发育中的变化所导致脑的特殊易损性（vulnerability），是神经生物学及比较解剖学所关注的研究内容，对于了解发育中脑损伤的特点也是重要内容。

未成熟脑易受损伤的部位在成熟脑中对损伤并不敏感。例如，早产儿脑内原生基质的脆性毛细血管，产生了对于发生颅内出血的脆弱性。但随脑发育的逐步成熟，这种脆弱性就逐渐减少。又如未成熟的脑白质，对脑室周白质营养不良这种损伤具有脆弱性。这种脆弱性在妊娠 32 周之前最显著，此期内对于缺氧缺血或代谢性损伤十分敏感；发育较成熟的脑白质有时仍可对炎症性损伤敏感。

以上这些发育中"易损性"的"门户"是基于细胞和血管的因素。发育中的白质可以说是位于两部分血管终端连接处的血管分水岭（watershed）区域，当婴儿大脑血管系统压力减少时，该区很容易发生血流不足。从细胞因素而言，形成髓鞘的少突胶质细胞当发育未成熟时，对氧应激及过多形成的自由基损伤十分敏感。这些细胞对氧应激的选择性脆弱，促使发育中的脑白质对其他非缺血性的因素，如细菌内毒素损伤也更敏感。因此暂时性存在的原生基质和很不成熟的少突胶质细胞共同创造了早产儿脑对损伤脆弱性的"门户"。研究证实上述结构的形态特点及所在部位确实与脑损伤的部位相一致。

发育中脑的选择性易损性不仅在早产儿存在，近年证实足月新生儿及出生后婴儿也有一些脑损伤的类型，可能是由于脑中重新组织过程的结果。当发育中脑白质对缺氧缺血损伤的易损性在妊娠 32 周后减少时，脑内灰质尤其是大脑皮层和基底核的大部分脑区的易损性却增加，这种增加可持续至足月及出生后数月。最显著的发育中改变是轴突树突连接的突触增加，这种出生后突触的增加，与 2 岁以内幼儿大脑葡萄糖代谢率的增高倾向相一致，2 岁时该峰值可达成年水平的 2 倍。突触发育的完善及需能量之电源性离子泵的发育是保持突触活性所必需的，这些均与脑代谢的升高有一定的关系。

近年研究证实，在发育中脑内突触增加的同时，突触末端的一些神经介质及神经介质受体也显著改变其组织结构。脑内与神经元损伤易感性最有紧密联系的神经介质是兴奋性氨基酸（excitatory amino acid，EAA），主要有谷氨酸、天冬氨酸及甘氨酸。"兴奋毒"可以刺激离子流通过突触膜上的离子通道，这种结果可以是相当剧烈的，并可损伤神经元。突触超载尤其倾向发生在缺血或其他型能量衰竭的时期内，此时，过多兴奋性神经介质释放出来，而神经元膜上的代偿性解救措施不能充分发挥作用。

当正常调控细胞内离子浓度的机制不同原因而失活，而谷氨酸又导致过多量的 Ca^{2+} 及 Na^+ 通过神经细胞膜时，"兴奋毒"即可发生。缺氧缺血、低血糖及外伤均可触发高浓度谷氨酸积聚在脑内细胞外液中，其来源是由于突触前释放及谷氨酸重摄取的功能下降。神经元正常兴奋时，谷氨酸重摄取泵可使细胞外谷氨酸浓度下降。

谷氨酸重摄取泵也可受神经细胞膜释放自由脂肪酸（如花生四烯酸等）所抑制。当细胞外区谷氨酸水平很高时，NMDA 型通道开放，神经细胞膜去极化并允许 Mg^{2+} 离开通道。NMDA 型谷氨酸受体促进大量 Ca^{2+} 进入细胞内，因其失活缓慢从而使细胞内 Ca^{2+} 产生持续增高。NMDA 受体过度激活对于含有该类受体与通道的神经元是尤其危险的。最致死性的神经元损伤是同时具有细胞外过量谷氨酸积聚，又有"能量短缺"，从而减少线粒体功效的情况下，细胞内 Ca^{2+} 增高所导致的最重要的一种神经毒作用是激活一氧化氮合酶（NOS），通过一种 Ca^{2+}/钙调控蛋白依赖机制而产生自由基 NO。NO 可以促进神经介质释放，并形成过氧亚硝酸盐分子，该分子可侵袭神经细胞膜（图 3-22）。

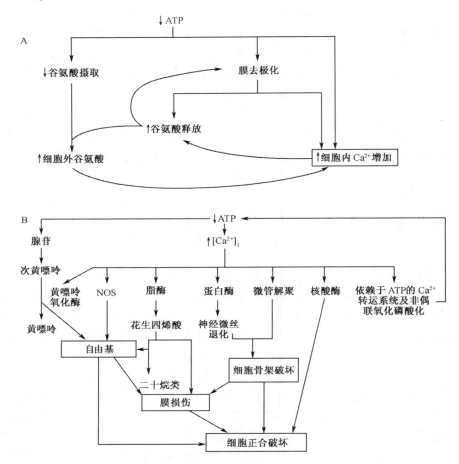

图 3-22　能量耗竭与 $[Ca^{2+}]$（A）及缺氧缺血脑损伤机制（B）

近年来，认为"兴奋毒"可能通过一种坏死及"凋亡"的混合性机制，激活机体内细胞死亡程序而导致细胞死亡。氧自由基产生对于上述两种类型的细胞死亡可能起作用。

在脑发育的全过程中，兴奋性氨基酸受体的分布、电生理及分子特点有显著改变，这种改变对于脑的易损性有很大影响。不同年龄脑内谷氨酸受体亚型的分布，通道的动力学、酶活性以及保护的功能（如中和自由基的能力）等，均可随发育阶段而有所不同。例如，多年前已证实在婴儿猫，其视新皮层由 NMDA 调节的兴奋性突触后电位大于成年猫。皮层 NMDA 受体密度在大鼠出生后早期也高于成年，说明这些受体数目在发育早期脑内有一"超射"过程，在发育后期又有一个"修剪"过程使之减少。

代谢型谷氨酸受体刺激所激活的磷酸肌醇水解活性，在新生大鼠大脑皮层比成年高出 10 倍，有一种代谢型受体亚型与磷酸肌醇的更新连锁，即 MGluR5，在出生后 10 天大鼠体感皮层表达数量高于成年鼠。

分子生物学研究证实，NMDA 受体电生理特点在发育中脑的改变与其亚单位的改变相关，从而构成未成熟 NMDA 受体通道复合体。未成熟通道与成年期者不同，从化学结构上就可以传导更大量的 Ca^{2+}。由未成熟亚单位构造的通道与更成熟的通道相比更容易被甘氨酸（谷氨酸的辅助激动剂）所激动，但被 Mg^{2+} 阻断的程度较低。这些发育中的变化使未成熟脑中的通道具有比成年脑更大的电兴奋性（表 3-2）。但 NMDA 受体在未成熟脑中的特点还有更重要的作用，那就是对脑发育及可塑性的作用。例如，NMDA 受体在活性依赖的可塑性中起作用，从而使突触回路对环境刺激的反应和谐一致。若人为关闭一眼，另一只活动而睁开的眼所操纵的活性的轴突就成为使视皮层反应的主宰。NMDA 受体对于活动的增加所伴有更大 Ca^{2+} 流通过神经元膜的情况是有反应的，这种反应随后可作为亲和信号去募集更有活性的突触以形成永久性回路，重新建立感觉功能，并可修剪过多的突触。

表 3-2　新生儿期脑内 NMDA 受体特点

NMDA 调节的 EPSP 过程加长
Mg^{2+} 阻断 EPSP 程度减少
聚胺结合位点较少
对甘氨酸增强 NMDA EPSP 更敏感
从 NMDA 受体亚单位 1（NR1）/NR2B 转换为 NR1/NR2A
出生后阶段 NMDA 受体密度更高

另一方面，在一些脑的特定区域，凡具有增强的谷氨酸调节的可塑机制的，也同时具有对过度刺激及缺氧缺血、其他应激损伤的脆弱性。

迄今已将发育中脑选择性的易损性表现与以下因素连锁起来：①EAA 受体表达；②通道及第二信使系统。这些已通过动物实验"兴奋毒"模型得到证实。将谷氨酸激动剂 NMDA 微注射至不同年龄的出生后大鼠，结果证实 7 天乳鼠比其较大或较小鼠仔对脑损伤更敏感。缺氧缺血脑损伤在出生后 7 天大鼠也更易感，电镜观察也证实此年龄时 NMDA 受体表达程度及缺氧缺血所致脑损伤的组织病理所见近乎相同。大脑皮层、纹状体及海马结构对兴奋毒及缺氧缺血脑损伤尤其敏感易损，这些结构也含有大量的谷氨酸受体，NMDA 受体拮抗药物也显示对这些相应易损脑区的神经保护作用，正如其对缺氧缺血损伤的保护作用一样。其他谷氨酸受体亚型，如 AMPA 及 KA 受体的激动剂则各自导致其特殊类型脑损伤，但发生在与 NMDA 过度刺激导致损伤的不同发育阶段。可见发育中脑内，对神经元特殊类型的损伤是可以推断的，至少部分可以通过受损伤的年龄，以及对 EAA 受体解剖学上特殊的表达形式来推断。

人类未成熟脑在宫内及出生后阶段中经历了显著的组织结构上的变化。这些变化形成了潜在的、短暂的易损性"门户"。例如，短暂存在的"原生基质"，在妊娠最后 3 个月胎儿及早产儿是颅内出血的高发部位。未成熟少突胶质细胞，存在于胎儿脑白质，对损伤敏感而容易产生脑室周围白质营养不良。同样的改变也可发生在突触，这些突触构成婴儿脑神经回路。人类大脑皮层中，出生后 2 岁前突触产生数目多于成年，在以后

10年内逐渐减少。在同上阶段中，重要的兴奋性氨基酸-谷氨酸受体改变自身特点而参与突触可塑性的形成。例如，未成熟NMDA受体-通道复合体，在长时程电位（long-term potentiate，LTP）、神经元移行及突触删除中起重要作用，其所含有的亚单位，在未成熟阶段其通道的开放比成年通道容易，这种情况可存在很长时间。

以上这些发育中的变化，使未成熟脑选择性对NMDA受体过度活动时易受损伤，这种情况可发生在缺氧缺血及其他伤害过程中。发育中脑内各种类型的神经病理改变，也可基于这些组织结构的发育原则而加以认识。

二、神经管畸形与多种维生素

人脑发育程序中，原始神经胚形成发生的高峰时间是在妊娠3～4周，前脑发育的高峰时间是妊娠2～3月。在此阶段中由于遗传与环境的多种因素异常，可以导致神经管畸形（neural tube defect，NTD）的发生，这是出生缺陷（birth defect）中一种重要的类型。NTD主要包括颅脊柱畸形、无脑儿、脑脊膜膨出及前脑发育异常等疾病。这些疾病中重者可使胎儿在宫内死亡，出生后活者多具有严重神经系统异常。NTD的发病率约为1/1000活婴。已生过一个NTD的母亲，下一胎NTD再现率达3‰～5‰。

NTD的病因与发病机制迄今仍不完全清楚，持遗传作用观点者是基于：①女孩发病多；②有种族区别；③近亲婚配增加发病率；④单卵双胎一致率增加；⑤同胞儿及先证者亲属发病率高。环境因素的影响目前认为有：①产前母亲高热或糖尿病；②母服用抗癫痫药，如丙戊酸、卡马西平者；③母亲体内锌、汞含量失调；④母亲多种维生素缺乏等。近几年来国际国内对NTD与多种维生素的关系进行了大量流行病学与基础研究，取得一定进展。

（一）流行病学研究结果

早年研究证实186名曾有过NTD婴儿的妇女原处于很低社会经济条件下，当再次妊娠后的前3个月，其中凡给予高质量合理饮食营养的141名妇女中出生儿NTD再现率为零，而仍保持低质量饮食的45名妇女中有8名出生儿为NTD。同时也证实凡有NTD婴儿的妊娠母亲，妊娠前3个月其红细胞叶酸及白细胞抗坏血酸水平显著降低。在此研究的基础上，国际上进一步分别研究了叶酸及多种维生素对NTD发生的关系，其结果进一步证实了早年研究的结果。但重要是进一步提出所给妊娠母亲的多种维生素中必须含有叶酸，而且叶酸的效果与其开始用药时间是否在神经管闭合的发生时间相关（即妊娠6周以内）。20世纪90年代初期英国进行一项大规模的多中心研究，将受试妇女随机分为4组，即①单用叶酸；②叶酸及多种其他维生素；③单用其他维生素；④不用叶酸及其他维生素。研究结果证实有叶酸组NTD发生率0.6%，无叶酸组3.6%，再次肯定了叶酸应用对预防NTD的作用。

在上述研究的基础上，美国疾病预防与控制中心建议凡既往妊娠有过NTD的妇女从计划妊娠开始至妊娠3个月间，应摄入每日0.4mg叶酸。为防止潜在其他维生素过量中毒，主张应服用单纯叶酸，而不用多种维生素的制剂。

近年通过更多研究，证实全部妇女在怀孕前后（periconceptional）每天服用叶酸0.4mg，可使其发生第一个 NTD 的危险减少 60%～70%。

当前国际发达国家及我国均已主张：凡准备妊娠的妇女应每天服用 0.4mg 叶酸预防神经管畸形。

（二）叶酸预防 NTD 的机制研究

近年虽然进行了大量研究，但对于叶酸预防 NTD 发生的机制仍不完全清楚。主要的看法有：①与同型半胱氨酸（homocysteine）至蛋氨酸（methionine）的代谢有关：该反应由蛋氨酸合酶催化，产生必需的叶酸代谢物 5-甲基-4-氢叶酸。已证实 12%～20% 的 NTD 病例有合成 5-甲基-4-氢叶酸的关键酶甲基四氢叶酸还原酶（methylenetet-rahy-drofolate reductase）缺陷，并可产生同型半胱氨酸升高，已证实这可导致鸟类胚胎的 NTD；②同型半胱氨酸至蛋氨酸代谢途中的甲基化反应受累，这对于蛋氨酸十分重要。DNA、蛋白质及脂类的转甲基化作用具有广泛影响的代谢重要性。

三、围生期脑损伤

围生期脑损伤（perinatal brain damage）是围生期死亡的主要原因，存活儿童中有些发展成脑性瘫痪（cerebral palsy），给家庭及社会带来很大负担，最终必须由多学科协作进行长期治疗与康复。虽然迄今对于围生期脑损伤尚无有效完全的预防措施，但对其发病的生理机制与神经保护策略已进行了广泛的实验研究。围生期脑损伤主要由脑缺氧缺血、脑出血及上行性宫内感染所导致，这里将对这 3 方面的问题进行讨论。

（一）新生儿缺氧缺血脑病的发病机制

新生儿缺氧缺血脑病（hypoxic ischemic encephalopathy，HIE）是一种脑功能障碍综合征，发生在严重脑缺氧伴缺血后一段时间。我国报道，若包括足月儿、早产儿在内，新生儿窒息发病率为 3.5%～9.5% 活婴，其中约 1/2 为 HIE。新生儿 HIE 的神经系统表现包括严重嗜睡、昏迷、肌张力减低、喂养困难、惊厥及呼吸抑制。脑电图均有严重异常，如脑电背景波变慢、暴发抑制波形及惊厥放电。这些临床表现通常发生在窒息后 12～24h，可能与神经毒连锁反应产生神经元损伤所需的时间相当。HIE 通常表现严重症状 3～5 天，以后 2 周内神经系统状况逐渐进步。凡有较重窒息损伤者才会产生严重 HIE 且伴有神经系统损伤。

围生期窒息是经历较长时期严重的氧与 CO_2 交换失常后，出生患儿 Apgar 评分为 3 或 3－，并伴有代谢及呼吸性酸中毒，在 5min 时 pH 小于 7。

1. 急性能量代谢崩溃及钙超载

正常脑功能必须依赖充足的氧与葡萄糖供应，当脑氧来源急性减少几分钟内即可导致神经元能量代谢崩溃。继而 Na^+/K^+ 泵停止工作，而耗尽能量的细胞则摄入 Na^+、

Ca^{2+} 及 Cl^-，细胞内相对超载的钙离子可激活脂酶、蛋白酶及核酸内切酯，从而进一步损坏细胞骨架。

2. 谷氨酸释放

神经元去极化诱导突触前释放兴奋性神经介质谷氨酸，结合并激活突触后的谷氨酸受体，包括离子型 NMDA、AMPA 及 KA 受体及代谢型受体（后者调节细胞内 G 蛋白信号程序）。这些受体被激活后均可导致细胞内 Ca^{2+} 进一步增高而促进神经细胞凋亡（图 3-23）。

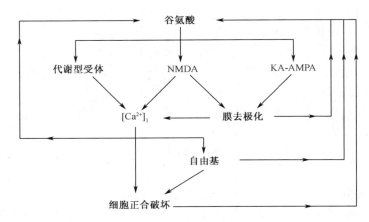

图 3-23　谷氨酸诱导神经元死亡

另一方面当谷氨酸结合至胶质细胞受体（代谢型受体 2/3），可导致分裂素（mitogen）激活性蛋白激酶及磷脂酰肌醇-3-激酶途径激活，从而产生转化生长因子 β1（transforming growth factor β1，TGF-β1）的释放。而 TGF-β1 被认为可以对抗兴奋毒所导致的神经元死亡。这是一个值得进一步研究的现象。

3. 蛋白质合成受抑制

动物试验证实，脑内易损及非易损脑区，在脑缺血及缺血后早期，其蛋白质合成均减少。在缺血终止时，脑内非易损区蛋白质合成恢复到缺血前水平，而在脑内易损区则仍受抑制。蛋白质合成在缺血后的胎儿脑损伤，其恢复速度较成年脑要快，这反映脑组织对缺血性损伤的反应是有发育变异性的。长程蛋白质合成受抑制是缺血后神经元细胞损伤的原因之一，也是一个早期指标。

电镜及生化研究证实缺血后蛋白质受抑制伴有多核糖体解聚作用，后者主要在缺血后发生，伴有单核糖体分离成为较大及较小亚单位，新多肽链核糖体解聚较延长或终止链要用更长时间。

脑缺血过程中不会发生多核糖体解聚，因为能量代谢崩溃累及蛋白质合成的各时间（起始、延长、终止）。缺血后，能量代谢的恢复只能重新激活蛋白质合成链的延长及终止阶段而非起始。由此不可避免导致多核糖体解聚及蛋白质合成的受抑制。

但缺血后并非全部蛋白质合成均受抑制，在"再灌注"时期，各种转录因子产物及热休克蛋白（heat shock protein，HSP）增加。HSP 是一组高保守性蛋白质，在有机体遇到种种外源性应激因素（如缺血、高温、细胞内 Ca^{2+} 与 pH 变化等）后很短时间内合成。HSP 可协助保护脑损伤通过保持细胞内自身稳定及蛋白质构象，再激活异型或变性蛋白质，提供移位酶及分子伴侣（chaperone）功能。近年有研究者证实该类蛋白质在内皮细胞的表达对新生大鼠缺氧缺血耐受性的获得具有重要作用。

4. 继发性神经细胞死亡

缺血损伤后能够恢复的脑组织，其能量代谢可很快修复。但几小时后，受累组织能量状态再次减少，同时发生继发性细胞水肿及其后的 EEG 可监测的癫痫性电活动。这些现象是由于氧自由基、NO、炎症反应、兴奋性氨基酸（谷氨酸为主）所导致。

5. 氧自由基

脑缺血后氧自由基（oxygen radical）通过激活黄嘌呤氧化酶、过氧化物歧化酶及 Haber-Weiss 反应等途径而产生，导致细胞膜及组织损伤。脑组织花生四烯酸的代谢率增加，或缺血后激活白细胞均可产生大量氧自由基。

通过动物实验研究黄嘌呤氧化酶抑制剂，如别嘌醇（allopurinol）的神经保护作用，证实了脑缺血后氧自由基对发生继发性神经细胞死亡的重要性。也有研究者证实氧自由基可增加鸟氨酸脱羧酶的活性，该酶与细胞生长增殖有密切关系，改变该酶的调控，对发育中脑神经元的发生及分化会产生广泛作用。

6. 一氧化氮（nitric oxide，NO）

脑缺血时，巨大的 Ca^{2+} 流通过不同通道内流，部分是由谷氨酸调节。细胞内 Ca^{2+} 增加可激活 NO 合酶（NOS），可使精氨酸产生 NO、瓜氨酸及水，并减少烟酰胺-腺苷磷酸-核苷酸及氧。有研究者在动物实验证实脑缺血后 NO 的神经毒性，当新生鼠在缺氧缺血前 1.5h 给予 NOS 抑制剂，可产生显著神经保护作用。在 nNOS 缺乏新生小鼠，经脑缺血处理后，其海马与脑皮层损伤比野生型小鼠明显减轻。

已证实人类新生窒息患儿血液及脑脊液中自由基水平增加，使用抗氧化剂褪黑激素（melatonin）可促进经历过宫内缺氧胎儿的存活。

7. 癫痫性电活动

脑缺血后数小时所出现的癫痫性电活动也可加重脑损伤。动物试验证实在成熟的羊胎儿全脑缺血 30min 后 8h，可观察到癫痫性电活动在缺血后 10h 达高峰。这种癫痫性电活动可在应用谷氨酸拮抗剂 MK-801 后完全被抑制，而且伴有动物脑损伤的显著减轻。说明"缺血再灌注"过程中，继发性谷氨酸释放或兴奋与抑制性神经介质的不平衡可以诱发神经元活动的癫痫样暴发，从而导致细胞代谢与脑血流的"脱偶联"，这就可以自动损伤能量代谢途径并导致继发性神经细胞受累。

8. 凋亡

近年证实脑缺血后神经细胞损伤的发生不仅通过坏死（necrosis），也通过凋亡

(apoptosis) 过程。在坏死过程中，细胞死亡是通过严重的外源损伤破坏细胞器如线粒体等所触发，其结果是膜整合性丢失，细胞质内含物漏出至细胞外基质。反之，在凋亡过程中，细胞死亡经历一种保守的、高度调控的细胞死亡遗传程序，并不丢失膜整合性且细胞器也保持大致完整。在最后阶段，细胞碎片呈"皱缩-包裹"缩小胞质膜，并成为凋亡小体，终被健康的邻近细胞所吞噬。这个过程很大程度上防止了炎症反应。凋亡是一种生化及遗传的程序性死亡，需要时间、能量及一定程度的新基因转录与翻译。

两种中心途径导致凋亡。两种途径分别可导致半胱氨酸蛋白酶同源性激活白细胞介素-1β-转化酶（即 caspase）：①配体结合至一种浆膜受体的正性诱导。包括神经生长因子亚家族/肿瘤坏死因子（TNF）受体超家族（包括 APO-1/Fas 及 CD40 受体）。配体为典型三聚体并结合至细胞表面受体，产生这些受体集聚。受体低聚化使其胞液-死亡组分定位至一种构型，继而恢复接合体蛋白质。这种结合体蛋白复合体又恢复 caspase-8。caspase-8 被激活后，caspase 调节的程序呈分解性的进行下去。②丢失一种抑制物活性的负性诱导。从线粒体通过弥散转位孔释放细胞色素 c，该孔是由抗凋亡 Bcl-2 蛋白调控，一旦进入细胞质中细胞色素 c 可形成与 Apaf-1 及 caspase-9 的复合体，可进一步激活 caspase-9，经蛋白质水解激活 caspase-3。caspase-3 是蛋白酶，可切割生命蛋白质及触发凋亡的执行，激活下游 caspase 及内切核酸酶。这些程序很多在围生期缺氧缺血损伤后继发性神经细胞死亡中显著出现。

9. 慢性缺氧/低灌注

当前对围生期脑损伤的认识主要基于伴有急性脑血流受累的动物模型实验研究，这些模型虽然对研究围生期脑损伤的各方面都很重要，但并未能覆盖该类疾病的全部内容。

有研究证实慢性缺氧可产生胎儿羊严重大脑皮层胶质细胞增生及皮层下白质成髓鞘减少。小脑浦肯野细胞生长过程受累，使其数目减少。慢性缺氧还可诱发一种暂时性胆碱能及 5-羟色胺能纤维向内生长进入海马与新皮层的速度延迟，产生一种在老化过程中显示的 5-羟色胺能轴索变性增强。这种轴索分支发育及突触前后胆碱能功能的改变可能是在人类胎儿生长迟滞所见到的行为缺陷的重要机制之一。

（二）感染相关的大脑损伤机制

近年多种研究证实炎症反应不仅在脑缺血后可加重继发性神经元损伤，而且还可直接累及未成熟脑。在孕母发生绒膜羊膜炎后，未成熟儿发生脑室周围白质软化（periventricular leukomalacia，PVL）或脑室内出血的发病率显著增加。但究竟内毒素血症（endotoxemia）后胎儿脑损伤是因循环 decentralization 导致的脑低灌注所引起还是直接因脑组织中内毒素所引起仍不明确，为此，近年对此进行了不少体内外实验研究。

1）在慢性人工造成的未成熟胎儿羊宫内窒息的前、中及 2min 后，观察了脂多糖（lipopolysaccharides，LPS）对血循环反应的作用。结果发现静脉给予 LPS[(53±3) μg/kg 胎羊重] 1h 内，动脉氧饱和度与 pH 显著下降，流入胎盘的血流严重减少。在窒息中及之后，输入大脑的氧减至最少，此时可发生胎儿缺氧缺血性脑损伤。

2）将成熟胎儿豚鼠的海马脑片在人工脑脊液中（95％O_2/5％CO_2）孵育。若在孵育液中加用 LPS（4mg/L），在持续观察 12h 中，可见 TNF-α 释放增加显著。虽未损坏能量代谢及蛋白质合成，但认为释放的 TNF-α 可诱导少突胶质细胞及其祖细胞的凋亡程序，该类细胞系在 PVL 是主要受累者。为确证这一点，有研究者建立了原代少突胶质细胞祖细胞原代培养，并在培养中加入 TNF-α，48h 后，证实其凋亡细胞比例显著增加。

3）为了进一步证实是否 LPS 可加重未成熟脑的缺氧缺血性损伤，有研究者同时应用颈动脉结扎及缺氧 60min 使新生大鼠发生缺氧缺血损伤。在损伤前 1h，注入 NaCl 或 5μg LPS 至该大鼠枕大池，结果发现 LPS 组动物大脑皮层神经细胞损伤范围显著大于对照组。

因此目前认为上行性宫内感染可从两种途径累及未成熟脑：①感染产生严重循环 decentralization 及大脑低灌注，继而导致缺氧缺血脑损伤；②LPS 从星形及小胶质细胞诱发炎症细胞因子释放，如 TNF-α，该因子可导致少突胶质细胞祖细胞损伤，并导致 PVL。

目前证实从胎盘、母体及胎儿释放的性激素能调节对炎症损伤的免疫反应。雌激素及孕激素可抑制 I 型免疫，而可促进 II 型免疫。I 型免疫是通过激活 T 辅助细胞产生 γ-干扰素、白细胞介素-2 及淋巴毒素/TNF，而 II 型免疫则突出表现从 T-辅助细胞释放白细胞介素-4、-5、-10 及-13。免疫活性的转变可抑制 TNF-α 产生，而 TNF-α 是可以损伤未成熟脑白质的一种细胞因子。

（三）脑出血的机制

脑室周围出血（periventricular hemorrhage，PIVH）或脑室内出血（intraventricular hemorrhage，IVH）是未成熟脑的典型病变，多起源于原生基质血管床，该脑区在发育中逐渐消失而不存在于成熟胎儿脑内。该脑区血管由于基底层沉积及内皮细胞紧接点形成延迟，而极易受损，在分娩中与其后脑血流的波动即可导致该区血管破裂而产生 PIVH。出血还可因凝血过程或血小板凝聚等因素受累而加重。脑出血的结果包括破坏原生基质、脑白质发生脑室周围出血性梗塞、脑积水等。

脑室周围出血性坏死的显微镜下所见提示往往是出血性梗塞。近年研究更证实该种梗塞的出血成分更加浓缩，靠近脑室角，此处引流脑白质的髓静脉融合，最终在室管膜下区加入终端静脉。所以伴大的 IVH 的脑室周出血性坏死，实际就是静脉梗塞。

为了评价 PIVH 与围生期危险因素的关系，有研究者进行了前瞻性颅部超声研究，对出生后 5～8 天的新生儿进行颅超声筛查。结果发现未成熟新生儿（孕龄 37 周或以下）其 Apgar 评分在出生 1、5、10 分时与 PIVH 发生率/严重性呈反比；而成熟新生儿（38 周孕龄或以上）其 PIVH 的发生率增高仅与 Apgar 评分为 0～4 时相关。PIVH 发生率与心-分娩力描记、动脉脐血 pH 等无相关性，无论孕龄多少。

未成熟儿 Apgar 评分越低即说明有循环休克，由于其各系统的脆弱性，当缺氧时其脑缺氧肯定比成熟儿严重，而且缺少自我调节能力而易使脑血管破裂。足月新生儿则有较好的循环保护机制，以增加缺氧时血流至脑、心及肾上腺，即所谓的"脑-宽恕"作用，因此其 PIVH 发生率在 Apgar 评分为 5～7 与 8～10 时均一样低，只有当 Apgar 评分为 4 以下时 PIVH 发生率才上升。

笔者还证实在孕母分娩时有 38℃ 以上高热者，其新生儿 PIVH 发生率升高，其机制可能与感染相关性脑损伤的发生类似。

（四）围生期脑损伤的神经保护措施及药物干预

虽然迄今尚无有效方法去预防围生期脑损伤的发生，但通过动物试验研究表明以下几种方法具有神经保护作用。

由于缺血性损伤后最初数小时甚至几天中即有因病生理过程而产生相当部分的神经元死亡，由此，提供了开展治疗的门户。

1. 轻度低温（mild hypothermia）

在成年动物试验中证实，在全脑缺血中，当使脑温度降低 3～4℃ 后，可显著减少神经细胞损伤，而且经过降温的动物以后学习与行为表现均优于未处理组。

当使胎儿脑组织经历缺血性脑损伤后再给予轻度低温处理也证实有神经保护作用。当进行氧-葡萄糖剥夺（OGD）过程中及其后，再给予轻度降温，可见成熟豚猪胎儿海马脑片蛋白质合成与能量代谢的恢复比未处理组显著进步。一些研究者用此脑片模型研究了缺血后时间延迟与轻度低温程度（对不同严重程度的动物缺血损伤均可达到神经保护作用者）之间的确切关系。证实 OGD 后低温直接启动可显著促进能量代谢与蛋白质合成的恢复，若开始低温时间延迟 2h，神经保护作用依赖于低温的程度，此时当使孵育温度降至 31℃，可减轻能量代谢与蛋白质合成受累，而当只降至 34℃ 则无效。若在 OGD 后 4h 才开始低温，对能量代谢与蛋白质合成则并无作用。这些研究结果与在胎儿羊模型所进行研究的结果一致。

有研究者证实，即使在损伤后 5.5h 才开始低温，若将低温时间延长至 72h，仍可减轻缺血性脑损伤。

根据上述研究结果，及近年临床安全性研究，目前认为新生儿围生期窒息后应用轻度低温处理是有益的，而且未发现有害副作用。

2. 药物干预

由于对神经细胞损伤的病生理机制有了进一步认识，促进了药物干预的多种方案。当前比较集中注意的有氧基清除剂、NO 抑制剂、谷氨酸拮抗剂、生长因子及抗细胞因子等。

由于认为细胞内钙超载是发生神经元死亡的关键因素。一些研究者在胎儿羊模型研究了电压依赖钙通道拮抗剂 Flunarizine 的神经保护作用。以阻断双侧颈动脉 30min 造成脑缺血损伤，损伤前 1h 静脉给予 Flunarizine 1mg/kg。结果证实给药组神经元损伤显著减轻，尤其在大脑旁矢状皮层。该药无严重的药物相关性心血管的作用。其作用主要是通过缺氧时增加脑灌注。

3. 镁

近年有研究者进行回顾性大样本研究，包括155 636名婴儿，发现凡在分娩前应用镁而体重小于1500g的婴儿中，脑性瘫痪发病率显著降低。

镁的神经保护作用机制有血管扩张作用，抑制NMDA受体及抗癫痫作用等。而且镁还具有在脑缺血后阻断NO合酶被激活的作用。

四、新生儿惊厥与脑损伤

（一）新生儿惊厥的特点与病因

新生儿惊厥的临床表现特殊，临床惊厥行为与EEG表现往往并不同步。因此有条件时应该用长程录像EEG监测惊厥情况。新生儿惊厥的特点，可以只有脑电图惊厥而无临床惊厥，因此有时在临床易于忽略而延误治疗。在多组研究中，患儿有脑电图惊厥不伴临床惊厥者占全部病儿的百分率为33%～79%，不同胎龄新生儿惊厥包括临床已使用抗惊厥药者，单纯脑电惊厥的发生率变异甚大（表3-3）。

表3-3　新生儿惊厥的分类

临床惊厥	脑电图惊厥	
	常见	不常见
隐匿性	+	
阵挛性		
局灶性	+	
多灶性	+	
强直性		
局灶性	+	
全身性		+
肌阵挛性		
局灶性、多灶性		+
全身性	+	

还有几种新生儿惊厥发作形式，如全身强直性、局灶性及多灶肌阵挛性发作，可以不伴有EEG惊厥放电。可能其一因肌阵挛发作源自CNS几个水平的孤立区，如脑干、脊髓、大脑水平；其二似"运动性自动症"的隐匿型发作及强直性姿势可能由正常前脑结构强直性抑制机制的释放引起，即"脑干释放现象"，这对发育中脑是一种重要现象，对这种情况是否应予抗惊厥药物治疗的问题也存在不同意见。

新生儿惊厥的预后相关因素有：①脑电图改变：主要是发作间EEG，尤其是EEG背景波。EEG背景波正常、严重异常（暴发-抑制型、显著、低波幅、脑电静止）、中度异常（波幅不对称、不成熟）者，其神经系统后遗症的百分率正常者是≤10、严重者可≥90、中度异常者约为50。②患儿成熟度。③神经系统疾病（表3-4）本身及治疗情况。

表 3-4　新生儿惊厥的主要病因及与发生时间、相对频率的关系

病因	发生时间		相对频率 *	
	0～3 天	＞3 天	早产儿	足月儿
缺氧缺血性脑病	＋		＋＋＋	＋＋＋
颅内出血 **	＋	＋	＋＋	＋
低血糖	＋		＋	＋
低血钙	＋	＋	＋	＋
颅内感染 ***	＋	＋	＋＋	＋＋
发育缺陷	＋	＋	＋＋	＋＋
药物中止	＋	＋	＋	＋

＊ 在全部病因中，惊厥发生的相对频率；

＊＊ 早产儿多为原生基质-脑室内出血，足月儿为蛛网膜下或硬膜下出血；

＊＊＊ 早期惊厥多为非细菌性宫内感染，后期惊厥多为疱疹病毒或细菌性脑膜炎。

　　新生儿惊厥可因多种代谢性疾病导致（表 3-5）。有两种严重影响发育的少见综合征、其预后不良，在出生后 1 周内起病，已证实可在宫内发生，有严重反复肌阵挛及阵挛性发作、强直痉挛等，EEG 显示有暴发抑制。目前认为 Ohtahara 综合征可能多为代谢病，如非酮高甘氨酸血症或其他氨基酸、有机酸代谢病；在 EIEE 则多因脑发育缺陷，如神经移行障碍、脑小畸形、半侧大脑发育不良、多种脑损伤等。预后多不佳（表 3-6）。

表 3-5　主要代谢疾病伴新生儿惊厥

低血糖	低血钙及血镁
局部麻醉中毒	低钠血症
高钠血症（尤其在纠正过程）	氨基酸代谢病
高氨血症（多伴酸中毒）	有机酸血症
吡哆醇依赖症	葡萄糖转运子缺陷症

表 3-6　新生儿惊厥综合征伴 EEG 暴发抑制

临床	早年肌阵挛脑病（EME）	早年婴儿癫痫脑病（EIEE）
主要发病时		
惊厥型	强直痉挛	强直痉挛
常见病因	先天性代谢病	双侧结构性大脑病变（如畸形）
预后	多数不良	差

　　综上所述，及时处理新生儿惊厥的关键在于准确地从临床与脑电图改变识别其是否惊厥。目前多数学者认为脑电图诊断很重要。

　　新生儿惊厥是否会产生脑损伤以及脑损伤的性质与以下问题相关，包括：①惊厥发作时程；②惊厥起源脑区；③惊厥发生的病因；④惊厥发生时期（在分娩前、分娩中还是新生儿期）。

反复惊厥在新生儿造成脑损伤的机制见图 3-24。

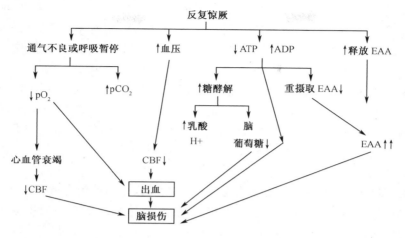

图 3-24　反复惊厥导致脑损伤

（二）新生儿惊厥对脑发育的影响

新生儿反复或长程惊厥对脑发育的影响是当前神经科学研究的热点之一。

目前认为惊厥可以破坏一种生化分子途径的级联 (cascade)，该级联正常时在脑的可塑性或成熟过程中神经系统活动依赖的发育中起重要作用。根据不同的脑成熟度，惊厥可破坏细胞分裂、移行、成髓鞘、受体形成、突触稳定等过程，这些与脑损伤后不同程度的神经后遗症有关。

与成熟动物比较，未成熟动物实验性惊厥模型研究证实其对惊厥诱导的脑损伤具有较低易损性。在成年动物，惊厥可改变海马颗粒细胞、轴突及苔藓纤维生长，可导致远期学习、记忆、行为缺陷。反之，未成熟动物经历一次长程惊厥后，却产生较少脑细胞死亡及较多轴突/树突发芽，导致较轻的学习记忆与行为异常。但已有研究者证实这种对抗长程惊厥性脑损伤的能力是有年龄依赖性的，大于出生 2 周的动物其新皮层脑损伤就可加重。这种发育中的改变可能与新皮层内在网络特点有关，而与任何特殊神经介质系统的个体发生不同无关。

已证实反复长程新生儿惊厥可以增加发育中脑对以后（少年、青年时）惊厥性脑损伤的易感性，其机制是改变了神经元的连接性 (connectivity) 而并非增加细胞死亡。新生动物经历一次长程惊厥后可降低动物的远期惊厥阈，并累及学习记忆功能。实验结果提示是由于海马神经细胞的发生减少，可能因启动了缺血诱导的凋亡与坏死途径。也有人认为是 NO 合酶抑制大脑循环产生缺血性损伤。

由此可见，新生儿惊厥可能启动了一种在脑发育中多种改变的级联，使年长后功能失调并增加远期经历伤害后的损伤危险性。这种破坏性的机制诸如海马苔藓纤维发芽或增加神经元凋亡可解释未成熟脑受累的共同途径，即改变连接性及减少细胞数目，这就为远期惊厥诱导的细胞丢失打下基础。

迄今对于人类或动物模型中可导致脑损伤的惊厥时程（无论是持续性或累积多次）究竟应该达到多长的问题仍在继续研究中。在临床上，足月新生儿中 1/3 伴 EEG 证实的惊厥符合癫痫持续状态，所以用脑电图来确定惊厥时程十分重要。近年有研究者以出生 10 天的大鼠经历窒息后的 30min 惊厥，结果证实脑损伤严重者主要在海马区，新皮层却可幸免。说明长程新生儿惊厥可使已经受累的脑以脑区特异性的方式进一步恶化。另有研究者以新生鼠反复短暂的惊厥模型证实海马颗粒细胞苔藓纤维发芽的增加，与远期认知受累及脑电图功率谱减低相关。同时还证实末次惊厥后 2 周内其认知和惊厥易感性的改变，在苔藓纤维以成年型分布之前即已出现。因此提示，治疗措施必须开始于惊厥发作中及惊厥刚刚终止时，这才有可能避免新生儿惊厥的不良预后。

多数病因导致的脑发育不良或损伤往往与惊厥导致的脑损伤有重叠，从而难于区分原已存在的和新的惊厥导致的脑损伤。有研究者在小猪脑白质与灰质中放置微透析探针，再给予缺氧处理后，发现乳酸/丙酮酸比例的升高与惊厥活动并无直接关联。可见惊厥本身并非一定造成脑损伤。有些影像医学的研究也证实惊厥严重性与脑损伤程度无直接关联。

当前，新生儿惊厥与脑发育损伤的关系仍是一个正在深入探索的课题，应考虑到病因特异性，脑区易损性，母体、胎盘与胎儿疾病以及发生的时间等多方面因素。

（三）新生儿惊厥的急性治疗原则

当前实验研究中所使用的药物，由于其毒副作用，并不一定均能在临床应用。目前对惊厥发作的处理原则是：①及时控制惊厥发作；②及时诊断处理导致惊厥的原发病；③按照惊厥性脑损伤发生机制的理论，选择性给予对症保护性措施。

临床常用的治疗措施可参考各种儿科学。新生儿期惊厥的急性处理原则见表 3-7 和表 3-8。在急性处理后，必须继续随访其临床及 EEG，以决定下一步方案。

表 3-7　新生儿惊厥的急性处理

项目	急性处理方案
有低血糖	10％葡萄糖溶液：2ml/kg 速度 I.V.
无低血糖	苯巴比妥：20mg/kg I.V.（一次负荷，速度 10～15min）
	必要时：苯妥英钠：20mg/kg I.V.［一次负荷，速度 1mg/(kg·min)］
	劳拉西泮：0.05～0.1mg/kg I.V.（一次）
其他（若必要）	葡萄糖酸钙（5％）：4ml/kg I.V.
	$MgSO_4$（50％）：0.2ml/kg 肌注
	吡多醇：50～100mg I.V.

注：I.V. 表示：静脉注射。

表 3-8　抗惊厥治疗疗程依据

新生儿期	神经检查已正常可停药；仍不正常，应查病因及做 EEG（多数继续用苯巴比妥口服，生后 1 个月复查）
出院后 1 月	神经检查已正常可停药；仍不正常，做 EEG，EEG 若无惊厥放电，停药

（吴希如　撰）

主要参考文献

陈宜张，路长林. 2003. 神经发育分子生物学. 武汉：湖北科学技术出版社

成令忠，王一飞，钟翠平. 2003. 组织胚胎学——人体发育和功能组织学. 上海：上海科学技术文献出版社

李泽桂，蔡文琴等. 2003. 人胎儿中枢神经系统凋亡抑制因子 bcl-2 mRNA 的发育. 局解手术学杂志，12：347

李泽桂，蔡文琴等. 2003. 小鼠神经管发生中抑凋亡基因 *bcl-2* 的表达及其对细胞生长的作用. 中国临床康复，7（32）：4355～4356

刘斌，高英茂. 1996. 人体胚胎学. 北京：人民卫生出版社

吴希如. 1998. 脑发育异常及发育中的脑损伤. 上海：上海科技教育出版社，37～113

Andersen B, Rosenfeld M G. 1994. Pit-1 determines cell types during development of the anterior pituitary gland. A model for transcriptional regulation of cell phenotypes in mammalian organogenesis. J Biol Chem, 269：29335～29338

Bachiller D, Klingensmith J, Kemp C, et al. 2000. The organizer factors Chordin and Noggin are required for mouse forebrain development. Nature, 403：658～661

Bally-Cuif L, Goridis C, Santoni M J. 1993. The mouse NCAM gene displays a biphasic expression pattern during neural tube development. Development, 117：543～552

Belo J A, Bachiller D, Agius E, et al. 2000. Cerberus-like is a secreted BMP and nodal antagonist not essential for mouse development. Genesis, 26：265～270

Berger R, Garnier Y, Jensen A. 2001. Perinatal brain damage：underlying mechanisms and neuroprotective strategies. J Soc Gynecol Investig, 9：319～328

Bertrand N, Castro DS, Guillemot F. 2002. Proneural genes and the specification of neural cell types. Nature reviews（Neuroscience），3：517～530

Biswas SC, Greene LA. 2002. Nerve growth factor（NGF）down-regulates the bcl-2 homology 3（BH3）domain-only protein bim and suppresses its proapoptotic activity by phosphorylation. J Biol Chem, 277：49511～49516

Blows WT. 2003. Child brain development. Nurs Times, 99：28～31

Burbach JP, Smits S, Smidt MP. 2003. Molecular mechanisms underlying midbrain dopamine neuron development and function. Eur J Pharmacol, 480：75～88

Burbach JP, Smits S, Smidt MP. 2003. Transcription factors in the development of midbrain dopamine neurons. Ann N Y Acad Sci, 991：61～68

Carla Perrone-Capano, Paola Da Pozzo, Umberto di Porzio. 2000. Epigenetic cues in midbrain dopaminergic neuron development. Neurosci Biobehav Rev, 24：119～124

Carpenter EM. 2002. Hox genes and spinal cord development. Dev Neurosci, 24：24～34

Casey BJ, Giedd JN, Thomas KM. 2000. Structural and functional brain development and its relation to cognitive development. Biol Psychol, 54：241～257

Connolly DJ, Patel K, Cooke J. 1997. Chick noggin is expressed in the organizer and neural plate during axial development, but offers no evidence of involvement in primary axis formation. Int J Dev Biol, 41：389～396

Delius JA, Kramer I, Schachner M, et al. 1997. NCAM 180 in the postnatal development of cat visual cortex：an immunohistochemical study. J Neurosci Re, 49：255～267

Donkelaar HJten, Lammens M, Wesseling P, et al. 2003. Development and developmental disorders of the human cerebellum. J Neurol, 250: 1025~1036

Gilbert SF. 2003. Developmental Biology 7th Ed. Sunderland, MA: Sinauer Associate, Inc, 290

Goldberg JL, Barres BA. 2002. The Relationship between Neuronal Survival and Regeneration. Annu Rev Neurosci, 23: 579~612

Hare O, Wang FM, Park DS. 2002. Cyclin-dependent kinases as potential targets to improve stroke outcome. Pharmacol. Ther, 93: 135~143

Harland R. 2000. Neural induction. Curr Opin Genet Dev, 10: 357~362

Hülsken J, Behrens J. 2002. The Wnt signalling pathway. Journal of Cell Science, 115: 3977~3978

Holmes GL, Ben-Ari Y. 2001. The neurobiology and consequences of epilepsy in the developing brain. Pediatr Res, 49: 320~325

Honarpour N, Gilbert SL, Lahn BT, et al. 2001. *Apaf-1* deficiency and neural tube closure defects are found in *fog* mice. Proc Natl Acad Sci USA, 98: 9683~9687

Honarpour N, Tabuchi K, Stark JM, et al. 2001. Embryonic neuronal death due to neurotrophin and neurotransmitter deprivation occurs independent of Apaf-1. Neuroscience, 106: 263~274

Ikeda T, Ikenoue T, Xia XY, et al. 2000. Imoprtant role of 72kd heat shock protein expression in the endothelial cell in acquisition of hypoxic-ischemic tolerance in the immature rat. Am J Obstet Gynecol, 182: 380~386

Jin Jiang. 2002. Degrading Ci. who is Cul-pable? Genes & Development, 16: 2315~2321

Johnson MH. 2003. Development of human brain functions. Biol Psychiatry, 54: 1312~1316

Joyner AL. 1996. Engrailed, Wnt and Pax genes regulate midbrain-hindbrain development. Trends Genet, 12: 15~20

Kawamura K, Kouki T, Kawahara G, et al. 2002. Hypophyseal development in vertebrates from amphibians to mammals. Gen Comp Endocrinol, 126: 130~135

Kimble J. 1997. The Lin-12/Notch Signaling pathway and its regulation. Annu Rev Cell Dev Biol, 13: 333~361

Komuro H, Rakic P. 1998. Distinct modes of neuronal migration in different domains of developing cerebellar cortex. J Neurosci 18: 1478~1490

Lakke EA. 1997. The projections to the spinal cord of the rat during development: a timetable of descent. Adv Anat Embryol Cell Biol, 135: I~XIV, 1~143

Lewis KE, Eisen JS. 2003. From cells to circuits: development of the zebrafish spinal cord. Prog Neurobiol, 69: 419~449

Li Z. 2000. Neural tube defects prevention in China. Frontiers in Fetal Health, 2: 15

Li Zegui, Cai Wenqin. 2000. Programmed cell death in developing human fetal CNS. Chinese Science Bulletin, 45: 2082

Maklad A, Fritzsch B. 2003. Development of vestibular afferent projections into the hindbrain and their central targets. Brain Res Bull, 60: 497~510

McQuillen PS, Ferriero DM. 2004. Selective vulnerability in the developing CNS. Pediatr Neural, 30: 227~235

Nam Y, Aster JC, Blacklow SC. 2002. Notch signaling as a therapeutic target. Current Opinion in Chemical Biology, 6: 501~509

Nieuwkoop PD. 1997. Short historical survey of pattern formation in the endo-mesoderm and the neural anlage in the vertebrates: the role of vertical and planar inductive actions. Cell Mol Life Sci, 53: 305~318

Nieuwkoop PD. 1999. The neural induction process; its morphogenetic aspects. Int J Dev Biol, 43: 615~623

Park M, Kitahama K, Geffard M, et al. 2000. Postnatal development of the dopaminergic neurons in the rat mesencephalon. Brain & Development, 22: S38~S44

Perrone-Capano C, Di Porzio U. 2000. Genetic and epigenetic control of midbrain dopaminergic neuron development. Int J Dev Biol, 44: 679~687

Perutz MF, Windle AH. 2001. Cause of neural death in neurodegenerative diseases attributable to expansion of glutamine repeats. Nature, 412: 143~144

Piccolo S, Agius E, Leyns L, et al. 1999. The head inducer Cerberus is a multifunctional antagonist of Nodal, BMP and Wnt signals. Nature, 397: 707~710

Ranganathan S, Bowser R. 2003. Alterations in G_1 to S phase cell-cycle regulators during amyotrophic lateral sclerosis. Am J Pathol, 162: 823~835

Ronn LC, Hartz BP, Bock E. 1998. The neural cell adhesion molecule (NCAM) in development and plasticity of the nervous system. Exp Gerontol, 33: 853~864

Scher MS. 20003. Neonatal Seizures and brain damage. Pediatr Neurol, 29: 381~390

Sebald W, Nickel J, et al. 2004. Molecular recognition in bone morphogenetic protein (BMP) /receptor interaction. Biol Chem, 385: 697~710

Shawlot W, Min DJ, Wakamiya M, et al. 2000. The cerberus-related gene, *Cerr*1, is not essential for mouse head formation. Genesis, 26: 253~258

Shimasaki SR, Moore K, et al. 2004. The bone morphogenetic protein system in mammalian reproduction. Endocrine Reviews, 25 (1): 72~101

Simpson EH, Johnson DK, Hunsicker P, et al. 1999. The mouse Cerr1 (Cerberus related or homologue) gene is not required for anterior pattern formation. Dev Biol, 213: 202~206

Staropoli JF, McDermott C, Martinat C, et al. 2003. Parkin is a component of an SCF-like ubiquitin ligase complex and protects postmitotic neurons from kainate excitotoxicity. Neuron, 37: 735~749

Streit A, Lee KJ, Woo I, et al. 1998. Chordin regulates primitive streak development and the stability of induced neural cells, but is not sufficient for neural induction in the chick embryo. Development 125: 507~519

Ueberham U, Hessel A, Arendt T. 2003. Cyclin C expression is involved in the pathogenesis of Alzheimer's disease. Neurobiol. Aging, 24: 427~435

Volpe JJ. 2001. Neurology of the Newborn, 4th edition, Philadelphia: W. B. Saunders Company, 3~99, 217~331

Wilson SI, Edlund T. 2001. Neural induction: toward a unifying mechanism. Nat Neurosci, 4 Suppl: 1161~1168

Yamamoto S, Hikasa H, Ono H, et al. 2003. Molecular link in the sequential induction of the Spemann organizer: direct activation of the cerberus gene by Xlim-1, Xotx2, Mix. 1, and Siamois, immediately downstream from Nodal and Wnt signaling. Dev Biol, 257: 190~204

Yigong Shi, Joan Massague. 2003. Mechanisms of TGF-beta signaling from cell membrane to the nucleus. Cell, 113: 685~700

Zaidi AU, Bessert DA, Ong JE, et al. 2004. New oligodendrocytes are generated after neonatal hypoxic-lschemic brain injury in rodents. Glia, 46: 380~390

第四章 中枢神经系统中的神经元迁移

在发育及成年动物身体中都存在神经元迁移，正确的神经元迁移对于神经系统的形成及其功能的正常发挥有着非常关键的作用。神经细胞迁移的概念是 Kolliker、His、Vignal 和 Ramon Cajal 等对早期胚胎新皮层的组织学特征进行仔细观察后提出的。然而，长期以来一直存在的争论就是神经元是否会主动迁移，因为早期形成的神经元也可能被后来形成的神经元所代替。Levi Montalcini 发现，在鸡胚脊髓中，神经元的一种亚群向着与预期被动迁移相反的方向迁移，这提示至少部分神经元必须进行主动迁移。1960 年，Angevine 等用放射自显影追踪法也证实啮齿类动物胚胎大脑皮层中新发生的神经元位于最浅层，从而说明在神经元定位过程中有着由里往外的迁移过程。

将不同发育时期的小脑和大脑的电镜图重组后可以看出神经元沿着放射状排列的神经胶质细胞进行迁移。在体外原代培养的神经元和胶质细胞中直接观察到神经元的迁移证明，神经元胞体可以沿着神经胶质纤维进行主动迁移。大量的组织学、放射自显影、逆转录病毒追踪、染料标记和现代成像技术结果已经明确大部分神经元前体细胞在中枢神经系统发育过程中存在迁移现象。

神经元迁移对于神经系统的形成和正常功能的执行起着重要作用，许多人类疾病就源于神经元定位缺陷。尽管有些疾病可以简单地用发育异常来解释，如无脑回畸形，有些则不然，很大可能是由于异常的神经元定位间接引起的结果，如癫痫症和孤独症。另外，神经元迁移对神经母细胞瘤和神经胶质细胞瘤的迁移和浸润也有重大意义。对影响人类和小鼠神经元迁移缺陷的遗传学研究有助于我们进一步理解神经元的迁移。例如，Rice 和 Curran 就总结出一条有趣的途径，其中包括分泌型蛋白 Reelin、ApoE 受体、极低密度脂蛋白（VLDL）受体、去活胞质蛋白（Disabled-1，Dab 1），并发现这条途径影响神经元定位。

第一节 脑中神经元迁移的模式

中枢神经系统中发育过程已经确定的神经元迁移模式主要有两种：放射状迁移和切线式迁移。放射状迁移就是神经元沿垂直于脑表面的方向迁移；切线式迁移是指神经元沿着与脑表面平行的方向迁移（图 4-1A）。

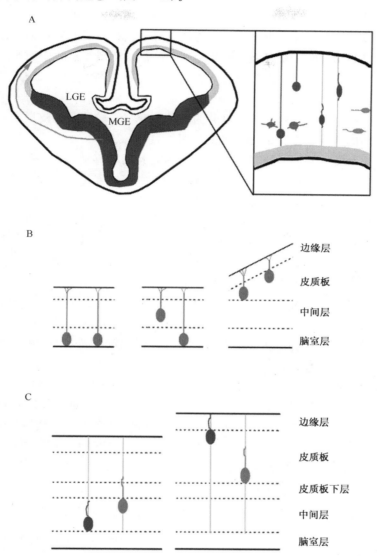

图 4-1 神经元迁移的模式

A. 胚胎期端脑冠状切面图。左侧灰色箭头所指是神经元从 MGE 到新皮质的迁移方向。左侧图显示的是新皮质中的放射状迁移、切线式迁移和多极迁移；B. 皮质中的神经元细胞转移。3 幅图显示相同两个神经元的不同时期。较早的神经元（黑色）终止于内侧，较晚的神经元（灰色）终止于外侧。两个神经元在迁移过程中前突缩短；C. 皮质中定位。两幅图显示相同两个神经元的不同时期。较早的神经元（黑色）终止于内侧，较晚的神经元（灰色）终止于外侧。细胞体和前突都从室管区移动到了皮质板

放射状迁移是发育期端脑和小脑中投射神经元的主要迁移方式。在放射状迁移过程中，锥体神经元前体细胞（大脑皮层主要的投射神经元）沿放射状神经胶质纤维从室管区迁往软脑膜。向外迁移的神经元形成皮质板，使前板分离。新皮层的这种简单的层叠

是以一种由内而外的模式,即后发生的神经元占据更为表层的位置,而先发生的神经元则位于皮质板更深的层次中。在小脑的发育过程中,两种不同的神经元前体细胞采用放射状迁移到达最终位置。浦肯野细胞是基本的信号输出神经元,它们沿着放射状神经胶质纤维从小脑原基的神经上皮向表面迁移,在外胚层下形成了浦肯野细胞层。出生后的啮齿类动物小脑中,外胚层的细胞穿过浦肯野细胞层沿贝格曼胶质细胞纤维向内迁移,形成内颗粒细胞层。

放射状迁移神经元的迁移行为可以分为移动和转移。转移是新皮层发育早期的一种常见模式,移动则在后期发育中更为多见(图 4-1B 和 C)。

移动过程中,整个神经元包括胞体和前后的突起同时移动(图 4-1C)。进行移动的细胞表现出一种迁移的跳跃模式,快速移动的过程中穿插着长时间的静止状态。

转移可以进一步划分为神经元胞体迁移和核迁移(核运动)。进行胞体迁移的神经元伸出一条长的前突终止于软膜表面,有的细胞还伸出一条短突或后突。当胞体向着软膜迁移的时候,长突起会缩短。迁移速度稳定,且迁移是连续进行的,这与移动有着显著的区别。在核迁移过程中,细胞核在胞体内从一极向另一极移动。最后细胞以短的前突和长的后突仍旧附着于室管区而结束核迁移过程。

除了移动和转移这两种截然不同的放射状神经元迁移方式外,发育的大脑皮层还有第三种放射状迁移方式——"多极迁移"。皮层过渡区有大量多极神经元,它们在胞体缓慢移动途中朝不同方向伸出多个细突起。这些神经元没有固定的细胞极性,通常也不径直向着软脑膜表面移动,而是频繁变换迁移的方向和速度。

早在 19 世纪 60 年代就已经观察到神经元的切线式迁移,直到 19 世纪 80 年代后期和 90 年代才又重新点燃对切线式迁移研究的兴趣(表 4-1)。进行切线式迁移的神经元主要位于小脑原基的上菱唇(upper rhombic lip)和腹侧端脑。啮齿类上菱唇的神经元前体细胞的迁移是沿着胚胎小脑原基的表面进行的,这有助于外颗粒细胞层的形成。表 4-1为脑中切线式迁移通路的路位示意。

表 4-1 脑内切线迁移路径示意

起源	目的地	参考文献
URL	大脑 EGL	Alder et al. 1996, Altman et al. 1997, Wingate et al. 1999, Wingate 2001
URL	中间后脑边界	Koster et al. 2001
LGE	OB 和新皮层	Anderson et al. 1997, Zhu et al. 1999, Wichterle et al. 2001, Nadarajah et al. 2002
SVZa	OB	Altman et al. 1966, Altman 1969, Luskin 1993, Lois et al. 1994, Hu et al. 1996, Wichterle et al. 1997, Wu et al. 1999
MGE	纹状体和新皮层	Van Eden et al. 1989, Yan et al. 1992, DeDiego et al. 1994, De Carlos et al. 1996, AnDerson et al. 1997, Tamamaki et al. 1997, Lavdas et al. 1999, Zhu et al. 1999, Marin et al. 2000, Wichterle et al. 2001, Nadarajah et al. 2002

注:URL,上菱唇;LGE,外侧神经节隆起;MGE,内侧神经节隆起;OB,嗅球;SVZa,前脑前部的室下区;EGL,外生发层。

腹侧端脑有 3 个神经节隆起(ganglionic eminences,GE):外侧神经节隆起(lateral GE,LGE)、内侧神经节隆起(medial GE,MGE)和尾侧神经节隆起(caudal GE,CGE)。胚胎期来自 LGE 的神经元前体细胞迁移到纹状体、伏核和嗅球;来自 MGE 的前体细胞迁移至新皮层；来自 CGE 的前体细胞迁移至后背侧端脑。

切线式迁移也可以在嗅球、海马、脑桥和脊髓中观察到。与放射状迁移不同的是，切线式迁移不依赖于神经胶质纤维。尽管星形胶质细胞参与了管状结构的形成，通过这些结构一系列神经元在成年动物嘴侧迁移流中迁移，但是这些结构在新生动物嘴侧迁移流中是不存在的。现在还不清楚，切线式迁移是否有与放射状迁移存在类似的转移和移动的差别（图 4-1C）。

还有些神经元既可作切线式迁移也可作放射状迁移。例如，外颗粒细胞层的细胞在改变为放射状迁移前做的是切线式迁移。外颗粒细胞层细胞放射状迁移至内颗粒细胞层后，这些新的颗粒细胞就从放射状神经胶质细胞（贝格曼细胞）上脱离下来，并做进一步的放射状迁移，但是这时却不依赖贝格曼细胞纤维。究竟是什么决定神经元前体细胞迁移采用的方式以及怎样调控不同方式之间的转换依然是未知的。

第二节　神经元迁移的调控

一、神经元迁移的空间导向

我们用嘴侧迁移流中的切线式迁移作为一个模型来讨论神经元迁移的空间导向。嗅球中的主要中间神经元、球旁细胞和颗粒细胞，是由胚胎期的 LGE 和生后的前脑前部的侧脑室室管膜下区（SVZa）的神经元前体细胞迁移而来的（图 4-2A）。SVZa 区神经元的生成和通过 RMS 迁移至嗅球的这一过程存在于成年哺乳动物，包括啮齿类和灵长类动物，如新大陆猿、旧大陆猿和人。灵长类动物 SVZa 区神经元必须迁移数厘米以到达嗅球。脑中其他区域也有类似的持续的神经元迁移，因此，RMS 提供了一种有用的模型去理解这一过程的重要性。

在神经元迁移的研究中，我们提出一个假设，即从 SVZa 到嗅球的神经元迁移过程中存在吸引和排斥的信号调控。这些信号是由特定位置的细胞分泌的可扩散性蛋白分子，它们作用于 SVZa 区细胞。如果有足够的信号引导，神经元前体细胞的迁移将不依赖神经胶质或神经元纤维。已经发现分泌的信号分子在引导神经元迁移中扮演着重要角色。第一个线索就是哺乳类脑中引导神经元迁移的 Slit 蛋白。Slit 基因首先在果蝇中发现，这是通过基于与 Notch 蛋白的表皮生长因子（EGF）重复序列的部分同源性所作的分子筛选而获得的。果蝇 Slit 蛋白包含一个 N 端信号肽，4 个亮氨酸富集重复区（LRR），7 个 EGF 重复序列，一个层粘连蛋白 G 结构域和一个 C 端半胱氨酸富集基序（或半胱氨酸结）。脊椎动物 Slit 蛋白结构与果蝇 Slit 蛋白结构相似，不同的是前者含有9 个 EGF 重复序列（图 4-3）。亮氨酸富集重复区（LRR）足以让 Slit 与受体发生作用。通过转录后修饰已经创造出几种 Slit 的异构体。人类 Slit-2 蛋白的水解过程产生出一个 N 端片段（Slit-N）和一个相应的 C 端片段（Slit-C）。Slit-N 含有 4 个 LRR 和 5 个EGF 重复序列（氨基酸 1～1117），而 Slit-C 则含有 Slit 蛋白剩下的结构。全长的 Slit和 Slit 片段被分泌到细胞外，其中 Slit-N 与细胞膜连接较为牢固。据报道，哺乳类Slit-3蛋白位于线粒体，但这一发现的重要性仍然未知。

Slit 突变表现为中线缺失：连合处轴突投射异常，它们不是在纵向投射前穿过中线

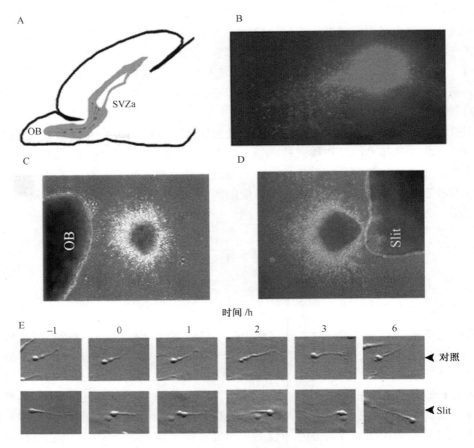

图 4-2　RMS 中的神经元迁移及 Slit 的引导

A. 新生端脑的矢状切面图。SVZa 区（前室管区）是沿嘴侧迁移流（RMS）向嗅球（OB）迁移的神经
元前体细胞的出发点；B. 嗅球（OB）迁移的细胞用 DiI 标记。DiI 注射到新生大鼠脑片的 RMS，体外
培养 24h 后拍照记录；C. 体外嗅球（OB）对迁移 SVZa 区细胞的吸引及 Slit 对迁移的 SVZa 区细胞的
排斥；D. Slit 对 SVZa 区细胞迁移的排斥性。E. 单独培养 SVZa 区移植物 24h 后与 Slit 或对照物共同
培养。用实时显微摄像追踪神经元迁移。Slit/对照物放于右侧

一次，而是来自神经索两侧的连合处轴突在中线处融合。中线处的神经胶质细胞可能也
有分化异常。因为中线细胞在轴突导向中有重要作用，最先确定的果蝇 Slit 突变使我们
得到这样的结论，Slit 参与了中线细胞的分化，而与纵向轴突融合的表型相比细胞分化
缺陷更能说明问题。1999 年，研究果蝇和脊椎动物的 3 个实验室的结果证明 Slit 是一
种可扩散的化学排斥物，使轴突投向果蝇和哺乳类神经系统的不同区域中。从此，Slit
蛋白就作为许多区域中一种可能的轴突排斥物。

　　Slit 对迁移神经元的排斥首先在 RMS 中被发现。最初的实验将 SVZa 区移植物和
分泌 Slit 的细胞系进行共培养，并观察 SVZa 移植物细胞迁移的走向，但是排斥和抑制
的区别不明显（图 4-2D）。另一个不同的研究组提出，Slit 在神经元迁移过程中扮演的
是抑制而非排斥角色。现在用实时显微观察等一系列实验已经找到可靠的证据说明 Slit
对于 SVZa 区神经元主要起着排斥作用，产生这种排斥需要 Slit 蛋白有浓度梯度性变化

（图 4-2E）。

最近在嗅球中发现了一种可扩散的活性物质，它可以吸引 SVZa 区神经元。将分泌此活性物质的区域去除，可以显著减弱但不会消除 SVZa 区神经元向嗅球的迁移。嗅球的这种吸引作用的分子机制目前尚不清楚，但是可能与已知的吸引物有差别（图 4-2B 和 C）。

ephrin 可以通过 Eph 酪氨酸激酶受体发挥作用，可能会调控 RMS 迁移。由于 ephrin 不能扩散，它们的作用也许是创造迁移神经元的非通过区。EphB1-3 和 EphA4 以及它们的跨膜配体 ephrin-B2/3 可能都参与了 SVZa 区神经元迁移。当 EphB2 或者 ephrin-B2 的胞外部分被引入侧脑室去阻抑内源性 ephrin 和 Eph 之间的作用时，SVZa 区神经元迁移就会中断。

SVZa 区神经元迁移至嗅球到底需要多少导向信号以及它们之间是否有或是怎样调控神经元沿整个 RMS 迁移的，这些我们都还不清楚。

最近对于线虫和果蝇的研究中找到了 Slit 在体内影响细胞迁移的证据。线虫头内的某种神经元朝尾侧迁移，Slit 似乎可排斥这些神经元，因为 Slit 是表达在胚胎的头侧，*Slit* 缺失突变的胚胎中，这部分神经元则不能向尾侧迁移。而果蝇中胚层细胞迁移形成腹部肌肉也是被 Slit 排斥的结果。

脑内其他区域也有信号分子控制神经元迁移。来自菱脑神经上皮的神经元向腹侧和嘴侧迁移最终定位于数个核团，包括基底脑桥核和下橄榄核。神经元脑桥迁移流终止于基底脑桥，这个位置临近底板（floor plate）。Netrin 是另一个分泌蛋白，既可以作为轴突的吸引物，也可以充当轴突的排斥物，它表达在底板，而迁移神经元表达其受体 DCC（deleted in colorectal cancer）。Netrin 吸引神经元向基底脑桥迁移，也可以作为神经元从背侧菱脑神经上皮向下橄榄核环形迁移的一个停止信号。Netrin-1 表达在脑桥区域，已经发现 Netrin-1 受体 Unc5h3 的一种导致功能丧失的突变会引起胚胎期 EGL 细胞和浦肯野细胞的前体细胞穿过正常的嘴侧边界迁移到中脑。这些现象说明，Netrin 可能在建立或维持小脑嘴侧边界方面发挥作用。尽管 Netrin-1 抑制出生后小脑前体细胞迁移，直接检测 Netrin-1 却显示它对相应胚胎期的 EGL 细胞没有影响，可能有其他的 Netrin 通过 Unc5h3 起作用。除了在小脑中的作用以外，Netrin 还可以抑制端脑 MGE 和 LGE 中的细胞。来自 MGE 的前体细胞可以迁移到纹状体或新皮层成为中间神经元。Sema 的排斥对于引导部分中间神经元迁移至新皮层和其他中间神经元迁至纹状体有着重要作用。Sema 3A 和 Sema 3F 在纹状体有表达，而 neuropilin 受体在从 MGE 迁往新皮层的中间神经元中表达，但在迁往纹状体的中间神经元中没有表达。迁移的皮层中间神经元表达 neuropilin 使其可以对纹状体皮层中的 Sema 3A 和 Sema 3F 发生反应。Sema 3A 的功能可能是排斥或者抑制神经嵴顶的神经元从峰位置和后脑的迁移。Sema 3C 可能促进嵴细胞迁移到邻近的心脏传出来。最新研究显示，来自 MGE 迁往新皮层的神经元表达 ErbB4，即 neuregulin 的受体；LGE 是这些细胞移动的通道，它表达一种膜结合型的 NRG1，NRG1 是允许细胞通过的信号；发育中的皮层表达一种可扩散的 NRG1，它在体外可以作为 MGE 源性细胞的一个可能吸引物；ErbB4 或 NRG1 敲除基因小鼠中皮层中间神经元切线式迁移发生改变，且生后皮层中 GABA 能中间神经元数目减少。这表明不同亚型的 neuregulin-1 可能作为 MGE 源中间神经元迁移的长程或短程吸引物。

二、神经元迁移过程中的信号传递通路

　　向导分子的信号传递机制被认为近似于轴突导向和神经元迁移的中间过程。我们将讨论 Slit-Robo 通路，因为在神经元迁移中已经对它进行了直接的研究。Slit 的受体是跨膜蛋白 Roundabout（Robo），已发现 Robo 是果蝇和线虫的轴突导向分子。对果蝇的研究提示 *slit* 和 *robo* 突变在遗传上相互作用。对哺乳类的 Slit 和 Robo 蛋白的生化研究提供了 Slit 结合 Robo 的直接证据，功能研究也显示 Robo 的胞外部分可封闭 Slit 对迁移神经元的排斥作用。Roundabout（Robo）是在对突变影响果蝇神经元轴突寻路的遗传学筛选中被发现的，*robo* 突变表现为轴突反复穿过腹侧中线的次数增加。果蝇和线虫 Robo 的 cDNA 已于 1998 年被分离出，显示 *robo* 编码一个有 5 个 Ig 结构域的单次跨膜受体，3 个 III 型纤维连接蛋白（FNIII）在 Robo 胞外部分重复（图 4-3）。生化实验显示 Robo 的 Ig 结构域可以和 Slit 的 LRR 相互作用。果蝇 Robo 的大的胞内区及 3 个哺乳类 Robo 都含有 4 个可确认的保守基序：CC0、CC1、CC2 和 CC3。Robo 的胞质内结构决定了排斥反应。每一个 CC 基序的去除都会造成一个部分 *robo* 显性，而表达这些缺失突变却不能恢复 *robo* 显性，提示这些基序可能有相加效应。多数人认为 CC2 基序是 Enabled（Ena）中 Ena-VASP-homology 结构域（EVH1）的一个结合位点，体外实验显示 Ena 通过 CC2 和 CC1 与 Robo 相互作用。Abelson 激酶（Abl）可以在体外磷酸

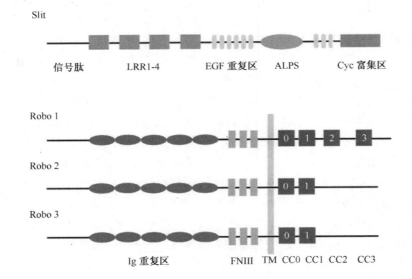

图 4-3　哺乳类 Slit 和 Robo 蛋白的主要结构

哺乳类的 Slit 蛋白有 4 个 LRR，9 个 EGF 重复区，一个层粘连蛋白 G 结构域（也称为 Agrin-Laminin-Perlecan-Slit 结构域，ALPS 结构域）和一个亮氨酸富集的 C 端。果蝇 Slit 蛋白缺少第 8 个和第 9 个 EGF 重复区。一个最典型的 Robo 受体有 5 个 Ig 重复，3 个 III 型纤连蛋白重复，1 个跨膜结构和 4 个保守的胞质基序。果蝇 Robo 和哺乳类 Robo 含有所有的 4 个胞质基序，而果蝇 Robo2 和 Robo3 则不含所有基序

化 CC1 的一个酪氨酸残基以拮抗或增强果蝇中 Robo 的活性。还不清楚 Slit 是否可以调控 Abl 和 Ena 的活性。对果蝇的研究提示酪氨酸磷酸酶（PTPase）是 Slit-Robo 通路的一部分。*PTP10D* 和 *PTP69D*，这两个酪氨酸磷酸酶基因的突变在遗传学上与 *slit* 和 *robo* 有关联。显性分析发现 PTPase 可能增强 Slit 的敏感性。Robo1 的 CC3 基序与 GTPase激活蛋白（GAP）的一个新的亚家族 srGAP 相互作用。srGAP1 和 srGAP2 在 Slit 反应区表达，表达形式近似于 Robo1。每个 srGAP 有一个 FCH 结构域、一个 SH3 结构域和一个针对小 GTPase 的 Rho 家族的 GAP 结构域，其中 GTPase 包括 Rho、Rac 和 Cdc42。Slit-Robo 信号转导中 FCH 结构域的作用还不清楚。GAP 结构域可令 HEK 细胞中 Cdc42 和 RhoA 失活。在 HEK 细胞中，srGAP1 可以结合并降低活性 Cdc42 和 RhoA 的水平，但不能影响 Rac1。SH3 结构域参与结合 Robo 的 CC3 基序。在 SVZa 区神经元引入一个 srGAP1 突变，致使 GAP 结构域缺失，Slit 对神经元的排斥性被封闭，这意味 srGAP1 在 Slit-Robo 通路中有作用。

Slit 和 Robo 胞外的相互作用也增强了胞内 Robo 的 CC3 基序与 srGAP 的 SH3 基序之间的相互作用。用 Slit 处理哺乳类细胞系或原代培养的 SVZa 区细胞可降低活化型 Rho GTPase Cdc42 的含量。Slit 对 SVZa 细胞迁移的排斥性影响被 Cdc42 组成型活化突变所封闭证明 Cdc42 在神经元迁移中有功能。

因为活化型 Cdc42 激活细胞内蛋白 N-WASP，该蛋白质可活化 Arp2/3 复合物促进肌动蛋白发出分支，这个假设已经被证实是 Slit 排斥迁移神经元的一个工作原理。这条通路始于 Slit 和 Robo 胞外区的相互作用，结果是增强胞内 Robo 与 srGAP 的相互作用和令 Cdc42 失活。邻近较高浓度 Slit 的细胞一侧 Cdc42 活性相对较低造成在该侧 N-WASP 和 Arp2/3 复合物活性相对较低。这只是一种工作模式，Abl、Ena、PTPase 和其他可能的组分与该模式的联系还有待研究。

三、神经元迁移的实时调控

脑中神经元迁移的主要模式就是小脑中来自 EGL 的细胞迁移至 IGL（图 4-3A 和 B）。在胚胎期，EGL 细胞起源于 URL 细胞，URL 细胞做切线式迁移形成 EGL（图 4-4A），一旦进入 EGL，胚胎期 URL 源性细胞就不再向 IGL 迁移。出生后，在 EGL 下浦肯野细胞分泌的音速刺猬蛋白（sonic hedgehog，SHH）的诱导下发生增殖。出生后的 EGL 细胞通过浦肯野细胞层向从更浅层向 IGL 迁移，成为颗粒细胞（图 4-4B）。现在认为在体内细胞从 EGL 向 IGL 的迁移是依赖于放射状的神经胶质纤维，在体外 EG 细胞可以结合并沿胶质纤维移动。EGL 细胞结合胶质纤维需要细胞黏附分子 astrotactin。由于同一神经元可以沿同一神经胶质纤维向两个方向迁移，所以神经胶质纤维不能提供引导神经元迁移的信号。

我们在研究啮齿类胚胎期和出生后的细胞迁移时对 EGL 迁移中的时空调控机制进行了探寻，发现细胞迁移的时间调控是在空间调控的辅助下完成的。在已有的研究结果基础上，我们提出一个小脑中神经元迁移时空调控机制模型的假设（图 4-4C 和 D）。小脑内的神经元迁移是在多种吸引和排斥信号的程序化安排下进行的，细胞的发育变化也与这些信号相对应。胚胎期，脑膜中既有吸引信号也有排斥信号，而胚胎期的 EGL 主要对脑膜中的吸引信号有反应。同时也有来自新皮层的可扩散的排斥信号。脑膜的吸引信号和新皮层排斥信号的共同作用阻止 EGL 细胞迁移到胚胎内层（图 4-4C）。出生后，小脑内层不再有排斥信号，但是出生后的脑膜中依然有吸引和排斥信号。而生后 EGL 细胞对脑膜中排斥信号有反应，对吸引信号没有反应（图 4-4D）。

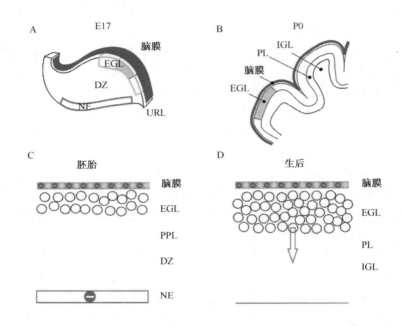

图 4-4　小脑中神经元迁移的时空调控

A. E17 大鼠小脑原基图，显示了外颗粒细胞层（EGL）、分化区（DZ）和新皮层（NE）的相对位置；B. 新生小脑的部分图，显示 EGL，浦肯野细胞层（PL）和内颗粒细胞层（IGL）；C. 左侧图片为胚胎期的小脑。可扩散的吸引物（＋）和排斥物（－）存在于胚胎的脑膜内。胚胎 EGL 细胞对脑膜内的吸引信号有反应，在新皮层（NE）中有可扩散的排斥物。脑膜内吸引信号和新皮层中排斥信号的综合阻止 EGL 细胞迁移到胚胎的内层。PPL：未来的浦肯野细胞层；D. 右侧是一幅生后小脑的图片。生后的脑膜内也有吸引信号和排斥信号。生后小脑中没有新皮层，在浦肯野细胞层（PL）和 IGL 也没有排斥活性。EGL 细胞将朝 IGL 迁移

　　脑膜内的吸引物是趋化因子 SDF-1，是一种已知的白细胞趋化因子。在体外将胚胎的 EGL 移植物与纯化的 SDF-1 或分泌 SDF-1 的哺乳动物细胞系进行共培养，发现 SDF-1 吸引胚胎期而非生后的 EGL 细胞（图 4-4E 和 F）。胚胎期和生后的脑膜中都存在 SDF-1，而 SDF-1 的受体 CXCR4 存在于 EGL。分析 *sdf-1* 基因敲除小鼠的移植物提示 SDF-1 是脑膜内主要的吸引物。敲除 *sdf-1* 或 *cxcr4* 基因，在胚胎成熟前就可在小脑内层发现小脑颗粒细胞。但是尚无脑膜内排斥物的分子特性的资料。

　　图 4-4C 和 D 中有几个有趣的特点：阻止胚胎期 EGL 细胞未成熟时迁移至 IGL 需要一个活性的锚定机制；神经发育中脑膜内有一条信号转导通路；趋化因子及其受体通过 G 蛋白三聚体的作用在神经元迁移过程中至关重要。EGL 细胞改变自身对脑膜中吸引物 SDF-1 的反应性是一个关键的时间性变化，从研究 Eph 酪氨酸激酶受体和它们的跨膜配体 ephrin 的反向信号传递中获得这一改变的分子机制的线索。已经发现 ephrinB

的一个配体可以结合一个 G 蛋白调节分子（RGS），RGS 抑制 CXCR4 的 SDF-1 活化。Eph 和 ephrin 的表达在出生后都会上调，所以 Eph-ephrin 信号传递是 EGL 反应性随发育变化的机制所在。

第三节　影响小鼠皮质分层的基因

通过对小鼠的遗传学和分子生物学研究已经找到一些参与皮质分层的新基因。基因 reeler 突变小鼠大脑和小脑皮质分层异常，组织学研究显示皮质正常的由内而外的迁移模式在 reeler 小鼠几乎倒置，所有主要的有形态细胞簇存在于 reeler 皮层。尽管 reeler 突变小鼠的前板发育正常，但是在形成皮质板的过程中，迁移细胞团却不能进入并穿插到边缘区和下板。reeler 突变小鼠在特定层细胞定位方面有缺陷，尤其是皮质板形成期间。reeler 突变小鼠小脑的浦肯野细胞也呈异常层叠。

我们对 reeler 基因功能的一个主要研究进展是确认了它的产物 Reelin，一个大的分泌蛋白。Reelin 的数种亚型在脑提取物及其上清中都存在，主要表达在新皮层边缘区的 Cajal-Retzius（CR）细胞、核移行区（nuclear transitory zone，NTZ）及小脑的 EGL 中。Reelin 信号传递功能的启动可能需要 Reelin 的多聚化。Reelin 有丝氨酸蛋白酶活性，可以在体外切割层粘连蛋白和纤粘连蛋白。Reelin 本身也在一种未知的锌指依赖性蛋白酶作用下被水解，其片段的活性不明。遗传学和生化研究已经证实低密度脂蛋白家族（LDL）中的两个成员，极低密度脂蛋白受体（VLDLR）和低密度脂蛋白受体相关蛋白 8（LRP8，即载脂蛋白 E 受体-2 或 ApoER2），是 Reelin 的受体。敲除 VLDLR 基因的小鼠小脑为 reeler 表型，而敲除 ApoER2 基因的小鼠皮层也符合 reeler 突变表型。两个基因都敲除后，表现出的解剖结构缺陷与 reeler 突变完全相同。其他假定的 Reelin 受体的重要性还不清楚，如钙黏着蛋白相关的神经元受体和整联蛋白 α3β1 等。

某些自然突变小鼠，如 scrambler 和 yotari，已经被发现，它们的表型与 reeler 突变表型相似，两种突变都是由果蝇 disabled（dab-1）的小鼠同系物引起的。与 VLDLR 和 ApoER2 相似，dab-1 表达于 Reelin 反应性皮质板神经元和浦肯野细胞。Dab-1 蛋白是一种胞质蛋白，可以结合 VLDLR 和 ApoER2 的胞内区。在 Reelin 的刺激下 Dab-1 的酪氨酸磷酸化增强，而 reeler 突变小鼠的酪氨酸磷酸化水平却降低，Dab-1 磷酸化位点的突变造成大脑和小脑皮质中细胞定位混乱。这些生化和遗传学证据表明 Reelin 信号通过跨膜受体 VLDLR 和 ApoER2 使 Dab-1 磷酸化，从而调控神经元的定位。

目前已经提出数种假设来解释 Reelin 在分层定位中的作用，其中最为广泛接受的是 Reelin 作为放射状迁移神经元的一个终止信号，Reelin 可能促进迁移神经元从放射状的神经胶质纤维上脱落下来，Reelin 也可能直接调节放射状神经胶质框架的功能，这对于皮质分层尤其重要。

还有其他一些基因突变小鼠存在皮质分层缺陷。缺少细胞周期依赖性蛋白激酶-5（Cdk5）的小鼠在小脑和大脑皮层中有神经元迁移缺陷，这些缺陷与 reeler 突变小鼠的不同。reeler 突变中，前板不能被迁移神经元分离，皮层神经元位于前板下，排列无序。在 Cdk$^{-/-}$ 小鼠中，迁移神经元可以分离前板到达边缘区和下板，但是新生的神经元不能做由内而外的迁移，它们在下板下面聚集。Cdk5 是一种广泛表达的丝氨酸-苏氨酸激酶，其激活需要 p35 和 p39 蛋白。缺少 p35 和 p39 的小鼠皮质表型近似于 *cdk5* 突变小鼠。体外实验表明，Cdk5 通过磷酸化 Pak 激酶和微管相关蛋白来调节细胞骨架的动力学特性。p35 和 p39 在迁移神经元的表达是细胞通过 POU 结构域转录因子 Brn1 和 Brn2 自我调控的结果，Brn1 和 Brn2 的突变同样引起皮层的倒置。

神经营养素家族成员，脑源性神经营养因子（BDNF）和神经营养因子-4（NT-4）通过与 TrkB 反应促进皮质神经元迁移。发育期脑的室管区 BDNF 的过度表达对皮层神经元可产生戏剧性影响。将 NT-4 或 BDNF 输入侧脑室，或者在发育期皮层脑片上使用这些蛋白，结果造成神经元异位，这种异位可能是神经元迁移增强引起的。BDNF 在发育期小脑中有高水平表达，其中 IGL 表达最强。BDNF 是对神经元从 EGL 迁移有推动和吸引作用。EGL 外的小脑颗粒细胞的迁移在 BDNF 突变小鼠中被削弱，BDNF$^{-/-}$ 小鼠颗粒细胞在体外不能启动沿神经胶质纤维的迁移，外源性给予 BDNF 后颗粒细胞就可以迁移。

γ-氨基丁酸（GABA）以一种适合于影响迁移皮质神经元的模式表达于发育期皮层。GABA 可诱导分离的胚胎皮质神经元迁移，这种作用可能是通过多种 GABA 受体介导的，GABA 对皮层神经元迁移的影响也许依赖于某种受体亚型。封闭 GABAₐ 受体可增强神经元向皮质板的迁移，而封闭 GABAₐ/c 受体则完全抑制神经元的迁移，但是封闭 GABAв 受体似乎能影响从过渡区到皮质板的神经元迁移。NMDA 受体封闭后，细胞迁移减弱，而增强 NMDA 受体活性或抑制细胞外谷氨酸盐的吸收则能提高细胞的移动速度。无论哪个受体参与其中，通过神经递质调节放射状迁移最终都要依赖于胞质中 Ca^{2+} 浓度的起伏变化。

表皮生长因子受体（EGFR）及其配体，包括肝磷脂结合 EGF（HB-EGF）和 TGFα，在发育期皮层中有高水平表达。在 *egfr* 敲除小鼠的端脑增殖区可观察到神经元前体细胞的聚集。胚胎期皮层过度表达 EGFR 能增强神经元的放射状迁移。

第四节　影响神经元迁移的分子

一、细胞黏附与神经元迁移

细胞黏附在放射状迁移和切线式迁移中都很重要。细胞黏附分子（CAM）是细胞表面蛋白，可以通过与细胞外基质（ECM）相互作用来介导细胞与细胞之间的识别和黏附。CAM 在 CNS 神经元迁移过程中扮演着重要角色。NCAM 是 CAM 的一种，它通过同型结合和异型结合（homophilic and heterophilic）影响神经元胞体和突起与其他神经元和 ECM 的黏附性。NCAM 由同一基因编码，因剪接不同产生 3 个不同分子质量的亚型：NCAM120、NCAM140 和 NCAM180。添加唾液酸（PSA）链可使分子质量为 180kDa 的亚型得到进一步修饰，唾液酸使 180kDa 分子黏附性降低。在从 SVZa 到嗅球的切线式迁移中，唾液酸化的神经细胞黏附分子（PSA-NCAM）发挥了重要作用。*ncam* 敲除小鼠嗅球的体积减小，显然是由于神经元前体细胞沿 RMS 的迁移减少所致。所以，PSA-NCAM 的表达对于正常的 RMS 神经元迁移是必要的。细胞黏附分子 TAG-1（一种轴突表面糖蛋白）参与了神经元前体细胞从神经结节到新皮质的迁移。

DM-GRASP（也称 SC-1、JC7、BEN、ALCAM 和神经生长素）是一种跨膜蛋白，它可以结合 Ng-CAM，参与中脑神经元的切线式迁移。小脑神经元与神经胶质纤维的附着需要细胞黏附分子。Astrotactin（Astn1）是迁移神经元表达的一种糖蛋白，在小脑和大脑皮层中都存在。Astrotactin 抗体可以阻止颗粒细胞和小脑胶质细胞之间的黏附，减缓迁移的速度。过度表达 Astrotactin 可促进 3T3 细胞与神经胶质细胞的黏附，而在 Astn1 敲除小鼠放射状迁移速度变慢。这些数据显示 Astrotactin 可能通过神经元-神经胶质细胞黏附作用影响神经元的放射状迁移。

　　血小板反应（TSP）蛋白表达于未迁移的颗粒细胞和迁移颗粒细胞的前突，它可能参与了颗粒细胞的迁移，因为 anti-TSP 抗体可以抑制颗粒细胞迁移。用抗 tenascin 独特域抗体也能达到抑制颗粒细胞迁移的效果。

　　整联蛋白是位于细胞膜上的糖蛋白，由 α 和 β 亚基构成的异聚体也可能参与了神经胶质细胞引导的神经元迁移。在新皮质，功能抑制性研究显示整联蛋白 $\alpha_3\beta_1$ 参与了神经元与神经胶质纤维的联系和神经元迁移。尽管 β_1 整联蛋白基因敲除小鼠没有表现出皮层迁移缺陷，但是整联蛋白 α_3 突变小鼠大脑皮质中的放射状迁移发生了改变。整联蛋白 α_3 和整联蛋白 β_1 突变小鼠皮质的不同可能是整联蛋白 β_1 与整联蛋白 α_6 的作用结果，因为整联蛋白 α_6 敲除基因小鼠也有类似的表型。因而探寻不同整联蛋白分子的生物学功能将有很好的研究前景。

二、促性腺激素释放激素与神经元迁移

　　表达促性腺激素释放激素（GnRH），也叫促黄体激素释放激素（LHRH）的神经元发生于鼻间隔中嗅球内或周围，但是最后定位于出生后的视前区和海马，在那里调控前垂体腺促性腺激素的释放，推动生殖行为。GnRH 神经元要到达端脑，需沿嗅神经迁移，穿过嗅球下的筛状板，在犁鼻骨（VMN）轴突后进入端脑。一旦 VMN 神经进入脑，它们就分为两束分支，一束长入嗅球，另一束向前到达终板。绝大部分 GnRH 神经元沿后一条途径做选择性迁移。

　　VMN 轴突表达外周蛋白、PSA-NCAM、DCC 和 TAG1。现猜测在 GnRH 神经元进入脑以前，有数种因子会影响它们的迁移。例如，$GABA_A$ 受体拮抗剂在体外不改变 VMN 轴突或 GnRH 神经元数目情况下抑制 GnRH 神经元的迁移，Netrin 也参与了该过程。研究显示 dcc 敲除基因小鼠有几个神经元群定位错误，GnRH 神经元不能定位于端脑，与外周蛋白阳性的导向纤维联系在一起。另外在体外实验中，把胚胎发育期中的 PSA 从 NCAM 上酶解下来，或者应用抗 NCAM 抗体可以阻止大部分 NCAM 神经元的迁移。然而，在 NCAM 突变小鼠中 GnRH 神经元的迁移是正常的，这提示 NCAM 对于 GnRH 神经元的迁移来说不是必要的。最近，一种新的名为 NELF（胚胎期鼻促黄体激素释放激素）的因子在迁移 GnRH 细胞与非迁移 GnRH 细胞相比较的差异性筛选中被发现。有趣的是，NELF 在 GnRH 和 VMN 轴突进入端脑前都有表达，但是当 GnRH 神经元向海马迁移时，NELF 表达下调。NELF 在 GnRH 神经元迁移中的作用还有待确定。实验胚胎学方法已经证实，即使进入脑内异常定位区 GnRH 神经元依然紧随 VMN 轴突。

　　X 染色体连锁的 Kallmann 综合征（X-linked Kallmann syndrome，KS）的临床表现为 GnRH 神经元的迁移对 VMN 神经发育的依赖性。KS 的症状为嗅觉缺失症、性腺机能减退及偶发的智力迟钝。KS 的性腺机能减退的原因可能是 GnRH 分泌型神经元从嗅基板往视前区和海马的迁移障碍所致，似乎仅次于 VMN 轴突不能穿透嗅球。一个有 Kallmann 综合征的人胚胎脑显示 GnRH 神经元异常成群聚集在嗅觉区。KS 的突变已被定格于一个名为 *kall* 的基因，该基因编码 Anosmin-1，一种细胞外基质。最近的研究显示 Anosmin-1 可促进嗅球传出神经元的轴突生长，刺激嗅皮层轴突分支，但是 Anosmin-1 在引导 VMN 轴突中的作用还未曾研究。

第五节　人类神经元的迁移障碍

　　多种人类疾病是由神经元迁移缺陷造成的，其中包括了无脑回畸形（LIS）、脑室周异位（PH）、皮层下联合异位（SBH）、Zellweger 氏大脑肝肾综合征及某些形式的先天性肌肉萎缩症。表 4-2 显示的是影响 CNS 神经元迁移的基因的概要。

表 4-2　**Summary of genes affecting neuronal migration in the central nervous system**

Mutation phenotype		Migration Molecule	Gene	References
Human	Murine			
Miller Dieker syndrome （MDS） Lissencephaly （ILS）[a] （class LISa1-4） LIS with cerebellar hypoplasia （LCH） （class LCHa）	Lis1[−/+] animals with neuronal migration delay	Platelet activating factor Acetylhydrolase 1b1 （Pafah1b1）	*LIS1*	Reiner et al. 1993 LoNigro et al. 1997 Hirotsune et al. 1998
Double cortex （DC） or （SBH） subcortical band heterotopia X-linked LIS （XLIS） （class LISb1-4） LCH （class LCHa）		Doublecortin （Dbcn）	*DCX/XLIS*	Gleeson et al. 1998 Des Portes et al. 1998 Pilz et al. 1998 Ross et al. 2001
LCH （class LCHb）	Reeler: inverted cortex with layer 5 neurons superficial, failure of preplate to split	Reelin	*RELN*	Caviness 1977 D'Arcangelo et al. 1995 Sheppard et al. 1997 Hong et al. 2000
LCH? （predicted, based on similarity of reeler and scrambler mice）	Scrambler/yotari （phenotype identical to reeler）	Disabled	*DAB*	Sheldon et al. 1997 Ware et al. 1997

续表

Mutation phenotype		Migration Molecule	Gene	References
Human	Murine			
	Knockouts with reeler-like cortex	VLDLR，ApoER2	*VLDLR* *ApoER2*	Heisberger et al 1999 Trommsdorff et al 1999 D'Arcangelo et al 1999
	Knockout with reeler-like cortex	Cdk5	*CDK5*	Gilmore et al 1998
	Knockout similar but less severe than *Cdk5-/-* nulls	p35	*p35*	Chae et al 1997 Kwon & Tsai 1998
Zellweger syndrome	Deficient mice display heterotopia similar to Zellweger patients	Peroxisomal proteins	*PEX2* *Pxrl*	Faust & Hatten 1997 Baes et al 1997
Bilateral periventricular nodular heterotopia (BPNH or PH), neurons fail to leave the VZ		Filamin-1	*FLN1*	Fox et al 1998
Fukuyama congenital muscular dystrophy (FCMD)-cobblestone complex type II LIS & myopathy		Fukutin	*FCMD*	Kobayashi et al 1998
Kallmann syndrome		Anosmin-1	*KALI*	Hardelin et al 1992 Soussi-Vanicostas et al 1998
	Nulls with neuronal migration delay in cerebellum and cortex	Astrotactin 1	*ASTN1*	Adams et al 2002

[b]ILS：Isolated Lissencephaly Sequence. Refers to classical LIS without the facial features of MDS.

典型的无脑回畸形或Ⅰ型无脑回畸形及双皮层患者表现为由轻微到严重的智力迟钝和癫痫症。尽管患者在出生时没有症状，后期的发育迟缓和癫痫发作却非常明显。智力受损程度变化很大，但是大多数患者表现为中等智力迟钝，IQ 值为 50～90。典型的癫痫发作出现于生后数周内，包括 mixed artial、强直性阵挛或非典型失神。双皮层（DC）与无脑回畸形有显著的家族相关性，许多女性表现为 DC 的家族中，男性表现为典型的无脑回畸形。

典型的无脑回畸形在病理及 X 射线检查中的缺陷表现为脑缺少沟回，皮层中灰质异常厚，而皮层正常的 6 层结构减少为由疏松排列的细胞构成的 4 层结构。尽管无脑回畸形患者的皮质有所增厚，但整个脑的尺寸比正常脑小，脑室却比正常的大。除此以外，在小脑和脑干中还有其他的异常。虽然 DC 患者的脑外皮层有正常的外观，但室管膜下区白质中过度聚集的神经元表明神经元迁移存在缺陷。

lissencephaly-1（*lis1*）或 *doublecortin*（*dcx*）基因的突变可以引起无脑回畸形。*lis1* 基因位于 17 号染色体的 13.3，是一个常染色体基因。Lis1 类似于 G 蛋白异源三聚体中的 β 亚基，含有 7 个色氨酸/天冬氨酸重复区，可以介导蛋白质与蛋白质间的相互作用，并为数个蛋白质家族共有。大部分可确定的 *lis1* 突变是同一 *lis1* 拷贝的不同缺失，而大部分可确定的 *dcx* 突变是单个碱基的突变。*lis1* 突变是蛋白质的单纯不足，因为 Lis1 蛋白水平降低 50% 就足以引起无脑回畸形。*dc* 位于 X 染色体上，对男性和女性的影响差别很大。在女性，DC 通常被认为是一种细胞自发嵌合体表型，原因就是 X 染色体的随机失活。Lis1 蛋白是脑血小板活化因子乙酰水解酶（PAF-AH）Ib 亚型的调节性亚基，可以令血小板活化因子（PAF）去乙酰化而失活，是一种有效的前炎性磷脂。PAF-AH 表达于 CR 细胞和发育中新皮层的室管区。PAF 引起突起回缩，可调节小脑颗粒细胞的迁移。究竟 Lis-1 功能是否与 PAF 有关仍旧不清楚，更多的猜测是 Lis-1 类似于 Nudf 蛋白。Nudf 蛋白对于丝状菌——曲霉的核转移过程很关键。Lis-1 可以稳定微管。从生化特性来说，Lis-1 可以结合胞质动力蛋白重链、动力蛋白中间链、p150^{glued}、p62 和 dynactin 的 Arp1 亚基，以及曲霉菌 NudE 的两种哺乳类同族物，NUDEL 和 mNudE。从亚细胞结构来说，Lis-1 与中心体（MTOC）和线粒体相关联。Lis-1 的单一性不足造成迁移神经元的前缘纤维性肌动蛋白较少，这与 RhoA 的上调和 Rac1 及 Cdc42 活性的下调有关。通过 RhoA 的受动性激酶 p160ROCK 来抑制 RhoA 的功能，可以改善 Lis$^{-/-}$ 神经元的迁移缺陷。虽然这些数据显示 Lis-1 蛋白可能通过调节动力蛋白的动力性，中心体的位置和（或）通过 Rho GTP 酶活化促进肌动蛋白多聚化来调控神经元迁移途中核的运动（nucleokinesis），但是 Lis-1 怎样参与神经元迁移还有待更多的研究。

Doublecortin 是由于它在女性异位双皮层中的作用而得名。继承一个受影响的 X 染色体的男性表现出同样的与 *lis1* 突变相关的无脑回畸形。女性 *dcx* 突变杂合体仅表现为部分皮质神经元 X 染色体携带突变，因而呈现一种镶嵌状表型：没有 *dcx* 突变的神经元迁移到外皮层，而表达野生型 *dcx* 的神经元正确迁移，结果在过渡区皮层下形成异形的神经元带。这种伴 X 显性遗传提示男女表型差异反映出继承两条 X 染色体的女性的每一个细胞中可随机灭活其中的一条 X 染色体，产生出两种类型的细胞。*dxc* 基因位于 X 染色体，它的产物是一种微管相关蛋白（MAP），该蛋白质可以促进微管聚合。但 DCX 不是一种典型的 MAP，它与 MAP 家族分子有某些相同的特征。类似其他 MAP，DCX 有前后两个重复区，可以结合并激活微管的多聚化。DCX 也有一个短的丝氨酸/脯氨酸富集突出结构，可能起促进微管紧密成束的作用。尽管一个重复区就足以结合微管蛋白，但两个结构域对结合微管和促进微管多聚化都是必要的。*dxc* 的病态突变在微管结合域大量聚集，提示由 DCX 推动的微管多聚化对于神经元迁移是一项重要的功能。新的研究显示 Cdk5 磷酸化 DCX 可调控 DCX 在迁移中的作用。

无脑回畸形的第二种形式是卵石样无脑回畸形（即 II 型无脑回畸形），在人类身上有 3 种异常：肌肉-眼-脑（MEB）病、福山先天性肌肉萎缩症（FCMD）和 Walker-Warburg 综合征（WWS）。除了智力迟钝和癫痫症外，卵石样无脑回畸形患者还常伴有相关系统的缺陷，尤其是眼睛和肌肉的发育。在病理学上，卵石样无脑回畸形患者的皮质与无脑回畸形患者相似，大脑缺少沟回，但是前者的皮质表面粗糙，就像卵石一样，这可能是神经元通过表层基底膜的缺口从发育中的脑中迁移出所致。小鼠的几种突变也能造成近似于 II 型无脑回畸形的表型。整联蛋白 α6 或早老素 1（presenilin1，Ps1）的诱导突变使神经元迁移出皮质在软膜表面产生缺陷。引起 FCMD 的基因已被确定，名为 *fukutin*，编码一个糖蛋白或糖脂类修饰酶。最新证据显示 Fukutin 可作为迁移神经元的终止信号。近来有迹象表明 MEB 是由于 *POMGnT1* 突变造成的，这个基因编码 O-甘露糖-β-1,2-N-乙酰葡萄糖胺转移酶，是 α肌营养不良蛋白聚糖结合层粘连蛋白所需的一种物质。MEB 和 FCMD 在某些特定蛋白质的糖基化方面有缺陷，包括α-肌营养不良蛋白聚糖，这些缺陷造成围绕发育脑的基板的次级缺陷。尽管 Fukutin 自身没有表现出酶活性，Fukutin 相关蛋白（FKRP）却是一个糖基转移酶，受 FCMD 影响的患者存在高度糖基化 α-肌营养不良蛋白聚糖缺陷。

无脑回畸形的另一种形式表现为小脑发育不全，条件是没有脑回且小脑发育不全（LCH）。大部分患有 LCH 的患者存在小脑畸形，并伴有严重的认知发育迟缓，无或少有语言及无需支撑的坐立能力缺陷，癫痫发作频繁。LCH 还有许多其他的临床表现，可分为 6 种亚型。虽然 LCH 患者的皮层看上去与典型的无脑回畸形患者的皮层相似，前者的小脑却严重的缩小。Hong 等在两个有 LCH 的家族中发现 *Reelin* 基因突变，提示 *Reelin* 的突变可能是引起一种 LCH 亚型（LCHb）的原因，所以 LCH 缺陷与 *reeler* 突变小鼠如此相似也合乎推理。

病理学和 X 射线透视显示脑室周异位（PH）的缺陷是沿侧脑室线状排列的神经元有显著聚集，并显示存在迁移混乱，造成许多本应定位于皮质板的神经元不能迁移，反而在接近大脑皮层增殖区的地方堆积起来。除了神经元的异位聚集，PH 患者的外部皮质的外观正常，说明部分神经元还是可以正常迁移。PH 患者的症状差异较大，部分人有轻微症状甚至没有症状，而其他人则可能有轻微的智力迟钝、癫痫症、精神病症状或其他的系统性特征。

PH 表现为 X 染色体连锁显性遗传，对女性的影响就是 PH，对男性胎儿的影响是在妊娠期就死亡。男女表型上的差异大概是因为女性继承了两条 X 染色体，而男性仅继承了一条 X 染色体，而这个染色体上该基因的突变就是致命的。在女性身体中可以随机令一个细胞中的 X 染色体失活，由此产生了两种类型的细胞：一种带有突变的等位基因，另一种带有正常基因。PH 极可能是由于带有突变的等位基因的细胞迁移障碍所致。引起 PH 的基因位于 X 染色体，编码 filamin1（FLN1），一种肌动蛋白结合/交联蛋白。在培养的原代皮质神经元中发现 FLN1 和肌动蛋白应力纤维定位在一起，预示 FLN1 在细胞骨架结构调节方面有作用。尽管 FLN1 mRNA 在整个室管区和皮质板都有表达，FLN1 蛋白却主要在皮质形成过程的皮质板中和过渡区有丝分裂后的迁移神经元中表达，到了成年期就随后下调。产生这种差异的一个原因可以用最近发现的 FILIP 来解释，FILIP 是 FLN1 功能的负性调节子。FILIP 是室管区特异表达的一种 FLN1 结合蛋白。在神经发生过程中，FILIP 优先靶向于 F 肌动蛋白相关的 FLN1 以使需钙蛋白酶敏感性蛋白酶降解，通过此作用对神经元迁移产生抑制性影响。

其他儿童神经病，如 Zellweger 氏综合征和结节性脑硬化，也与神经元迁移缺陷有关。Zellweger 氏综合征表现为皮质发育异常，类似于大脑和小脑的多小脑回，有时类似于 Sylvius（大脑外侧沟）周围脑回肥厚和病灶皮层下及室管膜下异位。Zellweger 氏综合征中有不显著的神经元迁移缺陷，突变基因参与了过氧化物酶体的形成，但过氧化物酶体的形成与神经元迁移之间的联系还不清楚。结节性脑硬化影响多种器官，神经元迁移缺陷的典型表现为皮质发育异常的病灶点中有非典型或未分化的神经元。这是由于结节性脑硬化复合物（TSC）基因 1 和 2 突变造成的，二者分别编码 hamartin 和马铃薯球蛋白 tuberin。有趣的是，hamartin 和 tuberin 可以和肌动蛋白结合蛋白中的 ezrin-radixin-moesin 家族相互作用，激活 Rho GTPase。hamartin 和 tuberin 彼此之间也能发生反应，抑制 rapamycin（mTOR）在哺乳动物中的靶标物。

第六节　神经元迁移和新生神经元在行为和神经可塑性中的作用

神经元迁移对出生后鸟类行为学的改变有至关重要的作用。神经发生和成年神经干细胞的发现提示神经元迁移对于包括人在内的成年哺乳动物很重要。因为神经元干细胞在神经可塑性过程中转变为神经元，神经元迁移对神经可塑性可能很关键，然而迁移是否在可塑性变化中发挥调节作用还不清楚。

嗅球中新发生的神经元和它们的迁移对于气味分辨有重要意义，可能在可塑性变化中有作用。海马中新发生的神经元和它们的迁移已经被证实与联想学习有关。我们仍然需要更多的研究来帮助我们了解神经元迁移在脑功能发挥和神经可塑性中的确切作用。

同样值得关注的还有神经元迁移在脑进化中的作用，这是 Rakic 及其同事提出的。灵长类中人类拥有最大体积的丘脑后结节核。Rakic 与 Sidman（1969）发现人脑的丘脑后结节有两个发育时期：丘脑后结节早期的生长源于中脑细胞的增殖；晚期生长却是由于端脑神经结节到丘脑后结节核的神经元前体细胞的迁移。与人类相比，猴只有丘脑后结节发育的早期过程，端脑中似乎没有任何神经元迁移至丘脑后结节。人脑中神经元从神经结节迁移到背侧丘脑，但是小鼠和猴的脑中就没有这种迁移。神经元迁移的这种比较性研究使我们提出这样的假设，建立新的神经元迁移途径就能促进人脑的进化。现在认为在解剖结构和功能上相互邻近的区域在人脑进化的过程中也是同步的。端脑与丘脑相连，建立从端脑神经结节到背侧丘脑的迁移通路可能有助于前皮质与丘脑核团的同步进化。

（刘国法　饶　毅　撰）

主要参考文献

Ackerman SL，Kozak LP，Przyborski SA，et al. 1997. The mouse rostral cerebellar malformation gene encodes an UNC-5-like protein. Nature，386：838～342

Adams NC，Tomoda T，Cooper M，et al. 2002. Mice that lack astrotactin have slowed neuronal migration. Development, 129：965～972

Bentivoglio M, Mazzarello P. 1999. The history of radial glia. Brain Res Bull, 49：305～315

D'Arcangelo G, Homayouni R, Keshvara L, et al. 1999. Reelin is a ligand for lipoprotein receptors. Neuron, 24：471～479

Fox JW, Lamperti ED, Eklu YZ, et al. 1998. Mutations in filamin 1 prevent migration of cerebral cortical neurons in human periventricular heterotopia. Neuron, 21：1315～1325

Gleeson JG, Allen KM, Fox JW. 1998. Doublecortin, a brain-specific gene mutated in human X-linked lissencephaly and double cortex syndrome, encodes a putative signaling protein. Cell, 92：63～72

Hatten ME, Mason CA. 1990. Mechanisms of glial-guided neuronal migration *in vitro* and *in vivo*. Experientia, 46：907～916

Hong SE, Shugart YY, Huang DT. 2000. Autosomal recessive lissencephaly with cerebellar hypoplasia is associated with human RELN mutations. Nat Genet, 26：93～96

Li HS, Chen JH, Wu W. 1999. Vertebrate slit, a secreted ligand for the transmembrane protein roundabout, is a repellent for olfactory bulb axons. Cell, 96：807～818

Liu G, Rao Y. 2003. Neuronal migration from the forebrain to the olfactory bulb requires a new attractant persistent in the olfactory bulb. Journal of Neuroscience, 23：6651～6659

Rakic P. 1990. Principles of neural cell migration. Experientia, 46：882～891

Rakic PJ, Comp. 1971. Neuron-glia relationship during granule cell migration in developing cerebellar cortex. A Golgi and electronmicroscopic study in Macacus Rhesus. Neurol, 141：283～312

Rice DS, Curran T. 2001. Role of the reelin signaling pathway in central nervous system development. Ann Rev Neurosci, 24：1005～1039

Trommsdorff M, Gotthardt M, Hiesberger T. 1999. Reeler/Disabled-like disruption of neuronal migration in knockout mice lacking the VLDL receptor and ApoE receptor 2. Cell, 97：689～701

Wong K, Ren XR, Huang YZ. 2001. Signal transduction in neuronal migration：roles of GTPase activating proteins and the small GTPase Cdc42 in the Slit-Robo pathway. Cell, 107：209～221

Wu W, Wong K, Chen JH. 1999. Directional guidance of neuronal migration in the olfactory system by the protein Slit. Nature, 400：331～336

Zhu Y, Yu T, Zhang XC. 2002. Role of the chemokine SDF-1 as the meningeal attractant for embryonic cerebellar neurons. Nat Neurosci, 5：719～720

第五章　轴突的发育

　　神经细胞发育过程中，细胞生长、迁移、轴突和树突的发出，把大分子物质和细胞器运送到其突起的分支以及轴突与其他细胞建立功能性突触联系等，均与神经细胞骨架的功能有关。此外，神经元是有极性的细胞，在发育过程中，轴突和树突分别在不同方向发出，决定了神经元的极性。轴突和树突的结构有差异，如树突内可见高尔基体和尼氏小体，而轴突则无。突触前膜主要分布在轴突的终末，而突触后膜则主要分布在胞体和树突。有关神经细胞发育过程中其各组成部分如何发育，以确保神经元的极性，神经元内在因素和外环境如何影响神经元的极性等问题，目前还不清楚。有研究表明，神经元的极性可能与细胞骨架的选择运输有关。细胞骨架是有极性的结构，例如，微管的正端朝向轴突，负端朝向胞体（图 5-1）。神经细胞内不同的酶、受体和细胞器分别由细胞骨架运送到神经元的不同部位。例如，核糖体和高尔基体可与某种微管相关蛋白（microtubule associated protein，MAP）结合，被运送到微管的负端而进入树突，但不能进入轴突。

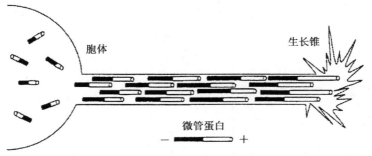

图 5-1　微管蛋白在神经元胞体、轴突和生长锥分布示意图（引自 Ahmad et al. 1993）
注意微管蛋白的添加端（空心段）离开胞体朝向生长锥

第一节　细胞骨架

　　细胞质内含有错综复杂的蛋白质纤维网，根据纤维直径的大小，以及构成纤维的蛋白质的不同，可把它们分成 3 类：微管、微丝和中间丝。细胞形态的维持与改变，细胞的运动和迁移、细胞内物质的输送、细胞的内吞外排、细胞器的空间分布以及细胞分裂等均与这些纤维网状结构有关，这些纤维状结构称为细胞骨架。

一、微　　管

（一）微管的形态结构与分布

微管（microtubule）在神经细胞和神经胶质细胞都十分丰富，它们的主要功能有：①维持细胞结构的稳定性。②为膜包细胞器提供运输通道。微管是直径 25nm 的中空管状纤维，其中央腔直径为 15nm，管壁厚 5nm。它由 13 根原纤维丝螺旋盘绕排列而成，每根原纤维丝是由球形的微管蛋白二聚体彼此连接组成。在轴突，所有微管均朝同一方向排列，即"头"或称正端（plus end）朝向生长锥，尾或负端（mine end）朝向神经元胞体的微管组织中心，它是微管开始聚合的地方。微管从该中心以正端朝向离开胞体向树突和轴突伸展（图 5-1）。微管的数量与轴突的直径成反比。例如，直径为 $10\mu m$ 的猫有髓神经纤维其微管数为 11 个/μm^2，而直径少于 $0.1\mu m$ 的无髓神经纤维，其微管数为 100 个/μm^2。

（二）微管的化学组成和装配

微管的主要化学成分是微管蛋白（tubulin），此外，还有微管相关蛋白（microtubule associated protein，MAP）。

1. 微管蛋白

微管蛋白占微管总蛋白的 80%，它约占哺乳动物脑的可溶性蛋白的 20%。微管蛋白由 α 和 β 两个球形单位组成的异聚体，每个亚单位的分子质量约为 55kDa，两者各有42% 的序列相同。这些球形的异二聚体微管蛋白彼此连接，分别组成 13 根原纤维丝，螺旋盘绕装配成微管的壁。

微管是有极性的结构，它有"头"和"尾"端，"头"有聚合作用，可添加微管蛋白而伸长，"尾"端有解聚作用，因微管蛋白解聚而缩短。微管蛋白每一异二聚体上都有一个秋水仙素和一个长春花碱的特异性结合点，该点如被药物占据，微管不能继续聚合，并引起原有的微管解聚。此外，微管蛋白还有三磷酸鸟苷（GTP）和 Mg^{2+} 的结合位点，当它与 GTP 结合后，GTP 分解为二磷酸鸟苷（GDP）和磷酸，并引起微管蛋白分子构象发生变化，利于异二聚体合成微管。在细胞质内只有少量游离的 α 和 β 亚单位，因为不形成异二聚体的亚单位会很快被降解。

细胞内微管的装配（聚合）和去装配（解聚）受严格的时空控制。时间性控制表现在微管的聚合或解聚只发生于细胞生命活动的某一特定时刻，如纺锤体微管仅在有丝分裂时形成。空间控制表现在细胞特定的部位形成并组装微管。

2. 微管相关蛋白

微管相关蛋白是微管结构和功能必需的组分，它们虽然不是构成微管壁的基本成分，在微管蛋白装配成微管后结合于其表面，有促进和调节微管的装配并起稳定的作用。根据分子质量的不同，可把 MAP 分为高分子质量（320～350kDa）、中分子质量（70～280kDa）和低分子质量（55～62kDa）的 MAP。前者包括 MAP1A、MAP1B、MAP1C 和 MAP5；中分子质量的有 MAP2、MAP3、MAP4；低分子质量的是 Tau 蛋白。MAP1A 和 MAP2 构成微管间的横桥，而 MAP2 也可横连神经丝和微管。MAP1B 是长的分子在微管间形成长的横桥，Tau 蛋白呈短杆状在微管间形成短的横桥。

3. 微管相关蛋白的表达

不同的 MAP 在分布及发育时的表达有不同。MAP2 在成熟神经元十分丰富，而星形胶质细胞则富含 MAP3 和 MAP4，新生鼠脑 MAP5 的含量 10 倍高于其成年脑的含量。在神经元的胞体、树突和轴突均可见 MAP5。Tau 蛋白仅在神经元发现，它主要定位于轴突，其功能与促进微管蛋白聚合有关。

MAP1A 和 MAP1B 在发育的不同时期，在鼠脑的不同区域表达。新生大鼠的大脑富含 MAP1B，生后发育时，大脑的 MAP1B 含量下降而 MAP1A 的含量增加。在成年嗅神经和海马的苔藓纤维可见 MAP1B，提示这些神经元轴突在成年时仍继续生长。生长和成熟的树突富含 MAP1A。MAP2 有高分子质量（280kDa）和低分子质量（70kDa）两种。前者仅分布于成熟神经元内，它是成年哺乳动物脑内含量最丰富的 MAP；后者在胚胎脑内含量丰富，它主要分布于胶质细胞和发育中神经元的树突，当树突成熟时，低分子质量 MAP2 消失。胚胎及新生的鼠脑富含 MAP2C、MAP3A、MPA3B 和幼稚的 Tau 蛋白（48kDa），出生 20 天后其含量逐渐下降。胚胎时期 MAP 表达的功能意义现仍不清楚，但一些 MAP 蛋白的表达与胚胎早期的脑发育有关。例如，MAP5 在鸟类胚胎的第 3 天（E3）的背根节神经元有丰富的表达，而 MAP2C 则在 E3 的背髓运动神经元的胞体和轴突表达，到 E5～E7 其表达减弱。Tau 蛋白在 E3 开始在生长的轴突表达。MAP1A 和 MAP2A 在生后生长旺盛的树突表达，磷酸化的 MAP1B 在发育中的轴突十分丰富，而非磷酸化的 MAP1B 则定位于胞体的树突。

二、微　丝

微丝（microfilament）直径为 6～8nm，常弥散分布在神经元和神经胶质的胞质内，在轴膜下胞质、突触前膜下、树突棘和生长锥等地方，微丝较丰富，交织成网。微丝的形态分布可随细胞活动而改变，其功能与细胞形态的维持和运动有关。

（一）微丝的化学组成——肌动蛋白

肌动蛋白（actin）的分子质量为 43kDa，是微丝的基本蛋白质，故常称微丝为肌动蛋白丝。肌动蛋白分子呈纤维状，由两列球形的肌动蛋白单体（G-肌动蛋白）形成两条纤维形的肌动蛋白（F-肌动蛋白），并互相交纽而成。每一球形肌动蛋白的单体具有方向性（极性），一端为正端（添加端），有聚合作用，可添加 G-肌动蛋白使微丝延长；另一端为负端（减去端），有解聚作用，减去 G-肌动蛋白，使微丝缩短。细胞质含有少量 G-肌动蛋白，它与微丝的 F-肌动蛋白处于动态平衡。

（二）肌动蛋白结合蛋白

肌动蛋白结合蛋白（actin-binding protein）是一类控制肌动蛋白的构型和行为的蛋白质。目前已发现这类结合蛋白已超过 40 种，但它们在神经系统的分布及功能目前仍不太清楚，其命名主要根据其在体外对肌动蛋白分子构型和装配作用而定。主要的肌动蛋白结合蛋白有：

1）凝胶化蛋白（凝胶因子，gelation factor）这类结合蛋白分布在 F-肌动蛋白的交叉点上，有提高 F-肌动蛋白的黏度和柔韧性及稳定其空间结构的作用。

2）切断蛋白（切断因子，severing factor）和致稳定蛋白（致稳定因子，stabilizing factor）前者能插入单根 F-肌动蛋白的亚单位之间，把亚单位分开，起控制 F-肌动蛋白长度的作用。后者是一类短的纤丝状蛋白，沿单根 F-肌动蛋白排列，起稳定和保护 F-肌动蛋白的作用，被认为是一种纤丝辅助蛋白质（co-filamentous protein）。

3）隔绝蛋白（隔绝因子，sequestering factor）它可与球形肌动蛋白的单体结合，从而使 G-肌动蛋白不能聚合成 F-肌动蛋白。这样，可为细胞质提供一个肌动蛋白的单体库。原丝蛋白（profilin）便属于这类起隔绝因子作用的结合蛋白。

4）封端蛋白（加帽因子，capping factor）这类结合蛋白与肌动蛋白丝的添加端或减去端结合时，具有专一性，若是前者，则结合在添加端，能终止 F-肌动蛋白的延长。若是后者，则结合在减去端，能终止 F-肌动蛋白的解聚。所以，这类结合蛋白可抑制肌动蛋白的聚合或解聚，有调节 F-肌动蛋白在细胞内含量的作用。

5）集束蛋白（成束因子，bundling factor）是一类致密的蛋白质，能牢固地把 F-肌动蛋白平行地连接，形成一高密度的束状结构。

6）间隔蛋白（间隔因子，spacing factor）这类结合蛋白呈杆状，分布于平行排列的 F-肌动蛋白之间，形成横桥，使相距 $200\mu m$ 的两根平行的肌动蛋白丝能相互连接起来。如血影蛋白（spectrin）便是一种间隔因子，它把散布在红细胞质膜下的肌动蛋白丝短纤丝相互连接起来，形成一个二维网络。它又可把神经元胞质膜下的中间丝和肌动蛋白丝相互连接形成膜骨架（membrane skeleton）。

7）血影蛋白长约 100nm，扁杆状。它由 α 和 β 两条多肽链构成，前者为 240kDa，后者为 235kDa，两条肽链的头相互连接，形成长 200nm 的四聚体，数个四聚体的尾和肌动蛋白及另一 82kDa 的蛋白质相连，在胞质膜下形成网状结构。锚蛋白（ankyrin，210kDa）可把 β-血影蛋白连接到一种称为带 3（band 3）跨膜蛋白的胞质区。血影蛋白形成的膜骨架对维持细胞的形态、细胞间及神经元和外周微环境的相互作用及膜蛋白的分布有重要作用。脑血影蛋白有两种，即血影蛋白 240/235 和 240/235E。前者在轴突和突触前膜丰富，但在胞体含量较少，在胶质细胞则缺如；后者存在于某些类型的胶质细胞及神经元的胞体和树突，但不存在于轴突。血影蛋白通过慢速轴浆运输在轴突运送。

8）锚定蛋白（anchorage protein），这类结合蛋白是一些跨膜的膜蛋白，能把肌动蛋白丝侧向或一端固定在细胞膜上。如纽带蛋白（vinculin）、α-辅肌动蛋白（α-actinin）和锚蛋白等均属这类结合蛋白。

9）网格蛋白（clathrin）由 190kDa 的重链和 24～27kDa 的轻链组成，起受体介导入胞作用，脑网格蛋白的多聚体与网格蛋白结合蛋白结合形成网格状或纤维状结构包被突触小泡（synaptic vesicle），后者经入胞作用进入突触前成分。

10）肌球蛋白（myosin），分子质量约为 500kDa，它是一种收缩蛋白，当与肌动蛋白连接时，可发生收缩运动，在神经元肌球蛋白的含量很少，呈无序排列，不集合成粗肌丝。肌球蛋白分子头部有肌动蛋白和三磷酸腺苷（ATP）的结合位点，当肌球蛋白与 ATP 和成束的肌动蛋白丝结合时，可产生收缩运动，后者与细胞形态的改变和细胞的局部运动和轴突的收缩等活动有关。

三、中　间　丝

（一）中间丝的分类与分布

中间丝（intermediate filament）的直径介于微丝和微管之间，平均约 10nm。中间丝是一类形态上十分相似，而化学组成有明显差别的蛋白纤维，其分子质量为 40～200kDa。根据免疫学和电泳等性质，目前已确定至少有 6 大类型的中间丝蛋白（表 5-1）。中间丝蛋白由一个大的多基因簇编码，这组不同的基因可在不同的组织和细胞表达。神经丝蛋白只在中枢和外周神经系统的神经元表达；胶质纤维酸性蛋白（glial fibrillary acid protein，GFAP）只在中枢神经系统的星形胶质细胞表达；波形纤维蛋白（vimentin）主要在间质细胞和中胚层起源的细胞表达，但也可在未成熟的星形胶质细胞、反应性小胶质细胞和分裂的神经上皮表达；结蛋白（desmin）只在成熟肌细胞表达；角质蛋白（keratin）只在上皮细胞或外胚层起源的细胞表达。

表 5-1　中间纤维蛋白的类型与分布

类型	蛋白质名称	分子质量/kDa	分布
I	酸性角质纤维蛋白	40～68	各类上皮细胞
II	碱性/中性角质纤维蛋白	40～68	各类上皮细胞
III	结蛋白	53	成熟肌细胞
	波形纤维蛋白	54	间充质源细胞、某些肌肉和胶质细胞
	胶质纤维酸性蛋白	51	星形胶质细胞
	外周蛋白	57	外周神经元和部分中枢神经元
IV	神经纤维蛋白	68～200	中枢和外周神经元
V	核层蛋白	60～70	细胞核
VI	巢蛋白	240	神经上皮干细胞

（二）神经丝的化学组成与装配

神经丝（neurofilament）呈长纤维状，直径为 8～12nm，单个或集合成束的神经丝平行排列，分布于神经元的树突、胞体和轴突。神经丝主要由神经丝蛋白构成，后者分别由分子质量为 73kDa、145kDa 和 200kDa 的 3 种亚单位构成，它们分别称为 NF-L、NF-M 和 NF-H，3 种亚单位以同样分子比进行组装，其组装较复杂，可能小分子质量的 NF-L 构成神经丝的主干，而 NF-M 和 NF-H 在两边盘绕，在神经丝的表面形成横桥，使神经丝彼此相连。成熟神经元的胞体和树突主要含 NF-L 和 NF-M，而轴突则含 NF-H（图 5-2）。

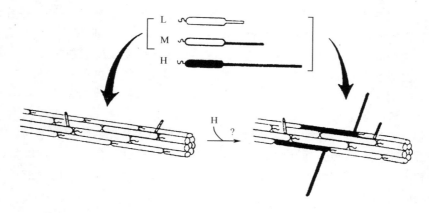

图 5-2　神经丝在成熟（右）和未成熟轴突组装示意图（引自 Nixon et al. 1991）
注意成熟轴突的神经丝含有带有长横桥的 NF-H 亚单位，而未成熟轴突则不含 NF-H 亚单位

（三）神经丝的表达

神经丝蛋白的 3 种亚单位，分别由 3 种不同的 mRNA 翻译而成，它们在各种不同类型神经元及在发育的不同时期的表达分别由其各自的基因调控。虽然有研究认为神经丝蛋白的 3 种亚单位可同时在周围神经元表达，但大量的研究表明，NF-L 和 NF-M 首先在周围和中枢神经系统的神经元出现，以后 NF-H 才逐渐出现，它的出现使轴突的结构变得更稳定，这种稳定性的物质基础似乎与相邻神经丝间的 NF-H 的形成横桥有关。神经丝蛋白开始在分裂后神经元表达，随神经元的分化及成熟其含量逐渐增加。

（四）外周蛋白和巢蛋白的分布与表达

外周蛋白（peripherin）和巢蛋白是近年发现的神经元中间丝蛋白。外周蛋白的分子质量约为 57kDa，它主要分布在某些类型的神经元，如交感和副交感神经节、背根经节、III～VIII 和 X～XII 颅神经运动核、脊髓前角运动神经、肾上腺髓质、小脑齿状核颗粒层、红核、顶盖核及嗅上皮等神经元。不同神经元其外周蛋白的含量不同，如在背根神经节，多数直径较大的 A 型神经元的胞体含有外周蛋白，而中间大小的神经元，含有外周蛋白和神经纤维蛋白。

在发育过程中，外周蛋白在神经元迁移结束、分化开始之初开始表达，以后，其 mRNA 的含量逐渐增加。在胚胎末期和初生期外周蛋白的含量最高，以后下降，维持在一定的水平。

巢蛋白的分子质量为 240kDa，只在多潜能的神经外胚层细胞表达，随着神经上皮的分化发育它会逐渐消失。

（五）胶质纤维酸性蛋白的分布与表达

胶质纤维酸性蛋白（GFAP）分子质量为 51kDa，在星形胶质细胞有特异性表达，也可在两栖类脊髓的辐射状胶质细胞和金鱼视网膜的 Müller 细胞表达。在发育过程中，少突胶质细胞和施旺细胞也可短暂表达 GFAP。在星形胶质细胞成熟过程中，星形胶质细胞从表达波形蛋白转而表达 GFAP，这种表达的转变可能与星形胶质细胞与神经纤维的接触有关。例如，GFAP 在小脑白质和视神经的星形胶质细胞的表达，发生于此细胞与有关神经纤维接触之后。

在胚胎发育过程中，各种中间丝蛋白在神经系统的表达先后顺序有不同，首先是巢蛋白和波形纤维蛋白在神经外胚层表达，随后巢蛋白的表达消失，波形纤维蛋白只在室管膜上皮和辐射状胶质细胞表达，当神经丝蛋白在分裂后神经元表达时，波形纤维蛋白在上述细胞的表达逐渐消失。

（六）中间丝的功能

中间丝可能具有结构和信息传递两大方面的功能。中间丝在细胞质内形成网架系统，它向外可与细胞和细胞外基质联系，往内可与细胞核表面和核基质联系，在中间则与微管、微丝及其他细胞器联系。因此中间丝在细胞内和细胞间都起着多方面的结构作用。中间丝与细胞形态的形成与维持、细胞的位移和铺展、细胞内颗粒的运动、细胞间的连接、细胞器特别是细胞核的定位等方面起着重要的作用。中间丝与微管、微丝有广泛的联系，它们与微管之间常有横桥联结。中间丝在为微管造成的运动提供着力点和空间协调方面起重要作用。此外，中间丝和细胞外基质的纤连蛋白（FN）有密切关系。中间丝通过微丝及其他一些附着蛋白（attachment protein）和跨膜的纤连蛋白受体连接，后者可与外基质的纤连蛋白结合，纤连蛋白有促进轴突生长的作用。

近年的研究表明，中间丝与核内外信息的传递有关，中间丝蛋白可能是一种信息分子或信息分子的前体。体外实验表明，中间丝与单链 DNA 有高亲和性，提示它与 DNA 的复制和转录有关。人们推想，细胞内中间丝网架可伸延到细胞膜，当外界信号分子（如激素、生长因子和免疫球蛋白等）与细胞膜上相应的受体结合时，可导致 Ca^{2+} 内流，使局部 Ca^{2+} 浓度升高，从而激活了某些激酶，后者可使结合于膜上的中间丝蛋白水解，其分子的 N 端被切掉，而进入核内，通过它与组蛋白和 DNA 的作用来调节复制或转录。然后复制或转录的大分子产物可能与富含鸟苷酸的 RNA 形成复合物而转运出细胞核。

第二节　轴 突 运 输

一、轴突运输的生物学意义与轴突运输的类型

　　轴突内没有核糖核蛋白体，它不能自身合成蛋白质，轴突生长和维持其正常功能所需的蛋白质，均由神经元的胞体合成并运送到轴突的终末。体内很多神经元都是长轴突神经元，轴突的总体积比其胞体大数千倍，需要胞体不断合成新的蛋白质来维持轴突的功能。轴突内的物质是流动的，称为轴质流，神经元内各部之间的物质转动和分布以轴突运输的形式进行。轴突运输（axonal transport）是双向性的，在胞体合成的物质，由胞体运送到末梢，称顺向运输（anterograde transport）。从末梢摄取的一些外源性物质，如神经营养因子或末梢内一些可重新利用的物质等，由末梢输送到胞体，称逆向运输（retrograde transport）。轴突运输的速度较快的称快速运输，而较慢的则称慢速运输，前者的速率为 $300\sim400$ mm/天，后者为 $0.2\sim1$ mm/天。表 5-2 慢速运输是单向性的顺向运输，主要运送微管、微丝和神经丝等细胞骨架及与其相关的蛋白质。快速运输是双向性运输，主要运送轴质内的膜性细胞器（线粒体、突触小泡等）、蛋白质和酶，如 Na^+-K^+-ATP 酶、乙酰胆碱酯酶等。快速运输是一连续的活动过程，与刺激无关。但在刺激神经的条件下，蛋白质合成增加，快速运送蛋白质的量增加，但运输的速率不变，如在切断神经的初期和神经再生时，快速运输蛋白质的量可增加数倍，其中生长相关蛋白质（growth-associated protein，GAP）可增加 100 倍，GAP 与生长锥的生长和突触的形成有关，突触形成后，GAP 的合成则下调。

表 5-2　轴突转运的主要速率成分

成分	速率/（mm/天）	构造与组成
快速转运		
顺向	$200\sim400$	小囊泡小管构造、神经递质、膜蛋白质与脂质
线粒体	$50\sim100$	线粒体
逆向	$200\sim300$	溶酶体囊泡与酶
慢速转运		
SC_b	$1\sim2$	微丝、代谢酶、网格蛋白
SC_a	$0.2\sim1$	神经微丝与微管

　　慢速顺向运输可按其物质的运送速率的不同，分为慢成分 a（slow-component a，SCa）和慢成分 b（slow-component b，SCb），前者的速率为 $0.2\sim1$ mm/天，后者为 $1\sim2$ mm/天。慢成分 a 主要运送 α 和 β 微管蛋白，神经丝蛋白，包括 MAP 和 Tau 蛋白；慢成分 b 主要运送肌动蛋白、肌球蛋白、网格蛋白、血影蛋白以及酶类等 200 多种不同的多肽或蛋白质。慢成分 a 的物质在轴突的分布不均匀，而慢成分 b 的物质主要集中于轴突的质膜下。在长轴突神经元，这些物质从胞体，通过慢速顺向运输，送到轴突终末需时约几周至几个月，且慢速运输的物质总量很大，约为快速运输的 5 倍。因此，

维持这些物质的稳定性，对维持神经元的正常功能十分重要。

由于神经元胞体合成的物质，即使以顺向快速运输（50～400mm/天），也需几星期才能到达其轴突终末，同样从轴突终末摄取的物质如神经营养因子等，以快速逆向运输（200mm/天），也需几星期才能到达胞体。这些均可导致神经元胞体对其生长锥及突触前膜活动调节的耽搁，胞体和树突之间可能也有双向的物质运输，由于其距离较短，故耽搁不明显。

慢速轴突运输与轴突的生长和再生有重要关系，在神经发育和再生过程中，轴突生长的速度与 SCb 的速率大致相同，表明 SCb 在轴突生长起关键作用。在发育过程中，神经元富含慢速成分 b 的蛋白质，而微管蛋白的含量却很少，当轴突找到靶组织并开始形成突触后微管蛋白的合成上调。轴突损伤后，胞体的神经丝蛋白的合成下调，而微管蛋白单体的合成上调，后者在 SCb 的运输增加，并被运送到神经突起，再聚合成微管。

轴突运输与神经系统的发育有如下意义：①物质从胞体运送到轴突和树突，提供它们生长或组分更生所需的物质。②提供突触形成和维持其正常功能所需的物质。③轴突的某些组分可从轴突终末运送到胞体，使轴突的某些组分能重新利用。④神经营养因子或其他一些从轴突终末的外环境或从其靶器官来的信息传送到胞体，以调节胞体的活动。在发育过程中，关于轴突运输的速率是否有改变，仍有争论，轴突运输速率的变化可能与多种因素有关，如轴突的发育成熟程度、轴突的面积和体温等。现有的实验表明，发育过程中，快速运输速率的变化可能与实验时胚胎或新生动物的体温较成年时低有关，据估计，温度每改变 5℃，快速轴突运输的速率可改变 15mm/天。

由于很难把从胞体运输的蛋白质与树突本身核糖核蛋白体合成的蛋白质区分，所以蛋白质和细胞器能否在树突的运输，现仍有争论。有研究表明树突的蛋白质运输速率为 50～200μm/min。树突运输能被秋水仙素阻断，表明其运输与微管有关。在培养的海马神经元观察到 RNA 在树突的运输，如在培养的神经元中加入 ^{3}H 尿嘧啶，可观察到它先局限于细胞核，然后标记的新合成 RNA 被输送到树突，其速率为 0.26～0.5mm/天。

二、轴突运输的分子机制

轴突运输的机制现仍不十分清楚，可能与微管及一些称为动子（motor）的蛋白质，如驱动蛋白（kinesin）和动力蛋白（dynein）有关。在分离的轴突中看到 25nm 大小的颗粒、线粒体、多泡体和小泡沿微管做双向移动；在分离的单一微管中，在有驱动蛋白或动力蛋白和 ATP 的条件下，可见颗粒沿一定方向运动。

驱动蛋白与顺行轴突运输有关，它的分子质量为 380kDa，呈长标形，长约 80nm，有 2 个头部、杆和尾部，它由两条重链（分子质量为 115～130kDa）和两条轻链（62～70kDa）组成，2 个重链平行排列构成头部和杆的大部分，轻链呈扇形，位于尾部（图 5-3）。关于驱动蛋白如何移动细胞的膜性结构的分子机制尚未十分清楚，一般认为，驱动蛋白的头与微管相接触，尾部可与各种细胞器，如突触小泡、线粒体和溶酶体等结合，驱动蛋白具有 ATP 酶活性，它可被微管激活，使 ATP 水解，驱动蛋白构型发生改变，使小泡定向移位（图 5-4）。动力蛋白与逆行轴突运输有关，它的分子质量为 160kDa，长 40nm，由两条重链及一些轻链构成。目前对动力蛋白在神经系统的分布、性质及作用的了解不如驱动蛋白那样清楚，人们认为它可与膜性细胞器结合，推动这些细胞器做逆向运输。

图 5-3　驱动蛋白分子示意图（引自 Vallee et al. 1990）

显示轻链（实心部分）和重链（空心部分）与盘曲的螺旋主干的关系

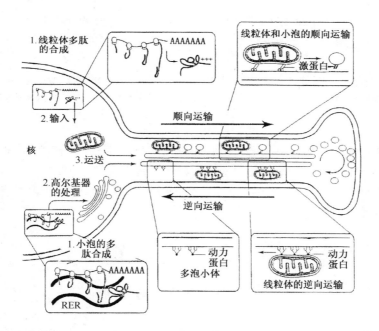

图 5-4　膜包物质在快速轴突运输示意图（引自 Hammerschlag et al. 1993）

图示两类膜包细胞器沿轴突微管做顺向和逆向快速运输。突触小泡的多肽在粗面内质网的核糖核蛋白体合成并进入内质网腔，然后在高尔基体"修剪"和储存。当多肽组装进入突触小泡后，驱动蛋白推动突触小泡沿轴突的微管，运向轴突终末，逆向运输则由动力蛋白推动，组建成线粒体的蛋白质在胞质的核糖核蛋白体上合成，线粒体分别在驱动蛋白和动力蛋白推动下，可做顺向和逆向运输

微管、微丝和神经丝等细胞骨架成分，不是以个别分子运输，它们分别在胞体合成和组装成多聚体后，才以慢速顺行运输向轴突终末输送，但无慢速逆向运输出现。关于是什么蛋白质分子推动它们运输目前仍不清楚（图 5-5）。

然而，关于在神经元的胞体合成的蛋白质为什么一些能留在胞体内（如高尔基器膜

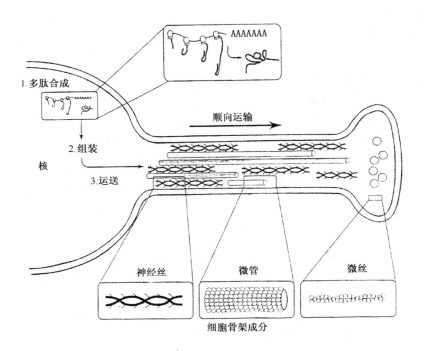

图 5-5　细胞骨架成分在慢速轴突运输示意图（引自 Hammerschlag et al. 1993）
图示细胞骨架成分的多肽在胞质核糖蛋白体上合成，组装成多聚体后才沿轴突向轴突终末
做慢速顺向运输。推动慢速顺向运输的分子现仍未确定

的糖基转移酶，glycosyltransferase），而另一些则组装后输送到轴突；在被输送的蛋白质中，为什么一些蛋白质到达轴膜（如 K^+、Na^+ 通道蛋白），而另一些被运送到轴突终末（如突触前膜受体、突触小泡）；为什么一些细胞器，如突触小泡只向轴突及其终末输送，而不运送到树突。所有这些问题仍有待解决。

第三节　生 长 锥

一、生长锥的形态结构与功能

在神经元发育过程中，轴突沿特定的路线生长、延长，并伸向将与它建立突触联系的靶细胞或神经元的胞体、树突或轴突。轴突的生长具有严格的方向性，神经元及其突起在神经系统内形成十分精密的神经网络。神经元发育或再生时，其突起末端膨大呈扇形，称生长锥（growth cone）。生长锥的扇形膨大部分称板足（lamellipodium），在板足的表面伸出许多细小的指状突起，称丝足（filopodium）。轴突中的微管的添加端呈扇形伸展至板足的中央区（central domain），构成主轴，但微管不延伸至板足的周围区（peripheral domain）。周围区的细胞骨架主要由不成束的 F-肌动蛋白构成，它们在胞质膜下形成微丝束，它构成了丝足的中轴（图 5-6）。丝足长 10～20μm，直径约为 0.3μm。每个板足有 1～30 个丝足。丝足有伸缩活动，其速度为 6～10μm/min。板足内有可溶性微管蛋白单体，随着生长锥的生长，单体可在添加端上聚合，使微管增长。

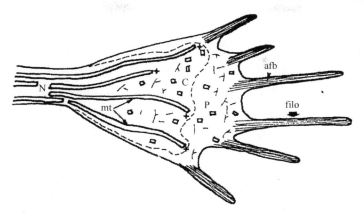

图 5-6　生长锥内微管、微丝等细胞骨架示意图（引自 Gordon-Weeks et al. 1991）
小四方块代表可溶性微管蛋白池；短的细线代表非结合 F-肌动蛋白；"＋"代表微管蛋白的"添加"
端；C＝中央区，N＝神经突起，P＝周围区，afb＝成束的动力蛋白纤维，filo＝丝足，mt＝微管

生长锥的功能与神经突起的生长、轴突特殊途径的选择、靶细胞的识别和突触的形成有关。神经突起的生长、伸长仅发生在生长锥。生长锥是所有轴突、树突分支活跃生长的尖端。在胚胎发育过程中，细胞大量移位，这意味着神经元及其突起要积极移动，早年 Cajal 用镀银法研究单个神经纤维生长情况时，观察到神经纤维的末端出现膨大，并称之为"生长锥"，他推测生长锥有阿米巴样运动能力，使它在前进过程中越过障碍到达靶细胞。随后，有人从发育的外周神经系统取出一块神经组织，置于人工培养基中培养，维持其生长，可观察到 Cajal 所设想的生长锥运动情况。在神经元发育过程中，轴突的伸长、回缩、分支和分支的消除均发生在生长锥，轴突的伸长或回缩的速率相同，约为 $40\mu m/h$。生长锥到达靶细胞时，生长速率下降，生长锥变大。生长锥的运动可能通过肌动蛋白的解聚和聚合作用而获得，但从其运动的速度和范围来看，还可能有肌球蛋白参与，其活动的能量由 ATP 提供。近年的研究已发现生长锥内有肌球蛋白，并认为其作用与横纹肌中肌动蛋白和肌球蛋白的相互作用相似，引起板足和丝足的回缩运动。

二、生长锥功能活动的调节

轴突的生长需要神经元的胞体供应大量新合成的物质，其中包括胞膜。据估计，直径 $1\mu m$ 的突起，以 $40\mu m/h$ 的速度生长，新合成胞膜的速度约为 $126\mu m^2/h$，而其胞体的胞膜的总面积约为 $500\mu m^2$，新合成的胞膜由快速轴浆运输送至生长锥。轴突的生长还要大量新合成的细胞骨架蛋白，它们由慢速运输输送至生长锥，微管的聚合在生长锥内进行。由于轴突的生长、延长所需的物质均来自神经元的胞体，故生长锥的功能受其胞体调控。然而，通过逆行运输从生长锥运送物质到胞体和通过顺行运输从胞体运到生长锥的物质都需要较长的时间，这就限制了胞体对生长锥活动的调节作用，因而生长锥

的活动还受生长锥所处的局部环境调节。

　　生长锥的活动及其形态受体内多种内、外因素的影响，除不同类型神经元及神经元发育的不同阶段等内在因素能影响生长锥的活动和形态外，外环境中的某些神经递质（如 γ-氨基丁酸，GABA）和神经多肽（如 P 物质），细胞外基质和细胞粘连分子等均可影响生长锥的活动。近年的分子生物研究表明，生长锥能沿特殊的途径延伸，是受细胞外基质和细胞粘连等分子调控的。生长锥通过其表面的相应受体，对这些分子识别，引导轴突沿一定方向生长。已有的大量研究资料表明神经元内游离 Ca^{2+} 的浓度对生长锥的生长和活动起重要作用。细胞内游离 Ca^{2+} 过低或过高，都可抑制生长锥的活动和生长，生长锥只在一定适合 Ca^{2+} 浓度下，其生长和活动可增强。游离 Ca^{2+} 至少可通过下列 3 种途径调节微管的聚合，从而影响轴突的生长：①Ca^{2+} 直接对微管蛋白的影响；②通过钙依赖激酶使细胞骨架蛋白磷酸化；③通过钙调蛋白（calmodulin）与 tau 蛋白和 MAP2 的相互作用，在微管间形成横桥，以稳定微管的结构。此外，Ca^{2+} 可影响肌动蛋白的聚合，从而影响生长锥的活动。

三、轴突的长出

　　在发育过程中，轴突从神经元胞体特定的方向长出，选择特异的路径，到达正确的靶细胞并与之建立突触联系是轴突发育的重要特征之一。现认为神经元联系的最终模式的建立与下列的 5 个过程有关：①轴突的长出，选择合适的路径到达正确的靶细胞；②树突的长出并形成特定的树突形态；③轴突选定特定的靶细胞；④除去不正确和多余的突触和轴突及树突的分支，并剔除错配的神经元（mismatched neurons）；⑤突触联系的最终模式的功能性改造（refinement）。本章的内容主要涉及过程①，其余过程分述在有关章节。由于年轻神经元有从某一特定的方向发出其轴突的内在倾向性及生长锥与其周围环境的相互作用，结果使轴突能沿合适的路径生长并与正确的靶细胞建立突触联系。生长锥与其周围环境的相互作用包括有：①轴突生长方向上的组织结构，如胶原、软骨和血管等的被动引导（passive guidance）；②电场、细胞外基质分子和细胞粘连分子对轴突生长的增强和抑制作用；③生长锥释放各种酶可主动地改变细胞外基质；④轴突生长途径上各种组织细胞和轴突的靶细胞能释放多种生长因子；⑤靶细胞释放某些抑制因子可抑制轴突的生长并使其结构稳定；⑥各种神经活动可引起轴突和树突结构的改变。

　　轴突在年轻神经元的长出不是随意的，正常轴突从一定的始发方向长出，沿此方向生长能到达正确的靶组织。例如，脊椎动物视网膜节细胞放射状发出它们的轴突，朝向视盘生长，这种生长不能用视网膜内在的压力来解释，因为这种压力是使细胞的轴突向外生长。大量的研究表明，在发育过程中，轴突和树突的长出是神经元内在的固有特性，轴突的长出先于树突，轴突和树突的长出不是随意的，它的始发方向由神经元内在因素决定，但其进一步生长和延长受其细胞外环境影响。通常，轴突自神经元胞体的基部发出，而主树突发自其尖顶。顶树突继续生长形成了神经元的主轴。Cajal 早年在研究鸡胚少数异常的倒置（inverted）神经元的发育时观察到轴突发自这些神经元的底部，或偶见轴突可发自胞体或树突的异常位置，这些异常轴突沿原先决定的方向生长一短距离后，作发夹（hairpin）状弯曲后再向其正常方向生长，但其树突的生长方向不变，继续向与正常相反的方向生长，观察提示轴突和树突生长延长的机制可能有所不同。轴突的生长方向受其周围的外环境，如细胞粘连分子、细胞外基质、胶质细胞和突触产生的一些生长因子影响。星形胶质细胞对神经元突起生长起重要作用，培养的大鼠交感神经节细胞在无卫星细胞或无血清条件下，树突不发育，但轴突能长出。神经元与来自不同脑区的星形胶质细胞共同培养都能长出轴突，而树突的长出只在与同一脑区的星形胶质细胞共同培养时出现。当中脑神经元与来自中脑的星形胶质细胞在培养液中共培养，比与来自纹状体的星形胶质细胞共培养有更大的树突。星形胶质细胞的主要作用可能是改变了神经元对基质的黏附性，低黏附性利于轴突的伸长，而高黏附性则有利于树突的发育。把神经元放在各种不同黏度的细胞外基质培养发现降低神经元与细胞外基质的黏附性可抑制树突的生长，但不影响轴突的生长。

四、引导轴突生长的分子机制

在神经系统发育过程中，10^{12} 的神经元如何形成 10^{15} 特殊的突触联系，构成极其复杂的神经网络，以执行各种神经功能。发育神经学家近十年来用遗传分析、重组 DNA 和基因敲除等技术，企图在 DNA 水平去揭示这些精细突触联系的内涵，如基因在胚胎发育时，怎样翻译成引导信息分子以引导轴突到达特定的靶细胞并与它们形成突触。虽然目前对其确切机制仍不十分清楚，现一般认为，轴突生长锥表面的受体能认识其生长路径上，在不同时间和空间先后表达的信号分子，找到目标，后者又给生长锥一个停止前进的信号并使轴突与靶细胞建立突触联系。

轴突生长锥的生长可受细胞外基质（extracellular matrix，ECM）、细胞粘连分子（cell adhesion molecule，CAM）和其周围的可溶性分子，如神经生长因子和靶细胞释放的可溶性分子的影响。这些物质可增强和吸引或抑制和排斥生长锥的生长。有人根据这些物质对生长锥生长的作用，把引导生长锥生长的机制至少分为下列 4 种机制（图 5-7）：①接触介导吸引（contact mediated attraction）作用，如生长锥表面与其周围组织的 CAM 的吸引作用。②化学吸引作用（chemoattraction）。靶组织和神经胶质细胞释放的某些可溶性物质对生长锥吸引的作用，如神经生长因子（NGF）对感觉神经元生长锥的吸引作用。③接触介导排斥

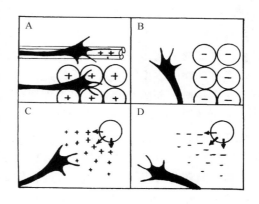

图 5-7　引导生长锥生长机制示意图
（引自 Goodman 1996）

A. 接触介导吸引作用；B. 化学吸引作用；
C. 接触介导排斥作用；D. 化学排斥作用

（contact mediated repulsion）或抑制作用，如中枢神经系统和外周神经系统的轴突之间的排斥作用、鼻侧视网膜节细胞和颞侧视网膜节细胞的轴突之间的排斥作用等。④化学排斥（chemorepulsion）或抑制作用，如在体外培养中胶原蛋白有抑制或排斥轴突生长

作用等。

五、引导轴突生长的有关分子

（一）细胞外基质

细胞外基质（ECM），由 4 大家族组成：胶原蛋白、蛋白多糖、弹性蛋白和细胞外基质糖蛋白。目前已发现的细胞外基质糖蛋白有十余种，其中以层粘连蛋白（laminin）、纤连蛋白（fibronectin）和硫酸软骨素蛋白多糖（chondroitin sulfate proteoglycan，CSPG）对轴突生长影响的研究较多、较深入。

层粘连蛋白由 3 个亚单位组成，一条 400kDa 的 A 链及两条 200kDa 的 B 链。3 个亚单位组成一个十字架结构，形成 3 条短链和一条长链。在体外培养，层粘连蛋白对外周神经和某些中枢神经元的神经突起的生长有强大的促进作用。但不能促进神经元的存活。用抗层粘连蛋白抗体阻断层粘连蛋白可以减慢和延缓轴突的生长和成熟，但并不阻断轴突的长出。在发育期间，层粘连蛋白能促进视网膜节细胞突起的长出。此外，它还可引导神经嵴细胞的迁移。在胚胎发育过程中，层粘连蛋白只在中枢神经系统短暂表达，在成年哺乳动物的中枢神经系统无层粘连蛋白的表达。

纤连蛋白的分子巨大，亚单位分子质量为 235～270kDa。亚单位由 3 种重复片段组合而成，每个亚单位含 12 个 I 型片段（45 个氨基酸），2 个 II 型片段（60 个氨基酸）及 15～17 个 III 型片段（90 个氨基酸）。I 型及 II 型片段中均含有两个二硫键，而 III 型片段中则不含二硫键。纤连蛋白分子上的不同部位可以与胶原、肝素、硫酸肝素及细胞血纤维蛋白结合，这种结合是纤连蛋白活跃生物功能的分子基础。在体外培养，纤连蛋白只能促进外周神经元的突起生长，且其作用比层粘连蛋白弱。它不能促进中枢神经系统神经元的突起生长。在胚胎发育期间，纤连蛋白在中枢神经系统有短暂的表达，在成年脊椎动物的中枢神经系统无纤连蛋白的表达。

在生长锥表面的整联蛋白可识别层粘连蛋白和纤连蛋白分子上的 Arg-Gly-Asp-Ser（RGDS）多肽序列，使生长锥黏附于细胞外基质上，同时整联蛋白的跨膜片段，可与生长锥内的肌动蛋白丝作用，从而促进和引导神经突起向一定方向生长。在胚胎发育期间，生长锥和细胞外基质的黏附性，可以通过生长锥表面的整联蛋白和细胞外基质表达时间和空间调节神经突起的生长方向。例如，在体外培养，层粘连蛋白和 I 型星形胶质细胞都能促进 E6 鸡胚视网膜节细胞神经突起的生长，但稍后，I 型星形胶质细胞仍能促进 E11 鸡胚视网膜节细胞突的生长，而层粘连蛋白却无此作用。这与鸡胚视网膜细胞表面不再有整联蛋白表达的时间相一致。

硫酸软骨素蛋白聚糖（CSPG），广泛分布于脑和脊髓等神经组织中，CSPG 是一组由神经元、星形胶质细胞或少突胶质前体细胞合成的共价结合硫酸葡聚糖链的蛋白质，具有蛋白核心和糖基化软骨素侧链，迄今已发现 30 多种成员，依其核心和侧链不同可分为 3 大类：① Aggrecan 家族，包括 aggrecan、versican、neurocan 和 brevican 等；② Phosphacan；③ Neuroglycan C（NGC）。此外，还有 decorin、testican、neuroglycan 2（NG2）和淀粉前体蛋白等，它们可分泌到细胞外基质（ECM），参与抑制性 ECM 的组成；或可在细胞膜上表达，形成穿膜蛋白，与细胞内糖基化磷脂酰肌醇信号转导有关。在中枢神经系统发育过程中，CSPG 提供排斥性信号引导轴突生长。CSPG 富集区具有抑制细胞迁徙和神经轴突向外生长的作用，迁徙细胞和生长轴突通常绕过 CSPG 边界到达其支配区域，而轴突末端的 CSPG 可消除轴突的错误分支，这样，就可避免轴突错误支配或过度延伸，从而有利于 CNS 的结构和功能分层。最近的研究提示 CSPG 对轴突生长的抑制作用，可能由 Rho/Rock 信号通路介导。

（二）细胞粘连分子

细胞粘连分子（cell adhesion molecules，CAM）有介导细胞-细胞、细胞-细胞外基质间相互识别、黏附和信号转导等功能。迄今，已发现的 CAM 不下几十种，按其基因家族可将它们归类分为：免疫球蛋白（immunoglobulin superfamily）、钙黏素（cadherin superfamily）、整联蛋白（integrin superfamily）、选择素（selectin superfamily）和地址素（addression superfamily）5 大家族。无疑，新的 CAM 蛋白会被发现。这些粘连分子可通过两种方式作用，即同源粘连（homophilic）和异源粘连（heterophilic）。同源粘连指位于不同细胞表面的两个相同分子相亲和，如 NCAM-NCAM；异源性粘连指两个不同的分子相亲和，如整联蛋白与细胞外基质的成分结合。

一些细胞粘连分子在引导轴突生长过程中可起接触介导吸引作用，如神经细胞粘连分子（NCAM）和束素 II（fasciclin II）；一些可起接触介导排斥作用，如细胞表面的连接蛋白（connectin）；一些可起化学吸引作用，如巢蛋白 I；而另一些可起化学排斥作用，如导向蛋白 II（semaphorin II）。但这种划分并不是绝对的，有时不能把某些细胞粘连分子绝对地归类为上述 4 类中的任何一类，另外有些粘连分子在发育的不同时期或不同脑区可起不同作用，如巢蛋白 I 可分别起化学吸收和排斥作用。

1. 免疫球蛋白家族

免疫球蛋白家族的代表成员有神经细胞粘连分子（NCAM）、神经胶质细胞粘连分子（NGCAM）、Thy-1、L1（轴突粘连分子，在哺乳动物称 NILE）、血管粘连分子（VCAM）和 TAG-1 等。这个家族在分子结构上具有极大的相似性，即其分子内存有不同数量的相似 Ig 的结构片段，如神经细胞粘连分子中有 5 个 Ig 相似片段，这 5 个片段存在于细胞外。

（1）神经细胞粘连分子与多聚唾液酸（polysialic acid，PSA）

神经细胞粘连分子（NCAM）是免疫球蛋白家族中研究最全面的一员，是一个单链的跨膜糖蛋白，在细胞外区有 5 个 Ig 重复片段和 2 个纤连蛋白重复片段，根据其糖基部分的唾液酸含量的高低可分为 NCAM-H（约含 30%唾液酸）和 NCAM-L（约含 10%唾液酸）两类。在胚胎发育早期和成年时期，NCAM 主要以 NCAM-L 形式出现，主要分布在神经细胞，但还出现在神经胶质细胞、肌肉、内分泌器官等。NCAM-H 在成年的大部分脑区消失，仅在嗅觉系统和齿回的部分细胞膜上还有表达。NCAM 的一个显著特点就是带有多聚唾液酸（PSA）。PSA 带有很多负电荷，具有亲水性，因而能形成较大的水合半径。若 PSA 存在，可造成细胞膜上的粘连分子距离增大，从而降低细胞间的黏附性；相反，如没有 PSA 存在，可增强细胞的黏附作用。NCAM 可能对神经发育过程中的细胞迁移、神经突起的长出、轴突的分类、重排与分束、靶细胞的识别和突触的可塑性都有作用。在胚胎发育过程中，NCAM 可通过与 PAS 的结合和分离来调控轴突的分类和重排、轴突对靶细胞的识别等过程。例如，鸡胚运动神经元的轴突从脊髓发出后，到达丛区（如颈丛和壁丛等），在此区众多的轴突进行重排，使原先混杂的轴突按照即将支配的区域重新排列成不同神经束，选择合适的路径向目标区生长。免疫组化的研究表明，轴突到达丛区时 PSA 含量显著增加，随着重排结束，PSA 含量又下降到重排前水平，这提示，PSA 的增加减少了轴突间的黏附能力，从而有利于轴突对其他信号的识别和应答。另外，PSA 含量的高低也可影响肌肉的神经支配模式，进而影响肌肉的发育类型（快肌或慢肌）。有实验表明，鸡胚运动神经元的轴突离开丛区后，开始沿着肌管分支。进入快肌的轴突先沿着肌管横向生长，然后沿着肌管分支，使一个运动神经元可支配较多的肌管；而进入慢肌的轴突先沿着肌管纵向生长，再在邻近的肌管上横向分支，这样一个神经元只能支配少数几个肌管。免疫组织化学的研究显示，分支过程中快肌内 PSA 含量比慢肌高，快肌内的运动神经分支也比慢肌多。若用 Endo N（endoneuraminidase NE，内神经氨酸苷酶）切除 PSA，则轴突在快肌的生长也转变为慢肌神经所特有的生长模式，建立的突触数也减少。

NCAM 和 PSA 除了介导细胞间粘连外，它们还可能与突触的可塑性等功能有关。成年动物大部分脑区的 NCAM 以 NCAM-L 形式出现，但在少数脑区如嗅球、嗅束、嗅皮层、齿回门区最内层细胞及部分苔藓纤维等，NCAM 是以 NCAM-H 形式出现。以往的大量研究表明，这些脑区有明显的突触可塑性，嗅觉系统需要不断形成新的突触联系以识别和记忆各种嗅觉刺激；成年齿回颗粒细胞有不断增生的特征，新形成的细胞及其突起表达 PSA 分子，这正符合学习和记忆过程中不断建立新的突触联系的需求。

(2) 束素 II

束素 II 是在蚱蜢胚胎发现的一种导向蛋白（Rapper et al. 1984）。在蚱蜢和果蝇的基因克隆的研究表明束素 II 是属于免疫球蛋白族的 NCAM，它的结构和氨基酸序列与脊椎动物的 NCAM 约有 23% 的同源性。在果蝇的研究表明，束素 II 可在胚胎中枢神经的某些轴突和运动神经元的外周轴突表达。通过增加和减少束素 II 在动物发育中的基因表达的研究表明，束素 II 对神经发育过程中轴突的分类和分束起重要作用，但不影响轴突的始发和生长。

(3) Netrin

脊椎动物的 Netrin 与线虫的 UNC-6 蛋白有 50% 的同源性，其 N 端（约 450 个氨基酸）与层粘连蛋白的 N 端相似，但其 C 端（约 150 个氨基酸）与层粘连蛋白不同。Netrin 可以是细胞膜相连的非扩散分子，也可以是可扩散的分泌分子，在神经系统发育中既可起化学吸引作用，也可起化学排斥作用。例如，鸡胚脊髓联合神经元，其轴突起源于背侧，向腹侧伸延至基板，基板细胞可分泌 Netrin I，吸引联合神经元的轴突伸向腹正中线。而在鸡胚后脑的滑车运动神经元，其轴突起自腹侧近基板处，基板细胞分泌的 Netrin I 起化学排斥作用，引导轴突朝离开腹正中线方向延伸（图 5-8）。

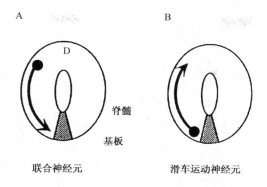

图 5-8 Netrin 在引导轴突生长的双重作用示意图（引自 Goodman 1996）

A. 基板分泌的 Netrin 吸引脊髓联合神经元的轴突自背侧向腹侧生长；

B. 基板分泌的 Netrin 排斥后脑滑车运动神经元的轴突，使其离开腹侧向背侧生长

（4）导向蛋白

导向蛋白（semaphorin）约由 755 个氨基酸组成，胞外区为保守区，约由 500 个氨基酸组成。目前仍不清楚一个基因组可以编码多少种导向蛋白，在果蝇至少有 2 种，在鸡和小鼠有 5 种，而在人至少有 4 种导向蛋白。它们同属于导向蛋白家族（family of semaphorin）。导向蛋白 I（Sema I，以前称束素 IV）是跨膜蛋白，首先在发育的蚱蜢发现，其后在果蝇中发现 Sema I 和 Sema II；在人中发现 Sema III；在鸡中发现一种分子质量为 100kDa 的分泌性糖蛋白，因能使感觉神经元的生长锥萎陷，称萎陷蛋白（collapsin）。萎陷蛋白和 Sema III 有很大的同源性。Sema I 是跨膜蛋白，而 Sema II、Sema III 和家族的其他成员因缺跨膜片段，它们是可扩散的分泌蛋白。在神经系统发育过程中，导向蛋白起化学排斥作用，调控轴突的生长方向，抑制轴突的分支和防止轴突进入某些特定的靶区。通过 Sema III 对发育大鼠各类背根节神经元在脊髓投射的影响的研究表明，在 E12 和 E13～E17，脊髓腹侧细胞除基板外均表达 Sema III，Sema III 能排斥 NGF 敏感的大感觉神经元的轴突（肌肉感觉传入纤维）使它不能向腹侧投射，而终止于背角的 I 和 II 板层，但 Sema III 对 NT3 敏感的小感觉神经的轴突（痛、温觉传入纤维）无排斥作用，它的轴突投射到脊髓腹侧与运动神经元形成突触。在体外培养，COS 细胞分泌 Sema III，能排斥对 NGF 敏感的背根节细胞的轴突，但不影响 NT3 敏感的神经节细胞的轴突生长（图 5-9）。实验结果表明，Sema III 通过选择性排斥那些在正常情况下投射到脊髓背侧的轴突来调控背根节感觉神经元在脊髓的投射模式（图 5-9）。

（5）Ephrin 蛋白

Ephrin 蛋白是一类膜结合蛋白，由 125 个氨基酸构成其高度保守核心，内含 4 个半胱氨酸残基，后者可与其相应的受体结合。Ephrin 的受体是具有酪氨酸激酶活性的 Eph 受体。近年的研究表明 Ephrin/Eph 对调控局部神经元的投射、突触重塑、指导生长轴突的寻靶有重要作用。目前在脊椎动物发现 14 种 Eph 受体和 8 种 Ephrin，按其特

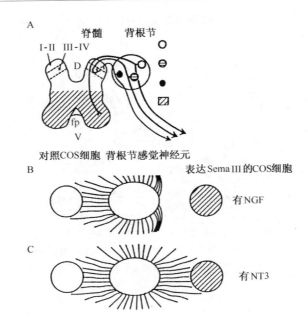

图 5-9　导向蛋白 III 在引导哺乳动物背根节感觉神经元轴突发育的示意图
(引自 Goodman 1996)

A. 背根节；▨代表 fp（基板）；○代表对 NT3 敏感的神经元；●代表 NGF 敏感神经元；
◒代表传导低阈值机械感觉的神经元。B 和 C. 体外培养 COS 细胞分泌 Sema III 排斥
NGF 敏感神经元的轴突，但对 NT3 敏感的神经元无作用

性分为两种亚类：Eph A 受体（Eph A1～Eph A8，除 EphA4）结合 GPI 锚定（糖基化磷脂酰肌醇）的 Ephrin A，而 Ephrin B 受体（Eph B1～Eph B6 和 Eph A4）结合有一个跨膜结构域和一个短的胞内区的 Ephrin B。功能研究表明，在富含诱向信号分子的脑中线处，梯度表达的 Ephrin 和 Eph 通过排斥作用引导轴突向正确靶组织生长。有研究认为，在生长锥表面的 Eph 受体依赖一种 Velcro 分子与表面有 Ephrin 的相邻神经元紧密地黏附结合在一起，随后，生长锥就会克服黏着力挣脱二者结合的部位。有人认为这种起初彼此黏附而后排斥的现象是因为裂解的 Ephrin 激活一种金属蛋白酶，使 Velcro 分子分解，从而使两个神经元分开。Ephrin 对视网膜节细胞的轴突有排斥作用，可诱导其轴突向正确靶区生长。由于颞侧视网膜节细胞高表达 EphA3 受到顶盖后部高水平的 Ephrin A 的强烈排斥使其轴突向前侧顶盖投射；相反，由于鼻侧视网膜节细胞发出的轴突表达的 Eph A3 少，对其的排斥作用较弱，而向顶盖后部投射。

（6）Slit 蛋白家族

Slit 蛋白是一类分泌性蛋白，对神经元及其轴突有排斥作用。在哺乳类动物中目前发现的 3 种 Slit 分子都含有 1400 多个氨基酸残基，有 4 个富含亮氨酸的结构域和 9 个 EGF 样的重复序列，在富含半胱氨酸的 C 端之前还有一个层粘连蛋白 G 结构域。Slit 蛋白的受体是跨膜蛋白 Roundabout（Robo），Robo 的胞外部包含 5 个 Ig 结构域和 3 个 III 型纤连蛋白的重复序列。Robo 在嗅球神经元表达，Slit 对嗅球神经元脊髓运动神经

元的轴突有排斥作用，有研究表明它还可促进感觉神经元轴突的分支的形成。

2. 钙黏着蛋白家族

钙黏着蛋白（cadherin）分子质量为 125～145kDa，它是一类介导细胞间粘连作用的跨膜糖蛋白，其功能的执行依赖细胞外 Ca^{2+}。典型的结构包括 5 个胞外重复结构区、一个跨膜区和一个胞质区。胞外结构区又称为 CAD 重复序列区，通常约由 110 个氨基酸残基组成，其黏着功能位于第一区域的氨基末端。钙黏着蛋白的胞质区高度保守，其末端通过连环蛋白（catenin）与细胞骨架相连接。现已发现了 30 余种钙黏着蛋白，在哺乳动物最早发现有 E、N、P 3 个亚型，E 型分子质量为 120～125kDa，主要分布于上皮细胞；N 型分子质量为 135kDa，主要分布于神经细胞、肌细胞和晶状体；P 型分子质量为 135kDa，存在于上皮、胎盘和中胚层组织；近年，还发现发 V 型，分子质量为 135kDa，存在于内皮细胞。

钙黏着蛋白的主要作用是以同种亲和（homophilic）的方式介导细胞间黏附，彼此有很高的特异性，它们趋向于与表达类型相同的钙黏着蛋白细胞聚集。在胚胎发育的早期，胚胎组织的分离、聚集和重建与不同的钙黏着蛋白的时空表达有关。例如，在外胚层中最早表达的钙黏着蛋白是 E-钙黏着蛋白。以后，当它受到其下面的中胚层诱导，形成神经板时，在神经板中开始表达 N-钙黏着蛋白。

N-钙黏着蛋白广泛分布于脊髓神经纤维的表面以及处于髓化的施旺细胞的表面，它可能有促进各种神经细胞轴突的生长的作用。此外，在神经肌肉接头上可见有 N-钙黏着蛋白，它可能与运动神经纤维末梢"锚"在神经肌肉接头的突触位点上有关。T-钙黏着蛋白可能有引导脊髓联合神经元的轴突越过腹侧正中线向对侧生长的作用。近年用基因突变或脑内注入不同的抗钙黏着蛋白抗体的小鼠模型来研究钙黏着蛋白的功能，结果提示它们可能广泛参与神经元的发育、神经组织的构筑和相互联系，包括轴突的生长和导向及成束、视网膜和小脑细胞构筑分层以及神经嵴细胞的迁移和分化等。

3. 整联蛋白家族

整联蛋白（integrin）是一种异二聚体，由 α 亚单位（120～180kDa）和 β 亚单位（90～110kDa）通过非共价键连接形成。整联蛋白的分子可分为很长的胞外段和很短的跨膜段和胞内段，后两段的氨基酸顺序具有很高的保守性。α 和 β 亚单位的胞外段可能都参与整联蛋白与 ECM 的结合作用。整联蛋白 β 亚单位的胞内区具有酪氨酸激酶活性，参与细胞和 ECM 间的信息传递。

4. 髓鞘相关蛋白

髓鞘相关蛋白（myelin-associated protein，MAP）NI-35 和 NI-250 是中枢神经系统的 MAP，它们仅在少突神经胶质细胞的表面表达，对发育和再生的轴突生长有很强的抑制作用，当用抗 NI-35 的单克隆抗体（IN1）阻断或中和 NI-35 的抑制作用，受损的 CNS 轴突能生长到较远的地方。MAP 约含有 600 个氨基酸，包括一个较长的胞外区，一个跨膜区和两个胞内区。胞外结构域含有 5 个 Ig 样结构域。2000 年初，Nogo 的基因被鉴定和克隆，目前基本认为 Nogo 与以前发现的 NI-250 和 NI-220 是同一物质。Nogo 蛋白属 Reticulon 家族成员，已经鉴定 3 个 Nogo 的 cDNA 序列分别编码 3 种不同的 Nogo 异构体，即 Nogo-A、Nogo-B 和 Nogo-C，分别由 1163、360 和 199 个氨基酸构成。免疫组织化学的研究表明，少突神经胶质细胞强烈表达 Nogo-A，而 Nogo-B 和 Nogo-C 在某些神经元和非神经元组织中表达，如可在肌肉、肾脏、软骨和皮肤等组织中表达，其功能还不清楚。Nogo-A 能抑制轴突的生长，发育生物学研究表明，Nogo-A 可能对生长较晚的 CNS 神经束起界限作用，约束纤维束只能进入靶组织特定的区域或板层中，在成年动物 Nogo-A 的主要功能是保持 CNS 稳定，防止神经在不必要的区域出芽，防止形成错误投射，保持神经联系的特异性。

六、轴突生长发育过程中的信息转导

在引导生长锥生长过程中，与细胞膜表面结合的可扩散的分泌性配体（细胞外基质和细胞粘连分子）与生长锥表面的相应受体结合，触发生长锥内第二信息系统，后者通过对细胞骨架的直接作用来调控生长锥的生长。有证据显示，生长锥内 F-肌动蛋白位置的变动和调节对生长锥生长方向的决定起重要作用。例如，吸引生长锥向前生长的信号似乎与 F-肌动蛋白在生长锥前沿的积聚有关，而排斥信号，可使生长锥前沿的 F-肌动蛋白消失。但目前对轴突生长发育过程中第二信息如何把细胞表面的吸引或排斥信号转导到骨架系统仍不清楚，有人认为可能通过整联蛋白和钙黏着蛋白而起作用，前者的胞内段具有酪氨酸蛋白激酶的活性，后者可能通过连环蛋白的酪氨酸磷酸化来控制与肌动蛋白的作用。

生长锥内的第二信息系统包括受体和非受体的酪氨酸激酶（RTK 和 NRTK）、酪氨酸磷酸酯酶（RTP 和 NRTP）、钙、钙调蛋白（calmodulin，CAM）、cAMP、G 蛋白、3 磷酸肌醇（IP$_3$）、一氧化氮、蛋白激酶 C、二酰基甘油（DAG）、生长相关蛋白-43（GAP-43）和 GTP 酶等。GTP 酶在介导生长锥内 F-肌动蛋白的积聚中起重要作用，如在果蝇胚胎去除 GTP 酶的活性，可使神经元的轴突不能向前生长。下面仅简单介绍一些重要的第二信息系统的作用。

（一）钙和钙调蛋白

体外培养的实验表明钙离子与调节生长锥的多种活动和行为有关。例如，生长锥内钙离子增高与轴突的发生有关，可使轴突向乙酰胆碱浓度高的方向生长，也可改变生长锥足板的形态。但高浓度的钙离子又可使某些种类的神经元的生长锥萎陷。由于在体外钙离子可影响生长锥的多种活动和行为，故很难断定它在体内调控生长锥活动的确切作用。最近的实验表明在体内，大部分钙离子的信息作用，可能通过钙调蛋白（CAM）来转导。钙-钙调蛋白在调控生长锥的生长方向，包括何时神经纤维分束和决定神经纤维是否跨越中线向对侧生长起重要作用。

（二）酪氨酸激酶和酪氨酸磷酸化酶（tyrosine kinase and phosphorylase）

生长锥有高水平的 RTK、RTP 和 KTR。体外培养的实验表明，NCAM、LI 和 N-钙黏着蛋白可通过激活 NGF 受体的酪氨酸激酶来调控轴突的生长，细胞外基质通过与 RTK 和 KTP 相互作用来调控轴突的生长方向和分束。

（三）生长相关蛋白 43

生长相关蛋白 43（growth associated protein 43，GAP-43）是细胞膜相连的磷酸蛋白，分子质量为 24kDa。在神经系统发育或再生时，轴突生长锥有高水平的表达，但不在树突的生长锥表达。许多实验已证明，GAP-43 和生长锥形态的改变和可塑性有关。无 GAP-43 的生长锥虽能生长，但黏附性很差。在成年大鼠嗅感觉神经元和海马体的神经元有 GAP-43 的表达，由于这些神经元在成年需不断更新，提示 GAP-43 可能与学习和记忆有关。通过基因敲除技术研究 GAP-43 对神经系统发育作用的实验表明，缺乏 GAP-43 基因的小鼠视网膜节细胞的轴突能生长延长，但不能通过视交叉，滞留在视交叉 7 天仍不能通过正中线，以后大部分视神经不能到达其正确的靶位置。

GAP-43 与生长锥内许多主要的第二信息分子都有密切联系，如蛋白激酶 C 可调控 GAP-43，而 GAP-43 能调节一种称为 Go 的 GTP 结合蛋白，又可与钙调蛋白结合。这些均提示 GAP-43 在生长锥的信号转导上起重要作用。

（李海标　撰）

主要参考文献

Bandtlow C. 1990. Oligodendrocytes arrest neurite growth by contact inhibition. J Neurosci, 10：3837～3848

Bonfanti L. 1992. Mapping of the distribution of polysialylated neural cell adhecion molecule throughout the central nervous system of adult rat：an immunohistochemical study. Neuroscience, 49：419～436

Bray D. 1991. Cytoskeletal basis of nerve axon growth. In：Letourneau PC, Kater SB. The Nerve Growth Cone New York ：Raven Press

Cadelli D，Schwab ME. 1991. Regeneration of lesioned septohippocampal acetylcholinesterase-positive axons is improved by antibodies against the myelin-associated neurite growth inhibitors NI-35/250. Eur J Neurosci, 3：825～832

Callahan CA. 1995. Control of neuronal pathway selection by a Drosophila receptor protein-tyrosine kinase family member. Nature, 376：171～174

Doherty P，Walsh FS. 1992. Cell adhesion molecules，second messages and axonal growth. Curr Opin Neurosci, 2：591

Goldbery JL，Barree BA. 2000. Nogo in nerve regeneration. Nature ，403：369～370

Goodman CS. 1996. Mechanisms and molecules that control growth cone guidance. Annu Rev Neurosci, 19：341～377

Gordon-Weeks PR. 1991. Assembly of microtubules in growth cones：The role of microtubule-associated protein. In：Letourneau PC, Kater SB. The Nerve Growth Cone. New York：Raven Press

Grafstein B. 1995. Axonal transport function and mechanisms. In：Waxman SG, et al. The Axon. New York：Oxford University Press

Grunwald GB. 1993. The structure and functional analysis of cadherin calcium-dependent cell adhesion molecules. Curr Opin Cell Biol, 5: 797~805

Hammerschlag R. 1993. Axonal transport and the neuronal cytoskeleton. In: Siegel GJ. Basic Neurobiochemistry. New York: Raven Press, 546~571

Hynes RO. 1992. Integrins: Versatility, modulation and signaling in cell adhesion. Cell, 69: 11~25

Hynes RO, Lander AD. 1992. Contact and adhesive specificities in the associations migrations and targeting of cells and axons. Cell, 68: 303~322

Jacobson M. 1991. Axonal development. In: Jacobson M. Developmental Neurobiology. 3rd edition. New York: Plenum Press, 163~222

Kennedy TE. 1994. Netrins are diffusible chemotropic factors for commissural axons in the embryonic spinal cord. Cell, 78: 425~435

Knoll B, Drescher B. 2002. Ephrin-As as receptors in topographic projections. Trends Neurosci, 25: 145~149

Landmesser L. 1990. Polysialic acid as a regulator of intramuscular nerve branching during embryonic development. Neuron, 4: 655~667

Lee MK, Cleveland DW. 1996. Neuronal intermediate filament. Annu Rev Neurosci, 19: 187~217

Lin DM. 1994. Genetic analysis of fasciclin Ⅱ in *Drosophila*. Neuron, 13: 1055~1069

Luo L, et al. 1994. Distinct morphogenetic functions of similar small GTPases: Drosophila Drac1 is involved in axonal outgrowth and myoblast fusion. Genes Dev, 8: 1787~1802

Monnier PP, Sierra A, Schwab JM. 2003. The Rho/ROCK pathway mediates neurite growth-inhibitory activity associated with the chondroitin sulfate proteoglycans of the CNS glial scar. Mol Cell Neurosci, 22: 319~230

Parysek LM. 1991. Some neural intermediate filaments contain both peripherin and the neurofilament proteins J Neurosci Res, 30: 80~91

Raper JA, Bastiani MJ, Goodman CS. 1984. Pathfinding by neuronal growth cones in grasshopper embryos: IV. The effects of ablating the A and P axons upon the behavior of the G growth cone. J Neurosci, 4: 2329~2345

Rutishauser U. 1993. Adhesion molecules of the nervous system. Curr Opin Neurobiol, 3: 709~715

Skene JH. 1989. Axonal growth-associated proteins. Annu Rev Neurosci, 12: 127~156

Stoker AW. 2001. Receptor tyrosine phosphatases in axon growth and guidance. Curr Opin Neurobiol, 11: 95~102

Takeichi M. 1990. Cadherin: a molecular family important in selective cell-cell adhesion. Annu Rev Biochem, 59: 237~252

Troy CM. 1990. Ontogeny of the neuronal intermediate filament protein, peripherin in the mouse embryo. Neuroscience, 36: 217~237

VanBerkum MFA, Goodman CS. 1995. Targeted disruption of calcium-calmodulin signaling in *Drosophila* growth cones leads to stall in axon extension and errors in axon guidance. Neuron, 14: 43~56

Yamaguchi Y. 2000. Chondroitin sulfate proteoglycans in the nervous system. In: Iozzo RV. Proteoglycans: Structure, biology, and molecular interactions. New York: Marcel Dekker

第六章　树突的发育

树突与轴突一样，都是由神经元胞体发出的一种神经突起（neurite）。由于这种神经突起的形状大都像树状分支，因而 His（1890）把它命名为树突（dendrite）。早期主要是应用 Golgi 镀银技术研究树突的形态结构，发现它明显区别于轴突。随着新的技术方法的不断涌现，如高压电镜技术、辣根过氧化物酶（HRP）追踪法、免疫组织化学技术、荧光剂追踪法、透射电镜连续切片重建、计算机三维结构重建、神经生物素细胞内标记技术、生物素化葡聚糖胺（BDA）追踪法和激光扫描共聚焦显微镜技术等，使人们对树突的形态结构有了更深一步的认识。树突是神经元高度分化的结构之一，主要的功能是接受和整合（integration）兴奋性突触的传入信息。近年来的一些新技术，包括高速荧光成像（high-speed fluorescence imaging）和树突膜片钳（dendritic patch clamping）等，为研究树突的功能活动特征提供了新的资料。本章着重介绍树突的生长、发育等问题，这有助于了解树突的功能和突触的形成。越来越多的研究表明，神经元的树突要执行整合传入信息的功能，必须依赖其参与形成的突触结构。这类突触多为轴-树突触和轴-棘突触，前者是轴突终末作为突触前成分，而树突作突触后成分；后者也是轴突终末作为突触前成分，但以树突棘作为突触后成分。

第一节　树突的生长发育

在通常发育情况下，神经元胞体先长出轴突，然后才长出树突。常见未成熟的神经元迁移到终点位置并待其生长的轴突终末延伸到靶区建立联系后，才观察到树突从神经元的胞体长出来。据此认为，这是轴突从支配的靶区获取一些化学信息（如神经营养因子等）通过逆行运输到达神经元胞体，启动树突的生长。如果把神经元的轴突切断，生长着的树突会发生退缩。但当受损伤的轴突再生后，该神经元的树突又开始生长。例如，靶区分泌的神经生长因子（nerve growth factor）通过再生轴突的逆行运输到达感觉神经元、交感神经元或基底前脑胆碱能神经元的胞体，能促进它们的树突迅速生长。

有研究显示，尽管都是位于大鼠大脑运动皮质第5层的锥体神经元（图6-1），因为它们轴突所支配的靶区不同（如脊髓、纹状体或丘脑），可以观察到它们各自的树突形态及其树突棘分布有较大差异。最初，幼稚神经元的树突是短而粗，后来经过一段时间的生长才逐渐形成一种具有复杂分支的树状结构，使树突的表面积明显增大。人大脑皮质神经元的树突早期生长发育在胚胎第11～13周开始，但不同脑区又有时间上的差异。树突一般要在出生后一段时间才能达到结构上成熟。从Golgi镀银染色所显示的神经元形态可见，不同类型的神经元其树突的形状各不相同，主要表现在树突的分支状况、树突树的数量及其形式等方面。树突的这些形态特点，可作为神经元分类的指标之一。此外，高等动物的神经元树突分支状况要比低等动物的更为复杂多变。

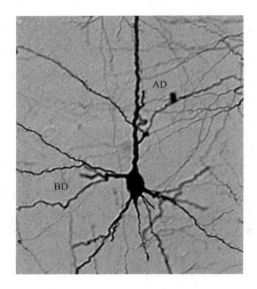

图 6-1　大鼠大脑皮质冠状切片（示锥体神经元的树突形态）
AD：顶树突；BD：基树突；生物素化葡聚糖标记染色，光镜

　　从神经元树突分支的形态变化，可见树突进化的趋势。从早期绘制的青蛙、蜥蜴、大鼠和人的大脑皮质锥体神经元树突发生图解（图6-2）可以看到，在进化过程中，神经元的树突形状将变得越来越精细。锥体神经元基树突的扩展范围要比顶树突明显得多，这反映了树突这一结构进化的趋势。

　　树突生长发育的早期，会出现过多生长和分支，后来通过"修剪"（prune）过程，把与功能不相称的树突分支"修剪"，保留树突基本的分支。例如，在小猫出生时，脑干网状结构的神经元胞体和树突上布满了棘样物，但是到了出生后第3个月，几乎所有的棘样物都消失。其他神经元的树突也经历过一个繁茂的生长期，随后过多的树突分支和树突棘被吸收。胚龄35～37天的猫视网膜，所有节细胞都长出小而简单并呈放射状延伸的树突。但到了胚龄50天至出生后第7天，视网膜节细胞的树突分支迅速增加，树突野增大，使树突出现过剩的分支及树突棘，但随后很快被"修剪"掉。在出生后第1个月末，节细胞的树突形状就已接近成年时的构形。这些神经元过剩的树突分支和棘样物在与传入纤维的支配竞争中，因失去支配而消失。临时建立起来的一些突触联系也

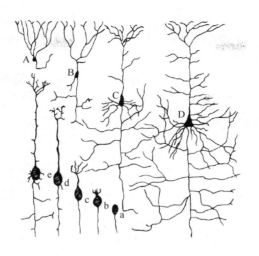

图 6-2 不同脊椎动物的锥体神经元树突发育示意图（引自 Jacobson 1991）
A～D. 锥体神经元的种系发生（A：蛙；B：蜥蜴；C：大鼠；D：人）；
a～e. 锥体神经元的个体发生

随之消失，或转移到神经元的其他部位上。例如，攀缘纤维初期是与小脑皮质浦肯野细胞胞体上的棘样物建立突触联系，后来棘样物从胞体上消失了，结果这种突触连接就移建在树突上。

经过一段时间生长发育的树突，在结构上和化学成分上与轴突有区别。虽然树突和轴突都含有微管，但树突的微管排列是没有极性的，而轴突的微管排列则有极性。树突微管的稳定性也不如轴突的微管，提示树突在转运物质方面与轴突不同。一些处于生长发育或成熟阶段的树突，其内含有丰富的微管相关蛋白（microtubule associated protein，MAP）。目前至少已发现了 10 种不同的 MAP。这类蛋白质作为树突微管之间或微管与神经丝之间的一种桥接成分，可被一种特殊蛋白激酶通过磷酸化而活化。MAP的功能与树突微管的构成和组装有关。树突含有游离核糖体、粗面内质网、滑面内质网、树突棘的棘器（spine apparatus）、高尔基复合体、增厚的突触后膜和膜下囊泡，而轴突通常不含这些结构和细胞器。树突一般没有髓鞘包绕，轴突则可被髓鞘包裹。树突棘也含有 MAP2 和肌动蛋白，而没有 β-微管蛋白，所以树突棘是可伸缩的。在树突内转运的一些物质还包括了 ^{3}H-岩藻糖蛋白、^{35}S-硫酸标记的黏多糖、^{3}H-胆碱标记的磷脂、核苷、核苷酸、核糖核酸、毒素和病毒。树突可能会分泌一些物质，而这些物质有可能储存在树突的滑面内质网内。树突内的滑面内质网一般位于树突膜的内侧面或与膜呈垂直状分布或平列于膜的下面。滑面内质网膜与树突膜有时会发生融合。

树突的功能要视其与什么样的轴突终末建立联系而定，因为有些轴突终末能特异性地与树突形成突触联系。大多数神经元的树突是轴-树突触的突触后成分。兴奋性信息的传入神经纤维和抑制性信息的传入神经纤维常同时与一个神经元树突的不同部位形成突触连接，因而树突对突触的传入信息的整合起重要作用。例如，兴奋性传入信息的总和超过抑制性传入信息的总和，并足以刺激该神经元的轴突起始段产生动作电位时，该神经元表现为兴奋；反之，则为抑制。近年来应用高速荧光成像和树突膜片钳等技术，在一些中枢神经元的树突上也能检测到动作电位以及树突膜上含有电位门控 Na^+ 通道和 Ca^{2+} 通道（图 6-3）。树突的动作电位可产生于胞体轴丘（soma-axon hillock）处，然后逆向传布到树突一小段距离；在一定条件下也可产生于树突突触传入信息处附近，并向树突的两侧端传布。这些动作电位可打开电位门控 Na^+ 通道和 Ca^{2+} 通道，让 Na^+ 和 Ca^{2+} 内流，从而影响树突局部的兴奋性突触后电位和抑制性突触后电位的总和，引起树突上的突触发生可塑性变化，最终达到整合信息的目的。

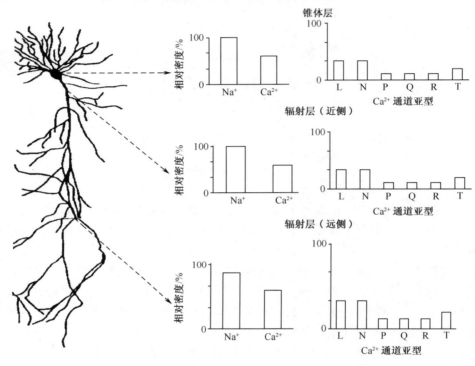

图 6-3　海马 CA1 区锥体神经元电位门控 Ca^{2+} 和 Na^+ 通道的分布示意图(引自 Johnston et al. 1996)

条状表示锥体神经元胞体、近侧顶树突和远侧顶树突的离子通道相对密度

一、树突生长发育的时空规律

树突的生长发育有时空的规律性。长轴突的神经元（Golgi I 型神经元）和短轴突的神经元（Golgi II 型神经元）在生长发育的先后顺序方面是不一样的。一般情况下，在神经系统所有特定的区域内，胞体大、轴突长的神经元其树突的生长发育起始时间早于胞体小、轴突短的神经元树突。因此，在进行神经元不同生长发育状况的研究时，一定要注意限定在神经系统的某一特定区域内进行观察比较。在脑内，长轴突的神经元其树突的生长发育和分化早于短轴突的神经元。例如，在外侧膝状体背核内发出长轴突并支配视皮质的中继神经元，其发育成熟的时间要比其他短轴突的神经元早。在出生后第二周末的猫外侧膝状体内，当短轴突的神经元其树突开始生长发育时，长轴突的神经元几乎已经生长发育和分化完毕。在一些脑区（包括神经核团），神经元树突的生长发育

顺序趋向于先腹侧后背侧、先内侧后外侧或先深层后浅层。例如，外侧膝状体腹核的神经元树突生长发育先于外侧膝状体背核的神经元树突；大脑皮质内的神经元树突生长发育晚于大脑皮质深面神经核团的神经元树突；大脑皮质深层的神经元树突生长发育趋向先于浅层的神经元树突。在同一神经核团的运动神经元树突的生长发育也先于感觉神经元的树突。在上行传导通路中，越靠近周围感受器的神经元树突的生长发育就越早，位于上行传导通路最高水平的神经元其树突生长发育就较晚。此外，在没有传入纤维的支配下，一些发育的神经元树突还是能按既定的程序形成树突棘，但是有可能在数量上和形态上与正常的不同。例如，有一种常染色体突变小鼠，称为 Reeler（摇晃者）小鼠。虽然这种突变小鼠的小脑皮质大量缺失颗粒细胞，不能像正常那样发出平行纤维支配小脑皮质浦肯野细胞的树突形成突触连接，但是此时仍可见到浦肯野细胞树突上有树突棘出现。

二、树突生长锥的形态结构

　　应用 Golgi 镀银染色技术或在透射电镜下，可在发育的神经系统内观察到树突的生长锥。树突生长锥的顶端是膨大的，伸出1～4条丝足。不像轴突生长锥那样，树突生长锥是不会出现细胞膜的颤动，也不含有神经突起生长相关蛋白-43（growth associated protein，GAP-43）。树突生长锥和轴突生长锥的超微结构非常相似，都含有由 5nm 微丝构成的网架以及一些数量不等的小泡和滑面内质网，但一般不含线粒体、微管和游离核糖体（图 6-4）。树突生长锥可与轴突生长锥接触，形成不成熟的突触连接，成为将来的轴-树突触的结构基础（图 6-5）。

　　树突生长锥的主要特征是：生长锥与树突相连接、存在微丝、伸出1到多条丝足、可见轴-树突触。在体外培养中，可观察到神经元的神经突起生长锥的形态。神经元经过一段时间的培养后，常常向四周伸出一些细长的神经突起，每条神经突起的远端可有一个生长锥。神经突起的直径为 $1\mu m$ 到数微米，而生长锥的直径却增大到 $10\mu m$，呈

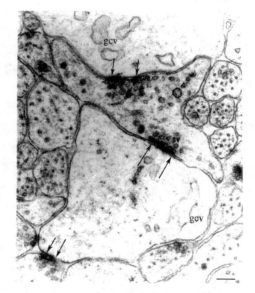

图 6-4　运动神经元树突生长锥的电镜照片
（引自 Vaughn 1989）
突触后成分含有树突生长锥典型的空泡和小泡（gcv）；突触前成分的突触小泡（SV）聚集在突触连接区（箭头）

扁平的扇形特化结构。在生长锥末端出现宽而薄的缘膜和细而长的丝足，直径为 0.1～0.2μm，长度可超过 $30\mu m$。生长锥具有短暂的动态结构，可以在几分钟内增加或缩短其长度，即生长锥延伸或回缩。生长锥是通过延伸、黏着和回缩产生运动的，其中黏着是生长锥边缘向前推进的一个重要的先决条件。

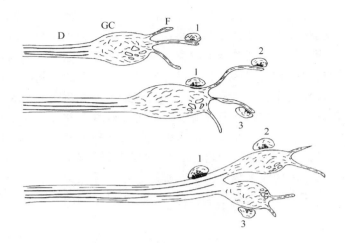

图 6-5 突触形成导致树突生长和分支示意图（引自 Vaughn et al. 1974）

上图：已分化的树突末端展开为生长锥，随后形成几条丝足。其中一条丝足上形成突触（1）；中图：形成突触的丝足变成为一个新的生长锥，并延伸出新的丝足。两条丝足上同时有突触形成（2 和 3）；下图：有突触形成（2 和 3）的两条丝足分别成为新的生长锥，结果导致树突的生长和分支

三、树突棘的生长发育与功能

Cajal 首先用光镜观察到神经元树突上有树突棘结构，以后 Gray 用电镜观察证实它的存在。树突棘实际是树突上的小突起（图 6-6），它可分为两部分，即与树突连接的柄部和末端呈卵圆形的头部。柄部相对狭小，头部则在形状和大小上时有变化，常见头部参与突触的形成。在大脑皮质和纹状体中，突触位于邻近头柄结合处的头部上或位于柄部处。大多数的树突棘都是突触后成分，但是嗅球颗粒细胞的树突棘也许是突触前成分，因为它也含有突触小泡，并与僧帽细胞的树突形成交互突触。

并不是所有的神经元树突都有树突棘。树突棘通常出现在某些类型的神经元树突上。同样，一些传入神经纤维仅与树突棘形成突触，而另一些则终止在树突上。大的树突棘常位于小的树突上，而小的树突棘则多位于大的树突上。顶树突的树突棘密度明显高于基树突或斜行树突分支。近侧端树突通常没有树突棘。树突棘的表面积占神经元胞体和树突总合在一起的表面积的 43%。猫大脑皮质的每个锥体神经元平均有 4000 个树突棘；恒河猴纹状皮质的每个锥体神经元约有 36 000 个树突棘；短尾猿大脑皮质第四层的每个锥体神经元约有 60 000 个突触，其中多数突触是在树突棘上形成的。

无论在发育期间或在成熟的神经系统中，树突棘大小和形状的变化具有重要的功能意义。Golgi 镀银染色的脑切片定量分析表明，豚鼠在发育期间神经元树突棘头部和柄部的大小比例是恒定不变的，但树突棘的直径从出生到成年共增加了 21%～29%。人和猿的大脑皮质锥体神经元树突棘（图 6-7）分为 3 种类型：①细长形，柄部直径约 0.5μm，柄部长约 1.7μm，头部直径 0.5～1μm；②蘑菇形，柄部比较粗，头部较大，其直径约 1.5μm；③芽形，柄部粗而短，形似玉蜀黍样。一般认为，细小的树突棘是

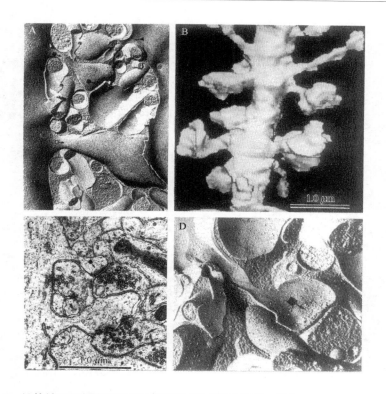

图 6-6　锥体神经元树突棘形态电镜照片和三维重建图（引自 Lisman et al. 1993）

A. 冰冻蚀刻显示一个细小带柄的树突棘（实心方形箭头）；在同一树突上另一个蘑菇形的树突棘（空心方形箭头）。B. 三维重建显示树突上不同形状的树突棘。C. 透射电镜显示两种不同形态的树突棘。小的树突棘有一层连续斑状的突触后致密物质（实心方形箭头）；大的树突棘在突触后致密物质中，有一电子透亮区（空心方形箭头）。D. 冰冻蚀刻显示树突棘棘头突触处半膜上有颗粒聚集（实心方形箭头）

作为兴奋性突触的突触后成分，粗而短的树突棘是不能有效地传递突触的信息。光镜和电镜的免疫组织化学染色结果显示，树突棘含有高浓度的肌动蛋白和肌球蛋白。据认为这两种蛋白质参与了树突棘的形态变化过程，如树突棘柄部的缩短及其直径的增宽。这些变化是树突棘对突触特异性传入信息做出的反应。现在尚不能直接对单个树突棘做出电生理记录，只能依靠建立的生物物理模型来检测树突棘大小的变化对突触功能的影响。有学者认为可通过改变树突棘柄部的长度和宽度来达到调控突触的功能，因为柄部的长度增加将会减慢突触电流从树突棘头部传递到树突的速度。相反，柄部的长度缩短则会加快突触电流的传递速度。另外，树突棘的大小变化也可能会影响树突棘内、外蛋白质和离子的交换。

　　应用电镜观察表明，作为轴-树突触的突触后成分-树突棘，其基部含有与膜性扁平囊有密切关系的多聚核糖体（图 6-8），可提供树突棘生长和更新结构所需的蛋白质。因为多聚核糖体是蛋白质合成的场所，也可在其他类型突触的突触后成分内观察到多聚核糖体。在同一个神经元内，不同类型的突触所需要的特殊蛋白质是在 mRNA 指导下合成的。这些 mRNA 在细胞核合成后被运送到突触后成分，并借助其中的多聚核糖体

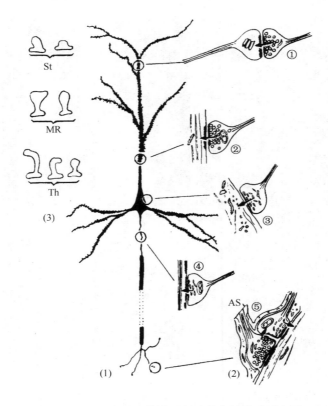

图 6-7　大脑皮质锥体神经元及其突触类型示意图

(1)锥体神经元形态。(2)锥体神经元突触类型:①轴-棘突触;②轴-树突触;③轴-体突触;④轴-轴突触;
⑤连续性突触;AS:星形胶质细胞。(3)锥体神经元树突棘类型。St:芽形;MR:蘑菇形;Th:细长形

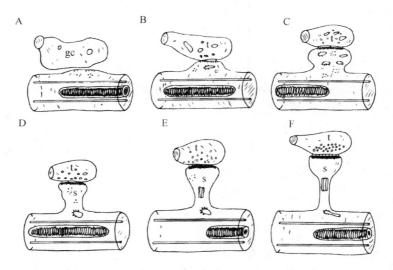

图 6-8　在突触形成的不同阶段,突触后成分的多聚核糖体数量变化示意图 (引自 Jacobson 1991)

A. 生长锥 (gc) 移行到含有多聚核糖体的树突上;B. 突触前终末 (t) 接触的树突部分,多聚核糖体增多;
C. 突触前终末 (t) 接触的树突部分明显隆起,内含许多多聚核糖体;D. 突触前终末 (t) 接触的树突部分
已形成树突棘 (s),棘内多聚核糖体减少;E. 和 F. 突触前终末 (t) 接触的树突棘 (s) 内,多聚核糖体减
少,主要分布在棘的基部

提供的场所翻译成蛋白质。由于多聚核糖体的位置多靠近每个树突棘的基部（图 6-9），当单个突触活动时，可直接调节作为突触后成分的树突棘的蛋白质合成，蛋白质的及时补充是树突棘结构更新及其功能活动的需要。在突触形成时期，树突棘基部的多聚核糖体的数量会有明显的增加。例如，在海马齿状回的发育期间，当传入神经纤维与其中的神经元树突棘接触时，树突棘基部的多聚核糖体会明显增多，其蛋白质的合成也相应增加。这些资料提示，在树突棘上形成突触时，需要其基部的多聚核糖体和膜性扁平囊参与合成各类蛋白质，并及时地将新合成的蛋白质运送到形成突触的结构中。因此，在轴-树突触形成时，不完全依赖远距离的胞体输送蛋白质到树突棘。应用免疫组织化学染色方法检测树突棘，现已知道树突棘有 70 种以上的蛋白质分子，如受体、离子通道、信号转导分子、黏附分子和骨架蛋白等。最近研究证实，树突棘含有肌动蛋白细丝（actin filament），这提示树突棘可像肌细胞那样通过"扭曲收缩"（twitches）产生形状变化。生长发育的树突棘还能表现出一种局部运动的行为，这可能有助于树突棘与传入神经纤维形成突触连接。

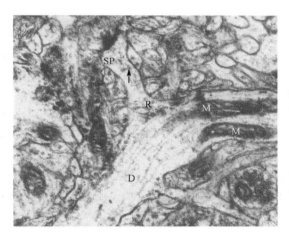

图 6-9　大鼠大脑皮质神经毡的电镜照片
D：锥体神经元树突；SP：树突上的树突棘，并参与形成突触；↑：示棘器；
R：邻近膜性扁平的多聚核糖体；M：树突内的线粒体

在电镜下还可以看到滑面内质网从树突伸入树突棘内，这些平滑的膜性囊（扁平形、椭圆形或管状）在树突棘内多以二三个聚集在一起，膜性囊间有时见少量电子密度高的物质，这样的结构被称为棘器（图 6-10）。棘器主要出现在哺乳动物和人的大脑皮质以及海马的神经元树突棘内，棘器在个体发生上是出现最晚的结构之一，研究表明要在动物出生后第 16～21 天才可见出现在树突棘内。随着发育时间的推移，棘器才逐渐达到结构上的成熟。经过学习训练的大鼠和猴大脑皮质神经元树突棘内的棘器数量明显增多。棘器的功能目前还不十分清楚。据认为它可能与高级神经活动有关，也有推测它既然是来自于滑面内质网，那就可能具有滑面内质网的功能，如作为储存 Ca^{2+} 的钙库等。

一般情况下，树突棘的生长发育是在轴-树突触形成之后才逐渐开始的。但是，树

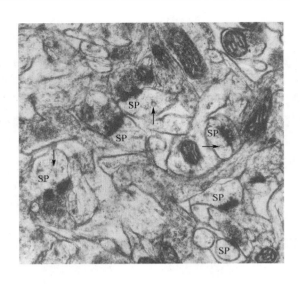

图 6-10　大鼠大脑皮质神经毡的电镜照片
SP：树突上的树突棘；↑：示棘器

突棘可以在没有突触连接的情况下继续生长。因为切断形成突触连接的传入神经纤维后，在缺乏突触前成分的条件下，仍可见树突棘的生长发育。在生后的发育期间，小脑皮质颗粒细胞发出的平行纤维可与浦肯野细胞的树突干形成过渡型的突触连接。到了成年期，平行纤维的终末则转移到浦肯野细胞的树突棘上形成突触。在透射电镜下，虽然在树突干和树突棘上形成的突触形态结构十分相似，但用冰冻蚀刻方法进行电镜观察时，则发现作为突触后膜的树突干细胞膜上没有一种特殊的颗粒，而树突棘细胞膜上则存在这种颗粒。经研究证实，这些颗粒是属于跨膜蛋白质，树突干上的过渡型突触连接正好缺少这种蛋白质。

　　虽然 Reeler（摇晃者）小鼠小脑皮质的颗粒层内大量缺失颗粒细胞，但仍可见到这种基因突变小鼠的小脑皮质浦肯野细胞的树突干上有突触连接形成，而其树突棘上却没有观察到由颗粒细胞发出的平行纤维形成的突触。据此认为这是因为大多数颗粒细胞在死亡之前，曾发出过平行纤维与浦肯野细胞的树突干形成过渡型突触。如果应用实验手段破坏小脑皮质颗粒细胞后，则可发现浦肯野细胞的树突棘在没有平行纤维的支配下会发生形态结构的改变，如树突棘伸长和变窄，且发出分支。据观察，Reeler 小鼠的浦肯野细胞树突棘也可以出现类似的形态变化。因此，上述形态结构上的改变有可能是基因突变种小鼠发生走路摇晃的原因之一。

　　神经元某些基因的低表达或过表达可能对树突棘的生长发育有影响。有研究显示，体外培养的大脑皮质神经元如果其 drebrin（一种位于树突棘的肌动蛋白结合蛋白）基因过表达，则可见神经元的树突棘明显变长。还有研究应用基因敲除小鼠观察大脑皮质神经元树突棘的形成。这种动物的神经元细胞膜上缺失 NMDA 受体中的 NR3A 亚单位（此亚单位对 NMDA 受体的活动起调节作用），此时的神经元形态虽然没有因此而发生明显的改变，但却发现其树突上形成了许多的树突棘。因此认为，NR3A 亚单位的缺失增强了 NMDA 受体的反应性，从而引起树突棘增多。但另一些研究结果显示，将

NR3A 亚单位的基因敲除或过表达 NR3A 亚单位的基因，并没有观察到神经元树突棘的密度有明显的变化。

　　大脑皮质锥体神经元树突棘的形态结构发育与大脑的精神活动有关。有研究比较了正常和异常发育婴儿的大脑皮质，发现在大脑皮质发育异常可观察到锥体神经元的顶树突有些树突棘长达 4～8μm，棘与棘之间相互交错，排列紊乱；芽形和蘑菇形树突棘变得稀少（图 6-11）。在这种情况下，婴儿有明显的智力减退症状，所以这种疾病称为脆弱性精神发育迟缓（fragile-X mental retardation）。最近已经分离并克隆出一种称为脆弱性精神发育迟缓的蛋白质（fragile-X mental retar-dation protein，FMRP），研究发现患有脆弱性精神发育迟缓的婴儿是缺少这种 FMRP。用敲除表达 *FMRP* 基因小鼠进行观察发现，大脑皮质锥体神经元的树突上长出细长而稠密的、像丝足样不成熟的树突棘。研究提示，FMRP 在维护大脑皮质锥体神经元树突棘的正常生长发育方面起积极作用。

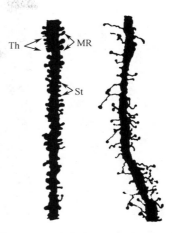

图 6-11　正常发育(左)与异常发育(右)婴儿大脑皮质锥体神经元顶树突的树突棘形态示意图（Golgi 法）
Th：细长形；MR：蘑菇形；St：芽形

四、树突的细胞色素氧化酶活性

　　与神经元其他部位的结构相比较，树突内的线粒体数目密度是最高的，而且线粒体含有高活性的细胞色素氧化酶（又称细胞色素 c 氧化酶，图 6-12）。线粒体是细胞重要的供能细胞器，有细胞的"动力工厂"之称。细胞色素氧化酶的活性高低与线粒体产生的能量多少有关。因此，树突是神经元有氧能量代谢最活跃的部位，尤其在突触形成期间更为突出。作为突触后成分的树突，其线粒体细胞色素氧化酶活性的高低，与突触的传入信息类型有密切关系。突触的兴奋性传入信息可使细胞色素氧化酶的活性增高，相反，抑制性传入信息则使细胞色素氧化酶的活性降低。同样，机械性阻断传入信息或化学性阻断传入信息，都能导致突触后成分的细胞色素氧化酶活性水平降低。如剪除成年小鼠的触须，然后在相关的大脑皮质柱内可观察到神经元发生这种变化。摘除猫眼球或剥夺单侧眼的视觉，或阻断传导视觉的动作电位，都可以在相关视觉系统神经元内看到上述的变化。

　　大鼠小脑皮质的浦肯野细胞在突触形成期间，也显示出与线粒体的数目密度及其细胞色素氧化酶的活性有密切关系。浦肯野细胞的胞体棘（somatic spine）在出生后第 3 天开始接受来自攀缘纤维传导的兴奋性信息，但到了第 10 天就逐渐被篮状细胞轴突终末所形成的抑制性突触替换。这时，攀缘纤维则转移支配浦肯野细胞的树突棘，并形成兴奋性突触。因此，在成熟的浦肯野细胞中，胞体接受抑制性传入信息，而树突则接受兴奋性传入信息。在胞体棘与攀缘纤维形成兴奋性突触期间，其突触部位的胞体内线粒体细胞色素氧化酶活性水平是较高的。当胞体棘上的攀缘纤维终末被篮细胞的轴突终末替换形成抑制性突触后，细胞色素氧化酶的活性水平也随之降低。浦肯野细胞树突的细

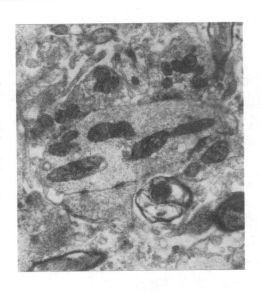

图 6-12　背根神经元树突电镜图
正常大鼠脊髓背核神经元树突线粒体细胞色素氧化酶活性

胞色素氧化酶活性水平的高低，也与该树突上的兴奋性轴-树突触的活动数量有密切关系，即活动的兴奋性突触数量越多，细胞色素氧化酶的活性水平就越高。

第二节　影响树突生长发育的一些因素

一、传入神经纤维的支配

传入神经纤维支配数量的多少是决定神经元树突树大小和复杂程度的一个重要因素。在体内一些脑区，神经元的树突为了争取多一些来自其他神经元发出的传入神经纤维支配而出现相互竞争生长分支，树突树的大小被调整到适合这种支配空间的需要。例如，用外科手术毁损猫和猴视网膜部分的节细胞后，在受损伤节细胞邻近的节细胞的树突变得相当宽大，这种现象被认为是非损伤神经元的树突去主动争取那些失去支配靶的传入神经纤维的结果。

树突在与特定的轴突终末接触时才开始分化，形成轴-树突触，这表明轴突终末有促进树突生长发育的作用。有研究认为，大多数的传入神经纤维终末是先与正在发育的神经元树突生长锥伸出的丝足形成的突触连接，这些丝足有一部分可分化为树突棘。当切断传入神经纤维或阻断传入信息时，可导致突触后神经元的树突形态结构发生变化。例如，鸡脑干板层核（nucleus laminaris）的神经元树突分布在胞体的两端，较为对称，这是在有传入神经纤维支配下的正常形态。当切断与神经元腹侧端树突有联系的传入神经纤维后，其树突则迅速萎缩，但是神经元背侧端的树突却没有发生任何变化。在切断传入纤维 2h 后，腹侧端树突比背侧端树突缩小了 20%。到了 12h 后，树突又缩小到25%。这时，还没有观察到被切断的传入神经纤维出现有任何溃变的形态结构。

二、刺激和剥夺刺激对树突生长发育的影响

许多研究已证实，功能活动（电活动）对神经元的结构发育有一定的作用。随着对感觉和运动功能活动的增强或剥夺，大脑皮质神经元的树突棘会发生相应的变化。有研究者在猫的大脑外侧裂上回植入电极，反复电刺激几周后，发现对侧大脑皮质 II 层和 III 层内的锥体细胞顶树突变得较粗大，其终末发生分支。受刺激的同侧皮质对电刺激也产生反应，可见树突棘和突触的数量增多。又如在体外培养（包括在脑片内）的神经元，如果没有传入神经纤维的兴奋性刺激，其树突上的树突棘数量是减少的。如能在脑片上记录到长时程增强作用（long term potentiation，LTP）的情况下，则可观察到相关的神经元树突棘密度明显增高。但在长时程抑制作用（long-term depression，LTD）时观察到的结果则相反，相关的神经元树突棘密度减少，树突棘长度变短。有研究认为，局部电流的刺激可促进体外培养的神经元树突生长锥丝足的迅速生长。由于大脑皮质神经元的树突棘几乎都与传入神经纤维形成兴奋性突触，同时大脑皮质神经元的树突及树突棘在生后要继续生长发育，因此了解功能活动对大脑皮质神经元的树突及树突棘生长发育的影响具有重要的科学意义。

将断奶的大鼠放在感觉与运动"富有"（enriched）的群居环境下饲养 30 天，可观察到大脑视皮质的锥体神经元的树突棘数目密度要比感觉与运动"贫瘠"（impoverishment）的独居环境下饲养的大鼠的高。大鼠从生后到第 80 天不断进行视觉刺激，可导致视皮质第 4 层和第 5 层的锥体神经元树突棘数目密度增大。这种大鼠在生后第 16 天开始，即可见视皮质锥体神经元树突棘出现在顶树突的近侧端。到了生后第 20 天，树突棘已布满整个树突树。长时间刺激成年猫一侧大脑皮质，可增加对侧大脑侧裂上回锥体细胞顶树突的树突棘数目密度及其树突的分支。在感觉与运动"富有"的群居环境下饲养的幼年或成年大鼠，其大脑皮质锥体神经元的树突分支要比感觉与运动"贫瘠"的独居环境下的更明显。

一些研究显示，在缺少视觉刺激的情况下，视皮质有些神经元的树突棘仍能正常发育，而另一些神经元的树突棘则发育不良。因此，所有的哺乳动物在出生前，大脑皮质有些神经元的树突棘及其上面的突触就已经开始形成，但是大多数神经元的树突棘及其突触要在生后有传入刺激的情况下，才大量形成。小鼠、大鼠和猫在生后打开眼睑之前，视皮质锥体神经元的树突棘数目有少量增加，但在打开眼睑后第 10 天到第 19 天内树突棘的数目激增。这种树突棘的数量增加可受生存环境变化的影响。如果把小鼠放在黑暗中饲养，虽然仍可见到视皮质锥体神经元的树突棘独特的空间分布，即树突棘的数量随着远离细胞体而相对地增多，但是整个树突主干上的树突棘绝对数量是减少的。大多数树突棘的外形并没有因视觉的剥夺而受到影响，只是在数量上的减少，这种情况是可逆的。如果再把饲养在黑暗条件下的小鼠重新放回正常视觉刺激的环境下，经过一周后，即可见视皮质的树突棘数量能恢复到接近正常的水平。

三、激素和神经递质对树突生长发育的影响

有许多因素会影响树突和突触的结构发育，如全身的营养状况、性激素水平和甲状腺激素水平，甚至神经递质水平也能影响树突和突触的结构发育。应用雌二醇（estradiol）作用体外培养的大鼠海马锥体神经元，发现其树突上的树突棘数目增加了 2 倍。这可能是通过降低谷氨酸脱羧酶的基因表达，使 γ-氨基丁酸（GABA）含量减少，使锥体神经元的兴奋性增加的缘故。应用 γ-氨基丁酸受体阻断剂，也可以在培养的大鼠海马神经元树突上观察到类似树突棘增多的结果。如果激活雌激素受体，将会导致 cAMP反应元件结合蛋白（cAMP response element binding protein, CREBP）的磷酸化，从而启动创建新树突棘的基因表达，结果引起培养的大鼠海马锥体神经元树突棘的形成。多巴胺和 5-羟色胺可以改变体外培养的神经元神经突起生长锥的能动性（motility），这对突触的形成会有一定的影响。早期到达大脑皮质的神经元轴突终末分泌的去甲肾上腺素有抑制突触形成的作用。持续应用阻断阿片受体功能活动的药物可明显促进新生大鼠大脑皮质和小脑皮质神经元树突的生长发育及其树突棘的数目密度，这表明内源性阿片能抑制树突及其树突棘的生长发育。但是间断性阻断阿片受体则会出现相反的结果，如大脑皮质锥体神经元基树突的树突棘密度减少。现已知道，不同的神经递质对神经元神经突起的生长有不同的作用。例如，过量的谷氨酸对海马锥体神经元树突生长锥有特异性的抑制作用，使其丝足回缩，整个树突缩短，但这并不抑制轴突的生长。因此提示阻断树突及其树突棘上的谷氨酸受体（NMDA 受体）也能解除过量的谷氨酸对神经元树突及其树突棘生长发育的抑制作用，从而形成新的树突棘。用谷氨酸受体拮抗剂 γ-D-谷氨酰甘氨酸（DGG）作用于培养的大鼠胚胎海马锥体神经元，其神经突起的平均长度比不加 DGG 的对照组长 3～4 倍。γ-氨基丁酸可抑制树突和轴突的生长以及突触形成。有研究用限制色氨酸饮食的方式观察大鼠海马锥体神经元顶树突和基树突的树突棘数量的变化，结果发现这些动物的锥体神经元树突棘是减少的，海马的记忆和学习功能也随之减退，据认为这是脑内的 5-羟色胺浓度明显降低的缘故。其他神经递质如乙酰胆碱和肾上腺素也能抑制海马神经元的神经突起生长，但它们与谷氨酸及 GABA 在培养的第2 天就发挥作用的情况不同，而是至少要在培养 1 周后才起作用。这提示在正常脑发育时，神经递质调控神经元构筑的作用有先后的顺序，这可能取决于该神经递质出现的时间顺序。因此，了解神经递质是怎样影响脑发育以及成年期的脑可塑性问题，对于阐明神经元的构筑和环路的建立以及在不同条件下的调控过程均具有重要的科学意义。

四、Ca^{2+} 信号转导对树突生长发育的影响

近年研究认为，神经元细胞内 Ca^{2+} 水平的高低影响树突的生长发育。细胞内 Ca^{2+}的来源有两个途径：①细胞外 Ca^{2+} 内流；②细胞内平滑内质网（钙库）释放 Ca^{2+} 到细胞内。使用高分辨率的 Ca^{2+} 敏感染料显示的图像进行分析，表明神经元树突棘内的Ca^{2+} 调控机制是相对独立的，即所谓的钙隔离室（calcium compartment）。当突触传来的信号刺激或化学刺激时，可迅速引起神经元树突棘内 Ca^{2+} 水平增高，这比起其邻近

的树突内 Ca^{2+} 水平高。树突棘的细胞膜上有电位门控 Ca^{2+} 通道，谷氨酸可以激活这种通道（这主要是 NMDA 受体类型通道），从而使细胞外 Ca^{2+} 内流增高树突棘 Ca^{2+} 水平。也可以通过细胞外 Ca^{2+} 少量内流触发树突棘的钙库大量释放 Ca^{2+}，从而使树突棘内 Ca^{2+} 水平增高。有研究显示，神经元树突棘内 Ca^{2+} 水平的高低可直接影响树突棘的形态结构变化。适当提高 Ca^{2+} 浓度，可见树突棘延长，高水平的 Ca^{2+} 则使树突棘萎缩甚至消失。在体外给予短暂而适量的谷氨酸作用于培养脑片的神经元，可观察到该神经元胞体内出现一过性低浓度的 Ca^{2+} 增高，此时的树突棘是明显伸长的。随后，就在同一张培养的脑片环境内加入较大量的谷氨酸，则引起同样的神经元胞体内出现高水平的 Ca^{2+}，结果观察到该树突棘由原来的伸展状态变成为现在的萎缩状态。这些研究提示，Ca^{2+} 水平的高低可能是调控树突棘形态结构变化的机制之一，从而影响树突棘的功能。

五、跨神经元溃变对树突生长发育的影响

在中枢神经系统的某些部位，当切断支配某核群神经元的传入神经纤维时，这些神经元会发生溃变。这种现象称为跨神经元或跨突触溃变（transneuronal or transsynaptic degeneration）。有研究表明，可发生跨越二三级神经元的长距离溃变。摘除一侧眼球可导致外侧膝状体的神经元出现跨神经元溃变以及视皮质神经元的形态结构改变，即视皮质第 4 层锥体神经元顶树突基部的树突棘减少或树突分支数量减少。另外，摘除刚出生的小鼠眼球，可使视皮质星形细胞的树突生长方向发生改变。原来伸展到视皮质第 3、4 和 5 层的树突，现在只能分布到第 2、3 层，原因是外膝状体投射到视皮质第 4 层的传入神经纤维发生了溃变，导致正常的传入神经纤维数量明显减少。

六、老龄性对树突生长发育的影响

一般认为，老龄动物（包括人）大脑皮质锥体细胞的树突棘会出现不同程度的减少甚至消失，尤以芽形树突棘消退较为明显。有研究应用超微结构定量分析法观察大鼠顶叶皮质的分子层，发现 17 个月龄大鼠树突棘上的不对称性突触数量已开始减少，但对称性轴-树突触至老龄时仍存在。但也有研究认为，老龄人的大脑存在两种类型神经元：一类是衰退的神经元（regressing neuron）；另一类是长寿的神经元（surviving neuron）。后者的数量占优势，这类神经元不发生老龄性变化，树突仍可生长发育，主要是树突的终末分支增长，其生长情况相似树突早期发育。如果按大脑有 26 亿个神经元估算，树突每年增长总计为 4.77×10^7 mm；即每个神经元的顶树突每年增长 $1.99 \mu m$，基树突每年增长 $2.78 \mu m$。有人称此种现象为补偿性反应（compensatory response）。即使是 90 岁的老龄人，大脑皮质内的长寿神经元的数量依然占据优势。诚然，随着人的年龄增长，确实失去了不少的神经元，但可能触发长寿神经元发生补偿性反应。这种由于神经元丢失而导致邻近长寿神经元树突增长的机制，目前还不清楚。

第三节 树突生长发育的相对稳定性

在树突生长发育的过程中，每类神经元是如何形成其独特的树突外形，这是令人迷

惑的问题。在动物体内的每个细胞都具有相同的基因组（genome），它含有该动物体的全部基因（gene）或称遗传信息（genetic endowment）。在个体发育中，为什么具有相同的基因组成的细胞会表现出不同的性状？现在认为，在发育中细胞的基因并不是都同时表达的，在同一时间内有的有活性，有的则否。所以能相继出现新的细胞类型，这是由于有关特定基因相继活化的结果，这种现象称为基因的分化表达（differential expression）。就神经元而言，包括遗传信息在内的一些因素以及发育的神经元与周围环境因素相互作用对树突外形的建立究竟有多大的重要性？这些内在因素和外在因素对树突生长发育有什么样的影响力？树突的分支模式和突触在树突树上的分布到达什么样的程度才算发育成熟？这些都是令人感兴趣的科学问题，很值得深入探讨。

正常个体发育期间，应该把特定类型的神经元独特的树突形状看成为发育结构的稳定性。同时，也要把神经元树突形状的可变性看作发育结构的可塑性。试图通过强化某种实验因素来观察正在发育的神经系统所做出的整个反应过程，可能是不切实际的。原因是，这种实验因素往往超出了正在发育的神经系统所能做出的合适反应的范围。对于在这种极端的实验因素下做出的反应，不仅在数量方面会被夸大，而且与正常的可塑性变化不同。在进行神经系统可塑性研究时，对感觉刺激方面的变化所做出的反应要比对外科手术损伤所做出的反应，更能反映神经系统的可塑性过程。但是，有时用恰当的外科手术损伤作为实验条件，可以清楚地显示神经系统内哪些结构和功能是机体本身固有的，同时也可以显示在发生异常变化之前哪些结构和功能获得了代偿或替换。

树突的生长具有稳定性和自主性，这些特性可以通过阻断一些神经元的传入神经纤维支配，而继续保留该神经元的正常树突所具有的许多基本的外形特征来体现。在一些哺乳动物（如兔、猫和恒河猴）的大脑皮质内，有15%～20%的锥体神经元是处于不正确的位置上，甚至还会发生位置上的颠倒。这些锥体神经元的树突轴模式虽然与正常情况下伸展到大脑皮质浅层的树突轴不一样，但始终与其胞体轴是一致的。与此相反，轴突可从与正常不同的胞体处发出，但仍能寻回到通常的神经纤维传导束路内生长。这表明，神经元树突的生长方向是内在因素决定的，而轴突的始发方向虽然也是神经元内在因素决定的，但它的进一步生长发育的方向则受到外在因素的诱导（吸引）。在小鼠视皮质中，发生位置颠倒的锥体神经元其顶树突干上还保留着正常分布的树突棘。这显示了锥体神经元的树突上树突棘的分布也可能是受神经元内在的一些因素调控着。

正在生长发育的树突，是需要依赖在其上面建立的突触传入信息的不断刺激。如果没有传入神经纤维支配的树突，该树突则生长发育不正常。例如，小脑皮质颗粒细胞的平行纤维，通常与浦肯野细胞的树突棘形成突触。当一些因素（如基因突变、X射线照射、细菌毒素和病毒感染等）损害了颗粒细胞后，浦肯野细胞的树突则生长发育不正常或发生退行性变化。即使到了成年期，其树突仍处于不成熟状态。虽然在树突上仍可观察到树突棘，但树突棘变得相当细小。此外，浦肯野细胞的树突并没有朝向小脑皮质的表层生长，而是倒过来向小脑皮质的深面生长，就好像要与小脑皮质深层的神经纤维发生接触。再者，浦肯野细胞树突上本来与平行纤维形成突触连接的位置仍留空着，最后被苔藓纤维终末所占据，形成异型突触（heterotypic synapse）。因为正常情况下苔藓纤维终末是不会直接与浦肯野细胞树突形成突触连接。电生理的实验也显示，病毒损害了小脑皮质颗粒细胞后，如果刺激苔藓纤维可直接记录浦肯野细胞产生的兴奋性电位变化，这在正常情况下是做不到的。浦肯野细胞的树突虽然还没有到达发育的最后成熟期，但是仍可见此时的树突已经具备基本的外形特征——扁薄的扇形。即使在 Reeler 小鼠的浦肯野细胞树突的外形也不例外，还保持着正常的基本形态。这些都表明，神经元树突的生长发育是具有一定的稳定性和自主性，不完全受外在因素的影响。

（曾园山　李海标　撰）

主要参考文献

Feria-Velasco A, Del Angel-Mcza AR, Gonzalez-Burgo I. 2002. Modification of dendritic development. Progress in Brain Res, 136: 135

Gao WJ, Zheng ZH. 2004. Target-specific differences in somatodendritic morphology of layer V pyramidal neurons in rat motor cortex. J Comp Neurol, 476 (2): 174~185

Govek EE, Newey SE, Akerman CJ, et al. 2004. The X-linked mental retardation protein oligophrenin-1 is required for dendritic spine morphogenesis. Nat Neurosci, 7 (4): 364~372

Holcman D, Schuss Z, Korkotian E. 2004. Calcium dynamics in dendritic spines and spine motility. Biophys J, 87 (1): 81~91

Irwin SA, Idupulapati M, Gilbert ME, et al. 2002. Dendritic spine and dendritic field characteristics of layer V pyramidal neurons in the visual cortex of fragile-X knockout mice. Am J Med Genet, 111: 140~146

Konur S, Yuste R. 2004. Developmental regulation of spine and filopodial motility in primary visual cortex: reduced effects of activity and sensory deprivation. J Neurobiol, 59 (2): 236~246

Lee KJ, Kim H, Kim TS, et al. 2004. Morphological analysis of spine shapes of Purkinje cell dendrites in the rat cerebellum using high-voltage electron microscopy. Neurosci Lett, 359 (1~2): 21~24

Leuner B, Shors TJ. 2004. New spines, new memories. Mol Neurobiol, 29 (2): 117~130

Lisman J, Harris KM. 1993. Quantal analysis and synaptic anatomy - integrating two views of hippocampal plasticity. Trends Neurosci, 16: 141~147

Magee JC, Johnston D. 1995. Characterization of single voltage-gated Na^+ and Ca^{2+} channels in apical dendrites of rat CA1 pyramidal neurons. J Physiol, 15: 487 (Pt 1): 67~90

Mizrahi A, Crowley JC, Shtoyerman E, et al. 2004. High-resolution *in vivo* imaging of hippocampal dendrites and spines. J Neurosci, 24 (13): 3147~3151

Myron K, Jacobson, Elaine L, et al. 1999. Discovering new ADP-ribose polymer cycles: protecting the genome and more. Trends in Biochemical Sciences, 24 (11): 415~417

Segal M. 2001. Rapid plasticity of dendritic spine: hints to possible function? Progress in Neurobiology, 63: 61~70

Segal M. 2002. Changing views of Cajal's neuron: the case of the dendritic spine. Progress in Brain Res, 136: 101~107

Shim KS, Lubec G. 2002. Drebrin, a dendritic spine protein, is manifold decreased in brains of patients with Alzheimer's disease and Down syndrome. Neurosci Lett, 324: 209~212

Vaughn JE. 1989. Fine structure of synaptogenesis in the vertebrate central nervous system. Synapse, 3: 255~285

Vaughn JE, Barber RP, Sims TJ. 1988. Dendritic development and preferential growth into synaptic fields: a quantitative study of Golgi-impregnated spinal motor neurons. Synapse, 2: 69~78

第七章　突触的形成、发育及突触可塑性

第一节　突触发育的一般过程

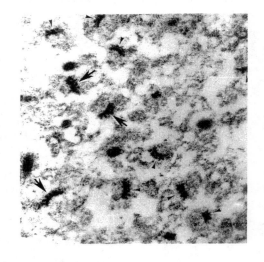

图 7-1　用乙醇磷钨酸染色的大脑皮质分子层突
触连接区电镜照片（引自 Bloom 1972）
箭头显示突触连接区

突触这一术语是由 Sherrington（1897）从功能的角度提出来的，用来表明神经元之间的连接处。后来，Palade 和 Palay（1954）用电镜证实了突触结构的存在。神经组织学将突触的结构分为突触前成分（通常是指轴突终末或神经纤维末梢）、突触后成分（通常是指树突、树突棘、神经元胞体或肌细胞）和突触间隙 3 部分（图 7-1）。其中突触前成分含有突触前膜，突触后成分含有突触后膜。神经生理学将突触分为化学性突触和电性突触两类。化学性突触以神经递质作为传递信息的媒介，是一般所说的突触。电性突触实际是缝隙连接，以电流作为信息载体，于某些低等动物较发达，哺乳动物很少。本章重点讨论突触发育的一般过程、突触发育的调控机制和突触可塑性及其分子机制等问题，这些都是发育神经生物学要阐述的重要问题。

一、突触发育的概述

当传入神经纤维终末与神经元胞体和树突或树突棘形成早期的突触连接时，其超微结构的特征为：两层平行而相互对应的细胞膜，被分别称为突触前膜和突触后膜。这两层细胞膜之间有一空隙，其内含有比通常在细胞外间隙所观察到的基质要致密。靠近突触前膜处的胞质面有一些电子密度高的物质。一般情况下，突触后成分先开始发育，而突触前成分则迟些发育。

可根据发育中的突触超微结构类似成熟突触超微结构的程度，来推测早期突触的功能状况。同时应用生物化学和免疫细胞化学方法检测突触内存在的神经递质，来推测突触的功能性质，即属于兴奋性还是抑制性。最后用电生理方法记录突触电位的活动情况确定功能性质。

在发育神经生物学中，突触的形成与信息整合和传导之间的关系，是人们关注的重要问题之一。突触的形成可直接受到神经元胞体的调控，也可间接地受到正在发育的树突和轴突终末的环境因素影响。由于神经元的轴突末端以不同的形式发出许多分支，故神经元的胞体不可能完全直接调控每条分支上的轴突终末参与突触的形成。例如，在蜗神经核的不同部分，由螺旋神经节神经元发出的轴突末端分支形成了几种不同类型的轴突终末。这似乎不可能由螺旋神经节的神经元胞体产生不同的指令，到达同一轴突的不同分支终末内，调控其突触的形成过程。轴突终末的局部情况和突触后细胞的性质，在调控突触形成和分化方面起着重要的作用。大脑皮质神经元和其他神经元的神经突起与骨骼肌细胞接触，不会形成突触，只有脊髓运动神经元的神经突起才能形成突触。换言之，突触的形成主要是突触前成分和突触后成分两者相互作用的结果。在这过程中，有一些蛋白质分子在突触形成中起重要的作用。如神经细胞粘连分子（neural cell adhesion molecule，NCAM），它位于轴突膜和突触前、后膜上。当 NCAM 移入轴突内（内移，internalization）时，可能解除 NCAM 对轴突生长的约束，促进新突触的形成。纤维成束素 II（fasciclin II）位于突触前、后成分内，它对突触的再形成和轴突终末出芽有促进作用。蛋白质聚集素（agrin）对突触的形成也有促进作用（本章第二节有专门论述）。此外，突触前成分和突触后成分的生物化学相溶性或形成接触的合适时间等因素也会影响突触的形成和发育。

通过研究不正常的突触连接形成过程，可从另一个侧面阐明突触正常发育的问题。例如，在探讨突触前成分或突触后成分是否对突触的形成起决定作用时，有学者的研究结果表明，鸡胚听觉中继核内突触前成分和突触后成分两者共同影响着突触的形成。在鸟类，蜗神经的轴突在巨细胞核（nucleus magnocellularis）（NM 核）的神经元上形成大的萼状终末（突触前成分）。NM 核是初级听觉中继核。而 NM 核的神经元轴突终末投射到板层核（nucleus laminaris）的神经元上形成小型突触前扣结（突触前成分）。板层核是次级听觉中继核。当切除鸡胚一侧耳蜗后，将导致由正常侧 NM 核长出侧支纤维投射到去传入纤维侧 NM 核形成与正常不同的代偿性支配。然而，不正常的 NM-NM 投射纤维终末在去传入纤维侧的 NM 核神经元上形成既不是大的萼状终末，也不像典型的小型突触前扣结，而是处于两者之间的形状。这表明与正常来源不同的突触前成分与原有的突触后成分接触后，所形成的突触结构与正常的不同。因此，正常的突触形成是由正常的突触前成分和突触后成分两者决定的。

上述的各种因素相互协调、相互作用，保证形成突触的所有成分能按时到达合适的地方，形成正常的突触。因此，应尽可能在正常的条件下观察突触形成。目前基本上可以做到在数天或数周内在不干扰正常发育程序的情况下，对突触形成过程进行观察。可分别在突触前成分、突触后成分和突触间隙基质成分中使用有关的标记探针，观察某些物质在上述结构成分中的分布情况。但要注意使用不干扰正常发育的标记探针，因为轻微的干扰都有可能改变正常突触的形成过程。例如，化学性毒物、放射性物质和病毒感染或机械性损伤，都可以抑制突触的发育，同时造成一个在正常条件下不存在的突触形成过程。如破坏新生哺乳动物上丘后，来自视网膜节细胞的轴突终末将形成不正常的突触连接。切除鸡胚部分的听泡结构后，也可导致蜗神经核内有不正常的突触连接形成。

通常采用竞争性排斥法则来解释突触连接形成的特异性。在突触后膜的特定区域上，可能会出现不同类型的轴突终末支配。在轴突终末到达突触后膜的时间内，只有数量有限的可支配的突触位置。当那些迟来的轴突终末到达突触后膜时，它们可能会从已经被其他轴突终末占领的位置上排斥下来，被迫去占领新形成的树突分支上仍然闲置的突触位置。这种竞争性排斥法则使神经元之间按预定的地域图建立投射联系。

在海马齿状回颗粒细胞树突上形成轴-树突触的过程中，可观察到突触形成的空间模式。有学者发现，交叉支配到对侧海马齿状回颗粒细胞的传入纤维和直接支配同侧海马齿状回颗粒细胞的传入纤维的比例，与颗粒细胞出现的时间有关。颗粒细胞越早形成，直接支配同侧的传入纤维的比例就越大。因此，在第一批形成的颗粒细胞当其树突近侧端正准备接纳突触前成分的时候，来自同侧海马传入纤维的终末刚好到达。然而，来自对侧海马的传入纤维终末在几天后才接近齿状回颗粒细胞。从上述观察结果可以推测，这些特异性传入纤维终末和齿状回颗粒细胞之间的识别并非十分重要，关键是当颗粒细胞的树突正准备接纳轴突终末支配时，刚好有轴突终末及时赶到。

二、突触发育的程序性

突触形成的启动是按照一个明确不变的程序发生的。同一种属的不同个体的哺乳动物，在它们的神经系统内第一个突触出现的时间会有一天左右的时间差。突触是突然出现，随后迅速地增多，并形成过量的突触，最后多余无用的突触逐渐消失。研究这些过程需要借助电镜的观察并联合应用突触定量的手段。通常是根据电镜下观察到的突触连接结构出现的频率进行计数。如果在一个平面上只切到突触扣结（synaptic button），而没有包括突触前成分或突触后成分的特化结构，这时只好根据有没有突触小泡来达到辨认突触。在这种情况下，有可能会低估了突触的数量。有学者用乙醇磷钨酸染色电镜超薄切片方法进行突触的定量研究（图 7-1）。因为这种染料可选择性地使突触连接着色，利于电镜下观察和计数。大多数的突触定量研究是使用突触的数目密度作为突触数量变化的一种指标，这样就需要根据被观察的某一区域同时出现的体积增加或缩小来加以校正。如果不这样做，有可能计算出来的突触数量不能反映客观情况。例如，正在发育的中枢神经系统某一神经核团的体积相对地增加到大于其中的突触绝对数量时，虽然该核团内的突触数量有增加，但是突触的数目密度可能是减少的。有学者在研究小鼠嗅球的突触形成时，也碰到过类似的上述问题。这也可以解释一些研究报道脊髓某些区域的突触数目密度，在出生后出现明显减少的原因。一般认为，在出生后发育的早期，哺乳动物中枢神经系统的许多区域，突触数量应该是迅速增加，而不是减少的。因此，在进行突触定量研究时，一定要考虑到被计数的突触所在区域（参照空间）的体积变化情况。

在生后发育的早期，哺乳动物大脑皮质的突触连接大量增加。据认为，大鼠大脑皮质的突触连接在生后第 12 天到第 30 天之间增加了 10 倍。一些研究结果显示，从生后第 12 天到第 26 天之间，大鼠顶叶皮质的分子层突触连接增加了 7 倍之多，相当于每立方毫米就有 12×10^6 的突触。在大鼠海马齿状回分子层内，生后第 4 天的突触数量为成年时的 1%，随后每天以双倍的数量增加，直到生后第 30 天达到成年时的 90% 以上的数量。在小鼠的嗅球内，突触的数量从胚胎第 14 天（第 1 个突触形成的时间）到生后第 10 天增加了 1000 倍以上。猫的视皮质和大鼠小脑皮质的突触数量也在生后迅速增加。这些研究都表明，中枢神经系统早期发育期间的突触形成是非常迅速的。但是，现在还不能系统地观察到某一个突触在什么时间开始形成，持续到什么时候才消失，在此期间执行了什么样的功能。

在神经系统的发育期间，消退现象（regressive event）被认为是清除错误结构的一种机制。越来越多的证据表明，突触过量现象存在于中枢和周围神经系统的许多部位。同时，过量突触的消退也普遍存在于中枢和周围神经系统中。有关通过选择性消退的方式对神经元形成的环路进行修饰的论述指出，突触形成过量是机体发育过程早已编排好的程序，是必然发生的事件。从有利于神经元之间相互作用及其功能的效率考虑，清除一些与功能不相适应的突触是很有必要的。通过神经元之间相互作用的过程，也可以清除初期形成的过量突触，并选择性促进神经元之间可以共存和相互依赖的结构发育。这样，可以使得神经系统的功能与该动物的生存环境更加匹配。以上论述表明在发育过程中预定突触的形成数量是过剩的，不受到动物早期生存经历的影响，但后期的生存经历仍可以清除或保留已形成的突触。

已有许多研究发现，在正常发育期间形成的过量突触在一段时间后又出现突触消退。例如，恒河猴大脑皮质在出生前的 2 个月内，突触数目密度开始逐渐增高，并在生后第 2 个月达到高峰。随后在大约 3 周岁时，突触数目密度下降到成年时的水平。在人视皮质中，突触形成的高峰是在生后的第 2 个月到第 4 个月内。随后在第 8 个月到 11 周岁期间，大约有 40% 的突触被清除。新生小猫脊髓运动神经元的轴突起始段上曾有过突触，但是到了成年时，这个部位并没有观察到任何突触，这表明突触已被清除了。经深入研究发现，这些突触是在小猫出生后第 2 周内被邻近的神经胶质细胞通过吞噬作用清除。同时也观察到这种小猫脊髓运动神经元的胞体和树突上有些突触也被清除。

在胚胎小鼠脊髓内，突触形成的早期所观察到的大多数突触，都是在树突生长锥及其丝足上形成的轴-树突触。胚龄第 12 天到第 13 天的小鼠脊髓外侧边缘区（lateral marginal zone），有 65%～75% 的轴-树突触位于树突生长锥及其丝足上。到了胚龄第 16 天时，位于树突生长锥的突触数量减少了大约 30%。与此同时，位于已经分化的树突上的轴-树突触数量却增加了大约 70%。据认为，大多数的突触连接在开始时是位于树突生长锥及其丝足上，随着树突的不断生长，突触则留在了逐渐分化的树突上（图6-5）。

　　在不同的神经元之间，可根据起源和分化时间的不同，调整其形成的临时性突触连接。在神经元发生完成以前，突触的形成就开始了。因此，新生的神经元在迁移到脑皮质合适位置的途中，就能看到突触或突触正在形成。但是在某种情况下，突触的形成有可能被延搁。突触前成分和突触后成分可能要在形成突触连接之前并列好几天。例如，在小鼠小脑皮质内，星形细胞在与平行纤维发生联系之前，首先被平行纤维包绕着。但这并不表明平行纤维不能与星形细胞形成突触连接，而是因为这时候的平行纤维先要与浦肯野细胞的树突建立突触联系，从而推迟与星形细胞形成突触的时间。在小鼠嗅球中，嗅神经的轴突终末在与僧帽细胞形成突触之前，突触前成分和突触后成分常紧靠在一起，要过一段时间后才形成突触。还有研究表明，在鸡胚顶盖内视神经的轴突终末与神经元形成突触时，也有类似的延搁现象。

　　通常在树突生长锥和轴突生长锥上能观察到有突触的形成（图6-4），这提示突触形成的启动并不需要在完全成熟的结构上发生。但突触在形成的初期有可能被延搁，直到分布在突触前膜和突触后膜的某些基本成分被合成为止。正在发育的突触结构与功能之间的相互关系，显示出非特异性的突触功能建立一般优先于突触结构的发育。例如，在生后第1天或第2天的大鼠小脑内，发育还不成熟的浦肯野细胞就已经对由突触释放的几种经典的神经递质有反应。然而，到了生后的第3天，才能在这种浦肯野细胞上观察到有突触的形成。另一个例子是，鸡胚睫状神经节在胚胎第4天到第5天时，已经能进行突触信息的传递。到胚胎第7天，所有的睫状神经元都可以记录到突触后电位，但这时在电镜下却很难找到突触的结构。然而，特异性的突触功能要在突触结构建立后才能体现出来。睫状神经节内有两类的节后神经元：一类是支配脉络膜的神经元，另一类是支配睫状肌的神经元。它们分别被不同的节前纤维支配，可以在功能和形态上将它们加以区别。节前纤维是有选择性地与合适的节后神经元建立突触联系，然后影响节后神经元的特异性功能。睫状神经节内的突触形成在发育期间经历了明显的变化。在鸡胚的第4天到第7天，睫状神经节内的突触传递信息是以化学性突触进行的。到胚胎第10天，参与突触形成的轴突终末演变为萼样。在胚胎第14天，睫状神经节的所有节后神经元上都有萼样物分布。与此同时，突触传递信息逐渐转为以电性突触进行。直到生后第2天，小鸡的睫状神经节内有80%突触是电性突触。原来的轴突终末形成的萼样物在孵出小鸡的第2周消失，却演变成为一簇的突触扣结。这种形态学的变化并不影响电性突触的信息传递。

三、突触超微结构的分化

　　不同类型的动物其突触前膜和突触后膜的发育及其分化有先后顺序之分。在两栖动物脊髓，一般是先观察到突触前膜增加电子密度后，才看到突触后膜有特化结构出现。在鸡脊髓和小鼠小脑的发育期间，突触前成分的神经递质在突触前膜释放的过程中，不一定需要突触后膜特化结构的出现。在组织培养中，将Polycation涂在橡胶珠（latex bead）上，就可以诱导突触前成分的突触小泡在突触前膜处聚集成簇。与两栖动物不同，哺乳动物中枢神经系统的突触后成分的发育有时在突触前成分（轴突终末）到达之前就能看到。在电镜下，通常观察到突触后膜特化结构的发育先于突触前膜形成的特化结构。例如，在小鼠嗅球的连续切片上观察到突触后膜特化结构的发育是在突触前膜明显变厚之前，但是突触前成分始终紧靠着正在发育的突触后成分。此外，在体外进行胚胎大鼠颈上节分离细胞与脊髓联合培养时，也能观察到突触后膜特化结构的发育要早于突触前膜。当脊髓长出的神经突起到达颈上节细胞表面时，就开始了一系列的突触形成过程。首先神经突起末端的生长锥与颈上节细胞接触，使该细胞的高尔基复合体增大，将形成突触处的细胞膜增厚（即突触后膜）。随后，来自神经突起生长锥的突触前膜出现特化结构，如突触前膜致密突起和突触小泡。

电子密度高的物质位于突触前膜和突触后膜的胞质面。一般是突触后膜先出现致密物质，随后突触前膜也出现。位于树突上的突触，其突触后膜的致密物质通常比突触前膜更加明显。因此，这种突触称为不对称性突触。然而，对称性突触常出现在神经元的胞体上，它的突触前膜和突触后膜的致密物质厚度基本对称。突触前膜和突触后膜的致密物质是由无定形电子密度高的物质、线粒体、微丝和膜内颗粒等构成。突触后膜的致密物质含有大约 30 种蛋白质，如肌动蛋白、磷酸二酯酶、CaMKII、蛋白激酶 A 和蛋白激酶 C 等。在神经肌肉接头的突触后膜内的颗粒，很可能是乙酰胆碱受体。突触前膜和突触后膜的致密物质的厚度和致密性，随着突触的成熟而增加。作为突触后成分的树突棘含有多聚核糖体，尤其是大的树突棘，还含有微丝、中间丝、平滑内质网，以及肌动蛋白和微管相关蛋白 2。处于发育状态的突触可见突触前膜和突触后膜上有膜被小泡或膜被小凹，这是膜扩展和膜再循环以及从细胞外间隙摄取物质的形态学依据。

不对称性突触（多为轴-树突触）在发育过程中，曾出现过突触前膜和突触后膜的致密物质厚度相称的现象，后期才变得不对称。因为在小鼠嗅球发育的早期，树突生长锥上有许多对称性轴-树突触。但是到了后期，不对称性突触数目才多了起来。这种情况也可以在其他哺乳动物的大脑新皮质和胚胎脊髓，以及在鸡的小脑皮质观察到。不同种属动物的中枢神经系统的不同部位，突触接触带（synaptic contact zone）的长度在胚胎时期能迅速增加到成年时期的大小，并在突触成熟期间不会有明显的变化。这与周围神经系统的神经肌肉接头的情况相反，在生后的神经肌肉接头成熟期间，突触接触带仍可明显增大。

在突触前成分内，首先出现的突触小泡是圆形的和清亮的，后来有些变成了扁平的突触小泡。突触小泡是由平滑内质网以出芽的方式形成。突触小泡的数量越多，表明这个突触越成熟。因此，突触小泡的数量多少，是突触成熟的指标之一。与突触小泡有关的一些蛋白质已被提取和鉴定。可利用这些蛋白质的抗体，检测突触的形成过程和发育程度。突触体素（synaptophysin）是经典清亮突触小泡膜结构的一种 38 kDa 糖蛋白。突触体素含有 Ca^{2+} 结合位点，与突触小泡的出胞作用有关。在神经系统的发育期间，突触体素的水平与突触形成的时程有密切的相关性。突触小泡表面还有另外一些蛋白质，如突触素（synapsin）I 和 II，都属于磷蛋白。突触素 I 形成的原纤维样结构，将突触小泡集中固定在突触前膜内的细胞骨架上。当突触素 I 磷酸化时，突触素 I 即从突触小泡膜上解离，结果解除对突触小泡的束缚。突触小泡可移到突触前膜处并与之相贴，通过出胞作用把突触小泡内的神经递质释放到突触间隙中。在大鼠发育期间交叉上核内突触素的水平高低，也与突触的形成有密切关系。

四、突触连接的地域分布特异性

应用解剖学和生理学的一些技术方法，能较好地确定神经元某个部位的突触连接的特异性。在大脑皮质的锥体细胞，兴奋性突触主要分布在某些特化的突触后结构上，如树突棘。然而，抑制性突触一般只出现在树突干和胞体上。在这些锥体细胞中，胞体表面积仅占锥体细胞总表面积的 4%，而树突的表面积却占了约 96%，其中树突棘单独占了锥体细胞总面积的 43% 以上。在大脑皮质星形细胞的树突上只有一些球状膨大（bulbous dilation）结构，而没有树突棘。具有这种形态结构的树突只占星形细胞表面积的 87%。

在神经元树突和胞体上的突触前终末（轴突终末或突触前成分）一般具有地域分布特异性。例如，在纹状皮质的锥体细胞，其顶树突于（apical dendritic shaft）的 3/5 处接受来自膝纹状体传入纤维（geniculostriate afferent），锥体细胞顶树突的斜面分支和基树突接纳来自 Golgi II 型神经元发出的传入纤维。在猫视皮质神经元的不同部位上，分布着具有不同超微结构的突触前终末。视皮质锥体细胞的树突棘仅接受含有圆形突触小泡的突触前终末，这些突触小泡是含有兴奋性神经递质。哺乳动物海马 CA1 区和 CA3 区锥体细胞是观察突触连接地域分布特异性较好的部位。在海马锥体细胞的不同部位上，各种传入纤维的分布被严格分隔开来。例如，联合传入纤维和隔核传入纤维在锥体细胞基树突上形成突触，而来自篮状细胞的传入纤维在锥体细胞胞体上形成突触。隔核和篮状细胞发出的传入纤维以及联合传入纤维传导的信息可能是抑制性的，因为它们的突触前终末内含有扁平的突触小泡。一般认为，这些突触小泡含有抑制性神经递质。在锥体细胞顶树突上的传入纤维也被分隔开来。锥体细胞顶树突的顶部接受内嗅区传入纤维，并与之形成突触。有些联合传入纤维和隔核传入纤维也分布在锥体细胞顶树突的中部，而齿状回的传入纤维则分布在顶树突的底部。一般分布在锥体细胞顶树突上的突触前终末其突触小泡内都含有兴奋性神经递质。因此，这些突触前终末参与构成的突触是兴奋性突触。从上述可见，在这种锥体细胞上，既有兴奋性突触，也有抑制性突触，只是因分布在一个细胞的不同部分而异。当细胞处于功能活动期间，如果所有的兴奋性突触活动的总和超过抑制性突触活动的总和，并足以刺激该细胞的轴突起始段产生动作电位时，则锥体细胞发生兴奋；反之，则表现为抑制。

五、突触的稳定性和适应性

有关成年期哺乳动物中枢神经系统的突触是否能不断更新，现还不十分清楚。按理推测在成年期持续时间太长的一些突触，将要被清除或替换，但要想获得这方面证据却极其困难。一般是从神经肌肉接头的研究中，获取这方面的资料。现已知道，神经肌肉接头至少在形成后的几个月内是稳定不变的。

在正常情况下，中枢神经系统内存在一些在功能上不活动的突触（休眠突触）。它对突触后的神经元没有任何作用，但当中枢神经系统某些神经通路被损伤后，邻近的这些不活动的休眠突触就变得活跃起来。已有研究证实，脊髓内有这样的潜在神经联系通路存在。在躯体感觉皮质区、三叉神经核复合体和背柱核内，都有休眠突触存在。现在还不清楚这些在功能上处于休眠的突触是如何形成的。据认为可能是由于慢性抑制和超敏引起突触后的神经元处于休眠状态；或者是由于突触附近的神经胶质细胞突起收缩，使得细胞外 K^+ 水平局部增高，导致突触后的神经元处于休眠状态。因为在损伤大脑皮质一些投射纤维后，发出这些投射纤维的神经元胞体周围可见到星形胶质细胞发生收缩。

突触前终末可与出现染色质溶解的突触后神经元分离，但当突触后神经元恢复正常时，突触前终末又可重新支配它们。例如，舌下神经元的轴突被切断后，其树突和胞体上的突触前终末则会发生分离，这是由于受损伤的神经元树突和胞体出现收缩的结果。此时，邻近的神经胶质细胞伸出突起将突触前终末与突触后神经元明显隔开，可见神经胶质细胞的突起长入宽阔的突触间隙内。当受损伤的神经元的轴突再生并与靶细胞重新建立联系后，其树突和胞体上又可以恢复突触前终末的支配，建立原有的突触联系。这是在成年哺乳动物中枢神经系统中突触成功重建的一个例子。一般情况下，在发生染色质溶解的神经元附近，总能看到星形胶质细胞出现反应以及小胶质细胞发生增殖。但在正常的神经元周围，是很难观察到神经胶质细胞有任何不正常的反应。因此在这种条件下，难以借助神经胶质细胞做出的变化来提示有突触的分离和重建过程。即使有突触的更新，也一定是非常缓慢的过程，因而可能不会引起神经胶质细胞的明显反应。目前，在健康的成年哺乳动物的脑内，还没有十分令人信服的证据表明什么时间曾有突触的减少或恢复性增加。

六、视觉刺激和视觉剥夺对突触形成的影响

有研究表明，在感觉运动"丰富"的群居条件下饲养的猫视皮质中，可见含有扁平突触小泡的对称性突触数目密度要比在感觉运动"贫乏"的独居环境下饲养的猫视皮质的多 2 倍。由于视皮质内具有扁平突触小泡的大多数对称性突触是含 GABA 的抑制性突触，而且，视皮质神经元的许多突触后膜含有 GABA 受体，所以进行这方面的研究特别有意义。

大多数有关感觉传入纤维的作用的研究都是在发育的视觉系统中进行的。原因是视觉刺激的数量和质量可以被准确控制，而且视觉系统的结构已被充分地了解，以至允许对任何一种传入纤维的作用进行正确的定位。最重要的是视觉系统中，许多类型的神经元及其突触在结构和功能之间的关系已被明确建立。虽然猫和大鼠视网膜的视细胞外节仅在生后第 5 天才变得明显易见，但是视网膜的突触已经在出生前就形成了。也就是说，视网膜的突触可以在没有视觉刺激的情况下形成。一些研究也显示，大鼠从生后第 1 天到第 3 年，一直放在黑暗中饲养，结果视网膜内各类型神经元及其突触照常发育。缝合眼睑 12～18 个月之久的大鼠，视网膜的节细胞发育仍然正常。出生后就饲养在黑暗中的大鼠或在缝合眼睑条件下饲养的大鼠，视网膜唯一的变化是内网层的无长突细胞与双极细胞形成的突触数量，以及无长突细胞与节细胞形成的突触数量都有增加。然而，连续光照刺激则会损伤大鼠视网膜的光感受器，并引起视网膜的退行性变化。视觉

刺激和视觉剥夺对视皮质的突触形成的影响与视网膜不同。从小猫打开眼后就马上缝合其双眼睑直到第 45 天，结果发现视皮质的突触数目减少 30％。这种形式的视觉剥夺导致视皮质的第 3 层和第 4 层的厚度变薄，其中的锥体细胞树突棘数目减少。另外在黑暗中饲养的猫视皮质第 4 层星形细胞的树突与正常猫比较显得短而分支少。

　　虽然有许多证据表明，神经元的活动在稳定和清除突触方面起重要作用，但是对早期突触形成的影响还不肯定。在体外培养中，应用药理学方法阻碍动作电位传导或阻断突触信息传递后，虽然运动神经元的活动受到了干扰，但仍可见运动神经元的轴突终末与骨骼肌细胞形成突触。此外，在鸡胚体内注射阻碍乙酰胆碱释放或摄取的试剂，如箭毒、肉毒杆菌毒素、密胆碱和 α 金环蛇毒素，虽然肌肉出现严重萎缩，但是神经肌肉接头照常形成。与上述不同的研究结果是，应用河豚毒素阻断动作电位后，导致视网膜膝状体突触（retinogeniculate synapses）发育失败。用氯胺酮-甲苯噻嗪麻醉阻断神经元的电活动后，导致小猫的眼优势皮质柱发育异常。

（曾园山　李海标　撰）

第二节　突触的形成和发育

一、概　　述

　　突触是神经细胞与其靶细胞相互通讯的位点。其形成是脑发育和功能的基础，被认为是学习和记忆的核心。本质上突触是一种不对称的细胞间连接，由突触前、突触后及突触间隙组成。其形成需要发放神经递质的突触前部与接受信号的突触后细胞的协同作用。神经干细胞或神经前体细胞分化后会迁移到一定部位，神经细胞继续分化，形成具有形态和功能极性的细胞。从形态上分，神经细胞分为 4 个部分：轴突、末梢、胞体和树突。所有的部分都可以形成突触前部和突触后部。以轴突-树突型，轴突-胞体型，轴突-轴突型最为常见，而树突-树突型，胞体-胞体型较为罕见。一般来讲，神经细胞的轴突是信息传出端，而树突和胞体是信息传入端。神经轴突生长锥在到达靶细胞之前需要沿特定的路线走一段路，到达靶细胞，与靶细胞形成接触，进而发生突触性分化。不同生长锥在同一位置会选择不同的方向。人脑有 10^{11} 个神经元，每个神经元有数以千计的突触。如此多的选择，最终形成如此多的突触，在这么复杂的过程中还得保证不能出现差错。这个过程显然不是一蹴而就，轴突的生长锥是逐渐伸长的，到达靶组织后受引物分子吸引找到靶细胞，神经元的活动调节这些初始的接点最终形成突触。关于轴突导向，将在其他章节进行介绍，本章主要介绍突触形成的过程。

　　突触前分化一般发生于神经细胞的轴突，含有与神经递质释放有关的活性带（active zone），而突触后的靶细胞含有各种受体，离子通道及相关蛋白质，保证突触前的递质信号向下传递。突触可以在神经细胞之间形成也可以在神经细胞和外周组织（如肌肉和腺体）之间形成（图 7-2）。首先，神经轴突特异导向其靶细胞，生长锥碰到靶细胞后停止生长，分化而形成突触前膜，靶细胞与突触前膜相对应的细胞膜发生分化形成突触后膜。分泌性信号分子及其受体，细胞外基质成分，细胞间黏附分子以及神经活动等参与了这个过程。从神经传递的类型来分类，有电突触和化学突触。本章主要介绍化学突触的形成过程及其机制。突触形成后不是一成不变的，其结构和功能均受到各种因素的调节，称为可塑性。这部分内容，在其他章节描述，本章不做重点介绍。

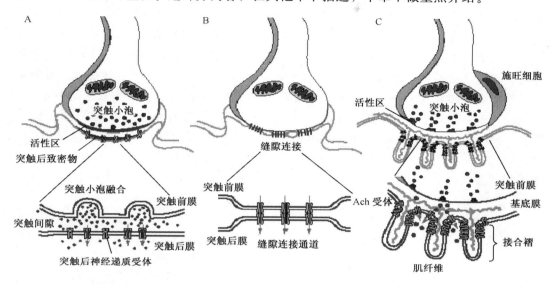

图 7-2 神经元之间突触和神经肌接头的比较（引自 Cohen-Cory 2003）
A. 神经元之间的化学突触；B. 电突触；C. 神经肌接头

二、神经肌肉接头

在运动神经元和骨骼肌细胞间形成的突触称为神经肌肉接头（neuromuscular junction，NMJ）。神经肌接头是研究突触形成的一个极好的模型。第一，它的结构相对简单；第二，神经肌接头远远大于神经细胞之间形成的突触，较容易研究其发育和再生；第三，细胞培养条件下，可以形成运动神经元和肌肉之间的突触；第四，突触蛋白极为丰富的电鱼电器官为突触成分的研究提供了方便。正因为如此，我们对神经肌接头形成的机制已经有了相当的认识。事实上，目前为止关于突触形成的大部分知识也是从神经肌肉接头获得的。

运动神经元的轴突与分化中的肌肉细胞接触后，神经和肌肉间相互进行信号交换，突触前膜和突触后膜逐渐高度分化。肌肉细胞分化和突触形成几乎是同时发生的。同时，处于发育中的运动神经元和肌细胞接触之后十几分钟至半小时之内就可以形成功能性突触，在此后的数周内，神经末梢会被包埋起来，经过突触接点的退缩和剪辑，乙酰胆碱释放效率的增加和突触后膜的修饰等过程，神经肌接头逐渐成熟。

（一）神经肌接头的结构

脱去髓鞘的神经肌接头的结构延伸至一个类似隙坑的膜凹陷的底部，相应的肌细胞膜形成一些与膜表面垂直的皱褶，称接头后皱褶。AchR 聚集在接头后皱褶的顶部，有些蛋白质（如钠离子通道）富集在皱褶的底部。突触后膜上产生这种蛋白质的三维分布的机制至今还不十分清楚。显然，AchR 在突触后膜上高密度的聚集对神经肌接头的信号传递功能有重要的意义，保证诱发足够大的突触电位，产生肌纤维的动作电位和肌肉收缩。与突触后膜对应的突触前膜在结构上也高度分化。突触囊泡在这里密度很高，而且往往聚集在所谓的活性区（active zone）的附近。活性区是突触囊泡融合释放 Ach 的部位。活性区并不是连成一片的，而是分成一些小块，每块与接头后皱褶的顶部相对应。动作电位传导到神经末梢，钙离子内流，突触囊泡在终极活性区与细胞膜融合，释放 Ach。Ach 在突触间隙扩散，在几个微秒内就可以与聚集在附近的皱褶脊上的 AchR 结合。成熟的骨骼肌细胞突触所占的面积不到肌纤维表面积的 0.1%。神经递质的受体（也就是 Ach 受体）高密度地聚集在这个极小区域内的肌肉细胞膜上。一般认为，Ach 受体和其他参与或调节突触传递功能的蛋白质在突触部位的聚集是诱导突触形成的标志。

（二）突触基底层的突触分化信号

突触基底层存在促进突触分化的信号，促进突触前膜和突触后膜的分化。20 世纪 70 年代中期，McMahan 等做了一个很有趣的实验，冷冻损伤蛙神经肌接头附近的肌肉，受伤导致轴突的萎缩和肌纤维的坏死，基底层成了一个空壳，但是用 AchE 染色的方法，仍可以找到原来的神经肌接头对应的基底层。肌肉损伤后，基底层内的卫星细胞逐渐演变成肌肉细胞，分化成肌肉细胞填充坏死肌肉留下的空隙，有意思的是，即使在没有神经轴突存在的条件下，再生肌肉细胞竟在原来的神经肌接头部位合成表达 AchR，形成后膜的皱褶。这个现象说明，基底层含有促突触后膜形成以及分化的信号。McMahan 等还发现，如果阻止肌肉再生的话，运动神经轴突仍可以延伸到原来的后膜皱褶处形成前膜活性区域，说明基底层里有引导突触前分化的信号。McMahan 和 Fischbach 等用培养的肌细胞检测 AchR 的积聚（或数量增加）找到几个引起突触后膜分化的蛋白质，一个是 Agrin，另一个是 ARIA。下面我们将分别讨论这两个蛋白质的作用机制。

1. Agrin 诱导突触后膜的分化

电鱼电器官是一个类似骨骼肌肉的组织，神经支配极为丰富。很早就发现，电鱼电器官的细胞外基质里有刺激培养的肌细胞 AchR 聚集的活性，这个活性类似于基底层诱导神经肌接头发育的信号。McMahan 等给这个活性取名为 Agrin。人们发现纯化的 Agrin 使培养的肌细胞 AchR 聚集，这个作用有很好的量效关系。用 Agrin 抗体在运动神经元细胞检测到免疫活性物质，对突触后膜 AchR 的聚集起重要作用的突触基底层也有 Agrin 抗体识别的免疫反应物质，这些物质在神经肌接头的细胞成分退变后数周仍然存在于突触基底层中，说明神经源性 Agrin 很可能就是突触基底层诱导突触后膜分化的信号。这些发现使 McMahan 等提出了所谓的"Agrin 假说"，即 Agrin 来自于运动神经元，可以与突触基底层结合而固定在突触间隙，Agrin 与肌肉细胞的受体结合后诱导突触后膜的分化。

（1）Agrin 结构和结合位点

Agrin 的分子质量约 225kDa，由许多与已知的基底层蛋白质同源的结构域组成。它有多个富含半胱氨酸的 follistatin 样结构域，一个层粘连蛋白 B 样结构域和 C 端的多个 EGF 样结构域及层粘连蛋白 G 样结构域，它还有几个糖基联结部位。Agrin 与基底层的结合主要是因为它可以结合至层粘连蛋白上，包括肌细胞基底层存在层粘连蛋白-2 和层粘连蛋白-4。Agrin 与层粘连蛋白的结合以及突触前的局部释放可能是诱导突触后结构局部分化的主要原因。C 端的 4 个 EGF 样结构域和 3 个层粘连蛋白 G 样结构域是产生 AchR 聚集活性所必需的也是充分的部位。Agrin mRNA 在几个部位有可变剪切的现象，其中的两个部位剪切对 AchR 聚集活性影响很大。这两个部位位于 C 端，在鸡分别称为 A 和 B，在鼠称为 Y 和 Z；两个部位含有插入片段的 Agrin 活性在 pM 水平就可以检测到，缺失插入片段时则几乎没有 AchR 聚集活性。B/Z 部位的剪切对 Agrin 功能的影响比 A/Y 部位显得更重要。Agrin C 端片段如果含有 2 个 EGF 样功能域，2 个层粘连蛋白 G 样功能域，B/Z 插入片段（约 40kDa），AchR 聚集活性与全长相当。如果仅仅含有一个 EGF 样功能域，一个层粘连蛋白 G 样功能域和 B/Z 插入片段（约 21kDa），活性降低 200 倍以上。不同组织表达的 Agrin 的剪切特征是不一样的。只有神经元（包括运动神经元）表达 B/Z 部位含有插入片段的 Agrin，外周组织（如肌肉）在 B/Z 部位不含有插入片段。这就解释了为什么骨骼肌等外周组织虽然可以表达 Agrin，但不能产生 AchR 聚集，而只有神经源性 Agrin 有这样的作用。Sanes 和 Melie 等将小鼠神经源性 Agrin 的基因敲除，发现神经肌接头发育异常，肌细胞表面仅仅有很小的 AchR 聚集，类似于所谓的"自发性聚集"，同时发现突触前分化受阻。这些整体的研究结果说明，Agrin 的确在神经肌接头形成过程中起十分重要的作用。

（2）Agrin 受体和信号转导道路

Agrin 引起 AchR 聚集的机制尚不清楚。Agrin 刺激 15min 出现 AchR 的酪氨酸磷酸化，3h 左右出现 AchR 聚集，因此在 AchR 磷酸化增加到聚集发生之间有许多信号转导的步骤。Agrin 与"受体"结合激活第二信使，使 AchR 聚集。Fallen 等用生化的方法从电鱼电器官里寻找 Agrin 的受体，首次发现 Agrin 可以与电鱼 α-dystroglycan 结合，几乎与此同时，另外的实验室也发现其他种属动物的 α-dystroglycan 与 Agrin 结合。α-dystroglycan 是一个膜外周边蛋白，它可以与 β-dystroglycan 形成复合物，后者是一个跨膜蛋白，其细胞内部分与抗肌萎缩蛋白（dystrophin）或 utrophin 相作用。由于 Agrin 可以与 α-dystroglycan 结合，抗 dystroglycan 的抗体对 AchR 聚集又有一定的抑制作用，一时间许多人认为 α-dystroglycan 是 Agrin 的受体，参与诱导突触后分化过程。但是很快发现，α-dystroglycan 并不符合 Agrin 信号受体的条件，α-dystroglycan 既结合神经源性 Agrin，又结合肌细胞 Agrin，而且亲和力无差异，但是，肌细胞 Agrin 既不能刺激又不能阻断神经源性 Agrin 引起的 AchR 聚集；一些可以产生 AchR 聚集或 AchR β 亚基磷酸化的 Agrin 片段并不与 dystroglycan 结合；抗肌萎缩蛋白和 utrophin

基因缺失鼠肌肉的 dystroglycan 含量减少，但 AchR 聚集是正常的。这些实验结果使人怀疑 dystroglycan 究竟是不是 Agrin 受体。现在看来，dystroglycan 是突触后结构形成所必需的结构成分，并不是 Agrin 受体。dystroglycan 基因缺失的小鼠的基底膜形成发生障碍，说明 dystroglycan 可能影响突触基底层的构建。因为 dystroglycan 可以与细胞外基质的层粘连蛋白结合，有人认为它是层粘连蛋白的受体，对 Agrin 引起的 AchR 聚集有稳定的作用。

　　Burden 等假设电鱼电器官里所富含的酪氨酸激酶参与突触的分化，因此他们由电器官里用 PCR 扩增的方法找到一个受体酪氨酸激酶。其细胞外部分与许多的受体和黏性蛋白一样含有 4 个免疫球蛋白的功能域，胞内部分含有激酶结构域，与神经营养因子受体有同源性。Yancopoulos 等后来克隆到啮齿类同源基因，称之为 MuSK。MuSK 基因缺失小鼠的表型与 Agrin 基因缺失小鼠大致相同，即神经肌接头异常，说明 MuSK 很可能是 Agrin 受体复合物的成分。这些基因缺失鼠肌细胞分化虽然大体正常，但出生后不会动，没有自主呼吸，不久便会死亡。MuSK 基因缺失鼠肌细胞丧失几乎所有突触后分化的特征。AchR、AchE、Rapsyn 和 ARIA 受体等蛋白质不再聚集在神经肌肉接头，而是均匀地分布在 MuSK 基因缺失鼠肌细胞表面。在正常小鼠，AchR 基因在突触细胞核的转录远远高于突触外细胞核，但在 MuSK 或 Agrin 基因缺失鼠突触细胞核与突触外细胞核的 AchR 基因转录几乎完全一样。

　　以下证据提示 MuSK 是 Agrin 受体复合体的主要组成部分。①与正常肌肉细胞不同，Agrin 不能引起 MuSK 基因缺失的肌肉细胞发生 AchR 聚集；②表达显性负 MuSK 突变蛋白的肌肉细胞也不能在 Agrin 的诱导下形成 AchR 聚集；③MuSK 细胞外功能域的重组蛋白质片段对 Agrin 引起的 AchR 聚集有抑制作用；④Agrin 刺激后，MuSK 很快出现自身酪氨酸磷酸化；⑤用化学的方法，可以使 Agrin 与细胞膜上 MuSK 发生交联。但是，用配体结合和免疫沉淀等生化方法都无法证明 Agrin 与 MuSK 之间存在直接的作用，显然 MuSK 不是 Agrin 的直接受体。MuSK 如果表达在非肌细胞的其他细胞上的话，就不能被 Agrin 激活，说明产生 Agrin 信号转导所必需的其他活性成分（可能包括 Agrin 受体）是肌细胞所特有的。这些活性成分可能是一个共受体（co-receptor）、共配体（co-ligand）或蛋白质翻译后修饰。MuSK 的酪氨酸激酶活性虽然是 Agrin 诱导 AchR 聚集所必需的，但仅仅激活 MuSK 激酶并不足以使 AchR 聚集。MuSK 下游可能有另一个酪氨酸激酶在起作用。有人认为 Src 家族的酪氨酸激酶（如 Src 和 Fyn）是 MuSK 下游的激酶，但 Src 和 Fyn 敲除鼠的神经肌接头发育和 AchR 聚集完全正常。最近有报道，Abl 蛋白激酶与 MuSK 结合，参与 Agrin/MuSK 信号转导。显然，要进一步搞清楚 Agrin 信号转导道路，必须明确 MuSK 的底物是什么，这应该是今后神经肌接头研究的热点。Sanes 和 Burden 的两个实验室发现在 MuSK 胞内区的近膜端存在一个 NPXY 位点，该位点酪氨酸的磷酸化对 MuSK 的信号转导至关重要。Burden 甚至证明，含有该位点的近膜端的 13 个氨基酸肽段与其他受体的激酶结构域形成的融合蛋白可以一定程度地挽救 MuSK 基因敲除导致的神经肌肉接头异常。

　　我们用酵母双杂交系统筛选和 MuSK 相互作用的蛋白质，结果发现 dishevelled 和 Geranylgeranyltransferase I（GGT）与 MuSK 具有相互作用。有意思的是，dishevelled 是 Wnt 信号通路下游的关键分子，GGT 与包括小 G 蛋白在内的多种信号分子的酯化修

饰以及膜定位有关，膜定位是这些蛋白质活化必需的步骤。我们进而发现，这个以
MuSK 为中心的信号复合物对 Rho 家族的小 G 蛋白和其下游分子 PAK 激酶的活化起调
节作用，后者可能通过调节细胞骨架从而介导 AchR 在肌肉细胞的聚集。除 dishevelled
以外，最近王佐忠实验室发现 Wnt 信号通路下游的另外一个分子 APC（adenomatous
polyposis coli）和 AchR 的 β 亚基具有直接的相互作用。与 dishevelled 一样，APC 也定
位在神经肌肉接头。而且，神经源性 Agrin 可以促进 APC 与 AchR 的结合。他们发现，
APC 的显性负突变体可以抑制 Agrin 诱导的 AchR 聚集。这些结果提示，Wnt 信号和
Agrin 信号在脊椎动物神经肌肉接头发育过程中可能存在交互作用。在生理条件下和神
经肌肉接头发育过程中，Wnt 及其信号分子如何起作用，尚需大量的工作进行分析。

严格地说，*Agrin* 和 *MuSK* 基因缺失鼠的表型是可以区别开来的。*MuSK* 基因缺
失鼠的骨骼肌表面看不到 AchR 聚集，但在 *Agrin* 基因缺失鼠有时可以观察到 AchR 聚
集，不仅如此，还可见一些运动轴突终止在这些 AchR 聚集部位。这些结果说明，除
Agrin 之外可能还有一个信号促进突触后膜分化，这个信号与 Agrin 无关，因此在
Agrin 基因缺失鼠肌肉上仍可以见到 AchR 聚集，但这个信号的作用可能依赖于
MuSK，因此，在 *MuSK* 基因缺失鼠肌肉上就观察不到突触后膜分化的现象了。Lee
KF 和 Burden 两个研究组的最近工作表明，在胚胎期 E14.5 天左右的小鼠运动终板存
在不依赖于运动神经的 AchR 在肌肉的聚集，称为 "prepattern"，基因敲除神经源性
Agrin 甚至用基因操作手段完全去除运动神经，均对这种 "prepattern" 没有影响，但
是基因敲除 *MuSK* 和 *Rapsyn* 却使小鼠完全失去 "prepattern"，说明肌肉细胞及其表达
的 MuSK 在突触形成起始阶段起至关重要的作用，Agrin 可能与后继的突触稳定有关。

（3）Agrin 和 MuSK 对突触前分化的作用

虽然 *Agrin* 和 *MuSK* 基因缺失鼠的运动神经轴突向肌细胞的投射延伸是正常的，
但神经末梢不正常，肌肉里的神经分支定位、分化异常，运动轴突在肌细胞表面无目标
地生长延伸。这些结果说明 *Agrin* 和 *MuSK* 基因缺乏鼠的运动轴突得不到生长分化的
终止信号。因为 *MuSK* 只表达在肌细胞表面，在运动神经元不表达，所以 *MuSK* 基因
缺失鼠的突触前分化异常可能是 Agrin/MuSK 信号转导异常造成的。Agrin 由运动神经
末梢释放后，通过激活 MuSK 酪氨酸激酶，使肌肉细胞释放一个反馈信号，运动神经
末梢接到反馈信号之后就停止生长，开始突触前分化。还有一种可能是肌细胞向运动神
经元提供的反馈信号有赖于神经肌肉的电活性，*MuSK* 基因缺失鼠的神经肌接头是没
有突触活性的，使肌细胞对运动神经元的反馈信号不能得以传递，使神经突触生长紊
乱。这种信号的本质是什么现在尚不清楚。

2. Rapsyn

神经肌肉接头的另外一个重要蛋白质是 Rapsyn，即突触变体相关蛋白（receptor
associated protein at synapses），由于其分子质量为 43kDa，习惯上称之为 43K 蛋白。
Rapsyn 最早是在电鱼电器官的突触后膜制备物里被发现的。Rapsyn 在突触后膜的含量
很高，与 AchR 的分子比例几乎是 1∶1。在光镜下，Rapsyn 在电器官和神经肌接头的
分布和 AchR 完全一样。Rapsyn 经过化学交联可以与 AchR β 亚基结合在一起。

Rapsyn 在电鱼电器官直接位于 AchR 离子通道的下方。虽然如此，至今尚未有体外生化实验证明 AchR 与 Rapsyn 的直接作用。

Rapsyn 由 412 氨基酸残基组成，含有几个特殊的功能域或结构，如 N 端的肉豆蔻酰化（myristolation）位点、8 个 TPR 结构域、螺旋-螺旋结构域（coiled-coil）、锌指结构（zinc finger）。定位突变和片段缺陷研究发现 Rapsyn 在体内的确是被肉豆蔻酰化。AchR 在鹌鹑成纤维细胞不形成自发的聚集。转染 Rapsyn 后，AchR 形成大小不一的聚集块，有的直径达 $10\mu m$。用鹌鹑成纤维细胞和生化分析的方法对 Rapsyn 不同结构域的功能进行了分析，结果显示如果突变 N 端的肉豆蔻酰化位点，Rapsyn 不能引起 AchR 聚集；TPR 结构域介导 Rapsyn 的自聚集，但不足以引起 AchR 的聚集；Rapsyn 与 AchR 相互作用的部位可能在其中段，螺旋-螺旋结构域。在生理条件下这些结构域的作用尚不清楚。*Rapsyn* 基因缺失小鼠出生时看似正常，但小鼠不能站立，呼吸微弱，出生后数小时死亡。显微镜下观察，在变异鼠肌纤维上找不到聚集的 AchR 和细胞骨架蛋白，进一步证明 Rapsyn 是形成突触后细胞骨架所必需的。有趣的是，肌细胞分泌的基底膜成分仍然聚集在变异小鼠肌肉的"突触"（即肌肉中段）部位，说明存在 Rapsyn 不依赖的突触分化。同时也注意到，AchR 的聚集受细胞内机制调节，其中 Rapsyn 起很主要的作用，而基底膜成分（包括 AchE 和 *S*-层粘连蛋白）则是聚集在肌细胞外，不受 Rapsyn 调节。AchE 是位于突触间隙的乙酰胆碱酯酶，使乙酰胆碱发挥作用后迅速水解，从而维持正常的突触传递。肌细胞内、外的这两种聚集机制是否受相同的突触前信号（如 Agrin）调节尚不清楚。*Rapsyn* 基因缺失小鼠肌细胞仍然存在所谓的突触特异基因转录现象，提示诱导 *AchR* 基因转录的因子（如 ARIA）的作用不受 Rapsyn 影响。Rapsyn 聚集活性的机制尚不清楚。Rapsyn 与 MuSK 在鹌鹑成纤维细胞共同表达时，MuSK 也出现聚集现象，而且 MuSK 的自身磷酸化也增加，说明 Rapsyn 可以直接或间接地与 MuSK 结合。Sanes 和 Yancopoulos 等发现，在 *Rapsyn* 基因缺失小鼠的"突触"部位，不仅存在上面谈到的基底膜成分，而且还聚集有 MuSK，说明 MuSK 的聚集在先，Rapsyn 的聚集在后。在 MuSK 形成基本框架后，Rapsyn 使其他突触后成分聚集。突触特异性转录在 *Rapsyn* 基因缺失小鼠仍然存在，但在 *MuSK* 基因缺失小鼠却观察不到。除了与由 MuSK 形成的基本框架相互作用并使其他突触蛋白聚集的作用之外，Rapsyn 还参与信号转导，在 MuSK 引起的 AchR 磷酸化中起重要的作用。Rapsyn 可能使其他的酪氨酸激酶（如 src）聚集，后者使 AchR 磷酸化。Rapsyn 的第 3 个功能是与 AchR 结合并使其聚集。这种结合可以在非肌肉细胞里发生，而且不依赖于 MuSK 激酶，它也许是突触形成的早期步骤之一。这些结果说明 Rapsyn 不仅仅是一个结构蛋白，而且也是个"信号转导"蛋白，而 MuSK 的功能也不仅限于酪氨酸激酶所产生的信号转导，它形成的蛋白质复合物框架在突触形成早期可能起着重要的作用。

最近，人们发现有些先天肌无力的患者在 *Rapsyn* 基因的突变，伴随发生突触部位 AchR 的逐渐缺失。另外，在 AchR 抗体阴性的重症肌无力患者中，30％的患者存在抗 MuSK 的抗体。这些结果提示，与神经肌肉接头形成有关的蛋白质的功能异常与临床疾病的发生可能有关。

3. AchR 在突触局部的合成

　　肌细胞分化时多个细胞融合成多个细胞核的肌纤维。有意思的是 AchR 等突触特异蛋白质的基因在分化的肌细胞核表达并不是一致的，突触后膜下的细胞核的基因转录活性高，远离突触的细胞核转录活性低，即所谓的突触特异性的基因转录。突触特异性的基因转录是 AchR 等突触特异性蛋白质在突触后膜聚集的另一个重要机制。

　　（1）突触特异性转录

　　神经肌接头的突触后膜下的细胞核形态与突触以外的细胞核似乎不一样，存在聚集的现象。突触后膜占细胞总面积的 0.1% 左右，肌细胞的 500~1000 个细胞核里只有约 20 个是所谓的突触细胞核。Changeux 因此提出一个假说，认为突触细胞核所合成的蛋白质不同于突触外细胞核。*AchR* 基因的克隆为验证这个假说提供了工具。Merlie 和 Sanes 在 1985 年做了一个十分简单但又很说明问题的实验，他们利用鼠膈肌很薄而且神经肌接头集中分布在肌纤维中段的特点，收集了富含神经肌接头的部分，发现这部分的 AchR mRNA 比不含神经肌接头的高许多，而在这两个部分的细胞核数没有显著的差异（虽然细胞核有突触后膜下的聚集现象）。Changeux 等后来用原位杂交方法证实，AchR mRNA 的确是分布在突触下细胞核的周围，在突触外细胞核周围很少或不存在。产生突触下 AchR mRNA 高浓度的可能原因有以下几个：①突触细胞核特异性地转录包括 AchR 在内的突触特异蛋白质的基因；②mRNA 合成后被转运到突触后膜下；③突触后膜下 mRNA 比突触外 mRNA 更稳定。在突触下与突触外之间并不存在一个 AchR mRNA 的浓度梯度，不支持 mRNA 转运到突触下的可能性。许多非突触特异蛋白质（如肌动蛋白和钠钾 ATP 酶）mRNA 均匀地分布在肌纤维里，不存在突触下与突触外之间的差异，这又不支持突触后膜下 mRNA 更稳定的说法。Changeux、Merlie 和 Burden 等实验室用 AchR 不同亚基基因的 5'UTR 去驱动报道基因的表达，发现报道基因的 mRNA 和蛋白质在突触下的浓度远远高于突触外的，从而证明突触下细胞核具有特异性地转录突触特异蛋白质基因的能力。突触下 AchR mRNA 聚集的另一个可能的原因是 mRNA 在肌纤维里的扩散是受限的，这可能是肌纤维的一个特点，也有人认为 AchR 亚基 mRNA 上携有限制其扩散的信号，协助维持在突触下的高浓度聚集。因此，使 AchR 亚基 mRNA 在突触后膜下区域化的遗传信号不仅仅来自于转录的调节区，也可能来自于转录的 mRNA 本身。

　　（2）AchR 亚基基因表达的调控

　　AchR 在成肌肉细胞表达很低，但在成肌肉细胞分化成肌细胞后表达增加。在突触形成的过程中，不仅仅突触后膜 AchR 增加，而且突触外的 AchR 含量逐渐降低。因为 AchR 的代谢率变化不大，突触外受体消失的原因是由于生物合成的抑制。以上两种现象和突触特异性的基因转录分别受不同的机制控制，如肌细胞生成因子（myogenic factor）调节由成肌肉细胞至肌细胞的分化过程；在突触形成之后，肌细胞的电活动抑制 AchR 合成；来自神经的因子诱导并调节突触特异性的基因转录。3 种调节机制相互影响，使得 *AchR* 基因表达的调控很复杂。

（3）肌细胞生成因子对 AchR 亚基基因表达的调控

至少有 4 个肌细胞生成因子研究得比较清楚：MyoD、myogenin、myf 5 和 MRF 4/myf 6。它们都是螺旋-环-螺旋（HLH）家族成员，结合至增强子的共有序列 CANNTG（又称 E-box）上。在功能上，肌细胞生成因子的高效表达可以使成纤维细胞转变成肌肉细胞。在结构上，它们都含有 2 个功能域，一个是碱性同源区与 DNA 结合；另一个是 HLH 同源区，与其他 HLH 家族蛋白质形成二聚体。肌细胞生成因子仅仅表达在骨骼肌细胞，调节许多肌细胞特异基因的表达，如肌酸激酶基因和肌动蛋白轻链基因等。AchR 亚基基因在 $5'$ UTR 都含有 E-box，但数目不一。肌细胞生成因子对 AchR 亚基基因的表达有正调节作用，MyoD 和 myogenin 可以增加 AchR α 亚基基因在非肌肉细胞的表达；重组 MyoD 蛋白可以与 AchRα 亚基基因 E-box 结合；如果把 E-box 突变，不仅与 MyoD 蛋白的亲和力降低，AchRα 亚基基因表达量也减少。其他亚基的表达也受肌细胞生成因子的调节。

（4）肌肉电活动对 AchR 亚基基因的调节

AchR 在发育过程中不仅逐渐在突触后膜聚集，而且逐渐从突触外区域消失，后者主要是由肌肉细胞的电活动介导。发育早期用神经肌接头阻断剂进行处理可以使肌肉细胞电活动长期受到抑制，同时防止突触外 AchR 合成的抑制现象的发生。成年肌肉去神经后失去电活动，突触外 AchR 重新出现，并覆盖至整个肌纤维表面（即所谓的超敏现象）。直接电刺激去神经的肌肉又使突触外 AchR 的合成重新受到抑制。因此，肌细胞电活动对发育中 AchR 在突触外表达的抑制和在成年肌细胞这种抑制状态的维持中起重要的作用。突触外 AchR 合成的抑制是因为转录的 mRNA 的降低。肌肉去神经之后 AchR 各亚基 mRNA 含量增加，但增加的幅度因亚基不同而异，如 β 亚基只增加 5 倍左右，α 亚基却可增加 10 倍或 100 倍。ε 亚基比较特殊，基本上不受去神经的影响。就一块肌肉而言，去神经后 AchR 增加并不是均匀的，而是集中在肌纤维中段 1/3 的部分。前面已谈到，肌肉电活动的变化是去神经调节 AchR 亚基基因表达的主要原因，但是可能还有其他的机制参与调节。用钠通道阻断剂河豚毒素（TTX）阻断神经的动作电位也可以使肌肉丧失电活动，但是由 TTX 引起的 γ 亚基 mRNA 增加却比去神经导致的增加要小得多。是否 ARIA（见下页）在这里起作用目前尚不清楚，因为 ARIA 由突触前释放后在突触间隙的细胞外基质中存积，去神经数周后并不减少，因此 ARIA 参与去神经对 AchR 亚基基因表达的调节的可能性比较小。

离体成肌母细胞分化为肌肉细胞后，出现自发的电活动，有时可以在显微镜下观察到肌细胞的收缩现象。人们用这种肌肉细胞研究了电活动对 AchR 亚基基因表达的影响。如果用 TTX 阻断肌细胞的电活动，AchR 蛋白的表达增加。用电刺激这些细胞则 AchR 合成减少，钠通道激动剂模拟电刺激也使 AchR 合成降低。产生 AchR 蛋白变化的原因主要是由于基因表达变化所致，mRNA 发生相应的变化。离体细胞培养虽然是研究电活动对 AchR 基因表达影响的较好模型，但在这里，"去神经"仅仅只是单纯影响肌细胞电位变化，因此并不能替代在体的研究。离体细胞经 TTX 阻断电活动后也不能产生真正去神经所导致的 AchR mRNA 增加幅度。不仅如此，不同亚基基因对离体肌细胞电活动被抑制的反应不一。例如，在鸡肌细胞中 α 亚基对 TTX 处理的反应较敏感，γ 亚基和 δ 亚基变化不大，而在小鼠肌细胞 TTX 又可以使 γ 亚基 mRNA 增加。这些结果说明在去神经对 AchR 亚基基因表达的调节过程中，除单纯的电活动之外还有其他的机制存在，单纯肌细胞培养可能不是研究这些机制的好方法。调节肌细胞分化的肌细胞生成因子参与电活动对 AchR 亚基基因表达的调节，它们的基因表达本身也受肌肉电活动调节。钙离子在电活动调节 AchR 合成过程中起重要的作用。在有神经支配的肌肉，经 AchR 通道而内流的钙，约占突触电流的 2%。肌肉去神经后，钙离子只能经过电压敏感的通道内流，也有一部分来自细胞内。在鸡肌细胞，钙离子浓度增加和（或）通过磷酸酶 C 激活使 DAG 增加，激活 PKC，后者通过使肌细胞生成因子磷酸化降低其基因转录活性，*AchR* 基因表达减少。

4. ARIA

ARIA 是 AchR 诱导因子的简称。它是运动神经释放调节肌细胞 AchR 合成的蛋白质因子。Fischbach 等在 20 世纪 70 年代早期把鸡脊髓组织块与肌细胞共培养，发现靠近组织块的肌细胞对 AchR 更敏感，[125]I 标记的银环蛇毒素结合位点增多，他们认为产生这种现象的原因是脊髓释放一个可以扩散的因子作用于肌肉所致。他们把鸡脊髓和脑匀浆里存在 AchR 诱导活性物质称之为 ARIA。ARIA 的组织来源特异性很高，外周神经组织如肝脏没有 ARIA 活性，与肌肉无直接关系的神经元（如脊髓的中间神经元等）也不产生 ARIA 活性。生化提纯后的 ARIA 的分子质量约 32kDa。在发现 ARIA 活性后的近 20 年间，Fischbach 等一直致力于纯化含 ARIA 活性的蛋白质，几经波折后（曾误认为疯牛病的致病蛋白 prion 是 ARIA），终于在 1993 年从 9kg 共 3000 个鸡脑里提纯了约 6μg 的 ARIA 蛋白。基因克隆后发现最大的可读框编码 602 个氨基酸（分子质量约 67kDa），分子质量大于由鸡脑提纯的蛋白质，而且在分子中段还含有由 23 个氨基酸残基组成的疏水的 α 螺旋结构。因此 ARIA 可能像 EGF、FGFα、SDGF（施旺细胞源性生长因子，Schwannoma-derived growth factor）等生长因子一样先合成为跨膜的 ARIA 前体（ProARIA），然后再加工成 ARIA。在 ProARIA 细胞外部分有 3 个功能域，N 端是免疫球蛋白样结构，接着是一个富含丝氨酸/苏氨酸的区域，紧靠细胞膜的是上皮生长因子（EGF）样的功能域。ProARIA 的细胞内部分约占整个分子的 2/3。ARIA 是运动神经元诱导突触特异性基因转录的因子，主要证据如下：①运动神经元合成 ARIA，其 mRNA 的表达在发育早期就出现；②ARIA 在培养的肌细胞中激活 *AchR* 基因表达，细胞培养发现的 ARIA 反应元件与转基因鼠产生突触特异表达的顺式元件吻合；③ARIA 聚集在突触的基质；④与 ARIA 结合的受体（包括 erbB2、erbB3、erbB4 蛋白）聚集在神经肌接头的突触后膜上；⑤因为 *neuregulin* 基因敲除小鼠胚胎已不能正常发育，在 E11.5 之前死亡，心脏和胶质细胞发育异常，无法研究对神经肌接头的影响。在 neuregulin 免疫球蛋白的功能域缺失的杂合子（+/-）小鼠 neuregulin 的表达量为正常的 1/2，小鼠可以"正常"发育出生。Fischbach 等发现这些小鼠突触后 AchR 含量降低，自发微小终板电位的平均幅度也降低。这些结果说明 neuregulin 对 AchR 突触后高浓度的维持有一定的作用。

（1）ARIA 是 neuregulin 家族成员

EGF 受体（EGFR）家族有 4 个成员：EGFR（又称 erbB1 或 HER-1）、erbB2（又称 neu 或 HER-2）、erbB3 和 erbB4。erbB2/neu/HER-2 与 EGFR 的氨基酸序列同源性为 50%（酪氨酸激酶功能域同源性为 80%），但 EGF 不能与 erbB2 结合而激活激酶活性。20 世纪 90 年代初，多家实验室分别用生化提纯或表达克隆的方法找到了增加 erbB2 激酶活性的配体，因其具体细胞分化活性而称为神经元分化因子（neuron differentiation factor，NDF）或 heregulin（HRG）。几乎同时，促进施旺细胞增殖的活性蛋白质也被提纯、克隆，命名为胶质细胞生长因子（glia growth factor，GGF）。有意思的是，ARIA、NDF、HRG 和 GGF 都是由同一个基因所编码的蛋白质。经过 RNA 的可变剪接，这个基因至少编码了 14 个不同的蛋白质。虽然它们分子结构有所不同，但在信号转导通路，甚至生物功能上几乎没有差别。由脑提纯的或重组的 GGF 可以刺激肌细胞 AchR 合成，而 ARIA 也可以促进施旺细胞的增殖。为了方便，将 ARIA、GGF 和 HRG 统称为 neuregulin。

所有的 neuregulin 都有一个 EGF 样功能域，其中的 6 个半胱氨酸残基形成 3 个二硫键使功能域折叠为不易水解的 β 片层结构。neuregulin 的 EGF 样功能域不论是细菌表达的重组蛋白质或化学合成的多肽都具有生物活性，强度几乎与 neuregulin 一样。以 EGF 样功能域的 6 个半胱氨酸残基为标志，neuregulin 可以分为 2 个亚型。在同一种动物体内，neuregulin 的 EGF 样功能域在前 5 个半胱氨酸之内的氨基酸残基序列是相同的。从第 5 个半胱氨酸残基后的序列分成两组：α 型和 β 型。一般而言，β 型 neuregulin 活性远远高于 α 型，甚至可以相差 1000 倍以上。β 型在神经系统表达较高，α 型在神经系统的表达很少或不存在。所有 β 型 neuregulin 在第 6 个半胱氨酸残基后的 9 个氨基酸残基的序列相同，此后依氨基酸残基序列分为 β1～β4 亚型。鸡 ARIA 与人 HRG-β1 同源性最高。前面谈到 neuregulin 先合成为跨膜前体，唯 β3 亚型例外，只有胞外区。各 β 亚型之间生物活性强度无大差别，结构功能关系研究发现只要保留第 6 个半胱氨酸残基之后的蛋氨酸残基，就可以维持相当的活性，当这个残基突变时配体与受体结合的亲和力降低 10～100 倍。第一个半胱氨酸残基前的序列对 neuregulin 识别受体的能力影响很大。HRGβ1 的 EGF 样功能域与 EGFR 结合亲和力以及 EGF 与 erbB 蛋白结合的亲和力很低，但含 EGF 第一个半胱氨酸残基前 5 个氨基酸残基的 HRG β1 嵌合体既可以与 EGFR 结合，又可以与 erbB 蛋白结合。

neuregulin 前体虽然是跨膜蛋白质，但没有疏水的信号肽片段。在 N 端和 EGF 样功能域之间是免疫球蛋白样（Ig）功能域。neuregulin 的 Ig 功能域属于 C2 亚型，在 2 个半胱氨酸残基间有 55 个氨基酸残基。Ig 功能域的主要功能是与细胞外基质结合，使 ARIA 聚集在突触间，这对 AchR 亚基基因在突触特异性转录至关重要。肝素对 neuregulin 的 Ig 功能域有很高的亲和力，与 neuregulin 结合后抑制其活性。用水解方法去除 Ig 功能域后，其活性不再受肝素抑制，重组的 EGF 样功能域蛋白质的活性因无 Ig 功能域不受肝素影响。在 Ig 和 EGF 样功能域之间有一个富含丝氨酸和苏氨酸残基的间隔区，已知具有两个功能：①它含有 O-连接和 N-连接的糖基化位点，体内 neuregulin 被糖基化，但 AchR 诱导活性似乎不受糖基化影响；②间隔区长短可能影响 Ig 对 EGF

样功能域的调节。具较长间隔区的 neuregulin 表达在许多组织，较短的仅仅只表达在神经系统。

neuregulin 有 3 种不同的细胞内功能域：①有 374 氨基酸残基；②有 196 氨基酸残基；③有 157 氨基酸残基。neuregulin 细胞内功能域比其他生长因子前体的胞内部分长得多，而且种属之间差异很小，提示 neuregulin 的细胞内功能域可能有重要的功能。不同的细胞内功能域可能影响细胞外部分由跨膜前体上剪切下来的速率，或者影响 neuregulin 前体在神经元亚细胞水平的分布。neuregulin 细胞内功能域在反向信号转导（即由肌细胞向神经元的传导）中起重要的作用。目前大家公认 neuregulin 是一个配体，与 erbB 蛋白结合后调节 AchR 亚基基因转录；既然 neuregulin 前体是个跨膜蛋白质，就不能排除 neuregulin 前体本身作为受体的可能性。在这个假说里，erbB 的细胞膜外功能域起配体的作用，而 neuregulin 前体是一个信号转导的受体。大家知道，突触形成过程中，信息不仅仅由突触前流向突触后，后者也向突触前发出信号完善突触形成。erbB 与 neuregulin 前体的相互作用可能起到信息双向流通作用。这些假说尚有待实验证明。

（2）neuregulin 的信号转导通路

目前已知，EGFR 家族的 erbB2 与同源性很高的另两个成员参与构成 neuregulin 受体，一个是 erbB3，另一个是 erbB4。erbB2、erbB3 和 erbB4 的结构与 EGFR 相似，细胞外有一个富含半胱氨酸残基的功能域，介导与配体结合，这个功能域的特征是具有 6 个保守的半胱氨酸残基。细胞内有两个部分：酪氨酸激酶功能域和 C 端。erbB 蛋白 C 端的保守性最低，只有 10%～30%，它含有许多酪氨酸磷酸化的位点，磷酸化的 C 端与不同衔接蛋白质相互作用，信号得以转导。erbB 蛋白分子质量差别不大，分别为 185kDa（erbB2）、160kDa（erbB3）和 180kDa（erbB4），一般统称为 180kDa 蛋白质。

重组 neuregulin 可以与 erbB3 结合但不导致其酪氨酸磷酸化。erbB2 与 erbB3 组成异二聚体，erbB3 与配体结合，使 erbB2 激酶活性增加，后者不仅自身磷酸化还使 erbB3 磷酸化。erbB4 是 EGFR 家族最新发现的成员，在氨基酸残基组成上更接近 erbB3。与 erbB2 和 erbB3 不同的是 erbB4 可以自我形成同二聚体，也可与 erbB2 或 erbB3 形成异二聚体，两者都可以与配体结合。组化研究发现神经肌接头的突触后膜上存在的 erbB2，erbB2 和 erbB4 蛋白免疫反应活性比突触外要高得多，提示 erbB 蛋白并不均匀地分布在肌细胞表面。erbB 蛋白在神经肌接头的聚集使其更有效地与浓聚在突触间基质的 neuregulin 结合，导致局部的信号转导增加，最终产生突触特异性基因表达。这个假说似乎符合逻辑，但新近 Rapsyn 敲除小鼠的实验发现 erbB 蛋白不是集中在所谓的"突触部位"（即肌肉纤维的中段）上，但是 AchR mRNA 却有突触聚集的现象，说明发育早期 AchR mRNA 在突触的浓聚并不依赖于 erbB 蛋白的聚集。也许散在的 erbB 蛋白足以产生突触特异性转录，换句话说，neuregulin 而不是 erbB 蛋白在神经肌接头的浓聚更重要。另一个可能的解释即 neuregulin 对 AchR 的局部转录不是不可缺少的，除 neuregulin 之外可能存在其他信号，这个信号是否存在以及它究竟是什么尚有待进一步研究。erbB 蛋白在突触后膜聚集是否影响突触后膜分化的其他步骤也有待研究。

（3）erbB 蛋白下游的信号转导

erbB 蛋白的信号转导在终末分化的癌细胞有过大量的研究。erbB 家族蛋白质被激活后，其 C 端的多个酪氨酸残基被磷酸化，然后与各种衔接蛋白质结合，或激活 Ras，通过 Ras→Raf→MEK→MAPK 通路，或激活 PI3 激酶，最终将信号传入细胞核内调节基因的转录。我们观察到 neuregulin 刺激 C2C12 细胞后，首先出现 erbB2 和 erbB3 的酪氨酸磷酸化（C2C12 细胞不存在 erbB4 蛋白），刺激 10min 后磷酸化达峰值；MAPK 活性增加，峰值时间略后于 erbB 蛋白磷酸化；接着是 AchR 基因表达增加。三者间良好的相关性以及时间上的差别说明 erbB 蛋白磷酸化和 MAPK 激活对 AchR 亚基基因表达可能有重要的作用。用药理或分子生物学的方法分别抑制 erbB 蛋白的激酶活性或抑制 MAPK 的激活，发现如果抑制 erbB 蛋白激酶活性，MAPK 不再被激活，AchR 亚基基因表达不增加；如果抑制 MAPK 激活，虽然对 erbB 蛋白的激酶活性和自身磷酸化没有影响，却抑制 neuregulin 刺激所诱导的 AchR 基因表达。这些实验结果清楚地证明了 neuregulin 对 AchR 基因表达的调节作用依赖于 MAPK 通路的激活。不仅如此，在肌细胞里高效表达使 MAPK 磷酸化（从而激活它）的 MEK 活性突变体，就可以促进 AchR 基因表达增加，不需要 neuregulin 的存在。这说明 MAPK 通路的激活不仅是 neuregulin 效应所必需的，而且活性 MAPK 本身即可充分地使 AchR 表达增加。Merlie 等和 Changaux 等几乎在同时有类似的报道。

（4）γ-ε 亚基置换

早在 20 世纪 70 年代就发现突触外和突触的 AchR 生理特性不一样，突触 AchR 传导的电流较大，而且通道关闭较快。后来发现突触部位的 AchR 在发育过程中，其生理特性有一个由"突触外"向"突触"的转变过程，即通道开启时间逐渐降低和单通道传导逐渐增加。AchR 亚基基因克隆之后，产生这个现象的原因搞清楚了，原来在神经肌接头发育过程中，AchR 亚基组成由胚胎期的 α2βγδ（即 2 个 α 亚基，β、γ 和 δ 亚基各一个）转变成成年后的 α2βεδ，即 γ-ε 亚基置换。神经支配在这个过程中起很重要的作用。神经调节 AchR 亚基基因表达的机制在前面已详细讨论过，神经释放 Ach 激活 AchR 产生肌肉细胞电活动，抑制 AchR 基因表达，同时又通过 neuregulin 等活性因子激活突触下的基因表达。neuregulin 出现伊始，有人曾认为它是产生 γ-ε 亚基置换的因子，后来发现 neuregulin 不仅仅作用于 ε 亚基，同时也使 γ 亚基表达增加，显然仅仅依靠 neuregulin 并不能产生 γ-ε 亚基置换。肌细胞电活动对 AchR 亚基表达的抑制作用不仅对 AchR 在突触细胞核的特异表达有重要的作用，而且影响 γ-ε 亚基置换。也许 AchR 亚基对肌细胞电活动的敏感程度不一，α、β、δ 和 ε 亚基表达可以被电活动限制，但限制程度有限，因而可以被 neuregulin 等因子逆转，而 γ 亚基对电活动特别的敏感，一旦被抑制不易被 neuregulin 等因子拮抗。因此在肌细胞出现电活动之后，γ 亚基不仅从突触外消失，而且在突触下细胞核也不表达，逐渐由 ε 亚基取代。这种假设似乎可以解释 γ-ε 亚基置换的机制，但有待证实。至少有两点值得注意：①neuregulin 在发育过程中出现得较早，而 ε 亚基 mRNA 在出生后才能检测到，用敏感的由生理方法测到的 AchR 通道活性变化明显迟于 neuregulin。既然 ε 亚基在离体肌细胞表达对 neuregulin

最敏感（与其他 4 个亚基相比），为什么在发育早期不受 neuregulin 调节？ε 亚基的 5′UTR 是否存在一个"抑制性"元件？②γ 亚基被 ε 亚基的取代会不会是一个"主动"的过程，即在 γ 亚基的 5′UTR 存在沉默子（silencer），后者与转录调节蛋白质结合后使 γ 亚基表达抑制。

肌肉 neuregulin——neuregulin 不仅在神经细胞合成，肌肉细胞也表达其 mRNA，说明正常情况下骨骼肌可以自身产生分泌 neuregulin。Tsim 和 Ip 等发现鸡肌细胞表达不同型的 neuregulin，以生物活性最大的 β1 型为主；各型表达受神经支配的调节。肌细胞 neuregulin 的氨基酸残基序列与神经源性无异，含有 EGF 样功能域的蛋白质片段具有刺激 erbB 蛋白的酪氨酸激酶和 AchR 基因表达的生物活性。但是肌肉细胞是否具有自分泌的功能，也就是说肌细胞所分泌的 neuregulin 是否在体内参与调节 AchR 基因表达，这些问题目前还没有答案。neuregulin 在肌细胞的表达受发育、去神经和神经再支配的调节，不同型的 neuregulin 受调节的幅度不一，提示肌肉 neuregulin 在体内的神经肌接头形成和发育过程中起一定的作用。最近，Burden 等的研究工作表明基因敲除神经源性 neuregulin 对 AchR 的突触特异表达没有明显影响，提示我们肌肉产生的 neuregulin 可能参与对 AchR 转录的调节。

综上所述，Agrin、MuSK 和 Rapsyn 是神经肌肉接头突触形成过程中 3 种最为重要的蛋白质，但几个关键的问题尚不清楚：突触后肌肉及其表达的 MuSK 可能偶联一种分子信号，对运动神经末梢的突触前分化可能起调节作用，这个信号是什么尚不清楚；Agrin/MuSK 没有直接的相互作用，共受体或共配体尚待阐明；Rapsyn 如何介导 Agrin/MuSK 的信号转导也不清楚。图 7-3 对 neuregulin 和 Agrin 的信号转导通路进行了总结。

三、中枢神经系统突触形成

现在回到更为复杂的中枢神经系统，平均来讲人脑具有 10^{11} 个神经元，每个细胞形成突触的数目不一，少则一个，多则成千上万。从性质上讲，这些突触可以是兴奋性、抑制性或调节性的。大多数兴奋性突触用谷氨酸作为神经递质，而抑制性突触用甘氨酸或 γ-氨基丁酸作为递质。调节性递质包括去甲肾上腺素、5-羟色胺、多巴胺、乙酰胆碱和神经肽等。一般来说，一种神经元释放一种递质，但可同时接受多种递质的输入，可以是兴奋性的、抑制性的或调节性的。这一点，比神经肌肉接头要复杂得多。后者只受运动神经元产生的乙酰胆碱的刺激，出生后支配肌肉细胞的多个神经轴突逐渐回缩，最后只有一个保留下来。中枢神经系统与神经肌肉接头相比，有以下共同特征：①均由突触前、突触后和突触间隙组成，但中枢神经系统突触间隙大约为 20nm，要小于神经肌接头的突触间隙（50nm）；②都存在神经递质受体的突触后聚集现象，这是保证有效信息传递的基础；③中枢神经系统轴突末梢在突触形成过程中也存在消除现象，由于中枢神经系统的复杂性以及中枢的突触非常小，对这个问题的直接观察非常困难。在中枢神经系统神经元种类繁多，目前为止还没有发现哪种分子对中枢神经系统突触形成是不可缺少的，可能与大量结构相似蛋白质的功能重叠性有关。但随着分子生物学技术和时间分辨荧光显微新技术的应用，我们对中枢神经系统的形成也逐渐有了认识。

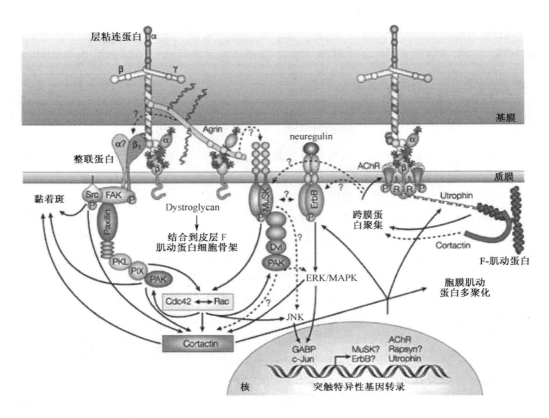

图 7-3　neuregulin 和 Agrin 诱导 AchR 合成和聚集的信号转导机制（引自 Bezakova et al. 2003）

（一）细胞黏附分子在突触形成中的作用

在大鼠的海马，突触在出生后一天即可形成。随后，从出生后 7～15 天，突触数量发生倍增；从 15 天到成年，再次倍增。突触前神经细胞的轴突，导向到突触后神经细胞的树突或胞体，二者的黏附作用对于突触的早期形成和随后的成熟和稳定起重要的调节作用。在体外培养的神经元，突触的形成发生在初次接触的数十分钟内，而不需要数小时或数天。在体外培养的海马神经元，突触的数量在培养的第 2 周倍增，一直增长至第 3 周，而后下降。轴突和树突的丝状伪足（filopodia）的接触和动态变化以及相互协调在突触形成的起始阶段起作用，虽然具体机制尚不清楚。很多线索提示细胞黏附分子在其中起重要的作用。细胞黏附分子是一组细胞表面的受体分子，通过胞外部分的相互作用使两个细胞黏附在一起，同时通过胞内部分传递信号。细胞黏附分子在轴突生长和成束（fasciculation）中的作用，人们已经进行了广泛研究，它们在突触形成中的作用只是在最近几年才引起人们的重视。我们先归纳细胞黏附分子在突触形成各阶段的作用，然后分别进行分析。第一，黏附分子可以保证细胞之间连接的完整性，而且强化突触前后膜之间的连接。第二，可以介导靶细胞的识别，神经轴突到达靶细胞区域，它必须选择合适的靶细胞形成突触连接。有些情况下，还要在同一细胞的不同部位做出选择，如树突干（shaft）或树突棘（spine）之间，树突或神经细胞胞体之间。第三，突触性黏附可以促进突触前和突触后的特异分化，早期接触后，生长锥（growth cone）会变为神经末梢，相对应靶细胞细胞膜表面的神经递质受体和相关联的信号复合物会发生聚集；同时，突触前神经末梢也会发生特异性分化，如与囊泡锚定和释放有关蛋白质的聚集等，这些突触特异性分化需要突触前和突触后的协同作用，黏附分子参与该过程。最后，细胞黏附分子对突触的结构和功能均起调节作用，有结果显示，它们可以调节树突棘的大小和突触可塑性，如 LTP 等。

主要相关的黏附分子有下列几种：

1. Cadherin

Cadherin 是钙依赖性的细胞黏附分子，Cadherin 可以通过胞外区形成同源二聚体介导细胞之间的黏附作用，基于分子结构的不同分为以下几类：经典型 Cadherin、7 次穿膜的 Cadherin、protocadherin 等几类。在突触前和突触后均存在 Cadherin 表达。用 doninant-negative 方法发现对神经型 Cadherin（N-Cadherin）可以调节树突棘的形态。Cadherin 通过胞内部分与 α-catenin 和 β-catenin 结合，后者与 actin 细胞骨架相连从而强化 Cadherin 介导的细胞黏附。Cadherin 家族成员的多样性和功能的重叠性，可以解释其中一种分子（如 N-Cadherin）基因敲除后对突触形成没有明显影响。除了介导细胞黏附以外，Cadherin 是否介导突触形成的特异性尚不清楚。

2. neurexin-neuroligin 复合物

neurexin 和 neuroligin 是一对黏附分子，被认为与突触的特异性选择，黏附和突触形成过程中的信号转导有关。3 个基因分别经过转录后的不同剪切，共产生约 1000 种 neurexin。分子质量较大的 α-neurexin 是黑寡妇蜘蛛毒素 α-latrotoxin 的受体，较小的 β-neurexin 可以和 neuroligin 以及 dystroglycan 结合。neurexin 主要分布于突触前膜，neuroligin 主要分布于突触后膜。β-neurexin 胞外结构域与 neuroligin 的 AchE 样结构域直接结合，这个 neurexin-neuroligin 复合物在中枢突触发育中可能起一定的作用。将过表达 neuroligin 的非神经细胞（HEK293）与神经细胞共培养，与这些细胞相接触的神经轴突会产生突触前的特异分化，用可溶性 β-neurexin 重组蛋白质阻断内源性 neurexin-neuroligin 的相互作用抑制 neuroligin 介导的突触前分化。neuroligin 的胞质区与突触后的脚手架蛋白 PSD95 结合，后者含有 3 个 PDZ 结构域，参与包括 NMDA 受体在内的突触后蛋白质在突触的锚定。在突触前，β-neurexin 和另外一个含有 PDZ 结构域的蛋白 CASK 结合，而 CASK 也是脚手架蛋白，与多个突触前蛋白质相互作用。因此，neurexin-neuroligin 复合物可能介导了突触形成阶段突触前和突触后的分化。那么，neurexin-neuroligin 复合物对突触形成是不是必需的，分析表明缺失第 3 个 PDZ 结构域的 PSD95 的突变体不能与 neuroligin 结合，但仍然能定位到突触部位，说明可能存在其他分子调节 PSD95 的定位。联想到 $PSD95$ 和 $neuroligin$ 基因敲除的小鼠照样形成正常突触，可以认为多种甚至多群功能上具有叠加性的分子参与了中枢神经系统突触形成的各个过程。

3. 免疫球蛋白超家族成员

免疫球蛋白超家族的成员，包括 N-CAM/fascicin II、L1、SYG1、Sidekick 和 nec-tin 等，是与突触形成有关的另一类细胞黏附分子。其共同特点是胞外区具有数个免疫球蛋白样结构域。SynCAM 是最近发现的一个脑特异的 Ig 样蛋白质，在突触间隙有高水平的表达。SynCAM 是 Biederer 和 Sudhof 等用一种巧妙的蛋白质序列搜索的方法获得的。他们采用的标准是：胞外区含有 Ig 样结构域，而胞质区具有 PDZ 结构域结合位点的蛋白质。用这种方法他们找到了 SynCAM 。其基因最早被描述为一种可能的抑癌基因，称为 *IGSF4* 或 *TSLC1*。SynCAM 胞外区具有 3 个 Ig 结构域，介导同种分子的相互作用和细胞黏附，胞质区含有 PDZ 结构域结合位点，与 CASK 和 syntenin 直接结合。在培养的海马神经元过表达 SynCAM 可以促进突触的形成，过表达 SynCAM 的非神经细胞与海马神经元共培养，可以促进后者的轴突末梢产生突触前分化。SynCAM 的这种活性依赖于其胞外区的 Ig 结构域，缺失 Ig 结构域的 SynCAM 不能引起神经细胞的突触前分化。在神经细胞中过表达 SynCAM 的胞质区对神经细胞的突触前分化具有抑制作用。这些结果表明，SynCAM 介导的细胞黏附可以指导神经细胞的突触前分化。目前，尚不清楚 SynCAM 是否在突触后分化中起作用。

（二）整联蛋白

另外一个不可忽视的蛋白质家族是整联蛋白（integrin）家族。整联蛋白又叫整合素，是由 α 亚基和 β 亚基组成的异源双体。目前已经鉴定了 16 个 α 亚基和 8 个 β 亚基，其中很多种在脑中表达。整联蛋白主要通过与胞外基质蛋白质的结合介导细胞之间或细胞与胞外基质的黏附。通过胞质结构域，整联蛋白与 talin 及 α-辅肌动蛋白等肌动蛋白细胞骨架相关蛋白质结合，同时整联蛋白激活 FAK（focal-adhesion kinase）等调节细胞骨架和信号转导的蛋白激酶。整联蛋白不仅调节神经系统的早期发育，如神经细胞迁移，轴突生长及导向，而且在突触成熟中也起作用。在脊椎动物神经肌肉接头，存在几种整联蛋白的分布，它们介导与突触间隙基质成分的结合，推测对突触具有稳定作用。尽管中枢神经系统的突触间隙不存在纤连蛋白和层粘连蛋白等基质成分，整联蛋白仍被发现在突触部位富集。有些实验结果也提示整联蛋白在突触形成中的作用，如在培养的海马神经元，阻断整联蛋白作用的肽段或抗体可以干扰突触的功能性成熟，但不影响其形成过程。因此，整联蛋白在突触形成中的作用尚不清楚，更不知道它在中枢神经系统突触中的配体。

（三）受体酪氨酸激酶 EphB

由于 MuSK 在脊椎动物神经肌肉接头形成中不可缺少的作用，人们试图寻找在中枢神经系统起同样作用的受体酪氨酸激酶（RTK）。如前所述，EphB 家族的受体酪氨酸激酶及其配体 ephrinB 在轴突导向中起重要作用。Dalva 及其同事发现，ephrinB 可以诱导非成熟神经细胞和成纤维细胞表面 NMDA 受体的聚集，这种作用依赖于 EphB

受体的相互作用。ephrinB 诱导的 NMDA 受体复合物中含有 EphB、依赖于钙调素的蛋白激酶（Ca^{2+}-calmodulin dependent protein kinase II，CaMKII）等，但不含有已知的其他 PSD 成分，如 PSD95 和 AMPA 受体。尽管 *EphB2* 基因敲除小鼠呈现活动依赖的突触可塑性缺陷，但是总体的突触结构和密度不受影响，表明 EphB2-ephrinB 对突触形成的大部分过程不是必需的。

（四）Syndecan

Syndecan 是一种硫酸软骨素化蛋白多糖，Syndecan 在成熟的树突棘有富集的分布，将 Syndecan 转染神经元可以促进树突棘的成熟。另有研究证明，Syndecan 是 EphB2 激酶的靶蛋白质。在培养的神经元，Syndecan 的磷酸化对于 Syndecan 的定位和树突棘的成熟是必需的。这提示我们，受体酪氨酸激酶 EphB 的作用可能是通过对 Syndecan-2 的修饰来起作用的。

四、调节突触形成的胞外信号

（一）Narp

神经细胞分泌的蛋白质分子，Agrin 和 neuregulin，在脊椎动物神经肌肉接头形成过程中起重要的作用。但是，迄今为止，没有一种蛋白质被证明在中枢神经系统起类似的作用。神经元活性调控（neuronal activity-regulated pentraxin，Narp）是一种集中于突触间隙的分泌蛋白，该蛋白质能直接结合 AMPA 受体并引起后者的聚集，其作用是通过稳定突触部位的 AMPA 受体还是促进突触外部位 AMPA 向突触部位的聚集尚不知道。Narp 在体内的作用也没有得到验证。

（二）中枢 Agrin

中枢神经系统也存在 Agrin 的表达，而且神经活动能使 Agrin 的 mRNA 表达增加，因此推测 Agrin 可能也调节中枢神经系统的突触形成。用反义 RNA 阻断海马神经元 Agrin 的表达似乎抑制突触的形成。但是 Sanes 及其同事却发现在 *Agrin* 基因敲除小鼠中，海马和皮层神经元突触形成正常。因此，Agrin 对中枢神经系统的突触形成不是必需的，最多起一定的调节作用。

（三）神经营养因子

除了对神经生长和分化的调节作用，神经营养因子（neurotrophin）（包括 NGF、BDNF、NT3、NT4/5）也能促进突触的形成。例如，在培养的神经元，BDNF 能促进兴奋性和抑制性突触及其相应神经环路的发育和成熟，同时促进神经树突和轴突的分支并增加突触的数量。同时，BDNF 等神经营养因子对突触可塑性具有调节作用（见第十三章）。

（四）wnt 和 TGF-β

分泌性的 wnt 蛋白调节多种发育过程。最近几年，几方面的工作也证明 wnt 在突触形成中的作用。首先，英国 Salina 实验室发现小脑颗粒细胞（granule cell）产生的 wnt7a 能诱导苔藓纤维（mossy fiber）的轴突生长锥的突触性分化，而且促进神经末梢的囊泡相关蛋白 synapsin 发生聚集。在 wnt7a 的突变小鼠，小脑突触的形成发生延迟，但随着时间的推移，突触最终也能正常形成。该研究组还发现，脊髓运动神经元树突产生的 wnt3a 可以反向调节感觉神经元的轴突末梢的分化。wnt 在突触形成中的作用的另外一个证据来自于对果蝇的神经肌肉接头的研究，与高等生物不同，果蝇的神经肌肉接头的神经递质是谷氨酸，而不是乙酰胆碱。Budnik 研究组最近发现，突触前谷氨酸能运动神经元会产生 Wingless（果蝇中 wnt 的同源蛋白质）。Wingless 缺陷的果蝇，其突触前和突触后分化均受影响。Wingless 是同时作用于突触前和突触后受体，还是先激活突触后肌肉细胞表面的受体，产生的反向信号再调节突触前的分化，这些问题还不清楚。鉴于高等生物 wnt 及其受体的多样性以及多条复杂的信号转导通路，不同的 wnt 对不同的神经细胞的突触发生会产生各种作用，现在完全不清楚各种 wnt 的特异性作用。因此，对 wnt 及其受体的时空表达谱的研究将有助于对这些问题的回答。我们发现 wnt 通路的一个重要分子 Dvl 与 MuSK 结合，介导 Agrin/MuSK 的信号转导，β-连环蛋白是 wnt 经典途径的重要信号蛋白质，Dvl 和 APC 等蛋白质调节 β-连环蛋白的稳定性，β-连环蛋白与 rapsyn 结合，而 APC 则结合 AchR β 亚基。这些观察提示 wnt 通路也可能调节哺乳动物神经肌肉接头的形成，是否如此尚待证明。

对果蝇的神经肌肉接头的形成起重要作用的另外一个蛋白质是转化生长因子 TGF-β 和骨形成蛋白 BMP 的受体——wishful thinking。该蛋白质的突变会导致突触变小、突触传递缺陷以及突触前部超级结构的异常。现在还不知道其配体的来源。在高等生物中，TGF-β/BMP 对突触形成的调节作用尚不清楚。

五、中枢突触的组装

细胞接触后，突触前和突触后分别分化形成有功能的突触。这个领域的研究得益于时间分辨荧光技术和分子生物学鉴定出来的多种相关蛋白质。由于大部分实验结果是从体外培养的神经元之间形成的突触获得的，培养时间的不同、细胞种类的不同均产生不同的实验结果。在培养 14 天的海马神经元中，突触前的脚手架蛋白 Bassoon 和囊泡的膜蛋白突触体素（synapophysin）在突触前的积聚要早于突触后的 NMDA 受体和脚手架蛋白 PSD95，NMDA 的聚集需要 1～2h 才能完成。这提示突触前组装要比突触后的组装要早。但在培养 3～4 天的皮层神经元，荧光标记的 NMDA 受体在神经树突和轴突接触后几分钟即发生聚集。还不能明确是突触前还是突触后成分启动分化过程。

在成熟的化学突触，成群的突触囊泡有规律地聚集排列形成电子致密的超级结构，称为突触前活性区（active zone）。此区域与细胞质膜紧密相连，与突触后特化区域

PSD（突触后致密物，postsynaptic density）对应并置排列，介导神经递质的释放。突触前分化有关的蛋白质从功能上可以分为 3 个复合物。其中处于核心位置的是 SNARE 复合物，包括 syntaxin、synaptobrevin（VAMP）、SNAP25（突触小体相关蛋白-25，synaptosomal-associated protein-25），其主要功能是介导囊泡的锚定（docking）和膜融合（fusion）。第 2 个蛋白质复合物主要由 Munc18/UNC-18、Munc13/UNC-13 和 synaptotagmin 组成，该复合物与 SNARE 复合物相互作用，介导囊泡的胞吐（exocytosis）。第 3 个复合物包括 Piccolo、Bassoon、RIM（Rab3-interacting molecule）/UNC-10、Liprin/SYD-2（synapse defective-2）、CAST、CASK、Velis 和 Mint 等蛋白质，该群蛋白质可能使囊泡区域化并调节内吞和胞吐。复杂的是，3 个复合物之间存在分子内和分子间的相互作用，这种庞大的分子网络内各个蛋白质的相互协调决定突触前分化。

目前对中枢突触后分化的了解比突触前少，原因在于突触后的异质性（heterogeneity）很大。同一个树突的兴奋性和抑制性突触的组成是根本不同的。在这一点上，中枢神经系统神经细胞和神经细胞之间的突触要比神经肌肉接头更为复杂。二者的共同点是，都存在神经递质受体的突触后聚集。在中枢的抑制型突触，例如，甘氨酸能和一些 GABA 能突触，gephrin 蛋白介导了受体的聚集，类似 rapsyn 在神经肌肉接头的作用。而 gephrin 基因敲除小鼠则不会产生甘氨酸受体的聚集。对于兴奋性的 NMDA 型谷氨酸受体，起聚集作用的脚手架蛋白可能是 PSD95。聚集 AMPA 和代谢型谷氨酸受体的分子尚不完全清楚。NMDA 受体相关复合物是研究得较为透彻的，除 PSD95 外还有 α-actinin、CaMKII、Cript、GKAP 以及 Shank、Homer 等。这些分子之间形成非常复杂的网状连接。分子网络的形成是有一定顺序的，PSD95 早于谷氨酸受体被募集到突触部位。NMDA 受体和 AMPA 受体的聚集是相互独立的，NMDA 受体要早于 AMPA 受体被募集到突触部位，二者的聚集均受神经活动的调控。即使是同一受体的不同亚基，向突触部位转运和插入的动力学也是有所不同的。突触后复合物蛋白质多具有与递质受体，细胞骨架及脚手架蛋白之间结合的结构域（如 PDZ 结构域），这就决定了它们之间形成格子状（lattice-like）结构，缺失一个或几个分子对整个网络没有大的影响，因此不难理解其中某些分子（如 PSD95 或 PSD93 等）的基因敲除动物没有突触形成的缺陷。这种表型并不意味着这些分子对突触形成不重要，只能说明不同分子之间功能的叠加性。图 7-4 以兴奋性谷氨酸能突触为例，显示突触前和突触后的分子组成。

六、突触的解体消失

神经系统的许多突触在新生早期会解体消失，这种现象在视觉系统、听觉系统、小脑、自主神经节以及骨骼肌都存在。其特征是支配突触后细胞的轴突的数目减少，因此靶细胞受越来越少的神经支配，最终被很少（在神经肌肉接头常常是一个）的轴突支配。有两点必须指出：①发育过程中神经元有一个死亡的过程，但是新生期神经突触分解不是由于突触前神经元死亡而造成的，因为神经元死亡过程在胚胎期就基本完成了，而突触的分解是在出生之后才发生的现象；②神经末梢只是退缩而不是降解。起始阶段，轴突分支与许多靶细胞形成突触，然后一些分支消失，靶细胞上剩下的突触得以巩

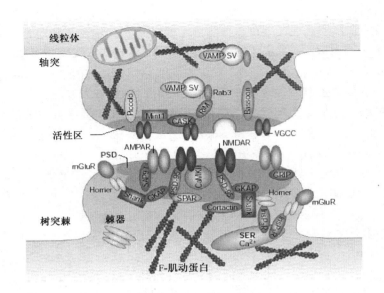

图 7-4　成熟的兴奋性突触突触前和突触后分子组成（引自 Li et al. 2003）

固。神经活动对突触分支的消失有重要的影响。这里我们以神经肌接头为例，说明突触解体的可能机制。

胚胎期运动神经元与许多肌细胞形成突触，数量远远大于成熟后突触的数量。这样，几乎没有肌细胞不受神经支配的，相反，往往每个肌细胞受 2 个以上轴突支配。新生早期，运动神经元轴突分支退缩，使一个神经肌接头只受一个轴突支配。因此，大鼠出生后的几周内，每个轴突所支配的肌细胞数量逐渐降低。突触解体消失的快慢因种属而异，即使同一动物，不同的肌肉间也有差别。究竟哪个肌细胞受哪个突触支配似乎无规律可循，但是突触分解的过程不是随机发生的，因为最终每个肌细胞只接受来自于一个轴突的支配。神经肌接头突触解体的机制虽然是近年来研究的热点，仍众说纷纭，突触前、突触后、支持细胞，以及扩散或与细胞外基质结合的因子等在突触的解体中都可能起作用。

突触解体是一个渐进的过程。Lichtman 等在活体动物上观察神经肌接头突触前神经末梢退缩的过程，发现在神经末梢退缩之前，突触后膜上 AchR 密度先降低。突触前、后部位这种有条不紊的解体经过多次重复之后，直到某一轴突相邻的突触部位完全消失，失去突触部位的神经末梢逐渐由母轴突吸收。AchR 出生时均匀地分布在肌肉细胞的突触部位，出生后 2 周成分支状，产生这种现象的原因可能与突触解体过程中AchR 不均匀地消失有关。这些观察说明 3 点：①突触解体消失是突触前、后机制协调而产生的；②突触后先发生变化提示肌细胞在这个过程中的主动性；③轴突分支的退缩不是突触解体消失的原因，相反可能是其结果。突触前后的活性在突触的解体消失过程中起十分重要的作用。两栖动物一些特殊的肌肉纤维没有动作电位，因此没有突触解体，其表面有许多神经肌接头，每个接头都有多个神经轴突分支支配。在突触解体过程中，轴突间直接或间接的作用使神经肌接头逐渐失去其他的神经支配，最终只留下一个。目前，虽然大家都认为肌肉和神经活性水平影响突触解体，活性不一的突触位点小组怎样被选择性地保留下来的机制尚不十分清楚，实验结果也不尽一致。一些实验发现，如果在发育突触解体过程中选择性刺激某些轴突，这些轴突的运动单位就会比没有刺激的大。有活性的再生轴突再支配的肌肉细胞数量多于活性受到（河豚毒素）抑制的再生轴突所支配肌肉细胞数量。这些实验说明活性越高的轴突得以保留的可能性越大。但是有人也发现，在由多个转向单个神经支配的过程中，用河豚毒素阻断一些轴突的活性，这些轴突支配的肌肉细胞数量增加，而且河豚毒素处理的轴突似乎可以取代活性轴突的分支延长。

影响轴突活性实验的这些完全不同的结果可能说明突触解体过程的"活性"的调节并不像人们想像的那么简单。在这些实验中，整个神经束的活性要么被刺激或阻断，可以想像受一个有活性和一个无活性轴突支配的肌肉细胞只占很小的一部分；再者这些实验所调节的只是轴突的动作电位，而不是突触的效率（efficacy）。假设突触解体的机制在于支配同一神经肌接头的 2 个不同轴突间相对活性的差别，以上的实验是不容易观察到的。

Lichtman 等在 20 世纪 80 年代初提出突触重组的"营养性"学说，认为神经末梢的存活有赖于靶细胞产生的"营养性因子"，这些因子的产生决定于突触后去极化，而它们在突触前的摄入则依赖于突触前的活性。因此更强或更多的输入信号使神经末梢更容易捕获营养性因子，不活动或弱活动的输入则不能或很难得到这些因子。这个学说是由神经营养性因子对神经元存活的作用而演化而来的，这里神经元换成了突触，只有从突触后细胞得到足够营养性因子的突触才能得以维持。因为突触竞争在时间上特异性很强，营养因子的出现或效能应该与突触后兴奋的时程一致；又因为突触消失的竞争机制，活性神经末梢使不活动或活动性弱的神经末梢失去稳定性的机制可能是由于突触前后的直接作用，也可能是由于突触后细胞发出的"抑制性"逆向信号。神经营养性蛋白质对突触有两种作用，一种是慢性宏观的作用，促进突触前、后神经元的健康与存活，间接地影响一些突触稳定性；另一种是局部的急性作用，即在不影响神经元存活时对突触结构与效能和末梢的退化等的调节作用。这些神经营养性蛋白质包括 NT-3、NT-4、BDNF、CNTF 和 NGF 等。突触后去极化引起的钙内流可以使神经营养性蛋白质的基因表达增加，mRNA 升高。究竟哪一个神经营养性蛋白质表达增加，在不同的细胞组织是不一样的，如在海马中，电活性使 *NGF* 和 *BDNF* 表达增加，而在神经肌接头中，却使 *NT-3* 和 *NT-4* 表达增加。

总之，由于中枢神经系统的复杂性和研究手段的局限性，对其突触形成机制的研究远未达到对脊椎动物神经肌肉接头了解的程度。人们也试图通过对各种相对简单的模式生物的研究，如果蝇、线虫、斑马鱼等，获得有用的信息。也确实有些分子和作用机制在不同动物中是保守的，但高等生物要复杂得多，大量关于中枢神经系统突触形成的知识是从体外培养系统获得的，目前尚处于资料积累阶段。关于神经肌肉接头，其形成的基本框架已经清楚，其基本原理对于了解中枢神经系统的突触形成会有极大的帮助。

（罗振革　梅　林　撰）

第三节　突触可塑性及其分子机制

突触传递效能既可增强也可减弱，这种现象被称为突触可塑性，其变化可从几个毫秒、几天到几周，甚至更长。突触可塑性强弱主要是由突触前、后神经元间连接强度大小决定的。突触可塑性是神经系统发育过程中的突触重要功能活动，对神经系统的功能有重要作用，其瞬时的变化与感觉传入的短时程适应以及短时程记忆相关联，突触可塑性长时程的变化是未成熟神经系统的发育和成年脑的学习记忆以及其他脑的高级功能的细胞基础，因此突触可塑性活动随内外环境变化而伴随动物终身。到目前为止，有大量的文献对突触可塑性机制进行了描述，本节将简要概述无脊椎和脊椎动物的几种突触可塑性，主要集中介绍中枢神经系统的突触可塑性，着重讨论两种不同形式的突触可塑性：海兔的突触前易化和哺乳类动物脑内海马的长时程增强。

一、突触可塑性种类

如图 7-5 所示，可根据 3 个标准来划分突触可塑性种类：诱导来源、表达部位和分

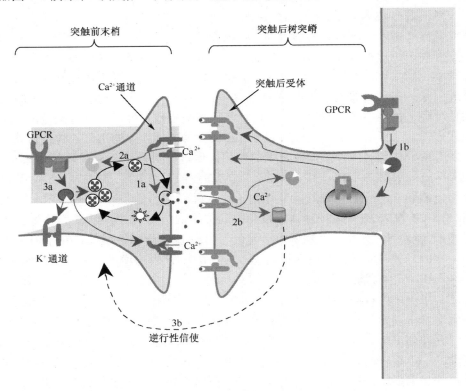

图 7-5　突触可塑性机制和表达部位

首先钙离子通过电压门控 Ca^{2+} 通道进入突触前末梢，直接触发神经递质释放（1a）并作为短时程同突触可塑性的第二信使（2a），激活 G 蛋白偶联受体（GPCR）通过调制 Ca^{2+} 通道和 K^+ 通道改变 Ca^{2+} 内流量，直接作用于释放机制以及囊胞再循环，从而对神经递质释放进行调节（3a）。激活突触后 GPCR（1b）或者其他受体引起钙内流（2b），触发突触后可塑性产生。突触后细胞也能够产生逆行性信使作用于突触前细胞改变神经递质释放

子基础。

（一）诱 导 来 源

突触可塑性变化的产生既可是突触内部也可以是突触外部的机制引起。在同一突触的可塑性变化即同突触可塑性（homosynaptic plasticity），是由于该突触本身内在活动而改变了自身的功能状态，突触前或突触后的生物化学反应触发了这一类突触的功能变化。相反，异突触可塑性（heterosynaptic plasticity），即 2 个神经元间的突触活动被第 3 个神经元所调节，通过直接的突触活动或释放神经递质、激素来改变第一个突触的功能。

（二）表 达 部 位

无论同突触或是异突触可塑性，可由突触前神经末梢或突触后膜功能的变化所致。可塑性的突触前形式即可表现为神经递质释放增加或者减少，而可塑性的突触后形式是与突触后神经元对神经递质的反应（增强或减弱）有关。

（三）分 子 基 础

大量的实验研究表明，尽管不同形式突触可塑性的诱导机制可能是不同的，但是所有形式可塑性的共同点，即形成过程中都有一些第二信使携带信息从细胞表面到细胞内。短时程同突触可塑性是由于突触前神经末梢内钙离子浓度升高的直接作用，在这里钙离子不仅是直接触发神经递质释放的带正电荷离子，而且可作为一个第二信使。较长时程同突触与异突触可塑性的变化通常是通过激活 G 蛋白偶联受体（G protein-coupled receptor）或者是激活了能调节突触前、后蛋白的蛋白激酶的结果。上述两种类型的可塑性变化可持续几秒到几分钟。突触传递的持久变化是由于基因转录和新合成的突触蛋白质所至，这一类型的突触可塑性的变化可持续几天、几周，甚至终身。

本节先集中讨论突触前神经末梢递质释放变化所引起的可塑性改变，然后再涉及突触后机制所引起的可塑性变化。

二、突触前可塑性机制

有两种相关联类型的机制影响突触前递质的释放。首先，动作电位触发突触前末梢内的钙离子浓度瞬时增加，这个过程是由于突触前膜上钙通道开放或者是突触前膜的兴奋性变化导致钙离子内流增加的结果。其次，突触末梢内钙的增加触发细胞内信号系统来调节突触囊泡的循环，这个过程涉及递质释放过程的早时相变化。例如，调节可释放递质的囊泡库的大小，囊泡与突触前膜融合机制的改变这一后时相变化也可以影响递质释放过程。

（一）短时程突触前递质释放增加和减少

过去的半个多世纪，人们已知道突触前神经末梢的活动可引发从数十毫秒到几分钟不等的短时程突触传递的变化，包括突触传递活动的增强（短时程增强）、突触传递活动的减弱（短时程压抑）。这两种可塑性形式是由于突触前神经末梢钙离子的内流或者是递质释放过程本身变化引起的递质释放的改变所致。

1. 双脉冲易化和抑制

当两个间歇时间很短的电刺激作用于突触前神经元，同时记录突触后神经元的电反应，如果第二个刺激比第一个刺激引起的突触后电反应强，称为双脉冲易化（paired pulse facilitation）；反之称为双脉冲抑制（paired pulse depression）。刺激间歇小于20ms通常引起双脉冲抑制，这是由于第二个刺激引发的神经冲动达到神经末梢时，通常处于第一个刺激引起的电压门控钠或钙通道失活过程中，从而导致可释放囊泡库的释放概率一过性的减少。当刺激间歇为20～500ms时，突触通常表现为双脉冲易化反应，双脉冲易化是由于第二个动作电位引发的钙离子的内流和第一个动作电位引发的残留钙离子总和，使神经末梢内钙离子浓度的升高引起递质释放的增加，而神经末梢内钙离子浓度与递质释放是非线性关系，原则上钙离子浓度的小幅度上扬可引起明显的递质释放的增加。

对特定的突触而言，递质释放的增加或减少主要与该突触的初始状态有关。短时程突触可塑性主要是由于递质释放概率的变化造成，突触可塑性表现为易化或抑制主要取决于该突触初始状态的递质释放概率，如初始状态的递质释放概率高，该突触活动往往表现为抑制，部分原因是由于初始状态高的递质释放概率，限制了递质释放进一步增加的潜力（释放概率不可能大于1）。另外，重复刺激时高的释放概率容易造成递质囊泡的耗竭。相反，开始为低释放概率的突触，重复刺激通常表现为较大程度的易化活动。递质释放的多样性与突触前神经末梢上的"活动带"（active zone）的形态有关。可塑性为易化的突触，其突触前囊泡的密度和"活动带"的面积往往都很小。

2. 强直刺激诱导的增强和抑制

强直刺激通常可诱导较长时程的突触可塑性变化。存在几种不同的可塑性增强形式，其中快时相增强形式被称为易化，在串刺激过程中很快形成，一旦刺激停止易化活动很快衰减，衰减时间常数为几十毫秒和几百毫秒。较慢时相的可塑性增强形式需几秒钟的强直刺激诱导产生，刺激停止后几秒钟内就会衰减。最后一种形式称为强直刺激后增强（posttetanic potentiation，PTP），这是一种慢的突触可塑性增强形式，需要数十个刺激方能诱导，刺激停止后其增强的活动可持续几分钟。

上述几种可塑性的形式是由于突触前神经末梢内残留钙离子浓度升高造成的。快成分的易化活动可能反映了钙离子在出胞位点相对快的饱和，而钙离子在神经末梢相对慢的大量集结可能导致了较慢时相的可塑性增强和PTP的形式。Zucker等（1997）认为PTP的慢动力学性质是由于强直刺激引起胞内钙转移至线粒体，而后又从线粒体泄漏到胞质所致。

3. 短时程突触可塑性的分子机制

活动依赖性短时程突触可塑性是由于突触前神经元钙/依赖于钙调素的蛋白激酶（calcium/calmodulin-dependent protein kinase，CaMKII）激活所致。这种激酶是位于突触前神经末梢和突触后膜，在突触前的底物是一组被称为突触素（synapsin）的蛋白质。这一组蛋白质是由 3 种不同的基因 *synapsinI*、*synapsinII* 和 *synapsinIII* 编码，突触素的去磷酸化形式在功能上相当于"锚"的作用，将突触囊泡固定于细胞骨架上。离体实验研究显示突触素 I 的磷酸化能提高囊泡的活动度，注射 CaMKII 或已磷酸化的突触素 I 到枪乌贼的神经轴突内可提高神经递质的释放，提示突触素 I 被 CaMKII 磷酸化介导了钙依赖性短时程突触前可塑性。

近来研究显示所有突触素 N 端丝氨酸残基对突触可塑性有重要的作用，当该残基被依赖于环磷酸腺苷的蛋白激酶（cAMP-dependent protein kinase，PKA）和 CaMKI 磷酸化后，导致突触囊泡从膜上分离开来并控制突触素与囊泡的连接。突触素 I 和突触素 II 在短时程可塑性中起重要的作用，但如果只是其中突触素 I 或突触素 II 缺失对突触传递只有很小的影响，而两者同时缺失可导致 PTP 大幅度减弱。

应用缺失特殊突触蛋白质的突变小鼠来研究短时程突触抑制发现，敲除 GTP 结合蛋白 rab3a 引起重复刺激过程中突触传递抑制率升高，这是由于神经末梢每一动作电位引起突触囊泡释放数目增加，进而导致突触囊泡的耗竭。单一突触素 II 缺失或者突触素 I 和突触素 II 缺失可明显引起突触囊泡库减少，从而引起短时程抑制。

（二）突触前受体调控递质的释放

除了上述突触前末梢内在因素影响短时程突触可塑性外，外来因素如神经递质和激素作用于突触前受体也常影响突触前末梢的递质释放。突触前受体有离子型的，如烟碱样 Ach 受体和 GABA_A 受体，也有代谢型 G 蛋白偶联受体。这些突触前受体可以是自身受体，被神经末梢本身释放的递质激活；也可以是被其他神经末梢释放递质所激活的受体。1961 年 Dudel 和 Kuffler 用小龙虾（crayfish）神经肌肉接头为样本，报道了短时程突触前抑制的机制，抑制性神经元释放的 GABA 作用于神经末梢的 GABA_A 产生抑制性突触后电位，使神经末梢兴奋性下降，神经末梢释放兴奋性递质谷氨酸减少。突触前受体的激活也可引起突触前易化，如突触前烟碱样受体激活可以增加 Ach 和谷氨酸的释放，可能的原因是烟碱样受体激活引起钙离子内流增加，提高了神经末梢内钙离子浓度。

1. 突触前抑制

最常见一种突触前抑制是突触前代谢型 G 蛋白偶联受体介导的短时程异突触可塑性，这种受体介导的 G 蛋白激活通过两种机制引起神经递质释放减少：抑制突触前末梢钙离子浓度的升高或直接调控突触前释放机制。早在 20 世纪 70 年代，人们发现神经递质可通过抑制电压门控钙通道，使钙离子减少而引起突触前抑制。去甲肾上腺素

(norepinephrine，NE）作用于突触前肾上腺素能 α2 受体，抑制了神经末梢上的 N 型钙离子通道，使自身末梢释放减小。在 20 世纪 90 年代应用钙成像技术观察到在许多形式的突触前抑制过程中，突触前神经末梢钙离子内流减少，以后利用膜片钳技术直接记录到了 G 蛋白激活后突触前神经末梢钙通道的抑制。另外，有研究表明 G 蛋白偶联受体激活后即引起突触前钙通道抑制，也同时激活突触前的钾通道，增大的钾电流通过加快动作电位复极化进而使钙离子内流减少。

　　通过作用于钙离子内流以后的下游环节也可以引起突触前抑制，当分别激动海马神经元突触前腺苷受体、GABAB 受体和 δ-阿片受体时，可引起突触前抑制。尽管引起突触前抑制钙离子内流的下游环节仍然不是很清楚，但钙离子内流与这种类型的突触前抑制的关系不大，因为直接给予钙离子使突触前钙离子浓度升高时，上述 3 种受体激动后仍然引起突触自发释放活动频率减少。应用 FM1-43 荧光染料检测突触囊泡重吸收率，GABAB 受体激动对囊泡递质的重吸收没有影响。

2. 突触前易化

　　突触前代谢型受体激活也可引起递质释放的增加。例如，5-羟色胺（5-hydroxytryptamine，5-HT）作用于海兔感觉-运动神经元突触前 5-HT 受体，引起突触前递质释放增加。与突触前抑制相似，通过两种机制引起神经递质释放增加：突触前末梢钙离子浓度的升高或直接调控突触前释放机制，或两者皆有。有 3 种可能的途径引起突触前钙浓度增加：①直接调控突触前电压门控钙通道；②调控突触前钾通道使动作电位变宽，间接引起钙离子内流增加；③突触前神经元细胞内钙库释放钙离子增加。当用药理学的方法阻断钾通道或者直接注射电流到突触前末梢，人为地变宽突触前动作电位，能显著性地增加突触前神经末梢钙离子内流和神经递质的释放。神经末梢动作电位引起电压门控钙通道开放概率的增加和开放时间的延长，都能导致钙离子内流增加。有实验显示，突触前神经末梢钙离子浓度上升 20% 能引起大幅度（约 100% 多）提高神经递质的释放。

（三）海兔感觉-运动神经突触前易化引起的行为致敏

　　Eric Kandel 等长期用一种被称为海兔（*Aplysia*）的低等海洋生物进行学习和记忆的研究，当强的伤害性刺激作用于海兔的头或尾时，引起海兔缩鳃反应和尾部伤害性规避反射增强，这种致敏行为本身就是海兔为了更好地适应环境而做出的保护性反射。其细胞机制是由于海兔中间性调制神经元释放 5-HT 引起海兔感觉-运动神经突触传递增加所致，原因是感觉神经元末梢钙离子内流增加和钙离子内流以后的下游环节受到调制而引起神经递质释放增加（图 7-6），海兔的致敏行为实际上是突触可塑性增强为基础的学习记忆的过程，所以被很好地用来研究短时程和长时程学习和记忆神经基础。

　　在 20 世纪 70 年代最初的研究发现 5-HT 能加宽海兔突触前感觉神经元胞体动作电位的时程，以后电压钳工作显示 5-HT 的主要作用是减少细胞膜上慢激活外向钾电流，这一发现引导出一简单的假说：突触前易化是由于动作电位变宽的缘故。进一步的膜片钳工作显示神经元膜上存在一种在静息电位下开放的背景钾电流（Ik，s），5-HT 能引

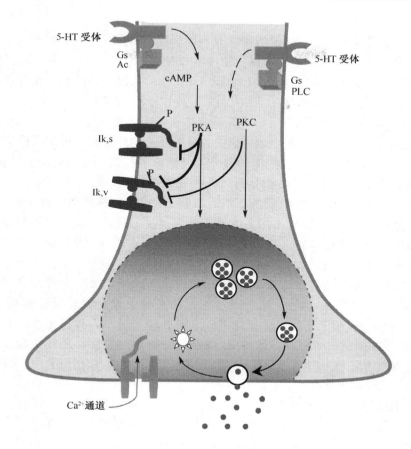

图 7-6　海兔神经递质释放的短时程易化

5-HT 作用于两种 GPCR 受体，激活 PKA 和 PKC 信号通路。PKA 磷酸化两种钾通
道 Ik，s 和 Ik，v，对两种钾电流起降调作用，使钙离子内流增加、递质释放增多，
PKA 也能直接作用于递质释放机制，易化递质释放。PKC 降调 Ik，v 并直接作用于
释放机制，使递质释放增加

起该电流的关闭，该作用能够被细胞内 cAMP 调制。cAMP 激活蛋白激酶 A（PKA），
后者对背景钾电流通道本身或与通道偶联的蛋白质直接磷酸化而关闭该钾通道。尽管背
景钾电流最初被认为介导了动作电位时程的变宽，后来的工作显示该电流更重要的作用
是减少静息钾电导和增加感觉神经元的兴奋性。90 年代以来的工作表明，动作电位时
相变宽是由于细胞膜上的延迟整流钾电流（Ik，v）减少所致，5-HT 激活 PKA 和蛋白
激酶 C（PKC）后导致延迟整流钾电流减少。PKC 主要在动作电位变宽的晚时相起作
用，而 PKA 的磷酸化主要贡献在动作电位变宽的早时相。电压钳实验的工作支持上述
动作电位变宽引起突触前易化的假说，海兔感觉神经元胞体去极化可引起末梢释放神经
递质，5-HT 引起突触前动作电位时程 10％～20％的增加能够造成递质释放 150％～
200％的升高。如果用电压钳定去极化的时程，5-HT 将不能增加神经递质的释放。利
用钙成像技术研究海兔培养感觉-运动神经元突触，5-HT 确实能够提高突触前末梢的
钙离子内流。突触前易化与神经末梢钙离子内流相关联，钙离子内流越多，突触前易化

程度越大。

　　然而，突触前末梢钙离子内流的增加并不能解释全部由 5-HT 引起的效应，事实上 Eric Kandel 等在 20 世纪 90 年代发现，动作电位变宽和钙内流增加引起的突触前易化作用取决于突触本身的活动。尽管 5-HT 能易化受压抑突触的活动，但这种现象并不是 5-HT 引起动作电位时程变宽所致，因为利用电压钳接增加神经元去极化的时程或者用钾离子通道阻断剂变宽动作电位后，不能引起神经递质释放的增加。这一实验结果提示除了动作电位时程和钙离子内流的因素外，5-HT 可通过其他非钙机制引起突触前递质释放增加。5-HT 能提高海兔感觉-运动神经元突触自发性微兴奋性突触后电位（mEP-SP）的频率，这个作用并不是突触前钙离子浓度改变所致，因为去掉细胞外钙离子或者将钙离子螯合剂注入感觉神经元内，不能取消上述 mEPSP 频率增加的效应。此外，在培养神经元和海兔发育早期，5-HT 能提高递质释放，同时并没有引起明显的动作电位时程的增加，而是通过非钙机制和钙离子内流后的下游环节包括调制末梢内囊泡释放装置而引起神经递质释放增加。

　　那么，有哪些第二信使参与了 5-HT 引起的突触前易化作用，生物化学研究表明 5-HT 能激活 PKA 和 PKC 信号通路并通过它们的介导引起突触前易化作用，PKA 和 PKC 的易化作用又取决于突触的功能状态。当突触活动强时，其易化作用在很大程度上被 PKA 特异性抑制剂所阻断，而 PKC 通路的抑制剂对易化作用几乎没有影响；相反，对于受压抑的突触，PKA 抑制剂基本上不能阻断突触前易化作用，而 PKC 通路在这类突触前易化中起重要作用。

　　电击海兔尾部的在体研究或者给予 5min 5-HT 处理的培养感觉-运动神经突触标本，尾部伤害性规避反射增强和突触传递的增加通常能够持续好几分钟，但最终会回到刺激前的水平。然而，反复电击尾部或者多次给予 5-HT，能使尾部伤害性规避反射增强和递质释放增加至 24h 以上，这种效应被称为长时程易化作用（long-term facilita-tion，LTF），这是由于 PKA 调节亚单位的蛋白质水解，引起长时间 cAMP 非依赖性的 PKA 激活。与短时程易化不同的是，LTF 形成过程包括持续的新的神经末梢形成并增加突触前、后的接触面积，新的蛋白质合成以及 CREB 调制的几种早时相基因转录的激活，而早时相基因的蛋白水解酶产物在长时间激活 PKA 中起重要作用。用高频率刺激小龙虾神经肌肉接头引起的 LTF 过程中，也观察到蛋白质合成依赖的新的突触形成。

三、突触后可塑性机制

　　上述突触可塑性的描述集中于突触前递质的释放和相关机制，事实上突触后膜对突触前末梢神经递质反应的变化也能引起突触传递效能的改变，这种突触后膜的变化包括功能性受体数目增减和（或）递质与受体结合效能的变化，最常见突触后可塑性机制是由于丝氨酸/苏氨酸或蛋白酪氨酸激酶直接对离子型受体磷酸化引起的。

（一）烟碱样胆碱能受体的磷酸化及调制

　　烟碱样胆碱能受体（nicotinic acetylcholine receptor，nAchR）是第一个被发现的

能够被蛋白激酶磷酸化的受体通道，该受体是一个由 4 种亚单位组成的五聚体：2 个 α 亚单位、一个 β 亚单位和 γ 亚单位以及一个 δ 亚单位，每个亚单位包括一个细胞外的 N 端、4 个跨膜片段（M1～M4）和一个细胞外的 C 端，每个 nAchR 有 2 个由 α 亚单位与 γ 亚单位或者 δ 亚单位所形成的 Ach 结合位点（图 7-7）。

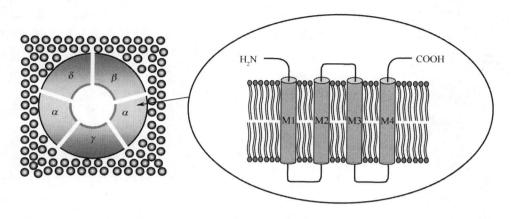

图 7-7　烟碱样胆碱能受体模式图

研究显示，几种蛋白激酶，如 PKA、PKC 和蛋白酪氨酸激酶能对 nAchR 不同的亚单位磷酸化，所有的磷酸化位点位于细胞内第 3 与第 4 跨膜片段（M3 和 M4）连接环上，磷酸化的主要作用是提高受体的脱敏速率，减少受体的功能活动。多数情况下 nAchR 功能的磷酸化研究主要是依靠蛋白激酶的激动剂这种药理学方法进行的，但也有实验对受体磷酸化的生理过程进行了描述。在神经肌肉接头，一种被称为降钙素基因相关肽（CGRP）的神经多肽能与 Ach 一起被运动神经末梢释放，CGRP 与肌肉膜上的 G 蛋白偶联受体结合，引起肌肉内 cAMP 水平升高，激活 PKA 后对 nAchRγ 和 δ 亚单位磷酸化，增加 nAchR 受体的脱敏速率。神经递质 Ach 本身也可作为一种调质，Ach 与 nAchR 结合造成大量钙离子通过 nAchR 内流，激活胞内 PKC 信号通路，磷酸化 nAchR 受体后使其活动下降。

（二）GABA_A 受体磷酸化及调制

离子型 GABA_A 受体也受到几种蛋白激酶磷酸化，从而调制其受体功能。与 nAchR 相似，GABA_A 受体是一个由 3 种亚单位组成的五聚体：α 和 β 以及 γ 亚单位，每个亚单位包括一个细胞外的 N 端、4 个跨膜片段（M1～M4）和一个细胞外的 C 端，所有的磷酸化位点位于细胞内第 3 与第 4 跨膜片段（M3 和 M4）连接环上，PKA、PKC 和 CaMKII 以及依赖于 cGMP 的蛋白激酶能对 β 亚单位上的丝氨酸残基磷酸化，PKC 和 CaMKII 也能够对 γ 亚单位上的丝氨酸残基磷酸化。此外，一种非受体酪氨酸激酶-v-Src 对 γ 亚单位上的酪氨酸残基也有磷酸化作用。

对自然和重组的 GABA_A 受体研究发现，磷酸化该受体后通常是减弱 GABA 激活的电流。例如，PKA 对受体 β 亚单位上的一个丝氨酸残基磷酸化后，引起受体功能的降调作用并使受体的脱敏过程加快。然而，PKA 通过激活 G 蛋白偶联受体，增大视网膜神经元和小脑 Purkinje 神经元的 GABA 激活电流幅度，不过不清楚该效应是 GABA_A 受体直接磷酸化的结果，还是其他调节蛋白质被磷酸化的间接作用。

与 PKA 作用相似，尽管 PKC 可对 β 亚单位上能被 PKA 磷酸化的同一丝氨酸残基磷酸化，抑制 GABA_A 受体的功能，但是 PKC 抑制 GABA_A 受体的作用主要是通过磷酸化 γ 亚单位上的丝氨酸残基实现的。与 PKA 和 PKC 的抑制作用相反，对 β 和 γ 亚单位上酪氨酸残基磷酸化，造成 GABA 激活电流幅度增大。尽管对 GABA_A 受体调制机制进行了许多药理学研究，但与对 nAchR 受体的研究比较，仍然不清楚在生理状态下 GABA_A 受体是如何被调节的。

（三）离子型谷氨酸受体磷酸化及调制

离子型谷氨酸受体是第 3 类能够被蛋白激酶磷酸化的突触受体通道，包括 AMPA 受体、海人藻酸（kainate）受体和 NMDA 受体。AMPA 受体和海人藻酸受体也统称为非 NMDA 受体。AMPA 受体由 4 个同源亚单位 GluR1～GluR4 组成，NMDA 受体则由 NR1 和一个或多个 NR2A～NR2D 亚单位组成，海人藻酸受体由 GluR5～GluR7 和 KA1～KA2 亚单位组成。

谷氨酸受体在结构上不同于五聚体的 nAchR 和 GABA 受体，它是由不同跨膜亚单位形成的四聚体，所有的亚单位都有很长的 N 端并有 3 个跨膜片段 M1、M3 和 M4，辅2 片段进入细胞膜又反折回细胞内形成一个内孔环，类似钾离子通道的 P 区，C 端位于细胞内，这不同于 nAchR 和 GABA 受体，受体的谷氨酸结合位点由 N 端和 M3 与 M4 之间的连接环链组成（图 7-8）。

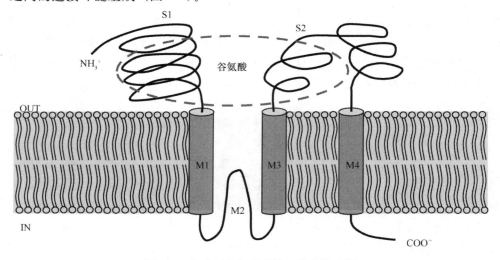

图 7-8　离子型谷氨酸受体亚单位模式图

离子型谷氨酸受体包括 AMPA 受体、海人藻酸受体和 NMDA 受体，它们的亚单位都具有相同的结构模式：很长的 N 端位于细胞外（S1 片段），C 端很短且位于细胞内侧，M1、M3 和 M4 分别是 3 个跨膜片段，M2 从细胞内侧进入细胞膜后又折返回细胞内，M3 通过 S2 片段在细胞外与 M4 相连，S1 和 S2 片段共同组成受体的配基结合位点

生物化学研究显示，上述 3 种谷氨酸受体都能够直接被丝氨酸/苏氨酸和酪氨酸激酶磷酸化，其磷酸化的位点被证实是位于受体的细胞内 C 端，例如，PKA 和 PKC 能分别对 AMPA 受体 GluR1 亚单位 C 端上不同丝氨酸残基进行磷酸化。

1. 非 NMDA 受体

有证据显示，多巴胺激活 PKA 后对视网膜水平细胞的非 NMDA 受体磷酸化，使通过非 NMDA 受体的电流增大，进一步研究证实直接激活 PKA 也能增大中枢神经元的非 NMDA 受体激动剂所诱导的电流，其中一种固定 PKA 于邻近非 NMDA 受体细胞膜的 PKA 连接蛋白可能也参与了 PKA 的作用。

PKA 对 AMPA 受体的基本磷酸化在维持正常水平的受体功能中起重要作用。在电生理实验的全细胞记录过程中，常常能观察到非 NMDA 电流有明显的衰减（run-down），而 PKA 能阻止上述现象的发生，提示非 NMDA 受体的去磷酸化导致电流的衰减。PKA 主要的磷酸化位点在 AMPA 受体 GluR1 亚单位 C 端第 845 号丝氨酸残基，对重组的海人藻酸受体研究发现，PKA 对 GluR6 亚单位 C 端第 686 号丝氨酸残基磷酸化，受体磷酸化后能够增大受体激动剂引起的非 NMDA 电流。

CaMKII 也对 AMPA 受体起调制作用，使其谷氨酸激动的电流增大，生物化学证实 CaMKII 对 GluR1 亚单位 C 端上的第 831 号丝氨酸残基直接磷酸化，从而提高 AMPA受体的功能，这种 AMPA 电流的增大是由于磷酸化引起高电导的受体通道开放频率增高的结果。PKA 和 CaMKII 对 AMPA 受体的磷酸化在哺乳动物海马的长时程突触可塑性中有重要作用。

2. NMDA 受体

多种蛋白激酶也能够对 NMDA 受体进行调节，与 AMPA 受体相似，依赖于 PKA 的磷酸化对海马神经元 NMDA 受体功能的维持有重要作用。此外，在细胞膜上与 NMDA受体相邻的磷酸酶也对 NMDA 受体基础磷酸化有调节作用，因为磷酸酶抑制剂增大 NMDA 电流，进一步研究提示磷酸酶的活性受到神经活动的调节。例如，突触传递过程中钙离子内流激活钙依赖性磷酸酶 Calcineurin，降调 NMDA 受体的活动，激活 β-肾上腺能受体能够阻止上述抑制效应，NMDA 受体在细胞膜上与一种被称为 Yotiao 中介蛋白质相联系，Yotiao 同时可以与 PKA、磷酸酶 I 和 NR2 亚单位 C 端结合，激活 β-肾上腺能受体后刺激 PKA 活性从而维持内源性磷酸激酶与磷酸酶活性的平衡来调节 NMDA受体的功能。另外，钙调蛋白（calcium/calmodulin）直接与 NR1 亚单位 C 端上抑制性位点结合，也能够降调 NMDA 受体的功能，这个作用是不依赖于受体磷酸化状态的。

对 NMDA 受体上的酪氨酸残基磷酸化，也可控制和调节 NMDA 的功能活动。酪氨酸激酶的抑制剂能够降低海马神经元 NMDA 电流的幅度，而酪氨酸磷酸酶抑制剂则增大 NMDA 电流，说明内源性酪氨酸残基磷酸化和去磷酸化共同调节 NMDA 受体的功能。非受体酪氨酸激酶 Src 和 Fyn 对 NMDA 受体有调制作用，Fyn 能够与突触后蛋白 PSD-95 结合，PSD-95 又与 NR2 亚单位 C 端相联系，其结果是 Fyn 可与 NMDA 受体相互作用；Src 通过对 NR2A 亚单位 C 端上 3 个酪氨酸残基的磷酸化，增大 NMDA

的电流幅度；上述磷酸化还可以减少由于细胞外 Zn^{2+} 与 NMDA 受体结合后对 NMDA 受体的紧张性抑制。

四、突触效能的长时程增强

（一）NMDA 受体依赖性的长时程增强

迄今为止，没有哪种突触可塑性像海马 CA1 区（图 7-9）的 NMDA 受体依赖的长时程增强（long-term potentiation，LTP）一样，得到了神经生物学家广泛重视和深入研究。原因有以下 3 个方面：①损毁啮齿类动物、高等灵长类动物和人的海马后发现，海马作为一个中枢神经系统关键的结构在学习记忆中发挥初始存储器一样的作用。②LTP 与记忆有很多共同特点，例如，LTP 能够很快地产生并伴随重复刺激其效应在强度上得到提高，在时间上更加持久。LTP 具有输入特异性的特性，即 LTP 主要产生于受刺激的传入神经纤维相应的突触，而不是产生于同一突触后神经元上的邻近突触，LTP 的输入特异性使得神经网络储存信息的容量得以大幅度的提高。LTP 另一个特征是协同性，是指一个弱刺激本身不能产生 LTP，但当一个强刺激在同一突触后神经元的邻近突触引发 LTP 后，弱刺激也能够产生 LTP，LTP 协同性可能是回忆的结构基础并作为研究神经网络信息储存模型的指标。③LTP 在离体海马脑片标本上很容易诱导

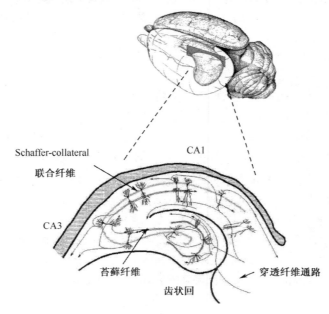

图 7-9　大鼠海马结构模式图

海马是皮层的一个组成部分，发育上比新皮层老的结构，组织上只有 3 层结构。海马本身由 CA1 区、CA3 区和齿状回 3 个部分组成，其中 CA1 区和 CA3 区的主要神经元是锥体细胞，齿状回的主要神经元是颗粒胞。主要的兴奋性联系：Entorhinal 皮层→穿透纤维通路→齿状回→苔藓纤维→CA3→Schaffer-collateral 联合纤维→CA1→海马白质→Entorhinal 皮层

产生，有利于对 LTP 进行研究分析，事实上已知 LTP 的细胞机制主要是从上述离体脑片中两类兴奋性突触的实验中得到的，包括 Schaffer 并行联合纤维与 CA1 区锥体神经元的顶树突之间形成的兴奋性突触和海马齿状回颗粒细胞的苔藓纤维末梢与 CA3 区的锥体神经元树突形成的兴奋性突触（图 7-10）。

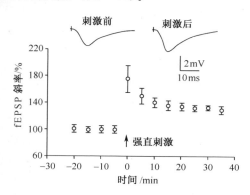

图 7-10　离体海马脑片中 CA3-CA1 突触的 LTP 表达

短暂强直刺激 Schaffer-collateral 联合纤维（100Hz，1s，两串脉冲），在 CA1 区能够记录到幅度和斜率增大的场电位，这种增强的突触反应被称为 LTP，通常在强直刺激引起 LTP 表达后 30min，突触传递的增强仍然比刺激前高出 30% 以上

　　事实上，除了上述海马不同区域的兴奋性突触能够观察到 LTP 外，在皮层所有区域包括视皮层、体感皮层和运动皮层以及前额叶皮层、杏仁复合体、丘脑、新纹状体、伏核、腹侧被盖区和小脑，即在哺乳类动物脑内的兴奋性突触都能够观察到 LTP 现象。LTP 除了与学习和记忆有关外，在不同的脑区 LTP 可能还发挥不同的功能。

1. NMDA 受体和钙离子的作用

　　1973 年 Bliss 和他的同事们在伦敦出版的《生理学杂志》首次报道，刺激清醒家兔穿透纤维后在海马齿状回能够记录到突触传递的长时程增强。在以后的三十多年中，随着对 LTP 分子机制的深入研究，发现 NMDA 受体在诱导 LTP 产生过程中起着关键性的作用。如前所述，谷氨酸受体主要是 AMPA 和 NMDA 两种亚型，AMPA 受体本身是一个单价阳离子（Na^+、K^+）能够通过的通道，在细胞膜的静息电位水平附近，作为神经递质的谷氨酸与 AMPA 受体结合后主要引起 Na^+ 内向电流，与此相反，NMDA 受体具有很强的电压依赖性，细胞外的 Mg^{2+} 在静息膜电位水平能够阻塞 NMDA 受体通道，其结果是 NMDA 受体基本上不参与低频突触活动中突触后反应。然而，当细胞去极化时使 Mg^{2+} 与 NMDA 受体通道内的结合位点解离开来，造成 Ca^{2+} 和 Na^+ 通过 NMDA 受体内流到神经元的树突嵴（图 7-11），细胞内钙离子浓度的升高足够引发 LTP 的产生，因此诱导 LTP 产生的必要条件是激活突触后神经元的 NMDA 受体。在实验过程中，通常用两种方法来诱导海马 CA1 区的 LTP 的产生：①用 25～100Hz 的高频刺激其传入纤维；②直接注射电流使 CA1 区的锥体细胞去极化同时用低频刺激其传入纤维。

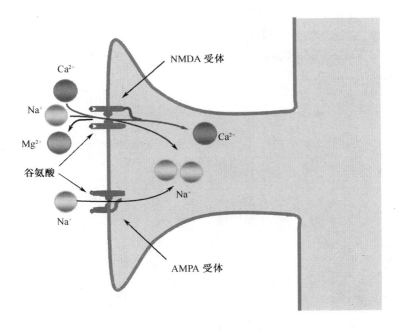

图 7-11　NMDA 受体依赖性 LTP 诱导模型

在正常突触传递过程中，突触前末梢释放的谷氨酸作用于突触后 AMPA 和 NMDA
受体，Na^+ 通过激活后 AMPA 受体入细胞内，而 Mg^{2+} 堵塞 NMDA 受体使 Na^+ 不
能够通过该通道进入细胞内。突触后细胞去极化解除 Mg^{2+} 对 NMDA 受体堵塞，
允许 Na^+ 和 Ca^{2+} 通过 NMDA 受体进入树突嵴，从而触发 LTP 形成

　　有大量的实验证据支持上述 LTP 产生的模型。例如，NMDA 受体特异性的拮抗剂
对基础状态的突触传递只有很小的影响，导入 Ca^{2+} 螯合剂到突触后细胞内阻止内钙升
高能够妨碍 LTP 的产生，相反增加突触后神经元的 Ca^{2+} 浓度可模拟诱导 LTP，应用钙
成像技术发现 NMDA 受体激活后能够显著性升高树突嵴内的 Ca^{2+} 水平，Ca^{2+} 在突触后
神经元内仅仅需要持续 $1{\sim}3s$ 的升高就足够诱导 LTP 的产生。

　　当 NMDA 受体激活造成突触后 Ca^{2+} 浓度升高不足以到达诱导 LTP 产生的阈值时，
可以造成突触短时程增强（STP），在突触活动升高 $5{\sim}20min$ 后又回到基础水平，也可
以引起突触的长时程抑制现象（long-term depression，LTD）（LTD 在本章不做进一步
的讨论）。任何能够造成突触后树突嵴内 Ca^{2+} 水平的升高或者改变 Ca^{2+} 动力学性质的
实验操作，都可以影响突触的可塑性变化，例如，激活电压依赖性的钙通道也引起突触
后 Ca^{2+} 水平的升高，从而触发 LTP、STP 或者 LTD 的产生。然而，也许是 Ca^{2+} 通道
在突触后神经元空间分布的缘故，通过 Ca^{2+} 通道诱导 LTP 的机制不同于 NMDA 受体
依赖性 LTP 的形成过程。

2. LTP 诱导机制

　　已知道，有许多信号分子参与了细胞内第二信使——Ca^{2+} 的信号转导，但是仅仅
其中部分的信号分子在 LTP 过程中起作用。换句话讲，一些信号分子对 LTP 形成有直
接的作用，另一些分子对 LTP 起调节作用。例如，能使 NMDA 受体活动升调或者降

调的任何措施都能增加或者减小诱导 LTP 形成的能力，尽管这些措施可能在 LTP 形成过程中是不必要的。与此相似，任何能够影响突触后去极化的因素，如钾通道的开与关，也能影响 LTP 产生的能力。因此，判断信号分子是否与 LTP 形成有关，应该满足以下的条件：首先，诱导 LTP 产生的刺激能够产生或者激活该信号分子，不能诱导 LTP 产生的刺激不能够产生或者激活该信号分子；其次，阻断该信号分子参与的信号通路后，能够阻断 LTP 的产生；最后，激活该信号分子参与的信号通路，即使没有 LTP 的诱导刺激，也能够导致 LTP 的形成。

目前，神经生物学家普遍接受这样的观点，即 CaMKII 在 LTP 形成过程中起着一个关键分子的作用，也已发现在突触后致密带（postsynaptic density，PSD）中有高浓度的 CaMKII 存在，当在第 286 位点上的苏氨酸残基自动磷酸化后，CaMKII 的活性不再依赖钙-钙调蛋白分子。用 CaMKII 抑制剂或者敲除 CaMKII 后，能够阻碍 LTP 的产生。然而，即便是大家普遍接受与 LTP 有关的 CaMKII 信号通路，有的实验结果也令人困惑，例如，转基因小鼠过量表达持续活化的 CaMKII 分子，尽管不能阻断 LTP 的形成，但对正常情况下 5～10Hz 传入刺激能够引起的 LTP 有抑制作用。此外，敲除 CaMKII 分子后，小鼠的脑内仍然可以诱导出只有正常小鼠一半的 LTP，提示除了 CaMKII 外，其他的激酶在 LTP 形成中可能有重要作用，CaMKII 除了在 LTP 诱导过程中起作用外还有其他的作用，因为不论是过量表达还是敲除 CaMKII 的小鼠，都是出生数周后才被用于实验研究，在相关突触中有可能出现生物化学方面的代偿变化。

生物化学的数据也支持 CaMKII 在 LTP 形成中起关键作用的观点，触发 LTP 产生后存在 CaMKII 的自动磷酸化，进一步使得与 PSD 相连的 AMPA 受体 GluR1 亚单位磷酸化，当 CaMKII 定点突变第 286 位点上的苏氨酸残基后，造成 CaMKII 不能够自动磷酸化，用这样突变的 CaMKII 取代正常内源性的 CaMKII 后，能够有效地阻断 LTP 的产生。

其他几种蛋白激酶在 LTP 诱导过程中也起着重要的作用，但已有的实验证据显示它们的作用不比 CaMKII 重要，激活后的 PKA 通过降低蛋白磷酸酶的活性间接地增加 CaMKII 的作用，PKA 可能在蛋白质合成晚时相的 LTP 中起重要作用（本章不做进一步的介绍）。PKC 也可能起着与 CaMKII 类似的作用，据报道 PKC 的抑制剂能够阻断 LTP 的产生，导入 PKC 到 CA1 的锥体细胞内可增强突触传递。但是，不清楚 PKC 是否利用了与 CaMKII 一样的机制来增强突触传递的。此外，Fyn 和 Src 这两种非受体酪氨酸激酶以及磷酸化丝氨酸/苏氨酸残基的 MAP 激酶也在 LTP 的形成过程中起作用，Src 通过提高 NMDA 受体的功能活动而 MAP 激酶通过降调钾通道的作用，参与了突触 LTP 触发过程。

另外，逆行性信号分子也可能在 LTP 产生过程中起重要的作用，这类物质在突触后神经元产生后被释放到突触间隙，通过弥散作用于突触前神经元，从而提高突触前神经末梢释放递质，在本章的后面部分将对逆行性信号分子在 LTP 产生过程中的作用做进一步的讨论。

3. LTP 表达机制

在过去的十几年里，人们不是对 LTP 本身产生怀疑，争论的焦点是 LTP 表达到底主要是突触前还是突触后机制诱导的，回答这个问题的障碍主要是技术上存在困难，当人们试图检查一个突触的变化时，在神经网络中的一个神经元上有 10 000 个或以上的突触，使得观察单突触变化的努力变得非常具有挑战性。目前，人们普遍接受这样一种观点，最简单的突触后机制是 AMPA 受体功能和（或）数量的变化诱导了 LTP 的产生，与此相对的是突触前递质释放概率的变化为最简单的突触前机制。当然，神经元间新的突触形成是介导 LTP 产生的第 3 种可能性，但在本章不做进一步的讨论。

20 世纪 80 年代人们试图回答是否突触前机制参与 LTP 的形成时，发现诱导产生 LTP 后，细胞外的谷氨酸水平升高。人们推测突触后释放的某些逆行性分子在 LTP 形成过程中可能是必要的。然而，后来的研究发现对实验结果的解释有误差，另外有关逆行性分子的实验结果难以重复。目前为止，人们仍然不确信已有的技术是否能够精确地测定出突触释放的谷氨酸水平。

目前，研究 LTP 被表达在突触前还是突触后的实验方法，绝大多数采用的是电生理分析。在这个领域一些主要电生理实验室对 LTP 的产生机制有一定程度的认同性，尽管不同实验室结果仍然存在不一致性。目前已知道，AMPA 与 NMDA 受体通常共存于同一突触上，因此增加谷氨酸释放可能同等地增大由 AMPA 和 NMDA 受体介导的突触电流。然而，大多数研究人员发现在 LTP 诱导过程中，AMPA 受体介导的兴奋性突触后电流明显大于 NMDA 受体介导的兴奋性突触后电流，这个结果强烈提示 LTP 表达是由于 AMPA 受体的增加造成的。

如果在 LTP 形成过程中存在递质释放概率的变化，那么这种递质释放概率的变化也应该影响到前面提到的各种短时程突触可塑性，不同的实验室对此有不同的报道。一些学者报道 LTP 能够影响短时程可塑性，另一些学者则认为没有。假设 LTP 的形成主要是由于递质释放的增加所致，那么在递质释放概率极高的突触上，LTP 不应该产生或者很小，事实上在非常年轻的海马突触上能够找到支持上述假说的证据，通过降低细胞外液 Ca^{2+} 浓度来减少突触递质释放概率，此时才能够检测出 LTP，在年老的海马脑片上，用药理学的办法增加递质释放概率，对 LTP 没有影响。

近来发展了两种试图更加直接测定谷氨酸释放的方法，由于胶质细胞的髓鞘紧靠突触，当激活胶质细胞上的生电式谷氨酸转运体后，在胶质细胞上能够产生可检测的电流，该电流的大小直接与突触释放谷氨酸的量成正比例关系。另一种方法是利用 NMDA 受体的阻断具有拮抗剂剂量依赖性的特点，拮抗剂引起的兴奋性突触后电流的抑制率直接与谷氨酸释放概率有关。假设在 LTP 形成前谷氨酸释放是增多的，而在 LTP 形成后谷氨酸释放不变，那么就会对上述方法的测定结果有影响。此外，上述两种方法必须假定所测出的谷氨酸是来源于诱导 LTP 产生的突触释放的。

现在回过头去再检查许多研究报告，LTP 形成过程中递质释放概率的大幅度增加存在可疑之处。另外，大量的电生理和生物化学证据显示，在 LTP 形成过程中突触后功能是明显增强的。假定每一突触囊胞内神经递质的量是固定的，那么自发兴奋性突触后电流的大小就反映了 AMPA 受体功能和（或）数量的增加，事实上在 LTP 形成过程中 AMPA 电流是增大的，短暂的给予 NMDA 或者反复激活 Ca^{2+} 通道，都使得树突峰内 Ca^{2+} 水平升高，其结果也是使 AMPA 电流增大。检测 AMPA 受体改变的更为直接的办法是测定直接给予 AMPA 受体激动剂所诱导的 AMPA 电流的大小，研究结果证实在 LTP 过程中 AMPA 受体激动剂引起的 AMPA 电流是增大的。

综上所述，AMPA 受体反应性的提高是形成 LTP 的主要机制之一。那么，AMPA 受体反应性是如何提高的呢？AMPA 受体 GluR1 亚单位的磷酸化是原因之一，如前所述，AMPA 受体是由 4 个亚单位组成的，在 CA1 的锥体细胞 AMPA 受体主要由 GluR1 和 GluR2 亚单位组成，CaMKII 对 GluR1 亚单位第 831 位点上的丝氨酸残基进行磷酸化，PKA 则是对第 845 位点上丝氨酸残基磷酸化，研究证实 LTP 的过程中伴随着第 831 位点磷酸化的增强，CaMKII 抑制剂能够阻断上述效应，第 831 位点磷酸化能够增大 AMPA 受体单通道的电导，在 LTP 过程中 AMPA 受体单通道的电导值的确是增大的，提示依赖于 CaMKII 的 AMPA 受体 GluR1 亚单位磷酸化参与了 LTP 形成，敲除 GluR1 能够阻止小鼠 CA1 锥体细胞 LTP 的形成，这一发现支持上述 AMPA 受体 GluR1 在 LTP 形成过程中起重要作用的观点。

4. 递质释放分析和静息突触

尽管已有的实验证据强烈提示突触后机制参与了 LTP，但也有数据显示 LTP 形成是递质释放概率的升高所致，支持后者的主要证据是递质释放具有概率性的特点，当动作电位到达神经末梢时，就单一突触而言递质量子性释放概率仅为 $10\%\sim40\%$。因此，当数量很小的突触被激活时，在突触后有时能够记录到一个混合的 EPSC，有时则不能，即突触传递"丢失"。现在已经知道 LTP 能够引起突触传递"丢失"比例下降，假定这种突触传递"丢失"是由于动作电位没能引起神经递质释放，那么 LTP 引起突触传递"丢失"比例的下降可以被解释为在 LTP 中神经递质释放概率是增加的。与这个结论相一致的发现是，在 LTP 过程中 EPSC 的变异系数（coefficient of variation，CV）是减小的，目前认为 EPSC 的变异系数大小与突触释放的囊泡数目成反比关系。

支持递质释放概率增加是 LTP 形成的主要实验证据来自于对单突触传递的研究。在 20 世纪 90 年代 Stevens 和 Siegelbaum 两个实验室分别报道，LTP 诱导产生后，不仅单突触传递"丢失"比例下降，而且更为重要的是 LTP 形成前后，可记录的 EPSC 电流幅度没有变化，如果在 LTP 形成过程中存在突触后调节机制，那么这种 EPSC 电流幅度就应该增大，上述观察说明 LTP 是突触前递质释放增加所致。

然而，上述突触前的实验结果很难被其他学者重复出来，并且一些实验技术手段的合理性也受到质疑。上述结果最令人困惑的问题是：LTP 引起的突触传递"丢失"比率变化和 EPSC 的变异系数的减小是如何与 LTP 过程中突触后受体的变化相一致。1995 年 Roberto Malinow 实验室报道，AMPA 受体介导 EPSC 的变异系数是明显高于 NMDA 受体介导 EPSC 的变异系数，这个发现提示突触释放的谷氨酸激活含 NMDA 受体的突触数目是多于含 AMPA 受体突触的。对这种现象最简单的解释是，一些突触只表达 NMDA 受体，而另一些突触表达 AMPA 和 NMDA 两种受体。只表达 NMDA 受体的突触在细胞膜超极化电位下，在功能上表现为"静息状态"，即无电流通过 NMDA 通道，当突触前释放的谷氨酸作用于 NMDA 受体，不能够引起突触反应。然而，如果在上述"静息"突触中存在着活动诱导性 AMPA 受体的表达，就可以在这类"静息"突触上引发 LTP，理论上就可以解释为什么在 LTP 过程中伴随着突触前递质释放的变化。尽管如此，LTP 诱导"静息"突触向"功能"突触转变的假说，并不能解释单突触研究中 LTP 形成前后为什么 EPSC 电流幅度没有变化。

迄今为止，有合理的和强的证据支持上述"静息"突触的假说：①电生理实验中，可能仅仅记录到由 NMDA 受体介导的 EPSC 的突触，在给予能诱导 LTP 的措施后，在同一突触上能够记录到 AMPA 受体介导的 EPSC。②运用免疫金标记的电子显微镜方法，发现有一定比例的发育中海马和海马培养神经元上，不能检测到 AMPA 受体，相反在所有海马突触上存在 NMDA 受体。另外，也有人报道在不表达 NMDA 受体依赖性 LTP 的突触上，总是存在一定数量的 AMPA 受体。③在表达了 GFP-GluR1 融合蛋白（green fluorescent protein-GluR1 fusion protein）神经元，激活 NMDA 受体后引起树突嵴上荧光度的升高。相反，在培养海马神经元上 NMDA 受体依赖性的 LTD 引起 AMPA 受体从突触上"丢失"，这些结果提示突触活动的变化可以引起突触上 AMPA 受体的重新分布。④在突触上，AMPA 和 NMDA 受体与不同的蛋白质相互作用，显示它们可能受不同的机制调节。⑤突触后细胞膜融合的蛋白质能够与 AMPA 受体相互作用，干扰突触后细胞膜融合能阻止 LTP 的产生，提示细胞膜融合是 AMPA 受体插入到细胞膜表面的重要机制。

上述许多实验数据与图 7-12 的简单模型相一致，即 AMPA 受体的磷酸化和在突触膜上转运表达与聚集导致 LTP 的形成。尽管不清楚在突触膜上活动依赖性 AMPA 受体是怎样转运表达的，但已有实验结果显示，直接激活 NMDA 受体后引起依赖于 Dynamin 的 AMPA 受体入胞活动，并且存在一个 AMPA 受体库，使得 AMPA 受体能够快速进出突触后致密带。培养海马 CA1 锥体细胞过量表达 CaMKII 或者诱导 LTP 后，能够观察到由 GluR1 亚单位组成的重组 AMPA 受体插入到突触细胞膜上，最近的研究表明上述 AMPA 受体插入到突触细胞膜上过程是通过 Ras-MAP 激酶信号通路介导的。那么，在 LTP 形成中补充到突触后致密带的 AMPA 受体到底来自何方？可能的解释是来自树突嵴的细胞质、邻近突触后致密带细胞膜上的 AMPA 受体以及树突嵴基底的树突干。目前形态学的研究大多支持后一种假说。

最后，基于 NMDA 受体对谷氨酸的亲和力远高于 AMPA 受体的事实，对上述简单的静息突触假说可做出不同的解读。根据"溢出"学说，在一个突触所释放的谷氨酸可以扩散到邻近的突触，由于扩散过程导致谷氨酸浓度下降，低浓度的谷氨酸仅仅选择性激活邻近突触上的 NMDA 受体。2000 年 Richard Tsien 实验室根据他们的实验数据认为，由于囊泡与突触前膜不完全融合，引起囊泡中的谷氨酸以较低的速度流入突触间隙，使得突触间隙中的谷氨酸浓度变低，导致在静息突触上仅仅 NMDA 受体被选择性激活。根据这种说法，LTP 的产生是由于突触囊泡从不完全融合到完全融合造成高浓度的谷氨酸激活 AMPA 受体所致。

5. 突触后逆行性信使

尽管上述 LTP 的突触后学说可以解释许多实验结果，但是并不能排除突触前机制参与了 LTP 的形成，事实上一些实验结果强烈支持突触前变化与 LTP 有关。如前所述，一些实验室报道 LTP 诱导产生后，单突触传递"丢失"比例下降并没有伴随 EPSC 电流幅度的变化，其原因只能被解释为 LTP 导致突触前递质释放概率增加。另外，用 FM 荧光染料标记突触囊泡测定其出入胞循环过程，发现囊泡的入胞过程明显呈现活动

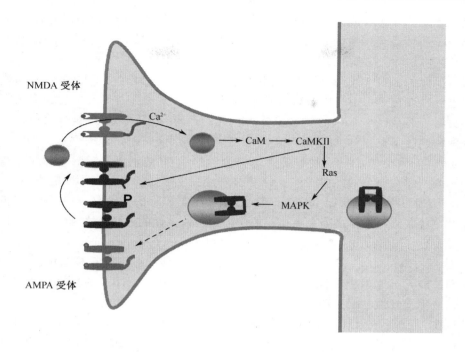

图 7-12　AMPA 及 NMDA 受体激活途径模式图

NMDA 受体依赖性 LTP 中突触后静息突触的激活钙通过 NMDA 受体内流入树突嵴后与 CaM
结合，激活 CaMKII 使膜上 AMPA 受体磷酸化，增加 AMPA 受体通道的电导，CaMKII 同时激
活 Ras-MAPK 信号通路，使细胞内的"储备" AMPA 受体装备到树突嵴膜上，增加突触后细胞
对递质谷氨酸反应，增强突触传递效能

依赖性和 NMDA 受体依赖性的加快。

　　由于存在这种可能性即突触前的变化对 NMDA 受体依赖性 LTP 的产生有贡献，
一直以来人们努力地寻找这类在 LTP 过程中由突触后细胞释放后反向作用于突触前的
逆行性分子。在 LTP 过程中这类拟议中的逆行性分子必须满足以下的条件：首先，激
活树突上的 NMDA 受体后，这类分子必须在树突上产生；其次，抑制其产生过程，应
该阻断 LTP 的形成；最后，即便有 NMDA 受体拮抗剂存在，给予这类物质应该可以
引起突触传递增强。

　　这类拟议中逆行性分子被研究最多的是一氧化氮（NO）。NO 引人注目的特点在
于：当 NMDA 受体激活后造成突触后钙－钙调素浓度升高，继而激活合成 NO 的
酶——一氧化氮合成酶（nitric oxide synthase，NOS）。最初的研究发现 NOS 抑制剂能
够阻断 LTP 的产生，然而以后的工作显示这种 LTP 的阻断是高度依赖于实验条件的，
而且在缺乏 NOS 酶活性实验中仍然可以诱导出 LTP，这有可能是由于对实验数据存在
不同解释造成的，所以人们迫切想知道直接给予 NO 这种气体能否引起突触传递的增加
并使已经产生的 LTP 能够进一步增大。实验的结果令人失望，像许多 LTP 的研究发现
一样，报道的结果常常是相互矛盾的。有研究人员发现 NO 能够引起海马脑片和海马培
养神经细胞突触活动的增强，这种效应可能是 NO 引起突触前鸟苷酸环化酶和 cGMP
依赖性蛋白激酶活性增加所致；另有实验室报道敲除神经元源性的和内皮细胞源性的
NOS（正常情况下这两种酶在海马都有表达），很大程度上能够抑制海马 CA1 区 LTP

的形成。然而，有许多实验室并不能重复上述实验结果，有学者报道敲除掉小鼠 CA1 区的 cGMP 依赖性蛋白激酶并没有影响 CA1 区的 LTP 形成。因此，目前很难下结论 NO 的产生对 LTP 形成是一定需要的。

当然不同的 LTP 可能有不同的机制参与，一些实验支持这种 LTP 产生的多样性机制的观点。已知道 Schaffer 并行联合纤维不仅与 CA1 区锥体神经元的顶树突之间形成兴奋性突触。而且也与 CA1 区同一锥体神经元的基树突之间形成兴奋性突触，有学者比较这两种突触 LTP 产生机制后发现，NOS 的抑制剂能够阻断顶树突上 LTP 的产生，而敲除了 NOS 后小鼠 CA1 锥体神经元基树突上的 LTP 并未受到影响，如果这些实验结果是真的，那么提示 NO 在同一 CA1 锥体神经元上不同的突触有不同的作用。

Roger Nicoll 和其他实验室报道 CA1 锥体细胞与邻近的 GABA 抑制性中间神经元有交互性突触联系，锥体细胞去极化释放作为逆行性信使的内源性大麻素，能够逆行性作用于 GABA 抑制性中间神经元上的大麻受体-1（cannabinoid receptor-1，CB1）。CB1 是一种 G 蛋白偶联受体，药理学实验显示激活 CB1 受体后直接抑制 G 蛋白使 GABA 抑制性中间神经元上的 N 型钙通道受到抑制，其作用是降低 GABA 的释放，使锥体细胞去抑制，从而继发性易化 LTP 的形成。

其他在 LTP 形成过程中可能作为逆行性信使的分子还包括花生四烯酸、血小板激活因子以及一氧化碳，但对这些分子的研究不论在深度还是广度上都远不及 NO 和内源性大麻素，就目前实验证据而言并不完全支持这些分子就是逆行性信使。

6. 结语

尽管 NMDA 受体依赖性 LTP 学说已经被神经生物学家普遍接受，而且在这一学说研究中对阐明 LTP 突触后调节机制取得了很大的进展，但是仍然在 LTP 表达后突触前、后机制变化上有相当大的争议，这种争议在很大程度上是基于这样的事实，即不同实验室做相同的 LTP 实验，却得出不同的结果，虽然导致这种差异的原因不清楚，但有两种解释：首先是因为实验设计上的缺陷和技术上的不足，造成一些错误的实验数据得以发表，例如，认为仅仅存在一种由一组特别分子机制介导的 NMDA 受体依赖性 LTP，事实上即便这种由 NMDA 受体激活引起的 LTP 也存在由不同机制介导的可能性；在不同突触上有不同形式的 LTP 存在，例如，海马齿状回颗粒细胞的苔藓纤维末梢与 CA3 区的锥体神经元树突间突触 LTP 和小脑颗粒细胞与浦肯野细胞间突触 LTP 都不需要 NMDA 受体的激活。其次，即便对同一形式的 LTP，由于在实验过程中一些条件没有能很好地控制，如温度的变化、所用组织年龄的不同以及制备组织过程中方法的差异，都可能导致实验结果的不同。

不管是什么样的解释，有一点是清楚的，如果认为 LTP 的表达有突触前的变化参与，那么找到逆行性信使就变得很关键，在寻找这些逆行性信使过程中可以极大地促进对在 LTP 过程中突触前变化的了解。事实上，突触本身就是突触前、突触后以及突触前后之间蛋白质相互作用的结构单位，长时程突触传递效能的调制不仅有突触后树突嵴结构的变化，而且有突触前末梢结构的改变。如果这种突触变化是由突触后活动触发，如 NMDA 受体依赖性 LTP 形成中，那么一定有一些逆行性信使参与了突触前的变化。此外，有证据显示在长时程突触活动过程中，逆行性信使能够影响基因的转录并指导新的蛋白质合成，又进一步促进突触传递效能的变化。

（二）NMDA 受体非依赖性的长时程增强

尽管对长时程突触可塑性的研究主要集中在 NMDA 受体依赖性 LTP 上，但的确在一些突触上的 LTP 是不依赖于 NMDA 受体的激活，这类非 NMDA 受体依赖性 LTP 的研究主要集中于海马齿状回颗粒细胞的苔藓纤维末梢与 CA3 区的锥体神经元近段树突间突触上，也有一些实验室用小脑颗粒细胞与浦肯野细胞间突触和皮层与丘脑间突触进行研究。与 NMDA 受体依赖性 LTP 研究结果相互矛盾情形不同的是，大多数神经生物学家普遍认为苔藓纤维的非 NMDA 受体依赖性 LTP 是由突触前机制介导的。人们发现当给予 NMDA 受体拮抗剂后仍然能够诱导出 LTP，这一结果提示苔藓纤维的 LTP 可能由突触前机制介导，也可能是突触后内钙升高引起的，这种突触后内钙升高可能是通过电压依赖性 Ca^{2+} 通道或者代谢型谷氨酸受体实现的，那么注入 Ca^{2+} 螯合剂于 CA3 锥体细胞内能否阻断 LTP 呢？以 Roger Nicoll 为代表的大多数学者认为苔藓纤维的 LTP 是不依赖于突触后 Ca^{2+} 和细胞膜电位变化的，而以 Denial Johnston 为代表的少数学者不同意上述观点，他们的实验结果显示当突触后内钙增加能够触发 LTP 的产生，这种突触后内钙增加是因为突触后电压依赖性 Ca^{2+} 通道的激活导致 Ca^{2+} 内流或者代谢型谷氨酸受体激活引起细胞内钙库释放 Ca^{2+} 的缘故。

一些精细操作的实验结果支持苔藓纤维的 LTP 是由突触前机制介导的观点，除了海马齿状回颗粒细胞的苔藓纤维末梢与 CA3 区的锥体细胞近段树突形成突触外，联合纤维与 CA3 区的锥体细胞远段树突形成突触，在后者的突触能够诱导出典型的 NMDA 受体依赖性 LTP。当记录单个 CA3 细胞上突触反应时，这种反应包括了苔藓纤维和联合纤维两种不同输入的突触活动，Roger Nicoll 等将 Ca^{2+} 螯合剂注入 CA3 细胞内或者使 CA3 细胞膜超极化，能够阻断 CA3 锥体细胞远段树突上突触的 LTP 形成，但并不影响近段树突与苔藓纤维间突触的 LTP，进而给予 NMDA 受体拮抗剂不能够阻断苔藓纤维的 LTP 形成，但如减少细胞外钙能够妨碍近段树突与苔藓纤维间突触 LTP 的诱导，说明突触前 Ca^{2+} 浓度的升高对非 NMDA 受体依赖性 LTP 很重要。

目前，很少人质疑海马齿状回颗粒细胞的苔藓纤维与 CA3 区的锥体细胞近段树突间突触的 LTP 是由于突触前递质释放增加引起的，有 2 个主要的实验证据支持上述观点：①在苔藓纤维 LTP 形成过程中，双脉冲易化程度减少；②给予 NMDA 受体阻断剂 MK-801，仍然能够观察到突触前递质释放概率的明显增加。

那么突触前末梢 Ca^{2+} 浓度的瞬时升高是如何触发苔藓纤维 LTP 产生的呢？目前的实验证据显示，Ca^{2+} 升高激活钙/钙调蛋白依赖性腺苷酸环化酶，使得 cAMP 水平提高进而激活 PKA，诱发苔藓纤维 LTP 产生。PKA 抑制剂能够阻断苔藓纤维 LTP，药理性地提高 cAMP 水平可引起苔藓纤维末梢释放递质增加，但并不能进一步增强苔藓纤维已经形成的 LTP，在敲除 PKA 或钙/钙调蛋白依赖性腺苷酸环化酶的小鼠上，不能够诱导出苔藓纤维的 LTP。

PKA 的重要作用在于调节突触囊泡循环或者囊泡释放机制本身，人们正在寻找参与苔藓纤维 LTP 的 PKA 关键底物，尽管在苔藓纤维 LTP 形成过程中不能够排除 PKA

对突触前 N 型和 P 型钙通道的调节，但 Castillo 等的实验结果提示这两种钙通道对 LTP 的相对贡献没有多大的变化，要么 LTP 相同程度地提升两种钙通道引起钙内流，要么 PKA 对这两种钙通道修饰没有参与苔藓纤维的 LTP。如前所述，有几种突触囊泡蛋白确信能被 PKA 磷酸化，包括 Synapsins、α-SNAP、Rabphilin 以及 Rim，其中 Rabphilin 和 Rim 能与一种被称为 Rab3a 的小分子 GTP 结合蛋白质相互作用。在敲除小鼠体内 Synapsin I 和 Synapsin II 后，对苔藓纤维的 LTP 没有影响，相反敲除突触囊泡蛋白 Rab3a 后 LTP 不能形成。用药理的办法激活腺苷酸环化酶仍然能够提高敲除了 Rab3a 小鼠的突触传递活动，可能的解释是 PKA 通过两种独立的机制提高递质释放——对电压依赖性 Ca^{2+} 通道调节和直接影响囊泡释放机制。敲除 Rabphilin 后仍然可诱导出苔藓纤维 LTP，提示 Rim 可能作为 PKA 的关键底物之一参与调节苔藓纤维的 LTP。

随着对突触后 NMDA 受体依赖性 LTP 的深入研究，人们开始去了解产生突触前 LTP 的分子基础。目前仍然不清楚突触前 LTP 有何作用以及为什么不同的突触存在不同形式的 LTP，因此，对不同突触可塑性分子基础的进一步阐述，有助于回答上述突触可塑性中的问题。

五、神经营养因子与突触可塑性

传统上神经营养因子（neurotrophin，NT）被认为是对神经元分化和成活起调节作用的一组分泌蛋白。近年来的研究显示 NT 在突触发育和可塑性中有重要作用，NT 包括神经生长因子（nerve growth factor，NGF）、脑源性神经营养因子（brain-derived neurotrophic factor，BDNF）、神经营养因子-3（neurotrophin-3，NT3）和神经营养因子-4/5（neurotrophin-4/5，NT-4/5）。NT 能够与两类受体——酪氨酸受体激酶（tyrosine receptor kinase，Trk）和 p75 受体结合。TrkA 和 TrkB 受体分别被 NGF 和 BDNF、NT-4/5 结合，而 TrkC 受体被 NT-3 激活，激活后的 Trk 受体首先在细胞膜上形成二聚体，使得受体细胞内侧部分上的酪氨酸残基被磷酸化，从而激活细胞内特异性信号系统，调节基因表达和蛋白质合成。除了 NT 基因依赖性的长时程作用外，许多实验室报道 NT 对神经元有急性效应，如影响神经元的兴奋性和调节突触传递。

（一）NT 的表达、转运和分泌

神经系统的 NT 的表达呈现部位特异性的特点，发育中脑内 NT 表达水平能够被调节，而成年动物很多脑区 NT 表达较为恒定。NT 的表达与神经系统电活动有关，癫痫活动能够快速引起海马和大脑皮层中的 NGF 和 BDNF mRNA 水平升高，诱导海马 LTP 的电刺激也能提高海马 BDNF mRNA 表达量。此外，阻断大鼠视觉传入快速地降调视觉皮层中 BDNF mRNA 水平，重新给予光线刺激能够翻转上述变化。电活动引起 NT mRNA 表达水平变化也能在培养神经元上观察到，给予谷氨酸或者高钾溶液引起细胞去极化能够导致 BDNF 和 NGF mRNA 表达增加，而给予能降低神经元活动的 GABA 也降调 NT mRNA 水平，但是神经元 NT-3 和 NT-4/5 mRNA 表达不受神经活动的影响。

一般认为，NT 在神经元胞体合成并包裹入囊泡中，顺行运输至轴突末梢（突触前）或者逆行性转运到树突上（突触后）。在突触处的 NT 水平受到两种机制的调控，首先是对 NT 顺行性或逆行性转运的调节，其次突触后 NT 局部合成的调控。已发现神经元树突存在核糖体、粗面内质网和高尔基体等蛋白质翻译装置，有证据显示在海马脑片中突触后树突和培养海马神经元突起存在局部蛋白质的合成，去极化能加强转运 BDNF 和 TrkB mRNA 至神经元突起，并伴随 BDNF 和 TrkB 蛋白合成的明显增加。由于没有证据显示在成熟轴突末梢有蛋白质合成，突触前 NT 和 Trk 受体水平直接依赖顺行性轴浆运输和神经末梢对突触间隙内上述两种蛋白质的重吸收。

NT 从细胞分泌有两种形式——自发性的基础分泌和对外界刺激应答的调节性分泌。目前没有明确证据显示在生理情况下存在"真正的"NT 基础分泌，很难确定在"无刺激"条件下神经元没有受到任何调节性信号的影响。即使 NT 基础分泌也可能受到调控，蒲慕明实验室用培养爪蟾神经肌肉接头作为研究标本，观察到与过量表达 NT-4 肌肉细胞形成接头的神经末梢有高于正常的自发性递质释放，TrkB-IgG 能够阻断该效应，提示突触后肌肉细胞能够自发性释放 NT-4，释放的 NT-4 作为逆行性分子对突触前释放机制进行调节。目前认为 NT 分泌受到突触活动或其他因素的调节，已发现 BDNF 存在于海马神经元的致密囊泡中，谷氨酸、高钾溶液或者一定形式电刺激引起海马神经元去极化，导致 BDNF 分泌。培养感觉神经元的 BDNF 分泌与电刺激的方式有关，通常高频强直刺激能够引起更多 BDNF 释放。BDNF 活动依赖性的分泌在突触可塑性调节中起重要作用，BDNF 基因非翻译链上单一核苷酸变异引起 BDNF 前体分子 proBDNF 的一个缬氨酸残基被甲硫氨酸残基取代，使 BDNF 在海马神经元树突运输和调节性分泌受到明显地损坏，在人体表现为海马功能和海马特异性的短时程记忆的障碍。X 射线晶体结构分析显示 BDNF 分子存在一个由 4 个氨基酸残基组成的空间生物活性结构，该结构可与羧基肽酶 E（carboxypeptidase E，CPE）结合调节 BDNF 分泌活动，当敲除 CPE 后小鼠脑内 BDNF 活动依赖性分泌显著性下降。

（二）NT 与突触可塑性

1. 突触传递的急性调制

给予 BDNF 或者 NT-3 到爪蟾培养神经肌肉接头的培养液，几分钟后神经末梢的自发性和电刺激诱发递质释放明显增强，与此相似，NGF 能够加强培养交感神经-心肌细胞间突触传递。在中枢突触，NT 能够提高兴奋性突触传递和压抑抑制性突触传递。尽管报道 NT 对突触后通道有调节作用，多数情况下 NT 对突触传递的急性调节是通过突触前机制来实现的。与上述 LTP 研究情形类似，即便用相似的系统来研究 NT 对突触传递的急性调制，由于在标本和方法上不尽相同，结果也有差异。另外，BDNF 对突触的急性增强作用也与突触后神经元类型有关。BDNF 的增强效应仅仅在突触后神经元为谷氨酸能神经元的突触上，如突触后神经元是 GABA 中间神经元，则 BDNF 无作用。虽然有一些研究结果的差异，NT 在神经系统的确能够对突触传递起急性调制作用。

BDNF 增加递质释放可能是由于 BDNF 引起突触前内钙增加，导致突触囊泡出胞过程加快所致。近来证据提示突触相关蛋白质——synapsin、synaptophysin 和 synapto-brevin 是 BDNF 信号通路的下游靶分子，当突触前神经元胞体被切掉后，BDNF 仍然能够导致递质释放的急性增加，提示 BDNF 可能引起突触前末梢上的蛋白质合成或者翻译后调制作用，这与 BDNF 增加 synapsin1 磷酸化作用相一致。NT3 突触传递的增强作用是由于引起突触前内钙增加并激活细胞内 PI3 激酶系统，导致突触前末梢释放递质增加。与 BDNF 引起外钙内流增加突触前内钙不同的是，NT3 主要使细胞内 IP3 水平提高，造成细胞内钙库释放 Ca^{2+} 进入突触末梢，在 IP3 和 PI3 激酶系统共同作用下，使神经肌肉接头突触传递增强。

2. NT 和 LTP

由于 NT 具有活动依赖性分泌和对突触传递性能的急性调制作用，提示 NT 可能在 LTP 过程中起作用。敲除小鼠 *BDNF* 基因后，能够阻断海马 CA1 区 LTP 诱导，给予外源性 BDNF 或者转染能够表达 BDNF 的腺病毒到上述动物海马内，能够重新诱导出 LTP，进而用 TrkB-IgG 或者其他抗体干扰内源性 BDNF 作用可降低 LTP。那么，BDNF的突触急性增强机制参与了 LTP 形成吗？尽管有实验室报道外源性 BDNF 能够增强海马 CA1 的基础突触传递，但这一发现没有被其他实验室重复出来。鲁白实验室发现 BDNF 能够减少强直刺激引起的幼年大鼠海马 CA1 区突触递质释放的耗竭，使得 LTP 诱导过程中允许充分的突触后激活，提示 BDNF 可能没有直接调节 CA1 的 LTP 形成，而是作为允许因子（permissive factor）在 LTP 诱导、表达和维持中起作用。

与其他维持突触功能的因子不同的是，在学习过程中大鼠海马 CA1 区的 BDNF 能够快速地表达，敲除小鼠 TrkB 受体后引起动物海马依赖性学习行为的缺失，外源性 BDNF 能够阻断低频刺激视觉皮层脑片引起的 LTD 并加强强直刺激诱导的 LTP，但 BDNF 并没有影响其基础突触传递活动。在 LTP/LTD 过程中，NT 可能主要是对突触本身的状态起调节作用，而不对突触传递性能起直接的调节作用。最近的研究发现 BDNF 在海马 CA1 区 LTP 诱导后对晚时相 LTP（late-phase long-term potentiation，L-LTP）维持有很重要的作用。L-LTP 是长时程记忆的基础，与 LTP 最大不同之处在于，在 L-LTP 过程中存在基因转录和新的蛋白质合成以及突触生长。海马 CA1 的锥体细胞可能主要分泌 BDNF 前体分子 proBDNF，在海马 CA1 区中还存在一种分泌蛋白-组织纤维蛋白酶原激活物（tissue plasminogen activator，tPA），tPA 激活细胞外纤维蛋白酶，使 proBDNF 转换为 BDNF，这个转换过程在小鼠海马 L-LTP 的表达中起着关键性的作用，抑制蛋白质合成能够阻断 L-LTP 的表达，单独给予外源性 BDNF 恢复蛋白质合成抑制后的 L-LTP 的产生，提示 BDNF 在 L-LTP 形成过程中是一个关键性的蛋白质产物。

突触可塑性的短时程调节明显不同于长时程调节分子机制，尽管仍然有许多问题没有被解决，比如我们依旧不能够从分子水平上清晰地认识最简单的短时程可塑性，但神经生物学家对各种突触前和突触后可塑性研究的确取得了长足的进展，大家普遍接受突触可塑性可能是所有脑高级功能的基本机制的观点。在多数情况下，突触可塑性的生理上和行为上的意义仍然是个谜，突触传递活动的失调对遗传性和后天性的人体精神神经疾患如情感障碍、药物成瘾的影响有待进一步研究，对哺乳动物脑内长时程可塑性机制和生理意义的研究还远未完成，大量的中枢神经系统长时程突触可塑性矛盾结果可能源于中枢突触细胞生物学特性的多样性，这是有别于外周神经肌肉接头的特点。换言之，中枢突触复杂的细胞结构可能导致对突触功能分析出现系统性误差，只有引入能够精细地定量的测量方法才有可能解决上述矛盾现象，人们对突触可塑性问题的认识还有很长的路要走。

（杨 锋 鲁 白 撰）

主要参考文献

Aghajanian GK, Bloom FE. 1967. The formation of synaptic junctions in developing rat brain: A quantitative electron microscopic study. Brain Res, 6: 716~727

Beaulieu C, Colonnier M. 1988. Richness of environment affects the number of contacts formed by buttons containing flat vesicles but does not alter the number of these boutons per neuron. J Comp Neurol, 274: 347~356

Bliss TV, Lomo T. 1973. Long-lasting potentiation of synaptic transmission in the dentate area of the anaesthetized rabbit following stimulation of the perforant path. J Physiol, 232: 331~356

Bloom FE, Aghajanian GK. 1968. Fine structure and cytochemical analysis of the staining of synaptic junctions with phosphotungstic acid. J Ultrastruct Res, 22: 361~375

Born DE, Rubel EW. 1988. Afferent influences on brain stem auditory nuclei of the chicken: Presynaptic action potentials regulate protein synthesis in nucleus rnagnocellularis neurons. J Neurosci, 8: 901~919

Braun AP, Schulman H. 1995. The multifunctional calcium/calmodulin-dependent protein kinase: from form to function. Annu Rev Physiol, 57: 417~445

Cohen-Cory S. 2002. The developing synapse: construction and modulation of synaptic structures and circuits. Science, 298: 770~776

Cragg BG. 1975. The development of synapses in kitten visual cortex during visual deprivation. Exp Neurol, 46: 445~451

Dale N, Kandel ER. 1990. Facilitatory and inhibitory transmitters modulate spontaneous transmitter release at cultured Aplysia sensorimotor synapses. J Physiol, 421: 203~222

Goda Y, Davis GW. 2003. Mechanisms of synapse assembly and disassembly. Neuron, 40 (2): 243~264

Greengard P, Jen J, Nairn AC, et al. 1991. Enhancement of the glutamate response by cAMP-dependent protein kinase in hippocampal neurons. Science, 253: 1135~1138

Issac JT, Nicoll RA, Malenka RC. 1995. Evidence for silent synapses: Implications for the expression of LTP. Neuron, 15: 427~434

Jacobson M. 1991. Formation of dendrites and development of synaptic connections. In: Jacobson M. Developmental neurobiology. 3rd ed. New York: Plenum Press, 223~283

Kandel ER, Schwartz, Jessell TM. 2000. Principles of Neuroscience. 4th Edition. New York: McGraw-Hill, 2000, 1087~1114, 1227~1279

Langnaese K, Seidenbecher C, Wex H, et al. 1996. Protein components of a rat brain synaptic junctional protein preparation. Brain Res Mol Brain Res, 42: 118~122

Leventhal AG, Ault SJ, Vitek DJ, et al. 1989. Extrinsic determinants of retinal ganglion cell development in primates. J Comp Neurol, 286: 170~189

Li Z, Sheng M. 2003. Some assembly required: the development of neuronal synapses. Nature Rev Mol Cell Biology, 4: 833~841

Liao D, Hessler NA, Malinow R. 1995. Activation of postsynaptically silent synapses during pairing-induced LTP in CA1 region of hippocampal slice. Nature, 375: 400~404

Lin W, Burgess RW, Dominguez B, et al. 2001. Distinct roles of nerve and muscle in postsynaptic differentiation of the neuromuscular synapse. Nature, 410: 1057~1064

Lo DC. 1995. Neurotrophic factors and synaptic plasticity. Neuron, 15: 979～981

Luo Z, Wang Q, Dobbins GC, et al. 2003. Signaling complexes for postsynaptic differentiation. J Neurocyt, 32: 697～708

Malinow R, Schulman H, Tsien RW. 1989. Inhibition of postsynaptic PKC or CaMKII blocks induction but not expression of LTP. Science, 245: 862～866

Martin KC, Kandel ER. 1996. Cell adhesion molecules, CREB, and the formation of new synaptic connections. Neuron, 17: 567～570

Maxwell Cowan W, Thomas CS, Charles FS. 2001. Synapses. Baltimore. Johns Hopkins University, 393～453

Mayer ML, Westbrook GL, Guthrie PB. 1984. Voltage-dependent block by Mg^{2+} of NMDA responses in spinal cord neurones. Nature, 309: 261～263

Moore RY, Bernstein ME. 1989. Synaptogenesis in the rat suprachiasmatic nucleus demonstrated by electron microscopy and synapsin I immunoreactivity. J Neurosci, 9: 2151～2162

Nicoll RA, Kauer JA, Malenka RC. 1988. The current excitement in long-term potentiation. Neuron, 1: 97～103

Pang PT, Teng HK, Zaitsev E, et al. 2004. Cleavage of proBDNF by tPA/plasmin is essential for long-term hippocampal plasticity. Science, 306: 487～491

Park TN, Taylor DA, Jackson H. 1990. Adaptations of synaptic form in an aberrant projection to the avian cochlea nucleus. J Neurosci, 10: 975～984

Petukhov VV, Popov VI. 1986. Quantitative analysis of ultrastructural changes in synapses of the rat hippocampal field CA3 *in vitro* in different functional states. Neuroscience, 18: 823～835

Sanes JR, Lichtman JW. 2001. Induction, assembly, maturation and maintenance of a postsynaptic apparatus. Nature Rev Neurosci, 2 (11): 791～805

Schinder AF, Poo M. 2000. The neurotrophin hypothesis for synaptic plasticity. Trends Neurosci, 23: 639～645

Sollner T, Bennett JK, Whitehaeart SW, et al. 1993. A protein assembly-dissembly pathway in vitro that may correspond to sequential steps of synaptic vesicle docking, activation, and fusion. Cell, 75: 409～418

Vaughn JE. 1989. Fine structure of synaptogenesis in the vertebrate central nervous system. Synapse, 3: 255～285

Vaughn JE, Barber RP, Sims TJ. 1988. Dendritic development and preferential growth into synaptic fields: a quantitative study of Golgi-impregnated spinal motor neurons. Synapse, 2: 69～78

Vaughn JE, Sims TJ. 1978. Axonal growth cones and developing axonal collaterals form synaptic junctions in embryonic mouse spinal cord. J Neurocytol, 7: 337

Yamagata M, Sanes JR, Werner JA. 2003. Synaptic adhesion molecules. Curr Opin Cell Biology, 15 (5): 621～632

Yang F, He X, Feng L, et al. 2001. PI·3 kinase and IP3 are both necessary and sufficient to mediate NT3-induced synaptic potentiation. Nat Neurosci, 4: 19～28

Yang X, Arber S, William C, et al. 2001. Patterning of muscle acetylcholine receptor gene expression in the absence of motor innervation. Neuron, 30 (2): 399～410

Zhen M, Jin Y. 2004. Presynaptic terminal differentiation: transport and assembly. Curr Opin Neurobiol, 14 (3): 280～287

Zucker RS. 1999. Calcium and activity-dependent synaptic plasticity. Curr Opin Neurobiol, 9: 305～313

第八章　神经嵴及其衍生物

第一节　概　　论

一、神经嵴的概念

　　神经嵴（neural crest）是脊椎动物胚胎神经系统发育过程中的一个暂时性结构，起始于神经板两侧的神经褶（neural fold），最终成为外周神经系统的绝大部分神经元、所有神经胶质细胞及多种非神经细胞。神经嵴位于神经管或神经沟背外侧部与其上的外胚层之间的夹角处，从间脑伸至尾部。像神经板一样，神经嵴也来源于外胚层。从组织学的观点来看，神经嵴首先应该被看作是位于神经褶外侧区域的一个独立细胞群，然后才被视为是随着神经褶沿背中线逐渐闭合形成完整的神经管这一过程而从神经褶分离出来的结构。神经嵴是机体内最具多能性的结构之一，它的衍化物具有 3 个经典胚层衍化物的性质，如外胚层性的外周神经系统神经元、中胚层性的软骨细胞及内胚层性的弥散神经内分泌系统（diffuse neuroendocrine system）等。神经嵴这一结构是由瑞典科学家 W．His 于 1868 年首次描述的。百余年来，探索神经嵴及其衍化过程的奥秘一直是神经科学领域一个引人入胜的课题。

二、神经嵴研究的历史

　　像胚胎学或者发生学本身的发展历史一样，对神经嵴研究的历史也可大致分为描述胚胎学、实验胚胎学与现代胚胎学（发育生物学）3 个相互重叠的时期。

　　对神经嵴研究的第一个时期从 His 发现神经嵴到大约 1900 年。这一时期的主要工作是论证神经嵴的来源与基本衍生物，从细胞学水平描述神经嵴的发育，并将观察结果归纳入比较形态学和进化论之中。其中最重要的事件是 His（1868）发现了神经嵴，并提出脊神经节和脑神经节起源于神经嵴。His 的发现引发出一系列重大的理论问题，例如，神经嵴从何而来？它的边界是什么？神经嵴细胞是如何迁移的？神经嵴细胞的命运是什么？等。神经嵴细胞的起源、迁移、命运问题构成了 19 世纪有关神经嵴发育研究的核心。其中绝大多数问题都是由 His 提出并付诸研究的。这一时期还有一个重要进展就是发现神经嵴能够衍生出头部软骨。Platt（1893）追踪了泥螈属头部从神经嵴到软骨的衍化过程，第一次对"软骨起源于中胚层"的传统胚层理论提出了挑战。Platt 的发现后来在圆口类脊椎动物（von Kupffer 1895）、软骨鱼（Dohm 1902）以及无肢两栖类（Brauer 1904）得到进一步证实。对神经嵴研究的第一个阶段随着人们对比较胚胎学兴趣的减退以及随着实验胚胎学的兴起于 1900 年前后逐渐结束。

　　对神经嵴研究的第二个时期可称为实验胚胎学时期，从 1900 年前后持续到大约 1960 年。在这一时期内，最有意义的成就是证实了神经嵴细胞的多潜能性，它的衍生物在所有经典的 3 个胚层的衍生物中均有同源物。首先，Harrison（1904）用切除蛙胚部分神经嵴及神经管背侧半的方法、Kuntz（1922）及 Jones（1937）用电解离神经嵴的办法破坏神经管的背部，结果都造成成长的幼体缺少脊神经节，从而证实了脊神经节来自神经嵴的结论。其次，Harrison（1904）还注意到，切除部分神经嵴及神经管背侧半的蛙胚仍然能长出运动神经，但这些神经纤维没有髓鞘细胞包绕，从而证明髓鞘细胞也来源于神经嵴。为了进一步确证这一问题，Detwiler（1934）进行了另一项实验。他将一些带色的明胶小块放在两栖类胚胎的表面，将神经嵴染成红色，将神经管染成蓝色，结果发现所形成的髓鞘细胞是带有红色的。据此，Detwiler 断定髓鞘细胞来自神经嵴。这一时期还有一个重要进展，就是弄清楚了外胚层的基板（ectodermal placode）参与了脑神经节的形成。这项工作最早是由 Landacre（1910，1912，1916）在鱼类进行的。后来，这一发现得到 Knouff（1927，1935）在蛙类的进一步证实。为了研究两栖类髓鞘细胞及交感神经节的来源问题，Raven（1937）设计了著名的异种螈胚移植实验。其具体方法是，从墨西哥钝口螈（*Ambystoma mexicanum*）开放的神经板的中部取一块外胚层，移植到同一发育阶段的一种北螈（*Tritontaeniatus*）的胚胎内，几天后，将宿主胚胎固定并检查。由于移植物的细胞核比宿主动物的细胞核大，所以容易辨认。Raven 借此发现移植的神经管有一些细胞可发育成髓鞘细胞和交感神经节。后来对神经嵴的研究，有人使用了放射性同位素示踪技术。Weston（1963）用氚标记的胸腺嘧啶脱氧核苷酸作为标记物，孵育出带放射性示踪物的鸡胚，在神经嵴迁移之前取出该鸡胚神经管的几个节段，移植到无放射性的同胚龄宿主体内。后来用放射自显影方法检查，发现脊神经节、交感神经节及黑色素细胞中有放射性同位素标记物，表明它们都来自神经嵴。另外，还看到成群的标记细胞与腹侧运动神经靠在一起，并认为这些细胞是髓鞘细胞。至此，才牢固建立了髓鞘细胞来自神经嵴的概念。20 世纪 70 年代前后，Le Douarin 及其同事利用鹌鹑-鸡胚胎之间神经原基移植技术研究移植的鹌鹑神经嵴细胞在鸡胚体内的分布，发现鸡胚体内除了感觉和自主神经节、肾上腺髓质、黑色素细胞和髓鞘细胞以外，未曾预料到的组织如颌骨、舌骨以及鳃弓内也见到鹌鹑细胞，从而扩大了神经嵴所能衍生的组织之范围。

　　除了追踪神经嵴细胞的来源及衍生物分布外，有关神经嵴研究的另一类重大问题是研究神经嵴细胞的迁移形式和最终分化的调控因素。对此，Detwiler（1934）和 Weston（1963）都指出，神经嵴的迁移形式受局部微环境的控制，感觉神经节的聚集受体节的影响，如果把嵴细胞移植到侧板（lateral plate）而远离体节嵴细胞就不会分离。另外，在同一胚胎内把神经管从一处移植到另一处，也观察到一些有趣的现象。将前脑部位神经管的组织移植到后脑部位，产生正常的三叉及睫状神经节。有些在正常情况下不形成神经节神经元的嵴细胞，在合适的环境下却能形成神经节的神经元。这些结果表明，神经嵴细胞在迁移之前还没有决定最后的分化形式，迁移前的嵴细胞之发育潜能可能和成神经细胞相同，均属于多能干细胞。

　　20 世纪 60 年代，随着分子生物学的兴起，对神经嵴的研究也进入了一个新的时期。这一时期最富成果的研究当数 Levi-Montalcini 及其同事发现了神经生长因子（nerve growth factor，NGF）。NGF 是第一个被发现和证实的神经营养因子（neurotrophic factor），它与感觉和交感神经系统的发育密切相关。现今，对神经嵴的衍生物进行追踪、对神经嵴衍生物的进一步发育的研究、对神经嵴发育的调控因素的研究层次更加深入，范围更加广阔，进展十分迅速。

三、神经嵴发育的基本框架

　　神经嵴是机体内部最为多才多艺的结构。它的衍生物居然遍及了所有 3 个经典胚层的衍生结构之中，包括外周神经系统几乎所有的神经元及所有的神经胶质细胞，CNS 的一小部分神经元（脑神经 V 的中脑核、两栖类脊髓背角中的 Rohon-Beard 神经元），某些内分泌与旁分泌细胞，皮肤内的色素细胞，部分中胚层衍生物（脑脊膜、内脏、骨骼、部分结缔组织）等（表 8-1）。总的来讲，神经嵴可分为颅部神经嵴（cranial neural crest）和躯干部神经嵴（trunk neural crest）两大部分。从头侧至尾侧，神经嵴依其所在位置及主要分化产物的差异，又可以进一步划分为三叉部神经嵴、颜面和听觉部神经嵴、咽舌和迷走部神经嵴、枕部神经嵴以及脊髓部神经嵴等部分。传统地将中脑和后脑嘴侧部的神经嵴合称为三叉部神经嵴，将 1～7 体节区的神经嵴称为迷走神经嵴区。

表 8-1　神经嵴的主要衍化物 （引自 Calson 1988）

项目	颅部神经嵴	躯干部神经嵴
神经系统		
感觉神经系统神经元	脑神经节近侧部	脊神经节
	三叉神经（V）的半月神经节	Rohon-Beard 神经元（?）
	面神经（VII）的膝神经节	（两栖类幼体）
	咽舌神经（IX）的上神经节	
	迷走神经（X）的颈静脉节	
	三叉神经（V）中脑核（?）	

项目	颅部神经嵴	躯干部神经嵴
神经系统		
自主神经系统神经元	副交感神经节	副交感神经节
	睫状神经节	盆内脏神经丛
	耳神经节	肠神经丛
	蝶腭神经节	Remak 神经节（鸟类）
	下颌下神经节	内脏副交感神经节
	内脏副交感神经节	
		交感神经节
		颈上神经节
		椎旁神经节
		椎前神经节
神经胶质细胞	少突胶质细胞（?）	神经节的卫星细胞
	神经节的卫星细胞	周围神经的施旺细胞
	周围神经的施旺细胞（相对较少）	
色素细胞	黑色素细胞（黑色）	黑色素细胞
	黄色素细胞（冷血动物，黄色）	黄色素细胞
	红色素细胞（红色）	红色素细胞
	晕色素细胞（彩红色）	晕色素细胞
内分泌与旁分泌细胞	降钙素分泌细胞	肾上腺髓质
	颈动脉体（1 型细胞）	心肺中的神经内分泌细胞
	滤泡旁细胞（甲状腺）	
中胚层细胞		
骨骼	颅骨（腹前部）	无
	脑颅穹隆（颞骨鳞部和部分颞骨）	
	鼻骨和眶骨	
	耳囊（部分）	
	腭骨与上颌骨	
	蝶骨（小部分）	
	小梁（部分）	
	内脏软骨	
脑膜	前脑和部分中脑的柔脑膜（软脑膜和蛛网膜）	
结缔组织	头与颈部腹侧皮肤的真皮、脂肪和平滑肌	背鳍间充质（两栖类）
	眼睫状肌	
	眼角膜（角膜基质的成纤维细胞与角膜内皮）	
	头颈部腺体（唾液腺、泪腺、胸腺、甲状腺、垂体）中的结缔组织基质	
	牙乳头（成牙质细胞）	
	主动脉和主动脉弓来源的动脉的血管壁内的结缔组织和肌肉	

第二节 神经嵴的发育过程

在神经胚发育早期，最核心的变化包括胚盘中轴区的外胚层局部增厚成为神经板；神经板两侧缘增厚、隆起而在胚盘外表面突出成神经褶；神经褶进一步隆起、神经板中轴部进一步凹陷从而卷褶成神经管。神经嵴的形成、迁移则贯穿在这些变化过程之中。在不同种类动物或者从头侧到尾侧的不同水平节段，神经管的闭合时间或者闭合程度有所不同。同鸟类和两栖类相比，哺乳类神经管的闭合不是从最头端开始，而是从颈部（4～6体节）开始，然后向头尾扩展。在鸡和两栖类胚胎，神经嵴细胞的迁移是在神经管闭合之后或者与神经管闭合同时进行的。而大鼠胚胎颅部神经嵴细胞开始迁移时，神经板尚未闭合成神经管。在鸡胚头部、神经嵴及其相关结构重要的组织学变化如图8-1所示。首先，随着神经褶的不断隆起，与神经褶相延续的胚层结构向神经板腹侧面逐渐靠近，以至外胚层上皮与神经上皮紧贴在一起（称之为并置）而将两种上皮组织之间的中胚层组织排挤出来，上皮下的基膜也崩溃瓦解。在中脑区域，外胚层与神经上皮的并置约于 Hamburger 和 Hamilton 第8期发生。外胚层与神经褶处的神经上皮发生并置也许有利于神经板弯曲成神经管。不久，外胚层与神经上皮又发生分离，在神经褶的两侧形成一个以 ECM 成分为主的无细胞区。无细胞区的形成为将来神经嵴从神经褶的脱离做了空间上的准备。于是，外胚层与神经上皮各自的基膜又恢复。随着两侧的神经褶进一步靠近、并置、融合在一起，神经褶外侧将要演变为神经嵴的细胞开始出现迁移前的特征性变化，包括细胞间隙增大，细胞排列成堆，细胞伸出突起至细胞间隙内，细胞顶部的连接丧失，细胞与相延续的外胚层细胞脱离等。然后，神经嵴细胞开始迁移。在鸡胚中脑部位，嵴细胞开始迁移的时间约在第9期。随着迁移的开始与增多，嵴细胞群表

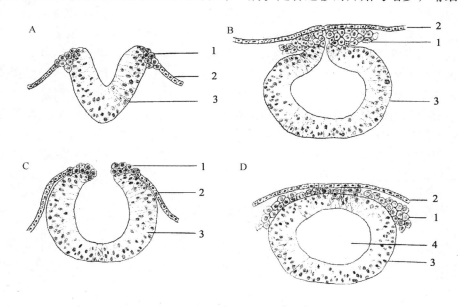

图 8-1 神经嵴的发生和迁移示意图

1. 神经嵴细胞；2. 外胚层；3. 神经上皮；4. 神经管

面的基膜变得不连续，神经嵴失去了上皮组织的特征，嵴细胞伸出长的突起至邻近的无细胞区。神经上皮和外胚层的基膜仍保持连续。约于第 10 期前后，胚体背侧表面外胚层融合，神经管闭合。但在耳基板处，背中线外胚层在其前后水平节段的外胚层融合以后很长时间都未融合。在第 10 期与第 11 期之间，外胚层的基膜以及神经管背外侧表面的基膜恢复完整。鸡胚头部神经嵴的发生和迁移时间参见表 8-2。

表 8-2 鸡胚头部神经嵴迁移及神经褶融合变化时期（引自 Tosney 1982）

项目	中脑前部	中脑	后脑	耳区
外胚层与神经上皮并置	8－/8	8－/8	8/8＋	9－
无细胞区形成	8＋	8＋	8＋/9－	9～10
神经褶并置	8＋/9－	8＋/9－	9－/9	9＋/10－
嵴细胞开始迁移	9－	9－	9～10	9＋～10
嵴细胞迁移明显	9－	9	9＋/10	10＋
背中线处外胚层融合	9＋～10	9＋/10－	9＋/10－	10＋
神经管闭合	9＋	10－	10－/10	10－/10
嵴细胞迁出停止	10－	10	10＋/11－	11
背中线外胚层基膜恢复	10/10＋	10/10＋	10/10＋	10＋
神经管背外侧表面基膜恢复	10/10＋	10＋	11－	11

注：胚胎分期按 Hamburger 和 Hamilton（1951）的标准。

虽然不同水平节段神经嵴开始迁移的时间不同，然而其最早变化都是相似的。在人胚，神经嵴的形成始于第 3 周（10 体节期）。从中脑水平开始，逐渐向头、尾方向进行。刚形成的神经嵴，是一团非常松散的细胞群。随着体节和神经管的发生而向尾侧伸延，并且沿神经管的背正中线逐渐分为左、右两部分，在神经管的两侧按体节成簇排列，呈现分节现象。分节后不久嵴细胞即开始迁移。在躯干部，神经嵴细胞迁移的路径总的来说可分背外侧路径（dorsolateral pathway）与腹侧路径（ventral pathway）两条主要路径。前者沿着体节与外胚层之间的空隙迁移，后者沿着神经管与体节之间的空隙迁移。大多数的躯干部神经嵴细胞沿着腹侧路径迁移。在头部，嵴细胞的迁移路径大体也分为这两条，但以背外侧路径（也称为外胚层下路径）为主。沿背外侧路径迁移的嵴细胞，主要衍化为皮肤的色素细胞。而沿腹侧路径迁移的嵴细胞将发育成其他的衍生物。神经嵴细胞一边迁移，一边增殖。在头部，神经嵴细胞是以成团形式从神经褶迁出。在躯干部，嵴细胞从神经褶的迁出常见以单个细胞形式。下面分别对躯干部神经嵴和颅部神经嵴的主要衍生物的发育过程予以介绍。

一、躯干部神经嵴的发育

躯干部神经嵴大多数嵴细胞沿腹侧路径迁移，主要分化产物包括脊髓感觉神经节、植物性神经节、PNS 的所有神经胶质细胞以及肾上腺髓质细胞。

（一）脊髓感觉神经节的发育

随着神经嵴细胞沿神经管从前到后发生，它们开始向神经管的两侧迁移。刚开始迁移时，一般是以二三层细胞的形式滑动，围绕神经管好像形成一个细胞"瀑布"。随着迁移进程，逐渐汇集成团。迁移中的嵴细胞一般略呈梭形，有双极胞突的雏形。甲苯胺蓝染色的切片上，嵴细胞的胞质比体节中胚层细胞的略深。与嵴细胞从神经褶分离的同时，或者说嵴细胞迁移之前，在体节间疏松的中胚层组织内开始出现一些由主动脉发出的细小弯曲的血管围绕神经管的侧面向背侧扩展，其远端一直到达神经管的背侧，并与嵴细胞流的前端相延续。嵴细胞开始迁移后大约 10h，嵴细胞流沿着神经管与体节之间的狭窄路径迁移到轴旁中胚层。免疫组织化学染色显示，此时在神经管与体节之间有丰富的纤连蛋白存在。鸡胚孵育 72h，大量的嵴细胞已沿血管移到轴旁区域，由于某些原因尤其是体节间充质的生骨节部向背中线的扩展，阻塞了背腹路径，从而停留在神经管两侧的轴旁体节间区域，成为感觉神经节的始基，时约 Hamburger 和 Hamilton 第 20 期。在每一个脊神经节内部，细胞分裂仍要持续数日。神经元的产生要持续到大约第 30 期，神经胶质细胞的产生至少持续到第 36 期（Frank et al. 1991）。在孵育的第 3 天，由感觉神经元产生的周围突，即与从神经管腹侧长出的运动神经汇合，形成脊神经。不过，现在还不知道形成脊神经节的嵴细胞是在什么时候开始长出神经突起的，也许是在嵴细胞从神经管迁出时就开始。也许是在嵴细胞到达预定位置之后再长出。衍生为脊神经节的嵴细胞开始是梭形，有双极胞突。随着分化，双极胞突逐渐靠近，以至胞突起始段合并为一，成为假单极神经元。当脊神经节发出的中枢突组成的背根进入脊髓后角，脊神经节即改称为背根神经节（dorsal root ganglion）。

脊神经节神经元的卫星细胞与神经纤维的髓鞘细胞（施旺细胞）也由迁移来的嵴细胞衍化而成。施旺细胞是沿着神经束迁移到外周的。

（二）植物性神经系统的发育

植物性神经系统又称自主神经系统，特指外周神经系统中支配内脏器官的传出部分，又分为交感和副交感神经 2 个系统。交感神经系统包括由胸腰段脊髓侧柱的中间外侧核神经元发出的节前纤维、节前纤维终止或路过的交感神经节以及由交感神经节神经元发出的到达内脏器官的节后纤维。副交感神经系统包括脑部和骶部两部分。前者的节前纤维发自脑干内的内脏运动核的神经元。节前纤维分别沿脑神经 III（动眼神经）、VII（面神经）、IX（舌咽神经）和 X（迷走神经）出脑，终止于副交感神经节，包括睫状神经节、耳神经节与下颌下神经节、蝶腭神经节，交换神经元后，发出节后纤维至唾液腺、眼内肌等相应的外周器官。骶部副交感神经系统由骶段（骶 2～4 节段）脊髓侧柱的骶副交感核神经元发出节前纤维，到达器官旁节或壁内节，交换神经元后，发出较短的节后纤维支配盆腔脏器。对于具有交感和副交感双重神经支配的内脏器官来说，交感和副交感神经的作用常常是相互拮抗的。

1. 植物性神经节的发育

植物性神经节起源于躯干部的神经嵴。在鸡胚，交感神经节起源于第 5 体节之后的神经嵴细胞。形成交感神经节的嵴细胞是沿腹侧路径迁移，具体讲是沿体节与体节之间的空间迁移。在躯干部 7～28 体节之间，神经嵴细胞的迁移严格局限在背侧间充质区域，其中除了施旺细胞是沿着神经束迁移到外周之外，这个区域神经嵴细胞的衍生物全部局限在感觉神经节、交感神经节链、主动脉和肾上腺神经丛以及肾上腺髓质，没有嵴细胞迁移到中肾或者性腺，更没有嵴细胞侵入背侧肠系膜中。交感神经系统的发育要经历 2 个神经节链的形成过程。原始交感链先于主动脉背侧形成，但它只是短暂存在，在孵育第 5 天前后几乎完全消失。在颈区和上胸区域有些原始交感链的残余物，后者发育成颈部包括颈上神经节在内的不规则的交感干。鸡胚最终的交感神经节链和神经丛、肾上腺髓质以及腹部其他的副神经节于孵育的 5～6 天开始形成。颈上神经节起源的神经嵴相当于 5～10 体节区。在第 10 体节之后，交感神经节与脊神经节一样呈分节分布。在小鼠胚胎，躯干部神经嵴细胞于胚龄第 8 天（E8，相当于 15 体节期）从神经褶脱离并进入由神经管、体节和表面外胚层围成的无细胞区，于 E9 即可见到神经嵴细胞沿神经管与皮肌节（dermamyotome）之间（此即为腹侧路径）迁移。腹侧路径上的迁移过程包括腹外侧相（ventrolateral phase）与腹内侧相（ventromedial phase）2 个相互重叠的迁移时相。首先，在 E8.5～E9.5，嵴细胞只出现在皮肌节的内侧表面下，这些细胞沿着生骨节（sclerotome）的腹外侧部继续迁移至背主动脉周围，将聚集并发育成交感神经节以及肾上腺内的衍生物。接着，在 E9.5 前后，又可见嵴细胞沿着神经管的外侧表面，即生骨节的腹内侧部迁移，该过程发生于 E9～E10。在 E10，不再有嵴细胞沿着生骨节的腹外侧部迁移，但沿着生骨节腹内侧部的迁移时相仍在进行。腹内侧相迁移的嵴细胞侵入生骨节嘴侧缘，聚集形成脊神经节。躯干部神经嵴衍生物在发生次序上似乎存在由腹到背的顺序。小鼠胚胎躯干部神经嵴细胞从神经褶的迁移大约于 E10.5 结束（图 8-2）。在人胚，胸、腰区的神经嵴细胞于胚胎第 5 周开始沿腹侧路径迁移。到达背主动脉背外侧后，形成节段性排列的交感神经节，节与节之间有纵行的纤维连接，从而形成交感神经节链，此为椎旁交感神经节。椎旁交感神经节的节后纤维或于交感链内上下走行，或组成灰交通支返回脊神经，分布到躯干与四肢的血管、汗腺和竖毛肌等器官中去。同时，还有一些神经嵴细胞迁移得更远，到达背主动脉的腹侧附近，发育成椎前交感神经节。来自脊髓侧角神经元的节前纤维有些在路过椎旁神经节时并不交换神经元，而直接进入椎前交感神经节，与节内的神经元形成突触。椎前交感神经节的节后纤维主要支配腹腔和盆腔的平滑肌。

　　副交感神经系统分头部和骶部两部分。在鸡胚，睫状神经节起源于中脑部位的神经嵴。但有关头部其他副交感神经节的发生问题研究很少。Noden（1978）认为它们起源于头部的神经嵴。鸡胚绝大多数的肠副交感神经节起源于 1～7 体节区的迷走神经嵴区，来自这个区域的神经嵴细胞于 8～10 体节期前后开始沿腹侧路径迁移，集中在鳃弓区域。估计此区域的嵴细胞停止从神经嵴迁出的时间约在 14 体节期。发育成肠神经节的神经嵴细胞先迁入到前肠壁内，分散存在于消化道壁疏松的间充质中，然后沿着肠道向尾侧方向迁移，并于沿途之中定居。在 Hamburger 和 Hamilton 第 20 期前后到达胰管水平，在孵育的第 5 天左右到达脐区，在第 8 天之前仍未完全在结肠直肠内安居。迁移和定居一直到达泄殖腔的末端，形成 Meissner 和 Auerbach 神经丛。脐后的肠副交感神经节还有一个补充来源，即 28 体节之后的腰骶水平的神经嵴，这部分嵴细胞基本上形成了 Remak 神经节。

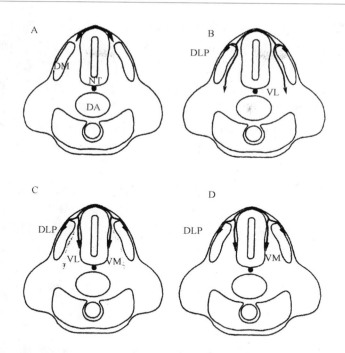

图 8-2　小鼠前肢区域神经嵴细胞迁移过程示意图（引自 Serbedzija et al.，1990）

A．E8 前后，神经嵴细胞进入无细胞区，NT＝神经管，DM＝皮肌节，DA＝背主动脉；B．E9，神经嵴细胞沿背外侧路径（DLP）和腹侧路径迁移，腹侧路径上首先出现腹外侧迁移相（VL）；C．E9.5，沿腹侧路径迁移的腹内侧相（VM），部分嵴细胞仍以腹外侧相迁移，沿背外侧路径的迁移仍在继续；D．E10，腹内侧相的迁移及背外侧路径的迁移仍在继续

2. Remak 神经节的发育

　　Remak 神经节是鸟类副交感神经系统特有的结构，位于肠系膜的背侧，起源于 28 体节之后的腰骶部神经嵴。在鸡胚，来自腰骶部神经嵴的细胞于 Hamburger 和 Hamilton 第 24 期首先在直肠系膜处集结。在鹌鹑胚胎，开始集结的时期是 Zacchei（1961）第 18 期。紧接着，直肠系膜处的嵴细胞沿着回肠和空肠向头侧方向迁移，一直到达肝胰管部位，在肠系膜内继续发育成熟。

3. 肾上腺髓质的发育

　　肾上腺位于肾脏之上方，结构上可分为皮质部和髓质部。在发生上，肾上腺皮质来源于腹膜上皮及其下方的间充质，二者通过局部增厚形成肾上腺皮质的原基。在人胚，肾上腺皮质的发生约于第 5 周开始。第 7 周时，肾上腺皮质的原基即从腹膜上皮脱离。第 8 周时，皮质原基的细胞开始分化，形成肾上腺原始皮质，又称胎儿皮质（fetal cortex）。3 个月时，原始皮质表面的腹膜上皮再次增生，包绕在原始皮质外表面，分化为永久皮质（次级皮质）。原始皮质在出生后 1～2 周内迅速退化，而次级皮质迅速增生并分化。肾上腺髓质起源于神经嵴。在鸡胚，衍生肾上腺髓质的神经嵴位于 18～24 体节区，这部分嵴细胞沿着腹侧路径迁移至腹膜上皮的下方。在人胚第 7 周时，迁移而来的嵴细胞（又称原始交感神经细胞）从肾上腺原始皮质的内侧侵入原始皮质，形成肾上腺髓质原基（suprarenal medullar primordium）。至 5～6 个月时，侵入的细胞在腺体的中央区排列成索状。其中绝大部分细胞将分化为髓质的嗜铬细胞，少数将分化为交感神经节细胞。肾上腺髓质的分化与肾上腺皮质密切相关。进入原始皮质先与皮质细胞相接触的髓质原基细胞分化为嗜铬细胞。实验表明，肾上腺髓质的分化受到肾上腺皮质激素的影响。胎儿期肾上腺髓质细胞内，儿茶酚胺的含量状况与成人不同，特点是去甲肾上腺素为主要成分。只是在出生前后，肾上腺素才逐渐增多，并逐渐向成年型过渡，即以肾上腺素占优势。一般在胎儿 3 个月时开始出现少量去甲肾上腺素，4 个月时才可测到微量肾上腺素。在整个胎儿期间，去甲肾上腺素的含量比肾上腺素高出 3～6 倍。胎儿期尚有肾上腺外嗜铬细胞产生去甲肾上腺素。这些嗜铬细胞从胎儿期到出生后 12～18 个月充分发育，以后逐渐萎缩而纤维化。这些细胞在胎儿期肾上腺髓质尚未成熟的情况下可能起补偿作用。

（三）鹌鹑-鸡胚胎嵌合体技术与自主神经系统干细胞命运图

20 世纪上半叶对神经嵴发育的研究，主要在两栖类的胚胎中进行。60 年代后期，许多研究神经嵴的工作以放射性同位素作为示踪物。然而，由于胚胎细胞的迅速增殖会稀释同位素标记物，使标记物最终消失，从而无法获得有关迁移细胞后期行为和命运的信息。因此，必须寻找一种在动物胚胎发育过程中能稳定存在的示踪物。70 年代前后，Le Douarin 及其同事借鉴 Raven（1937）在两栖类胚胎之间进行的异种螈胚神经板移植实验，建立了鹌鹑与鸡胚胎之间神经原基移植的实验系统。这些实验的原理是基于鹌鹑与鸡的成神经细胞的核在分裂间期结构上有明显差异。鹌鹑的细胞核有大量与核仁相连的异染色质块，而鸡的细胞核没有，借此得以识别和区分。当通过在体移植或者器官培养把两种动物的细胞混合在一起时，鹌鹑的细胞核就成了一种稳定的生物标志物。对嵌合体的组织切片进行 Feulgen 染色，就可以追溯神经嵴细胞的迁移过程，揭示这些细胞的最终命运。移植物可以是小段的神经板、神经管、神经褶或者神经嵴等，一般为 4～6 个体节的长度。神经原基移植可以在相同发育时期的鸡胚与鹌鹑胚胎之间进行相应（等位）神经原基片段的移植（图 8-3），例如，将鹌鹑胚胎的迷走神经嵴区的神经管和神经褶移植到鸡胚的迷走神经嵴区段。移植也可以在不同神经原基区段之间进行（图 8-4）。例如，将鹌鹑的肾上腺髓质相应的神经管与神经褶移植到鸡胚的迷走神经嵴区段，或者将鹌鹑的迷走神经嵴区段的神经原基片段移植到鸡胚的肾上腺髓质区段。在移植以后，继续孵育或培养，胚胎可以继续发育。Le Douarin 等以白来亨鸡（white leghorn strain）胚胎作为宿主。以鹌鹑神经嵴作为供体进行神经原基片段移植，结果形成了鹌鹑-鸡胚胎嵌合体，该嵌合体的明显特征是在移植的位置出现色素沉积与鹌鹑相似的羽毛横带，表明移植物的细胞在宿主体内迁移并衍生了成黑色素细胞（图 8-5）。

Le Douarin 实验室（1973，1974，1980）通过神经管部分摘除、移植实验以及制备鹌鹑-鸡胚胎嵌合体模型研究了鸟类神经嵴分化和发育，建立了鸡胚自主神经系统干细胞的命运图（fate map of the autonomic nervous system precursor）。就自主神经系统的发育而言，神经嵴可以分为以下几个不同的区域。1～7 体节区的神经嵴（迷走神经

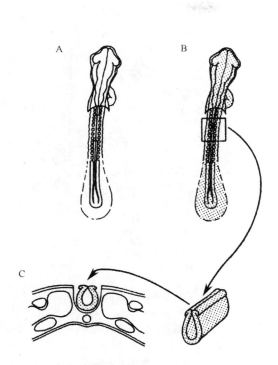

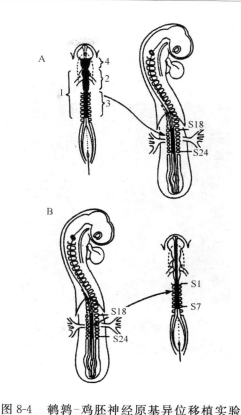

图 8-3　同期鹌鹑-鸡胚神经原基等位移植实验
　　　　示意图（引自 Le Douarin 1980）

A．鸡胚宿主，示切除的神经原基部位；B．同期鹌鹑
供体，取相应节段的神经管和神经褶，经胰酶消化；
　　C．将鹌鹑神经原基片段移植到鸡胚体内

图 8-4　鹌鹑-鸡胚神经原基异位移植实验
　　　　示意图（引自 Le Douarin 1980）

A．分别从鹌鹑胚胎（左）切取中脑、菱脑前部或
者迷走神经嵴区的神经原基，移植到鸡胚（右）肾
上腺髓质相应的区段；B．从鹌鹑胚胎（左）切取
肾上腺髓质相应的神经原基片段，移植到鸡胚（右）
　　　　的迷走神经嵴区段

嵴区）将发育成整个消化道（分为脐前区域和脐后区域）的副交感肠神经节，脐后区域
的消化道内的副交感肠神经节不仅有迷走神经嵴区的神经嵴参与衍化，而且有 28 体节
之后的腰骶部神经嵴参与衍化。第 5 体节之后（即从第 6 体节开始）的神经嵴细胞将迁
移分化为躯干部的成交感神经节细胞，进一步发育为交感神经节链。其中 18～24 体节
区的神经嵴衍生出肾上腺髓质的嗜铬细胞。有 2 个体节区的神经嵴细胞具有衍生交感和
副交感神经的能力，其中 5～7 体节区的神经嵴既参与形成肠副交感神经节，又参与形
成交感神经节。28 体节之后的神经嵴除了参与形成脐后消化道的肠副交感神经节之外，
也参与形成交感神经节。Remak 神经节起源于 28 体节之后的腰骶部神经嵴。睫状神经
节（ciliary ganglion）则起源于中脑部位的神经嵴（图 8-6）。

二、颅部神经嵴的发育

与躯干部神经嵴相比，颅部神经嵴的发育略为复杂。虽然颅部神经嵴的分化发育大

图 8-5 孵化出来的鹌鹑-鸡嵌合体，神经元基片段移植是在翅膀部位进行的（引自 Le Douarin 1980）

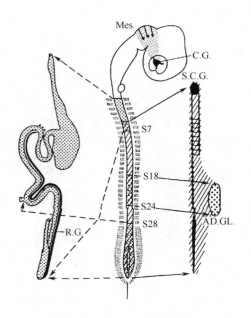

图 8-6 自主神经系统干细胞命运图（引自 Le Douarin et al. 1983）

AD. GL. ＝肾上腺；C. G. ＝睫状神经节；Mes. ＝ 中脑；R. G. ＝Remark 神经节；S＝体节；S. C. G. ＝颈上神经节

体也遵循从头侧向尾侧的发育顺序，而且嵴细胞的迁移也有背外侧路径与腹侧路径两条基本迁移路径，但颅部神经嵴各区段的发育不完全一致。已知在啮齿类动物，神经嵴细胞发生迁移的最早时期是胚胎的 4 体节期。Tan 和 Morriss-Kay 用扫描电镜观察了大鼠胚胎去除表面外胚层以后颅部神经嵴的迁移和分布情况，发现大鼠颅神经嵴的迁移最先是从中脑区域开始的，紧接其后发生迁移的是后脑嘴侧部。来自这 2 个区域的神经嵴细胞迁移到第一内脏弓（第一咽弓）。中脑来源的嵴细胞呈弥散状迁移，而后脑嘴侧部的嵴细胞呈现一密集的细胞索从神经板的边缘延伸至未来第一咽弓的边缘。形态学上可以以下标准判断神经嵴细胞：①在组织学关系上，神经嵴细胞与神经褶的外缘或神经管的背侧相连。②在横切的组织切片上，可见神经嵴细胞从神经上皮的迁移是以一种不连续的上皮样形式进行。③神经嵴细胞与轴旁中胚层细胞不同，前者胞体较大，细胞排列较密集，后者胞体较小，细胞稀疏，细胞之间基质丰富。④在未发生迁移的神经上皮区域，细胞排列紧密，细胞间质少，神经上皮轮廓清晰，与表面外胚层平滑过渡。相形之下，轴旁中胚层就要疏松得多，细胞之间有大量的基质纤维。⑤在所有的发育阶段，神经嵴细胞与外胚层细胞形态不同，前者电子密度略高，后者胞体较短且排列较疏松。当神经嵴细胞从神经上皮迁出时，神经上皮内的细胞开始聚集成堆，细胞之间间隙增大，细胞顶端的联系丧失，为迁出神经上皮做准备。在神经嵴细胞迁移的前进端（leading edge）形成一些较粗大的丝状伪足。一旦嵴细胞脱离神经上皮，嵴细胞即略呈星形或多角形，扫描电镜下可见细胞表面出现一些圆形的斑点。继中脑和后脑嘴侧部区域的神经嵴细胞发生迁移之后，后脑尾侧部的神经嵴细胞开始迁移。后脑嘴侧部与尾侧部之间以耳沟（otic sulcus）相区分。后脑尾侧部又以耳基板（otic placode）分为耳区神经嵴嘴侧部或称嘴侧耳嵴（rostral otic crest）和耳区神经嵴尾侧部或称尾侧耳嵴（caudal otic crest）两部分。但尾侧耳嵴先发生迁移。大鼠胚胎约在8体节期，尾侧耳区的神经管已经闭合，尾侧耳嵴的嵴细胞迁移很活跃，而嘴侧耳区却无嵴细胞迁移。尾侧耳嵴细胞迁移之后，耳后神经嵴（post-otic crest）开始迁移，体节水平的耳后神经嵴细胞主要沿着神经管与体节之间的腹侧路径迁移。最后，嘴侧耳嵴才发生迁移。嘴侧耳嵴的嵴细胞流沿表面外胚层与神经上皮（此处尚未闭合成神经管）之间的空间向腹侧方向迁移，进而遇到主静脉。在9体节期的大鼠胚胎，整个头区神经嵴细胞广泛迁移，但有几个无神经嵴区除外。无神经嵴区包括耳基板、耳前沟（pre-otic sulcus）以及中脑最头端。所以，从发生时间上讲，大鼠颅神经嵴的迁移顺序依次为中脑、后脑嘴侧部、尾侧耳嵴、耳后神经嵴、嘴侧耳嵴。随着胚胎期的进程，颅神经嵴各部的细胞迁移程度发生变化，但不是简单地按照神经管的闭合方向发生变化。

第三节　神经嵴发育的基本方式

迁移是神经系统发育的基本方式之一。不论是神经管的神经上皮细胞还是神经嵴细胞，在发育早期都要发生迁移。然而神经上皮细胞与神经嵴细胞的迁移方式又有差异。神经上皮细胞的迁移发生在神经管或其衍生结构的内部，细胞迁移距离短，而且始终不会逾越神经组织的范围。但是神经嵴细胞的迁移是长距离的，所有嵴细胞都要"挣脱"神经嵴的组织束缚，迁移到远离神经嵴原来位置的中轴以外部位分化。早期的学者在研究神经嵴的迁移途径或者衍生物时，将标记物（如活体染料等）直接注射入神经管内而无须仅仅标记嵴细胞即可进行追踪，其依据之一就是在神经原基中只有神经嵴细胞能脱离神经管而到达外周组织。神经嵴细胞的迁移是按一定的时间与空间顺序进行的。迁移先于颅侧发生，再逐渐向尾侧推进。神经嵴向外迁移的路径可分为背外侧路径和腹侧路径两条主线。以背外侧路径迁移的嵴细胞主要衍化出皮肤内的色素细胞，而以腹侧路径迁移的嵴细胞衍生了外周神经系统的绝大部分成分以及多种其他组织细胞。在鸡胚，大多数颅神经嵴细胞进入背外侧路径，而大多数躯干部神经嵴细胞进入腹侧路径。活体染料注射实验证实，鸡胚神经嵴细胞先进入腹侧路径，再进入背外侧路径。神经嵴细胞特定的迁移方式是由局部微环境决定的，尤其是由沿迁移路径上特征性分布的细胞外基质分子决定的。细胞不断从神经嵴迁出，不断沿着早已确定的路线迁移并占据周围组织的特定位置。嵴细胞一边迁移，一边分裂，一边在局部混匀。所有脊椎动物胚胎中神经嵴起源、神经嵴细胞迁移以及各种外周结构形成的基本方式是相似的。

一、神经嵴细胞的迁移

（一）鸟类神经嵴细胞的迁移

研究哺乳类动物神经嵴细胞的迁移非常困难，其中的原因部分是由于迁移的神经嵴细胞并没有特殊的形态特征以区别于邻近细胞，部分是由于能标记迁移细胞从迁移出发点到迁移最终地点的整个过程的特殊的细胞标记目前仍不可得。与鸟类胚胎研究形成鲜明对比，通过鹌鹑-鸡嵌合体技术提供了研究神经嵴细胞迁移的丰富信息。因此，我们设计了不同的实验策略来研究哺乳类动物不同发育阶段的细胞迁移。这些策略包括采用不同的细胞标记和采用不同的显微操作技术。

（二）哺乳动物神经嵴细胞的迁移

1. 外在的、内在的和遗传的细胞标记

追踪细胞迁移往往需要一种细胞标记方法来鉴别在那些在形态学上毫无区别的迁移细胞类型。理想的细胞标记应该符合以下条件：①该细胞标记必须局限于细胞内，并且一直伴随细胞直到细胞分裂。在细胞分裂后，细胞标记能传给有丝分裂的细胞子代。②无发育作用，细胞标记不能以任何方式干扰发育过程。③特异性。细胞标记只标记要追踪的细胞。④稳定性。细胞标记在整个研究阶段保持稳定，并不会随细胞分裂而被稀释。⑤容易、可靠地被检测。细胞标记在不同的组织制备如活细胞、全组织包埋、石蜡或冰冻切片组织中都可以较容易地显示出来。⑥和其他细胞标记的相容性，这些细胞标记能够和其他细胞标记同时显示。

几十年来，外在的细胞标记一直被用来追踪迁移的细胞。活体染料如硫酸尼罗蓝、中性红和俾斯麦棕色直接在原位应用或用以大体标记移植的组织块以便和未标记的受体区别开来。如前文中提到，通过用氚标记的脱氧胸腺嘧啶苷标记提供移植组织的胚胎并将其移植到未标记的胚胎，可以获得神经嵴细胞迁移的有意义信息（Weston 1963）。这些细胞标记的缺点在于，标记强度会随着细胞分裂而减弱，标记物会扩散到邻近的未标记细胞而丧失特异性，某些情况下，标记物还会产生一定的细胞毒性。之后，出现了更多的外源性细胞标记物，包括凝集素轭合物，如麦芽凝集素-胶体金（WGA-Au，Chan et al. 1988，Chan et al. 1992，Chan et al. 2004，Cheung et al. 2003）、羰花青染料（如 DiI，DiO；Bronner-Fraser 1996，Serbedzija et al. 1992，Chan et al. 2004）、羧基荧光素双乙酸盐（如 CFSE）、赖氨酸罗丹明葡聚糖（LRD），这些标记物定位于细胞更准确，标记信号更强，更容易被检测到，对细胞的毒性作用更小。另外，这些标记物更容易得到，准备容易而且相对较为便宜。

除了外源性的标记物外，对内源性的细胞标记物的研究也进行了许多年。早期的研究主要利用细胞学的特征，像细胞质内含物（如生物色素、卵黄粒）、RNA 内含物、细胞或细胞核的大小和不同的染色属性来标记细胞。这些细胞标记在鉴别神经嵴细胞不同种类时很有用，而且也不存在随细胞分裂标记强度下降的问题，但这种细胞标记很难定位能在间充质内迁移的分离细胞。近年来随着分子生物学技术的发展，可以采用抗体或探针来检测神经嵴细胞特异性分子的表达，这些技术已经成为研究哺乳类神经嵴细胞迁移的主要技术。在这些神经嵴细胞"表达性标记物"中，HNK1/NC1 对我们了解鸟类和大鼠胚胎细胞迁移的早期步骤尤为重要。但是 HNK1/NC1 在小鼠神经嵴细胞并不表达，而且该细胞标记也不是其他种属恒定的或特异性的标记。其他在神经嵴细胞及其衍

生细胞表达的分子包括波形蛋白相关 4E9R 抗原（Kubota et al. 1996）、RhoB（Henderson et al. 2000）、Pax 3（Conway et al. 1997）、Sox 10（Southard-Smith et al. 1998）、Hoxa-3（Manley and Capecchi 1995）、Foxd3（Dottori et al. 2001）、CrabpI（Leonard et al. 1995）、Prx1 和 Prx 2（Leussink et al. 1995）、c-met（Tsarfaty et al. 1992）、MASH1（Lo et al. 1997）、Phox2a（Young et al. 1999）、Phox2b（Young et al. 1999）、AP-2（Schorle et al. 1996）、5-HT2B 受体（Fiorica-Howells et al. 1998）、酪氨酸酶（Tief et al. 1996）、受体酪氨酸激酶 Ret（Durbec et al. 1996）、神经营养因子受体 p75NTR（Chalazonitis et al. 1994）、内皮素 B 型受体（Gariepy et al. 1998）和酪氨酸羟化酶（Cochard et al. 1978）。检测这些分子对研究神经嵴细胞的迁移和发育提供了大量资料。但这些细胞标记也存在以下问题：①它们可能在非神经嵴细胞也表达；②它们可能并不是在所有的迁移的神经嵴细胞中都表达；③它们可能并不是在神经嵴细胞从起始部位到分化部位的整个迁移过程中都表达。

　　另一种追踪迁移神经嵴细胞的方法是基因标记。复制缺陷的逆转录病毒携带标记基因 *lacZ*（编码的蛋白为 β-半乳糖苷酶）作为细胞标记，一是通过直接导入神经嵴细胞的迁移路径来标记迁移的神经嵴细胞；二是通过感染神经管组织片然后将其原位移植到未感染的宿主胚胎（Mikawa et al. 1991）。多种通过不同类型的启动子和增强子控制而过表达 *lacZ* 基因的转基因小鼠已经建立，目的是鉴别转基因，特别是神经嵴细胞群的转基因。表达多巴胺 β-羟化酶-*lacZ* 转基因标记的肠道神经嵴细胞被用以研究基因突变小鼠神经嵴细胞的异常迁移。这些在 *Wnt1* 增强子控制下仍然在神经嵴细胞表达 *lacZ* 报道基因的基因突变小鼠被用以研究神经嵴发育缺陷（Serbedzija et al. 1997）。近年来，一种强有力的技术被引进到研究中来，即在 *Wnt1* 启动子控制下 Cre 介导的重组使神经嵴细胞永久性表达 *LacZ*（Jiang et al. 2000）。转基因胚胎带有特定标记的基因（如 *Rosa 26-hPAP*、*Rosa 26-EGFP* 和 X 连锁-*HMG-CoA-lacZ*）在全胚表达使其能够作为标记细胞的潜在来源，用于构建胚胎嵌合体以研究神经嵴细胞迁移。下面的小节，将就两种外源性标记物 WGA-Au 和 DiI，以及两种基因标记物 *Hoxb2-lacZ* 构建体和 GFP 载体为例阐述它们如何被用作神经嵴细胞标记物。

2. 麦芽凝集素-胶体金

　　麦芽凝集素（wheat germ agglutinin，WGA）是相对分子质量为 35 000 的植物凝集素，可以与细胞表面的 N-乙酰葡萄糖胺以及涎酸残基结合。与细胞表面结合的 WGA 很快就会被细胞通过内吞作用摄入胞质。利用电子显微镜、暗视野光学显微镜和银增强染色等方法很容易确定胶体金标记的 WGA 在细胞内的定位，银颗粒沉淀在金颗粒表面极大地增加了标记物的体积。此外，用抗 WGA 的抗体进行的免疫组织化学法也可以对 WGA 定位。即使 WGA 结合的糖残基重新细胞表面化，胞质内的 WGA 也不能再回到细胞表面，这就减少了 WGA 扩散到邻近细胞的可能。超微结构研究也显示了胶体金标记的 WGA 局限于胞内小泡，没有在胞外区出现。将两群神经嵴细胞分别以 WGA-Au 和胸腺嘧啶标记并注射到同一胚胎形成嵌合体，研究显示两细胞群体即使混在一起它们的标记物也没有相互扩散。在标记浓度 WGA-Au 不会对胚胎细胞的正常发育或神经元等其他类型细胞造成影响。然而，由于神经嵴细胞的快速分裂使 WGA-Au 不断稀释，所以它仅被用做短期标记。我们发现细胞内 WGA-Au 含量在标记 24～48h 后就降低到了可检测水平以下。

　　另一个常用的外源性细胞标记物是荧光羰花青（carbocyanine）染料 DiI。DiI 是疏水亲脂性分子，因此很容易插入几乎所有它接触到的细胞膜。DiI 很少从标记细胞扩散到其他细胞（Serbedzija et al. 1989）。与高浓度时观察到的细胞毒性效应不同，在标记浓度 DiI 对神经嵴细胞发育的影响不明显（Chan et al. 1999，2004）。而且细胞分裂对 DiI 的稀释作用也不像对 WGA-Au 那样明显，这应该归功于 DiI 的强荧光信号。

3. 显微注射和全胚培养

　　将 WGA-Au 或 DiI 导入小鼠神经嵴细胞常用技术有 3 种。在全面标记时，是用显微操作器将 WGA-Au 或 DiI 注射到神经管腔，染料会标记所有神经管细胞包括迁移前的神经嵴（Chan et al. 2004，Cheung et al. 2003）。第二种技术称为局部标记，就是将少量浓缩的 WGA-Au 或 DiI 直接置于神经嵴区域附近（图 8-7A）。用局部标记，在选择的轴向标记一小群神经嵴细胞，能够在一段时间内观察细胞的迁移（图 8-7B 和 C）。第三种技术移植 WGA-Au 或 DiI 标记的组织到未标记的宿主胚胎。首先以胰蛋白酶/胰液素消化小鼠胚胎，显微分离神经管，随后神经管浸入 WGA-Au 或 DiI 标记液中数分钟进行标记，从神经嵴区域分离标记好的组织碎片。标记的神经嵴碎片随即注射到未标记的宿主胚胎，从而追踪标记的神经嵴细胞在宿主胚胎的迁移状况。

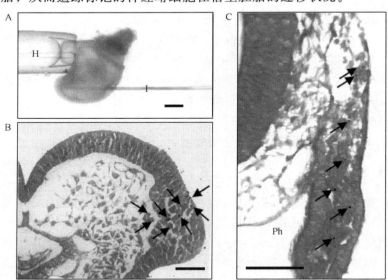

图 8-7　A. 照片显示用显微操作器 WGA-Au 标记后脑神经嵴区域。吸管（holding pipette H）钳住完整小鼠胚胎卵黄囊注射管（I）轻轻吸入 WGA-Au 溶液（本色：红色），尖端刺穿卵黄囊和羊膜进入羊膜腔，释放少量 WGA-Au 溶液到后脑神经嵴附近区域。标尺，250μm。B. 标记 2h 后，在神经嵴区域发现含有深色胞内颗粒的 WGA-Au 标记细胞（箭头）。标尺，50μm。C. 标记 24h 后，WGA-Au 标记细胞（箭头）迁移到间充质，部分到达了发育中的咽（Ph）外侧区域。标尺，100μm（引自 Chan et al. 2003）

　　由于移植后的小鼠胚胎再植入子宫的成功率相当低，因此最可行的方法是利用全胚培养技术把标记的胚胎在体外培养（Chan et al. 1988，Chan et al. 1992）。这个体外培养方法使啮齿类胚胎能够从卵裂柱阶段就被移出，在体外正常发育可达 96h 之久，在此期间主要的器官原基与体内发育速度相当（Cockroft 1990）。我们实验室的同事们已经成功采用全胚培养方法研究了药物致畸效应（Chan et al. 2001，Ng et al. 1997，Ng et al. 1996，Chan et al. 1995）、肢芽再生（Chan et al. 1991，Lee et al. 1991）、神经胚形成（Brook et al. 1991，Copp et al. 1994）、原始生殖细胞迁移（Copp et al. 1986）和神经嵴细胞迁移（Chan et al. 1988，Chan et al. 1992，Mok et al. 2001）。

4. Hoxb2-lacZ 构建体

　　基因标记是一个强有力的追踪神经嵴细胞迁移的方法。已知 *Hox* 基因在确定胚胎前后轴的区域特征中起作用，神经嵴不同区域表达 *Hox* 基因的组合确定了它的发育方向。为了研究介导 *Hox* 基因表达方式的调节成分，Hoxb2-lacZ 构建体（图 8-8A）被用于构建转基因小鼠系（Sham et al. 1993，Maconochie et al. 1997）。观察到 Hoxb2-

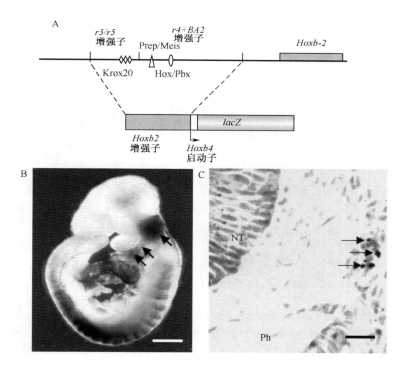

图 8-8　转基因胚胎基因结构与组织切片图

A. 用于转基因胚胎的 Hoxb2-lacZ DNA（详情参考 Sham et al. 1993，Maconochie et al. 1997，Kwan et al. 2001；载体信息见参考文献 Kwan et al. 2001）。B. 图示转基因胚胎后脑耳器、颅间充质和咽弓区的阳性细胞（箭头）。注意体节和心脏部位也有阳性。C. WGA-Au 标记的转基因胚胎后脑耳器水平的横切面。在照相时已经滤除了用以计数的复染伊红，因此只有表达 lacZ 的细胞显示阳性染色（浅黑色，本色为蓝色）。注意，WGA-Au 阳性细胞（深黑色，本色为黑色）也呈 lacZ 阳性（箭头）。NT，神经管；Ph，咽；标尺，500μm (b)，25μm (c)（引自 Chan et al. 2003）

lacZ 表达在神经管后脑听器和此区迁移向咽弓的神经嵴细胞（图 8-8B）。Hoxb2-lacZ 不在其他脑区表达，尽管它在多体节以及发育的心脏有表达。当转基因胚胎后脑听器神经嵴标记了 WGA-Au 时，大多数 WGA-Au 标记的神经嵴细胞也表达转染的基因（图 8-8C），显示 Hoxb2-lacZ 构建体可以作为潜在的标记物来特异性标记后脑听器神经嵴细胞。

5. 绿色荧光蛋白载体

绿色荧光蛋白（GFP）最早作为一个报道基因用来监测真核及原核系统细胞基因表达的特异性控制和蛋白质定位。通过注射靶 GFP mRNA 到小鼠胚胎早期分裂球，GFP 被用作标记物追踪小鼠活胚胎的胚胎干细胞的命运。近年来，GFP 在采用不同技术的各种研究中被广泛用作转基因的报道子（Osumi et al. 2001）。在这些技术中，电穿孔能够产生一个单向电流定向传递一个 GFP 表达载体到特定的胚胎位点（Osumi et al. 2001）。由此，利用电穿孔技术，胚胎的背侧区域包括神经嵴可以被 GFP 载体特异性标记（图 8-9A 和 B）。尽管标记效率只有 40% 左右，成功标记的胚胎显示了强的 GFP 信号，这个信号可持续 8～10 天，利用荧光显微镜或共聚焦显微镜能在活组织或组织切片中轻易检测出来。GFP 信号在 4% 多聚甲醛固定及经过标准石蜡切片或冰冻切片后仍能很好保存。因此，联合了全胚培养和组织移植后，电穿孔转染 GFP 载体到迁移前神经嵴又提供了另外一个追踪神经嵴细胞的迁移的方法。

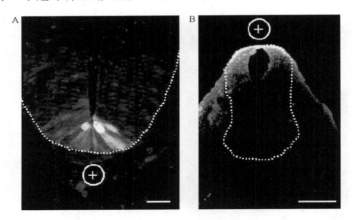

图 8-9　显微照片显示电穿孔法 GFP 标记后神经管的横切面（引自 Chan et al. 2003）
带有 CMV 启动子驱动的增强型 GFP 的质粒 DNA 微量注射到神经管管腔，阳性电极（+）放置在神经管（点线勾勒出轮廓）靠近腹侧 A 或背侧 B。注意石蜡切片 A 中的 GFP 阳性细胞。冰冻切片 B 中阳性细胞在阳性电极的同侧。标尺：A. 20μm；B. 100μm

二、神经嵴细胞的命运确定

神经嵴细胞的命运确定说到底就是神经嵴细胞的分化。只不过前者更强调神经嵴细胞谱系散开（cell lineage divergence）的原因，而后者更强调神经嵴细胞谱系散开的过程和结果。从发育时间上看，神经嵴细胞系从最早的神经原基-神经外胚层发散出来早在原肠胚形成期就已经开始了。虽然迄今对于神经嵴细胞类型最早确定的机制仍不明了，但有两方面结论是明确的：其一，神经嵴细胞是多潜能的；其二，神经嵴细胞从一开始形成时就存在一定程度的预先决定（predetermination）。支持神经嵴细胞多潜能性的最有力的证据来自神经嵴（或神经管）片段的移植实验。例如，将鹌鹑胚体内肾上腺髓质相应的神经嵴片段（移植时实际上是该段神经管和神经褶）移植到鸡胚体内迷走神经嵴区相应的神经嵴区段，移植后的鹌鹑神经嵴细胞就会按照鸡胚体内正常发育时的情况进行迁移和分化，植入的鹌鹑神经嵴细胞将发育成宿主消化道内的神经节和神经丛，移植物衍生结构的分布就像鸡胚迷走神经嵴区神经嵴的正常发育一样。但如果将鹌鹑的肾上腺髓质相应的神经嵴片段移植到鸡胚体内肾上腺髓质相应的神经嵴位置时，移植物在宿主体内仍然发育成肾上腺髓质结构而不会在宿主体内形成迷走神经嵴衍生物。换句话说，如果将躯干部某一节段的神经嵴移植到另外一个神经嵴节段的位置时，移植物的进一步发育只会按照宿主被置换的节段正常发育时的情况发育，即"入乡随俗"。显然，如果神经嵴细胞不是多潜能的，在移植后就不可能失去该区段神经嵴原有的分化潜能而转变成其他的衍生物。有关神经嵴细胞在迁移前就存在一定程度的预先决定的结论也是来自神经原基移植实验。当鹌鹑胚体内迷走神经嵴区相应的神经嵴节段被移植到鸡胚体内肾上腺髓质相应的神经嵴位置时，移植物虽然在一定程度上"入乡随俗"，形成肾上腺髓质衍生物，但仍有一部分移植物如同未被移植前一样，而参与宿主体内消化道副交感神经节的形成。另外，颅部的神经嵴细胞和躯干部的神经嵴也不能互换移植。这就表明神经嵴细胞存在一定程度的预先决定。免疫细胞化学方面的结果也揭示，神经嵴内细胞亚群在免疫染色反应上是有差异的，并非所有的细胞都可显示巢蛋白（nestin）阳性反应，存在分化潜能和分化程度的异质性。

第四节　神经嵴及其衍生物分化发育的调控因素

神经嵴是胚体内一个多才多艺的结构，它的衍化物涉足所有 3 个经典胚层的衍生结构中。这种现象对传统的胚层理论提出了严重的挑战。迄今，对于神经嵴及其衍生物分化发育的调控机制，许多方面仍不清楚。例如，神经嵴细胞在一开始是怎样从神经褶及两侧的外胚层脱离的？神经嵴细胞迁移的机制是什么？嵴细胞的迁移是主动的还是被动的过程？单个神经嵴细胞在不同的位置和发育的不同阶段有多大的发育潜能？外周组织的某一位点是如何捕获迁移来的神经嵴细胞而使其"定居"？什么因素控制着神经嵴来源的各种细胞的最终数量及进一步分化？为此，发育神经生物学家一直在努力探索并取得了许多可喜的成果。对于神经嵴细胞的分化发育来说，有些调控因素的作用正在得到逐渐阐明。例如，引导嵴细胞迁移方向的因素、影响嵴细胞迁移路线和迁移速度的因素、调节嵴细胞衍生物生长发育的某些因素等。其中有些问题可从分子生物学水平来阐明。

一、时　空　因　素

时空因素是调节神经生长和再生的一个基本因素，贯穿于神经系统胚胎发育过程的始终。神经嵴与体节从头侧至尾侧的发生顺序和发育同步性表明二者之间存在密切的关系。当神经嵴细胞由头侧至尾侧从神经褶连续脱离后，首先要进行的迁移活动就是由神经管的背侧面滑向两侧。紧接着，大部分嵴细胞开始沿腹侧路径迁移。形态学观察可见，沿腹侧路径迁移的嵴细胞在体节间区域聚集，因而认为体节与嵴细胞的节段性聚集有关。经过连续切片进行三维重建分析，发现体节与嵴细胞之间并没有亲和性。相反，成团的嵴细胞与体节之间保留有一定的间隙，二者之间没有亲和性。正因为如此，嵴细胞才得以停留在体节间区域，形成感觉神经节的原基。这就提示，神经嵴细胞的发育必须具备适宜的空间因素。对早期胚胎研究显示，神经嵴细胞只有在神经管与体节之间、神经管与外胚层之间出现空隙时才开始迁移。有一种变异小鼠（patch mutant mouse），它的外胚层与体节之间的空间比正常小鼠提早出现，结果胚胎神经嵴细胞沿背外侧路径的迁移比正常小鼠提前 2 天（Erickson et al. 1983）。另外还发现，迁移出来的神经嵴细胞只进入致密结构如表面外胚层、神经管、体节或者血管等之间的空间，而不穿越这些致密结构的基膜侵入致密组织。所以，适当的细胞间隙对于神经嵴细胞的迁移是必需的。

二、机械导向因素

神经嵴细胞的迁移是神经嵴形态发生中的重要事件。His 最早探讨嵴细胞迁移的机制。他认为成团或单个的嵴细胞的迁移几乎完全是按照机械导向理论（theory of mechanical guidance）进行的。血管是能够引导细胞迁移的结构之一。早在神经嵴细胞从神经褶脱离之际，就可见到体节间疏松的中胚层组织内开始出现一些细小的血管，是为节间动脉。这些血管在嵴细胞迁移之前就从背主动脉发出并向背侧扩展，围绕神经管的侧面，远端一直到达神经管的背侧面，与嵴细胞流的前端直接连续。形态学观察发现，沿腹侧路径迁移的嵴细胞与节间动脉极为密切，因而节间动脉被认为是嵴细胞迁移的机械导向因素之一。

三、细胞外基质

细胞外基质（ECM）是广泛分布于机体细胞之间的生物大分子复合物，是由多种蛋白质和多糖分子组装成的网络结构，也是细胞得以生存和发挥功能的基本场所。大量研究表明，ECM 除了作为细胞之间的粘连物和支持物的经典意义外，还通过与细胞表面及细胞内某些分子直接或间接作用，调节细胞的生长发育、迁移分化甚至代谢活动等多种生物学行为。组成 ECM 的大分子主要有胶原（collagen）、弹性蛋白（elastin）、蛋白聚糖（proteoglycan）及非胶原性糖蛋白（noncollenganous glycoprotein）4 大类。它们主要由间充质分化而来的细胞，尤其是广泛分布于基质中的成纤维细胞分泌产生。神经嵴细胞也可以产生某些 ECM 成分。在 ECM 的各组分中，胶原是最主要的蛋白质，与弹性蛋白共同形成 ECM 的基本骨架，赋予组织某些力学特性。蛋白聚糖是以糖胺聚糖（glycosaminoglycan，GAG）为主要成分的大分子复合物。GAG 种类繁多、数量庞大，从而构成 ECM 中具有选择性滤过作用的细微网络。最常见的 GAG 均为高亲水性化合物，包括透明质酸、硫酸软骨素、硫酸角质素和肝素。相对于胶原和弹性蛋白，蛋白聚糖在 ECM 中所占的空间密度要大得多。ECM 中的非胶原性糖蛋白不仅种类多，功能也复杂。研究最多的是纤连蛋白（fibronectin，FN）和层粘连蛋白（laminin，LN）。非胶原性糖蛋白将 ECM 的胶原、弹性蛋白以及蛋白聚糖交互粘连在一起，并介导细胞与 ECM 之间的直接接触和信息交流。越来越多的研究显示，外周组织中的 ECM 分子是影响嵴细胞迁移和分化的一个重要因素。体外研究 ECM 分子对神经嵴细胞运动性和形态学的影响，一般是通过将神经嵴植块或嵴细胞种植到预先用 ECM 分子包被的玻璃或塑料容器内甚至直接种植到三维的胶原凝胶内进行的。在体内研究一般是用抗体中和法观察某种 ECM 成分缺乏时所造成的后果。研究发现，ECM 分子在将神经嵴细胞从神经褶释放出来，在导引嵴细胞的迁移和在外周组织中"捕获"嵴细胞的过程中都有作用。特殊的组织学染色与免疫细胞化学染色证明，神经嵴细胞迁移的路径与 ECM 分子的特征性分布相一致。ECM 不是同源的。神经嵴细胞的不同亚群对 ECM 的不同成分具优先选择性（Braueretal 1985）。ECM 的成分随着发育过程而有变化。另外，ECM 成分的空间分布对神经嵴细胞迁移的作用与 ECM 组成成分同样重要。

四、细胞表面黏着分子

细胞表面黏着分子（cell surface adhesion molecule）是除 ECM 之外的另一类神经黏着分子（neural adhesion molecule），存在于神经嵴细胞、神经元、神经胶质细胞以及其他类型细胞的表面，通过配体或受体与其他细胞的受体或配体结合，介导神经细胞之间的黏着。在脊椎动物研究最深入的表面黏着分子是神经元细胞黏着分子（neuronal cell adhesion molecule，NCAM）。它位于神经元表面，是一条多肽链结合不等量的唾液酸而成的大型糖蛋白分子（Edelman 1983）。NCAM 在发育的不同时期或不同存在部位可发生不同程度的化学结构变化，即由唾液酸含量高的胚胎型（E 型）向唾液酸含量低的成体型（A 型）转变。其他的细胞表面黏着分子还有神经元-胶质细胞黏着分子（neuron-glia cell adhesion molecule）、神经节苷脂（ganglioside）、Thy-1 糖蛋白、整联蛋白、胶质细胞上的黏着分子（adhesion molecule on glia）等。

五、其 他 因 素

调控神经嵴及其衍生物分化发育的其他因素包括神经营养因子（见第十二章）、神经诱向因子、神经生长抑制因子、生物物理因素和激素等。这些因素分别从神经嵴细胞的生存、生长、最终数量变化以及向靶细胞特异性生长等方面调节着神经嵴细胞的普遍性生长和特异性生长过程。在本章的最后，将以脊髓感觉通路胚胎发生的调控因素为例介绍这一领域的进展情况。

第五节　神经嵴细胞迁移的调节模式

神经嵴细胞的迁移受多种复杂因素的综合调控，其中既有嵴细胞本身的因素，又有迁移路径上微环境以及外周靶细胞的影响。不过，神经嵴细胞的迁移在一定程度上取决于嵴细胞与嵴细胞之间的黏着力、嵴细胞与 ECM 之间的黏着力两种力量的复杂的平衡状态。嵴细胞之间的黏着力使得嵴细胞成团存在。嵴细胞与 ECM 之间的黏着力使得嵴细胞"锚定"在某一位点或者脱离嵴细胞团而发生迁移。当神经嵴细胞亚群外围细胞与ECM 分子尤其是 FN 和 LN 的黏着力量大于嵴细胞亚群之间相互黏着的力量时，成团的神经嵴细胞从神经嵴脱离，进入周围的 ECM 之中。成团的神经嵴细胞内部借细胞表面黏着分子黏着在一起。从神经嵴脱离的嵴细胞团与 ECM 中的 FN 或 LN 选择性亲和，从而沿着 FN 与 LN 特征性分布的路线迁移。迁移着的嵴细胞表面黏着分子逐渐减少。当迁移路过某一外周位点，遇到不支持嵴细胞迁移的 ECM 条件，加上嵴细胞之间相互黏着的力量逐渐大于嵴细胞与 ECM 之间黏着的力量时，嵴细胞便停止迁移，相互聚集在一起，发育成周围神经节。神经黏着分子和 ECM 分子是神经嵴细胞向外周靶组织迁移过程中的"路标"或者"踏脚石"。

第六节　神经嵴细胞分化的调控

神经嵴细胞分化为各种各样的衍生物是嵴细胞迁移的最后去向，但嵴细胞的分化不仅仅是在迁移完成后才开始的。部分嵴细胞的分化或者嵴细胞的部分分化甚至在嵴细胞迁移之前就已经开始了。

一、局部微环境对神经嵴细胞分化的调控

从前面的鹌鹑-鸡胚胎嵌合体的移植实验可以看出，局部微环境对嵴细胞的分化有重要影响。在早期发育的一定时期，宿主体内的微环境甚至可以扭转移植物的分化发育方向。Detwiler（1934，1937）的实验表明，体节能够影响感觉神经节神经元的集结形成，去除体节导致相应的神经节缺失，而超数量的体节并置可导致多余的神经节发育。Hamburger 曾对鸡胚进行肢芽的摘除或移植实验，摘除鸡胚肢芽导致相应脊髓节段的背根节萎缩，而植入多余的肢芽导致相应脊髓节段背根节增生。人们不禁要问，局部微环境是如何影响嵴细胞的分化？是通过嵴细胞与微环境中的固有成分之间的直接接触还是通过微环境中的某些可扩散性化学物质？答案迄今不明确。基本结论是，外周组织影响嵴细胞及其衍生物的发育同外周组织中的 ECM 分子以及靶组织能产生某些神经营养活性物质密切相关。前已所述，神经嵴细胞是多潜能的，然而又存在一定程度的预先决定。因而在鹌鹑与鸡胚之间的移植实验中，有的移植物能受到宿主体内局部微环境的制约而发育成宿主体内的正常模式，有的移植物却不能完全按照宿主体内正常发育时的模式。其原因可能在于神经嵴细胞的发育不是完全同步的，即便是相同节段的神经嵴也存在不同步性。如果在移植的某一胚期，神经嵴以预先决定（或区域分化）的细胞群为主，那么移植后就难以形成宿主体内相应的分化类型。例如，头部与躯干部之间神经嵴的移植就难以达到供体与宿主的完全适应。相反，如果被移植的神经嵴节段内以未被决定的细胞为主，那么移植物就会更多地形成宿主相应节段的分化类型。例如，躯干部神经嵴的相互移植，供体与宿主相适应的概率和程度就大得多。总之，嵴细胞的分化涉及

多个关联过程，任何一个过程受到影响，分化都不能很好完成。外周的区域微环境是将要分化的细胞的最后场所，在此受到的微环境影响尤其是 ECM 成分的影响必然影响到细胞的最后分化。所以，局部微环境只是调控嵴细胞分化的外因，嵴细胞的分化更与其自身的固有因素即内因密切相关。内外因素是调控嵴细胞成功分化的主客两方面，缺一不可。

二、神经嵴细胞固有信息与神经嵴细胞的分化

唯物辩证法提示，事物的发展总是存在内因和外因两方面的原因。内因是根据，外因是条件，外因通过内因而起作用。神经嵴细胞的分化也存在内、外因两方面的因素。尽管前面提到的鸡-鹌鹑胚胎相互移植的实验证实了神经嵴细胞迁入的微环境对嵴细胞的分化具有重要的作用，然而真正决定嵴细胞分化大方向的仍然是神经嵴细胞本身所固有的信息。鸟类色素细胞的发育是研究神经嵴细胞分化的很好材料，因为神经嵴细胞的最终分化类型可从鸟类羽色直观地得到反映。将不同羽色的鸡胚、鹌鹑胚胎在神经嵴细胞迁移之前进行神经管片段的相互移植，结果形成了带有供体羽色特征的嵌合体（图 8-5），充分表明神经嵴细胞分化的色素细胞类型是由神经嵴细胞本身所固有的信息决定的。但是，应该肯定，神经嵴细胞固有信息的表达必然受到所迁入的微环境的深刻影响。局部微环境在引导、加速或者逆转、抑制嵴细胞固有特征表达的过程中有重要作用。因而，神经嵴细胞的分化方向是嵴细胞内、外因素相互作用的结果。

第七节　脊髓感觉通路的胚胎发生及调控因素

神经系统行使其功能依赖于不同部位的神经元之间以及神经元与外周靶细胞之间建立的通路联系。在神经系统胚胎发育过程中，支配神经元（innervating neuron）与相应靶细胞建立选择性的突触联系是一个基本特征。脊椎动物胚胎发育早期，在脊神经节形成后，周围突向外周生长到达周围的组织之中，发育成各种各样的神经末梢及感受器，中枢突则向脊髓背部生长并进入脊髓背角，与背角靶细胞建立特异的神经支配关系，从而建立背根节-脊髓背角感觉传导通路。这一通路的形成是外周神经系统与中枢神经系统感觉信息接轨的里程碑。目前，对于鸟类和哺乳动物背根节神经元中枢突与周围突投射发育的时空规律已较为清楚（Frank et al. 1990，Reynolds et al. 1991）。在大鼠胚胎，背根节神经元于 E10～E13 形成。臂部和胸部的背根节中枢突最早于 E11 进入脊髓，然后，在白质内向嘴、尾侧方向延伸几个节段，即在进入脊髓 3～4 天之后才进入灰质，于 E14～E15 之间开始在灰质内分支，于 E17 之前到达各板层的特异靶区。而在外周，所有感觉轴突于 E11 之前均已进入前部生骨节。在 E12～E15，背根节周围突继续生长并分成较细的轴突束，向其外周靶子延伸，约于 E19 之前完成对后肢远端的支配（Reynolds 1991，Coggeshall et al. 1994）。在鸡胚，脊神经节神经突起与脊髓背角发生接触大约是在孵育的第 3 天。

虽然目前对于背根节神经元轴突投射发育的时空形式已经清楚，但是，迄今对于调控背根节神经元-脊髓背角靶细胞特异感觉通路形成的确切因素和具体方式仍不清楚。

为什么脊神经节的神经突起能够定向地朝着中枢或者外周靶细胞生长？为什么脊神经节与脊髓这两个在胚胎发育早期相对独立存在的部分能够选择性地形成背根节-背角靶细胞传导通路，而背根节的神经突起却能避开腹角细胞？目前，对特异神经通路胚胎发生的调控因素的研究已成为发育神经生物学的一个重要课题。然而，迄今国际上探讨脊神经节向脊髓背角定向生长的工作还不多。总的看法是，支配神经元与其靶细胞建立选择性突触联系涉及两个基本机制：其一是支配神经元在向其靶区生长过程中与行进路线上的其他细胞及细胞外基质之间的相互作用机制，这种作用又包括吸引性与排斥性两个方面：其二是支配神经元与其靶细胞之间的相互作用机制，这种作用又包括神经营养性作用和神经诱向性作用两个方面。美国的 Crain 实验室（Crain et al. 1981）曾以体外培养方法研究了小鼠胚胎脊神经节同脊髓背、腹角组织块联合培养时脊神经节神经突起定向生长行为的差异，发现脊神经节神经突起能够向背角组织块优先生长并能与背角组织块内的细胞建立突触联系。另外，该实验室（Smalheiser et al. 1981）还用 HRP 顺行追踪法研究了联合培养时背根节与脊髓后角通路形成的情况，发现给背根节细胞外微离子电渗 HRP，HRP 标记物可顺着背根节神经突起到达背角组织，并在该区域分支，局部刺激背根节细胞，可诱发背角细胞产生电位变化。Crain 实验室的工作表明背根节神经元-脊髓靶细胞这一特异感觉通路的胚胎发生在体外培养条件下可以再现。国外学者（Fitzgerald et al. 1993）用植块培养法发现，大鼠胚胎背根节同脊髓腹角组织联合培养时，背根节神经元轴突能受到腹角组织的抑制而长不到后者的内部。国内学者（薛庆善等1995）曾比较研究了鸡胚背根节分别在单独培养、同脊髓背角组织块联合培养、同脊髓腹角组织块联合培养时，背根节神经突起生长状况的差异，发现同脊髓背角组织块联合培养的背根节神经突起生长速度明显高于背根节单独培养时的生长速度，明显高于同腹角组织联合培养时的生长速度。而且发现，同腹角组织块联合培养时背根节的神经突起生长速度明显低于背根节单独培养时的情况。进一步表明，脊髓背、腹角组织对脊神经节神经突起生长的作用存在明显差异，脊髓背角能够促进脊神经节神经突起的生长，而腹角组织对脊神经节神经突起生长具有抑制作用。这种差异可能是脊神经节在发育过程中能够选择性地向脊髓背角投射而避开腹角组织的原因之一。已知脊髓背角中存在NGF，但 NGF 仅以其对支配神经元的神经营养性作用，制约着神经节中存活的神经元数量，调节脊神经节神经元的生长。而且 NGF 的作用对象包括了感觉神经节、交感神经节甚至中枢的某些胆碱能神经元，其作用范围和生物学效应具相对广泛性而缺乏神经元-靶细胞的细胞专一性。NGF 在神经系统发育和再生过程中，能普遍性地调节神经的生长和再生，但它不是决定脊神经节神经突起向脊髓背角靶细胞定向投射的根本原因。

近几年来，国外几组研究人员在对特异神经通路胚胎发生的调控因素研究上取得了突破性进展，明确提出了另一类神经生长和再生的调节因素，即神经诱向因子（neuronal guidance cues）。神经诱向因子又叫化学诱向因子（chemotropic factor）或者导向分子（guidance molecule），它是一类不同于神经营养因子的神经生长调节因素。神经诱向因子按其生物学作用方式可以分为化学吸引（chemoattraction）和化学排斥（chemorepulsion）两类因子。化学吸引性神经诱向因子主要存在于支配神经元的靶组织或靶细胞，而化学排斥性神经诱向因子存在于支配神经元轴突行进的道路上以及靶组织或靶细胞邻近的非支配部位。神经诱向因子可以是细胞膜相关的非扩散性成分，也可以是可扩散性的分泌性物质。在鸡中已发现的与脊髓感觉神经突起生长有关的神经诱向因子为萎陷蛋白（collapsin）（Luo et al. 1993）。它是从鸡脑膜上提取的一种分子质量为100kDa的分泌性糖蛋白，因为能引起生长中的感觉神经节轴突生长锥萎陷而被称为萎陷蛋白，但对视网膜节细胞的轴突生长锥不起作用。萎陷蛋白对轴突的导向作用是通过排斥或抑制方式实现的，即通过排斥不适当的生长锥而使得轴突远离禁区。对萎陷蛋白的氨基酸序列与 cDNA 序列目前已经清楚。肽链结构上，在其 C 端含有一个免疫球蛋白样的区域，在其 N 端，氨基酸序列与束素 IV（fasciclin IV）有很大的同源性。束素 IV 是在蚱蜢发现的一种导向蛋白质，为跨膜蛋白质，现已改称为导向蛋白 I（semaphorin I，sema I）。目前共发现了 5 种与萎陷蛋白分子相关的属同一家族的导向蛋白质分子。这个蛋白质分子家族统称为导向蛋白家族（family of semaphorin），5 种导向蛋白质分别称为导向蛋白 I、II、III、IV、V（Luo et al. 1995，Kolodkin et al. 1993）。在大鼠中已发现的萎陷蛋白同源物为导向蛋白 III（semaphorin III，sema III）（Kolodkin et al. 1993，Wright et al. 1995）。它是一种以化学排斥性作用调控感觉神经元轴突生长方向的分泌性蛋白质，存在于背根节神经元轴突向靶细胞生长的行进路线上以及轴突不能支配的非靶子区域。通过对 sema III mRNA 在大鼠脊髓腹角及外周组织内表达的时空形式进行研究发现，sema III 的基因总是在生长中的背根节轴突所不能到达的中枢或外周区域在轴突完成对靶细胞的支配之前表达。如前所述，大鼠胚胎臂部和胸部的背根节中枢突于 E11 进入脊髓，于 E17 之前到达各板层的特异靶区。sema III mRNA 在脊髓腹角开始表达的时间是 E12。在 E13～E17，整个脊髓腹侧半除神经管的底板之外，*sema III* 基因均高表达。sema III 在背根节中枢突与脊髓背角建立突触联系之前，在脊髓腹角的表达有助于抑制非本体感觉轴突穿过脊髓腹角区域。在外周，背根节周围突于 E11 进入前部生骨节。在这一时期，sema III mRNA 在皮肌节和后部生骨节的腹侧部位总有表达。这些区域是背根节周围突在向其外周靶细胞方向生长途中路过而不穿过的区域。在 E12～E15，背根节周围突继续发育并分成较细的纤维束，向其外周靶子延伸。在这期间，轴突束周围许多中外胚层结构如皮肌节、轴索周围的间充质、骨盆带以及肢体等结构中均高水平表达。随着发育进程，*sema III* 基因表达迅速降低，在出生前终止表达。*sema III* 基因表达的时空形式与其在背根节发育过程中抑制轴突向不适合部位生长和分支的作用是一致的。

致　谢

笔者感谢 Mai Har Sham 教授、Andrew J. Copp 教授和 Alan J. Burns 博士在研究中的合作。这里描述的工作部分由中国香港特别行政区 Research Grants Council 资助（Project No. CUHK 4016/01M 和 CUHK 4418/03M）。

（陈活彝　薛庆善　李海标 撰）

主要参考文献

薛庆善，吴良芳. 1994. 神经生长和再生的调节因素. 神经解剖学杂志，10：181

薛庆善，肖渝平. 1995. 鸡胚脊髓背、腹角组织对脊神经节神经突起生长的影响. 解剖学杂志，18：310

Bronner-Fraser M. 1996. Manipulations of neural crest cells or their migratory pathways. Methods Cell Biol, 51：61～79

Brook FA, Shum ASW, Van Straaten HWM et al. 1991. Curvature of the caudal region is responsible for failure of neural tube closure in the curly tail (ct) mouse embryo. Development, 113：671～678

Calson BM. 1988. Patten's foundations of embryology. 5th ed. NewYork：McGraw-Hill Book company, 222～249

Chalazonitis A, Rothman TP, Chen J, et al. 1994. Neurotrophin-3 induces neural crest-derived cells from fetal rat gut to develop *in vitro* as neurons or glia. J Neurosci, 14：6571～6584

Chan AOK, Cheung CS, Chan WY. 1999. Migration pathways of mouse secondary neural crest cells. Neurosci Lett, 53 (Supplement)：S13

Chan WY, Cheung CS, Yung KM. 2004 Cardiac neural crest of the mouse embryo：axial level of origin, migratory pathway and cell autonomy of the splotch (Sp2H) mutant effect. Development, 131：3367～3379

Chan WY, Lee KKH, Tam PPL. 1991. The regenerative capacity of forelimb buds following amputation in the early-organogenesis-stage mouse embryo. J Exp Zool, 260：74～83

Chan WY, Lee KKH. 1992. The incorporation and dispersion of cells and latex beads on microinjection into the amniotic cavity of the mouse embryo at the early-somite stage. Anat Embryol, 185：225～238

Chan WY, Ng TB, Shaw PC. 1995. Mouse embryonic development and tumor growth under the influence of recombinant trichosanthin (a ribosome inactivating protein) and its muteins. Teratogen Carcin Mut, 15：259～268

Chan WY, Ng TB. 2001. Comparison of the embryotoxic effects of saporin, agrostin (type 1 ribosome-inactivating protein) and ricin (a type 2 ribosome-inactivating protein). Pharmacol Toxicol, 88：300～303

Chan WY, Tam PPL. 1998. A morphological and experimental study of the mesencephalic neural crest cells in the mouse embryo using wheat germ agglutinin-gold conjugate as the cell marker. Development, 102：427～442

Chan WY, Tam WY, Yung KM, et al. 2003. Tracking down the migration of mouse neural crest cells. Neuroembryology, 2：9～17

Cheung CS, Wang L, Dong M, et al. 2003. Migation of hindbrain neural crest cells in the mouse. Neuroembryology, 2：164～174

Cochard P, Goldstein M, Black IB. 1978. Ontogenetic appearance and disappearance of tyrosine hydroxylase and catecholamines. Proc Natl Acad Sci USA, 75：2986～2990

Cockroft DL. 1990. Dissection and culture of postimplantation embryos., In：Copp AJ, Cockroft DL. Postimplantation mammalian embryos：A practical approach. Oxford, Oxford University Press, 15～40

Conway SJ, Henderson DJ, Copp AJ. 1997. Pax3 is required for cardiac neural crest migration in the mouse：evidence from the splotch (Sp2H) mutant. Development, 124：505～514

Copp AJ, Checiu I, Henson JN. 1994. Developmental basis of severe neural tube defects in the loop-tail (Lp) mutant mouse：Use of microsatellite DNA markers to identify embryonic genotype. Dev Biol, 165：20～29

Copp AJ, Roberts HM, Polani PE. 1986. Chimaerism of primordial germ cells in the early postimplantation mouse embryo following microsurgical grafting of posterior primitive streak cells *in vitro*. J Embryol Exp Morphol, 95：95～115

Dottori M, Gross MK, Labosky P, et al. 2001. The winged-helix transcription factor Foxd3 suppresses interneuron differentiation and promotes neural crest cell fate. Development, 128：4127～4138

Durbec PL, Larsson-Blomberg LB, Schuchardt A, et al. 1996. Common origin and developmental dependence on c-ret of subsets of enteric and sympathetic neuroblasts. Development, 122：349～358

Fan J, Raper JA. 1995. Localized collapsing cues can steer growth cones without inducing their full collapse. Neuron, 14：263～274

Ferretti E, Marshall H, Popperl H, et al. 2000. Segmental expression of Hoxb2 in r4 requires two separate sites that integrate cooperative interactions between Prep1, Pbx and Hox proteins. Development, 127：155～166

Filtzgerald M, Reynolds ML, Benowitz LI. 1991. GAP-43 expression in the developing rat lumbar spinal cord. Neuroscience, 41: 187~199

Fiorica-Howells E, Maroteaux L, Gershon MD. 1998. 5-HT2B receptors are expressed by neuronal precursors in the enteric nervous system of fetal mice and promote neuronal differentiation. Ann N Y Acad Sci, 861: 246

Frank E, Mendelson B. 1990. Specification of synaptic connections between sensory and motor neurons in the developing spinal cord. J Neurobiol, 21: 33~50

Gariepy CE, Williams SC, Richardson JA, et al. 1998. Transgenic expression of the endothelin-B receptors prevents congenital intestinal aganglionosis in a rat model of Hirschsprung disease. J Clin Invest, 102: 1092~1101

Goodman CS, Shatz CJ. 1993. Developmental mechanisms that generate precise patterns of neuronal connectivity. Cell, 72: 77~98

Hörstadius S. 1950. The neural crest: Its properties and derivatives in the light of experimental research. London, Oxford University Press

Henderson DJ, Ybot-Gonzalez P, Copp AJ. 2000. RhoB is expressed in migrating neural crest and endocardial cushions of the developing mouse embryo. Mech Dev, 95: 211~214

Jacobson M. 1991. Developmental neurobiology. 3rd ed. NewYork: Plenum Press, 143~162

Jiang XB, Rowitch DH, Soriano P, et al. 2000. Fate of the mammalian cardiac neural crest. Development, 127: 1607~1616

Kolodkin AL, Matthes DJ, Goodman CS. 1993. The semaphorin genes encode a family of transmembrane and secreted growth cone guidance molecules. Cell, 75: 1389~1399

Kubota Y, Morita T, Ito K. 1996. New monoclonal antibody (4E9R) identifies mouse neural crest cells. Dev Dyn, 206: 368~378

Kwan CT, Tsang SL, Krumlauf R, et al. 2001. Regulatory analysis of the mouse Hoxb3 gene: multiple elements work in concert to direct temporal and spatial patterns of expression. Dev Biol, 232: 176~190

Le Douarin NM, Smith J. 1983. Differentiation of avian autonomic ganglia. In: Elfvin LG. Autonomic ganglia. New York: John Wiley & Sons Ltd, 427~452

Le Douarin NM, Teillet MA. 1974. Experimental analysis of the migration and differentiation of neuroblasts of the autonomic nervous system and of neuroectodermal mesenchymal derivatives using a biological cell marking technique. Dev Biol, 41: 162~184

Le Douarin NM. 1980. The ontogeny of the neural crest in avian embryo chimaeras. Nature, 286: 663~669

Lee KKH, Chan WY. 1991. A study on the regenerative potential of partially excised mouse embryonic forelimb bud. Anat Embryol, 184: 153~157

Leonard L, Horton C, Maden M. 1995. Anteriorization of CRABP-I expression by retinoic acid in the developing mouse central nervous system and its relationship to teratogenesis. Dev Biol, 168: 514~528

Leussink B, Brouwer A, El Khattabi M, et al. 1993. Expression patterns of the paired related homeobox genes MHox/Prx1 and S8/Prx2 suggest roles in development of the heart and the forebrain. Mech Dev, 52: 51~64

Liu HM. 1981. Biology and pathology of nerve growth. NewYork: Academic Press, 1~52

Lo L, Sommer L, Anderson DJ. 1997. MASH1 maintains competence for BMP2~induced neuronal differentiation in post-migratory neural crest cells. Curr Biol, 7: 440~450

Luo Y, Shepherd I, Li J, et al. 1995. A family of molecules related to collapsin in the embryonic chick nervous system. Neuron, 14: 1131~1140

Maconochie MK, Nonchev S, Studer M, et al. 1997. Cross-regulation in the mouse HoxB complex: the expression of Hoxb2 in rhombomere 4 is regulated by Hoxb1. Genes Dev, 11: 1885~1895

Manley NR, Capecchi MR. 1995. The role of Hoxa-3 in mouse thymus and thyroid development. Development, 121: 1989~2003

Messersmith EK, Leonardo ED, Shatz CJ, et al. 1995. Semaphorin can function as a selective chemorepellent to pattern sensory projections in the spinal cord. Neuron, 14: 949~959

Mikawa T, Fischman DA, Dougherty JP, et al. 1991. In vivo analysis of a new lacZ retrovirus vector suitable for cell lineage marking in avian and other species. Exp Cell Res, 195: 516~523

Mok SWF, Tse PS, Chan WY. 2001. Early migration of vagal and sacral neural crest cells in the mouse embryo. Neurosci Lett, 56 (Supplement): S2

Ng TB, Chan WY. 1997. Polysaccharopeptide from the Mushroom Coriolus versicolor possesses analgesic activity but does not produce adverse effects on female reproductive or embryonic development in mice. Gen Pharmacol, 29: 269~273

Ng TB, Shaw PC, Chan WY. 1996. Important of the Glu 160 and Glu 189 residues to the various biological activities of the ribosome inactivating protein trichosanthin. Life Sci, 58: 2439~2446

Osumi N, Inoue T. 2001. Gene transfer into cultured mammalian embryos by electroporation. Methods, 24: 35~42

Puschel AW, Adams RH, Betz H. 1995. Murine semaphorin D/collapsin is a member of a diverse gene family and creates domains inhibitory for axonal extension. Neuron, 14: 941~948

Schorle H, Meier P, Buchert M. 1996. Transcription factor AP-2 essential for cranial closure and craniofacial development. Nature, 381: 235~238

Serbedzija GN, Bronner-Fraser M, Fraser SE. 1989. Vital dye analysis of the timing and pathways of avian trunk neural crest cell migration. Development, 106: 806~816

Serbedzija GN, Bronner-Fraser M, Fraser SE. 1992. Vital dye analysis of cranial neural crest cell migration in the mouse embryo. Development, 116: 297~307

Serbedzija GN, Fraser SE, Bronner-Fraser M. 1990. Pathways of trunk neural crest cell migration in the mouse embryo as revealed by vital dye labelling. Development, 108: 605~612

Serbedzija GN, McMahon AP. 1997. Analysis of neural crest cell migration in splotch mice using a neural crest-specific lacZ reporter. Dev Biol, 185: 139~147

Sham MH, Vesque C, Nonchev S, et al. 1993. Charnay P and Krumlauf R: The zinc finger gene Krox20 regulates HoxB2 (Hox2. 8) during hindbrain segmentation. Cell, 72: 183~196

Sieber-Blum M, Sieber F. 1985. *In vitro* analysis of quail neural crest cell differentiation. In: Bottenstein JE, Sato G. Cell Culture in the Neuroscience. New York: Plenum Ptess, 193~221

Snider WD. 1994. Functions of neurotrophins during development: what are the 'knockouts' teaching us? Cell, 77: 627~638

Southard-Smith EM, Kos L, Pavan WJ. 1998. Sox10 mutation disrupts neural crest development in Dom Hirschsprung mouse model. Nat Genet, 18: 60~64

Stemple DL, Anderson DJ. 1992. Isolation of a stem cell for neurons and glia from the mammalian neural crest. Cell, 71: 973~985

Tan SS, Morriss-Kay G. 1985. The development and distribution of the cranial neural crest in the rat embryo. Cell Tissue Res, 240: 403~416

Thiery JP, Duband JL, Delouvee A. 1982. Pathways and mechanisms of avian trunk neural crest cell migration and localization. Dev Biol, 93: 324~334

Tief K, Schmidt A, Aguzzi A. 1996. Tyrosinase is a new marker for cell population in the mouse neural tube. Dev Dyn, 205: 445~456

Tosney KW. 1982. The segregation and early migration of cranial neural crest cells in the avian embryo. Dev Biol, 89: 13~24

Tsarfaty I, Resau JH, Rulong S, et al. 1992. The met proto-oncogene receptor and lumen formation. Science, 257: 1258~1261

Tucker GC, Aoyama H, Lipinski M, et al. 1984. Identical reactivity of monoclonal antibodies HNK-1 and NC-1: conservation in vertebrates on cells derived from the neural primordium and on some leukocytes. Cell Differ, 14: 223~230

Wenink AC, Symersky P, Ikeda T, et al. 2000, HNK-1 expression patterns in the embryonic rat heart distinguish between sinuatrial tissues and atrial myocardium. Anat Embryol, (Berl) 201: 39~50

Weston JA. 1963. A radioautographic analysis of the migration and localization of trunk neural crest cells in the chick. Dev Biol, 6: 279~310

Weston JA. 1970. The migration and differentiation of neural crest cells. Adv Morphogen, 8: 41~114

Wright DE, White FA, Gerfen RW, et al. 1995. The guidance molecule semaphoring III is expressed in regions of spinal cord and periphery avoided by growing sensory axons. J Comp Neurol, 361: 321~333

Young HM, Ciampoli D, Hsuan J, et al. 1999. Expression of Ret-, p75NTR-, Phox2a-, Phox2b-, and Tyrosine hydroxylase-immunoreactivity by undifferentiated neural crest-derived cells and different classes of enteric neurons in the embryonic mouse gut. Dev Dyn, 216: 137~152

第九章 神经胶质细胞

神经胶质细胞（neuroglial cell）简称神经胶质或胶质细胞，是神经系统内除神经元外的另一大类细胞成分。中枢神经系统（CNS）的胶质细胞又可分为两大类：一类为大胶质细胞（macroglia），是 CNS 主要的胶质细胞成分，包括星形胶质细胞（astrocyte）和少突胶质细胞（oligodendrocyte）；另一类包括小胶质细胞（microglia）、室管膜细胞（ependymal cell）和脉络丛上皮细胞。周围神经系统（PNS）内主要为施旺细胞与卫星细胞。数量上胶质细胞远多于神经元，有报道 CNS 内胶质细胞与神经元的数目之比为10：1～50：1，其重量约为大脑总重量的 1/2。

19 世纪中期，Virchow（1846）首先描述 CNS 内存在一类把神经元黏合在一起的类似结缔组织的成分，他称之为神经胶质（nervenkitt，即 neuroglial），当时尚没有胶质细胞的称谓。虽然随后 Deiters（1865）证实神经胶质是一些无轴突的非神经元细胞，但直到 Golgi（1885）发明银浸法染制神经组织后，才得以逐步辨认脊椎动物神经系统内各细胞类型。Weigert 染色法使 Ramony Cajal（1913）最早能明确区分纤维性和原浆性两种星形胶质细胞，并显示纤维性星形胶质细胞富含胶质原纤维（gliofibril）。Rio Hortega（1920）采用碳酸银法区别出少突胶质细胞和小胶质细胞。20 世纪中期，用电镜分析星形胶质细胞的超微结构，观察到两种类型星形胶质细胞胞质内均含有胶质丝（glial filament），也即光镜下的胶质原纤维。Eng 等（1971）证实胶质丝的生化本质是胶质原纤维酸性蛋白（glial fibrillary acidic protein，GFAP），可作为星形胶质细胞的标志蛋白质，用免疫细胞化学方法显示，特别是体外培养的星形胶质细胞，无论纤维性或原浆性均呈 GFAP$^+$，但近年来发现在正常脑组织仍有部分星形胶质细胞是 GFAP$^-$。十余年来能较特异显示几类胶质细胞包括小胶质细胞的免疫标记分子（蛋白质）不断出现，为准确观察及深入探讨它们的功能提供了有力的帮助。

胶质细胞大多也是具有突起的细胞，细胞体积一般比神经元小，核质比例较大，在常规 HE 等染色标本上常只见到其细胞核。光镜观察胶质细胞的整体形态，可借助经典的金属浸镀（impregnation）技术或免疫细胞化学方法。虽然胶质细胞与神经元一样具有突起，但其胞突不分树突和轴突，也没有传导神经冲动的功能。近几年来的研究显示胶质细胞和神经元这两大类细胞之间存在着十分密切的相互关系，胶质细胞不仅对神经元有支持、分隔绝缘、形成髓鞘、营养、修复等多种功能，而且还积极能参与神经元的活动，调节神经元的代谢和离子环境，对神经系统的发育、正常生理活动以及多种病理变化都具有重要作用。

第一节　神经胶质细胞的起源和分化

胶质细胞和神经元均起源于胚胎的神经上皮细胞（小胶质细胞的起源尚有争议，详后）。在 CNS，这些神经上皮细胞位于神经板，在 PNS，则是在神经嵴和基板（placode），因此事实上中枢和外周胶质细胞在神经系统发育的很早阶段即已分属不同的谱系（lineage），如图 9-1 所示。神经上皮开始时为简单的假复层上皮，随着细胞不断分裂增多而变厚，随后，一些细胞停止分裂并向外迁移分化为最初的神经元，通常神经元出现之后才出现胶质细胞发生，而几类胶质细胞的发生则很可能是交互进行的。神经元属有丝分裂后细胞（postmitotic cell），发生形成后一般即不再分裂，而胶质细胞一般认同它们终身具有分裂繁殖的能力。

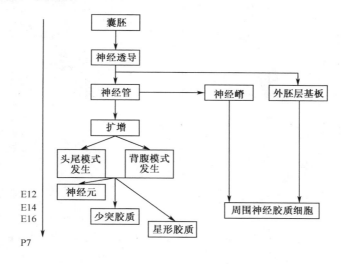

图 9-1　示为啮齿类神经胶质细胞起源分化的简要顺序（引自
Liu et al. 2004）

一、中枢大神经胶质细胞的起源和分化

在 CNS，大胶质细胞与神经元来源于相同的神经干细胞前体近年已得到大多数研究者认同，神经管上皮含有大量具有多向分化潜能的多能干细胞，体内外实验证实它们能分化产生神经元、辐射状胶质细胞、星形胶质细胞及少突胶质细胞，但发育过程中神经管多潜能干细胞并不直接分化衍生出上述几类细胞成分，通常它们先要分化演变为中

间或限制性的定向干细胞前体（intermediate or restricted precursor）。迄今已有多类胶质细胞或神经元前体成分被发现证实，包括运动神经元-少突胶质细胞前体（motoneuron-oligodendrocyte precursor，MNOP）、白质祖细胞（white matter progenitor cell，WMPC）、多突细胞（polydendrocyte）、限制性胶质细胞前体（glial restricted precursor，GRP）、星形胶质细胞前体（astrocyte precursor cell，APC）、少突胶质与 II 型星形胶质细胞祖细胞（oligodendrocyte type-2 astrocyte progenitor，O2A）等，这些细胞群体的性状与分化潜能如图 9-2 所示，但对于几类前体细胞的谱系与隶属关系，目前尚存在一些争议。

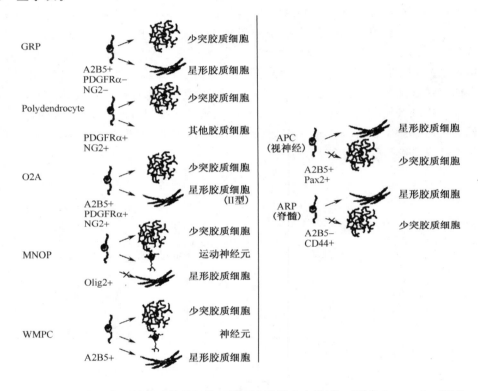

图 9-2　几种主要类型的胶质前体细胞（缩写全称见文中描述）（引自 Liu et al. 2004）

　　星形胶质细胞和少突胶质细胞是两类主要的执行不同功能的大胶质细胞，前者占大脑总体积 20%～50%，虽然传统基于形态学的描述将其区分为原浆型与纤维型两类，近年研究显示星形胶质细胞存在着更复杂的形态与功能迥异的异质性亚型。少突胶质细胞是数量居第二的细胞群体，它们的主要功能在于通过形成髓鞘以确保有髓神经纤维的绝缘和快速的神经冲动传导，少突胶质细胞在形态、抗原表达以及对各类细胞因子的反应等方面均明显有别于星形胶质细胞。除了上述两类大胶质细胞，多年来还陆续发现了一些特殊类型的胶质群体，包括辐射状胶质细胞、Bergmann 胶质、Muller 细胞、垂体（胶质）细胞以及嗅鞘被膜细胞等。这些细胞起源聚居于不同脑区，具有一些较特殊的细胞生物学性状，Gudino-Cabrera 等（1999）将这些细胞总称为 aldynoglia，虽然这些细胞同时具有星形和少突胶质细胞的部分性状，但总体而言它们更似外周施旺细胞。辐射状胶质细胞在早期的神经发生中可作为神经元迁移导向的支架蛋白质，是由增殖中的神经上皮最早分化出的胶质细胞群体。

（一）生 前 发 育

胚胎时期的神经上皮随着发育而分为室层（ventricular zone）、室下层（subventricular zone）、中间层（intermediate zone）和边缘层（marginal zone）。室层即原始的神经上皮，它围绕脑室和脊髓中央管，早期神经元和胶质细胞均起源于此层。脑内最先出现的胶质细胞是双极形的辐射状胶质细胞（radial glial cell），它可产生灰、白质中的星形胶质细胞，在某些脑区，有报道它也能产生少突胶质细胞。在脊髓，少突胶质细胞主要由腹侧的室层产生，然后向两侧及背侧迁移，此时的室层正存在着辐射状胶质细胞。至于辐射状胶质细胞是否有不同的亚型分别产生星形胶质细胞和少突胶质细胞尚不清楚。但用免疫细胞化学等方法研究显示，室层存在有星形胶质细胞和少突胶质细胞的前躯细胞。例如，在大鼠 16 天胚胎（E16）的大脑室层，发现有两类细胞，一类呈现辐射状胶质细胞的形态，在免疫细胞化学上是波形蛋白（vimentin）阳性，它们能转变为星形胶质细胞；另一类是带有粗突起的大而圆的细胞，在免疫细胞化学上呈现GD3＋、碳酸酐酶＋和 Fe＋，因此被认为是属于少突胶质细胞谱系的细胞。

在发育中的 CNS，胶质细胞的分化进程与神经元分化并行且交互进行，与神经元一样，胶质细胞至少是大胶质细胞也发生于神经外胚层，最早出现的胶质前体细胞位于脑室或室下层区域，它们在一些神经诱导信号的作用下迁移至其目的地。胶质前体细胞在组织原位进一步分化成熟，与新形成的神经元共同完成特定脑区的组织构筑，在此过程中胶质细胞同样要经历选择性的细胞凋亡过程，最终达到一定区域内胶质细胞与神经元的特定比例。

（二）生 后 发 育

出生后，室下层成为中枢大胶质细胞的重要繁殖区，在成年该部位与海马等区域被证实是神经干细胞主要的聚居地。此层不仅产生星形胶质细胞和少突胶质细胞，而且几年来的研究证实还具有产生神经元的潜力。由室下层产生的大胶质细胞主要向两侧迁移，分布到胼胝体、中央白质和灰质。有人认为胶质祖细胞（glial progenitor cell，即前体细胞）也能迁移，从一脑区到另一脑区定居发育。此外，近年研究显示胶质前体细胞在哺乳类一生中均广泛存在于大脑实质，成年后它们通过相对较低的增殖速率补充替换衰老死亡细胞，并通过增殖与凋亡等调控环节，维持特定胶质细胞群体数量的稳定。

探讨细胞起源和分化，可用细胞谱系（cell lineage）分析。细胞谱系分析的方法有很多种。例如，可用染料注射或用逆转录病毒（retrovirus）的遗传学标记方法，从被标记的室层细胞追踪到成熟细胞（顺行方法），或从被标记的成熟细胞追踪到室层细胞（逆行方法），也可做克隆分析（clonal analysis）。一些学者用逆转录病毒的克隆分析，检查新生动物体外培养的胶质细胞谱系，发现绝大多数的克隆都是分别产生星形胶质细胞或少突胶质细胞的，而仅 3％或更少的克隆是混合性的。原位（in situ）研究也有相同的结果。

虽然体内外研究均证明大胶质细胞的生后发育，主要都是由各自的前体细胞分别产生的，但并不能排除在出生后仍有一些能产生星形胶质细胞和少突胶质细胞的双潜能细胞（bipotential cell）的存在。如 Raff 等（1983）学者最早提出的双潜能 O-2A 细胞，即被认为是生后少突胶质细胞和 II 型星形胶质细胞的前体。在体外分离培养的视神经细胞中，可用 A2B5 单克隆抗体识别 O-2A 细胞。这种细胞有简单的双极或三极形态，对维生素亦呈现免疫染色反应。它们甚至具有神经元的某些电生理性质，如有电压依赖钠通道和非 NMDA（N-methyl-D-aspartate）谷氨酸激活的离子通道等。O-2A 细胞的分化可受培养基的影响，在无血清培养基中生长时迅速分化为少突胶质细胞；在有血清的培养基中则主要分化为 II 型星形胶质细胞。若把无血清培养中的 GC＋少突胶质细胞转入有血清培养时，则出现 GC－/GFAP＋或 GC＋/GFAP＋两种表型。反之，把有血清培养中的 GFAP＋II 型星形胶质细胞转入无血清培养时也会出现 GC＋/GFAP－或 GC＋/GFAP＋两种表型，这说明细胞能从一种表型转变为另一种表型。具有混合抗原表型（GC＋/GFAP＋）的胶质细胞也见于正常发育的脑组织。除了培养基对 O-2A 细胞的影响外，I 型星形胶质细胞分泌的一些细胞因子如 FGF（成纤维细胞生长因子）、PDGF（血小板源性生长因子）、GMF（胶质细胞成熟因子）等被认为可影响 O-2A 细胞的繁殖和分化。

二、小胶质细胞的起源

关于小胶质细胞的起源，其谱系和分化方式至今仍未最终解决。长期以来围绕起源的争论主要是：小胶质细胞是骨髓造血干细胞的后裔，还是像其他胶质细胞一样来自神经外胚层？这也是中胚层起源与神经外胚层起源之间的争论。前者认为造血干细胞在胚胎发育早期进入 CNS，产生单核细胞谱系，再由单核细胞转变为小胶质细胞，最后小胶质细胞迁移遍布 CNS 达稳定状态，或者，造血干细胞是在 CNS 外，如在骨髓产生单核细胞，然后单核细胞侵入 CNS，再转变为小胶质细胞，一如单核细胞进入组织中转变为巨噬细胞那样。神经外胚层起源的观点认为小胶质细胞与其他胶质细胞一样来源于共同的胶质干细胞，即成胶质细胞（glioblast）。后者居于神经管的室层，后来移至室下层。小胶质细胞谱系是成胶质细胞谱系的一个分支。

（一）造血干细胞起源假说

小胶质细胞能表达 Fc 和 CR3 受体，有免疫吞噬能力，其胞质含有溶酶体、非特异性酯酶和过氧化物酶，这些都是一个单核吞噬细胞所具有的基本特征。因此，小胶质细胞被归属于单核吞噬细胞系统（mononuclear phagocyte system）。此系统的细胞通常有共同的起源，来自造血干细胞，沿着成单核细胞-单核细胞谱系（monoblast-monocyte lineage）发展。Santra 和 Juba 最早提出小胶质细胞来自单核细胞的观点。后来 Ling 等（1980）的研究更大力支持了小胶质细胞的单核细胞起源说。为了研究成单核细胞、单核细胞、小胶质细胞谱系，研究者们分别采用碳酸银、活体染料、胶体碳粒、3H-TdR

掺入 DNA 标记细胞等方法，结合光镜、电镜的形态观察，得到了支持单核细胞是小胶质细胞前躯细胞的众多资料，但是却一直缺乏从单核细胞转变为小胶质细胞的直接证据。随后用更可靠识别细胞的抗体如 F4/80、Macl 或 OX42（CR3 受体）、antivault 抗体（大的 RNP 颗粒）和 ED1 抗体（巨噬细胞功能时期抗原）与凝集素（源自 *Griffonia simplicifolia*，一种非洲植物）等进行研究，但除了凝集素对阿米巴样和分支状小胶质细胞较有特异性外，在小胶质细胞上表达的免疫原性也能在单核细胞和巨噬细胞上表达。

　　CNS 的血管形成是从其周围的血管丛发出血管芽开始的，当这些血管芽侵入 CNS 时会引起附近组织细胞解体从而吸引血循环的单核细胞和巨噬细胞以清除组织碎屑。所以，在发育中的 CNS 是存在有血源性的巨噬细胞的，它们发挥了重要的清除作用。随着发育的进行，解体的细胞减少，血源性巨噬细胞也随着减少。有报道显示在血管芽侵入 CNS 之前，未发现 CNS 有 F4/80 阳性细胞，推测小胶质细胞的发育较晚。一些学者对巨噬细胞侵入 CNS 和小胶质细胞的发育进行广泛的研究，但结果在两者之间并未发现有中间过渡型的存在。

　　注射 3H-TdR 或 14C-TdR 于小鼠研究小胶质细胞的更新率（turnover rate），发现成年动物小胶质细胞正常时不分裂，其更生率很低。用标记单核细胞和巨噬细胞的大鼠骨髓嵌合体（chimera）实验也可追踪小胶质细胞在 CNS 的更生。由于 I 类 MHC 抗原的多态性，2 个不同品种的大鼠如 Lewis 和 DA，它们表达的 I 类 MHC 分子有差别，其杂种大鼠表达的 I 类 MHC 分子则为嵌合型。把嵌合型杂种大鼠的骨髓注入经射线照射破坏了自身骨髓的 Lewis 或 DA 大鼠。如果小胶质细胞是起源于骨髓的成单核细胞-单核细胞谱系的话，则宿主的小胶质细胞将被新的来自嵌合体供体的骨髓细胞所置换，而带有其特有的 I 类 MHC 标记。但实验发现只有极少数的分支状小胶质细胞有嵌合体标记，即使在实验性诱发的炎症刺激细胞更生的病理情况下，CNS 实质中这种带标记的小胶质细胞也不见增多。还有学者用噬菌体 λ 转基因小鼠作为骨髓供体的实验，其结果也一样。因此有人认为小胶质细胞是异质性的细胞成分，只有小部分是来自血循环的骨髓前躯细胞，而大部分可能是来自局部的神经外胚层起源的前躯细胞。

　　Bartlett 等利用脾集落分析（spleen colony assay）方法探查在胚胎发生时期的 CNS 是否有移居来的造血干细胞。他们把某杂种小鼠的脑细胞注入经射线照射的小鼠，一定时间后检查小鼠的脾脏，结果发现有脾集落形成，因此认为早期胚胎的 CNS 是可能有移居来的多潜能造血干细胞的，它们在合适的环境（如脾脏）能够产生各种造血细胞。但另有研究重复上述实验却未能获得相同的结果，并认为 Bartlett 实验注入的脑细胞不够纯净，结果可能由混杂的来自骨髓和血液的细胞所致。其他一些学者（Hao et al. 1991）的实验结果也表明，无论用经典的脾集落分析或其他方法都不能证明小鼠脑内含有造血干细胞或其前体细胞。

（二）神经外胚层起源假说

　　Kitamura 等（1984）曾提出星形胶质细胞和小胶质细胞同起源于胚胎时期 CNS 室管膜下层的成胶质细胞（glioblast），但他们未能显示成胶质细胞与成熟胶质细胞上有共同的标记或存在共同的表面抗原。Hao 等（1991）进行组织培养时观察到小胶质细胞在"营养丧失"（nutritional deprivation）情况下能很好的发育，若再加有小胶质细胞营养因子如由星形胶质细胞分泌的集落刺激因子-1（CSF-1）时，更可刺激小胶质细胞的增殖分化。他们培养新生小鼠（或任何时期小鼠胚胎）的大脑新皮质细胞，8～10天后可形成单层细胞培养物，其中绝大部分（95%）是 GFAP 阳性的星形胶质细胞，只有<1%的细胞表达巨噬细胞特异性抗原，如 Mac-1 或 F4/80。此后，若不更换培养液，细胞便处于营养丧失状况，单层的星形胶质细胞表面出现小胶质细胞，星形胶质细胞逐步退缩让位于小胶质细胞，最后大部转变为小胶质细胞的单层培养物。这些小胶质细胞具有典型的巨噬细胞超微结构，能介导 Fc 免疫吞噬作用和分泌溶菌酶到培养基，表达 vimentin、Mac-1、Mac-3、F4/80、Fc、CR3、LC-1 和 II 类 MHC 抗原，摄取 Dil-ac-LDL 并含有非特异性酯酶。但它们不会牢固地附着瓶或皿壁，故又与骨髓、脾和腹膜渗出液的巨噬细胞不同。在培养物中还存在小胶质细胞的前体细胞，其形态和免疫性状均有别于星形胶质细胞的前驱细胞，它们在营养丧失情况下处于静止状态，若加入由星形胶质细胞分泌的营养因子如 CSF-1，则无须分裂便可直接转变为 Mac-1＋小胶质细胞，后者在培养中能进一步繁殖（Neuhaus et al. 1994）。

那么小胶质细胞祖细胞是从哪里来的呢？Fedoroff 等认为很可能源于神经外胚层。他们仔细地从妊娠 8.5 天小鼠胚胎分离出神经管的神经上皮，切成小块按常规（每 2～3 天换培养液）进行培养，培养 20 天后不再换培养液，在这种营养丧失的情况下 10～14 天后出现许多小胶质细胞。这些组织培养实验提示小胶质细胞起源于神经上皮。大鼠的小胶质细胞及其祖细胞对脂皮质素 1（lipocortin-1，LC-1）具免疫反应性。McK-anna（1993）采用 LC-1 的免疫组化染色研究大鼠胚胎的神经组织发生，发现小胶质细胞起源于后脑和脊髓底板中缝（raphe）的 LC-1 阳性原始胶质室管膜细胞（primitive glial ependymal cell，PGE 细胞），此实验也支持小胶质细胞的神经外胚层起源。McK-anna 等观察到在神经管底板 LC-1 阳性细胞的两侧，还有一些 S-100β 免疫反应阳性的细胞向外侧迁移，这些细胞具有星形胶质细胞的形态并呈现 GFAP 免疫反应阳性。因此，他们认为小胶质细胞和至少部分星形胶质细胞是起源于神经管底板中缝的 PGE 细胞。

发育中的 CNS 曾有血源性单核细胞及巨噬细胞存在，其功能可能与大量神经组织的细胞死亡有关，在普遍发生于脊椎动物 CNS 发育过程中的神经细胞程序性死亡发生时，它们如上述随血管芽侵入 CNS，但随后逐渐减少，最终只剩下少数几个在 CNS 内"巡逻"。

小胶质细胞的发生较晚，在大鼠和小鼠中是在出生后才有大量形成并逐步遍及整个 CNS，它们的密度和分布与上述胚胎时期神经组织细胞死亡的部位无关。在成年正常情况下，它们的数目恒定，是神经元-胶质细胞网络的重要成分。在造血干细胞起源假说中，企图示范小胶质细胞源于单核巨噬细胞系的嵌合体标记实验未获成功。虽然有少数小胶质细胞样的细胞有造血细胞的标记，但考虑到巨噬细胞形态上有极大的可塑性，有人认为它们只是形态上与小胶质细胞相似而已。小胶质细胞与巨噬细胞虽共有某些相同的免疫性状及功能，如 MHC 抗原表达、吞噬作用等，但并不意味着两者一定有共同的起源。此外，CNS 存在造血干细胞的实验也未能得到确证。而对于神经外胚层起源假说，几年来的体内外实验均支持小胶质细胞和其他胶质细胞一样，起源于神经外胚层前体细胞。发生上小胶质细胞可能还与星形胶质细胞存在某些关联，部分星形胶质细胞与小胶质细胞可能来自于相同的前体细胞，在功能上，小胶质细胞的增殖分化还依赖于星形胶质细胞分泌的 CSF-1 等因子，因此，两者在发育上存在密切关系也是可能的。

第二节　星形胶质细胞

尽管近几年有了较大的进步，但不能否认我们对星形胶质细胞的认识迄今仍十分有限；2003 年 *TINS* 杂志连载了关于星形胶质细胞功能新认识的系列综述，正是这一领域多年来研究的缩影。以下从生物学特性、传统功能与新功能等方面对星形胶质细胞近年的研究做一介绍。同时不能忽视的是星形胶质细胞在一些病理情况下可能也扮演了重要角色，它们对理解一些 CNS 疾病的发生发展是不可缺少的。

一、星形胶质细胞的生物学特性

（一）种系发生过程中的演化

如果以所占大脑总细胞数的比例或与神经元的比值计算，伴随种系的进化同时也就是 CNS 结构的日趋复杂化，星形胶质细胞的相对数量呈现了非常显著的逐步增多趋势；在水蛭，一个典型的含 25～30 个神经元的神经节通常仅有一个星形胶质细胞，有报道线虫脑内神经元与星形胶质细胞的比例为 6：1，到低等哺乳类包括大鼠，这一比例大约为 3：1，而在人大脑皮层，实验显示星形胶质细胞与神经元比值约为 1.4：1，若再考虑到白质等区域仅有胶质细胞的存在，则星形胶质细胞所占的比例将更大。

仅从代谢支持等作用的角度，显然不能解释进化过程中星形胶质细胞数量的扩增膨胀，因为种系间特别是高等脊椎动物神经元间的代谢差异并不明显；更可能的原因是大脑结构与功能的日趋复杂化，特别是复杂的神经元网络与突触结构需要更快速可靠的局部调控与反馈机制；事实上近年的一些实验证据提示星形胶质细胞可以调节突触形成、可塑性及其正常功能活动，调控神经元局部微环境等，均为这一观点提供了佐证。

（二）星形胶质细胞的异质性

传统的分类法是基于 Golgi 银染法将星形胶质细胞分为原浆性（I）和纤维性（II）两型，但近十余年来应用胶质原纤维酸性蛋白（GFAP）免疫组化染色、体外培养技术等观察表明，这种分类法过于简单。星形胶质细胞在形态、受体的分布及胞内生物活性物质的产生等方面都存在明显的异质性（heterogeneity），如体外培养大鼠嗅球的星形胶质细胞发现有单极、不规则、楔形、环形、半球形以及梭形 6 种形态。我们对人胎脑的 GFAP 免疫组化染色，也发现星形胶质细胞形态存在多样性，而且在不同发育时期与脑区存在明显差异。星形胶质细胞间的缝隙连接主要由连接蛋白 43（connexin 43，Cx43）构成，该连接多存在于 I 型星形胶质细胞间，亦存在时空异质性；II 型星形胶质细胞则多不表达 Cx43，胞膜上亦不形成连接小体。有报道下丘脑区星形胶质细胞 Cx43 蛋白及 mRNA 的表达均比纹状体区域的表达高 4 倍左右。

对星形胶质细胞较好与最终的分类应该是基于其功能特性，传统基于蛋白质表达的分类实际难以区分成年脑内的少突胶质细胞前体和星形胶质细胞，同时星形胶质细胞的功能亚群可能还与其谱系发生相关。关于星形胶质细胞的功能概念，目前得以认同的是它们构成了非神经组织与神经元间一个结构和功能的界面，通过表达系列的受体及离子通道等成分，它们负责维持与监控神经系统的完整性。

（三）形成胶质网络与 CNS 内结构功能域

星形胶质细胞的另一细胞学特性是形成"胶质网络"（glial network），即在一定脑区范围内的星形胶质细胞之间，偶尔在少突胶质细胞之间以及少突胶质细胞与星形胶质细胞之间，通过缝隙连接形成三维网络状结构，也有文献将由缝隙连接形成的星形胶质细胞群体称为功能合胞体（functional syncytium）。应用连接蛋白质抗体的免疫组化及染料负载迁移等技术可显示星形胶质细胞间存在丰富缝隙连接。应用荧光染料注射到体外培养的脑片星形胶质细胞内，可见荧光染料通过缝隙连接均匀地扩散到周围一定范围，这种染料从被注射细胞通过缝隙连接周围扩散的现象被称为染料偶相（dye-coupling）。有研究应用光漂白荧光恢复技术（fluorescence recovery after photobleaching，FRAP）显示脑内几个区域来源的星形胶质细胞偶相能力不同，源自小脑、视神经和海马的相似，而由下丘脑、大脑皮质到脊髓来源者依次减弱，表明 CNS 不同区域内星形胶质细胞间缝隙连接的数目可能不同。胶质网络差异性的形成和意义可能与发育过程中不同功能区域对胶质网络的影响和依赖程度有关。缝隙连接的表达还存在可塑性，受环境条件、创伤与药物等影响而改变；有报道脑损伤区缝隙连接蛋白及 Cx43 mRNA 表达量明显升高，而在胶质瘤中 Cx43 mRNA 及蛋白质表达明显减低。其生理意义以及胶质网络与神经元网络二者之间相互关系还有待于进一步深入研究。

近年来应用先进的三维显微技术等方法发现星形胶质细胞的分布并不是随机的，它们之间呈现明显分界且互不重叠，典型的星形胶质细胞大多有 5～8 个主要突起，这些突起分支极为茂盛，末梢常成小叶状包裹毛细血管或神经突触。以海马中星形胶质细胞为例，通过应用绿色荧光蛋白（GFP）细胞内表达，实验发现 GFAP 作为常用标记分子仅主要显示了星形胶质细胞胞体与大突起，大量突起末梢呈现 GFAP 阴性，GFP 三维构建显示其真正面貌并非传统意义上的星形而是立方状甚至圆形；仅在一个星形胶质细胞末梢与另一星形胶质细胞间有少许接壤重叠。这样，CNS 内一个个星形胶质细胞在其突起范围内就形成了相对独立的结构功能小区称为"微区"（microdomain），它们在构筑上高度有序，通常沿微血管走行，微区内同一胶质细胞突起间也有缝隙连接沟通。微区的意义尚不十分清楚，但区内的神经元特别是众多突触连接处于同一星形胶质细胞调控之下，无疑可以保持稳定协调的工作环境，同时由于缝隙连接的广泛存在，微区内或相邻胶质细胞间的理化差异被明显减小。

二、星形胶质细胞的功能

（一）分 泌 功 能

迄今已知星形胶质细胞能合成和分泌的各种多肽因子与细胞外基质等多达数十种，一类是神经营养因子，如神经生长因子（NGF）、碱性成纤维细胞生长因子（bFGF）、睫状神经营养因子（CNTF）和胶质源性神经营养因子（glial cell line-derived neurotrophic factor，GDNF）等，它们具有维持神经元存活和促进神经突起生长的作用。另一类是与 CNS 内炎症和免疫应答有关的细胞因子，如几种白细胞介素（interleukin，IL）、肿瘤坏死因子（TNF）、γ干扰素及前列腺素等，在 CNS 免疫反应的启动、传播及调控中发挥作用。星形胶质细胞分泌的层粘连蛋白、纤维粘连蛋白及其自身表达的神经细胞黏附分子（neural cell adhesion molecule，NCAM）、神经-钙黏附蛋白（neural cadherin）等是构成神经元与胶质细胞生存微环境的重要成分，它们对神经元迁移、突起生长及再生等有重要影响。

（二）星形胶质细胞和中枢神经的发育与再生

多年来星形胶质细胞在 CNS 神经元迁移、脑损伤及修复再生的作用一直受到人们的重视。在神经系统发育早期，星形胶质细胞具有引导神经元迁移到目的地的作用，引导神经元迁移的胶质细胞包括辐射状胶质细胞和 Bergmann 胶质细胞等。辐射状胶质细胞是胚胎时期最早出现的胶质细胞，又称室管膜星形胶质细胞（ependymal astrocyte）或早期伸展细胞（early tanycyte）。它们的胞体位于脑室壁（即早期神经管壁的神经上皮层），细胞基底部伸出细长的有短侧突的辐射状突起，伸向脑表面，可以引导发育中的神经细胞从神经上皮层向外迁移直至其最终部位。基底突起消失后的辐射状胶质细胞即转变为覆盖脑室或中央管的室管膜细胞，但某些部位的细胞基底突起没有消失，即成为伸展细胞。Bergmann 胶质细胞则构成发育早期小脑外颗粒层细胞大量内移（至内颗粒层）的纤维支架。星形胶质细胞还构成大脑胼胝体发生中的"桥梁"，引导神经纤维至对侧；若将胼胝体切断，只要植入一块有星形胶质细胞生长的滤膜，即可引导神经纤维到达对侧大脑半球，重建胼胝体。这些作用被认为是发育中的星形胶质及其前体细胞产生了若干诱导及促进轴突生长的分子，而这些分子在成年星形胶质不再存在。

中枢神经轴突的再生重建一直是神经科学急需而又难于解决的问题。外周神经可以再生而成年中枢神经轴突的再生比较困难，往往不能超过 1mm 距离，被称为"流产的再生"（abortive regeneration），一般生长两周即停止。除神经元内在差异外，现认为外周与中枢神经轴突再生能力的不同主要源自两者神经元微环境的差异，如在 CNS 内没有施旺细胞及其基板等，参与微环境构成的星形胶质细胞在其中的角色无疑至关重要。

脑损伤后以星形胶质细胞为主形成的瘢痕曾被认为是轴突再生不可逾越的障碍，然而研究者应用药物致热原、X 射线杀死伤口的胶质细胞和酶处理等理化方法抑制胶质瘢痕的生成，却看不到增强实验动物轴突再生的效应，同时在体外实验中，在单层培养的星形胶质细胞上，神经细胞的突起能很好地生长。近几年的研究显示星形胶质细胞对CNS神经纤维再生的负向影响主要源自几方面：①它不能提供轴突生长所需的活性物质；②不能产生营养轴突的分子；③可以产生抑制轴突生长的分子，如肌腱蛋白（tenascin）、蛋白聚糖（proteoglycan）等。也有实验显示反应性星形胶质细胞也产生一些能促进轴突生长的分子，但可能存在表达量、时空分布以及与其他轴突生长促进分子的协同等问题。

（三）星形胶质细胞具有调控神经元微环境的能力

除了上述合成分泌某些细胞因子和细胞外基质改变神经元周围的微环境，协助引导神经纤维的迁移以促进轴突重建外，在正常的生理条件下，星形胶质细胞具有对神经元代谢与离子环境进行调控的能力。星形胶质细胞在神经元周围微环境的调控中具有"钾库"的作用，可以维持特定区域的离子平衡。神经冲动是由于神经元内外 Na^+、K^+ 浓度的变化产生的，神经元兴奋时，细胞内的 K^+ 流入细胞外间隙，星形胶质细胞能将过多的细胞外 K^+ 及时清除，进入胶质细胞的 K^+ 可通过细胞间的缝隙连接向四周扩散。

星形胶质细胞能摄取神经元释放的神经递质，保持突触传递的敏感性。星形胶质细胞摄取神经递质主要通过其膜上高亲和性的多种转运体。例如，CNS 内高亲和性兴奋性氨基酸转运体（excitatory amino acid transporter，EAAT）有 5 个家族成员，EAAT1～EAAT5，其中 EAAT1（又称 GLAST）和 EAAT2（GLT-1）主要即表达于星形胶质细胞，它们是细胞外谷氨酸摄取清除的主要承担者。基因敲除结合药理学研究显示前脑中 90% 的谷氨酸转运是由 GLT-1 执行的。迄今已克隆的 GABA 转运体（GAT）成员有 4 个，其中分布于神经元与胶质细胞的 GAT1 是 GAT 家族的主体，GAT3 是主要分布于星形胶质细胞的亚型。上述转运体均以一种 Na^+ 依赖方式摄取转运细胞外对应递质。

星形胶质细胞还参与神经递质的代谢，包括两类主要的兴奋与抑制介质谷氨酸（glutamic acid）和 γ-氨基丁酸（gamma amino butyric acid，GABA）的代谢。以 GABA 为例，神经元内的谷氨酸在谷氨酸脱羧酶（glutamate decarboxylase，GAD）的作用下转变为 GABA，释放入突触间隙发挥作用，经星形胶质细胞摄取的部分，在 γ-氨基丁酸转换酶（GABA transaminase，GABA-T）和谷氨酰胺合成酶（glutamine synthetase，GS）的作用下形成谷氨酰胺（glutamine），后者又成为神经元内谷氨酸和GABA 合成的前体原料。此外，星形胶质细胞还含有非特异性胆碱酯酶，能参与对乙酰胆碱的降解。

（四）免疫功能与血脑屏障调控

CNS 曾长期被认为是机体内的免疫赦免区，但近十余年来大量研究已证实在许多病理生理情况下，不论有无血脑屏障（BBB）的损害，CNS 内多存在免疫应答的发生。而在这些情况下，中枢神经组织常常是作为受攻击的对象。作为 CNS 内一类具有免疫活性的细胞，星形胶质细胞能够表达 MHCII 类分子和共刺激信号 B7、CD40 等，这些分子已被证明对抗原呈递和 T 细胞活化是至关重要的。同时，星形胶质细胞还能够产生众多的趋化因子和细胞因子，从而参与对神经疾患的免疫防御。但是，星形胶质细胞自身不产生 IL-2 等介质，而且还通过激活小胶质细胞，释放不确定的可溶性因子来抑制 IL-2 的释放。这可能是一种额外的阻止和限制 CNS 炎症反应过度的机制。

在实验性过敏性脑脊髓炎、多发性硬化（MS）等疾病中已显示，CNS 实质内的常住细胞主要是小胶质细胞和星形胶质细胞，它们在疾病的发生、发展中扮演了重要角色。活化的星形胶质细胞表达 CD1 分子（尤其是 CD1b），具有向特异的 T 细胞亚群呈递脂质抗原的能力。在此过程中 CD$^+$ 辅助 T 细胞与上述两种细胞的相互作用是重要一环，有研究报道 Th1 型细胞分泌因子主要诱导小胶质细胞成熟活化，转化为抗原呈递细胞（APC），最终导致局部炎症反应的放大；而 Th2 型细胞分泌因子能同时诱导小胶质细胞与星形胶质细胞活化，从而间接有助于炎症反应的局限。在 CNS 不同病理条件下，活化的星形胶质细胞和小胶质细胞对 CNS 结构和功能上的影响是当今广受关注的领域。例如，有报道缺血条件下炎性细胞因子 IL-1β 的升高能够使胶质网络的特性发生改变，连接蛋白的表达也发生相应变化，发生变化的胶质网络在脑缺血的病理过程中发挥着重要的作用，并促成了细胞损伤的次级放大过程，此时星形胶质细胞的缝隙连接通道仍然保持开放，为进展性梗塞中濒死的星形胶质细胞和内环境提供了一条联系的通道，可以使凋亡信号能够在胞间传递。研究显示炎性细胞因子 TNF-α 等也与这一病理过程有关。

星形胶质细胞作为 CNS 血脑屏障的构成成分，其突起末梢常形成很多脚板（end-feet）包裹毛细血管，除了在屏障的诱导生成和形态维持中发挥重要的作用外，星形胶质细胞和其他细胞还能够释放多种生物活性物质，在极短时间内调节内皮细胞的通透性。在内皮分化及其紧密连接的形成过程中，星形胶质细胞源性分子包括其胞外基质起到了重要的调节作用；有研究显示转化生长因子 α（TGF-α）、GDNF、bFGF、IL-6 和一些类固醇物质参与了这一过程。同时一些由脑血管内皮细胞分泌的因子也被证实具有诱导星形胶质细胞分化的功能。

从营养支持的角度来说，星形胶质细胞在毛细血管与脑组织特别是神经元间扮演了一个转运通道的角色，但它的这一作用并非是被动的，研究已经发现星形胶质细胞能表达高丰度的葡萄糖转运体，同时一些与胶质细胞功能相关的蛋白质，如水通道蛋白 4（aquaporin-4）、嘌呤能受体等，近年也被证实在星形胶质细胞与血管界面高度密集，在一些病理生理情况下，上述相关分子的表达将发生显著变化。鉴于与血管结构的密切关系及其重要功能意义，近年有学者提出了胶质血管单位（gliovascular unit）的概念，用于泛指由星形胶质细胞、神经元与内皮细胞共同构成的功能单位。

三、星形胶质细胞功能的新近研究进展

（一）星形胶质细胞也具有可兴奋性

星形胶质细胞膜上具有电压门控通道和几乎所有已知的神经递质的受体，如肾上腺素受体、5-羟色胺受体、乙酰胆碱受体和一些神经肽受体等，其中最普遍的是 β-肾上腺

素受体，尤其是 β1 型受体，其密度甚至比神经元还要高。提示它们能接受神经元的信号，并通过自身功能、代谢和形态改变，再影响神经元的功能活动。但早期基于经典神经电生理学的方法，显示星形胶质细胞是不可兴奋的，它们的静息膜电位通常维持在约 $-85mV$，在外界各种刺激作用下也变化极小；研究发现星形胶质细胞膜上以 K^+ 通道为主，为这一不可兴奋性也提供了解释。

Cornell-Bell 等率先（1990）报道谷氨酸等可引起星形胶质细胞胞内 Ca^{2+} 浓度的短暂升高，并在局部区域内以钙波的形式扩散。这一胶质细胞内的钙振荡或细胞间钙波随后通过离体在体的众多实验，被证实在各种生理及病理情况下广泛存在，是神经系统细胞间进行信息交流的重要途径之一。因此，胶质细胞钙信号逐步被认同为胶质细胞功能活动与兴奋性的一种表现形式。同时研究显示胶质细胞内 Ca^{2+} 浓度的升高主要是原于细胞内的钙动员，外界刺激通过激活 G 蛋白偶联受体，首先引起胞内磷脂酶 C（PLC）的活化，导致三磷酸肌醇（IP3）生成，再进而引发内质网等钙库 Ca^{2+} 的大量释放。T 型和 L 型电压控制钙通道等在这一过程中并不起重要作用。实验显示在体外培养条件下，星形胶质细胞膜表面存在着烟碱型乙酰胆碱受体（nAchR），此类受体被激活后，常可以导致使胞内 Ca^{2+} 浓度快速升高。研究表明，在神经元和星形胶质细胞中，nAchR 存在着差别，首先星形胶质细胞膜表面功能性受体的数量较少；其次，两种细胞使用了不同的 Ca^{2+} 信号机制，在星形胶质细胞中，nAchR 被激活后会使胞内 Ca^{2+} 水平陡然升高，这一过程主要是通过受体介导激发胞内咖啡因敏感的钙库而实现的。相对而言，nAchR 受体介导的神经元细胞内 Ca^{2+} 浓度的升高更显著一些，这是由于 Ca^{2+} 是通过电压门控通道而进入胞内的。胶质细胞表面的 nAchR 分布较少而且失活很快，所以对星形胶质细胞而言，封闭电压门控通道对胞内 Ca^{2+} 浓度升高几乎没有影响。

有关胶质细胞间钙波传播的细胞分子机制，迄今已提出了多种假说。由于第二信使 IP3 能直接导致胞内钙库的 Ca^{2+} 释放，因此最早的学说即认为 IP3 通过星形胶质细胞间缝隙连接的扩散是钙波传导的主要分子机制，并且是以经由 PLC 催化的一种可再生的方式；缝隙连接蛋白 Cx43 缺乏的细胞系通常不呈现细胞间钙波。但其后研究提示钙波的形成应该还有一些细胞外分子的参与，因为在一些胶质细胞并不直接相连的区域，实验发现只要细胞间距离不超过约 $120\mu m$，钙波仍可跨越后进一步播散；ATP 随后被证实介导了这一远距离的胶质细胞间通讯；它们通过作用于胶质细胞膜上的嘌呤能受体能引起细胞内的钙动员，并且研究还显示表达 Cx43 等连接蛋白质的细胞，其释放的 ATP 显著高于其他细胞。新近的研究进一步提示 ATP 的播散并非是以细胞间可再生的方式，光化学成像等技术显示 ATP 自释放点起始，越向外浓度越低，钙波也随之逐步减弱。具体机制如图 9-3 所示。

有关星形胶质细胞受体活化和胞内 Ca^{2+} 浓度升高的功能意义，目前尚不十分清楚；在未成熟的神经元，细胞内钙振荡常与细胞的分化、轴突生长及神经网络形成等有关，星形胶质细胞表达的 Ca^{2+} 敏感蛋白激酶主要是磷脂依赖蛋白激酶（PKC），其后续效应广泛而复杂；同时有研究提示胶质细胞内不同区域、不同频率的钙振荡可能也具有不同意义。更为重要的是，通过与神经元间的相互作用，星形胶质细胞可直接参与调节神经元功能活动。

神经元作为 CNS 内的可兴奋细胞，对外界刺激的反应常表现为动作电位的产生，

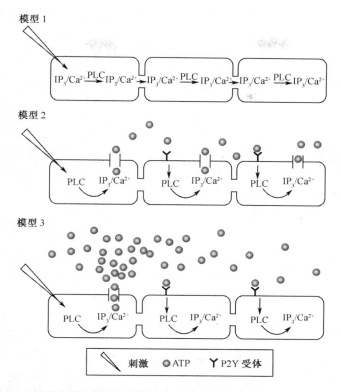

图 9-3　星形胶质细胞钙波传播的机制（引自 Nedergaard et al. 2003）

星形胶质细胞传播钙波的方式：较早一般认为 Ca^{2+} 或三磷酸肌醇 IP3 经由胶质细胞间缝隙连接传递了钙波，并通过细胞内磷脂酶 C 的作用呈现较少衰减的可再生模式（模型 1）。但由于在缺乏细胞连接的胶质细胞间也发现钙波传导使这一模型受到质疑，随后 ATP 被证实可作为胞外信使传递钙波，并且其作用可能主要通过嘌呤能受体，引发胞内钙动员实现（模型 2）。而最新的认识是 ATP 自单个细胞释放后，在向外播散的过程中作用于胶质细胞嘌呤能受体，由于 ATP 浓度梯度的逐渐下降，因此钙波的强度也逐步减弱

并通过突触间的递质传递实现对信息的整合和传输。星形胶质细胞尽管没有产生动作电位的能力，但它们对各种理化因素如电信号、神经递质、激素等的刺激均能发生反应，表现为细胞内 Ca^{2+} 浓度的升高，这些胞内 Ca^{2+} 的浓度升高具有不同的时空变化特点，显示配体或刺激特定模式（agonist or stimulus-specific manner），因此被视为胶质细胞兴奋性的一种表现形式。为了将胶质细胞的这一"兴奋性"与神经元的电兴奋性相区别，Kettenmann 等学者将胶质细胞称为"内在钙离子可兴奋的细胞"（internally calcium excitable cell）。

（二）星形胶质细胞与神经元的通讯或对话

在 CNS 内，神经元与胶质细胞间存在着密切的双向相互交流或对话（crosstalk），即一方面存在由神经元向胶质细胞的信息传递，同时胶质细胞也能反馈调节神经元活动。近几年的研究显示胶质细胞特别是星形胶质细胞参与了 CNS 内信息的传导与处理，是 CNS 功能活动的重要参与者；但对于两者间实现相互作用的细胞分子基础与内在机

制，目前尚知之甚少。胶质细胞与神经元之间功能活动的协调需要合适的信使分子在两类细胞间传递，这一相互作用涉及不同离子、神经递质的短时程效应，同时一些具有较长作用时程的神经肽、生长因子等也可能涉及其中。目前该领域一个主要有待解决的问题是星形胶质细胞内的 Ca^{2+} 信号如何在两类细胞间发挥联系作用。

　　研究已经证实大多数能作用于神经元的递质或肽类物质均可引发星形胶质细胞内钙动员，包括谷氨酸、去甲肾上腺素、5-羟色氨（5-HT）、组胺、乙酰胆碱、ATP、γ-氨基丁酸（GABA）及内皮素等。胞内 Ca^{2+} 浓度的升高又可触发星形胶质细胞释放化学递质，目前已经确定的星形胶质细胞释放的化学递质主要有 ATP 和谷氨酸，近年有报道胶质细胞也可产生 D-丝氨酸作用于 NMDA 受体的甘氨酸结合位点。并且有研究提示星形胶质细胞可能通过 3 种机制释放谷氨酸类递质，包括谷氨酸转运体的反向活动、水肿诱导的阴离子通道途径以及依赖于 Ca^{2+} 的胞吐作用。

　　由于与突触结构的紧密联系，人们推测星形胶质细胞释放递质的作用靶点极可能就是突触连接。事实上较早已有学者将星形胶质细胞作为突触结构三位一体的结构成分（图 9-4），认为它们能从突触间隙接受并以钙信号方式整合信息，然后通过释放谷氨酸

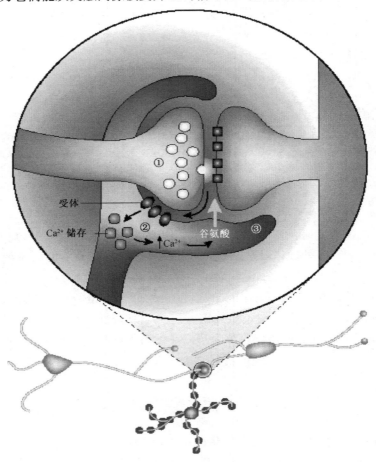

图 9-4　星形胶质细胞与神经元间的信息交流。星形胶质细胞包裹突触连接，突触间隙递质可引起胶质细胞胞内钙动员，后者释放谷氨酸反作用调节突触功能（引自 Haydon 2001）

等方式反馈调节突触功能。其后离体实验发现星形胶质细胞源性的谷氨酸可通过NMDA受体作用于相邻神经元，在此过程中代谢型谷氨酸受体激动剂能首先触发星形胶质细胞的钙动员，引起谷氨酸释放，神经元细胞内的 Ca^{2+} 水平则升高稍晚，离子型谷氨酸受体拮抗剂能抑制神经元细胞内 Ca^{2+} 水平升高但对胶质细胞的钙动员无影响，显示确实存在经由化学递质介导的胶质细胞与神经元间相互作用。这一现象在急性分离脑片组织也被证实。相关的研究还证实，胶质细胞源性递质在突触局部既可作用于突触前神经元末梢，进一步促进或抑制神经递质的释放，也可直接作用于突触后成分，诱发兴奋性或抑制性的电位。

通过释放上述化学递质及一些细胞外信号分子，星形胶质细胞可以影响神经元活动与突触传递，从而参与到神经元网络功能的整合与调节。与此一致的是，近年研究发现星形胶质细胞膜上具有多种氨基酸类递质的转运体，是突触间隙内递质如谷氨酸及 γ-氨基丁酸（GABA）等摄取清除的重要承担者，广义上也是胶质细胞与神经元沟通联系的一环。

（三）在突触形成和突触可塑性中的作用

由 Ullian 等（2001）证实了另一个出人意料并让人振奋的胶质细胞的新功能，在体外一定条件的维持下，星形胶质细胞能够显著地增加神经元突触的数量；且这种效应至少部分是可表现为神经元兴奋性的增强。由于在体外大多数 CNS 神经元需要胶质细胞的支持才能够成活，从而使得对这种作用的认识长期以来受到了干扰。为此 Ullian 等纯化培养了来自啮齿类动物视网膜神经节的神经细胞，通过将胶质细胞条件培养液加入培养系统，证实星形胶质细胞可以使单个神经元的突触数目显著上调，同时突触前膜和突触后膜的状态也相应改变。有趣的是，一些用来评估突触前后膜功能的指标（包括全细胞膜片钳记录、量子分析、突触小泡 FM-13 循环）在数值上都呈现相应比例的上调。此外，研究显示神经元需要星形胶质细胞的持续存在来维持突触数量的稳定，当移出胶质细胞或其培养液会导致突触数量显著减少。近年一系列的实验进一步证实，星形胶质细胞不仅参与了对突触形成数量的调节，同时它们在突触的成熟、功能分化及命运决定等方面均有重要作用。

有相关研究显示，在正常大鼠发育的过程中，胚胎 16 天大多数视网膜神经节细胞已经将它们的轴突延伸到上丘靶区，但是突触的形成却要延迟到星形胶质细胞出现后（约在生后第 7 天），提示星形胶质细胞可能参与了这一生理过程。同时一些星形胶质细胞源性的神经营养因子如脑源性神经营养因子（BDNF）被证实具有增强突触前后膜分化与突触传递的作用。在 CNS 中，突触的可塑性被认为具有一氧化氮（NO）依赖性，NO 作为第二信使能够促进神经递质从突触前膜释放到突触间隙，实验证实海马 CA1 区的星形胶质细胞能表达一氧化氮合酶，其强度在海马损伤后有所加强，同时研究显示培养的大脑星形胶质细胞活化后可诱发 NO 的产生，提示星形胶质细胞也可能通过 NO 依赖机制调控突触可塑性。此外，星形胶质细胞通过其具有的多种氨基酸递质转运体，调控突触间隙递质的摄取清除，对维持突触传递效能亦至关重要。总之，星形胶质细胞可能通过多种机制参与了对 CNS 突触形成及其功能可塑性的调节。

　　星形胶质细胞促进神经元突触数量的增加并维持其稳定性的途径和机制是值得探讨的问题。Pfrieger 等（2001）的研究为此提供了重要线索，通过色谱法分析星形胶质细胞条件培养液并结合应用全细胞突触后电位记录等方法，他们发现源自星形胶质细胞、以载脂蛋白 E（apoE）为载体的胆固醇是调控突触形成的关键因子，若降低培养液中的胆固醇浓度则显著减弱其促突触生成效应。此外，近年有报道 Thrombospondin 及成纤维细胞生长因子 22（FGF22）等也具有促进突触发生的作用或参与对该过程的调控。

　　神经类固醇（neurosteroid）是由 CNS 内细胞合成的一大类固醇类物质，研究显示星形胶质细胞与少突胶质细胞是脑内雄激素及孕酮等合成的主要场所，但仅星形胶质细胞能产生雌激素。CNS 内雌激素的产生主要由雄激素经芳香化酶（aromatase）作用转化而来，它们在神经生理与行为等过程中起着重要调节作用，其中雌激素在 CNS 发育及损伤时促进突触形成、调节突触可塑性、预防或减缓老年性痴呆等的作用已得肯定。同时有研究显示雌激素的作用是 apoE 依赖性的，在 *apoE* 基因缺陷鼠中，雌激素作用显著降低，而且 apoE 在 CNS 内也主要由星形胶质细胞合成，研究证实其变异是导致阿尔滋海默病（Alzheimer disease）发生的一个高危因子。因此有人推测上述星形胶质细胞培养液的作用也可能是由包括雌激素在内的神经固醇类及其相关分子介导的。

（四）星形胶质细胞与神经发生

　　近几年来伴随对神经干细胞研究的深入，大胶质细胞（包括星形胶质细胞与少突胶质细胞）与神经元来源于共同的神经干细胞前体已得到广泛认同，神经干细胞的早期衍生物辐射状胶质细胞作为神经发生及迁移的支架与导向物也早为众多实验证实。更受关注的是，近年研究显示星形胶质细胞、室管膜细胞与血管内皮细胞等共同构筑了神经发生的合适微环境，神经元与胶质细胞的产生均离不开局部组织中上述成分间的相互作用。星形胶质细胞在此过程中的作用尤为明显，它不仅与 CNS 组织特定区域的神经元发生微环境或胶质发生微环境属性直接相关，同时它对神经发生的调控既可以是正向的，也可以是负向抑制的，如有报道胶质细胞源性的成纤维细胞生长因子（FGF）、胰岛素样生长因子 1（IGF-1）等可以诱导促进成年大鼠海马与脑室区的神经发生，而同样星形胶质细胞源性的骨形成蛋白（BMP）则具有显著的抑制作用，表现为诱导干细胞分化，在脑室等成年仍显现神经发生的区域，有实验显示可能通过室管膜细胞等表达的 noggin 蛋白，拮抗中和胶质细胞源性的 BMP，从而提供合适神经干细胞增殖分化的局部微环境。有研究还表明从成年海马中获得的星形胶质细胞可以使神经发生增强，但效率低于自新生大鼠获得的胶质细胞，而使用成年脊髓中的星形胶质细胞则没有任何作用，提示在诱导神经发生的过程中，星形胶质细胞还具有显著的区域和发育阶段局限性。另外有研究发现星形胶质细胞还可以诱导海马神经干细胞的凋亡。

　　不仅如此，近年有研究显示星形胶质细胞，特别是辐射状星形胶质细胞，本身也可以作为神经前体细胞，进一步以非对称分裂的方式分化产生神经元或胶质细胞。Doetsch 等较早报道室下层星形胶质细胞部分即为神经干细胞（1999），具有多向神经分化与增殖潜能，这也从一个方面显示星形胶质细胞存在形态与功能属性上的异质性。在成年脑内，室下层、海马等区域一直存在具有生发潜能的神经干细胞，应用多重免疫标记等方法，实验显示海马粒下层区巢蛋白阳性的前体细胞群体可进一步分为两类：一类具有传统星形胶质细胞属性，包括 GFAP 阳性、膜片钳下被动膜特性、多突起且部分突起形成脚板等；另一类则不表达 GFAP，不呈现被动膜特性，增生相对活跃。虽然对单个辐射状星形胶质细胞在其生存期内是否一直保持有多向分化及自我增殖的潜能，即它们是否属于真正的神经干细胞群体尚有争议，有学者推测神经干细胞也可能存在于神经上皮-辐射状胶质细胞-星形胶质细胞这一细胞谱系内。针对星形胶质细胞与神经发生的密切关系，有人将星形胶质细胞的相关功能角色进行概括，如表 9-1 所示。图 9-5 显示传统意义星形胶质细胞与具有干细胞属性星形胶质细胞的关系。

表 9-1　星形胶质细胞与神经发生

功能角色	细胞生物学特性
干细胞	传统星形胶质细胞，表达 GFAP、被动膜特性、突起形成脚板；具有干细胞属性"星形胶质细胞"则不具有上述特性，巢素表达阳性，具有多向分化与增殖潜能
星形胶质细胞前体	表达 S100β 蛋白，在正常成年脑内或损伤等情况下具有增殖能力
神经发生微环境组织者	发育期脑内或成年脑内神经元发生区的星形胶质细胞，具有诱导神经前体细胞分化增殖能力
胶质发生微环境组织者	位于神经元发生区以外的星形胶质细胞，支持胶质发生并抑制神经元发育
损伤诱导神经发生微环境成分	在特定神经损伤后与局部血管成分等活化为神经发生微环境组织者，导致在神经发生区以外神经元生成
炎症胶质化成分	神经元发生区以外的星形胶质细胞，在炎性信号等作用下指导促进胶质化发生

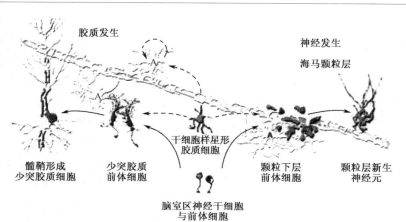

图 9-5　显示传统意义星形胶质细胞与具有神经干细胞属性"星形胶质细胞"的关系（引自 Horner et al. 2003）

传统意义星形胶质细胞用 A 代表，它们在神经发生的不同微环境区域决定了干细胞分化的方向；虚线箭头示具有干细胞属性"星形胶质细胞"与不同前体细胞的可能关系

但同时研究表明星形胶质细胞的一些功能性标记物如水通道蛋白 4、钙结合蛋白 S100β、谷氨酸转运体 GLAST、EAAT2 在发育早期的室下层、海马齿回等区域与 GFAP 的表达模式并不完全一致，多数星形胶质细胞的功能性标志物与 GFAP 不共存，提示可能是神经干细胞或前体细胞在发育过程的特定阶段表达 GFAP，而它们大多并不具有真正的星形胶质细胞的功能性状。

第三节　少突胶质细胞

少突胶质细胞是 CNS 内的髓鞘形成细胞，一个少突胶质细胞有许多突起，突起末端扩展成扁平薄膜，可围绕多条神经纤维反复包卷形成髓鞘结构，一段髓鞘与另一段髓鞘之间为有髓神经纤维的郎飞氏结（node of Ranvier）。作为 CNS 内的一类大胶质细胞，少突胶质细胞可合成连接蛋白（connexin）32 和 45，形成细胞间缝隙连接，少突胶质细胞间甚至少突胶质细胞与神经元间可借此连接进行直接的信息交流。少突胶质细胞的鉴定目前主要应用半乳糖脑苷脂（GC）抗体，结合应用另一种单克隆抗体 A2B5，可区别少突胶质细胞成熟型和未成熟型，前者呈现 GC 阳性与 A2B5 阴性，后者呈 GC、A2B5 阳性。除形成神经纤维髓鞘外，几年来少突胶质细胞最受关注的是其抑制神经元突起生长的作用，这也使其成为近年中枢神经再生研究中的焦点环节，此外神经元功能活动中少突胶质细胞与神经轴膜间的相互作用也是广受关注的一个领域。

一、少突胶质细胞是影响中枢神经再生的重要环节

中枢神经再生一直是困扰神经科学的一大难题。与外周神经组织或某些胚胎期神经元不同，成年哺乳类 CNS 轴突在损伤后多难以再生；但研究提示损伤的中枢神经元轴突再生困难并不是由于内在再生能力的缺乏，如给予外周神经植块等生长环境，受损中枢神经元轴突的生长修复也是可能的。近十年来的研究显示可能是几类因素共同构成了 CNS 再生困难的神经微环境，包括生后神经营养因子的逐步减少，损伤后胶质瘢痕的形成，髓鞘相关轴突生长抑制因子以及排斥性导向分子的存在等。少突胶质细胞髓鞘发现了几类新的重要的轴突生长抑制物质，尤其是近年对几类抑制分子受体及其相关信号转导通路的研究，使我们对损伤髓鞘阻碍神经轴突生长的了解有了新的飞跃。

迄今已经证实的髓鞘中具有抑制神经突起生长的物质包括 3 种：Nogo-A、髓磷脂相关糖蛋白（MAG）和少突胶质细胞髓磷脂糖蛋白（OMgp）。Nogo 基因的发现是 2000 年神经科学中引人关注的事件，3 个实验室几乎同时获得 Nogo 基因的 cDNA 克隆，由于剪切方式等的不同，Nogo 产生 Nogo-A、Nogo-B 和 Nogo-C 3 种蛋白质，它们具有与轴突生长抑制蛋白 NI35、NI250 类似的抑制效应，3 种蛋白质均主要存在于少突胶质细胞内质网内，依据其结构被归为网状蛋白（reticulon）家族成员。Nogo-A 主要表达于 CNS 少突胶质细胞及部分神经元，施旺细胞与星形胶质细胞均不表达，Nogo-B 和 Nogo-C 表达量较低，但分布广泛。Nogo-A 含有 192 个氨基酸残基，实验显示其能抑制神经纤维生长并诱导生长锥塌陷，能特异结合 Nogo-A 的单克隆抗体 IN-1 可促进中枢神经损伤后轴突的再生与出芽；同时也确定 Nogo-A 含两段具有神经生长抑

制效应的结构域，一个是具有 66 个氨基酸残基，构成 Nogo-A 两段跨膜区之间胞外段的 Nogo-66，另一个为靠近 Nogo-A 氨基端的片段。MAG 的神经生长抑制作用也得到众多体内外实验证实，并且其诱导生长锥回缩主要体现于神经元轴突末梢，研究还显示其作用可能主要通过小鸟嘌呤核苷三磷酸酶（small GTPase），增加胞内 cAMP 水平或抑制 RhoA 活性可促进脊髓损伤后神经纤维的再生。OMgp 则是近年才发现的一个具有抑制神经生长作用的糖基化磷脂酰肌醇（glycosylphosphatidylinositol，GPI）连接蛋白。

　　近年的研究发现，所有上述 3 种髓鞘相关的神经生长抑制物，均结合同一个高亲和性的靶位受体，这一受体被称为 Nogo 受体（NgR），实验显示 Nogo 受体主要表达于 CNS 神经元及其轴突。在皮质脊髓束损伤的成年大鼠，有报道使用小分子多肽封闭 Nogo 受体能明显促进轴突的再生和出芽，Nogo 受体的表达能使不反应神经元呈现对 Nogo-A、MAG 和 Omgp 分子的敏感性。这些似乎提示 NgR 是 CNS 中多种轴突生长抑制蛋白质作用的一个汇聚点，从而为通过以 NgR 为靶点促进中枢神经再生提供了诱人前景。研究还显示，作为一种糖基醇磷脂结合蛋白，NgR 结构中并无跨膜成分，因此其信号转导必然要激活其他跨膜受体。新近已有实验显示低亲和性的神经生长因子（NGF）受体 p75NTR 即可能是 NgR 信号转导中的协同受体（core-ceptor），因为在 $p75NTR$ 基因敲除的小鼠，研究证实其神经元突起的生长不受 Nogo、MAG 与 Omgp 的抑制，同时 p75NTR 与 NgR 作为两种蛋白质在脑组织提取物中常

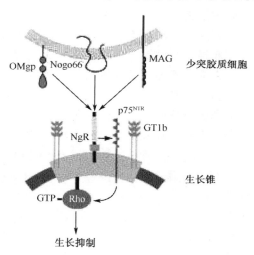

图 9-6　显示 3 种髓鞘相关的神经生长抑制物的作用途径与可能机制（引自 McKerracher et al. 2002）

被一同免疫沉淀析出。除了 NgR，有研究报道 MAG 也可通过神经节苷脂 GT1a（GT1b）与 p75NTR 与组成的受体复合物发挥其神经生长的抑制效应（详见见图 9-6）。

　　Nogo-A 与 NgR 结合后，研究显示小鸟嘌呤核苷三磷酸酶的 Rho 家族成员包括 rho、rac1 和 cdc42 及其内源性第二信使在其信号转导过程中发挥了重要作用。现在一般认为，CNS 神经元损伤后，溶解的少突胶质细胞释放 Nogo-66 与靠近 Nogo-A 氨基端的水解片段，通过与其特异性的受体复合物结合，激活胞内 RhoA 等，再通过 Rho 激酶（kinase）对生长锥中的细胞骨架成分进行调节，使生长锥塌陷，进而抑制轴突再生。应用神经营养因子升高神经元细胞内 cAMP 水平，激活 PKA，从而使 Rho 磷酸化而失活，即可以阻断髓鞘抑制蛋白对轴突生长的抑制作用。

二、郎飞氏结区少突胶质细胞与神经元的相互作用

　　星形胶质细胞在突触形成及其可塑性中的作用直至近年受到广泛关注，而事实上胶

质细胞与神经元在郎飞氏结处的相互作用作为神经冲动快速传递的重要一环更早已为人们认识，研究发现郎飞氏结的裸露区富含电压依赖性 Na^+ 通道，从而能保证轴膜上致密的髓鞘节段间 Na^+ 的跨膜运动和快速去极化状态的产生，而在结旁区高度密集的迟发整合型 K^+ 通道则有助于 K^+ 跨膜外移以恢复冲动后的静息膜电位。

上述离子通道特异性分布的生理意义不言而喻，但有关其在发育过程中的形成及其在不同病理生理条件下的变化机制并不十分清楚，是神经元轴突诱导了胶质细胞形成郎飞氏结并影响其分化，还是胶质细胞（髓鞘形成细胞）决定了 Na^+、K^+ 通道在结区与结旁区的特定排布，目前尚存在争议，支持两类机制的实验证据均有报道。得到一致认同的是，持续存在的胶质细胞与神经元轴突间的相互作用对郎飞氏结结构与功能的形成与维持是必要的。导致施旺细胞脱髓鞘疾病的实验显示 Na^+ 通道将改变其原有在郎飞氏结区的聚集状态，而沿轴突均匀分布，当施旺细胞重新包裹轴突时此类通道又再次在靠近施旺细胞两侧的轴膜上聚集。在纯化培养的视网膜神经节细胞，研究显示少突胶质细胞而非星形胶质细胞条件培养液能诱导 Na^+ 通道沿神经节细胞突起有规律地节段性聚集，少突胶质细胞发育缺陷的大鼠则导致神经元轴膜上 Na^+ 通道的匮乏，并且实验发现这一节段性的间距大约正好为相应神经元轴突直径的 100 倍，提示郎飞氏结特定构造的形成既受外源因子调控，又可能有其内在的发生机制。

近年来这一领域的研究已确定了多个在郎飞氏结区对轴突构造与相关胶质细胞特化起调节作用的蛋白质，它们包括来自髓鞘形成胶质细胞的分泌蛋白和表达于轴突或胶质细胞表面的黏附分子，在节侧区（paranode），接触蛋白（contactin）与跨膜的相关蛋白（contactin-associated protein，Caspr）组合为复合体，研究显示这一复合物对结侧区的形成及 K^+ 通道在该区的聚集至关重要，contactin 或 Caspr 的突变将破坏郎飞氏结的组构，引起神经传导速率的显著下降；同时，该复合体还与相邻的胶质源性黏附分子 neurofascin 155 相互作用，通过微管相关蛋白质将后者锚定于轴突内细胞骨架。几类分子的分布及相互关系如图 9-7 所示。

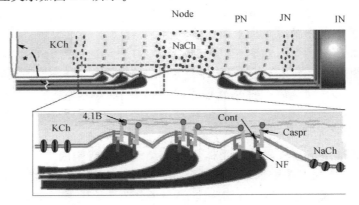

图 9-7　郎飞氏结结构模式图（引自 Fields et al. 2002）

中央为结区，PN、JN 分别代表节侧区、近节侧区，IN 为节间体，可见结区富含 Na^+ 通道而节侧区则以 K^+ 通道为主。下部为局部放大；Cont, contactin；Caspr, contactin-associated protein；NF, neurofascin 155；4.1B 为一种肌动蛋白相关蛋白质

胶质细胞包裹轴突形成绝缘性髓鞘是神经冲动得以快速传递的重要前提之一，除去郎飞氏结处神经元轴膜与胶质细胞的相互作用，神经元电活动本身影响髓鞘化过程以及相关胶质细胞的增殖分化也已被一些实验证实。因此，通过对髓鞘形成胶质细胞与神经元轴膜间信息交流机制的研究，将有可能为多发性硬化（MS）等脱髓鞘性疾病的发生和治疗提供新的线索。

第四节　少突胶质细胞前体细胞

少突胶质细胞前体细胞（oligodendrocyte precursor cell，OPC）近年来在神经科学领域中备受注目，早年的神经细胞学研究已注意到在 CNS 有 18% 左右的细胞依据其形态很难归入已知的胶质细胞范畴，而类似不成熟的神经胶质（Smart et al. 1961）。直至 Reyners（1986）根据其形态、不断增殖及可分化为少突胶质细胞、星形胶质细胞和小胶质细胞的特性命名为少突胶质细胞前体细胞。同时，NG2 被证实可作为 OPC 的免疫标记物，后者是一种硫酸软骨素蛋白多糖（chondroitin sulfate proteoglycan）。众多实验表明，NG2 免疫反应阳性细胞明显有别于星形胶质细胞，呈现星形胶质细胞标记物 GFAP－，它同时表达不成熟少突胶质细胞的免疫标记物血小板源性生长因子（PDGF）和 O4，因此，较早 OPC 被认为是属于少突胶质细胞的细胞系，功能角色类似于限制性定向干细胞中的多突细胞（polydendrocyte）。但由于在成年 CNS 的广泛与特定分布，一些学者认为 OPC 不只担当了祖细胞的功能，而很可能是 CNS 中除星形胶质细胞、少突胶质细胞和小胶质细胞外的第 4 种重要的胶质细胞成分。此外，还有研究认为 OPC 本身就是多来源的一群异质性群体。

OPC 之所以成为近年神经科学研究的热点，一方面在于其可能参与了一些常见神经病理过程，如研究显示 OPC 与病毒感染、免疫反应、神经退行性疾病、CO 等毒性物质作用、营养代谢障碍及缺血缺氧所致的白质损害密切相关。发育中脑对缺血缺氧的易感性，易导致脑室周围白质软化（periventricular leukomalacia，PVL）甚至脑瘫。在早产儿脑白质中，OPC 分化活跃，具有特异的成熟依赖特征，在 PVL 中 OPC 的数量明显增多，NG2 表达增强，提示 OPC 可能是 PVL 病变中关键的靶细胞，在 PVL 病变中有重要作用，而脑瘫作为一种发病率很高的神经性伤残，不仅对患儿带来痛苦，同时也伴随巨大社会负担；另一方面，对 OPC 在 CNS 发育分化及损伤再生中的作用，尚存在许多值得探索的问题，如 OPC 作为少突胶质细胞系成分，是否是少突胶质细胞的后备储存池；NG_2^+ 细胞在灰质的分布显著多于髓鞘生成区的白质，在缺氧缺血、外伤、炎症及毒性物质作用下亦产生明显的反应性增殖，不同于星形和小胶质细胞的在于其反应为一过性，且反应局限于伤灶周围，其功能意义尚不清楚。在一些神经退行性疾病如侧束硬化症时 NG2 阳性细胞数量也显著增多。同时至今为止，在整体实验中虽有 OPC 移植改善髓鞘生成的报道，尚无 OPC 参加损伤修复、增强髓鞘生成及功能的直接实验证据。

关于 OPC 在神经系统突触联系中的作用及功能，近年也受到关注。已知在白质或灰质中 OPC 突起可特化为板状或丝状，与郎飞氏结或突触前形成联系。最近 Bergles 等（2004）的实验显示哺乳动物海马内中间神经元和 OPC 之间存在直接的突触连接，在此中间神经元以量子方式释放 γ-氨基丁酸（GABA），引起 OPC 上快速的受体电流及短暂的去极化。免疫组化与电镜观察证实含有 GABA 囊泡的轴突终末与 OPC 的突起间有突触连接结构。这些结果提示 OPC 是中间神经元的直接靶向细胞，并且由于神经元轴突与 OPC 间存在的快速的信号通路，反映 OPC 的发育可能还受到神经元的额外调节。

　　有关 OPC 的发育分化行为，有很多以神经营养因子或不同的细胞因子促进其活存或分化的报道，如研究显示 Noggin 具有促 OPC 分化为星形胶质细胞的作用。Kondo 和 Raff（2000）报道了他们的更惊奇发现，在 bFGF 等培养体系中，通过骨形成蛋白（BMP）的诱导，OPC 能逆向分化为具有多潜能的神经干细胞，再分化形成神经元、星形胶质细胞与少突胶质细胞等群体，提示 OPC 还具有潜在的神经祖细胞特性。当然，要深入阐明 OPC 的起源分化与生物功能意义，尚需要大量的研究工作。

第五节　其他胶质细胞

一、小胶质细胞

　　小胶质细胞是广泛分布于中枢神经系统（CNS）各部位的一类重要细胞成分，其数量不同文献报道占胶质细胞的 5%～20%。自 20 世纪 30 年代 Rio-Hortega 发现以来的数十年中，关于小胶质细胞人们争论最多的是其起源问题，即小胶质细胞是属于源自中胚层的单核吞噬细胞系还是与其他胶质细胞一样来自神经外胚层，这一问题至今尚无定论。但小胶质细胞作为一种独立的细胞成分，尤其是它们在许多病理情况下的作用近十余年受到了人们越来越多的重视，人们希望通过对其功能和反应机制的了解，为 CNS 一些疾患、损伤及炎症等的防治提供线索。

　　根据其功能状态的不同，有 3 种典型形态的小胶质细胞，即阿米巴样（amoeboid）、分支状（ramified）和反应性的（reactive）。阿米巴样小胶质细胞主要出现于 CNS 发育早期特别是出生前后，也见于 CNS 严重损伤情况下，分支状小胶质细胞多见于正常成年脑内，而反应性小胶质细胞则广泛存在于 CNS 多种病理情况下。3 种形态的小胶质细胞在一定条件下可相互转化，它们是一类细胞的 3 种不同形态现已得到证实，由于它们反映了小胶质细胞的功能状态，因此上述 3 种形态有时又分别被称为吞噬性的、静止的及激活的小胶质细胞。

（一）小胶质细胞的活化

　　小胶质细胞活化（activation）是 CNS 在许多病理刺激，有时即使是非常微弱刺激作用下的常见反应，表现为小胶质细胞在局部不同程度的增生与聚集，同时常伴有细胞形态、免疫表型与功能等一系列的变化。细胞形态上，活化小胶质细胞常表现为突起回缩、胞体相对增大乃至呈巨噬细胞样，免疫学表型的改变多为一些免疫分子，如主要组织相容性抗原（MHC）等的表达或表达增强，在功能变化方面，活化小胶质细胞可释放众多介质，包括细胞毒性物质如一氧化氮（NO）、氧自由基、蛋白水解酶等，炎性因子，如白细胞介素 1（IL-1）、肿瘤坏死因子 α（TNF-α）与 γ-干扰素（IFN-γ）等。这一过程被一些学者认为是小胶质细胞最重要的细胞特性，它构成了 CNS 抵御感染性疾病、炎症、创伤、缺血及神经退行性变的关键环节。

小胶质细胞活化的发生遵循着相对固定的模式，即不论所涉及的病理环境，小胶质细胞的活化过程基本是一致的。但需强调的是，小胶质细胞的活化有着程度的区别，在活化的第一步或第一级别，小胶质细胞被激活，其主要变化如上所述，在活化的第二级别，通常伴有神经元或末梢纤维变性坏死时，激活的小胶质细胞将进一步转变为具有吞噬功能的吞噬细胞，此类细胞有时又称小胶质细胞衍生巨噬细胞。早年的认识主要认为活化小胶质细胞在 CNS 中参与对损害神经元的吞噬清除，产生的空隙由增殖的胶质瘢痕填充，但后来在短暂性脑缺血等模型发现小胶质细胞的活化甚至早于神经元的损害，因此开始有人提出小胶质细胞的活化更可能是神经元变性坏死的一个原因而非结果，近年一些在不同病理情况下特别是神经退行性疾病中的研究支持了这一假说。

（二）小胶质细胞活化过程的信号转导

小胶质细胞的增殖活化是 CNS 在许多病理情况下的常见反应，但对机体内这一过程的调控机制，目前所知甚少。小胶质细胞活化本质上可视为一系列特定靶基因的表达，在此过程中膜外信号如何引起小胶质细胞内信号系统的改变，迄今许多环节尚有待阐明。

在小胶质细胞的致分裂原中，得到体内外实验证实的是细胞集落刺激因子（CSF），其中主要包括了 3 种成分，即多能 CSF（即 IL-3）、粒细胞巨噬细胞 CSF（GM-CSF）和巨噬细胞 CSF（M-CSF），它们通过与小胶质细胞膜上特定受体的结合启动胞内信使系统。在一类骨质硬化小鼠（op）模型中，由于编码 M-CSF 的基因发生了框移突变，实验显示当此类小鼠面神经受到损伤时，面神经核内小胶质细胞的增殖活化明显减弱。对体内 CSF 的来源，有研究认为就是活化的小胶质细胞和星形胶质细胞。但在体条件下更可能的情况是小胶质细胞膜上相应受体数量的变化，即小胶质细胞在外界因素刺激下其膜上一些受体数量的表达迅速增加。而对于多种损伤或局部微环境变化后小胶质细胞的迅速活化，有实验提示在这些条件下小胶质细胞所特有的离子通道特别是内向性的 K^+ 通道扮演了重要角色，因为神经元的活动常常引起微环境中 K^+ 浓度的升高。

由于小胶质细胞所具有的巨噬细胞特性，离体条件下包括 IL-1、IL-4 及 INF-γ 等细胞因子亦已被证实能促进小胶质细胞增殖，同时刺激其活化，但在体情况下这些主要来源于淋巴细胞与活化小胶质细胞自身的因子更像是小胶质细胞活化的调控而非触发因素。对巨噬细胞有活化作用的一些补体成分，如 C5a、C3a，也有报道同样可引起小胶质细胞质 Ca^{2+} 浓度的升高，进而引起小胶质细胞功能状态改变，它们在一些炎症或 BBB 受损时的小胶质细胞活化过程中可能具有重要意义。

β-淀粉样沉淀（Aβ）是阿茨海默氏病（AD）的特征性病理变化，实验证实 Aβ 能刺激小胶质细胞活化已有数年，Tan 等（2000）的实验提示受体 CD40 的激活可能是其中的重要环节，他们发现用 CD40 配基可诱发小胶质细胞活化（如 TNFα 表达升高），增加联合培养中神经元的死亡，用 Aβ 处理能显著增强培养小胶质细胞 CD40 的表达，而对来自于 CD40 配基缺乏的转基因小鼠，小胶质细胞的活化则明显减弱。近年艾滋病研究中一项引人注意的发现是证实艾滋病病毒（HIV）在 CNS 内主要侵犯小胶质细胞，它们能在小胶质细胞质内长期存在。研究显示 HIV 进入小胶质细胞主要涉及了两种类型的受体：一种是 CD4；另一种是与 G 蛋白偶联、包含 7 个跨膜区的 CCR（chemokine 受体），抑制 CD4 与 CCR 的表达或封闭其位点均能抑制病毒对小胶质细胞的感染。此类研究提示小胶质细胞活化的膜外及跨膜信号转导是一个非常复杂的环节，在不同病理情况下可能存在显著差异。

对于小胶质细胞活化的膜内信号转导通路，受到较多关注的是丝裂原活化蛋白激酶（mitogen-activated protein kinase，MAPK）途径，在用细菌脂多糖（LPS）或 Aβ 刺激所致的离体小胶质细胞活化模型中，研究发现阻断 MAPK 途径的两条分支 ERK 与 p38 均能显著减低活化小胶质细胞 TNFα 及 NO 等的表达，提示这两种激酶可能是小胶质细胞活化重要的转录或转录后调控环节。此外在转录因子水平，实验显示核因子 NF-kappaB 参与了对小胶质细胞活化过程的调控，在体及离体研究证实在 CNS 损伤后 NF-kappaB 的表达上调主要定位于小胶质细胞与巨噬细胞，有报道 IL-10 引起的小胶质细胞分泌活性的下调即主要通过抑制 NF-kappaB 的活化。

（三）活化小胶质细胞的"双刃剑"功能

多年来体内外的研究均已证实活化小胶质细胞具有吞噬与抗原呈递等功能，它们在损伤后的 CNS 扮演了"清道夫"的角色，以维持促进 CNS 内环境稳定和组织修复。更为重要的是，活化小胶质细胞能分泌众多的生物活性物质，在 CNS 损伤与一些疾患的发生与演变中起着重要作用。与外周巨噬细胞相似，活化小胶质细胞分泌的一些炎性因子，如 IL-1、TNF-α 与 IFN-γ 可进一步放大 CNS 内的炎症反应，最终可能导致正常组织细胞受到攻击，同时它们能分泌许多对神经元和其他胶质细胞有杀伤作用的毒性物质，包括氧自由基、一氧化氮（NO）、蛋白水解酶及兴奋性氨基酸等。但研究显示活化小胶质细胞也释放一些能促进神经修复，对神经元具有保护作用的营养因子，如脑源性神经营养因子（BDNF）与胶质细胞源性神经营养因子（GDNF），有报道 LPS 的刺激能增加小胶质细胞释放 BDNF、神经生长因子（NGF）与神经营养素 3（NT3）。此外，小胶质细胞的上述分泌活动还受到许多因素的调节，与神经元、星形胶质细胞等其他细胞或组织成分存在密切的相互作用。因此对小胶质细胞活化仅仅有益或有害的争论可能过于简单。

但通过近几年的研究目前已基本可以肯定，在一些 CNS 疾患包括阿茨海默病（AD）、帕金森病（PD）、多发性硬化（MS）、艾滋病（AIDS）及痴呆等的发生发展过程中，小胶质细胞的反应总体而言对 CNS 是有害的，活化小胶质细胞构成了疾病发生发展的重要致病环节。就细胞水平而言，这些病变中活化小胶质细胞的主要功能并非是清除死亡细胞或减弱神经毒性，相反通过分泌大量的神经毒性物质，活化小胶质细胞进一步加重了对神经元的损害。

总之，小胶质细胞是 CNS 内一群独特的细胞群体，作为 CNS 内的免疫感受与效应细胞，它们具有形态、功能及抗原等可变性，同时还具有可迁移和增殖潜能。它们作为专职的抗原呈递细胞构成了 CNS 的内在免疫体系，并通过分泌各种细胞因子、趋化因子和生长因子等与外周免疫系统沟通。虽然对其在 CNS 多种疾患中的确切作用迄今存在争论，但最佳的策略无疑是通过维持其免疫平衡状态，利用它们的神经修复促进和保护效应，同时尽量阻止其神经毒性作用。

二、嗅成鞘细胞

嗅神经系统有别于其他部位的中枢神经，其轴突在哺乳类动物的终身都具有再生能力。分析其原因，推测是嗅神经纤维周围的结构提供了适合于轴突再生的微环境。几年来研究发现，嗅神经再生与嗅球的一种胶质细胞——嗅成鞘细胞（olfactory ensheathing cell，OEC）密切相关，嗅成鞘细胞分布于嗅球神经纤维层、嗅神经和嗅黏膜内，它具有类似施旺细胞的功能，紧密包裹嗅神经轴突。在嗅神经的损伤再生过程中，包裹轴突的嗅成鞘细胞不仅一般不形成胶质瘢痕，而且具有较强的促进中枢神经再生作用，无论体内或体外，都可以促进中枢神经元轴突的生长，作用强于施旺细胞。

研究显示将 OEC 移植到单侧皮质脊髓束损伤的脊髓伤灶，能使大鼠同侧前肢恢复先前已学会的食物获取作业，被横断的神经纤维能跨过损伤病灶。在此过程中实验发现 OEC 的细胞行为有两点不同于外周施旺细胞：首先，它们迁移得更远，并且能与宿主胶质细胞较好地排列整合；其次，它们能抑制再生轴突的分支和漫游，使其较快跨越伤灶到达远侧束路。但由于尚无证据表明再生的神经纤维穿越伤灶后能更远伸长，因此有关 OEC 移植诱导所致皮质脊髓束功能恢复的机制，目前还存在争议，有学者认为更可能的解释是再生的纤维在伤灶远侧局部通过出芽等方式重新建立了一些突触联系。

OEC 处于中枢与外周神经的交界处，大量的实验证实它既不同于中枢神经系统的星形胶质细胞，也有别于周围神经系统的施旺细胞，而是一种介于两者间的特殊类型胶质细胞，具有一些特有的细胞与分子生物学特性。并且近年的研究还提示，所谓的 OEC 在抗原表型与形态等方面存在明显异质性，OEC 移植所产生的不同促再生效应不仅与动物年龄种属有关，更可能是因取材部位及培养条件等所致的 OEC 表型差异引起。

有关 OEC 形态的报道大多为培养条件下的观察，依据抗原表型及形态的不同，离体培养的 OEC 主要有两类：一类是所谓的施旺细胞样 OEC 或 S 细胞，细胞呈长梭形，具有较长的突起，常表达胶质原纤维酸性蛋白（GFAP）和低亲和性的神经生长因子（NGF）受体 p75NTR；另一类为星形胶质细胞样 OEC 或称 A 细胞，其外观呈现扁平形状，边缘不规则，有时被描述为"煎蛋样"，此类细胞多表达 GFAP 与神经细胞黏附分子 PSA-NCAM，但缺乏 p75NTR。在发生上，OEC 被认为起源于嗅神经板，但其前体细胞尚未被确认。对上述两类 OEC 细胞的发育关系也存在两种观点：一种认为施旺细胞样 OEC 为终末分化细胞，而星形胶质细胞样 OEC 则由前体细胞分化而来，发生上位于施旺细胞样 OEC 的上游；另一种观点则认为此两类细胞是两类不同的功能亚群源自相同的前体细胞，在细胞谱系分化中处于平行位置。此外在体情况下的 OEC 常表达几种特定的标记分子，包括 GFAP、p75NTR、O4、S100 与神经肽 Y（NPY）等，并且在嗅神经系统的不同区域，这几类标记分子的表达存在差异，如嗅神经纤维层外侧区与内侧区的 OEC 即存在不同，纤维层外侧区 OEC 呈现 p75NTR＋/S100＋/NPY－，内侧区 OEC 则为 p75NTR－/S100＋/NPY＋，而嗅球部的 OEC 常呈现 p75NTR－/S100＋/GFAP＋/NPY－，通过免疫细胞化学结合超微结构等观察，已经能对嗅神经系统各部分的 OEC 进行鉴定。

　　嗅成鞘细胞近年受到广泛关注是由于其呈现的特殊生物学性状，使通过其移植成为了脊髓损伤及一些脱髓鞘疾病中极有希望的治疗对策。不同实验显示多种类型脊髓损伤后 OEC 的移植均能促进损伤轴突的再生及脊髓功能的修复，同时还能帮助神经纤维的再髓鞘化，但也有不同的实验报道。目前 OEC 研究的焦点是其促进神经损伤修复的细胞分子机制，同时对其应用基础及其与其他胶质细胞、胞外基质的联系进行阐明。

　　对外周的施旺细胞等胶质细胞，由于近年已有较多相关文献，本章节不再赘述。

　　总之，伴随对多种神经胶质细胞功能研究的深入，它们在 CNS 中所担当的角色逐步由幕后走向台前，研究神经系统的结构功能离开胶质细胞将是片面的，在哺乳类CNS 的演化中，数目巨大的胶质细胞的进化选择绝不是偶然。缺少了这样一种观点，我们将难以完整解译脑的功能活动奥秘，同时也可能局限我们对多种神经系统疾患的预防及治疗。

（杨　忠　蔡文琴　袁碧波　撰）

主要参考文献

Barnett SC，Chang L. 2004. Olfactory ensheathing cells and CNS repair：going solo or in need of a friend? Trends Neurosci，27：54～60

Fields RD，Stevens-Graham B. 2002. New insights into neuron-glia communication. Science，298：556～562

Gonzalez-Scarano F，Baltuch G. 1999. Microglia as mediators of inflammatory and degenerative diseases. Annu Rev Neurosci，22：219～240

Hansson E，Ronnback L. 2003. Glial neuronal signaling in the central nervous system. FASEB J，17：341～348

Haydon PG. 2001. GLIA：listening and talking to the synapse. Nat Rev Neurosci，2：185～193

Hongjun Song，Charies F，Steven，et al. 2002. Astroglia induce neurogenesis from adult neural stem cells. Nature，417：39～43

Horner PJ，Palmer TD. 2003. New roles for astrocytes：the nightlife of an 'astrocyte'. La vida loca！Trends Neurosci，26：597～603

Keyvan-Fouladi N，Li Y，Raisman G. 2002. How do transplanted olfactory ensheathing cells restore function? Brain Res Brain Res Rev，40：325～327

Lin SC，Bergles DE. 2004. Synaptic signaling between GABAergic interneurons and oligodendrocyte precursor cells in the hippocampus. Nat Neurosci，7（1）：24～32

Mauch DH，Nägler K，Schumacher S. 2001. CNS synaptogenesis promoted by glia-derived cholesterol. Science，294：1354～1357

McGee AW，Strittmatter SM. 2003. The Nogo-66 receptor：focusing myelin inhibition of axon regeneration. Trends Neurosci，26：193～198

McKerracher L，Winton MJ. 2002. Nogo on the go. Neuron，36：345～348

Nedergaard M，Ransom B，Goldman SA. 2003. New roles for astrocytes：redefining the functional architecture of the brain. Trends Neurosci，26：523～530

Nishiyama A，Watanabe M，Yang Z，et al. 2002. Identity，distribution，and development of polydendrocytes：NG2-expressing glial cells. J Neurocytol，31（6～7）：437～455

Raivich G，Banati R. 2004. Brain microglia and blood-derived macrophages：molecular profiles and functional roles in multiple sclerosis and animal models of autoimmune demyelinating disease. Brain Res Brain Res Rev, 46：261～281

Slezak M，Pfrieger FW. 2003. New roles for astrocytes：regulation of CNS synaptogenesis. Trends Neurosci, 26：531～535

第十章　大脑新皮质的组织发生

第一节　大脑皮质发育概况

哺乳动物的大脑皮质具有许多区域，各自有特殊的功能。从较低等的哺乳动物到灵长类，大脑皮质的结构与功能的变化趋势是由简单到复杂。其中大脑皮质的进一步扩展是代表了进化的特征，从大脑皮质的面积、厚度和重量可见它的扩展是巨大的。例如，啮齿类动物的大脑皮质面积为 $3\sim5cm^2$，猫的大脑皮质面积约为 $100cm^2$，人的大脑皮质面积则可达 $1100cm^2$。大脑皮质的厚度亦相差很大，大鼠的大脑皮质厚度约为 $1mm$，人的大脑皮质厚度约为 $3.5mm$。在重量方面相差更大，小鼠的大脑皮质平均重量约有 $1g$，人则有 $1350g$。脑的容积也随进化程度升高而逐渐增大，如猩猩是 $300\sim500cm^3$，猿人是 $750\sim1000cm^3$，近代人是 $1000\sim2000cm^3$，因此近代人的脑容积是猩猩的 $3\sim4$ 倍。

从大脑皮质的进化过程了解到大脑皮质的组织发生，其中的神经元数量（尤其是中间神经元）和神经元间局部环路显著增加以及组织结构显得高度有序和复杂。

大脑皮质的神经元发生部位是在脑室的生发层（ventricular germinal zone），也称脑室层（telencephalic ventricular zone，图 10-1A），其中的细胞称为神经上皮细胞（neuroepithelial cell）或称为神经祖细胞（neurogenitor cell）。大脑皮质的组织发生是通过神经祖细胞的分裂、增生和分化过程实现的。神经祖细胞谱系（neurogenitor lineage）经历反复周期性分裂，在适当的神经祖细胞数目以及组织发生时间，经放射状胶质细胞和传入神经纤维的引导使神经祖细胞分化的成神经细胞（或称神经母细胞，neu-roblast）迁移到合适的位置，组成皮质小单位，此结构被称为个体生发柱（ontogenetic column）。这可能是大脑皮质组织结构和皮质柱形成的形态学基础。神经元之间的相互作用、细胞外基质（extracellular matrix）、有关分子信号的调控以及神经元发生过程中基因表达都影响着神经祖细胞分化为成神经细胞的数量、时间和位置以及分化为其他类型细胞（如成神经胶质细胞和室管膜细胞）。

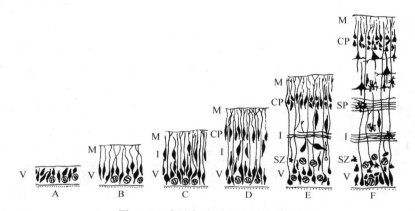

图 10-1　大脑新皮质发生过程图解

V：脑室层；M：缘层；I：中间层；SZ：脑室下层；SP：皮质板下层；CP：皮质板

大脑皮质有许多功能区，每个功能区又含许多功能亚区。功能亚区作为功能单位（module），如在视皮质区内的功能亚区称为皮质柱（cortical column），在躯体感觉皮质区的功能亚区称为皮质桶（cortical barrel）。柱或桶内神经元与传入神经纤维构成功能单位，而功能单位之间也相互连接成神经网络。

第二节　端脑脑室层神经祖细胞的发生规律

哺乳动物新皮质神经元发生在胚胎早期端脑脑室层，这时的脑室层是一层假复层神经上皮细胞（图 10-1A），即神经祖细胞。当神经元开始发生之前，首先是神经祖细胞分裂出现起伏状运动（elevator movement），这是细胞分裂周期的特征（详见第三章）。

在细胞分裂周期中，不同种系动物的细胞分裂经历 4 个期的时间不同。同种动物在不同妊娠时间或出生后不同时间，各期所需的时间也不同。现以小鼠及大鼠为例说明，大脑脑室层神经祖细胞和大脑脑室下层（subventricular zone，图 10-1E）的细胞周期的各期时间，列于表 10-1。

表 10-1　细胞周期的各期时间表

	种属	年龄	周期时间/h	S(h)	G$_2$(h)	M(h)	G$_1$(h)	文献
大脑脑室层	小鼠	E15	11	7.5	2	2	—	Langman et al.1967
神经祖细胞	大鼠	E12	11	6~8	2	—	3.7	Waechter et al.1972
	大鼠	E18	19	6~8	2	—	11.2	Waechter et al.1972

续表

	种属	年龄	周期时间/h	S(h)	G_2(h)	M(h)	G_1(h)	文献
大脑脑室下层	大鼠	E18	19	7～8	—	—	10	Lewis et al.1974
	大鼠	P1	18.3	10	3.7	—	3.1	Lewis et al.1974
	大鼠	P6	17.2	10.8	2.5	—	2.5	Lewis et al.1974
	大鼠	P12	15.3	10.9	1.5	—	1.9	Lewis et al.1974
	大鼠	P21	20.1	12.4	2.1	—	5.2	Lewis et al.1974

　　神经祖细胞分裂方式有两种：①对称性分裂（symmetric division）。神经祖细胞位于脑室腔面，分裂时呈垂直方向分裂成两个子细胞。两个子细胞仍保持与腔面相贴，从圆形的神经祖细胞变成双极形，慢慢移动离开脑室表面，再进入另一个细胞周期（图10-2A）。这种分裂方式主要是维持神经祖细胞的数目。②不对称分裂（asymmetric division）。神经祖细胞分裂时，呈水平方向裂开（horizontal cleavage plane）。细胞的分裂平面与脑室表面平行（图10-2B）。分裂后产生两个子细胞，一个为顶部子细胞（apical daughter）保持与脑室腔面相贴，另一个为基部子细胞（basal daughter）。顶部子细胞停留在脑室层，进入另一个细胞周期，呈双极形神经祖细胞。基部子细胞向皮质板迅速迁移，进一步分化为成神经细胞。不对称性分裂似乎是代表干细胞分裂模式（stem cell mode of division）。有研究认为，对不对称分裂起调节作用的相关信号分子是Notch1蛋白（notch protein）。这种蛋白质对果蝇（Drosophila）及脊椎动物的神经元发生起调节作用，因为它能抑制神经元的发生过程。

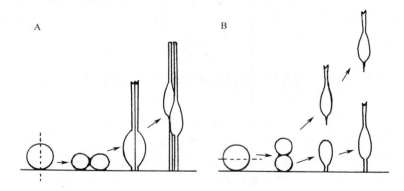

图 10-2　祖细胞的分裂方式
A．对称性分裂；B．不对称性分裂

　　哺乳动物大脑同型皮质（cerebral isocortex）在神经元发生开始呈明显的周期性变化，大约占孕期的1/3。不同种系动物的神经元在妊娠期发生的时间有不同，即使同种动物的不同脑区，神经元出现的时间也有不同。例如，小鼠的孕期为19天，大脑同型皮质神经元发生出现在E11～E17天。大鼠的孕期为21天，大脑皮质神经元发生在E12～E19天。

　　神经元发生的数量与神经祖细胞分裂的细胞周期的速度并不完全一致，这取决于神经祖细胞分裂后的细胞向大脑新皮质的皮质板（图 10-1F）迁移和分化的情况。有研究应用 ^{3}H-TdR 或 BrdU 标记分裂中的神经祖细胞，可观察到小鼠大脑新皮质神经元是发生于脑室层的神经祖细胞，因为这些不分裂的神经元细胞核含有 ^{3}H-TdR 或 BrdU。据以为，一个细胞周期所产生的细胞，一部分是向皮质迁移、分化的，该细胞数值可用 Q 表示；另一部分细胞留在脑室层继续分裂增生，保持脑室层细胞数目。Caviness（1995）设计所有细胞周期迁移的细胞数量 Q 值的变动范围在 0～1。发现 Q 值小于 0.5 时，在脑室层的神经祖细胞数大于离开脑室层的细胞数；当 Q 值等于 0.5 时，脑室层产生的神经祖细胞与离开脑室层的细胞数大致相等；Q 值大于 0.5 时，离开脑室层的神经祖细胞数目增加（向皮质板迁移和分化），这时所形成的神经元就会增多。为了解细胞周期产生的细胞数目与皮质板形成的关系，有研究观察了小鼠上述的 11 个细胞周期，发现当 Q 值为 0～0.5，数量上升值比较慢，成神经细胞迁移至 V、VI 层；Q 值等于 0.5 时，成神经细胞迁移至 IV 层；Q 值等于 0.5～1 时，成神经细胞迁移至 III、II 层（图 10-3）。

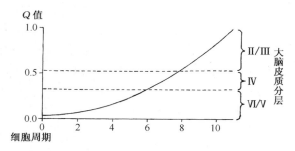

图 10-3　Q 值为 0～1 时与细胞周期、新皮层板层发生的关系

在哺乳动物中，不同种属的新皮质神经元的数目是不同的，这主要表现在两个方面：神经元开始发生时在脑室层的神经祖细胞数目不同，即神经祖细胞增殖的数目不同，现以小鼠和猴为例说明。胚胎小鼠神经元开始发生的时间是在妊娠 11 天（E11 天），这时的脑室层神经祖细胞数目是 0.18 个/mm^2 或 0.2～0.5 个/mm^2。胚胎猴神经元开始发生的时间是在 E40 天。这时与小鼠脑室层的神经祖细胞数目相比较，是小鼠的 4～5 倍。在 E11 天的小鼠，神经祖细胞增殖数目大约是 2.2×10^5 个/mm^2，而在 E40 天的猴其神经祖细胞增殖数目大约是小鼠的 360 倍。此外，细胞周期的数目和时间也不同。小鼠有 11 个细胞周期，而猴有 27 个细胞周期。每个细胞周期所需要的时间：E11 天的小鼠是 8h，到了最后 1 个细胞周期将近结束时，其时间可延长 18～20h；E40 天的猴是 21.5h，在 E60 天的猴是 46.5h，至最后 1 个细胞周期将近结束时是 91h。每种动物要完成所有细胞周期的时间是：小鼠需 6～8 天，猴却要 55 天。

大脑皮质的神经祖细胞是多潜能的（multipotent）。用逆转录病毒标记的神经元（retroviral labeled neuron）追踪细胞谱系（lineage tracer），发现一个神经祖细胞可以产生一个克隆（clone），内含有神经元和神经胶质细胞。已有研究应用细胞谱系追踪技术和体外培养多潜能神经祖细胞的方法，观察其克隆细胞群的化学性质表明，这些细胞已分化为谷氨酸能神经元（glutaminergic neuron）、γ-氨基丁酸能神经元（GABAergic neuron）和星形胶质细胞。

在培养大脑皮质神经祖细胞时发现其聚集生长后，该细胞群又分散生长，散开距离可达几个毫米。在分析一个克隆细胞群的分化时，如果单纯以细胞群集作为基础，其分析结果往往有误。因为由一个克隆形成的细胞有成群分布的，也有迁移到较远处生长，如果预先没有给予标记物则不易识别它们是否来源于同一个克隆细胞。例如，E15 天的大鼠其大脑皮质神经元发生时，分析被标记的克隆细胞发现，有 73% 是属于广泛分散的克隆细胞（wide spread clone）。这些克隆细胞主要是属于多种表型（multiple phenotype）的细胞，大约占 90%，其中包括有中间神经元、锥体神经元、非锥体神经元和神经胶质细胞。

第三节　早期胚胎皮质板的发生

胚胎端脑脑室层（图 10-1A）是一层假复层神经上皮细胞，即神经祖细胞。上皮的腔面和基底面分别有薄层的内界膜和外界膜。这些神经祖细胞可呈柱状、梭形或锥形。脑室层神经祖细胞开始分裂增殖后，有些细胞长出的突起可伸向表面，形成缘层（图 10-1B）。神经祖细胞一再增殖、有些分化成为成神经细胞，向外迁移，位于脑室层和缘层（见后述），分开成浅、深两层。浅层即皮质板上层（cortical superplate），它进一步发育为中间层（图 10-1C）；深层为皮质板下层（cortical subplate），位于中间层之上（图 10-1D～F）。成神经细胞沿放射胶质细胞向外迁移经中间层、皮质板下层，到达皮质板下层的上方，这便是皮质板（图 10-1F）。

一、皮质前板的发生

成神经细胞沿放射状胶质细胞的突起迁移，最早到达软脑膜下，分化为 Cajal-Retzius 细胞，简称 C-R 细胞，也有人称其为先驱神经元（pioneer neuron）。该细胞是 1891 年由 Cajal 在兔脑内发现的，同年 Retzius 在人胚胎脑内也找到了它。C-R 细胞与软脑膜之间有一浅丛层（superficial plexiform layer）的神经纤维，C-R 细胞与浅丛层一起构成皮质前板（cortical preplate）。

二、成神经细胞的迁移

胚胎时期的脑室层，其细胞增殖，迁移形成脑室下层（图 10-1E）。这层细胞具有两方面特性：迁移性（migratory）和多潜能性（multipotential）。MeConnell（1995）认为脑室层、脑室下层的多潜能性神经祖细胞可通过分裂增殖产生非迁移性神经祖细胞，这些细胞有 3 种可能的去向：①直接分化为迁移性细胞（图 10-4）；②再分裂增殖成两个细胞群后分化为迁移性细胞；③再分裂增殖成几个细胞群后分化为迁移性细胞。这些迁移性神经祖细胞最后分化为成神经细胞，并向皮质板迁移（图 10-4）。在迁移的细胞中，有成神经细胞，也有成神经胶质细胞，而且不排除有少量是迁移性神经祖细胞，因为在皮质板内可见有细胞分裂增殖现象。

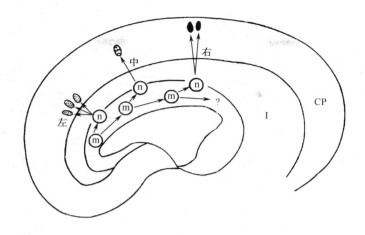

图 10-4　祖先细胞的迁移图解

中：单个细胞分化为移栖细胞；右：分裂成两个细胞群后分化为移栖细胞；左：分
裂成 3 个细胞群后分化为移栖细胞；m：多潜能祖先细胞；n：非移栖细胞；I：中
间层；CP：皮质板

　　在神经祖细胞群中，有些细胞可分化为放射状胶质细胞（radial glial cell）。放射状
胶质细胞的突起由脑室层伸至脑膜表面，进入外丛层，跨越整个胚胎时期的大脑壁的厚
度。在脑室层，迁移性神经祖细胞沿着放射状胶质细胞的突起迁移，穿过中间层和皮质
板下层，进入皮质板（图 10-3）。这些细胞在迁移中分化为成神经细胞，最后逐渐分化
为神经元。因此，它们早期是不会出现神经元的表现型，也不含有某种神经递质。然
而，当放射状胶质细胞在引导神经元到达特定位置后，它本身则分化为原浆性星形胶质
细胞或纤维性星形胶质细胞，这时可用 GFAP 抗体免疫细胞化学染色加以识别。

　　Rakic（1995）提出的放射单位假说（radial unit hypothesis）（图 10-5）认为，成
神经细胞分化的一些神经元在皮质板下层等候传入神经纤维的引导。这些传入神经纤维
是来自基底核、丘脑和同侧与对侧的大脑皮质联合传入纤维等。传入神经纤维引导皮质
板下层的神经元到达正在处于发育中的皮质板。由于这些等候的神经元对传入神经纤维
有亲缘性，故称它们为嗜神经细胞（neurophilic cell）。

　　神经元到达皮质板后呈放射状叠加分布。虽然这些细胞的发源地都在脑室层，但由
于它们之间的发生时间不同，因此迁移到达目的地的时间就不一样。如图 10-5 显示神
经元发生的时间是在 E40～E100，恰好是脑室层单位 3 的细胞沿着放射状胶质细胞的突
起迁移，结果在皮质板形成个体发生柱 3（ontogenetic column 3）。据推测，大多数成
神经细胞是嗜胶质细胞性，对胶质细胞表面有亲和性，能沿着放射状胶质细胞已搭好的
架子迁移。放射状胶质细胞的排列与脑室层生发层之间形成镶嵌模式（mosaic），在生
发层内含有许多增殖单位（proliferative unit）。这些增殖单位与皮质板个体发生柱有互
相对应性关系（图 10-5）。

　　在哺乳类动物中，不同种的成神经细胞由脑室层迁移至皮质板所需的时间不同，但
在迁移的方式上却大同小异。如 Berry（1974）提出在大鼠大脑皮质的发生过程，从
E10～E28 则为成神经细胞迁移的时间（图 10-6），在 E14～E16 时，成神经细胞迁移至

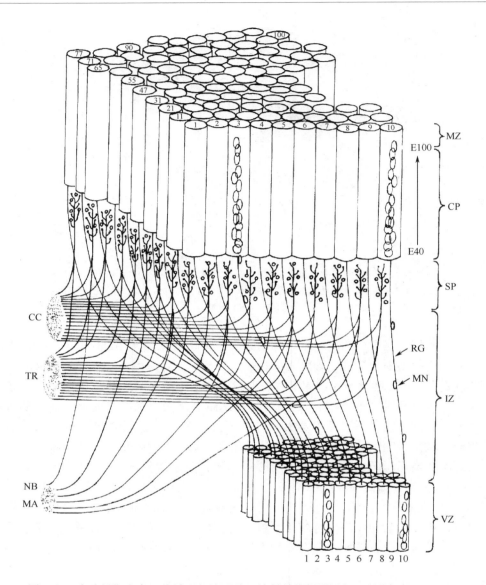

图 10-5　大脑早期发育，成神经细胞迁移、放射单位假说图解（引自 Rakic 1995）

VZ：脑室层：增生单位；IZ：中间层；SP：板下层；CP：皮质板，个体发生柱（E40～E100）；

MZ：缘层；MN：神经元沿着放射胶质架子迁移；RG：放射胶质架子；CC：同侧和对侧的皮质－皮

质束；TR：丘脑的放射神经纤维；MA：单胺神经元纤维；NB：基底核发出的神经纤维

大脑皮质 Ⅵ 层，在 E17 时，细胞迁移至 Ⅴ 层，E18 时迁移至 Ⅳ 层，E19～E21 则迁移
至 Ⅲ、Ⅱ 层。在早期，成神经细胞基本上呈放射状迁移。当进入皮质板时，则呈切线
状迁移（tangential modes of movement）（图 10-6）。放射状和切线状是一个连续的迁移
过程，但由于迁移的时程有所不同，因而形成了波浪形迁移。以雪貂的视皮质为例，早
期发生的成神经细胞迁移至皮质板至少要 1 周，而晚期发生的成神经细胞迁移到皮质板
则需要 2 周。恒河猴的视皮质在 E46～E53 时，成神经细胞从脑室层迁移到皮质板，距
离约 200μm，约需要 3 天。若所有的成神经细胞都迁移至目的地，则至少需要 7 天。

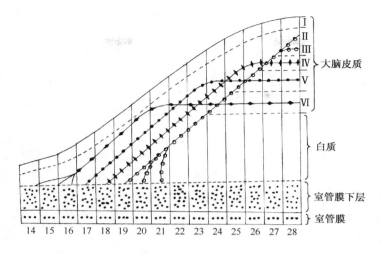

图 10-6　大白鼠大脑皮质的早期发生由 E14～E21，分裂后细胞呈波浪形迁移

　　个体发生柱由于细胞排列呈柱形，这柱与皮质表面垂直，故又称为放射柱（radial column）。人和灵长类动物的放射柱很明显，在妊娠中期，观察从冠状面切过皮质板的组织切片，能较容易辨认出放射柱。

　　在哺乳类动物的胚胎大脑，个体发生柱的数目决定着皮质表面面积的大小。个体发生柱可能是发育成为成年大脑皮质功能柱的基础，因为在成年大脑皮质内也可以观察到明显的柱形结构。脑室层神经祖细胞的数目以及个体发生柱内的细胞数目则决定着大脑皮质功能柱的厚度（即大脑皮质的厚度）。不同种的哺乳类动物大脑皮质表面面积差异很大，如小鼠、猕猴和人，三者新皮质的大小比例为 1：100：1000。这些差异被认为是大脑皮质的扩展程度不同，究其原因主要是个体发生柱的数目、脑室层神经祖细胞数目以及个体发生柱内的细胞数目不同，这反映了大脑皮质在发育中的进化特点。

第四节　大脑新皮质板层的组织发生

　　大脑皮质的板层结构是其最鲜明的特征之一，在板层内有特定的神经元分布。大脑皮质这种板层结构是在皮质板的基础上逐渐形成的。

　　皮质板神经元的发生是由内向外出现的。早期脑室层神经祖细胞具有高水平 *Otx1* 基因的表达，胞质出现 *Otx1* mRNA。这些细胞迁移至皮质板时分化为大脑皮质的 V、VI 层神经元，也具有 *Otx1* 基因表达的特性，可通过检测胞质 *Otx1* mRNA 来证实它们最早是来自早期脑室层神经祖细胞。晚期脑室层神经祖细胞没有 *Otx1* 基因表达的特性，当这些细胞迁移至皮质板时分化为 IV～II 层神经元。因此，这些神经元胞质不会有 *Otx1* mRNA 出现。

　　神经元的分化、发育成熟大致上也是由内至外，呈放射状连续出现，即由 VI 层、V 层的神经元开始发育成熟，然后再到 IV～II 层的神经元。例如，人的大脑皮质运动区，神经元首先出现分化是在妊娠第 5 个月（gestation 5 month，G5M），可以在 VI 层、V 层识别锥体神经元，特别是大锥体神经元首先成熟，接着是 IV 层中间神经元，如篮细胞等。大约至 G7M，在 II、III 层可观察到锥体神经元。至 G7.5M，可见各层都有中间神经元分布。

从种系发生来看，神经元的发生过程有很大差异，神经元的分化、发育成熟同样也是差异很大，现以大脑皮质锥体神经元的发生来说明。

一、锥体神经元的发生

成神经细胞迁移至皮质板时可分化为有一个传出的轴突的锥体神经元，接着是长出一个短的树突，顶端有几个小分支，发育成为双极阶段（bipolar stage）。进一步顶树突生长延长，顶树突末端分支稍多，胞体基部发出基树突，轴突发出短的侧支。在此基础上进一步发育成熟，树突分支增加，基树突扩展。这是长轴突神经元个体发生的一般规律。从种系发生学分析蛙、蜥蜴等低等动物到哺乳动物，树突数目随着进化程度升高不断增加，锥体神经元的基树突分支扩展比顶树突分支更多、更显著。锥体神经元的发育成熟主要在出生后进行。Berry（1982）认为，大鼠大脑皮质锥体神经元的基树突和斜行树突在生后 1 周出现，深层的锥体神经元比浅层的锥体神经元分化发育较好，树突分支较多。但到了出生后第 20 天，浅层神经元和深层的神经元发育成熟的程度是一致的。还有锥体神经元顶树突的末端，花束样（bouquet）分支和原始浅丛层（primodial superficial plexiform layer）的发育是在出生后完成的，如小鼠是在出生后 3 周，狗在出生后头几个月，人在出生后头 24 个月。

二、非锥体神经元的发生

在大脑皮质内另一大类是非锥体神经元，其中多数是 γ-氨基丁酸（GABA）能神经元，现以大鼠为例说明这一类细胞的发育情况。用 GABA 抗体免疫组织化学方法和 [3]H 胸腺嘧啶核苷自显影术双标神经元，发现生后 P0，在 VI、I 层有少量 GABA 神经元；在 P2 的 I、VIb 层，其阳性神经元稍有增加；在 P4 的 VIa 层，出现一些 GABA 阳性神经元；在 P6 的 II、III 层有 GABA 阳性神经元出现；至 P12，I～VI 层均有 GABA 阳性神经元出现，其中以 II、III、V 及 VIa 层含 GABA 阳性神经元较丰富。

概括起来，GABA 神经元可分为 3 类：①在成神经细胞迁移到大脑皮质特定位置之前就分化为含有 GABA 的神经元。这类神经元很可能对发育中的神经元起营养作用。②在成神经细胞迁移到位之后立即分化为含有 GABA 的神经元，这是一类抑制性中间神经元。③活动依赖性（activity dependent）表达 GABA 的神经元。一般在生后两个月内，不断接受外周传入刺激后，在相关的大脑皮质区出现含 GABA 的神经元。这是一类小型 GABA 神经元。

GABA 神经元种类很多，现以吊灯样细胞（chandelier cell）的形态发育为例说明。这类细胞的发育成熟是较慢的。以小猫为例，最早识别吊灯样细胞是在 P13 位于大脑皮质 III 层（图 10-7B），初级轴突干是垂直的，有分支，轴突分支不断增加；至 P30 仍未见轴突分支终末形成吊灯样结构；直至 P40，吊灯样终末已经形成；P40～P80 时，吊灯样终末似乎比成年人的吊灯样细胞的轴突终末所形成的吊灯样终末分支更长更丰富

（图 10-7B）。树突的发育大致与轴突相当，同时可识别出，树突有膨体（varicosity），在 P21 已达成年的长度，在树突的表面有棘样附属物（spine-like appendage），棘样物随增龄渐渐减少，至 P40 仍可见少量棘样物。

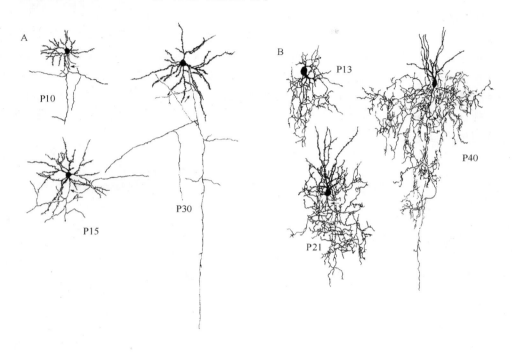

图 10-7　猫的视皮质 IV 层

A. 棘星神经元，示 P10、P15、P30 时树突和轴突的发育；B. 第 II～III 层吊灯样细胞，示 P13、P21、P40 树突、胞体和轴突终末特殊的形态发生

　　另一类棘星细胞（spiny satellite cell）被最早识别是在 P6，位于大脑皮质 IV 层。树突有膨体，缺乏树突棘，轴突下降至 V、VI 层，有 3 个侧枝成直角发出（图 10-7A），出生后第二周时树突和轴突继续分支，膨体逐渐减少，P10 树突棘出现。以后树突棘渐渐增加，至 P30 增加达到最大值，成年的树突棘一般稍微低于 P30 时的树突棘的密度。

　　上述两类神经元的形态发生过程，表明棘星细胞是兴奋性神经元，发育成熟较早。吊灯样神经元是 GABA 神经元，是抑制性神经元，发育成熟则要迟一些，但都有共同的规律。在发育过程中发生过多的结构，如吊灯样细胞的轴突终末的吊灯样分支过多，与锥体神经元的轴突首段形成轴-轴突触过程中，逐渐废除过多的分支。棘星细胞也同样出现过多的树突棘，至 P70 后随增龄而递减树突棘的数目。不论是传递信息者或是接受信息者，均要求达到精确的匹配，目的在于达到高效率，这是神经元形态发生在个体发育中的进化表现。

三、C-R 细胞和 I 层的发生及其在大脑皮质组织发生中的作用

　　Cajal-Retzius 细胞（C-R 细胞）的胞体较大，呈星形，有几个水平伸展的树突与传入纤维接触（可能来自中脑）（图 10-8），轴突垂直下行与深层的神经元形成突触联系。C-R 细胞存在于各种哺乳动物，如小鼠、大鼠、狗、猫和人等。但关于 C-R 细胞的发育过程仍有些争论。有些学者提出 C-R 细胞在出生后出现肥大，在短时间内消失。Marin Padilla（1988）认为 C-R 细胞在运动皮质，形成第一个神经元环路，并终身存在。一般认为，C-R 细胞发育成为大脑皮质 I 层的水平细胞，其轴突与锥体神经元的树突分支形成突触连接，进一步发育形成大脑皮质 I 层。

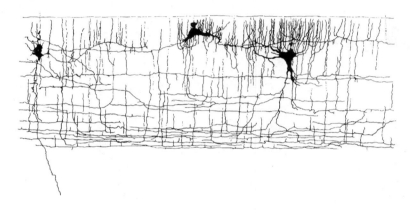

图 10-8　人胚胎（25cm 长）大脑皮质，I 层内 3 个 Cajal-Retzius 细胞（Golgi
镀金标本）（引自 Jacobson 1991）

　　在大脑皮质板层的组织结构发育过程中，C-R 细胞起关键作用。近年发现小鼠 C-R 细胞的第五对染色体基因：有 reelin 基因表达，它编码的蛋白相当于与细胞黏附有关的细胞外基质蛋白。reelin 有调控皮质中间神经元切线迁移到皮质板和调控 C-R 细胞切线迁移到缘层的作用。

　　reeler 突变小鼠是缺失 reelin 基因，其新皮质的结构出现异常，呈倒置结构，如锥体神经元的极性倒置，顶树突朝向白质。Masaharu（1995）制备识别 C-R 细胞的单克隆抗体（CR-50），应用 CR-50 免疫组化染色法，发现 reeler 畸变小鼠胚胎时期 C-R 细胞为阴性，而正常小鼠胚胎的 C-R 细胞呈阳性反应。分离正常胚胎新皮质神经元，加入 CR-50 一起培养，大脑皮质的神经元便会集合成 reeler 畸变的皮质结构。这说明 C-R 细胞内存在 CR-50 抗原，对大脑皮质层结构和锥体神经元显极性形态的形成起着重要作用。

　　大脑皮质各层形成后，同型大脑皮质一般没有神经元发生，但在异型皮质某些部位的颗粒神经元仍会发生。大鼠和小鼠出生后 3 周内，仍可见大脑皮质神经元发生。

　　中间层（intermediate zone）分化为大脑皮质下的白质。在胚胎早期，成神经细胞在迁移过程中，留在中间层内，分化为间质神经元（interstitial neuron），大多数间质

神经元已经凋亡。在成年的白质内，还有一些间质神经元存在。

在哺乳类动物胚胎早期，前脑的脑室下层活跃发生大脑皮质的成神经细胞和成神经胶质细胞。大脑皮质各层形成后，至出生后短期内在脑室下层某些部位仍有颗粒神经元发生。进入成年，脑室下层一般没有神经元发生，但仍是成神经胶质细胞来源之处，适当增生神经胶质细胞以应补充更新之需，终生可有巨大胶质细胞（macroglial cell）发生。脑室下层也是化学致癌引起脑肿瘤发生最常见的部位。

第五节　大脑皮质传入神经纤维的发生

一、单胺能神经元投射

大脑皮质下单胺能神经元投射到皮质特殊区或层，在发育早期的初级阶段发生。有证据表明这些传入纤维起营养作用（trophic effect），它们可能涉及大脑皮质神经元的功能特化。

在大鼠胚胎早期，有 3 种单胺能神经纤维传入到大脑皮质：①含去甲肾上腺素（norepinephrine，NE）轴突，来自蓝斑（locus coeruleus）核，投射到整个大脑皮质，其中躯体感觉皮质最致密；②含多巴胺（dopamine，DA）轴突，来自中脑头侧部（rostal mesencephalon），广泛投射到皮质，但在前额和颞侧皮质最致密；③含 5-羟色胺（5-hydroxytryptamine，5-HT）轴突，起源于中脑中缝核（mesencephalon raphe nucleus），广泛而较均匀分布在皮质中。

在大鼠胚胎 E17 时，NE 神经纤维已经进入大脑原始丛状层（primordial plexiform layer），包括缘层（marginal layer）或外丛层（outer plexiform layer）和中间区（intermediate zone）。E18 进入皮质板，最初投射到 I 层和 VI 层，而在成年则主要投射到 V 层和 VI 层。缝合单眼睑引起实验性单眼后，可以引起猫视皮质结构发生变化，即初级视皮质内缝合眼的眼优势柱变狭窄，开眼的眼优势柱变宽；但以 6-羟基多巴胺（6-hydroxydopamine）注入侧脑室，或连续直接注入视皮质，去消除脑中的 NE，可以预防视皮质变化的发生。这表明 NE 可以改变视皮质的可塑性。NE 通过什么受体起作用呢？用 β-受体拮抗剂也可以减少去单眼的皮质效应，而 α-受体拮抗剂则不能。说明 NE 通过选择性与 β-肾上腺素受体结合，引起视皮质可塑性变化。

DA 神经纤维在大鼠 E17，首次出现在皮质板下层。与丘脑皮质传入神经纤维一样在皮质板下层停留几天，生后 1～3 天进入皮质板。

5-HT 神经纤维在大鼠的初级感觉皮质中分布较致密，但生后第 2 周末消失。5-HT 神经纤维与大脑皮质的大量树突生长和突触形成同时发生，对丘脑皮质传入神经纤维及其形成皮质桶起重要作用（见第七节中"皮质桶发生发育的调控"）。

二、丘脑中继神经元的投射

早期研究是应用溃变技术追踪胎鼠丘脑神经纤维长入大脑皮质的过程，此法比不敏感且要花 2 天以上时间。后来应用快速敏感的羰花青（carbocyanine）荧光结晶染料的研究方法：1，1'-dioctadecyl-3，3，3'，3'-tetramethylindocarbo-cyanine perchlorate（dil，橙黄）与 4-[4-(dihexadecylamino) styryl]-N-methylpyridinium iodide（diA，黄/绿），追踪在已固定的胎脑包括丘脑等的轴突生长情况，成功地揭示了丘脑中继神经元轴突在出生前进入大脑皮质的过程。目前多数以后者为研究大脑与丘脑神经元及其轴突生长过程的方法。

当皮质板首批前板细胞完成迁移之后，前板细胞与丘脑核的神经元开始长出轴突。以小鼠枕皮质和丘脑背侧（预发育成外侧膝状体，lateral geniculate nucleus，LGN）为例，前板细胞于 E13 完成迁移，随后长出轴突（图 10-9A）；在 E14 早期前板与丘脑的轴突在端脑基底部（basal telencephalon）相遇，前板细胞引导丘脑中继神经元神经纤维的生长（图 10-9B）。有实验证明，早期破坏前板细胞后，丘脑到皮质的神经纤维不能发育。E14 皮质板首批细胞（VI 层细胞）到位。E15 丘脑的神经纤维到达皮质板下层，所有传入神经纤维集中停留一段时间（图 10-9C）。E17～E18 传入神经纤维开始转向与表面垂直移行到皮质板；生后 2 天丘脑的传入神经纤维向皮质 IV 层生长；生后 3 天多数丘脑的传入神经纤维已经终止于 IV 层。

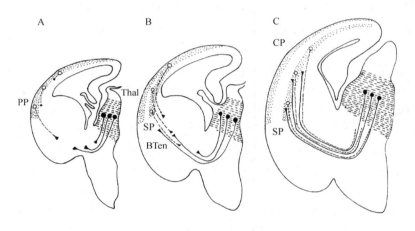

图 10-9　大鼠左侧大脑半球内囊丘脑冠状切面图解（引自 Molnar et al. 1995）

前板细胞（PP）与丘脑细胞（Thal）的关系：A. 前板细胞（空心圆）与丘脑中继（实心圆）细胞各发出短轴突，其生长成熟顺序为腹侧至背侧；B. 前板轴突与丘脑轴突相遇在端脑基底部 BTen；C. 丘脑轴突按一定的局部解剖顺序分布在皮质板下层。Thal：丘脑；CP. 皮质板；SP：皮质板下层；BTen：端脑基底部

但是，在 reeler 突变畸形小鼠胚胎早期，成神经细胞不进入正常的皮质板下层之上，而是位于皮质板下层之下。因此，形成板层的序列呈倒置皮质板，即神经元发生的顺序正常时由内向外叠加形成 VI-II 层，而异常变化的神经元发生顺序现由外向内形成倒置序列，结果正常的皮质板下层变成了板上层（superplate）。丘脑皮质传入神经纤维在皮质板的上方同样要停留几天，随后转入倒置皮质板，终止于相当于正常的 IV 层的位置，这表明丘脑皮质传入神经纤维的生长和终止是受到皮质板 IV 层神经元的影响。但是，什么因素造成这种生长方式，皮质板神经元起什么作用？

为此，Molnar 等（1991）探索了皮质板对丘脑皮质传入神经纤维的影响，设计了丘脑与大脑皮质共同培养的实验。将间脑背侧（预外侧膝状体，LGN）小植块与枕部新皮质（预视皮质，cerebral cortex，CTX）共同培养于无血清培养基内，培养 4 天后观察 LGN 神经纤维的生长情况。以下为 E16LGN 与不同龄的 CTX 共同培养的结果，当大鼠 E16LGN 与 E16CTX 共同培养时，LGN 植块伸出轴突围绕 CTX 或表面生长，其末端有生长锥，但没有穿入 E16CTX 植块内（图 10-10A）；E16LGN 与新生 CTX 共同培养时，轴突穿过脑室，呈放射状生长，进入新生 CTX 的中间层和皮质板，甚至到软脑膜表面，后转向皮质板呈切线生长，或穿过皮质表面。在皮质边缘生长，末端有生长锥（图 10-10B）；E16LGN 与生后 6 天 CTX 共同培养时，多数丘脑的轴突长得慢且有分支，但都失去生长锥，同时终止在软脑膜下 300mm 处，即预定的皮质 IV 层（图 10-10C）。这 3 组实验说明了大脑皮质在不同年龄中，表达一系列不同分子信号：在 E16 天的皮质板表达一种可弥散的促进轴突生长的信号，但没有允许轴突长入皮质内；直到 E19～E20 皮质板才发出准许长入皮质的信号；而在 P2～P3 轴突到达皮质板 IV 层时，则表达停止生长的信号。最近的研究认为，神经细胞黏附分子 L1 在丘脑轴突长入皮质的过程中起重要的作用，同样也影响皮质轴突长入丘脑。

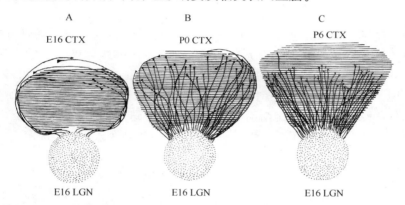

图 10-10　3 组 E16 外侧膝状体（LGN）与不同龄视皮质（E16、P0、P6）共
同培养，显示皮质在不同时期表达 3 种信号分子

　　通过体内、外实验证明，丘脑皮质传入神经纤维不能改变其原定目的地。在体外共同培养中，丘脑皮质传入神经纤维优先选择向大脑皮质生长，而不向小脑皮质生长；但丘脑皮质传入神经纤维可生长到不同区域的皮质。体内的实验也证明丘脑皮质传入神经纤维到新皮质是不能改道的。在仓鼠或雪貂刚出生时就切去其上丘和枕皮质，同时切断进入丘脑腹侧基底核内侧膝状体的传入神经，结果引起视网膜轴突进入去传入神经支配的丘脑核，随后在听皮质或躯体感觉皮质可以记录到视觉刺激反应。

第六节　大脑皮质传出神经纤维的发生

一、皮质神经元轴突发育的特点

　　在成年哺乳类动物和人，绝大多数大脑皮质神经元投射到一个皮质区，很少有轴突旁支。但是在胚胎早期皮质神经元轴突分支呈弥散，广泛投射到同侧和对侧大脑的皮质板下层、白质或下行的神经纤维束内。在大鼠和猫胚胎晚期和生后早期以及猴胚胎晚期发生皮质神经元投射的变化，即从弥散投射渐渐演变达到成年时一样的轴突特异性投射。这种变化的发生是由于轴突选择性退化的结果，或是非皮质神经元死亡造成的。在新生猫脑 17 区注射逆行标记追踪剂，可逆行标记属于听、躯体感觉和运动皮质神经元的轴突。但是这种弥散投射到生后 5 周就形成了单一投射。这种现象是由于轴突选择性退化而不是细胞死亡引起的结果。这种短暂轴突投射的意义未明。有人认为轴突终末短暂连接的形成是起释放神经营养因子的作用，而不是起突触信息传导的作用。

二、皮质第 Ⅴ 层锥体细胞的投射

大脑皮质第 Ⅴ 层神经元的轴突投射也有类似情况，从弥散投射到特异性投射支配皮质下靶区。大鼠枕皮质第 Ⅴ 层神经元，最初有轴突侧支，投射进入锥体束、皮质脑桥束和皮质顶盖束；后来到锥体束的侧支全部消失，而保留皮质脑桥束，或保留皮质顶盖束，或两者都保留。相反新皮质头侧部 （rostral part） 的第 Ⅴ 层神经元，则保留其锥体束侧支。

发育中神经元的位置决定其轴突侧支是否被清除或保留。在异体移植皮质的实验中，将大鼠 E15 的皮质移植入新生大鼠皮质 （即大脑头侧躯体感觉皮质） 部位，或移植到枕 （视） 皮质部位，或进行相反的移植。结果，移植的神经元行为就像所在宿主神经元一样，即锥体束内的侧支选择性退化或消失，但仍保留其原先通过胼胝体的投射。这种轴突退化 （retraction） 机制尚不清楚，很可能受到丘脑皮质传入神经纤维终末或突触后靶调控机制的影响，而不是产生轴突侧支的皮质神经元本身所决定。

三、胼胝体的发育

胼胝体主要由连接两个大脑半球神经元的轴突组成。在发育早期，胼胝体内的轴突数量比成年的多 10 倍。其形成过程以猫视皮质 17 区、18 区的轴突逆行标记检测结果说明。生后第 1 周，胼胝体的轴突起源于 17 区、18 区、17 区与 18 区之间边缘区 （17/18） 的轴突。它们以同样的行程到对侧 17 区和 18 区，多数终止在皮质板下层，并形成许多分支。来自 17/18 的轴突有更多的分支，止于对侧 17/18 并进入皮质板，甚至到达皮质第 Ⅰ 层。不同来源的轴突分布不同，到生后第 2 周、3 周，其分支末端形成突触扣结 （synaptic button） 数量增加。第 3 周末终止在白质的轴突，变得极细又无分支，只有到达 17/18 的胼胝体轴突才能进入皮质板，且只有起源于对侧的 17/18 区边缘区的轴突才能进入，同时进入 17/18 的某些皮质柱。在猴的前额皮质和大鼠的躯体感觉皮质也有类似情况。

早期轴突终末分支的分布没有明显的柱和层的特性，但轴突分支基本到达同一个柱。轴突分支的终末形成突触扣结，在早期见于皮质板下层，但在皮质板内的突触扣结于第 2 周末才能形成，从电镜可见某些突触扣结是一种不成熟的突触。突触扣结分布的初期以颗粒下层 （infragranular layer） 较多，随着突触扣结数量的增加，分布比例以颗粒上层 （supergranular layer） 为多。到 P50，突触扣结达到成年时的最高水平；到

P65，增加 2～3 倍；到 P150，降回成年水平。在整个发育时期，突触扣结的分布保持在同一个垂直柱内，如同成年时的分布，在第 IV 层垂直柱内。突触扣结的减少是由于保留了与特殊类型神经元或树突部位的连接，使之达到其精确的匹配。

轴突的丰富生长，部分选择性保留与消除，以及轴突终末分支逐渐形成特化的空间分布，为大脑皮质进化过程中轴突形态学上变化提供可塑性的基础。

胼胝体内不成熟的和非特异性投射的消除是非常必要的。Grigonis 和 Murphy（1994）通过在新生兔视皮质连续注射青霉素，观察到第 4 周后诱发出癫痫样发作，这时的视皮质胼胝体的轴突投射到对侧整个 17 区，而不是正常情况下仅投射到狭窄的 17 区边缘内。提示儿童期的癫痫有可能是由于没有消除皮质胼胝体的轴突广泛投射造成的。

第七节 大脑皮质功能单位的发育

一、皮质功能单位

多数神经生物学家已把皮质功能单位（module）作为皮质柱（cortical column）的同义词。皮质柱是由具有共同反应特性（用微电极记录到的反应）和垂直连接的皮质神经元群构成的，普遍存在于躯体感觉皮质、视皮质、听皮质、运动皮质和联合皮质（association cortex）等。对于皮质柱的研究，采用的神经解剖学方法是通过大脑皮质 IV 层或 III 层的正切切片（flattened tangential section），以尼氏染色、琥珀酸脱氧酶和细胞色素氧化酶（cytochrome oxygenase，CO）组织化学染色、抗 calbindin 和神经丝蛋白的免疫组织化学染色等技术，显示皮质柱的细胞成分。在发育早期还可以用乙酰胆碱酯酶（acetylcholinesterase，AchE）组织化学染色和 5-HT 免疫组织化学染色显示相关神经纤维束，从而提示某些皮质柱的发生、发育过程。有人还用影像学技术显示在体的大脑皮质柱。在哺乳类不同种动物和不同皮质区内，皮质柱的形态和大小有明显的区别，有条纹、斑点、桶和不规则形（图 10-11）。

二、皮 质 桶

在躯体感觉皮质的面部代表区，有许多桶形皮质功能单位，称为皮质桶（cortical barrel）。在哺乳类动物中以啮齿类最为明显（图 10-12），其中有 5 行较大的皮质桶，为口鼻部 5 行触须的代表区（图 10-13），又称皮质桶区。皮质桶为皮质 IV 层以内桶形结构，中轴为丘脑皮质传入神经束及其终末，与桶内神经元形成突触联系。正常皮质桶的发生有赖于外周信号的调控。

三、丘脑皮质传入纤维与皮质桶的发生

大鼠丘脑皮质传入神经纤维终末为 AchE 阳性，在 E20 的躯体感觉皮质不显示特殊模式分布。但到 E21 天则呈现体表相关模式区域，如面部、躯干和肢体相关代表区。

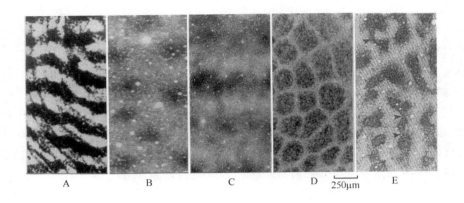

图 10-11　各种哺乳动物皮质功能单位实例（引自 Hevner 1993）

A．恒猴的初级视皮质（V1）IV 层正切面示眼优势柱，一只眼注射放射性 proline 之后；B．松鼠 V1 内 II～III 层正切面的斑点，细胞色素氧化酶组化法；C．松鼠 V2 内 II～III 层切面的条纹，细胞色素氧化酶组化法；D．大鼠 IV 层正切面的皮质桶区，琥珀酸脱氧酶组化法（引自 Purves et al. 1992），标尺＝250μm；E．人嗅内区皮质记忆处理区，II～III 层正切面，细胞色素氧化酶组化法，标尺＝500μm

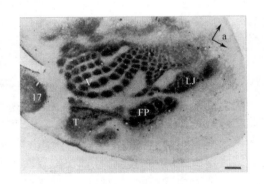

图 10-12　新生大鼠皮质桶区（引自 Killackey et al. 1995）

通过 IV 层的正切切片 5-HT 免疫组化染色示初级躯体感觉皮质的相关体，代表区被标记。FP：前爪；LJ：下颚；T：躯干；V：触须；17 为初级视皮质；箭头 a 指向前，另箭头指向侧边。标尺＝0.25mm

出生时，面部代表区出现 5 行 AchE 阳性条纹。后来 5 行条纹出现桶形模式（barrel pattern）及其他一系列皮质桶，如同图 10-12 所显示的新生大鼠 5-HT 免疫反应阳性所示的皮质桶区。

四、脑特异蛋白多糖在脑发育中的变化

脑发育时细胞外基质中，含有一种硫酸软骨素蛋白多糖（chondroitin sulphate proteoglycan），称为神经罐（neurocan），与脑发育的调节有关。神经罐产生于皮质神经元

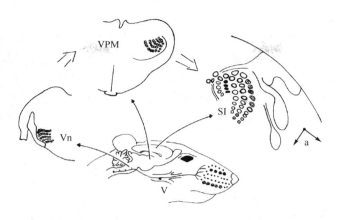

图 10-13　大鼠躯体感觉系统中 5 行触须相关的各部分结构

三叉神经节（V）外周支等触须，中枢支进入脑干三叉神经核（Vn），再由脑干三叉神经核投
射到丘脑腹后核的内侧部中继神经元（VPM），最后，由中继神经元投射到大脑皮质触须相关
代表区（SI）。箭头 a 指向前，另箭头指向侧边

与无突起的小细胞。生后第 1 周内，在预定的大脑皮质 IV 层神经罐的分布经历显著变化。新生大脑皮质神经罐分布于整个皮质；P2 在躯体感觉皮质出现 5 行神经罐免疫反应阴性条纹；P4 在预定的皮质桶区出现一系列阴性斑块；P7 皮质桶中央完全没有神经罐，只有皮质桶之间的间隔区有神经罐。这是由于桶中央神经元神经罐的表达下调。同时在皮质桶隔区出现 tenascin，而 tenascin 可与神经罐结合。皮质桶中央神经罐的消失，正是丘脑皮质传入神经纤维进入皮质桶，并在桶内形成分支。因此，皮质桶隔区保留神经罐，具有阻挡丘脑皮质传入纤维以及皮质桶内神经元树突生长的作用。到 P14，特异性神经罐桶状分布模式完全消失。此外，有研究报道，硫酸软骨素能够促进胚胎大脑皮质神经元的存活。这种多糖主要分布在皮质的 I、V、VI 层和皮质板下层，出生后仍可以观察到，甚至在 P7 扩展分布到皮质 IV 层，直到 P21 才消失。这时正好是出现皮质神经元的凋亡。

五、皮质桶发生发育的调控

大脑皮质躯体感觉区地域图（cortical somatosensory map）以及其中的皮质桶形成是受外周感受器早期反应的影响。这种影响在大鼠只发生在围产期（生前 6 天到生后 4 天，整个孕期为 21 天）。在围产期中，用激光烧灼触须毛球或切断其传入神经（三叉神经的眶下神经）后，其相关的皮质桶内神经罐、5-HT 和 AchE 不形成桶形分布模式。到成年时相关皮质桶变小，而邻近的皮质桶扩大。这种外周损伤是通过传入神经传导，从而影响丘脑中继神经元及其皮质桶的形成。

当新生大鼠的眶下神经被切断后（图 10-13），其中枢支及其在脑干的终末，出现 galanin 免疫反应阳性。galanin（29 个氨基酸肽链）具有强烈抑制脑干细胞的作用，致使脑干细胞的内源性活动减少，结果它所影响的丘脑中继神经元兴奋，其丘脑皮质传入神经纤维终末倾向于形成丛状分支。这可能是由于皮质桶隔区缺乏神经罐，未能限制丘脑皮质传入神经纤维终末分支的生长。

　　躯体感觉皮质区发生、发育过程中，5-HT 神经纤维起重要作用。从脑干中缝核发出的 5-HT 神经纤维，生前已达到大脑皮质板，比丘脑皮质传入神经纤维早 1 天出现，它在 IV 层所形成的分支与丘脑皮质传入神经纤维相似（图 10-14）。新生大鼠大脑躯体感觉皮质区中，5-HT 神经纤维呈明显的桶形模式（图 10-12），但到第 2 周末消失。

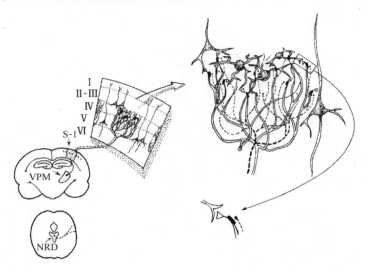

图 10-14　新生大鼠的躯体感觉皮质区内丘脑皮质传入纤维和 5-HT 纤维的神经回路
中间部分示部分皮质冠状切面；右侧图示在 IV 层单个皮质桶内；右下图示 5-HT 纤维终末与丘脑皮质轴突终末前 5-HT 受体。NRD：脑干中缝核背侧部；VPM：丘脑腹后核内侧部；…：5-HT 轴突；—：丘脑皮质轴突；
……：5-HT 终末；△：丘脑皮质轴突终末突触前成分；▬：5-HT 受体

　　5-HT 神经纤维终末与丘脑皮质轴突形成突触联系。在生后 2 周期间，丘脑皮质传入神经纤维终末有暂时性表达 5-HT 受体。5-HT 神经纤维终末释放 5-HT，对丘脑皮质传入神经纤维的兴奋性有抑制作用（图 10-14 右下）。实验性新生大鼠皮质下注射 5，7-双羟色胺（5,7-dihydroxytryptamine，5,7-DHT），造成大鼠皮质内 5-HT 耗竭（depletion），结果丘脑皮质传入神经纤维去抑制，促使其丛状分支形成，同时也显著增加皮质细胞的活动。

　　因此，5-HT 神经纤维具有控制丘脑皮质传入神经纤维终末支的生长，而丘脑皮质传入神经纤维终末控制皮质桶内神经元的功能活动。大鼠触须的挥拂动作行为，促进皮质桶内 GABA 小神经元的功能活动，使桶内 GABA 神经元数目增加。从新生鼠开始慢性修剪触须，到成年鼠时皮质桶内 GABA 小神经元亚群消失。

六、新皮质功能单位的形成与进化

　　当大脑皮质涉及新的相关传入神经纤维时，这些纤维可以来自丘脑，或同侧大脑皮质，或对侧大脑皮质。同类传入神经纤维逐渐地集中形成新的皮质功能单位，或均匀分散在皮质内。因此，原来皮质内的传入神经纤维、皮质内神经元及其传出神经纤维的网络重新调整，产生网络模式的改变，使新的皮质功能单位与相关的传入神经纤维相适应。这些网络模式的改变，经过许多世代后，功能单位或功能区可能增加或消失。这便是发育过程中的进化。例如，在啮齿类和灵长类的视皮质中，都共同保留了来自外侧膝状体的传入神经纤维到达 V1 区，再从 V1 区传出到 V2 区，但其中的连接模式不一样。在灵长类与啮齿类有明显不同，V1 区出现与处理颜色、形状和运动相关的独立皮质功能单位，V1 区与 V2 区之间的连接可起自其中的独立皮质功能单位。此外，古老的视皮质已有 6 层细胞结构，世代相传至今还是保留 6 层，但其中已丢失了许多细胞，以提高神经元和靶的匹配精确度。细胞丢失过程也是进化的体现。

第八节　视皮质神经回路的发生

哺乳类动物视皮质回路的发育同样要延续一个时期，到出生后早期才达到成熟。视皮质神经回路有两种：垂直（柱内或层间）连接和水平（柱间或层内）连接。神经回路基本上是由兴奋性神经元和抑制性神经元的突起构成。兴奋性神经元是有树突棘的神经元（spine bearing neuron），为 IV 层以外的锥体神经元和 IV 层内的棘星细胞（spiny stellate cell）。抑制性神经元则为多种的无棘星细胞（spine-free stellate cell）。下面从各层神经元突起的生长、分支的发生以及建立连接的时间，叙述两种神经回路的发生。

一、视皮质垂直（柱内或层间）连接的发生

视皮质初级感觉区（V1 区）中有许多从内向外呈柱形排列的细胞群。每个细胞群能对一个方位的刺激起相同反应，称为方位柱（orientation column）。该细胞群在 IV 层有几个细胞，即棘星细胞。它们能简单地接受来自外侧膝状体的传入刺激，并将这些刺激信息集中到 II/III 层的锥体神经元。这些细胞可传递方位信息给 V 层锥体神经元，而没有再传到 IV 层的细胞。这样从 IV 层棘星细胞→II/III 层锥体神经元→V 层锥体神经元，构成垂直的柱内连接。

锥体神经元迁移到位时，只有一个轴突，它要形成垂直走向、兴奋性、层状特异性分支的连接，这些都要受到神经细胞源性和非神经细胞源性的刺激因子或抑制因子的作用，其中一些抑制因子只对个别锥体神经元群起特异抑制作用。目的是使锥体神经元的轴突在适当的层内形成分支，且在发生的开始就具有层的特异性。例如，在 II/III 和 V 层内出现树突和轴突分支，而在不适当层（即 IV 层）不形成轴突分支。锥体神经元突起首先向早形成的神经元板层内生长和分支，随后在自身胞体所在层内分支，最后向皮质表层发出分支。

猴 E127 天，IV 层棘星细胞已到位，向 IV/V 层形成分支后，才向 II/III 层形成分支。在 II/III 与 V 层内的分支长达 $50\mu m$，但要完成其层间回路需发育至 E165 天（即生前）。到出生后第 3 周初，IV 层棘星细胞的数目增加到成年水平，II/III 层锥体神经元已到位，并接受 IV 层内棘星细胞的轴突，但其数量不多。同时 II/III 层锥体神经元轴突下行到 V 层，并与其中的锥体神经元建立连接。

在人类妊娠 24～26 周（G24～G26 周）胎儿只有放射状纤维带，在 II/III、V 层内

首次出现支芽，也就是说 II/III～V 层的垂直连接，即连接视野内代表同一点的神经元，发生在 G26～G29 周。然而连接视野中不同点的水平（横向）连接发生较迟。

柱内连接的抑制性神经元也与兴奋性神经元一样，由深至表层顺序产生，但分化时间有明显的不同，即使在同一层内分化时间也有区别。末顶抑制（end-top inhibitory）是依赖从 VI～IV 层的垂直连接，不需要视觉经验的动物也存在这种抑制环路。

垂直连接神经回路的发生，在灵长类是在出生前完成的，而非灵长类则出生后仍持续发育至开眼前才完成。由于垂直连接存在于细胞柱内，其建立后形成的视觉对光信息和方位信息有反应，因此该细胞柱又称为方位柱，但对光和方位信息的加工仍需要柱间连接的发生。

二、水平（柱间或层内）连接的发生

在哺乳类动物视皮质内，锥体神经元轴突在 II/III 与 V 层内分支形成明显的水平纤维。该纤维可达几毫米长。在一个方位柱内单个锥体神经元发出的水平纤维的两末端间距约为 6mm，分支长度自胞体长约 3mm。以少量顺行和逆行标记物混合注入皮质表面处，通过 II/III 层的正切线切片显示逆行标记细胞群和顺行标记的突触扣结群，结果发现两者呈相间排列，其间距为 1mm。这种长水平纤维连接可以延伸到 VI 层内上行轴突细胞接受刺激的范围，而且可以整合广泛方位柱所接受的信息，使之形成视野的联合图形。在猫 II/III 层水平纤维连接，特别是柱间连接具有相同方位优先的特点。若从一只眼或另一只眼所驱动的同方位刺激，称眼优势（ocular dominance）。同样的在灵长类视皮质 II/III 层内，横向纤维连接是在富含细胞色素氧化酶的斑点（blob）之间，还有非斑点区（nonblob region）之间的纤维连接。两种连接形成双拮抗组构，在斑点系统（blob system）内有颜色对比度（color opponency）和眼优势作用，非斑点区不但作为眼优势，而且有方位优先的作用。上述水平纤维连接功能的准确性还需要有双眼球视觉训练（或模式化的视觉经验）才能形成。

新生猫 VI 区仍未形成丛状水平纤维连接（clustered horizontal connection）。生后 1 周末切线走向纤维呈均匀分布，II/III 与 V 层同时出现界线不清的大范围的逆行标记细胞群。水平纤维丛的范围在 P8 达到成年水平，但是水平纤维所连接的界线不清的细胞群缩小了，形成有明显界线的细胞丛。该丛之间原有的细胞并没有死亡。猫 II/III 层个别锥体神经元轴突水平分支的发育情况：P0～P2 周水平侧支稀少，其远端也很少分支（图 10-15A）。P2～P4 周轴突侧支投射到不正确的细胞群（即方位柱）被选择性地废除，同时其他神经元长轴突侧支加入投射至正确方位柱（图 10-15B）。P5 周后，在正确的方位柱内轴突远端侧支增加（图 10-15C）。到 P6 周，轴突终末支达到成年的模式。

从上述水平纤维丛的发生、发育过程知道，大范围的水平纤维丛初期的发生是不需要视觉经验的。但是水平纤维丛的修饰过程及其逐渐形成方位优势柱过程很明显是需要视觉活动（或称模式化视活动）。

去双眼或在黑暗中饲养（缺乏正确方位的视觉活动）的猫，到 P38 天时其水平纤维丛的模式相当于正常猫 P14 天的模式。但这并不是简单地妨碍局部回路的发育，使其停留在不太成熟状态。因为个别细胞重新组织其分支，长水平分支形成集中，远端分

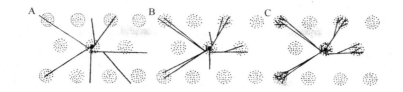

图 10-15 猫视皮质 II/III 层个别锥体细胞轴突水平分支不同年龄发育情况
A. P0～P2 周；B. P2～P4 周；C. P5 周

支形成聚集，其视觉准确性比正常猫低，每个细胞的连接超过了正常方位柱的范围。这种改变水平纤维连接的确切时间是难以确定的。因为缝合上下眼睑（去双眼）动物养到 P6 周时，恢复正常视觉后，该动物的大范围水平纤维丛到第 3 个月可以恢复正常成年状态。

人胚胎 G37 周时，视皮质内首次出现的水平连接是在 IVb 与 V 层。生后（＞G40 周）该连接密度迅速增加，到 P7 周形成一个均匀的纤维丛。P8 周后出现成年样的不规则投射，IVb、V 层内不规则的水平投射是侧支废除后修饰的结果。在 IVb、V、VI 层内水平纤维发育后，接着 II/III 层出现富含 CO 的斑点，直到 P16 周 II/III 层内才出现长范围的水平纤维连接，到 15 个月龄达到成熟。II/III 层内长范围的水平连接从一开始就以精确的匹配位置方式形成，不存在侧支废除的过程。

上述层间和层内连接回路的发生、发育时间符合新生儿行为的变化。新生儿缺乏双眼视觉和感知立体深度的能力，到第 4 个月才出现。方向选择机制在生后第 2 个月才出现，到 6～8 个月龄仍处于不成熟阶段。虽然不同回路的发育速度不同，但生后第 8 个月各种结构基本到位。

（曾园山 黄连碧 陈宁欣 撰）

主要参考文献

Artavanis-Tsakonas S，Matsuno K，Fortini ME. 1995. Notch signaling. Science，268：225～232

Burkhalter A，Bernardo KL，Charles V. 1993. Development of local circuits in human visual cortex. J Neurosci，13（5）：1916～1931

Caviness VS Jr，Takahashi T，Nowakowski RS. 1995. Number, time and neocortical neurogenesis：a general developmental and evolutionary model. TINS，18（9）：379～383

Davis AA，Tempel S. 1994. A self-renewing multipotential stem cell in embryonic rat cerebral cortex. Nature，372：263～266

D'Arcangelo G，Miao GG，Chen SC et al. 1995. A protein related to extracellular matrix proteins deleted in the mouse mutant reeler. Nature，374：719

Eiji Watanube，Sachiko Aono，Fumiko Matsui，et al. 1995. Distribution of a brain-specific proteoglycan，neurocan，and the corresponding mRNA during the formation of barrels in the rat somatosensory cortex. Neurosci，7：547～554

Grumet M，Milev P，Sakurai T，et al. 1994. Interaction with tenascin and differential effects on cell adhesion of neurocan and phosphacan，two major chondroitin sulfate protenglycans of nervous system. J Biol Chem，269：12142～12146

Kappler J, Junghans U, Koops A, et al. 1997. Chondroitin/dermatan sulphate promotes the survival of neurons from rat embryonic neocortex. Eur J Neurosci, 9 (2): 306~318

Katz LC, Callaway EM. 1992. Development of local circuits in mammalian visual cortex. Annu Rev Neurosci, 15: 31~56

McConnell SK. 1995. Constructing the cerebral cortex: neurogenesis and fate determination. Neuron, 15: 761~768

McConnell SK. 1995. Tangential migration of neurons in the developing cerebral cortex. Development, 121 (7): 2165~2176

Meyer G, Ferres-Torres R. 1984. Postnatal maturation of nonpyramidal neurons in the visual cortex of the cat. J Comp Neurol, 228: 226~244

Micheva KD, Beaulieu C. 1995. Postnatal development of GABA neurons in the rat somatosensoty barrel cortex: A Quantitative study. Eur J Neurosci, 7: 419~430

Molnar Z, Blakemore C. 1995. How do thalamic axon find their way to the cortex? TINS, 18 (9): 389

Morante-Oria J, Carleton A, Ortino B, et al. 2003. Subpallial origin of a population of projecting pioneer neurons during corticogenesis. Proc Natl Acad Sci USA, 100 (21): 12468~12473

Ogawa M, Miyata T, Nakajima K, et al. 1995. The reeler gene associated antigen on Cajal-Retzius neurons is a crucial molecule for lamina organization of cortical neurons. Neuron, 14 (5): 899~912

Ohyama K, Tan-Takeuchi K, Kutsche M, et al. 2004. Neural cell adhesion molecule L1 is required for fasciculation and routing of thalamocortical fibres and corticothalamic fibres. Neurosci Res, 48 (4): 471~475

Okhotin VE, Kalinichenko SG. 2004. Neurons of layer I and their significance in the embryogenesis of the neocortex. Neurosci Behav Physiol, 34 (1): 49~66

Rakic PA. 1995. A small step for the cell, a giant leap for mankind: a hypothesis of neocortical expansion during evolution. TINS, 18 (9): 383~388

Reid CB, Liang I, Walsh C. 1995. Systematic wide spread clonal organization in cerebral cortex. Neuron, 15: 299~310

Takahashi T, Nowakowski RS, Caviness VS Jr. 1994. Mode of cell proliferation in the developing mouse neocortex. Proc Natl Acad Sci USA, 91 (1): 375~379

Walsh C, Cepko CL. 1992. Wide spread dispersion of neuronal clones across functional regions of the cerebral cortex. Science, 255: 434~440

White FA, Bannet-Clarke CA, Chiaia NL, et al. 1993. Galanin immunoreactivity reveals a vibrissae-related primary afferent pattern in perinatal rats after neonatal infraorbital nerve transection. Dev Brain Res, 72: 314~320

第十一章 视觉系统与前庭的发育及可塑性

第一节 视网膜节细胞的发育

视网膜由胚胎前脑两侧神经外胚层凸出的左右两个视泡发育而来，是中枢神经系统的一部分，由于其特殊性，特别适于进行生理和发育调节过程的研究。在视网膜各种神经元中，节细胞发生最早，而且是把视网膜视觉信息传递到视中枢的唯一神经元。节细胞主要接受双极细胞的直接输入，另外还可分别接受网间细胞和无长突细胞的输入。节细胞轴突投射到上丘、外侧膝状体和其他视辅助核群。这些投射都有精确的点对点位置对应关系，即在地域上与视网膜互为对应，从而构成投射拓扑图（topographic map）。

这些精确的拓扑图是如何形成，节细胞怎样找到靶器官或靶区，靶区与轴突之间怎样相互作用等问题，近年进行了不少研究，取得了较大进展。本节主要介绍视网膜节细胞的发生、分化和发育，节细胞轴突的生长和投射以及有关的影响因素等。

一、视网膜节细胞概况

视网膜节细胞是多极神经元，树突伸入内网层与双极细胞、无长突细胞和网间细胞形成突触联系（图 11-1）。神经节细胞的轴突不分支，其走行方向与视网膜内表面平行

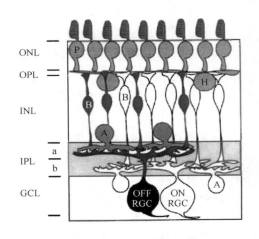

图 11-1　视网膜的模式图（引自 Sernagor et al. 2001）

GCL. 节细胞层；IPL. 内网层；INL. 内核层；OPL. 外网层；ONL. 外核层；RGC. 视网膜节细胞；A. 无长突细胞；B. 双极细胞；H. 水平细胞；P. 感光细胞。视网膜节细胞在功能上分为 ON 和 OFF 型，二者的树突分布在内网层的不同亚层

并形成神经纤维层，在视盘处离开眼并构成视神经。视神经通过视束与视觉中枢的神经元联系，包括外侧膝状体、顶盖前区、中脑上丘和丘脑辅助视觉系统。人视网膜共约有100 万个节细胞，不及视网膜细胞总数的1％。胞体多呈圆形，胞体大小不一，大者直径为 $20\sim30\mu m$，小者约 $12\mu m$。分布不均匀：中央凹周围 $0.4\sim2.9mm$ 的椭圆环区密度最高，$32\,000\sim38\,000$ 个/mm^2，向外则密度呈梯度下降，到远侧外周视网膜少于 500个/mm^2。生长中的视网膜扩展不均等，在妊娠中期的胎猫，中心视网膜节细胞密度比外周视网膜仅多 $2\sim3$ 倍，然而到出生前，中心视网膜节细胞密度与外周的差别已接近 20倍。从出生到成年，猫视网膜周边部面积又扩展80％，而中心区则仅增加 3％。在成年雌性 Sprague Dawley（S-D）大鼠，RGC 总数为 $100\,000\sim105\,000$，面积为 $50mm^2$ 多一点，密度为 $2000\sim2100\ RGC/mm^2$。但是 RGC 总数并不恒定：在衰老大鼠，RGC 总数有明显的减少。此外在老年人中，RGC 总数或视神经纤维的数量也有不同程度的下降，原因可能与神经营养物质的不足以及长期慢性损害有关（表 11-1）。

表 11-1　常见实验动物视网膜节细胞发育过程的时间表（引自 Sernagor et al. 2001）

现象	雪貂	猫	大鼠	鸡	小鼠	龟	兔
怀孕/孵育期/天	42	63	$21\sim22$	21	20	60	$31\sim32$
节细胞产生时期	E22～E32	E21～E36	E14～E20	E2～E8	E11～E19	不详	E13～E31
细胞凋亡高峰期	P0～P6	E36～E60	P3～P5	E12～E15	P2～P5	不详	E31～E32
开眼	P30～P33	P7～P9	P16～P18	不适用	P10～P12	不适用	P10～P11
树突开始生长/IPL 开始出现	P0	E36	E17	E7	E17	E35	E24
轴突支配/到达靶目标	P0	E32	E16	E6	E16	E35	E21
扩布性电活动时间	P0～P25	E52～P1	E17～E21	E8～E18	E17～P5	E40～P30	P0～P6
对光反应出现时间	P23	P3～P4	不详	E19	不详	E40～E45	P8

注：E：胚胎日期；P：出生日期。

视网膜信息处理的全部输出均通过神经节细胞传出。近年来，发现一类能够产生 melanopsin 的节细胞。melanopsin 表达的节细胞占小鼠节细胞总数的 1%，其轴突投射到视交叉上核（suprachiasmatic nucleus，SCN）等与生物节律和瞳孔反射有关的核团。它可以独立感受光刺激并产生电兴奋，与视蛋白相似的 melanopsin 可能就是其感光色素。其作用可引起瞳孔反应并在生物节律调节中起作用。

节细胞可以按照形态、功能和轴突投射进行分类，在不同物种之间有 10～15 种节细胞类型。目前对神经节细胞的分类方法不统一。可以采用生理特征分类、形态归类，还有人采用两种方法的组合。由于研究方向的差异，这些分类方法在某种程度上都倾向于反映某一类动物的特性。

每个神经节细胞要综合视网膜其他细胞的输入信息，参与视觉信息空间、时间的加工，因此其电生理表现较为复杂。神经节细胞从两类神经元（双极细胞和无长突细胞）接受直接输入，神经节细胞的电反应也反映了输入神经元的特性：双极细胞对光产生持续反应，而很多无长突细胞在给、撤光时产生瞬变反应。因此一些主要接受双极细胞输入的神经节细胞，主要反映外侧网状层中的信息处理，其反应是持续性的。另一些主要接受无长突细胞输入的神经节细胞，其反应通常更富变化。

第一类神经节细胞叫做对比敏感细胞，持续性反应提示其正在对视觉信息进行空间处理。可被进一步分成互为镜像的两个亚类：给光-中心细胞（ON-细胞）和撤光-中心细胞（OFF-细胞），它们的感受野呈 2 个互相拮抗的同心圆区。这些细胞首先在猫视网膜上进行了研究。此外还可将猫的给光-中心和撤光-中心细胞按其对正弦光栅的反应分成两类：X 细胞和 Y 细胞。X 细胞反应的持续时间长，又称为持续性（sustained，tonic）细胞；Y 细胞在给光和撤光时有较短的阵发冲动，又称为瞬变性（transient，phasic）细胞。X 细胞和 Y 细胞可以在形态上进行鉴别。在猫视网膜中，X 细胞约占神经节细胞总数的 55%，Y 细胞只占 4%。其余 40% 的神经节细胞的胞体都比较小，分类难度较大，被统称为 W 细胞。

第二类神经节细胞对视觉信息进行时间处理，反映内网状层的信息加工，称为给光-撤光神经节细胞（ON/OFF-细胞），又可称为运动敏感或方向敏感神经节细胞。猫的 W 细胞中包括了给光-撤光神经节细胞。

此外，根据神经节细胞对光刺激的不同反应速度，还可将其分为敏捷型（brisk）和迟钝型（sluggish）神经节细胞。

按照形态特征，神经节细胞也可以按其树突丛的分支方式和大小分成几个亚类，有的具有弥散树突丛，分散在整个内网状层，有的有分层树突丛，散布在内网状层中一个或几个亚层中。大多数动物的视网膜中分层型神经节细胞比弥散型细胞多。猫的视网膜神经节细胞可分为 α、β 和 γ 3 类。灵长类视网膜神经节细胞可分为 P 细胞、M 细胞和其他 3 种类型（表 11-2）。

表 11-2　猫和灵长类动物视网膜节细胞按照生理与形态的分类和比较（引自 Watanabea et al. 2002）

猫 RGC

生理分类

命名	Y	X	W
对持续光点的反应	敏捷型，瞬变性	敏捷型，持续性	迟钝型，瞬变或持续性
速度选择性	快	慢	很慢
感受野大小	大	小	中到大
轴突传导速度	快	中等	慢

形态分类

命名	α	β	其他
胞体大小	大	中等	中到小型
树突野大小	大	小	中到大
树突分支	密	密	大多稀疏
轴突直径	粗	中等	细
相对比例	5%	40%	55%

灵长类动物 RGC

生理分类	M（magnocellular）	P（parvocellular）	其他

形态分类

命名	伞型 / Pα	侏儒型 / Pβ	其他
胞体大小	大	中等	中到小型
树突野大小	大	小	中到大型
树突分支	密	密	大多稀疏
人眼中央区比例	1% 左右	95%	1% 左右
人眼周围区比例	8%～10%	70%	约 20%

二、视网膜节细胞的产生及其调控因素

　　视网膜祖细胞的细胞命运的决定，由内在的转录因子和外在的信号分子两种影响因素共同决定。脊椎动物的视网膜发育和分子调控高度保守。目前的研究表明：①视网膜祖细胞是多潜能性的，部分祖细胞因此并不局限于产生一到两种细胞的类型；②尽管存在着保守的细胞分化和产生的顺序，在产生时间上，多数动物不同类型的细胞产生之间都有着相当大的时间重叠。

　　在视网膜发育相关基因的调控下，不同视网膜神经元有着严格的有规律的发育次序。放射核素标记显示视网膜节细胞最先产生并且延续到视网膜发育晚期，其次是水平细胞、视锥细胞、无长突细胞、双极细胞、视杆细胞和 Müller 细胞。视网膜神经元产生部位也有规律：神经节细胞首先从未来的中心凹鼻侧发生，逐渐呈波浪状向视网膜外周扩展。对单个前体细胞的谱系研究非常有助于研究其产生不同细胞类型的能力

（图 11-2、彩图 11-3 和表 11-3）。

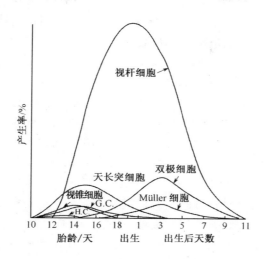

图 11-2 小鼠视网膜细胞的产生顺序图示

（引自 Cepko et al. 1996）

G.C. 视网膜节细胞；H.C. 水平细胞。对不同发育阶段中的视网膜给予一次
[³H] 胸腺嘧啶核苷脉冲标记。随后将成熟视网膜进行放射自显影检测，其中
处于最后一次 S 期的细胞标记最明显。通过分析不同发育阶段的被标记细胞，
可以获得每种细胞类型的产生时间

表 11-3 部分转基因和基因敲除小鼠伴随视网膜节细胞的表型变化（引自 Isenmanna et al. 2003）

基因型	RGC 表型	基因型	RGC 表型
Bcl-2$^{-/-}$	在 P10 和 P15 之间损失 15% 的节细胞	p75$^{NTR-/-}$；NGF$^{-/-}$ NRIF$^{-/-}$	减少发育中的 RGC 凋亡
NSE-Bcl-2 tg	RGC 数目增加 50%	(Pou4f2/Pou4f3)$^{-/-}$ (Pou4f2/Pou4f3 双突变)	RGC 轴突减少，尤其在腹颞侧
Bax$^{-/-}$	RGC 数目增加 1 倍多 (226%)	Wt1$^{-/-}$	视网膜变薄，RGC 凋亡，视神经生长减弱
caspase 3$^{-/-}$	视网膜神经元普遍增多	math5$^{-/-}$	没有 RGC，没有视神经
BDNF$^{-/-}$	RGC 数目正常，轴突变小，髓鞘减少	pax6$^{-/-}$	只产生无长突细胞，没有 RGC 及其他视网膜神经元

　　从视网膜成神经细胞顺序分化出 7 种细胞，这种顺序被认为是由于干细胞逐渐发生内在改变，导致其产生不同子代细胞类型的能力的改变。实验显示，特定发育阶段的视网膜前体细胞只能分化出对应阶段的细胞类型。从晚期视网膜得到的前体细胞只能产生较晚阶段出现的细胞类型。将鸡的早期的视网膜前体细胞植入不同发育阶段的鸡胚内，前者仍然只产生节细胞，而不论鸡胚的发育阶段。在大鼠中，将晚期的前体细胞培养在不同环境中时，几乎只产生视杆细胞和少数双极细胞，提示随着视网膜的发育，前体细

胞经历着内在变化。内在基因的表达情况决定了前体细胞产生特定细胞类型的能力，可能与前体细胞的转录过程以及特定蛋白质的表达、修饰、积蓄和降解有关。研究表明，基因表达在发育中的视网膜并非是完全统一的。例如，参与神经细胞形成的两个碱性螺旋-环-螺旋（basic helix-loop-helix，bHLH）转录因子、Ath5 和 NeuroD，只在前体细胞的一部分表达。细胞周期素激酶抑制剂（cyclin kinase inhibitor，CKI）p27 和 p57，也只在部分视网膜前体细胞中呈现对立性表达，可能与细胞循环的退出和细胞命运决定有关。此外，前体细胞表面表达的上皮生长因子（epidermal growth factor，EGF）受体，以及对有丝分裂原的反应，也随时间而变化。节细胞在发育中的分化产生是逐步的过程，每一步都应有特殊的基因调控程序。一系列在节细胞命运决定和节细胞正确表型形成中具有决定作用的因子目前已经被确定。已知转录调节因子有 Pax6、Six3、Rx、Chx10、Notch 和 Notch 通路中的 Ath5 和 Pou4f2 等。

目前认为 *Pax6* 基因是眼发育的主要调控基因之一。*Pax6* 的失活，会导致视网膜只产生无长突细胞，提示 *Pax6* 基因调控着 bHLH 因子的转录活性。后者促使前体细胞向各种视网膜细胞分化。相反，*Pax6* 基因过表达的 E5 鸡视网膜 RGC 的分化增多，但是感光细胞却减少。

在调节对于产生节细胞所必需的下游基因中，Notch 和 Pax6 信号通路互相对抗。Notch 在节细胞的产生中通过侧向抑制起到重要的反向调节作用。在脊椎动物节细胞的产生中，Notch 通路也位于调控等级的顶端。Notch 信号通路能够直接或间接地抑制 *ath5* 基因的表达。*ath5* 基因对于前体细胞向节细胞的特化是必需的。在哺乳动物的发育中，*ath5* 几乎只在视网膜有所表达。在小鼠中，*ath5* 的表达开始于 E11.0，正好是在刚刚产生节细胞之前。*ath5* 在部分成神经细胞中表达，在节细胞的前体细胞停止增殖后，*ath5* 的表达很快下降。*math5* 基因无效突变的小鼠，几乎完全不能产生节细胞，同时伴随视锥细胞和无长突细胞的数目增加。而 *math5* 基因过表达会促进节细胞产生并抑制其他类型细胞的产生。

尽管 ath5 对于节细胞的形成是至关重要的，但其可能只是节细胞形成的必要条件而非充分条件，也就是使前体细胞有资格而非必定分化为节细胞。ath5 在节细胞产生中是正向作用的 bHLH 转录因子，因此对促进节细胞特化的基因具有调节作用。在小鼠视网膜前体细胞中激活 Math5 会激活 IV 型 POU 结构域转录因子 Pou4f2（Brn3.2 或 Brn3b），并促使这些前体细胞向节细胞分化。Pou4f2 是节细胞分化最早的标记物之一，影响节细胞的正常分化和成熟。在 math5 突变的视网膜，Pou4f2 的表达明显减少。推测可能在 math5 和 Pou4f2 之间存在调节基因，影响节细胞的特化，但现在还不清楚。Pou4f2 缺陷时，节细胞常常会出现凋亡，并且会出现明显的异常形态。进一步的体外实验也发现 Pou4f2 缺陷的节细胞不能正确极化，突起生长短而且速度慢，并且不能正确地成簇，轴突投射也出现异常。近年发现的 Wt1（Wilms' tumor gene），编码一个锌指转录因子，也在眼的发育中起着重要作用。在 Wt1 缺陷小鼠中，视网膜比正常的明显薄，相当一部分节细胞凋亡，视神经纤维的生长也受到严重影响。Wt1 作用功能位于 Pou4f2 的上游。Pou4f2 的表达在 Wt1 缺陷型中也消失了。这提示 Wt1 在依赖于 Pou4f2 的节细胞分化中具有重要角色。

此外，Pou4f2 还能够影响分泌性信号分子 Sonic Hedgehog（Shh）的基因表达，

Shh 是最先表达的指导干细胞向 RGC 分化的因子之一。Shh 由已经分化的 RGC 分泌，是促进节细胞分化波从中心向周围扩展所必需的。由于正反馈，Shh 能够沿着推进波继续自我诱导表达。此外，Shh 在节细胞产生中可能有双重功能，有可能参与了有丝分裂后节细胞的回馈机制，来抑制节细胞产生的数目（表 11-3）。

三、视网膜节细胞树突的发育和重塑

有丝分裂后，节细胞前体迁移到视网膜上皮的最内层（即后来的节细胞层），开始其结构和功能发育。首先，细胞产生极性并发出轴突和树突。在轴突伸展进入视神经后不久，开始形成复杂的树突树，并投射到内网层（IPL）分支成网，与无长突细胞、双极细胞和水平细胞形成联系。伴随着成熟进程，树突在解剖和功能上将进行修饰，如树突树开始局限于 IPL 的 ON 或 OFF 亚层，即 OFF-中心节细胞分支靠近 INL，而 ON-中心节细胞的分支水平靠近节细胞层，这种分层与其生理类型有关（图 11-4）。在哺乳动物，树突修饰要一直持续到睁眼数周之后，尽管此时视网膜组织结构和节细胞对光反应能力早已形成。

每一类视网膜节细胞树突树的组织和大小的最终确定，一般也是首先从中心视网膜开始。对不同的物种，不同类型视网膜节细胞树突树的发育速度也是不同的，RGC 的树突树的扩展并非仅仅是视网膜扩展的结果。例如，猫的外周视网膜中的 α 细胞的树突树要在大约出生后 3 周才能到达其成熟时的直径，但 β 细胞的树突树的大小在生后第 2 周就已经基本确定，而 γ 细胞树突树在出生时就已经与成体的相类似。不同类型 RGC 的成熟差异在兔中也存在：在中型和小型（野）的 RGC 树突树的扩展结束后，α 细胞的树突树的面积还会持续扩展很长时期。说明不同类型 RGC 的成熟还有赖于不同细胞独特的生长进程，及其与视网膜局部环境和中枢靶目标的相互作用。

RGC 的树突在发育中一直进行着积极而迅速的重塑，包括对突起的添加和消除。这种结构重塑并非仅仅发生在树突树扩展的早期，还会发生在 IPL 内突触形成的阶段。树突突起的消失主要包括小的伪足（filopodia）样结构（长度＜5μm）的改变，在未成熟的节细胞其是广泛地覆盖。节细胞的树突伪足的大小和形态与经典的树突棘突（spine）不同，这与中枢其他部位神经元一样。但与众不同的是，在成熟后却只有一小部分视网膜节细胞还存在棘突，实际上哺乳动物成年后绝大部分类型的视网膜节细胞的树突分支都是光滑的。

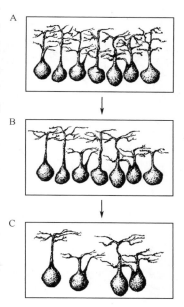

图 11-4　ON 和 OFF 视网膜节细胞分层发育模式图（引自 Chalupa et al. 2004）

A. 早期节细胞的树突的多层状态和相对较多的细胞数目；B. 出生后的视网膜，节细胞已经开始分层形成 ON 和 OFF 亚型，但细胞数量仍然较多；C. 完全成熟的节细胞，已经完全分层形成 ON 和 OFF 亚型，ON 和 OFF 细胞有比例分布

因为树突伪足的活动在 IPL 的突触形成阶段非常明显，因此这些暂时结构有可能参与了突触的形成。目前可以实时观察树突的行为变化。例如，通过观察绿色荧光蛋白（green fluorescent protein，GFP）标记的活体节细胞，发现在几个小时内树突树的分支表现出相当程度的再组织，包括突起的添加、消除、延伸和回缩。这些改变其实在很大程度上是树突伪足在数秒到数分钟的时间内的快速改变（图 11-5）。突起的这种迅速改变可以帮助节细胞的树突探索周围环境，从而更有效的接受双极细胞或无长突细胞的传导信息。同时还有若干证据提示树突伪足可能在突触形成中发挥作用。首先，虽然相邻的树突伪足的行为可以有很大的差异，但是经过若干小时的记录以后发现，在相同部位新增加与新消减的突起数目正好平衡抵消，即树突的总长度和分支的总数目是相对恒定的。其次，在发育中的节细胞所观察到的树突运动会伴随细胞成熟而减少，到了突触形成阶段的末期，树突分支就已经相对稳定，很少变化了。最后，神经递质传递的抑制会减少伪足的运动活性，提示伪足在与突触前细胞联系过程中的重要性。但目前还没有直接证据说明树突伪足参与在内网层中的突触形成。

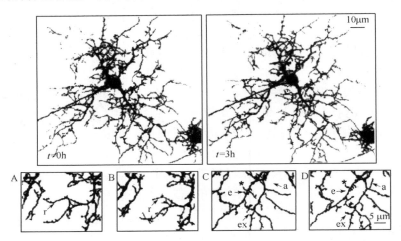

图 11-5　树突行为变化的实时观测（引自 Sernagor et al. 2001）

r. 缩回；e. 消除；ex. 伸展；a. 添加；＊. 稳定的突起。共聚焦图像显示一个用绿色荧光蛋白标记的 E12 鸡视网膜节细胞。上面的两图显示相距 3h 的同一个视网膜节细胞。（A～D）显示　　　两个相同区域突起结构的改变。B 和 D 分别是 A 和 C 区域在 3h 以后的图像

在哺乳动物中，除了小的树突伪足的增减外，树突的分支（branch）（长度＞5μm）也随着成熟而减少。树突分支的修剪出现在突触产生阶段。很明显，树突的消减是为了建立节细胞树突树最后的分支模式。修剪现象在树突树相对大的节细胞更为明显（如猫和兔的 α 细胞），在树突树小的节细胞修剪不明显。这种修剪的可能结果之一是出现节细胞树突在 IPL 的 ON 和 OFF 的分层。例如，在猫、雪貂和灵长类等哺乳动物的 IPL 内，树突的突起开始时多层分布，分层不明显。但是，在低等脊椎动物，如金鱼，其节细胞树突却不会被修剪，甚至会不断增大。然而近年发现龟的部分大感受野节细胞（large-field）的树突也会随着年龄而减少，这提示树突分支随着成熟而消减是物种依赖性的，甚至可能是细胞类型依赖性的。

调节树突发育的因素，可以包括内在因素和环境影响两部分。实验发现，相似功能的节细胞具有相似形态，而且节细胞的这种亚类相似普遍存在于不同动物，对新生猫节细胞分散的体外培养部分证实了这一点：在没有与周围节细胞和脑区靶组织接触的情况下，节细胞可以重新生出与体内类似的树突形态，并可以分为几个亚类，这提示不同亚类的节细胞存在基因表达和调控的差异。但是，此时的节细胞此前在体内可能已经受到了环境因素的影响，仍然无法排除环境因素的影响，有待进一步研究。

早期就提出节细胞之间调节树突树的扩展的树突-树突之间的"接触抑制"机制。通过去除视网膜中的部分节细胞（激光或视神经损伤），会发现在节细胞低密度时，树突树有所增大，分支向空白区偏斜，与局部环境适应。但是这种反应只是发生在出生后的早期。"接触抑制"可能存在于同一亚类节细胞和不同亚类之间。

神经递质对于调节树突发育有重要影响。在体内阻断胆碱能信号的传递，会使节细胞树突缩短，分支减少。缺少谷氨酸能信号的转导，会减少鸡胚节细胞树突的复杂分支。此外，神经递质还会影响树突伪足的运动和重塑。神经递质对发育中的节细胞树突重组成为 ON 和 OFF 亚层非常重要。例如，使用谷氨酸受体 (group III metabotropic glutamate receptor) 的竞争性抑制剂 APB (DL-2-amino-4-phosphonobutanoic acid)，就能明显阻止分层，而且这种作用是可逆的。

此外，无长突细胞在树突 ON 和 OFF 分层中可能也有作用。证据显示节细胞开始分层时只与无长突细胞形成突触联系，此时部分胆碱能的无长突细胞的突起已经分层，而使用箭毒阻断胆碱能神经递质的作用，会引起变小的树突树。此外，近年的研究证实神经营养素能够在体内外影响节细胞树突的分支模式。

四、视网膜节细胞轴突投射的发育

为了投射到中脑的靶区，轴突必须首先在眼内向视盘汇聚，然后沿视神经生长，随后穿过视交叉，并沿着视束延伸。这个过程包括了轴突的产生、导向、靶区的识别、节细胞的生长锥。轴突的投射先后遇到视盘、视交叉、上丘的导向因素影响。细胞外的信号通路通过受体-配体的相互作用而激活，从而影响细胞骨架和生长锥的活动。这一系列事件有着空间和时间的特定顺序，有严格的信号机制调控。这些包括转录因子，吸引与排斥的导向因子，特别是 ephrin 和 Eph 家族、netrins、semaphorins、slits 和 robos。此外，细胞外基质蛋白以及多种蛋白多糖都参与其中。视神经和视束内节细胞的轴突排列有一定顺序：视网膜周边的节细胞轴突靠近视神经边缘，视网膜中央区节细胞的轴突进入视神经中央。视网膜节细胞与靶核团 （SC 和 LGN） 之间有特定精确的点对点的位置对应关系的投射，并形成定位投射图。

（一）轴突在视网膜内投射的调控

在视网膜的发育过程中，视网膜神经节细胞的轴突只沿视网膜表面生长，轴突的生长锥局限于 Müller 细胞的终足和玻璃体基膜之间的狭小区域，不会向玻璃体、晶状体方向或视网膜深层生长。实验提示 Müller 细胞的胞体具有抑制节细胞轴突延伸的作用，这可能与 Müller 能够合成 ephrin-A5 有关，而且节细胞的轴突表面有 ephrin-A5 的受体 Eph A3，因此 ephrin-A5 可能在视网膜深层起到对生长锥的排斥作用。另外，晶状体上皮细胞可以排斥视网膜神经节细胞轴索向玻璃体方向生长，这可能与另外一种轴突导向蛋白 Slit 及其受体 ROBO 表达有关，因为 Slit3 的 mRNA 在晶状体上皮有表达。此外 Slit2 的 mRNA 在胶质细胞内有表达，robo1 mRNA 在已形成的节细胞层中有表达，因此 Slit/ROBO 通路可能也在视网膜内对节细胞的轴突方向产生指导作用。大鼠的玻璃体基膜中还有另一种 ECM 分子——硫酸软骨素蛋白聚糖（chondroitin sulfateproteo-glycan，CSPG），被认为是节细胞轴突延伸的另外一种排斥因子。CSPG 在发育初期遍及整个视网膜的中心区域，但随后会从中心视网膜区域明显减少，此时正是最初分化出来的节细胞伸展其轴突的时候。使排斥性的 CSPG 更多地位于视网膜周边，而使节细胞轴突向视网膜中心的视乳头-视盘汇聚。实验还发现经过酶处理以后的视网膜，因为 CSPG 被消化，其上面伸展的轴突呈现随机的方向。

在另一方面，玻璃体基膜含有促使轴突沿视网膜表面生长的因子。例如，玻璃体基膜含有层粘连蛋白（laminin），它是分布很广泛的细胞外间质（ECM）蛋白，可促进神经元的突起生长，如果将胶原酶注射入胚鸡眼局部，以消化掉基膜，则单个节细胞的轴突会出现波浪形畸形。但是，目前还未清楚是否视乳头产生长距离的吸引因素，使生长锥能够直接向其延伸。

（二）轴突在视盘部位投射导向的调控因素

目前对于轴突在视盘部位的投射导向研究较多的是 Netrin-1 及其受体的导向作用，当然，也不排除其他因子的作用。实验表明，生长锥在视盘/视乳头部位与 Netrin-1 的接触可以促使其转向进入视乳头，这个反应需要 Netrin 的受体 DCC 和 UNC-5H 等因子。此外还需要层粘连蛋白-1，其能够将促进信号转变为排斥信号，从而促使生长锥进入视神经。

Netrin 是分泌性的导向分子，与层粘连蛋白的短臂有部分序列的同源性。在哺乳动物和鱼、蛙的视乳头部位，胶质细胞可以在其表面产生 Netrin-1，通过接触调节的方式并通过其受体 DCC 的协助，对节细胞的轴突起到吸引作用，防止其错误延伸。同时，实验还显示，Netrin-1 介导了轴突进入视乳头后进入视神经时所受到的排斥作用，也就是说，Netrin-1 对生长锥具有吸引与排斥的双重作用。这种作用是通过改变节细胞内 cAMP 的浓度实现的。体外的实验表明，Netrin-1/DCC 信号可通过生长锥引起节细胞内的 cAMP 浓度升高，随后通过一系列细胞信号调节，将导致节细胞的生长锥在体外对 Netrin-1 产生背离行为，显示排斥作用。同时体内外的进一步实验表明，层粘连蛋白-1 可以抑制这种排斥作用，而 Netrin-1 的另一个受体 UNC5H 可能也参与了这种作用。Netrin-1 遍布整个视乳头，而层粘连蛋白-1 在视网膜内只限于在视网膜的玻璃体表面一侧，即只在视乳头开始部位存在。这样，只在视乳头开始处接触到层粘连蛋白-1 的生长锥进入视乳头后，就会因为排斥作用而转向并长入视神经。

五、视交叉部位投射导向的调控因素

视交叉由腹侧间脑发育而来。左右视神经在视交叉处做不完全的交叉，即来自两眼鼻侧半的纤维交叉到对侧，而颞侧半的纤维不交叉，走在同侧。纤维的交叉比例根据动物种属变化而异，明显与双眼视觉功能有关。眼位于前方的猫及灵长类，大约一半交叉，一半不交叉；小鼠 10% 不交叉；而大鼠与豚鼠仅 1% 不交叉。大体来说，两只眼越向两侧偏斜，在视野中双侧覆盖的区域越少，则颞侧视网膜中向同侧脑区投射的视网膜节细胞也相应下降。

目前控制非交叉投射的通路研究较多。在一定程度上，节细胞轴突的非交叉投射可能在其到达视交叉之前就已经决定。例如，在小鼠腹颞侧视网膜（是非交叉投射节细胞产生的部位）部位表达 EphB1，在视交叉中线的放射状胶质细胞表达的 ephrin-B2 是 EphB1 的配体，ephrin-B2 在中线部位介导了对于轴突的生长锥的排斥反应，使之向同侧投射。此外，小鼠的锌指转录因子（zinc finger transcription factor）Zic2 也特异性地在小鼠视网膜的腹颞侧表达，有可能与 EphB1 一起参与控制非交叉投射的通路；当腹颞侧视网膜产生同侧投射轴突并投射时，Zic2 的表达呈现特异的时空方式。而且不同种属动物的 Zic2 阳性细胞在发育视网膜中的数目有差异，与非交叉投射的比例相关。此外，Shh 可能也在视交叉的中线部位起到引导投射的作用。

视交叉与脊髓的中线对侧投射机制有较大差异，前者较为复杂。虽然节细胞也表达 DCC（以及排斥作用的受体 UNC-5），但是视交叉的中线并不表达 Netrin。虽然导向因子 Slit1 和 Slit2 在腹侧间脑表达，但对基因缺陷小鼠的研究发现 Slit 似乎是维持轴突向视交叉投射的信道，这种作用与另外一种轴突导向因子——导向蛋白 Sema5A 相似，后者在视神经周围表达，为视神经内的节细胞轴突形成一条投射到视交叉的信道。在 Slit1 和 Slit2 双重突变的小鼠，节细胞轴突常常会在正常视交叉的前面形成异位视交叉。

目前关于视交叉部位交叉投射的机制，以及节细胞轴突如何克服中线部位的抑制因素仍然不很清楚。近来发现，LIM 同源结构域转录因子 Islet-2（Isl2），在出生早期小鼠的特定视网膜节细胞中表达。表达 Isl2 的视网膜节细胞在腹颞侧要明显少于视网膜其他部位，而且进一步研究发现，表达 Isl2 的视网膜节细胞只投射到对侧上丘和外膝体，而不会同侧投射，因此 Isl2 可以特异标记显示对侧投射的节细胞。近期实验还证实硫酸软骨素（chondroitin sulfate，CS）对视交叉早期的轴突交叉投射有重要作用，因此不排除轴突可能利用环境中的细胞外基质来穿越中线。

六、视网膜-上丘/顶盖投射的形成

视网膜节细胞向初级视觉中枢的投射部位因物种差异而不同：在啮齿动物，节细胞轴突大部分投射到上丘，小部分投射到外膝体（LGN）；在鱼、两栖类及鸟类，节细胞轴突投射到对侧的视顶盖（上丘的同源结构）。由视网膜特定位置以及相邻部位的神经节细胞轴突将投射到上丘/顶盖上的可预计位置及相邻部位，从而形成网膜-上丘/顶盖之间有严格空间关系和次序的部位对应关系，这就形成了清晰的视网膜-上丘/顶盖投射拓扑图。这在物种之间是高度保守的。定位发育中的视网膜-上丘/顶盖投射拓扑图依靠两个轴：前后轴［anterior-posterior（A-P）axis］和背腹轴［dorso-ventral（D-V）axis］。发育中鼻侧视网膜节细胞轴突投射到对应的上丘/顶盖后部，而颞侧视网膜对应上丘/顶盖前部，同样，背侧视网膜对应腹侧上丘/顶盖而腹侧视网膜对应背侧上丘/顶盖。

　　近年认识到鸡和鼠类的视网膜-上丘/顶盖投射拓扑图的发育是一个逐步的过程，主要包括了轴突的过度延伸生长和随后的分支。以 A-P 轴为例，节细胞原始的生长锥进入上丘/顶盖后，往往沿着 A-P 轴过度延伸，从而越过其未来的预定点（termination zone，TZ）。但随后会从生长锥后面的轴突茎上产生数百条长度从数微米到数毫米的侧向分支。出现这些分支的数量沿着 A-P 轴有明显差异，即最高比例的分支出现在未来预定点的部位。随后分支会在合适的方向和部位进行分叉，形成终末轴突树和突触联系。

　　目前认为 Eph/ephrin 是视网膜投射拓扑图形成的主要调控因素。Eph 受体家族是受体酪氨酸激酶家族中最大的亚族，ephrin 是 Eph 家族的配体，二者在视觉系统中（视网膜和上丘/顶盖）有明显的梯度表达。在 A-P 轴方向的轴突导向分子是 ephrin-A2 和 ephrin-A5，它们在鸡顶盖形成后部高表达、前部低表达的 A-P 浓度梯度。而 EphA3 受体在视网膜形成颞部高表达、鼻部低表达的 T-N 浓度梯度，即视网膜节细胞及其轴突表达 EphA 存在由高到低的 T-N 梯度。同时，ephrin-A 对生长锥具有排斥作用，尤其影响颞侧节细胞轴突。彩图 11-6 总结了它们的表达模式，以及在表达异常时轴突投射的改变。

　　通过对基因突变小鼠的分析，证明 ephrin-A 的缺失导致异常的地形图，并伴有异常的未来对应位置。但是，在 ephrin-A2/ephrin-A5 双突变的小鼠，伴随若干异常的未来预定点的同时，却还在 A-P 轴上有一个正确的预定点，虽然在上丘此时缺乏所有 ephrin-A 的表达。这表明还有其他信号参与正常 A-P 轴上投射拓扑图的形成。新近克隆的分子质量为 33kDa 的 GPI-锚定蛋白（anchored protein）蛋白质称为排斥性导向分子（repulsive guidance molecule，RGM），像 ephrin-A 一样在鸡的顶盖内呈现类似的 A-P 轴梯度，而且在体外 RGM 也像 ephrin-A 一样具有轴突抑制特性，因此 RGM 很可能也在视网膜-上丘/顶盖投射拓扑图的形成中起作用。它同样对鼻侧和颞侧的节细胞轴突具有不同的作用——使颞侧的节细胞轴突生长锥塌陷，但对鼻侧的无作用，它与目前已知的所有导向分子没有同源关系，在顶盖 A-P 轴方向上由低到高分布。

　　近来的研究证明导向分子 EphB-ephrin-B 相互作用，参与控制 D-V 方向的视网膜节细胞轴突沿着顶盖/上丘的 L-M 轴投射形成拓扑图。EphB 在视网膜节细胞中呈现由低到高在 D-V 轴的梯度，ephrin-B1 在上丘中沿着 L-M 轴呈由低到高的浓度梯度。EphB/ephrin-B1 的吸引与排斥作用视 EphB 浓度的高低而有所不同。实验证明视网膜背侧表达 ephrin-B 的轴突，会被顶盖外侧表达的 EphB 所吸引，这些轴突在顶盖外侧沿着 L-M 轴形成分支，分支开始并不十分精确，但随后分支会向将来的预定点偏斜和延伸。此过程中轴突延伸方向是部分通过 EphB 对 ephrin-B1 的吸引作用来达到，而且 ephrin-B1 还可诱使轴突产生分支。同时近年的实验动物模型又证明，高浓度的 EphB 会对 ephrin-B 产生排斥作用，使分支树产生反向的偏斜，暗示其实就是 ephrin-B1 扮演着吸引和排斥的双重作用，从而通过 EphB 的浓度对轴突及其产生的分支进行调控，使之精确定位到将来的准确位置（Hindges 2002）（彩图 11-7）。当然，即使 ephrin-B1 真的在正常体内起到这种作用，也不能排除其他因子在 D-V 轴拓扑图形成中的作用，尤其在背侧视网膜。

　　发育中的啮齿动物和鸡的视网膜-上丘/顶盖拓扑图在早期缺乏明显的次序和规律，但随后拓扑图被再修饰，这与鱼类和两栖类动物不同。后两者在 L-M 方向上形成早期 D-V 地域图相对精确得多，这些节细胞的轴突直接向其在 TZ 的正确位置延伸，当生长锥到达其将来的预定点时，便停止延伸，并在生长锥及其附近发出短的终末分支。这种现象部分归因于生长锥对 neuropilin-1 介导的对局部 Sema3A 的反应。

七、视网膜-上丘/顶盖投射拓扑图的再修饰

　　发育中的视网膜-顶盖拓扑图经历一个持续性的大范围再修饰阶段，因为发育早期只形成了相对粗糙的拓扑图，还存在许多不恰当区域。表现最明显的就是在视交叉部位形成的方向错误的投射。在再修饰过程中多种神经营养因子发挥了重要作用，此外自发性的视网膜电活动也参与了对拓扑图的再修饰。

　　在啮齿动物，拓扑图再修饰在出生后第一周（P0～P7）进行。①大范围消除异位分支和过度延伸轴突的多余部分，促使合适部位的轴突分支成轴突树。②通过凋亡来对神经元群体进行反向选择，主要是在自然凋亡期优先凋亡投射到同侧的上丘的节细胞来减少暂时性的同侧投射。如果将对侧的眼球摘除，或对侧节细胞电活动被扰乱，则同侧投射细胞的凋亡就能够抑制。

　　神经营养因子中研究较多的是 BDNF。对节细胞的靶组织施以外源的 BDNF，可以在 18h 后减少节细胞的凋亡数目。节细胞依赖 BDNF 的存活是发育依赖性的：从早期胚胎分离得到的节细胞甚至可以在缺乏 BDNF 的情况下存活发育一段时间，但是在此时相同发育阶段的体内节细胞就必须依赖 BDNF 才能在体外存活。在发育中的凋亡阶段，节细胞的靶组织表达 BDNF mRNA 和 BDNF，节细胞表达高亲和力的 BDNF 受体（TrkB）。而且节细胞会逆行运输外源的 BDNF。提示在发育的一定阶段，节细胞是上丘处 BDNF 的收集器，但随后其停止收集 BDNF。但是，外源 BDNF 对凋亡的影响仅仅是暂时的。在缺少 *BDNF* 或 *TrkB* 基因的突变小鼠，节细胞的数目却是正常的。通过将病毒载体携带的 *BDNF* 基因转入新生大鼠的上丘，使局部持续产生 BDNF，也发现最终并不能增加节细胞的总数，但是同侧投射的节细胞数量却增加了近 10 倍。这提示在中枢神经系统内神经营养因子作用于靶区并非是改变存活节细胞的绝对数目，而在于对轴突投射的影响。例如，在缺少全长 TrkB 受体的突变小鼠，节细胞在同侧投射到上丘的轴突的比例从正常的 54% 增加到 70.5%。有可能调控 BDNF 的水平只是暂时影响凋亡节细胞的数目，而对最后结果没有影响。

　　此外，体外实验证明，BDNF 能够在节细胞轴突突触的稳定性方面起到较大的作用。BDNF 促进节细胞轴突的伸展，而 NO 却引起节细胞轴突的回缩。然而 BDNF 和 NO 的作用结合，却能够稳定（稳固、固化）生长锥。BDNF 能够在体内促进 NO 的产生。这样较合理的结论是活动依赖性的 BDNF 的释放促进 NO 的产生，而这两种信号

的结合又会在体内稳固上丘内节细胞的发育的突触。此外，GDNF 在上丘的过度表达，也能够阻止暂时性的同侧投射节细胞的凋亡。因此，多种营养因子都可能参与了行为依赖性的视网膜投射拓扑图再修饰。此外，实验提示神经元的本身电活动也在拓扑图的再修饰中发挥作用。

在小鼠出生后第 1 周，发育中的视网膜内存在自发的视网膜电位波，在视网膜内扩布并使相邻节细胞产生明显联系。此时感光细胞产生有限而且还未与节细胞建立突触环路的联系。在缺乏神经烟碱型乙酰胆碱受体（neuronal nicotinic acetylcholine receptor, nAchR）的 β2 亚单位的小鼠（β2$^{-/-}$ mice），在 P1～P7 不能形成视网膜电位波，因为尽管大多数单个视网膜神经细胞可以出现独立多样电兴奋冲动模式，但之间明显缺乏电活动的联系和协调。实验发现 β2$^{-/-}$ 小鼠不能形成精确的拓扑图，而表现为相邻的节细胞在其上丘预定点粗糙地形成浓密的相互覆盖的分支。P8 以后，自发的视网膜电位波和视觉诱发的电兴奋先后产生，但精确的拓扑图却不再能形成。而 P8 的 β2$^{-/-}$ 小鼠节细胞密度是正常的，节细胞轴突的投射通路、上丘分层的结构也正常。因为在 P7～P9 的正常小鼠的投射拓扑图已经与成熟时的形式相似，因此实验提示哺乳动物大范围的拓扑图再修饰来产生精确拓扑图，需要在出生后的一个关键阶段的相关的节细胞的电兴奋，包括出生后的第 1 周。

从以上可见，视网膜节细胞的发育是一个极其复杂而又高度有序的过程。尤其是轴突的生长发育，轴突与靶区之间的相互关系都与其周围的微环境有密切关系。在不同时期的微环境中不同分子的按时表达，及其质和量的不同，都对节细胞的生长和对靶区的投射有密切关系，如何进一步揭示各种因素在节细胞发育和成熟中的作用，是今后发育神经生物学的研究主题之一。

（周国民 撰）

第二节　视觉系统的发育

中枢神经系统中存在数以百亿计的神经元，这些神经元在脑内的特定区域发生，并需要与远处靶向位点的其他神经元建立联系。这种神经元网络的形成对于中枢神经系统正常功能的发挥至关重要。神经元的连接过程受到精密调控，而神经元网络的形成是脑发育的一个重要阶段。从视网膜到皮层下视区的神经投射系统为研究神经环路的形成提供了一个绝好的模型。在本节中，我们将讨论哺乳动物视觉神经纤维通路的形成，尤其是视交叉处的神经纤维排列顺序的整理以及在构建这些纤维次序时轴突-神经胶质细胞以及轴突-轴突之间的相互作用。最后，我们还将讨论一些有关环路形成的分子机制，讨论的重点是小鼠视觉通路的发育情况，因为小鼠是本实验室所采用的实验动物，也常常被应用于轴突导向和神经通路发育相关的基因研究中。

一、成年哺乳动物视觉通路的结构

在哺乳动物中，视网膜节细胞轴突离开眼睛后通过视神经盘并沿着视神经向中枢的靶位点迁移。视神经中来自两眼的轴突在腹侧间脑的中线交叉形成一个"×"形的结构，即视交叉。经过一系列复杂的纤维交换（我们随后将在本章中做详细讨论），轴突通过视束继续朝向皮层下靶位点的旅程。大多数视觉轴突终止于外侧膝状体，外侧膝状体中的神经元将视觉信息传递到初级视皮层。还有许多轴突终止于中脑上丘和下丘脑，参与视觉反射和生理日节律的调节。大量研究显示，在主要的皮层下核团中，如外侧膝状体和上丘，有着与视网膜位置精确相关的终末定位，忠实地传递由视网膜投向视中枢的位置信息。

灵长类动物和人类的双眼前置，所以双目交叉的视野相对较大。当看向无穷远处时，视野的中线（或叫垂直子午线）穿过晶状体，落到每侧视网膜中央凹，成为鼻颞分隔线，这条线将视网膜分为两个相同大小的部分（彩图 11-8A）。分隔线内侧靠近中轴的部分为鼻侧视网膜，其中节细胞的轴突投射到对侧脑区；分隔线外侧的部分为颞侧视网膜，含有投向同侧脑区的节细胞。鼻侧和颞侧的视网膜轴突在视神经中混在一起，直到视交叉处才分离开，分别成为交叉（对侧）和不交叉（同侧）通路。对于其他动物，包括肉食动物和啮齿类动物，它们的眼睛不像灵长类那样前置，而是更为靠近颞侧，双目交叉视野的范围减少。在这些动物中，鼻颞分隔线向视网膜的颞侧偏移，使得投向对侧脑区的视网膜区域增大，而投向同侧脑区的视网膜区域减小。小鼠的同侧投射纤维起自腹颞侧视网膜边缘区的一条窄带，而同侧投射纤维则起自几乎整个视网膜（彩图 11-8B）。

二、发育中视觉通路纤维次序的改变

（一）中　线　前

大量对成年动物视觉通路中视神经、视交叉和视束纤维排布的描述性研究形成了对视交叉处同侧轴突和对侧轴突分途过程（这种分途对于双目视物的哺乳动物至关重要）的一种可能解释。这些研究报道了视神经中存在与视网膜定位相关的轴突排列，这种排列特性在视交叉和视束中一直存在，直到按照它们在视网膜中的相邻关系将纤维投向中枢。发育中存在的这种排列次序可能引导来自颞侧视网膜的轴突排列于视神经的外侧部分，从而进入同侧视束；而那些来自鼻侧视网膜的轴突则排列在视神经的内侧部分，随后进入对侧视束。这种假设已经有一些依据，一个证据来自于对小鼠胚胎早期视茎连续切片所做的电镜观察，该研究显示视茎中的颞侧轴突位于外侧，而鼻侧轴突位于内侧，这种排列关系可能引导着轴突在视交叉处进入同侧或对侧通路。然而这个结论只是基于形态学的观察，缺乏实验证据，尤其是该实验中的轴突在标本制备过程中没有进行标记，但是这个观点似乎被广泛接受，并在许多教科书中用来阐释视交叉处的纤维路线。在随后对猫、大鼠和猴子的大量研究中发现轴突的分散程度有沿发育中的视茎逐渐升高的情况。用染料标记视网膜的轴突，结果显示，视神经中的这种相邻位置关系到达视交叉后不复存在。此外，用 DiI 作为示踪分子标记大鼠胚胎视网膜的局部区域，发现眼球后面来自 4 个象限视网膜的轴突呈一种域特异性排列顺序。当轴突到达视交叉时这种最初的次序消失了，来自双眼腹颞侧视网膜的轴突（大部分为不交叉的）和来自鼻侧视网膜的轴突（交叉的）在中线处广泛混合（图 11-9D）。旧的观点认为哺乳动物视交叉处

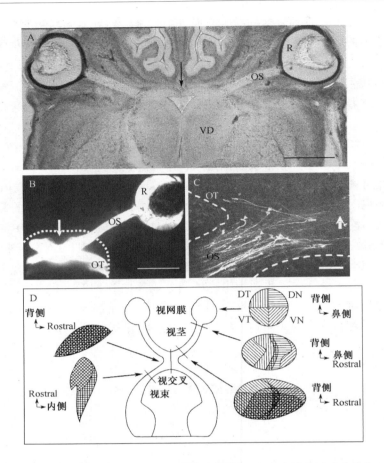

图 11-9　发育中的小鼠视觉神经通路中视网膜节细胞轴突的多种次序排列（A、B 引自 Chan et al. 1999，C 引自 Chan et al. 1998，D 引自 Chan et al. 1994）

A～C 中的箭头指示中线。在图 A～B 中头侧方朝上；在图 C 中头侧朝下。A. 以 E14 小鼠间脑水平切片的相差图片显示视觉通路的构成。在此发育时期，来自视网膜（R）的轴突通过视茎（OS）（成年中视神经原基），进入腹侧间脑（VD）。B. 用荧光染料标记双侧视网膜显示腹侧间脑处的视交叉。视交叉是由双侧视茎中的轴突构成的"×"形纤维结构。穿过视交叉后，轴突继续在视束（OT）中前行直到脑内中枢。C. 视交叉处的一个轴突分选过程就是把交叉和不交叉轴突分开。此图为共聚焦显微镜图像，显示了 DiI 标记的部分来自腹颞侧视网膜的轴突。通过生长锥的形态可以看出许多腹颞侧轴突正在转向（箭头方向），而其他的已经完成转向过程（中空箭头）并长入视束。注意，有许多轴突穿过视交叉中线。软膜表面用虚线表示。D. 大鼠胚胎视神经通路中视茎到视束纤维排列改变的概略图。视茎中，视网膜轴突按四个象限的特异性次序排列，即轴突沿视茎的前后轴分腹鼻侧（VN），背鼻侧（DN），背颞侧（DT）和腹颞侧（VD）4 部分排列。这个次序在视茎中会逐渐丧失。在视交叉中线处，来自 4 个象限的轴突已经完全混在一起。但是，在视束又有一个新的纤维次序出现，即背侧和腹侧轴突分开，而鼻侧和颞侧轴突则没有分开。在小鼠视觉通路中也有相似的纤维排列的改变。比例尺：A. 500μm；B. 250μm；C. 100μm

轴突是否穿越中线由它们的位置决定，而这些新的发现并不支持旧观点，从而又提出一种假设，即视交叉处的轴突导向是一个主动过程，有赖于单个轴突对局部导向信号的反应。

在单侧视束逆行标记后，对于视茎中纤维次序的研究进一步支持了这个假设。结果显示在小鼠和大鼠的胚胎中，尽管大多数不交叉轴突位于视茎的外侧，它们却与将要交叉通过中线的轴突相互混合。这种交叉和不交叉轴突之间的重叠现象在视交叉处也可以观察到，这个结果同样支持轴突的分途过程不是一种被动机制，而是视网膜轴突与视交叉周围环境中导向信号之间的一个主动的交互作用过程。

逆行追踪研究显示同侧通路形成于两个发育阶段（图 11-9A～C）。第一个阶段，早期发生的视网膜节细胞轴突在小鼠胚胎孕 12 天（E12）到达腹侧间脑（大鼠为 E14）。这些轴突只从视网膜的中央部位发出，来自双眼的大多数轴突穿过中线互相交叉确定视交叉的位置。少数不交叉轴突没有接触中线，似乎直接长入同侧视束，形成暂时性的同侧投射。第二个阶段，来自腹颞侧视网膜外周部分的节细胞轴突随后到达视交叉（小鼠为 E14～E15；大鼠为 E16～E17），选择特定的通路形成了稳定的同侧投射纤维，这样就确定了成年的轴突分途模式。

在单侧视束逆行标记后，对于视茎中纤维次序的研究进一步支持了这个假设。结果显示在小鼠和大鼠的胚胎中，尽管大多数不交叉轴突位于视茎的外侧，它们却与将要交叉通过中线的轴突相互混合。这种交叉和不交叉轴突之间的重叠现象在视交叉处也可以观察到，这个结果同样支持轴突的分途过程不是一种被动机制，而是视网膜轴突与视交叉周围环境中导向信号之间的一个主动的交互作用过程。

（二）中　线　后

在同侧轴突的筛选完成后，剩余的轴突穿过中线，在进入视束前继续其在视交叉其他部位的旅程。视交叉的这段部位可以称为中线后区域，这个区域至少有两种纤维次序的改变。对于大鼠视觉通路的顺行追踪研究显示，视束中的视网膜轴突从视交叉中线处的无次序状态变为部分与视网膜定位相关的次序。这种纤维次序的改变是：在视束中，来自腹侧和背侧视网膜的轴突分隔开来，但是来自颞侧和鼻侧视网膜的轴突却没有分离（图 11-9D），现在认为这种排列次序与皮层下视区中视网膜位置相关的终末形成有联系。采用双色荧光染料同时标记两个视网膜区域，可以追踪轴突在通路中的位置以及视交叉中轴突的实时状态和行为特性。采用这种方法对于小鼠胚胎的研究也有相似的发现，这就进一步证实了视交叉中线后的这种主要的纤维次序的重排。

视觉轴突进入视束后又形成一种新的排列次序，即轴突根据它们到达的时间排序。在数种脊椎动物中，视束的轴突是由深至浅排列的，最早到达的位于最深层，最晚到达的位于最浅层，靠近软膜下表面。这种与时间相关的排列在视茎中是没有的，在视交叉中线处也没有，提示在视交叉中线后区域或视束开始节段存在一种机制，负责引导新到达的轴突排列到纤维通路的表面位置。轴突位置根据时间进行分层的现象可能与它们终止于外侧膝状体的位置相关，这种情况在丘脑核团中神经元呈多层分布的食肉动物和灵长类中更明显。

总之，我们描述了发育的视觉通路中轴突从视茎到视束 3 种主要的纤维排列次序的改变。在小鼠，轴突首先分为交叉和不交叉两个部分，这个过程发生在轴突到达中线以前。穿过中线后，轴突又按照另一种次序重新排列，背侧轴突与腹侧轴突分离。最后，在视束，轴突则根据到达时间的先后排列。这些纤维排列的改变显示存在一系列的轴突生长调节机制，每一种机制负责使轴突按照一定次序排列，这些机制沿视觉通路在不同部位发挥作用。

三、视网膜轴突在视交叉和视束中的行为学特征

视交叉处轴突次序的改变（尤其是轴突的分途）究竟是如何发生，又有什么分子和信号转导机制介导这些过程的发生是研究视觉通路发育的核心问题。其中的一种研究途径就是探查视网膜生长锥在视觉通路各个节段的形态学特征。生长锥是生长的轴突终末的一种特化结构。在体外，生长锥前进时会伸出具有高度活动性的突起、丝状伪足或片状伪足来寻找邻近环境中的信号。生长锥将引导轴突向有生长促进分子的地方生长，而在遇到抑制信号时生长锥就会塌陷或回缩。在体内，生长锥的外形相当复杂，在轴突通路的方向决定部位体积会增大，可能是为了增加表面积来接触环境中的多种信号。

研究发现，小鼠视觉通路发育中生长锥的形态特征从视茎到视交叉处有一个戏剧性的改变。用辣根过氧化物酶（HRP）或 DiI 标记早期胚胎中的生长锥，发现视茎中生长锥的外形简单（图 11-10A）。但是，在视交叉处生长锥的大小和复杂程度都大大增加，提示视网膜轴突在视交叉处遇到了更加复杂的环境（图 11-10B）。在视束中的生长锥形态越来越复杂，体积更大，丝状伪足更多，说明当轴突进入视束后又遭遇了新的生长环境的改变（图 11-10C）。

目前，已有几项实验用实时录影的方法研究了小鼠视觉通路中生长锥的行为学和生长动力学特性。尽管几项观察结果稍有差异，却发现了一个普遍的现象，即生长锥在视交叉处向前推进过程中有频繁的暂停过程（图 11-10D）。当轴突在中线处转向同侧通路时这种暂停现象尤其明显。在暂停期间，生长锥总是向前伸展并不断改变外形，伸出或者回缩丝状伪足以探寻外面环境中的信号。大量的观察结果显示，这种外形改变与轴突生长方向的改变相关，其中最明显的是不交叉轴突在中线处的转向。此外，这些生长中的暂停并不局限于中线处的生长锥，而在视交叉的其他部位也能观察到，包括中线后区域。以上这些发现不仅显示视交叉处沿视觉轴突有连续的导向信号的存在（导向信号在中线处尤为丰富和复杂），同时也提示每一个轴突都必须经历自己特有的通路选择而不是简单的与邻近轴突丛生在一起。

四、视交叉处的放射状神经胶质细胞及视交叉神经元

在视觉轴突到达腹侧间脑前，沿途已经有数种类型的细胞群存在并协助引导其进入间脑。在小鼠，用特殊的蛋白标记分子做免疫定位，发现当视觉轴突到达视交叉时，有两种特殊类型的细胞已经位于视交叉处。第一种细胞是放射状神经胶质细胞，通常用单

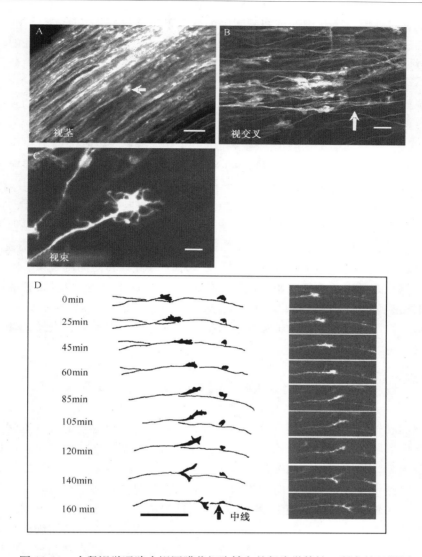

图 11-10　小鼠视觉通路中视网膜节细胞轴突的行为学特性（所有的显微图片引自 Chan et al. 1998）

A～C. E15 时期通路中 DiI 标记的视网膜轴突生长锥的激光共聚焦图像。A. 注意视茎中小而形态简单的生长锥（箭头）。B. 生长锥形态在视交叉中线处（箭头）变得大而形态复杂，提示它们在这个区域遇到了比视茎中更加复杂的环境，需要选择通路。C. 在视束中生长锥形态更加复杂，体积变大，丝状伪足数目增多。D. 实时共聚焦图像显示 E15 小鼠视交叉中线处 DiI 标记的视网膜生长锥的动态生长。在记录的最初60min 内生长锥稳定生长。但是，在记录的后阶段，生长锥出现暂停现象，此暂停期间可以观察到生长锥形态的改变。记录末期（160min），生长锥缩回一个分支，却继续朝另一个方向生长。比例尺：A 和 B. 20μm；C. 10μm；D. 50μm

克隆抗体 RC2 标记显示，RC2 可以识别胞质中的中间丝（彩图 11-11A）。除了在视茎和间脑连接处以外，这些放射状神经胶质细胞在整个视交叉都有分布，视交叉处的神经胶质细胞排列从视茎处的纤维簇间的分布模式变为放射状排列。放射状神经胶质细胞的胞体位于室管膜外周，突起则伸到腹侧间脑的软膜下表面（彩图 11-11B）。电子显微镜和神经示踪研究证实这些放射状神经胶质细胞的突起分叉并侵入到视交叉处的视觉轴突中，这些胶质的分支与生长中的视觉轴突及生长锥发生紧密接触，提供导向分子调节轴突生长。

第二种特殊细胞群是视交叉神经元，它们是脑内最先产生的神经元中的一类。这些神经元可以用识别其表面分子的抗体标记，包括 SSEA-1（时期专一抗原 1，stage specific antigen 1；一种早期干细胞上的糖表位）和 CD44（一种造血干细胞和内皮细胞的表面糖蛋白）（彩图 11-11C）。这些细胞的神经元特性是通过表达神经元特异性神经丝来确定的。这类细胞在视交叉后呈"V"形排列，尖端向前指向视交叉的中线处（彩图 11-11D）。这种特殊形状提示视交叉神经元可能作为确定视交叉位置的模板，它能阻止视觉轴突向间脑后的地方生长，并引导轴突向视束生长。视觉轴突可以接触但不会进入或穿过这些视交叉神经元，而是沿着"V"形前缘形成交叉通路（彩图 11-11E）。在视交叉中线处也有一些这种神经元的存在，不交叉轴突在此处转向同侧视束。不交叉轴突与视交叉神经元的紧密关系已经用双标法得到证实，当用 DiI 标记的腹颞侧轴突接触到 SSEA-1 阳性神经元时出现转向并产生了复杂的生长锥，提示视交叉神经元对于不交叉轴突具有抑制作用，但对于交叉轴突却没有抑制，这也许可以解释视交叉处轴突分途发育的原因。

五、交叉中线组织对于视网膜轴突生长的抑制性作用

利用视网膜轴突体外生长模型分析小鼠视交叉处参与轴突分途的分子机制，有几个重要发现。大鼠胚胎腹颞侧或鼻侧视网膜移植物在适宜性基质上可以生长，用视交叉组织制作一条形膜，观察视网膜轴突是否能通过该膜。结果发现来自腹颞侧的轴突（不交叉轴突）在遇到视交叉中线组织时生长暂停，而来自鼻侧的轴突（交叉轴突）则没有暂停现象。而脑内其他组织却不能引发类似效应，这提示视交叉中线处的抑制作用特异性针对不交叉轴突。以上的结果提供了第一个证据，证明视交叉处的组织细胞（可能是放射状神经胶质细胞或视交叉神经元）上存在一些信号分子，接触到同侧投射的轴突时产生排斥或者抑制作用。

除了这种接触介导作用外，视交叉处的轴突生长也受到从中线扩散出来的因子调控。将小鼠视网膜移植物与视交叉移植物在胶原凝胶基质中相隔一段距离共同培养，结果显示视网膜神经元轴突的生长被视交叉移植物强烈抑制，而且这种抑制作用只在培养的腹颞侧视网膜移植物中可以观察到，背鼻侧视网膜移植物则没有。腹颞侧与鼻背侧轴突的这种差异性反应在它们与大脑皮层或脊髓共培养时均没有发现，因此提示视交叉处有一种可扩散性信号能抑制不交叉轴突生长，但不影响交叉轴突。但是，值得注意的是早期的一项研究报道了不同的结果，该研究显示来自各部分视网膜的移植物的突起都能被视交叉移植物抑制。研究者认为视交叉组织不只减缓了不交叉轴突的生长，而是所有的轴突生长都被减慢，以便使生长锥能够更好地接受其他更特异性的信号。虽然不同的研究结果存在差异，这些研究都说明视交叉中线处能分泌可扩散性导向信号，这些信号在体外能抑制视网膜轴突生长，在体内可能也有同样的作用。

六、控制视交叉处轴突分途的分子

视交叉处这些接触介导和扩散性信号的本质还不清楚，但是它们必须满足以下几个条件：

1）假设这种分子是一种配体，就必须在轴突分途的发育时期存在于视交叉中线。小鼠脑中主要的轴突分途过程发生在 E14～E17。

2）这种分子必须能够对腹颞侧轴突（主要的同侧通路）产生选择性抑制，但是对来自鼻侧视网膜的轴突没有影响。

3）该配体的受体必须在恰当的发育时期存在于视交叉处视网膜轴突的生长锥，与中线处信号分子相互作用而产生传导通路的分途。

4）该受体的表达必须局限于在同侧投射的视网膜轴突上，而在投向对侧的轴突上没有。小鼠的不交叉轴突几乎都来自腹颞侧视网膜。

最近 5 年来的研究取得了重要进展，揭示了几种调节轴突生长的分子在轴突分途过程中有关键作用。研究中发现的许多分子满足一项以上的标准，但是有两种分子可以满足更多的标准，它们就是 Eph 受体 B 亚家族和它们的配体 ephrin-B 以及硫酸软骨素蛋白聚糖。

（一）ephrin-B2 与 Eph-B1

ephrin 和 Eph 是一对配体和受体关系的分子，与许多发育进程相关，包括在丘脑和中脑中视觉投射空间次序的形成。在从蝌蚪到青蛙的变态过程中，蛙类的同侧通路发育较晚，并且依赖于甲状腺激素的水平。在此阶段，ephrin-B 表达于视交叉中线处，而表达 EphB 的细胞就是腹颞侧区域产生同侧投射的视网膜神经节细胞。另外，有人用脂质体法转染蝌蚪，使得未成熟视交叉处 ephrin-B 过度表达，结果导致了异常同侧投射的发生。这些结果都说明 B 族 ephrin 和它们的受体在同侧投射通路的形成中发挥至关重要的作用。

在随后的研究中，采用原位杂交的方法发现，ephrin-B2 在同侧投射的发育时期由小鼠视交叉中线处一些放射状神经胶质细胞表达。来自腹颞侧视网膜移植物的突起被 ephrin-B2 选择性抑制；而来自鼻侧视网膜突起的生长不受影响。此外，用 EphB4-Fc 封闭 ephrin-B2 的功能可以显著降低视交叉处细胞对腹颞侧轴突的抑制效应，明显减少脑片视觉通路中同侧投射轴突的数量。ephrin-B2 的受体 EphB1 只在同侧投射的腹颞侧视网膜上表达。缺少 EphB1 表达小鼠的同侧投射显著减少的结果提示此受体可能通过与视交叉处的 ephrin-B2 相互作用对形成视网膜的同侧投射发挥作用。

（二）硫酸软骨素蛋白聚糖

另一种能在视交叉处引导小鼠轴突分途的分子就是硫酸软骨素蛋白聚糖。这类蛋白多糖分子包含一个具有大量多糖侧链的核心蛋白，这种硫酸软骨素蛋白聚糖的侧链是硫酸软骨素氨基聚糖。它们可以介导细胞与细胞及细胞与胞外基质之间的多种作用，包括轴突生长和神经系统发育中的"寻路"过程。已经发现硫酸软骨素蛋白聚糖在大鼠视网膜中最先出现在中心部分，随后逐渐转向外周部分表达，而中心部分的浓度降低。这种现象所造成的浓度梯度使得轴突不能向视网膜外周部分生长，而是长向视神经盘。体外实验中视网膜轴突的生长可以被硫酸软骨素蛋白聚糖抑制，它可以对抗层粘连蛋白对于轴突生长的促进作用。

　　本实验室利用针对硫酸软骨素的抗体标记小鼠的视觉通路，发现该分子在产生同侧投射之前及在同侧投射形成的过程中位于视交叉中线处的视交叉神经元上，主要以phosphacan 的形式存在。功能研究表明，在轴突分途形成的发育阶段用硫酸软骨素酶去除小鼠脑片中视觉通路的硫酸软骨素可以使得视交叉处的同侧投射减少（彩图 11-12，另见彩图）。在轴突最初到达视交叉的发育早期进行这样的处理（如 E13）可以引起一些轴突错误投射到腹侧间脑其他的区域。以上结果说明该蛋白聚糖分子有多重功能。在发育的早期，硫酸软骨素参与引导早期轴突穿过中线生长（彩图 11-12）。在随后的时期，这种氨基多糖有助于轴突的分途投射的形成。另外，本实验室最近的一个体外实验表明，硫酸软骨素即使与层粘连蛋白一起铺被在培养盖片上也足以产生对腹颞侧移植物轴突的选择性抑制，但对鼻背侧的轴突则没有抑制作用。这种视网膜轴突的差异性反应在层粘连蛋白的浓度升高或降低后就观察不到了，说明硫酸软骨素与生长促进分子之间合适的比例对于在视交叉中线处产生选择性抑制是必需的。实际上，我们也观察到视交叉神经元上有数种生长促进分子，包括 PSA-NCAM、L1 和 FGFR。这些分子水平的改变可能调控轴突对视交叉中线处硫酸软骨素的反应性。但是硫酸软骨素结合分子是什么以及视交叉处不交叉轴突的生长锥上是否存在与硫酸软骨素相互作用的分子尚未可知，仍然有待进一步的研究。

（三）CD44

　　据报道小鼠视觉通路中的轴突分途发生时，有另一种表面结合分子 CD44 也存在于视交叉神经元上。CD44 是在淋巴细胞上发现的一种跨膜糖蛋白，许多其他组织（包括中枢神经系统）也有表达，它有一个透明质酸结合域；与透明质酸的结合对于淋巴细胞的归巢很重要，在其他组织中，CD44 的识别和黏附对于细胞间以及细胞与胞外基质之间相互作用也有重要作用。在小鼠中，CD44 可以抑制来自各部视网膜移植物轴突的生长。利用补体介导的抗体清除作用去除小鼠早期胚胎腹侧间脑表达 CD44 的细胞可以使视网膜轴突在到达视交叉中线前产生停滞，提示这些神经元的作用可能是引导轴突进入视交叉。在后来的研究中，我们发现在视交叉神经元上的 CD44 分子可以对轴突生长的调节发挥直接效应。在视交叉发育早期用识别 CD44 分子表位的抗体封闭培养脑片的视觉通路中 CD44 的功能，可以发现中线处的交叉纤维显著减少（彩图 11-13）。对 E13 的小鼠胚胎进行实验，发现许多应该在中线处进行交叉的轴突都停止生长，不发生交叉；一些轴突甚至转向沿中线朝视交叉前的区域生长，这个现象显示封闭 CD44 的功能后，轴突就不能穿越中线。在稍后的发育阶段，当来自腹颞侧视网膜的轴突到达视交叉时，干扰 CD44 的功能可以使同侧投射的纤维减少。这些结果显示除了 ephrin 和硫酸软骨素，

CD44 这种表面分子对于轴突转向同侧通路具有作用。而且这项研究说明 CD44 对于轴突跨越中线也具有关键的作用，而这种跨越对于小鼠视交叉是不可或缺的。当然，目前仍有大量不能解决的问题。例如，视网膜轴突上究竟是什么受体分子能与 CD44 相互识别，视交叉中线处 CD44 的功能发挥是否与免疫系统中一样需要结合透明质酸等。

（四）双眼纤维相互作用在同侧投射轴突转向中的影响

　　轴突在视交叉中线处遇到前面列举的抑制性分子后，生长减缓或暂停。有足够的证据显示腹颞侧轴突对这些信号有特殊反应，表现出更长时间的暂停和更复杂的生长锥形态。暂停后轴突必须对另一种引导它们转向并朝同侧视束生长的信号产生反应。在胚胎早期对于小鼠和大鼠进行单眼摘除实验发现了该信号存在的证据。在视觉通路发育早期视网膜轴突到达腹侧间脑前实行胚胎的单眼摘除，剩余眼睛中的视网膜轴突在视交叉处缺乏与来自对侧眼睛的纤维的相互接触，同侧投射轴突的数量大大减少（图 11-14）。将

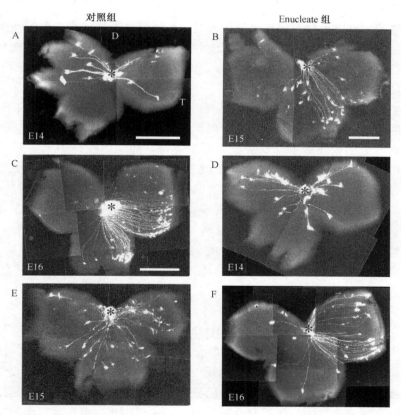

图 11-14　荧光图像显示双眼纤维在视交叉处的相互作用对于小鼠视觉通路中轴突正常分途模式的形成非常重要（引自 Chan et al. 1999）

A～C. 用 DiI 逆行标记视束显示同侧视网膜中投射不交叉轴突的节细胞。在对照组胚胎中，最早的不交叉轴突只来自位于视网膜中央的细胞（A）。在以后的阶段（E15～E16），投射不交叉轴突的节细胞群主要位于腹颞侧视网膜（B～C）。D～F. 于小鼠胚胎期 E13 时摘除一只眼睛，造成剩余眼睛的同侧通路减少。同时来自视网膜中央的早期不交叉轴突却不受不交叉轴单眼摘除的影响（D），来自腹颞侧视网膜的主要的不交叉轴突大幅减少（E～F）。D：背侧；T：颞侧。＊表示视神经盘。比例尺：A～C.1mm

顺行追踪剂注入单眼摘除后剩余眼球视网膜的腹颞侧，发现在视交叉中线处形态复杂的生长锥堆积在一起，提示没有来自另一只眼睛的交叉轴突，此侧的不交叉轴突就不能转向同侧视束，而是停留在中线位置。早期摘除单侧眼球的鼬也可以观察到类似的同侧投射纤维的减少现象，说明来自两眼轴突的相互作用对于哺乳动物视交叉处形成正确的轴突分途是非常关键的。这种相互作用的分子机制尚不清楚，可能与本侧不交叉轴突与来自另一只眼睛的交叉轴突的成束现象有关。目前已经了解一些在小鼠视觉通路中能介导轴突成束的分子，如 L1、NCAM 和 TAG-1。然而，有些这样的细胞黏附分子在视觉通路中有区域特异性的表达；举例而言，NCAM 在中线处下调，而 L1 和 TAG-1 则主要表达在轴突通过视交叉的整个过程中。这些特殊的表达模式究竟怎样与视交叉处双眼轴突的相互作用相联系还有待继续研究。

（五）影响轴突分途的调节基因

小鼠视交叉处的轴突分途模式有赖于来自视网膜轴突不同的行为学特征，因此来自腹颞侧视网膜的轴突在中线处遇到引导信号时生长减缓，而那些来自鼻侧视网膜的轴突则不会对这些信号发生反应，而是交叉投向对侧脑区。这种差异可能依靠这些信号表面受体的区域特异性的表达，如前面讨论的 EphB2。但是决定这些引导轴突分途受体之所以产生区域特异性表达的机制还不清楚。

最近在小鼠视觉通路研究中报道了另外一种机制。发现了锌指转录因子 Zic2 在小鼠视网膜中的表达；而其表达范围局限于向同侧视束投射轴突的腹颞侧视网膜节细胞。在经过遗传修饰的小鼠胚胎中，Zic2 表达水平下调，而同侧投射的轴突减少。对视网膜移植物的功能获得性分析显示 Zic2 足以改变视网膜轴突的生长行为，使交叉轴突对于视交叉神经元细胞的抑制信号所产生的交叉模式转为不交叉模式。所有这些结果表明 Zic2 通过决定轴突在视交叉中线处的投射模式而对于确定视网膜节细胞性质具有至关重要的作用。还有一种假设，即 Zic2 可以调节 EphB2 受体在腹颞侧轴突上的表达，从而控制轴突对视交叉中线处相应抑制信号的反应。但是这种假设还没有实验可以证明。另外，Zic2 也可能调节轴突对视交叉中线处其他导向信号的反应，如硫酸软骨素蛋白聚糖。

七、中线后轴突生长的调控机制

虽然已经有许多研究报道了视交叉中线处调控轴突分途的分子机制，我们对在视交叉中线后区域及视束中介导轴突重排过程的分子还知之甚少。在视交叉中线处，视网膜轴突的生长锥在整个纤维的各层均有分布。但是当轴突到达视束，视网膜轴突的生长锥却偏向软膜下区域，靠近间脑表面（彩图 11-15）。这样的重新排布在视束中产生了一个与时间有关的轴突排列次序，最先到达的轴突位于最深层，最晚的位于最浅层。这个过程可以通过分子的局部定位实现，抑制性分子局限于视束的最深层，或吸引性分子表达在视束的软膜下区域。

最近的实验显示小鼠胚胎视束中有视交叉神经元或放射状神经胶质细胞产生的硫酸

软骨素蛋白聚糖的分布，产生时间是在轴突到达该段通路时。此种轴突生长抑制性分子被限定在视束的深层部位，与生长锥的位置相对，提示时间相关的轴突排列次序可能受到由区域性限制分布的硫酸软骨素蛋白聚糖调控。为了证实这个假设，在用酶分解了的小鼠培养脑片视觉通路的视束中的硫酸软骨素后，观察了其中轴突次序的变化。结果发现在没有硫酸软骨素的情况下，视网膜轴突生长锥分布于视束不同深度的各个层面中，而不是局限于表面，该实验支持了时间相关的轴突排列次序可能是由限制性分布的硫酸软骨素蛋白聚糖产生的观点。

实验中一个有趣的发现是已经跨过中线的视网膜轴突在视束中对硫酸软骨素产生抑制性作用，但是对中线处令不交叉轴突转向的硫酸软骨素却没有抑制性的反应。对于视束中的这种获得性反应的一个可能解释就是视网膜轴突表面结合分子发生了改变，包括硫酸软骨素结合伴侣，它能使轴突在视束出现抑制性反应模式（彩图 11-15）。在小鼠视束中已经发现了这种膜结合分子表达改变的证据，其中包括 NCAM 和 FGFR 表达的上调。这种膜分子表达的转变在脊髓联合处轴突的生长中已被证明，轴突朝向基板生长时它们表达细胞黏附分子 TAG-1，穿过中线后轴突就不再表达 TAG-1，却转而表达 L1，使其能与纵向纤维束中 L1 阳性的轴突簇生。值得注意的是，小鼠视觉通路与脊髓的联合系统不同，这种改变不是在中线处发生，而是发生在远离中线一定距离的区域。

除了与时间相关的排列外，视觉轴突在视束还必须根据它们胞体沿视网膜背-腹轴的位置自发分类。小鼠轴突的这种分选过程发生在视交叉中线后区域。对于那些可能将背侧轴突与腹侧轴突分开的分子的研究已经证明，NCAM 和 L1 的优先定位在背侧轴突而不是腹侧轴突。这个结果让我们想到一种可能性，即视交叉中线后的轴突分选可能是依靠背侧轴突上细胞黏附分子表达的区域调控来实现的；因而背侧轴突可以通过与细胞黏附分子的嗜同种受体结合或与视束周围的导向信号反应与腹侧轴突分离。进一步理解视束中轴突的排列模式还需要更多的实验研究。

八、总　　结

本节中我们讨论了一些在哺乳动物视觉通路发育研究中的重要发现，该通路的发育有赖于视网膜节细胞轴突与它们在通路中不同节段中的导向信号的相互作用。视交叉是一个特殊的区域，这里的细胞可以产生丰富的导向分子，影响中线处和与视束交接处轴突的生长状态和生长方向。除轴突-神经胶质细胞或轴突-神经元相互作用外，我们还发现轴突-轴突相互作用以及细胞表面分子的区域特异性表达在轴突分途和路径选择模式中的重要性。另外，轴突的寻路也依赖于视网膜中节细胞的特化。节细胞轴突沿通路对导向信号产生的行为学特征是由其中转录因子的区域特异性表达决定的，这些转录因子调节视网膜生长锥表面受体的表达。我们希望这些研究结果不仅可以提供关于视觉通路形成的知识，也能阐明一些重要规律，在其他神经通路中也发挥控制轴突生长及生长方向的作用。

（陈新安　王　君　撰）

第三节　视神经的再生及可塑性

一、视觉通路是研究神经可塑性的理想模型

在研究中枢神经系统的发育和可塑性中，视觉系统是十分重要的模型。理由是：①视觉系统各部分已有了很好的描述；②视觉世界的图像被保存在脑的视区内，这些图像可在实验条件下改变；③视觉系统的各部分之间有相当大的动力学上的相互作用；④视网膜和视神经是唯一可以接受实验性的处理而不会直接影响中枢神经其他部分的地区；⑤与其他感觉相比，视觉影像较易控制。

视觉影像在视网膜的后面（接近色素上皮的一面）被感受器接受以后，经双极细胞传送到节细胞。有两列中间神经元（水平细胞和无长突细胞）在转接处对传入进行修饰，节细胞的轴突跨越视网膜的表面，在视盘处离开眼球进入视神经。按照动物的不同，单侧眼的部分或全部视神经轴突在视交叉处越过中线到顶盖，沿途发支到一些核群，最有意义的是到背外侧膝状体。该核内的细胞发出轴突到初级视皮质（17 区），主要终于皮质的中间数层。视皮质分成一系列的层次（从表面到深面依次为 I～VI），各层的特征是含有一定形状的神经元胞体。细胞的树突可以穿越数层，甚至是那些具有特定形状的，仅位于某一层的胞体也是如此。依细胞所在的层次不同，有些细胞的特点是投射到其他地区。

上丘也是由一系列的层次构成，但分层是由于纤维束与胞体密集相间，浅层与视传入有关，深层与听和本体感觉传入有关。其他接受视传入的地区，将提及的有视交叉上核、腹外侧膝状核和顶盖前区。

二、成年哺乳动物视纤维损伤后的反应

切断成年啮齿动物的视神经或视束会导致视纤维的溃变和视网膜神经节细胞的死亡，视网膜神经节细胞的核糖核酸含量也降低。在逆行性溃变前，一些损伤的纤维显示出夭折发芽的现象，但没有观察到新生的纤维可以生长过损伤区。能够促进外周神经再生的预先损伤法，在视神经则不能导致损伤纤维的再生。然而在成年小鼠的视网膜，或成年金黄地鼠的视纤维损伤后，可以观察到少量视纤维的再生。

三、发育阶段选择性损伤哺乳动物视觉系统后视纤维的可塑性

在出生后初期选择性地损伤金黄地鼠的视觉系统会改变视纤维的生长情况，但过了某些特定的年龄才损伤视觉系统，这些改变便不再发生，这一年龄称为"转折点年龄"。不同的动物有相同的转折点年龄。但同一类型的纤维在不同情况下损伤后却有不同的转折点年龄（图 11-16）。现在对影响转折点年龄的因素已有所了解。左眼的视纤维没有占领在转折点年龄后提供的"空闲"投射区。

（一）纤维长入邻近的去神经支配地区

正常金黄地鼠的视网膜神经节细胞主要投射到对侧上丘的浅层（图 11-16A）。如把初生的金黄地鼠的右上丘浅层除去及上丘的中线组织损伤，左眼的视纤维除了投射到还存活的右上丘深层外，还会跨过中线，投射到左上丘内侧的 1/3 区（图 11-16B）。左上丘的其余浅层区仍如正常动物那样由右眼投射的视纤维所支配。如右眼在出生后也除去，左眼的视纤维在跨过中线后，便会投射到整个左上丘的表层（图 11-16C）。这些结果说明纤维要互相竞争投射区。两只眼睛的视纤维在一个上丘内竞争投射区与纤维的密度有重要关系。初期两组纤维是重叠的，到纤维的数量达到某一个密度时才分开（图 11-17）。

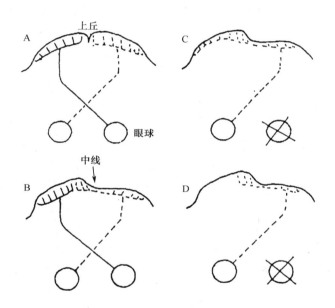

图 11-16　不同发育时期损伤后视网膜顶盖投射的模式

A. 正常视纤维投射到对侧上丘的模式图。实线代表右眼的视纤维，虚线代表左眼的视纤维。此图与以下的图都没有显示同侧视纤维的投射。B. 在出生日损伤右上丘后视纤维投射到上丘的模式图。在左上丘内除了有正常的右眼投射外，还有从右上丘跨过中线的左眼投射。C. 在出生日损伤右上丘及出生日到出生后 12 天内除掉右眼后左眼视纤维投射到上丘的模式图。左眼的视纤维占领左上丘"空闲"的投射区。D. 在出生日损伤右上丘及在出生后 14 天后除掉右眼后左眼神经纤维投射到上丘的模式图

当跨过中线的左眼视纤维密度较低时，左眼和右眼的视纤维重叠（图 11-17）。当左眼视纤维密度增加时，右眼的视纤维会移离左上丘内侧的 1/9 区（图 11-17）。重新穿越过中线的纤维竞争投射区的能力与年龄有关。对右上丘在出生后立即损伤的情况下，

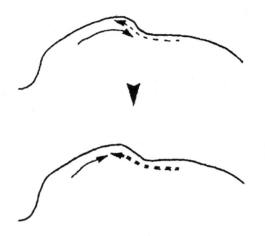

图 11-17　左右眼视纤维在左上丘内竞争投射区
模式图

右眼不是在出生那天而是迟一些才除掉时，左眼的视纤维依然能投射到整个左上丘。但如右眼在一个转折点年龄后才除掉，左眼的纤维便丧失竞争能力。当右眼在出生后 10 天内除掉，左眼视纤维在左上丘内的分布便减少很多。如右眼在出生后 14 天才除去时，视网膜投射模式类似于只损伤右上丘的情形。再横越中线的纤维只限于投射到左上丘内侧的 1/3 区内（图 11-16D）。看来当转折点年龄达到后，即使有"空闲"的投射区去占领，但轴突和轴突末梢也不会向这些区域内生长。

（二）"投射量守恒"假说与转折点年龄后损伤视纤维的激活

文献上也有一些其他的实验说明只有在转折点年龄前的脑损伤才会导致纤维不正常的生长。但也有例子显示脑的某些部分在成年损伤后依然表达一定程度可塑性的能力。年龄对脑的可塑性会有怎样的作用？为了回答这个重要的问题，从实验的结果中总结了一个假说，试图说明为什么纤维会丧失投射"空闲"投射区的能力。这个假说就是"投射量守恒"。含义是"一个细胞的基因已决定这个轴突的投射量，这个投射量等于突触的数目。当这个细胞的轴突进入分支生长期时，它的生长竞争能力与已完成的投射量或突触的数目成反比。所以，当已完成的投射量越多时，它与其他轴突竞争投射区的能力便相对减少，直至它的生长能力完全消失。"所以，推论在上节谈及的实验中，在 14 天或迟些把右眼除掉，左眼的视纤维也不会生长入没有视纤维的投射区，是因为视纤维在 14 天时已在上丘及丘脑建立起全部的投射（图 11-18A）。至少它们已建立起足够的投射使他们的竞争能力消失。于是估计如把这些动物（右上丘在出生日去掉及右眼在出生后 14 天或以后除掉）丘脑正常和不正常的视投射除掉或"修剪"一些的话，就可以激活视纤维在上丘多建立一些新的投射。实验方法是把右后侧大脑皮层与右眼同时除掉，这会令到丘脑的视核团缩小而视投射也相对减少，轴突在左上丘的投射增加（图 11-18B）。实验结果与我们的推论是一致的。当大脑与眼在转折点年龄 6 天或 16 天（等于出生后 20 天或 30 天）后除掉，左眼跨过中线的视纤维成功地在左上丘内建立起新的投射说明把神经纤维在丘脑"修剪"后，确实激活这些纤维的生长能力。

金黄地鼠的右上丘和右眼在出生日损伤后，左眼在左上丘的不正常投射比较多。行为实验的结果说明这些动物的不正常投射是有功能的。现在还不清楚在转折点年龄后才生长到左上丘的不正常投射是否也有功能的表现。

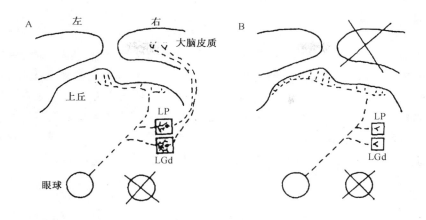

图 11-18　"修剪"激活视纤维在靶区的生长

A．在出生日损伤右上丘及在转折点年龄后除掉右眼后，左眼视纤维在上丘和脑的异常
投射模式图。左眼视纤维在左上丘的投射范围与没有去掉右眼的动物相同。丘脑的后外
侧核（LP）与外侧膝状体背核（LGd）均有异常多的 UC 投射。B．"修剪"后激活视纤
维在左上丘的生长。动物在出生日损伤右上丘，转折点年龄后除掉右眼及同时除掉后侧
大脑皮层，LP 和 LGd 均萎缩。左眼视纤维生长到整个左上丘表现

（三）视纤维穿过损伤区的生长或再生

　　另一组实验着重研究视纤维在上丘臂处损伤后对视纤维生长和视行为的影响。金黄
地鼠的右上丘臂在出生后不同时间损伤，3 月龄时在视野的各部分给予刺激，检查动物
的视觉朝向反应。接着用顺行性溃变和放射自显影技术来追踪左和右眼的视投射。在出
生后第 4 天或以后损伤右上丘臂，没有纤维能生长过损伤区（图 11-19）。这些动物对左
边视野区的刺激没有朝向反应，但视纤维在丘脑的投射发生异常，例如投射到后外侧核
和外侧膝状体腹核的外层。上丘臂在出生那天到出生后第 2 天被损伤的动物其情况便不
一样了，它们的视纤维区各个部分的刺激有朝向反应，但也有一些动物的右侧视野没有
朝向反应。最近用辣根过氧化物酶来重复了形态这部分的实验，结果是一致的。这些结
果说明朝向是依赖视纤维与上丘的联系。如果这些联系在动物出生初期（3 天以内）被

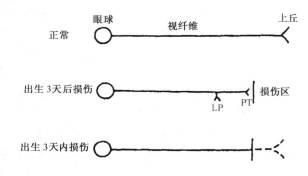

图 11-19　正常和初生时损伤上丘臂的视纤维投射到上丘的模式

损伤，朝向反应会被保留。但如在出生后 4 天或以后才被损伤，朝向反应就不存在了。在丘脑的不正常视投射对这一行为的保留没有作用。

在出生后 3 天内损伤上丘臂后，视纤维生长过损伤区并与上丘建立有行为功能的联系。这些纤维是一些损伤后再生的纤维还是一些未被损伤（损伤时还未生长到上丘臂）的纤维继续生长而来的还有待进一步的研究。但相信纤维再生是很有可能发生的。特别是在出生后第 2 天，因为从视纤维在视神经的数量和视纤维在同侧上丘的投射密度来推测，在出生后第 3 天差不多全部的视纤维已长到上丘臂。所以在这天损伤上丘臂，全部视纤维被损伤的机会很高。其他研究的结果也说明早期损伤的中枢神经是有再生能力的。

（四）出生 3 天以后损伤的视纤维不能生长过损伤区的原因

因为视纤维在出生后 10 天内有明显的生长能力，所以视纤维在 4 天或以后被损伤后而不能穿过损伤区不是因为视纤维没有生长能力，估计是与胶质细胞的改变有关。最近的研究说明中枢神经系统内的少突胶质细胞和星形胶质细胞能产生神经抑制因子抑制神经纤维的再生。

出生 3 天或以前损伤的视纤维能生长过损伤区并投射到上丘，出生 3 天后损伤的视纤维不能生长过损伤区但有异常投射到丘脑后外侧核（LP）和前顶盖区（PT）。

1）少突胶质细胞和中枢神经系统髓鞘内的抑制因子。Schwab 和他的研究小组通过组织和细胞培养实验发现，在少突胶质细胞和中枢神经系统的髓鞘内存在着某些神经生长抑制因子。这种抑制神经生长的成分现已被确认为两种蛋白质，相对分子质量分别为 35kDa 和 25kDa。用 "RI" 单克隆抗体来标记少突胶质细胞的研究中，Schneider 的小组发现金黄地鼠的未形成髓鞘的少突胶质细胞在上丘臂的出现是在出生后 3 天。这个结果可以部分解释为什么视纤维在出生 3 天后被损伤就不能再生，可能是由于少突胶质细胞分泌的神经生长抑制因子作用的结果。

2）星形胶质细胞的抑制因子。在出生 3 天后损伤视纤维所形成的胶质瘢痕可能是纤维不能延伸的另一个原因。该疤痕主要是由增大的星形胶质细胞的突起和相关物质组成的致密网状结构。胶质瘢痕的致密性或三维的几何结构形成一个屏障，阻止轴突的生长。最近有证据表明，瘢痕中的星形胶质细胞分子特性的变化可能也使中枢神经不能延伸。这些分子是 cytotactin/tenasin（CT）和硫酸软骨素/硫酸角质素蛋白聚糖，（chondroitin sulfate/keratan sulfate，proteoglycan，CS/KS-PG）。最近这些工作是 Silver 的研究小组在成年动物上进行的。在发育中的脑组织受损伤后的胶质瘢痕是否有同样的抑制因子有待研究。

总的来说，以上的结果说明在发育的不同阶段损伤上丘臂对视纤维能否再生有重要关系。轴突周围的环境如少突和星形胶质细胞产生的神经生长抑制因子对中枢神经再生有决定性的作用。另外很多研究说明外周神经系统损伤后可以再生，主要是因为外周神经系统的胶质细胞（施旺细胞）不但没有神经生长抑制因子，而且还能产生多种神经营养因子促进外周神经系统再生。所以把中枢神经的周围环境变成外周神经系统的环境就能促进中枢神经的再生。把外周神经移植到中枢神经系统内便是改变中枢神经系统环境的一个方法。

四、外周神经移植能使再生轴突长距离生长

外周神经移植工作开始于 1911 年，由 Tello 进行，但是他未得到令人信服的结论。直到 20 世纪 80 年代初，Aguayo 和他的同事重新开始系统地运用这种技术进行研究，通过移植一般外周神经到中枢神经系统的不同区域，显示出中枢神经系统中不同类型的神经元在轴突损伤后都可再生出纤维到移植的外周神经中，有的可长达几厘米。这一系列的工作使科学家们相信，在提供合适的环境条件下中枢神经元确实能够再生，同时也证实了中枢环境不利于神经再生的论点。由此激发人们去寻找中枢神经系统中的抑制因子，正如前面论述的那样。能再生出纤维到外周神经移植物中的神经元有脊髓、脑干、丘脑、大脑皮层和视网膜中的神经元。视网膜模型是 1985 年由 So 和 Aguayo 提出的。由于视觉系统的解剖、生理、生化等方面的研究较易入手，因此已被用来系统地研究再生方面的各种问题。由于视网膜模型能提供大量的损伤轴突和进入移植物中的再生纤维，因此利用它来研究再生问题较易得到明确的结论。

下面将系统地论述在视网膜模型上的神经再生的研究工作。

（一）损伤后的视纤维在外周神经移植物内的再生

为了给属于中枢神经系统的视系统提供一个新的外周神经环境，将一般长约 2cm 的自体坐骨神经移植到视网膜，1 个月后，在坐骨神经移植段的尾端给予辣根过氧化物酶（HRP）以标记大白鼠或金黄地鼠视网膜中再生纤维到移植物内的细胞（图 11-20A）。被标记的细胞均为视网膜节细胞，分布在自移植神经插入到视网膜边缘之间的带状和扇形区内，神经元的数目与外周神经插入视网膜的位置有关：若插入处距离视网膜的边缘较近，则标记的细胞较少；离边缘较远，标记的细胞则较多。视网膜内其余区域的细胞并无纤维再生到移植物内。

为了观察再生纤维是否起源于视神经的轴突侧芽，用两种不同的荧光染料分别标记投射到坐骨神经移植段和视束的节细胞。将真蓝（true blue，TB）置于坐骨神经移植段来标记细胞质，而把核黄置于切断的视束以标记细胞核。如在视网膜中有双标记细胞，即在一个细胞中，细胞质呈蓝色，细胞核呈黄色，则意味着该细胞既有纤维在视神经内又有纤维生长入移植的外周神经中，即节细胞轴突的侧芽向移植的外周神经中生长。在大白鼠或金黄地鼠的实验中未发现任何双标记神经元。由此可知，移植物内的再生纤维是来自轴突受到损伤的神经元细胞，而不是未受损伤神经元轴突的侧芽。

只有轴突受到损伤的神经节细胞才能再生出新的轴突进入移植物内的事实为以下两个现象提供了解释。其一，说明了为什么只有节细胞才会生出纤维到外周神经移植段内，因为视网膜内的其他类型细胞都不具有轴突，因此在外周神经植入过程中它们不会受轴突损伤；其二，说明了为什么把外周神经移植到视网膜的不同部位时，轴突再生并进入移植物的神经元总是分布在移植区附近。少部分神经元虽然分布较远，但它们的轴突也穿经该区附近，因而在植入外周神经过程中轴突也被损伤。

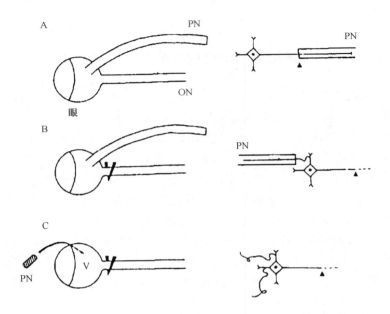

图 11-20　手术方法（左侧）与相应轴突损伤后视网膜神经节细胞反应
（右侧）的模式图

A 左．自体外周神经（PN）移植到视网膜。ON：视神经。右．损伤的轴突端与
PN 移植物接触可导致再生的轴突向移植物（PN）延伸。箭头示损伤部位。
B 左．PN 移植到视网膜，同时夹压眶内的视神经。右．当 ON 内的损伤轴突不能
再生时，位于移植物与视圆盘之间的视网膜神经节细胞则生出轴突样突起向移植
物中长距离生长。C 左．一小段 PN 植入眼玻璃体（V）内，并在眶内将 ON 夹
压，PN 与视网膜没有直接接触。右．从视网膜神经节细胞或树突生出轴突样突
起。在此实验条件下轴样突起在视网膜内各层的延伸是随机的

（二）视网膜节细胞在再生过程中的行为

　　不同大小的视网膜神经节细胞均能再生进移植物内。有一些再生的细胞体积较正
常，有些明显增大，在鱼类也观察到类似的现象。

　　1）再生的视网膜神经节细胞树突上的棘状突起。神经节细胞在正常发育过程中树
突上有棘状突起（spine like process，SLP）发生。由于这些棘状突起的形成和消失与
视网膜内网层中突触发生有时间上的相关性，推测这些棘状突起可能是双极和无长突起
形成突触的部位。当节细胞发育到成体形态时这些过渡性的棘状突起即消失。

　　现已清楚地知道，轴突损伤后的输入联系可能丧失和（或）重新组织。因此，一个
轴突损伤的节细胞再生以后如重新获得功能，除了需要视轴突与空的靶神经元重新连接
外，还需重新建立与双极和无长突细胞适当的突触关系。使用细胞内注射 Lucifer
yellow 方法，揭示了轴突再生入外周神经（PN）移植物的节细胞树突上的棘状突起随
着轴突损伤后时间的增加，逐渐地缩回或退化。因此，有理由推测这种棘状突起可能是
传入成分形成突触的部位，正如在发育期间所产生的情形那样。由此可见，损伤的成体

哺乳动物的视网膜神经节细胞通过有利的刺激，在树突上产生突起重新确立它们的输入联系，重复了发育阶段节细胞的形态特征。

2）再生的视网膜神经节细胞的树突分支模式的变化。使用 Lucifer yellow 细胞内注射或还原银染色法，可观察到再生纤维进入外周神经移植物的视网膜神经节细胞在不同的移植后时期的树突形态，用 Shell（1953）的同心圆方法对树突的分支模式进行分析，并与正常视网膜节细胞进行比较。实验结果表明，在轴突损伤和外周神经移植后，节细胞树突分支的数量和分支展列的复杂性明显减少，随着移植后时间的增长，树突的复杂性呈连续下降趋势。

再生的视网膜节细胞树突复杂性的变化，可能是由于同一种神经节细胞的树突与外周神经移植物的反应不同，或者是不同种的神经节细胞的树突与外周神经植物的反应不同。最近 Thanos 小组的研究说明巨噬细胞抑制因子（macrophage inhibitory factor, MIF）注射到眼球内，可以大量减少再生视网膜节细胞树突的退化。

3）视纤维在移植物内的再生速度。用 HRP 逆行标记的方法研究视纤维在移植的坐骨神经内的再生速度。结果表明，再生最快的纤维在移植手术 4 天后即可长入坐骨神经内，在坐骨神经内的再生速度为 2mm/天。这个速度与发育中的视纤维的生长速度很相似（大白鼠 1.9～2.44mm/天；金黄地鼠 1.4～1.9mm/天），但与成年哺乳动物外周纤维的再生速度[（4.4±0.22）mm/天] 相比便慢得多。这表明，虽然外周神经可以提供一个有利于视神经纤维再生的环境，但它们的再生速度还是由细胞体的一些内在因素所控制。

选用 HRP 逆行标记法研究再生纤维生长速度的原因是因为长得最快的纤维数量不多，标记细胞体易于观察，从而可以比较灵敏和准确地测得再生纤维的长度。最近，加拿大的研究工作者用氨基酸顺行追踪的方法，得出视纤维再生的最大速度是每天约 1.5mm，与 HRP 逆行标记法的结果很相似。

在将坐骨神经段移植到视网膜的同时夹压视神经，发现再生视纤维进入移植物内所需时间由 4 天减为 3 天。促进视神经再生的原因尚不清楚，很可能与视神经损伤导致的视网膜内的胶质细胞和巨噬细胞反应有关。Richardson 等的研究说明，在损伤轴突的胞体附近直接注射巨噬细胞能促进神经的再生。

（三）外周移植物促进神经再生的机制

1. 坐骨神经移植物对损伤视网膜节细胞再生纤维的主动吸收和引导作用

移植到视网膜的坐骨神经段似乎能主动地吸收或引导再生的视纤维进入其内，而不是被动地"拦截"路经移植区向视神经盘生长的再生纤维。这一结论是来自对再生纤维不可能被移植物"拦截"的损伤节细胞的研究。其方法是移植坐骨神经的同时，在移植处和视神经盘之间再损伤一些视纤维。逆行 HRP 标记结果表明，除了移植处到视网膜边缘的带状区有标记细胞外，在移植处和视神经盘之间也发现有标记细胞，说明这些细胞也有纤维再生进入坐骨神经内。

当在眶内神经上而不是在视网膜上做一额外损伤时获得了类似的结果。利用这一模型和银染色技术，可以显示位于移植和视乳头之间标记细胞的形态学细节，发现一些细胞的损伤轴突并不向移植物生长，向移植物中生长的神经突起是一个新的轴突样突起

(axon like process，ALP)，这个突起发自损伤神经元的胞体或树突（图 11-20B）。这个结果说明，在中枢神经系统的环境中，靠近损伤神经元的外周移植物分泌营养因子刺激神经细胞生长。因为损伤的轴突在视神经环境中不能再生（由于视神经中有髓鞘），轴突样突起就从细胞体或树突上发生，并被引导到移植物中，这也说明中枢神经再生时具有明显的形态上的可塑性。

2. 移植的坐骨神经吸引或诱导再生纤维的机制

认为至少有两种可能性：①坐骨神经可能释放一些可扩散的化学物质来吸引损伤的纤维；②施旺细胞或其他细胞有可能从坐骨神经段迁移到视网膜内引导再生纤维进入坐骨神经段内。最近将成年金黄地鼠的坐骨神经和视网膜一起培养，显示出坐骨神经段能释放一些可扩散的营养物质影响视纤维再生的数目和方向。

另一个实验也证明周围神经能释放可扩散的、促进神经再生的营养物质。将眶内视神经压榨后，再将一段（2mm）自体坐骨神经通过巩膜与角膜的交界处插入到玻璃体内（图 11-20C）。周围神经通常是附着在晶状体内的内表面。动物存活 2 周后，用银染色法观察视网膜神经节细胞的形态，发现 332 ± 99（$n=8$）个节细胞从树突和细胞体生出一个或多个轴突样突起，主要局限于神经节细胞层和内网织层，并可存活 2 个月以上。在视神经经压榨后，如果没有周围神经插入玻璃体中则没有轴突样突起出生。由于玻璃体内的周围神经没有直接接触视网膜节细胞，因此可能是周围神经释放了某种可扩散的营养因子诱导某些轴突损伤的、又无法从损伤轴突处再生的神经节细胞的细胞体或树突生出新的突起。同时也发现这种具有轴突样突起的节细胞的数量在靠近移植物处较多。这种说法已被证实，注射坐骨神经的分泌物到眼球内，同时把眶内视神经切断，可观察到和上述实验相同的结果。

在外周神经移植到视网膜的实验中，只有少量节细胞发出再生纤维进入移植物内，这类细胞最多占损伤细胞总数的 10%，可见坐骨神经段所释放的营养物质并不能同等程度地影响所有损伤的节细胞；另一个可能性是由于损伤后的纤维溃变及萎缩，因而使损伤纤维距移植区太远，不能被移植的周围神经释放的营养物质所影响。

坐骨神经内营养物质的来源可能来自施旺细胞。最近英国的研究人员在大白鼠及我们在金黄地鼠上用冰冻和解冻的办法先杀死坐骨神经内的施旺细胞，再将该坐骨神经移植到视神经上，发现损伤了的视纤维基本上不能生长进入处理过的坐骨神经内。虽然经冰冻和解冻处理后的坐骨神经内的基膜依然完整，却不能导致视神经的再生。基膜上的层粘连蛋白（laminin）曾被视为神经纤维再生的一个良好生长底物，但在坐骨神经移植的模型中，单有层粘连蛋白而没有施旺细胞不能导致视纤维的再生，看来是由于施旺细胞分泌了营养因子有利于再生。

五、神经营养因子促进节细胞损伤后的轴突再生

哺乳动物的视网膜节细胞用于神经营养因子作用的研究已有多年，迄今为止，在已知的营养因子中，BDNF、NT-4/5、FGF 以及 GDNF 可以促进节细胞的存活，但对轴突的再生作用却非常有限，仅有 NT-4/5 能促进轴突在体外的生长和在体内的分支与发

芽的报道，而 CNTF 的作用却相反，可以显著促进节细胞轴突的再生。我们的研究表明，眼内注入 CNTF 可显著促进节细胞的轴突再生。多次注入 CNTF 后，高达 26％节细胞的轴突再生进入周围神经移植物。另外，CNTF 还能使非常少量的节细胞的轴突（约 0.5％）穿越夹伤部位进入视神经远侧段。研究表明，CNTF 的受体 CNTFRot 及其mRNA 在发育视网膜中高度表达，视网膜神经元损伤后 CNTF 的表达水平出现显著改变，这表明 CNTF 在视觉系统的发育和视网膜损伤的反应中可能起着非常重要的作用。

环磷酸腺苷（cAMP）是细胞内重要的第二信使，对调控细胞的多种功能和增殖有重要作用。近年来一个令人感兴趣的发现是它除了有抗神经元凋亡的作用外，还能改变神经元对可扩散营养因子的反应。联合应用 cAMP 和 CNTF 不但能促进大量节细胞轴突在桥接的周围神经移植物内的再生，还能促进节细胞的存活（图 11-21A）。这种促进节细胞存活的作用，是单独应用 cAMP 或 CNTF 无法达到的。CNTF 尚可促进其他因子发挥有限的作用。节细胞轴突的髓鞘内存在阻碍轴突再生的抑制性分子 Nogo，单独应用 Nogo 特异性抗体 IN-1 难以使眶内或颅内切断的视神经再生长入周围神经移植物或促进眶内夹伤的视神经再生。而 IN-1 和 CNTF 的协同作用却能显著促进视神经的再生（图 11-21B）。因此，鸡尾酒式联合干预措施将是今后视神经损伤后修复再生研究和治疗的重要方向。

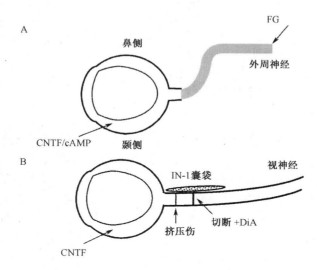

图 11-21　鸡尾酒式联合干预措施促进视网膜节细胞的再生

A. CNTF/cAMP 植入眼内也可显著增加再生节细胞的数量；
B. 同时 CNTF 植入眼内及视神经受损处周围放置含分泌 IN-1 特
异性抗体的细胞囊袋可使少量损伤纤维再生穿过夹伤区域

六、再生视纤维的功能重建

（一）再生视纤维与靶区细胞建立的突触联系

为了研究再生的视纤维能否与它们正常的靶区建立突触联系，Aguayo 和他的合作者将大白鼠的坐骨神经移植到切断的视神经上，经一定存活时间后再将坐骨神经的另一端植入上丘（图 11-22），发现一些再生纤维进入上丘，进入的最大距离约 0.5mm，更为重要的是他们观察到 HRP 标记的突触，这些突触与正常视纤维和上丘神经元之间的突触形态类似。

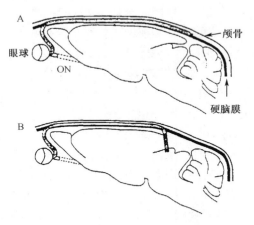

图 11-22　移植的外周神经连接大鼠或金黄地
鼠视网膜和上丘

A. 自体外周神经段的一端连接到视神经（ON）的
眶内切断端，另一端放在头骨上；B. 8～10 周后，
将外周神经的游离端植入上丘中，存活 2～18 个月
以后，将顺行运输的标记物注射到眼球玻璃体中以
标记再生的神经节细胞的轴突和末梢

但再生的视轴突进入外周神经移植后其特异性是否有改变仍有不同看法：一种认为特异性发生变化，因此再生的纤维可与非原来的靶器官形成突触联系。例如，视神经的再生纤维可与小脑的颗粒细胞建立联系，但正常情况下不与小脑细胞直接接触。另一种看法认为，再生纤维的特异性未发生改变，只是小脑组织的某类细胞重复了视神经正常靶区的特异性，而没有这种特异性的其他小脑组织则不能与再生的视纤维形成突触。Thanos 小组发现把坐骨神经的另一端植入不同的视觉系统靶区（上丘、顶盖前区）可以选择性地保留不同种类的视网膜节细胞，说明再生视纤维的特异性没有改变。

（二）再生的视纤维的生理和行为功能

在发现损伤的神经纤维能大量再生入外周神经的移植物后，需知道它们是否具有正常的生理功能？在大白鼠和金黄地鼠的坐骨神经移植物段内做单根纤维记录，用光刺激眼，记录到很多纤维的光反应，其中一部分有类似正常节细胞的反应，如可以记录到"给光反应"、"撤光反应"及"给光-撤光反应"单位。但在移植手术后 9～48 周的大白鼠中，对光有反应的单位逐渐减少。这意味着外周神经段不能永远保持再生纤维的生理功能，可能是在移植神经段内的再生视纤维逐渐死去或在视网膜内再生轴突的神经节细胞与其余细胞的联系渐渐退化。

　　Aguayo 等用坐骨神经替代视神经的模型做生理实验。他们除将坐骨神经段的一端移植到切断的视神经上，还将另一端植入同侧的上丘中，同时将另一只眼球除去，存活一定时间后，用微电极在上丘中记录，记到了对光有反应的细胞，并发现这些细胞有类似正常上丘细胞的感受野。我们在上丘臂切断视纤维后，用坐骨神经把上丘臂的视纤维与上丘相接，在上丘能记录到对光有反应的诱发电位并观察到某些视行为与功能的恢复，如瞳孔的对光反应和逃避反应。

七、结论与展望

　　最近研究表明，哺乳动物中枢与外周神经纤维在损伤后都可以再生，只是中枢神经的再生需要提供一定的外界环境条件。例如，移植外周神经至中枢神经损伤区，为其提供外周神经的环境条件，促使再生的轴突延伸；为损伤的神经元提供适当的神经营养因子，以使神经元胞体存活，或用神经生长抑制因子的抗体来抵消抑制因子的作用。用这些处理方法使中枢神经系统再生后，再生纤维在外周神经移植物中可延伸相当长的距离，但如进入中枢神经系统靶区则纤维只能再生较短的距离，这样就很难广泛建立正常的功能联系。为了克服这一点，还必须同样使用神经营养因子或生长抑制因子抗体等手段来促其生长。但神经营养因子和生长抑制因子有多种，不同的营养因子和抑制因子抗体对神经元有不同的作用，对这些物质的分辨及它们作用特性的研究是未来工作的一个重要方面，鸡尾酒式联合干预措施也将是今后中枢神经损伤后修复再生研究和治疗的重要方向。此外，如何维持中枢神经系统内的营养与抑制作用的平衡是一个复杂的问题，也有待研究。

　　如上所述，再生的视网膜神经节细胞是研究中枢神经系统再生问题的一个好的模型，它除了在解剖、生理、生化方面的研究较方便外，对修复的神经系统行为的研究也是特别有利的。

　　从发育和再生的比较研究中发现，再生的视网膜神经节细胞重复了发育阶段的某些特征，如树突上的棘状突起；视神经轴突可以长距离生长，最终可与靶器官形成突触联系，再生速度与发育中轴突的生长速度类似。说明有利的环境条件可激活成体中枢神经元细胞内与生长有关的基因。未来工作的一个重要方面是从分子生物学角度研究基因和再生的关系以及哪些因素会激活这些基因，这些研究应能进一步推动神经再生的基础和临床应用的探讨。

（苏国辉　撰）

第四节　前庭系统的发育

一、前庭器官的主要结构

　　前庭（平衡）器官是内耳的一部分，由 3 个半规管和 2 个耳石器官（椭圆囊和球囊）组成。毛细胞为平衡觉感受细胞（即前庭感受器）。每个毛细胞顶部均有一排纤毛，其中只有一根动毛和数十根静毛。静毛从动毛一侧起逐渐变短，排成 6～8 行。当由机械性刺激产生的外力使静毛向动毛侧弯曲，就会令毛细胞兴奋并产生传向中枢的神经冲动；反之，毛细胞活动会受到抑制，整个过程称为感觉换能。

（一）半　规　管

半规管每侧有 3 个，分别是外半规管（水平半规管）、上半规管和后半规管。两侧相应的半规管同在一个平面上。3 个半规管所在平面互相垂直，因此能感测在三维空间各平面方向的头部运动。每个半规管由外周的骨半规管和内部的膜半规管组成，骨、膜半规管之间充满外淋巴液，而膜半规管腔内充满内淋巴液。半规管的一端有膨大的结构称为壶腹。壶腹中一侧黏膜增厚，向腔内突起，成山嵴状，称为壶腹嵴。壶腹嵴处黏膜上皮由毛细胞和支持细胞组成。上皮表面有圆锥状胶质膜覆盖，称为壶腹帽，是支持细胞分泌的黏性物质所成。毛细胞纤毛穿过壶腹帽底部与上皮之间的微小空隙延伸入帽内。在每一壶腹嵴中，相邻各毛细胞均具有相同的、单一的纤毛排列方向，其功能极性是一致的。

半规管壶腹嵴感受角加速（或减速）旋转运动。当外力使壶腹嵴毛细胞上的静毛向动毛一侧弯曲，则毛细胞兴奋；反之，毛细胞抑制。例如，当实验动物头部在水平面上有加速旋转运动（即由静止到开始旋转），旋转方向侧的水平半规管中内淋巴液由于惯性作用向旋转相反方向移动，使壶腹帽移动，形成作用力使插入壶腹帽中的毛细胞纤毛弯曲，并使毛细胞兴奋，传向中枢的神经冲动频率相应增加。而对侧水平半规管中内淋巴和毛细胞纤毛经历的过程正好相反，因此，该半规管传向中枢的神经冲动频率减低。当实验动物在旋转过程中突然停下，两侧的水平半规管所经历的变化情况与加速旋转时比较，正好是反方向的。多项因素决定神经冲动产生与否，以及产生的神经冲动的频率如何，其中内淋巴液惯性力的大小和旋转方向为重要因素。

（二）耳　石　器　官

两耳石器官椭圆囊和球囊均位于前庭中。前庭是内耳骨迷路的一部分，位于骨半规管和耳蜗之间。椭圆囊和球囊基本结构相似。两者均为内耳膜迷路的一部分，内腔充满内淋巴液，两囊之间相通。椭圆囊向后与 3 个半规管相通，球囊与膜的蜗管相连。椭圆囊和球囊在组织学上与膜半规管有很多相似之处：同为膜迷路组成部分，外层为含血管纤维膜，中层为结缔组织，内层为上皮细胞。上皮细胞层高度分化为感受器，分别称为椭圆囊斑和球囊斑，两斑合称位觉斑或耳石斑。椭圆囊斑与地面平行，而球囊斑与地面垂直。位觉斑上皮与半规管内的壶腹嵴上皮相似，也由毛细胞和支持细胞组成。在位觉斑表面覆盖的胶质膜称耳石膜，纤毛束插入其中。耳石膜表面还覆盖着一层由碳酸钙、黏聚糖和蛋白质组成的结晶体，称为耳石。

前庭位觉斑感受直线加速（或减速）运动、向心加速力、重力以及头在空间的位置改变（如头向左右或前后倾侧）等。位觉斑中的毛细胞纤毛排列有方向性，而且这种方向性并非单一，而是在该平面上的不同方向都有，从而引致各毛细胞的功能极性各异。

因此当头部向某一个方向运动时，与该刺激方向有相同极性的毛细胞被激活。位觉斑中的椭圆囊斑因与地面平行，其毛细胞可以感受来自水平面不同方向的运动和作用力的变化；而球囊斑因与地面垂直，可以感受上下垂直的运动刺激。因此整个耳石系统能感测在三维空间各个方向的头部运动。当头部直线加速运动时，由于位觉斑中耳石和耳石膜的惯性，会产生作用力使静毛向动毛侧弯曲，引起毛细胞兴奋并使传向中枢的神经冲动频率增加。

二、前庭器官的发育

（一）前庭毛细胞的发育

在妊娠第 7 周前，人的前庭感觉上皮仍处于未分化状态。直到妊娠第 7 周时，人的前庭上皮中央区出现初生的纤毛束，反映了这个时期一些毛细胞已开始分化。此时的毛细胞特点为，纤毛长短相同，没有极性，动纤毛与静纤毛无法区分，和小鼠毛细胞束初期相同。在胚胎期 14 天时，小鼠前庭上皮为未分化的假复层上皮。从胚胎期 14 天到出生后 2 天，毛细胞和支持细胞均进入有丝分裂的末期，并在胚胎期 16 天发展至高峰。在胚胎期 16 天时，未成熟的毛细胞的特点为具有较短的静毛。小鼠胚胎期 19 天前庭 I 型和 II 型毛细胞在形态上开始分化，与人类妊娠第 11～13 周时相似。I 型毛细胞和 II 型毛细胞无论在形态、纤毛束的几何分布及电压门依赖性等方面都不相同。例如，小鼠椭圆囊的 I 型毛细胞在出生 4 天后，开始出现容易被负电压激活的钾离子电压门依赖性通道，而 II 型毛细胞并不具有这种特性。

研究前庭受体上皮发育的过程，发现正在分化的毛细胞有多种生理学上的标记。这些毛细胞特殊标记包括 Brn3c 转录因子、乙酰胆碱 α9 亚型受体、细胞骨架蛋白质 fimbrin 和运动性肌球蛋白 VI 和 VIIa 等，这些毛细胞标记在动物出生后只有少量表达。观察毛细胞标记的表达模式，可以发现椭圆囊斑中心区的毛细胞较周围区的成熟早，壶腹嵴顶部的毛细胞较底部的成熟早。例如，在小鼠胚胎期，壶腹嵴毛细胞有丝分裂末期的出现是由顶部开始，然后沿着成熟梯度往底部发展，囊斑毛细胞则从中心区向外周发展。在人和小鼠，胚胎期前庭的发育顺序，如纤毛的出现、突触的形成和神经元相关的酶出现非常相似。

（二）前庭毛细胞神经支配的形成

在胚胎期 17～18 天，小鼠前庭感受器分别与前庭传入神经（即初级前庭神经元）和前庭传出神经末梢形成突触。一些无髓鞘的前庭传入神经末梢直接与毛细胞底部形成扁平状或小泡状的连接。毛细胞和前庭传入神经末梢形成突触的标志为突触小体的形成。这些突触小体在人妊娠第 9～10 周大量出现。小鼠胚胎期 18 天，前庭感受器与前庭传入神经末梢首先形成部分花萼状突触联系，小鼠出生后数天或在人妊娠第 20 周才大量出现全花萼状突触联系。小鼠胚胎期 17～18 天开始形成突触，直至出生时前庭传入神经纤维才出现髓鞘。髓鞘形成的过程是前庭外周神经发育的最后阶段，虽然这个阶段所需要的时间还未能确定，但研究报告显示，小鼠出生 7 天时，前庭系统尚未发育完全。

小鼠胚胎发育的最后阶段，毛细胞本身与前庭传出神经或前庭传入神经末梢所形成的突触数量不断增加，但仍未达到成年水平。免疫组化和共焦显微镜显示，直到出生后的 9～12 天，小鼠前庭传出神经仍处于发育阶段。不过在这个时期，若将动物处在微重力环境中，免疫组化实验结果发现椭圆囊的前庭传出网络结构已无可塑性变化。在成年大鼠，前庭往中枢传入的神经信号受前庭传出神经调控。在蟾鱼，前庭传出能加强前庭传入活动，使后者对加速度刺激由整流式变为双向式反应。在大鼠，与耳石器有关的神经元出现整流式反应的数目，也会随着年龄增加而减少，这可能与大鼠前庭传出系统不断发育有关。出生后第 3 周大鼠前庭传出系统已完全发育成熟。

（三）形态生理学的关系

通过 HRP 注射法研究成年猴前庭系统的生理形态，发现前庭传入神经的电生理特性与其神经末梢在前庭感觉上皮的分布有关。前庭传入神经末梢与毛细胞形成的突触有纽扣、花萼状突和双态 3 种类型。其中，与囊斑上皮中央区 I 型毛细胞形成花萼状突触的前庭传入神经，出现不规则自发性放电。与 I 型和 II 型毛细胞同时连接而形成双态突触的前庭传入神经，其自发放电特性则与在囊斑中的位置有关。较多不规则自发放电的双态型前庭传入神经位于椭圆囊斑中心区。对于头部的正弦旋转的刺激，花萼状前庭传入神经和规则放电的双态型前庭传入神经出现不同反应相期。由于不同部位毛细胞转换机制并不相同，电生理特性的差异可能源于这两类神经末梢在感觉上皮有不同的区域分布。因此，前庭传入神经对刺激反应的特点由毛细胞的状态、分布及神经支配决定。

细胞内 HRP 注射法也被用做研究小鼠从胚胎 17 天到出生后 10 天前庭毛细胞的形态变化。这段发育期正是前庭毛细胞和前庭传出神经突触形成的中晚期。在小鼠，前庭传出神经突触形成最早出现于胚胎期，与毛细胞有丝分裂末期同时发生。妊娠 20 天，与前庭感受器形成突触的传入神经末梢分化为纽扣或花萼状突，生后 5 天发育迅速，10 天完全分化为纽扣、花萼状突和双态 3 种类型，而且在比例上已达到成体动物的水平。

三、前庭初级神经元功能的发育

（一）前庭神经节与前庭神经

内耳初级神经元起源于胚胎听泡腹内侧，并逐渐移向位于内耳和后脑间的前庭神经节，由此这些原始神经细胞分化成具有周围突和中央突的双极神经元。周围突与前庭器官连接，而中央突与前庭核和小脑连接。整个发育过程涉及细胞的生长、分化、成型等阶段，并需要 *Otx*、*ngnl*、*NeuroD* 和 *Brn3a* 等多种基因的表达调控。*Otx* 基因主要控制前庭器官的发育，如 *Otx1* 基因缺失的突变鼠就不能制造水平半规管。当初级神经元从听泡腹内侧壁分离，原始神经细胞在 *ngnl* 和 *NeuroD* 影响下不断分化。在小鼠内耳，*ngnl* 最早出现于胚胎期 9.5 天，在同一时间，初级神经元也进行末期有丝分裂。另外，

NeuroD 对初级神经元的成熟非常重要，在 NeuroD 缺失的突变鼠会出现大量细胞凋萎。

前庭神经节位于内耳底部，通常又分上、下两叶，分别为前庭上神经节和前庭下神经节。来自椭圆囊、外半规管（水平半规管）和上半规管的前庭传入神经（即初级前庭神经元）细胞体集中在前庭上神经节，而来自后半规管的前庭传入神经细胞体则分布在前庭下神经节。至于球囊前庭传入神经细胞体在前庭上、下神经节均可发现。前庭神经在脑桥小脑三角处进入脑干，再达第四脑室底，然后分支进入前庭神经核。

在活体或离体动物的初级前庭神经元（胞体或轴突）做电生理记录，发现在大鼠出生后发育早期，与半规管相关的传入神经元为静息状态，偶尔出现随机的不规则放电。随着年龄增长，与半规管相关的初级神经元静息放电率和具规则放电细胞的比例同步增加。在小鼠，规则放电在出生后 4 天出现，平均静息放电率不断增加，至出生后 3 周已达成年水平。在成年大鼠，约 32% 与半规管相关的初级神经元为规则放电，而规则放电神经元的放电率高于不规则放电神经元。在发育过程中，与半规管相关的传入神经元对刺激敏感度和动态反应亦不断提高。Curthoys 利用角加速度方法刺激大鼠前庭器官，发现刚出生时，与半规管相关的传入神经元敏感性并不高，但出生后第一周，半规管相关的传入神经元对正弦旋转刺激的反应强度明显增加，反应延迟相缓慢减少。在发育过程中，反应延迟相的改变与毛细胞及其神经支配的发育模式有关。

最近研究发现在大鼠发育早期（从出生第 5～12 天），与耳石相关的传入神经元为低频、不规则放电，偶尔出现随机的、间歇性规则放电，这类间歇性放电形式在出生后 14 天完全消失，至于规则放电则会在出生后 9 天才出现。另外，与半规管相关的传入神经元及与耳石相关的传入神经元在发育过程中是否有差异尚待进一步研究。

（二）神经营养因子和其受体的表达

在胚胎发育后期，初级神经元主要受神经营养因子的调控。研究发现，神经营养因子包括脑源性神经营养因子（BDNF）和 NT-3 能影响内耳前庭器官的发育。在大鼠胚胎神经纤维长入目标器官（如毛细胞）期间，耳泡感觉上皮出现大量 BDNF 和 NT-3 mRNA，显示这些神经营养因子对内耳神经纤维和毛细胞间突触的形成非常重要。实验证明在神经营养因子基因缺失的突变鼠身上，神经纤维植入毛细胞过程不能完成。在大鼠胚胎和初生期，NT-3 mRNA 存在于前庭感觉上皮刚分化的毛细胞和周围支持细胞，而 BDNF mRNA 只发现于分化的毛细胞。但直至在发育后期，BDNF 和 NT-3 在毛细胞水平上仍维持有限度的表达。另外，BDNF 对哺乳类动物前庭神经节的发育和保养也扮演主导角色。在发育过程中，大量神经营养因子结合 TrkB、TrkC 受体以及低亲和性营养因子受体 p75 在大鼠前庭神经节出现。在成体动物，BDNF 和 NT-3 等神经营养因子能够防止神经毒素对毛细胞和前庭神经造成伤害。例如，往内耳注入 BDNF 可以减低正大霉素（gentamicin）对前庭器官的破坏。

神经营养因子也参与调节中枢前庭神经系统的功能。在正常成年大鼠，BDNF 和其受体 TrkB 虽然含量不高，但仍可以在前庭神经核发现。当单侧内耳迷路被破坏，BD-

NF 在左右两外侧前庭神经核大量出现，反映了 BDNF 可能参与前庭代偿可塑性改变。在豚鼠，抑制单侧前庭神经核 BDNF 的表达会延迟前庭代偿的出现。另外，BDNF 和其他神经营养因子能调节前庭神经核的发育。在出生后初期，BDNF 主要集中在外侧和内侧前庭神经核。随着年龄增长，BDNF 的表达逐渐减少。

在大鼠前脑，神经生长因子（NGF）和其受体 TrkA 负责调节胆碱能神经系统的功能。在大鼠脑干，NGF 和 BDNF 参与调节 GABA 或甘氨酸能神经系统的功能。在前庭神经核内，前庭-眼和前庭-脊髓神经元大部分是 GABA 或谷氨酸能神经元，研究发现这些神经元分布区域就有大量 BDNF 受体 TrkB 分布。目前，各神经营养因子和其受体在成熟和发育中，前庭神经核所扮演的角色还不太清楚。

四、前庭中枢系统的发育

（一）前庭神经核

哺乳类动物中与前庭器官毛细胞连接的前庭神经与听觉耳蜗神经组成第 8 对脑神经，该前庭神经纤维进入脑干，然后分支进入前庭神经核群。根据细胞结构的特征，例如细胞大小、形状和分布状况等，前庭核群传统上被分为 4 个主要神经核：前庭上核、前庭下核、前庭外侧核和前庭内侧核。前庭神经纤维首先经前庭外侧核进入前庭核群，并由此分叉往上行到达前庭上核及传出纤维至小脑（主要终止于前庭小脑）；往下行经前庭内侧核和前庭下核组成前庭脊髓束。除前庭器官、脊髓和小脑外，前庭核群与脑干网状系统、自主神经系统、丘脑以及大脑皮质之间也有纤维来往。其中，前庭皮质投射区位于颞叶后部，中央后脑回 2 区附近。皮质前庭区可以记录到相应的诱发电位。皮质前庭投射区的单个神经元接受前庭与本体感觉的双重投射。这样的双重投射具有重要意义，因为人的空间位置感觉经常需要前庭与本体感觉系统的协同作用，而投射的双重性有利于两种感觉系统的协同过程。

（二）前庭核的信息处理

前庭核接受的信息分布是不均匀的。在四足类动物发现，向颈髓运动神经元投射的那些神经元较向脊髓尾段运动神经元投射的容易被前庭器官传入冲动所兴奋。研究发现发自位觉斑的平衡信息的向下传送主要通过前庭脊髓外侧束；而前庭脊髓内侧束主要传递半规管的感受器信息。

前庭核神经元一般只对一根半规管神经纤维的传入产生单突触反应，因此具有一定的选择性；但在某些前庭核神经元上发现对不同半规管的传入、甚至和椭圆囊的传入产生会聚。

半规管传入所激活的前庭核神经元可经过前庭联合纤维引起对侧抑制（或称为横跨抑制）。头的转动使一侧半规管传入活动增加和对侧互补半规管传入活动下降，结果使一侧前庭核神经元的放电增加，这是因为同侧传入产生的兴奋和对侧传入产生的抑制减弱（脱抑制）所共同协作的结果。横跨抑制的结构基础是两侧前庭核之间的直接与间接的联系，横跨抑制强化了前庭核神经元对特定的前庭器官刺激的反应。前庭核神经元可根据对角加速度刺激的反应进行分类。I 型前庭核神经元可被同侧角速度兴奋，并透过往对侧的投射刺激在对侧的 II 型前庭核神经元（此类神经元以 GABA 作为递质），其反应正好抑制对侧的 I 型前庭核神经元，与此同时，旋转加速也令对侧的半规管相应传入减少，使对侧的 I 型前庭核神经元活动大幅下降，总的结果令两侧的 I 型前庭核神经元反应形成强烈的对比。

　　一直以来，上述横跨抑制的模式只发现于半规管系统。不过 Uchino（1999）发现耳石系统亦存在一种称为 "cross-striolar inhibition" 的模式。由于椭圆囊斑中间的 striolar 将不同功能极性的毛细胞分开，当头部向某一个方向作直线加速度，位于椭圆囊斑上与该刺激方向有相同极性的毛细胞被激活，而有相反极性的毛细胞则被抑制，这种互补模式与半规管系统不同，可以在单侧耳内完成。不过这种互补模式并不一定在单侧耳内出现，前庭核神经元亦可以被对侧耳石系统传来的信号所抑制。

（三）前庭神经核的发育

　　在脊椎动物发育过程中，胚胎后脑神经上皮在形态水平呈分节现象，称为菱脑原节。就以蛙幼虫为例，前庭外周神经纤维会通过第 4 原节进入脑干，然后沿后脑背侧分为上行和下行纤维，并终止于第 1～8 原节间，逐渐发展为属于成蛙前庭核的区域。在四个前庭主核中，前庭上核和前庭外侧核分别来自第 1/2 和第 3/4 原节；前庭内侧核和前庭下核则由第 5～8 原节发展而来。

　　解剖学上的研究也发现，前庭神经核群神经元会循着特定的时间和空间位置逐渐形成和增殖。例如，大白鼠和人类前庭外侧核内神经细胞树状突、胞体和突触形成就具有一定的时间次序。Altman 和 Bayer（1980）发表研究报道，指出大白鼠前庭核神经细胞的分化过程在胚胎期 11～15 天出现，并沿着前庭核区由前往后、由外往内的方向发展。此外，各前庭核胚胎发育高峰期也有差别，前庭外侧核和前庭上核在胚胎期 12～13 天；前庭下核在胚胎期 13～14 天；前庭内侧核在胚胎期 14 天。另外，早期胚胎前庭核形成过程的先后次序亦与其出生后功能上的发育有密切关系。其中，负责稳定肢体平衡功能的前庭外侧核和下核，在出生后的发育速度远较参与稳定视物映像的前庭内侧核和上核为快。后者的功能往往要待大白鼠出生后 2 周，眼睛张开时才渐趋成熟。至于人类方面，虽然在妊娠期第 16 周已经可以分辨前庭外侧核神经细胞，但是对于前庭核神经细胞分化的形式还不太清楚。

（四）前庭外周和中枢神经元谷氨酸受体

　　前庭毛细胞和前庭传入神经（即初级前庭神经元）间的突触联系主要靠谷氨酸作为神经传递物质，并导致前庭传入神经产生兴奋性突触后电位（EPSP）。这个神经传递过程需要谷氨酸受体的参与。谷氨酸受体可分为离子型和代谢型两类，其中 N-甲基-D-天门冬氨酸（NMDA）受体和氨基羟甲基异恶唑丙酸（AMPA）属于离子型谷氨酸受体。AMPA 受体出现于与前庭 I 型毛细胞形成突触的前庭传入神经末梢，但与前庭 II 型毛细胞形成突触的前庭传入神经末梢同时有 NMDA 和 AMPA 受体存在。

前庭传入神经和前庭核间的神经传递过程亦需要 NMDA 和 AMPA 受体的参与。在成年大鼠和豚鼠进行电生理记录，发现前庭核神经元的 EPSP 会受 NMDA 和 AMPA 受体的阻抗剂抑制。虽然在前庭系统 NMDA 和 AMPA 受体功能的发育变化仍处于摸索阶段，但在出生后 2 天内的大鼠海马体细胞，其 AMPA 受体仍未能发挥移走阻挡 NMDA 受体通道镁离子的功能，取而代之，该类神经元膜去极化过程涉及 GABA 受体的调控，其中 GABAₐ 负责 NMDA 受体的活化。因此，GABA 虽然在成年动物中枢神经系统是属于抑制性神经递质，但在初生鼠脑中也具有兴奋性神经递质的功能。大鼠出生后 5 天，NMDA 和 AMPA 受体功能上开始成熟，此时在大鼠脑片的前庭内侧核进行电生理记录，发现 EPSP 两个主要快、慢组成部分分别被 AMPA 受体的阻抗剂 6-氰基-7-硝基喹恶啉-2,3-双酮（CNQX）和 NMDA 受体的阻抗剂 2-氨基磷酸基戊酸（AP5）所抑制，显示在未成熟动物也需要 NMDA 和 AMPA 受体参与前庭传入神经和前庭核间的神经传递过程。

（五）前庭中枢神经元 NMDA 受体功能的发育

免疫组化实验发现，各 NMDA 受体在初生大鼠前庭神经核内有不同的表达形式。其中 NR1 受体表达水平远较成年动物高。在出生后 3 周内，NR2A、NR2B 和 NR2C 受体表达水平不断增加。这种发育模式与小脑和脑干（如耳蜗核和下橄榄核）等脑区是一致的。不过，在其他脑区如海马体和大脑皮质等进行膜片钳实验，发现在发育过程中 NR2A 受体表达水平会不断增加，但 NR2B 受体却不断减少。虽然仍缺乏膜片钳实验数据，但可以假设在发育过程中前庭核神经元通过 NR1 和 NR2 膜受体表达水平的改变，使电压门离子通道性质也应产生相应的变化，逐渐形成具有功能特性的 NMDA 受体。

在成年大鼠，前庭核神经元具有 NR1 和 NR2 组成的 NMDA 受体表达（彩图 11-23）。在前庭核内 NR2 膜受体具有 4 种亚型，其中 NR2A、NR2B 和 NR2D 在出生后 2 天已存在，但 NR2C 要在出生后 7 天才出现。在功能上 NR2C 受体主要功能是降低 NMDA 受体的敏感度，因而使成年大鼠内前庭核神经元受 NMDA 受体调控的兴奋性后突触电流（EPSC）具有较长的潜伏期。

（六）前庭中枢神经元 AMPA 受体功能的发育

在成年动物，AMPA 受体由多种亚型受体组成。其中对 Ca^{2+} 有较低通透性的 GluR2 受体表达模式会主宰 AMPA 受体的功能特性。至于 GluR1、GluR3 和 GluR4 等 AMPA 亚型受体对 Ca^{2+} 有较高通透性。换言而之，若 AMPA 受体含有 GluR2 受体越多，对内流 Ca^{2+} 阻抗性越大。在成年绒鼠发现，体积较大的前庭核神经元具有高水平 GluR2 受体，相反体积较小的前庭核神经元上的 GluR2 受体表达水平高低不定。不过，大部分体积较小的 GABA 能前庭核神经元的 GluR2 受体表达水平很低，显示体积较小的抑制性前庭核神经元对 Ca^{2+} 有较高通透性。估计当 Ca^{2+} 经被激活 AMPA 受体进入细胞内，会引起一连串反应，最终导致神经元突触性质的改变，并长远地改变神经元间突触联系。

在哺乳类动物，未成熟神经元 AMPA 受体功能主要受对 Ca^{2+} 有较高通透性的 GluR1 和 GluR4 所支配。在未成熟前庭核神经元，GluR1 和 GluR4 受体在出生后 1 周内开始出现。其中 GluR1 受体表达水平在出生后两周达到高峰，然后下降至成体水平。相反，GluR2 和 GluR3 受体表达水平在出生后发育期间不断增高，直至发育后期 GluR2 受体的大量出现，这个现象可能使前庭核神经元 AMPA 受体对 Ca^{2+} 通透性逐渐降低至成年动物水平，但尚需大量膜片钳及各亚型受体阻抗剂的实验数据来证明。

（七）前庭中枢神经元功能的发育

大鼠脑片离体电生理记录发现，前庭内侧核神经元本身可以产生自发性动作电位，并呈现 A 型或 B 型两种后超极化现象。A 型神经元具有单一而深长的后超极化类型，此后超极化现象受四乙基氨（TEA）敏感钾离子电流和对 apamin 非敏感的钙离子诱导钾离子电流调控。B 型神经元的后超极化分为早期快速和后期缓慢两部分，快速超极化受 TEA-敏感钾离子电流调控，但缓慢超极化部分，受 apamin 敏感的钙离子诱导钾离子电流调控。出生后 5 天时，A 型和 B 型神经元在功能上尚未成熟，但在发育过程中，A 型神经元单一后超极化逐渐加深；而 B 型神经元在出生后 15 天，也出现早期、快速超极化。此外，B 型神经元在出生后 5 天时出现对 apamin 肽敏感的慢速超极化引致突发放电现象，显示在出生后发育早期，钙离子诱导钾离子电流参与调控这类神经元的内在节律和兴奋活动。研究也发现，NMDA 受体能调节前庭核神经元自发放电活动，同时前庭核神经元各 NMDA 受体表达时间也不相同。

与前庭神经节细胞（或称为初级前庭神经元）一样，在大鼠出生后发育期间，前庭核神经元电生理特性也出现明显的改变。出生后 4 天，对半规管刺激敏感的部分前庭中枢神经元仅有随机的、散在的自发放电。随着年龄增长，这类神经元从低频、不规则的形式变为高频、规则的自发放电形式，并对角加速度刺激的反应敏感度逐渐提高，在大鼠出生 3 周后已达到成体水平。

最近，神经生理学家对前庭中枢神经元感测与地心吸力相关的头部运动的能力展开深入探讨。利用偏垂直轴匀速旋转（OVAR）和沿水平面直线加速度刺激耳石器官（基本上是椭圆囊），并在前庭核神经元做电生理记录，发现每个与椭圆囊相关的前庭核神经元只对水平面的某一特定方向的刺激有最大反应，并定义为该神经元最佳反应向量。在成年动物，分布前庭核内的神经元具有不同最佳反应向量，显示耳石器官内各毛细胞传入的空间信息能在脑内形成空间图谱。此外，位于成年深小脑核和延髓内侧网状结构与耳石器官相关的神经元也有类似前庭核空间图谱分布。另一方面，当单侧平衡器官被破坏后，双侧前庭核空间图谱出现不均匀分布现象（图 11-24），反映了成年动物在正常情况下，来自同侧与耳石相关的信号需要接受对侧信号的补充。不过，在发育过程中双侧前庭核是如何互相配合以测定头部在空间的位置，以及与地心吸力相关的头部运动，还不太清楚。

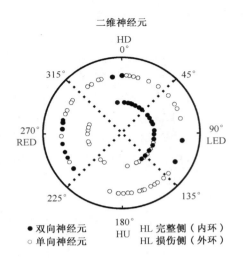

图 11-24　当单侧平衡器官被破坏后，双侧前庭核神经元空间图谱
出现不均匀分布现象（引自 Chan et al. 2002）

图内圆点表示每一前庭核神经元受偏垂直轴匀速旋转刺激时，在某特定方
向，如头向下（HD）、头向上（HU）、左耳向下（LED）、右耳向下（RED）
时出现的最佳反应向量

　　利用 OVAR 使向地心重力分量围绕头部做 360°旋转，借此刺激幼鼠（出生后 7～
21 天）或成鼠椭圆囊内每个不同极性的毛细胞，并在前庭核做电生理纪录或 Fos 免疫
组化与原位杂交实验，发现大鼠出生后 1 周，与耳石相关的中枢神经元已具有感测头部
运动的能力，此等神经元的放电率随着 OVAR 旋转时头部在空间位置改变而增加或减
少。不过，这些神经元在前庭核分布的形式和数量上仍未达到成体水平（图 11-25），
其功能在发育过程中也不断完善，其中神经元的自发放电形式由大部分不规则变为规
则；静态自发放电频率也由低逐渐增高，不规则放电神经元则不断减少（图 11-26）。
另外，大鼠出生后 7 天时，耳石中枢神经元的最佳反应向量只局限于耳轴线方向，显
示这个时期中枢神经元只能感测向左或向右的运动方向。大于出生后 14 天的大鼠，
前庭神经核已经能够对头部在水平面任何方向与地心吸力相关的运动进行编码工作。
前庭神经核对空间编码的发育过程和运动行为的发育是同步的。另一方面，研究动物
运动行为的发育，发现大鼠出生后 1 周内只能够产生左右侧向运动，直至 9 天时才能
够产生前后倾斜运动。此时，大鼠已经可以对被动向下倾斜的刺激，表现头向上抬反
应。在出生后 14 天，垂直运动发育成熟，动物可以靠后腿坐立。这些特点与大鼠出
生后发育过程中前庭神经外侧核、下核神经元能够感测前后方向运动的时间是同
步的。

五、前庭姿势反射

　　从前庭器官而来的冲动，除了引起运动和位置感觉以外，还参与中枢神经系统对骨
骼肌紧张的调节和某种运动的发动，以维持或改变身体的姿势，这称为姿势反射。其中

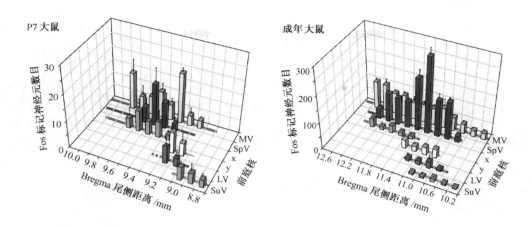

图 11-25　成年大鼠及 P7 大鼠前庭核旋转后激活神经元数目（引自 Lai et al. 2004）

使用偏垂直轴匀速旋转的方法刺激大鼠耳石器官，然后用 Fos 标记被激活的神经元在前庭上核（SuV）、前庭下核（SpV）、前庭外侧核（LV）、前庭内侧核（MV）、x 和 y 前庭亚核分布模式。图内每一方柱显示在某一 Bregma 水平下各前庭核被 Fos 标记的神经元数目。此图显示初生大鼠前庭核被 Fos 标记的神经元分布的形式和数量仍未达到成体水平

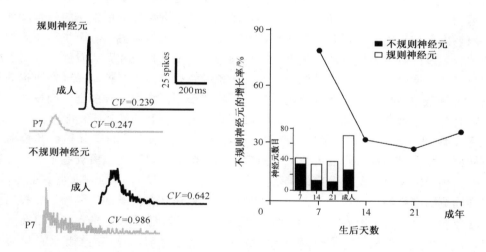

图 11-26　大鼠前庭核神经元生后发育过程中数目及放电的变化（引自 Lai et al. 2001）

大鼠在出生后发育过程中，与耳石器官有关神经元的静态自发放电的峰间隔 ISI 形式由大部分不规则变为规则，显示静态自发放电频率亦由低逐渐增高（左）；不规则放电神经元随着年龄增加而不断减少（右）

重要的有状态反射和翻正反射。状态反射是由于前庭器官感测头部在空间位置的改变及头部与躯干位置的相对改变，反射性地改变了某些躯体肌肉的肌张力以维持身体平衡。另外，如果将动物四足向上从一定高度坠下，动物会在下坠过程中改变其整体的空间状态，出现翻正反射。翻正反射包括一系列的反射活动：由于头部位置不正常，刺激前庭器官而将信息上传，再加上视觉信息，反射性地首先引起头部位置翻正；当头部位置产生变化后，头与躯干的相对位置关系不正常，继而引起肢体和躯干的扭转，最后四足平

稳着地完成翻正反射。

（一）前庭姿势反射的发育

在大鼠，与半规管有关的前庭姿势反射不受视觉影响，在出生后 1 周内逐渐形成，比与耳石器官有关的空中翻正反射早。空中翻正反射在出生后 6～7 天出现，至出生后 14～16 天才发展成熟。空中翻正反射比较复杂，不但包括前庭外周、中枢系统发育，还需要运动系统进行整合。空中翻正反射是在触觉反射缺失时，单纯的前庭姿势反射。同时空中翻正反射也不受视觉影响。大鼠，小鼠和兔有着同样的空中翻正反射发育过程，不过兔翻正反射于出生后 3 天已出现，出生后 7～14 天发育迅速，并于出生后 15 天达到成年水平。

（二）前庭脊髓反射通路的发育

前庭信号通过前庭脊髓内侧束和前庭脊髓外侧束传递到脊髓运动神经元。前庭脊髓内侧束起源于内侧核，归于中间纵束，双向投射，与脊髓颈段至上胸段第 VII 层面支配颈肌与上肢运动神经元建立单突触联系。支配半规管的神经主要通过前庭脊髓内侧束与颈部运动神经元形成兴奋性和抑制性双突触联系。前庭脊髓外侧束发于前庭神经外侧核和下核，沿着前索腹部下行到腰部水平，终止于脊髓 7～8 层的腹角。约 73% 支配椭圆囊的神经经过同侧的前庭脊髓外侧束投射到颈胸段脊髓连接面和腰段脊髓。30% 支配球囊的神经经过同侧的前庭脊髓外侧束投射到上颈段脊髓平面，与控制颈部伸肌运动神经形成双突触联系。另外，前庭神经内侧核、下核尾部还存在第三种前庭脊髓投射，称为后前庭脊髓束。这条下行通路往所有脊髓段双侧投射，但其功能还不清楚。

鸡胚胎 11 天，与前庭脊髓反射有关的神经元已经在脑干分布，并根据其投射的目标不同而分化，其中前庭脊髓内侧束和前庭脊髓外侧束投射到上颈段脊髓平面。在胚胎期，投射到对侧前庭脊髓内侧束的神经元位于第 5 节，在第 4 节的侧部也有部分参与。投射到同侧前庭脊髓内侧束的神经元位于第 6 节。在鸡和啮齿类动物胚胎期，投射到同侧前庭脊髓外侧束的神经元位于第 4 节，在第 3～5 节的侧部也有部分参与。在发育过程中，不同形态、功能的前庭脊髓神经元的轴索分别通过前庭脊髓内侧束和前庭脊髓外侧束投射到脊髓不同的平面。前庭脊髓神经元可根据起源特性进行区分。在大鼠胚胎期 12 天，前庭脊髓神经元最先出现前庭神经外侧核，胚胎期 12～13 天出现前庭神经下核，胚胎期 13～14 天最后出现前庭神经内侧核。前庭脊髓内侧束的神经元细胞在胚胎期 12～14 天仍在增殖，而且投射方向、路径不同。相反，前庭脊髓外侧束的神经元细胞在胚胎期 12 天增殖，投射方向、路径一致。不同种属动物的前庭脊髓神经元与脊髓建立投射的时间不同。

出生后，前庭脊髓通路继续发育。在大鼠，出生后 2 天起源于前庭神经外侧核的前庭脊髓外侧束的神经元仅有 50%。出生后 15 天，88% 的神经元与腰部建立联系。与新生大鼠神经元分别和颈部、腰骶部建立联系的发育过程相同，出生后头两周是前庭传入和下行建立的关键期。

六、前庭眼动反射

对前庭器官的刺激而引起反射性的眼球运动称为前庭眼动反射。因此，当头部移动刺激前庭器官时，眼球位置做相应调整，可以使视网膜上的物像在头部运动时保持最大可能的清晰稳定。最常见的是旋转运动引起的眼球震颤，简称眼震。例如，头在水平面上的旋转，可以因刺激水平半规管而产生水平眼震。水平眼震可分为两个时相成分：慢动相与快动相。如果头与身体向左旋转，两侧眼球慢慢向右移动，这是慢动相。当眼右移到某一限度时，眼球忽然向左快速移动到原位，这是快动相。在旋转运动中，眼球的慢动相和快动相反复往返更替。另外，当头部在空间的位置改变（如头部倾侧时），也会出现因刺激耳石器官而引起的补偿性前庭眼反射。

（一）前庭眼动反射的发育

基本的前庭眼动反射的中枢成分在出生时已经存在。当用电流刺激新生猫的一侧前庭神经，可以在同侧的外展神经的运动神经元诱发单突触兴奋性突触后电位和双突触抑制性突触后电位，而对侧的外展神经的运动神经元产生双突触兴奋性突触后电位。另外用高频电刺激新生大鼠的前庭神经，也可以诱发共轭性的眼球运动，显示初生鼠前庭眼反射路径已可运作，大鼠在未睁眼时（出生后 14 天之前），已经可以诱发前庭眼动反射。在大鼠、猫和兔，视觉对前庭眼动反射的发育并非必需。但对于高频视动刺激诱发的正确的补偿性眼球运动，视觉有一定的作用。但至于用旋转运动或直线加速运动刺激新生大鼠的前庭能否诱发前庭眼动反射，目前尚未了解。

随着出生后的发育，前庭眼动反射的阈值在减低，并与外周、中枢的半规管神经元动态变化同步。但对于与耳石器官相关的前庭眼动反射发育研究较少。初步研究发现，在出生后 3 天，兔眼肌对于静态倾斜（刺激耳石器官）能够产生眼动反射。另外，耳石-眼反射的发育变化，与前庭神经核神经元电生理特性的改变，在时间上是吻合的。

从解剖学分析，人在妊娠期第 5 个月时前庭系统已经成熟。但小儿和成年人的前庭眼动反射并不相同，前庭眼动反射一直在修正。对新生儿进行角加速度刺激，可以诱发明显的、具有快慢成分的眼震，但其大小需要几个月才达到成年水平。另外，由角加速度刺激所引起的半规管-前庭眼动反射，和对由 OVAR 刺激所引起的耳石-前庭眼动反射的发育时间并不相同。小儿出生后，半规管-前庭眼动反射与成年人相似，而耳石器-前庭眼动反射则随年龄增长而增加，特别是开始学习行走时，出现明显的改变。这个现象显示小儿行走能力与耳石器有关，而与半规管关联少。

（二）前庭眼动反射通路的发育

人类和其他哺乳类动物的许多前庭神经核纤维通过内侧纵束到达眼动神经核，然后引起眼震中眼球的慢动相成分。同时内侧纵束还有纤维到对侧眼动神经核，从而使两眼同步运动。至于眼球快动相成分引起的机制和途径尚有争议。目前大部分研究聚集在半规管与眼运动神经核的间接联系,相对下耳石器与眼运动神经核联系的研究较少。研究表明,椭圆囊初级传入神经透过双突触联系投射到同侧眼运动神经核,建立椭圆囊眼反射。同时发现椭圆囊初级传入神经透过多突触联系投射到对侧的滑车神经核。通过细胞内记录研究,Uchino(1996)发现椭圆囊传入神经与眼上下斜肌的支配有关。而球囊3%的前庭神经元投射动眼神经元,球囊传入神经与眼外肌为多突触联系。

在幼蛙眼动神经核后端中间纵束通过逆行标记,发现几组与成年动物类似的前庭神经核。前庭神经上核是后脑前区唯一投射到双侧眼动神经核和滑车神经核的来源,前庭神经外侧核或下核传出神经只投射到同侧或对侧眼动神经核区。幼蛙胚胎前庭神经上核内往中脑双侧投射的神经细胞集中在同侧和对侧第1/2菱节。而鸡胚胎前庭神经上核往中脑双侧投射的神经细胞来自第1和第2菱节。鸡、金鱼和斑马鱼前庭神经外侧核上行同侧投射细胞来自第3菱节。至于鸡前庭神经下核往眼动神经核同侧投射的细胞来自第5菱节,往眼动神经核和滑车神经核对侧投射的细胞来自第6~8菱节。

上述前庭眼动反射通路的发育研究,只集中于两栖类和鸟类身上,对于人类和其他哺乳类动物而言,所知不多,有待进一步探讨。

(陈应城　蒋子栋　黎振航 撰)

第五节　听觉系统的发育

听觉系统由外周和中枢两大部分组成。听觉外周系统由外耳、中耳和内耳构成。内耳中与听觉相关的结构称为耳蜗(cochlea),为感受声音刺激的器官。耳蜗内的关键结构是柯蒂氏器(organ of Corti)。其内的功能细胞为内毛细胞(inner hair cell)和外毛细胞(outer hair cell)。外毛细胞主要与耳蜗的主动处理机制有关。内毛细胞是声音感受器,它将声音振动的机械能转化为能被中枢听觉系统处理的生物电能。中枢听觉系统分六级,对从内耳转入的信息进行平行(parallel)及逐级(hierarchy)处理。听觉外周和中枢系统的连接由传入和传出神经构成。传入神经由位于耳蜗中轴的螺旋神经节(spiral ganglion)细胞形成。螺旋神经节细胞为双极细胞,其下极神经纤维投射到内耳的毛细胞并与其形成突触,其上极神经纤维形成第8对脑神经,即听神经。听神经投射到脑干的耳蜗核(cochlear nucleus)并与其神经元形成突触。传出神经由位于上橄榄核(superior olivary nuclei)周边神经细胞形成,其神经轴突主要投射到耳蜗的外毛细胞。

听觉系统的一个重要生理功能特征是对声音频率的顺序表达。人类能听到频率从20~2000Hz的声音。这个频率范围在人耳蜗的基底膜(basilar membrane)上已有系统地表达。不同动物所能听到的频率范围不同,其基底膜均能表达相应的频率。从基底膜顶部到基底膜底部,声音频率的表达由低到高。在听觉中枢的各级核团中,对不同声音频率敏感的神经元的有序排列形成对声音频率的顺序表达。解剖学和生理学的研究都表明听觉系统中每一级神经核团向上一级核团的投射或支配都具有点对点的相对应关系(topographic organization)。这构成了中枢各级核团对声音频率顺序表达的基础。需指出的是,听觉中枢各级核团中的顺序频率表达不是简单的对内耳基底膜顺序频率表达的复制，而是以内耳基底膜顺序频率表达为基础进行神经处理和整合的结果。

尽管听觉系统不论从构造还是功能上讲都比其他感觉系统相对复杂，但其发生发育过程与其他感觉系统相似，受到内在基因和外在环境因素的影响。受基因的调控，听觉系统的发生发育开始于原肠胚形成期（gastrulation）的后期。耳及中枢听觉系统均发生于胚胎的外胚层（ectoderm）。目前的研究结果表明，听觉系统不是简单的由外周到中枢或由中枢到外周的顺序发生发育过程。听觉系统的不同结构在不同的时间段分别发生发育，然后相互连成一个有机的整体。本节将首先探讨内耳的发生发育和中枢听觉系统的发生发育，然后探讨耳蜗螺旋神经节的发生发育及其如何联结耳蜗和中枢听觉系统的第一级核团——耳蜗核。最后探讨听觉系统功能的发育以及生命早期的声学环境对听觉系统功能的发育影响。

一、内耳的发育

（一）耳泡的形成

在胚胎期，可推测的与后来耳结构相关的最早胚胎组织为耳基板（otic placode）。耳基板是在胚胎的第 5～6 体节期（somite stage）由基板外胚层（placodal ectoderm）分化而来。形态学上，耳基板可在第 12 体节期左右被鉴别，因为这时位于后脑 5～6 菱形区（hindbrain rhombomer）神经管两侧的基板外胚层上皮增厚。在人胚胎，这一时期大约是在胚胎第 20 天（embryonic day 20，E20）左右（关于胚胎发育和体节形成，请参阅本书的有关章节）。在小鼠，这一时期约在胚胎第 8 天。随后，基板外胚层上皮细胞快速增殖并内凹，首先形成称之为耳杯（otic cup）的杯状结构。耳杯继续向下凹陷（invagination），杯口逐渐融合形成小腔。这就是最早的被称之为耳泡（otocyst）的耳结构。耳泡为一椭圆形的有假复层上皮的结构。

1．与耳基板形成的有关因素

所有感觉器官都发生于胚胎早期头端外胚层发育而来的 3 对感觉基板（placode）。例如，鼻由嗅基板发育而来以及眼的晶体由眼基板发育而来，内耳则发源于基板的背外侧。这些基板的细胞都具有向各种感觉细胞分化发育的能力而且在后来的分化发育上有很多的共同特征。那么，相对于其他基板而言，耳基板有哪些不同？是什么因素使耳基板向耳的方向发展？

通过比较胚胎学的方法研究提示耳基板的发生与脊索中胚层（notochordal mesoderm）、轴旁中胚层（paraxial mesoderm）、神经嵴（neural crest）以及后脑胚胎组织等结构有关。这些研究同时也间接表明耳基板在发育早期已有相对稳定的空间定位。这一点在对发育早期特异性分子的研究中得到证实。如在斑马鱼，一种同源框基因（homeobox gene）——dlx-3 基因在形态学上能分辨耳基板前就已在未来向耳基板方向发展的基板区域有表达。用原位杂交检测这类基因或用免疫化学方法检测这类基因所产生的蛋白质，都将是研究耳基板的形成以及参与耳基板形成因素的有效手段。

配对盒基因（paired box genes 或 Pax genes）是对器官发生起最基础作用的一族基

因。通过非洲爪蟾（*Xenopus*）的研究发现 *Pax-2*、*Pax-5* 和 *Pax-8* 在非洲爪蛙的胚胎形成期有表达。这 3 种基因至少在 7 个不同的组织中有空间或时间上的重叠表达。其中 *Pax-8* 在后来形成耳基板的区域及相近的中胚层表达。由于非洲爪蛙的 *Pax* 基因非常接近哺乳动物的 *Pax* 基因，目前认为 *Pax-8* 基因是在神经胚形成期出现的与耳基板发生相关的基因，也是最早能分辨的与耳基板发生相关区域的分子标记。

在原肠胚形成期，诱导耳基板的发生需要一系列来自其下方的、近胚胎中轴旁的中胚层以及相邻的神经板（neural plate）或神经外胚层的信息。这些信息包括基因、转录因子、受体等，除上面提到的 *dls-3* 和 *Pax* 基因外，还有 *Sox-3*、*BMP7*、*Nkx-5*、*Dlx-5*、*fgf-2* 以及生长因子等。目前的资料表明这些因子在外胚层细胞的分化、耳基板的形成、细胞的特异性转化等方面起重要作用，但具体如何发挥作用尚不十分清楚。

2. 与耳泡形成的有关因素

耳基板形成后的重要事件就是从耳基板向耳泡的转化或发育。在体研究和离体移植耳原始细胞的研究均表明从耳基板发育到耳泡的过程与胚胎后脑神经管（rhomboencephalic neural tube）密切相关。在神经胚形成期，从神经管产生的可扩散分子被认为诱导了耳泡的发育。这些分子首先决定后脑神经管的发育并同时诱导了耳基板向耳泡的发育。这一观点受到用基因敲除方法研究结果的支持。研究表明多种基因的缺失可引起后脑神经管的发育障碍，同时也引起内耳的发育障碍。已知的与后脑神经管和内耳发育相关的基因有 *Pax-3*、*Krox-20*、*HoxA1*、*Kreisler*、*dreher*、*splotch* 等基因。去除这些基因的动物胚胎无一例外地出现后脑神经管以及内耳的发育障碍。用分子或基因分析的方法证实这些基因完全或主要在后脑神经管表达。这些资料充分说明耳泡的发育与后脑神经管的发育息息相关，并取决于后脑神经管的正常发育。

（二）耳泡的进一步分化

耳泡的形成是内耳发育的第一个重要步骤，它标志着胚胎已有向内耳定向发育的组织细胞。几乎在耳泡形成的同时，耳泡即已开始出现极性化。首先出现的是前后极，随后是腹背极。这是内耳发育的第二个重要阶段的开始。到这一阶段，耳泡内细胞发育的方向已不可逆转，各自沿固定方向发育，直到最终的成熟形态学结构。

在这一发育阶段，耳泡进一步分化出内耳的不同组织结构。大约在耳泡形成后的一天内，耳泡不同部位的细胞也开始向不同方向分化。耳泡的背侧及外侧向内耳的 3 个半规管（semicircular canal）分化。耳泡内侧壁的中部向前庭（vestibule）感觉上皮细胞分化。而耳泡的腹侧区则是向耳蜗分化，其内壁则发育成为耳蜗的听觉感受器官——柯蒂氏器。在这一过程中，耳泡周围的间叶细胞（periotic mesenchyme）对内耳的分化及形态发生有重要影响。在耳基板的上皮细胞下陷形成耳泡的过程中，这些上皮细胞周围的间叶细胞也随之迁移。这两种由上皮细胞和间叶细胞组织产生的一些分子相互作用，在总体上控制着内耳不同结构的发育。

在形态学上的内耳成形后，内耳内的细胞功能分化也随即开始。耳泡周围的间叶细胞骨化形成内耳外层的骨性结构。耳泡内的上皮细胞分化出不同感觉区，这些感觉区均由不同功能的组织和细胞构成，但各有不同的形态学特征。这包括柯蒂氏器及其内毛细胞和支持细胞的分化和定性。间叶细胞能表达一些配对盒基因，如 *Prx1* 和 *Prx2*。这些基因被认为介导了一些源自于间叶细胞的信号分子，从而调控一些内耳内上皮细胞的分化和半规管的形态发生。内耳内的上皮细胞也同样产生一些信号分子，如转化生长因子 β1（transforming growth factor beta-1，TGF-β1）调控耳泡周围间叶细胞的骨化过程。

　　内耳形态学上的发育在出生前已基本完成。以小鼠为例，从妊娠第 8 天耳基板形成到形态上可辨认的耳蜗柯蒂氏器内外毛细胞出现大约需 9 天的时间。妊娠第 15 天耳蜗上皮形成，妊娠第 15～16 天毛细胞出现。在约妊娠第 17 天，内毛细胞和外毛细胞已可分辨。

<h3 align="center">（三）毛细胞的分化</h3>

　　毛细胞是耳蜗的声音感受细胞，因此毛细胞的分化是耳蜗发育过程中的最后一个关键步骤。在耳蜗的感觉区形成后，其上皮细胞如何定向往毛细胞方向转化是了解毛细胞发生发育的关键。对小鼠的研究发现 *Brn3.1* 转录因子基因在耳泡感觉区的毛细胞有充分的表达。敲除这个基因导致小鼠内耳毛细胞的缺失。这说明 *Brn3.1* 转录因子基因与毛细胞的发育分化相关。但 *Brn3.1* 转录因子基因的敲除同时也影响耳蜗支持细胞的生长。这提示耳蜗毛细胞和支持细胞在发育过程中的相互作用。用逆转录病毒感染进行细胞株示踪的方法研究表明耳蜗毛细胞和支持细胞来源于共同的原始细胞。其向毛细胞和支持细胞的分化应该在耳蜗发育的晚期，是最后一次耳蜗内细胞的分化。

　　对于毛细胞的定向分化的机制尚不清楚。现在发现很多基因与毛细胞的定向分化有关。除上面提到的 *Brn3.1* 外，还有 *Brn3.3*、*Math1*、*Notch1*、*Notch2*、*Jagged1*、*Jagged2*、*Hes1*、*Shark1*、*Shark2* 和 *MyosinⅥ* 等基因。这里需要特别提出的是抑制分子机制，这一机制控制原始上皮细胞向毛细胞转化。参与这一机制的主要基因有 *Notch1*、*Notch2*、*Jagged1*、*Jagged2*、*Math1* 和 *Hes1* 等。这一机制在于防止毛细胞的过度增长。其重要性可能与控制毛细胞和支持细胞的适当比例有关。

　　耳蜗毛细胞沿耳蜗基底膜从耳蜗基部（base）向耳蜗顶部（apex）顺序排列构成对声音频率的顺序表达。研究表明从基部至顶部的耳蜗毛细胞发生发育并不是同时开始，而是按从顶部至基部的顺序发生。顶部毛细胞在 E11～E13 开始发生发育，中部毛细胞在 E14～E15 开始发生发育而基部毛细胞在 E16 左右开始发生发育。

<h2 align="center">二、中枢听觉系统的发育</h2>

　　根据是否有耳蜗的传入信息，可将中枢听觉系统的发育分为两期：第一期为静息期，即从细胞的发生到听觉的开始；第二期为活动期，即从有耳蜗的信息传入开始至成体状态。所有哺乳动物的中枢听觉系统大部分的结构发育主要发生在第一期。在胚胎神经胚形成期，即当神经管正在闭合时，即耳泡形成期，中枢听觉系统的神经元已开始产生。中枢听觉系统为整个神经系统的一部分，由胚胎的神经管上皮细胞分化而来。大量

形态发生学研究表明中枢听觉系统的各个处理中心或核团几乎同时开始发生发育，并各自由神经管周围向其最终的部位迁移。与此同时，各核团的神经元发出轴突并形成树突，完成各核团间的神经联系。对大多数哺乳动物而言，中枢听觉系统的神经网络的发育在出生前已基本完成。同样以小鼠为例，耳蜗核（cochlear nucleus）的发生发育在 E10～E15，上橄榄复合体（superior olivary complex）和外侧丘系（lateral lemniscus）在 E9～E13，下丘（inferior colliculus）在 E11～E17，内侧膝状体（medial geniculate body）在 E10～E14，听觉皮质（auditory cortex）在 E10～E16（Fritzsch et al. 1997）。这里我们将主要讨论中枢听觉系统在第一期的发育。

（一）耳蜗核的发育

耳蜗核神经元（cochlear nucleus，CN）发生于神经管开始闭合后不久。耳蜗核由后脑的至少两个部位的神经上皮产生的神经元混合而成。其中之一是位于神经管翼板和顶板附近的菱唇（rhombic lip）结构；另一个为位于桥脑和延髓连接部、孤束（solitary tract）内侧的神经上皮。在菱唇产生的神经元沿着纵行和（或）环行途径迁移至最终的部位。这些神经元最终可能形成耳蜗核的腹侧核的球形和多极细胞。位于桥脑和延髓连接部的神经上皮主要形成耳蜗核背侧核的梭形细胞和巨细胞以及腹侧核的一些多极细胞。也有研究提示第四脑室外侧隐窝的最外侧神经上皮参与形成耳蜗核的背侧核。这些神经上皮细胞被认为是耳蜗神经核颗粒细胞的主要来源。

在中枢神经系统的发育过程中，一般地都表现出大的神经元的产生要早于小的神经元。耳蜗核的神经元发生也遵从这一规律。在耳蜗核的背侧核和腹侧核，依次产生的是大神经元、中间神经元，最后是小神经元。在不同时间产生的神经元没有表现出相互隔离的倾向。神经元产生的顺序决定细胞的大小并不决定其在成体核团中的位置。颗粒细胞是一种最小神经元，在其他各种神经元产生后才不断形成。在大鼠和小鼠等哺乳动物，颗粒细胞往往在出生后才发生，颗粒细胞产生后首先沿耳蜗核背侧核的表面迁移而形成耳蜗核的外颗粒层，然后放射状向深层迁移形成耳蜗核的背侧核和腹侧核之间的颗粒层。耳蜗核的背侧核神经元产生持续的时间相对要长于耳蜗核的腹侧核。在小鼠，形态上可以鉴别耳蜗核的背侧核和腹侧核的时间大约在 E16.5。

（二）上橄榄复合体和外侧丘系核团的发育

上橄榄复合体（superior olivary complex，SOC）和外侧丘系核团（nuclei of the lateral lemniscus，NLL）的神经元与耳蜗核神经元几乎同时发生或更早发生。这些核团神经元发生的来源至今并不十分清楚。有研究认为这些神经元起源于内侧神经上皮的背部，然后迁移到腹侧。也有研究提示上橄榄复合体某些核团的神经元起源于菱形唇边，与形成耳蜗核的神经上皮是同一部分，然后向腹侧迁移。外侧丘系核团神经元可能在形成上橄榄复合体神经元的神经上皮的相邻部位产生，然后向不同的方向迁移。

上橄榄复合体不同核团神经元的产生具有特定的顺序。上橄榄复合体内侧核是中枢听觉系统中发生最早的核团之一。上橄榄复合体外侧核神经元也几乎在同一时间发生，但其发育持续更长的时间。斜方体内侧核神经元发生的开始时间要比其他核团晚几天。上橄榄复合体大多数核团神经元是依一定的解剖部位顺序产生，即在背侧部由内到外、而腹侧部由外到内产生。这一神经元的发生顺序与这些核团后来的功能结构相吻合。

外侧丘系核团神经元与上橄榄复合体神经元发生在同一时期。但其腹侧核和背侧核神经元发生进程有所差异。这两个外侧丘系核团的亚核团产生的时间基本一致，但外侧丘系核团腹侧核神经元产生的高峰时间要比背侧核稍早。和上橄榄复合体一样，外侧丘系核团神经元产生的先后与其后来的功能结构也有一定的对应关系。

（三）下丘的发育

下丘（inferior colliculus，IC）神经元来源于大脑导水管后隐窝的神经上皮。与中枢听觉系统的其他核团相比，下丘神经元的产生相对较晚。下丘神经元的发生也遵从大细胞发生要早于小细胞的规律，也按一定的解剖部位顺序。最早发生的细胞多位于成体下丘的外侧、头端和腹侧，而最后发生的神经元主要位于内侧、尾端和背侧。同样，这一神经元发生的顺序与下丘后来的功能结构相对应。用氚标记的腺嘧啶脱氧核苷注射到 E40～E41 恒河猴标记的新生的神经元，发现下丘神经元产生的高峰时间在 E30～E56（妊娠期 165 天计算）。在这段时间，可见后脑发生明显的脑桥曲，但下丘所在的中脑似乎还未开始形成。下丘神经元在神经管旁产生后需要大约 7 天的时间迁移到其最终在中脑的部位。

（四）内侧膝状体的发育

丘脑的内侧膝状体核（medial geniculate nucleus，MGN）的神经元来自第三脑室背侧的神经上皮。在完成最后分裂后，这些细胞向后外侧方向迁移。内侧膝状体神经元产生的开始时间与耳蜗核和上橄榄复合体神经元产生的开始时间一样。内侧膝状体神经元的产生则在下丘神经元发生结束之前完成。在背侧丘脑，内侧膝状体神经元是最早出现的神经元。内侧膝状体神经元的发生顺序也是按照由外向内的模式，最早产生的细胞位于成体内侧膝状体的外侧和尾侧，较晚产生的细胞位于其内侧和头侧。内侧膝状体中巨大细胞经过再次分裂产生的细胞是其最后产生的神经元。在小鼠，其细胞发生的梯度表现不同，最早产生的细胞停留在内侧膝状体的腹内侧部，较晚产生的细胞着落在其外侧部。

（五）听觉皮层的发育及调控

成年哺乳动物的新皮层发育来自大脑泡（cerebral vesicles）的背外侧壁，由神经胚形成后从前脑壁外翻而来。像神经管的其余部分一样，大脑泡首先组成一个薄的、假分层的上皮。神经元由神经上皮迁移到软膜表面形成皮层板。这一神经元的迁移是先内后外，即先形成的神经元迁移至皮层的深层而晚形成的神经元就迁移至皮层的表层。对大鼠的研究表明最早形成的神经元到达皮层板大约需要 2 天时间而晚产生的神经元则要花更长的时间迁移至皮层板。整个大脑皮层的发育也是按一定的顺序进行。小鼠的资料显示，在 E11 可见第一个神经元开始迁移至头端，定位于与成体躯体感觉皮层代表区相关的位置，其发育要先于其他所有皮层。听觉皮层随其后，接下来是视觉皮层。对于每一感觉皮层的发育，初级皮层神经元的发生要早于其相应的次级皮层神经元的发生。

在成年动物的新皮层的重要特征之一是它的不同功能区的特异性，如听觉区和其他感觉功能区。这些功能区对不同的感觉信息有系统的表达，如听觉皮层（auditory cortex，AC）的音频地图（tonotopic map）。越来越多的证据表明有大量内在和外在因子参与了皮层特异性功能的形成。在早期发育过程中，大量内在的引导分子参与了新皮层发育以及对新皮层早期区域的特异性形成起重要作用，虽然新皮层早期特异性区域的形成在丘脑皮质感觉传入到达之前就已发生，但是新皮层特异功能区的发育明显地依赖丘脑皮质感觉传入。因此，丘脑皮质传入是新皮层功能发育和功能分区的一个关键因素。

1. 丘脑皮质传入对听觉皮层发育的指导性作用

很多研究表明在各种动物存在着一个感觉发育的关键时期（critical period）。这个关键期指的是动物一生中快速发育的阶段。在此期间，新皮层的功能区被快速地规范化和特异化，在不同的功能区，皮层神经元对刺激的反应特性，如听皮层神经元的频率-阈值调谐曲线（frequency-threshold tuning curve，FTC）得到快速发育。在这个关键期之后，感觉功能总体上达到成熟。有越来越多的证据表明在这个发育关键期之前，皮层的发育由遗传因子控制，正如啮齿动物围产期研究的结果一样。新皮层的几个特殊功能区能够通过对其基因表达水平的检测得到证实。更为有力的证据来自缺乏丘脑皮质传入的 Mash-1 或 Gbx-2 突变小鼠的新皮层出现基因表达的区域化模式。区域特异性基因在这些小鼠的皮层能正常表达。这些发现表明新皮层早期特化区的产生并不依赖于丘脑皮质传入神经的支配。

发生在发育关键期的一系列事件导致了皮层分区的规范化和皮质特性的发育，其中关键是丘脑皮质传入神经的支配。在丘脑皮质传入纤维投射到新皮层第 4 层后，就能够探测到皮层的特殊功能区。例如，在初始阶段，在感觉器官发育成熟之前或动物能够获得感觉经验之前，皮层功能区的特异化主要依赖于丘脑皮质传入的自发性电活动的调制。这说明在此阶段的皮层功能区的发育是不依赖于外界感觉信号的。这一观点在对视皮层发育的研究中也得到有力证明。例如，视皮层的某些方面的特异性功能，如眼优势（ocular dominance），在皮层能接受到任何视觉信号之前已经出现。在成熟的听皮层，声音频率被系统地描述为音频地图。假如听皮层的早期发育享有与视皮层同样的机制，那么在声音驱动的活动之前，应该存在一个伴随丘脑皮质传入自发性活动建立的与顺序表达声音频率的听觉特化区。尽管皮层的某些特异性功能可能发生在有感觉刺激之前，但感觉刺激对听觉皮层最终音频地图的形成仍然起决定性作用。

2. 早期皮层发育的胆碱能调节

新皮层发育的最近研究进展表明皮层的正常发育或成熟不仅仅依赖于支配新皮层的丘脑皮质投射，而且还依赖于大脑内的神经调节系统的支配。其中胆碱能系统的作用非常明显；最近已有研究发现在皮层发育的许多方面，皮质胆碱能系统具有重要的调节作用。与控制新皮层早期发育的内在和外界因子不同，胆碱能系统很可能是一种促进新皮层早期发育的重要因素。

乙酰胆碱（acetylcholine）在中枢神经系统的作用与其在外周神经系统的作用不同。在中枢神经系统，乙酰胆碱主要起神经调节作用。皮层的胆碱能系统主要依赖于来自前脑基底的基底核（nucleus of basalis of the basal forebrain）的胆碱能神经纤维投射。在有些动物种类，也存在少量来自皮层内胆碱能神经元的神经支配。前脑基底的基底核胆碱能神经元的产生在胚胎第 11～16 天，其对新皮层的胆碱能神经支配大约在围产期前后。通过用胆碱转乙酰（基）酶（choline acetyltransferase）的免疫组织化学染色的方法检查大鼠脑内轴突长度和分支及每单位长度轴突上的膨体数（varicosities），发现出生时的新皮层胆碱能神经支配已经存在，但是胆碱能纤维的数目非常少。出生后头两周期间胆碱能纤维的密度、轴突分支及每单位长度轴突上的膨体数都很快增加，在出生后 16 天即达到成年水平。

令人感兴趣的是基底前脑胆碱能纤维开始对皮层神经支配几乎与丘脑皮质纤维投射到皮层的时间相同。在大鼠，出生后最初 2～3 周的皮层胆碱能活动处于高水平，这正是皮层突触形成和神经元发育成熟最明显的活动期。这种关系提示皮层胆碱能神经支配与皮层功能发育有密切关系。一些研究已经观察到通过消除皮层胆碱能传入后皮层形态发生的变化。例如，用电毁损或其他方法破坏刚出生时动物的前脑基底部可除去新皮层的胆碱能神经支配，这导致皮层形态学发生明显的改变。这些变化包括胞体变小、顶树突和基底树突变短、上颗粒细胞层界限模糊、皮质第 IV 层异常模式形成、新皮层中异常的皮层连接和丘脑皮质投射分布的改变等。皮层形态学上的这些变化理论上将导致新皮层功能的障碍。已有研究证实这些皮层形态学上的改变伴随着动物行为功能的异常。遗憾的是，目前还没有新生动物除去皮层胆碱能支配后新皮层生理改变的研究报道。

在大鼠的听觉皮层，出生后早期胆碱乙酰化酶活性短暂性表达。这种暂时性胆碱乙酰化酶活性主要发生在听觉皮层的第 III、IV 层。应用组织化学技术，可以在大鼠出生后 3 天检测到胆碱乙酰化酶活性，出生后 8～10 天达到高峰水平，出生后 23 天达到成体水平。此外，内侧膝状体的损害导致丘脑皮质传入的剥夺，并明显降低听觉皮层胆碱乙酰化酶活性。这些发现表明听觉皮层胆碱能调节的重要时期正好与听觉皮层发育的关键期相匹配，并也暗示胆碱能调节与丘脑皮质神经支配的发育相关。

三、耳蜗螺旋神经节的发育

听觉系统发育的另一个重要环节是连接外周听觉系统（即耳蜗的毛细胞）和中枢听觉系统（即耳蜗核神经元），即耳蜗螺旋神经节的发育。耳蜗螺旋神经节神经细胞的发育开始于耳基板形成期，起源于耳基板细胞。在哺乳动物和鸟类，耳泡在形成后其壁细胞开始分裂层化形成假复层上皮。一般认为耳蜗螺旋神经节神经细胞由这些层化的耳泡前腹侧壁细胞分化而来。这些位于发育中的内耳和后脑组织之间的耳泡壁层化的细胞被认为是成神经细胞，其经过进一步分化后形成连接内耳和中枢听觉系统的耳蜗螺旋神经节神经细胞的主体。成体耳蜗螺旋神经节细胞对耳蜗毛细胞的支配具有明确的部位相关性。基部神经节细胞支配基部毛细胞，顶部神经节细胞支配顶部毛细胞。一个有趣的现象是耳蜗螺旋神经节细胞发育的顺序与耳蜗毛细胞发育的顺序相反，即耳蜗螺旋神经节细胞发育是从耳蜗基部开始。基部神经节细胞在 E11～E13 开始发生发育，中部神经节细胞在 E14～E15 开始发生发育，而顶部神经节细胞在 E16 左右开始发生发育。

（一）耳蜗螺旋神经节神经元的极化

耳蜗螺旋神经节神经元（spiral ganglion neuron，SGN）为双极神经元。在发生发育过程中，这些神经元必须向两个方向发展：①向脑内生长以支配耳蜗核神经元；②向耳蜗方向生长以支配毛细胞。

遗憾的是，目前可查阅的文献资料尚不能使我们了解耳蜗螺旋神经节神经元在发育过程中是什么时候以及怎样获得双极性的。对早期耳蜗螺旋神经元的形态学研究发现所有的神经节细胞均为双极细胞，其一端发育朝向脑组织而另一端发育朝向耳蜗。有神经解剖学资料显示在耳泡形成后耳泡壁内的耳蜗螺旋神经节神经元的前体细胞已经建立了极性。因此，耳蜗螺旋神经节神经元极性的建立可能与一般神经元轴突和树突的发育相似。其向前发生延展的部分形成轴突，即耳蜗螺旋神经节神经元向脑内支配的一极。而其迁移过程中遗留的尾部形成另一极，即耳蜗螺旋神经节神经元支配耳蜗的一极。某些研究资料可以支持这一观点。在小鼠妊娠第 13.5 天，即耳蜗上皮形成前，耳蜗传出纤维已经形成并建立了向脑干的轴突投射。近年来的研究也表明从耳泡壁不同部位发育而来的耳蜗螺旋神经节细胞在向成体位置迁移的过程中其耳蜗极均投射到其起源的部位。这间接说明耳蜗螺旋神经节神经元在形成时已具备向耳蜗及中枢的两极投射或支配。

（二）耳蜗螺旋神经节神经元对耳蜗毛细胞的支配

耳蜗螺旋神经节神经元对耳蜗毛细胞的支配有严格的部位相对应的关系（topography）。在成年和新生动物，耳蜗螺旋神经节神经元经辐射纤维束投射到耳蜗相应的部位。至于在发育过程中，耳蜗螺旋神经节神经元怎样选择特定辐射纤维束投射到耳蜗的相应部位并不清楚。可以肯定的是神经节神经元支配耳蜗的纤维不是由于耳蜗毛细胞引导而到达相应的部位的。目前认为发育早期单一神经节神经元纤维可产生很多分支而形成神经丛。这些从单一纤维而来的分支可进入多个辐射纤维束而支配较大范围的毛细胞。在后来的发育过程中，大多数分支在某种机制的作用下逐渐消失而形成对耳蜗毛细胞的精确支配。

尽管耳蜗螺旋神经节是按耳蜗基部到顶部的顺序发育，基部和顶部的神经节神经元支配耳蜗的纤维几乎同时到达耳蜗毛细胞。超微结构的资料表明神经节神经元支配耳蜗的纤维对内毛细胞的支配稍早于对外毛细胞的支配。虽然多数神经节神经元主要与内毛细胞形成突触，发育早期的单个神经节神经元可同时支配内毛细胞和外毛细胞。支配耳蜗的纤维在与耳蜗毛细胞形成突触联系后需要数天的时间达到成熟阶段。这一成熟过程包括提高神经节神经元对耳蜗毛细胞的支配精度，既减少神经节神经元支配耳蜗纤维的分支及限制所支配的毛细胞数量，同时也是神经节神经元支配耳蜗的轴突纤维与毛细胞之间突触成熟的过程。突触间信息传递可在突触形成后的数小时开始，也可能在突触形成后的数天后开始。这可能与突触在耳蜗沿基-顶轴的部位有关。对突触后递质受体表达时间的研究发现受体的表达遵从由基部到顶部的发育顺序。在小鼠，突触信息传递在出生前几天就已经开始。

（三）耳蜗螺旋神经节神经元对耳蜗核神经元的支配

耳蜗螺旋神经节神经元向脑干投射的轴突形成听神经。听神经进入脑干的时间非常接近于耳蜗螺旋神经节神经元形成的时间。在小鼠，耳蜗螺旋神经节神经元在约 E13.5 形成而听神经进入脑干的时间为 E13～E14。听神经进入脑干也同样遵从由基部到顶部的顺序。对大鼠的研究表明首先进入脑干耳蜗核的纤维来自位于基部的神经节神经元。来自位于中部和顶部神经节神经元的听神经纤维进入耳蜗核的时间要晚 2～3 天。这一规律也适用于其他哺乳类动物。在听神经进入脑干后，其分支继续耳蜗核的各亚核生长，直到其要支配的部位。目前尚不了解是什么因素控制听神经生长并在所要支配的部位停止下来。一种可能是听神经随耳蜗核神经元形成后的迁移而生长，并随着这种迁移的停止而停止生长。这一推测尚需要实验来证实。在听神经进入耳蜗核时，听神经终端即与耳蜗核神经元形成突触联系。值得一提的是听神经的不同侧支在耳蜗核的不同部位形成完全不同的突触结构。在耳蜗核背核，听神经形成大的杯状突触。在耳蜗核腹核，听神经形成小的结状突触。对同一纤维不同分支形成不同突触的机制同样有待进一步研究。

（四）耳蜗螺旋神经节神经元支配对耳蜗毛细胞和耳蜗核细胞发育的影响

耳蜗毛细胞的发育对耳蜗螺旋神经节支配的依赖很小。除去耳蜗螺旋神经节对毛细胞的支配后，毛细胞发育并没有什么变化。但耳蜗核神经元的情况就大不相同。在鸡胚胎耳泡形成后除去感觉细胞和神经节细胞后，耳蜗核细胞在 E11 前的发育不受影响，但在 E11 后耳蜗核明显变小以及耳蜗核细胞的数量明显减少。因为听神经支配耳蜗核神经元证实在 E11，说明听神经的支配对耳蜗核神经元的后期发育起重要作用。

进一步研究表明破坏中耳导致传导性耳聋对耳蜗核的发育不产生影响，但破坏内耳导致神经性耳聋却明显影响耳蜗核的发育。同样，阻断听神经的电活动或阻断听神经谷氨酰胺递质的传递也明显影响耳蜗核的发育。这些资料说明耳蜗核的正常发育需要听神经的电活动以及其递质或随递质释放的分子对突触后细胞的作用。

四、听觉系统的功能发育

虽然对听觉系统的研究已有上百年的历史，对听觉功能了解最全面、认识最深入的是听觉系统对声音频率的处理和表达。在高等脊椎动物如哺乳动物和鸟类，从耳蜗到中枢听觉系统的各级处理中枢，对声音频率都有顺序的表达。因此，我们将以听觉系统对声音频率的处理和表达作为基础来探讨听觉系统的功能发育。

（一）耳蜗功能的发育

大多数哺乳动物，能在听觉系统记录到声音诱发的神经电活动多在出生后的第 1 周以后。在听力产生之前，听觉系统中存在和维持着非常低水平的自发电活动。这种维持性自发电活动能够以两种方式影响着听觉系统的神经发育：①具有营养作用；②在突触连接的形成和成熟过程中可能提供有益的引导作用。

对哺乳动物和鸟类的生理学和行为学的研究均表明最初始的听觉发生应有两个特征：①高阈值；②只局限于对中低频声音的反应。随着时间的推移，听力的阈值逐渐降低，对频率的感受逐渐向高频扩展。这种对声音反应阈值和频率的变化在耳蜗动作电位及中枢各级处理中枢都得到证实。由于中枢各级处理中枢在很大程度上继承了耳蜗的变化，因此听觉系统对声音反应阈值和频率的变化主要反映了耳蜗的功能改变。现有的资料能清楚表明声音反应阈值的逐渐降低归因于中耳的成熟。而对逐渐向高频扩展的频率感受的变化尚不十分清楚。

如前所述，耳蜗毛细胞是按耳蜗顶部到基部的顺序发育。因为耳蜗顶部表达低频率而基底部表达高频率，理论上说，耳蜗对声音的反应应该是从高频开始，而后向低频扩展。那么实际的现象为什么会与此相反？虽然目前尚没有明确的答案，可查阅的资料提示，耳蜗对声音反应由低频向高频扩展的变化可能与耳蜗基底膜成熟过程中共振特性的变化、外毛细胞的成熟、下行纤维耳蜗支配的成熟以及耳蜗主动机制的成熟有关。

（二）中枢听觉系统功能的发育

在探讨中枢听觉系统功能的发育时必须建立的一个重要概念是听觉中枢各级处理中枢功能的建立首先依赖于耳蜗功能的成熟。由于整个听觉系统上行通路的神经纤维投射都具有部位相对应关系，并且中枢的神经纤维联系在听觉开始前已经完成，所以中枢听觉系统对声音频率和强度表达的成熟过程与耳蜗功能的成熟密切相关。这很好地解释了为什么中枢听觉系统功能发育成熟具有与耳蜗功能发育成熟相同的特征，即神经元早期只对低频声音起反应并有很高的反应阈值。随着时间的推移，神经元逐渐出现对高频声音的反应同时伴随反应阈值的下降。

大多数哺乳动物的中枢听觉系统在出生后 1 个月后已形成对声音系统表达的音频地图，神经元对声音的各种反应特性也基本成熟。在小鼠，中枢听觉系统初步形成音频地图在出生后的第 8～9 天，音频地图在出生后 15～16 天即已达到成年动物水平。猫中枢听觉系统的音频地图成熟较晚。猫的听力在出生时即已出现，而其音频地图的出现大约在出生后的第 10 天，其完全成熟在出生后的 1 个月以后。又如荷兰猪的听觉功能在出生前就已开始，中枢的音频地图因此在出生前就已获得。很显然，不同动物听觉中枢的成熟在时程上有很大区别。这应该与不同种属动物内在的发育阶段和发育速度相关。一般认为不同种属动物在中枢听觉系统成熟的机制上是相似的。

关于中枢听觉系统功能发育的一个有趣的问题是中枢各核团和皮质是否是按由低到高的顺序发育成熟的。对多种动物中枢不同核团及皮质神经元反应特性和音频地图的研究观察表明，听觉中枢从耳蜗核到皮质的功能成熟几乎是同时进行的。值得注意的是听觉系统的一些复杂功能的发育成熟可能需要较长的时间。例如，荷兰猪上丘（superior colliculus）的声源空间位置图的发育就需要几个月的时间。

（三）声学环境对中枢听觉系统发育的影响

声学环境对耳蜗发育会产生何种影响尚不清楚。非洲斑马鱼耳蜗毛细胞具有终生可再生性。研究表明有效的声音刺激可增加非洲斑马鱼耳蜗毛细胞的数量。这一发现说明声音刺激促进毛细胞的再生或生长。但这是否适用于哺乳动物及其他动物耳蜗毛细胞的发育尚有待研究。

近年来的研究表明早期声学环境对中枢听觉系统的功能发育有非常显著的影响。对大鼠的研究发现，将刚出生的大鼠置于某种特定的声学环境中，听觉皮质神经元及音频地图会出现适应性改变。如将新生大鼠暴露在 9000Hz 的声音下，皮质音频地图中对 9000Hz 频率的表达显著增强，说明有更多的神经元参与对 9000Hz 声音的处理。同时这些神经元的频率选择性明显提高。相反，如果将新生大鼠暴露在白噪音下（含所有频率成分），其皮质对声音频率的顺序表达或音频地图消失，同时皮质神经元对声音频率的选择性下降。

值得提出的是，听觉早期声学环境对听觉皮层音频地图构成的影响并不一定就暗示着这种影响只发生在听觉皮质或丘脑皮质投射。早期声学环境的改变并不会引起丘脑皮质投射在形态上明显的变化。然而类似的功能改变在丘脑以下的结构中也可以观察到。听觉输入的消失或加强提示丘脑皮质传入信息发生改变，这种变化就会影响听觉皮层功能的最终构成。

这些资料表明生命早期的声学环境对中枢听觉系统的功能发育有重要的作用。这说明成熟的中枢听觉系统对生命早期反复或常常听到的声音有较强的处理能力。这一点对人类语言能力的发育可能有着重要的意义。

（鄢　俊　伍亚民　撰）

主要参考文献

Adams RD, Victor M. 1993. Principles of Neurology. 5th. New York：McGraw-Hill, Inc. 493～538

Agerman K, Canlon B, Duan M, et al. 1999. Neurotrophins, NMDA receptors, and nitric oxide in development and protection of the auditory system. Ann N Y Acad Sci, 884：131～142

Aguayo AJ, Bray GM, Rasminsky M, et al. 1990. Synaptic connections made by axons regenerating in the central nervous system of adult mammals. J Exp Biology, 153: 199~224

Akazawa C, Shigemoto R, Bessho Y, et al. 1994. Differential expression of five N-methyl-D-aspartate receptor subunit mRNAs in the cerebellum of developing and adult rats. J Comp Neurol, 347: 150~160

Altman J, Bayer SA. 1980. Development of the brain stem in the rat. III. Thymidine-radiographic study of the time of origin of neurons of the vestibular and auditory nuclei of the upper medulla. J Comp Neurol, 194: 877~904

Angelaki DE, Bush GA, Perachio AA. 1993. Two-dimensional spatiotemporal coding of linear acceleration in vestibular nuclei neurons. J Neurosci, 13: 1403~1417

Angelaki DE, Dickman JD. 2000. Spatiotemporal processing of linear acceleration: primary afferent and central vestibular neuron responses. J Neurophysiol, 84: 21113~21132

Anniko M, Nordemar H, Sobin A. 1983. Principles in embryonic development and differentiation of vestibular hair cells. Otolaryngol Head Neck Surg, 91: 540~549

Anniko M. 1990. Development of the vestibular system. In: Coleman JR. Development of sensory systems in mammals. New York: Wiley, 341~400

Arends JJ, Allan RW, Zeigler HP. 1991. Organization of the cerebellum in the pigeon (*Columba livia*): III. Corticovestibular connections with eye and neck premotor areas. J Comp Neurol, 306: 273~289

Auclair F, Marchand R, Glover JC. 1999. Regional patterning of reticulospinal and vestibulospinal neurons in the hindbrain of mouse and rat embryos. J Comp Neurol, 411: 288~300

Baird RA, Desmadryl G, Fernández C, et al. 1988. The vestibular nerve of the chinchilla. II. Relation between afferent response properties and peripheral innervation patterns in the semicircular canals. J Neurophysiol, 60: 182~203

Baker R, Mano N, Shimazu H. 1969. Postsynaptic potentials in abducens motoneurons induced by vestibular stimulation. Brain Res, 15: 577~580

Bankoul S, Neuhuber WL. 1992. A direct projection from the medial vestibular nucleus to the cervical spinal dorsal horn of the rat, as demonstrated by anterograde and retrograde tracing. Anat Embryol, 185: 77~85

Ben-Ari Y, Khazipov R, Leinekugel X, et al. 1997. GABA, NMDA and AMPA receptors: a developmentally regulated 'menage a trois'. Trends Neurosci, 20: 523~529

Berry M. 1993. Regeneration of axons in the central nervous system. In: Harrison RJ. Progress in Anatomy, Vol 3. London: Cambridge University Press, 213

Bettler B, Mulle C. 1995. Review: neurotransmitter receptors. II. AMPA and kainate receptors. Neuropharmacology, 34: 123~139

Bianchi LM, Conover JC, Fritzsch B, et al. 1996. Degeneration of vestibular neurons in late embryogenesis of both heterozygous and homozygous BDNF null mutant mice. Development, 122: 1965~1973

Bolger C, Sansom AJ, Smith PF, et al. 1999. An antisense oligonucleotide to brain-derived neurotrophic factor delays postural compensation following unilateral labyrinthectomy in guinea pig. NeuroReport, 10: 1485~1488

Boyle R, Highstein SM. 1990. Efferent vestibular system in the toadfish: action upon horizontal semicircular canal afferents. J Neurosci, 10: 1570~1582

Brichta AM, Goldberg JM. 1996. Afferent and efferent responses from morophological fiber classes in the turtle posterior crista. Ann NY Acad Sci, 781: 183~195

Brocard F, Vinay L, Clarac F. 1999. Development of hindlimb postural control during the first postnatal week in the rat. Dev Brain Res, 117: 81~89

Brodal A, Pompeiano O. 1957. The vestibular nuclei in the cat. J Anat, 91: 438~444

Brodal A. 1974. Anatomy of the vestibular nuclei and their connections. In: Kornhuber HH. Handbook of Sensory Physiology, Vol. 6/1. Berlin: Springer-Verlag, 239~352

Bush GA, Perachio AA, Angelaki DE. 1993. Encoding of head acceleration in vestibular neurons. I. Spatiotemporal response properties to linear acceleration. J Neurophysiol, 69: 2039~2055

Buttner-Ennever JA. 1992. Patterns of connectivity in the vestibular nuclei. Ann NY Acad Sci, 656: 363~378

Buttner-Ennever JA. 1999. A review of otolith pathways to brainstem and cerebellum. Ann NY Acad Sci, 871: 51~64

Carbonetto S. 1991. Facilitatory and inhibitory effects of glial cells and extracellular matrix in axonal regeneration. Current Opinion in Neurobiol, 1: 407~413

Carleton SC, Carpenter MB. 1983. Afferent and efferent connections of the medial, inferior and lateral vestibular nuclei in the cat and monkey. Brain Res, 278: 29~51

Cepko C, et al. 1996. Cell fate determination in the vertebrate retina. Proc Natl Acad Sci USA, 93: 589~595

Chalupa LM, Gunhan EG. 2004. Development of On and Off retinal pathways and retinogeniculate projections. Prog Retin Eye Res, 23: 31~51

Chan SO, Chung KY, Taylor JS. 1999. The effects of early prenatal monocular enucleation on the routing of uncrossed retinofugal axons and the cellular environment at the chiasm of mouse embryos. Eur J Neurosci, 11: 3225~3235

Chan SO, Chung KY. 1999. Changes in axon arrangement in the retinofugal pathway of mouse embryos: confocal microscopy study using single- and double-dye label. J Comp Neurol, 406: 251~262

Chan SO, Guillery RW. 1994. Changes in fiber order in the optic nerve and tract of rat embryos. J Comp Neurol, 344: 20~32

Chan SO, Wong KF, Chung KY, et al. 1998. Changes in morphology and behaviour of retinal growth cones before and after crossing the midline of the mouse chiasm—a confocal microscopy study. Eur J Neurosci, 10: 2511~2522

Chan YS, Chen CW, Lai CH. 1996. Response of medial medullary reticular neurons to otolith stimulation during bidirectional off-vertical axis rotation of the cat. Brain Res, 732: 159~168

Chan YS, Cheung YM, Hwang JC. 1985. Unit responses to bidirectional off- vertical axes rotations in central vestibular and cerebellar fastigial nuclei. Prog Brain Res, 76: 67~75

Chan YS, Cheung YM, Hwang JC. 1987. Response characteristics of neurons in the cat vestibular nuclei during slow and constant velocity off-vertical axes rotations in the clockwise and counterclockwise directions. Brain Res, 406: 294~301

Chan YS, Cheung YM, Hwang JC. 1985. Effect of tilt on the response of neuronal activity within the cat vestibular nuclei during slow and constant velocity rotation. Brain Res, 45: 271~278

Chan YS, Hwang JC, Cheung YM. 1977. Crossed sacculo-ocular pathway via the Deiters' nucleus in cats. Brain Res Bull, 2: 1~6

Chan YS, Lai CH, Shum DK. 2002. Bilateral otolith contribution to spatial coding in the vestibular system. J Biomed Sci, 9: 574~586

Chan YS, Lai CH, Shum DK. 2003. Response properties of Y group neurons to crossed otolith inputs in the cat. NeuroReport, 14: 729~733

Chan YS, Shum DKY, Lai CH. 1999. Neuronal response sensitivity to bidirectional off-vertical axis rotations: A dimension of imbalance in the lateral vestibular nuclei of cats after unilateral labyrinthectomy. Neuroscience, 94: 831~843

Chan YS. 1997. The coding of head orientations in neurons of bilateral vestibular nuclei of cats after unilateral labyrinthectomy: response to off-vertical axis rotation. Exp Brain Res, 114: 293~303

Chen LW, Lai CH, Law HY, et al. 2003. Quantitative study of the coexpression of Fos and N-methyl-D-aspartate (NMDA) receptor subunits in otolith-related vestibular nuclear neurons of rats. J Comp Neurol, 460: 292~301

Chen LW, Yung KK, Chan YS. 2000. Co-localization of NMDA receptors and AMPA receptors in the neurons of vestibular nuclei of rats. Brain Res, 884: 87~97

Chen YC, Pellis SM, Sirkin DW, et al. 1986. Bandage-backfall: Labyrinthine and non-labyrinthe components. Physiol Behav, 37: 805~814

Cho EY, So KF. 1992. Characterization of the sprouting response of axon-like processes from retinal ganglion cells after axotomy in adult hamsters: a model using intravitreal implantation of a peripheral nerve. J Neurocytol, 21: 589~603

Cho KS, So KF, Chung SK. 1996. Induction of axon-like processes from axotomized retinal ganglion cells of adult hamsters after intravitreal injection of sciatic nerve exudate. Neuro Report, 7：2879～2882

Chung KY, Leung KM, Lin CC, et al. 2004. Regionally specific expression of L1 and sialylated NCAM in the retinofugal pathway of mouse embryos. J Comp Neurol, 471：482～498

Chung KY, Taylor JS, Shum DK, 2000. Axon routing at the optic chiasm after enzymatic removal of chondroitin sulfate in mouse embryos. Development, 127：2673～2683

Clarac F, Vinay L, Cazalets JR, et al. 1998. Role of gravity in the development of posture and locomotion in the neonatal rat. Brain Res Rev, 28：35～43

Cochran SL, Kasik P, Precht W. 1987. Pharmacological aspects of excitatory synaptic transmission to second-order vestibular neurons in the frog. Synapse, 1：102～123

Cohen A, Bray GM, Aguayo AJ. 1994. Neurotrophin-4/5（NT-4/5）increases adult rat retinal ganglion cell survival and neurite outgrowth *in vitro*. J Neurobiol, 25（8）：953～959

Collewijn H. 1977. Optokinetic and vestibulo-ocular reflexes in dark-reared rabbits. Exp Brain Res, 27：287～300

Cui Q, Cho KS, So KF. 2004. Synergistic effect of Nogo-neutralizing antibody IN-1 and ciliary neurotrophic factor on axonal regeneration in adult rodent visual systems. J Neurotrauma, 21（5）：617～625

Cui Q, Lu Q, So KF, et al. 1999. CNTF, not other trophic factors, promotes axonal regeneration of axotomized retinal ganglion cells in adult hamsters. Invest Ophthalmol Vis Sci, 40（3）：760～766

Cui Q, Yip HK, Zhao RC, et al. 2003. Intraocular elevation of cyclic AMP potentiates ciliary neurotrophic factor-induced regeneration of adult rat retinal ganglion cell axons. Mol Cell Neurosci, 22（1）：49～61

Curthoys IS. 1979a. The development of function of horizontal semicircular canal primary neurons in the rat. Brain Res, 167：41～52

Curthoys IS. 1979b. The vestibulo-ocular reflex in newborn rats. Acta Otolaryngol（Stockh.）, 87：484～489

Curthoys IS. 1982. Postnatal development changes in the response of rat primary horizontal semicircular canal neurons to sinusoidal angular accelerations. Exp Brain Res, 47：295～300

Curthoys IS. 1983. The development of function primary vestibular neurons. In：Romand R. Development of Auditory and Vestibular Systems. New York：Acadamic Press, 425～461

de Waele C, Muhlethaler M, Vidal PP. 1995. Neurochemistry of the central vestibular pathways. Brain Res Rev, 20：24～46

Dechesne CJ, Lavigne-Rebillard M, Brehier A, et al. 1988. Appearance and distribution of neuron-specific enolase and calbindin（CaBP 28kDa）in the developing human inner ear. Dev Brain Res, 41：221～230

Dechesne CJ, Rabejac D, Desmadryl G. 1994. Development of calretinin immunoreactivity in the mouse inner ear. J Comp Neurol, 346：517～529

Dechesne CJ, Sans A, Keller A. 1985. Onset and development of neuron-specific enolase immune reactivity in the peripheral vestibular system of the mouse. Neurosci Lett, 61：299～304

Dechesne CJ, Thomasset M. 1988. Calbindin（CaBP 28kDa）appearance and distribution during development of the mouse inner ear. Dev Brain Res, 40：233～242

Dechesne CJ. 1992. The development of vestibular sensory organs in human. In：Romand R. Development of Auditory and Vestibular Systems 2. Amsterdam, Elsevier, 419～447

Dememes D, Broca C. 1998. Calcitonin gene-related peptide immunoreactivity in the rat efferent vestibular system during development. Dev Brain Res, 108：59～67

Dememes D, Dechesne CJ, Venteo S, et al. 2001. Development of thr rat efferent vestibular system on the ground and in microgravity. Dev Brain Res, 128：35～44

Dememes D, Seoane A, Venteo S, et al. 2000. Efferent function of vestibular afferent endings? Similar localization of N-type calcium channels, synaptic vesicle and synaptic membrane-associated proteins. Neuroscience, 98：377～384

Desmadryl G, Raymond J, Sans A. 1986. *In vitro* electrophysiological study of spontaneous activity in neonatal mouse vestibular ganglion neurons during development. Dev Brain Res, 25：133～136

Desmadryl G, Sans A. 1990. The development of the innervation pattern in the mouse vestibular sensory epithelium.

Dev Brain Res, 52: 183~189

Desmadryl G. 1991. Postnatal development changes in the response of mouse primary vestibular neurons to externally applied galvanic current. Dev Brain Res, 64: 137~143

Diaz C, Puelles L, Marin F, et al. 1998. The relationship between rhombomeres and vestibular neuron populations as assessed in quail-chicken chimeras. Dev Bio, 202: 14~28

Dingledine R, Borges K, Bowie D, et al. 1999. The glutamate receptor ion channels. Pharmacol Rev, 51: 7~61

Doi K, Tsumoto T, Matsunaga T. 1990. Actions of excitatory amino acid antagonists on synaptic inputs to the rat medial vestibular nucleus: an electrophysiological study in vitro. Exp Brain Res, 82: 254~262

Droge W. 2003. Oxidative stress and aging. Adv Exp Med Biol, 543: 191~200

du Lac S, Lisberger SG. 1995. Membrane and firing properties of avian medial vestibular nucleus neurons in vitro. J Comp Physiol, 176: 641~651

Dutia MB, Johnston AR. 1998. Development of action potentials and apamin-sensitive after-potentials in mouse vestibular nucleus neurones. Exp Brain Res, 118: 148~154

Eatock RA, Chen WY, Saeki M. 1994. Potassium currents in mammalian vestibular hair cells. Sens Syst, 1: 21~28

Ebralidze AK, Rossi DJ, Tonegawa S, et al. 1996. Modification of NMDA receptor channels and synaptic transmission by targeted disruption of the NR2C gene. J Neurosci, 16: 5014~5025

Elgoyhen AB, Johnson DS, Boulter J, et al. 1994. An acetylcholine receptor with novel pharmacological properties expressed in rat cochlear hair cells. Cell, 79: 705~715

Erkman L, McEvilly RJ, Luo L, et al. 1996. Role of transcription factors Brn-3. 1 and Brn-3. 2 in auditory and visual system development. Nature, 381: 603~606

Ernfors P, Lee KF, Jaenisch R. 1994. Mice lacking brain-derived neurotrophic factor develop with sensory deficits. Nature, 368: 147~50

Ernfors P, van de Water T, Loring J. 1995. Complementary roles of BDNF and NT-3 in vestibular and auditory development. Neuron, 14: 1153~1164

Ezure K, Graf W. 1984. A quantitative analysis of the spatial organization of the vestibulo-ocular reflexes in lateral- and frontal-eyed animals-II. Neuronal networks underlying vestibulo-oculomotor coordination. Neuroscience, 12: 95~109

Fernandez C, Baird RA, Goldberg JM. 1988. The vestibular nerve of the Chinchilla. I. Peripheral innervation patterns in the horizontal and superior semicircular canals. J Neurophysiol, 60: 176~181

Flandrin TM, Courjon JH, Jeannerod M. 1979. Development of the vestibulo-ocular response in the kitten. Neurosci Lett, 12: 295~299

Fritzsch B, Beisel KW, Jones K, et al. 2002. Development and evolution of inner ear sensory epithelia and their innervation. J Neurobiol, 53: 143~156

Fritzsch B, Beisel KW. 2001. Evolution and development of the vertebrate ear. Brain Res Bull 55: 711~721

Fritzsch B, Silos-Santiago I, Bianchi LM, et al. 1997. The role of neurotrophic factors in regulating the development of inner ear innervation. Trends Neurosci, 20: 159~164

Fritzsch B. 2003. Development of inner ear afferent connections: forming primary neurons and connecting them to the developing sensory epithelia. Brain Res Bull, 60: 423~433

Fujii M, Goto N, Onagi S, et al. 1997. Development of the human lateral vestibular nucleus: a morphometric evaluation. Early Hum Dev, 48: 23~33

Gacek RR. 1969. The course and central termination of first order neurons supplying vestibular end organs in the cat. Acta Otolaryngol (Stockh), 254: 1~66

Geiger JR, Melcher T, Koh DS, et al. 1995. Relative abundance of subunit mRNAs determines gating and Ca^{2+} permeability of AMPA receptors in principal neurons and interneurons in rat CNS. Neuron, 15: 193~204

Geisler HC, Westerga A, Gramsbergen A. 1993. Development of posture in the rat. Acta Neurobiol Exp, 53: 517~523

Gilland E, Baker R. 1993. Conservation of neuroepithelial and mesodermal segments in the embryonic vertebrate head. Acta Anat, 148: 110~123

Glover JC, Petursdottir G. 1988. Pathway specificity of reticulospinal and vestibulospinal projections in the 11-day chicken embryo. J Comp Neurol, 270: 25~38

Glover JC. 1993. The development of brain stem projections to the spinal cord in the chicken embryo. Brain Res Bull, 30: 265~271

Glover JC. 1994. The organization of vestibulo-ocular and vestibulospinal projections in the chicken embryo. Eur J Morphol, 32: 193~200

Glover JC. 1996. Development of second-order vestibular projections in the chicken embryo. Ann NY Acad Sci, 781: 13~20

Glowatzki E, Wild K, Brandle U, et al. 1995. Cell-specific expression of the a9 n-ACH receptor subunit in auditory hair cells revealed by single-cell RT-PCR. Proc R Soc Lond B Biol Sci, 262: 141~147

Godement P, Salaun J, Mason CA. 1990. Retinal axon pathfinding in the optic chiasm: divergence of crossed and uncrossed fibers. Neuron, 5: 173~186

Goldberg JM, Desmadryl G, Baird RA, et al. 1990. The vestibular nerve of the chinchilla. V. Relation between afferent discharge properties and peripheral innervation patterns in the utricular macula. J Neurophysiol, 63: 791~804

Goldberg JM, Fernandez C. 1980. Efferent vestibular system in squirrel monkey: anatomical location and influence on afferent activity. J Neurophysiol, 43: 986~1025

Grafstein B. 1991. The goldfish visual system as a model for the study of regeneration in the central nervous system. In: Cronly-Dillon JR. Development and Plasticity of the Visual System, Vol. 11: Vision and Visual Dysfunction. London: Macmillan Press, 190

Hafidi A, Hillman DE. 1997. Distribution of glutamate receptors GluR 2/3 and NR1 in the developing rat cerebellum. Neuroscience, 81: 427~436

Hamanm W, Iggo A. 1988. Prog Brain Res. Transduction and cellular mechanisms in sensory receptors. Amsterdam: Elsevier, 74: 277

Hard E, Larsson K. 1975. Development of air righting in rats. Brain Behav Evol, 11: 53~59

Hasson T, Gillespie PG, Garcia JA, et al. 1997. Unconventional myosins in inner ear sensory epithelia. J Cell Biol, 137: 1287~1307

Hayflick L. 1984. When does aging begin? Res Aging, 6: 99~103

Herrera E, Brown L, Aruga J, et al. 2003. Zic2 patterns binocular vision by specifying the uncrossed retinal projection. Cell, 114: 545~557

Highstein SM, McCrea RA. 1988. The anatomy of the vestibular nuclei. In: Buttner-Ennever JA. Neuroanatomy of the Oculomotor system, Amsterdam, Elsevier, 281~217

Hindges R, McLaughli T. 2002. EphB Forward signaling controls directional branch extension and arborizaiton required for dorsal - ventral retinotopic mapping. Neuron, 35: 475~487

Hollmann M, Heinemann S. 1994. Cloned glutamate receptors. Ann Rev Neurosci, 17: 31~108

Holstege G, Kuypers HGJM. 1982. The anatomy of brainstem pathways to the spinal cord in cat: A labeled amino acid tracing study. Prog Brain Res, 57: 145~175

Holstege G. 1988. Brainstem-spinal cord projections in the cat, related to control of head and axial movement. In: Buttner-Ennever JA. Neuroanatomy of the Oculomotor system, Amsterdam, Elsevier, 431~469

Huang EJ, Reichardt LF. 2001. Neurotrophins: roles in neuronal development and function. Ann Rev Neurosci, 24: 677~736

Illing RB. 2004. Maturation and plasticity of the central auditory system. Acta Otolaryngol Suppl, 552: 6~10

Imagawa M, Isu N, Sasaki M, et al. 1995. Axonal projections of utricular afferents to the vestibular nuclei and the abducens nucleus in cats. Neurosci Lett, 186: 87~90

Isenmann S, Kretz A, Cellerino A. 2003. Molecular determinants of retinal ganglion cell development, survival, and regeneration. Prog Retin Eye Res, 22: 483~543

Ishiyama G, Lopez I, Ishiyama A. 1999. Subcellular immunolocalization of NMDA receptor subunit NR-1 in the chinchilla vestibular periphery. Brain Res, 851: 270~276

Johnston AR, MacLeod NK, et al. 1994. Ionic conductances contributing to spike repolarization and after-potentials in rat medial vestibular nucleus neurons. J Physiol, 481: 61~77

Jonas P, Burnashev N. 1995. Molecular mechanisms controlling calcium entry through AMPA-type glutamate receptor channels. Neuron, 15: 987~990

Kalli-Laouri J, Schwartze P. 1990. The postnatal development of the air-righting reaction in albino rats. Quantitative analysis of normal development and the effect of preventing neck-torso-pelvis rotations. Behav Brain Res, 37: 37~44

Karhunen E. 1973. Postnatal development of the lateral vestibular nucleus (Deiter's nucleus) of the rat. Acta Otolaryngol (Stockh), 313: 1~87

Kasahara M, Uchino Y. 1974. Bilateral semicircular canal inputs to neurons in cat vestibular nuclei. Exp Brain Res, 20: 285~296

Khalilov I, Dzhala V, Ben-Ari Y, et al. 1999. Dual role of GABA in the neonatal rat hippocampus. Dev Neurosci, 21: 310~319

King VR, Michael GJ, Joshi RK, et al. 1999. TrkA, trkB, and trkC messenger RNA expression by bulbospinal cells of the rat. Neuroscience, 92: 935~944

Kinney GA, Peterson BW, Slater NT. 1994. The synaptic activation of N-methyl-D-aspartate receptors in the rat medial vestibular nucleus. J Neurophysiol, 72: 1588~1595

Kitao Y, Okoyama S, Moriizumi T, et al. 1993. Neurogenetical segregation of the vestibulospinal neurons in the rat. Brain Res, 620: 149~154

Kudo N, Furukawa F, Okado N. 1993. Development of descending fibers to the rat embryonic spinal cord. Neurosci Res, 16: 131~141

Kuruvilla A, Sitko S, Schwartz IR, et al. 1985. Central projections of primary vestibular fibers in the bullfrog. I. The vestibular nuclei. Laryngoscope, 95: 692~707

Lababdeira-Garcia JL, Guerra-Seijas MJ, Lababdeira-Garcia JA, et al. 1989. Afferent connections of the oculomotor nucleus in the chick. J Comp Neurol, 282: 523~534

Lai CH, Chan YS. 1995. Properties of otolith-related vestibular nuclear neurons in response to bidirectional off-vertical axis rotation of the rat. Brain Res, 693: 39~50

Lai CH, Chan YS. 1996. Spontaneous activity of otolith-related vestibular nuclear neurons in the decrerebrate rat. Brain Res, 739: 322~329

Lai CH, Chan YS. 2000. Postnatal development of resting discharge of otolith neurons in rat vestibular nucleus. In: Claussen CF, Haid CT, Hofferberth B. Equilibrium Research, Clinical Equilibriometry and Modern Treatment, Amsterdam, Elsevier, 17~21

Lai CH, Chan YS. 2001. Spontaneous discharge and response characteristics of central otolith neurons of rats during postnatal development. Neuroscience, 103: 275~288

Lai CH, Tse YC, Shum DKY, et al. 2004. Fos expression in otolith-related brainstem neurons of postnatal rats following off-vertical axis rotation. J Comp Neurol, 470: 282~296

Lai CH. 1999. Postnatal development of otolith neurons in the vestibular nucleus of rats. Ph D Thesis, The University of Hong Kong

Lakke E. 1997. The projections to the spinal cord of the rat during development: a time-table of descent. Adv Anat Embryol Cell Biol, 135: 1~143

Lannou J, Cazin L, Hamann KF. 1980. Responses of central vestibular neurons to horizontal linear acceleration in the rat. Pflügers Arch, 385: 123~129

Lannou J, Precht W, Cazin C. 1979. The postnatal development of functional properties of central vestibular neurons in the rat. Brain Res, 75: 219~232

Lannou J, Precht W, Cazin C. 1983. Functional development of the central vestibular system. In: Romand R. Development of Auditory and Vestibular System. New York, Academic Press, 463~478

Laouris Y, Kalli-Laouri J, Schwartze P. 1990. The postnatal development of the air-righting reaction in albino rats. Quantitative analysis of normal development and the effect of preventing neck-torso-pelvis rotations. Behav Brain Res, 37: 37~44

Lapeyre PNM, Guilhaume A, Cazals Y. 1992. Differences in hair bundles associated with type I and type II vestibular hair cells of the guinea pig saccule. Acta Otolaryngol (Stockh), 112: 635~642

LaVail MM, Unoki K, Yasumura D, et al. 1992. Multiple growth factors, cytokines, and neurotrophins rescue photoreceptors from the damaging effects of constant light. Proc Natl Acad Sci USA, 89 (23): 11249~11253

Lee KH, Cotanche DA. 1996. Localization of the hair-cell-specific protein fimbrin during regeneration in the chicken cochlea. Audiol Neurootol, 1: 41~53

Leinekugel X, Khalilov I, McLean H, et al. 1999. GABA is the principal fast-acting excitatory transmitter in the neonatal brain. Adv Neurol, 79: 189~201

Leong SK, Shieh JY, Wong WC. 1984. Localizing spinal cord-projecting neurons in adult albino rats. J Comp Neurol, 228: 1~17

Leung KM, Taylor JS, Chan SO. 2003. Enzymatic removal of chondroitin sulphates abolishes the age-related axon order in the optic tract of mouse embryos. Eur J Neurosci, 17: 1755~1767

Lin L, Chan SO. 2003. Perturbation of CD44 function affects chiasmatic routing of retinal axons in brain slice preparations of the mouse retinofugal pathway. Eur J Neurosci, 17: 2299~2312

Lin Y, Carpenter DO. 1993. Medial vestibular neurons are endogenous pacemakers whose discharge is modulated by neurotransmitter. Cell Mol Neurobiol, 13: 601~610

Liu XB, Murray KD, Jones EG. 2004. Switching of NMDA receptor 2A and 2B subunits at thalamic and cortical synapses during early postnatal development. J Neurosci, 24: 8885~8895

Lopez I, Honrubia V, Lee SC, et al. 1999. The protective effect of brain-derived neurotrophic factor after gentamicin ototoxicity. Am J Otol, 20: 317~324

Luis CA, Loewenstein DA, Acevedo A, et al. 2003. Mild cognitive impairment. Neurology, 61: 438~444

Lumsden A. 1990. The cellular basis of segmentation in the developing hindbrain. Trends Neurosci, 13: 329~335

Lysakowski A, Goldberg JM. 1997. Regional variations in the cellular and synaptic architecture of the chinchilla cristae. J Comp Neurol, 389: 419~443

Lysakowski A. 1999. Development of synaptic innervation in the rodent utricle. Ann NY Acad Sci, 871: 422~425

Maklad A, Fritzsch B. 1999. Incomplete segregation of endorgan-specific vestibular ganglion cells in mice and rats. J Vestib Res, 9: 387~399

Maklad A, Fritzsch B. 2003. Development of vestibular afferent projections into the hindbrain and their central targets. Brain Res Bull, 60: 497~510

Mano N, Oshima T, Shimazu H. 1968. Inhibitory commissural fibers interconnecting the bilateral vestibular nuclei. Brain Res, 8: 378~382

Marcus RC, Blazeski R, Godement P, et al. 1995. Retinal axon divergence in the optic chiasm: uncrossed axons diverge from crossed axons within a midline glial specialization. J Neurosci, 15: 3716~3729

Marin F, Puelles L. 1995. Morphological fate of rhombomeres in quail/chick chimeras: A segmental analysis of hindbrain nuclei. Eur J Neurosci, 7: 1714~1738

Markham CH. 1968. Midbrain and contralateral labyrinth influences on brainstem vestibular neurons in the cat. Brain Res, 9: 312~333

Matesz C, Birinyi A, Straka H, et al. 1998. Location of dye-coupled second order canal and otolith neurons and of efferent vestibular neurons in the frog. Neurobiology, 6: 226~227

Mazan S, Jaillard D, Baratte B, et al. 2000. Otx1 gene-controlled morphogenesis of the horizontal semicircular canal and the origin of the gnathostome characteristics. Evol Dev, 2: 186~193

Mbiene JP, Favre D, Sans A. 1984. The pattern of ciliary development in fetal mouse vestibular receptors. Anat Embryol, 170: 229~238

Mbiene JP, Favre D, Sans A. 1988. Early innervation and differentiation of hair cells in the vestibular epithelia of mouse embryo: SEM and TEM study. Anat Embryol, 177: 331~340

McCrea RA, Strassman A, Highstein SM. 1987. Anatomical and physiological characteristics of vestibular neurons mediating the vertical vestibulo-ocular reflexes of the squirrel monkey. J Comp Neurol, 264: 571~594

McLaughlin T, Hindges R, O'Leary DDM. 2003. Regulation of axial patterning of the retina and its topographic mapping in the brain. Current Opinion in Neurobiology, 13: 57~69

Monnier M. 1970. Functions of the nervous system. Motor and Psychomotor Functions, 2. Amsterdam, Elsevier, 418~431

Montcouquiol M, Valat J, Travo C, et al. 1998. A role for BDNF in early postnatal rat vestibular epithelia maturation: implication of supporting cells. Eur J Neurosci, 10: 598~606

Montcouquiol ME, Sans NA, Travo C, et al. 2000. Detection and localization of BDNF in vestibular nuclei during the postnatal development of the rat. Neuro Report, 11: 1401~1405

Monyer H, Burnashev N, Laurie DJ, et al. 1994. Developmental and regional expression in the rat brain and functional properties of four NMDA receptors. Neuron, 12: 529~540

Morris RJ, Beech JN, Heizmann CW. 1988. Two distinct phasees and mechanisms of axonal growth shown by primary vestibular fibres in the brain, demonstrated by parvalbumin immunohistochemistry. Neuroscience, 27: 571~596

Morsli H, Choo D, Ryan A, et al. 1998. Development of the mouse inner ear and origin of its sensory organs. J Neurosci, 18: 3327~3335

Murphy GJ, du Lac S. 2001. Postnatal development of spike generation in rat medial vestibular nucleus neurons. J Neurophysiol, 85: 1899~1906

Myers SJ, Dingledine R, Borges K. 1999. Genetic regulation of glutamate receptor ion channels. Ann Rev Pharmacol Toxicol, 39: 221~241

Naito Y, Newman A, Lee WS, et al. 1995. Projections of the individual vestibular end-organs in the brain stem of the squirrel monkey. Hear Res, 87: 141~155

Nordemar H. 1983a. Postnatal development of the vestibular sensory epithelium in the mouse. Acta Otolaryngol (Stockh), 95: 447~456

Nordemar H. 1983b. Postnatal maturation of vestibular hair cells in mouse. Acta Otolaryngol (Stockh), 96: 1~8

Norita M, Kase M, Hoshino K. et al. 1996. Extrinsic and intrinsic connections of the cat's lateral suprasylvian visual area. Prog Brain Res, 112: 231~250

Oorschot DE, Jones DG. 1990. Axonal regeneration in the mammalian central nervous system: a critique of Hypotheses. Berlin: Springer-Verlag

Ornitz EM, Atwell DO, Hartmann EE, et al. 1979. The maturation of vestibular nystagmus in infancy and childhood. Acta Otolaryngol (Stockh), 88: 244~256

Ornitz EM, Kaplan AR, Westlake JR. 1985. Development of the vestibulo-ocular reflex from infancy to adulthood. Acta Otolaryngol (Stockh), 100: 180~193

Ornitz EM. 1983. Normal and pathological maturation of vestibular function in the human child. In: Romand R. Development of Auditory and Vestibular Systems. New York, Acadamic Press, 479~536

Owens DF, Boyce LH, Davis MB, et al. 1996. Excitatory GABA responses in embryonic and neonatal cortical slices demonstrated by gramicidin perforated-patch recordings and calcium imaging. J Neurosci, 16: 6414~6423

Ozawa S, Kamiya H, Tsuzuki K. 1998. Glutamate receptors in the mammalian central nervous system. Prog Neurobiol, 54: 581~618

Pellis SM, Pellis VC. 1994. Development of righting when falling from a bipedal standing posture: Evidence for the dissociation of dynamic and static righting reflexes in rats. Physiol Behav, 56: 659~663

Peters A. 2002. Structural changes that occur during normal aging of primate cerebral hemispheres. Neuroscience and Biobehavioral Reviews, 26: 733~741

Peterson BW, Coulter JD. 1977. A new long spinal projection from the vestibular nuclei in the cat. Brain Res, 122: 351~356

Peterson EH, Cotton JR, Grant JW. 1996. Structural variation in ciliary bundles of the posterior semicircular canal. Quantitative anatomy and computational analysis. Ann NY Acad Sci, 781: 85~102

Petrosini L, Molinari M, Gremoli T. 1990. Hemicerebellectomy and motor behaviour in rats. I. Development of motor function after neonatal lesion. Exp Brain Res, 82: 472~482

Petursdottir G. 1990. Vestibulo-ocular projections in the 11-day chicken embryo: Pathway specificity. J Comp Neurol, 297: 283~297

Pirvola U, Arumae U, Moshnyakov M, et al. 1994. Coordinated expression and function of neurotrophins and their receptors in the rat inner ear during target innervation. Hearing Res, 75: 131~144

Pirvola U, Ylikoski J, Palgi J, et al. 1992. Brain-derived neurotrophic factor and neurotrophin 3 mRNAs in the peripheral target fields of developing inner ear ganglia. Proc Natl Acad Sci, 89: 9915~9919

Pollard H, Khrestchatisky M, Moreau J, et al. 1993. Transient expression of the NR2C subunit of the NMDA receptor in developing rat brain. NeuroReport, 4: 411~414

Pompeiano O, Manzoni S, Marchand AR, et al. 1987. Effects of roll tilt of the animal and neck rotation on different size vestibulospinal neurons in decerebrate cats with the cerebellum intact. Pfluegers Arch, 409: 24~38

Pompeiano O. 1979. Neck and macular labyrinthine influences on the cervical spinoreticulocerebellar pathway. In: Pompeiano O, Granit R. Reflex Control of Posture and Movement. Progress in Brain Research, Vol. 50. Amsterdam: Elsevier, 501~514

Poon HF, Calabrese V, Scapagnini G, et al. 2004. Free radicals and brain aging. Clin Geriatr Med, 20: 329~359

Popper P, Rodrigo JP, Alvarez JC, et al. 1997. Expression of the AMPA-selective receptor subunits in the vestibular nuclei of the chinchilla. Mol Brain Res, 44: 21~30

Pujic Z, Matsumoto I, Wilce PA. 1993. Expression of the gene coding for the NR1 subunit of the NMDA receptor during rat brain development. Neurosci Lett, 162: 67~70

Ramon Y, Cajal S. 1928. Degeneration and regeneration of the nervous system. reprint 1957, May RM, Trans. New York: Hafner Press

Rapoport S, Susswein A, Uchino Y, et al. 1977. Properties of vestibular neurons projecting to necksegments of the cat spinal cord. J Physiol, 268: 493~510

Reisine H, Raphan T. 1992. Neural basis for eye velocity generation in the vestibular nuclei of alert monkeys during off-vertical axis rotation. Exp Brain Res, 92: 209~226

Rennie KJ, Correia MJ. 1994. Potassium currents in mammalian and avian isolated type I semicircular canal hair cells. J Neurophysiol, 71: 317~329

Ricci AJ, Rennie KJ, Correia MJ. 1996. The delayed rectifier, IkI, is the major conductance in type I vestibular hair cells across vestibular end organs. Pflugers Arch, 432: 34~42

Richardson PM. 1991. Neurotrophic factors in regeneration. Curr Opin Neurobiol, 1 (3): 401~406

Rinkwitz S, Bober E, Baker R. 2001. Development of the vertebrate inner ear. Ann NY Acad Sci, 942: 1~14

Rohrbough J, Spitzer NC. 1996. Regulation of intracellular Cl⁻ levels by Na⁺-dependent Cl⁻ cotransport distinguishes depolarizing from hyperpolarizing GABAA receptor-mediated responses in spinal neurons. J Neurosci, 16: 82~91

Romand R, Dauzat M. 1982. Modification of spontaneous activity in primary vestibular neurons during development in the cat. Exp Brain Res, 45: 265~268

Romand R. 1997. Modification of tonotopic representation in the auditory system during development. Prog Neurobiol, 51 (1): 1~17

Rubel EW, Fritzsch B. 2002. Auditory system development: primary auditory neurons and their targets. Annu Rev Neurosci, 25: 51~101

Rubel EW, Popper AN, Fay RR. 1998. Development of the Auditory System. New York: Springer-Verlag

Ruben RJ. 1967. Development of the inner ear of the mouse: a radioautographic study of terminal mitoses. Acta Otolaryngol (Stockh), 220: 1~31

Rusch A, Eatock RA. 1996. A delayed rectifier conductance in type I hair cells of the mouse utricle. J Neurophysiol, 76: 995~1004

Sakai N, Ujihara H, Ishihara K, et al. 1996. Electrophysiological and pharmacological characteristics of ionotropic glutamate receptors in medial vestibular nucleus neurons: a whole cell patch clamp study in acutely dissociated neurons. Jpn J Pharmacol, 72: 335~346

Salat DH, Buckner RL, Snyder AZ, et al. 2004. Thinning of the cerebral cortex in aging. Cereb Cortex, 14: 721~730

Sans A, Chat M. 1982. Analysis of temporal and spatial patterns of rat vestibular hair cell differentiation by tritiated thymidine radioautographic. J Comp Neurol, 206: 1~8

Sans A, Montcouquiol ME, Raymond J. 2000. Postnatal developmental changes in AMPA and NMDA receptors in the rat vestibular nuclei. Dev Brain Res, 123: 41~52

Sans A, Scarfone E. 1996. Afferent calyces and type I hair cells during development. A new morphofunctional hypothesis. Ann NY Acad Sci, 781: 1~12

Sasaki H, Inoue T, Iso H, et al. 1993. Light-dark discrimination after sciatic nerve transplantation to the sectioned optic nerve in adult hamsters. Vision Res, 33 (7): 877~880

Sasaki M, Hiranuma K, Isu N, et al. 1991. Is there a three neuron arc in the cat utriculo-trochlear pathway? Exp Brain Res, 86: 421~425

Sato H, Imagawa M, Isu N, et al. 1997. Properties of saccular nerve-activated vestibulospinal neurons in cats. Exp Brain Res, 116: 381~388

Sauve Y, Sawai H, Rasminsky M. 1995. Functional synaptic connections made by regenerated retinal ganglion cell axons in the superior colliculus of adult hamsters. J Neurosci, 15 (1 Pt 2): 665~675

Sawai H, Sugioka M, Morigiwa K, et al. 1996. Functional and morphological restoration of intracranial brachial lesion of the retinocollicular pathway by peripheral nerve autografts in adult hamsters. Exp Neurol, 137 (1): 94~104

Schecterson LC, Bothwell M. 1994. Neurotrophin and neurotrophin receptor mRNA expression in developing inner ear. Hearing Res, 73: 92~100

Schnell L, Schwab ME. 1990. Axonal regeneration in the rat spinal cord produced by an antibody against myelin-associated neurite growth inhibitors. Nature, 18, 343 (6255): 269~272

Schonfelder J, Schwartze P. 1970. Development of the falling flip-over reflex in the ontogenesis of rabbits. Acta Biol Med Ger, 25: 109~114

Schwab ME. 1991. Regeneration of lesioned CNS axons by neutralisation of neurite growth inhibitors: a short review. Paraplegia, 29 (5): 294~298

Sernagor E, Eglen SJ, Wong ROL. 2000. Development of retinal ganglion cell structure and function. Progress in Retinal and Eye Research, 20: 139~174

Shimazu H, Precht W. 1966. Inhibition of central vestibular neurons from the contralateral labyrinth and its mediating pathway. J Neurophysiol, 29: 467~492

Simic G, Bexheti S, Kelovic Z, et al. 2005. Hemispheric asymmetry, modular variability and age-related changes in the human entorhinal cortex. Neuroscience, 130: 911~925

Smith PF, Darlington CL, Yan Q, et al. 1998. Unilateral vestibular deafferentation induces brain-derived neurotrophic factor (BDNF) protein expression in the guinea pig lateral but not medial vestibular nuclei. J Vest Res, 8: 443~447

So KF, Cho EYP, Lau KC. 1992. Morphological plasticity of retinal ganglion. cells following peripheral nerve transplantation. In: Lam DMD, Bray GM. Regeneration and Plasticity in the Visual System. Cambridge: MIT Press, 109

So KF. 1988. Regeneration of retinal ganglion cell axons in adult mammals. In: Hamanm W, Iggo A. Prog Brain Res, (74): 277

Sretavan DW, Feng L, Pure E, et al. 1994. Embryonic neurons of the developing optic chiasm express L1 and CD44, cell surface molecules with opposing effects on retinal axon growth. Neuron, 12: 957~975

Steininger TL, Wainer BH, Klein R, et al. 1993. High-affinity nerve growth factor receptor (Trk) immunoreactivity is localized in cholinergic neurons of the basal forebrain and striatum in the adult rat brain. Brain Res, 612: 330~335

Straka H, Baker R, Gilland E. 2001. Rhombomeric organization of vestibular pathways in larval frogs. J Comp Neurol, 437: 42~55

Straka H, Gilland E, Baker R. 2000. Rhomobomeric pattern of hindbrain efferent neurons is retained in adult frogs. Soc. Neurosci Abstr, 26: 310

Suwa H, Gilland E, Baker R. 1996. Segmental organization of vestibular and reticular projections to spinal and oculomotor nuclei in the zebrafish and goldfish. Bio Bull, 191: 257~259

Takahashi T, Feldmeyer D, Suzuki N, et al. 1996. Functional correlation of NMDA receptor subunits expression with the properties of single-channel and synaptic currents in the developing cerebellum. J Neurosci, 16: 4376~4382

Takahashi Y, Takahashi MP, Tsumoto T, et al. 1994a. Synaptic input-induced increase in intraneuronal Ca^{2+} in the medial vestibular nucleus of young rats. Neurosci Res, 21: 59~69

Takahashi Y, Tsumoto T, Kubo T. 1994b. N-Methyl-D-aspartate receptors contribute to afferent synaptic transmission in the medial vestibular nucleus of young rats. Brain Res, 659: 287~291

Tay D, So KF, Jen LS, et al. 1986. The postnatal development of the optic nerve in hamsters: an electron microscopic study. Brain-Res, 395 (2): 268~273

Tegetmeyer H. 1994. Spatial orientation of extraocular muscle EMG responses to tilt in the rabbit during postnatal development. Exp Brain Res, 98: 65~74

Thanos S, Mey J. 1995. Type-specific stabilization and target-dependent survival of regenerating ganglion cells in the retina of adult rats. J Neurosci, 15 (2): 1057~1079

Thanos S, Richter W. 1993. The migratory potential of vitally labelled microglial cells within the retina of rats with hereditary photoreceptor dystrophy. Int J Dev Neurosci, 11 (5): 671~680

Torres M, Giraldez F. 1998. The development of the vertebrate inner ear. Mech Dev, 71 (1~2): 5~21

Tsumoto T, Hagihara K, Sato H, et al. 1987. NMDA receptors in the visual cortex of young kittens are more effective than those of adult cats. Nature, 327: 513~514

Uchino Y, Hirai N. 1983. The vestibulo-ocular reflex arc in the newborn kitten. An electrophysiological investigation. Exp Brain Res, 53: 29~35

Uchino Y, Ikegami H, Sasaki M, et al. 1994. Monosynaptic and disynaptic connections in the utriculo-ocular reflex arc of the cat. J Neurophysiol, 71: 950~958

Uchino Y, Sasaki M, Sato H, et al. 1996. Utriculoocular reflex arc of the cat. J Neurophysiol, 76: 1896~1903

Uchino Y, Sato H, Kushiro K, et al. 1999. Cross-striolar and commissural inhibition in the otolith system. Ann NY Acad Sci, 871: 162~172

Vaage S. 1969. The segmentation of the primitive neural tube in chicken embryo (Gallus domesticus). Adv Anat Embryol Cell Biol, 41: 1~88

van de Water TR, Anniko M, Nordemar H, et al. 1978. Development of the sensory receptor cells in the utricular macula. Acta Otolaryngol (Stockh), 87: 297~305

van Zundert B, Yoshii A, Constantine-Paton M. 2004. Receptor compartmentalization and trafficking at glutamate synapses: a developmental proposal. Trends Neurosci, 27: 428~437

Vellis JD. 2002. Neuroglia in the aging brain. Totowa, New Jersey: Humana Press, 134, 291～338

Vidal PP, Babalian A, de Waele C, et al. 1996. NMDA receptors of the vestibular nuclei neurones. Brain Res Bull, 40: 347～352

Warner HR, Hodes RJ, Pocinki K. 1997. What does cell death have to do with aging? J Am Geriatr Soc, 145: 1140～1146

Watanabe M, Fukuda Y. 2002. Survival and axonal regeneration of retinal ganglion cells in adult cats. Progress in Retinal and Eye Research, 21: 529～553

Watanabe M, Mishina M, Inoue Y. 1994. Distinct distributions of five NMDA receptor channel subunit mRNAs in the brainstem. J Comp Neurol, 343: 520～531

Wenzel W, Fritschy JM, Mohler H, et al. 1997. NMDA receptor heterogeneity during postnatal development of the rat brain: Differential expression of the NR2A, NR2B, and NR2C subunit proteins. J Neurochem, 68: 469～478

Wheeler EF, Bothwell M, Schecterson LC, et al. 1994. Expression of BDNF and NT-3 mRNA in hair cells of the organ of Corti: quantitative analysis in developing rats. Hearing Res, 73: 46～56

Wiener-Vacher SR, Toupet F, Narcy P. 1996. Canal and otolith vestibulo-ocular reflexes to vertical and off-vertcal axis rotations in children learning to walk. Acta Otolaryngol (Stockh), 116: 657～665

Williams SE, Mann F, Erskine L, et al. 2003. Ephrin-B2 and EphB1 mediate retinal axon divergence at the optic chiasm. Neuron, 39: 919～935

Wilson VJ, Jones GM. 1979. Mammalian vestibular physiology. New York: Plenum

Wilson VJ, Peterson BW. 1981. Vestibulospinal and reticulospinal systems. In: Brooks VB. Handbook of Physiology. Sec. I: The Nervous System. Vol. II: Motor Control. Bethesda: American Physiological Society, Chap. 14

Wilson VJ, Schor RH, Suzuki I, et al. 1986. Spatial organization of neck and vestibular reflexes acting on the forelimbs of the decerebrate cat. J Neurophysiol, 55: 514～526

Wilson VJ, Yamagata Y, Yates BJ, et al. 1990. Response of vestibular neurons to head rotations in vertical planes. III. Response of vestibulocollic neurons to vesibular and neck stimulation. J Neurophysiol, 64: 1695～1703

Wizenmann A, Thanos S, von Boxberg Y, et al. 1993. Differential reaction of crossing and non-crossing rat retinal axons on cell membrane preparations from the chiasm midline: an in vitro study. Development, 117: 725～735

Xiang M, Gao W-Q, Hasson T, et al. 1998. Requirement for brn-3c in maturation and survival, but not in fate determination of inner ear hair cells. Development, 125: 3935～3946

Yan J. 2003. Canadian Association of Neuroscience Review: Development and plasticity of the auditory cortex. Can J Neurol Sci, 30 (3): 189～200

Ylikoski J, Pirvola U, Moshnyakov M, et al. 1993. Expression patterns of neurotrophin and their receptor mRNAs in the rat inner ear. Hearing Res, 65: 69～78

Zhang FX, Lai CH, Lai SK, et al. 2003. Neurotrophin receptor immunostaining in the vestibular nuclei of rats. Neuro Report, 14: 851～855

Zhang YK. 2001. Functional development of otolith afferents in postnatal rats. Ph. D. Thesis, The University of Hong Kong

Zheng JL, Gao WQ. 1997. Analysis of rat vestibular hair cell development and regeneration using calretinin as an early marker. J Neurosci, 17: 8270～8282

第十二章 脑的老化及神经退行性疾病

第一节 脑的老化

一、老化与发育：对立的统一

　　老化（aging）是发生在整个生命中的一种过程，孕育在发育和成熟之中。当你年轻时老化与生长、成熟及社会贡献相联系，随着生命的进程，会经历以衰退为特征的变化，如体形改变、头发变白、皮肤变薄而失去弹性、记忆下降等。人的一生可以按年龄划分为不同的时期：新生儿、婴儿、儿童、少年、青年、壮年、中年和老年。从社会学角度来看，这种按年龄的人生划分有其实用意义，但是从生物学角度来探讨人生，问题就变得复杂化。人生过程在宏观上从受精卵开始，经过发育、成熟、老化阶段，最后以死亡告终，粗略看上去也似乎分成明显的阶段性，而且发育与老化具有明显的对立性，可是若做深入分析，就会发现人的这些生物学阶段的分界线并不是十分明确。在时间上，世界卫生组织将 60 岁以上定为老年，就不同个体而言，因受基因、环境、心理和致病因素的影响可以在更早或更晚年龄表现出老年的特征，而且对于某一器官、组织、细胞或细胞器来说，老化就超出了时间的范围，器官和组织的更新依赖已有细胞的衰亡和新的细胞产生，新的细胞产生伴随着发育过程，原有细胞也有其衰老历程，老化与发育在对立中统一。

二、老化的起点

　　要认识老化的起点，就要明确老化的定义，要对人人都知道的老化现象下一个确切的定义并非易事。很早以前古希腊哲学家亚里士多德（Aristotle）从现象角度给予定义，认为人体是由湿（humid）、干（dry）、温（warm）、冷（cold）4 种成分构成，在年轻时湿和温占据优势；当老化时，则干与冷起主导作用。而现代生物学发展迅猛，从生物学角度来给予其定义，老化是一种进行性生命过程，在这一过程中，抵抗环境损害和疾病的能力降低，使退变性疾病和新生物的发生率增加，其有 4 层含义：①老化降低了机体的功能活动，对个体来说是破坏性的；②老化是不可逆的进行性过程；③老化主要由生物体内在、固有因素决定，如基因编码，并不过多依赖外在因素，外部因素会加快或延缓这一过程；④老化是生物普遍存在的现象，不同生物体之间表现近乎相同的老化模式。成功的老化（successful aging）包括生物学及社会学范畴，不仅避免疾病，而且维持较好认知功能、生理功能和社会功能为特点。世界卫生组织将老年人进一步分为两大组：60～74 岁的人称为老年人（the elderly），75 岁以上的人称为衰老者（the aged），两者的分界线是功能的衰退。老年人不但生活能够自理，而且还能应用自己的技术、知识与经验为社会做出贡献，而衰老者不但不能服务于社会，连自己的生活都需要他人加以照顾。所以从社会学角度说，功能的衰退比年龄大小更能反映出老化的程度。年龄与真正的生理老化并不是平行的，可以未老先衰，也可能是老当益壮。但人脑在何种年龄时表现出衰退迹象呢？神经病学家 B. Yankner 教授（Harvard Medical School）通过对年龄在 26～106 岁的人群基因变化模式研究发现，人脑的衰退开始于 40 岁，26～40 岁人群中，参与学习与记忆的基因模式没有明显变化，在 40～70 岁人群中，一部分人像年轻人，一部分则像老年人，说明虽然从 40 岁开始表现脑老化，但存在个体差异，老化的速度也是不同的，其受基因、环境、疾病和社会因素影响。

三、脑 的 老 化

（一）老化对中枢神经系统的作用

生物的生命周期长短是最重要生物特征之一。生命的长短是由基因控制，虽然目前尚未认识，但不同生物的生命周期已经揭示，基因是控制生命长短的关键因素，每种生物都有其自身的平均生命周期，生物的死亡钟是存在的，超过其生物周期者只占少数，如大鼠的生命周期是 2 年，恒河猴是 20～25 年，非洲大象是 70～75 年，人类大约在 85 年。对多数来说，到达 85 岁，生命的时钟将被关闭，疾病、心理和环境因素只对老化进程起加速或延缓作用。表 12-1 是人体老年期解剖和功能变化。

表 12-1　老年期人体解剖和生理功能改变（引自 Adams et al. 1993）

项目	下降的百分率/%
脑的重量	15
脑血流量	20
每搏心输出量	35
周围神经纤维数量	37
神经传导速度	10
味蕾数	64
肾小球数量	44
肾小球滤过率	31
锻炼时最大耗氧量	60
肺最大通气量	47
最大吸气量	44
手握力	45
基本代谢率	16
体内水含量	18

随着老化进程，中枢神经系统将表现出相应的功能衰退，归纳起来有 5 个方面：①特殊感觉功能：表现听力进行性下降，视力减退，味觉的敏感性降低；②姿势和步态变化；③运动功能：行动变得迟缓，运动反应时间延长，肌力降低，肢体和躯干活动协调性降低，显得僵直、笨拙；④认知功能变化：学习、记忆能力下降，特别近记忆力降低，语言表达能力降低、注意力减退；⑤人格变化：表现固执、自我为中心，思维上刻板和保守。但需要注意的是，老化对神经系统影响程度变化较大，特别在认知功能方面，有人在 70 岁以上仍保持旺盛的精力，思维敏捷和良好的记忆力，所以提倡保持良好的工作和生活习惯可以延缓认知老化。

（二）认 知 老 化

认知老化（cognitive aging）即脑老化引起的认知衰退（cognitive decline），指与年龄相关的认知能力的降低和障碍。人类从童年开始，认知功能的各个方面相互影响，形成完整的认知能力，在进入老年后，平均认知功能如推理、思维速度、记忆及空间能力等有所下降。老年性认知衰退的发生非常普遍，老化导致的认知衰退也得到大部分研究者的肯定，但也存在不同观点，认为认知衰退并非是老化的必然结果，属于生理性或病理性，仍需进一步界定。

随着年龄的增长，影响认知的脑部疾病（如卒中及阿尔茨海默病）的发生率也稳步上升，特别是神经退变性疾病是伴随年龄而存在，导致认识过程偏差，不同研究者也存在差异。所以要判断认知衰退需注意以下 4 个问题：①要注意疾病对认知功能的影响，因为老年阶段往往伴随疾病的发生，要排除疾病的影响是困难的，特别是一些心理疾病如抑郁可以影响记忆等功能。即使排除了明显的神经系统疾病，老年人也很难确定不存在病理性损害。所谓"正常"老年人意味着没有明确疾病、没有主诉或未发生临床症状。②注意研究方法上引起的误差，研究过程中分组年龄的比较易于被组间因素影响，也即老年人群年轻时教育环境与现在的年轻人明显不同。纵向研究（即相同的人群在不同年龄进行的研究）虽可避免这种组间影响因素，但同样存在其他的问题，如反复测试将使所得结果越来越好；功能差的人群易于被失访，而功能好的人群失访率低等，而且，纵向研究年龄的影响往往被低估。③老年人常存在干扰因素，如视力下降、听力下降、疲劳以及竞争意识降低等。④衰退的程度不同，与本身的教育水平、生活习惯、职业甚至环境因素有关。某些人能力丧失很重，而其他一些人则可能十分轻微，其原因与个体在生长过程中脑暴露于伤害性因子如脑外伤、中毒以及缺氧等的程度不同有关。此外，自身的修复能力和耐受性方面的差异均对其产生一定影响。因此，个别学者提出不同看法，认为认知衰退可能并非老化的必然结果，而可能是一种尚未认识的病理过程。

认知老化虽程度不同，但表现相近，最常见的表现是记忆（memory）力降低，对远期记忆影响小，多表现为近记忆下降，严重的近记忆力下降称逆行性遗忘（anterograde amnesia）。所以老年人"积淀"（crystallised）的能力（即在学校学习和在实践中积累的技能和知识如词汇及常识）得到很好的保存，而对"流动"（fluid）能力（即个体对新环境的反应能力）则影响较大，其中事件记忆、空间能力及操作能力（episodic memory, spatial ability and executive function）最常受累，这些改变一般源于大脑对信息处理减慢；语言能力降低，语言的表达、命名和语言理解能力下降，表现出语言迟钝、缓慢，词汇的运用能力下降；视觉空间功能（visuospatial）降低，空间思维、设计、定位和定向力受损，使老年人对周围熟悉的环境认识下降。但正如第二节所说，老化引起认知力降低程度差别大，在日常生活中并未显著表现，良好的生活、学习和工作习惯有利保护其功能。

认知老化的生物学基础仍不清楚。传统学说认为脑老化源于广泛的神经元及其轴突的丧失。最近的研究显示老年人皮层内神经元很少丧失，神经元的总体数量相对完整，并存在突触连接的重塑，在一些特殊区域如海马等尚存在神经元再生，表明老化大脑有足够的能力代偿并维持认知功能。由于神经元数量保持完整，因此推测认知老化与重塑的突触连接能力下降可能有关，该观点在动物模型中已得到证实。近年，脑白质变化在认知降低中的作用受到重视，临床影像学研究发现，老年人白质改变较灰质改变更易出现认知改变，与认知能力下降有显著关系，目前认为可能因为白质变化导致传导功能受损，引起皮层各功能区联络障碍，导致思维缓慢、语言能力下降和记忆损害等，白质变化引起认知功能障碍及机制也是当今研究活跃的领域。

认知储备（cognitive reserve）是大脑发育成熟后代偿脑部损害的重要机制。该理论解释了经历高等教育的人群认知老化发生率低的原因。认知储备包括主动和被动两部分。主动认知储备由后天获得，对不间断用脑和经验积累的职业如高水平的教育、复杂职业以及知识型人群可使认知储备增加；被动认知储备包括由脑的解剖结构决定，如处理信息的能力、记忆再现以及问题的解决能力。进行特殊认知任务训练并不断重复，可强化皮层回路，并从解剖结构上发生改变，增加被动认知储备。具有高储备的老年人认知衰退发生少，能够促进储备增高的因素均可降低认知衰退发生的危险性，这些因素包括平衡饮食、接受教育及从事复杂工作等。任何认知衰退的发生均可能与认知储备失代偿有关。

（三）脑老化时的结构改变

1. 神经元

老化对神经元影响的认识经历曲折过程，早期研究发现，老化导致脑体积的缩小，在 65 岁时，脑重量丢失 7％～8％，皮层丢失 5％，额叶皮层减少近 10％，可以多达 49％皮层神经元丢失，认为神经元丢失是脑老化的重要表现形式，是脑功能包括认知功能降低的重要原因。但近 20 年，关于老化时神经元变化深入研究发现，老化对神经元的影响则表现为神经元萎缩、体积缩小，皮层神经元数目没有明显变化，额叶、颞叶、顶叶和枕叶皮层神经元数目、密度和百分比均无明显减少，不同细胞层也无明显差异，皮层的体积变化则是因为神经毡（neuropil）、神经纤维网减少而非神经元数目丢失。细胞数目减少只见于一些特殊区域和核团，如黑质（substantia nigra）、海马（hippo-campus）等。老化对神经元的作用是胞体萎缩、体积缩小、胞质内含有脂褐质颗粒，这种改变可见于额叶和颞叶。脂褐质颗粒在大神经元内更为明显，运动皮层的 Betz 细胞含有较多的颗粒。老化对神经元树突的影响没有定论，研究发现树突减少，最多可以达到 50%，树突长度缩短，是导致突触数目减少的重要因素。神经元萎缩表现为胞体和胞核萎缩，在甲苯胺蓝（toluidine blue）染色上表现为暗色轮廓（dark neuron profiles，DN），没有萎缩的神经元则染色浅淡，称为非暗色神经元（nondark neuron，NDN）（图 12-1）。这种萎缩神经元可能因为能量代谢，引起细胞骨架蛋白、神经丝损害，导致细胞体积皱缩。萎缩神经元的超微结构变化，见到微空泡、脂褐质沉着、核糖体解聚、内质网和线粒体结构紊乱，胞膜不规则，周围有一些胶质突起包绕。这种萎缩神经元代表从退变到死亡过程，是老化中由基因控制的神经元程序性死亡的体现。

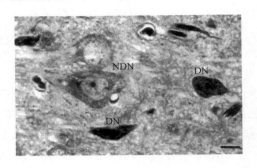

图 12-1　老年大鼠顶叶皮层甲苯胺蓝染色
（引自 Vellis 2002）

DN：萎缩细胞，染色加深；NDN：正常细胞，
清楚（标尺为 10μm）

老化可以导致突触数目减少，但不同皮层存在不同表现，在前额皮层，突触数目减少大约 20%，与皮层树突的丢失一致，推测树突减少可能是导致突触数目减少的重要因素。在齿状回的突触也明显减少，在颞叶皮层和枕叶皮层突触数目没有显著变化，所以突触减少只存在于某些特定区域。

2. 星形胶质细胞

老化对星形胶质细胞（astrocyte）的作用与神经元不同，老化时星形胶质细胞增加已得到统一的认识，细胞胞体增大，细胞内胶质丝含量增加，在白质和额叶及顶叶皮层第 1 层均可见到，免疫反应也可见到胶质纤维酸性蛋白（glial fibrillary acidic protein，GFAP）表达增加。细胞内含有致密包含体，其形成是因为吞噬作用，吞噬细胞碎片或髓鞘等，这种包含体也见于小胶质细胞。星形胶质细胞的增加具有积极意义，它伴随糖利用增加，谷氨酸合成酶（glutamate synthetase）等酶活性增加，它可以储存糖原，使一些氨基酸递质灭活，为神经元兴奋释放的离子提供缓冲，星形胶质细胞产生营养因子，老化时营养因子不足，其增生也有利于产生营养因子，同时也是老化时中枢代偿的表现，达到保护神经元作用。

3. 少突胶质细胞

除髓鞘变化外，少突胶质细胞也表现出改变，细胞数量变化目前仍有不同看法，一般认为皮层内少突胶质细胞数目无显著减少，但细胞可表现衰老特征，细胞内可见吞噬小泡，有髓鞘吞噬现象，电镜下表现泡沫小体（foamy inclusion）和嗜锇物质增多。Peter 近来研究发现，老年猴皮层第 4 层少突胶质细胞数量升高近 50%，多位于郎飞氏结侧区（paranodal area），这种升高与郎飞氏结侧剖面增多有关，认为结间髓鞘破坏，可能是触发少突胶质细胞再生而引起。也有学者免疫组化研究发现老化时幼稚少突胶质细胞增加，其功能意义可能在于，少突胶质细胞具有增生和分化潜力，新增生的细胞替代退变和失去功能的细胞，修复受损髓鞘，维持和保护老化时脑功能。

4. 轴突和髓鞘变化

　　神经影像发展发现，MRI 和 CT 扫描揭示，老化对中枢神经白质的影响是显而易见的，白质萎缩导致脑室扩大、脑沟增宽，组织学研究发现白质体积丢失可多达 15%，但没有证据说明神经纤维数目显著减少。需要注意的是，在临床个体中，白质改变虽然常见，MRI 上白质区的 T2 高信号并不完全代表神经纤维数目的减少，只能反应体积变化，由于临床上老化所导致的改变与亚临床疾病导致的改变很难区分，在考虑其改变的性质时必须注意是老化引起还是疾病参与了作用，对同一个体来说，往往是伴随存在。

　　老化引起髓鞘基本变化有两种：一种为轴突周围间隙扩大，髓鞘致密层分离，部分板层结构破坏，结构不清晰；另一种在髓鞘的板层之间形成小泡，充满液体，由髓鞘分离所致。还可见到髓鞘增生，增厚的髓鞘增加，增生的髓鞘往往结构不规则，在轴突周围分布不对称，有时可偏于轴突一侧（图 12-2）。Peter 等对猕猴老化过程髓鞘变化进行了较详细的研究，也发现类似改变，除髓鞘板层分离、小泡形成，髓鞘增生也容易见到，但它们不具备正常髓鞘的功能。髓鞘改变的意义，可能导致传导速度减慢，是联络各脑区的纤维束传导功能受损，神经环路的时间顺序破坏，影响皮层功能，表现出一系列认知功能障碍。轴突改变表现为轴突直径增加，轴突内含有巨大线粒体（图 12-3），结构变得模糊不清、嵴崩解，轴突内也可见到囊泡和致密颗粒，有吞噬髓鞘现象。少突胶质细胞的胞质内电子密度增高。增大的轴突是超微结构重要特点之一，反映老年大鼠能量代谢不足。在髓鞘结构成分中，含水量占 40%，较灰质少（80%）。其结构主要为脂质和蛋白质，脂质占干重的 70%，蛋白质占 30%，脂质主要为糖鞘脂类，以半乳糖脑苷脂（galactocerebroside，Galc）和半乳糖基神经酰胺（galactosylceramide）以及它们的硫化衍生物。蛋白质以髓鞘碱性蛋白（myelin basic protein，MBP）和蛋白脂蛋白（proteolipid protein，PLP）为主，老化使结构成分改变，导致功能异常，MBP 是髓鞘重要的功能蛋白，在我们的研究中发现，老化大鼠 MBP 表达显著减少（图 12-4 和图 12-5），并有中枢传导速度减慢，这种结构和功能的改变很可能使皮层各功能部位联

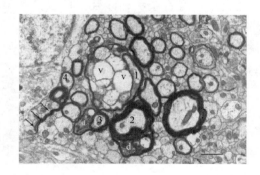
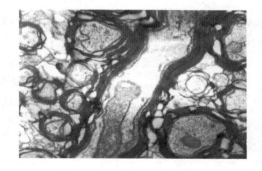

图 12-2　27 岁猴脑 17 区电镜照片，可见髓鞘分离，内有含液体小泡（1），髓鞘分离，胞质浓缩（2，3），在一些部位还可见到增生的多余髓鞘（箭头）（引自 Peters 2002）

图 12-3　25 月龄大鼠前脑白质区，可见轴突与髓鞘分离，轴突周围间隙扩大，髓鞘板层排列紊乱，胞质浓缩，轴突内有巨大线粒体（引自 Peters 2002）

络障碍，是老化过程中思维缓慢、迟钝、语言表达流利性降低的重要原因，但也有研究发现，老化使中枢髓鞘破坏的同时伴有髓鞘再生现象，再生髓鞘往往是局部片段，对髓鞘功能的保护作用甚微。

图 12-4　3 月龄大鼠前脑区 MBP 荧光（FITC）免疫组化染色，图中白色丝状为荧光显色

图 12-5　24 月龄老年大鼠前脑区 MBP 荧光（FITC）染色，与 3 月龄比较，MBP 表达明显降低

四、老化的相关理论

老化的理论几乎与人类文明一样古老，最早关注这个问题的是哲学家，认为人的出生是由一些重要物质作用的结果，一旦这些物质在生命中耗竭，人体将死去。但现代理论已经取代原来的观点，不同学者从不同的立场与观点提出不同的老化理论，众说纷纭，莫衷一是。有的从不同层面提出老化理论，如器官、细胞、大分子物质、基因水平、内分泌水平、自由基和钙离子等。提出的老化理论有百余种，涉及不同水平和层次，有生物基因钟、程序性细胞死亡、基因组的不稳定性与多效性、基因的表达、DNA 修复、蛋白质合成、缺陷性蛋白质的清除、细胞器、细胞膜、钙离子、神经递质与调质、受体、生长因子、神经细胞与胶质细胞的关系、各类物资的代谢、自由基、神经内分泌-免疫调节、社会-心理因素、应激等。但没有哪个理论能够完全解释老化现象，很多理论是相互关联、相互交叉的，是从不同层面阐述老化的机制。在复杂的生物体内，很多因素是相互关联的，如基因水平和蛋白质水平，基因改变可以导致蛋白质功能缺陷。在自由基理论与基因理论中，自由基作为基因损害或导致基因改变的环境因素的一部分发挥作用。现就以下 5 个方面做简单叙述。

（一）基因在老化中的作用

基因在老化中起决定性的作用，生物体生命的长短由基因控制，所以每种生物均存在自身生命周期，疾病、环境、社会和心理因素只会加速或延缓这一过程。老化的基因理论包括了不同的内容，有编程理论（programmed theory）、DNA损害与修复理论、端粒酶（telomerase）理论和海弗利克极限（hayflick limit）理论等。编程理论强调DNA的编码程序，认为老化是由基因控制，在人们出生时已经存在，由父母的遗传基因所决定，在老化过程中生理和精神活动功能的退变，犹如时钟一样，当你处于某一年龄，这个决定生理功能的时钟将开启或关闭，机体、器官、细胞的功能下降，部分细胞死亡，机体处于衰退状态。

对长命基因（longevity gene）的研究也揭示生命过程受基因控制。目前在真菌、酵母、线虫等低等生物已经克隆出30余种与生命长短相关的基因，这些基因从更广的方面调节细胞功能，如在线虫（ C. elegans ）体内，发现了胰岛素信号转导通路上的长命基因：胰岛素受体样基因 Daf-2 （insulin receptor-like gene Daf-2 ）、3-羟磷脂酰肌醇（phosphatidylinositol-3-hydroxyl）基因、激酶基因（kinase gene）（如 Age-1/Daf-23 ）和蛋白激酶 B（protein kinase B）基因 Akt-1/Akt-2 等。它们通过调节代谢率、脂质和糖原积累、改变酶活性等方式影响低等生物生命周期。在人类发现的与长命有关的基因是 ApoE 。目前认为长命基因在代谢控制、抵抗自由基损伤、基因失调节和基因稳定4个方面发挥作用。代谢控制和对抗自由基损伤方面在酵母、线虫和果蝇已得到进一步证实，它们通过降低热卡消耗、抵抗体内和环境中的自由基损伤达到延长生命周期的效果。

程序性细胞死亡（programmed cell death，PCD）在脑发育与老化中作用受到重视，其在发育过程的作用参见相关章节。在老化过程中 PCD 的作用主要有两点：①消除损害的和失能的细胞，这样有利于细胞增殖，使老化的细胞被新增生的功能活跃的细胞所取代，维持动态平衡；②对那些不能被替代的有丝分裂后细胞（post-mitotic cell），PCD 是消除这些细胞的重要方式。程序性细胞死亡是受基因控制的，它决定细胞死亡的时间，相关机制参见程序性细胞死亡章节。

目前在基因理论中新近的重要观点是关于老化的端粒酶理论，其首先由 Geron 公司科学家提出，在每个染色体的顶端，存在一段重复 DNA 序列，称为端粒（telomere），它是维持染色体结构与功能的基因基础，可以说是控制基因的基因。而染色体（chromosome）上的端粒，在每次细胞分裂后均要缩短，其缩短将会导致细胞损害，不能进行正确的复制，每次分裂和复制产生一点错误，渐渐地导致细胞的失能、老化和死亡，影响分裂后细胞生命跨度的时钟。端粒酶能够修复端粒在分裂后产生的错误，端粒在只有存在端粒酶的情况下才能保持其长度，维持分裂细胞的正常功能，它是目前从基因水平研究和预防细胞老化的重要方面，受到研究者的高度重视。

细胞的海弗利克极限理论也支持细胞的老化和死亡是由基因控制。海弗利克极限是指细胞生存的自然极限。Hayflick 于1961年首先发现，培养的细胞分裂次数是有限的，当细胞分裂50次以后，便失去分裂能力。婴儿成纤维细胞（fibroblast cell）可以分裂50次，50岁人的成纤维细胞只有30次分裂能力，80岁则只有20次，这种细胞的分裂能力是由基因编码控制，认为细胞每次分裂后染色体端粒缩短，其缩短到一定程度导致分裂能力的丧失。所以提出，要想延缓老化进程，就要延缓分裂次数。饮食、营养、内分泌因素、生活方式、环境因素等可以影响细胞分裂的快慢，在实验条件下核酸技术可以改变细胞最大分裂次数，增加细胞的生存周期。

DNA损害与修复能力也影响着老化进程。在正常生命活动中，体内毒性物质如自由基、射线、DNA甲基化等均可造成DNA损害，导致DNA转录、蛋白质翻译障碍，或产生无功能蛋白。蛋白质生产错误对细胞来说是灾难性的，功能缺陷蛋白的积累终会导致老化改变和引起疾病发生。但正常情况下DNA具有修复能力，将损害的碱基切除并修复。老化随着毒性物质增加，DNA损害机会增加，修复能力下降，两个过程导致恶性循环，最终影响生命周期。

在认识老化的基因调控时，应注意到基因的时钟并不是一成不变的，它受很多因素影响，从而影响老化的进程，如DNA容易被氧化而损害，氧化物质可来自人们每日的饮食、生活方式、毒素、污染、射线等。随着生命的进程，这种损害将日积月累，在人的一生会遇到促进或延缓老化的因素，在一定范围内改变老化进程。但同时也应知道，环境因素对老化的影响有一定范围，每种生物都有其自然生命周期，延长生命需在基因上获得突破。

（二）神经内分泌在老化中的作用

人们已经注意到长命生物都有低代谢率，认识到代谢率高低对生命周期有重要影响。当动物处于冬眠状态，代谢可以降到最低，能够延长生命时间。下丘脑控制不同器官分泌激素，调节机体功能和代谢，达到协调工作。随着老化进程，下丘脑对激素的调节能力降低，导致机体的代谢和功能紊乱，是老化的重要因素之一。下丘脑控制全身其他分泌腺释放的激素水平，包括甲状腺素（thyroid hormone）、生长激素（growth hormone）、褪黑素（melatonin）、脱氢表雄酮（dehydroepiandrosterone，DHEA）、雄激素（androstenedione）、睾丸激素（testosterone）、雌激素（estrogen）和孕激素（progesterone），同时又受其反馈调节，控制全身激素活动。在老化过程中，下丘脑神经元渐渐丧失其精确的调节能力，下丘脑的受体减少，导致对激素反馈调节的能力下降，从而导致激素产生减少和作用效果降低，影响机体功能。例如，生长激素、睾丸激素和甲状腺素减少将使机体不再增加体重，而增加脂肪对肌肉的比率。已经发现老化症状和体征与激素下降开始的水平是一致的。但也有少数激素增加，如胰岛素水平随老化而升高，在患有糖尿病之前，胰岛素分泌增加，促进机体对糖的利用，糖皮质激素可的松（cortisol）也相对升高，对抗机体对应激的需要。近来，Denckle（Harvard University）等科学家还认为垂体能释放一种降低氧耗激素（decreasing oxygen consumption hormone，DECO），又称为死亡激素（death hormone），它能降低细胞使用甲状腺素的能力，降低代谢率，增强大鼠免疫系统活性，增加心血管功能，促进神经细胞间连接。垂体神经元老化使该激素分泌减少，参与老化进程。

（三）自由基在老化中的作用

自由基（free radical）在老化中的作用最早受到重视，也是目前广泛接受的老化理论，最早于1956年由Harman教授提出。自由基是指体内产生的任何带有负性电子的分子，由于它具有多余电子，这种不平衡能量状态，容易与其他分子结合，并损害其分子功能，起破坏作用。当一个分子获得了电子以后，其本身又处于能量不平衡，自身又成为新的自由基。反应性氧族（reactive oxygen species，ROS）是体内常见的自由基形式，导致 DNA、蛋白质、脂质成分氧化，从基因、蛋白质、细胞膜等层次影响细胞功能，引起细胞老化及功能衰退。有人进行形象的描述，自由基在自然环境下对金属的损害，称之为生锈，而在物体内，对细胞的损害称之为老化。

自由基在老化过程中损害是多部位、多作用点的，归纳起来主要表现在 4 个方面：①导致 DNA 损害，引起基因稳定性降低。由于最常见的氧自由基是—OH，它很容易与 DNA 的碱基发生作用。胸腺嘧啶（thymine）和 8-羟脱氧鸟苷（8-hydroxy deoxyguanosine）是氧自由基的作用点，在正常情况下，改变的碱基被 DNA 修复酶剪切、修复，在损害增加、修复能力下降时，容易产生 DNA 突变。已经发现自由基可以增加 DNA 损害的比率和降低 DNA 的修复能力，由此促进老化过程，降低生命周期。而降低代谢率、热量摄入、抑制 DNA 损伤和增加 DNA 的修复能力，会降低 DNA 损害率。②线粒体及细胞膜损害。线粒体是自由基产生部位，也最易受到损害，线粒体缺乏抗氧化的保护系统。发现老化可以导致线粒体数量下降、细胞器的生化功能改变、线粒体膜的改变和线粒体 DNA（mitochondrial DNA，mtDNA）损害。mtDNA 和线粒体膜脂质过氧化是导致老化的重要因素。细胞膜损害，干扰膜功能，导致细胞功能降低（参见本节细胞膜与老化部分）。③干扰细胞信息传导，影响 DNA、RNA 及蛋白质合成。自由基导致细胞内功能分子变化，从而影响酶、离子通道和信息传递物资改变，干扰 DNA、RNA 和蛋白质合成，导致细胞功能衰退。④作用于蛋白质，引起结构、酶活性和信号通路改变。自由基可以通过直接或间接作用，修饰蛋白质，导致酶活性的增强或抑制，损害细胞膜的转运蛋白，将引起细胞内钠、钾水平变化，细胞代谢发生障碍。如果受体蛋白变化，会导致信号通路障碍。

自由基是能量代谢过程中的自然产物，氧化反应是生命体的基本生理过程，在此过程中会产生大量氧自由基，线粒体是自由基产生的重要场所，也是容易引起损害的部位。自由基的产生与代谢率有关，高代谢率促进其产生，低代谢率降低自由基产生，已经知道过多热量摄入、不良饮食习惯、药物、香烟、酒精、射线等可以促进体内自由基产生。但是自由基也可以被一些抗自由基物质所消除，即机体存在一套保护自由基损害系统。存在抗氧化物质有维生素 E、维生素 C、α胡萝卜素、醌（quinone）类物质和谷胱甘肽（glutathione），还有抗氧化酶，如超氧化物歧化酶（superoxide dismutase，SOD）、过氧化氢酶（catalase，CAT）和谷胱甘肽过氧化物酶（glutathione peroxidase，Gpx）等，它们对清除自由基、保护细胞功能、抗老化有重要作用。

（四）膜损害与老化

老化引起的细胞膜改变主要来自 3 个方面：自由基损害、细胞电活动所产生的"残余热"（residual heat）和膜脂质成分改变。细胞每次动作电位的发生伴随能量消耗和热量产生，对膜结构导致损害，加上自由基损害，是整个生命进程中构成神经细胞膜损害的重要因素。这些改变同样见于胞膜，胞膜是蛋白质产生、能量代谢及离子调节功能的部位。膜损害的功能意义是广泛的，研究发现膜损害引起的残存变化在不同类型细胞中表现相同，细胞膜残存损害随着日积月累越来越多，导致功能衰退。虽然细胞具备更新和修复能力、替代结构和功能改变的分子，但是，这种替代往往是不完全的，随着老化过程，残存的损害逐渐增多，膜功能将降低。对于那些更新较快的细胞，影响相对较小，但对更新较慢或不更新的有丝分裂后细胞，特别是神经元，其膜残存变化随着老化进程而增多，逐渐影响细胞功能，导致细胞膜钾离子通透性改变、细胞内钾离子降低、水分丢失、胶体成分浓缩，导致细胞固体成分增加。后者又可导致一系列生命活动改变，停止或放慢生物生长、增加自由基作用效果，由于酶促反应依赖微环境，可以改变酶促反应效率、放慢 DNA 和蛋白质合成率、影响蛋白质更新、增加废物积累等。

　　随着老化，细胞膜及细胞内膜性成分的脂质减少、水含量降低、膜弹性下降、质地变硬，也影响细胞正常功能。细胞内这种毒性物质的积累称为脂褐质（lipofuscin），脂褐质容易在脑、皮肤、心脏和肺部沉积，在皮肤内脂褐质沉积形成老年斑；在中枢神经系统，下橄榄核、丘脑、海马及其他神经元可见脂褐质颗粒，发现海马内脂褐质颗粒的沉积程度与个体精神退变有关。在脑内沉积与老年性疾病，如阿尔茨海默病（AD）发生有关。膜性结构损害导致钠、钾传导功能障碍，影响细胞内外交换，导致神经细胞的传导功能降低和心脏传导受损。

（五）Ca^{2+} 变化与老化

　　由于 Ca^{2+} 在细胞生理过程中的重要作用，它对老化的作用是多方面的，可作为其他老化理论作用的一个通路，与其相互影响，形成循环。例如，膜的老化导致 Ca^{2+} 通透性变化，引起 Ca^{2+} 内流增加，将导致一系列瀑布效应，产生信号转导变化、激活细胞死亡等，这种变化又可反过来作用于胞膜。在生理状态下，静止细胞质内 Ca^{2+} 浓度约 100nm，受到刺激后可升高到 1000nm，细胞内 Ca^{2+} 浓度由多种离子通道及离子泵调节，将 Ca^{2+} 泵出或泵入细胞。当 Ca^{2+} 超过正常阈值时，将诱导细胞凋亡和坏死，引起线粒体膜的崩解，导致细胞色素 c 释放等，过度的 Ca^{2+} 内流将导致细胞水肿，降低胞膜的完整性，导致细胞坏死。研究显示，在海马老化时 Ca^{2+} 浓度与依赖于 Ca^{2+} 的后超级化（Ca^{2+}-dependent afterhyperpolarization，AHP），两者有显著相关性；海马 CA1 区锥体神经元上 L 型电压门控 Ca^{2+} 通道（L-type voltage-gated Ca^{2+} channel，L-Vgcc）数量也增加，该种通道主要产生 AHP，虽然 L-Vgcc 增加的机制尚不清楚，可能与基因或蛋白质表达变化有关。另外，在老化神经元，Ca^{2+} 对刺激的反应增强，使细胞内 Ca^{2+} 内流增加，基准水平含量增加，也增加神经元损害的机会。

五、老年期痴呆

　　老年期痴呆是老年期间发生的痴呆，是一类疾病的总称，常见的是阿尔茨海默病（Alzheimer disease，AD）导致的痴呆和血管性痴呆（vascular dementia，VD），它们是年龄相关疾病，老化是其重要危险因素。由于发生率很高，给社会和家庭带来沉重的负担，因此，近年研究十分活跃，还提出了轻度认知障碍（mild cognitive impairment，MCI）的概念，它是介于老化时的认知功能下降和痴呆之间的一种认知状态。下面就MCI、AD 和 VD 做简单介绍。

（一）轻度认知障碍

轻度认知障碍（MCI）又称为痴呆前状态（pre-dementia state）。以记忆障碍为主要表现，日常生活能力保存。现代社会健康和医疗状况的改善，使人均寿命有了明显提高，65 岁以上人群占人口比例显著增加。许多老年人近记忆下降，对于认知方面特别是与记忆有关的功能不足，但是，其记忆缺损的范围、类型及程度均不符合痴呆的诊断，即为 MCI。需要说明的是，MCI 与认知老化不同，认知老化为生理性，认知衰退内容涉及认知的各个方面；而 MCI 是以记忆障碍为主要内容的认知衰退，一般为病理性，是痴呆的初期表现。MCI 也不同于 AD，其表现达不到痴呆的标准。临床研究表明，每年高达 15% 的 MCI 老年人迅速进展为 AD，提示 MCI 是正常老化与 AD 的过渡状态，但并非所有的 MCI 患者都发展为 AD。MCI 作为正常老化的智能减退与痴呆的过渡状态，其早期诊断和进行干预，对延缓或阻止痴呆的发生，有重要的临床意义。

不同的老年群体 MCI 发生率有差异，文献报道在 22%～56%。这些差异与所研究群体的平均年龄以及对 MCI 不同的定义有关，其他因素包括性别、教育程度等，如女性及教育程度低的个体容易表现记忆障碍，老年性抑郁患者也可能出现记忆障碍症状。尽管由于概念应用的差异，造成研究者报道 MCI 发病率的差异，但所有结果均具有两个重要特征：①年龄相关的 MCI 发生率比痴呆高近 4 倍；②出现认知改变的老年人转变为痴呆的危险性均显著增高。

皮层胆碱能传入系统调节的异常被认为是参与早年认知受限的重要因素，这种认知障碍以后逐渐发展为 MCI，很大程度上是晚年出现老年性痴呆的基础。失调的胆碱能系统与年龄相关的神经元突起和血管变化相关，早年发育对该系统调节有重要作用。早年基底前脑上行的胆碱能系统失去营养因子支持，导致 20 岁之前皮层胆碱能传导的失调以及相关的认知能力受限。神经生化及行为学研究揭示，老化使这种异常调节的皮层胆碱能传入系统易于损害。胆碱能系统衰退的进一步恶化还源于淀粉样前体蛋白代谢以及脑微血管变化，表明在年龄相关的认知功能衰退方面，胆碱能神经元系统起重要作用。

MCI 的病理改变与记忆缺损的程度相关，其病理改变包括神经纤维缠结（neurofibrillary tangle，NFT）及老年斑形成和神经元丧失，其程度和范围明显轻于 AD。

血管病变是 MCI 的重要危险因素。有 MCI 的个体血管性危险因素以及血管源性脑损害的发生率显著增高。海马体积及全脑体积是 MCI 发生的重要预测因素。其他临床危险因素包括脑白质异常、脑萎缩程度及遗传倾向等。海马萎缩是从正常老化过渡到 MCI 的重要步骤。而广泛性脑萎缩可能是从 MCI 发展为痴呆的一步。虽然 MCI 发展为痴呆的发生率有差异，但是只要出现记忆损害包括年龄相关性记忆缺损都将增加未来发展为痴呆的可能性。

认识 MCI 是正常老化与痴呆之间的过渡期非常重要，应制定合适的 MCI 标准，鉴别可能进展为 AD 的个体，并进行随访和早期干预，其干预措施的选择则取决于潜在的危险因素。

（二）阿尔茨海默病

详细内容见本章第二节。

（三）血管性痴呆

血管性痴呆是临床上仅次于 AD 的一类痴呆，它不是单一疾病，是与血管因素有关的一组症状，目前临床上有很多亚型：①轻微血管性认知障碍；②多发性梗塞性痴呆；③巨大脑梗塞导致的痴呆；④腔隙性脑梗塞引起的痴呆；⑤脑出血导致的血管性痴呆；⑥Binswanger 病；⑦ VD 和 AD 的混合性痴呆。血管老化是老化过程中常见的现象，年龄相关的脑动脉粥样硬化是导致老年性卒中的重要原因。由于大脑的代谢率高，需要丰富的血流供应 $[50ml/(100g \cdot min)]$，血管病变后，脑血流量显著降低，导致脑损害，是 VD 发生的基础。血管疾病导致局灶或弥散性脑损害，引起智能下降，与智能障碍相关的常见脑区是半球内白质和深部核团，如纹状体和丘脑。

早期血管性痴呆的诊断标准强调脑动脉粥样硬化这种病因。血管性损害与痴呆之间的联系已经十分清楚，当脑组织梗塞超过 $50cm^3$ 时考虑为血管源性痴呆，达到 $100cm^3$ 以上将会出现显著痴呆。由于临床上多部位脑梗塞容易导致痴呆发生，引入了多发性脑梗塞性痴呆的概念。因此，VD 的诊断必须依赖于痴呆的确定和血管性脑损害的依据。需注意的是，一些神经系统变性病如 AD 也可出现血管改变，这时增加 VD 诊断难度。临床研究显示，缺血损伤可加重 AD 患者的认知障碍，在缺血性脑血管疾病与 AD 患者的认知损害方面存在联系。近年提出混合性痴呆，原因是 AD 也存在严重的血管病理，淀粉样血管病是 AD 的一种重要表现，可以引起梗塞等脑损害，但对 VD 来说，除淀粉样血管病外，还包括动脉硬化和其他血管病导致血管源痴呆。实验资料表明，脑缺血可上调健康大鼠 APP（淀粉样前体蛋白）的表达。而且，缺血可加强 Aβ 肽的降解。Aβ 反过来加剧缺血炎症反应，并通过促进炎性介质的释放，使血管调节功能丧失。虽然尚不清楚缺血诱导的 Aβ 产生是如何引起淀粉样斑块形成，但是已经发现可溶性 Aβ 本身的中间产物就足够引起血管和认知功能的损害。Aβ 寡聚体而非淀粉样斑是神经元及认知功能损害的一个因素。纯粹的 VD 与脑动脉粥样硬化及高血压性微血管病变有关。

在血管性痴呆中，除动脉硬化导致的 VD 外，还有疾病引起血管病变，即脑淀粉样血管病（cerebral amyloid angiopathy，CAA）又称脑血管淀粉样变（cerebrovascular amyloidosis）。由于淀粉样蛋白沉积于血管壁导致的小血管病，可以导致脑缺血、脑出血和痴呆，淀粉样蛋白的沉积是一种慢性过程，与老化有显著关系，常见于 65 岁以上的老年人，随着年龄的增长发病率增加，尸检发现 60 岁以上超过 1/3 的人存在 CAA。在 AD 患者中，CAA 也十分常见，也是 AD 发病的重要因素。目前认为小血管周淀粉样物质的来源有 3 种途径：①认为来源于血流中的 Aβ 蛋白，Aβ 沉积引起血管壁损害和血脑屏障破坏，其通过血管壁，沉积在脑组织，形成老年斑（senile plaque，SP）。②认为淀粉样物质由血管周围的大胶质细胞产生，星形胶质细胞在毛细血管周围起支持作用，产生淀粉样物质，导致小血管病。③认为神经细胞和胶质细胞自身产生 Aβ，导致 Aβ 沉积。部分 CAA 发病与基因有关，目前认识较多的是伴皮层下梗塞和白质脑病的常染色体显性遗传性脑动脉病（cerebral autosomal dominant arteriopathy with subcortical infarcts and leukoencephalopathy，CADASIL），它是一种少见的淀粉样脑动脉病，定位在第 12 染色体的 Q19 区，引起深部白质、丘脑、基底节和桥脑梗塞等，导致血管性痴呆。但大部分 CAA 是散发的，而且与老化有关，最易导致额叶和顶叶出血，引起大脑半球深部白质区、基底节区梗塞，伴发痴呆。

六、脑老化的防治对策

推迟老化不只是生物学的问题，应从社会学、心理学和生理学三方面着手，社会因素、心理因素和生理因素决定老化的发展，影响老化过程。1961 年 Havighurst 教授提出成功老化（successful aging）的概念，但很难给出确切的定义，早期 Havighurst 将其定义为增加生命的时间（adding life to the year）和从生活中得到乐趣（getting satisfaction from life）。经过多年的发展，概念内涵上得到不断丰富，心理学家 Ryff 认为成功的老化是整个生命过程中保持积极的理想功能，Gibson 教授提出成功老化是老年人的潜能和生理、社会和心理水平处于良好的状态，使自身和他人感受和谐与愉快，它不仅指年龄延长，更强调功能维持、心理平衡、从生活中享受到快乐和满足。我们认为成功老化除包括保持良好心理、生理和社会功能，延长寿命，最好理解为一种过程而不是结果，既是老化的目标又是老化策略。根据成功老化的目标，老化的对策应包括三方面，即生理、社会和心理方面。有 10 个内容值得重视：不抽烟和饮酒、体力和脑力锻炼、平衡饮食、避免肥胖、保护视觉和听觉功能、老年阶段规律体格检查、积极的职业和社会活动、平衡的心理状态、良好的经济基础。这里强调 4 点。

第一，强调发育对推迟老化的积极意义。从发育神经生物学的观点出发，推迟脑的老化应从发育着手，良好的发育是老年期功能维持的保证，提高大脑发育阶段神经细胞的遗传素质，做到充分的智能储备，是老年阶段维持认知功能的保证，所以，应强调发育阶段教育、优生和优育，特别是出生后智能发育。在 20 岁以前是认知形成的重要阶段，智能发育与脑发育相辅相成，智能的训练有利于脑的发育，脑的发育促进智能发育和成熟。人脑髓鞘化过程与智能形成有显著关系。目前研究发现，20 岁以后髓鞘的发育才逐渐成熟，智能发育不全儿童，如脑瘫、智能发育迟滞，伴有脑内髓鞘化障碍，临床影像学表现为脑白质发育不良，反映髓鞘化过程与智能形成相关。智能的训练有利于髓鞘的形成，没有光线刺激的动物，视神经髓鞘形成延缓和减少，说明刺激或动作电位有利于髓鞘形成。因此，发育阶段的教育、智能训练有利于智能储备，对今后延缓老化具有积极意义。

第二，强调饮食在延缓老化中的作用，提倡平衡饮食。根据老化理论，老化进程主要由基因控制，但不能单独强调基因在老化中的作用，基因决定人的自然生命进程，这一过程受疾病、创伤、习惯、生活方式、心理和社会因素影响，目前使用基因修饰方法延缓老化的措施尚不具备，只能在治疗基因相关的疾病狭窄领域，延长患者的生命时间。在整个生命过程中，很多因素导致基因损害，降低基因修复能力，从而降低生理功能。自由基可以损害基因、细胞的膜成分等，它的产生与能量代谢也有关，与饮食、环境密切相关，在老化预防中最受重视，抗自由基损害是预防老化的重要方面。限制热量摄入可预防老化时自由基损害及其导致的基因表达改变。通过减低内源性基因损害及诱导特异性代谢性基因的表达，降低老年性 DNA 氧化损伤，可延缓衰老。过去的几年内，在营养对老化及年龄相关性疾病的影响方面研究显示，肯定了膳食中的水果和植物来源的抗氧化因子在改善年龄相关脑功能缺损方面的作用。合适的营养可增加抗氧化能力而减少自由基的形成，可有效减缓认知老化。

第三，生活方式及习惯对推迟老化的作用不可忽视。锻炼对推迟老化有积极作用，功能的锻炼包括身体功能锻炼和认知功能锻炼。身体锻炼是保持心、肺功能，促进代谢的良好方法，有利于维持器官的功能。认知功能锻炼，指脑力活动，如阅读、写作和音乐欣赏等，有利于促进人脑思考，维持认知功能，所以 Rowe 在他的 *Successful Aging* 一书中将锻炼作为一种预防老化的重要策略。不良的生活习惯如饮酒和抽烟可促进老化，可参与自由基等多方面损害，导致脑和躯体器官的功能下降。

第四，社会和心理因素对推迟老化有积极作用。在这里强调社会活动和积极的生活态度对预防老化的意义，老人处于家庭和友谊的生活氛围，包括工作单位、工作环境、接触人群、良好的人际关系等，积极生活指向上的生活态度和积极进取，可以参加工作或俱乐部，也可以参加自愿活动，通过与社会的接触，与他人交往，如朋友、邻居和家庭成员，促进脑力活动，获得更多的信息，有利于保护认知功能和其他生理功能。家庭和同志之间的良好关系保证良好的精神状态，对保护智力有积极意义。已经证明不良的心理因素如抑郁、焦虑促进老化，降低脑和躯体器官的生理功能，损害记忆等认知功能，所以推迟老化应将社会和心理因素放在重要位置，也应得到社会学工作者和政府的重视。

（赵士福　邓志宽　撰）

第二节　神经退行性疾病

神经退行性疾病（neurodegenerative disease）是一类以神经系统功能和结构逐步丧失和萎缩为特征的疾病。对这类疾病神经细胞退行性变性的机制目前尚知之甚少，更无有效的防治手段。随着医学科学和医疗技术的不断进步和发展，人们对不同器官系统的疾病（包括癌症）均有一定的早期诊治手段，但对神经退行性疾病仍束手无策。因此，阐明神经退行性疾病的发病机制，对这些疾病的早期诊断、预防以及开发有效防治药物具有重要意义。

已经发现的神经退行性疾病至少有 20 余种，本节将主要介绍几种典型神经退行性疾病的发病机制及其最新研究进展。

一、阿尔茨海默病

阿尔茨海默病（AD）是最常见的神经退行性疾病，其发病占成人痴呆症的 50%～70%，是继心脑血管疾患、癌症之后居成人死因第四位的严重影响人们健康的疾病。AD 发病呈明显的年龄依赖性，在 65～80 岁人群中的发病率约为 7%，而在 85 岁以上者则高达 40%～50%，随着社会人口的老龄化，预计在今后 25 年内其患病人数将增长 3 倍。由于 AD 的病因、发病机制尚不清楚，不能早期诊断，更无有效治疗措施，因此被称为"21 世纪病"。对于 AD 的发病机制，目前有如下几种学说。

（一）tau 蛋白异常修饰学说

tau 蛋白是神经细胞主要的微管相关蛋白（microtubule associated protein，MAP）。从正常成人脑中分离的 tau 在变性聚丙烯酰胺凝胶电泳中至少有五六种异构体（iso-form），表观分子质量为 48～60kDa。这些异构体是位于 17 号染色体的单一基因转录物 mRNA 的不同剪接产物，其差异是 C 端含 3 或 4 个由 31 或 32 个氨基酸残基组成的微管结合区，以及 N 端有 0 个、1 个或 2 个由 29 个氨基酸残基构成的插入序列。胎脑中 tau 蛋白不含 N 端的插入序列，因而在上述变性胶电泳中在 48kDa 处显一条较宽的区带。正常 tau 蛋白是一种含磷蛋白质，每摩尔 tau 蛋白中磷酸含量为 2～3mol。tau 蛋白的生物学活性是维持其功能的基础。正常 tau 的生物学活性主要体现在：①与微管蛋白结合形成微管；②与已经形成的微管结合以维持其稳定性。这两种活性可分别通过测定 tau 蛋白与微管蛋白（tubulin）的混合液在 350nm 处光吸收值的改变、负染电子显微镜技术观察微管的生成以及 tau 蛋白与紫杉酚催化生成的微管的结合能力而检测。tau 蛋白有多种形式的异常修饰，其中研究最多的是异常磷酸化。

1. 异常磷酸化

AD 患者脑中每摩尔 tau 蛋白的磷酸含量为 5～9mol，比对照组高 2～5 倍。这些 tau 蛋白在变性聚丙烯酰胺凝胶电泳中显 3 条带，表观分子质量为 62～72kDa。用不同生化分离技术可将 AD 脑中的 tau 分成 3 个组分：胞质非异常修饰的正常 tau 蛋白（C-tau）、异常修饰易溶型 tau 蛋白（AD P-tau）和异常修饰并聚积为双螺旋丝（paired helical filament，PHF）的 tau 蛋白（PHF-tau）。自从 Iqbal 小组在 1986 年首次报道异常磷酸化的 tau 蛋白是 AD 患者脑神经元中 PHF/NFT（神经元纤维缠结）的主要成分以来，迄今已发现 PHF-tau 至少在 29 个位点发生了异常过度磷酸化。根据分子质量最大的 tau 蛋白异构体（L4 或 tau441）的编号顺序，这些异常磷酸化位点主要集中在 tau 蛋白分子的两个区域：一个是其 N 端 Ser-198～Thr-217，另一个是其 C 端 Ser-396～Ser-422。

AD 患者脑中 tau 蛋白发生异常磷酸化的机制尚不清楚。研究发现，AD 患者脑中蛋白磷酸酯酶活性降低。根据 Cohen 分类法，哺乳动物磷酰丝氨酸/磷酰苏氨酸蛋白磷酸酯酶（protein phosphatase，PP）有 4 种主要类型：PP-1、PP-2A、PP-2B 和 PP-2C。

AD 脑中 PP-2A 和 PP-2B 及磷酸酪氨酸磷酸酶（phosphotyrosine phosphatase，PTP）的活性均比年龄匹配的对照者低。迄今所发现的 tau 蛋白异常磷酸化位点均在其丝氨酰或苏氨酰残基上，而未见酪氨酰残基的异常磷酸化。AD 患者脑中 PTP 活性的降低可能通过延长丝裂原激活的蛋白激酶（mitogen-activated protein kinase，MAPK）活性而引起 tau 蛋白的过度磷酸化，因为 MAPK 分子中的 Ser/Thr 的去磷酸化作用可使其失活。在上述蛋白磷酸酯酶中，PP-2A 在 AD tau 磷酸化中可能起关键性作用，其依据如下：①PP-2A 催化 AD P-tau 去磷酸化的 K_m 值为 $(8.0 \pm 2.8) \mu mol/L$，而 PP-2B 为 $(9.7 \pm 1.8) \mu mol/L$；②在体外将 AD P-tau 分别与不同蛋白磷酸酯酶保温再定量检测其磷酸释放量，若以硝化后再灰化的 AD P-tau 所释放的磷酸量为 100%，发现 PP-2A 使 AD P-tau 水解释放的磷酸量为 57%，而 PP-2B 和 PP-1 则分别为 36% 和 30%；③PP-2A、PP-2B 和 PP-1 使 AD P-tau 和 PHF-tau 去磷酸化后可不同程度恢复其促微管组装的生物学活性，以微管形成的初速度及最后形成量为参数，PP-2A 对 AD P-tau 的生物学活性恢复能力比 PP-2B 和 PP-1 强；④PP-2A 催化 AD P-tau 去磷酸化以及使 PHF/NFT 的缠结松解，释放游离 tau 蛋白所需要的酶量比 PP-2B 和 PP-1 低；⑤若在细胞或组织水平抑制 PP-2A，可引起 tau 蛋白发生 AD 样磷酸化和细胞骨架的破坏，而抑制 PP-2B 则不引起相同的效果。上述资料表明：PP-2A 对 AD P-tau 亲和力最高，去磷酸化作用效果最强，去磷酸化后对 AD P-tau 和 PHF-tau 功能恢复最佳，且能在细胞和整体水平模拟 AD 样病理改变。因此，PP-2A 有可能成为 AD 药物开发的靶酶。最近的研究显示，PP-5 也在 AD 样 tau 异常磷酸化中发挥重要作用。

蛋白质的磷酸化状态受蛋白磷酸酯酶和蛋白激酶的双重调节。除上述蛋白磷酸酯酶以外，蛋白激酶异常也参与 AD 样 tau 蛋白异常磷酸化。研究发现，AD 患者大脑颞叶皮质的丝裂原激活的蛋白激酶的激酶（mitogen-activated protein kinase kinase，MAPKK）及其底物 MAPK 的表达量比年龄匹配的对照者高 35%～40%，MAPKK 蛋白量的增高在 AD 发病早期尤为明显，但这种增高与 PHF-tau 的组织含量呈反比，且 MAPK 和 MAPKK 的免疫活性共存于带有缠结的和未受累的神经元中。MAPK 系统是细胞外的信号通过级联放大反应传递到细胞内，并引起一系列酶合成及基因表达的重要信使传递系统，MAPK 在 AD 患者上述变化的意义尚不清楚。此外，AD 患者脑中糖原合成酶激酶-3（glycogen synthase kinase-3，GSK-3）、周期蛋白依赖性蛋白激酶 4（cyclin-dependent kinase 4，cdk4）以及 cdk5 降解产物 P25 的表达量或活性比对照者显著增强。根据蛋白激酶催化靶底物磷酸化反应的序列特点，可将丝氨酰/苏氨酰蛋白激酶分为两大类型：①脯氨酸依赖性蛋白激酶（proline-directed protein kinase，PDPK）。这类酶催化底物磷酸化反应的序列特点是-X（S/T）P-（X，任一氨基酸，S，丝氨酸，T，苏氨酸，P，脯氨酸）。②非脯氨酸依赖性蛋白激酶（non-proline-directed protein kinase，non-PDPK）。在已知的 AD tau 蛋白异常磷酸化位点中，约有半数为 PDPK 位点，另一半为 non-PDPK 位点。能使 tau 蛋白发生磷酸化的 PDPK 主要有：细胞外信号相关的蛋白激酶（extracellular signal related protein kinase，ERK）、细胞分裂周期（cell division cycle，cdc）蛋白激酶-2、周期蛋白依赖性激酶-2（cyclin-dependent kinase-2，cdk-2）、周期蛋白依赖性激酶-5（cyclin-dependent kinase-5，cdk-5）和 GSK-3。能使 tau 蛋白发生磷酸化的 non-PDPK 有：环磷酸腺苷依赖性蛋白激酶（cyclic-

AMP-dependent protein kinase，PKA）、蛋白激酶 C（protein kinase C，PKC）、钙/钙调素-依赖性蛋白激酶 II（calcium/calmodulin-dependent protein kinase II，CaM KII）、大鼠小脑源性钙/钙调素-依赖性蛋白激酶（Gr kinase）、酪蛋白激酶-1（casein kinase-1，CK-1）和酪蛋白激酶-2（CK-2）。由此可见，可能有多种蛋白激酶参与了 AD tau 蛋白的异常磷酸化过程。不同蛋白激酶催化 tau 蛋白磷酸化效率各异，且磷酸化后抑制 tau 蛋白生物学功能的程度也不同。研究还发现，上述激酶单独使用时对 tau 蛋白的磷酸化作用非常缓慢，若将 tau 蛋白先分别与 PKA、CK-1、PKC 等 non-PDPK 预反应，则可显著提高后续的 PDPK（如 GSK-3）催化 tau 磷酸化的速率，从而显著增高 tau 的磷酸化水平。说明 tau 蛋白由 PDPK 催化的磷酸化反应，可能受 non-PDPK 的正性调节作用。

异常磷酸化使 tau 蛋白丧失其生物学活性；AD P-tau 除其本身丧失生物学活性外，还可与微管蛋白竞争与正常 tau 结合或从已经形成的微管上夺取正常 tau 蛋白；AD P-tau 还可结合高分子质量的微管相关蛋白（high molecular weight-MAP，HMW-MAP）-1 和-2，并从已形成的微管上夺取 HMW-MAP，从而使微管解聚，最终引起神经细胞的退行性变性。

2. 异常糖基化

糖基化（glycosylation）作用是指在特定糖基转移酶的作用下，将糖基以共价键（N-糖苷键或 O-糖苷键）形式连接到蛋白质分子形成糖蛋白（glycoprotein）的过程。AD 异常磷酸化的 tau 蛋白被甘露糖、唾液酸 α-(2-3) 糖苷键末端连接的半乳糖、β-半乳糖 (1-3)-N-乙酰半乳糖胺和 β-半乳糖 (1-4)-N-乙酰半乳糖胺等修饰，这种异常修饰可能与 AD 患者神经细胞膜脂和膜流动性异常有关。

糖基化作用可维持 PHF 结构中螺旋的周期性，使 PHF 结构更加稳定；糖基化作用还可引起分子间的广泛交联（cross-linking）以及"氧应激"，后者产生的氧自由基（oxygen free radical）影响细胞的信息传递，并产生细胞毒性。

3. 异常糖化

糖化（glycation）是指蛋白质分子自身的 ε-NH_3 与细胞内糖类物质的醛基经氧化形成 Shiff 碱，再经分子内重排而形成不溶性、抗酶解且不可逆的交联体——晚期糖化终产物（advanced glycation end product，AGE）的过程。AD 患者脑中 tau 蛋白被异常糖化。tau 蛋白分子中所含赖氨酰残基约占其氨基酸总量的 10%，所以富含 ε-NH_3，也极易形成 AGE。AGE 的形成可能促进 PHF 转变成 NFT，导致神经细胞不可逆损害。

4. 异常泛素化

PHF-tau 被泛素化（ubiquitination），这种修饰不存在于 C-tau 及 AD P-tau 样品中。泛素是一个由 76 个氨基酸组成的多肽，通过其 C 端甘氨酸与靶蛋白的 α-氨基或 ε-氨基结合。正常情况下，靶蛋白与泛素结合后通过泛素蛋白酶小体（proteasome）途径被降解。若泛素降解途径功能异常或被降解的蛋白质结构改变，与泛素结合的靶蛋白不能被降解清除，则在细胞中积聚形成包含体（inclusion），导致细胞退变死亡。AD 患者脑中泛素含量明显增高，并主要存在于 PHF/NFT 中。PHF-tau 的泛素化修饰可能是机体试图对其进行水解清除的一种代偿反应。

5. 异常截断作用

tau 蛋白的截断作用（truncation）是指 tau 蛋白 N 端或 C 端被酶切除而使其分子变短的过程。体外实验显示：截断后的 tau 蛋白容易形成二聚体，并失去其生物学活性，tau 蛋白的截断作用还参与小脑颗粒细胞的凋亡过程。然而，tau 蛋白的截断作用是否参与 AD 发病过程尚不清楚。可见，tau 蛋白以多种异常修饰参与 AD 患者的神经元纤维变性。

在 AD 患者，除 tau 蛋白被异常修饰外，神经细丝（neurofilament，NF）和 β-连环蛋白（β-catenin）也被过度磷酸化。关于这些蛋白质在 AD 发病中的作用尚在探索中。此外，虽然在 17 号染色体连锁性额-颞叶痴呆型帕金森病（FTDP-17）及其他几种神经退行性疾病患者发现 tau 蛋白基因的多位点突变，但迄今尚未见 AD 患者 tau 蛋白基因异常的报道。

（二）Aβ 毒性学说

1. APP 基因及其表达产物

Aβ 由 APP 裂解产生。APP 基因位于 21 号染色体长臂，至少由 18 个外显子组成。由于 APP 基因转录后的不同剪接，可产生至少 10 种不同的 mRNA 和含 365～770 个氨基酸残基的蛋白质异构体。在众多的 APP 异构体中，人脑主要表达 APP695 和 APP770。其中，APP770 含一段由 57 个氨基酸残基组成的插入区——kunitz 型蛋白酶抑制剂（KPI）的同源域，大量研究结果显示，这一区域的存在与 Aβ 的过量产生和沉积有关。APP 为一跨膜蛋白质，其细胞定位和结构特性具有细胞表面受体结构特征，即包括较长的膜外 N 端、跨膜区及较短的胞内 C 端。APP 的正常生理功能可能与调节细胞生长、黏附，建立和保持神经元之间的连接，维持神经元的可塑性等有关。

2. Aβ 生成途径及其过量表达

APP 的降解主要通过分泌酶降解途径。α-分泌酶降解途径由分泌酶 α 水解 Aβ Lys-16 和 Leu-17 间的肽键，产生一个较大的 N 端可溶性片段，分泌到细胞间质，而 C 端小片段仍留在膜上。由于 α-分泌酶的切割位点在 Aβ 分子中间，不产生完整的 Aβ 分子，故又称为非 Aβ 源性途径或构成型分泌（constitutive secretory）。β-分泌酶和 γ-分泌酶降解途径由 β-分泌酶水解 APP695 中的 Met-596 和 Asp-597 间的肽键，而 γ-分泌酶水解 Aβ39～43 位的任一肽键而产生分子长短不等的完整 Aβ 分子。由于 Aβ 的 C 端最后几个氨基酸残基具有很强的疏水性，所以，C 端越长越易沉积。因此，γ-分泌酶是决定 Aβ 产生及其毒性作用的关键。在上述分泌酶中，只有 β-分泌酶已被克隆鉴定。膜上的 APP 也可被溶酶体内吞，再由蛋白酶作用于 Aβ 两侧的肽键，导致完整 Aβ 的生成，此即所谓 APP 的溶酶体降解途径。此外，多种金属蛋白酶参与 Aβ 的降解过程。

Aβ 是各种细胞 APP 加工的正常产物，神经系统所有细胞均表达 APP 和产生 Aβ，但在正常时 Aβ 的产生和降解保持平衡，且体内有一些因素保持 Aβ 的可溶性。家族性 AD 患者 APP 和早老素（presenilin，PS）基因多个位点的突变均可导致 Aβ 的过量产生与沉积，从而显示 APP 的神经毒性作用。用 APP Val642 Phe 突变基因转染神经瘤细胞可使该细胞 Aβ1～42 产量增高，更易形成不溶性 Aβ 纤丝。APP Val642 Phe 转基因小鼠可逐渐产生老年斑等病理变化。在两个早发型 AD 家族中发现 APP770 的 Lys670Asn 和 Met671Leu 基因双突变（瑞典型突变），此串联双突变正好位于 Aβ 的 N 端。将人工构建的 670～671 串联双突变的 APP770 基因转染人肾 293 细胞或 M17 神经瘤细胞，发现 Aβ 的生成比用野生型 APP770 基因转染的细胞增加 5～8 倍，释放到间质中的 Aβ 增加 6 倍。说明该突变为 β 分泌酶提供了更合适的底物，因而产生更多的 Aβ 沉积。由于 Aβ 细胞外沉积产生的老年斑与 AD 患者临床痴呆程度无关，且在大部分情况下不引起转基因鼠出现学习、记忆障碍。最近，对 Aβ 的研究兴趣已从神经细胞外转移到神经细胞内，并提出神经细胞内的 Aβ 过量产生可能在 AD 的发病中起主要作用。

3. Aβ 的神经毒性

在 AD 患者脑中，Aβ 过量产生可能通过下列途径发挥其神经毒性作用。

（1）过氧化损伤

AD 患者脑中超氧化物歧化酶（superoxide dismutase，SOD）、脑葡萄糖-6-磷酸脱氢酶（glucose-6-phosphate dehydrogenase，G-6-PD）活性增高，谷氨酰胺合酶（glutamine synthase，GS）活性降低，脂质过氧化物增多，表明自由基和过氧化损伤与 AD 关系密切。Aβ 可导致神经细胞的过氧化损伤，许多抗氧化剂有保护培养的原代中枢神经细胞及克隆的细胞系免受 Aβ 的毒性作用。Aβ 介导神经细胞过氧化损伤可能涉及下列途径：①损伤生物膜。Aβ 可诱导产生自由基，从而引起广泛和严重的生物膜损害。Aβ 主要攻击生物膜脂质双层结构的磷脂多不饱和脂肪酸，使其 C＝C 双键与自由基反应，生成有细胞毒性的脂质自由基和脂质过氧化物。后者又可自动分解形成更多的自由基，作用于其他双键，产生新的脂质自由基，并依次传递成为自由基链式反应。铁、铜等金属离子及其复合物，可加速生物膜的破坏，使膜的流动性、通透性增加，组织水肿、坏死。②破坏细胞内钙离子稳态。Aβ 可在细胞膜双层脂质中形成允许 Ca^{2+} 进出的通道，导致细胞内钙平衡失调，细胞内钙离子增加将导致氧化应激的进一步增强。例如，钙离子介导的磷脂酶活性增加可引起花生四烯酸水平增加，而这一代谢反应可产生氧自由基。线粒体内过量钙离子则导致异常电位传递以及超氧化物阴离子浓度增加。钙离子阻滞剂可以减轻 Aβ 的细胞毒性。③抑制星形胶质细胞。围绕在老年斑周围的反应性星形胶质细胞是 AD 病理改变的标志之一，星形胶质细胞对细胞外谷氨酸的摄入起重要作用。在培养的星形胶质细胞中，由 Aβ 诱导产生的自由基可抑制星形胶质细胞对谷氨酸的摄入。这种抑制作用将导致细胞外谷氨酸水平增高，而谷氨酸对神经元具有兴奋性毒性作用。星形胶质细胞摄取谷氨酸的过程依赖 ATP，故当葡萄糖摄入或分解障碍时，谷氨酸的摄入即被阻断。④使某些关键酶失活。蛋白质的氧化损害可使羰基含量增多，可能与组氨酸、脯氨酸、精氨酸、赖氨酸的氧化作用有关。蛋白质中这些氨基酸的氧化改变将导致谷氨酰胺合酶、肌酸激酶等关键代谢反应酶的失活。

（2）神经细胞凋亡

Aβ引起的细胞凋亡可能在 AD 神经元丢失中起重要作用。将 Aβ 和胎鼠海马或皮层神经元一起培养，发现培养的神经元形态改变、DNA 断裂、核染色质固缩、细胞膜起泡和梯形 DNA 电泳条带等典型细胞凋亡形态学和生化学改变。Aβ 也引起 SY5Y 细胞凋亡，且被凋亡抑制剂金精三羧酸（ATA）阻断。若把 ATA 加入到已出现明显形态学退化的培养神经元中，可阻断 DNA 裂解，这提示在细胞凋亡过程中，形态学改变早于 DNA 断裂。Aβ 引起细胞凋亡具有氨基酸顺序和构型依赖性，反义序列的或序列被重新编排的 Aβ 都不能导致细胞凋亡。Aβ 引起细胞凋亡的分子机制尚不清楚。Aβ 使细胞 cGMP（NO 合成的指标）含量增加，而一氧化氮（nitric monoxide，NO）清除剂血红蛋白以及 NO 合酶抑制剂 L-NMMA 减弱 cGMP 的增加，并明显减轻 Aβ 的细胞毒性；Aβ 诱导细胞内钙离子水平增加的效应被 N-甲基-D-天门冬氨酸（N-methyl-D-aspartate，NMDA）受体拮抗剂 MK-801 阻断，用 MK-801 预处理或去除细胞外 Ca^{2+} 可减少 Aβ 诱导的 NO 产生及细胞毒性。根据以上研究资料，推测 Aβ 可能通过刺激 NMDA 受体，引起细胞 Ca^{2+} 内流，导致 NO 合成增加而引起细胞凋亡。NO 是一种重要的细胞内信使分子和神经递质，又是效应分子，介导和调节多种生理功能，NO 产生过量则引起病理反应。NO 在线粒体电子传递中，能结合铁-硫中心，引起细胞内铁丢失和线粒体呼吸作用抑制；NO 还可激活多聚 ADP-核糖合成酶，这一过程是 NO 神经毒性作用的一个早期指标。

（3）炎症反应

头部损伤、感染等是 AD 发病潜在的危险因素；用非类固醇抗炎药可延缓或预防 AD；在 AD 患者的老年斑内含有各种补体成分（包括 Clq、C4d、C3b、C3c、C3d 和 C5b-9）、急性期蛋白、激活的小胶质细胞等炎性标记物。这些资料均提示 AD 病变涉及炎性反应过程。Aβ 参与这一炎性反应的部分证据为：Aβ 刺激小胶质细胞产生过量 C3；Aβ 能和 Clq 结合激活非抗体依赖性经典补体通路。

4. Aβ 引起神经毒性作用的机制

（1）Aβ 纤维聚合假说

Aβ 的神经毒性作用与其 β 折叠结构有关。尽管 β 折叠本身并无神经毒性，但 β 折叠导致 Aβ 形成丝状聚合物，使 Aβ 由可溶性变为不溶性沉淀而发挥神经毒性作用。将 Aβ 分别溶解在 100%二甲亚砜、0.1%三氟乙酸或 35%乙腈/0.1%三氟乙酸中，测定不同媒介中 β 折叠的含量和纤丝生成速度的关系，发现媒介中高 β 折叠含量对 Aβ 纤丝聚合起关键作用。Aβ 是许多细胞的正常代谢产物，是什么因素促使可溶性 Aβ 转变成具有神经毒性作用的淀粉样纤丝的呢？这一过程可能涉及多种因素：①APP 基因突变，如含有 670～671 双突变 APP 基因的肾 293 细胞和人 M17 神经纤维瘤细胞 Aβ 片段表达比正常 APP 基因高 6 倍；②Aβ 清除减弱，在 AD 患者老年斑中存在 α1-ACT，nexn-II 等数种蛋白酶抑制剂，使 Aβ 不能被蛋白酶及时清除而形成不可逆沉淀；③异常翻译后修饰，如氧化、糖化、异构化和异常磷酸化均可影响纤丝形成和抑制 Aβ 的正常降解作用；④理化因素，铝、铁、锌以及经 37℃ "老化" 孵育处理均可促进 Aβ 纤丝聚合。值得强调的是，Aβ 在短时间内超量表达是其毒性作用的基础。

（2）受体中介假说

目前已知有两种受体参与中介 Aβ 的神经毒作用，即晚期糖化终产物受体（receptor for advanced glycation end products，RAGE）和清道夫受体（scavenger receptor，SR）。前者存在于神经元、小胶质细胞和血管内皮细胞；后者仅存在于小胶质细胞。Aβ 与两种受体相互作用，最终导致神经元退变和死亡。

（3）小胶质细胞中介假说

关于 Aβ 神经毒作用的途径有两种说法：一种认为 Aβ 能直接杀死神经细胞，另一种则认为 Aβ 神经毒作用由上述受体或小胶质细胞中介。其中，小胶质细胞中介假说的主要依据是：①海马纯神经元培养液中含 100μmol/L Aβ（约为正常生理量的 1000 倍）不引起神经元的损伤，即使从老年斑提取的 Aβ 也不对神经元起杀伤作用。而加入 100nmol/L Aβ 至含小胶质细胞的神经元培养体系时，则对海马神经元起明显杀伤作用。②外周血单核细胞与 Aβ 保温 3 天后洗除 Aβ，再与大鼠脑组织共培养可引起神经元死亡，而未受 Aβ 激活的单核细胞则无此作用。③Aβ 脑室或脑实质直接灌流，不对神经元起杀伤作用。④有些正常老人的 Aβ 沉积斑块数目可与 AD 患者相似，但无神经元损害的表现。这些事实说明 Aβ 对神经元的神经毒作用与炎症或小胶质细胞激活密切有关。

（4）神经细胞轴浆转运障碍假说

APP 在神经细胞的内质网合成后，首先通过轴突被转运到突触末端，然后通过细胞内转运作用（transcytosis），运回到神经元胞体和树突。这一转运过程对维持 APP 的正常代谢起重要作用，并影响 Aβ 的生成。这一转运过程依赖 APP 和 PS 的相互作用。在家族性 AD 患者，无论是 APP 还是 PS 基因突变，都可影响 APP 和 PS 的相互作用，使 APP 转运障碍而产生过量 Aβ，后者又进一步妨碍 APP 的正常转运。在散发性 AD 患者，Aβ 总体水平不增高，下列因素可能造成局部 Aβ 聚积而影响 APP 的转运：①自由基共价结合到 Aβ 分子形成局部的核或 "种子结晶"，使之在胞内聚积并抑制其转运；②阳电荷蛋白如肝素硫酸蛋白聚糖可加快 Aβ 聚积；③血浆淀粉样蛋白成分 P 由相同的两个五聚体组成，每个分子具有 10 个 Aβ 结合位点，如果这种分子存在于胞内特定部位，则可导致胞内局部聚积高浓度 Aβ。

（5）内质网相关蛋白-Aβ 复合物毒性假说

内质网相关结合（endo-reticulum associated binding，ERAB）蛋白由 262 个氨基

酸组成，主要存在于肝脏和心脏，在正常脑神经元呈低水平表达。在 AD 脑中，特别是 Aβ 沉积的邻近部位，ERAB 含量增加。ERAB 缺少信号肽和转膜序列，当与 Aβ1-42 结合后可引起 ERAB 的再分布，使之从内质网向浆膜转位，这一过程中形成的 ERAB-Aβ 复合物对神经元有毒性作用。Aβ1-42 和 ERAB 结合还可明显影响 APP 的转运，导致 APP 以及 tau 和 α-synuclin 等在内质网滞留而影响神经元突触的功能，使神经元氧化功能减退并发生凋亡。抗 ERAB 抗体对上述损伤有拮抗作用。

（三）载脂蛋白 E 基因多态性学说

1. 载脂蛋白 E 在神经系统中的作用

载脂蛋白 E（apolipoprotein E，ApoE）是迄今所知的唯一与神经系统关系密切的载脂蛋白。目前对 ApoE 神经支持作用的认识几乎仍局限在脂质转运和利用方面。以周围神经损伤-再生过程为例，当神经元轴突被切断或严重压迫时，远端纤维呈现一系列典型的结构和功能变化，带有髓鞘的残余纤维崩解，鞘脂形成卵圆体，后成为富含胆固醇和磷脂的嗜苏丹小体。神经再生之初，损伤局部大量脂质聚积，间质中的巨噬细胞游走于损伤部位，合成和分泌 ApoE，以捕捉脂质小体并储存于巨噬细胞中，其携带的脂质将用于轴索和髓鞘的再生。

成熟的中枢神经元作为高度特化的细胞不再具备分裂增殖能力，但是，一些特殊脑区神经纤维受损后，未受损神经元轴突可被诱导长出侧支并分化为突触。例如，内嗅区皮质的损害使海马颗粒细胞层失去约 60% 的突触传入，但是这种突触丧失是暂时的，几天后，随着存活轴突长出分支，新的突触开始形成，大约几个月后会完成替代过程。上述代偿性改变发生的时程，与 ApoE 表达的增加及 LDL 受体结合力的增高同步。进一步研究得知，海马合成 ApoE 的不是巨噬细胞而是星形胶质细胞，并且损伤区的游离胆固醇是借助胆固醇-ApoE-LDL 受体复合物的形式完成其转运和再利用的。ApoE 除了通过脂质代谢与神经系统发生联系外，还直接影响神经元的突起生长，但不同 ApoE 亚型的作用差别很大，如 ApoE3 促进神经突起延伸，同时分支减少，ApoE4 则使突起延伸和分支均减少，ApoE 的这种作用类似神经营养因子。有报道，随着鼠龄增加，纯合 ApoE 基因敲除小鼠的中枢神经元呈现明显的树突内细胞骨架崩解和突触丧失。可见，ApoE 对于中枢神经元结构的维持和重建起着无可替代的作用。

2. ApoE 基因多态性与 AD

ApoE 大量存在于 AD 患者的老年斑和神经元纤维缠结两种病理结构中。AD 患者星形细胞 ApoE 表达量明显高于对照组，家族性 AD 与 ApoE 定位的第 19 号染色体连锁。从 30 个迟发 AD 家族任选的 83 名 AD 患者中，ApoEε4 等位基因频率明显高于 91 名年龄匹配对照者。ApoEε4 在迟发家族性 AD 和散发性 AD 患者频率偏高。此外，下述几点进一步支持 ApoEε4 为 AD 的易患因子：①ApoEε4 与 AD 之间存在剂量依赖效应，无 ε4 等位基因个体发生 AD 的风险为 20%，有一个或两个 ε4 拷贝个体患病风险分别上升至 40% 和 95%，同时发病年龄则由 84 岁提前至 75 岁和 65 岁；②ApoE 基因多态性分布的种族差异与其相应的 AD 发病率高低相吻合，有人曾对 8 个国家和地区的

ApoE 3 种常见等位基因的频率分布与这些区域 AD 发病情况进行比较，发现随着 ε4 频率增高，年龄调整后的 AD 发病率相应升高，而 ε2 和 ε3 则缺乏这种关系。说明 ApoEε4 与 AD 之间的关系为 AD 遗传学上的共性；③ApoEε4 频率的升高对 AD 相对特异，已发现在中枢神经退行性病路易体病患者 ε4 频率增高，提示它与 AD 在发生机制上存在某种联系；④对血管性痴呆患者的 ε4 频率各家报道不一，可能与 ε4 也是动脉粥样硬化的易感因素，且 AD 和血管性痴呆常合并发生有关。迄今，在海绵状脑病（Creutzfeldt-Jakob disease，CJD）、Down 氏综合征、肌萎缩性侧索硬化症（Amyotrophic lateral sclerosis，ALS）、亨廷顿病（Huntington disease，HD）、帕金森病等中枢神经退行性疾病均未见 ε4 高频率。

在欧美长寿老人中 ApoEε2 的比例很高，几乎是成年人的 2 倍。结合 AD 患者 ε2 频率极低，提示 ε2 是一种保护因子，有人称它为长寿基因，这一发现从另一角度说明 ApoE 在 AD 发病中可能担任重要角色。

3. ApoE 在 AD 神经病变形成过程中的作用

（1）ApoE 与老年斑

老年斑的核心成分是 Aβ。尽管 ApoE 在老年斑形成过程中的具体作用尚不清楚，但 ApoE 在病灶区大量存在，携带 ε4 等位基因的 AD 患者脑中有较高的 Aβ 负荷等现象均表明 ApoE 与老年斑之间关系密切。ApoEε4 可与 Aβ 结合形成一种新的抗水解、抗变性的稳定复合物。对 ApoE 与 Aβ 结合并沉积的潜在病理作用有不同解释：一种解释认为 Aβ 有神经元毒性，ApoE 与其结合对神经元起保护作用，但大量 ApoEε4 与 Aβ 结合则使该部位 ApoE 的总储备大大降低，造成上述保护作用的相对不足；第二种解释是 ApoE 的受体介导途径异常，有人认为 ApoE 可与 Aβ 结合并使其以脂蛋白相似的受体介导方式进行代谢，因为 ApoE 结合 Aβ 的位点即为其结合脂蛋白的部位，因此，无论是 ApoEε4 与 Aβ 结合异常或是 ApoE 总储备下降，均可影响 Aβ 的有效清除。有报道在 AD 患者活化的星形细胞或老年斑部位存在大量低密度脂蛋白受体相关蛋白（low-density-lipoprotein receptor-related protein，LRP），可能与 ApoE 和 Aβ 代谢异常有关；还有一种推测是，ApoE 与 Aβ 结合促进后者的沉积，多数老年斑的淀粉样核心可以被抗 Aβ1-42 和抗 Aβ1-40 的抗体识别，Aβ1-40 比 Aβ1-42 易溶，ApoEε4 与 Aβ 的高亲和性促进了 Aβ1-40 的沉积。此外，不同 ApoE 亚型可能还对促使 Aβ1-42 向 Aβ1-40 转化的羧肽酶有不同的影响。

（2）ApoE 与神经元纤维缠结

ApoEε3 可与 tau 蛋白结合，ApoEε4 则不能。因此，有人认为，促进神经元纤维缠结形成的因素是 ApoEε3 或 ApoEε2 的缺失而不是 ApoEε4 的存在。其可能机制为：ApoEε3 或 ε2 与 tau 结合，将防止后者被过度磷酸化；相反，ApoEε4 不能与 tau 结合，裸露的 tau 易被过度磷酸化。ApoE 与 tau 的结合位点是半胱氨酸残基。ApoEε3 和 ApoEε2 的半胱氨酸含量均高于 ApoEε4，而 tau 分子的微管结合区至少有一个半胱氨酸残基，它的存在使 tau 易于自发形成类似 PHF 的反向平行的双体结构，ApoEε3 或

ApoEε2 借助其自身的半胱氨酸残基与 tau 结合，从而阻止 tau 的自身聚积。

围绕 ApoE 中枢神经作用的突破性研究得益于 ApoE 基因敲除动物的应用。据报道，纯合子 ApoE 敲除小鼠表现出年龄相关的突触丧失，即突触的减少于生后并不明显，超过 12 月龄则呈进行性加剧。小鼠 4～8 月龄时，电镜下便可见树突膜结构损坏和微管成分的崩解，树突空泡样变，说明被敲除基因所指导合成的蛋白质是保持微管结构完整和稳定的必要因素。进一步的研究发现，ApoE 敲除小鼠的 tau 蛋白与磷酸化依赖性抗体 AT8、Alz50 的反应性明显强于对照小鼠，而与非磷酸化依赖性抗体的反应结果则相反。若体外经磷酸酯酶处理后，上述两种 tau 对两类抗体的反应性趋于一致，提示 ApoE 确与 tau 的异常磷酸化有关，而后者是 PHF 形成的关键步骤。

从以上资料可见，ApoE 在维持正常微管结构和功能中起重要作用。然而，迄今尚无确切证据证明神经元能自身合成 ApoE。无论从 AD 患者还是认知功能正常的其他疾病患者活检所得到的脑神经元内，均有 ApoE 免疫活性物质的存在。一般认为星形胶质细胞和小胶质细胞为中枢神经系统 ApoE 的主要来源，位于神经元中免疫反应阳性的 ApoE 很可能是与其膜受体结合的，以及由此途径进入神经细胞内的 ApoE。

(3) ApoE 受体

迄今发现的脑内 ApoE 受体至少有 3 种，即极低密度脂蛋白受体（very low desity lipoprotein-receptor，VLDL-R）、低密度脂蛋白受体（LDL-R）及低密度脂蛋白受体相关蛋白（LRP）。VLDL-R 和 LDL-R 位于星形胶质细胞膜上，而 LRP 则分布于神经元和活化的星形胶质细胞，介导 ApoE 依赖性神经突起的生长。随着 ApoE 在 AD 发病中作用研究的深入，ApoE 受体基因成为 AD 新的候选基因。现有资料显示：LDL-R 等位基因与 AD 无关；VLDL-R 等位基因与 AD 是否相关尚有争议。对 LRP 基因多态性与散发性 AD 之间关系的初步研究发现：位于 LRP 基因上游的一段四核苷酸重复序列（TTTC）$_n$ 在 AD 和正常人之间存在着明显差异，并且这种差异呈剂量依赖效应，LRP 是存在于老年斑部位的主要蛋白质成分之一，APP770 可通过与 LRP 结合进入细胞内。因此，ApoE 和 APP 同为 LRP 的配体，换言之，LRP 是与 AD 发病相关的两条代谢途径的交汇点，其分子结构的某种改变有可能通过影响含 ApoE 脂蛋白颗粒的细胞转运，使 APP 的摄取和分解代谢出现异常，导致大量 Aβ 的产生。

总之，ApoE 是散发性 AD 目前明确的第一个遗传性易感因子。虽然现有的研究结果从不同侧面提示 ApoE 在 AD 发病中的重要作用，但是，ApoEε4 本身并不是 AD 发病的必要因素，不是所有具有 ε4 等位基因的人都发病，同时 AD 患者并非均是 ε4 携带者，故其他尚未明确的遗传和（或）环境因素对 ApoE 与 AD 之间的关系起修饰作用，这些未知因素的逐一发现，将有助于完整地揭示 ApoE 对中枢神经系统的正常作用及其在 AD 病理过程中的参与机制。

（四）*PS* 基因突变学说

50%～80% 家族性 AD 与 *PS-1* 和 *PS-2* 基因突变有关，PS 通过对 Notch、Wnt 等信号转导途径的调节，在 AD 的老年斑和神经元纤维缠结形成中起重要作用。

1. PS-1 与 Notch 和 Wnt 信息途径

Notch 信息途径是后生动物门一条进化保守的信息途径，在个体生长发育过程中影响细胞分化、增殖及凋亡，决定细胞分化结局。目前认为 Notch 信息途径的基本过程是：Notch-1 向细胞膜运输过程中，在高尔基体内被一种蛋白酶切割，产生两条裂解片段。裂解片段结合后在胞膜表面形成功能性受体。当配体与该受体结合时，Notch-1 在其跨膜区域被进一步裂解，释放出胞内域（notch intracellular domain，NICD），并转位至胞核，调节靶基因的转录，参与胚胎的体节和骨骼的发育过程。

PS-1 可与 Notch 直接发生物理结合，促进 Notch-1 在哺乳动物神经元中的功能。PS-1 通过两种可能的途径促进 Notch 裂解：一种途径是 PS-1 本身是一种蛋白酶，可直接切割 Notch，但由于 Notch 的裂解发生在细胞表面或胞内囊泡内，而 PS 主要位于核膜、内质网及高尔基体，PS-1 作为蛋白酶直接裂解 Notch，尚需进一步寻找其在细胞内移位的证据；另一种途径是 PS-1 本身虽不是蛋白酶，但可激活相应的蛋白酶或能促进蛋白酶、Notch 向细胞表面的运输。有实验表明：缺乏 PS 类似物 sel-12 的线虫，其细胞膜 Notch 类似物 LIN-12 减少，为 PS 可能影响 Notch 向细胞膜的运输提供了间接证据。

由于 Notch 的结构与 APP 类似，也是一个大分子跨膜蛋白；并且，Notch 信息途径被激活后，Notch 跨膜区域被裂解，释放 NICD 的过程类似于 APP 被分泌酶酶切产生 Aβ 的过程；此外，PS-1 缺乏的细胞，APP、Notch 的裂解均显著减少；几种抑制 APP 分泌酶酶切的抑制剂也抑制 Notch 的裂解，这些资料均显示有相同或相似的蛋白酶参与 APP 和 Notch 的酶切裂解过程，而 PS-1 突变可能通过改变这些重要膜蛋白的裂解过程在 AD 神经元退行性变中起作用。

Wnt 信息途径是生长过程中控制细胞增生与分化的另一条重要途径。虽然目前尚未见 Wnt 信息途径直接参与 AD 发病的报道，但越来越多的证据表明，PS-1 与 GSK-3β、β-连环蛋白的相互作用可能与 AD 的主要病理改变——Aβ 的产生与沉积、tau 蛋白异常磷酸化形成神经元纤维缠结以及神经元凋亡有关。例如，Wnt 通过共价修饰抑制 GSK-3β 活性，由于 GSK-3β 使 β-连环蛋白磷酸化可促进其降解，故 GSK-3 活性降低导致胞内 β-连环蛋白含量增高。

2. PS-1 对 APP 分泌酶酶切的影响

APP 由于 β-、γ-分泌酶酶切产生大量 Aβ 沉积是 AD 主要的脑病理改变之一。当 PS-1 缺失小鼠胚胎神经元体外培养时，APP 的胞外功能区的 α 和 β-分泌酶的裂解不受影响，而其转膜区的 γ-分泌酶裂解却被阻断，导致 APP 的 C 端产物增加，而 Aβ 产量则显著降低；PS-1 突变的转基因小鼠 Aβ1-42 产生增多；PS-1 突变的 AD 患者成纤维细胞培养液中 Aβ 明显高于对照组。有人报道：PS-1 是 γ-分泌酶活性的调节分子，突变的 PS-1 通过改变其亲水襻区的切割，引起 APP 构型改变，从而激活 γ-分泌酶使 Aβ1-42 明显增加。最近有人分离到一种锌金属蛋白酶 S2P（Site 2 protease），根据该酶的底物裂解特性，提出 S2P 可能就是一种 γ-分泌酶，与 β-分泌酶共同裂解 APP 产生 Aβ1-42。

3. PS-1 对 tau 异常磷酸化及凋亡的影响

GSK-3β 是 Wnt 信息途径中的一种蛋白激酶，同时也是一种重要的 tau 蛋白激酶。已有许多研究资料显示，GSK-3β 是导致 Tau 蛋白异常过度磷酸化，形成神经元纤维缠结的重要蛋白激酶之一。若 Wnt 表达减少参与 AD 的发病，则由此导致的 GSK-3β 活性增高可能是 AD 患者 tau 蛋白异常磷酸化的重要原因。最近的研究表明：①PS-1 可直接与 GSK-3β 相结合，引起 AD 的 PS-1 突变可增加 PS-1 与 GSK-3β 的结合，并增加 GSK-3β 的活性。② PS-1 与 β-连环蛋白形成复合物可增加 β-连环蛋白的稳定性，PS-1 突变的 AD 患者，β-连环蛋白稳定性下降且其含量显著降低。由于 β-连环蛋白与 Tau 均是 GSK-3β 的底物，β-连环蛋白含量降低则导致与 β-连环蛋白作用的 GSK-3β 减少，更多的 GSK-3β 作用于 tau，导致 tau 蛋白异常过度磷酸化。③PS-1 突变可改变胞内 β-连环蛋白的运输。此外，凋亡是 AD 的一个重要的病理特征，β-连环蛋白信息传递障碍可增加神经元对 Aβ 诱导的凋亡的易感性。PS-1 突变可增加神经元的凋亡，其机制之一可能是改变 β-连环蛋白的稳定性。关于 APP、PS 基因突变、ApoE 基因多态性、Tau 蛋白异常在 AD 发病中的可能联系尚不清楚。图 12-6 概括了 AD 的病因、发病机制、主要脑病理改变和临床体征。

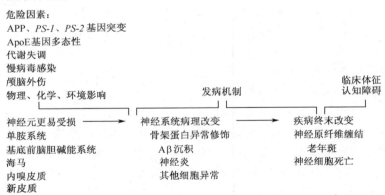

图 12-6　AD 发病过程中的关键性环节

二、帕 金 森 病

帕金森病（Parkinson disease，PD）也是一种神经退行性疾病。其主要病理改变是中脑黑质多巴胺（dopamine，DA）能神经元变性坏死，造成纹状体 DA 含量下降，从而导致震颤、肌肉僵直、运动弛缓、体位不稳等一系列症状。同时伴有不同程度的认知障碍。DA 能神经元损伤的分子机制如下：

（一）代谢性损伤

1. 氧化应激

氧化应激是导致 PD 患者黑质神经元死亡的主要因素。尸检研究表明，PD 患者黑质神经元的脂质过氧化和铁离子浓度以及自由基水平明显增高，线粒体复合物 I 活性以及某些抗氧化剂的水平降低。氧化应激对神经元的损害主要表现在如下几方面：①细胞膜脂质过氧化，膜磷脂被降解；②细胞膜对钠和钙及大分子物质通透性增加，神经元发生水肿；③线粒体破坏，功能丧失。氧化应激在下列情况下会进一步加剧：① DA 更新率（dopamine turn over）升高，因为 DA 在氧和水的存在下，受单胺氧化酶作用生成过氧化氢，后者可导致自由基产生增加，诱发氧化应激反应；② 谷胱甘肽（glutathione，GSH）缺乏，使脑内清除 H_2O_2 的能力降低；③ 活性铁离子增加，可加速 · OH 的形成。

2. 兴奋性毒性

在 PD 发病过程中，兴奋性毒性（excitatory toxicity）是指兴奋性氨基酸对 DA 能神经元的毒性作用。兴奋性毒性是近年来缺血性脑损伤神经机制研究的热点，其发生的基本过程为：脑缺血缺氧造成的能量代谢障碍直接抑制神经细胞质膜上 Na^+-K^+-ATP 酶活性，使胞外 K^+ 浓度显著增高，神经元去极化，促使兴奋性氨基酸（excitatory amino acid，EAA），特别是谷氨酸（glutamic acid，Glu）在突触间隙大量释放，因而过度激活 EAA 受体，使一些受体在正常生理刺激下引起的第二信使的效应得以扩大，突触后神经元过度兴奋并最终坏死。兴奋性毒性涉及如下两种机制：一种是由 AMPA（α-amino-3-hydroxy-5-methylisoxazole-4-propionate）受体和 KA（kainate）受体过度兴奋所介导，可在数小时内发生，以 Na^+ 内流、Cl^- 和 H_2O 被动内流和神经细胞急性渗透性肿胀为特征；另一种是由 NMDA 受体过度兴奋所介导，可在数小时至数日发生，以持续的 Ca^{2+} 内流和神经细胞迟发性损伤为特征。由于大量 Ca^{2+} 内流以及 Ca^{2+} 在线粒体内快速堆积，可导致线粒体功能丧失；还可增加一氧化氮合酶的活性，使 NO 合成增加导致神经细胞的毒性作用。在大多数病理情况下，NMDA 受体过度兴奋介导的 Ca^{2+} 内流引起的神经细胞迟发性损伤在兴奋性毒性作用中占主导地位。此外，花生四烯酸代谢形成的二十烷酸和磷脂分解产生的血小板激活因子（platelet activating factor，PAF）一起可增强白细胞聚积和血管收缩，加重脑缺血，形成恶性循环，最终导致细胞死亡。

3. 线粒体损伤

线粒体是细胞能量产生的场所。毒性物质可以通过抑制线粒体复合物 I 来影响线粒体呼吸链导致 ATP 产生减少，最终导致细胞因能量耗竭而死亡。1-甲基-4-苯基吡啶（1-methyl-4-phenylpyridinium，MPP）也可导致复合物 I 失电子，使其产生过氧化物。编码复合酶 I 黄素蛋白亚单位的基因多态性分析发现，在 PD 患者这一基因的信号肽上发生了 C-T 置换，使第 29 位上的丙氨酸变成缬氨酸，带有这种突变基因的人发生 PD 的危险性显著升高。

4. 多巴胺转运体和囊泡单胺转运体异常

多巴胺转运体（DA transporter，DAT）位于神经细胞膜上，可将毒性物质转运到胞质，从而损害神经元；而囊泡单胺转运体（vesicular monoamine transporter，VMAT2）可将位于胞质中的这些毒性物质转运入囊泡，从而减少这些物质的毒性作用。两者相互配合来调节胞质和囊泡的毒性物质浓度。在 DAT 过表达的转基因小鼠中，对 PD 诱导剂 1-甲基-4-苯基-1,2,3,6-四氢吡啶（1-methyl-4-phenyl-1,2,3,6-tetra-hydropyridine，MPTP）毒性的易感性增高；而在 DAT 基因部分敲除的小鼠中，相同剂量的 MPTP 对 DA 能神经元的毒性作用下降。VMAT2 基因完全敲除的小鼠在出生后数天便死亡；只敲除单拷贝基因并表达半量于正常水平的 VMAT2 蛋白的小鼠能够存活，但用 MPTP 诱导的 DA 能神经元死亡的数量却增加了 1 倍。这些都说明 DAT 和 VMAT 的表达水平与 DA 神经元的死亡有直接关系。

5. 神经营养因子缺乏

神经元和胶质细胞能够合成、分泌大量的神经营养因子，如神经生长因子（nerve growth factor，NGF）、睫状神经营养因子（ciliary neurotrophic factor，CNTF）、脑源性神经营养因子（brain-derived neurotrophic factor，BDNF）和胶质源性神经营养因子（glial-derived neurotrophic factor，GDNF）等。这些神经营养因子对神经元的存活和神经突起的生长具有重要作用。PD 患者黑质 NGF、BDNF 和 GDNF 的含量明显降低。离体和在体实验均证明 BDNF、GDNF 和 CNTF 对 MPTP 造成的 DA 能神经元损伤具有很强的保护作用。

6. 神经肽异常

锥体外系统的神经传递功能除了与 DA 和乙酰胆碱（acetylcholine，Ach）两大系统有关外，还有多种肽能神经元的活性。有人报道 PD 患者脑苍白球和黑质中 P 物质水平下降 30%～40%；在壳核和黑质中甲硫氨酸脑啡肽和亮氨酸脑啡肽含量分别减少 50%～70%；在黑质中胆囊收缩素-8 下降 30%；在下丘脑和海马区神经降压肽含量也下降；在纹状体甲硫氨酸脑啡肽受体数量减少；这些实验结果提示多肽水平的变化在 PD 发病机制中起一定作用，但也有人认为这些改变是继发于锥体外系统广泛神经元变性的结果。

（二）免疫功能异常

大量研究资料显示：PD 患者 CD4$^+$ T 细胞减少，IL-1 水平降低，血清 IgM 和 IgA 水平下降，辅助 T 细胞和 B 细胞大量减少；黑质致密部 HLA-DR 阳性小胶质细胞数远远高于对照者；用 PD 患者的血清纯化得到 IgG 后，注入成年大鼠的黑质，4 周后发现注射侧酪氨酸羟化酶阳性细胞数较对照组降低 50%，黑质损伤部位的小胶质细胞浸润明显；在前脑内侧束切断的 PD 大鼠模型，也发现了异常激活的小胶质细胞；在 PD 患者的脑脊液中发现了 DA 能神经元的抗体，该脑脊液培养抑制 DA 能神经元的生长；PD 患者的血清对大鼠中脑 DA 能神经元具有补体依赖性细胞毒作用；在 PD 患者的纹状体区域 β2 微球蛋白含量与对照组相比明显升高；这些均提示免疫异常可能直接参与 PD 发病。但目前的研究还不能证明免疫异常和 PD 发病孰因孰果，其变化的机制也不完全明了。

（三）基 因 异 常

近年来已确立了三个与家族性 PD 有关的致病基因：第一个致病基因 α-synuclein 定位于第 4 号染色体 q1～q23，编码由 134～143 个氨基酸残基组成的神经细胞特异性蛋白质，该蛋白质主要定位于神经细胞核和突触前神经末梢。在 PD 患者，α-synuclein 基因第 209 位的核苷酸发生 G -A 错义突变，使其蛋白质第 53 位的丙氨酸（Ala）变成了苏氨酸（Thr）。第二个与 PD 有关的基因首先在日本一个常染色体隐性遗传性早发型 PD（autosomal recessive juvenile Parkinsonism，ARJP）家族中发现。该致病基因定位于第 6 号染色体 q25.2～q27，编码的蛋白质为 Parkin。Parkin 可能是泛素类蛋白质之一，参与依赖泛素的蛋白质降解过程；Parkin 被转导入核内可调控细胞生长、分化和发育。已发现有 30 多种不同 parkin 基因缺失和点突变与早发性 PD 有关。少部分显性遗传性家族性 PD 患者也发现携带有 parkin 突变或缺失复合性杂合子。第三个与 PD 相关的致病基因定位于第 2 号染色体 $2q^{13}$ 上，命名为 Park3。目前对 Park3 的研究不多，也未能找到致突变的基因。其作用可能与转化生长因子（TGF-α）基因相关。

（四）外界环境毒素损害

对近 2 万名双胞胎的流行病学调查结果显示，在 50 岁以后发病的 PD 患者中，同卵双胞胎和异卵双胞胎 PD 的发病率基本相同。这一结果提示，对绝大多数 50 岁以后发病的典型散发性 PD 而言，环境因素可能起主要作用。流行病学研究发现，多种环境因素参与了 PD 的发生与发展。这些风险因素包括经常暴露于杀虫剂、除草剂、化工产品、造纸制浆、锰尘和一氧化碳等。例如，1983 年在美国加州发现一群吸食了不纯海洛因的青年人相继出现 PD 症状，经分析后确定这种海洛因中含有 MPTP。MPTP 本身不具备神经毒性，但它极易进入脑内，在脑胶质细胞单胺氧化酶 B 的催化下形成活性形式 MPP^+，被黑质 DA 神经元的特异性 DA 转运体摄入胞内，堆积于线粒体，与复合物 I 结合，抑制氧化呼吸链，引起能量代谢障碍，最终导致 DA 神经元的死亡。目前，MPTP 已被普遍用于建立 PD 动物模型。

总之，上述每种学说均难以圆满解释所有 PD 的发病机制，PD 的发病可能是多个致病因素共同作用的结果。

三、亨廷顿舞蹈病

亨廷顿舞蹈病（Huntington disease，HD）又称慢性进行性舞蹈病，是一种常染色体显性遗传的进行性神经退行性疾病，常在 20～50 岁发病，进行性发展，病程长达 15～20 年。主要临床表现为舞蹈样动作和进行性痴呆。主要病理改变为弥漫性脑萎缩，以尾状核和壳核最为突出。镜下可见尾状核和壳核选择性中等大小棘状神经细胞变性、丢失，伴随星形胶质细胞增生和胶质纤维化。HD 中特异性神经病理改变的可能发病机制有以下几个方面。

（一）基 因 突 变

HD 是一种基因编码区内 CAG 重复序列过度扩张的遗传病。正常情况下，位于 4 号染色体的 huntington 基因（*HD* 或 *IT15*）第一个外显子内的 CAG 重复序列不超过 36 个，而 HD 患者的基因发生突变，使 CAG 重复序列超过 36 个，最多时可达 180 个。CAG 重复次数越多，HD 的发病年龄越早，临床症状越严重。CAG 编码谷氨酸，因此突变的 IT15 使得原样蛋白 N 端连接了一条异常延伸的多聚谷氨酰胺链（polyQ 链）。

突变的 huntington 蛋白以"获得性毒性"的方式参与 HD 的发病。所谓"获得性毒性"是指异常延伸的 polyQ 链改变了 huntington 蛋白的构象，赋予新的蛋白质特性，形成新的或异常的蛋白质间相互作用。同时，突变的蛋白质易于发生错误折叠，不易被泛素蛋白酶系统降解，从而在细胞内发生聚积。在胞质中，无论是全长的 huntington 蛋白或是 N 端片段都可以发生聚积，但是只有 N 端片段可以被转运到细胞核聚积，并最终形成特异性的位于纹状体和大脑皮质的核内包含物（nuclear inclusion）。这种蛋白质经过突变、剪切、转运、聚积等一系列活动后具有的细胞毒性被称为"获得性毒性"。转运到核内的突变 huntington 蛋白 N 端片段可以通过以下机制影响细胞核的正常功能：①直接破坏核基质。②影响基因转录。突变的 huntington 蛋白一方面可以模拟部分转录因子，另一方面可以通过 polyQ 链与 DNA 或是真正的转录因子间形成异常的蛋白间相互作用，从而影响基因的转录。利用基因芯片技术发现，下调的基因转录主要集中于神经递质受体（如 D1 多巴胺受体、D2 多巴胺受体、A2 腺苷受体等）基因、细胞内信号转导系统的基因、视黄素受体基因及胞内钙稳态系统基因。③结合重要的功能蛋白，如通过捕获对某些转录因子合成代谢非常重要的蛋白水解酶的亚单位来影响基因转录。

huntington 蛋白对胚胎发育起至关重要的作用，缺失 HD 的胚胎无法存活。出生后，huntington 蛋白的生理功能包括：通过截获促凋亡分子如 Hip-Hippi，而起到抗神经细胞凋亡、促进细胞存活的作用；与细胞骨架蛋白、膜囊泡等相互作用，从而参与神经细胞的囊泡运输、内吞噬和突触形成等正常生理功能。在 HD 患者的纹状体内，正常 huntington 蛋白表达量降低，因而上述正常的生理功能可能随之受阻，从而促进了细胞的变性、死亡和丢失。另外，经过皮质纹状体传入神经元输送到纹状体的脑源性神经营养因子能对纹状体神经细胞提供必要的营养支持而促进其存活。研究发现，huntington 蛋白能上调 BDNF 的转录，当野生型 huntington 蛋白减少时，皮质产生的 BDNF 也随之减少，纹状体神经元也因营养不足而死亡。

除了上述突变的 huntington 蛋白的"获得性毒性"和正常 huntington 蛋白的生理功能受阻外，尚有以下机制参与了 HD 的发生和发展。

（二）线 粒 体 损 伤

HD 患者尾状核内线粒体电子传递链复合物 II 和复合物 IV 减少，在尾状核和壳核内电子传递链复合物 II、III 和 IV 活性也降低。当人食用了含氰的化合物或吸入一氧化碳后能造成基底神经节结构的损害，而这些物质主要是抑制了呼吸链中的线粒体复合物 IV。3-硝基丙酸 （3-nitropropionic acid，3-NP）和丙二酸都是线粒体电子传递链复合物 II 的抑制剂，给老鼠喂食 3-NP 或是侧脑室注射丙二酸后可以造成选择性纹状体神经细胞的损伤，并伴有舞蹈样动作等运动异常。3-NP 和丙二酸也因此成为被广泛应用于 HD 动物模型的神经毒素。因此，线粒体损伤被认为是 HD 的重要的病理机制之一。

（三）兴奋性毒性

由于 NMDA 受体主要存在于皮质纹状体投射神经元中，与 HD 的病变部位吻合，所以谷氨酸通过离子型 NMDA 受体产生的兴奋性毒性在 HD 发病中的作用一直受到研究者的重视。HD 患者的纹状体和皮质神经元对谷氨酸引起的兴奋性毒性高度敏感，其可能机制包括：①突变的 huntington 蛋白结合于突触囊泡，抑制了突触间隙谷氨酸的再吸收，使 NMDA 兴奋时间延长，阈值降低；②突变的 huntington 蛋白使中等大小棘状神经细胞膜静息电位去极化，实验中携带突变 HD 小鼠的中等大小棘状神经细胞膜的静息电位的绝对值比正常值要低 20mV，从而使通道开放的阈值降低；③NMDA 受体对能量变化敏感，当由于线粒体损伤等因素造成 ATP 合成减少时，细胞膜去极化，Mg^{2+} 外流，此时 Ca^{2+} 可经 NMDA 受体内流，激活后继的细胞死亡途径。细胞死亡途径的激活都导致了对纹状体和皮质神经元的毒性作用，最终引起细胞死亡。

（四）氧化应激

大量临床和实验证据表明氧化应激是 HD 神经细胞死亡的重要因素之一。在 HD 患者的纹状体内，反映氧化应激损伤程度的指标如氧化型谷胱甘肽 （oxidized glutathione）和 8-羟基脱氧鸟核苷酸 （8-hydroxydeoxyguanosine）增加；与活性氧化产物的量呈反比的乌头酸酶的活性在尾状核下降 90%，在壳核下降 70%。喂食 3-NP 和转突变 HD 基因的大鼠纹状体内出现过氧化损伤，而给予抗氧化剂后纹状体的损伤减轻。虽然氧化应激发生的根源尚未完全阐明，但是 HD 患者电子传递链复合物 III 和 IV 的失活以及 NMDA 受体的异常激活都能引起氧化应激的发生。

（五）多巴胺毒性

越来越多的证据提示多巴胺 （dopamine，DA）作为神经毒素在 HD 的发病中促进了细胞的死亡：①新纹状体广泛地受到黑质多巴胺能神经元的支配，纹状体内 DA 浓度很高；②给动物注射 DA 会引起一系列的纹状体损伤，如神经元的丢失、神经末端变性和胶质细胞增多；③在培养的大脑皮质细胞中加入 DA 也能引起细胞凋亡。DA 的神经毒性的可能机制为：①介导氧化应激，DA 可经单胺氧化酶 （monoamine oxidase，MAO）代谢产生过氧化氢，过氧化氢与过渡态金属离子发生 Fenton 样反应后可生成具有高度毒性的氢氧根自由基；②DA 还可发生自身氧化生成半泛醌和超氧自由基。这些活性氧化物能进一步促进细胞膜的脂质过氧化反应，加剧细胞的过氧化损伤；③增加兴奋性毒性，DA 水平升高能抑制突触间隙谷氨酸的重吸收，使 NMDA 受体过度激活，兴奋性毒性增加，而 DA 能神经元的兴奋性毒性不仅可增加 DA 的释放，而且还增加 NO 的合成，抑制 DA 的再吸收而继续提高局部的 DA 浓度；④抑制能量代谢，除 DA 的活性氧代谢产物外，DA 本身就能使线粒体电子传递链复合物 I 失活，造成能量障碍，引发兴奋性毒性反应；⑤活化 non-NMDA 受体，实验发现 DA 的代谢产物 2，4，5-三羟基苯丙氨酸（2，4，5-trihydroxyphenylalanine，TOPA）能结合并活化 non-NMDA 受体，活化的 non-NMDA 受体并不直接参与 HD 的病理过程，但是可以间接地增加 NMDA 受体介导的细胞毒性。

　　目前认为，突变的 huntington 蛋白和正常 huntington 蛋白的减少只是 HD 发生的基础病理改变，而与此相关的脑局部环境的改变，包括线粒体损伤、兴奋性毒性、氧化应激及 DA 毒性才进一步促进了 HD 特异性病理改变的发生和疾病的发展。图 12-7 是神经退行性疾病的病因和发病机制的简要总结。

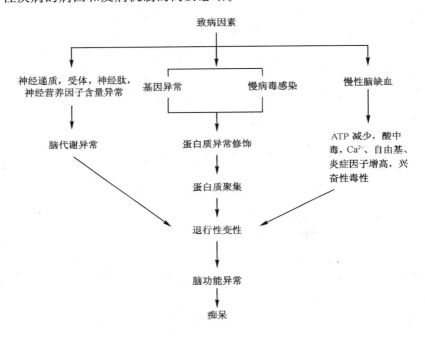

图 12-7　神经退行性疾病的病因及发病机制

四、热点问题及最新进展

　　由于大多数神经退行性疾病的共有病理特征是神经细胞内蛋白质的异常聚积（如 AD 患者的 tau 蛋白和 Aβ、PD 患者的 α-synuclein、HD 患者的多聚谷氨酰胺聚积等）和细胞的选择性毒性（如 AD 患者的海马、杏仁核和内嗅皮质等处的胆碱能神经元、PD 患者的黑质和 HD 患者的纹状体多巴胺能神经元损伤等），神经细胞蛋白质的异常折叠、聚积以及神经细胞选择性死亡的机制和途径等科学问题已成为相关研究领域的热点。此外，由于神经退行性疾病大多发病隐蔽，病程漫长，往往在出现明显的临床症状的 20～30 年前，脑内就已经开始了各种退行性改变。因此，对这些疾病进行早期诊断、及时地采取预防和治疗措施极为重要，而正确的早期诊断（特别是对 AD 的早期诊断）、特异性实验模型的建立和有效药物的开发是目前这一研究领域的国际难题。

（一）　AD 的早期诊断

一个理想的早期诊断方法首先必须对 AD 患者出现的最早期的认知和生理改变相当敏感；其次则要能有效地区分早期 AD、正常老年化、其他能引起认知障碍的器质性脑病以及可出现类似痴呆表现的精神性疾病，如抑郁症等；再者，重复性好、易操作性、经济和易于普及等因素也至关重要。目前用于 AD 的早期诊断方法主要包括神经心理学检测、脑脊液内标志物检测和脑成像检测。

1. 神经心理学检测

为了找到最适合于判断早期 AD 的神经心理学检测手段，研究者们主要进行了两大类型的跟踪调查：一类是追踪以社区为基础的正常老年人，其中一部分发展成为 AD 患者；另一类追踪已经出现了轻度认知功能障碍（mild cognitive impairment，MCI）和尚未出现症状的常染色体显性遗传 AD 的家族成员。统计资料表明，在这些社区老年人发生痴呆前 5 年内会出现事件记忆损伤以及其他不依赖于记忆的认知功能障碍，如思考速度、决策能力、分类统筹和听力等能力的缺陷。而在家族性 AD 患者出现临床症状以前，主要集中表现为非文字记忆的障碍和智力的减退。英国科学家的追踪调查结果则提示，空间记忆障碍和在进行配对相关记忆测试时的困难表现是早期 AD 的可靠的指标。

2. 脑脊液内生物标志物检测

脑脊液（cerebrospinal fluid，CSF）与脑内的细胞外环境直接相通，因此能够很好地反映脑内的生化改变。AD 患者脑脊液中出现总 tau 蛋白和磷酸化 tau 蛋白含量增加，$A\beta1\text{-}42$ 含量降低，而这些变化同样也在 AD 早期出现，因此，可以被用于早期诊断。总 tau 蛋白和 $A\beta1\text{-}42$ 的改变敏感性高，但是特异性差，不能区分 AD 和其他可引起相关改变的疾病。磷酸化 tau 蛋白的升高则不仅对 AD 特征性病变敏感，而且特异性强，可以很好地区分 AD 和其他疾病，如血管性痴呆、Creutafeldt-Jakob 病、肌侧索硬化以及多发性硬化症等。但是，由于脑脊液检测结果变异性大，加上它是一种创伤性检查项目，很难在临床推广，因而应用受到限制。

3. 脑成像检测

随着科学技术的进步，脑成像技术近年来正以突飞猛进的速度发展。

（1）脑结构成像

计算机 X 射线断层扫描（computerized tomography，CT）和磁共振成像（magnetic resonance imaging，MRI）是最常用的两种脑结构成像方法。研究发现，可以利用 CT 和 MRI 筛选中颞叶尤其是海马的萎缩，从而为 AD 的早期诊断提供依据。另有研究认为：大脑灰质的丢失、海马和海马旁组织的萎缩、左杏仁核和内嗅皮质的萎缩都是 AD 早期的特征性改变。

　　这两种技术的缺点分别是：MRI 敏感性不高，而 CT 则不易将 AD 与其他痴呆分开。

　　（2）脑功能成像

　　应用最广的脑功能成像是氟化脱氧葡萄糖-正电子发射 X 射线断层扫描（fluorodeoxyglucose positron emission tomography，FDG-PET）。该技术通过发射正电子观察脑内的葡萄糖代谢情况。AD 患者 FDG-PET 检查时出现特征性的新皮质结构区的低代谢图像，以颞叶联合皮质的顶部、前部和后部为主。使用 PET 技术的研究发现，皮质联合区和皮层下结构的代谢降低与进行性发展的认知功能障碍关系最为密切。早期 AD 的表现则主要为后扣带回脑皮质的代谢降低。另外，顶叶双侧代谢的不对称也是 AD 的早期表现之一。最近发展的三维自动成像 PET 则无论在敏感性还是特异性上均比传统的 PET 显著提高。

　　单光子发射 X 射线断层扫描（single photon emission computed tomography，SPECT）主要通过研究大脑的血流灌注来给 AD 可疑患者提供早期诊断的依据。SPECT 发现 AD 患者早期局部血流灌注降低主要位于海马、杏仁核、扣带回前部和后部以及前丘脑。

　　功能磁共振成像（functional magnetic resonance imaging，fMRI）应用于 AD 早期诊断虽然还处在实验阶段，但是由于它的数据处理快速方便，加上很容易成为临床的常规检查，因而具有很大的发展潜力。fMRI 不仅可以用来检查脑血流灌注和脑容积，还可以用来检测大脑在进行认知活动（如说话、工作、记忆等）时的改变。

　　在体光子磁共振光谱（in vivo proton magnetic resonance spectroscopy，MRS）可以原位观察到组织的代谢状态，所以也将是未来 AD 早期诊断的研究热点。

　　（3）脑淀粉样斑块和神经元纤维缠结成像

　　脑内淀粉样斑块和神经元纤维缠结成像（in vivo imaging of amyloid plaque and neurofibrillary tangle）是目前最新的结构成像技术，这一技术将有望被广泛地应用于 AD 的早期诊断、鉴别诊断和药物的开发与评价等多个领域。AD 患者在出现临床症状的很多年前，脑内就开始有了神经炎斑块和神经元纤维缠结的聚积，因此在体直接检测这些病理改变的方法就能为 AD 的早期诊断提供重要的依据。为了实现这一目的，研究者将一些经过放射性标记的小分子注射入体内，这些小分子能够透过血脑屏障，特异性结合神经炎斑块和（或）神经元纤维缠结，再通过 PET 检测成像。Chrysamine-G 是刚果红的羧酸类似物，能结合淀粉样斑块；血清淀粉样 P 物质（serum amyloid P component）是正常血清中存在的一种糖蛋白，可以结合淀粉样纤维沉积。这两种分子都被用来在体检测淀粉样病理改变。最近的研究中，Barrio 等选用 DDNP {1,1-dicyano-2-［6-(dimethylamino) naphthalene-2-yl］propene} 的氟化衍生物，结合 PET 进行成像对 AD 进行早期诊断。DDNP 的优点是可以同时结合淀粉样斑块和神经元纤维缠结。早期 AD 人群在大脑海马、杏仁核和内嗅皮质等部位出现明显的 DDNP 聚积。同时，DDNP 在局部的高活性保持与局部葡萄糖代谢降低密切相关，聚积的 DDNP 分子在脑内的停留时间与记忆损伤正相关。因此，DDNP-PET 是一种非常有应用前景的非损伤性反映脑内病理改变的成像技术。

（二）AD 的实验模型

在进行大量的分子水平、细胞水平和脑片水平研究的同时，研究者一直期望并致力于研发出一个有效的 AD 动物模型，以便于进一步阐明 AD 的发病机制，建立早期诊断的方法和开发有效防治药物。原则上，一个有效的 AD 动物模型应该符合以下几条：①进行性的 AD 样神经病理改变；②AD 样认知功能损伤；③能在多个实验室得以重复和验证；④如果是转基因模型必须区分是由于突变的家族基因带来的病理改变还是由基因过表达带来的变化。到目前为止，还没有一个动物模型能完全达到上述所有标准。在此，介绍几类目前常用的复制 AD 实验模型的策略。

1. 转基因动物模型

转基因动物模型是在体研究特定基因表达和基因产物的功能的一种重要的方法。利用转基因模型，可以观察到与 AD 相关的基因所带来的最早期的生化和病理改变。目前在 AD 研究中已经用到的一些转基因模型有：

转 APP 基因鼠，包括转入人野生型全长 APP、APP 片段、家族性 AD 患者突变 APP 以及人工突变 APP 等二十几种模型，如 $Tg（HuAPP695.SWE）$、$Tg（HuAPP695.TRImyc）$、$Tg（MoAPP）$、$Tg（HuAPP695.SWE）2576$、$TgAPP/Ld/2 London V7171$、$TgAPP/Wt/2$ 等。这些动物在不同的年龄开始出现不同程度的 Aβ 沉积、认知功能损伤和行为异常，有的还随着年龄增加而损伤程度加重。但是没有一种模型能够出现 AD 的所有病理改变，尤其是没有一种模型能够造成特异性的神经元纤维缠结。

转 tau 基因鼠，包括 $Tg（tauP301L.JNPL3）$、$TgtauP301L$、$TgtauR406W$、$TgtauG272V$、$TgtauV337M$、$Tgtau3Repeats$、$Tghtau40$ 等。转 tau 基因鼠除了有 Tau 蛋白异常磷酸化、聚积、认知和行为异常外，还出现明显的轴突病变，线粒体、囊泡、神经纤维等在轴突聚积，轴突膨大等，提示过度表达或是过度聚积的 Tau 蛋白能够造成轴突运输障碍和轴突末端的退行性变性。然而，遗憾的是，在这些转 tau 基因的模型中，仍然没有观察到神经元内的纤维缠结。

其他的转单一基因的模型鼠还包括：转 $ApoE$ 基因鼠、转 $\alpha-synuclein$ 基因鼠、转 $COX-2$ 基因鼠、转 $PS1$ 基因鼠、转 $PS2$ 基因鼠等。与此同时，为了研究基因之间的相互关系以及建立更类似于人 AD 样病理改变的模型，一些研究者还试图建立多基因突变的模型，如 $TgPS-1（P264L）/APPswe$、$TgPS-1（A246E）/APPswe$、$Tg Mo/Hu APPswe/PS1 De9$、$Tg3Repeat tau/PS-1（M146L）$、$Tg APPswe2576/tau JNPL3$ 等。这些转多基因的动物往往病理改变出现的时间更早、且更明显。

2. 用定位注射技术复制模型

异常过度磷酸化的 Tau 蛋白是神经元纤维缠结的主要组成成分，而蛋白质的磷酸化状态又受到蛋白磷酸酯酶和蛋白激酶的双重调节。因此，可以通过激活蛋白激酶或是抑制蛋白磷酸酯酶来促使 Tau 蛋白过度磷酸化、聚积以建立相应的动物模型。其他方法还包括海马去神经支配术、饥饿、松果体摘除术、抑制黑色素生成等。

最常见的老年斑模型是通过将 β-APP、Aβ 或是 APP 和 Aβ 的片段定位注射到海马等部位，能够造成脑内 Aβ 的增多和聚积，并出现 AD 样认知功能的改变。其他还包括通过鼻内接种肺炎球菌、痕量金属喂养、脑内过氧化损伤等方法来建立老年斑模型。

（三）神经退行性疾病防治的分子基础

由于对神经退行性疾病发病的分子机制尚不清楚，故尚无有效根治手段，以下是针对这类疾病发生发展过程中已知的分子机制的有关防治原则或策略。

1. 恢复和维持神经递质的正常水平

（1）增高 DA 能递质治疗 PD

由于 DA 能神经元损伤在 PD 的发病中占重要地位，各种针对提高 DA 能神经功能的策略相继产生，并获得显著疗效。

1）药物治疗。直接应用 DA 前体左旋多巴（L-DA），或单胺氧化酶 B 抑制剂，以提高 DA 的含量。神经生长因子（如 BDNF、GDNF）能较特异地营养 DA 神经元，抵抗神经毒素的损伤，发挥神经保护作用。由于 GDNF 不能通过血脑屏障，故寻找小分子 GDNF 受体激动剂将有重要意义。

2）细胞治疗。细胞治疗包括：①多巴胺能神经细胞移植。多巴胺能神经细胞移植包括同种移植、异种移植和神经元前体细胞或神经干细胞移植。瑞典医学家已于 1990 年成功地将人胚胎的中脑细胞移植至 PD 患者脑内，使其症状得到明显缓解，但移植细胞成活率低、需要量大；同时，同种移植由于来源有限且涉及诸多伦理问题，难以广泛实施；猪脑中具有 DA 能神经元并可发育成为类似于人的相应细胞群。胎龄 28 天猪的中脑便可分化出能够合成 DA 的酪氨酸羟化酶（tyrosine hydroxylase，TH）阳性神经元，猪的成神经细胞可在 PD 大鼠脑内成功存活，并介导其纹状体内广泛的神经支配。然而由于异种移植存在免疫反应，且对于猪脑能否最终替代人脑尚存在争论；神经元前体细胞或神经干细胞移植是最有发展前景的细胞治疗策略。迄今为止，DA 能神经元的移植主要是采用分化的成神经细胞和分裂后的神经元，这些细胞难以大量获得。如果能够选取在发育前期尚处于主动增殖期的前体细胞，使其在体外扩增并控制其末端分化成成熟的 DA 能神经元，便可获得大量的细胞用来进行脑内移植。目前，已经能够通过用高浓度的生长因子（bFGF 等），在体外扩增这些中脑 DA 能神经元的前体细胞，并进而将其诱导分化为成熟的 DA 能神经元。这种扩增的细胞植入 PD 大鼠纹状体后能够很好地存活和发挥功能。②可分泌多巴胺的非神经元细胞移植。非神经元细胞移植包括肾上腺嗜铬细胞、微囊包裹的 PC12 细胞和颈动脉球细胞移植。肾上腺嗜铬细胞虽然可分泌 DA，但其在脑内存活的时间短，无法满足临床要求；微囊包裹的 PC12 细胞指用一种生物相容性的半透膜包裹能分泌 DA 的大鼠肾上腺嗜铬细胞瘤细胞。这种微囊化的细胞在激活 DA 受体并在失神经支配的纹状体内发挥功能的同时，又能有效地避免免疫排斥反应和成瘤性；颈动脉球细胞可分泌少量的 DA，因此也可作为治疗 PD 的替代细胞。③神经干细胞移植。在以上开发的旨在替代 DA 能神经元的细胞中，神经干细胞无疑是最具潜力的一种。如果能从干细胞中得到能无限生长的神经元，就可能将其分化成为用于移植的 DA 能神经元。如果进一步能将体内的神经干细胞进行原位诱导，使其定向分化成为 DA 能神经元，则将会真正实现 PD 细胞治疗的突破。可以想像一旦干细胞的研究获得成功，将会取代目前所有的细胞移植疗法成为 PD 治疗的主要手段之一。

3) 基因治疗。目前针对恢复 DA 能神经功能的 PD 基因治疗策略主要有两种：①植入促进 DA 合成的酶基因，以促进纹状体内 DA 的生成；②植入神经营养因子基因，以阻止 DA 能神经元死亡或刺激受损的黑质纹状体系统的再生和功能恢复。

（2）增高胆碱能递质治疗 AD

AD 患者胆碱能功能缺陷，借此，已经针对提高突触乙酰胆碱含量的不同环节，设计出补充乙酰胆碱合成前体及提高胆碱乙酰转移酶活性的突触前药物，抑制乙酰胆碱酯酶活性以提高突触间隙乙酰胆碱水平的突触间药物，以及改善乙酰胆碱与受体结合及其受体后信号转导的突触后药物。

2. 调节细胞代谢功能

（1）阻断神经元骨架蛋白异常磷酸化

神经元骨架蛋白异常磷酸化形成的神经元纤维缠结是 AD 的主要脑病理改变，且与 AD 临床痴呆程度呈正相关，因此是药物开发和药效评价的良好模型。

（2）阻断老年斑的形成

1) 减少 Aβ 前体蛋白 APP 的合成。可利用反义（antisense）技术在转录或翻译水平阻止 APP 的合成。由于 APP 可能具有某种正常功能，一旦阻断时会出现副作用，这种技术只适用于家族性 AD，因为这类患者的 Aβ 增多与 APP 基因突变有关。

2) 减少 Aβ 的生成。调节脑组织 α-、β-、γ-分泌酶的活性，如选择性增高 α-分泌酶活性，抑制 β-、γ-分泌酶活性，使 Aβ 生成减少。最近对 β-分泌酶的成功克隆与鉴定，将大大加快这一研究工作的进程。

3) 抑制 Aβ 的聚积。Aβ 聚积是其神经毒性作用的前提，该过程涉及 Aβ 由 α 螺旋向 β 片层结构的转化，而这一转化过程似乎与其分子中的 10～24 和 29～40/42 肽区有关。此外，过氧化损伤和 AGE 引起的蛋白质交联也参与 Aβ 聚积。因此，设计特异性多肽片段阻止 β 片层结构的形成和抗氧化剂可望抑制 Aβ 聚积。

4) 拮抗 Aβ 参与的炎症反应。Aβ 通过激活小胶质细胞和星形胶质细胞，使其分泌多种免疫因子。有人报道用皮质激素或非类固醇抗炎药物可推迟或防止 AD。因此，通过长期抗炎治疗以拮抗 Aβ 参与的炎症反应是 AD 治疗策略之一。此外，由于 Aβ 在脑组织内沉积是 AD 的病理特征之一，设法清除 Aβ 是 AD 治疗的另一途径。

（王建枝 撰）

主要参考文献

Adams RD, Victor M. 1993. Principles Of Neurology. 5th. America. Mcgraw-Hill, Inc. 493~538

Agorogiannis EI, Agorogiannis GI. 2004. Protein misfolding in neurodegenerative diseases. Neuropathol Appl Neurobiol, 30: 215~224

Bossy-Wetzel E, Schwarzenbacher R. 2004. Molecular pathways to neurodegeneration. Nat Med, 10: 2~9

DeKosky ST, Marek K. 2003. Looking backward to move forward: early detection of neurodegenerative disorders. Science, 302: 830~834

Droge W. 2003. Oxidative stress and aging. Adv Exp Med Biol, 543: 191~200

Hardy J. 2003. The relationship between amyloid and tau. J Mol Neurosci, 20: 203~206

Hayflick L. 1984. When does aging begin? Res Aging, 6: 99~103

Luis CA, Loewenstein DA, Acevedo A, et al. 2003. Mild cognitive impairment: directions for future research. Neurology, 61: 438~444

Mattson MP. 2004. Metal-catalyzed disruption of membrane protein and lipid signaling in the pathogenesis of neurodegenerative disorders. Ann NY Acad Sci, 1012: 37~50

Peters A. 2002. Structural changes that occur during normal aging of primate cerebral hemispheres. Neuroscience And Biobehavioral Reviews, 26: 733~741

Petrucelli L, Dawson TM. 2004. Mechanism of neurodegenerative disease: role of the ubiquitin proteasome system. Ann Med, 36: 315~320

Poon HF, Calabrese V, Scapagnini G, et al. 2004. Free radicals and brain aging. Clin Geriatr Med, 20: 329~359

Rego AC, Oliveira CR. 2003. Mitochondrial dysfunction and reactive oxygen species in excitotoxicity and apoptosis: implications for the pathogenesis of neurodegenerative diseases. Neurochem Res, 28: 1563~1574

Salat DH, Buckner RL, Snyder AZ, et al. 2004. Thinning of the cerebral cortex in aging. Cereb Cortex, 14: 721~730

Shastry BS. 2003. Neurodegenerative disorders of protein aggregation. Neurochem Int, 43: 1~7

Simic G, Bexheti S, Kelovic Z, et al. 2005. Hemispheric asymmetry, modular variability and age-related changes in the human entorhinal cortex. Neuroscience, 130: 911~925

Tian Q, Wang JZ. 2002. Role of serine/threonine protein phosphatase in Alzheimer's disease. Neurosignals, 11: 262~269

Vellis JD. 2002. Neuroglia In The Aging Brain. Humana Press. Totowa, New Jersey, American, 3~134, 291~338

Warner HR, Hodes RJ, Pocinki K. 1997. What does cell death have to do with aging? J Am Geriatr Soc, 45: 1140~1146

第十三章　神经营养因子

　　神经营养因子（neurotrophic factor）是能支持神经元存活，促进其生长、分化，及维持其功能的一类化学因子。50 年前发现了神经生长因子（nerve growth factor，NGF），随后又陆续发现各种类似的因子如脑源性神经营养因子（brain-derived neurotrophic factor，BDNF）、神经营养素-3（NT-3）、NT-4/5、睫状神经营养因子（CNTF）、胶质细胞系源性神经营养因子（GDNF）等。一些已知的生长因子或细胞因子（cytokine），如成纤维细胞生长因子（FGF）、胰岛素样生长因子（IGF）、转化生长因子β（TGF-β）等也都发现具有神经营养活性。这类因子能防止或抑制各种损害引起的神经元死亡；这类因子的失常、缺乏或不足，可能导致神经系统发育异常，或某些疾病的发生，或老年性神经系统的退行性变，或神经系统损伤后神经再生的失败。近年来特别注意神经营养因子及其基因在治疗神经系统损伤和疾病中潜在的重要作用。

第一节　神经营养素家族

一、NT 家族

　　神经营养素（neurotrophin，NT）家族成员有：NGF、BDNF、NT-3、NT-4/5、NT-6 和 NT-7。

　　NGF 作为第一个典型的神经营养因子已被研究了半个多世纪。NGF 是由 3 个亚基（α、β 和 γ）组成的寡聚蛋白复合物，分子质量约 130kDa，其 β 亚基具有生物活性，是由两条链（每条链 118 个氨基酸）组成的二聚体。对 NGF 起反应的神经元（NGF-responsive neuron）主要有交感神经元、感觉神经元和中枢胆碱能神经元。NGF 往往由上述神经元的靶器官产生，被神经元轴突末梢摄取，逆行运输到胞体，为这些神经元存活和维持所必需。所以，NGF 是典型的靶源性神经营养因子。在脊椎动物神经系统正

常发育过程中，神经细胞首先过度繁殖，然后发生大批细胞死亡，即所谓细胞自然死亡
（naturally occurring cell death）或程序性细胞死亡（programmed cell death）现象。死
亡的神经元被认为是那些未能与靶建立功能连接的细胞。这是因为靶区产生有限量的神
经营养因子作用于发育中的神经元，能得到相应营养因子的神经细胞才能存活下来，与
靶建立功能连接，而竞争不到其靶组织释放的营养因子的细胞则被淘汰。增加或减少靶
可影响神经元的自然死亡。例如，摘除其靶（如切除胚胎一侧的肢芽），则相应神经节
或脊髓内神经元的程序性死亡加剧；反之，增加其靶（如移植多一个肢芽），则可减轻
神经元的程序性死亡。这种神经元与靶的相互关系是通过靶组织产生可弥散因子进行调
控的神经营养理论（neurotrophic hypothesis），因 NGF 的发现而得到证明。此外，在
损伤神经中，施旺细胞和成纤维细胞合成 NGF。很多神经元自身也可合成 NGF。NGF
只参与调节有限几类神经元的细胞自然死亡，而细胞自然死亡是发生在所有各类神经元
的一种正常发育现象。此外，NGF 除支持起源于神经嵴的感觉神经元一个亚群（主要
是感受伤害性刺激的感觉神经元）的存活外，对其余神经嵴起源的感觉神经元，以及所
有上皮基板（epithelial placode）起源的颅神经节如结状神经节感觉神经元都没有作用。
那么，这些对 NGF 不敏感的感觉神经元的存活是否跟对 NGF 敏感的感觉神经元一样，
需要其他靶源性因子的支持？人们推测在 NGF 以外可能有其他的神经营养因子。通过
这方面的探讨，导致对结状神经节神经元起作用的一个神经营养因子的发现和分子克
隆，这个因子就是 BDNF。

　　BDNF 最初是从猪脑提取的量很少的一种分子质量为 1.2×10^4 的碱性蛋白质，其
大小和等电点与 NGF 单体相似。BDNF 的氨基酸序列有 50% 与 NGF 的相同，与 NGF
同属一个家族。BDNF 对周围和中枢神经元具有广谱作用，除结状神经节神经元外，其
他感觉神经元、海马神经元、小脑神经元、视网膜节细胞、运动神经元、基底前脑胆碱
能神经元和中脑黑质多巴胺（dopamine，DA）神经元等，都对 BDNF 起反应。由于
NGF 和 BDNF 结构序列片段上的相同性，特别是包括 6 个半胱氨酸残基及 3 个二硫键
桥的高度保守区域，几个研究组采用以相应保守序列做引物的聚合酶链反应（polymer-
ase chain reaction，PCR）技术，试图克隆其他有关因子，结果从几个物种中克隆到
NT-3 及从一种非洲爪蟾（Xenopus laevis）克隆到 NT-4。但另外两个研究组对从另一
哺乳动物克隆到的因子彼此看法上有分歧，一组认为该因子与蟾的 NT-4 是同类物，应
属 NT-4；另一组则认为把它看作是 NT-4 的哺乳动物同类物不恰当，应命名为 NT-5，
现一般将之合称为 NT-4/5。

　　NT-6 是在试图克隆鱼的 NGF 基因时从一种硬骨鱼基因组文库中克隆到的一个新
成员，它是否存在于哺乳动物则尚不清楚。NT-6 与 NT 家族其他成员不同，不是由生
成细胞直接释放的可溶性蛋白质，而是需要肝素的作用才能将它从细胞表面及细胞外基
质分子中释放出来。NT-6 的作用与 NGF 有些相似，但作用较弱。NT-7 也是仅在鱼类
被发现的。

　　NT 家族成员的分子结构中含有严格相同的结构域（domain），决定它们的基本结
构属同一家族系列（图 13-1）；但也有明显不同的结构域决定它们的组织分布、作用的
神经元类型、在发育过程中起作用的时期，以及它们的受体结构等的不尽相同。例如，
对 BDNF 反应的神经元一般都位于或投射于中枢神经系统，在哺乳动物脑内 BDNF

mRNA 水平要比 NGF 的平均高 20～30 倍，在海马区（NGF 和 BDNF mNRA 均有很高水平的脑区）更高，可达 50 倍。NT-3 mRNA 与 BDNF 的相反，它在中枢神经系统的表达不显著，但在外周组织（骨骼肌、肝脏和肠）却有高水平的表达。NT-3 在中枢神经系统主要定位在海马和小脑。在大鼠脑发育中 NGF、BDNF 和 NT-3 分不同时间表达，NT-3 mRNA 的峰值见于出生后很短一段时间，BDNF mRNA 约在出生后 2 周，NGF mRNA 在出生后 3 周。这 3 种 NT 作用的某些神经元类型的差别见表 13-1。

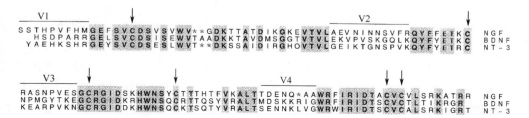

图 13-1 小鼠 NGF、BDNF 和 NT-3 氨基酸序列中严格的保守区（暗色部分）和变异区（V1、V2、V3 和 V4）（按 Hopp and Woods，1981 的 hydropathy 分析）

表 13-1 NGF、BDNF 和 NT-3 作用的某些神经元类型的差别

	NGF	BDNF	NT-3
感觉神经元			
神经嵴起源			
背根节神经元	＋	＋	＋
本体感中脑三叉神经节神经元	－	＋	＋
神经基板起源			
结状节神经元	－	＋	＋
交感神经元	＋	－	＋
基底前脑胆碱能神经元	＋	＋	＋
中脑多巴胺能神经元	－	＋	＋
视网膜节细胞	－	＋	

注：＋：有作用；－：无作用。

神经系统发生过程中，NT 能促进发育中的神经元存活、繁殖和分化。对成熟神经元的存活和适应性反应起作用。NT 可直接影响胞内信号传递过程，能改变短期的突触传递效率，还能改变基因表达、参与记忆的巩固以及一级记忆向二级记忆的转化。NT 引起的分化反应是增强神经突起的生长，改变神经元的电生理性质和神经细胞的命运。大鼠嗜铬细胞瘤细胞系 PC12 曾被广泛应用对这方面的机制进行研究。PC12 细胞是分裂活跃的肿瘤细胞系细胞，表达 NGF 受体 Trk A 和 p75。用 NGF 处理 PC12 细胞时，PC12 细胞能经历好几次的细胞周期然后分化为有丝分裂后细胞（postmitotic cell），有类似交感神经元的表型。NGF 诱导 PC12 细胞的分化是由 Trk A 受体激酶介导的，并需要激活即早基因（immediate early gene，IEG）和迟反应基因（delayed response gene，DRG）的特异性程序。许多 IEG 编码的转录因子帮助调节对 NGF 特异性的迟反应基因的表达。用 NGF 处理 PC12 细胞，其迟反应基因编码的蛋白质以各种方式表达分化的 PC12 细胞的表型。

二、NT 受 体

在 NT 受体结构上，最早研究的是 NGF 受体。发现其受体蛋白有两种。一种是 75～80kDa 的低亲和性 NGF 受体（low-affinity NGF receptor，LNGFR）或简称 p75，在结合的动力上它能很快与配体结合，但 NGF 与它结合一般不出现可察觉的细胞学反应。另一种是 13～14kDa 的高亲和性 NGF 受体（HNGFR），在结合的动力上是慢的。NGF 的高亲和性受体是由原癌基因（proto-oncogene）*trk* 编码的一种 140kDa 酪氨酸蛋白激酶（tyrosine protein kinase）受体，称 Trk A。NGF 与 Trk A 结合可出现细胞学反应包括增强细胞的存活和生长。随后又克隆出 *trk* 编码的结构同类物 Trk B 和 Trk C。BDNF、NT-4/5 和 NT-3 均能结合和激活 Trk B，但 NT-3 的作用较弱。NT-3 主要结合和激活 Trk C。所以，Trk 受体（Trk A、Trk B 和 Trk C）是 NT 的功能性受体。

（一）p75

p75 是糖蛋白，已被克隆，它不仅是 NGF 的低亲和性受体，而且也以同样的亲和力与其他 NT 成员结合。p75 的分子结构包括细胞外区、跨膜区和细胞内区三部分，细胞内区较小。细胞外区含有若干（典型的是 4 个）重复序列，形成 NGF 结合部位，每一重复序列（约 40 个氨基酸）中都有 6 个半胱氨酸残基。这些含半胱氨酸的重复体可能呈共线的（collinear）方式排列（图 13-2）。p75 的结构与细胞因子受体特别是肿瘤坏死因子（tumor necrosis factor，TNF）受体相似，同属于某一细胞因子受体家族。这个家族成员配体与受体结合后伴随核因子 NF-κB（nuclear factor-kappaB）的活化，作为第二信使的神经酰胺的产生及 JNK 的活化。p75 受体主要在对 NT 起反应的细胞上表达，与细胞凋亡和细胞迁移有关。虽然早期的研究提出一个功能性 NT 受体的形成需要有 p75，但后来发现在没有 p75 存在的情况下，单独的 Trk 受体亦能介导 NT 的功能性反应，一种不能结合 p75 只结合 Trk A 的突变体 NGF 仍能引出生物学反应。然而，p75 仍可作为一种副因子调整 Trk 受体对 NT 的反应。完全的 p75NTR 基因敲除的小鼠比同年龄的野生型小鼠体型小，并有晚期的肢体共济失调，存在严重的外周感觉神经元的丢失和严重的外周神经数量的减少。此外有大量血管的破裂，导致围产期死亡。但近年来有不少报道 p75 能介导细胞凋亡。

（二）Trk 受 体

哺乳动物的 Trk 受体有 Trk A、Trk B 和 Trk C 3 种。三者的氨基酸序列有66%～

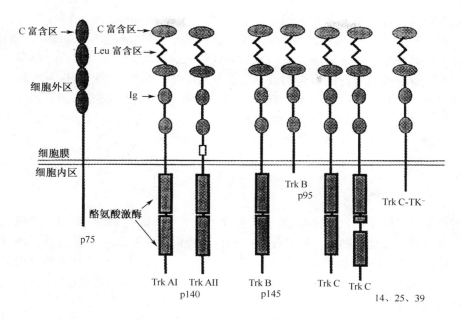

图 13-2 NT 受体图解

68％相同。它们的结构和 p75 一样包括有细胞外区、跨膜区和细胞内区三部分。细胞外区都含有免疫球蛋白样的 3 个重复体。细胞内区则有高度相似的酪氨酸激酶结构域，并被一个短的插入序列分成两段（图 13-2）。Trk 受体有许多同源型（isoform），如 Trk A 因胞质外区有无一个插入物（含 6 个氨基酸）而分为 Trk AI 和 Trk AII 两种，有插入物者是神经组织中唯一的同源型，无插入物的同源型主要在非神经组织中表达。Trk B 的同源型是其酪氨酸激酶结构域被一个新的、长度仅 21 个或 23 个氨基酸的短胞质结构域所代替。Trk B 这种截短的（truncated）同源型在各种非神经组织中十分丰富。在神经系统，它随胚胎发育进程而增加且比全长型的受体为多。在成年脑，此截短的受体主要在室管膜细胞和脉络丛上皮细胞表达。截短的同源型可能是 Trk B 信号转导的负调节物。Trk C 和 Trk B 一样具缺乏酪氨酸激酶结构域的截短的同源型，Trk 受体的信号转导还有以 14、25 和 39 个氨基酸插入酪氨酸激酶结构域的 3 种 Trk C 同源型（图 13-2）。

三、Trk 受体的信号转导

Trk 受体的信号转导机制与其他酪氨酸激酶受体的相似。例如，NGF 结合到 PC12 细胞上的 Trk A 引起受体二聚作用，从而激活 Trk A 内部酪氨酸激酶活性。Trk A 的起始底物是 Trk A 分子本身。在 Trk A 二聚体内，每一个 Trk A 亚基催化其他亚基磷酸化。磷酸化部位包括位于激酶结构域的三个酪氨酸及在此结构域外的两个酪氨酸。在激酶结构域内的酪氨酸先发生磷酸化并增强酪氨酸激酶的活性。继而，在激酶结构域外的酪氨酸又被磷酸化。这样，酪氨酸磷酸化的 Trk A 便成为吸收各种连接蛋白质（adapter protein）和酶的支架（场所），最终传播 NGF 信号。在激活的 Trk A 分子内，磷酸酪氨酸及其周围的氨基酸残基是效应物分子（effector molecule）特异性的识别部位，它含有一个称为 SH2（Src homology 2）结构域的基本结构基序（motif）。SH2 结构域是存在于各种信号分子内的一类约 100 个氨基酸的序列，它与 pp60src 酪氨酸激酶的一个进化上保守的非催化区极为相似。与酪氨酸磷酸化的 Trk A 相互作用的蛋白质是磷酸脂酶 C γ（PLCγ）和 PI3 激酶，以及连接蛋白质 Shc。最近研究提示：每一分子激活不同的信号途径及可能有不同的功能。Shc 或 PLCγ 起始的 Ras-MAP 激酶途径可能与细胞分化有关，而 PI3 激酶途径则可能对细胞存活是重要的。

（一）Ras-MAP 激酶途径

此途径对 NGF 诱导 PC12 细胞分化是重要的。在以 Shc 起始的 Ras-MAP 激酶途径中，Shc 蛋白自身无催化功能，但它作为一种连接蛋白介导其他蛋白质与激活的 Trk A 连接。Shc 结合在 Trk A 膜旁区的酪氨酸 490（Y490）上，从而成为受体酪氨酸激酶的底物。磷酸化的 Shc 通过其磷酸酪氨酸与另一个含 SH2 结构域的蛋白质 Grb2 连接（图 13-3）。Grb2 又与 RasGTP 交换因子 Sos 连接，Sos 乃激活质膜上的小的 G 蛋白 Ras。Ras 是一种法尼基蛋白质（farnesylated protein），以其脂质尾连接在质膜内表面。当它与 GDP 连接时是失活的，与 GTP 连接才活化。Sos 促使 GTP 取代 GDP 从而激活 Ras。Ras 的活化对 NT 诱导的细胞分化是重要的。例如，显微注射 H-Fas（一种突变活动型的 Ras）于 PC12 细胞，能像 NGF 所起的作用那样诱导 PC12 细胞分化。反之，若把一种显性干扰型（dominant interfering form）Ras，或用中和 Ras 的抗体导入 PC12 细胞，则可抑制 NGF 诱导 PC12 细胞的分化。

激活质膜内表面的 Ras 可引起一系列特异性激酶的激活；首先是激活丝氨酸-苏氨酸激酶 Raf。激活的 Raf 导致 MEK（MAP kinase-Erk kinase）和致有丝分裂原激活的蛋白激酶（mitogen activated protein kinase，MAPK）相继的激活。然后 MAPK 转移到细胞核，使转录因子如 Elk-1 等磷酸化（图 13-3）。Elk 与血清反应因子（serum response factor，SRF）二聚体和血清反应成分（serum response element，SRE）连接成复合物，这是 Ras-MAP 激酶途径的第一条路线。

Ras-MAP 激酶途径的第二条路线是激活另一个不同的酶——CREB 激酶。此酶亦可能移位到细胞核，使转录因子 cAMP 反应成分结合蛋白（cAMP response element-binding protein，CREB）磷酸化（图 13-3）。CREB 与 cAMP-钙反应成分（cAMP-Ca responsed element，Ca-CRE）结合，并协同 SRE 复合物激活即早基因（IEG）的转录。几个即早基因的蛋白产物（pIEG）是转录因子，它们与位于迟反应基因（DRG）调节区的即早基因反应成分（IEG-RE）结合，并协同连接在 DRG 启动子上的 CREB，去激活 DRG 的转录（图 13-3）。由此可见，Ras-MAP 激酶信号途径的主要功能是通过调节基因的表达而诱导细胞分化的。例如，即早基因中的 c-fos 能对各种细胞外刺激起反应，c-fos 的转录是快速和短暂的。在 c-fos 启动子内有几个关键的调节成分介导 c-fos 对 NGF 和其他生长因子起反应。c-fos SRE 便是这些调节成分中的一种，位于 c-fosm RNA 合成起始部位内的一个 20bp 区域，核心有由 CC（A/T）6GG 序列组成的 CArG 盒，并与一个转录因子 SRF（血清反应因子）连接。与 SRF 连接对 NGF 刺激 c-fos 转录是重要的。在 c-fos 启动子内靠近 CArG 盒有第二个调节成分 CAGGAT 序列，此序列是第二个转录因子 Elk-1 的结合部位。结合在 CAGGAT 序列上的 Elk-1 也与 SRF 接触，而且 Elk-1 只与已结合的 SRF 相互作用。因此，SRF 的一个重要功能是作为 Elk-1 的停靠场所（docking site）。Elk-1 是转录因子家族的一员，此家族的每一成员都能在 SRE 上与 SRF 形成三元复合物。PC12 细胞的转染（transfection）研究揭示 SRF 与 Elk-1 共同作用能介导 NGF 诱导的依赖于 SRE 的转录（SRE-dependent transcription）。在 NGF 刺激 PC12 细胞中，Elk-1 磷酸化是由 Ras-MAPK 途径介导的。一种显性干扰型 Ras 在 PC12 细胞表达能阻断 Elk-1 磷酸化和依赖于 SRE 的转录。虽然在 c-fos SRE 上连接的三元复合物对 NGF 诱导的转录起重要作用，但其他转录因子也能同样对 NGF 反应。如 CREB（cAMP 反应成分结合蛋白）能与 c-fos 启动子内 3 个分开的序列结合。这些序列成分的突变能阻断在 SRE 功能完整情况下 NGF 诱导的 c-fos 转录。Ginty 等（1994）指出 NGF 和其他生长因子通过一种 Ras 依赖机制，在一个重要氨基酸 Ser-133 上诱导 CREB 磷酸化，使 CREB 能与其他因子如 SRF 和 Elk-1 协同一起激活转录。介导 NGF 诱导 c-fos 表达的转录因子，也与控制其他即早基因（IEG）转录反应相仿（图 13-3）。几个即早基因在其调节区内有与 SRF、Elk 和 CREB 结合的部位，提示调节 c-fos 转录的信号途径可能有更为普遍的功能。NGF 从开始刺激细胞起经历许多小时后，CREB 仍在 Ser-133 上磷酸化，此时即早基因蛋白产物已经积聚。在这种情况下，CREB 可与即早基因蛋白产物（pIEG）协同进行有选择的诱导迟反应基因（DRG）的转录（图 13-3）。

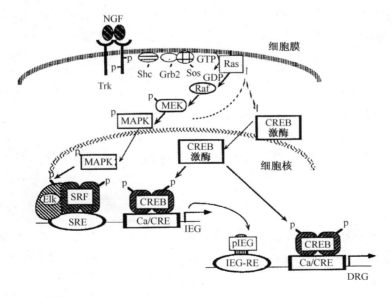

图 13-3 Ras-MAP 激酶途径图解

以 PLCγ 起始的 Ras-MAP 激酶途径：PLCγ 结合在 Trk 的磷酸化酪氨酸 785（Y785）上。当 Trk A 的 Y785 和 Y490（Shc 结合部位）突变为苯丙氨酸时，此受体便不再能诱导 Ras-MAPK 信号对 NGF 反应。这提示当激活的 Trk A 与 PLCγ 相互作用时，信号转换引起 Ras 活化。PLCγ 与 Trk A 连接导致酪氨酸磷酸化和 PLCγ 活化。激活的酶裂解磷脂酰肌醇（phosphatidylinositol-4，5-bisphosphate）产生两个信号分子：二酰基甘油（diacyl-glycerol，DAG）和三磷酸肌醇（inositoltrisphosphate，IP₃）。IP₃ 与细胞内钙库的内质网膜上的 IP₃ 受体（属钙离子通道受体）结合，使 Ca^{2+} 释放。DAG 单独，或与 Ca^{2+} 一起激活蛋白激酶 C（PKC）。在 NGF 作用的 PC12 细胞上，PKC 和 Ca^{2+} 如何激活 Ras-MAP 激酶途径则尚不清楚。

除 Ras-MAPK 途径外，还发现有单独的 Ras 途径。例如，NGF 通过调节钠通道基因的转录而增强 PC12 细胞的电兴奋性便是用这条途径，并认为钠通道基因的诱导可能是由一种转录的信号转导物和活化物（signal transducers and activator of transcription，Jak-STAT）途径介导的，这与激活对睫状神经营养因子（CNTF）和细胞因子的反应相似。

（二）PI3 激酶途径

PI3 激酶是一种脂质-蛋白激酶。NGF 与 Trk A 结合可促进 Trk A 与 PI3 连接而激活 PI3 激酶。PI3 是由一个含调节亚基的 85kDa SH2 结构域和一个 110kDa 催化亚基组成的异源二聚体，它能使各种肌醇脂质的 $3'$ 位置及在蛋白底物上的丝氨酸磷酸化。对 PI3 激酶是直接还是间接与 Trk A 相互作用尚有某些争论，但许多证据提示 PI3 激酶作为 NGF 反应的介体（mediator）可能起重要的作用。PI3 激酶能介导 NGF 对细胞存活的效应，PI3 激酶抑制物能促进 PC12 细胞在有 NGF 存在下的细胞凋亡，这提示 NGF 功能之一是激活 PI3 激酶，此激酶促进细胞存活。

四、NT 的生物学作用

（一）支持神经元存活

NT 对周围神经系统的感觉神经元和交感神经元，以及中枢神经元的存活作用分述于下：

1. 感觉神经元

NT 是一小群能深刻影响脊椎动物神经系统发育的二聚体蛋白质。根据 NGF 作为一种靶源性存活因子（target-derived survival factor）的作用，它及 Trk A 在发生中表达较晚，很早表达的是 NT-3 和 Trk C。在神经管发生时期便发现有 NT-3 和 Trk C 的 mRNA。体外培养实验指出 NT-3 对新迁移的神经嵴细胞有致有丝分裂作用，能增加早期背根节神经元的数目。用抗体除去鹌鹑早期胚胎的 NT-3，其结状节和背根节神经元在发生程序性细胞死亡之前便丧失 34%。三叉神经节大多数感觉神经元在早期轴突生长时期需要 NT-3（或 BDNF），但当轴突抵达靶时变为需要 NGF 维持其存活。用抗 NT-3 抗体处理鸡胚，背根节神经元的轴突不能在脊髓内形成长的节间投射，说明形成节间投射神经元的存活需要 NT-3。BDNF 能使神经嵴细胞向感觉神经元谱系分化。把涂有 BDNF 和 LN（层粘连蛋白）的薄膜插入神经管和背根节原基之间，能防止年轻神经元死亡。以上是早期发育的情况。

　　成年动物的感觉神经元在生理和解剖学上都是异质性成分，NGF 只支持感受伤害的（nociceptive）感觉神经元和交感神经元的存活，而对 NGF 不起反应的感觉神经元的存活可由其他 NT 支持。如表 13-1 所示，BDNF 和 NT-3 能支持对 NGF 不起反应的基板源性（placode-derived）神经元和本体感（proprioceptive）神经元的存活。在背根节，NT-3 能支持那些以其周围突分布到肌肉的感觉神经元的存活。成年大鼠约 15％皮下传入纤维表达 Trk C mRNA。BDNF 能挽救大部分背根节神经元和基板源性结状节神经元的程序性细胞死亡。有研究指出供应颈动脉体的岩神经节（petrosal ganglion）酪氨酸羟化酶阳性神经元依赖 BDNF 和 NT-4/5。还发现供应内脏的背根节神经元广泛存在共存的 Trk B 和 Trk A。BDNF 和 NT-3 还支持前庭和听觉系统初级感觉神经元的存活。缺乏 BDNF 和 NT-3 基因的动物，其前庭和螺旋神经节神经元全部丧失，后来发现前庭神经元大多依赖 BDNF，而大多数螺旋神经元依赖 NT-3，仅小部分（5％）供应外毛细胞的 2 型螺旋神经元依赖 BDNF。实验证实，玻璃体腔内注射外源性 BDNF 能显著延长动物视网膜神经节细胞（retinal ganglion cell，RGC）损伤后存活时间。FGF 也能支持 RGC 存活。

2. 交感神经元

　　已知交感神经元的发育需要 NGF，注射 NGF 抗体于新生小鼠，其颈上节大于 90％的交感神经元丧失，从研究缺乏功能性 NGF 或 Trk A 基因的动物中亦得到证明。许多交感神经元在依赖 NGF 之前需要 NT-3 支持其存活，并提示 NT-3 能诱导 Trk A mRNA的表达。不仅交感神经元，所有依赖 NGF 的神经元都是先有一个依赖 NT-3 的时期。有资料显示，成年交感神经元仍需 NGF、NT-3 维持其存活，这与对 NGF 敏感的感觉神经元不同，成年感觉神经元是不需要来自外周的 NGF 维持其存活的。

3. 中枢神经元

　　近年的研究表明，不同的运动神经元库依赖于不同的神经营养因子，因此，单一的神经营养因子缺失突变引起的运动神经元减少往往不显著。BDNF 能挽救因切断轴突而导致的运动神经元的大量丧失。低浓度的 BDNF、NT-4/5 和 NT-3 能防止体外培养的运动神经元死亡。一种在分子结构上与 NT 无关的、属于 TGF-β（转化生长因子β）超家族的 GDNF 亦能支持运动神经元的存活。GDNF 对运动神经元有营养作用，在形态上表现为运动神经元的数目增多、细胞大而饱满、突起长而分支多、树突有侧棘。神经元生长锥较早出现、数目多、活动频繁、生长锥之间联系建立早。至于 BDNF（或其他 NT）能否防止运动神经元的程序性细胞死亡则尚不清楚，而且 BDNF 的上述作用是不能持久的。除运动神经元外，BDNF 对视网膜节细胞也有相似的作用。研究 NT 对中枢神经元的影响，最常用啮齿类的隔海马系统，海马接受来自隔核的胆碱能神经纤维。注射 NGF 能防止切断轴突的隔神经元的死亡。NGF 亦能使老年大鼠萎缩的胆碱能神经元回复正常大小及改善动物的行为。NGF 对于基底前脑胆碱能神经元的发育及存活具有重要的意义。当 NGF 缺失时，来源于皮层神经元的基底前脑胆碱能神经元的发育还可依赖于其他神经营养因子。将基底前脑胆碱能神经元与海马回相连的穹隆伞（fimbria-fornix）离断，多种胆碱能神经元将发生退行性改变，使多种酶类的活性下降。这种退行性变性是由于神经营养性因子的缺失造成的。BD-NF、NGF 对移植的胚基底前脑胆碱能神经元具有明显的促进发育生长作用，且 NGF 和 BDNF 联合使用较单独使用 BDNF 或 NGF 为好。啮齿类大部分基底前脑胆碱能神经元发育时期的存活似乎并不绝对依赖 NGF。成年时期可能只需要 NGF 维持其胆碱能表型及终末野大小。看来，在中枢神经系统并不绝对需要 NT 调节这些神经元以及运动神经元和视网膜节细胞的依赖靶的细胞死亡（target-dependent cell death，即程序性细胞死亡）。

当小鼠单眼受到机械性损伤，未损伤眼视网膜，bFGF mRNA 水平显著提高。在损伤反应中，bFGF、FGFR-1、CNTF 增加。BDNF 和 Trk B 受体对视网膜节细胞有重要的保护作用。近年的研究表明，BDNF 和 Trk B 受体对体内、体外和术后、损伤后的视网膜节细胞有保护作用，并阻止其死亡。外源性应用 BDNF 能提高体内视网膜神经元的轴突分支。

（二）调节神经元表型

曾报道在发育时期 NT 水平的改变不会影响神经元的细胞数目，但会改变其表型。例如，注射抗体降低 NGF 的有效性时，被伤害的神经元（用电生理可识别）变为对皮肤毛发低阈值刺激（即 D-毛发传入纤维）的反应，但神经元数目没有改变。NT-3 也有相同的作用。例如，连续应用 NT-3 于鸡胚（通过埋入分泌 NT-3 的工程细胞），可使大部分皮肤感觉神经元失去感受伤害的性质而变为低阈值表型，而神经元数目没发生变化。此外，NT 也调节已分化的表型，作为感觉神经元神经递质或调质的神经肽，如降钙素基因相关肽（calcitonin gene-related peptide）和 P 物质的水平受 NGF 效率的调节。受 NGF 调节的这些神经肽是组织损伤后 NGF 处理痛刺激作用的一个组成部分。NGF 也能调节某些感受伤害的感觉神经元的动作电位。

（三）调节神经元的连接

NGF 作为一个重要化学物质参与组织损伤时感觉神经元功能改变引起疼痛的环节。用 NGF 抗体可防止组织炎症后正常发生的热和机械性痛觉过敏，并认为炎症后 NGF 的上调使引起痛觉过敏的神经肽合成增加，并使脊髓内介导痛觉过敏的感觉神经元连接的突触效能增强。NGF 又能防止因切断交感神经元节前纤维而导致的功能性突触连接的丧失。在视系统，视皮质的眼优势（ocular dominance）是依赖各类丘脑传入活动建立的。摘除单侧眼球的视皮质仍有来自健眼传入的优势，但此现象可受脑室内注射 NGF 的影响，即应用 NGF 后能出现正常的眼优势样式，随后用 NGF 抗体，视皮质神经元的敏锐性降低，即有更大的感受野。在视皮质，NGF 正常的作用可能是稳定丘脑传入的突触接触。除去 NGF 后，皮质网络的稳定性受影响而倾向于依靠活动进行修改。外源性 NGF 可稳定原来的突触接触和防止突触可塑性变化。在发育时期，当视网膜节细胞的轴突与顶盖接触时，BDNF mRNA 水平升高，后者受视网膜传入活动调节。BDNF mRNA 水平受视网膜传入活动调节的现象亦见于新生及成年动物。BDNF、NGF 和 NT-3 及 Trk B 和 Trk C 在成年海马有较高水平的表达，故曾在海马对它们的合成和生物学作用的调节进行广泛的研究。近年来的实验指出 NT 能影响突触功能。在脊髓神经元与肌细胞联合培养中加入 BDNF 或 NT-3，数分钟内便可在肌细胞记录到自发的和冲动引起的突触活动。BDNF 或 NT-3 能迅速增加培养的海马神经元的细胞内钙，因而可能增加神经递质的释放。也有报道 NT-3 可能降低 GABA 能传递而增加海马神经元的活动。NT 对正常成年脑全部神经元的活动可产生明显急速、剧烈和协调的作用，在某些情况下表现为发作性活动（seizure activity）。这可能是 NT 对突触效能（synaptic efficiency）有急速和强有力的作用所致。用化学物质或电刺激诱导海马的发作性活动时，BDNF mRNA 水平显著上调。BDNF 在海马突触的传递和可塑性过程中起重要作用。它可调节海马神经元突触的基础传递，在海马早期长时程增强和海马的晚期长时程增强中均起作用，与学习和记忆过程密切相关。

（四）参与神经再生

NT 不仅能支持原代培养的感觉神经元的存活，也促进它们突起的生长，这提示神经损伤后成熟感觉神经元轴突的再生可能需要 NT。切断成年大鼠坐骨神经，在其远侧端可观察到 NGF 和 BDNF mRNA 水平显著上调。脊髓全横断后 BDNF 及其高亲和力受体在运动皮质表达提高，说明脊髓全横断后运动皮质对 BDNF 的需求增加，内源性 BDNF 的增加有利于受损的皮质脊髓束神经元的存活与再生。NGF 能促进神经断端的轴突再生，但应用 NGF 抗体的实验证实神经再生似乎并不依赖 NGF，只是感受伤害的传入终末在其靶区内的侧支出芽（collateral sprouting）才需要 NGF。NT 除参与神经再生外，对治疗某些神经疾患特别是神经变性疾病可能亦具有潜力（见"神经营养因子与神经变性疾病"）。观察神经再生和功能恢复效果，结果表明 NGF、BDNF 能促进损伤面神经再生，改善神经功能恢复，对早期的面神经再生有重要影响。面神经主要是运动神经，但也含有感觉和分泌神经纤维。

第二节　睫状神经营养因子

睫状神经营养因子（ciliary neurotrophic factor，CNTF）是相对分子质量 2.2×10^4 的微酸性的单体蛋白质，最初是从鸡眼组织中分离出来，因能支持体外培养的鸡副交感睫状神经元的存活而得名。除睫状神经元外，CNTF 对交感神经元、背根节感觉神经元和脊髓运动神经元等均有作用，故与 NGF 作用的神经元有些重叠，但其分子结构和生物学活性与 NGF 不同，不属于 NT 家族，也未能证明它是一种靶源性神经营养因子。CNTF 对非神经元细胞也有作用。CNTF 基因及其受体基因已被克隆，证明它是细胞因子家族的一部分，与 NT 无关。

一、CNTF 的生物学作用

CNTF 能抑制交感前驱细胞（sympathetic precursor cell）的繁殖和促进其分化，能影响交感神经元的神经递质表型，参与这些神经元从肾上腺素能表型过渡到胆碱能表型，其作用类似胆碱能神经元分化因子（cholinergic neuron differentiation factor）。CNTF 是从大鼠心脏细胞条件培养基分离出来的一种神经营养因子，分子质量 40～45kDa，能使体外培养的肾上腺素能神经元转变为胆碱能神经元。CNTF 能支持感觉神经元的存活。在中枢神经系统，CNTF 支持脊髓节前交感神经元、黑质多巴胺能神经元、海马神经元和胚胎运动神经元的存活。CNTF 能影响其靶神经元的兴奋性，如调节成神经瘤细胞的电压门控离子通道和增强神经递质的释放。在对非神经元细胞方面，CNTF 能促进胶质祖细胞（O-2A 双潜能祖细胞）分化为 II 型星形胶质细胞。少突胶质细胞的存活和成熟也依赖 CNTF。CNTF 还能诱导肝细胞表达急性期蛋白（acute-phase protein）和抑制多能胚胎干细胞的分化。

近来的研究表明，CNTF 使体外骨骼肌细胞的蛋白质合成增加。高浓度的 CNTF 能减少肌纤维的蛋白质降解，证明 CNTF 对体外骨骼肌细胞具有营养作用。从以上 CNTF 的生物学作用中，最引人注意的是在支持运动神经元存活方面，缺失 CNTF 受体或抗白血病因子受体的小鼠中，面神经核出现大约 40% 的缺失。研究者发现在切断轴突的运动神经元，或在带有进行性运动神经病的小鼠突变体中，CNTF 均能防止其运动神经元的溃变。外周神经损伤后，借逆行轴突运输到运动神经元的 CNTF 大大增加。由于 CNTF 对运动神经元有特异性的作用，因而对于损伤面神经，CNTF 能够加快其再生速度。神经系统创伤后，CNTF 表达水平有显著的变化。例如，脑的机械性损伤可引起伤口边缘 CNTF mRNA 及蛋白质急剧增加，CNTF 产生的增加定位在反应性星形胶质细胞。可认为：在中枢神经系统损伤处，CNTF 作为一种营养因子对受损神经元起作用，损伤后增生的星形胶质细胞是 CNTF 的一个重要的靶部位。损伤部位的星形胶质细胞和成纤维细胞具有功能性 CNTF 受体复合物，能对 CNTF 反应。在周围神经系统，高水平的 CNTF mRNA 和蛋白质定位在施旺细胞的胞质。CNTF 缺乏一般分泌蛋白质所具有的信号序列（信号肽），是一种胞质蛋白质。神经损伤后其远侧段原为高水平的 CNTF mRNA 显著下降，同时在细胞外液中发现有 CNTF 蛋白。虽然 CNTF 如何从其合成部位释放出来尚不清楚，但神经损伤结果导致施旺细胞释放 CNTF。在实验中给予抑郁大鼠外源性 CNTF，能显著改善大鼠海马神经元的损伤，从而保护神经元。CNTF 在视网膜的自我保护中起着重要作用。CNTF 通过特异性地调节离子通道和光转换机制对压力作用下的视网膜光感受器有保护作用。

二、CNTF 受体复合物及信号转导

CNTF 的信号转导是通过在其反应细胞上的 CNTF 受体复合物实现的，CNTF 受体的亚基包括睫状神经营养因子受体 α（ciliary neurotrophic factor receptor α，CNTFR α）、白血病抑制因子受体 β（leukemia inhibitory factor receptor β，LIFR β）、gp130 和

胞质酪氨酸激酶的 Jak-Tyk 家族（Jak-Tyk family of cytoplasmic tyrosine kinase）。其中 CNTFRα 为 CNTF 的结合蛋白，主要在神经组织中表达。CNTFRα 具有较高的保守性，是一种糖蛋白，由 372 个氨基酸组成。人、大鼠 CNTFRα 的氨基酸序列有 94% 的同源性，属非跨膜蛋白质，借糖基磷脂酰肌醇（glycosylphosphatidylinositol，GPI）键锚在细胞膜上，但可被细胞膜上的磷脂酶裂解。因此 CNTFRα 在体内存在两种活性形式：锚着型 CNTFRα 和可溶性 CNTFRα。gp130 是分子质量 130 kDa 的糖蛋白，LIFRβ 是白血病抑制因子（LIF）结合蛋白，两者都属于细胞因子受体家族成员，存在于细胞膜上，参与 JAK/TYK 偶联，起信号传递作用，也是白细胞介素-6（IL-6）和 LIF 受体复合物的 β 成分。在 IL-6 受体的 β 成分是由两个 gp130 形成的同源二聚体，而 LIF 受体的 β 成分则与 CNTF 受体的一样，是由 gp130 和 LIFRβ 形成的异源二聚体。胞质酪氨酸激酶的 Jak-Tyk 家族包括 Jak1、Jak2 和 Tyk，它们都是一些细胞因子转导途径中的重要成分。例如，干扰素 α 的信号转导需要 Jak1 和 Tyk2，干扰素 γ 需要 Jak1 和 Jak2，在对生长激素和红细胞生成素反应中需要有激活的 Jak2 等。这些激酶在 CNTF 受体复合物中是与 CNTFR 的 p 成分连接的，而且只有当配体介导的 β 成分二聚作用时它们才被激活。

　　CNTF 受体复合物形成的第一步是配体（CNTF）与受体的 α 成分（CNTFR α）结合，然后促进其两个 β 成分（gp130 和 LIFR β）二聚化，形成异源二聚体。此两个 β 亚基的二聚作用激活与其连接的 Jak 酪氨酸激酶并传播 CNTF 信号（图 13-4）。被激活的 Jak 酪氨酸激酶诱导转录因子 STAT（转录的信号转导物和活化物）家族的两个成员 STAT1 和 STAT3。这些 STAT 蛋白质是位于胞质内的含 SH2 结构域的蛋白质。当这些 STAT 被 Jak 酪氨酸激酶激活发生磷酸化时可通过磷酸酪氨酸-SH2 结构域相互作用而形成同源或异源二聚体。此 STAT 二聚体迅速转位到细胞核，结合到其靶基因（CNTF-responsive gene）调节区（CNTF-responsive element，CNTF-RE）内的特异序列（共有序列 5′TTCCCCGAA3′）并激活其转录（图 13-4）。STAT1 和 STAT3 亦能在丝氨酸残基上被磷酸化，后者是位于对 MAP 激酶磷酸化的共有部位内。STAT 在丝氨酸残基上的磷酸化能增强它们激活转录的潜力。STAT 的某些靶基因可能是即早基因（IEG），因为在这些基因的启动子内有 STAT 结合部位以及 SRE（血清反应成分）和 CRE（cAMP 反应成分）部位。

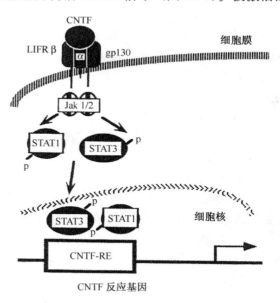

图 13-4　CNTF 受体复合物及 Jak-STAT
信号转导途径图解

　　由于 CNTF 受体复合物的 α 成分（CNTFRα）是借 GPI 键锚定在细胞表面上的，

能被磷脂酶裂解，从细胞表面释放出来而作为一种可溶性蛋白质以相同于 IL-6Rα 的方式起作用。可溶性 CNTFRα 能与其配体 CNTF 结合而激活 LIF 的 β 成分（gp130 和 LIFRβ），后者在正常时只是对 LIF 而不是 CNTF 起反应。无论是把可溶性或结合膜的 CNTFRα 加入到造血细胞中去，均可导致对 CNTF 的功能性反应。在脑脊液中存在有可溶性 CNTFRα 提示它在体内有上述的生理作用。横切坐骨神经也引起 CNTFRα mR-NA 表达暂时性的急剧增加，这与 CNTFRα 自骨骼肌释放相一致。从神经释放的 CNTF 与从骨骼肌释放的可溶性 CNTFRα 一起可能协同对损伤部位的各种细胞如血源性单核细胞起作用，而在正常无 CNTFRα 时不会对 CNTF 起反应。这样的相互作用在损伤后的再生反应中可能有重要作用。缺乏 CNTF 的小鼠发育基本正常，到成年只有轻微的运动神经元变化而无任何其他主要的神经学上的异常。一种日本人纯合子的 CNTF 无功能突变（null mutation），甚至到老年都表现十分正常，说明 CNTF 对发育并不重要，成年神经损伤的反应也不是绝对需要 CNTF。但是，若除去小鼠的 CNTFRα，新生的突变种乳鼠出现明显的异常，不能进食，很快死亡，经检查发现所有运动神经元明显丧失。从小鼠和人的 Null CNTF 突变和缺乏 CNTFRα 小鼠的表型提示体内存在有一个尚未发现的 CNTF 相关因子，此因子也是利用 CNTFRα，就像 NT 家族中的 Trk B 受体可被 BDNF 和 NT4/5 两者利用那样。这第二个 CNTFRα 配体对神经系统正常发育和对运动神经元显然更为重要。

　　CNTF 和 NT 是利用不同的信号机制的，两者诱导即早基因（IEG）和迟反应基因（DRG）不同的亚群（subset）。CNTF 和 NT 在即早基因表达上的不同作用至少可部分说明两者可以在其靶细胞上引起不同的生物学反应。但在某些情况下，CNTF 和 NT 能引起相同的生物学反应。例如，两者均是运动神经元的存活因子，它们在对运动神经元存活上有协同作用，这提示在体内 NT 和 CNTF 信号途径可能有相互的作用。

第三节　胶质细胞系源性神经营养因子

　　胶质细胞系源性神经营养因子（glial cell line-derived neurotrophic factor，GDNF）最初是从大鼠胶质细胞系 B49 的条件培养基中分离纯化获得的一个新的神经营养因子。它能促进体外培养的胚胎中脑多巴胺能神经元的存活和分化。以纯化的 GDNF 的氨基端序列制作探针，克隆得到大鼠和人的 GDNF 基因。人的 GDNF 基因位于人类第 5 号染色体的短臂上，大鼠和人 GDNF 的氨基酸序列 93% 相同。成熟形式的 GDNF 含有 134 个氨基酸，以二硫键连接成同源二聚体，含有在相对空间位置上与所有 TGF-β（转化生长因子 β）超家族成员相同的 7 个保守的半胱氨酸残基，因而认为 GDNF 是 TGF 家族成员。此后的研究人们又陆续发现了 neurturin（NTN）、persephin（PSP）、artemin（ART）等与 GDNF 结构相似的分泌型蛋白质，它们共同组成一个亚家族。

　　研究发现 GDNF 在全身包括神经组织在内的各种组织中均有表达。不仅在大脑皮层，海马、小脑、脊髓、嗅球等其他部位有表达，而且在外周组织如发育小鼠中的皮肤、肾脏、胃和精巢表达量较高。GDNF 的广泛表达提示 GDNF 除了对神经系统的营养作用外，对其他器官组织也有作用。

GDNF 家族因子是通过和复合受体作用而产生效应的。复合受体由两部分组成，一部分是靠 GPI（糖基磷脂酰肌醇）键锚在细胞膜外表面的蛋白质，称为 GDNF 家族受体 α（GDNF family receptor α，GFRα），另一部分是一个孤儿受体（orphan receptor）酪氨酸激酶 Ret。Ret 是 c-ret 原癌基因的产物，为受体酪氨酸激酶超家族的一员。GDNF 能促进 GFRα1 与 Ret 形成复合物，从而诱导其酪氨酸磷酸化。因此认为 GDNF 受体是一种多亚基的受体系统，其中 GFRα 和 Ret 的功能是分别作为配体结合（前者）和信号转导（后者）的成分。

已经发现的 GFRα 至少有 4 种，分别为 GFRα1、GFRα2、GFRα3、GFRα4。GFRα1 是通过"表达克隆法"（expression cloning）被发现的，是与 GDNF 有高亲和力的受体蛋白。GFRα2（原名为 NTNRα）含 464 个氨基酸残基，与 GFRα1 有 48%～49% 的同源性，含有 30 个半胱氨酸残基。GFRα3 于 1998 年发现，其氨基酸序列与 GFRα1 和 GFRα2 的同源性分别为 32%～33% 和 36%～37%。

GDNF 可与 GFRα1 结合，进而与 Ret 形成复合物。最近有实验表明，GDNF 也可不借助 Ret 而直接通过 GFRα1 受体激活细胞内信号转导途径，但 GFRα2 如果没有 Ret 就不能引发信号转导。非 Ret 的信号转导中，GDNF 可诱发 SFK 活性以及后面的 MAPK、PLCγ 及 cAMP 应答元件结合蛋白（CREB）的磷酸化，最终诱导 c-fos 的表达。据报道，GFRα1 在体内还有另一种以可溶性形式分布在细胞外液中的存在形式。靠 GPI 键锚在细胞膜外表面的 GFRα1 在介导 GDNF 神经营养活性中起主要作用，而可溶性 GFRα1 可与细胞外的 GDNF 结合，二者的复合物作为 cRet 的配体异位激活表达 cRet 的细胞。

GDNF 是多巴胺神经元的一个高度特异性神经营养因子。研究表明，GDNF 能提高胚胎多巴胺能神经元的生存和分化。将 GDNF 注入小鼠的一侧纹状体中，发现能显著提高中脑黑质、纹状体内多巴胺及其代谢产物的含量，增加中脑 TH 阳性神经元的数目。随着更多的研究，发现 GDNF 有更为广谱的作用。它对中枢运动神经元、去甲肾上腺素能神经元、周围神经系统感觉神经元和自主神经系统神经元均有重要作用。影响运动神经元的存活的 NTF 很多，但 GDNF 作用最强。GDNF 对培养的胚胎鼠运动神经元的促进存活作用可达到其他的 NT 的 75 倍。切断新生或成年大鼠面神经后，局部或系统应用 GDNF 能防止面神经核因切断轴突引起的大量运动神经元死亡和萎缩，明显减轻面神经核因损伤导致的胆碱乙酰基转移酶（choline acetyltransferase，ChAT）免疫反应性下降。GDNF 能挽救鸡胚运动神经元免于程序性细胞死亡和促进培养的运动神经元的存活；能防止鸡和小鼠切断轴突后的脊髓运动神经元死亡和萎缩。GDNF 对自主神经元和感觉神经元同样也有营养作用，能促进培养的交感、副交感神经元的存活。对肠神经系统和肾脏的发育也很重要。在缺乏 GDNF 基因的家鼠中，感觉神经元的分化受阻，GDNF 受体明显减少。GDNF 能提高交感神经系统类胆碱基因的表达。蓝斑是脑内主要的去甲肾上腺素能中心，GDNF 能防止蓝斑神经元的死亡和促进中枢去甲肾上腺素能神经元的表型。癫痫发作后，脑内 GDNF mRNA 的表达及 GDNF 免疫反应性增强，说明 GDNF 对癫痫发作后神经元的存活与再生起重要作用。GDNF 可能是胶质瘤恶性增殖过程中的重要参与因子，GDNF 的变化可作为胶质瘤恶性程度的判断指标，并可辅助性治疗胶质瘤。

第四节　已知的生长因子和细胞因子

一、成纤维细胞生长因子

(一) 成纤维细胞因子家族

　　成纤维细胞因子 (fibroblast growth factor，FGF) 最初是分别从脑和脑垂体分离出来的分子质量约 16kDa 的蛋白质，有酸性 (aFGF) 和碱性 (bFGF) 两种，两者氨基酸序列有 55％ 相同，均对肝素有强的亲和力。迄今为止，已发现 23 种不同的 FGF，依次被命名为 FGF1～FGF23，最先发现的 aFGF 和 bFGF 分别称为 FGF-1 (aFGF) 和 FGF-2 (bFGF)。FGF 家族成员之间的氨基酸序列有很高的同源性。FGF-3 是由小鼠胚胎癌细胞系的 int-2 基因编码的与 FGF 同源的蛋白质。FGF-4 是 hst 癌基因和 Kaposi 肉瘤基因编码的属 FGF 家族的一种生长因子。FGF-5 是转染 3T3 成纤维细胞的转化基因 (transforming gene) 的蛋白质产物，与 FGF 有关。FGF-6 是 hst 相关基因的产物。FGF-7 是一种角质形成细胞的致有丝分裂原 (mitogen)。FGF-8 在人乳腺癌细胞有高表达。FGF-9 是星形胶质细胞的一种致有丝分裂原。FCF 家族成员含 150～250 个氨基酸，大多 (并非全部) 能以高亲和力与肝素结合。FGF-1、FGF-2 和 FGF-9 的氨基末端缺乏通常作为分泌性蛋白质应具有的信号肽序列。FGF-9 是从一种胶质瘤细胞系的条件培养基中分离纯化得来，它含有一个 N-连接的糖类，故可成为被释放的蛋白质。FGF-1 和 FCF-2 大多在正常细胞内储存，但一些转化细胞也可把它们释放出来。FGF 是促细胞生长作用很强的多肽因子，又是重要的致有丝分裂原，对胚胎发育、细胞生长、组织形成和修复、炎症、肿瘤发生与转移具有重要作用。在中枢神经系统有高水平的 FGF-1 和 FGF-2，如 1g 脊髓约有 2500 生物学单位 (250ng) 的 FGF-1，1g 大脑皮质有 500 生物学单位 (50ng) 的 FGF-2。与 NGF 相比，它们在神经组织中的水平是相当高的，因为 1g 相应组织中只有 1 生物学单位的 NGF。FGF-1 是由神经细胞表达。感觉和运动神经元含有高水平的 FGF-1，黑质神经元、基底前脑胆碱能神经元和几类皮质下神经元含量较低。FGF-2 是成纤维细胞生长因子家族 (FGF) 中生物活性最强，作用最广泛的一个因子，机体内多种细胞都产生 FGF-2，但它主要分布在垂体、大脑皮层、海马等神经组织，尤以垂体含量最高。FGF-2 主要由星形胶质细胞表达，它存在于星形胶质细胞的细胞质和细胞核。海马 CA2 区的锥体神经元也存在有 FGF-2。原位杂交研究指出海马和嗅球一小类神经元可表达 FGF-5 mRNA。印迹法揭示成年脑组织有低水平的 FGF-9 mRNA。

(二) FGF　受　体

　　FGF 特异性受体，即成纤维细胞生长因子受体 (fibroblast growth factor receptor，FGFR) 有高亲和性 (10～200pmol/L) 和低亲和性 (2～10pmol/L) 两种。高亲和性受体 (FGFR) 具有酪氨酸激酶活性，可分 4 型：FGFR-1、FGFR-2、FGFR-3 和

FGFR-4。4 型受体的结构高度相似，受体长度约为 820 个氨基酸，分细胞外、跨膜和细胞内 3 部分。细胞外部分有 3 个免疫球蛋白样的结构域（Ig-domain），细胞内部分有分成两段的酪氨酸激酶结构域，细胞外、内部分借一疏水的跨膜区连接（图 13-5）。4 型受体的氨基酸序列以酪氨酸激酶结构域的相似性最高（75%～92%），其次是 Ig-domain2（61%～79%）和 Ig-domain3（74%～81%），Ig-domain1 的相似性较少（19%～40%）。各型受体又有许多不同的变异，这些变异可分 3 类：第一类是 Ig-domain1 的有或无，第二类是编码 Ig-domain3 的 3 个外显子（a、b、c）的变化，第三类是受体胞内区的变异可影响酪氨酸激酶活性。在 3 类变异中第二类变异往往决定受体与配体结合的特异性，如 FGFR-2（b）能以同等高亲和性与配体 FGF-1 和 FGF-7 结合，但与 FGF-2 结合的亲和性却很低。反之，FGFR-2（c）能很好地与 FGF-1 和 FGF-2 结合，却不与 FGF-7 结合等。在中枢神经系统表达的 FGFR 主要是 FGFR-1、FGFR-2 和 FGFR-3，特别是它们的 c 型。某些神经元及胚胎时期的神经上皮主要表达 FGFR-1，胶质细胞主要表达 FGFR-2 和 FGFR-3。

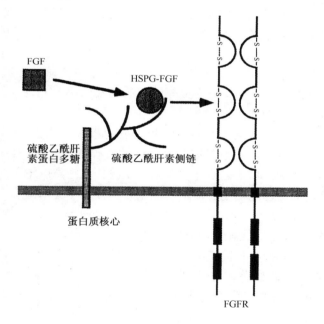

图 13-5　FGF 受体图解

FGF 的低亲和性受体是位于细胞表面的硫酸乙酰肝素蛋白多糖（heparin sulfate proteoglycan，HSPG）。FGF 与 HSPG 结合是它与高亲和性受性 FGFR 结合发生受体二聚作用的先决条件，即当 FGF 与细胞表面 HSPG 的硫酸乙酰肝素侧链结合，FGF 被激活，构型发生改变而适合于与高亲和性受体 FGFR 结合，从而诱导受体二聚作用及刺激受体酪氨酸激酶活化（图 13-5），后者使底物如磷脂酶 Cγ 等磷酸化。

（三）FGF 的神经营养作用

FGF 家族对发育中神经干细胞的增殖和分化起着重要作用，早期神经干细胞仅对 FGF 起反应，FGF 和 FGF 受体的减少引起神经干细胞增殖的显著减少，随后神经干细胞的增殖需要 FGF 和 EGF 的共同参与。FGF 还是神经干细胞抵抗自然产生的细胞凋亡的保护因子。原位杂交和免疫组织化学证实中枢神经系统的发育过程中有 FGF 的表达，且其表达随着时间和区域的不同而有变化。在成年脑内的新神经元发生区，也有 FGF 的表达。FGF 的神经营养作用大多来自对 FGF-1 和 FGF-2 的研究资料，FGF-1 对多种体外培养的神经元有营养作用，表现为促进神经元的存活和突起生长，这些神经元包括中枢性的，如皮质、海马、纹状体、隔、下丘脑、脊髓等神经元；也有外周性的，如睫状神经节、视网膜神经节细胞。此外，FGF-1 对神经胶质细胞也有促分裂作用。体外培养实验显示：FGF-1 和 FGF-2 是少突胶质细胞、施旺细胞和星形胶质细胞强大的致有丝分裂原，并能促进各种胶质细胞和神经元前躯细胞的繁殖和分化。FGF-2 在中枢神经系统的整个发育过程中均有表达，它可通过影响初级生长锥的形态和行为来促进皮质神经元的轴突分支。实验证明，FGF-2 能明显增加分支轴突的生长锥大小，而且使轴突分支的数量增加 3 倍。还有实验表明，在胚胎发生阶段，脑室内注入 FGF-2 可以增加皮质锥体细胞数量。同样，在成年动物的脑室内注入 FGF-2，也能够促进嗅球中间神经元的产生。FGF-1 和 FGF-2 又能促进周围神经系统的交感、副交感和感觉神经元，以及许多中枢神经系统的大脑皮质、海马和运动神经元的存活。对被神经毒素 MPTP 损伤的黑质神经元，或缺血的海马神经元均有保护作用。FGF 可以有效地防止周围神经损伤引起的脊髓前角 α 运动神经退变，促进其恢复。FGF-1 能促进受损轴突的再生。为临床上修复周围神经损伤，促进功能恢复提供了实验基础。

FGF 的神经营养活性大多数是由于直接激活其反应神经元上的 FGFR 而起作用的，但也可能间接由激活非神经元细胞（如胶质细胞）所介导。FGF 还通过调节某些细胞黏附分子的表达，调节其他生长因子、神经递质受体和离子通道，或抑制兴奋毒性和一氧化氮（NO）机制，从而介导其神经保护和再生作用。除 FGF-1 和 FGF-2 外，也有报道 FGF-5 能促进体外培养的脊髓运动神经元的存活。FGF-9 是体外培养的星形胶质细胞的致有丝分裂原。

二、胰岛素样生长因子

胰岛素样生长因子（insulin-like growth factor，IGF）有 IGF-I 和 IGF-II 两种，IGF-I 是 70 个氨基酸组成的碱性蛋白，IGF-II 由 67 个氨基酸组成，微酸性，两者序列约有 70％相同。血循环中的 IGF 是与其载体蛋白 IGFBP（IGF binding protein，IGF 结合蛋白）结合，现知 IGFBP 至少有 10 种。它们的作用是把血循环中的 IGF 运输到周围组织，维持血循环中 IGF 的储量，增强或抑制 IGF 的作用，介导 IGF 单独的生物学效应。不同物种（如鱼和人）编码 IGF 的 cDNA 和基因已被克隆，两种 IGF 受体也已确立。

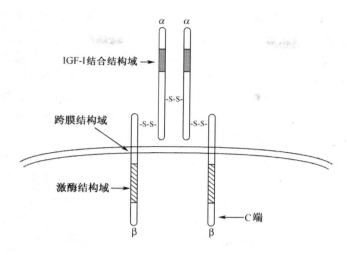

图 13-6　I 受体图解

　　IGF-I 受体（IGF-IR）是由两个 α 亚基和两个 β 亚基通过二硫键连接而成的异源四聚体糖蛋白。α 亚基含有配体结合区（IGF-I-binding domain），位于细胞表面。β 亚基由胞外区、跨膜区和胞内区组成。胞内区较大，含有一个酪氨酸激酶结构域，以及酪氨酸和丝氨酸磷酸化作用部位（图 13-6）。配体与 α 亚基结合可能刺激 β 亚基发生构象变化，从而激活酪氨酸激酶导致受体自我磷酸化。酪氨酸磷酸化是受体功能的一个重要的活化步骤。IGF-II 受体（IGF-IIR）是一条单链的跨膜糖蛋白，且无酪氨酸激酶活性。其胞外区由 15 个邻接的片段构成，第 11 片段为 IGF-II 结合区（IGF-II binding region）。此外还有两个与含 M6P（mannose-6-phosphate，6 磷酸甘露糖）蛋白结合的结构域。IGF-IIR 的胞内区有担负胞吞作用（endocytosis）、增强偶联抑制性 GTP 结合蛋白（特别是 Gi2α binding）和细胞分类（cell sorting）的区域，在其 C 端还可能结合 Gβγ 亚基（Gβγ binding）（图 13-7）。

　　IGF 具有多种生理功能，特别是影响细胞的繁殖、分化和存活，在个体生长和发育中发挥重要作用。在对神经系统的生物学作用方面，IGF-I 曾被认为是胶质祖细胞和少突胶质细胞的存活因子，能诱导体外培养的少突胶质细胞的发育。缺乏 IGF-IR 的突变小鼠中枢神

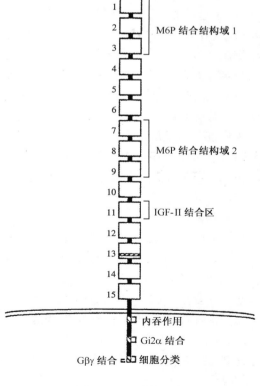

图 13-7　II 受体图解

经系统主要的形态学变化为非神经元细胞的明显减少，体外培养其胚胎前脑细胞，可观察到少突胶质细胞前驱细胞数目的下降。也能增强神经元的分化，能刺激原代培养的交感成神经细胞的有丝分裂，是肾上腺嗜铬细胞（起源于神经嵴，与交感神经元有关）的存活因子。IGF-I 能维持原代培养的鼠胚神经上皮细胞的生长，抑制体外培养的小脑颗粒细胞因低钾导致的细胞凋亡。IGF-I 和 IGF-II 均可作为肌源性神经营养因子，去神经肌能诱导 IGF-I 基因表达，产生 IGF-I，刺激肌内神经突起生长和成纤维细胞繁殖。在肌内的 IGF-II mRNA 水平与其神经供应相关联。IGF 及其家族成员胰岛素和胰岛素原（proinsulin）均属多功能的细胞因子，它们及其受体广泛分布在发育中的中枢神经系统，按不同时空调节表达，刺激细胞繁殖、分化、成熟和存活。它们可能是中枢神经系统发育时期重要的自分泌（autocrine）和旁分泌（paracrine）信号分子。

三、其他的生长因子或细胞因子

除上述几种主要的生长因子外，还有表皮生长因子（epidermal growth factor，EGF）、血小板源性生长因子（platelet-derived growth factor，PDGF）、转化生长因子 β（transforming growth factor-β，TGF-β）、几种白细胞介素（interleukin，IL）、肿瘤坏死因子 α（tumor necrosis factor-α，TNF-α）和干扰素 γ（interferon-γ，IFN-γ）等。它们在神经系统中均有广泛的分布。神经系统的细胞能产生及能对这些因子起反应。EGF 能促进胚胎神经干细胞的生长，也倾向于诱导干细胞增殖并向着胶质细胞分化。已知 EGF 是星形胶质细胞的致有丝分裂原，亦能促进体外培养的脑神经元的存活和突起生长。PDGF 对胶质细胞有促有丝分裂和趋化活性。在胚胎发育、伤口愈合、反应性胶质细胞增生和动脉粥样硬化病理发生等过程中都可能有 PDGF 参与。中枢神经系统大部分神经元存在有 PDGF 的 A 和 B 链，PDGF 受体也广泛分布在脑内。中枢神经系统的正常或肿瘤细胞均可合成 TGF-β，故它与这些细胞的繁殖和分化有关。TGF-β 也可作为炎症和组织修复的中介物，以及血管生成的刺激物。脑损伤后，巨噬细胞、激活的小胶质细胞和星形胶质细胞均可表达 TGF-β。IL 是一组具有介导白细胞间相互作用的细胞因子。自 1979 年第一个白细胞介素被命名后，到 1996 年发现了 18 种，从 1999～2000 年底，至少又有 5 个新的 IL 被报道，另有一些白细胞介素的同源因子被发现。它们来源广泛并具有多种生物学活性，越来越多的证据表明免疫系统和中枢神经系统关系密切，这些淋巴因子在其间发挥重要的调节作用。与中枢神经系统有关的 IL 主要有 IL-1b、IL-2、IL-6 和 IL-8。例如，脑内存在有 IL-2 和 IL-2 受体，脑损伤后 IL-2 水平增高，可为正常水平的 17 倍。IL-2 能刺激少突胶质细胞的繁殖和成熟，支持大鼠胚胎海马神经元的存活和促进其突起生长。IL-6 可在中枢神经系统正常细胞或其肿瘤细胞株中表达。正常星形胶质细胞或胶质瘤细胞均可自发分泌 IL-6，而且受刺激时 IL-6 的产生明显增加。IL-6 有维持神经元生存的作用，如 IL-6 能促进酪氨酸羟化酶（tyrosine hydroxylase，TH）阳性神经元和胆碱能神经元的存活。IL-6 具有与 NGF 相仿的促神经分化效应，与 PC12 细胞表面的 IL-6 受体结合可诱导 PCI2 细胞向神经元分化。IL-3 也对神经元有影响，如能刺激体外培养的隔神经元表达胆碱乙酰转移酶（ChAT），单侧切断隔海马通路的神经纤维，IL-3 能维持隔神经元的存活。这些因子在脑内的表达与各种不同性质的刺激或疾病有关（表 13-2）。虽然脑损伤或炎症时侵入的免疫细胞如巨噬细胞、T 细胞和中性白细胞是细胞因子的主要来源，但最早表达细胞因子的还是居于脑内的脑细胞。局部受损后，被激活的小胶质细胞是细胞因子最丰富的来源，其次是神经元、星形胶质细胞、血管周细胞和内皮细胞。细胞因子还能影响许多中枢神经递质如去甲肾上腺素（NA）、5-羟色胺（5-HT）、γ-氨基丁酸（GABA）、乙酰胆碱（ACh）和在几个脑区表达各种神经肽。在神经疾病中，可观察到脑和脑脊液内各种细胞因子的浓度增高。脑损害后会有一些能支持神经元存活的生长因子过度表达，有些还能抑制缺血和兴奋性毒素对脑的损害。许多细胞因子具有神经营养和神经保护作用，但也有神经毒作用。例如，IL-6 能促进神经元存活和抑制 NMDA（N-甲基-D-天冬氨酸）毒性，但转基因小鼠的星形胶质细胞过度表达 IL-6 却导致明显的神经变性。生长因子特别是 TGF-β 和 FGF 能促进脑损伤后的瘢痕形成，也因而妨碍受损脑功能的恢复。IL-1 能促进受损神经元的修复，能抑制神经毒性，但把 IL-1 注入大鼠脑可使胶质细胞激活和神经元丧失。细胞因子除对神经元和胶质细胞作用外，也能通过破坏血脑屏障、诱导内皮细胞合成一氧化氮和促进血循环免疫细胞侵入而间接影响中枢神经系统功能。IL-1 与人类免疫缺乏病毒（human immunodeficiency virus，HIV）感染的神经综合征有关。阿尔茨海默病（Alzheimer's disease，AD）和唐氏综合征（Down's syndrome）患者脑斑块（老年斑）中 IL-1 和 IL-6 的合成增加。IL-1 和 TGF-β 能诱导形成老年斑的 β-淀粉样前体蛋白（β-APP）的合成。在多发性硬化（multiple sclerosis，MS）和实验性变应性脑脊髓炎（experimental allergic encephalomyelitis，EAE）中有许多细胞因子过度表达，特别是对少突胶质细胞有毒性、引起神经纤维脱髓鞘的 TNF-α 和能激活巨噬细胞并表达 II 类 MHC（II 类主要组织相容性蛋白）的 IFN-γ，是产生这些疾病的因子。细胞因子和生长因子在神经系统中可影响许多方面的神经元功能，也与许多疾病有关联，无疑它们作用的多样性和复杂性是很突出的。

表 13-2　脑内的细胞因子合成

刺激	产生细胞因子	细胞来源
外周感染内毒素	IL-1β，IL-6	神经元（?），小胶质细胞
中枢神经系统感染，如疟疾、HIV、脑膜炎、巨细胞病毒	IL-1β，IL-6，TNF-α，TGF-β，IFN-γ，MIP*-1，MIP*-2	小胶质细胞，星形胶质细胞
脑损伤	IL-1β，IL-2，IL-6，IL-8，TNF-α，NGF，FGF，PDGF，EGF，TGF-β，LIF*	小胶质细胞，（神经元?）
抽搐	IL-1β，IL-6，TNF-α，LIF	神经元（?）
缺血	IL-1β，IL-6，FGF，TGF-β	小胶质细胞? 神经元血管周细胞
多发性硬化	IL-1β，IL-2，IL-6，TNF-α，TNF-β，IFN-γ	胶质细胞，淋巴细胞
唐氏（Down's）综合征	IL-1β	小胶质细胞
阿尔茨海默病	IL-1β，IL-2，IL-6，（FGF?）	小胶质细胞，巨噬细胞?

* MIP：巨噬细胞炎症性蛋白质（macrophage inflammatory protein）；LIF：白血病抑制因子（leukaemia inhibitory factor）。

第五节　神经营养因子与神经变性疾病

应用细胞培养和动物模型进行的许多研究均指出神经营养因子及有关的生长因子（包括细胞因子）能防止或抑制因各种损害而导致的神经元死亡，特别是一些神经变性疾病（neuro degenerative disorder）往往损害和丧失某类神经元。因此，神经营养生长因子的神经保护和挽救神经元的作用受到人们注意。近年来，一些因子已开始临床试用。与中枢神经系统（CNS）神经变性疾病有关的 NT 的神经元特异性见表 13-3。

表 13-3　与 CNS 神经溃变性疾病有关的 NT 的神经元特异性*

	NGF	BDNF	NT-3	NT-4/5
ALS（肌萎缩性侧索硬化）				
脊髓运动神经元	−	＋＋＋	＋＋	＋＋＋
PD（帕金森症）				
黑质 DA 神经元	−	＋＋＋	＋＋	＋＋＋
黑质 GABA 神经元	−	＋＋＋	＋＋	＋＋＋
Huntington 症（亨廷顿舞蹈病）				
纹状体 GABA 神经元	−	＋＋＋	＋＋	＋＋＋
AD（阿尔茨海默病）				
隔胆碱能神经元	＋＋＋	＋＋	＋	＋＋＋
海马神经元	−	＋＋	＋＋	＋＋
皮质神经元	−	＋＋＋	未确定	未确定

＊ 按体外、内研究总结每一种 NT 对其反应神经元存活和分化的作用。

＋＋＋作用显著，＋＋作用中等，＋作用较少，－无作用。

一、运动神经元病

运动神经元病（motor neuron disease）包括肌萎缩性侧索硬化（amyotrophic lateral sclerosis，ALS）、脊髓肌萎缩（spinal muscular atrophy，SMA）和脊髓灰质炎后综合征（post-polio-syndrome）等。这些疾病均可导致下和（或）上运动神经元不同程度的溃变（degeneration）。目前尚无有效药物治疗像 ALS 这种进行性的致命疾病。

GDNF 对运动神经元有特异性的营养作用，对离体培养的运动神经元助存活的 50％有效浓度（EC50）为 BDNF 的 1/75、CNTF 的 1/650。在 ALS 患者中，腰髓 GDNF mRNA 较对照组明显增加，主要表达在病变严重的脊髓前角、前柱及外侧柱。

体外、内研究曾证明胚胎和成年运动神经元能对 CNTF、BDNF、NT-3 和 NT-4/5 起反应。已开始临床试用 CNTF 和 BDNF 治疗 ALS 患者。CNTF 与 NT 家族成员不同，它不存在于其反应神经元的靶，不属靶源性神经营养分子，但体内成熟运动神经元有 CNTFRα。CNTF 可借受体介导的逆行轴突运输到运动神经元，但这种正常运输是很少的，神经受损后却十分活跃。BDNF 和 NT-3 跟 CNTF 一样有受体介导的轴突逆行运输到运动神经元，这种运输也是于神经损伤后显著增加。但与 CNTF 不同的是：虽然周围神经是 CNTF 最丰富的来源（CNTF 存在于施旺细胞），但神经损伤后，CNTF 的表达却下降。与此相反，在正常神经中合成低的 BDNF，于受损神经远侧段却大大增加。BDNF 和 NT-3 存在于外周组织，它们跟 NGF 一样是靶源性神经营养因子。胶质细胞和靶组织可表达这些 NT。运动神经元和感觉神经元也表达 BDNF 和 NT-3，并有可能通过自分泌和旁分泌的方式起作用。除上述因子外，FGF-1、FGF-2 和 FGF-5，IGF、PDGF、TGF-b 和 CT-1（心脏营养素 cardiotrophin-1）等许多因子都有促进运动神经元存活的作用。CT-1 是属 IL-6 家族的蛋白质因子，能促进体外培养的心肌细胞、多巴胺能神经元、睫状神经元和胚胎运动神经元存活。在骨骼肌有 CT-1 存在，故认为它是靶源性运动神经元存活因子。影响运动神经元存活的营养信号并不全是来自靶，也可来自胶质细胞、非神经组织细胞、细胞外基质、自分泌/旁分泌或传入等途径。运动神经元的存活按其不同亚型和不同发育时期而要求不同来源的因子。或者，一个神经元能对不只一种神经营养因子起反应。这些因子的水平又往往受复杂环境的变化而波动。因此，在治疗上考虑因子的协同作用是更为策略一些的。例如，BDNF 和 CNTF 对体外培养的运动神经元均能上调其胆碱乙酰转移酶（ChAT）水平，两者协同使用则可以显著地改变运动神经元的生理作用。单独用 CNTF 或 BDNF 治疗小鼠突变体 Wobbler 只能减弱但不能停止其进行性的神经肌衰退，但若联合应用两者则几乎能完全停止此疾病。以上观察提示临床联合应用多种营养因子治疗进行性的神经变性疾病可能会更为有效。

二、基底神经节病

基底神经节病（basal ganglion disorder）主要是帕金森氏病（Parkinson's disease, PD）。它导致中脑黑质纹状体多巴胺（DA）系统进行性变性。由于其变性进程较长，在出现明显症状之前已有大量细胞丧失，提示该系统有较大的可塑性或表达功能的能力，这驱使人们去寻找对 DA 神经元起反应的营养因子，以期减慢变性速度或增强未受损 DA 神经元的功能。在 NT 家族中，除 NGF 外，BDNF、NT-3 和 NT-4/5 均能支持 DA 神经元的存活和分化。BDNF 还能保护胚胎 DA 神经元和 DA 能成神经瘤细胞（dopaminergic neuroblastoma cell，SH-SY5Y）免受神经毒素如 6-O-HDA 和 MPP$^+$ 的毒害。此保护作用显然是由于谷胱甘肽还原酶（glutathione reductase）活性增高而防止氧化的谷胱甘肽堆积，降低了氧化压力（oxidative stress）所致。把 BDNF 注入正常成年大鼠的尾壳或黑质，能使新纹状体 DA 代谢增高，也能使大鼠因用苯异丙胺（amphetamine）后出现的旋转行为恢复正常。损伤动物部分的黑质纹状体 DA 系统，BDNF 和 NT-3（后者的作用较弱）能增强存活的 DA 神经元的功能。传统观点认为 BDNF 是一种靶组织来源的生长因子。但有实验证明，黑质的 DA 能神经元能表达丰富的 BDNF mRNA，PD 中 DA 能神经元的缺失会导致 BDNF mRNA 的大幅度减少，同时，PD 中幸存有 DA 能神经元的部位，BDNF mRNA 的表达量也有大幅度减少。另外，大量研究表明，BDNF 对 DA 能神经元有很强保护作用，在 PD 中，BDNF 表达较少的 DA 能神经元将更容易死亡。除 DA 神经元外，BDNF 等也影响非 DA 能的黑质和纹状体的神经元，提示它对治疗 PD 外的几个基底神经节病，如亨廷顿舞蹈病（Huntington's disease）、纹状体黑质变性（striatonigral degeneration）和多发性系统萎缩病（multiple system atrophic disorder）也有潜在作用。能促进 DA 神经元存活的因子还报道有 GDNF、TGF-α、EGF、aFGF、bFGF 和 IGF-1。特别是 GDNF，无论体外或体内许多实验都已指出它对 DA 神经元具有显著的神经营养作用和能挽救黑质 DA 神经元因各种损伤而导致的细胞死亡（见第三节"胶质细胞系源性神经营养因子"）。因此，在对 PD 的治疗上，GDNF 可望成为首选试用的因子。

三、阿尔茨海默病

阿尔茨海默病（Alzheimer's disease，AD）的特点是前脑胆碱能神经元溃变及随后发生的大脑皮质和海马乙酰胆碱（ACh）的丧失。NGF 能防止前脑胆碱能神经元因轴突切断而导致的萎缩。如切断伞（隔胆碱能神经元到海马的主要神经纤维束），胆碱能神经元萎缩，ACh 合成酶 ChAT 下调，最终细胞死亡。若从侧脑室注入 NGF，可防止上述变化。足量的 NGF 还能使受损和未受损胆碱能神经元体积增大，对同样受损的老年动物，还有改善记忆的作用。这些观察进一步支持用 NGF 治疗 AD 的可行性。除 NGF 外，也有实验指出 BDNF 和 NT-4/5 支持体外培养的胆碱能神经元存活，能使这些细胞表达 ChAT 上调。横切伞后，BDNF 和 NT-4/5 对被切断轴突的胆碱能神经元有与 NGF 相似的神经保护作用。海马能产生较高水平的 BDNF 和 NT-3，基底前脑胆碱能神经元能表达 Trk A、Trk B 和 Trk C mRNA，能逆行运输注入海马的 NGF、BDNF 和 NT-3。这些都支持 NT 在体内对胆碱能神经元有直接的作用。除胆碱能神经元外，BDNF、NT-3 和 NT-4/5 还有更为广泛的生物学活性，其广谱作用特别与 AD 有关，因 AD 的病理学不只限于胆碱能神经元，还包括各种细胞。例如，AD 能影响终止于皮质和边缘系统的上行神经系统，特别是那些以 NA（去甲肾上腺素）和 5-HT（5-羟色胺）为神经递质的上行系统；新皮质和海马结构中主要以谷氨酸为神经递质的锥体神经元，还有 GABA 能神经元都受影响；共存于谷氨酸能和 GABA 能神经元中的几种神经肽包括生长抑素（somatostatin）和神经肽 Y（neuropeptide Y），在 AD 中也减少。原位杂交实验指出，皮质或海马神经元，以及脑干的去甲肾上腺素和 5-HT 核群没有或只含很少的 Trk A，但在中枢神经系统所有受 AD 影响的区域都有丰富的 Trk B 和 Trk C。Trk B 和 Trk C 的表达在皮质和海马特别显著，脑干 5-HT 和去甲肾上腺素核群神经元也表达 Trk B 和 Trk C。细胞培养研究更进一步支持在 AD 中 Trk B 和 Trk C 的配体对中枢神经元作用的广谱性。例如，BDNF 能上调皮质神经元的神经肽和神经递质的水平，缩胆囊肽（cholecystokinin）和 GABA 也有小量增加。在培养的大鼠视皮质薄片中加入 BDNF 很快增强其兴奋性电位。BDNF 能诱导海马神经元即早基因 *c-fos* 表达和刺激体外培养的小脑齿状核颗粒神经元轴突支的生长；能刺激海马诱发长时程增强（long term potentiation）和增加表达 BDNF 和 NT-3。NT-3 和 NT-4/5 也支持培养的蓝斑 TH（酪氨酸羟化酶）免疫反应阳性神经元的存活。注入 BDNF 于成年大鼠脑能增加皮质和海马的神经肽 Y 和生长抑素水平，故可改善 AD 中这些神经肽浓度的减少。具有与 AD 相同损害的老年大鼠脑，其海马中的强啡肽（dynorphin）水平升高，注入 BDNF 可使此肽浓度降低。在 AD，5-HT 神经元受损，于中缝核附近注入 BDNF 可增加局部 5-HT 及其代谢物的水平，和增加前脑 5-HT 周转率。在体内，BDNF 等对神经突起生长和突触功能有与体外培养观察到的相似作用。在 AD 患者的海马，BDNF mRNA 减少。结合以上观察，提示临床应用 TrkB 的配体对治疗 AD 是有利的。GDNF 可促进胆碱能神经元的分化，保护损伤的基底前脑的胆碱能神经元。此外，还有报道 bFGF 对受损的皮质神经元有保护作用。

脑内注射神经营养因子是 AD 的治疗方法之一，但由于直接脑内注射有诸多技术上的难题，使得人们将希望寄予更新的转基因疗法和胶囊细胞植入法。前者是将神经营养因子基因转染至病毒载体后植入到相应部位，后者则是将能产生神经营养因子的细胞浓缩制成胶囊状直接植入到相应部位。

四、临床展望

神经营养因子研究的迅速发展导致探讨如何应用这些蛋白质于临床治疗神经变性疾病的可能性。首先要有足量的纯化因子，近年来肽化学和分子遗传学的进展，可以解决此问题。在临床治疗上可直接应用这些因子或通过移植能分泌这些因子的细胞于相应部位。前者要解决这些蛋白质大分子如何通过血脑屏障问题，在动物实验上为了避开此难题多用脑室注入方法，但在临床应用上则要对有效的给药途径进行探索和研究。至于移植分泌蛋白质的细胞于相应部位是涉及基因治疗方面的策略和手段，应是很有希望的有效方法，也将是未来研究的重要领域之一。

（谢富康　郭畹华　撰）

主要参考文献

郭畹华. 1996. 神经营养因子与神经变性疾病. 细胞生物学杂志, 增刊 1：6

薛亚军. 2003. 胶质细胞生长因子的研究进展. 生理科学进展, 34（2）：159

Barrett GL. 2000. The p75 neurotrophin receptor and neuronal apoptosis. Prog Neurobiol, 61（2）：205～229

Barton JL, Herbst R, Bosisio D, et al. 2000. A tissue specific IL-1 receptor antagonist homolog from the IL-1 cluster lacks IL-1, IL-1ra, IL-18 and IL-18 antagonist activities. Eur J Immunol, 30：3299～3308

Bothwall M. 1995. Functional interactions of neurotrophins and neurtrophin receptors. Ann Rev Neurosci, 18：223

Bovolenta Paola. 2000. Nervous system proteoglycans as modulators of neurite outgrowth. Prog Neurobiol, 61（2）：113～132

Chaum E. 2002. Retinal neuroprotection by growth factors：A mechanistic perspective. J Cellular Biochemistry, 88（1）：57～75

Cheng HL. 1996. Immunohistochemical localization of insulin-like growth factor binding protein-5 in the developing rat nervous system. Developmental Brain Research, 92（2）：211～218

Choi-Lundberg DL, Bohn MC. 1995. Ontogeny and distribution of glial cell line-derived neurotrophic factor（GDNF）mRNA in rat. Brain Res Dev Brain Res, 85（1）：80～88

Cik M, Masure S, Lesage AS, et al. 2000. Binding of GDNF and neurturin to human GDNF family receptor alpha 1 and 2. Influence of cRET and cooperative interactions. J Biol Chem, 275（36）：27505-27512

De Pablo F, de la Rosa. 1995. The developing CNS：a scenario for the action of proinsulin, insulin and insulin-like growth factors. TINS, 18（3）：143～148

Ebendal T. 1992. Function and evolution in the NGF family and its receptors. J Neurosci Res, 32: 461~470

Eckenstein EP. 1994. Fibroblast growth factors in the nervous system. J Neurobiol, 25 (11): 1467~1480

Gotz R, Koster R, Winkler C, et al. 1994. Neurotrophin-6 is a new member of the nerve growth factor family. Nature, 372: 266~269

Hefti F. 1994. Neurotrophic factor therapy for nervous system degenerative diseases, J Neurobiol, 25 (11): 1418~1435

Hopkins SJ, Rothwell NJ. 1995. Cytokines and the nervous system I: expression and recognition. TINS, 18 (2): 83~88

Howells DW, Porritt MJ, Wong JY, et al. 2000. Reduced BDNF mRNA expression in the Parkinson's disease substantia nigra. Exp Neurol, 166 (1): 127~135

Huang EJ. 2001. Neurotrophins: Roles in Neuronal Development and Function. Annu Rev Neurosci, (24): 677~736

Ip NY, Yancopoulos GD. 1996. The neurotrophins and CNTF: Two families of collaborative neurotrophic factors. Ann Rev Neurosci, 19: 491~515

Kawamoto Y, Nakamura S, Matsuo A, et al. 2000. Immunohistochemical localization of glial cell line-derived neurotrophic factor in the human central nervous system. Neuroscience, 100 (4): 701~712

Krisztina Valter. 2003. Location of CNTFRa on outer segments: evidence of the site of action of CNTF in rat retina. Brain Research, 985 (2): 169~175

Lessmann V, Gottmann K, Malcangio M. 2003. Neurotrophin secretion: current facts and future prospects. Prog Neurobiol, 69 (5): 341~374

Lewin GR, Barde YA. 1996. Physiology of the neurotrophins. Ann Rev Neurosci, 19: 289~317

Lin L-F H, Doherty DH, Lile JD, et al. 1993. GDNF: A glial cell line-derived neurotrophic factor for midbrain dopaminergic neurons. Science, 260 (5111): 1130~1132

Lindsay RM, Wiegand SJ, Altar CA, et al. 1994. Neurotrophic factors: from molecule to man. TINS, 17 (5): 182~190

Lindsay RM, Yancopoulos GD. 1996. GDNF in a bind with known orphan: Accessory implicated in new twist. Neuron, 17 (4): 571~574

Lindsay RM. 1995. Neuron saving schemes. Nature, 373 (6512): 289~290

Lundin L. 2003. Differential tyrosine phosphorylation of fibroblast growth factor (FGF) receptor-1 and receptor proximal signal transduction in response to FGF-2 and heparin. Experimental Cell Research, 287 (1): 190~198

Maisonpierre PC, Belluscio L, Squinto S, et al. 1990. Neurotrophin-3: A neurotrophic factor related to NGF and BDNF. Science, 247: 1446~1451

Marsh SK, Bansal GS, Zammit C, et al. 1999. Increased expression of fibroblast growth factor 8 in human breast cancer. Oncogene, 18 (4): 1053~1060

Mitsuma N, Yamamoto M, Li M, et al. 1999. Expression of GDNF receptor (RET and GDNFR-alpha) mRNAs in the spinal cord of patients with amyotrophic lateral sclerosis. Brain Res, 27, 820 (1~2): 77~85

Oppenheim RW. 1996. Neurotrophic survival molecules for motoneurons: An embarrassment of riches. Neuron, 17 (2): 195~197

Ornitz DM, Itoh N. 2001. Fibroblast growth factors. Genome Biol, 2 (3005): 1~12

Pang PT, Lu B. 2004. Regulation of late-phase LTP and long-term memory in normal and aging hippocampus: role of secreted proteins tPA and BDNF. Ageing Res Rev, 3 (4): 407~430

Rajaram S, Baylink DJ, Mohan S. 1997. Insulin-like growth factor-binding proteins in serum and other biological fluids: regulation and functions. Endocr Rev, 18 (6): 801~831

Rothwell NJ, Hopkins SJ. 1995. Cytokines and the nervous system II: actions and mechanisms of action. TINS, 18 (3): 130~136

Roux PP, Barker PA. 2002. Neurotrophin signaling through the p75 neurotrophin receptor. Prog Neurobiol, 67 (3): 203~233

Schätzl HM. 1995. Neurotrophic factors: ready to go? Trends Neurosci, 18 (11): 463~464

Segal RA. 1996. Intracellular signaling pathways activated by neurotrophic factors. Ann Rev Neurosci, 19: 463~489

Serpe CJ, Byram SC, Sanders VM, et al. 2005. Brain-derived neurotrophic factor supports facial motoneuron survival after facial nerve transection in immunodeficient mice. Brain Behav Immun, 19 (2): 173~180

Sommer L. 2002. Neural stem cells and regulation of cell number. Progress in Neurobiology, 66 (1): 1~18

Stewart CEH, Rotwein P. 1996. Growth, differentiation, and survival: Multiple physiological functions for insulin-like growth factors. Physiol Rev, 76 (4): 1005~1026

Szebenyi G, Dent EW, Callaway JL, et al. 2001, Fibroblast growth factor-2 promotes axon branching of cortical neurons by influencing morphology and behavior of the primary growth cone. J Neurosci, 21 (11): 3932~3941

Temple S, Qian X. 1995. bFGF, neurotrophins, and the control of cortical neurogenesis. Neuron, 15 (2): 249~252

Thoenen H. 1991. The changing scene of neurotrophic factors. TINS, 14 (5): 165~170

Treanor JS. 1996. Characterization of a multicomponent receptor for GDNF. Nature, 382 (6586): 80~83

Valter K, Bisti S, Stone J. 2003. Location of CNTFRalpha on outer segments: evidence of the site of action of CNTF in rat retina. Brain Res, 985 (2): 169~175.

Vecino E. 2002. Rat retinal ganglion cells co-express brain derived neurotrophic factor (BDNF) and its receptor TrkB. Vision Research, 42 (2): 151~157

Wagner JA, Kostyk SK. 1990. Regulation of neural cell survival and differentiation by peptide growth factors. Curr Opin Cell Biol, 2 (6): 1050~1057

Wang MC, Forsberg NE. 2000. Effects of ciliary neurotrophic factor (CNTF) on protein turnover in cultured muscle cells. Cytokine, 12 (1): 41~48

Weis C, Marksteiner J, Humpel C. 2001. Nerve growth factor and glial cell line-derived neurotrophic factor restore the cholinergic neuronal phenotype in organotypic brain slices of the basal nucleus of Meynert. Neuroscience, 102 (1): 129~138

Wiesenhofer B, Stockhammer G, Kostron H, et al. 2000. Glial cell line-derived neurotrophic factor (GDNF) and its receptor (GFR-alpha 1) are strongly expressed in human gliomas. Acta Neuropathol, 99 (2): 131~137

Woodbury D, Schaar DG. 1998. Novel structure of the human GDNF gene. Brain Research, 803 (1~2): 95~104

第十四章 感觉、认知、睡眠的发育与中枢神经系统可塑性

第一节 疼痛的发育神经生物学

一、引　言

　　近十年来的临床和动物实验研究结果显示，哺乳类动物胎儿和新生儿虽然没有主诉痛感觉的能力，但具有痛（伤害性）反应能力。2000 年美国儿科学院（American Academy of Pediatrics）（包括胎儿新生儿委员会、药物委员会、麻醉学和外科学部）和加拿大儿科学会（Canadian Paediatric Society）在《儿科学》杂志上联合发表以"新生儿疼痛和应激的预防与管理"为题的声明。声明正式提出 4 点：① 要增强对新生儿有痛体验的能力的了解；② 健康保健部门的专家要为新生儿疼痛和应激的评价与管理提供生理参数；③ 建议尽可能减少新生儿接受伤害性刺激的机会和不利后果；④ 建议对新生儿使用有效且安全的缓解疼痛和应激的治疗手段。国际疼痛学会（International Association for the Study of Pain，IASP）在 2001 年对疼痛的定义也做了修改。在原定义"疼痛是与实际或潜在的组织损伤相关联的不愉快的感觉和情绪体验，或用这类组织损伤的词汇来描述的主诉症状"的基础上，又增加了一段话"无交流能力决不能否定一个个体正有痛体验和需要适当缓解疼痛治疗的可能性"。由此可见，新生儿疼痛和应激以及预防和治疗问题已不再仅仅是个学术性争论问题，而是需要及时采取措施予以认真对待的临床问题。实际上，胎儿和新生儿期正是个体发育时期，尤其是中枢神经系统尚未发育成熟，所以任何外来伤害刺激都可能导致神经系统发育异常，并对该个体成熟后的（痛）行为产生不可忽视的影响。但是，由于人们认识上的局限性和方法学上的困难性，长期以来在生物医学史上否认胎儿和新生儿具有痛反应和痛感觉能力。为了及时纠正旧的错误观点和正确认识新观点，本章将从疼痛发育生物学的角度出发，总结近年来

临床和基础实验研究的结果，对出生前后躯体感觉（痛觉）系统的神经解剖学、神经生理学、神经化学、神经药理学和行为学发育特征与分子细胞基础进行系统综述。

二、胎儿、新生儿痛与测量方法

根据疼痛的定义，痛有两个组成成分：① 感受伤害性刺激并上升为感觉；② 由伤害性刺激引起的不愉快情绪反应。从这个观点出发，痛觉的产生需要发育完善的痛信息传递神经通路，包括外周疼痛感受器、传入脊髓的初级感觉神经成分以及将信息经丘脑传递到大脑皮层的上行传导路。此外，痛冲动还同时传递到皮层下结构，如丘脑下部——垂体系统、杏仁核、基底节和脑干网状结构等部位产生情绪反应。痛的情绪反应不累及大脑皮质中枢，主要表现为自主神经活性改变和激素水平增高，是下意识的反应。因此可以肯定下意识状态下确实存在痛苦的反应。

对于儿童被试者，可以用心理物理检测方法评价疼痛强度（如视觉模拟测量法，visual analogue scale）（图 14-1）。但主观感受的疼痛强度评分法不适用于新生儿和未成熟的婴幼儿，更无法应用于胎儿，因此只能用间接的方法来判定新生儿疼痛的程度，如行为表现出的哭闹程度和时程、身体运动方式的异常程度、生理参数如心率和血压的变化等。对于胎儿疼痛的评价还无任何可利用的方法，找出一种能够较客观评价胎儿和新生儿疼痛的指标和方法仍然是一项重要任务。对于治疗效果的评价也因上述原因而无法客观判断，主要问题在于难以确定镇痛处理是抑制了疼痛所引起的反应还是抑制了疼痛本身。

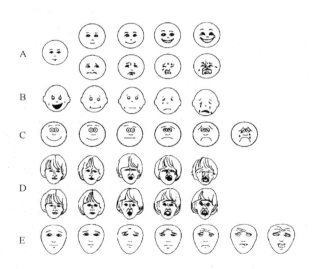

图 14-1　用于评价儿童疼痛强度的心理物理检测方法——视觉模拟测量法

（引自 McGrath et al. 1994）

A～E. 国际疼痛学会制定的各种婴幼儿面部表情疼痛打分标准，从左至右是"无痛表情"到"疼痛难忍表情"，医生可根据此判断疼痛的强度

　　对于新生大鼠痛反应的评价已经有一些方法，如用自发缩足反射次数评价自发痛强度、用热刺激缩足反射潜伏期或机械刺激缩足反射阈值来评价痛敏感性，同时也可以应用电生理记录技术、药理学方法和神经化学方法研究痛反应状况。

三、躯体感觉系统的发育

（一）人躯体感觉系统功能和传导通路的胚胎与生后发育特点

　　人躯体感觉系统功能和传导通路的胚胎与生后发育特点见表 14-1。

表 14-1　人躯体感觉功能和通路的胚胎和生后发育特点

胚胎受精和生后 发育时间	外周躯体感受功能 和感受器发育特点	脊髓和上位脑中枢躯体感受功能 和通路的发育特点
E6 周		初级传入中枢突与脊髓背角中间神经元已形成突触连接
E7 周	（1）口周部皮肤已有感觉 （2）触刺激口周部可引起头翘起反射	（1）三叉神经初级传入与脑干躯体感觉核团中间神经元已形成突触连接 （2）大脑新皮质开始发育、细胞迁移开始
E11 周	（1）外周感受器开始从面部逐渐向手掌、脚掌分布 （2）手开始对触刺激敏感	初级感觉传入纤维开始在 E10 周穿入脊髓，此过程持续到 E30 周
E13～15 周	（1）外周感受器分布范围扩展至全身躯干、四肢近端（DRG 已含 P 物质） （2）下肢出现反射运动	（1）脊髓背角分层结构 （2）灰质内已有突触样连接 （3）特异递质突触囊泡形成
E18～19 周	外周感受器分布至足部、尾部	初级传入细纤维中枢突开始穿入脊髓灰质
E20 周	外周感受器分布至所有皮肤与黏膜	（1）脊丘系联系建立 （2）脑新皮质神经元迁移完毕、已具有 10^9 个神经细胞 （3）大脑皮质第一次出现间歇性 EEG 簇状电活动
E22～34 周		（1）脊丘系进入大脑皮质 （2）丘脑-大脑皮质纤维联系功能突触形成 （3）大脑皮质 EEG 电活动趋于恒定
E26～27 周	外周出现伤害性屈肌反射	（1）痛冲动可传递到大脑皮质 （2）双侧大脑皮质 EEG 电活动同步化
E26～31 周	伤害性刺激时可引起面部表情变化 （疼痛的情感因素）	（1）脊髓、脑干基本发育成熟 （2）上肢脊丘系、脊-脑干-丘脑系纤维髓鞘形成 （3）情感运动系统的建立
E30 周 （早产儿）		（1）可根据 EEG 波的类型区分清醒和睡眠状态（出现睡眠周期） （2）可记录到视、听觉诱发电位 （3）可记录到区分嗅觉、触觉诱发电位

胚胎受精和生后 发育时间	外周躯体感受功能 和感受器发育特点	脊髓和上位脑中枢躯体感受功能 和通路的发育特点
E37 周		下肢丘脑-皮质上行纤维髓鞘形成
P0 周 （新生儿）	接受环切术新生儿在生后 3～4 个月接受 疫苗接种时痛反应较对照组明显增强	感觉运动皮质、丘脑、中脑-脑干区域已出现最 大脑葡萄糖代谢活动
P16 周 （生后 4 个月）	婴儿对接种疫苗的反应：生理反射（哭 闹）	脑功能成像？
P24 周 （生后 6 个月）	婴儿对接种疫苗的反应：生理反射＋轻 微面部表情	脑功能成像？
P84 周 （生后 21 个月）	婴儿对接种疫苗的反应不仅表现为生理 反射还表现为强烈的情绪反应： （1）即刻出现疼痛感觉 （2）愤怒表情 （3）受伤愤恨表情	脑功能成像？

在神经解剖学通路中触觉和痛觉是首先发育起来的功能属性，这提示在生命的早期疼痛就是重要的生物信号。观察表明人伤害性感受器早在受精 7 周时就出现在口周黏膜和皮肤，20 周时已分布全身皮肤。之后外周初级传入神经终末在脊髓发生突触联系，10～30 周投射神经纤维髓鞘逐渐形成。脊髓反射功能在外周初级传入纤维进入脊髓后即已建立。脊髓-丘脑联系是在受精 20 周时建立的，纤维髓鞘的形成在受精 29 周时完成。人丘脑-大脑皮质联系开始于受精后 24～26 周，因此可以推测疼痛冲动到达大脑皮层的最早时间是受精 26 周。但是，直到 29 周才可以在皮层测量到诱发电位，这提示从外周到皮层的传导通路从受精 29 周起才开始有功能意义。

目前对疼痛情绪成分如丘脑-边缘叶的投射联系了解很少。推测丘脑-海马投射联系可能与其他丘脑-皮层的投射通路同时发生。但是从外周到脑深部信号通路的建立至少在受精 20 周时即已开始，因为皮层下疼痛信息处理结构基础的发育要更早些。

在受精 8 周时，大脑皮层神经元开始从脑室周区迁移，20 周时神经元发育完善，神经胶质细胞增殖在生后整个儿童期都十分活跃。皮层神经网络结构的发育与神经元迁移同时发生，突触形成始于受精 12 周，在最后 3 个月随着树突分支和轴突延长而发育达到高峰。丘脑-皮层投射在皮层组织发育完善后才开始长入。从能够反映大脑皮质和丘脑-皮质回路完整性的脑电活动来看，受精 20 周已出现脑电活动，26 周出现脑电的同步化，30 周时出现睡眠-清醒周期。此时，在皮层可第一次记录到视、听觉诱发电位和嗅觉、触觉诱发电位。与其他感觉不同，痛觉是一个多觉性体验，需要多个脑区参与协调活动。因此，疼痛处理器环路的发育成熟在出生后还需要一个长期过程，因此对出生后疼痛的发育过程还需进行深入研究。

疼痛调节通路，尤其是下行痛抑制通路发育成熟较晚。目前尚缺乏人的实验资料（有关动物资料见下述），但是临床观察发现胎儿和新生儿对疼痛刺激反应特别强烈，且持续时间长。原因可能是因为脊髓疼痛调节系统发育不完善，尚难以对外周伤害性信息进行调控。与成年相比，胎儿和新生儿的疼痛传导路具有两方面特点：① 支配外周触觉感受器 DRG 神经元的中枢突在脊髓浅层与痛信息传递神经元发生突触联系，导致触刺激敏感现象；② 发育期脊髓痛信息传递神经元的外周感受野较成年面积大。因此，胎儿神经系统无法对刺激模式进行辨别，某种刺激可以引起全身非特异性反应。

　　如前所述，判断婴儿疼痛的强度是一项较难的工作，虽然临床已经有各种痛强度评分标准，但这些标准都很简单（图 14-1）。主要根据疼痛刺激引起屈肌收缩运动的强度进行判断，如逃避反射、身体移动或哭叫等。最早的运动反射在怀孕 7.5 周时出现，此时触刺激口周部可引起头的翘动，10.5 周时触刺激手可引起上肢屈肌反射，14 周下肢也开始出现屈肌反射运动。面部表情变化是判断疼痛情绪成分的另一项标准，临床试验观察表明疼痛刺激可使受精 26 周早产婴儿出现特殊面部表情（表 14-1）。胎儿期，伤害性刺激也可引起自主神经反射或下丘脑-垂体神经内分泌反应。经实验证实孕 23 周时针刺胎儿肝静脉可引起血浆内皮质醇和内啡肽水平的增高，但刺激胎盘血管则无影响。这个研究明确指出无论丘脑-皮层联系是否存在，胎儿在 23 周已经可以感受到疼痛刺激。虽然伤害性刺激也可引起生理参数的变化如呼吸与脉搏频率变化，但所表现出的参数改变与伤害刺激的强度无明显相关性，因此，从这些生命参数的变化来估计疼痛程度是不可行的。

　　婴儿躯体感觉功能和通路在出生后也还要发育相当一段时间，至少在 2 岁前是发育变化时期。如表 14-1 和图 14-2 所示，在生后 4 个月时，婴儿对接种疫苗的反应只表现为生理性痛反射，但是却无任何情绪成分的表露（哭闹表情）；而在生后 6 个月时婴儿对接种疫苗的反应略为丰富，表现为生理反射＋轻微面部表情（有一定程度的情绪成分，但可忽略不记）；但是在生后 21 个月（1 岁零 9 个月）时婴儿对接种疫苗的反应不仅表现为生理性痛反射还表现为强烈的情绪反应过程，首先即刻表现出一种痛感觉反射（哇，疼啊！），然后紧接着表现出愤怒表情（为什么？），最后表现出有意识的受伤害引

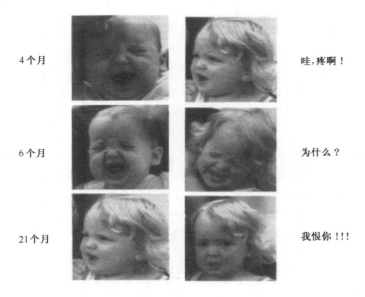

图 14-2　显示一个婴儿在出生后 4 个月、6 个月和 21 个月对接种疫苗引起疼痛反应的发育过程（经 IASP 出版社许可，引自 Kenneth et al. 1998）

起的愤恨表情（目视着医生，我恨你！！！）。由此可见，婴儿生后 2 岁内对于疼痛反应的表情变化反映了躯体疼痛信息上行传导通路由不完善到逐步完善的发育过程。需要注意的是，与出生前胚胎发育过程一样，至少在出生后 2 岁之前也要注意保护婴儿免受强烈的伤害性刺激，以免引起躯体感觉系统发育异常，并导致成年后痛感觉功能异常。

（二）大鼠躯体感觉功能和通路的胚胎和生后发育特点

1. 大鼠躯体感觉功能和通路的胚胎发育特点

　　大鼠是研究疼痛神经生物学最常使用的动物，所以关于躯体感觉功能和通路的胚胎和生后发育研究报道较多。与人的资料近似，大鼠躯体感觉信息传导通路的发育也分为出生前和出生后两个阶段。表 14-1 具体描述了人躯体感觉功能和通路的胚胎发育特点，表 14-2 描述了大鼠躯体感觉功能和通路的生后发育特点。

表 14-2　大鼠躯体感觉功能和通路的胚胎发育特点

胚胎受精时间	躯体感觉功能发育特点	躯体感觉传导通路发育特点
E11 天		脊神经节（DRG）的出现
E12 天		初级传入中枢突穿入脊髓白质，但不进入灰质
E13 天		DRG 神经元外周突长至四肢肢芽
E15 天	口周、前肢皮肤反射功能	（1）DRG 神经元外周突进入口面、前肢皮肤 （2）粗有髓初级传入中枢突穿入脊髓背角灰质 （3）脊髓初级传入与中间神经元形成突触 （4）初级传入诱发 EPSP 出现
E17～E18 天	（1）全身躯体反射功能 （2）DRG 电生理记录： 快适应–压觉单位 慢适应–机械高阈值单位 快适应–机械低阈值单位	（1）DRG 神经元外周突进入全身躯体表皮 （2）Ia 初级传入前角运动神经元（Ia 发射）
E19 天	（1）足部、尾部反射功能 （2）伤害性刺激诱发背角神经元放电	（1）DRG 神经元外周突进入后肢足部、尾部 （2）脊髓背角出现"U"形毛囊中枢突终末 （3）初级传入 C 纤维进入脊髓背角灰质 （4）脊丘系神经元到达丘脑和大脑皮质
E20 天	（1）内脏黏膜反射功能出现 （2）脊髓背角对非伤害性和伤害性刺激均起反应	（1）皮下福尔马林伤害刺激在 E19 天开始诱导 c-Fos 在脊髓背角浅层和深层表达，E20 天增多，E21 天达高峰 （2）DRG 神经元外周突进入内脏黏膜

　　如表 14-2 所示，大鼠脊神经节（DRG）出现于受精第 11 天胚胎期，初级传入纤维于第 12 天穿入脊髓白质，沿 His 束上下走行，但不进入灰质，说明在此之前无任何躯体反射活动。受精第 13 天胚胎的 DRG 外周突开始生长并开始支配四肢肢芽。受精第 15 天由于：① 三叉神经节或 DRG 神经元外周突进入入口面部和前肢皮肤；② 粗有髓初

级传入纤维中枢突穿入脊髓背角灰质；③ 初级传入纤维与脊髓中间神经元形成突触；④ 刺激外周初级传入神经可以使脊髓神经元兴奋并产生兴奋性突触后电位（excitatory postsynaptic potential，EPSP），所以刺激口周或前肢可以诱发翘首或上肢回缩反射功能。在受精第 17～18 天胚胎，全身躯体反射功能趋于成熟，电生理记录可鉴定出至少三种初级传入纤维成分：① 快适应-压觉感受单位（rapidly adapting-pressure unit）；② 慢适应-高阈值机械感受单位（slowly adapting-high threshold mechanoreceptive unit）；③ 快适应-低阈值机械感受单位（rapidly adapting-low threshold mechanoreceptive unit）。受精第 19 天胚胎的 DRG 神经元外周突已完全进入后肢足部和尾部，脊髓背角固有部也出现典型"U"形毛囊中枢突终末，初级传入 C 纤维开始穿入脊髓背角灰质，但是此期 C 纤维与粗有髓 Aβ 纤维共同存在于脊髓背角浅层，直到出生 21 天后 C 纤维才全面占领脊髓背角浅层（I～II 层）。此期脊髓丘脑束神经元的轴突已进入丘脑和大脑皮质，因此至少此时伤害性（痛）冲动可被传递到大脑皮质而产生痛感觉。受精第 20 天胚胎的 DRG 神经元外周突已能够进入内脏黏膜，构成内脏反射环路。皮下福尔马林伤害刺激在第 19 天开始诱导 c-Fos 在脊髓背角浅层和深层表达，第 20 天增多，第 21 天达高峰。此期伤害性刺激和非伤害性刺激均可诱导 c-Fos 蛋白在脊髓背角浅层表达，而出生 21 天后只有伤害性刺激才能够诱导 c-Fos 蛋白在脊髓背角浅层表达。因为大鼠躯体感觉功能在出生后还需要 3 周时间才能发育成熟，所以出生前对触刺激和痛刺激均产生反应，属于非特异反射功能。

2. 大鼠躯体感觉功能和通路的生后发育特点

动物出生后躯体感觉系统尤其是中枢神经系统内的联系尚处于变化中，在成年前的短暂功能发育阶段，外界伤害性刺激很可能影响脊髓和脊髓上位脑结构的正常发育过程和成熟，并导致成年后疼痛感觉异常。脊髓背角是初级伤害性信息传入的门户和加工处理低级中枢，因此研究新生大鼠脊髓背角感觉信息传递、加工处理的发育神经生物学特点具有重要意义。新生大鼠皮肤反射功能特点是：① 皮肤刺激引起的屈曲反射较成年大鼠强烈而夸大，伴有全身反射活动且持续同步；② 热刺激和机械刺激阈值较低，出生一周时这种低阈值表现得非常显著，随后刺激阈值逐渐增高，直到出生 3 周后才与成熟大鼠一致；③ 反复的皮肤低强度刺激会导致动物反射兴奋性增高与敏化；④ 与成年动物相比，脊髓感觉神经元外周皮肤感受野超大；⑤ 新生大鼠对福尔马林反应的敏感性是刚断奶鼠的 10 倍，而且直到生后 15 天后才出现双相反应特征；⑥ 新生鼠皮肤涂敷 C 纤维特殊刺激物——芥菜油只能引起微弱的伤害性反应，但随生后年龄逐渐增大其诱致的伤害性反应也逐渐增强；⑦ 虽然成年和新生鼠皮肤机械感受传入成分基本一致，但是新生鼠脊髓背角浅层（伤害性初级传入的终止区）比成年后脊髓更容易被 Aβ 纤维刺激所兴奋，而在成年只有高强度 C 或 Aδ 纤维刺激才可引起该区域兴奋。

从新生大鼠躯体感觉传导通路的发育特点可以部分揭示这些现象的本质。大鼠生后躯体感觉功能发育有一个明确的发育时间点，即出生 21 天以前是胚胎发育的继续，而 21 天之后则逐渐与成年大鼠的结构与功能一致。表 14-3 总结了大鼠躯体感觉功能和通路的生后发育特点，要点具体如下：

表 14-3　大鼠躯体感觉功能和通路的生后发育特点

生后时间	躯体感觉功能发育特点	躯体感觉传导通路发育特点
P0 天	（1）多觉伤害感受 （2）高阈值 Aδ 机械感受 （3）低阈值 Aβ 机械感受	（1）多觉伤害感受器发育成熟 （2）高阈值 Aδ 机械感受器发育成熟 （3）低阈值 Aβ 机械感受器发育成熟 （4）皮质边缘层神经丛的形成
＞P1 天	重复低强度 Aβ 纤维刺激诱发脊髓背角神经元敏化	低阈值 Aβ、高阈值 Aδ 及 C 纤维刺激均可诱导 c-Fos 蛋白在背角浅层表达
P7 天	（1）初级传入 C 纤维诱发前根放电 （2）机械刺激阈极低、反射肌肉广泛同步、持续时间长 （3）重复非伤害刺激易引起反射高兴奋和敏化 （4）大量"沉默突触"形成	脊髓背角突触生长高峰
＜P8 天	非特异性伤害反应	特异性伤害反应环路尚未发育成熟
P8～P9 天	NMDA 或 AMPA 可激活脊髓背角	脊髓 NMDA 或 AMPA 受体均匀分布于背角灰质各层
＞P10 天		（1）C 纤维初级传入终末进入背角浅层 （2）下行痛抑制系统纤维终末进入背角浅层
P12 天	大脑皮层诱发电位	脊髓-丘脑-大脑皮质环路趋于成熟
＜P14 天	（1）脊髓背角神经元感受野超常增大 （2）皮下福尔马林诱发单相缩足反射行为	（1）下行痛抑制系统发育尚不完善 （2）脊髓背角 II 层发育不完善
＞P14 天	（1）脊髓背角神经元感受野逐渐缩小 （2）C 纤维刺激诱发背角放电 （3）过渡感受器快适应-压觉单位消失	（1）下行痛抑制系统进一步发育 （2）脊髓背角 II 层进一步发育 （3）电镜下脊髓背角突触球出现
＞P15 天	皮下福尔马林诱发双相缩足反射行为	
＜P21 天	不能够完全鉴别非伤害性和伤害性刺激	（1）脊髓背角 I～II 层：Aβ 纤维＋C 纤维 （2）阿片 mu-受体和 δ-受体早在胚胎期出现，生后广泛分布于脊髓背角各层
＞P21 天	（1）脊髓正常伤害性反射功能成熟 （2）脊髓可鉴别非伤害性和伤害性刺激 （3）伤害性反射特异化	（1）脊髓背角 I～II 层：Aβ 纤维退出，C 纤维完全进入该层 （2）只有 Aδ 和 C 纤维刺激可诱导 c-Fos 蛋白在背角浅层表达 （3）下行痛抑制系统-脊髓背角调控环路形成完善 （4）阿片 mu-受体和 kappa-受体开始局限分布于脊髓背角浅层 （5）阿片 δ-受体生后 P7 天才出现，P21 天后持续表达增多
P30 天		脊髓 NMDA 或 AMPA 受体局限分布于背角浅层

　　由于初级传入粗的有髓 Aβ 纤维和无髓 C 纤维在胚胎期进入脊髓背角时有时间差（前者为 E15 天，而后者为 E19 天），因此在生后 21 天时 C 纤维与已占据脊髓背角浅层的 Aβ 纤维相互竞争占领该区域，以确定谁主司伤害性信息传递和加工处理功能。在成年鼠，Aβ 纤维主要定位分布于脊髓背角 III～IV 层，而在新生时其末梢占据 I～II 层，

甚至到达灰质表面。大鼠生后第 3 周，由于 C 纤维生长进入 I～II 层，Aβ 纤维被迫退出浅层而进入 III～IV 层。新生大鼠脊髓背角浅层 c-Fos 蛋白表达特点可以反映这个变化过程，如出生 21 天前 Aβ 纤维电刺激、非伤害性触刺激和压力刺激均可引起脊髓背角浅层（I～II 层）细胞表达 c-Fos 蛋白，但在出生 21 天之后和成年，只有伤害性 Aδ 和 C 纤维电刺激和伤害性捏夹皮肤刺激才可引起该层 c-Fos 蛋白表达。另外，最近有研究报道，大鼠出生后第 1 天向其腹腔注入辣椒素来损毁初级传入 C 纤维，在出生 21 天时观察脊髓背角浅层，结果发现 Aβ 纤维没有完全退出该层，而仍然占据在背角 I～II 层，此结果进一步证明了 C 纤维与 Aβ 纤维相互竞争占领脊髓背角浅层的假说。

新生大鼠低强度 A 纤维刺激在脊髓浅、深层引起动作电位反应的潜伏期随生后年龄增长而缩短，而 C 纤维刺激诱发动作电位反应的潜伏期无此现象。如在麻醉下给予新生大鼠 100μA～3.5mA（50～200μs）低强度 A 纤维电刺激时，不同年龄大鼠的反应潜伏期值为：生后第 3 天是（33.1±2.78）ms（$n=22$）；生后第 6 天是（19.1±1.32）ms（$n=63$）；生后第 10 天是（13.5±0.8）ms（$n=53$）；生后第 21 天是（7.3±0.3）ms（$n=35$）。与 A 纤维刺激相比较，在出生后 1 周内 C 纤维刺激很难在脊髓背角诱导动作电位反应，在出生后第 10 天，只有 13% 的 C 纤维传入可诱导反应，平均潜伏期为（97.65±4.44）ms（$n=7$），而且在出生后第 21 天其潜伏期也为（107.0±10.12）ms（$n=10$）。

脊髓背角感觉神经元接受汇聚传入信息的比例随年龄增长而增多。生后第 3 天记录的 22 个神经元中有 20 个只接受毛刷刺激，1 个只接受皮肤捏夹刺激，1 个同时接受毛刷和皮肤捏夹刺激；生后第 6 天记录的 65 个神经元中有 54 个只接受毛刷刺激，7 个只接受皮肤捏夹刺激，4 个同时接受毛刷和皮肤捏夹刺激；生后第 10 天记录的 53 个神经元中有 22 个只接受毛刷刺激，12 个只接受皮肤捏夹刺激，19 个同时接受毛刷和皮肤捏夹刺激；生后第 21 天记录的 35 个神经元中有 10 个只接受毛刷刺激，5 个只接受皮肤捏夹刺激，20 个同时接受毛刷和皮肤捏夹刺激。

脊髓背角感觉神经元外周皮肤感受野在生后由大变小，在出生 21 天后逐渐接近成年大鼠。通过对新生大鼠后肢足底皮肤机械感受野占整个后肢足底的百分率观察发现，感受野面积在出生后第 3 天为（50±5.6）%，在第 6 天缩小为（36±2.9）%，在第 10 天为（20±1.9）%，在第 21 天为（15±1.6）%，最大的改变发生在出生后 1 周内。新生时感受野范围较成年时大，增加了外周皮肤刺激引起脊髓背角兴奋的概率，并可使刺激阈值降低。

新生鼠脊髓灰质中 NMDA 受体明显比成熟动物多，放射自显影结果显示生后 10～12 天间，大鼠脊髓背角各层中 NMDA 敏感的 [³H] 谷氨酸标记是均匀一致的，直到出生后第 30 天，背角 II 层胶状质中才接近成年的较高分布密度。此外，脊髓背角 II 层神经元 NMDA 受体与 NMDA 介导的钙外流，在大鼠出生后 1 周内较高，而随年龄增长而降低。因为新生时辣椒素处理可以影响 NMDA 受体的成熟，所以 C 纤维传入活动可能参与调节 NMDA 受体通道的发育过程，并可能引起 NMDA 受体通道在脊髓的分布重构。

四、新生后疼痛刺激的经历对躯体感觉发育的影响

（一）新生儿接受伤害性刺激对疼痛感觉和反应的影响

最近，已有不少临床资料表明婴儿接受重复的、强的痛刺激或痛体验可以长期导致痛感觉和相关生理功能异常，伴随的应激状态还可以引起神经和（或）精神系统发育不良。下面的一些临床试验研究报道从不同侧面反映了新生后痛刺激可以引起神经系统功能发育异常。新生儿急性伤害性（痛）反应：足月或早产新生婴儿在监护室接受足跟穿刺或包皮环切手术等伤害性刺激时，可引起心血管反应（心率、血压）增强、经皮测量氧分压显著下降、手掌出汗增多，这些反应可被局部麻醉或吗啡所抑制，提示这些反应是伤害性反射。此外，新生儿在接受外科治疗时可出现激素和代谢水平变化，如静脉穿刺后引起血浆肾素增高，包皮环切术或其他手术术中、术后引起血浆激素、儿茶酚胺、生长激素、胰高血糖素、醛固酮等水平增高，胰岛素水平下降，这些血浆物质水平的变化导致糖类水解、蛋白质和脂肪分解，引起血糖、乳酸、丙酮酸盐代谢物和酮体等增高。

1. 新生儿应激反应的后果

伤害性刺激常伴随应激反应，新生儿在 ICU 或手术中接受伤害性刺激可引起一系列功能异常并影响发育。应激反应可引起血压变化和脑血流的再分布，直接导致低氧血症、脑缺血和脑缺氧，结果对神经-免疫-内分泌网络正常发育造成影响，成年精神心理指数下降、痛觉和痛行为表现异常、死亡率增高。

2. 新生儿无麻醉痛刺激可长期引起痛敏感性增强

早产儿（胚胎 27～32 周）在接受常规足跟穿刺后，von Frey 纤维刺激穿刺部位皮肤可引起缩足反射阈值显著降低，局部涂敷 EMLA 局麻药软膏可以阻断损伤皮肤痛敏现象，提示皮肤损伤部位痛敏感性增高并出现触刺激诱发痛。新生儿在无麻醉（实验组）或麻醉（对照组）下接受包皮环切术，随机双盲观察结果显示，两组婴儿在生后 4 或 6 个月接受疫苗接种时对痛刺激的反应强度显著不同，前者对接种的行为反应显著增强，而后者无显著异常表现，这一观察第一次实验证明了新生后疼痛刺激对婴儿痛感觉和痛反应的长期影响，提示中枢神经系统发育可能因此发生异常变化。新生儿受到强烈伤害性刺激的体验也可能形成记忆，这种不愉快的记忆可能与成年期发生的神经症或心理障碍疾病有直接关系。

（二）新生大鼠接受伤害性刺激对疼痛感觉和反应通路发育的影响

越来越多的实验证据显示动物在新生时接受强烈而持续的伤害性刺激可以导致中枢神经系统相关结构发育异常，这为揭示临床观察到的现象的神经生物学机制提供实验证据。

1. 新生大鼠脊髓背角可被重复持续的 Aβ 纤维刺激敏化

已知成熟大鼠脊髓背角神经元只能被 C 纤维刺激敏化，重复持续的 C 纤维刺激可引起放电反应递增的"wind-up"现象，而 Aβ 或 Aδ 纤维在正常时则不能够引起这种现象（但据报道炎症时 A 纤维刺激可引起"wind-up"现象）。但是在新生大鼠则相反，出生后 1 周，重复持续 C 纤维刺激对脊髓背角神经元无明显作用，至出生后 10 天，重复 C 纤维刺激可在 18% 神经元引起"wind-up"现象，出生 21 天后脊髓 C 纤维刺激反应神经元才增加到 40%。与 C 纤维相比，在新生鼠后肢足底中心施加频率为 0.5Hz 的 A 纤维刺激可引起脊髓背角神经元敏化，并产生一个持续 138s 的后放电。而且动物生后年龄越小后放电时程越长，如在出生后第 6 天，重复 A 纤维刺激可兴奋 33% 的脊髓背角细胞，后放电持续 (70.6 ± 18)s，而在出生后第 10 天，约 6% 的细胞出现后放电，时程 63s，但是到出生后第 21 天，A 纤维刺激诱发的后放电消失。

2. 外周组织急性炎症刺激对新生大鼠脊髓背角神经元反应性的影响

新生 10 天的大鼠，在角叉菜胶炎症处理后电刺激 A 纤维引起的细胞放电反应次数明显增多，炎症处理动物的放电反应次数均值是 7.6 ± 0.21 个峰电位，而对照动物为 (3.2 ± 0.25) 个峰电位（$P < 0.0001$）。另外，C 纤维刺激诱发兴奋的细胞数也增加，炎症组有 57% (4/7) 细胞兴奋，而对照组则为零 (0/6)。在出生后第 21 天，炎症组和对照组 A 纤维刺激引起细胞放电反应次数无明显差异 $[(6.6 \pm 0.21)$ vs (6.8 ± 0.32) 个峰电位，$P = 0.59]$；但是对于 C 纤维刺激诱发的放电反应数却发生了显著变化，炎症组是 (10.1 ± 0.67) 个峰电位，而对照组是 (4.9 ± 0.5) 个峰电位（$P < 0.0001$）。

3. 外周组织急性炎症刺激对新生大鼠痛敏感性的影响

成年动物皮下注射角叉菜胶，注射部位可迅速出现水肿和痛敏现象，3～4h 达高峰，24～72h 恢复到正常。而在新生大鼠，角叉菜胶引起的机械痛敏或触刺激诱发痛（异常性疼痛，allodynia）与芥子油的结果近似但较弱，与生后第 3 天和第 10 天相比，生后第 21 天炎症刺激引起的机械痛敏更加显著，因此炎症刺激引起的痛敏随着新生大鼠年龄的增长而逐渐显著增强。这一行为学观察结果与脊髓背角细胞对角叉菜胶的反应相一致。注射角叉菜胶后，麻醉幼鼠的脊髓背角细胞感受野面积增大，出生后第 10 天大鼠外周感受野增大 2.5 倍，而生后 21 天增加了 3.4 倍。外周感受野的平均大小（占后足面积的百分比）：出生后第 10 天的炎症组为 (47.2 ± 6.4)%，而对照组仅为 (19.1 ± 2)%；而出生后第 21 天的炎症组为 (51.8 ± 12.2)%，而对照组仅为 (14.9 ± 1.6)%。

4. 新生大鼠外周组织持续炎症刺激对成熟后中枢神经系统结构与功能的影响

最近 Ruda 等（2000）报道，将完全弗氏佐剂（complete Freund's adjuvant，CFA）注射入新生第 1 天、第 3 天、第 14 天大鼠左侧足底，然后在其成熟后（8 或 12 周）将特异标记初级传入 C 纤维的 WGA-HRP 或特异标记 Aβ 纤维的霍乱毒素 β 亚单位的 HRP（β-HRP）分别注入注射侧和非注射侧坐骨神经以观察初级传入 A 或 C 纤维中枢突终末在脊髓的分布有无变化。结果发现，新生第 1 天或第 3 天 CFA 处理侧脊髓背角浅层（I～II 层）WGA-HRP 标记（C 纤维）终末显著增多，而且吻尾分布长度不同，处理侧 WGA-HRP 标记终末纵跨 L2～S1，而非处理侧则仅占据 L2～L5/6 节段。但新生第 14 天 CFA 处理不引起此结构变化。CFA 处理和非处理侧脊髓 β-HRP 标记的 Aβ 纤维终末均主要分布于背角深层（III～VI 层），两侧分布密度也无显著差异。上述结果表明新生后持续伤害性炎症刺激可以使初级传入 C 纤维在脊髓的分布节段重构，领域跨占至骶髓节段，提示新生大鼠外周组织持续炎症刺激对成熟后中枢神经系统结构与功能具有巨大影响，而且这种影响可能具有时间窗口效应（生后 14 天前）。另外发现，成年大鼠的新生 CFA 处理侧脊髓背角浅层 CGRP 免疫反应阳性终末分布范围增大，密度增高，而其他如 IB4 并无显著变化。此外，CFA 处理侧对皮下福尔马林刺激反应的第 2 相左移，热刺激缩足反射潜伏期显著缩短，提示痛敏感性异常增强。电生理记录结果还显示，成年大鼠的新生 CFA 处理侧脊髓背角广动力域（WDR）神经元自发放电增强、对皮肤非伤害性触刺激和捏夹刺激的反应性显著增高。除此报道之外，还有实验研究结果显示新生期重复持续伤害性和应激刺激可引起脑中枢超微结构改变和处理侧大脑皮质 c-Fos 蛋白超常表达增多。

五、小　　结

1）胚胎早期胎儿对疼痛刺激的反应主要表现在肌肉收缩运动、植物神经反射、激素和新陈代谢的改变等。由于疼痛调节系统尚未成熟，所以最初的反应只表现为单纯的反射，而且这些反射与刺激类型无关。在胎儿期，无论大脑发育到哪一阶段，伤害性刺激对个体发育均可产生不良影响。除了影响大脑皮层的正常发育，疼痛刺激还可以兴奋皮层下结构并引起强烈的应激反应，因此即使丘脑-皮层间联系尚未建立也可以影响疼痛反应结构的发育。

2）疼痛感觉和反应的功能与通路的发育至少可持续到出生后 2 岁，在此之前受到重复持续的伤害性刺激可引起脊髓和脊髓上位脑结构的发育异常，并可能导致成熟个体的神经和精神系统功能异常。因此，对疼痛生后发育生物学的深入研究和对临床新生儿进行适当缓解疼痛的处理非常重要。

（陈　军　撰）

第二节　睡眠的发育

一、睡眠概述

几乎一切生命均表现出不同形式的节律性变化。对人与动物而言，最为典型的节律性变化表现为睡眠与觉醒周期更替。睡眠对机体体温调节、能量保存、免疫和学习记忆等方面有重要的生理功能。

（一）睡眠的基本概念

根据简单的行为学定义，人与动物的睡眠是指知觉解除对周围环境反应的一种可逆性行为状态。睡眠是生理和行为过程的复杂混合体，睡眠通常（但不是一定）伴随躺卧、静止，闭眼以及其他所有普遍与睡眠有联系的指标。睡眠在行为方面按四个标准确定：① 肌肉运动减少；② 对刺激反应减弱；③ 姿势相对保持不变（人类通常是闭着双眼躺着睡觉）；④ 相对易可逆性（这点与昏迷、冬眠、夏眠有显著差异）。

根据睡眠时生理活动的不同参数，睡眠进一步区分为两种状态，即非快速眼动（nonrapid eye movement，NREM）睡眠和快速眼动（rapid eye movement，REM）睡眠。

1. NREM 睡眠

皮层脑电表现为同步化慢波，又称为同步化睡眠（synchronized sleep）。随着特征性的睡眠纺锤波、κ 复合波及高振幅慢波的出现，NREM 睡眠又依次分为 4 期，即 I、II、III、IV 期（S1～S4 期）：① 睡眠开始：正常成年人睡眠总是先从 NREM 睡眠开始，婴儿除外；② 睡眠 I 期（S1 期）：S1 期是继清醒转入睡眠的过渡阶段（3～7min 左右）。脑电图特征包括在清醒闭眼时呈现的 α 节律逐渐减少，每分段时间中，α 波比例下降到 50% 以下，开始出现频率 4～7Hz、波幅 50～75μV 的 θ 波活动为主的低幅混合频率，在 S1 期的后半期，某些脑区的部位可记录到 "V" 形的顶尖波（波幅≥75μV，频率 5～14Hz）；③ 睡眠 II 期（S2 期）：S2 期紧接在短暂的 S1 期后，第一个睡眠周期中 S2 期睡眠持续 10～25min，其 EEG 的特征在 θ 节律的背景上出现睡眠纺锤波（12～16Hz）和 κ-复合波（先负相后正相的高幅慢波）。κ-复合波的时程≥0.5s，其峰-峰值≥220μV，如果出现在高幅 δ 波前后 5s 之内者就不能被确认为 κ-复合波；④ 睡眠 III、IV 期（S3＋S4）：在 κ-复合波和睡眠纺锤波出现后 10～25min，随即 EEG 出现高振幅慢波（波幅≥75μV，频率≤2Hz），称为 δ 波，在皮层前额叶记录最为明显。当每一分段时间的 δ 波超过 20%，但少于 50% 时，此期睡眠定为 S3，一般第一个睡眠周期 S3 只持续几分钟。随之高振幅慢波越来越多，当 δ 波超过 50% 一直到全部记录只显示 δ 波，这一睡眠阶段称为 S4 期。第一个睡眠周期 S4 期睡眠持续时间长达 30～40min，而后将会重现 θ 波、睡眠纺锤波和 κ-复合波。通常把人的 S3 期和 S4 期一起称为慢波睡眠（slow wave sleep，SWS）或 δ 睡眠（δ sleep）或深睡眠期（deep sleep）。此时，全身肌肉放松，但尚有微弱的肌电活动，没有眼球活动。人的 SWS 有别于动物的 SWS，动物 SWS 即为人的 NREM 所有期的同义语，而人的 SWS 是指 NREM 睡眠中的 S3＋S4 期睡眠。

2. REM 睡眠

近年来认为 REM 睡眠似乎是睡眠中的一种"微觉醒"。这种每晚平均间隔 90min 呈现一次的"微觉醒"，对保持成年人和动物睡眠中的"警戒"水平和健康都很重要。自 S1 期或 S2 期睡眠开始到 REM 睡眠的出现，为 REM 睡眠潜伏期，正常为 70～

90min。REM 睡眠特征包括出现：① 快速眼球运动；② EEG呈现 θ 波和 α 波低幅高频的混合波；③ REM睡眠期间肌张力完全消失，肌电图呈现零电位线；④ REM睡眠期间在桥脑网状结构（PRF）、外侧膝状体（LGB）和视觉皮层（occipital cortex）记录到PGO 细胞放电活动。PGO 放电每分钟 60～70 次，被认为是 REM 睡眠时发生的快速眼球运动、中耳肌活动、小肌肉抽动及呼吸、心率增快及冠状循环血流突然增加的起搏点。

3. 觉醒

觉醒在行为上以变化多端的各种运动活动及活跃的思维活动为特征，对环境刺激非常敏感并能迅速做出各种适应性反应，大脑在觉醒中常处于不同的"警戒"状态。脑电活动在睁眼、警觉性高、注意力集中时呈现低电压（5～20μV）高频率（14～30Hz）的 β 波，为梳齿状去同步化快波。如在闭眼安静觉醒状态，则脑电节律呈现 8～13Hz 的 α 波（呈梭形），皮层枕叶部位最明显。清醒时肌张力高，肌电非常活跃，是随意运动和维持姿势的基础。眼球活动以频繁、快速、协调的环视运动或左右摆动为特征，有瞬眼反射。

（二）睡眠-觉醒周期的神经机制

睡眠实际上是三种状态（包含睡眠-觉醒、NREM 睡眠-REM 睡眠）周期性变化的过程。迄今的研究表明，中枢神经系统分别存在独自的觉醒、NREM 睡眠和 REM 睡眠发生系统。觉醒发生系统包括蓝斑（LC）去甲肾上腺素能、背缝核（DRN）5-羟色胺能、黑质多巴胺能、基底前脑胆碱能、结节乳头体核（TMN）组胺能神经元和外侧下丘脑区的 orexin 能神经元。其中 orexin 能神经元较为特殊，可广泛兴奋其他觉醒系统。NREM 睡眠发生系统包括下丘脑的腹外侧视前区（VLPO）和下丘脑内侧视前核（median preoptic nucleus，MPN）。另外，脑干内背侧网状结构和孤束核可能存在NREM 相关神经元。孤束核主要是通过影响与睡眠发生和自主神经功能有关的边缘前脑结构的功能而发挥作用。再次，丘脑、基底神经节、边缘系统部分结构和大脑皮层在NREM 睡眠的诱发和维持方面上可能发挥了一定的作用。REM 睡眠发生系统主要包括以下几个部分：脑桥中央网状结构、脑桥前背侧被盖区，被盖背外侧核（LDT）和被盖桥脚核（PPT）、巨细胞被盖区嘴侧区（rostral gigantocellular tegmental field，FTG）等结构。另外，中缝核、蓝斑核和前脑等结构也参与了 REM 睡眠的发生。

觉醒睡眠周期的转换则受睡眠稳态过程（S 过程）和生物钟（C 过程）的调节，此即所谓的睡眠-觉醒位相调节的双过程模型（two-process model）理论。睡眠稳态过程是指，在觉醒期，内源性睡眠物质会逐渐增加，机体出现睡眠负债，为了减少睡眠负债，机体就会主动进入睡眠状态。机体内包括睡眠觉醒周期等所有的节律性活动均由下丘脑中的视交叉上核（suprachiasmatic nucleus，SCN）控制，SCN 被形象称为机体生物钟（biological clock 或 circadian clock）。SCN 昼夜节律信号可传到多个睡眠觉醒脑区，进而调控睡眠-觉醒位相的转换。觉醒、NREM 睡眠和 REM 睡眠所构成的周期性变化，实际上是脑内各相关系统（包括生物节律调节系统）相互作用的动态平衡结果。

清醒时，觉醒系统放电较快，大脑皮层因大量冲动传入而兴奋。NREM 睡眠时，在睡眠系统（下丘脑腹外视前核等）GABA 能神经元的作用下，觉醒系统放电减慢。REM 睡眠时，由于觉醒系统单胺能活动进一步低下，属于快速动眼睡眠系统的脑桥脚被盖核（PPT）和脑桥网状结构（PRF）胆碱能神经元的抑制被解除，传入冲动增加，大脑皮层兴奋性也因此升高。

二、睡眠的个体发育

（一）人类睡眠的个体发育

1. 睡眠结构的年龄变化

人类睡眠结构与年龄关系密切。通过孕妇腹部 B 超和胎儿心电图可以辨认胎儿的睡眠。将近 6 个月的胎儿出现"活跃睡眠"（active sleep），相当于 REM 睡眠。30 周左右的胎儿出现"安静睡眠"（calm sleep），相当于 NREM 睡眠。胎儿期几乎均处于睡眠状态。早产儿脑电图分析显示，最开始为电静息，随后出现高波幅混合频率的活动（交替型脑电图）。足月新生儿也有交替型脑电图，纺锤波和 α 节律缺如，故对婴幼儿的睡眠按照成人睡眠的标准进行分期是不可行的。通过肢体、眼球运动，呼吸、循环不规则和其他指标，可将婴儿睡眠区分为活跃睡眠（婴儿 REM 睡眠）和安静睡眠（相当于以后的 NREM 睡眠）。NREM-REM 的周期性交替一出生时就具有，但是在新生儿其周期为 50～60min，成人则为约 90min。

（1）人类 NREM 睡眠的个体发育

婴儿出生 2～3 个月后交替型脑电图消失，6 个月出现自发 κ 复合波，婴儿满 1 岁后，其纺锤波和 α 节律分化良好，便可区分 NREM 睡眠的四期变化，从此正式使用 REM 睡眠和 NREM 睡眠的分期，不再使用活跃睡眠和安静睡眠。此时，REM 睡眠只占总睡眠的 30%～45% 左右，且睡眠开始 3h 内很少出现 REM 睡眠。幼儿在 3～5 岁时，随着大脑皮层结构和功能的发育完善，高幅慢波的脑电活动达到最高比例，NREM 睡眠的第 3 期、第 4 期成为该年龄段主要的睡眠。儿童 S3＋S4 期深睡的质和量均保持最佳状态。从儿童到青春期，慢波睡眠和 REM 睡眠逐渐减少，第一期和第二期睡眠比例逐渐增大。成人深睡眠保持在 15%～20%。人过中年，大多数人抱怨夜间睡眠经常中断。睡眠脑电记录显示从中年起 δ 波开始减少，60 岁后的老年人 S4 睡眠减少，δ 波幅度减低，75 岁以后 S4 睡眠基本消失。老年男性的变化早于同年龄的老年女性，Feinberg 等推测这种变化与皮层神经细胞突触密度减少、突触活动下降、皮层代谢率下降有关，代表了中枢神经系统早期老化的生物指标。

睡眠老化现象早于其他衰老现象的出现，如白发、面部皱纹等。多项研究认为慢波活动的衰减开始于 20 岁左右，31～40 岁男性同 21～30 岁男性相比，慢波计数减少了 50%。那么怎样解释这些这种年龄依赖性变化呢？这种变化可能反映了正常成熟过程中皮质新陈代谢率的衰减，树突修复的增加以及皮质突触活动的减少。或者这种变化可能代表了中枢神经系统（CNS）老龄化的早期生物起始点，在几种哺乳类动物进行的研究支持此理论。在现代文明出现以前，人类预期寿命为 20～30 年。正因为如此，进化学上，青少年的慢波活动的衰减标志着衰老的开始，这种现象可能是一种进化的残余。

（2）人类 REM 睡眠的个体发育

在所有物种中，REM 睡眠在生命早期占有重要地位，不论是在胎儿还是新生儿，它是最初的优势状态，在个体发生学上，REM 睡眠被认为是原始睡眠，当 NREM 睡眠与觉醒随着个体成熟而出现时，REM 睡眠时间就减少了。

多导睡眠图描记可见，提前 10 周出生的早产儿，REM 睡眠占总睡眠时间的 80%，提前 2～4 周出生的早产儿，REM 睡眠占总睡眠时间的 60%～65%。足月产新生儿每天睡眠时间 16～18h，在生命中的最初一段时间，婴儿入睡时先进入 REM 睡眠，称为 REM 开始型睡眠，出生后 3～4 个月 REM 开始型睡眠消失。婴儿 REM 睡眠占总睡眠时间的 50%～60%，以后 REM 睡眠总时间及其占总睡眠时间的百分比随年龄增长而逐渐减少，两岁幼儿 REM 睡眠的比例占总睡眠时间的 30% 左右，以后逐渐稳定于 20%～25%，直到老年。健康老年人 REM 睡眠的百分比稍有下降，80 岁以上老人约在 18%。

REM 睡眠的间隔时间也随年龄发生变化。早产儿 REM 期平均间隔很短，为 40～45min；足月新生儿 REM 期平均间隔为 45～50min；1 岁幼儿 REM 期平均间隔为 50～60min；到 6 岁时，REM 期平均间隔进一步延长，为 60～75min；青春期和青年达到 85～110min，此后无明显变化。

夜间 REM 睡眠的绝对数量与智力密切相关，痴呆儿童 REM 睡眠量减少，伴有中枢神经系统疾患的老人，REM 睡眠可明显减少，如早老性痴呆患者 REM 睡眠量比正常同龄人显著减少。

（3）觉醒的个体发育

婴幼儿睡眠开始后最初一段时间很少出现 REM 睡眠，主要是受到慢波的抑制，夜间觉醒次数很少，实验发现 10 岁以前的儿童在第一个睡眠周期的深睡期对 123 分贝强度的声音刺激不会产生唤醒反应。睡眠时出现觉醒的程度随年龄增长明显增加，夜间自发性醒转次数增多，醒的持续时间延长，致使睡眠结构发生紊乱。有资料表明，70 岁的老人比年轻时一夜醒来的次数多 6.5 倍，因此，老人的睡眠效率下降。

2. 睡眠时间分布的年龄变化

人的一生中每昼夜总睡眠时间随着年龄增长而减少，在生命的早期表现得尤为明显，1 岁以内的婴儿每天睡 14～18h，呈多相型睡眠模式，短期睡眠散见于在 24h 睡眠周期中。与婴儿相比，刚学走路至学龄前儿童的睡眠数量继续减少，1 岁幼儿每天睡 14h 左右，5 岁儿童每天睡 11h 左右，不过每个儿童所需要的总睡眠量和白天睡眠的形式差别很大。此外，典型的变化还发生在白天睡觉次数方面，幼儿白天睡眠在 15 个月后减少到 2 次，3 岁时减少到每天 1 次，到 5～6 岁时大部分儿童都会放弃白天睡觉的习惯。10 岁儿童每天睡 10h 左右，到了青春期稳定于每天夜间 7～8h 左右为单相型睡眠模式。

步入老年期后，老年期脑力活动及体力活动皆减少，夜间总睡眠时间减少，平均约

6.5h 左右，24h 的睡眠时段发生重新分配，由单相型睡眠又转回婴幼儿期的多相型睡眠模式。老年人的生物节律发生变化，睡眠-觉醒周期可能缩短为 22h 或 23h，出现睡眠时相提前，早睡早醒，对时差、夜班工作的适应能力下降（表 14-4）。

表 14-4　不同年龄睡眠时间表

年龄	每天所需睡眠时间/h	年龄	每天所需睡眠时间/h
新生儿	18～22	7～15 岁	10
1 岁以下婴幼儿	14～18	15～20 岁	9～10
1～2 岁	13～14	成年人	6～8
2～4 岁	12	老年人	5～6
4～7 岁	11		

（二）动物睡眠的个体发育及机制

1. 动物睡眠的个体发育

新生的小猫每天睡眠 14～15h，其中 80%～90% 是 REM 睡眠，表现全身颤抖和许多小的躯体运动，称为"震颤睡眠"（seismic sleep），这可能是由于肌紧张调节系统发育尚未成熟而出现的弥漫性肌肉运动。生后一周内尚无法辨别觉醒与睡眠的脑电波特征，到第一周末才显示有 REM 睡眠的脑电波特征，第二周末出现高幅慢波的慢波睡眠。

怀孕 45 天的胎豚鼠记录脑电时发现震颤睡眠占总睡眠时间的 90%，出生之前逐渐减少，出生后的新生豚鼠 REM 睡眠占 10%。

REM 睡眠的个体发育与动物幼崽出生时的成熟程度相关，早成雏的物种（如羊、几内亚猪）生下来时已经很成熟，其 REM 百分比出生时就低并且已接近成年水平。而晚成雏物种（如鼠和猫）出生时还不成熟，最初其 REM 百分比很高并且在成熟后仍保持较高水平。鲸类是极端的早成雏物种，这样就可以理解鲸类的 REM 睡眠缺失或最小了。哺乳类与鸟类在 REM 睡眠的差异将同它们在成熟时间上的差异而得到很好的解释。

2. 哺乳动物睡眠个体发育的相关机制

（1）脑内睡眠相关核团的变化

如前所述，哺乳动物的睡眠模式在其个体发育过程中发生了较明显的变化，实际上从某种意义来说，个体发育过程中睡眠模式的变化是脑内某些睡眠相关核团发育、成熟过程的外在表现。在个体发育的过程中，上述觉醒、NREM 睡眠和 REM 睡眠发生系统，以及睡眠稳态和生物节律调节系统的相关神经结构的发育水平不尽一致，因此表现出睡眠-觉醒模式的年龄相关性变化。

以 REM 睡眠的个体发育过程为例，许多种类的哺乳动物出生时，活跃睡眠为绝对优势睡眠，占据整个睡眠时间的很大比例，在出生后发育过程中，其所占比例逐渐减小，随后表现为成熟个体具有的典型的 REM 睡眠，并趋于一个稳定的水平。已知在成年个体中，桥脑-中脑胆碱能神经元在觉醒期和 REM 睡眠期唤醒皮层活动。在整个睡眠-觉醒期记录胆碱能细胞放电活动的结果显示，在觉醒或者 REM 睡眠期的皮层活动阶段，胆碱能细胞活动最为明显，胆碱能神经元对于发生在觉醒和 REM 睡眠期的皮层活动起着重要作用。LDT 及 PPT 中分布着大量胆碱能神经元，并广泛投射到前脑和基底前脑。有学者对不同日龄的大鼠 LDT 神经元中的胆碱乙酰转移酶（ChAT）活性进行了研究，发现个体发育过程中活跃睡眠的变化过程与 ChAT 活性的变化趋势一致，包括 LDT、PPT、基底前脑等部位在内的脑干胆碱能系统在出生后第二周存在明显的发育过程，表明包括 LDT 在内的胆碱能系统的成熟与 REM 的睡眠个体发育过程密切相关。

大鼠 REM 睡眠时间百分比从出生时的超过 75% 降低至成年时的 15%，有人提出此现象与 REM 睡眠的抑制相关。脑桥脚间核（PPN）作为网状激活系统（RAS）的胆碱能投射核团，具有重要的调控觉醒和 REM 睡眠的功能。PPN 的神经元因神经元胞膜的内在特性不同一般被分为三类。发育过程中，PPN 各类神经元的构成比可发生明显的变化。PPN 神经元能被 5-HT 能系统抑制，其 5-HT 输入主要来自中缝核。对12～16日龄的大鼠 PPN 神经元而言，5-HT 受体激动剂 5-CT 可使其 58% 处于超级化状态，25% 未受影响，17% 处于去极化状态。而对 17～21 日龄的大鼠 PPN 神经元而言，5-HT受体激动剂 5-CT 则可使其高达 85% 的神经元处于超级化状态，10% 不受影响，仅有 5% 的神经元处于去极化状态，表明 5-HT 对 PPN 中的神经元的作用以 17 日龄为界，发生了从早期既兴奋又抑制的作用向晚期几乎纯粹抑制状态的改变，这与 REM 睡眠的抑制性变化保持一致。

此外，出生后发育过程中，胆碱能的 PPN 神经元大小也经历一个明显的形态学变化过程。据测算，10 日龄 PPN 神经元的大小约 $200\mu m^2$，30 日龄的约为 $600\mu m^2$，至成年水平时反降低至约 $300\mu m^2$。

对 8 日龄大鼠进行蓝斑毁损实验发现，大鼠周期性的睡眠-觉醒循环模式并没有消失，但是表现出与 2 日龄大鼠相同的睡眠模式。由此可以认为，2 日龄大鼠快速的睡眠-觉醒模式是由中脑桥环路控制，此时蓝斑几乎不发挥作用。

（2）褪黑素的年龄相关性变化

众所周知，褪黑素（melatonin）是大部分哺乳动物体内最为重要的授时因子之一。褪黑素主要是由哺乳动物松果体分泌产生的一种吲哚类激素，另外哺乳动物的视网膜和副泪腺体也能产生少量褪黑素。

光照周期是生命活动中最重要的外源性同步因子，进化过程中，自然界昼夜明暗光线差异信号引导体内的众多生物节律与其趋于一致，在这个过程中，褪黑素发挥极其重要的作用。褪黑素在光和生物钟之间发挥中介作用，将内源性生物节律的周期、位相调整到与环境周期同步。用单盲法、安慰剂对照实验结果表明，褪黑素能使总的睡眠时间延长，同时也增加白天的警觉性。

人们已经注意到褪黑素的浓度随衰老而下降，这是因为松果体的功能与年龄密切相关，随着年龄的增加，松果体的钙化程度加剧。45 岁时血中褪黑素浓度为幼年期的

1/2，80岁时降低至极低水平。与此同时，增龄将渐渐导致褪黑素分泌丧失稳定的节律性，由此导致昼夜节律振幅减小，出现明显的去同步化现象，进而导致体内众多生理节律的紊乱，如睡眠位相及分布的改变、内分泌紊乱、免疫功能失衡等。

（胡志安 撰）

第三节　学习、记忆的发育

　　学习（learning）与记忆（memory）是两个相互联系的神经活动过程。其中，学习是通过神经系统不断地接受环境变化的信息而获得新的行为习惯（或称经验）的神经活动过程。记忆则是将获得的行为习惯或经验储存和读出的神经过程。从最低等的、没有神经分化的单细胞动物到高等动物或人类，学习、记忆都是生存和发展必不可少的重要脑功能。对人来说它又是进行智力活动的基础，是认知活动的前提。揭示学习和记忆的奥秘是当代自然科学面临的最大挑战之一。

　　在种系发育进程中，学习、记忆能力表现出一种适应性变化的特点。某些动物可能有非常出色的记忆力，如狗对嗅觉分辨的记忆、信鸽对空间方位的记忆等。但人类的学习、记忆与动物相比则更为复杂、完善和高级。在脑的个体发生过程中，不同脑区、核团以及神经元之间存在一定的发展顺序，具有精密的结构基础，表明神经系统具有结构特异性；同时，神经系统结构和功能又受到内在和环境多种因素影响，表明神经系统又具有高度可塑性。脑内神经元数目虽然出生后不再增加，但每一神经元却具有形成新的突起和突触连接的能力。神经元及其突起所形成的突触回路一直处于持续的被修饰状态。中枢神经系统所具有的突触形态和功能的可塑性正是人类从幼年、成年到老年能够不断地学习和记忆的神经基础。

一、学习、记忆的种系发展

　　最低等的单细胞动物只表现出趋向性（taxis），即趋向或避开某种特定的刺激物或环境。而大多单细胞动物则有一些较复杂的行为，如变形虫是以尚未分化的原生质接受刺激，通过改变原生质的形状逃避受到刺激的地方。单细胞动物的这种趋利避害的适应行为是动物学习、记忆能力的最原始表现。低等多细胞动物如海绵动物，其细胞在形态和机能上都有了特殊的分化，它能从张开和收缩出水孔来应答外界刺激，因此海绵动物的适应性行为有进一步的发展；而水螅具有分布于全身的神经感受细胞，形成弥散的、无突触的网状神经系统，使机体反应由局部趋向整体性，适应行为也由趋向性发展到反射。从低等无脊椎动物到人，学习、记忆能力的发展在进化上具有一定的保守性，人类的学习、记忆行为是其他动物学习、记忆行为的延续，因此，通过跨种属的比较研究，对于揭示人类自身的学习、记忆神经机制具有重要的意义。目前有关学习、记忆神经机制的一些重要研究进展都是通过结构简单、神经回路清楚的动物如海兔、海蜗牛和果蝇等取得的。

　　海兔（*Aplysia*）的神经系统非常简单，含有大约20 000个神经元。这些细胞聚集在明确界定的神经节内。每个节内的许多细胞因其体积大、位置分明而清晰可辨。海兔的某些神经元属于已知的最大一类神经元，直径可达 1mm。研究最为详尽的是缩鳃反射，即当海兔的喷水管或套膜受到轻微刺激时，鳃迅速缩回套腔内的一种保护性反射。如果重复对喷水管或套膜施加非伤害刺激，则海兔原有的缩鳃反射逐渐减弱，这就是习惯化（habituation）；如果给海兔的头部或尾部施加一个伤害性刺激，则会使已习惯化了的反应迅速恢复，这一作用有赖于动物的整体唤醒，被称为敏感化（sensitization）。依据训练的时间长短，习惯化和敏感化可持续几分钟到几周。作为非联合学习的两种形式，习惯化和敏感化是由于突触传递的减弱或增强而产生的，Ca^{2+}、5-HT 和 cAMP 等物质的变化在其中起重要作用。

　　模仿海洋湍流旋转海蜗牛（*Hermissenda*），将加速其前庭耳囊碳酸钙晶体的运动，激活毛细胞，引起足收缩。正常情况下，眼光感受器受到光刺激产生弱趋光性，但不引起足收缩。将旋转和光刺激适当的配对后，单独给予光刺激也能引起足收缩，即形成了一种简单的视觉-前庭联合学习。毛细胞激活后释放 GABA，后者促进光感受器细胞内储存 Ca^{2+} 释放。如果光感受细胞接受光刺激去极化时，将使 GABA 诱发的 Ca^{2+} 释放这一反应增强。Ca^{2+} 释放增多导致 GABA 受体和电压依赖性的 K^+ 通道失活，结果光感受细胞传入电导降低，从而对光刺激的反应升高，导致足收缩反射。

　　果蝇（*Drosophila*）是遗传学的经典实验材料，其遗传背景十分清晰。果蝇具有非联合学习和联合学习的能力，如趋光性、习惯化、敏感化、嗅觉回避学习、视觉分辨学习等。1967 年 Benzer 首次报道果蝇单基因突变体缺乏学习趋光性行为的能力，随后，经过长期的研究，人们发现多种有学习记忆障碍的突变果蝇，其中明确了突变基因的 4 种学习突变簇，分别是 dunce、rutabaga、amnesiac 和 PKA-R1。对这 4 种学习突变的研究发现，它们不能建立经典条件反射，也不能被敏感化。更有意思的是这 4 种突变都在 cAMP-PKA 途径上有缺陷。dunce 果蝇缺乏磷酸二酯酶，致使细胞内 cAMP 的浓度高到不可调节的程度；rutabaga 果蝇缺乏钙/钙调蛋白依赖性腺苷酸环化酶，因此突变果蝇体内 cAMP 的浓度很低；amnesiac 果蝇缺乏一个调节腺苷酸环化酶活性的多肽，因而突变果蝇体内腺苷酸环化酶活性受到抑制；PKA-R1 果蝇则缺乏 PKA，其 cAMP-PKA 途径上的缺陷是显而易见的。需要强调的是，虽然对果蝇的研究提示，cAMP-PKA 途径在学习记忆中的重要性，但该途径并不是参与学习记忆唯一的第二信使系统。新近又发现 nalyot（nal）和 latheo（lat）两种突变体。其中 nalyot（nal）基因编码一种与 myb 相关的转录因子 Adf1，可能在幼虫的神经肌肉接头发挥调节突触生长功能的作用。另一种 latheo（lat）突变体幼虫的中枢神经系统极少细胞增生，成虫存在明显的脑结构异常。lat 编码的 LAT 蛋白与起源识别复合体的其中一个亚单元相同，提示 LAT 在细胞增生过程中影响 DNA 的复制。此外，最近已进一步明确 *amn* 基因产物神经肽 AMN 主要表达在蕈状体上方投射的两种神经元中，在 *amn* 敲除背景下恢复这些细胞 *amn* 基因的表达可恢复正常的嗅觉记忆，表明 AMN 神经肽进入蕈状体对正常的嗅觉记忆有决定性作用。蕈状体（mushroom body）被认为是果蝇的学习、记忆中心，它是哺乳动物海马的同源物，而海马是记忆形成和发展的关键区域，这也表明了学习、记忆在进化过程中的保守性。

　　通过简单动物模型的研究可以得到许多有意义的结果，但是对这些低等动物学习、记忆能力的了解只是有关记忆研究中的很小一部分。如果将这些结果应用到脊椎动物和人类则还有很多工作要做。动物由低等发展到脊椎动物，其中枢神经系统在结构和功能上都有显著的变化，表现在突触及其连接趋于多样化，出现了管状中枢神经系统以及脑的形成和分化。而大脑皮层的出现使动物的学习、记忆能力大为提高。以空间分辨学习为例，金鱼经过很多次训练，才能学会在水中游走很简单的迷宫。爬行动物斑龟只经过少量的训练，就能学会走比较复杂的迷宫路线。而哺乳动物，由于大脑皮层的结构更为复杂、细致和精密，因而表现出更高的学习、记忆能力。动物愈高等，新皮层发展也愈快，占全脑总面积的百分比也愈高。海豚是一个例外，它的新皮层占全脑总面积的97.5%，比人类还要高，因而有较高的学习、记忆能力。这正是海豚常被用作军事和娱乐工具的原因，也说明动物的任何一种生理活动都有其结构基础。

二、学习、记忆的个体发展

（一）婴幼儿学习、记忆的发育

新生动物或婴儿何时开始具有记忆能力？这是一个较难回答的问题。1986年De-Casper等的研究获得了惊人结果——出生之前婴儿已经可以保留信息。研究中，他们要求孕妇在怀孕的最后6个星期中，每天读两次散文（1段）。婴儿出生后2~3天，朗读母亲怀孕期间已经读过的段落时，可改变婴儿吸吮的速率。并发现吸吮速率的改变与熟悉的故事有关，而与谁读的无关。出生前没有此经历的婴儿，吸吮的速率无改变，即对朗读散文没有显示出偏爱。这些研究清楚地显示人类的中枢神经系统在出生之前就可以编码复杂的语音信息，并且至少保留这一信息到出生后2~3天。

婴儿对新奇的事物往往会注视更长的时间，如果婴儿注意已出现过的某种刺激的时间短于一个新的刺激，表明他对已出现过的刺激有一定的识别记忆。Friedman等使用一种被称为HNP（习惯化偏爱，habituation-novelty-preference）的方法来测量刚出生一天婴儿的识别记忆。将棋盘给婴儿看，记录婴儿注视棋盘的时间，棋盘反复呈现几次，结果婴儿注视棋盘的时间越来越少。如果每次呈现的都是不同的棋盘，则并不出现此情况，这一实验表明婴儿一出生就具有记忆能力。Cemoch等（1986）的实验则是要求新生婴儿的母亲将一个纱布垫整晚放在腋窝里。第二天，将纱布垫放在婴儿的一边脸颊，从其他妇女腋窝取来的纱布垫放在另一边。结果，母乳喂养的婴儿总是将脸转向有妈妈气味的纱布垫，而人工喂养的婴儿则没有选择性。这表明新生婴儿能够记住母亲的气味。Martin以HNP方法测试婴儿的记忆再认，头一天反复给婴儿（2、3.5、5个月）观看几何图形，共6次，每次30s，第二天重复操作。结果与新图形相比，所有婴儿在第二天注视旧图形的时间减少，较大的婴儿更为明显。事件相关电位（event-related potential，ERP）也可能帮助我们在记忆发展和中枢神经系统成熟之间建立联系。事件相关电位为不连续的视觉或听觉刺激引起大脑短暂的电压变化。不像其他的脑功能检测（如fMRI、PET），事件相关电位可用于婴幼儿。实验中给予婴幼儿一系列简单的视觉或听觉刺激。这些刺激一些是以前经历过的，一些是新奇的。虽然婴幼儿不出现P300的成分，但是当给予熟悉的刺激时，可出现一正向慢波成分。

生后 3 个月左右，婴儿的识别记忆明显改善。出生 6 个月后，幼儿的应用记忆增强，即能在最近发生的事件中获得记忆，并且能在目前事件中恰当地应用这种记忆。应用记忆能用"A 非 B 任务"来证实。"A 非 B 任务"开始时，测试者对婴儿出示一块有两个孔的板，并将玩具藏在其中的一个孔中（A 处），然后用布遮盖两个孔，使婴儿不能看见玩具。数秒钟后，测试者让婴儿寻找藏在孔中的玩具，婴儿通常能找到。这样重复几次后，测试者在婴儿的注视下，把玩具放入另一个孔中（B 处），然后用布遮盖起来。此时如果立即让婴儿去找玩具，通常能找到。但是如果延迟几秒钟，并且让婴儿分心看其他物品后再去找玩具，大多数 6 个月的幼儿仍旧找到 A 处，犯"A 非 B 错误"。约 7 个月以后的幼儿能够经受时间的延迟而不犯"A 非 B 错误"。Bell 等发现婴儿记忆时间的延迟反映在他们的额叶电活动的变化，表明额叶与应用记忆有关。动物实验证明在时间延迟阶段，额叶前背部外侧皮层中特殊神经元极大地活动，使记忆维持。

1～2 岁的幼儿开始形成自我意识。一个经典实验描述了这样一个现象：让孩子在镜子中看自己，然后母亲趁孩子不注意，在他的鼻子上用口红点上一个红点。当幼儿再一次看镜子时，1 岁以下的孩子没有一个去触摸他自己的鼻子。但在 15～24 个月的孩子，看镜子后触摸的鼻子的人数明显增加，这表明孩子意识到镜子中的影像是他自己。在这种能力出现后不久，孩子们开始用称谓代词和自己的名字。出生后第 2 年年底，幼儿能够理解和运用单词的数量有一个"突破"，单词量增加了 4 倍。而且每运用 1 个新词能够理解 5 个新词。

出生第 1 年相应的脑发育是额叶皮质和海马、边缘系统的变化。7～10 个月，额叶前部皮质发生了很大变化。锥体细胞以及抑制性中间神经元的分布加速，突触密度增加，细胞膜结构的分子成分发生变化，谷氨酸受体与其活动的相关分子也发生变化。参与记忆功能的海马在 7～10 个月时已经达到成人的容积。CA3 区的锥体细胞大量分化，它们之间通过颗粒细胞相互连接。海马的这些变化是学习和记忆功能的神经学基础。这个年龄阶段的重要脑发育是边缘系统、内分泌系统与记忆网络的整合。出生第 2 年，皮质第 III 层锥体细胞的树突延长并到达第 IV 层，加强这两层间的联系。第 III 层细胞是胼胝体与联合处轴突的主要起点和终点，它连接两侧大脑半球额叶前部皮质，也是同侧大脑半球内轴突连接的终点。第 IV 层细胞是丘脑背侧正中核，它把信息从相关皮质、网状系统、边缘系统、基底节及小脑传递到额叶前部皮质，因此它涉及体表和内脏活动的协调以及情感行为。此时，额叶前部皮质的树突数量增加；脊柱成熟为成人的形态；突触的密度增加，达到成人值的 150%，第 III 层的抑制性中间神经元延展其树突，形成强大的树枝状树突；GABA 合成达到最高峰。第二年里的所有这些变化都为从两侧大脑半球及丘脑更有效地收集和整合信息创造了条件。感觉性语言中枢和运动性语言中枢以及原始运动皮质的口面区，神经细胞树突明显延伸，突触密度增加，这是语言发育的神经学基础。海马 CA3 区细胞的树突分化明显，而这些树突具有长期记忆潜力。2 岁左右，基底节尾状核和壳核的多巴胺-1 和多巴胺-2 受体达到峰值。多巴胺与认知功能、应用记忆和意识及注意力的形成有关，基底节与认知和运动功能有关。此时，小脑齿状核神经细胞树突的延伸和扩展明显。至第二年年底，大脑和小脑间的连接髓鞘形成，更易于认知功能中多种信息的传递和整合。

(二) 几种动物学习、记忆的发育

刚出生的小鸡所具有的记忆行为引起了学者们很大的兴趣。让一日龄小鸡啄食蘸有苦味的氨基苯甲酸甲酯 (methyl anthranilate) 的小珠,以后小鸡将回避这种颜色的小珠,但仍继续啄食其他颜色的小珠,其记忆可保持数小时至数天。研究表明中间腹内侧上纹状体 (IMHV) 和嗅旁小叶 (LPO) 是参与小鸡记忆形成的关键脑区,IMHV 主要参与记忆形成早期阶段,LPO 主要与记忆形成的晚期阶段有关。这两个核团相当于哺乳动物的联合皮层和基底神经节。一日龄小鸡的学习、记忆行为还可引起神经细胞形态和结构的变化,训练后 12～24h,左侧 IMHV 及双侧 LPO 内部分神经元树突棘密度均有一定程度的增加,另外,被动回避训练 30min 后,前脑突触囊泡空间排列方式发生改变。在小鸡记忆形成过程中,除神经元突触产生显著的变化外,星形胶质细胞也通过调节神经元能量代谢以及微环境内钾离子浓度影响记忆形成过程。

Tully 报道幼蝇形成的嗅觉回避条件反射可以在它蜕变为成蝇后 (8 天) 仍然保持,这一长时记忆是相当惊人的。因为幼蝇的中枢和外周神经系统在变态过程中经历了极为明显的退变、重组及再生等变化。Tully 认为在幼蝇发育快结束时,中枢神经系统由两类不同的神经元组成。一类是功能性的,来自于胚胎发生时期,另一类是非功能性的"成年特异性"神经元,是幼蝇发育过程中逐渐累积产生的。尽管中枢神经系统腹侧区有些神经元在化蛹 (pupariation) 的前几个小时死亡,但脑内和胸腔的大部分神经元在变态后保存下来。幼蝇 5-HT、C A (儿茶酚胺) 以及某些肽能中间神经元都持续到成年,只是在视叶和中央脑区增加了少量神经细胞。因此成蝇大部分的运动和神经调节功能来自起源于幼蝇的神经元。这些因素可能是幼蝇的记忆通过变态发育后仍然保存下来的原因。

有研究者研究了 2、3、4、6、8 周和 13 周的大鼠个体发育与被动回避反应的关系。在习得和保持实验中分别记录从安全岛第一次下来的潜伏期、下降次数、达标所需时间、动物受电击时间,结果 2 周龄幼鼠没有能够掌握此学习任务,6 周龄大鼠在各项指标中成绩最好。Altemus 观察了新生大鼠海马损伤后空间学习记忆能力的变化。大鼠生后 1 天进行双侧海马电损毁,生后 20～25 天、50～55 天、90～95 天分别在 Morris 水迷宫中进行实验。结果显示发育过程中空间记忆缺陷非常显著,而且记忆缺陷与海马损伤的面积和区域有关,这表明海马的完整性对空间学习记忆能力的正常发育非常重要,新生期损伤海马时其他脑结构不能代偿海马的空间记忆功能。有研究者还发现,大鼠生后第一周只有一些较为简单的反射,4～5 周可以掌握复杂的运动学习技能,同步检测脑内神经元形态的变化,结果树突棘和突触数量在出生后逐渐增加,在 4～5 周时,突触显著增大、变厚,结构更为复杂,表明突触的发育与其运动学习技能的发展相一致。Feldman 报道,36 月龄的老年鼠视皮层第 IV 层神经元突触密度比 3 月龄的年轻鼠减少 20%,棘突触与树突干突触的比例也发生变化,棘突触随增龄而减少。树突棘与学习、记忆功能可能有重要关系。突触活动时,树突棘周长也随之增加,这种增加可以是暂时性的,也可以是永久性的。这一变化可能是短期或长期记忆的基础。由于树突棘随增龄而减少,而且皮层锥体细胞顶树突棘膜上出现大量的内陷,这一脑突触功能的降低是老年性记忆下降的原因之一。

　　鸟类发育完好的鸣叫是必须在早期生活的某个有限（关键）时期，通过学习同种的叫声而获得。例如，斑马雀学习鸣叫限制在出生后 80 天内，而金丝雀在每一个季节中都可以学习新的音节来扩充它们的鸣叫内容。Maler 和他的合作者（1993）发现学习鸣叫有明显的特异性。苍头燕雀、斑马雀和雄性白头翁在出生早期的一个特定时期学习鸣叫。它们对属于自己种属的叫声如此敏锐，以至当它们被放到实验室听到其他鸟类的叫声后也不会去学习。更惊奇的是，用磁带把它们的鸣叫和分布区重叠种的鸣叫拼接在一起，它们能从中学习自己种属的鸣叫。因此，即使是将各种声音混杂在一起的情况，这些鸟也能识别它们期望学习的叫声。显然，声音学习通过调节声音输出而发生，直到由鸟建立声音反馈，使叫声与其同类的叫声相符。所有这些发现更正了这样一点：新生神经系统已经包括了去学习什么行为和什么时候学习的详细信息。

（三）学习、记忆个体发育过程中的几个问题

1. 幼年动物记忆力一定低于成年动物吗？

　　一般认为，个体发育早期的动物和人由于其大脑处于相对未成熟状态，学习、记忆能力明显低于发育成熟期，其原因可能与有效学习和记忆所必需的关键记忆系统在早期尚未发育有关。但是问题的复杂性是，大脑正处于发育中的动物可能比一个大脑发育完全的动物具有更强的学习能力。其原因是他们的神经系统具有强烈的可塑性，易于被经验影响。下面的实验表明幼鼠在某些类型学习、记忆能力比成年鼠更强。

　　复合条件刺激（conditioned stimulus，CS）与非条件刺激（unconditioned stimulus，US）配对形成的条件反射弱于其中一种 CS 单独和 US 配对形成的条件反射，称为弱化（overshadowing），而强化（potentiation）与之相反。比较断奶前大鼠和成年大鼠对复合刺激形成条件反射的大量实验中，发现断奶前大鼠更容易显示强化，而成年鼠显示弱化。这一结果具有相当的普遍性，而且在不同的复合条件刺激，如两种气味，两种奖励物，一种气味、一种奖励物，光和声音等情况时，幼鼠学习能力均明显强于成年鼠。

　　一个刺激在条件反射训练前就呈现，所造成条件反射建立的困难称为潜伏抑制（latent inhibition）。年龄非常小的幼鼠比稍大的幼鼠更难展现潜伏抑制。少量的 CS 提前呈现实际上易化了幼鼠的条件反射的建立，而 CS 同样的呈现却损害成年鼠条件反射的建立。在条件反射训练前给予断奶前大鼠少量的 CS 呈现，结果年纪小的幼鼠更易建立条件反射。

　　对成年大鼠来说，不同的 CS 与 US 的结合建立条件反射的难易不一样，某些条件刺激可能更易形成条件反射，这一现象称为选择性联合（selective association）或线索—结果特异性（cue-to-consequence）。大鼠可以学会听觉刺激和足电震之间以及某种味觉和 LiCl 之间的联合，但是要建立味觉与足电震、音调与 LiCl 之间的联合则是极为困难的。幼鼠也有线索—结果特异性。但是，这种影响在 2 周龄的幼鼠中相对较弱。某些条件刺激和非条件刺激的结合，2 周龄大鼠比 3 周龄大鼠学得快。例如，在成年大

鼠，建立与足电震配对的味觉厌恶条件反射是极为困难的，但在 5 日龄和 10 日龄大鼠却很容易。蔗糖溶液与足电震 6 次短时间的配对足够使幼鼠产生对蔗糖溶液较强的厌恶。而 15 日龄大鼠建立同样的条件反射需要增加 50% 的训练次数。

两个中性刺激同时呈现而不伴随 US，然后其中一个中性刺激和 US 配对形成条件反射，如果另一个中性刺激单独呈现也能产生条件反射，则发生了感觉的前置条件反射（sensory preconditioning），表明在两个中性刺激之间建立了某种联系。对于这样一种学习两个中性刺激之间关系的程序，新生大鼠明显强于成年大鼠。例如，香蕉和槭树气味同时呈现给大鼠而不伴随 US，再让槭树气味与足电震配对，形成对槭树的厌恶反射，然后单独将香蕉呈现，观察大鼠对香蕉的厌恶条件反射。结果，年龄越小，越容易建立这一反射（8 日龄＞12 日龄＞21 日龄）。

熊鹰等采用学习记忆行为和离子通道动力学特性测定相结合的方法，观察到发育早期大鼠在爬杆主动回避反应中，习得和保持能力均明显强于成年大鼠。同时，发育早期大鼠训练后 NMDA 受体通道出现 50pS 电导，而且 35pS 通道开放时间和开放概率增加，35pS 通道长开放成分增多，有长簇状开放。而成年大鼠 20pS、35pS 通道关闭时间常数明显长于年轻大鼠。这可能是成年大鼠学习记忆能力低于早期发育大鼠的原因之一，由于 NMDA 受体通道动力学特性的变化对于学习记忆十分关键，因此，其开放、关闭时间的长短，以及开放概率的高低将显著影响发育过程中记忆的变化。

为什么幼鼠在某些时候比成年鼠学得快，而在另外一些时候比成年鼠学得慢？如果幼鼠总是学得快或总是学得慢，那么可能是在早期发育过程中存在或缺乏一个记忆系统，这样可以解释年龄相关的记忆差异。如果真的像大多数人认为的那样，幼鼠学得慢，那么这样的假定是合理的：在生命的早期，学习记忆机制是无效的，或者说缺乏一个关键的记忆系统，此记忆系统在随后的发育过程出现，促进更为有效的学习。而事实上，幼鼠某些时候又比成年动物学习能力强，因此，目前的研究无法解释这一令人困惑的问题。

2. 铭记

如果让刚孵出的小鸭一直和母亲在一起，当母亲离开窝穴时，它也跟着离开。Ramsey 和 Hess（1954）把用孵卵器孵化的小鸭放在有一只木制的成年模型鸭的跑道中，发现小鸭在孵出后 12～20h 最喜欢跟着模型鸭走；但是，如果让小鸭孵出后单独隔离 30h 左右，再置于跑道中，这种跟随反应便不再出现。以后的实验进一步表明，在出生后适当的时候一只小鸭还可形成对其他物体如彩色立方体、球、甚至人的依恋。幼年动物在生命早期对母亲或某些物体的依恋现象称为铭记（imprinting）。Schein（1963）发现，幼年火鸡如果经常被抚摸，它们对饲养人员就形成了铭记，成年后这些火鸡对人产生了强烈的依恋。当人进入鸡圈时，雄火鸡便立刻对人发生求偶行为。因此，铭记通常在新生动物生命早期的某个关键阶段发生，一般刚出生时产生的铭记效果最好，出生一两天后，效果就减弱了。如果这个时期不发生，以后就永远不会出现这种行为。另外铭记不只可以通过视觉通路产生，也可以通过其他感觉通路产生。例如，在鸟类听觉铭记较为常见，甚至在蛋的孵化期就能对声音产生铭记。正常的雄性苍头燕雀大约在生后 9 个月左右开始鸣叫。如果在此期间内与其他苍头燕雀隔离，它成年时鸣叫便不正常。

白冠雀鸣叫也有同样的现象。铭记是多种动物发育过程中的一种重要学习形式。

谷氨酸敏感的受体与很多形式的神经可塑性和学习过程有关。McCabe 等（1984）研究了谷氨酸、NMDA 在铭记中的作用。小鸡刚出生时会对看到的明显目标产生依恋。他们训练小鸡依恋一个旋转的盘子，形成铭记后，发现前脑左侧 IMHV 谷氨酸的结合增加 59%，右侧 IMHV 没有改变，而且这一变化不是由于光刺激、惊醒或运动的影响，而是与小鸡铭记学习特异相关。谷氨酸的增加可能与加快铭记学习过程中信息储存关键区突触传递的效率有关。进一步的研究发现左侧 IMHV 区 NMDA 结合位点直到铭记训练后 6～8.5h 才增加，在 0.5h、3h、6h 均无变化，右侧 IMHV 区 NMDA 结合位点训练后 8.5h 也无变化；损伤小鸡右侧 IMHV，左侧注入 NMDA 受体拮抗剂 AP5（0.7nmol）损害铭记学习，而将 AP5（0.7nmol）注入左上副纹状体对铭记无影响，由此提示左侧 IMHV 的 NMDA 受体在铭记学习过程中起重要作用。在上述研究基础上，Rogers 发现铭记学习后 7～8h，左侧 IMHV 谷氨酸受体数量和亲和力均增加，而左侧 AS/LPO 谷氨酸受体亲和力增加，但数量不增加。左侧的 AS/LPO 以前被认为与被动回避反应的获得有关，从这一实验表明可能还与铭记的记忆形成有关。

铭记学习选择性增加小鸡特定区域 PKC 底物的磷酸化。Sheu 等（1993）研究了铭记对小鸡前脑 IMHV 和 wulst 区（包含躯体感觉和视觉投射区）PKC 底物 MARCKS 和 F1/GAP43 磷酸化的影响。铭记学习后，左侧 IMHV 区 MARCKS（pI 为 5.0 的组分）蛋白质磷酸化显著增加，F1/GAP-43 无变化。右侧 wulst 区 F1/GAP-43 的磷酸化与铭记成绩呈负相关，铭记导致 MARCKS 的改变与不同的磷酸蛋白组分、大脑半球位置脑区有关，研究者认为这些改变可能是铭记发生的中心环节。铭记与 c-fos 的表达也有关系。例如，让小鸡分别接受铭记训练或在黑暗中饲养，成绩好的比成绩差或在黑暗中饲养的动物 IMHV 区 Fos 免疫阳性核团显著增多，而且 IMHV Fos 阳性反应神经元96.5%显示 PKC 反应阳性，表明在与铭记有关的 IMHV 神经元，依赖于 PKC 的磷酸化可能是c-fos激活的必要条件。

Rogers 认为铭记学习伴随脑内大量的细胞反应过程。每一过程在某些脑区持续一段特定的时间，并累积导致突触结构的修饰。在小鸡脑内，NMDA 受体在发育、记忆形成以及敏感期产生过程中均起重要作用，这一点与它在哺乳动物脑内神经可塑性的作用相似。从小鸡的研究中有两个重要发现：第一，记忆形成发生在前脑的多个位点，而且记忆似乎从一个位点向另一个位点"飘移"，当它移动时，在每处留下神经化学踪迹；第二，记忆位于左右半球前脑的不同地方或者不同的亚细胞过程中。

3. 经验影响脑发育

许多动物和人类的行为都是由它的早期经验所塑造的。猫头鹰是研究这一行为模式的一个对象。某种外加的光学透镜能改变经验模式。对于猫头鹰的捕食来说，大脑在空间定位声音来源的方式是非常重要的，是靶行为。当猫头鹰从小被戴上三棱镜饲养后，镜子改变了水平方向的声音定位。但猫头鹰根据视力区域的移位，逐渐学会了调节自己的听觉方位确定。结果，猫头鹰通过透镜仍能断定声音的来源。这种调节是通过一种变化介导的。这一变化包括中枢听觉通路的神经元反应特性和此通路的解剖变化。戴透镜视觉感受的能力转变成声音定位的行为是逐渐形成的。猫头鹰的大脑调节视觉区域改变的时间根据动物生存的环境来决定。另一方面，摘掉棱镜后，从出生后 200 天到以后的整个一生，猫头鹰均仍可恢复原来状态。环境因素对这一调节过程是非常重要的。摘掉棱镜后，已适应戴棱镜的猫头鹰重新获得正常声音定位的能力受环境的影响。无法飞出的笼养猫头鹰在新的视觉修正为听觉过程受年龄的限制最大。自由飞翔的鸟场饲养的猫头鹰表现出更大的可塑性。鸟场中的年轻猫头鹰完成转化的时间最长（200 天），而成熟的猫头鹰在任何年龄均能在摘掉棱镜后恢复到原正常情况。其原因可能是，正常的声音定位通路在猫头鹰一出生时是紧密接近的，即这些通路是早已经建立起来的。来源于这一模式的资料可被用来扩大我们对其他更复杂的发育影响的神经基础的理解。

4. 早期记忆丢失

前已述及刚出生 1 天的婴儿可按照不同的方式记忆，奇怪的是成年人几乎不能回忆三四岁以前发生的事情。这一不能回忆早年记忆的现象称为早期记忆丢失（infantile amnesia）。最初由 Waldfogel（1948）描述，以后有较多的研究者证实早期记忆丢失是一个确实存在的现象，但是它产生的原因是什么？或许，最简单的解释是小于 4 岁的幼儿不能对事件和情景产生记忆。因此当要求再现早期的经历时，他们缺乏相关的记忆。但是，这一理论显然不正确，因为很多实验表明 4 岁的孩子能够非常清楚的回忆他们 2 岁左右时在儿童乐园游玩的情景。

Perner 提出了令人感兴趣的解释。让 3 岁或 4 岁的儿童看着一个物体放入盒子内，并告诉他们是什么东西放入盒子内，或者什么也不告诉。稍后，再询问孩子们盒内装有何物，所有的孩子都能正确回答。然而，只有 4 岁儿童能够解释为什么知道（例如，看见物体被放进去或者被告诉物体在那儿），他们已懂得所见物体与所知道的物体之间的关系，4 岁儿童已具备一种称为"自发理性意识"（autonoetic awareness），即意识到以前已经历过一种状态或事件的能力。早期记忆丢失则可解释为幼儿不能根据这样一种方式编码经验，因此早期经历的记忆实际是存在的，只是以不再允许个人意识到它们是特殊经历的记忆方式而存在。

神经生物学的观点认为早期记忆丢失可能是由于中枢神经系统的某一部分发育不成熟所造成的，以往认为主要与婴儿期边缘系统不成熟有关。但 Bachevalie（2002）采用配对-比较观察任务的方法证明，刚出生不到一个月的幼猴也具备依赖边缘系统的再认记忆系统，若损伤幼猴的杏仁核和海马，这一记忆丧失，提示即使在非常幼小的年龄，边缘系统在视觉再认记忆中也发挥关键的作用。因此，目前尚不能断定记忆丢失究竟是由于脑内哪一部分结构和功能发育未成熟造成的。Bachevalier 认为经验以两种方式进入记忆：① 以认知信息的形式储存在皮层-边缘系统-下丘脑系统（包括皮层高级感觉区、杏仁核、海马、内嗅皮层、内侧丘脑核、腹内侧梨状皮质基底前脑）；② 以习惯（habituation）的形式储存在皮质—纹状体系统（包括感觉皮质、尾核和豆状核）。对幼猴及人类行为发展的研究表明，这两个系统在发育过程是分离的，认知记忆系统的成熟比习惯系统迟得多，但有些依赖边缘系统的记忆过程如上述幼猴的视觉配对比较任务，却发育得非常早。因此，发育的不同时段，记忆的形成和发展是极为复杂的，目前的研究尚不能解释早期记忆丢失这样一个令人困惑的现象。

三、LTP 和 LTD 在学习、记忆发育过程中的变化

以短串高频电流刺激海马的兴奋性传入纤维，海马的突触传递可在数秒内增强，其增强效果能持续数小时至数周，这一现象最先由 Bliss 和 Lomo（1973）观察到，称为突触传递的长时程增强（long-term potentiation，LTP）。LTP 是突触活动的易化现象，被视为突触可塑性的一个模式，习惯上把具有这种性质的突触称为可塑性突触。1982年伊藤正男发现，以 4 次/s 的频率同时或间隔 20ms 刺激前庭神经及橄榄核，持续 25s左右，可以抑制单刺激前庭神经引起的普氏细胞兴奋作用，表现为普氏细胞内记录到的兴奋性突触后电位减少，这种抑制作用可长达 1～3h 以上，称为长时程抑制（long-term depression，LTD）。随后在多种动物的海马和其他脑区均证实 LTP 和 LTD 现象的存在。由于 LTP 和 LTD 所具有的协同性、特异性、长时性等特点，目前已被认为是学习、记忆的神经基础。

LTP 和 LTD 是构成学习、记忆神经基础两种相反的激活依赖的可塑性，表现了发育过程中突触连接的协调一致。海马 LTP 和 LTD 的表达在大鼠出生后头 3 周有明显的变化，而此时期正是建立突触联系的关键时期。LTP 仅在大于 2 周的大鼠可观察到，而 LTD 却在出生后头 10 天更为显著。LTP 和 LTD 的这种互补的表达方式很可能对正常的突触连接方式和早期学习、记忆的形成是非常重要的。然而，对于海马突触传递和长期可塑性的基本性质还有很多争论，构成这些发育改变的机制并不清楚。这一不确定，部分是由于记录单个配对的海马神经元之间突触联系的技术上的困难，目前大部分研究依赖于记录群体突触前和突触后细胞电位。Bolshakov 等采用以下两个新的途径记录海马脑片上单个 CA3 和 CA1 锥体神经元之间的突触传递：① 双重全细胞膜片钳记录；② 局部刺激单个突触前 CA3 神经元胞体，以全细胞记录突触后 CA1 神经元电位，研究了海马递质释放和突触可塑性的发育变化。从脑片成对的锥体神经元记录显示，CA3 神经元的一个动作电位仅仅导致一次量子式的递质释放作用于 CA1 神经元，突触传递与递质释放概率有关。4～8 天大鼠递质释放的概率（Pr）是 0.9，2～3 周龄大鼠却低于 0.5。LTP 的产生是由递质释放概率增加所引起的，因此新生大鼠缺乏 LTP 可由 Pr 在此时几乎是最大值这样一个事实来解释，诱导 LTP 产生的能力与 Pr 在发育中逐渐降低有关。为了确定是否较高的 Pr 确实造成了 4～8 天大鼠 LTP 的缺乏，在 4～8天大鼠脑片灌流液中减少 Ca^{2+}，增加 Mg^{2+} 以降低 Pr，结果诱导了 LTP 的表达。因此，4～8 天大鼠较高的初始 Pr 是阻断此阶段 LTP 产生的关键因素，但也是 LTD 容易诱导的重要原因。大鼠其他脑区，如视皮层、躯体感觉皮层展现与海马相反的发育调节过程，LTP 在出生后一周消失，因此脑内突触可塑性并非一固定模式，而是在不同的区域有不同的调节机制，这有利于发育和记忆相关功能的产生。

Chabot 等（2002）认为年幼大鼠海马 Schaffer 侧支—联合纤维突触不能产生 LTP反映了 LTP 的表达是一个变化的细胞过程，幼鼠可能缺乏诱导 LTP 的某些机制。例如，钙离子不能通过 NMDA 受体通道内流，磷脂酶 A_2（phospholipase A_2，PLA_2）活性降低等。由于 AMPA 受体在 LTP 的产生中也有重要作用，Chabot 等研究了大鼠发育过程中由 KCl 诱导的端脑突触神经小体（synaptoneurosome）[³H]AMPA 结合位点

的增加与海马脑片 LTP 的关系。KCl 诱导的端脑突触神经体的去极化导致成年大鼠 $[^3H]$AMPA 与膜结合增加 $(40\pm5)\%$，而在 25～30 天和 15～20 天的大鼠却分别减少 到 $(24\pm5)\%$ 和 $(15\pm5)\%$，在 5～10 天大鼠仅为 $(6\pm5)\%$。与此相同，成年大鼠海 马 CA1 区 LTP 的产生更为显著 $(40\pm5)\%$，25～30 天大鼠减少为 $(30\pm5)\%$，LTP 在 5～10 天大鼠海马 CA1 区缺乏 $(3\pm5)\%$。表明发育过程中 AMPA 受体性质的变化 在 LTP 产生中起关键作用。

　　PLA₂ 在突触可塑性中具有重要作用。LTP 由 NMDA 受体激活产生，被 PLA₂ 抑 制剂阻抑。幼年和成年大鼠脑内 PLA₂ 与突触可塑性的关系是不一样的。低频电刺激幼 鼠（出生后 10～15 天）脑片 Schaffer 侧支—联合纤维通路产生突触传递的 LTD。以 5Hz 刺激 5min，30min 后，对刺激通路的反应降低 36%，而对投射到相同的神经元群 的非刺激通路只降低 20%。在 NMDA 受体拮抗剂 AP5 存在时，刺激难以引起同突触 （homosynaptic）LTD 的产生。PLA₂ 抑制剂（bromophenacylbromide，BPB）也显著 减少刺激和对照通路 LTD 的峰值。LTD 伴随双脉冲易化的降低，提示递质释放的改 变，BPB 增加谷氨酸与 AMPA 受体的亲和力和反应性。Fitzpatrick 的实验表明，某些 相同的生化级联反应如 PLA₂ 刺激的 NMDA 受体的激活，AMPA 受体性质的改变在成 年和幼年大鼠产生相反的效应。其原因可能与细胞膜不同的脂质成分以及 AMPA 受体 不同的亚单位组成有关。突触可塑性机制在发育和成年大鼠的差异对于理解学习、记忆 的机制具有重要意义。

　　Ito 研究了 NMDA 受体 ε1 亚单位基因敲除小鼠的 LTP 生后发育。以 2～3 周、5～ 6 周和 9～10 周基因敲除小鼠为实验对象，观察了 NDMA 受体通道调制的突触电流和 海马脑片 CA1 锥体神经元的 LTP。NMDA 受体通道电流在野生型和突变型小鼠都随增 龄而降低，但在所有年龄组中，突变小鼠电流均只有野生型的一半，突变小鼠的 LTP 也降低，但是与 NMDA 受体通道电流相对比，LTP 减少的程度却与年龄相关，在 2～ 3 周减少到最低，随后一直进行性的发展直到成年，野生型小鼠在 9～10 周时强直刺激 使 PS 幅度增加 26%。

　　Teyler 观察了海马和视皮层在发育早期 LTP 的变化。海马和视皮层都是在突触形 成的早期阶段，生后 6～10 天就产生了 LTP，NMDA 受体在海马和新皮层 LTP 产生中 均有作用。生后 5 天内，海马和初级视皮层的 LTP 几乎不产生；生后 15 天是 LTP 强 化的高峰，其幅值是生后 60 天大鼠 LTP 的两倍多；在成年时期维持一个低稳定水平， 在新皮层也显示在生后 15 天有一个相同的峰值反应，成年稳定期只有峰值的一半。 LTP 对于正在发育中的哺乳动物脑的激活依赖的传导性谷氨酸能突触的形成是非常重 要的。Durand 以全细胞记录和激光共聚焦技术研究发育最早阶段海马的谷氨酸能突触 的变化，发现在生后的第一周，海马谷氨酸能神经网络通过前体转化逐渐变得有功能 性，由单纯的 NMDA 突触变成 NMDA/AMPA 突触，这一功能性突触的诱导由 LTP 引起，表明海马 LTP 不只是在发育的后期阶段才发生，而且它的诱导也不一定需要树 突棘。

　　我们采用在体海马 LTP 记录方法，研究了 1 月龄、2 月龄、6 月龄大鼠 LTP 的发 育变化特点，结果显示，1 月龄大鼠海马 CA1 区 LTP 诱出率最低，2 月龄、6 月龄大 鼠诱出率均高于 1 月龄大鼠；串刺激后，2 月龄大鼠平均峰潜期显著缩短，而 1 月龄、

6月龄大鼠无明显变化；各年龄组大鼠 PS 峰值在串刺激后均明显增加，2 月龄大鼠 PS 增幅最大。这一结果表明 2 月龄大鼠 LTP 效应强于其他年龄组，与前面的行为实验结果很相符。

Barnes 研究了老年大鼠和年轻大鼠 LTP 的差异。在老年大鼠（28～34 月龄）和年轻大鼠（10～16 月龄）分别埋植刺激和记录电极，刺激齿状回的传入纤维——前穿质纤维，在颗粒细胞记录群体锋电位和场兴奋性突触后电位，发现老年鼠 LTP 效应远比年轻鼠差，而同时老年大鼠在空间分辨学习任务中记忆力较差，表明发育过程中 LTP 效应与学习、记忆紧密相关。

四、基因敲除与学习、记忆

大脑的基本构筑是由基因特异决定的。但脑发育和功能的很多方面具有动态和适应性的特点。发育过程精密的时间空间整合程序，反映了基因及基因外因素的相互作用。学习、记忆的产生机制也是遗传和渐成（epigenetic）之间关系的反映。特定的行为是由单一基因还是多个基因控制这一问题早在本世纪初就引起了较大的争论，以后较为一致的观点是认为任何复杂的行为都是由多个基因控制。系统地研究基因调控学习、记忆行为始自于 Benzer 和他的同事（1967），他们发现果蝇的一种单基因突变体不能学习简单的嗅觉任务。从这一研究以及随后其他关于人类智力障碍的遗传研究清楚地看到，基因的损伤可以引起特异的学习障碍。传统遗传学方法是利用细胞表型的改变筛选含自发突变基因或诱发突变基因的细胞，然后从突变体分离和鉴定突变基因，这种方法周期长、盲目性大，而且还不能进行定点突变。因此，要搞清楚基因如何调控学习、记忆是相当困难的。基因敲除（gene knockout）是用含有已知序列的 DNA 片段与受体细胞基因组中顺序相同或非常相近的基因发生同源重组，整合至受体细胞基因组中并得以表达的一种外源 DNA 导入技术。一般是用突变的基因敲除相应的正常基因，也可以用正常基因敲除突变基因。利用这一方法不但可以改变细胞的基因型，还可改变小鼠等哺乳动物的基因型以产生转基因动物。对于研究基因在发育和学习、记忆这样涉及多种生理、生化反应的复杂过程是一个极为有用的研究手段。

1992 年，Silva 等首次报道应用基因敲除技术研究钙/钙调蛋白激酶 II（α-CaMKII）基因在小鼠学习、记忆和 LTP 中的作用。先构筑了含小鼠 α-CaMKII 基因序列的质粒，该序列中插入 neo 基因，将质粒转入 ES 细胞，以 Southern 杂交筛选含同源整合外源基因的 ES 细胞，注入囊胚，转入假孕母鼠体内，产生雄性嵌合小鼠，与正常雌性小鼠交配得到 F$_1$ 代杂合体，相互杂交产生 F$_2$ 代，经筛选得到 α-CaMKII 基因敲除小鼠纯合体。结果发现，突变小鼠海马和新皮质的细胞构筑没有变化，体重、旋转和嗅觉及交配行为、电压依赖的 NMDA 受体通道的功能均正常，但海马脑片 LTP 的诱导成功率仅为 2/16，而野生型为 9/11，并有严重的空间学习记忆障碍，表现在 Morris 水迷宫中可见平台、隐藏平台和探索实验均明显异常。这一实验显示了一个已克隆基因的突变与哺乳动物特异的学习缺陷相关联，表明单个遗传因素的改变对学习、记忆形成和发展产生选择性的、强烈的影响。

利用基因敲除小鼠能够同时从空间和时间角度观察目的基因的活动规律，能有机地将分子、细胞和整体水平的研究统一起来，可以在活体水平上，不破坏原有系统性的前提下，对学习、记忆这一复杂脑内过程进行极为有效的研究。因此，国际上多家实验室采用此方法迅速展开了研究工作。GluRε 是组成 NMDA 受体通道的亚单位之一，Sakimura 等（1995）建立了 *Gluε1* 基因敲除小鼠模型，发现其 NMDA 受体通道电流和海马 CA1 区 LTP 显著减少，空间学习能力也有缺陷，此结果进一步证实 NMDA 受体通道依赖的突触可塑性是学习、记忆的细胞基础。另外，*GluRδ2* 基因敲除小鼠的运动协调能力、浦肯野细胞突触结构以及小脑的长时程抑制（long-term depression，LTD）也有明显障碍。mGluR 有 7 个亚型，*mGluR1* 在海马和小脑的密度很高，*mGluR1* 基因敲除的小鼠，其海马的大体解剖、兴奋性突触传递、LTD 以及海马 CA1 区短时程易化均正常，但 LTP 幅度明显降低，恐惧性条件反射的习得和保持也有障碍。在随后的实验中又发现，这一突变小鼠小脑 LTD 的诱导有严重障碍，而且，瞬膜条件反射也有明显损害，证实小脑 LTD 与瞬膜条件反射密切相关。*mGluR2* 在海马苔藓纤维-CA3 突触的突触前表达，*mGluR2* 敲除小鼠的脑大体解剖、突触传递的基本功能、双脉冲易化以及强直刺激苔藓纤维-CA3 突触诱导的 LTP 均正常，而且，在水迷宫空间学习任务中也无障碍，但低频刺激却不能诱导 LTD 的产生，表明突触前 *mGluR2* 是诱导苔藓纤维-CA3 突触产生 LTD 必需的。*mGluR5* 突变小鼠在 Morris 水迷宫以及恐惧条件反射中均有明显障碍，CA1 区 LTP 诱出减少，但 CA3 区 LTP 正常。

敲除 *CREB* 基因 α 和 δ 同源体的小鼠，一般神经行为正常，在恐惧性条件反射和水迷宫实验中表现为短时记忆（持续 30～60min）正常，而长时记忆缺陷，海马脑片 LTP 的幅度较小，在诱导后 90min 即降至基线水平。敲除果蝇 *CREB* 基因也发现长时记忆明显受损。calbindin D28K 是 Ca^{2+} 结合蛋白的一种，在很多神经元含量非常丰富，包括海马 CA1 区锥体细胞，*calbindin D28K* 基因敲除小鼠，其 LTP 和空间学习均发生障碍。编码非受体酪氨酸激酶的 *fyn* 基因突变小鼠 LTP 和空间学习记忆能力受到损害；PKCY 突变小鼠 LTP 的诱导明显障碍，空间及暗示学习正常；*NCAM* 基因突变小鼠在 Morris 水迷宫测验中显示明显的空间学习及探究行为障碍，而活动性和运动能力正常；*c-fos* 突变小鼠在简单的学习模式（T 迷宫）中学习能力完全正常，而在复杂的学习行为（Morris 水迷宫）中则有明显的缺陷；*zif268* 基因敲除的突变型小鼠，发现其海马齿状回中存在 LTP 的早期成分（early LTP，E-LTP），但缺乏晚期成分（late LTP，L-LTP），空间和非空间的短期记忆存在，但长期记忆存在障碍。

最近报道的所谓"第二代基因敲除小鼠"在技术上的进步之处主要是对基因在特定的区域和时间的表达进行控制，如 Mayford 报道特异性的敲除外侧杏仁核和纹状体的 α-CaMK II 基因，导致内隐记忆产生缺陷；Tsien 等采用 CRE-loxP 系统产生了前脑神经元基因条件性敲除的突变小鼠，其海马 CA1 区神经元 NMDA 受体的 NR1 基因缺失后，发现该亚区突触缺乏 LTP，同时导致严重的空间学习能力受损。

基因敲除技术允许科学家极为精确地操作单个基因，遗传的改变非常清楚，可以研究以前经典遗传学无法了解的基因的表现型效应，对于研究发育过程学习记忆变化的分子机制及基因调控具有重要价值。关于这一方法目前争论的一个焦点是学习、记忆以及 LTP、LTD 等表型的改变究竟是不是由于突变的靶基因造成的？Gerlai 指出，目前对基因敲除结果的解释忽略了背景基因的作用。由于敲除的基因在胚胎发育全过程都缺失，机体可能产生一种雪崩式的代偿过程（上调或下调基因产物），引起表型的第二次改变。要解决复杂的发育背景问题，在时间、范围和程度上对基因敲除进行控制是必需的。另外，在操作过程中避免同时使用遗传背景不同的小鼠也是克服背景基因作用的一个较为简便有效的方法。

（阮怀珍　熊　鹰撰）

第四节　脊髓的可塑性

中枢神经系统（CNS）的可塑性（plasticity）是指在环境变化或受伤时，神经的结构与功能发生相应变化的能力。低等动物 CNS 的可塑性很强，高等动物则减弱，哺乳动物更弱。脊髓是 CNS 的低级部位，与脑一样具有可塑性。由于脊髓受伤后会使机体特别是肢体出现瘫痪，严重者可导致功能丧失，生活不能自理，严重影响生活质量。因此，通过对脊髓可塑性的研究回顾，分析并寻找与脊髓损伤修复有关的促进因素，可为脊髓损伤修复的治疗及深入探讨脊髓发育调控机制提供参考，有重要价值。本节对脊髓可塑性的研究现状与进展做一简介。

一、神经可塑性

神经可塑性研究一直是神经科学家们最感兴趣的热门领域，它被认为是神经系统对外来刺激的适应性改变。从可塑性的原始英文词义上讲，可塑性是指某结构具有可变的能力，而神经再生是指切断的神经纤维寻其原路径的出芽。两者既有区别又有联系。从广义上讲，可塑性应包括侧支出芽和再生。因此，再生是可塑性中的一种特殊情况。19世纪末和20世纪初，科学家们发现鱼类、两栖类和低级脊椎动物的中枢和外周神经系统的神经组织、细胞在损伤后能再生。而在哺乳动物，当时认为除外周神经损伤后能再生外，中枢神经损伤后不能再生。这种观点一直影响哺乳动物中枢神经可塑性的研究致使该领域研究进展缓慢。直到20世纪中叶，Liu 等提出成年哺乳动物的 CNS 也具有较大的可塑性后，中枢神经可塑性研究才得以方兴未艾。

50 多年来，基于神经再生和神经侧支出芽这一神经可塑性的两个基本点，科学家们从生物学、生理学、形态学、分子生物学等多方面对神经可塑性现象进行了大量研究和阐述。

（一）周围神经的可塑性

1. 周围神经纤维的再生

切断周围神经纤维后，其损伤远侧段的神经纤维的轴突和髓鞘即发生溃变，但包裹神经纤维的基膜仍保留呈管状。此时，施旺细胞大量增生，一面吞噬解体的轴突和髓鞘，一面在基膜管内排列成细胞索，靠近断口处的施旺细胞可形成细胞桥把两断端连接起来，随后近侧段神经纤维轴突末端长出轴突支芽越过施旺细胞桥并进入基膜管内。当其中一支沿着施旺细胞索生长并到达原来神经纤维末梢所在处，则再生成功（图 14-3 ）。

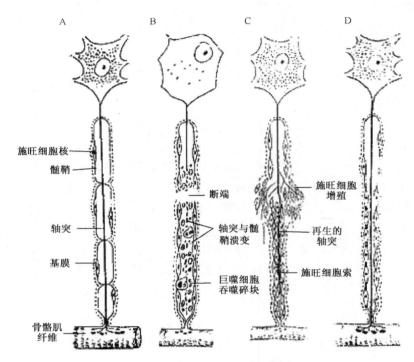

图 14-3　周围神经的溃变与再生图解

A. 正常神经纤维　B. 神经纤维断离处远端及近端的一部分髓鞘及轴突溃变　C. 施旺细
胞增生，轴突生长　D. 多余的轴突消失，神经纤维再生完成

2. 神经的侧支出芽

当神经受损后，邻近的未受损的神经纤维可发生侧支出芽。长出的枝芽再分布到损伤神经的投射区，这种现象称为侧支出芽（colateral sprouting），如图 14-4 所示。侧支出芽是神经损伤后神经系统存在的普遍现象。侧支出芽的存在为神经网络的重建和功能的部分修复奠定了基础。但错误的网络连接也可导致异常疼痛的产生。

（二）中枢神经可塑性

1. 中枢神经纤维的再生

中枢神经纤维的再生远比周围神经再生困难。尽管文献报道损伤的中枢神经有一定的再生能力，但再生程度与周围神经相比有极大的差别。中枢神经纤维无施旺细胞，也无基膜包裹。当中枢神经纤维受损伤时，星形胶质细胞增生肥大，在损伤区形成致密的胶质瘢痕，大多数再生轴突不能越过此胶质瘢痕；即使能越过，也没有如同周围神经纤维那样的基膜管和施旺细胞索引导再生轴突到达目的地。所以，中枢神经纤维损伤后常导致脊髓或脑功能的永久性丧失。数十年来，不少科学家为研究中枢神经再生仍在不懈努力。

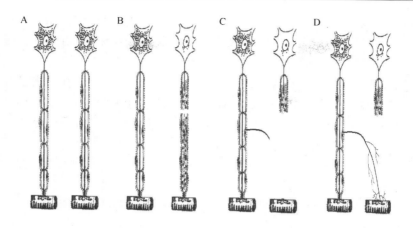

图 14-4　神经损伤后纤维侧支出芽过程

A. 两条相邻的神经纤维支配相应的靶器官；B. 神经纤维损伤后部分髓鞘和轴突发
生溃变（右）；C. 神经纤维开始出芽生长（左）；D. 神经纤维出芽生长
代替右侧神经纤维支配靶器官（左）

2. 中枢神经的侧支出芽

由于中枢神经的再生非常困难，所以中枢神经系统损伤的修复方式主要是侧支出芽。Raisman（1969）用电镜定量技术证实 CNS 内未受伤的神经纤维可通过侧支出芽参与形成新的突触，使因受伤而丢失的突触数量得以恢复，进而使某些功能得以代偿。

3. 中枢神经系统的可塑性可分为脑的可塑性和脊髓的可塑性两类

1976 年，Tweedle 发现视上核具有可塑性，接着又发现了大脑脚间核、齿状回、小脑皮质和黑质及海马都具有可塑性。在过去的 50 年，科学家们在中枢神经再生机制研究方面做了大量工作。特别在脊髓可塑性研究方面取得了重要进展。在已了解神经可塑性现象的基础上，以下对脊髓可塑性研究做一回顾性总结。

二、脊髓的可塑性

（一）脊髓可塑性的发现

1958 年，Liu 和 Chambers 用备用根猫脊髓可塑性模型，首次证实哺乳类动物的中枢神经系统具有可塑性。他们切断成年猫脊髓一侧的腰骶背根，只留下中部的一条背根，经过 280 天或更长时间后，再切断备用背根及其对侧相同平面的背根（正常背根）。用溃变银染色技术比较两侧背根传入纤维进入脊髓后向头尾侧方向投射的范围与密度的差别，结果提示：当脊髓一侧的部分背根初级传入纤维被切断后，因脊髓后角和中间部一些靶神经元失去部分传入纤维的支配，从而导致邻近完好的保留的背根初级传入纤维向失去传入纤维支配的损伤区发生侧支出芽，通过扩大备用根终末的分布范围和密度，以代偿邻近因背根切断而溃变的神经终末。在另一个实验中，他们在猫延髓内切断一侧锥体束，在损伤一定时间后，再切断脊髓颈八平面两侧相应的背根。结果发现当脊髓一侧的下行传导束纤维被切断后，背根初级传入纤维也可发生侧支出芽以代偿因中枢源性损伤溃变丢失的神经终末。Liu 和 Chambers 的研究结果打破了人们对中枢神经系统固定不变的认识，从此拉开了中枢神经可塑性研究的序幕。此后，许多学者都观察到部分背根切断后，损伤侧脊髓后角内的某些部位如 I、II 板层和背核会出现部分去神经支配，而与 I、II 板层和背核有重叠支配的备用背根初级传入纤维和下行传导束纤维则会发生侧支出芽，重新支配那些去神经支配的靶区。至今，大量的实验已在光镜、电镜和细胞、分子水平提供了诸多有关脊髓可塑性的形态学与细胞分子生物学证据。

（二）脊髓可塑性的研究模型

在脊髓可塑性的研究中，猫被视为十分有用的动物。首先，我们拥有关于猫的行为、神经生理和神经解剖的背景信息，且猫的运动行为可被反复验证。1958 年，Liu 和 Chambers 正是用猫证明了脊髓具有结构和功能的可塑性。而今，用于研究脊髓可塑性的动物还有大鼠、兔、猴等哺乳动物。而依据损伤部位、类型又可将研究脊髓可塑性的模型分为以下几类。

1. 外周损伤间接影响脊髓的可塑性模型

（1）备用背根模型

备用背根模型是研究脊髓可塑性的经典模型。一般用于观察完好背根初级传入纤维的代偿性侧支出芽等形态学变化。制备方法为：在成年动物脊髓一侧腰骶部，只保留中部的一条背根（简称备用背根），分别切断备用背根头尾侧几个连续的背根，待切断背根的中枢终末溃变消失并开始出现完好的备用背根传入终末在脊髓内代偿性侧支出芽生长后，再切断备用背根及其对侧相同平面的背根（正常背根），用溃变银染色技术显示保存备用根及对侧背根中枢终末在脊髓内的溃变范围并比较其在脊髓内头、尾侧方向投射的范围与密度的差别。

（2）背根全切模型

背根全切模型，即全部切断一侧腰骶部多条背根，用免疫组化、HRP 追踪、溃变银染色等技术来分析中枢性纤维在一侧传入纤维溃变后，脊髓内细胞或下行纤维侧支出芽的代偿性变化（图 14-5）。

（3）坐骨神经切断或挤压模型

切断或挤压动物一侧坐骨神经后，背根节（dorsal root ganglion，DRG）中枢终末在脊髓内会发生相应的形态学变化。一般而言，坐骨神经受损后会出现 DRG 细胞死亡，进而可引起脊髓内相应 DRG 细胞的中枢终末溃变。同时，脊髓 DRG 内会出现多种肽类物质，如 P 物质（substance P，SP）、降钙素基因相关肽（calcitonin gene-related peptide，CGRP）等的表达变化。

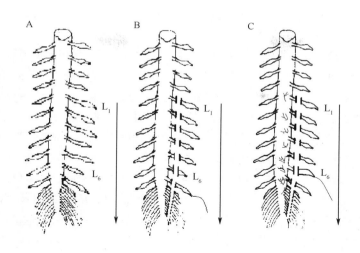

图 14-5　单侧背根节全切后中枢源性纤维代偿性侧支出芽过程

A. 正常脊髓及背根节；B. 单侧背根节全切模型，即切断一侧 $L_1 \sim L_6$；

C. 单侧背根节全切后，中枢源性纤维代偿性侧支出芽

2. 中枢神经损伤影响脊髓的可塑性模型

1) 在延髓内切断一侧锥体束，在损伤一定时间后，再切断脊髓颈八平面两侧相应的背根，用溃变银染色技术比较这两侧背根初级传入纤维在脊髓内投射的范围与密度。此模型最初为 Liu 和 Chambers（1958）所建立并用于观察下行传导束纤维被切断后背根初级传入纤维在脊髓的侧支出芽。

2) 大脑皮层梗死动物模型。利用栓塞、结扎等方法建立一侧大脑皮层梗死动物模型以探讨实验性大脑皮层梗塞后同侧纹状体、丘脑及对侧脊髓前角神经元结构可塑性。

3. 脊髓直接损伤的脊髓可塑性模型

脊髓直接损伤模型包括脊髓挤压、半横断、全横断及钝挫伤模型。用这些模型可以了解脊髓直接受损后，外周传入纤维、脊髓投射纤维、脊髓内细胞及蛋白质、基因表达的可塑性变化。由于目前临床上脊髓直接损伤较为常见，故这些模型被广泛用于研究脊髓损伤后的可塑性变化机制，有重要价值。

（三）脊髓可塑性的形态学证据

1. 背根切断猫脊髓可塑性的形态学证据

（1）光镜水平

1) 猫脊髓的纤维投射及分布。正常猫背根的纤维大多数投射到脊髓后角。投射至 I 板层即边缘区的纤维主要是细的有髓纤维，投射至 II 板层的纤维主要是无髓纤维。粗的有髓纤维投射至后角的基底部和中间区（IV～VII 板层）。初级传入支配运动神经元

的纤维部分终止于进入 IV～VII 板层的运动神经元的树突末梢，部分终止于前角的树突。

2）背根传入纤维和非背根来源纤维在脊髓内侧支出芽。脊髓损伤后，由损伤侧备用背根初级传入纤维发生的侧支出芽，称为同型出芽（homotypic sprouting），而由非背根来源的神经纤维发生的侧支出芽，则称为异型出芽（heterotypic sprouting）。但有学者也持不同的观点，他们把含同一类递质的纤维出芽称同型出芽。一般而言，同型出芽与异型出芽存在竞争性。不同损伤类型出芽各有侧重，但常常两者并存。例如，备用背根模型脊髓内的侧支出芽以备用根来源的传入纤维出芽为主，但同时也存在脊髓内SP 类中间神经元向脊髓 II 板层的纤维出芽和脑干下行至脊髓的 5-HT 纤维的侧支出芽。而猫部分背根被切断后，损伤侧脊髓后角内某些部位如 I、II 板层和背核的靶区相应出现部分去神经支配时，与 I、II 板层和背核有重叠支配的下行传导束纤维（5-HT 纤维）也会发生侧支出芽，重新支配那些去神经支配的靶区。

（2）电镜水平

1986 年，Murray 和 Wu 等率先应用电镜定量方法，在猫备用背根模型的脊髓内观察到，由侧支出芽形成的新终末重新与靶神经元建立了突触联系。在正常猫的脊髓后角 II 板层内，有两类突触性终末，即来自背根初级传入纤维的复合终末（complex terminal）和非背根神经纤维（脊髓的中间神经元和下行传导束纤维）来源的简单终末（simple terminal）。由于部分背根被切断，以致 II 板层的复合终末数下降。这时可通过备用背根初级传入纤维的侧支出芽，使其复合终末数有所恢复，但在数量上仍未能达到非损伤侧的水平。此时，非背根神经纤维也出现侧支出芽，结果 II 板层的简单终末数明显增多，使损伤侧 II 板层的突触性终末总数恢复到非损伤侧的水平。脊髓背核也有类似的变化。背核内有三类突触性终末：来源于背根初级传入纤维的巨大轴突终末（giant axonal terminal）；来源于脊髓中间神经元轴突和下行传导束纤维的小扣型终末（small button typed terminal）；来源于背核边缘细胞轴突的扁平小泡终末（flattened vesical terminal）。脊髓可塑性中备用背根初级传入纤维通过侧支出芽，使背核的巨大轴突终末数保持在非损伤侧水平的 75%，而不至于因切断部分背根使其数量明显下降。此时，除扁平小泡终末的数量没有变化外，中间神经元轴突和下行传导束纤维都发生了侧支出芽，使背核内的小扣型终末数明显增多，以致损伤侧背核的突触性终末的总数也恢复到非损伤侧水平。

2. 背根切断大鼠脊髓可塑性的形态学证据

（1）光镜水平

1）大鼠脊髓的纤维投射及分布。用 CT-HRP 追踪技术，证实大鼠背根来源的纤维在追踪节段上、下一个节段的 I 板层有标记信号，而 III 板层则在追踪节段头侧 3 个节段仍能检测到标记信号。背核各节段均有标记信号，而被标记的纤维主要是有髓纤维。背根来源的无髓纤维的检测则主要是通过 SP 或 CGRP 组化染色来鉴定的。一般而言，来源于 DRG 小细胞的无髓纤维进入脊髓后主要终止于脊髓后角 II 板层。

2）背根传入纤维在脊髓内的侧支出芽。同猫背根切断模型一样，大鼠部分背根切断后，在神经纤维重叠支配的区域内，同型出芽和异型出芽现象均可被观察到。

3）非背根来源纤维在脊髓内侧支出芽。外周传入纤维全切后，3 天时大鼠 II 板层背根来源的 SP 样终末减少，11 天时几乎全部消失。而从 13～15 天开始，脊髓内源性 SP 神经元发出突起至 II 板层后使 SP 终末开始增多，30 天基本恢复至正常水平。同时，来源于脑干的 5-HT 纤维的终末易发生代偿性侧支出芽，致使投射到 II 板层的 5-HT 终末在去背根节侧明显增多。表明外周去传入后，非背根源性的纤维（5-HT，SP）均可代偿性发出侧支至 II 板层。比较之，另一下行的去甲肾上腺素能纤维却没有出现异型出芽。这表明中间神经元轴突和 5-HT 能纤维与被切断的背根初级传入纤维重叠支配着脊髓后角神经元；而去甲肾上腺素能纤维则可能没有与背根传入纤维一起共同支配后角神经元。因为无论是同型出芽还是异型出芽，通常都发生在有神经纤维重叠支配的区域内。

（2）电镜水平

在背根切断大鼠的 II 板层和背核中也观察到突触重建现象。Hulsebosch 等（1987）研究发现，备用背根靠近 DRG 段的无髓传入纤维的数目是明显增多的，表明部分背根被切断的脊髓，能诱导备用背根内无髓传入纤维侧支出芽。它可能参与了脊髓 II 板层一部分复合终末（由无髓传入纤维末端形成的 I 型复合终末）的形成。然而，这段背根的有髓传入纤维数目并没有明显增多，表明在此它没有侧支出芽。但实际上，脊髓 II 板层和背核内有髓传入纤维末端形成的 II 型复合终末和巨大轴突终末的数目均有恢复性增加，又表明有髓传入纤维有侧支出芽。因此认为，有髓传入纤维开始侧支出芽的位置不在所观察的背根内，可能在距 DRG 胞体远些处或在脊髓内；无髓传入纤维开始侧支出芽的部位则在距离其胞体近些处。

在脊髓内发生侧支出芽和重建突触的 DRG 神经元的胞体也会出现相应的可塑性变化。曾园山等发现，与无髓传入纤维侧支出芽和重建突触有关的暗神经元的胞体，胞核和核仁的体积明显增大，多聚核糖体和粗面内质网增多。而与有髓传入纤维侧支出芽和重建突触有关的亮神经元的胞体，胞核和核仁的体积变化虽然不明显，但胞质尼氏体变大，多聚核糖体簇也显得较大，且分布较为密集。说明在脊髓可塑性中，细胞及其内容物也可能发生了可塑性变化。

（四）脊髓可塑性的细胞、分子生物学证据及其机制

1. 脊髓可塑性中的细胞凋亡与增殖

研究发现，部分背根切断后猫脊髓可塑性过程中存在细胞凋亡。部分背根切断不仅致手术侧胶质细胞和神经元凋亡数量明显增加，且对非手术侧也有影响。在去部分背根术后 3 天的 L3 脊髓节段，凋亡细胞最多。而术后 10 天，凋亡细胞比术后 3 天明显减少。但总细胞数与 3 天比无明显变化，说明有细胞增殖。由于用巢蛋白染色证实脊髓内存在神经干细胞，故有学者认为脊髓可塑性中增殖的细胞可能来源于神经干细胞。

2. 脊髓可塑性中的蛋白质、基因表达变化

研究发现，多种蛋白质如多肽生长因子、P 物质、突触素、髓磷脂相关糖蛋白、崩溃蛋白、生长相关蛋白-43、微管相关蛋白、抗神经生长因子抗体、nogo 蛋白等，在脊髓损伤后发生了显著的变化，并在脊髓可塑性中扮演着不同的角色。

（1）神经营养因子

神经营养因子（neurotrophic factor，NTF）是一类对神经元存活、生长有维持作用的多肽类生长因子。神经生长因子（NGF）的发现为寻找此类因子用于损伤神经修复战略带来了划时代的革命。至今，相继发现的其他多肽类生长因子如脑源性神经营养素（brain-derived neurotrophic factor，BDNF），神经营养因子-3、4、5、6、7（neurotrophin-3、4、5、6、7，NT-3、4、5、6、7），睫状神经营养因子（ciliary neurotrophic factor，CNTF），胶质细胞源性神经营养因子（glia cell line-derived neurotrophic factor，GDNF），成纤维细胞生长因子（fibroblast growth factor，FGF），血小板源性生长因子（platelet derived growth factor，PDGF），胰岛素样生长因子（insulin-like growth factor，IGF）等近 20 种。这些多肽生长因子不仅与神经细胞的生长、发育、分化及功能维持有密切关系，而且在神经细胞受损时，其表达增加或减少，共同在脊髓可塑性中起着复杂而又重要的作用。

1991 年，吴良芳等用部分去背根节猫脊髓背角 II 板层和背核组织提取液培养鸡胚 DRG，发现部分去背根节猫脊髓手术侧 II 板层和背核组织块及初提液对鸡胚 DRG 突起生长均有明显的促进作用。提示部分去背根节后，脊髓背角内产生了某些促神经突起生长的神经营养物质。后来，用分子质量大于 50kDa 的脊髓背角初提液进行聚丙烯酰胺凝胶电泳（PAGE），用电泳凝胶小条与鸡胚 DRG 近距离培养的方法观察到相对迁移率（Rf）0.10 处的凝胶小条明显诱导鸡胚 DRG 神经突起生长及细胞存活。提示手术侧电泳胶 Rf 0.10 带内所含的神经营养物质与脊髓可塑性关系密切。王廷华等（1997）进一步用简易的细胞钓蛋白质技术在手术侧背角提取液 PAGE 的电泳胶上找到了两条有神经营养活性的蛋白质带（Rf 0.11～0.12，0.45～0.48）。这些工作为 NTF 参与脊髓可塑性提供了直接的证据。

近年来，王廷华的实验室通过免疫组织化学等方法又进一步证实，神经营养因子家族成员 NGF、BDNF、NT-3、NT-4 及 IGF 等在成年猫 L6 DRG 大、中小神经元、脊髓 II 板层、背核神经元中均有表达。猫部分去背根后，不同的因子在脊髓 II 板层、背核和备用 DRG 中有着不同的变化；而在脊髓半横断损伤模型，NGF、BDNF、NT-3、bFGF、GDNF 的表达在脊髓腹角神经元被不同程度地上调，且上调时程不同，提示它们可能与脊髓损伤修复有关。在脊髓全横断模型，脊髓腹、背角 NGF、BDNF 及 NT-3 阳性神经元增多，且 NGF、NT-3 在脊髓全横断后呈持续性表达增加，而 BDNF 仅呈一过性表达增加。提示 NGF、BDNF 及 NT-3 表达的变化也与脊髓可塑性有关，详述如下。

1）神经生长因子（nerve growth factor，NGF）。Hamburger 和 Levi-Montalcini（1953）首次在实验中发现了 NGF。NGF 是在脊髓可塑性中较为重要的一个营养因子。部分去背根后，脊髓背角 II 板层、背核、DRG 内 NGF 和 NGF mRNA 阳性神经元的数

量明显增多，提示 NGF 可能为侧支生芽和重建突触创造条件。脊髓半横断后脊髓内 NGF 阳性神经元数 7 天时达高峰，21 天组仍高于正常水平，但与 3 天组比较无显著性差异；脊髓全横断后脊髓腹、背角 NGF 阳性细胞数也较正常者增多，尤以 7 天明显。从文献资料看，现已证实，NGF 可维持神经元存活，促进神经元分化，诱导神经突起生长和调节神经联系的塑造。

2) 脑源性神经营养因子（brain-derived neurotrophic factor，BDNF）。BDNF 是 1982 年 Barde 等首先发现的。已证实 BDNF 参与了脊髓可塑性。王廷华等在猫备用背根术（切除 DRG L1～L5 及 L7～S2，保留 L6 为备用根）后 3 天，发现术侧各平面脊髓 II 板层 BDNF 含量、BDNF 阳性神经膨体密度均显著小于对侧及正常组。分析可能是因 L6 头、尾的背根切除而去除了 DRG 来源的 BDNF 所致；而 10 天时脊髓 II 板层 BDNF 又恢复近对侧及正常水平，背核 BDNF 的含量增加，同时 DRG 内 BDNF 及其 mRNA 阳性中、小神经元数量明显增多，但在脊髓内未见 BDNF mRNA 杂交信号。基于组织化学证据显示 DRG 合成的 BDNF 被转运入脊髓，提示备用 DRG 表达的 BDNF 可能在脊髓可塑性中发挥作用；与之比较，脊髓半横断后，BDNF 阳性神经元数术后 3 天时达高峰，但随伤后时间的延长进行性减少；脊髓全横断后，脊髓腹、背角 BDNF 阳性细胞数 3 天开始增多，7 天达高峰，14 天恢复正常。表明在不同损伤情况下，生长因子参与可塑性的表现形式有所不同。

3) 神经营养素-3（neurotrophin-3，NT-3）。NT-3 于 1990 年由 Ernfors 等发现，主要分布在 DRG、脊髓、脑干、小脑和海马等。它能维持神经元存活，促进神经细胞分化和诱导轴突生长，并参与神经损伤修复。研究发现，NT-3 在正常情况下其蛋白质和 mRNA 主要在 DRG 大细胞表达，而去部分背根后，则主要在中小细胞表达，由于在脊髓内未见 NT-3 mRNA 杂交信号，说明主要是在备用 DRG 表达的 NT-3 参与脊髓可塑性。脊髓半横断后，NT-3 阳性神经元数术后 3 天时也达高峰，以后进行性减少。而脊髓全横断后，脊髓腹、背角 NT-3 阳性细胞数均较正常增多，尤以 7 天明显。

4) 神经营养素-4（neurotrophin-4，NT-4）。NT-4 是 1991 年发现的神经营养素家族的第 4 个成员。有关 NT-4 参与脊髓可塑性的文献报道不多，刘芬等报道部分去背根后，备用 DRG NT-4 阳性神经元数进行性下降，提示 NT-4 参与了脊髓的可塑性。

5) 胶质细胞源性神经营养因子（glia cell line-derived neurotrophic factor，GDNF）。1993 年，Liu 等首次发现并克隆出 GDNF，因其对脊髓运动和感觉神经元的营养支持作用而引起科研工作者的浓厚兴趣。猫去部分背根后，备用 DRG GDNF 阳性神经元总数均有下降且呈进行性递减。DRG 阳性中小细胞数的变化规律也为术后 7 天和 14 天进行性下降，DRG 阳性大神经元术后两时相均较正常组显著减少，但术后 14 天与术后 7 天组无显著性差异。表明在脊髓可塑性中备用 DRG 的 GDNF 是减少的。而在脊髓 II 板层，备用背根来源的 GDNF 则是增加的。提示 DRG 合成的 GDNF 可能运入脊髓发挥作用。

6) 胰岛素样生长因子（insulin-like growth factor，IGF）。胰岛素样生长因子从发现至今已有 40 多年的历史，它包括两种低分子质量的多肽：胰岛素样生长因子 I 和 II（IGF-I 和 IGF-II）。在猫部分去背根后 7 天和 14 天，L3 背核 IGF-I 阳性神经元先减少后增加，且在术后 14 天时恢复至正常水平，表明 IGF 在脊髓可塑性中经历了先减少而后增加的过程。从文献资料看，IGF 能维护神经细胞的生存，促进神经纤维的生长、修复和再生。

7）成纤维细胞生长因子（fibroblast growth factor，FGF）。大量文献报道 FGF 在体外能促进中枢和外周神经元的存活以及神经突起的生长，在体内能促进损伤神经元的修复与再生。猫去部分背根后 7 天，FGF-2 阳性神经元总数下降，14 天时又恢复至正常，中小细胞也表现为先减少后上升的趋势，而大细胞则术后两时相与正常组间无显著差异。表明在 FGF 参与可塑性中，主要是中小细胞表达的 FGF 发生变化。

8）睫状神经营养因子（ciliary neurotrophic factor，CNTF）、表皮生长因子（epidermal growth factor，EGF）及血小板源性生长因子（platelet derived growth factor，PDGF）。CNTF 对成年动物运动神经元的功能维持以及对中枢损伤修复等具有重要作用；EGF 能诱导细胞、组织的分化与成熟，参与神经系统的发育及损伤修复；PDGF 可通过促进少突胶质细胞存活和增殖来参与损伤脊髓的修复。猫部分背根切断后，DRG CNTF、EGF 及 PDGF 总、大及中小阳性神经元的表达不同，但都经历了 3 天时较正常减少，14 天恢复至正常水平的变化趋势。

（2）多肽物质与脊髓可塑性

近年来，已有不少文献报道脊髓可塑性涉及多种神经肽及其 mRNA 的表达。研究发现，切断初级感觉神经元轴突后，初级感觉神经元胞体内将出现兴奋肽 SP 和 CGRP 下调，而抑制肽如神经肽 Y（neuropeptide Y，NPY）和甘丙肽（galanin）则上调。在脊髓水平，外周炎症可引起脊髓中间神经元鸦片肽上调。坐骨神经切断可引起同侧 L5 节段脊髓背角内血管活性肠肽（vasoactive intestine peptide，VIP）和甘丙肽明显增加，而 SP 则减少。这些变化的功能意义可使伤害刺激在脊髓背角内传递减少，可能有助于减少周围神经损害对机体造成的影响，有利于机体从整体上适应损伤反应并促进某些神经元存活。总的来讲，损伤后，机体通过上调抑制肽，下调兴奋肽，从而削弱了伤害刺激传入，进而可能通过 VIP 等增加血流，刺激 cAMP 产生及促神经元存活等作用加强损伤神经元功能的恢复。这对机体适应损伤后反应走向康复有重要的功能意义。

（3）髓鞘相关糖蛋白

髓鞘相关糖蛋白（myelin-associated glycoprotein，MAG）是髓鞘的重要组成成分。成年动物缺乏 MAG 时导致广泛的脱髓鞘。1994 年，McKerracher 和 Mukhopadhyay 及其同事分别证实 MAG 体外具有抑制神经突起的活性。DRG 接种在涂有 MAG 的培养板上，突起生长受到强烈抑制；施旺细胞转染 MAG 后明显抑制脑细胞和 DRG 细胞的突起生长，突起分叉明显减少。髓磷脂经免疫沉淀处理去除 MAG 组分后抑制作用减弱。脑细胞和 DRG 细胞突起在 MAG$^{-/-}$ 小鼠的外周神经和中枢神经损伤后轴突再生数目和长度明显超过 MAG$^{+/+}$ 小鼠。MAG 是导致中枢神经系统（CNS）和外周神经系统（PNS）神经再生能力差异的重要原因之一。MAG 约占中枢髓磷脂蛋白的 1%，占外周髓磷脂蛋白的 0.1%，PNS 髓磷脂中 MAG 含量只有 CNS 的 1/10，因此 PNS 髓磷脂对神经再生抑制作用较弱。另外，PNS 损伤后，吞噬细胞迅速聚集在损伤部位，髓磷脂碎片清除较快，利于轴突再生。相反，CNS 损伤部位吞噬细胞较少，抑制性物质不易清除，轴突再生受到抑制。

(4) 崩溃素

崩溃素（collapsin）是 semaphorins 家族成员之一，属于分泌性糖蛋白，由 Luo 等 (1993) 首先从鸡胚胎运动神经元培养上清液以及成年鸡脑中分离获得。崩溃素在神经发育期抑制/排斥轴突生长锥，影响生长锥伸展方向，确保其向靶组织定向生长。实验发现，成年大鼠嗅球以及脊髓损伤后瘢痕组织中崩溃素及其受体的 mRNA 水平升高，崩溃素表达的增加一方面直接抑制/排斥轴突生长，构成胶质瘢痕分子性屏障；另一方面，崩溃素与星形胶质细胞表面的受体结合，调节星形胶质细胞的迁移、增殖和分化，促进胶质瘢痕形成，构成胶质瘢痕物理性屏障。与 CNS 不同，外周神经组织损伤时崩溃素的表达下降，允许新生轴突向远端神经残体延伸，为 PNS 再生提供条件。

(5) 生长相关蛋白-43

生长相关蛋白-43（growth associated protein 43，GAP-43）是一种和轴突发育、生长相关的膜结合磷脂蛋白，广泛分布于发育期和成体大鼠的神经系统。在大鼠胚胎期 11～14 天的 DRG、背根纤维、脊髓运动神经元、腹根均有 GAP-43 分布。但在神经元的突起到达靶区后，背根、腹根中的 GAP-43 减少，而脊髓后角神经元及灰质轴突中均出现 GAP-43，且在白质纤维束中的含量明显增加。提示 GAP-43 可能与发育期神经元轴突生长有关。近年，关于 GAP-43 在神经损伤修复过程中表达增多的文献较多。如给 BDNF 可刺激红核脊髓神经元表达 GAP-43，其功能意义是有利于促进神经再生。GAP-43 在脊髓神经损伤修复中的作用已得到肯定。

(6) Nogo 蛋白

1988 年，Caroni 和 Schwab 从大鼠脊髓中分离出两种分子质量分别为 35kDa 和 250kDa 的髓磷脂蛋白成分，它们对中枢神经突起的再生具有强烈的抑制作用，称为神经突再生抑制蛋白 NI35 和 NI250，并制备了它们的单克隆抗体 IN-1。NI35 和 NI250 在所有 CNS 白质区域都有分布，而在周围神经中则没有发现。2000 年，有 3 个实验室同时报道了一个未知基因 Nogo。它编码的蛋白质称为 Nogo 蛋白，对轴突生长具有抑制作用。Nogo 基因至少编码三种蛋白质产物，分别称为 Nogo-A、Nogo-B 和 Nogo-C。Nogo 的 3 个异构体是否都具有同样的作用？3 个实验室均认为 Nogo-A 的全长序列具有最强的抑制作用，Nogo-A 可能是分子质量为 250kDa 的蛋白质，能和 NI-1 结合。正如所预料的一样，Nogo-A 只在中枢神经系统的少突胶质细胞表达，施旺细胞并不表达。Nogo-B 和 Nogo-C 在某些神经元及非神经组织中存在，其中之一是分子质量为 35kDa 的蛋白质，能和 NI-1 结合。对 Nogo-B 和 Nogo-C 是否存在抑制作用、Nogo-A 的结构及功能域的定位还有争议。但通过对 Nogo 蛋白的几种生理特性分析表明其是一种中枢髓鞘源性神经生长抑制因子。首先，它被证实存在于 CNS 的白质内，包括中枢髓鞘的内外两层以及培养中的少突胶质细胞；其次，Nogo 蛋白可导致生长锥塌陷并抑制神经元突起的延伸，也可被特异性抗体 IN-1 所识别，提示其为以前命名的中枢髓鞘源性抑制蛋白 NI-250/NI-220；此外，针对 Nogo-A 的抗体可抵消 CNS 髓鞘在体外的抑制活性，证实 Nogo 蛋白具有强烈的中枢神经生长抑制活性。在脊髓可塑性中，Nogo 是一个不容忽视的重要抑制分子。

（7）即早基因的变化

即早基因（immediate early genes，IEG）家族也在脊髓损伤后发生显著的变化。IEG 也称快速反应基因，是经外部刺激后最先表达的基因，是联系细胞生化改变与细胞最终对刺激发生特异性反应的中介物。IEG 编码特异的 DNA 结合蛋白，影响靶基因转录率并参与细胞内信息的传递，将短暂的信号转为长时程的反应，因此，他们又被认为是第三信使。目前，已发现的 IEG 有十几种，按它们的结构和功能特征大致分为 c-fos 和 c-jun 家族、c-myc 家族及 egr 家族。目前，对 IEG 中 c-fos 家族和 c-jun 家族的研究已较为深入。猫部分去背根术后，c-jun 在脊髓 II 板层和背核表达增加，c-fos 在脊髓背核表达增加，提示 c-jun 与脊髓 II 板层和背核可塑性有关，而 c-fos 与脊髓背核可塑性有关。

（8）凋亡基因

也有大量文献报道凋亡基因 *Bax*、*Bcl-2* 等参与了脊髓可塑性过程。部分去背根后，猫备用 DRG 神经元 Bax、Bcl-2、caspase-3 表达的影响在时相上不尽相同。部分被根切除术后 3～7 天，Bax 总阳性神经元数明显增加。术后 14 天，Bax 总阳性神经元数下降并恢复到正常水平；术后各时间段（3 天、7 天及 14 天）Bcl-2 总阳性神经元数无显著性变化；caspase-3 总阳性神经元数在术后 3 天有显著增加且维持至 14 天。Bax、Bcl-2 和 caspase-3 阳性大神经元数在各时间段均无显著性差异，阳性中小神经元数的变化规律与总阳性神经元数的变化规律相同。脊髓半横断损伤后，Bax、Fas 阳性神经元数 3 天时达高峰，随伤后时间的延长有下降趋势；Bcl-2 阳性神经元数 7 天时达高峰，提示它们可能与脊髓损伤后神经细胞的凋亡有关。

（五）脊髓可塑性的生理学与功能变化

部分去背根后，传入阻滞可能引起突触后改变，这些改变与术后功能改变有关。在大多数情况下，成年动物的恢复是通过脊髓未损伤部分代偿修复来完成的，即成体的恢复来自于由损伤后备用的运动及反射的代偿应用，以此替代那些已被消除的功能。研究显示，损伤后尽管脊髓的兴奋性没有明显异常，但其某些生理学特性可被改变。因此，肢体的运动虽然恢复但其运动方式却可能发生了改变。这也验证了行为学的观察。有足够的证据证明某些 DRG 细胞的中枢突有对直接损伤反应的可塑性，通过轴突生长、出芽，最终形成突触。而突触的再生和建立将导致不同程度的行为恢复。异常的行为恢复可以反映出非正常突触形成的程度。

（六）脊髓可塑性中形态学变化、蛋白质、基因表达变化
与功能可塑性的关系

脊髓损伤后，如上文所述的多种内源性因子在基因、蛋白质水平发生了复杂的变

化，它们有的增加，有的减少，有的先增加后减少。这些因子的复杂变化以及相互影响的结果在形态学上导致了出芽和突触重建，即蛋白质、基因的变化是形态学结构变化的基础，而形态学的变化又为功能的恢复提供支持。

（七）成年动物脊髓可塑性与胚胎发育的关联

在胚胎的发育分化及相关的过程中，基因表达的调控即内源性调控是细胞分化的关键。众所周知，真核细胞的转录均由转录因子来完成，作为转录因子调节子之一的同源框基因家族，包括 Antp 家族、PAX 家族、LIX 家族、IF 家族、CUT 家族、NK-2 家族等，参与了细胞分化类型即细胞命运的决定、神经细胞分化的时间控制以及神经细胞分化的空间控制和位置特征的控制即局化等。除此之外，胚胎发育还受到局部环境因素的影响，如轴突导向分子的精确诱导和抑制分子的协调作用、神经营养因子的维持和促生长功能以及 Nogo 基因家族在中枢神经系统再生中的抑制性作用等。有学者认为，成年动物脊髓损伤后的可塑性模式可能模拟了胚胎发育的某些过程，因此，了解胚胎发育的内在机制有助于进一步深入研究在一些现象上脊髓的可塑性。

（八）展　　望

随着对脊髓可塑性形态学证据的日益积累，突破了过去认为哺乳动物 CNS 无可塑性的认识，进而为寻找 CNS 轴突再生机制带来了希望。近年来研究发现，哺乳类动物 CNS 损伤后的出芽反应与神经生长和抑制的平衡有关。轴突再生是由 CNS 组织环境的属性决定的。如周围神经可再生很长的距离，而 CNS 神经在脊髓和脑再生仅为 3～7mm。然而如果生长因子和抑制因子得到很好的平衡，轴突再生则能很好的实现。因此，CNS 再生的主要困难是由于 CNS 组织环境和正在形成的胶质瘢痕施加了抑制因素，而促生长刺激因素不足的结果。实验观察到，当用抗体中和了髓鞘相关蛋白去除其对神经突起生长的抑制作用后，CNS 的损伤轴突仍能再生一段距离。但这种出芽的长度仍是有限的，但若同时给 NT3，则出芽的数目、长度可大大增加。但总的来看，神经再生是一个极为复杂的过程，受诸多因素的影响。首先，损伤的神经元必须有能力再生其轴突，这取决于其自身的基因调控机制。其次，这些轴突要能寻其再生路线生长，即能正确识别其到达靶的路线。再次，靶在发育期提供的轴突生长导向信息必须在损伤后能重新出现。最后，再生的轴突终末与靶形成有功能的突触。

由于在整个功能修复过程中，需经历蛋白质、基因、形态等可塑性变化。且从上述4 个方面来看，神经再生也是一个有序而复杂的过程。因此，神经损伤特别是中枢神经损伤的再生修复还有很长的一段路要走。中枢神经可塑性如脊髓可塑性现象的存在为寻找中枢神经再生的因素带来了希望。将来，不难预料，通过神经营养因子的应用、神经生长抑制因子的中和来加强神经生长促进因素，削弱抑制因素以利于损伤轴突再生并最终导致突触和功能重建，这些乐观的结果将有助于减少因神经损伤而致的功能丧失。

（王廷华　撰）

主要参考文献

熊鹰，蔡文琴，李希成等．1999．大鼠海马 CA1 区长时程增强的发育变化研究．第三军医大学学报，21(5)：322

熊鹰，蔡文琴，李希成等．2000．大鼠脑发育不同时期学习记忆的变化及与 NMDA 受体通道动力学特性的关系．中国应用生理杂志，16(1)：18

熊鹰，张长城．1995．基因与学习记忆调控．生理科学进展，26：293

Abeliovich A，Paylor R，Chen C，et al．1993．PKC-gamma mutant mice exhibit mild deficits in spatial and contextual learning．Cell，75：1263～1271

Alba A，Chen C，Herrup K，et al．1994．Reduced hippocampal long-term potentiation and context-specific deficit in associative learning in mGluR1 mutant mice．Cell，79：365～375

Alba A，Kano M，Chen C，et al．1994．Deficient cerebellar long-term depression and impaired motor learning in mGluR1 mutant mice．Cell，79：377～388

Alkon DL，Woody CD．1986．Neural mechanisms of conditioning．New York and London：Plenum Press，233

Altemus KL，Almli CR．1997．Neonatal hippocampal damage in rats：long-term spatial memory deficits and associations with magnitude of hippocampal damage．Hippocampus，7(4)：403～415

American Academy of Pediatrics and Canadian Paediatric Society．2000．Prevention and management of pain and stress in the neonate．Pediatrics，105：454～461

Anand KJS，Phil D，Hickey PR．1987．Pain and its effects in the human neonate and fetus．New E J Med，317：1321～1329

Artola A，Singer W．1993．Long-term depression of excitatory synaptic transmission and its relationship to long-term potentiation．TINS，16：480～487

Bachevalier J．1990．Ontogenetic development of habit and memory formation in primates．Ann NY Acad Sci，608：457～477

Barde YA．1989．Trophic factors and neuronal survival．Neuron，2：1525～1535

Bliss TVP，Collingridge GL．1993．A synaptic model of memory：long-term potentiation in the hippocampus．Nature，361：31～39

Bolshakov VY，Siegelbaum SA．1995．Regulation of hippocampal transmitter release during development and long-term potentiation．Science，269：1730～1734

Bourtchuladze R，Frenguelli B，Blendy J，et al．1994．Deficient long-term memory in mice with a targeted mutation of the cAMP-responsive element-binding protein．Cell，79：59～68

Chabot C，Bernard J，Normandin M，et al．1996．Developmental changes in depolarization-mediated AMPA receptor modifications and potassium-induced long-term potentiation．Dev Brain Res，93：70～75

Chen MS，Huber AB，van der Haar ME，et al．2000．Nogo A is a myelinated neurite outgrowth inhibitor and an antigen for monoclonal antibody IN-1．Nature，403：434～439

Chiswick ML．2000．Assessment of pain in neonates．The Lancet，355：6～8

Cycowicz YM．2000．Memory development and event-related brain potentials in children Biological Psychology，54：145～174

Dewsbury DA，Rethlingshafer DA．1974．Comparative psychology：A modern survey McGraw-Hill Inc．

Finley GA，McGrath PJ．1998．Measurement of Pain in Infant and Children．Progress in Pain Research and Management．vol．10．Seattle：IASP Press，1～210

Fitzgerald M．1991．Development of pain mechanisms．Br Med Bull，47：667～675

Fitzgerald M，Jennings E．1999．The postnatal development of spinal sensory processing．Proc Natl Acad Sci USA，96：7719～7722

Fitzpatrick JS，Baudry M．1994．Blockade of long-term depression in neonatal hippocampal slices by a phospholipase A2 inhibitor．Dev Brain Res，78：81～86

Frank MG，Heller HC．2003．The ontogeny of mammalian sleep：a reappraisal of alternative hypotheses．J Sleep

Res，12：25～34

Gerlai R. 1996. Gene-targeting studies of mammalian behavior: is it the mutation or the background genotype? TINS，19：177～181

Grant SGN，Silva AJ. 1994. Targeting learning. TINS，17：71～75

Hayne H. 2004. Infant memory development: Implications for childhood amnesia. Developmental Review，24：33～73

Hoffmann H，Hunt PS，Spear NE. 1990. Ontogenetic differences in the association of gustatory and tactile cues with lithium chloride and footshock. Behavioral and Neural Biology，53：441～450

Horn G，McCabe BJ. 1984. Predispositions and preferences. Effects on imprinting of lesions to the chick brain. Anim Behav，32：288～292

Humphrey T. 1964. Some correlations between the appearance of human fetal reflexes and the development of the nervous system. Prog Brain Res，4：93～135

Jones MW，Errington ML，French PJ，et al. 2001. A requirement for the immediate early gene Zif268 in the expression of late LTP and long-term memories. Nat Neurosci，4(3)：289～296

Kandel ER，Schwartz JH，Jessll TM. 1991. Principles of Neural Science. 3rd edtion New York：Elsevier. 998

Kapfhammer JP，Schwab ME. 1994. Inerse patterns of myelination and GAP-43 expression in the adult CNS: neurite growth inhibitors as regulators of neuronal plasticity. J Comp Neurol，340：194～206

Kashiwabuchi N. 1995. Impairment of motor coordination，Purkinje cell synapse formation，and cerebellar longterm depression in GluR δ2 mutant mice. Cell，81：245～252

Koltzenburg M. 1999. The changing sensitivity in the life of the nociceptor. Pain，Suppl，6：93～102

Kryger MH，Roth T，Dement WC. 2001. Principles and practice of sleep medicine. 3rd edition. New York：Saunders WB Company. 15～25，72～81

Liu CN，Chambers WW. 1958. Intraspinal sprouting of dorsal root axons. Arch Neurol Psychiat，79：46

Lloyd-Thomas AR，Fitzgerald M. 1996. For debate: reflex responses do not necessarily signify pain. BMJ，313：797～798

Lu YM，Jia Z，Janus C，et al. 1997. Mice lacking metabotropic glutamate receptor 5 show impaired learning and reduced CA1 long-term potentiation (LTP) but normal CA3 LTP. J Neurosci，17 (13)：5196～5205

Martine Meunier，Jocelyne Bachevalier. 2002. Comparison of emotional responses in monkeys with rhinal cortex or amygdala lesions. Emotion，2：147～161

Mayford M，Elizabeth M，Huang YY，et al. 1996. Control of memory formation through regulated expression of a CaMKII transgene. Science，274：1678～1683

McCabe BJ，Davey JE，Horn G. 1992. Impairment of learning by localized injection of an N-methyl-D-aspartate receptor antagonist into the hyperstriatum ventrale of the domestic chick. Behav Neurosci，106：947～953

McCabe BJ，Horn G. 1994. Learning-related changes in Fos-like immunoreactivity in the chick forebrain after imprinting. Proc Natl Acad Sci USA，91：11 417～11 421

McGrath PJ，Finley GA. 1999. Chronic and Recurrent Pain in Children and Adolescents. Progress in Pain Research and Management，vol. 13. Seattle：IASP Press，1～274

Merskey H，Bogduk N. 1994. Classification of Chronic Pain-Description of chronic pain syndromes and definitions of pain terms. 2nd Edition. Seattle：IASP Press，1～222

Nastiuk KL，Mello CV，George JM，et al. 1994. Immediate-early gene responses in the avian song control system: cloning and expression analysis of the canary c-jun cDNA. Brain Res，27：299～309

Parkin AJ. 1993. Memory: phenomena，experiment and theory. Oxford：Blackwell Publishers

Paylor R，Johnson RS，Papaioannou V，et al. 1994. Behaviour assessment of c-fos mutant mice. Brain Res，651：275～282

Pinto S，Quintana DG，Smith P，et al. 1999. Latheo encodes a subunit of the origin recognition complex and disrupts neuronal proliferation and adult olfactory memory when mutant. Neuron，23(1)：45～54

Porter RH，Balogh RD，Cemoch JM，et al. 1986. Recognition of king through characteristic body dm. Chemid Semes，11：389～395

Rial R，Nicolau MC，Lopez-Garcia JA，et al. 1993. On the evolution of waking and sleeping. Comp Biochem Physiol Comp Physiol，104：189～193

Rogers LJ. 1993. The molecular neurobiology of early learning，development，and sensitive periods，with emphasis on the avian brain. Mol Neurobiol，7：161～187

Ruda MA，Ling QD，Hohmann AG，et al. 2000. Altered nociceptive neuronal circuits after neonatal peripheral inflammation. Science，289：628～631

Seager MA，Johnson LD，Chabot ES，et al. 2002. Oscillatory brain states and learning：Impact of hippocampal theta-contingent training. PNAS，99(3)：1616～1620

Sheu FS，McCabe BJA. 1993. Learning selectively increases protein kinase C substratephosphorylation in specific regions of the chick brain. Proc Natl Acad Sci USA，90：2705～2709

Silva AJ，Stevens CF，Tonegawa S，et al. 1992. Deficient hippocampal long-term potentiation in -calcium-Calmodulin kinase II mutant mice. Science，257：201～206

Spear NE，Mckinzie DL，Armold M. 1994. Suggestions from the infant rat about brain dysfunction and memory. In：Delacour J. The memory system of the brain. World Scientific，278

Stipp D. 1991. Grand gamble on fruit fly learning. Science，253：1486～1487

Taddio A，Goldbach M，Ipp M，et al. 1995. Effect of neonatal circumcision on pain responses during vaccination in boys. The Lancet，345：291～292

Tully T. 1991. Physiology of mutations affecting learning and memory in *Drosophila*-the missing link between gene product and behavior. TINS，14：163～164

Tully T，Cambiazo V，Kruse L. 1994. Memory through metamorphosis in normal and mutant *Drosophila*. J Neurosci，14：68～74

Usherwood PNR. 1993. Memories are made of this. TINS，16：427～429

Valman HB，Pearson JF. 1980. What the fetus fells? Br Med J，280：233～234

Vanhatalo S，van Nieuwenhuizen O. 2000. Fetal pain? Brain & Development，22：145～150

Waddell S，Armstrong JD，Kitamoto，et al. 2000. The amnesiac gene product is expressed in two neurons in the Drosophila brain that are critical for memory. Cell，103(5)：805～813

Wall PD，Melzack R. 1994. Textbook of Pain，3rd Eds. Edinburgh：Churchill Livingstone，，1～1524

Wilson MA，Tonegawa S. 1997. Synaptic plasticity，place cells and spatial memory：study with second generation knockouts. TINS，20(3)：102～106

Yin JC，Del Vecchio MD，Zhou H，et al. 1995. CREB as a memory modulator：induced expression of a dCREB2 activator isoform enhances long-term memory in *Drosophila*. Cell，81：107～115

第十五章　中枢神经系统递质的发育

　　中枢神经系统递质表型的发育是大脑形成完整的、具有正常生理功能神经环路过程中的重要一环。中枢神经系统包括大量形态不同、类型各异的神经元，同时它们所产生和释放的神经递质也有所不同，在一定程度上决定了神经系统功能的多样性和复杂性，最终导致了迥异的神经系统功能。过去几十年来，人们对中枢神经系统在发育过程中如何决定神经元递质表型进行了探讨，获得了大量重要资料，尤其在过去的十多年中，随着分子遗传学手段和模式动物在发育神经生物学中的应用，本领域不断取得重要突破。本章将主要介绍多巴胺能和 5-羟色胺能神经元以及 γ-氨基丁酸（GABA）能神经元递质表型决定过程的分子机制。

第一节　中脑多巴胺能神经元的发育

一、中脑多巴胺能神经元概况

　　多巴胺（dopamine，DA）是儿茶酚胺类神经递质之一，它在哺乳动物中枢神经系统中有着极其重要的生理功能，包括运动的整合、神经内分泌激素释放的调节、认知、情感、奖赏、意识和记忆。特异性分泌多巴胺神经递质的神经元称为 DA 神经元。多巴胺能神经元主要源自中脑。在小鼠的中脑，有 3 个 DA 神经元的核群：黑质（substantia nigra，SN）致密带（A9，在大鼠中有近 10 000 个 DA 神经元）、腹侧背盖区（ventral tegmental area，VTA，A10，有近 25 000 个 DA 神经元）和红核后区（RRF，A8）。其他的 DA 神经元群分布于视丘下部的中间未定带（medial zona incerta）（A13，有近 900 个 DA 神经元）等。位于黑质区的 DA 神经元发出上行纤维投射至纹状体（尾核及壳核；中脑纹状体通路，mesostriatal pathway）释放 DA，其退行性病变可造成纹状体内多巴胺释放量的减少，因而成为帕金森症运动障碍产生的直接原因。腹侧背盖区内 DA 神经元集中投射至伏隔核的边缘叶（中脑边缘叶通路，mesolimbic pathway），它的过度活跃则与精神分裂症和药物成瘾有关。黑质和红核区 DA 神经元投射至大脑前额叶皮层的通路则与情绪和动机有关，而中间未定带的 DA 神经元则参与调节内分泌的过程。

二、中脑多巴胺能神经元发育的时程和区域

DA 神经元的产生是内部和外在发育信号逐级共同作用的结果。在胚胎发育原肠期，早期神经发育信号诱导胚胎背侧形成神经上皮成为神经板，随后神经板卷曲成为神经管。之后的一系列发育事件将神经管区室化，不同类群的神经元在位置信号的诱导下沿着神经管的背腹轴和前后轴的精确排布并各自特化（specification）和分化（differentiation）。神经元命运的决定（determination）和分化是一个级联过程，目前认为，首先是神经前体细胞（neural progenitor）产生神经元前体细胞（neuronal progenitor）和胶质前体细胞（glial progenitor），前者又在不同诱导信号的作用下，分化成各种递质表型的神经元类群。

神经管区室化时期是中脑 DA 神经元发育的关键时期之一，在该时期中脑和后脑组织结构形成（mesencephalic/metencephalic region，MMR），在中脑和后脑交界处（mesencephalic/metencephalic boundary，MMB）的局部组织被称为组织中心区（isthmus organizer，Iso），该区是隔离中后脑的边界，更重要的是，它同时又是指导中后脑发育的信号集中地。在此中心区分泌出的信号分子和神经管底板分泌出的信号分子共同作用，可使一部分神经前体细胞变成 DA 神经元前体细胞，走向 DA 神经元分化之路。DA 神经元发源于腹侧神经管与底板相连处，当小鼠胚龄为 E8.5～E10.5 时，一组 DA 神经前体细胞在中脑后端的区域内增殖，随后这些细胞逐渐退出细胞周期，接受和响应各种早期发育信号，并迁移至中脑前端（小鼠中 E10.5～E12.5），然后逐步分化为成熟的 DA 神经元表型，生长出轴突与树突，并与靶区形成一系列连接，这个过程可以从 E12.5 一直持续到出生时。当 DA 神经元表达分子标记物酪氨酸羟化酶（tyrosine hydroxylase，TH）时，表示其递质表型分化成熟。E14 以后 DA 神经元的投射逐步建立、成熟并形成神经环路（图 15-1）。

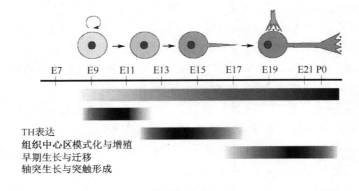

图 15-1　中脑多巴胺能神经元的发育时程示意图（引自 Riddle et al. 2003）

三、参与 DA 神经元发育的重要因子

（一）DA 神经元发育的外在诱导信号

研究表明，两个重要的分泌信号分子对 DA 神经元的产生起关键作用，即表达在神经管腹侧的 Shh（sonic hedgehog）和定位于组织中心区的成纤维细胞生长因子-8（fibroblast growth factor-8，FGF8）。在胚胎早期（E7～E8.5），FGF8 与 Shh 就已开始表达，而到 E13 左右终止表达，两者的联合作用可以在神经管的多个区域诱导出 DA 神经元，为 DA 神经元早期发育所必需（图 15-2）。Shh 能影响沿背腹轴定位的细胞的命运，而 FGF8、FGF2、Wnt1 和视黄酸则决定了沿前后轴定位的细胞的命运。在 Shh 存在时，异位表达 FGF8 可以诱导出中后脑结构（图 15-3），*FGF8* 基因敲除的小鼠则缺失大部分的中后脑组织，因而无法形成 DA 神经元。在 FGF8 和 Shh 表达的胚胎早期（E7～E8.5），增殖的 DA 神经前体细胞开始表达乙醛脱氢酶 1（ALDH1）或乙醇脱氢酶 2（ADH2），作为视黄酸（RA）合成的（关键）限速酶，ALDH1 的表达首先见于 E9.5 的腹侧中脑，持续表达至有丝分裂后（post-mitotic）的 DA 神经元，因此，乙醛脱氢酶 1 是早期 DA 神经元的标记分子之一。RA 具有显著的神经诱导效应，在体外，视黄酸可以促进多巴胺细胞系的分化。目前已知视黄酸受体（RAR）与视黄醇 X 受体（retinoid X receptor，RXR）都在发育的 DA 神经元中表达，并且它们能与 Nurr1（下文将详细论述）形成异聚体，这些相互作用关系无疑是非常重要的，但视黄酸对在体 DA 神经元发育的确切作用机制目前尚不清楚。

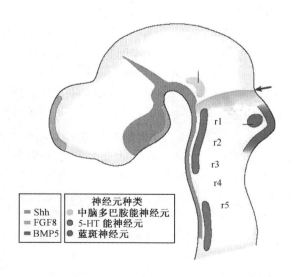

图 15-2 E11.5 小鼠神经管示神经递质分布图（引自 Goridis et al. 2002）

中脑 DA 神经元、5-羟色胺能神经元、蓝斑核所在区域及重要分泌信号分子 Shh 和 FGF8

的分布区域（显示小鼠胚胎 E11.5 神经管的矢状面）

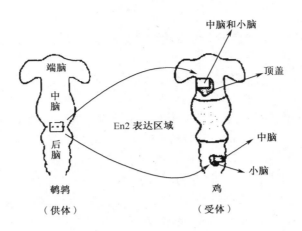

图 15-3　胚胎脑的发育（引自 Joyner 1996）

中后脑交界处（Mes-Met boundary）可以作为组织中心区（organizer）在 D（间脑）

和 Mey 诱导 En 表达以及中后脑的发育

　　虽然 Shh 在整个中脑和后脑的腹侧中线都有表达，FGF8 表达在中后脑的交界处，但是 DA 神经前体细胞却只出现在中脑后端，这说明仅有这两个信号分子尚不足以驱动所有神经前体细胞走向 DA 神经元分化之路。另一方面，后脑前端的细胞也能同时受到来自中后脑交界处的 FGF-8 和腹侧 Shh 的诱导信号的作用，但这些后脑前体细胞最终并没有分化为 DA 神经元，反而成为了 5-羟色胺能（5-HT）前体细胞。这表明，DA 神经元分化命运的决定是个复杂的过程，涉及多种因素，如可能需要其他早期信号的协同作用，也可能细胞所处的位置使得它们接受到的诱导信号在强度有差异，或者由于每群细胞所处状态的不同影响了它们对外在信号的反应。

　　已有实验证据表明，早期分泌因子 Wnt1（表达起始于 E8.0）表达于中脑和 Iso 区，它是中脑和 Iso 形成所需的，*Wnt1* 基因敲除导致小鼠中脑、后脑和 Iso 组织结构缺失。由此可见，Wnt1 对于中脑的发育起着非常重要的作用，并且 Wnt1 表达的时辰与 Shh 和 FGF8 相近，但是与 FGF8 不同的是，Wnt1 并无独立诱导出中后脑结构的能力，但是却能诱导并维持 FGF8 在 Iso 的表达，最近又有实验证明，分泌因子 Wnt3a 和 Wnt5a 在 DA 神经元的发育中发挥作用，Wnt3a 可以促进 DA 神经前体细胞增殖，但不能增加 TH 阳性细胞数，而 Wnt5a 可以增加 DA 前体细胞分化成 DA 神经元表型的细胞数比例，因此 Wnt 信号对 DA 神经元的增殖和分化起着重要作用，不同的 Wnt 家族成员发挥不同的作用，但对于 Wnt 信号在体内 DA 神经元发育中起什么作用，具体分子机制还不很清楚。

　　另有研究发现，分泌信号 TGF-β 也是 Shh 诱导 DA 神经元产生所需的，不过可能它对 DA 神经元发育发挥作用的时间点较 FGF8、Shh 和 Wnt1 来得晚，而具体的作用机制与其他外在信号之间的联系还一无所知。

　　Shh、FGF8、Wnt1、Wnt3a、Wnt5a 和 TGF-β 就是目前已知的对中脑及 DA 神经元发育起重要作用的外在因子。

（二）多种转录因子指导了中脑 DA 神经元的
发育——DA 神经元发育的内在信号

　　神经元的发育是所有内外因共同作用的结果。外在信号（多为分泌的蛋白质或小分子物质，如维甲酸）通过结合到细胞膜上的受体，启动胞内一系列的信号转导通路，最终活化转录因子，激活效应基因的表达；或者有的小分子信号直接与核内受体结合，活化核受体，与相应转录因子作用，启动转录。因此，转录因子作为信号传递的终端效应分子，对基因的表达起着开关的作用，它们综合各种不同信号，决定了特定基因在特定的时间和空间表达。发育阶段是细胞快速生长、增殖分化的时期，需要大量特定基因表达，不同的外来信号，活化不同的转录因子组合，激活一组特定的效应基因的表达，同时更有组织和细胞类型专一性的转录因子，它们决定了不同的细胞类群和表型功能差异。

　　发育早期的外在信号可引起细胞内转录因子的变化，这些变化反过来也会调节下游的外在信号的表达。追溯到胚胎中后脑泡形成过程中，两个早期（E8.0）表达的同源框转录因子（homeobox transcription factor）OTX2 和 GBX2 参与限制中后脑组织结构形成，OTX2 表达在中脑而 GBX2 表达在后脑，它们相互影响，决定了中后脑的边界并形成组织中心区（Iso），因此它们可能是决定中后脑神经元命运差异的关键因素之一。特别是 OTX2，它可能在中脑早期命运决定中起作用，而且它也调节 Shh 与 FGF8 在 Iso 附近的表达。但是这些因子直接影响中脑 DA 神经元发育的确切机制尚不知晓。

　　多种转录因子在不同时空对 DA 神经元的发育起不同作用。转录因子在 DA 神经元发育过程中的表达有着明显的时序性。早期出现的转录因子对中后脑细胞的存活、组织结构的维持和细胞命运决定起关键作用，而在中后脑早期表达的转录因子（E8.0～E9.0）除 OTX2 和 GBX2 以外，还有同源框转录因子 En1、En2、Lmx1b、含配对盒的转录因子 Pax2、Pax5、Pax8（起始表达于 E7.5～E8.5）。它们表达区域多数重叠，在中脑与后脑都有表达。*Pax2* 是最早表达的基因，*En1* 和 *Wnt1* 紧接着也开始出现，随后 *Pax5* 和 *En2* 表达，*Pax8* 最后一个出现，这时，*Pax2* 的表达区域已经被非常特异地限制在中后脑交界处。这些证据表明，在发育过程中转录因子的表达有着严格的时序性和空间限制性，而且随着时间推移，基因的表达区域表达量都会发生明显的变化（图15-4）。

　　这些早期的转录因子对于中后脑的发育至关重要，已有许多遗传学证据直接证明了它们对于中后脑组织结构的形成、细胞的存活维持和细胞命运决定有着不可或缺的作用。*En1*、*En2*、*Pax2* 或 *Pax5* 基因敲除导致小鼠中后脑结构严重缺失，由此可见，它们参与了中后脑细胞早期的特化、增殖和存活的过程。

　　En1 基因起始表达于 E8 天，*En2* 表达于 E8.5，它们的杂合子突变体小鼠表型正常，证明在小鼠中只要有一个拷贝的 *En1* 或 *En2*，就可以获得正常的表型；En1$^{-/-}$ 纯合子突变体出生后死亡，缺失中脑和后脑组织；En2$^{-/-}$ 纯合子突变体小脑组织结构变小缺失，但中脑结构正常（图 15-5）；En1$^{-/-}$、En2$^{-/-}$ 双基因突变小鼠，中脑 DA 神经

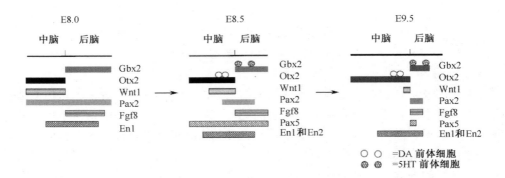

图 15-4　中后脑表达基因的定位、表达时序图及其与 DA 和 5-HT 前体细胞的定位

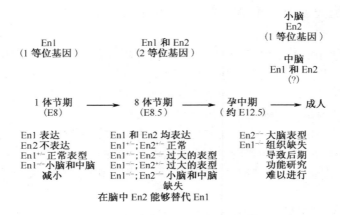

图 15-5　在小鼠中后脑发育过程中，*En* 基因的连续作用

元仍可被诱导，并退出细胞周期成为有丝分裂后神经元，获得 DA 神经递质表型。但是出生后，双基因敲除小鼠中脑 DA 神经元全部缺失，实验发现这是由于在 E14 时 DA 神经元的凋亡所致，可见 *En* 基因对 DA 神经元的存活维持起着重要的作用。

　　另一个转录因子 Lmx1b 表达时辰最早，大约 E7.5 开始表达于中脑 DA 神经前体细胞中。Lmx1b$^{-/-}$ 突变的小鼠，中后脑组织部分缺损，中脑 DA 神经元仍能表达 TH 和 Nurr1（E12.5），但 TH 的表达只能维持到 E16，这些表达 TH 的 DA 神经元在发育过程中逐渐丢失，并无法维持到出生时，其结果与 *En* 基因的突变体相似。Lmx1b 能促进 DA 神经元的存活，但这种促存活作用是否在 E12～E16 间特异发生尚不清楚。

　　Pax2$^{-/-}$ 突变体则有非常奇特的现象，根据小鼠品系的不同，Pax2 突变体有截然不同的表型：C3H/He 品系的 Pax2 小鼠突变体完全缺失中脑后部和小脑；而 C57BL/6 品系的突变体的这些脑区的发育几乎完全正常。Pax5$^{-/-}$ 突变体小鼠中、后脑组织同样有缺失，但程度较 Pax2$^{-/-}$ 略轻；Pax2$^{-/-}$、Pax5$^{-/-}$ 双突变体表现为中脑后端和小脑缺失，但 Pax8$^{-/-}$ 突变体表型不明显，无严重组织缺失。

　　综上所述，转录因子 En1、En2、Pax2、Pax5、Pax8 和 Lmx1b 表达时间相近且与分泌因子 Wnt1、FGF8 具有相似的时空表达谱，提示了它们之间可能存在着相互调节的关系。但必须指出的是，这一推测主要基于现有遗传学实验的证据，目前直接的生化实验的证据还很少。

在 Pax2$^{-/-}$ 突变体小鼠和斑马鱼中，Wnt1、FGF8 正常表达，而在 En1$^{-/-}$ 缺陷小鼠中，FGF8、Pax2 能被诱导表达；缺失 Wnt1、FGF8、Pax2、En1 仍能被诱导表达；而在 FGF8 条件性基因敲除小鼠中，FGF8 在胚胎发育早期瞬时表达，而到 E8.75 时，特异性的在中脑和后脑终止表达，FGF8 缺失后，不能维持 Wnt1 在中后脑表达，而 En1、Pax2 的诱导则基本不受影响，但到 E17.5，中、后脑结构缺失，表型与 En1$^{-/-}$、Wnt1$^{-/-}$ 突变体相似；而 Lmx1b 可以维持 FGF8 的表达，反过来 FGF8 同样可以维持 Lmx1b 的表达；Lmx1b 还能维持 Wnt1 的表达，在 Lmx1b$^{-/-}$ 突变体中，Wnt1 的表达迅速消失。从以上遗传学实验发现，FGF8、Wnt1、En1、Pax2 和 Lmx1b 之间并无直接的调节关系，彼此的表达并非相互诱导，更可能是一种相互维持，因为任何一个突变体造成了组织的缺失，必然会影响该区域的基因表达。但有两个例外：En2 的表达依赖于 Pax2 和 FGF8，而 Pax5 和 Pax8 的表达依赖于 Pax2。

在果蝇中，Pax 可能激活 wg（Wnt1）和 en（En1、En2）基因的表达。而来自斑马鱼和小鼠的实验证据更支持了 Pax5 超家族蛋白质调节了 En 和 Wnt1 基因的表达。当在斑马鱼中注入 Pax5 相关蛋白 Pax［Zf-b］的抗体后，其中、后脑的发育被阻断，并且 En2 和 Wnt1 的表达被破坏。Pax 调节 En 的直接分子证据来自于小鼠中对 En2 的调节分析。在 En2 上游 461bp 序列中含有两个 Pax5 超家族特异性结合的 DNA 结合位点，转基因小鼠也证明了该 461bp 片段是 En2 在中、后脑能顺利表达的增强子序列。当把这些 DNA 结合位点突变后的报道基因转入小鼠后，报道基因不能在中、后脑顺利表达。这些结果表明，Pax2、Pax5 和 Pax8 蛋白是早期中、后脑表达 En 和 Wnt1 所必需的。

以上证据表明，Pax2、Pax5、Pax8、En1、En2 和 Lmx1b 这些在中、后脑都表达的早期转录因子，对于中、后脑各类神经元前体细胞的存活、维持起着关键作用；同时对外在诱导信号 FGF8、Wnt1 的表达有调节维持作用，这种互相调节的协同关系可能对 DA 神经前体细胞的命运决定起着重要作用。

中脑 DA 神经元表达分子标记 TH 显示其已退出了细胞周期，分化出成熟的 DA 神经元。在小鼠中 TH 从 E11.5 开始表达，利用更灵敏的检测方法可见在 E10 左右已有少量 TH 开始表达，这表明 DA 神经元的分化成熟是一个不同步的过程，它们的出现是逐步进行的，而大量成熟 DA 神经元的出现约在 E11.5（小鼠）。已知对中脑 DA 神经元发育起直接调控作用的转录因子有 Nurr1、Pitx3 和前面所述的 Lmx1b、En1/2。

Nurr1 为中脑 DA 神经元产生所必需。Nurr1 是激素类核受体家族成员之一，因与其作用的配体尚未明确故属于孤儿核受体，它既可以以单体形式发挥功能也可以同 RXR 形成异聚体起作用。Nurr1 起始表达于 E10.5，被认为表达在未成熟的有丝分裂后（已退出细胞周期的神经元）DA 神经元前体细胞中。Nurr1 缺失并不影响中期 DA 神经元前体细胞的发育，因为在 E15.5 尚能观察到 DA 神经元前体细胞，并且 DA 神经元早期发育的许多标记分子表达正常，但在这些 DA 神经元前体细胞发育过程中，TH

不能被诱导表达，且在出生后，小鼠中脑 DA 神经元则全部缺失，多种与 DA 合成、转运和储存相关的基因，如左旋芳香族氨基酸脱羧酶（aromatic amino acid decarboxylase，AADC）、单胺囊泡转运体（VMAT）和多巴胺转运体（dopamine transporter，DAT）也都缺失。此外，在神经干细胞中表达 Nurr1，可以增加 Shh 和 FGF8 诱导的 TH 阳性细胞数，但是过度表达 Nurr1 并不影响与 DA 神经元发育相关的其他基因的表达，例如，Pitx3、En1、En2、Lmx1b、ALDH1。已有资料也证明，Nurr1 可以以单体的形式直接结合到 TH 上游启动子中，激活 TH 在 DA 神经元中表达。此外，如果将正常腹侧中脑组织与 Nurr1$^{-/-}$ 缺失的细胞共培养，则可以诱导出 TH 的表达，表明可能有其他不通过 Nurr1 的激活 TH 表达的机制。

Nurr1 除了调节 DA 合成外，还在营养因子的表达调控中发挥重要作用。Nurr1 缺失使得 DA 不能合成，但仅仅这个原因似乎不足以成为 DA 神经元丢失的理由，推测 Nurr1 基因缺失可能导致那些调节 DA 神经元存活的信号通路功能障碍。有报道，在 Nurr1$^{-/-}$ 小鼠中脑 DA 神经元中，受体酪氨酸激酶 Ret 的表达下调。许多实验表明，Ret 作为神经营养因子 GDNF 家族成员的受体，其激活的信号通路能促进 DA 神经元的存活，GDNF 还能促进帕金森病动物模型中 DA 神经元的存活。

Pitx3 是一个配对型同源框（paired-type homeobox）转录因子，从 E11.5 起特异性地表达于中脑 DA 神经元中。在 Pitx3 自发突变小鼠 aphakia（ak）中，Pitx3-阳性的 DA 神经元在小鼠出生后死亡，而且这些 DA 神经元的丢失是个渐进的过程，突变的小鼠出生后，首先黑质致密带的 DA 神经元缺失，到出生后一天（P1，postnatal），在黑质致密带大约有 90% TH 阳性的 DA 神经元丢失，到 P21，部分腹侧被盖区（VTA）的 DA 神经元也开始消失，而到了 P100 天，该区域大约只剩一半 DA 神经元还存活着。这种发育过程中的进行性 DA 神经元死亡与帕金森病中 DA 神经元的退行性病变死亡有一定相似之处，但目前尚未发现 Pitx3 的突变与帕金森病的发病和易感性有直接联系。

利用遗传学操作分别敲除 Lmx1b、Pitx3 和 Nurr1 基因后的实验结果揭示了它们三者之间的关系（彩图 15-6 和图 15-7）：Lmx1b 的缺失可以使中脑 DA 神经元特异性分子 Pitx3 的表达量大幅减少，但是并不影响 Nurr1 和 TH 的表达，尽管如此，这些 TH 阳性的神经元在胚胎发育的过程中仍旧逐渐丢失。而 Pitx3 的缺失影响中脑黑质（SN）区和部分 VTA 区 DA 神经元的发育，使之不能分化成 TH 阳性细胞，Nurr1 也不表达，在 Pitx3 缺失后 Lmx1b 的表达情况没有报道，由于 Lmx1b 表达的时间点比较早，Lmx1b 缺失导致 Pitx3 的表达下调，因此在遗传学通路上它可能处于 Pitx3 的上游（图 15-7）。在 Nurr1 缺失小鼠中 TH 不表达，不能分化出 DA 表型的神经元，但是 Pitx3 的表达却不受影响。这些结果表明，Lmx1b、Pitx3 与 Nurr1 可能位于不同的遗传学通路上。至少有两条相对独立的遗传学通路指导了 DA 神经元的专一性分化，一条涉及 Lmx1b 和 Pitx3 的参与，它们在 DA 神经元早期特化中起作用，而另一条则涉及产生特定 DA 能神经元表型的分化途径（图 15-7），Nurr1 在其中起了关键作用，因为它可以直接激活 TH 的表达，催化产生神经递质 DA。

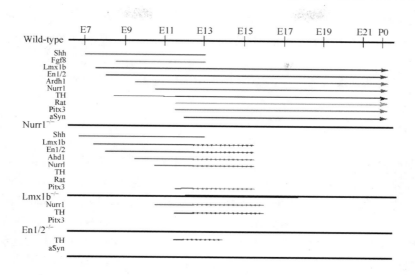

图 15-6　与多巴胺发育相关基因之间的相互关系（引自 Riddle et al. 2003）

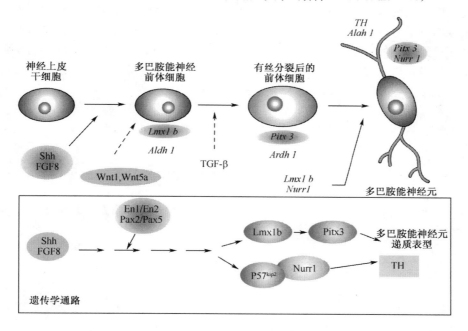

图 15-7　DA 神经元早期发育过程中，外在信号与内在因子的联合作用指导 DA 神经
元分化成熟（修改自 Goridis et al. 2002）

（三）细胞周期调控因子在 DA 神经元发育中的作用

在发育过程中，细胞退出细胞周期和细胞分化是两个紧密相连的协调过程，因此调节细胞周期的因子及其调节机制必将影响 DA 神经元分化的过程。例如，依赖于 Cyclin 的激酶抑制子家族 cip/kip 在胚胎发育过程中，对细胞增殖的调控起着非常关键的作

用。p57Kip2 是 cip/kip 家族成员，它是第一个被报道参与 DA 神经元发育的细胞周期调控因子。p57Kip2 表达于退出细胞周期、分化的中脑 DA 神经元中，并且 p57Kip2 的表达依赖于 Nurr1。对 p57Kip2 突变小鼠分析的结果显示，p57Kip2 是 DA 神经元成熟所需要的，它通过直接和 Nurr1 蛋白相互作用来促进 DA 神经元分化成熟（图 15-7）。

（四）小　　结

中脑 DA 神经元参与运动功能的整合、情绪和动机等多种脑的高级功能，因此多年来一直是神经生物学的热点研究对象。DA 神经元一旦受到损害或者其连接环路出现异常就会造成严重的运动障碍和行为改变，如帕金森病与药物成瘾。将体外诱导培养的 DA 神经元移植到帕金森病患者大脑的替代疗法一度被认为很有前途，现在却碰到重重困难。移植 DA 神经元的细胞数、移植来的外源神经元如何整合入内在大脑系统，以及如何建立起相应的传入传出神经投射，这些都依赖于 DA 神经元发育过程的深入细致的研究。

迄今已经发现的调节中脑多巴胺能神经元发育的多种分子正逐渐将我们带入一个该研究领域的黄金时期。许多转录因子和信号转导途径正陆续被发现，它们参与调节了中脑 DA 神经元发育的各个方面。不断的深入研究将会识别更多参与 DA 神经元发育的因子和相应信号转导途径，从而有助于建立起一个完整的 DA 神经元发育模型，最终将为有效治疗 DA 神经元相关疾病提供坚实的理论基础。

第二节　5-羟色胺能神经元的发育

一、5-羟色胺能神经元的分布和功能

5-羟色胺（5-hydroxytryptamine，5-HT）在化学上属于吲哚胺类化合物，由吲哚和乙胺两部分构成。

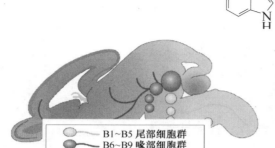

5-HT 是中枢神经系统一种重要的神经递质，它与精神情感、行为和镇痛有密切关系，同时也参与躯体和口面部随意运动的调节及维持躯体平衡。与 DA 神经元比较而言，5-HT 神经元更靠中后脑分界线之后（图 15-2 和图 15-8）。5-HT 神经元分布在后脑中缝的一个狭窄区域内，这一区域称为中缝核。哺乳动

图 15-8　5-HT 能神经元在大鼠脑的分布图（引自 Gaspar et al. 2003）

B1~B5 尾部细胞群
B6~B9 喙部细胞群

物的 5-HT 神经元可分为 9 个细胞群（B1~B9），一般认为 B6~B9 分布在中脑和后脑喙部（rostral），它们的纤维投射到端脑；而 B1~B5 分布在尾部（caudal），其纤维投射到脊髓（图 15-8）。

5-HT 同样也存在于中枢神经系统的其他部位（如松果体）和外周组织（如肠嗜铬细胞、肺神经上皮小体、甲状腺滤泡旁细胞等）。尽管它们绝对数量比较小，但是却形成了更加广泛的产生 5-HT 的细胞群。近来有报道，5-HT 的生物合成酶色氨酸羟化酶（tryptophan hydroxylase，TPH）可以以多种形式存在于外周组织中。

二、5-羟色胺能神经元发育的相关基因

以往的研究已鉴定出若干影响 5-HT 神经元发育的重要基因，如在鸡胚的移植实验中，早期移植脊索可异位诱导出 5-HT 神经元。后来的研究发现脊索的这种作用是通过分泌 Shh 实现的。

随着 5-HT 神经元发育中相关转录因子陆续被发现，它们的功能也被一一阐明。在 r2~r3（第 2~3 菱脑节）和 r5~r7（第 5~7 菱脑节）产生 5-HT 神经元时，pMNv 的腹侧区域改变它的同源框基因表达，由 Nkx2.2＋/Nkx2.9＋/Phox2b＋变成 Nkx2.2＋/Nkx2.9－/Phox2b－。基因功能丧失突变实验显示，Nkx2.2 的表达和 Phox2b 的下调正是 5-HT 神经元产生所需要的。

在小鼠，已知影响 5-HT 神经元分化成熟的基因为称为 GATA3 和 Pet1 的两种转录因子，它们在不同程度上影响 5-HT 神经元的神经递质的表型。在 r4（第 4 菱脑节）区域，有丝分裂后，5-HT 神经元的分化以锌指结构域、同源异型结构域和 ETS 结构域转录因子 GATA2、GATA3、Lmx1b 和 Pet1 的表达为标志。这 3 种转录因子都在基因功能丧失实验中被证明对 5-HT 神经元分化的作用。在来自于野生型和 GATA3 敲除的胚胎干细胞构成的嵌合体中，尾部的 5-HT 神经元大幅减少，而喙部的细胞群则不受影响。Pet1 的失活则可使 5-HT 神经元产生下降 70％。Lmx1b 敲除的纯合子几乎全部丢失 5-HT 神经元。最后定位分析的结果将 Nkx2.2 置于 Lmx1b 和 Pet1 的上游（图 15-9）。

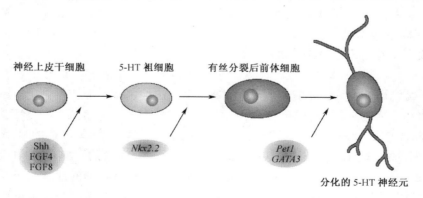

图 15-9　5-羟色胺能神经元发育相关的基因（引自 Gordis et al. 2002）

下面分别介绍几个与 5-羟色胺能神经元发育相关的基因。

（一）Shh

首先被发现与 5-HT 神经元发育相关的因子是 Shh。人们很早就已经知道，Shh 是在时间和空间上决定腹侧神经管神经元产生的重要分子，而 5-HT 神经元正是在神经管腹侧产生的。那么 Shh 是否在 5-HT 神经元的产生和分化过程中发挥诱导作用呢？有人利用鸡胚进行了移植实验，发现在鸡胚后脑植入能够分泌 Shh 的脊索或底板可异位诱导出 5-HT 神经元。而在加入抗 Shh 抗体抑制其活性后，无论是靠近中后脑分界线的 B5～B9 细胞群，还是靠近尾端的 B1～B4 细胞群都不能正常发育成 5-HT 神经元。利用一种 Shh 受体持续激活的转基因小鼠，人们进一步揭示了 Shh 信号的作用。在这种转基因小鼠中，Shh 受体活性不受配体的调节，虽然 5-HT 能前体细胞在神经管背侧，而 5-HT 神经元最终却异位表达在小脑。这一结果提示，Shh 受体控制着背腹 5-HT 能表型。

（二）Nkx2.2 和 Nkx6.1

Nkx2.2 是一种同源异型域转录因子（homeodomain transcriptional factor），它的表达可被 Shh 所诱导。在腹侧神经管，运动神经元和中间神经元的产生依赖于信号蛋白 Shh 的活性梯度。这些不同亚型的神经元直接来自表达同源异型结构域蛋白 Nkx2.2 和 Pax6 的前体细胞。Pax6 与 Nkx2.2 不同，高浓度的 Shh 信号抑制其表达。在 Pax6 突变型小鼠中，Nkx2.2 表达区向背侧扩张。Briscoe 等证明，Nkx2.2 在决定腹侧神经元模式时起主要作用。在 Nkx2.2 突变体中，Pax6 的表达不变，但是腹侧到背侧的神经元命运却发生转变，并且更多的发育成运动神经元而非中间神经元。因此，Nkx2.2 对于介导梯度 Shh 信号和决定神经元命运是至关重要的。

在 Shh 浓度梯度作用下，腹侧神经管的细胞自底板向上形成 V3、MN（motor neuron）、V2、V1 及 V0 等 5 个细胞群，表达 Nkx2.2 的前体细胞最后发育为 V3。Pax6 影响更靠背侧的神经前体细胞使之发育为 MN、V2、V1。Pax6 缺失时，MN 及部分 V2 区细胞异位发育成 V3 细胞。而在 Nkx 缺失的情况下 V3 区域的细胞不能正常发育，而分化成了原本更靠背侧的运动神经元（MN）（图 15-10）。

Nkx6.1 与 Nkx2.2 属于同一家族，它与 Nkx2.2 一样是 Shh 诱导的转录因子，但是区域更宽。研究发现，在脊髓腹侧，Nkx6.1 表达均一，并非 V3 中间神经元发育所必需，而在后脑 r1（第一菱脑节）区，Nkx6.1 的表达则复杂了很多。该区域 Nkx6.1 在腹背轴上的分布并不均一，而是在腹侧中线附近有一个高表达的区域。高表达 Nkx6.1 的区域与 Nkx2.2 阳性区域有部分重叠，而这一重叠的区域与 GATA2 共定位。这种 Nkx6.1 高表达、GATA2 阳性的前体细胞定位在更靠腹侧的深层，正是在这里它们开始表达 5-HT。更多成熟的 5-HT 神经元持续表达 GATA2，并且定位于更靠腹侧的套层。这提示，Shh 通过 Nkx2.2 和高浓度的 Nkx6.1 信号调节 GATA2 和 5-HT 在 r1 的表达。与之相符的是，GATA2 和 5-HT 神经元被 Nkx2.2 异位诱导也仅限于 Nkx6.1 高表达的区域。相反，Nkx6.1 减少则会阻碍 5-HT 神经元的发育。

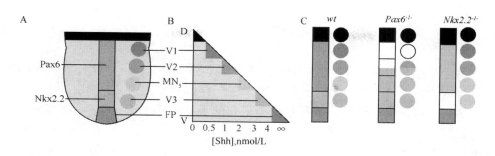

图 15-10 在 Shh 浓度梯度存在下，Nkx2.2 和 Pax6 在调节腹侧神经管神经元发育中的不同作用
（引自 Briscoe et al. 1999）

（三）GATA2 和 GATA3

GATA2 和 GATA3 是含有锌指结构域的转录因子。在腹侧后脑，GATA2 和 GATA3 在同源异型域转录因子表达后才出现，但它们的出现又早于 5-HT 能神经元的标志物的表达，提示它们可能在特化细胞命运中发挥潜在的作用。异位表达任意一个 GATA 蛋白都足以诱导后脑 r1 的 5-HT 神经元，并且这一事件发生在 Shh 诱导的 HD 蛋白下游、Lmx1b 和 Pet1 的上游。

GATA3 主要参与后脑尾部的 5-HT 神经元分化。GATA3 转录因子在发育中和成年的小鼠脑中都表现出特殊的表达模式。研究发现，几乎所有表达 GATA3 的中缝核神经元都产生 5-HT。在缺失 GATA3 的嵌合体小鼠中，中缝核尾部 5-HT 神经元丧失，嵌合体小鼠表现出一系列运动状态异常，可见 GATA3 在尾部中缝核的 5-HT 神经元发育中发挥至关重要的作用，并在控制运动行为中起重要作用。

与 GATA3 不同的是，GATA2 参与后脑头部 r1（第一菱脑节）的 5-HT 神经元分化。在 *GATA3* 基因敲除的小鼠胚胎中 r1 的 5-HT 神经元可以特化，但在 *GATA2* 基因敲除小鼠后脑外植体中，5-HT 神经元却完全丧失。进一步的实验证明，敲除 *GATA2* 的胚胎中，*GATA3* 表达在 E10.5 天 Nkx2.2 阳性区域和相当于 E13 天的 r1 培养外植体，其表达模式与正常无异。这表明在没有 *GATA2* 的情况下，*GATA3* 单独不足以建立 r1 的 5-HT 表型。因此，*GATA2* 和 *GATA3* 尽管基因结构相似并在中枢神经系统中表达区域有所重叠，却在 5-HT 神经元的发育过程中起着不同的作用。

尽管 GATA2 在 r2～r7 区域的表达同样可被 Nkx2.2 所诱导，并且在 GATA2 敲除的外植体中可以特化所有的 5-HT 神经元，但它只在 r1 足以诱导 5-HT 神经元。不像 r1 的 5-HT 神经元，尾部细胞群的发育则更加接近于内脏中间神经元。控制早期出现的内脏运动神经元（visceral motor neuron，vMN）和晚一点出现的 5-HT 神经元的关键所在是 Phox2b 表达的下调，以及 GATA2 的出现，尽管它也许并不充分。在 5-HT 神经元异位表达之前，GATA2 激活 Lmx1b 和 Pet1，这正好与它们在发育过程中表达的时间相吻合。Lmx1b 和 Pet1 均为 5-HT 神经元特化所需，但却不能相互激活而产生 5-HT 神经元。因此，GATA2 可能激活了另外的转录因子，并（或）直接与 Lmx1b 和（或）Pet1 相互作用从而特化 5-HT 神经元。

（四）Lmx1b

在中脑 DA 神经元递质表型决定的过程中（本章第一节），Lmx1b 发挥了重要的作用，该转录因子在 5-HT 神经元的分化成熟中也同样起着举足轻重的作用。Lmx1b 也是一个同源异型域转录因子，胚胎发育过程中它的表达早于 Pet1 和 5-HT。*Lmx1b* 基因敲除小鼠脑内 5-HT 和 Pet1 全部丧失，GATA3 表达水平下降，可见该基因在调控 5-HT 神经元发育过程中位于 GATA3 和 Pet1 的上游，起着关键的作用。但对 GATA3 究竟是在 Lmx1b 的上游还是下游这一问题上，学术界仍莫衷一是。有人认为，它控制 5-HT 神经元的分化是不依赖于 Lmx1b 和 Pet1 的。

（五）Pet1

Pet1 是一个具有 ETS 结构域的转录因子。ETS 结构域可以和特定的 DNA 序列结合，含有这种结构域的转录因子在多种无脊椎和脊椎动物细胞系的发育中都发挥了重要

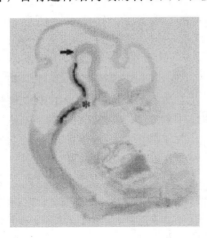

图 15-11　Pet1 在胚胎小鼠的表达
（引自 Hendricks et al. 1999）

的作用，其中以对哺乳动物的造血系统发育的影响较为显著。在这个 bHLH 的 DNA 结合蛋白家族中，不同的成员承担着不同的生理功能，如细胞增殖、细胞类型特化、程序性细胞死亡和肿瘤细胞的转化。其中有一些基因分布在哺乳类动物的神经系统的不同区域，提示这些 ETS 因子可能在神经细胞的表型特化中的具有一定功能。Pet1 最初首先出现在神经系统。考察发育中的各个阶段，可以看到 Pet1 的表达模式十分特异，即表达区域仅限于中缝核 5-HT 神经递质系统（图 15-11），并在 5-HT 神经元表型出现的前一天开始表达。研究者鉴定了一个保守的 Pet1 转录顺式作用元件，发现它总是定位在成熟的 5-HT 神经元中表达的基因内部或附近。Pet1 可以直接或间接激活与 5-HT 表型相关的一些基因，如 *TPH*、*ADDC*、5-HT 转运体（*Sert*）和单胺囊泡转运体（*VMAT*）。在 Pet1 缺失的小鼠中，绝大多数中缝核的 5-羟色胺能神经元都不能正常分化，即使有少数能够分化，但在这些已经分化的神经元中 TPH 和 Sert22 的表达量也比正常低。可见，Pet1 对特化确立 5-HT 表型是必需的。

（六）Ascl1/Mash1

Ascl1 即已知的 Mash1，是一个 bHLH 基因，它与 Nkx2.2 在后脑神经上皮区域共表达。已知在肾上腺素能发育中 Ascl1/Mash1 是必需的。最新的研究表明，它对 5-HT

神经元的发育也十分重要。它在两个层面上控制 5-HT 神经元分化。首先，在 pMNv 关闭了 Phox2b 表达之后，Ascl1/Mash1 促使有丝分裂后成神经元产生；此外，它还能特化 5-HT 前体细胞的表型。实验显示，Ascl1/Mash1 可以和 Nkx2.2 一起，激活 5-HT 能表型的 3 个决定子：Lmx1b、Pet1 和 Gata3。

综合现有资料，可以初步绘出 5-HT 神经元递质表型发育的信号网络图（图 15-12）。

三、5-羟色胺能神经元
发育的时间顺序

5-羟色胺能神经元产生在胚胎早期。在小鼠，其分化发育期为 E10～E12。分化之初，一系列分泌性位置特异性分子（包括 Shh、Fgf4 和 Fgf8）的共同作用初步决定了神经管上相应部位的 5-HT 前体细胞的命

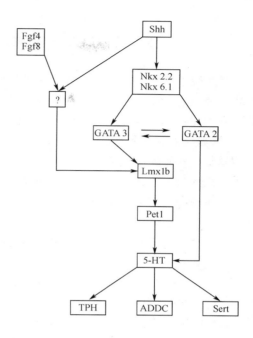

图 15-12　5-HT 神经元递质表型
发育的信号网络图

运。Shh、Fgf4 和 Fgf8 由脊索、原条（primitive streak）和中后脑连接处分别分泌，这些分子分泌后向周围扩散，形成 5-HT 能神经元特化所需的三维浓度梯度，它们共同作用引导前体细胞走上 5-HT 神经元分化的道路。这一作用途径在小鼠的遗传学在体实验上已经得到了证明，中脑后脑边界发挥着组织中心（MHO）的作用。在中后脑组织中心移植的转基因小鼠中，当中后脑组织中心移到尾部时，5-HT 神经元的产生也相应地后移，而靠近头部的区域则变成了 DA 神经元。在头尾轴上的 5-HT 神经元群分布范围缩小。相反，当中后脑组织中心移植到前部，产生的 5-HT 神经元也相应移到前面。

Shh 受体下游的另一个转录因子 Nkx2.2 参与了尾部 5-HT 能细胞群的产生，而这一过程需要 GATA3。一旦这些前体细胞确定，其他的转录因子立即被调动起来确立 5-HT 神经递质表型，即建立产生和代谢 5-HT 所需的酶学体系。这些转录因子，包括 Lim 同源异型结构域基因 Lmx1b 和 Pet1，它们一般在有丝分裂后细胞中表达。当中缝核神经元开始分化时，它们释放 5-HT，并表现出自分泌营养效应。在培养的中缝核神经元中，5-HT 放大自身的合成并促进轴突的生长。另一方面，5-HT 抑制其他神经前体细胞分化成 5-HT 能神经元。

令人惊讶的是，根据最近报道，在发育过程中，一些神经元只是暂时性地表现出 5-HT 神经元的部分表型，它们能够储存并释放 5-HT，但却不能合成它，并且，许多 5-HT 受体也出现在发育早期。这一现象提示，神经递质 5-HT 不仅可以在成年动物脑中行使功能，在发育过程中还扮演着信号分子的角色。

第三节　以氨基酸为递质的神经元的发育

　　氨基酸不仅是生物体中的营养物质和代谢产物，它们在神经系统中还发挥着某些重要的生理功能。在脑中，它们是不可或缺的神经递质，其中包括兴奋性氨基酸——谷氨酸（glutamate）和天门冬氨酸，抑制性氨基酸——γ-氨基丁酸（gamma-amino-buty-rate，GABA）和甘氨酸。事实上，脑内大多数神经递质是氨基酸类，而经典的神经递质如单胺类和乙酰胆碱类神经元只占脑内的一小部分，尽管如此，目前对以氨基酸为递质的神经元的发育的了解还非常有限。本节将对 GABA 能和谷氨酸能神经元递质表型的分子基础做一简要介绍。

一、GABA 能和谷氨酸能神经元功能及分布

（一）GABA 能神经元

　　GABA 是成年动物脑中最为重要的抑制性神经递质，它的人工合成已有百余年的历史。在体内，GABA 是由脑内含量很高的谷氨酸经谷氨酸脱羧酶（glutamic acid de-carboxylase，GAD；EC 4.1.1.15）脱羧而成。GABA 在脑内含量很高，约为单胺类神经递质的 1000 倍以上。

$$\underset{\text{谷氨酸}}{HO-\overset{O}{\overset{\|}{C}}-\overset{NH_2}{\underset{}{CH}}CH_2CH_2\overset{O}{\overset{\|}{C}}-OH} \xrightarrow{\text{GAD}} \underset{\text{GABA}}{\overset{NH_2}{\overset{}{CH_2}}CH_2CH_2\overset{O}{\overset{\|}{C}}-OH}$$

　　GABA 由占中枢神经系统 20%～30% 的神经元合成，这些神经元称为 GABA 能神经元。多数 GABA 能神经元属于中间神经元，有的脑区内或脑区间也存在 GABA 能的投射神经元。它们有的产生突触前抑制，有的起着突触后抑制的作用，还有一些通过表达自身受体，接受自分泌反馈调节。GABA 能神经元在中枢神经系统中的功能，如控制躯体运动、学习及生物节律等方面是不可或缺的。GABA 介导的信号调节包括多种机制。其中，以限速酶 GAD 来调节 GABA 的合成最为关键。GAD 和 GABA 不仅在神经系统，在外周系统中，如卵巢、睾丸、胰腺的 β 细胞等也同样可找到。在这些组织和细胞中，GABA 究竟发挥何种功能还不得而知。

　　与 DA 神经元和 5-HT 神经元不同的是，GABA 神经元分布相对比较弥散，没有特定的脑区。在胚胎发育过程中，GABA 早在抑制性突触发生很久之前就已存在，并作为营养因子促进神经元的分化。在妊娠中期的小鼠和大鼠胚胎中，GABA 能神经纤维在神经元发生的区域附近生长。特定 GABA 受体亚基的时空特异性表达与它们的 GABA 能通路出现一一对应。神经纤维和生长锥释放膜包被的 GABA 转运体或以胞吐的形式释放 GABA。这一伴随 GABA 能神经纤维的出现而发生在胚胎早期 GABA 和 GABA 受体的释放机制提示，GABA 在神经发生中可能发挥了营养因子的作用。

（二）谷氨酸能神经元

谷氨酸是生物体内最重要的兴奋性神经递质，中枢神经系统绝大多数兴奋性突触都以谷氨酸为递质。它在脑中含量很高，既可由三羧酸循环的中间产物 α-酮戊二酸加氨基产生，也可由谷氨酰胺脱氨基产生。

利用谷氨酸神经元在脑内分布非常广泛，并存在多个神经通路。它们在调节细胞可塑性、控制精神情绪和行为中发挥重要作用，还与鸦片和酒精成瘾性相关。

二、GABA 能神经元发育的相关基因

（一）Mash1 和 Heslike

越来越多研究证明，含有 bHLH 结构域的转录因子在神经发生中十分重要。不同的 bHLH 因子编码不同的神经元表型，生物体正是借此形成多种多样的神经元。神经元 bHLH 基因如 *Mash1* 和 *Neurogenin2*（*Ngn2*）表达互补，但发挥的功能截然不同。*Mash1* 最初在腹侧端脑表达，调节 GABA 能神经元的形成。而 *Ngn2* 在背侧端脑表达，调节谷氨酸能锥体神经元的形成。

Heslike 具有 Hes 样 bHLH 结构域和转录抑制活性。Heslike 与 Mash1 共表达的脑区正是产生 GABA 能神经元的区域。在中脑和尾部间脑，Heslike 与 Mash1 的共表达区域很小，但是到了 E9.5 天共表达区开始向外扩张。这一扩张紧随着 GABA 能神经元的产生。另外，在 Mash＋区域，bHLH 可以引起 GABA 能神经元的异位表达。进一步实验证明，两者的协同作用可以促进 GABA 能神经元的产生，两者单独存在时则不能显现该作用。

（二）Pitx2/ UNC-30

GABA 能神经元分化需要一些基因的表达，包括合成 GABA 的 GAD，以及将 GABA 包装到突触小泡内的囊泡 GABA 转运体（vesicular GABA transporter，VGAT）。在线虫中，UNC-30 能直接激活 UNC-25（相当于哺乳动物的 GAD）的表达，异位表达 UNC-30 可以导致 UNC-25 在非神经细胞中的激活。Pitx2 和 UNC-30 分别是小鼠和线虫中的直向同源基因。Westmoreland 等发现，在哺乳动物细胞中 Pitx2 同样能通过结合在 Gad1 基因启动子上来调节 GAD 的表达，最终参与 GABA 能神经元的分化。

（三）其 他 基 因

在 Pax2 突变体小鼠脊髓背角中 Gad1 表达丧失，Gad2 和 Viaat 表达下降，而谷氨酸能神经元标记物 VGLUT2 的表达几乎没有变化。相反，前角的 GABA 能分化却很少

受 Pax2 的影响。这些结果提示，Pax2 可以选择性指导 GABA 能神经元分化。

同源异型域基因 *Nkx2.1*、*Dlx1/2*、*Gsh2* 和 *Lim6* 也参与了端脑 GABA 能神经元的发育。由于 GABA 能神经元在中枢神经系统广泛存在，而参与 GABA 能神经元发育的基因 *Nkx2.1* 和 *Dlx1/2* 的表达却仅限于前脑，因此，中枢神经系统不同部位 GABA 能神经元的发育可能涉及不同的分子机制。转录因子 Vax1 也参与了新皮层 GABA 能神经元发育。在 $Vax1^{-/-}$ 小鼠的新皮层，GABA 能神经元减少了 30%～44%。在其他脑区存在哪些诱导 GABA 能神经元形成的因子目前还是未知之谜。

三、谷氨酸能神经元发育的相关基因

和 GABA 能神经元一样，由于谷氨酸能神经元分布的脑区非常广泛，至今被鉴定的控制谷氨酸能分化的转录因子很少，最近的报道显示，Tlx 家族的两个成员 Tlx1 和 Tlx3 在谷氨酸能神经元分化中扮演了重要的角色。

Tlx1（即 Hox11L2）和 Tlx3（即 Hox11）是两个同源异型框蛋白。Tlx3 在谷氨酸能神经元内表达，并为这种神经元特化所需。*Tlx* 基因抑制 GABA 能分化。在 *Tlx* 突变的动物脊髓背角，几乎所有的谷氨酸能标记物（包括谷氨酸转运体 VGLUT2 和 AMPA受体 Gria2）都丧失了。VGLUT2 表达在 *Tlx1* 突变体中基本不变，在 *Tlx3* 突变体有所下降，而在 *Tlx1/Tlx3* 双突变体中全部丧失。在 *Tlx* 突变体中，脊髓的 GABA能标记物也减少，它们包括与 GABA 能神经元分化相关的基因 *Pax2*、调节 GABA合成和运输的 *Gad1/2* 和 *Viaat* 以及 kainate 受体 *Grik2/3*。异位表达 *Tlx3* 足以抑制 GABA 能神经元的分化同时诱导谷氨酸能神经元的形成。

GABA 能神经元和谷氨酸能神经元的发育看似矛盾，但却相互依存、息息相关。在体内，神经元在兴奋性和抑制性细胞命运之间究竟是如何进行选择的，我们知之甚少。目前已知前脑中至少存在这样两种机制：① 谷氨酸能神经元和 GABA 能神经元分别来自于不同的神经元前体细胞；② 在大脑皮层，谷氨酸能神经元中由某种遗传学程序抑制它向 GABA 能分化，但至今控制谷氨酸能分化的转录因子仍尚未被完全鉴定。

（周嘉伟 撰）

主要参考文献

Bouchard M, Pfeffer P. 2000. Functional equivalence of the transcription factors Pax2 and Pax5 in mouse development. Development, 127: 3703～3713

Briscoe J, Sussel L, Serup P, et al. 1999. Homeobox gene Nkx2.2 and specification of neuronal identity by graded Sonic hedgehog signalling. Nature, 398: 622～627

Castelo-Branco G, Wagner J. 2003. Differential regulation of midbrain dopaminergic neuron development by Wnt-1, Wnt-3a, and Wnt-5a. Proc Natl Acad Sci USA, 100: 12 747～12 752

Cheng L, Arata A, Mizuguchi R, et al. 2004. Tlx3 and Tlx1 are post-mitotic selector genes determining glutamatergic over GABAergic cell fates. Nature Neurosci, 7: 510～517

Cheng LP, Chen CL, Luo P, et al. 2003. Lmx1b, Pet-1, and Nkx2.2 coordinately specify serotonergic neurotransmitter phenotype. J Neurosci, 23(31): 9961～9967

Chi CL, Martinez S. 2003. The isthmic organizer signal FGF8 is required for cell survival in the prospective midbrain and cerebellum. Development, 130: 2633~2644

Craven SE, Lim KC, Rosenthal A, et al. 2004. Gata2 specifies serotonergic neurons downstream of sonic hedgehog. Development, 131: 1165~1173

Ding YQ, Marklund U, Yuan W, et al. 2003. Lmx1b is essential for the development of serotonergic neurons. Nature Neurosci, 6: 933~938

Gaspar P, Cases O, Maroteaux L. 2003. The developmental role of serotonin: news from mouse molecular genetics. Nature Rev Neurosci, 4: 1002~1012

Goridis C, Rohrer H. 2002. Specification of catecholaminergic and serotonergic neurons. Nature Rev Neurosci, 3: 531~541

Goridis C, Rohrer H. Specification of catecholaminergic and serotonergic neurons. Nature Rev Neurosci, 3: 531~541

Hendricks TJ, Francis N, Deneris ES, et al. 1999. The ETS domain factor Pet-1 is an early and precise marker of central serotonin neurons and interacts with a conserved element in serotonergic genes. J Neurosci, 19: 10 348~10 356

Joyner AL. 1996. Engrailed, Wnt and Pax genes regulate midbrain-hindbrain development. Trends Genet, 12(1): 15~20

Nunes I, Tovmasian LT. 2003. Pitx3 is required for development of substantia nigra dopaminergic neurons. Proc Natl Acad Sci USA, 100: 4245~4250

Riddle R, Pollock JD. 2003. Making connections: the development of mesencephalic dopaminergic neurons. Dev Brain Res, 147 (1~2): 3~21

Taglialatela P, Soria JM, Caironi V, et al. 2004. Compromised generation of GABAergic interneurons in the brains of Vax1$^{-/-}$ mice. Development, 131: 4239~4249

Westmoreland JJ, McEwen J, Moore BA, et al. 2001. Conserved function of Caenorhabditis elegans UNC-30 and mouse Pitx2 in controlling GABAergic neuron differentiation. J Neurosci, 21: 6810~6819

第十六章　神经系统发育对激素
与营养的依赖性及其他有关问题

第一节　神经系统发育对激素与营养的依赖性

一、营养与神经系统发育

人类神经系统被认为是自然界最复杂的系统。该系统的结构，特别是生理功能和病理机制方面也还存在大量没有解决的问题。神经系统的正常发育是人类精神心理健康成长的基础，自胚胎形成开始，脑就处于不断发育的过程中。出生时脑重 370g，6 个月达 600～700g，7 岁时接近成人脑重约 1500g（图 16-1）。

各种动物出生时脑发育的程度并不一致，如豚鼠、猪出生时脑发育已接近成熟，而大鼠、灵长类动物包括人，出生时脑发育还不成熟。人的未成熟脑或发育脑的确切日期还缺乏一个公认的标准，个体之间也存在较大差异，但一般认为系自神经胚形成至出生后 2～3 年。虽然那时脑神经细胞分化、髓鞘形成、突触发育及神经回路的建立已基

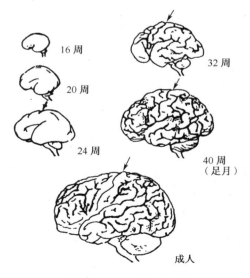

图 16-1　人的大脑发育

本完成，但脑的情感、思维、学习与记忆等功能尚在不断地完善之中。人脑发育分为：原始神经胚形成（妊娠2～3月），前脑发育（妊娠2～3月），神经元增殖（妊娠3～4月），神经元移行（妊娠4～5月），脑神经组织形成，含板下神经元建立及分化，板层结构的形成，神经突起的生长、分支、修剪，突触的发育，神经细胞的程序性细胞凋亡及胶质细胞的增殖分化（妊娠5月至生后数年），髓鞘形成（出生至生后数年）。脑的发育是一个连续而复杂的过程，发育中脑与成熟脑在结构与功能上都有一些不同之处；如在成人已消失的原生基质结构是新生儿颅内出血的好发部位；发育脑中突触与神经元数目、DNA的含量明显高出于成熟脑，如生后两岁时脑突触的数量已达到成人的2倍，兴奋性氨基酸受体分子结构改变，对兴奋性介质反应活性增强，导致发育脑对低糖、缺氧、缺血及其他伤害性过程十分敏感，造成了发育脑的"易损性"（vulnerability），从而更促进了发育脑对营养的依赖性（图16-2）。

　　营养对个体发育的重要性已为人们所熟知，但营养对发育中神经系统的重要性却未引起足够的重视。母体营养不良（malnutrition）对人胚胎的作用还不很清楚，但母体营养不良可产生胎盘的功能不全、早产等，从而使出生的婴儿发生发育、智力及神经功能障碍等的频率增高已是众所周知的事实。儿童从出生到18岁慢性营养不良可导致生长停滞、永久性的情感、认知和智力障碍。新生儿急性营养

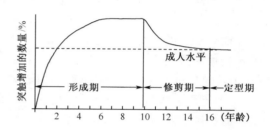

图 16-2　突触数量的发育学变化

不良也可导致永久性的脑损伤。如果在两岁以前给予充分的营养治疗，患儿可以得到完全的恢复；如果在两岁以后才得到足够的营养治疗则只能达到部分的恢复。营养不良造成的发育中神经系统损伤的致病因素是多方面的，营养不良是全身性疾病，全身各器官均受到侵犯。对神经系统的损伤有直接的和间接的，直接的如为中枢神经系统生长需要的营养成分，间接的如中枢神经系统发育所需要的营养因子、生长因子和激素等的供给不足。据世界卫生组织1972年的报告，全世界有近3亿儿童营养不良。Edward 和 Grossman（1980）对美国7000个儿童的调查表明，儿童智商（intelligence quotient, IQ）和学习成绩与其身高、体重呈正相关性，成绩低下的儿童常伴有慢性营养不良史。因严重营养不良而致死的两岁以前的新生儿与同龄营养良好的儿童相比，大脑、小脑、脑干的重量与DNA的含量明显降低。

　　调查营养不良对儿童神经系统发育的影响存在许多困难。首先，营养不良的作用不能与其他有害因素如缺乏母亲照顾、环境的贫困和冷漠、缺乏刺激和鼓励等完全分隔开来；其次对于营养不良导致的行为异常，如语言障碍、社交能力减低、情感紊乱和焦虑等，缺乏一个可以测量的指标；再次，用智商、头围、身高和体重等指标不能够准确地反映神经系统的发育状况，头围（脑大小）与智力的关系也还存在争论。这些都造成了对营养不良影响神经系统发育的了解受到限制。但从有限的资料来看，儿童从出生到两岁以前是发育中的神经系统对营养不良最敏感、最易受损伤的时期，而且这段时期对营养治疗有良好的反应性。营养不良对脑发育的作用尚不很清楚，除生长因子、营养因子

等直接因素外，营养不良导致心肌功能不全，以致缺乏足够的血液与氧气供应，血浆蛋白降低导致脑及其他脏器水肿、含氧量减低以及免疫功能低下，易患各种疾病等都可影响脑的发育。营养不良影响脑发育的实验病理资料只能从动物如大鼠等获得。但大鼠和人不同，它是多胎动物，在胚胎期即具有营养竞争的可能性。营养不良的标准各实验室报告控制条件不一。各种哺乳动物的脑在出生时发育程度不一致。凡此种种均给营养不良的研究带来了许多困难。因此，大鼠等动物的实验病理学资料仅起到参考的作用。

在大鼠获得的实验资料表明，营养不良对发育中神经系统的主要作用在突触发生和髓鞘形成期。大脑皮质生长发育迅速，对新生大鼠的营养不良也特别敏感，但神经元易受损伤的时间和部位不一样，如皮质第 V 层锥体细胞最易受损时间在生后早期，而皮质第 III 层锥体细胞和中间神经元易在生后早期和晚期受损，表现为树突棘数量减少、每个神经元表面突触（S/P. N）的数目减少。这种营养不良导致的神经系统损伤具有可恢复性。实验表明，母乳喂养明显优于人工喂养，人工喂养食品的营养素和热量供应能够增加婴儿的身高和体重，但认知功能及视觉发育仍受影响。母乳中含有花生四烯酸等成分，而且母亲的教育、能力等都有助于幼儿智能的发育。有实验报告，生后 2～3 周营养不良可导致视皮质第 II、IV 层每个神经元表面突触数下降 30%，给予营养治疗直到 200 天的年龄，S/P. N 与对照组相比增加 20%。如果将该组大鼠隔离饲养，则 S/P. N 减低 30%，说明社会环境与营养不良在大鼠皮层突触的发生上具有相加的作用。也有报道说新生大鼠营养不良导致大脑皮质神经元和神经终末分支数量减少，浦肯野细胞树突生长受限，分支减少，浦肯野细胞树突棘减少 20%。不少实验表明，营养不良严重影响新生儿和新生大鼠的髓鞘形成。Krigman 和 Hogan 的实验证明从大鼠妊娠第 6 天开始仅给半量饲料，对出生大鼠仅给半量母乳喂养，结果在大鼠生后 15、21 及 48 天胼胝体发现星形胶质细胞数量增加，不成熟少突胶质细胞增加，成熟少突胶质细胞减少；髓鞘总量减少，但髓鞘的化学组成不变。电镜观察显示在生后未给予足够喂养的大鼠坐骨神经髓鞘分层减少。在严重营养不良的幼儿坐骨神经也显示类似的变化。营养不良还严重影响胎盘功能，从而影响子代中枢神经系统的发育。妊娠期孕鼠 5 天不给蛋白质饲料，仅此 5 天，大部分孕鼠在妊娠 10 天发生流产，而幸存的少数子鼠表现为体重、脑重量和脑 DNA 含量明显降低。该实验结果不能用子代缺乏蛋白质来解释，而只能用营养不良导致的胎盘功能不全和激素调控障碍来解释，因为幼小的胚胎需要的蛋白质的量是十分有限的。Levitsky 及 Strupp 新近的研究报道（1995）指出，胚胎发育早期的营养不良导致脑神经受体功能的长时间的变化。因此，研究者认为营养不良所致的行为及神经系统功能障碍可能更多的是由于对应激的一种情感反应。另外，导致神经系统功能障碍的营养不良的最小量和最易受损伤的年龄范围等都是有待于进一步研究的问题。营养不良对神经系统发育的影响不是均衡的，而是因脑区而异的，例如，给新生大鼠实验造成营养不良，分别于 4、12、20、40 天观察杏仁核复合体的改变，结果中央核和基底外侧核（basolateral nucleus）神经元树突分支明显减少而内侧核无变化。智利对 96 名在校儿童进行头大小、智商、学习、认知及营养状况的调查，研究结果表明，儿童智商及学习进展（scholastic achievement）与年龄、性别和家庭经济状况无关，但与儿童出生前的营养状态有关。由上所述可知营养不良对发育中神经系统的重要性。但"营养"是一个统称，它包括蛋白质、糖类、脂肪、维生素及微量元素等多种组成成分，各种成分的缺乏对神经系统的发育具有不同的作用。例如，有报道妊娠期维生素缺乏能严重影响脑的发育，特别是维生素 B 族叶酸的严重缺乏可导致子代神经管的发育缺陷（neural tube deficit，NTCD）的发生率增高，反之给予足量的维生素（含叶酸）不仅能降低 NTCD 的发生率，还可降低其他先天性畸形及遗传性疾病的发病率。叶酸是核酸代谢中重要的辅酶，在许多生化反应中起重要作用，不少先天性代谢病涉及叶酸转运及叶酸酶代谢异常。也有报道认为 NTCD 的产生可能与维生素 B_{12} 结合蛋白（转钴胺，transcobalamins）异常有关，该蛋白质对于维生素 B_{12} 的转运和利用是必需的。维生素 B_{12} 的减少会影响叶酸代谢，从而影响嘌呤和核苷酸的形成，它们是 DNA 合成所必需的。阻断 DNA 的合成势必影响胚胎早期神经系统发育中的神经细胞增殖。但实验证明，叶酸及维生素 B_{12} 的使用并不能完全阻止 NTCD 的发生。说明 NTCD 的发生是多因素的环境与遗传因素相互作用的结果。

葡萄糖代谢在发育脑中具有重要作用。实验表明新生犬脑能量供应 95％ 来自葡萄糖。足月羊胎在有氧条件下，葡萄糖也是能量代谢的主要底物。早期发育脑中，脑干葡萄糖的利用率最高，至 1 岁左右，葡萄糖的利用率明显与该区神经元功能的获得紧密相关，首先是大脑感觉运动皮层及丘脑，其次是顶叶、颞叶及枕叶皮层，最后是额叶皮质及相关区。低血糖导致脑代谢及脑血管自我调节紊乱。低血糖对脑代谢的迟发作用在成年人与新生儿有许多相似之处。但新生动物脑在葡萄糖严重下降时，其磷酸肌酸及 ATP 水平仍可保持正常，并可利用乳酸作为其能量代谢产物，这点是与成年脑不同的。故新生动物在严重低血糖时也能保留神经功能和神经细胞的正常电活动。单项缺血或低血糖并不一定致脑损伤，两者同时作用则必致脑损伤。病理检查表明，因低血糖致死的新生儿脑表现为广泛性的神经元损伤，主要累及皮质表层神经元；而缺血脑主要表现皮质深层受累。严重低血糖脑病病理改变可见头小畸形、脑回萎缩、脑沟加宽、大脑白质髓鞘减少、白质变薄、侧脑室扩大等，胶质细胞也可受累，导致成髓鞘障碍。体外培养证明，给予 NMDA 受体阻断剂，可避免低血糖导致的神经元死亡。

脂肪酸对脑发育也十分重要。

机体是一个整体，营养不良不仅意味着食品、原料供应的匮乏，也意味着激素分泌和免疫系统调控的变化。由于篇幅所限，不在此进行分别介绍。

二、激素和神经系统发育

甲状腺产生两种激素，即四碘甲状腺原氨酸（T4）和三碘甲状腺原氨酸（T3），它们都是酪氨酸的碘化物，二者都是疏水分子。T4 和 T3 释放入血后，它们以两种形式在血中运输，即游离型和结合型。血浆中有 3 种蛋白质，它们可与 T4 和 T3 发生不同程度的结合，即为甲状腺素结合球蛋白（thyroxin-binding globulin，TBG）、甲状腺素结合前清蛋白（thyroxin-binding prealbumin，TBPA）与白蛋白。游离型与结合型可以互相转变，结合型需转变为游离型后才能进入细胞起作用。甲状腺激素的分泌受到垂体前叶促甲状腺激素（TSH）的调控，后者又接受下丘脑甲状腺刺激素释放激素（TSH releasing hormone，TRH）的控制。垂体与下丘脑细胞均具有甲状腺激素受体以调制甲状腺素在垂体和下丘脑的负反馈作用。甲状腺激素受体调控 RNA 编码 TSH 的转录。

在哺乳动物脑的神经细胞和神经胶质细胞中 T3 受体在出生前和出生后均有较高水平的表达。甲状腺激素经以下途径刺激神经系统的发育：促进细胞的增殖，合成微管相关蛋白（microtubule associated protein，MAP）和微管蛋白（tubulin），增加微管的组装，促进轴突、树突的生长，促进突触的发生和髓鞘的形成。

T3 受体在出生前 20 天在大鼠脑出现，其密度峰值在小脑为出生时，而在大脑为生后 9 天，此后 30 天内逐渐减低至成年鼠水平。T3 受体存在于神经细胞和神经胶质细胞，但对神经元的结合力是神经胶质细胞的 3 倍。在人孕期第 10 周即有 T3 受体的表达，此后 6 周中受体密度增加 6 倍，在海马、杏仁核和脑新皮质的表达特别丰富。T4 在促进微管合成、组装和轴、树突生长方面有重要作用。在甲状腺切除和甲状腺功能低下时，轴、树突生长停滞，浦肯野细胞分支减少，平行纤维长度变短等。在甲状腺功能低下大鼠的树突干中微管的量只达正常对照组的一半；在新生阶段用甲状腺素治疗可使海马 CA3 区锥体细胞胞体变大和树突增多。

在哺乳动物，甲状腺在胚胎时开始行使功能。在人胚，甲状腺发挥生理功能的时间在胚 10～12 周。以往的研究认为，由于甲状腺素与蛋白质结合，不能透过胎盘，因而母体的甲状腺功能不足不会影响到子代。近年来，根据理化分析和流行病学的研究证明，T4 能透过胎盘（这在多种哺乳动物，包括人中均已得到确定），对胚胎早期发育有重要影响。TBG 作为一种控制系统，控制胚胎环境中的 T4 水平。因此，在甲状腺功能障碍的孕鼠，其子代脑功能也受损害，表现为乙酰胆碱酯酶和多巴胺脱羧酶的活性障碍。而在先天性甲状腺发育不全的儿童伴有明显的脑发育障碍（即呆小症），表现为智力迟钝和长骨生长停滞。对于呆小症的治疗，时机的选择至关重要。据研究，生后即开始甲状腺激素治疗者智商可完全恢复正常，6～12 个月才给予治疗的儿童仅有 15％的智商能恢复正常。

在实验动物，生后甲状腺切除或给予抗甲状腺药物均可产生脑皮质生长和成熟的停滞。海马神经细胞具有丰富的 T3 受体，也是对甲状腺素反应最敏感的一个脑区。在新生鼠伴有甲状腺机能亢进时，海马 CA3 区锥体细胞胞体增大，树突增长，但 CA1 区锥体细胞胞体改变不明显。在新生鼠伴有甲状腺功能低下时，海马体积缩小，但苔藓纤维表现正常。海马体积的减小可能是由于颗粒细胞的生成减少或死亡增加。海马齿状回颗粒细胞和 CA3 区锥体细胞的生成均减少。给新生大鼠注射甲状腺素可促进少突胶质细胞的发育。

甲状腺素对神经系统发育的确切的调控机制还不十分清楚。Neveu 和 Arenas（1996）的研究工作表明给予甲状腺功能低下的大鼠以神经营养因子，发现神经营养因子特别是 NT-3 具有诱导小脑外颗粒层的神经元的迁移与分化的作用，浦肯野细胞树突分支和突触形成增多。因此认为 T3 可能通过调控 NT-3 的水平从而影响小脑的发育。在生前即具有甲状腺功能低下的大鼠小脑表达与营养、促生长有关的 p75 NGFR，Tα1-α-微管蛋白以及生长相关蛋白-43（growth associated protein-43，GAP-43）。转录及蛋白质水平均表现增高，而髓鞘相关蛋白如 MBP 和 PLP 在生后 P2～P10 天增高。在脑中新近还确定了一些 T3 依赖性基因（T3-dependent gene），如髓鞘蛋白编码基因（myelin protein-encoding gene）、特异性神经元基因（specific neuronal gene）等，它们受 T3 调控从而影响神经系统的发育。但其调控机制还有待于进一步阐明。

　　对甲状腺素的反应存在着性别的差异（sexual dimorphism），对新生鼠给予甲状腺素治疗，在雄性鼠海马 CA3 区可见较多的顶树突（apical dendrite）长度增加。而在雌性鼠具有较多的基树突（basal dendrite）长度增加。顶树突接受颗粒细胞苔藓纤维的传入冲动，基树突则接受相邻锥体细胞的传入冲动，因此它们对甲状腺素的不同反应可能具有不同的生理意义。总之，已有的研究资料表明，甲状腺激素在神经系统的发育过程中具有十分重要的作用。

三、类固醇激素与神经系统发育

（一）"神经类固醇"和"神经活性固醇"的提出

　　人体类固醇激素主要包括皮质醇、皮质酮、性激素等，主要在肾上腺和性腺及胎盘组织中合成。类固醇激素的合成前体是胆固醇，类固醇激素合成第一步是在细胞线粒体内完成，激素合成时，游离胆固醇需经线粒体外膜转运至内膜，在细胞色素 P450scc 酶作用下同时介导三个化学反应：20α-羟化、22-羟化和胆固醇侧链剪切，将转运至线粒体内膜的胆固醇转化为孕烯醇酮，这是各种类固醇激素合成的第一步，也是非常重要的限速步骤。以此为基础在各种酶的催化下进一步产生其他类固醇激素及其衍生物（图 16-3）。

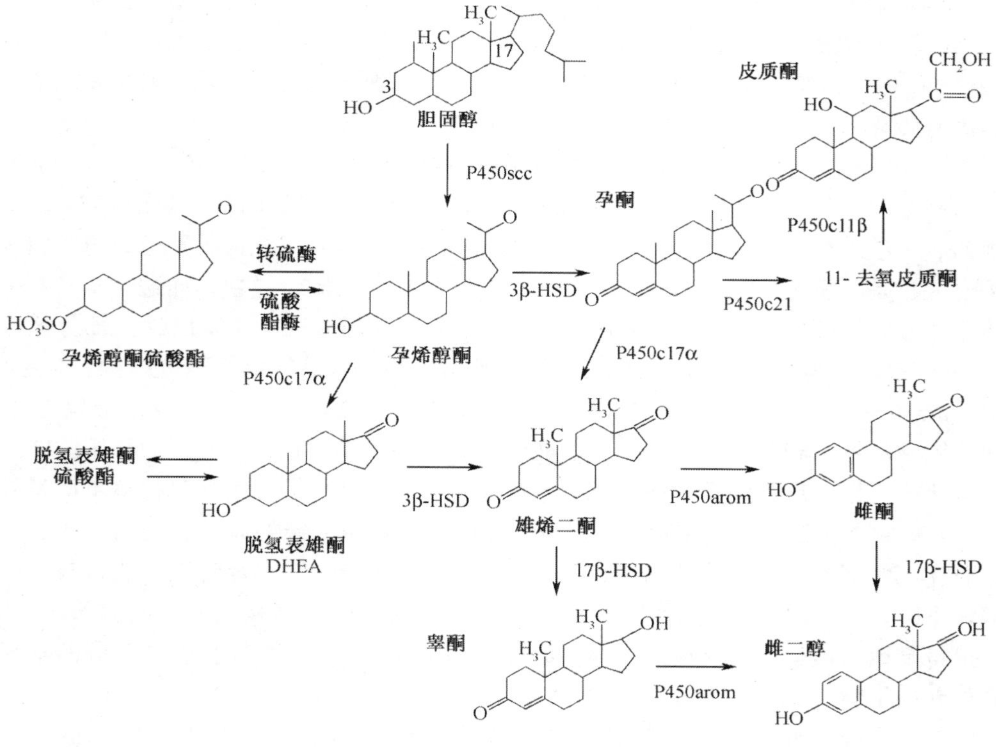

图 16-3　类固醇的合成途径

　　大脑是类固醇激素作用的靶器官之一，大脑皮层能够快速吸收并代谢类固醇激素。但越来越多的证据表明，除肾上腺、性腺和胎盘组织外，神经组织自身也具有合成、分泌多种类固醇激素的能力。20 世纪 80 年代 Baulien 等发现成年雄性大鼠大脑前部和后部脑组织中脱氢表雄酮（DHEA）及其硫酸酯（DHEAS）含量显著高于其血浆含量，且 DHEAS 在大鼠脑内的浓度不依赖于肾上腺和睾丸等外周内分泌腺体，提示脑组织自身具有合成类固醇激素的可能。观察类固醇激素产生的前体物质孕烯醇酮（PREG）及其硫酸酯（PREGS）在成年雄性大鼠大脑前部和后部脑组织中水平的研究，进一步证实了上述结果，并发现脑组织 PREG 和 PREGS 的浓度是 DHEA 和 DHEAS 的 10 倍，提示脑内孕烯醇酮和脱氢表雄酮之间可能存在前体与产物的关系。因此 1981 年 Baulien 引入"神经类固醇"的概念来描述类固醇中间产物——脱氢表雄酮，因为它在脑中的浓度不受外周激素的影响。后来这个术语被建议用来指在脑中合成的孕烯醇酮、硫酸孕烯醇酮、孕酮、异孕烯醇酮等固醇类物质，最后被用来指在脑中从头合成的所有类固醇物质。"神经活性类固醇"则指具有通过调节受体门控离子通道而快速影响突触传递功能的某些固醇类物质，它们能够作用于神经组织影响神经功能，但又能够被外周和大脑合成。

　　为证实脑组织确实具有合成类固醇激素的能力，人们就开始研究类固醇合成所需的酶。首先应用免疫组化法对大鼠脑组织类固醇合成限速酶 P450scc 进行了观察，发现整个脑白质、扣带回和嗅束等区域均呈 P450scc 阳性；经小脑给予雄性大鼠延髓池注射 P450scc 抑制剂 5h 后，检测发现实验组脑中孕酮和 DHEA 浓度仅是对照组的 1/4；另外用[³H]-胆固醇对少突胶质细胞进行培养，也可得到[³H]-PREG 和[³H]-20-OH-PREG。这样从组织化学和生物化学等角度证实了脑细胞内确实含有 P450scc，且具有将胆固醇转化为 PREG 的能力。

　　近年来采用各种现代技术与方法在脑和神经组织中还检测到 P450-17 羟化酶（P450c17）、P450 芳香化酶（P450arom）、5α-还原酶、3β-羟类固醇脱氢酶（3β-HSD）、转磺酶、硫酸酯酶等。因此和肾上腺和性腺组织中类固醇合成一样，神经组织类固醇的从头合成也是一复杂而有序的过程，具有组织特异性和细胞特异性，而这个特异性由合成酶分布的特异性决定。如 P450scc、3β-HSD 和 5α-还原酶存在于脑的绝大部分区域和 I 型星形胶质细胞、少突胶质细胞、施旺细胞和神经元等绝大多数神经细胞中；P450arom 在下丘脑和边缘系统区高度表达，在其他区域表达量很低；P450c17 仅在成年期周围神经细胞和神经纤维中表达，而在脑组织中则不表达。除有组织和细胞特异性外，近年研究还发现神经类固醇合成酶的表达与否及表达量的多少还受机体不同发育阶段的影响，例如，P450c17 在胎儿和新生儿期的中枢神经系统如海马、丘脑和内囊中表达，而在成年期中枢神经系统不表达；而 P450arom 在出生前发育阶段表达量最高，之后逐渐下降，成年后则表达较低。由于脑组织内含较多的转磺酶、硫酸酯酶和 5α-还原酶，使得脑组织内类固醇硫酸酯，3α，5α-四氢孕酮，3α，5α-四氢脱氧皮质酮的水平显著高于外周组织。

　　脑中类固醇的水平并非一成不变，但变化不像外周变化幅度大，且并不与外周同步。

　　糖皮质激素（glucocorticoid，Gluc）由肾上腺皮质的束状带分泌，进入血液后与血液中皮质类固醇结合球蛋白（corticosteroid-binding globulin，CGB）或叫皮质激素运载蛋白（transcortin）以及白蛋白相结合，但以与 CGB 结合为主，结合型与游离型可以互相转化，但是血浆中仍以结合型为主而游离型很少。Gluc 可以通过扩散方式透过胎盘和血脑屏障，与神经元及神经胶质细胞表面的特异性受体相结合，进而定位于核内调控某些基因的转录。在哺乳动物的中枢神经系统，有两种类型的受体：I 型受体和 II 型受体。I 型受体主要定位于海马齿状回颗粒细胞和 CA1、CA3 区的锥体细胞，对糖皮质激素有高度的亲和性，醛固酮是其竞争性拮抗剂。II 型受体定位于神经系统的所有神经元和神经胶质细胞，对 Gluc 的合成具有高度的亲和性，但对 Gluc 的亲和性仅为 I 型受体的 1/10。糖皮质激素受体在大鼠脑 E17 时即可检测到，以后逐渐增多，于生后 P15～P30 达成年水平。大脑皮质糖皮质激素受体的表达与大脑皮质的发育生长和外颗粒层的消失相关联。给予新生大鼠 Gluc 可抑制神经元和神经胶质细胞的增生，使细胞分化延迟，特别是影响树突的生长、突触的发生和髓鞘的形成，并具有诱导儿茶酚胺合成酶，如酪氨酸羟化酶（TH）、多巴胺 β-羟化酶（DBH）和苯乙醇胺氮位甲基转移酶（PNMT）在神经元和神经胶质细胞中的发生，诱导谷氨酰胺合成酶在星形胶质细胞以及甘油-3-磷酸脱氢酶在少突胶质细胞的发生。在生后 11 日切除新生大鼠肾上腺可导致脑的生长加速，脑 DNA 含量和髓鞘生成增加。切除成年大鼠肾上腺后 3～4 月，海马区颗粒细胞完全消失，而给予 Gluc 治疗可以抑制这种现象，其确切机制还有待探讨。

　　Gluc 的另一突出特点是对神经嵴起源的细胞谱系具有诱导该类细胞内神经递质增加的作用。在培养大鼠颈交感神经节细胞时加入地塞米松可增强细胞内 DBH 的含量，特别是增加颈上神经节内的小强荧光细胞（small intensely fluorescent cell，SIF）的数量。根据 Eranko 和他的同事们的实验结果，新生大鼠颈上神经节中大约有 200 个 SIF 细胞和 20 000 个节后神经节细胞，在成年大鼠应用 Gluc 后神经元数目不变而 SIF 增加到 600 个，新生大鼠 SIF 细胞的数目则增加了 10 倍。SIF 细胞分泌多巴胺和去甲肾上腺素。在 E17～P14 大鼠颈上神经节细胞还呈一过性的表达 PNMT，PNMT 具有将去甲肾上腺素脱甲基转变为肾上腺素的能力。

　　神经生长因子（NGF）和 TH 也具有调节儿茶酚胺合成酶表达的作用，三者之间常有协同加强作用，如在大鼠交感神经节中 TH 的表达受 Gluc 和 NGF 的控制；同样在颈上神经节 NGF 诱导的 TH 的表达可为 Gluc 所加强。

　　Gluc 还可以促进神经胶质细胞的分化。在星形胶质细胞中含有谷氨酰胺合成酶（GS），它具有将谷氨酸与氨合成谷氨酰胺的能力。星形胶质细胞储存谷氨酸为谷氨酰胺能神经元利用。星形胶质细胞具有谷氨酸敏感性离子通道，对谷氨酸的反应表现为细胞内钙离子浓度增高。在鸡胚视网膜，正常情况下 GS 活性从 E16～E21 迅速升高，但受去氢可的松诱导的 GS 活性可提前到 E7 增高。GS 在视网膜定位于 Müller 氏细胞，去氢可的松可特异性与 Müller 氏细胞结合并进入核内。给新生大鼠以 Gluc 也可使新生大鼠前脑 GS 由正常表达逐渐增高至生后 P15 呈现峰值。此实验结果在离体的小鼠星形胶质细胞和大鼠 C6 胶质瘤细胞的培养实验中也得到进一步的证实。

　　甘油-3-磷酸脱氢酶（GPDH）在中枢神经系统所有的少突胶质细胞中都十分丰富，但在小脑 Bergmann 胶质细胞是例外。该酶在神经系统中的功能是为脂肪的合成特别是髓鞘合成期提供甘油-3-磷酸。在鼠脑的各区，GPDH 的活性随髓鞘形成呈平行性增加，出生时水平很低，逐渐增高至生后 40 天左右达到成年水平。在鸡脑也观察到类似的结果。GPDH 的增高可为垂体切除和在发育成熟前给予 Gluc 所抑制。Gluc 对 GPDH 的诱导作用在原代培养的少突胶质细胞中也得到了证实。另外，Meyer 等注意到在大鼠视神经退行性变时 GPDH 活性增高，说明 GPDH 在少突胶质细胞中的表达与神经元的相互作用有关。

（二）生 长 激 素

生长激素（growth hormone，GH）是由腺垂体分泌的，由 217 个氨基酸组成的前生长素（pre-somatotropin）经酶切除 26 个氨基酸的前肽后转变而成。人生长激素（hGH）含 191 个氨基酸，结构与催乳素近似，故有弱催乳素作用，而催乳素也有弱的 GH 作用。

有关 GH 对发育中神经系统的作用的实验结果矛盾较多。20 世纪 60 年代早期的研究报告认为生前给予 GH 可以增加子代脑的重量和 DNA 的含量，因而认为 GH 有促进细胞增殖的作用。但这些实验多在两栖类动物如蝌蚪中进行，当时缺乏对 GH 的纯化条件，给予的激素中可能混有其他多种激素成分。另有研究者报道，生后给予 GH 或切除脑垂体对新生鼠脑重量、大小以及皮质锥体细胞基底树突分支的长度并无影响。此后不少研究者报道应用纯化的生长激素给予孕鼠，确可增加子鼠脑的重量 10%～20% 和脑 DNA 含量，脑皮质神经元密度增加，皮质锥体细胞的树突数目和长度增加等。但研究者们忽略了这样一个事实，即生前给予 GH 常常伴有孕期的延长，因而出生的子鼠预产期延迟已具有成熟后的脑的结构。Croskerry 等观察到在生前给予孕鼠 GH 后，在预产期内按期出生的子鼠或到预产期时用剖腹产取出的子鼠其脑的重量与对照组相比并无差异，证明 GH 不能从母体穿越胎盘到子体。因此，即使 GH 对子体有作用，这种作用也可能主要来自于应用 GH 后母体体重、代谢、营养等的改变对子代鼠的间接影响。这种母体的改变以及每胎的子鼠数、妊娠期的长短的不同等都给 GH 对神经系统发育作用的实验研究带来诸多难以控制的影响因素。内分泌腺之间的相互作用也是不可忽视的方面。给予出生 25 天甲状腺机能低下的大鼠 GH，大鼠脑生长及体重均未发生任何变化。

（三）性 激 素

包括雄性激素和雌性激素。雄性激素主要为睾丸间质细胞分泌的睾丸酮（testosterone），睾丸酮为 C-19 类固醇激素，在 5α-还原酶催化下转变为 5α-双氢睾丸酮（dihydrotestosterone）。正常男性每日分泌 4～9mg 睾丸酮，女性卵巢也分泌少量睾丸酮。睾丸酮刺激内生殖器（曲精小管、输精管、附睾、精囊、射精管等）的生长与伏耳夫氏（Wolffian）管的分化，双氢睾丸酮则刺激外生殖器如尿道、阴茎、前列腺等的发育生长。在芳香化酶的作用下，睾丸酮可转变为雌二醇（estradiol，ES）。雌激素主要在卵巢内产生，睾丸、胎盘和肾上腺也可产生少量雌激素；雌激素主要为雌二醇。女性体内也有雄激素，其中 25% 由卵泡内膜产生，25% 由肾上腺皮质产生，50% 是在肝内由卵巢与肾上腺皮质的前身物质——雄烷二酮、雄烷二醇以及脱氢异雄酮等转变而成。

哺乳动物的性别发育包括染色体性别和性腺性别两个基本的发育阶段。神经系统开始发育时不具备性差异（dimorphism），在两性脑的神经元内都有 ES 受体的发育。在雄性，睾丸酮在脑中转变为 ES，ES 受体复合物转位于脑内神经细胞核内调控基因的转录，使脑雄性化（musculinization）。因此，造成大鼠雄性脑起作用的主要激素是雌激素而不是雄激素。脑雄性化仅发生于出生前后一个很短的临界期（critical period），在大鼠大约相当于出生前后 5 天左右。如果在临界期睾丸酮缺乏则会产生"雌性脑"（female brain organization）。由于性激素的影响，神经元形成的数目增加，减少了正常情况下需要死亡的神经元的数目，促进了细胞的生长、树突的分支、突触的发生、影响突触功能的调控以及神经元的电活动，导致中枢神经系统出现性差异。这一差异造成生后性行为的不同，在鼠类，雄性性行为表现为爬背动作，在雌性则表现为脊柱前弯。这两种性行为的不同是受脑的两性差异所决定的。在正常雌性哺乳动物中常观察到有一小部分动物表现为雄性行为，而在雄性哺乳动物中却很少有动物表现为雌性行为的，这种"不典型的行为"可能与在两种性别的哺乳动物中控制性行为的激素都是 ES，而 ES 在发育脑中的作用与产生雄性行为有关。胚胎和新生鼠血中都含有雌激素结合蛋白，和 α胎球蛋白一样可阻止雌激素由血进入发育中的脑组织。睾丸酮或合成的雌激素如乙烯雌酚（diethylstilbestrol）则可自由进入脑中，睾丸酮并可通过芳香化酶的作用在脑内转变为 ES；放射自显影标记技术显示，在下丘脑、弓状核、隔区、杏仁核、中脑和视前区 ES 特别丰富；但在皮质，虽然在神经细胞核内有特异性雌激素受体，但睾丸酮在此处很少转变为 ES。睾丸酮和 ES 在脑的雄性化作用仅发生在胚胎期和新生鼠期；在成年，睾丸酮在雄性主要存在于下丘脑，而在成年雌鼠 ES 主要存在于下丘脑。如果给予成年雌性大鼠雄性激素则可导致下丘脑雌性激素的累积减少。在哺乳动物，雄性激素还具有拯救神经元免于死亡的作用。例如，在脊髓腰髓段的球状海绵体核（bulbocavernosus nucleus，BLN）含有大量的神经元，其轴突分布在提肛肌（levator ani）和球状海绵体肌。在成年雌鼠，该肌消失，而在雄性则保留。在该腰髓段的 BLN 核，雄性成年大鼠 BLN 核内运动神经元的数量为雌性的 3 倍。在出生时，雌雄两性大鼠均保留有 BLN 核的运动神经元并分布支配提肛肌。生后第 1 周雌性大鼠 BLN 核内运动神经元大量死亡。如果在出生前给予雌鼠睾丸酮，可使 BLN 核内死亡的神经元数目大为减少并可永久性地保留提肛肌和球状海绵体肌，而且腰髓段 BLN 核内运动神经元的体积比对照组的大。例如，给雄性大鼠以抗雄性激素，BLN 核内神经元死亡数目增加且会阴部肌萎缩。阉割雄性大鼠产生同样的后果；而给予阉割大鼠雄性激素则可增加 BLN 核内的神经元的大小和树突的长度。在正常生育的雄性大鼠，血中睾丸酮水平从出生前的高水平降低到出生后第 4 周的低水平，然后逐渐增高，生后第 7 周达到成年水平的一半，再过几周则达到成年水平。BLN 核内树突的生长与血中睾丸酮水平的变化相一致，阉割雄性大鼠树突生长速度明显减慢。与 BLN 相连接的外周神经也具有雄激素依赖性。睾丸酮有足够浓度时，会阴部肌保留有丰富的神经支配，接近正常神经分布量的 2 倍；而在阉割后运动终板数明显减少。

有研究者还发现，曾接受雄性激素的女性或女性假性体（pseudo-hermaphrodites）并伴有肾上腺-生殖器综合征（adrenogenital syndrome）的患者的智商常比正常人的高。

雄性激素这种增高智商的作用是否与其增加神经元的数目与突触的生成有关，尚需进一步的研究来证实。

由于性激素的作用，在两性脑的解剖上也存在很多差异。例如，雄性脑重量大于雌性，脑/体重比和脑/身高比在新生期两性并无差异，但在生后雄性脑发育较快，致使这两项比值高于雌性。在下丘脑控制腺垂体分泌功能的几个神经核团，雄性都大于雌性。下丘脑表现的这种解剖学性差异不仅存在于人也存在于鹌鹑、大鼠、豚鼠和雪貂等动物。在大鼠视前核、下丘脑弓状核和杏仁核，突触生成在雄性大鼠或雄性化大鼠均多于雌性大鼠。其中以下丘脑内侧视前区最为典型，在雄性大鼠，该区神经元密集形成一个典型的性别二形性核团（sexual dimorphic nucleus of preoptic area，SDN-POA）。无论在人类或其他哺乳动物雄性视前内侧核的核团范围，神经元数量和大小均大于雌性；雄性以轴突-树突棘突触为主，雌性以轴突-树突干突触为主。SDN-POA 是在胚胎发育后期开始发育的，出生后一定时期（如大鼠出生后 1 周内），应用激素如芳香化雄激素或其他类固醇，包括雌二醇、乙烯雌酚等均可改变该核团的大小。以胼胝体横切面积和脑的重量之比计算，女性的比值明显大于男性，即女性胼胝体纤维的数量要多于男性，这种差异在脑发育期就已存在。最近，有报道在脑内一些与认知和情感有关的脑区，类固醇受体的密度、神经递质的含量甚至新皮质内树突小芽的形态等，在两性均存在有差异。GAP-43 是膜结合蛋白，在发育中脑的轴突生长锥含量特别丰富，提示其与轴突的生长与再生有关。Shughrue 和 Dorsa（1994）的研究表明，大鼠生后 GAP-43 mRNA 的表达在雄性明显高于雌性。GAP-43 表达的这种性差异可能与神经元的生长与连接的模式存在性差异有关。发育中神经系统的性差异还表现在对内毒素的反应。雌性幼鼠注射内毒素后，下丘脑-垂体-肾上腺反应明显大于雄性幼鼠，切除性腺后可逆转不同性别的幼鼠对内毒素的反应。为进一步明确性激素在分子/细胞水平对神经系统发育的作用，Lusting（1994）分别以人的雌、雄激素受体表达载体转染野生型 PC12 细胞株（PC12-WT，来自肾上腺髓质嗜铬细胞，可作为神经元离体模型），于培养液中加入 NGF 和雌二醇或双氢睾丸酮，培养两天后发现雄性激素表达载体转染的 PC12-WT 主要表现为增加轴突的分支，扩大其接收的范围；而雌性激素受体表达载体转染的 PC12-WT 主要表现为细胞间缝隙连接、树突棘和突触生成的增加。表明两者从不同的方面促进神经系统的发育。近期有科技工作者应用激素治疗阿尔茨海默病大鼠取得一定疗效。有研究者认为对老年妇女应用雌激素治疗可改善神经系统功能，推迟老年性痴呆的发生。神经胶质细胞和神经元一样都具有雄性和雌性激素受体，但神经胶质细胞的受体数量明显少于神经元。性激素对神经胶质细胞的发育、分化与增殖作用是肯定的。这方面的报道较多，也存在一些相互矛盾的结果与见解，如在大鼠脑皮层的离体培养中，雌二醇抑制胶质细胞的增殖，而在小鼠脑的培养中，双氢睾丸酮促进星形胶质细胞的增殖。在整体动物，Chowen（1995）研究发现雄性大鼠在下丘脑弓状核和正中隆起中的胶质纤维酸性蛋白（GFAP，星形胶质细胞的标志物），在蛋白质及转录水平均明显高于雌性。但两者在星形胶质细胞数目上并无显著差异，提示性激素主要影响每个星形胶质细胞 GFAP 的表达水平。阉割新生及成年雄鼠均能使 GFAP 及其 mRNA 减低，给雄性激素予新生、青春期雌鼠可使 GFAP 水平回复至正常雄性动物水平或进一步增高。因此，该研究者认为性激素对星形胶质细胞的作用，是促进其分化而不是促进其增殖。

　　雄激素转化为雌激素是受芳香化酶（aromatase）催化的。雄激素芳香化为雌激素的反应发生于内质网，属混合功能氧化酶反应（mixed-function oxidase reaction）。雄甾烷二酮和睾丸酮都是 C19 雄激素，都有一个不饱和的 A 环，因而在芳香化酶反应中可以作为底物；而二氢睾酮虽是一种有效的雄激素，因为其 A 环是饱和的所以不能被芳香化。雄激素向雌激素的转化是由一种叫芳香化酶的酶复合体催化的，芳香化酶复合体包含微粒体细胞色素 P450 的一种特定形式，即芳香化酶细胞色素 P450（aromatase cytochrome P450，P450 acc）和黄素蛋白 NADPH-细胞色素 P450 还原酶。由于芳香化酶在中枢神经系统性分化中的重要作用，早在 1971 年 Naftolin 就提出了脑芳香化酶假说（brain aromatase hypothesis）。20 多年来，大量的研究工作表明，芳香化酶在蛋白质及转录水平定位于中枢神经系统的大部分脑区。研究结果主要来自于实验动物，如猴、大鼠、小鼠、豚鼠、仓鼠、兔及其他脊椎动物，人的资料极少。过去有资料认为芳香化酶只在神经元表达而在胶质细胞中没有，但最近已有表达于星形胶质细胞的报道，我们实验室还证明，体外培养的星形胶质细胞能分泌雌激素，促进皮质神经元的突触生成。脊髓内神经元是否存在 P450 的表达尚有争议。芳香化酶的表达存在性别差异，一般来说雄性 P450 的表达较雌性为强。对大鼠和小鼠发育学的研究表明，在胚胎期脑的表达最强，继之为新生鼠期，由青春期至成年期，P450 的表达逐渐减低。以大鼠为例，16 天胎鼠下丘脑开始出现芳香化酶活性，17 天急剧上升，19 天到达峰值，出生后仍能检测到活性，性成熟后进一步下降。人胚胎脑中芳香化酶 mRNA 的水平高出成人脑几倍。令人感兴趣的是近年来还发现在人类中有芳香化酶基因缺陷症的报道。凡此种种，都使脑芳香化酶的研究成为近年来发育神经生物学研究的热点之一。但至今对芳香化酶活性的调节、基因表达的调控及在神经发育过程中如何对中枢神经系统进行调节以及与其他神经递质系统相互间的影响等都还有待于进一步的研究和阐明。

　　总之，脑源性的类固醇与外周源性的类固醇能够相互协调，共同调节神经系统的发育、生理与病理，在学习记忆等认知功能、突触的信号传递功能、神经保护作用、神经退行性病变、情感、应激、焦虑以及月经相关疾病中也起着非常重要的作用。

（蔡文琴　撰）

第二节　一氧化氮与中枢神经系统发育

　　一氧化氮（nitric oxide，NO）是一种最新发现的、哺乳动物中最小、最轻并具有独特理化性质和生物学活性的效应分子，广泛存在于神经系统、心血管系统、免疫系统、消化系统、生殖系统与呼吸系统的细胞内，是传递神经信息、调节血压以及机体防御等一系列生命活动必不可少的生物信使。在神经系统，NO 作为一种非典型的神经信息分子参与神经系统信息传递、神经发育、介导兴奋性神经毒、调节神经再生等许多重要的过程。

一、一氧化氮的生物特性

（一）NO 的理化性质

NO 是无电荷的自由基气体分子，带有不成对电子，分子质量小，结构简单，具有脂溶性，容易弥散通过细胞膜，在细胞内外自由扩散；由于体内存在氧及其他能与 NO 反应的化合物如超氧阴离子 O_2^-、血红蛋白等，因而 NO 在体内极不稳定，半衰期 3～5s，在中性 pH 的生理条件下，NO 与氧、超氧离子以及 Fe^{2+}、Cu^{2+} 等结合发挥功能，如与亚铁血红素的 Fe^{2+} 结合使之失去载氧能力；与氧或超氧离子结合产生亚硝酸根 NO_2^- 或硝酸根 NO_3^-，存在于细胞内、外液中。因此，超氧化物歧化酶或酸性条件可以增加其化学稳定性。

（二）NO 的生物合成

NO 分子看似简单，但其生物合成和调节机制却很复杂。左旋精氨酸（L-Arg）和氧分子在 NO 合酶（nitric oxide synthetase，NOS）催化下，由还原型辅酶 II（NADPH）提供电子，黄素腺嘌呤二核苷酸（FAD）、黄素单核苷酸（FMN）、四氢叶酸（BH_4）和铁原卟啉 IX（Heme）传递电子，生成 NO 和左旋瓜氨酸（L-citrulline）。NO 的产生可被 L-Arg 的竞争性抑制剂，如 NG-单甲基-L-精氨酸（L-NMMA）和 NG-硝基精氨酸甲酯（L-NAME）以及放线菌酮、放线菌素 D 和嘌呤霉素等代谢抑制剂所抑制。NO 与鸟苷酸环化酶（GC）活性基团上的铁组合，激活该酶促进磷酸鸟苷环化产生 cGMP，再刺激依赖于 cGMP 的蛋白激酶而发挥舒张血管、抑制平滑肌细胞增殖、血小板黏附和聚集以及神经传递的作用。NO 没有专门的储存及释放调节机制，靶细胞上 NO 的多少直接与 NO 的合成有关，而 NO 的合成则与 NOS 的活性密切相关。生成后的 NO 以扩散的形式进入靶细胞发挥作用。NO 的合成与 NOS 的活性密切相关。

二、一氧化氮合酶的生物特性

（一）NOS 超家族及其分类

NOS 是一类黄素蛋白，根据细胞类型可分为 nNOS（神经元型 NOS）、eNOS（内皮性 NOS）和 iNOS（诱导型 NOS）；根据存在方式可分成胞质型（可溶性）和颗粒型 NOS；根据首次被提纯顺序以及克隆结果可分为：NOS I，存在于神经元和上皮细胞中；NOS II，存在于细胞因子诱导的巨噬细胞中；NOS III，存在于内皮细胞中。根据 NOS 活性基本调控条件分为：结构型 NOS（cNOS）和诱导型 NOS（iNOS），cNOS 常作为"生理性"酶形式在多种生物效应中发挥作用。它的激活依赖于 Ca^{2+}/CaM（钙调蛋白）。而 iNOS 一旦合成，其活性为非 Ca^{2+} 依赖性，但其诱导过程则为 Ca^{2+} 依赖性。iNOS 在基态下不起作用，但 iNOS 被诱导后活性可持续达 20h，比 cNOS 合成的 NO 浓度约高 1000 倍。因为高浓度 NO 对细胞有毒性作用，因此 iNOS 可能以"病理性"的酶形式起作用。

（二）NOS 基因结构

1. NOS cDNA 结构

人类 nNOS 基因定位于 12 号染色体，iNOS 定位于 17 号染色体，eNOS 定位于 7 号染色体。近期已经研究出了大鼠、小鼠和兔的 nNOS cDNA 序列。这 3 种哺乳动物的 nNOS cDNA 与人的 nNOS cDNA 的同源性为 86%～88%。nNOS cDNA 的第 1 外显子序列有很多种。基因克隆和序列分析证实，这些独特的外显子序列都不超过 300bp，第 1、2 外显子之间的内含子至少有 20kb 长。下游 5′端外显子含有 CpG 岛序列，大多数上游外显子则位于 CpG 岛序列之外，上游外显子内还含有一个 GT 二核苷酸重复序列。在转染的 HeLa 细胞表达融合基因的结果显示，第 1、2 外显子的表达可能与不同启动子的转录调控有关。nNOS 基因的变异大多是在启动子区域内插入的一个 89bp 的序列所形成的，这一序列可能与转录后形成茎-环二级结构有关。人、鼠、牛和猪的 eNOS cDNA 全长也已确定，它们的蛋白质产物均为 133kDa。这些物种 eNOS cDNA 序列与人的 eNOS cDNA 同源性高达 90%，氨基酸序列的同源性高达 94%。eNOS 基因 5′端缺乏 TATA 框序列，因此，近端的启动子序列呈现出与表达基因相似的结构，称为 SP1 和 GATA 基序。iNOS 基因转录起始点位于 TATA 框序列下游 30bp。有研究表明，事实上，iNOS 可读框架是由 27 个外显子编码的，只不过翻译起始序列和终止序列分别位于第 2 外显子和第 27 外显子。

2. NOS 蛋白结构

呈现一个双域结构，即 N 端氧合酶结构域和 C 端还原酶结构域。N 端氧合酶结构域含有 Heam、BH4 和 L-Arg 结合位点，通过 CaM 识别位点与含有 FAD、FMN 和 NADPH 结合位点的 C 端还原酶结构域相连。NOS 的 C 端与细胞色素 P450 还原酶具有显著的同源性，含有类似的还原酶血红素辅基——铁原卟啉 IX；N 端与其 L-Arg 结合位点和催化活性有关。

（三）NOS 家族基因调控

1. 转录和转录后调节

许多转录及转录后的调节机制都影响 NOS 表达，包括 NOS 基因转录的变异、mRNA 稳定性的变化、翻译及二聚体形成的变化，甚至底物与辅助因子结合的有效性也对 NOS 的表达产生重要影响。nNOS 5′端调节序列中存在许多转录因子的结合位点，如 AP-2、NF-κB、CREB 和 Et，这些位点对 nNOS 的启动子活性有重要影响。如前所述，eNOS 基因启动子结构中含 SP1 和 GATA 序列，且 5′端框架区含有 AP-1、AP-2、NF-1、重金属应答元件、急相切变应答元件和类固醇顺式元件等序列，提示许多因素影响 eNOS 基因表达。对 eNOS 基因是否仅为内皮细胞的持家基因（house-keep gene）

尚有争议，有研究表明血流切变压或循环张力能促进 eNOS 基因表达。某些生长因子（如 TGF、PDGF、EGF 等）、白细胞介素及皮质激素能抑制细胞因子诱导的 iNOS 活性；而另一些生长因子（如 FGF）和胆固醇却能增强细胞因子诱导的平滑肌细胞 iNOS 活性。上述因素对 iNOS 的抑制或激活机制尚不清楚，推测可能是调节 iNOS mRNA 的稳定性及其翻译。例如，TGF-β 抑制 iNOS 的基因表达不是由于抑制其转录水平，而是降低 iNOS mRNA 稳定性、抑制 iNOS mRNA 的翻译和加快 iNOS 蛋白质的降解所致。

2. NOS 磷酸化调节

NOS 家族 cDNA 有与蛋白激酶 A、蛋白激酶 C 和 CaM 激酶结合而发生磷酸化的共同序列。这 3 种激酶在体外均能促进 nNOS 磷酸化，但并不影响 nNOS 酶活性；在体内则只有蛋白激酶 C 能促进 nNOS 磷酸化并且抑制 nNOS 的活性和降低 NO 的生成量，但不影响 NOS 的蛋白质量。某些因素能激活磷脂酶 C 介导的磷酸肌醇代谢途径，向 nNOS 传递了相对立的信号，一方面生成的 IP$_3$ 引起脑细胞内贮 Ca^{2+} 颗粒释放，从而促进依赖 Ca^{2+}/CaM 的 nNOS 之活性；另一方面，细胞内 Ca^{2+} 的短暂升高又可激活蛋白激酶 C，促进 nNOS 磷酸化，而使其活性降低。由此提示 nNOS 磷酸化可能是 nNOS 激活后生成 NO 的"开关"信号。也有研究认为促进 nNOS 磷酸化的是蛋白激酶 A，不是蛋白激酶 C 和 CaM 激酶，且磷酸化与 nNOS 活性变化无关。还有研究认为蛋白激酶 C 和 CaM 激酶均能促进磷酸化且分别促进和抑制 nNOS 活性。目前尚无证据表明 iNOS 可磷酸化，但 eNOS 似乎是内皮细胞激酶的底物。eNOS 磷酸化与膜结合型 eNOS 向胞质型 eNOS 转位有密切联系，由于钙调蛋白的拮抗剂能阻止 eNOS 磷酸化和 eNOS 的转位，因此认为激活 CaM 的激酶或 CaM 的活性对 eNOS 磷酸化是必需的。目前尚未明了 eNOS 转位是否与 NO 的释放有关。

3. NOS 酶活性的调节

多数细胞因子都可以作用于转录水平从而影响 NOS 的酶活性。如 IFN-γ、TNF-α、IL-1 以及脂多糖上调 NO 合成，而 IL-4、IL-13 以及 TGF-β 可下调 NO 合成；IL-10 对暴露于 IFN-γ 的鼠 iNOS 生成有抑制，而对暴露于 IFN-γ 和 TNF-α 的细胞则可促进 NO 的生成。最近的研究还表明 NO 抑制 ET 产生，过来 ET-1 能促进 NO 形成，机制尚不清楚。

三、NOS 阳性神经元的发育

（一）成熟神经系统 NOS 阳性神经元的分布

1. 端脑

（1）大脑皮层

NOS 阳性神经元主要分布于 II、III、IV 和 VI 层，多为中间神经元，皮层各区都可见到阳性纤维和终扣样结构。

（2）海马

NOS 阳性神经元主要位于齿状回分子层的内侧和多形层，下托和门区的阳性神经元数量最多。海马锥体细胞较少表达 nNOS，但含有丰富的 eNOS，放射层有许多点状的 NOS 阳性纤维。

（3）基底节

新纹状体有散在分布的 NOS 阳性神经元及纤维；苍白球和黑质内无 NOS 表达。

（4）基底前脑

基底前脑是 NOS 阳性神经元较集中的区域，内侧隔核、Broca 斜角带核的垂直支及水平支中的大细胞都呈 NOS 强阳性，且发出纤维投射至大脑皮层；穹隆和外侧隔区有带膨体的 NOS 阳性纤维。Calleja 氏岛的 NOS 阳性纤维最密集，而胞体阳性反应物含量较少。杏仁核的部分神经元也呈 NOS 活性。

2. 小脑

主要分布于小脑皮质的分子层和颗粒层。分子层星形细胞和篮状细胞呈 nNOS 强阳性，而大多数浦肯野细胞虽不表达 nNOS，却表达 eNOS；颗粒细胞呈 nNOS 中度染色。小脑顶核、中间核和齿状核的部分神经元也表达 NOS。

3. 间脑

NOS 阳性反应物在丘脑的中线核群及膝状体最明显；在髓纹和外侧缰核也有表达；此外，室旁核和视上核内也含有大量中度着色的阳性神经元；NOS 第三脑室内的 NOS 阳性神经元主要分布在室管膜内、室管膜下和室管膜表面。

4. 脑干

阳性反应物主要分布于脑桥上部和中脑，而在延髓内表达较少，主要集中在孤束核和迷走神经背核，疑核和中缝核阳性神经元较少见。

5. 脊髓

所有节段的后角、中央灰质及自主神经节前神经元内都有 NOS 阳性神经元。前角运动神经元不表达 NOS。

6. 周围神经

NOS 阳性神经元主要分布于副交感和感觉神经节，在交感、副交感混合神经节如盆神经节内，也有大量的 NOS 阳性胞体。NOS 阳性纤维主要为副交感支、感觉支或血管支。交感神经节内无 NOS 阳性胞体，但可见一些 NOS 阳性纤维。

（二）中枢神经系统 NOS 阳性神经元的发生与分化

1. 端脑 NOS 阳性神经元的发育

大脑皮质：大鼠在 E15～P7 皮层板 NOS 神经元的密度呈线性增加，P7 达顶峰，主要分布在皮层的 IVB、II 和 III 层；NOS 阳性纤维密度却呈梯度改变，越近缘层染色越深；皮层板 NOS 神经元还发出突起穿过纹状体达丘脑，形成原始的皮层-丘脑投射径路。E15～P7 正是皮层前体细胞从室管膜下层向皮层板迁移的时期，迁移完成后，NOS 表达迅速减少，P15 时皮层板内已经无 NOS 阳性神经元和纤维，表明 NO 参与了皮质的发育。

基底前脑：内侧隔核和斜角带核在 E14～P0 一过性表达 NOS，主要分布在细胞核，P3 又再表达 NOS，而后逐渐增加，P13 与成年鼠一致。移植到海马的基底前脑神经元表达 NOS 较正常发育提前 1～3 天，且 NOS 主要位于神经毡，表明 NO 参与了发育早期神经纤维生长及功能活性的调节。

海马：P7 大鼠海马 CA 2～3 区锥体细胞处于发育早期，nNOS 表达少；P21 锥体细胞合成能力增强，nNOS 的表达也值高峰。3 月龄时大鼠海马 CA 2～3 区神经细胞的发育及突触的形成已基本处于稳定状态，突触数量变化不明显，nNOS 的表达也较发育早期明显降低，以上结果进一步提示，NO 与海马的突触形成密切相关。

嗅脑：NO 在嗅上皮一过性表达，E15～E17 嗅上皮细胞的胞体、顶树突及轴突均呈 NOS 阳性，并持续到 P2，成熟后嗅上皮不再表达 NOS，而嗅球的神经元从 E15 开始表达，以后逐渐增加直至成年水平。

2. 间脑 NOS 阳性神经元的发育

P1 下丘脑的室旁核、视上核、视周核、外侧区、穹隆周核及乳头复合体开始表达 NOS，P15 达高峰，以室旁核、视上核和外侧区最显著。NOS 存在于室旁核生后发育的各个时期。从 P1 起，室旁核已有淡染的 NOS 神经元存在，随着生长发育，NOS 神经元除了外形上增大，突起变长，染色加深外，分布上也出现了迁移。P14 NOS 神经元主要分布于室旁核外侧大细胞部和腹侧部。NOS 神经元的生后发育成熟与其他神经元的发育规律相吻合。此外，在靠近第三脑室室管膜上皮处出现一些 NOS 神经，即所谓"触液神经元"，它介于室旁核与脑脊液之间，在感受脑脊液成分变化的同时对室旁核中的神经元的活动进行调节；另一方面它也可能在接受来自室旁核的神经冲动后将一些神经活性物质释放入脑脊液，对远位的靶区进行调节。丘脑感觉核、松果体也有 NOS 的一过性表达。

3. 脑干 NOS 阳性神经元的发育

NOS 阳性神经元在不同日龄的大鼠脑干中的分布基本一致，主要分布在中脑、脑桥的被盖部核团、中缝核团、导水管周围灰质及一些网状结构的核团中。P1～P10 NOS 阳性神经元胞体着色较浅、细胞无或很少有突起，表明此时神经系统的发育尚未完成，神经元间的联系尚未完全建立。P30 细胞着色加深、突起增多，与 P70 比较无明显差异，表明神经系统在生后 30 天已接近或达到成年鼠状态，神经元之间也已建立充分的相互联系，提示 NO 在大鼠脑干神经元发育中起重要作用。

4. 小脑 NOS 阳性神经元的发育

E9～E15 小脑皮质外层颗粒细胞才开始表达 NOS，E17 内层的浦肯野细胞也一过性表达 NOS，当外颗粒细胞迁移并形成完整的内颗粒层时，全部内颗粒细胞均呈 NOS 阳性。当脑桥脚间被盖核发出的 NOS 阳性苔藓纤维与内颗粒层细胞接触后，内颗粒层 NOS 阳性神经元聚集成团，阳性团块间有阴性细胞区域。这种分布形式一直持续到成年期。表明 NO 参与了小脑皮质的发育。

5. 脊髓 NOS 阳性神经元的发育

NOS 表达出现在 E13 左右。NOS 阳性胞体、树突等的染色强度和阳性纤维密度，在 P7 微弱，P14 逐渐增强，至 P21 达高峰，并于此水平维持至成体。NOS 丰富地定位于大鼠脊髓侧角神经元的胞体、树突以及轴突样纤维终末上。NO 可能参与脊髓侧角交感神经元的发育成熟调节过程。

（三）NOS 在视觉神经系统发育中的表达

1. 视网膜 NOS 阳性神经元的发育

鲤鱼视网膜的光感受器、水平细胞表达 NOS，表明 NO 在视觉信息处理的第一阶段的作用；鼠生后 2 周视网膜内核层及内丛状层可有 NOS 表达；鸟视网膜 E8 NOS 活性最高，E13～E15 减少到了低水平，随后又上升到孵化后期；鸡胚视网膜发育早期（突触发生前）有较高的 NO 活性，P13 酶活性迅速下降，NO 产物在视网膜中出现，可能是神经元细胞和非神经元细胞发育和形成的信号。

2. 外侧膝状体 NOS 阳性神经元的发育

哺乳动物外侧膝状体 P1 神经毡内先出现微弱的 NOS 反应，P7 第 3 层出现 NOS 阳性神经元；P21 后所有层次的神经元都表达 NOS，P28 达高峰，随后急剧下降，生后 6 周不再表达 NOS；雪貂外侧膝状体 P7～P28 逐渐出现 NOS 阳性神经元，第 4 周达高峰，随后又逐渐下降，至 6 周时消失；猫 E46～E57，外侧膝状体仅少量染色；E57～P28 NOS 阳性细胞数量迅速上升，P28 达高峰，以后染色细胞数量迅速下降，至 P41 降至成年水平，与此同时，阳性染色的细小神经纤维及轴突却逐渐增多。也有实验证实猫生后发育的各个年龄段，外侧膝状体均未见到 NOS 阳性神经元。但在第 3 周时，出现 NOS 阳性纤维；第 5 周时阳性纤维更加浓密，遍布各层，10 周时已与成年动物相似。发育中的猫 NO 在外侧膝状体中可能作为一种逆行信使参与视网膜膝状体投射的活性依赖性突触的精细化过程，而成年猫 NO 可能促使外侧膝状体的投射细胞对视觉刺激更加敏感，对视觉信号有放大的作用。

3. 上丘 NOS 阳性神经元的发育

E20 上丘深层出现深染的小细胞，深白层 NOS 阳性神经元散在分布，与中脑导水管周围灰质背外侧密集的 NOS 阳性神经元相延续；深灰层 NOS 阳性神经元呈带状分布，突起呈水平或与上丘表面垂直走行；P0 在中间白层和中间灰层也观察到 NOS 阳性神经元，胞体仍小，突起较短；P7 中间白层、中间灰层的 NOS 阳性细胞增多、胞体增大；到 P14 上丘表层出现大量的 NOS 阳性神经元，除深灰层、中间白层和中间灰层的 NOS 阳性神经元胞体增大、突起延长外，在视神经层也出现少许 NOS 阳性神经元，在浅灰层观察到大量的 NOS 阳性神经元，树突分支简单且较短，突起走向多与上丘表面垂直，而带状层的阳性细胞胞体较小；P15 达顶峰，随后逐渐减少直至生后 3 周达成人水平。P7～P15 正是视网膜-上丘投射及皮质-上丘投射发生精细化的时间，P12～P14 正是大鼠睁眼的时间，说明 NO 参与了视网膜与上丘表层神经元之间的精确化连接过程；NOS 阳性神经元的发生遵循上丘神经再生顺序，说明 NO 的活性是受神经元活性调节的，这与视觉经验依赖性的视觉发育似乎相一致。

4. 视皮质 NOS 阳性神经元的发育

视皮层内 NOS 的表达也有明显的时空特异性：P1 皮质中间层及皮质下板出现小的未分化的 NOS 阳性神经元；P14 这些神经元分化并散在分布在整个视皮层；P20 能见到体积最大的 NOS 阳性神经元，以后视皮质各层次尤其是深层的 NOS 神经元开始变性直至消失。猫视皮层 P7 浓染的细胞主要位于 5/6 层和白质中，皮质板含有丰富的 NOS 阳性纤维；P10 第 4 层出现少量淡染细胞，阳性纤维非常丰富；P21 起 4 层 NOS 阳性细胞处于快速增长期，生后 3～5 周，2/3 层中的 NOS 阳性细胞数量急剧增加，而第 5/6 层中的 NOS 阳性细胞数量在生后的 5 周前变化不大，且从第 5 周到成年此层阳性细胞一直处于较高水平。NO 在猫的早期视皮层中可能与早期神经元的分化以及成熟有关，在成年时较高的 NO 表达水平可能与皮层功能的维持有关，而与视皮层眼优势柱发育的可塑性无关。鼠视皮层中 NOS 阳性神经元从出生到生后 2 周逐渐升高，而当视皮质发育成熟后（第 3 周），NOS 阳性细胞染色降低并维持到发育前水平，NO 的早期表达可能与鼠视皮层早期神经元的分化以及成熟有关；成年猴视皮质 IVC 层 NOS 免疫反应性神经元很少，其中小细胞伴有强的 NOS 免疫反应性，而大细胞具有弱的免疫反应性。在 IVC 层 NOS 免疫反应性 78% 是轴突末梢，树突及棘更是普遍存在于 IVC 表层里，表明 NO 在突触传递信息间起重要作用。

（四）周围神经系统 nNOS 阳性神经元的发育

1. 消化系统 NOS 阳性神经元的发育

（1）食管

人胎第 4 个月龄时，食管壁内肌间神经节处部分圆形细胞出现 NOS 弱阳性表达；到第 5 个月龄时，这些圆形细胞 NOS 表达明显增强，分化演变成梭形的细胞；第 6 个月龄时，阳性神经元胞体与突起生长发育迅速，肌间神经节细胞和黏膜下层神经节细胞胞体明显增大，细胞质增多，整个肌层中出现含有膨体的神经纤维分布，食管壁内 NOS 阳性神经细胞一旦分化形成就呈条索状排列，井然有序地沿着内环肌与外纵肌层之间横向迁移，这种迁移活动为将来形成肌间神经节和肌间神经丛奠定了物质基础。同时部分迁移细胞群穿过内环肌层进入黏膜下层，对黏膜下层小的 NOS 阳性神经节细胞的形成也具重要作用。

（2）幽门

妊娠第 5 个月至足月人胎括约肌内均存在 NOS 阳性神经元。第 5 个月胎龄是 NOS 阳性神经元形成前期，这一时期成群聚集的肌间神经节细胞出现 NOS 弱阳性表达，第 6～7 个月胎龄肌间神经节细胞染色强度增加，圆形细胞分化形成梭形的 NOS 阳性神经细胞。NOS 阳性神经细胞一旦分化形成，就有部分细胞向环行平滑肌层方向延伸，在延伸细胞的远侧端出现短小的突起。这种突起可能就是轴突。推测它与 NOS 阳性神经细胞的定向迁移有关。第 7 个月胎龄 NOS 阳性神经元处于生长发育的高峰期，神经元胞体变大、数目增加，突起伸长，NOS 阳性反应增强，基本形成幽门括约肌内神经网络系统。第 8～10 个月胎龄是 NOS 阳性神经元成熟期，酶的活性增强，神经纤维分布密度增高，提示 NOS 和 NO 对 NOS 阳性神经元及其神经纤维的自身生长发育和突触的形成与修饰起着非常重要的调节作用。在黏膜层幽门腺的中下部有 NOS 阳性细胞分布，此类细胞无突起，其形态类似腺细胞，推测这类细胞对幽门腺的发育可能起着调节作用。

（3）肠道

NOS 阳性神经元首先出现在 E13 鼠胚肠壁上，以后神经元密度增加，突起逐渐增长，至 E19 呈现与肠管纵轴垂直的、形如垂帘般的排列趋势，P0～P2 小肠肌间神经丛中的 NOS 神经元继续增大、突起增长增粗、相互交织；局部出现神经节及节间束并交织成网格状；出生后 2 周 NOS 神经元密度开始下降，至成年，神经节及 NOS 神经元进一步增大、节间束粗大、阳性纤维密集，但 NOS 神经元密度更稀。可见小肠壁内 NOS 神经元自出现后逐渐增大、增多、核/质比减少，排列由无序到规律。NOS 神经元胞体大小至成年达最高值并稳定直到老年；NOS 神经元密度峰值在出生后 1 周左右，然后逐渐下降，到成年降到最低。NOS 神经元急剧增多、聚集以适应胃肠道消化功能刚建立的需要。

2. 泌尿生殖系统 NOS 阳性神经元的发育

胚胎早期 NOS 纤维仅分布在前列腺、膀胱、输尿管的壁内段。随后膀胱颈以及尿道也有 NOS 纤维分布，以膀胱颈最明显。胚胎后期，输精管、精囊腺及射精管开始出现 NOS 支配，在出生以前这种支配仅占整个神经支配的极少部分。

3. NOS 阳性神经元的发育

E12 时所有后根脊神经节的神经元都表达 NOS，以后阳性率逐渐下降，E15 时降为 50%，生后 P3 降为 20%，成年时仅为 1%，而且神经节内只有小型神经元表达 NOS。

（五）神经系统 iNOS 和 eNOS 阳性神经元的发育

生理状态下，成年神经系统没有 iNOS 表达，eNOS 也只存在于海马锥体细胞及脑血管的内皮细胞。而出生前大脑皮质、间脑、小脑、海马及纹状体等均表达 iNOS，其表达量呈双向曲线分布：第一峰出现在生前，第二峰出现在生后 1 周，为第一峰的 2.5～10 倍。胚胎期间脑 iNOS 表达最多，生后则以小脑最明显。E18 所有脑实质中直径为 4～12μm 的血管均表达 iNOS，以延髓和脑桥最多。生后 7 天直径为 4～85μm 的血管都出现 iNOS 阳性反应，以海马和小脑白质最多；而丘脑、胼胝体、内囊和皮质血管则为中度染色，此时小脑的浦肯野细胞也表达 iNOS。

四、一氧化氮在神经系统发生和分化中的作用机制

综上所述，神经系统 NO 阳性神经元的发育大致分为以下形式：① 一过性表达：胚胎早期出现后迅即消失，如皮质板、丘脑、嗅上皮、小脑浦肯野细胞、中枢运动神经元等；② 持续表达：胚胎早期持续到成年，如周围神经系统；③ 双峰表达：即胚胎早期，胚胎晚期或生后早期出现高峰，高峰前后均为低谷期，以后逐渐发育至成年水平，如顶盖、视皮层、小脑颗粒细胞等。将 NOS 表达的时空形式与神经系统发育各个时期的时空形式相比，可以推测 NO 与神经系统发育早期突触的形成及精细调制、发育晚期突触回路、神经纤维网以及皮层功能柱的建立密切相关。大量的研究认为 NO 可能通过以下机制调控神经系统的发育进程。

（一）NO 与轴突生长锥

当生长锥进入靶区并与靶区神经元接触后几秒内，生长锥即释放神经递质谷氨酸，谷氨酸通过靶区神经元膜上的 NMDA 受体-Ca^{2+}-Ca^{2+}/CaM 信号转导通路，激活下游的 NOS，后者催化产生 NO。NO 弥散并逆行作用于生长锥，使生长锥内 ADP-核糖转移酶的活性提高，加速 G-肌动蛋白的核糖化，使肌动蛋白不能聚合，不能组构为细胞骨架，最后导致生长锥塌陷。NO 也可能作为一种抑制信号分子，阻遏生长相关蛋白有关基因的表达，使得生长锥不再延伸，迫使轴突停留在靶区，为将来发育成为突触前终末做准备。也有研究认为：NO 可以引导神经元轴突生长锥向靶细胞迁移，并影响邻近神经元的生长发育及突触的形成。早期绝大部分 NOS 阳性神经细胞在迁移过程中，都是由神经元胞体及突起组成的索状结构向前移行，这可能与早期的 NOS 阳性神经细胞内酶的活性低，产生 NO 能力较弱有关，为了达到适合 NOS 阳性神经细胞迁移活动所需要的 NO 浓度，神经元胞体及其突起相互之间紧靠在一起，以提高 NO 浓度，在迁移途中神经细胞的突起不断增长，有的神经突起内可见到膨体结构。这提示在胚胎时期 NOS 阳性神经细胞突起一旦形成即可产生 NOS 活性。同时，神经细胞在迁移过程中，一个神经元胞体或突起与另一个神经元的突起或胞体之间都有接触，可能在迁移过程中对信息的传递起着重要作用。

（二）NO 与突触的精细调制

突触的精细调制是指对初始突触的数量、形态及功能进行修饰的过程，是突触分化成熟的关键步骤。突触的精细调制与 NOS 表达的双峰都发生在胚胎的晚期和出生后早期。例如，胚胎早期小脑苔藓纤维与内颗粒细胞建立突触联系以及内颗粒细胞大量突触清除期约在生后 2 周，此时内颗粒层细胞的 NOS 表达处于高峰期；测量发育各期大脑或小脑组织胞浆及突触体内 nNOS 活性，证实突触精细调制期间，突触体 NOS 活性最高。NO 促进恰当的突触末端的生长及不恰当的突触末端的抑制，参与突触的精简或神经元的死亡，从而完成精确的区域投射。例如，大鼠出现双眼探索行为约在生后 2 周，此时外侧膝状体的 NOS 开始持续表达，并于生后 3 周达高峰。此期 NO 使得绝大多数同侧视网膜–视皮层投射纤维消失。当视网膜–视皮层投射纤维的发育成熟后，外侧膝状体便不再表达 NOS。在视觉神经发育中，视网膜与上丘表层投射的精细化首先是节细胞的电活动，末梢释放谷氨酸使突触后膜的 NMDA 受体激活，Ca^{2+} 注入胞内，使 NOS 激活，催化精氨酸分解释放 NO，NO 再作为逆行信使扩散至突触前或相邻的神经元，使它们胞内的 cGMP 升高，从而修饰轴突的伸长与收缩。猫外侧膝状体 GABA 能神经元中约有半数以上同时表达 NOS，这说明 NO 参与了视觉信息在外侧膝状体水平的局部环路整合。NO 可能作为一种逆行信使参与发育中突触连接的修饰过程，通过加强和稳固正确的突触（同步激活）而削弱不正确的突触（不激活）的连接，最终建立正确的区域投射关系。

（三）NO 与皮层功能柱的建立

大脑皮层功能柱在开始建立的瞬间，神经纤维网中无论是突触前或突触后神经元都有 NOS 的高表达。同时突触前、后终末还有高浓度的游离钙。小脑突触前神经元（如脑桥脚间被盖核）和突触后神经元（如颗粒细胞）也显示相同的现象。NO 弥散作用于神经纤维网中的细胞群，易化突触前神经元使其释放更多的神经递质，并促使轴突侧支抽芽，支配更多的突触后神经元，从而介导皮层功能柱中神经纤维网的形成。功能柱不是一成不变的结构，其大小和功能呈活动依赖性。若动物出生时关闭一只眼，从闭眼侧投射的神经末梢在皮层的分布区缩小，正常眼的视皮层优势功能柱就扩大。闭眼侧视网膜节细胞 NOS 反应、顶盖 NOS 阳性纤维数量、视皮层 NOS 阳性突触的数量都明显减低，最终导致视优势柱的体积减少。因此 NO 可能介导了皮层功能柱活动依赖性的反应。

（四）NO 与突触的可塑性

成体的学习、记忆机制与幼体的神经发育机制之间有很大相似性，说明神经发育和突触可塑性之间有着时间上的连续性。这两种过程都借助于信使分子 NO，它能够协调特定时空条件下突触前和突触后神经元的电活动。在成年动物，大多数脑区都有固定的形式的突触结构，但是海马、小脑等突触的成熟即意味着突触处于一种暂时的"稳定"状态，这些突触通常没有最后的形式而被搁置在一个活动依赖性的再塑造过程中。能跨膜扩散的可溶性气体 NO 作为一种信号分子，传递着突触前终末的活动信号，影响着突触前后神经元的活动和形态。近年来，人们普遍认为突触效能增强的机制是 LTP。LTP 是由一定数量的神经元同时产生高频动作电位而产生较强的长时间的突触联系，NO 作为逆行信使对 LTP 可能起到关键作用。现已表明，突触前释放谷氨酸，激活突触后 NMDA 受体，Ca^{2+} 内流，从而激活 NOS 产生 NO，而 NO 从突触后迅速扩散到突触前末梢，激活突触前神经元内的 GC，使细胞 cGMP 增加，改变依赖钙的离子通道的活性，钙内流增加，促使突触前神经元神经递质释放过程对 Ca^{2+} 的敏感性增加，从而导致突触前神经递质谷氨酸释放增加，增强突触传导，维持 LTP。随着分子生物学技术的发展，人们可以从基因水平研究 NO 对突触可塑性，尤其是 LTP 的影响。分别研制出了 nNOS-knockout、eNOS-knockout 或 nNOS 和 eNOS 全部 knockout 的小鼠，也研制出了 nNOS-knockdown、eNOS-knockdown 的小鼠。结果发现：不同类型的 NOS 对不同部位的 LTP 具有不同的作用；一定条件下内源性 NO 对于 LTP 的形成还具有抑制效应。例如，在短暂脑缺血后海马 LTP 的缺失可通过海马内的 NO 的生成增加而加重，直接或间接抑制 iNOS 活性均可使缺失的 LTP 得到好转和恢复，所以，NO 对 LTP 的形成具有复杂的作用，其抑制效应也不容忽视。

NO 还可能参与小脑中长时程突触传递抑制（LTD）的形成。LTD 是小脑运动学习体系中的一种分子机制。NO 可能作为一种重要的信使分子参与 LTD 的形成。由于 NOS 存在于颗粒细胞及篮状细胞，平行纤维或篮状细胞被激活后产生 NO，NO 扩散到浦肯野细胞激活鸟苷酸环化酶，导致浦肯野细胞 cGMP 增加，进而激活依赖于 cGMP 的蛋白激酶，使谷氨酸 AMPA 受体或有关分子磷酸化，最终导致 AMPA 受体敏感性下降，形成 LTD。在豚鼠的海马 CA1 区，NO 和 cGMP 通过神经元发放的频率来调节突触传递。当突触前神经元以高频发放时作为 LTP 的逆信使，而在低频发放时产生 LTD。

五、一氧化氮与神经再生

NO 在神经损伤和神经再生中的作用是研究者们最感兴趣的问题，一方面 NO 介导了神经系统的损伤过程；另一方面 NO 又以它在神经发育中相似作用参与神经损伤后的修复和再生过程。

（一）神经再生时 NOS 表达的特征

神经再生时 NOS 表达的时空特征与其在神经发育时的表达十分相似。例如，发育期嗅上皮与嗅球神经元建立突触联系时，嗅受体神经元 NOS 一过性表达；而切除成熟嗅球若干时间后，再生的嗅受体神经元也一过性表达 NOS，而且 NOS 活性也以再生轴突处为最高。哺乳动物的下丘脑垂体系统具有高度的结构及功能可塑性，大量的研究以此为模板，探讨 NO 在神经再生中的作用。正常情况下，下丘脑的视上核及室旁核的神经元呈 NOS 中度染色，而正中隆起的神经纤维中仅有少量弱染的 NOS 阳性纤维。垂体切除 1 周，视上核和室旁核的 NOS 反应明显增强，正中隆起和第三脑室交界处出现 NOS 阳性纤维网；垂体切除 2 周后，视上核和室旁核的 NOS 表达开始下降直至正常水平，第三脑室管腔壁的 NOS 表达在 2 周时达高峰，4 周时消失。垂体切除 2~4 周，正是视上核和室旁核神经元轴突再生和抽芽的时期。由此推测视上核和室旁核的 NOS 活性改变可能与神经的再生有关；而第三脑室管壁 NOS 阳性纤维网的一过性表达可能与再生轴突寻找新的靶区的探索过程有关。

（二）神经再生时 iNOS 表达的意义

无论在发育期还是神经再生期，脑血管壁都出现 iNOS 的一过性表达。这种表达可能有以下的意义：① 催化 NO 产生，作用于脑血管增加脑血流，易化神经发育和再生的微环境；② 稳定新生的脑血管网，NO 通过调节内皮细胞黏附分子的表达，稳定内皮细胞之间的连接，控制血液中炎症细胞的渗出；③ NO 逆行作用于发育或再生局部的神经纤维网，促进局部神经环路的建立。NO 可促进星形胶质细胞增殖，反应性增生的星形胶质细胞释放更多的神经营养因子促进神经发育和再生。同样增生的胶质细胞还能伸出更多的突起，主动地分离，随后吞噬已分离的突触终末，参与神经发育和再生早、晚期的突触的调制。

六、一氧化氮调控神经发育和再生的分子机制

（一）NO-GC-cGMP 信号转导系统

细胞内可溶性鸟苷酸环化酶 GC 的激活是 NO 发挥作用的主要机制。内源性 NO 由 NOS 催化生成后，扩散到邻近细胞，与 GC 活性中心的 Fe^{2+} 结合，改变酶的立体构型，导致酶活性的增强和 cGMP 合成增多。cGMP 作为新的信使分子介导蛋白质的磷酸化等过程，发挥多种生物学作用，其中可诱导 *c-fos* 和 *c-jun* 等即早基因的表达，在胞质中合成的 IEG 蛋白又可进入胞核，结合于 DNA 链上的 AP-1 位点，启动其他相关基因的表达，NO 正是通过活化 GC 来催化 GTP 向 cGMP 的转化，从而行使其调节血管平滑肌舒张，扩张血管，增强血流，改善神经元的局部环境及神经传导等功能。同时，NO 还可以通过负反馈调节机制，即由突触后神经元 nNOS 产生的 NO 可以通过突触间隙弥散至突触前区，阻断 cGMP 所介导的相关受体蛋白的活化，减少神经元的信号转导。

（二）NO 与生物分子的作用

含金属原子的蛋白质在生物体内广泛存在，并在多种生理功能中起着关键作用，NO 与它们的反应相对 NO 与其他分子的反应也更容易进行。因此，含金属蛋白成为 NO 在体内重要的目标生物大分子；此外，反应产物 NO^- 金属蛋白又能以 NO^+ 或 NO^-

形式继续进行反应，因此，金属蛋白也可能是体内除硫醇外的又一 NO 载体。如 NO 分子的顺磁性使它对血红素中的 Fe^{2+} 有很高的亲和力，它能与含血红素蛋白结合得到稳定的亚硝酰基血红素蛋白质络合物。NO^- 血红素一经形成，邻近的 Fe-组氨酸键立即断裂得到一个五配位亚硝基化合物，从而活化 GC 这一机制。与活化 GC 不同，NO 通过可逆和不可逆两种方式抑制细胞色素 P450 酶的活性，更有趣的是，NO 还能够抑制 NOS 的活性，从而调节自身合成。NO 与 O_2 反应生成一系列产物（包括 NO_2、N_2O_3、$ONOONO$、N_2O_4 等），与 O^{2-} 反应生成过氧化亚硝酸根（$ONOO^-$）以及自身单电子转移产物 NO^+ 和 NO^- 等 NO 衍生物，NO 大部分的生理功能就是间接地通过其衍生物的亚硝化反应实现的。脱氧核苷、脱氧核苷酸及完整 DNA 的脱氨基反应通常也被看作是亚硝化反应。

<h3 style="text-align:center">（三）NO 与 NMDA 受体</h3>

NO 一部分为 NO^+，它可与 NMDA 受体的氧化还原调节部位的巯基结合，使之亚硝酸化而形成二硫键，一方面下调 NMDA 受体调控的 Ca^{2+} 通道，减少胞内游离 Ca^{2+} 的浓度，调节依赖钙的细胞内蛋白酶的活性。

总之，NO 作为一种非典型的信使分子，由靶细胞产生并弥散作用于与靶细胞相关的神经元，传递着靶细胞与周围相关神经细胞的活动信息，并通过细胞内的 cGMP 系统调节神经发育时突触的形成和修饰，介导成熟期突触可塑性及神经再生等过程。值得注意的是，上述许多的实验结果来自于低等的脊椎动物，对许多现象的解释都停留在"假说"阶段，这就需要我们做出更多的努力，深入研究 NO 在神经发育及再生中的分子机制。

（周丽华　李东培　姚志彬 撰）

第三节　微量元素与中枢神经系统发育

一、微量元素的基本概念

目前已知天然存在的化学元素有 92 种。在人体内已经发现有 81 种。人体必需的常量元素有 11 种，占人体总质量的 99.95％。是人体不可缺少的造体元素。其余 70 余种元素是微量元素，仅占人体总质量的 0.05％。必需微量元素是人体正常生命活动不可缺少的，绝对必需的。如果摄取不足，或排泄过多，将导致人体生理和代谢活动的异常。

微量元素的概念是指于铁等量或等量以下的极少量元素。Schroeder（1965）认为占人体总重量的 0.01％以下者为微量元素。这些微量元素通常组成人体内的活性成分，发挥高度生物催化作用。其量甚微，与人体健康和疾病有密切关系。

微量元素不完全都是有营养价值的，除了质以外甚至在量的变化后，还可出现毒性问题。

二、人脑元素含量及脑功能所必需的微量元素

目前已知，人脑中至少存在 52 种元素，其中包括全部 26 种必需元素，即 C、Ca、Cl、H、K、Mg、N、Na、O、P、S、Co、Cu、F、Fe、I、Mn、Mo、Zn、As、Cr、Se、Sn、V、Ni、Si。在脑中，常量元素以 P 含量为最高，Ca 为最低；必需微量元素以 Fe 含量为最高，V 含量为最低。脑中元素量大多高于血浆和脑脊液中的浓度。但血浆中的 Se、V、Br、Pb 浓度高于脑中的含量。脑脊液中的元素浓度最低，但 Br 浓度高于脑中的含量，Mg 浓度高于血浆中的浓度。

脑中的元素含量与年龄有关。许多元素包括 Fe、Cu、Zn、Mn、Cr 在脑中的含量于出生后的发育期明显增加，Cu 和 Zn 含量平均增加达 4 倍之多。Al 元素在发育后持续增加，而 Rb（铷）则有随增龄而降低的趋势。

由于微量元素在生命活动中有着非常重要的作用。如果缺乏或过多都会对机体造成危害。下面就常见的一些微量元素如铁、碘、硒、锌、铜、锰、氟的缺乏或过多对脑发育和功能的影响做一介绍。

三、碘在脑发育中的作用

碘（iodine，I）是甲状腺激素（T3、T4）的重要构成成分。碘对脑发育起着非常重要的作用。正常人体内含碘 25～26mg，近半数浓集在甲状腺，其余分布在血浆、中枢神经系统、肌肉、皮肤、卵巢、肾上腺等处。碘缺乏和碘过多都对机体产生严重的危害。特别是碘缺乏对人类可造成严重的智力损害，导致"呆小症"即克汀病。严重影响病区人口素质，对社会经济发展产生严重的影响。目前，碘缺乏病（iodine deficiency diseases，IDD）已被 WHO 认为是最常见但可以预防的引起大脑损坏的疾病。

（一）碘缺乏对中枢神经系统发育的影响

碘缺乏对人类智力危害的严重性已经得到公认。其影响的机制还不完全清楚，目前的研究结果包括以下几个方面：

1. 碘与脑的形态发育

陈祖培、阎玉琴等利用低碘病区粮食喂养大鼠发现：低碘大鼠脑形态发育落后，脑湿重、脑蛋白质和 DNA 含量下降。组织学发现大脑视皮层、运动区及海马 CA1～CA4 区细胞密度增大，锥体细胞变性。以小脑的发育滞后最为明显。对胚胎动态发育观察的结果显示：大脑、小脑皮层分层发育及神经细胞个体发育延迟；大脑神经母细胞和神经套细胞的增殖和迁移延迟。

智力的物质基础被认为与神经元树突、棘突、突触之间的联系和信息传递有关。大脑锥体细胞主干树突的棘突减少具有特征性的改变。小脑浦肯野细胞树突覆盖面积、树突棘突、树突分支减少。还有人通过低碘饲料和补碘饲料喂养母鼠，对分娩的仔鼠40

天龄时脑的锥体细胞结构观察发现：低碘组大鼠锥体细胞顶树突、棘突密度、棘突的分布类型、锥体细胞基树突数和初级树突分支指数及锥体细胞的最大横截面积与加碘组和对照组大鼠均有显著性差异。低碘大鼠锥体细胞各方面的生长、发育受到抑制，妊娠前补充碘可弥补缺碘对中枢神经系统发育的损害作用。

2. 碘与脑功能发育方面

　　大脑的发育必需依赖足够的碘。碘缺乏影响大脑神经递质、信使分子和分化成熟蛋白质的表达以及学习记忆功能的改变，近年来研究取得了一些进展。杨勤等研究发现，胚胎期和新生期碘缺乏、甲状腺功能低下对大鼠不同脑区（海马、小脑、大脑皮质）一氧化氮（NO）的含量有明显影响。在海马含量降低最严重，其次为小脑，而大脑皮层变化不明显，说明不同脑区对碘缺乏所致损伤敏感程度不同。而且碘缺乏组大鼠海马NOS 活性也有降低，仔鼠的生长发育障碍，学习记忆低下。

　　笔者课题组在对长期碘缺乏繁殖 F_4 代大鼠生长发育期脑功能损害的神经生化机制研究时发现：子四代 21 天低碘大鼠 5-HT、5-HIAA 在额叶皮层降低，5-HT 在下丘脑升高，碘硒联合缺乏组 5-HT、5-HIAA 含量在海马、额叶皮层显著降低，5-HT 在下丘脑升高，NE 在额叶皮层、下丘脑升高。表明单纯低碘可明显降低大鼠额叶皮层 5-HT 能系统；硒碘联合缺乏较单纯低碘对单胺类神经递质影响更明显。在对 F_3 代低碘大鼠海马神经细胞的分化成熟蛋白 NSE（神经元特异性烯醇化酶）、GFAP、CNPase（环腺苷酸磷酸二酯酶）和脑源性神经生长因子 BDNF 表达的研究中发现，低碘和硒碘联合缺乏可使海马神经元、星形胶质细胞、少突胶质细胞的分化成熟标记蛋白 NSE、GFAP、CNPase 都出现不同程度的改变。低碘则影响神经元 NSE 的表达。

　　J. Bernal 等在研究碘与脑发育时发现：在脑内 80% 的活性 T3 是在星形胶质细胞内由脱碘酶 II 将 T4 转化而来，T3 是通过调整目的基因的表达而作用于大脑的发育，T3 可与细胞核受体结合作为转换因子而发挥作用。这些 T3 受体在胎儿甲状腺有功能前就能在大脑的细胞内表达，并且在孕期中能被母亲的甲状腺素激活。与甲状腺作用相关的目的基因已能识别，但甲状腺素在大脑发育中的基本作用仍待进一步的阐明。

　　近年来，人们发现在碘缺乏与癌基因表达之间存在着一定关系。原癌基因蛋白 c-fos 参与神经细胞的分化、成熟、衰老及死亡的各个阶段的发生与发展，用新生大鼠大脑皮层、海马神经细胞培养发现，培养基中加入碘，神经细胞 c-fos、c-jun mRNA 和蛋白质表达均较对照组明显增加，尤其是 c-jun 表达增加。

　　还有学者观察缺碘组、高碘组与适碘组大脑皮层和海马组织中微量元素的分布情况，发现缺碘组氯、溴及锌在两个脑区的量显著增加，铁和铜在大脑皮层减少而在海马组织增加。另外母亲妊娠早期甲状腺功能低下可明显影响胎儿脑发育。还发现低硒同时低碘可部分预防克汀病脑损伤，但可加重甲状腺功能低下。

（二）高碘对脑发育的影响

　　高碘是否影响神经系统发育和功能，目前尚无定论。近年来研究表明高碘可使锥体细胞发育落后，高碘还能影响脑组织中的酶代谢（胆碱酯酶、乙酰胆碱转移酶、神经元特异性烯醇化酶、一氧化氮合酶等）、游离氨基酸（可使谷氨酸明显升高，GABA 明显下降且有剂量-效应关系）、甲状腺机能及神经生长相关蛋白质的表达。

四、锌、铁、铜与脑发育

（一）锌与脑发育

锌（zinc，Zn）是构成人体多种蛋白质所必需的元素，锌与蛋白质和核酸的合成密切相关，参与许多酶的代谢。正常成人体内锌含量为 2~2.5g，分布在人体各组织。锌也是脑发育必需的微量元素。在脑内的分布表现为区域不均衡性，海马内含锌最多，其次为大脑皮质和小脑。这种区域性分布不均的特点，可能与锌在这些部位中的功能有关。

锌缺乏可显著影响发育期大鼠的体重及小脑、海马和大脑皮层重量。哺乳期锌缺乏对小脑和海马的影响极为重要。从体外培养海马神经细胞发现并证实，适量锌能促进海马神经元突起生长，增加神经元胞体面积和直径，提高神经元存活率。缺锌可引起脑部超微结构的改变，能延迟髓鞘形成。Dreoti 用髓鞘的标记物 CNP 追踪实验性缺锌的髓鞘发育过程，发现缺锌鼠小脑活动性比富锌鼠低，有学者通过实验发现：缺锌组大鼠海马长时程增强（LTP）诱出率以及主动回避行为习得率均显著降低，说明锌缺乏降低其学习记忆活动能力。

以往研究提示微管聚合作用下降是低锌膳食造成脑功能损伤的重要环节。发育期锌缺乏小鼠脑组织 α-微管蛋白（α-Tub）、β-微管蛋白（β-Tub）及微管相关蛋白 2（MAP-2）的表达量与膳食锌水平具有明显的依赖关系，其表达量的降低可能是锌缺乏引发微管聚合作用下降的重要机制。

锌缺乏还可能是通过星形胶质细胞起作用，星形胶质细胞及它们的前体细胞在中枢神经中具有促进发育、提供支持、调节离子和神经递质水平以及分泌多向性生长因子等多种重要生理功能，胶质纤维酸性蛋白（GFAP）被认为是神经胶质细胞的标志分子。研究表明在发育早期补充锌可促进神经前体细胞向神经胶质细胞分化及 GFAP 表达；神经胶质细胞分化成熟后锌缺乏又刺激 GFAP 过度表达。说明锌缺乏引发神经胶质细胞发生病理改变。

对大鼠脑内皮素含量的实验研究发现，缺锌幼鼠血浆、皮层和小脑内皮素含量均明显低于对照组，而血浆和海马 NO 含量均明显高于对照组，可见缺锌使幼鼠血浆和脑组织内皮素含量明显减少，NO 含量显著增加。这可能是缺锌使脑发育和功能障碍的机制之一。

缺锌可使大鼠脑组织 Ach 和 5-HT 的代谢明显增高，同时大鼠出现学习记忆功能的显著降低，提示锌影响体内 Ach 和 5-HT 的代谢可能是锌缺乏影响学习记忆的神经生化机制之一。

缺锌时铜（Cu）浓度的改变也可能是锌缺乏症时神经发育和功能发生改变的原因之一，锌缺乏时可能引起小脑、大脑皮质和海马中 Cu 的堆积，与高水平铜有关的低锌水平可能是人类精神病理学的成因之一。缺锌还可导致脑组织中铁含量明显减少。

（二）铜与脑发育

铜也是人体必需的微量元素之一，正常人体含铜量为 100～150mg，主要分布在肝脏、血、脑中。铜缺乏对全身各器官、组织的发育产生不良影响，其中对神经系统的影响尤为重要，缺铜性脑病变的主要特点是：①大脑体积缩小、减轻，皮质变薄、纹状体萎缩；②纹状体内锥体外系传导束中，轴索内线粒体空泡变性，高度肿胀，导致轴索破坏，髓鞘受压崩解；③暗神经元内质网明显增生，亮神经元内线粒体肿胀破裂。两者均可发生坏死。严重的缺铜性损伤虽经补铜，病变仍不能逆转。以上特点提示，缺铜可使大脑皮质和纹状体神经元严重受损，导致大脑发育障碍。神经元内的细胞色素氧化酶，多巴胺 β-羟化酶及铜蓝蛋白活性都与铜含量有关。这些酶多位于线粒体内。缺铜时，该酶活性下降，氧化磷酸化受阻，导致能量代谢障碍，使线粒体内水潴留、细胞水肿死亡。孕期及新生期仔鼠缺铜，神经元产能减少、蛋白质合成降低，势必影响其分化与生长。在人类，神经元的成熟是从孕期到生后 6 月内，之后数目不再增加，此期因缺铜所致大脑皮质及纹状体损伤必然导致智力障碍和共济失调。故强调预防、治疗孕期及婴儿期缺铜对优生、优育有重要的现实意义。

（三）铁与脑发育

铁（iron，Fe）是人体内最多的一种微量元素，几乎所有组织都含有铁。正常成人体内含铁 3～5g，女性稍低。铁是血红蛋白的重要组成成分，又是许多酶的组成成分和氧化还原反应酶的激活剂。在组织氧化代谢及能量代谢方面均起到重要作用。近年来研究表明：铁离子在神经系统的发育成熟过程中也有重要的生理作用。

铁缺乏可以导致智力发育障碍，与缺铁性贫血的严重程度呈正相关且不易通过补充铁元素而纠正。最近一项研究表明，出生时脐血血清铁蛋白低于 76μg/L 的患儿 5 岁时的语言能力、运动能力的发育都明显迟于出生时脐血血清铁蛋白水平在 76～187μg/L 者。铁缺乏对神经发育的影响主要是通过其在神经元增殖、髓鞘化、能量代谢及神经冲动传递中的重要作用实现的。因为含有大量铁离子的酶参与了脑的能量代谢、神经递质的合成和髓鞘的发育成熟过程。围生期铁缺乏将导致髓鞘发育迟缓及神经递质的合成代谢障碍，各种酶的代谢活力下降，并对神经系统的正常发育产生长远的不利影响。

铁超载对神经发育的影响。铁超载的情况多见于各种原因导致的红细胞溶解破坏增多，红细胞内含有大量的铁被释放出来，产生过量自由基，攻击损害细胞膜成分，导致或加重氧化应激损伤。Palmer 等研究表明，缺氧缺血性脑损伤或脑室内出血等病变导致大量未结合铁的释放，并导致长时间的神经毒性作用。胎儿或新生儿时期，铁超载也主要是通过影响髓鞘形成细胞即发育中的少突胶质细胞导致脑损伤。

五、硒与脑发育

硒（selenium，Se）是人体必需的微量元素，人体内共含硒 14～21mg，以肝脏、胰脏、肾脏、视网膜、虹膜、晶状体含硒量最多。但硒在脑中含量比较恒定，动物即使长期缺硒饮食，机体仍优先保证脑硒的供应。硒不但是人类胚胎发育过程中所必需的微量元素，而且在动物和人类生长、发育过程中起到重要作用。近年来，国内外有不少硒缺乏相关疾病的报道，如克山病、大骨节病、帕金森病等。在阿尔茨海默病和脑肿瘤也有硒水平研究的报道。

（一）硒缺乏与脑发育

硒在体内是以硒蛋白的形式发挥生物学作用。到目前为止，已经克隆并测定 cDNA 顺序的哺乳动物硒蛋白有 9 种，分别为细胞内谷胱甘肽过氧化物酶（cGPx）、细胞外谷胱甘肽过氧化物酶（eGPx）、磷脂氢谷胱甘肽过氧化物酶（PHGPx）、胃肠谷胱甘肽过氧化物酶（GIGPx）、I 型碘化甲状腺原氨酸 5'-脱碘酶（ID-I、ID-II、ID-III）、硒蛋白 P 和硒蛋白 W。这些硒蛋白中的硒掺入到蛋白质分子是通过硒半胱氨酸-tRNA 识别 mRNA 中特异的 UGA 密码子，将硒半胱氨酸插入到硒蛋白中。

硒是人类早期脑发育所必需的微量元素。在硒耗竭后补硒，脑比其他器官优先得到硒，而硒蛋白 P 和 ID-II 最先利用硒，cGPx、PHGPx 次之，硒蛋白 W 最后利用硒。这提示在脑中硒蛋白 P 和 ID-II 较其余几种硒蛋白更重要。现已发现脑中有几种含硒酶的表达，如 GPx 表达于神经胶质细胞，可通过抗氧化作用减少帕金森病和阻塞性脑血管疾病所造成的损伤；而最近的研究表明硒蛋白酶 P 不但有抗氧化活性和提高神经细胞的存活率作用，而且帮助硒传送到脑，如果脑中硒蛋白酶 P 缺乏或活性降低，可以导致在低硒饮食时脑硒水平降低，机体发生运动失调和自发性癫痫。另外，在脑中还检测到其他硒蛋白如硒蛋白 W mRNA 的存在。但脑中这些含硒酶所起的许多重要作用仍待进一步研究。

将硒与脑发育联系在一起的是通过分子克隆技术证实参与甲状腺激素代谢的脱碘酶为硒依赖性，从而建立了硒与甲状腺激素及克汀病（脑发育损害）研究的新领域。在神经细胞原代培养发现，适量的硒对脑神经细胞的增殖和 DNA 的合成具有不同程度的增强作用，而且硒可抵消氟对神经细胞的抑制效应。低浓度硒（0.01～0.1μmol/L）可促进神经细胞早期突起生长，使神经细胞存活数增加。其机制可能是通过促进、增强神经元特异性烯醇化酶（NSE）、神经生长因子（NGF）蛋白的表达，进而直接作用于体外培养的神经细胞，促进神经细胞的生长、发育与分化，也可能通过调控 GPx 的基因表达水平，减少脂质过氧化对神经细胞的损伤来实现。在无血清的条件下硒也能促进神经细胞存活，提高存活率。在对硒诱导神经干细胞分化的实验中发现：硒能明显促进神经干细胞存活和向星形胶质细胞、少突胶质细胞和神经元的分化成熟，使分化成熟蛋白表达增加。

众所周知，甲状腺激素 T3 对脑发育起重要作用，脑组织受损的程度与脑组织局部 T3 降低程度成正比。在最近的研究中发现缺硒会导致缺碘大鼠甲状腺激素代谢的进一步障碍，并因此成为人类黏液水肿型和神经型克汀病的一个发病因素。T3 是由 T4 转变过来的，进行这一转化的是主要位于大脑组织内的脱碘酶 II 型（ID-II）。截至目前，大量研究结果表明硒与 ID-II 的关系主要集中于含硒酶活性的改变。缺硒可伴有脑内非金属酶类改变从而影响脑神经发育。其中最主要的是甲状腺素代谢密切相关的三型脱碘酶及使甲状腺和其他组织免受自由基损伤的 GPx。对克山病流行病学调查发现中国东北部硒和碘缺乏常同时严重存在，而该地区的克汀病几乎都是神经型。

母体的低硒影响到胎儿发育。国内临床研究结果表明：低硒环境胎儿在头围、体重、身高方面都低于正常硒环境的胎儿，除胎龄为 4 个月胎儿的头围与正常硒环境胎儿无明显差异外，其他胎龄胎儿在头围、体重、身高方面与正常硒环境胎儿比较有显著差异。国外动物实验证明，胎鼠和出生后 1 个月内的仔鼠随着日龄的增加脑内的硒含量都是持续增高的。

利用低硒酵母人工配制低硒饲料喂养大鼠，繁殖到 F₃ 代。Morris 水迷宫试验发现单纯低硒对 F₁、F₂、F₃ 代生长发育期大鼠的空间学习记忆能力没有明显的影响。但硒碘水平同时降低却可以明显降低空间学习记忆能力，而且对雌性大鼠学习记忆的影响更为显著。对 F₃ 代 21 天断奶大鼠海马神经细胞分化成熟蛋白质的表达研究发现：低硒、低碘和硒碘联合缺乏可使海马神经元、星形胶质细胞、少突胶质细胞的分化成熟标记蛋白 NSE、GFAP、CNPase 都出现不同程度的改变。低硒主要影响星形胶质细胞的 GFAP 的表达，低碘则影响神经元 NSE 的表达。硒碘联合缺乏时 CNPase 表达升高。实验还分析了出生后 4 天、21 天大鼠不同脑区 EGFR/MAPK 信号转导通路的变化。海马部位：CA1～CA3 区 EGFR 蛋白表达降低，p-MAPK（p-ERK1/2）表达在单纯低硒组表达几乎阴性。前皮层部位：EGFR 和 p-MAPK 蛋白表达各实验组与对照组相比表达均降低，以单纯低硒组最低，Western 杂交检测分析也得到类似的结果，从而表明低硒可抑制新生 4 天大鼠脑海马 CA1～CA3 区、前皮层 EGFR/MAPK 通路，碘硒联合缺乏对海马 CA1～CA3 区 EGFR 表达抑制作用更明显。

（二）硒中毒对脑的影响

人体存在过量的硒也将导致硒中毒，这是在我国湖北恩施已得到证明的事实。体外神经细胞培养实验发现，较高浓度硒（0.05～5μmol/L）抑制神经细胞增殖和分化，并均呈剂量-效应关系；高浓度硒（10μmol/L）可影响神经细胞集落和神经突起的形成，抑制细胞分化，且高浓度硒时可发生明显的细胞毒性，甚至引起细胞死亡。国内外对临床上高硒的细胞毒作用和神经系统的异常表现报道甚少，国外儿科杂志报道仅见于先天愚型与血硒有关。国内也有研究结果说明高浓度硒与智力发育迟缓（MR）有一定的关系。

（三）硒与中枢神经细胞再生

硒在神经细胞生长发育中也有重要作用。但目前研究报道不多。体外培养发现：神经细胞培养的添加剂中必须含有硒等抗氧化成分，如 N2 和 B27，且实验发现不添加 N2 和 B27，神经细胞不能长期分裂增殖。其中 N2 是由 Bottenstein 等（1979）经过长期研究创制出的一种无血清添加剂，其配方就包括硒（30μmol/L）。如果去除硒，神经细胞将不能存活，而给培养液中加入适量的硒不仅能够促进神经细胞的存活，使存活率升高，而且还可以促进神经细胞的突起生长发育。硒还能使神经细胞原癌基因 *c-fos*、*c-jun mRNA* 和蛋白质表达增加，使 *RNA/DNA* 含量增加。在对不同硒化合物诱导神经干细胞的成熟分化实验中也发现：完全去除硒，神经干细胞不能存活，不加 *B27* 但有硒的无血清培养液中神经干细胞能够存活和分化。说明硒是神经细胞体外分化成熟必不可少的元素。

综上所述，硒与脑的关系研究越来越引起学者们的重视。新的硒蛋白功能的发现、硒在神经细胞生长发育和再生中的作用研究将为阐明克汀病的碘外因素和脑损伤、脑疾病患者带来曙光。

六、锰与脑发育和神经损伤修复

锰（manganese，Mn）是人体一种必需微量元素，人体共含锰 $12\sim20mg$，以骨骼、肝脏、脑、肾脏、胰腺、垂体含锰较多。锰也是涉及神经系统最广泛的微量元素，对脑功能尤其学习记忆功能起重要的调节作用，缺锰和锰过量都可影响脑功能。缺锰可影响脑的学习记忆功能。锰过多也可导致人或动物学习记忆能力的变化。现就脑内锰的分布、缺锰及过量补锰对脑功能影响的研究现状做介绍：

（一）锰的生物学作用及其在脑内的分布

锰在体内参与了多种金属酶的合成，尤其在脑组织中参与了锰超氧化物歧化酶（Mn-SOD）、谷氨酰胺合成酶、丙酮酸羟化酶、RNA 多聚酶等的合成，另外全身上百种酶可由锰激活。锰参与合成及激活的多种酶与脑代谢密切相关，锰还和其他离子一同参与中枢神经系统内神经递质的传递，故锰是维持脑功能必不可少的微量元素。锰在中枢神经系统较其他器官内储留时间长。已有资料证明，透过血脑屏障的锰广泛沉积于各脑区，包括大脑皮质、海马结构、锥体外系和下丘脑区域，而锥体外系结构则是其沉积的主要靶区之一。其中出生后 5 天的大鼠脑中锰含量最高，且多集中在海马的 CA4 区、齿状回和桥接部。在成熟的大鼠脑中多集中在橄榄核与红核内。脑组织黑质与纹状体部位对锰有特异性的亲和力，使锰易在此部位蓄积，2/3 潜留于细胞的线粒体内。

（二）锰缺乏对脑的影响

作为必需微量元素，体内锰缺乏会引起一系列病变。饮食中缺乏锰的大鼠发生惊厥的敏感性增高。动物实验发现缺锰动物脑组织中 Mn-SOD 活性下降，大量自由基积聚导致线粒体结构发生明显改变，摄氧能力降低，完整性受损，这都直接影响了脑的正常功能。由于脑内产生大量自由基，可使 DNA 发生突变、交联、断键等结构和功能变化，影响信息传递以及导致蛋白质合成能力下降或不能合成蛋白质，表现出记忆力和智力障碍。同时锰因与 DNA 牢固结合可能起稳定 DNA 二级结构或传递信息作用，这也许是缺锰对记忆功能影响的又一机制。自由基同样也破坏 RNA 结构，同时人和大鼠 RNA 聚合酶由锰激活，通过对 RNA 的影响也可导致学习记忆的障碍。

（三）锰过量对脑的影响

锰属于神经毒金属，且可通过血脑屏障，由于脑对过量的锰易于蓄积，且排泄慢，故机体在高锰状态时，所受影响的器官主要是脑。过量的锰会对中枢神经系统产生不可逆转的损害。实验证明新生小鼠摄入过量锰，结果除导致体重、脑重和脑重/体重比明显降低外，也导致了小鼠发育过程中身长增长的严重滞后。近年来一些学者经大量临床及动物实验发现机体高锰状态时引起脑功能损害的机制与以下几个因素有关：

1）过量接触锰会影响线粒体功能。Baek 等发现锰在线粒体内聚集可导致黑质神经元的变性。经实验证明，锰对线粒体具有特殊的亲和力，故机体高锰状态时，锰化合物（包括二价锰和三价锰）均可导致线粒体呼吸链的几个重要的酶的活性降低，对脑组织细胞线粒体功能产生不良影响。

2）锰可影响神经递质及其传递功能。Takeda 等的研究还发现过量的锰可影响突触间隙神经递质的传递。同时锰通过抑制一氧化氮合酶影响 NO，从而影响神经递质的传递。多次研究证实锰中毒对新生鼠脑多巴胺（DA）的减少是有关系的。锰能导致脑代谢异常和多巴胺能神经元的损害。锰可氧化多巴胺产生氧自由基，引发脂质过氧化作用。同时又有报道指出，过量锰在脑部抑制了多巴胺脱羧酶，使左旋多巴胺含量下降，从而破坏了左旋多巴-乙酰胆碱的平衡，导致了乙酰胆碱含量暂时升高。

3）海马是动物学习记忆等功能活动的关键结构。有研究发现：锰对仔鼠脑海马发育早期可产生损害，并引起子代神经行为的改变，且随剂量增加。

综上所述，适量的微量元素锰是人中枢神经系统发育与功能维持的重要营养物质，当它们不足或过剩超出机体调节的安全范围时，便会影响脑的结构，故在日常生活中，我们既要重视锰缺乏对脑功能的影响，也要警惕锰过量对脑功能的损害，合理地使锰在机体内保持稳定水平。

七、氟与脑发育

氟（fluorin，F）是人体的必需元素，人体含氟约 2.6g，主要分布在骨骼、指甲和毛发中。但摄入过量或不足均会产生疾病。人体摄氟过多会产生氟斑牙、氟骨症等，不足则会导致龋齿。氟过量可对神经系统产生直接的损害作用，因此，近年来氟对脑功能的影响及其机制成了研究者们关注的热点。

（一）氟对脑功能的影响

氟对人群智力水平影响的报道很多，大量动物实验和流行病学研究已证实氟可通过胎盘屏障在胎儿体内蓄积，并进一步通过血脑屏障进入脑组织，在不同水平对脑组织造成损害。孙增荣等的研究结果表明，高氟饮水可显著影响小鼠的学习和记忆能力，并且随着氟摄入量的增加，学习能力落后的程度愈严重。刘树森等对高氟区学龄儿童的智商调查显示，饮水含氟量过高导致高氟区学龄儿童机体氟负荷水平显著增加。这样高氟负荷的学龄儿童的智商水平明显低与低氟区。

（二）　氟对脑功能影响的机制

氟对脑细胞结构的影响。近年研究发现氟在脑中蓄积的主要部位是海马。孙增荣等通过对长期饮高氟水的小鼠脑海马回组织超微结构观察发现，高氟可致大脑海马神经细胞、神经突触、神经纤维及血脑屏障的超微结构出现显著的损伤。其中，氟所致神经细胞损伤的特点主要表现为线粒体、内质网损伤，细胞内脂褐素显著增多；高氟对海马回神经突触的损伤作用主要表现为突触前膨大水肿，线粒体严重变性。突触间隙电子密度增大，突触前、后膜融合；高氟对神经纤维的损伤作用主要表现为髓鞘变性或溶解，神经微管溶解，线粒体变性。氟对血脑屏障的超微结构的损伤主要表现为星形胶质细胞足突水肿，线粒体变性，微血管内皮细胞功能不良。吕晓红等利用光电镜观察慢性氟中毒大鼠脑组织的病理改变主要表现在海马 CA4 区，以神经细胞核固缩、浓染、顶树突明显拉长为特点；提示慢性氟中毒鼠脑组织的病理改变具有选择性易损的特点，最易受损的部位是海马 CA4 区。

（三）　氟对脑内某些酶活性的影响

随着对自由基与疾病和对地方性氟病区患者体内抗氧化功能的深入研究，人们开始关注氟中毒与脂质过氧化作用的关系，并由此提出了氟中毒的自由基学说。有实验研究表明高氟对小鼠脑内 SOD 活性有一定的影响，并且这种影响可能和氟的浓度有一定的相关性。又有研究表明氟中毒所致大鼠脑细胞膜脂肪酸组成的变化可能与氟致脂质过氧化作用有关。氟中毒还可影响和神经信息传递有关的某些酶活性。徐顺清等利用化学发光分析技术测定了大鼠脑组织中的一氧化氮合成酶的活性，实验结果表明：无论在体内还是在体外，氟能使一氧化氮合成酶（NOS）的活性增加。氟暴露大鼠脑组织中 NOS 活性高于对照组，直接在 NOS 反应中加入氟化钠，NOS 活性也增加。程晓天等的研究还发现氟中毒大鼠脑组织匀浆上清液神经元特异性烯醇化酶（NSE）含量显著低于对照组，胆碱酯酶（CHE）活性显著高于对照组。

（四）　氟中毒与神经细胞凋亡

慢性氟中毒神经细胞的形态学改变与凋亡有许多相似之处，如神经细胞损害呈非坏死性，无炎症反应，有自由基代谢紊乱，所以氟中毒有引起细胞凋亡的可能性。有实验采用末端标记法（TUNEL）和流式细胞仪观测法，测定了慢性氟中毒鼠脑组织中神经细胞凋亡的情况，结果显示在慢性氟中毒鼠脑组织中有神经细胞凋亡的发生。陈军等对大鼠体内染毒后采用单细胞凝胶电泳技术检测 DNA 单链断裂显示高氟可引起大鼠脑细胞 DNA 损伤。

（五）氟与碘对中枢神经系统的联合作用

碘氟同为卤族元素，化学性质相近。以前有学者作了低碘高氟或高碘高氟对甲状腺影响联合作用的实验研究，发现一定浓度的碘和氟可能存在竞争性拮抗或协同作用。近年来又有学者研究二者联用对中枢神经系统的影响发现，长期饲以高氟及高碘饮水的大鼠均可影响其子代大脑发育，且高碘、高氟对仔鼠大脑发育的危害存在协同作用。高浓度氟和高浓度碘加氟可使大鼠脑细胞膜脂肪酸构成比发生了明显的变化，中浓度碘对氟的这种作用有明显的拮抗作用，而高浓度时则反而有协同毒性作用。高氟能引起小鼠脑内 SOD 活性下降，脂褐素含量上升；而适当浓度的碘或碘硒联用能使小鼠脑内 SOD 活性显著升高，脂褐素含量显著下降；而碘浓度过高则产生协同毒性作用。

综上所述，氟中毒对脑功能的影响是多方面因素共同作用的结果，其主要原因是通过脑内氧化、抗氧化系统的破坏，继而引起脑组织正常结构及生理的变化，从而损伤脑的功能。分子生物学的发展和基因重组 DNA 技术的应用，为我们在分子水平上进一步探讨氟对脑功能的影响及其机制提供了可能。当然氟对脑功能的影响广泛，作用机制复杂，特别是对其在分子水平的作用机制了解还很少，今后仍需做大量的基础研究工作。

致　　谢

感谢我的研究生洪良利、胡彬、姜洋在撰写过程中帮我查阅和收集文献资料。

（田东萍 撰）

主要参考文献

雷方，周明，王振林. 2004. 锰对脑功能的作用. 国外医学医学地理分册，25(3)：129～131

刘佛林，周丽华. 2004. 损伤后中枢神经元 nNOS 基因表达调节的意义. 解剖学杂志，27(6)：694～696

吕长虹. 1994. 缺铜性脑损伤的实验病理学研究. 中华病理学杂志，23(4)：227

马泰，卢倜章，于志恒. 1993. 碘缺乏病. 北京：人民卫生出版社

申秀英，章子贵，许晓路. 2003. 碘硒联用对氟致小鼠脑组织抗氧化能力下降的影响. 中国地方病学杂志，22：394～395

肖岚，蔡文琴. 1998. 大鼠小肠肌间神经丛中 NOS 神经元的发育研究. 解剖学报，29(3)：312～316

颜世铭，洪昭毅，李增禧. 1999. 实用元素医学. 郑州：河南医科大学出版社

燕启江，姚志彬，周丽华等. 1999. 基底前脑 NOS 神经元移植至成年鼠海马内的发育. 解剖学报，30(3)：215～219

Agerman K, Canlon B, Duan M, et al. 1999. Neurotrophins, NMDA receptors, and nitric oxide in development and protection of the auditory system. Ann NY Acad Sci, 884：131～142

Baek SY, Cho JH, Kim ES, et al. 2004. CDNA array analysis of gene expression profiles in brain of mice exposed to manganese. Ind Health, 42(3)：315～320

Baulieu EE. 1998. Neurosteroids, A novel function of the brain. Psychoneuroendocrinology, 23：963～987

Baulieu E, Thomas G, Legrain S. 2000. Dehydroepiandrosterone (DHEA), DHEA sulfate, and aging：Contribution of the DHEAge study to a sociobiomedical issue. Proceedings of the National Academy of Sciences, 4279～4284

Chen J, Berry MJ. 2003. Selenium and selenoproteins in the brain and brain diseases. J Neurochem, 86(1)：1～12

Contestabile A, Ciani E. 2004. Role of nitric oxide in the regulation of neuronal proliferation, survival and differentiation. Neurochem Int，45(6)：903～914

Farr SA，Banks WA，Uezu K，et al. 2004. DHEAS improves learning and memory in aged SAMP8 mice but not in diabetic mice. Life Sciences，75(23)：2775～2785

Gibbs SM. 2003. Regulation of neuronal proliferation and differentiation by nitric oxide. Mol Neurobiol，27(2)：107～120

Gu Q，Moss RL. 1996. 17 beta-Estradiol potentiates kainate-induced currents via activation of the cAMP cascade. J Neuroscience，16：3620～3629

Keisuke Shibuya，Norio Takata，Yasushi Hojo. 2003. Hippocampal cytochrome P450s synthesize brain neurosteroids which are paracrine neuromodulators of synaptic signal transduction. Biochimica Biophysica Acta (BBA)，1619(3)：301～316

Lopez FJ，Merchenthaler IJ，Moretto M，et al. 1998. Modulating mechanisms of neuroendocrine cell activity：the LHRH pulse generator. Cell Mol Neurobiol，18(1)：125～146

Lozoff B. 2000. Perinatal iron deficiency and the developing brain. Perinatal iron deficiency and the developing brain. Pediatr Res，48(2)：137～139

Marcuo Jacobson. 1991. Dependence of the developing nervous system on nutrition and hormones. Developmental Neurobiology. 3rd edition. New York and London：Plenum Press，285

Sastry PS，Rao KS. 2000. Apoptosis and the nervous system. J Neurochem，74(1)：1～20

Schwartz M，Harris J，Chu L. 2002. Effects of androstenedione on long term potentiation in the rat dentate gyrus. Relevance for affective and degenerative diseases. Brain Research Bulletin，58(2)：207～211

Smith MD，Jones LS，Wilson MA. 2002. Sex differences in hippocampal slice excitability：role of testosterone. Neuroscience，109(3)：517～530

Takeda A，Ishiwatari S，Okada S. 1999. Manganese uptake into rat brain during development and aging. J Neurosci Res，56(1)：93～98

Thippeswamy T，Morris R. 2002. The roles of nitric oxide in dorsal root ganglion neurons. Ann NY Acad Sci，962：103～110

Tian DP，Su M，Wu XY，et al. 2002. Effects of selenium and iodine on c-fos and c-jun mRNA and their protein expressions in cultured rat hippocampus cells. Biological Trance Element Research，90(1～3)：175～186

Wu HH，Waid DK，McLoon SC. 1996. Nitric oxide and the developmental remodeling of retinal connections in the brain. Prog Brain Res，108：273～286

Yun HY，Dawson VL，Dawson TM. 1996. Neurobiology of nitric oxide. Crit Rev Neurobiol，10(3～4)：291～316

第十七章　中枢神经的再生与脑内移植

第一节　中枢神经的再生

一、概　　述

　　1913 年 Ramony Cajal 在他的神经系统退变和再生的综述中描述了猫的脊髓横断损伤后有新的轴突分支和生长锥形成，他解释这是受损轴突的一种自主的再生努力，但这种再生的努力很快失败，不会有进一步有意义的生长性再生出现。1911 年 Tello 在实验中观察到兔脑皮层轴突可以长入周围神经移植物很长距离，而周围神经组织对于中枢神经组织被认为是促进神经再生的。基于 Tello 的实验结果，Ramony Cajal 认为损伤的轴突再生失败，是因为成年中枢神经缺乏营养和促进轴突生长的因子。之后，受损的中枢神经轴突不能再生的概念持续了几十年。

　　周围神经和中枢神经对损伤不同的轴突的再生反应，激起了许多研究者对影响轴突再生外部因素的兴趣。20 世纪 80 年代，Aguayo 等进行了一系列移植实验。首先，将中枢神经的胶质移植入周围神经，发现轴突宁愿绕过移植的胶质而不是通过胶质生长。第二步，将周围神经移植入成年大鼠损伤的中枢神经部位，受损的中枢神经纤维，通常在中枢神经系统内只能长出不超过 1mm，却长入周围神经移植物几厘米。由此，笔者得出如下结论：对于中枢神经再生，决定性因素是轴突生长末端接触的微环境而不是神经元固有的内在的再生能力。

　　1985 年，Schwab 等观察到，从神经元分离培养的神经突，尽管给予很强的神经营养因子刺激纤维生长，也绝不长入成年大鼠视神经移植体。相似地，分离培养的神经元，置于成年大鼠脊髓、小脑和大脑切片上，其突起只长入灰质区域，而不长入白质区域。说明在成年中枢神经系统内，特别在白质，存在潜在的抑制神经突起生长的因素。

　　基于以上的研究，人们认识到，中枢神经系统损伤后有一定的再生能力，但存在内在的再生能力缺陷；中枢神经系统的微环境对受损神经的存活和再生至关重要，中枢神经的微环境不利于轴突再生。

理论上讲，成功的神经再生必须达到以下条件：① 必须有一定的神经元存活，因为轴突再生所需的结构和功能物质只能在细胞体内合成。② 再生的轴突必须生长足够的距离，穿过受损的部位。③ 再生的轴突必须定位于合适的靶细胞，形成功能性连接。有研究表明，在大鼠和猫中，脊髓损伤后只要有 10% 的轴突保留下来，即可恢复一定的运动功能。基于以上因素，目前促进神经再生与修复的策略也主要包括减轻继发性损害、促进神经内在的再生能力和消除外在的抑制因素。

二、中枢神经对损伤的反应及最初的再生

（一）原发性损害

脑和脊髓急性损伤的机制通常包括挤压、牵拉、挫裂和剪切，这些损伤不仅影响受伤局部的血管、神经突起、神经元和少突胶质细胞，而且可长距离影响到多重的中枢神经水平。在最初的损伤后，中枢神经要经历一系列病理变化。在数分钟之内，出血、微循环丧失和血管痉挛出现，引起以损伤为中心的扩展性损害。损伤后迅速出现的肿胀，使容积固定的颅内、椎管内压力增高，当压力超过静脉压时，引起静脉性梗塞，加剧神经损害。神经源性休克引起的系统性低血压也可增加这种损害。

（二）继发性损害

急性损伤后的进行性缺血，扩展到周围白质，导致其他神经突起和神经元坏死。微循环损伤、血管破裂、受损的细胞和神经突起使细胞外的兴奋性氨基酸浓度升高，产生细胞毒性，这样引发周围未受损神经纤维、神经元和少突胶质细胞的丧失。本身的脱髓鞘可以释放少突胶质细胞生长抑制分子、髓鞘相关糖蛋白和神经突起生长抑制分子Nogo。

在损伤后，受损的神经元、轴突和星形胶质细胞释放出神经递质谷氨酸。谷氨酸在细胞外积聚是膜破损释放、轴突失败摄取，甚至逆转正常摄入过程的结果。异常高浓度的谷氨酸，使邻近神经元过度兴奋，引起它们钙离子流动。突然的钙离子内流，可以引发一系列毁灭性事件，包括高反应性自由基攻击膜和其他细胞结构，杀死原本健康的神经元。

细胞外的毒性打击可以伤害少突胶质细胞和神经元的髓鞘，因为一个少突胶质细胞形成 10～40 个不同轴突的髓鞘，丧失一个少突胶质细胞，甚至可以引起几个在原发性损伤后仍然保持完整的轴突脱髓鞘。少突胶质细胞也可以通过凋亡途径自杀，在损伤后的数天或数周，损伤处周围的少突胶质细胞出现凋亡，使原发性损害扩大。在大鼠脊髓挫伤模型，细胞死亡的高峰出现在损伤后的一周，持续一个月。在啮齿动物脊髓挫伤模型，使用药物改变蛋白质合成，限制白质损害，可以改善动物行为的恢复。

许多因素可以促进少突胶质细胞的迟发型死亡，包括肿瘤坏死因子 α、凋亡抗原配体 FAS/p75 细胞激动素途径和脂质副产品。细胞激动素介导激活 FAS 和 p75 死亡受体途径可能是少突胶质细胞凋亡的基本分子事件。在脊髓损伤后，脂质过氧化物的副产品

的积聚，直接对少突胶质细胞的先驱细胞产生细胞毒性，杀死、抑制少突胶质细胞的前体细胞的增殖或移动，可以限制髓鞘再形成和功能恢复。目标在于研究延迟在人类可以持续数月的少突胶质细胞死亡过程的保护性疗法，是一个新的治疗途径。

传统观点认为中枢神经系统损伤后的自动免疫反应纯粹是毁灭性的。研究免疫系统在继发性损害中的角色对传统观点提出了挑战。在动物模型，炎症性细胞激动素反应帮助防止损害；在中枢神经修复中，巨噬细胞是需要的；脊髓损伤激活的 T 细胞可识别中枢神经系统的髓磷脂碱性蛋白。因此，越来越多的证据显示 T 细胞依赖免疫反应对于中枢神经系统损伤是生理反应，部分地限制了继发性损害。在动物模型，对抗髓磷脂相关抗原的 T 细胞作为基础激活疫苗已经证明有神经保护作用，目前正在研究作为人的一种潜在的疗法。

（三）发芽和最初生长

中枢神经损伤后，由于神经胶质反应，离断的突起末端缓慢退变，在损伤部位可以观察到反应性的星形胶质细胞、小胶质细胞和巨噬细胞浸润。轴突断端显示出最初再生的企图，发现长出新的侧支，叫做发芽。一些轴突损伤的神经元出现了剧烈的代谢变化。大量在发育期神经元典型表达的基因开始在受损的神经元中恢复活动，包括早期即刻表达基因、轴突生长相关蛋白基因，如细胞骨架蛋白（微管蛋白、肌动蛋白）和生长相关蛋白 GAP-43 等。

这些受损神经元显示的生物化学反应，表明了神经元企图自主再生。这样的生物化学反应与轴突发芽反应是并行的，但是这两种反应都是短时的，迅速伴随发生的是生长抑制、纤维的回缩和回缩球的形成。

三、中枢神经再生的分子基础

（一）抑制中枢神经再生的外在因素：髓磷脂和胶质瘢痕

早在 1980 年，David 和 Aguayo 的实验就证实受损的中枢神经元，在条件允许的情况下，例如周围神经移植，能够再生其受损的轴突。这一发现使神经科学家们推测在中枢神经系统内存在着抑制轴突生长的外在因子。目前，中枢神经的髓磷脂和胶质瘢痕被认为是主要的外在抑制因素。

1. 磷脂诱导生长抑制

Caroni 等卓有成效的工作首先提供了中枢神经髓磷脂作为轴突再生主要抑制因素的有力证据。他们发现单克隆抗体 IN-1 可以中和中枢神经髓磷脂抑制因子 NI-250 和 NI-35。IN-1 通过作用于少突胶质细胞和髓磷脂而解除它们的轴突生长抑制作用。将 IN-1 应用于实验性脊髓损伤可见到明显的功能改善。NI-250 的脱氧核糖核酸序列已搞清楚，发现它们编码一种新的蛋白质 Nogo-A。

Nogo 分子有 3 个异构体，分别命名为 Nogo-A、Nogo-B 和 Nogo-C，它们是同一

Nogo 基因通过不同的启动子或 RNA 剪接方式形成的，分别含有 1163、360 和 199 个氨基酸。Nogo-A 最长，含有一个较大的胞外结构域（1024 个氨基酸残基和 7 个 *N*-连接糖基化位点），2 或 3 个跨膜结构域和一个短的胞内域。Nogo-A、Nogo-B 和 Nogo-C 在氨基端没有典型的分泌信号肽序列，在羧基端有一共同的氨基酸序列，其中有两个长的疏水序列形成跨膜区，这一区域与主要定位于内质网的浆膜蛋白家族（reticulon）有很高的同源性。大多数 Nogo 分子分布于内质网膜，少数分布于细胞表面。原位杂交显示 Nogo-A 主要分布于少突胶质细胞，而 Nogo-B 和 Nogo-C 并非中枢神经系统所独有，提示 Nogo-A 是中枢神经系统的髓磷脂抑制因子的主要形式。

Nogo 蛋白有两个完全独立的具有抑制活性的结构域：amino-Nogo 和 Nogo-66。重组 amino-Nogo 片段包括从 Nogo-A 氨基端到第一个疏水区的氨基酸序列，在体外实验中髓鞘的大部分抑制活性可以被针对这一片段的抗体中和。而 Nogo-66 是指两个疏水区之间的氨基酸序列，3 个 Nogo 异构体中都可以检测到这一完全独立的具有抑制活性的结构域。Strittmatter 实验室研究结果证明可溶性重组 amino-Nogo 和 Nogo-66 蛋白都具有独立的抑制活性，二者在靶细胞特异性方面有所不同，amino-Nogo 不仅可以抑制神经元细胞的生长，还可以抑制成纤维细胞的生长，而 Nogo-66 只能抑制神经元细胞的生长。由于 amino-Nogo 可以作用于多种细胞，而且其氨基酸序列中富含脯氨酸和负电荷，所以它可能是通过特异的受体起作用，也可能是它的受体分布于多种细胞。

Strittmatter 实验室采用碱性磷酸酶融合蛋白的方法发现了能够介导 Nogo-66 抑制活性的受体。最初的研究证明融合蛋白 AP-Nogo-66 对神经元具有高亲和力，并且具有可饱和性，解离常数为 3nmol/L。这种融合蛋白能使生长锥溃变，半数有效量为 1nmol/L。用 AP-Nogo-66 融合蛋白筛选转染入 COS 细胞的小鼠脑 cDNA 表达文库，得到一具有高亲和力的 cDNA，其编码的蛋白质命名为 Nogo-66 受体（NgR）。Myc-NgR 与细胞提取物中的 GST-Nogo-66 能结合成蛋白质复合物，说明 Nogo-66 和 NgR 是直接相互作用。而且早期鸡胚视网膜神经元在正常情况下对 Nogo-66 不敏感，而转染了编码 NgR cDNA 腺病毒后即对 Nogo-66 敏感，这些结果有力地证明 NgR 是能够介导 Nogo-66 抑制活性的功能性表面受体。

NgR cDNA 序列编码的蛋白质长度为 473 个氨基酸，带有典型的氨基端易位信号序列。信号序列后接有 8 个亮氨酸重复区（LRR）和一个 LRR C 端区（LRRCT），这些序列常见于各种细胞表面的分泌分子。鼠 NgR 的人同源物已经找到，但是至今没有发现可以组成相关受体家族的其他同源序列。酶解实验表明在 C 端有将 NgR 锚定在细胞膜上的糖基磷脂酰肌醇（GPI），与其他 GPI 锚受体类似，NgR 很有可能与一个独立的跨膜信号转导多肽相联系。

NgR 的表达模式是否与其介导 Nogo-66 的中枢神经抑制作用相一致呢？实验显示 NgR 主要表达于脑，这与 Nogo-66 选择性作用于神经元细胞而对成纤维细胞没有作用相一致。原位杂交实验进一步表明 NgR 广泛表达于中枢神经系统的神经元细胞，包括大脑皮层神经元、海马神经元、小脑浦肯野细胞和脑桥神经元。在免疫组化实验中，用 NgR 抗体可以在胚胎脊髓神经元细胞的轴突上检测到 NgR 蛋白的存在；在对 Nogo 敏感的晚期（13 天）鸡胚神经背根节（DRG）上也可以检测到 NgR 蛋白的存在；而在对 Nogo 不敏感的早期胚胎 DRG 或视网膜神经元却没有或很少有 NgR 蛋白。这些 NgR 的表达模式与其介导 Nogo 抑制轴突再生的作用相一致。以上研究结果表明，NgR 是 Nogo-66 的功能受体，而 Nogo-66 是中枢神经系统轴突再生的抑制剂。

除了 Nogo-A 之外，至少还有其他两种髓磷脂神经突起生长抑制因子已经被发现：髓鞘相关糖蛋白（myelin-associated glycoprotein，MAG）和少突胶质细胞-髓鞘糖蛋白（oligodendrocyte-myelin glycoprotein，OMgp）。

MAG 分子质量约为 100kDa，约含有 600 个氨基酸，包括一个较长的胞外区、一个跨膜区和一个胞内区。胞外结构域含有 5 个 Ig 样结构域。氨基酸序列中 Arg118 影响 MAG 与神经元轴突结合，当 Arg 突变成 Ala 或 Asp 时，结合作用消失。MAG 有分子质量为 72kDa（L-MAG）和 67kDa（S-MAG）两种形式，发育早期 CNS 中 MAG 主要为分子质量 72kDa，成年分子质量为 67kDa，PNS 在不同发育时期分子质量均为 67kDa。MAG 是髓鞘的重要组成成分。成年动物缺乏 MAG 时导致广泛的脱髓鞘。1994 年 McKeracher 和 Mukho Padhyay 及其同事分别证实 MAG 体外具有抑制神经突起的活性。DRG 神经元接种在涂有 MAG 的培养板上，突起生长受到强烈抑制；施旺细胞转染 MAG 后明显抑制脑细胞和 DRG 细胞的突起生长。髓磷脂经免疫沉淀处理去除 MAG 组分后抑制作用减弱。脑细胞和 DRG 细胞突起在 $MAG^{-/-}$ 小鼠的外周神经和中枢神经损伤后轴突再生数日和长度明显超过 $MAG^{+/+}$ 小鼠。

1998 年，Mikol 等在人类的 CNS 白质中发现了一种新的可以和花生凝集素结合的蛋白质。这种蛋白质只在 CNS 髓磷脂和培养的绵羊少突胶质细胞中发现，因此被命名为 OMgp。分子质量约 120kDa，是一个通过 GPI 锚定于浆膜外的高度糖基化的多肽。

成熟的 OMgp 由 401 个氨基酸长度的多肽形成 4 个结构域。其中两个较为重要，一个是由 197 个氨基酸组成的丝氨酸-苏氨酸富含重复序列（serine-threonine rich，S/TR）结构域。这个结构域包含几个固定 O-糖基化和 N-糖基化的潜在位点。但是，后续的研究表明大多数 N-糖基化位点位于 OMgp 的另一个作用域——亮氨酸富含重复序列结构域，这个结构域由 172 个氨基酸组成的亮氨酸富含重复序列（leucine-rich repeat，LRR）组成，可以分成 8 个亮氨酸富含重复序列，因此，OMgp 是一个亮氨酸富含重复序列家族成员。这个家族成员的大多数涉及各种过程的蛋白质之间的相互作用，包括神经发育、基因表达调节和凋亡。

使用多克隆抗人类 OMgp 抗体的免疫组织化学实验中发现，OMgp 几乎是一种神经元的糖蛋白。原位杂交显示 OMgp 的 mRNA 在大脑皮层的第 5 层、海马的锥体层和小脑浦肯野细胞信号最强。脊髓大的神经元和视丘下部以及脑干一些神经元也见 OMgp 探针着色。但是，白质和少突胶质细胞的信号却惊人的低。免疫组化的结果与原位杂交相一致。然而，目前对此尚存在争议，Habib 等推断 OMgp 主要由 CNS 的长突起的神经元表达，也强调 OMgp 表达于白质；绵羊、小鼠和大鼠体外培养的少突胶质细胞表达 OMgp 的报道，同样强烈支持 OMgp 表达于体内的少突胶质细胞。

体外实验表明 OMgp 有抑制细胞增殖和抑制神经突起生长的功能。Habib 等观察到当成纤维细胞系 NIH3T3 过表达 OMgp 基因时，生长受到抑制。Vourch 等研究显示在 Cos-7 细胞，OMgp 发挥它的抑制功能需要它的 LRR 结构域。尽管这种抗增殖功能现在仅被研究在 Cos-7 和 NIH3T3，相似的功能可能存在于发育期和成熟 CNS 的神经元和少突胶质细胞。在生长锥崩溃的实验中，Wang 等使用磷脂酰肌醇特异磷脂酶 C （phosphatidylinositol specific phospholipase C，PI-PLC），一个被用来水解牛脑白质的髓磷脂 GPI-锚定的酶，水解 E13 鸡胚胎的背根神经节的抽提物，观察到 PI-PLC 释放的片段可以改变生长锥的形态。SDS-PAGE 显示大约 110kDa 条带，其大小与 OMgp 蛋白相近。Wang 等在纯化 OMgp 后，通过一系列实验证实了 OMgp 的神经突生长抑制作用和生长锥崩溃作用。

　　Nogo、MAG 和 OMgp 都是髓磷脂相关抑制因子的家族成员。Nogo 和 OMgp 似乎比 MAG 显示更强的生长抑制作用。令人意外的是，除了 Nogo-A 与 NgR 结合外，现在也已经证明 MAG 和 OMgp 是 NgR 的配体。而在生长锥表面可检测到大量的抑制性中枢神经髓磷脂，因此，NgR 似乎是生长锥表面主要和集中作用点。在神经突接触髓磷脂后发生崩溃的现象中，NgR 可能调节了促使神经突细胞骨架改变和继后的生长锥崩溃的最初信号。这是令人兴奋的发现，它为发展克服轴突生长抑制的策略提供了新的关键点。例如，最近已经证明应用 Nogo-A 的拮抗性多肽 NEP1-40 竞争性与 NgR 结合或给予可溶性 NgR 结合 Nogo-A 均可阻碍髓磷脂介导轴突生长抑制。

　　酶解实验表明 NgR 在 C 端有将 NgR 锚在细胞膜上的 GPI，没有跨膜或细胞内的作用域，因此，它发挥抑制作用必定通过一个能够转换细胞外信号和最初细胞内信号的共用受体结合。研究显示 p75 神经营养素受体和 MAG 之间并不直接相互影响，但是它对于 MAG 的生长锥抑制作用是必需的。使用联合免疫快速检测发现，Nogo-A、MAG 和 OMgp 与 NgR 结合通过共用受体 p75 而起作用的（图 17-1）。p75 似乎通过它的细胞外作用域与 NgR 的 C 端相互作用，而它的细胞内作用域是介导髓磷脂相关抑制作用所必需的。p75 介导的所有已知 NgR 配基的抑制作用是以神经营养因子样独立方式进行的。

　　现在 NgR 复合物已经被确定，注意力已转向转换 Nogo-A、MAG、OMgp 信号、引起细胞内信号的 NgR/p75 复合物的分子下游。一系列证据显示一个小的膜鸟苷三磷酸酶（guanosine triphosphatase，GTPase）Rho，一个著名的生长锥骨架基础调节因子，似乎是更有可能的候选者。Rho 的失活可以减轻 Nogo-A 诱导的生长锥崩溃，进一步讲，表达 Rho 少的神经元对 MAG 诱导生长抑制无反应；反之，阻塞 Rho，神经突可以在体内具有 MAG 的底物上生长。与 NgR 信号连接的 p75 受体，也已被观察到调节 Rho 介导的轴突生长抑制。最后，环磷腺苷（cAMP），通过 PKA 的磷酸化作用，使 Rho 失活，可以促进脊髓损伤后体内神经突起的过生长。

　　以上研究提示，出现在细胞内信号水平的集中性的抑制性影响是由 NgR/p75 轴突受体介导的，这也可以解释中枢神经损伤后髓磷脂引起的神经生长抑制作用。因此，在促进再生策略中，把目标定在关键点（NgR 或 Rho）上，可能比以前目标定在抗 Nogo-A、MAG 或 OMgp 上更有效。

2. 胶质瘢痕诱导生长抑制

　　中枢神经损伤后胶质瘢痕的形成与髓鞘损伤密切相关，而髓鞘损伤本身就导致轴突再生的障碍。胶质瘢痕的产生是星形胶质细胞、小胶质细胞、炎症细胞和髓磷脂之间相互作用的结果。Davies 等的实验证明了胶质瘢痕的抑制性质。他们使用显微移植技术去避免胶质瘢痕和髓鞘损害。在他们的实验中，被注入中枢神经的脊神经节神经元，在髓鞘完整、没有胶质瘢痕情况下轴突可以长出很长距离，但当生长的轴突接触建立的胶

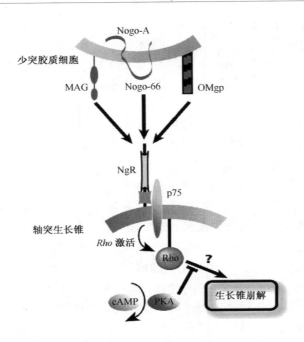

图 17-1　NgR/p75 受体复合物信号集合

由少突胶质细胞产生的 3 个轴突生长抑制蛋白（Nogo-A、MAG 和 OMgp），每个都与
NgR 紧密结合，NgR 缺乏细胞质组分，与跨膜受体 p75 细胞外作用域相互作用，从而
发挥 Nogo-A、MAG 和 OMgp 抑制作用。已知 p75 通过激活一个膜锚定 GTPase（Rho）
促使生长锥崩溃，但机制不清楚。通过激活蛋白激酶 A（PKA），抑制 Rho 活性，升高
细胞内 cAMP 水平，可以抑制生长锥的崩溃。NgR 阻滞剂、Rho 拮抗剂和 cAMP 抑制
剂可以通过它们阻止髓磷脂的生长锥抑制作用而促进轴突再生

　　质瘢痕后生长即停止。胶质瘢痕除了形成三维物理障碍抑制轴突生长外，瘢痕的细胞成
分还分泌一些抑制轴突生长的分子，主要包括细胞外基质糖蛋白，如 tenascin（TN）
等细胞外基质分子和硫酸软骨素蛋白聚糖家族（chondroitin sulfate proteoglycan，CSPG）。
　　Tenascin 是细胞外基质糖蛋白中一类具有重要生物活性的蛋白质分子，包括众多
不同的 TN 蛋白成员：tenascin-C(TN-C)、tenascin-R、tenascin-Y、tenascin-X 和 tena-
scin-W 等。目前研究较多且功能重要的是 TN-C 和 TN-R。
　　TN-C 包括分子质量分别为 200kDa 和 220kDa 的两种单体。TN-R 包括分子质量分
别为 160kDa 和 180kDa 的两种单体。TN 蛋白在其分子结构上具有重要的相似性：以
TN-C 和 TN-R 为例，两种蛋白质的分子结构在氨基末端均富含半胱氨酸，且在氨基末
端上都含有两个重要的结构域——一个表皮生长因子（epidermal growth factor，EGF）
样重复序列和一个 III 型纤连蛋白（fibronectin，FN）重复序列；而在 C 端均含有一个
纤维蛋白原（fibrinogen，FG）样重复序列。EGF 结构域包括 EGF-L 和 EGF-S 两种类
型；两者的区别在于：EGF-L 型结构域含有半胱氨酸序列，而 EGF-S 却缺乏此序列。
这些结构域在维系 TN 蛋白的正常生理功能方面具有重要意义，即借助其内部的结构
域，TN 蛋白与神经元发生特异性的配体受体式结合，进而对神经元的形态学和功能变
化产生影响。

　　TN 蛋白家族除 TN-R 外均广泛存在于各种组织和器官内，TN-R 主要局限在 CNS。脊髓、小脑、下丘脑和视网膜上的神经元（包括中间神经元）均有 TN-R 表达。此外，海马及嗅球也有 TN-R 分布。在脊髓，TN-R 主要定位在运动神经元及其轴突周围。

　　在 CNS、TN-C 和 TN-R 分别来源于星形胶质细胞和少突胶质细胞。TN-R 主要在髓鞘形成的始发阶段和早期由少突胶质细胞分泌，此外，在成年期，少突胶质细胞也可合成 TN-R。TN-R 的表达表现为明显的时相依赖性，即 TN-R 在鸡胚 6～16 天的大脑中表达，但成年期大脑却缺如。提示 TN-R 与 CNS 的发育有关。

　　TN-R 和 TN-C 上的 FN3-5 和 EGF 结构域均具有神经元胞体和生长锥排斥活性。有学者发现，培养中的神经突起总是绕过含有 FN3-5 和 EGF 序列的 TN 蛋白生长。另外，EGF-L 具有比 EGF-S 更强的生长锥排斥活性。这可能与 EGF-S 缺乏半胱氨酸序列而 EGF-L 拥有此序列有关，因为富含半胱氨酸的区域能够在结构和功能上维持 EGF 重复序列的稳定性。尽管 TN-R 和 TN-C 源性 FG 片段仅存在于 83～220 个氨基酸序列上的差异，但 TN-R 上的 FG 具有强烈的生长锥排斥活性，而 TN-C 上的相应区域却无任何生物活性。

　　在 CNS 分泌的众多蛋白聚糖（proteoglycan，PG）中，有一类重要的 PG 即 CSPG，构成了 CNS 源性 PG 主体。CSPG 包括的成员甚多，如 versican、NG2、neurocan、versican/PG-M、phosphacan、brevican、astrochondrin 和 DSD-1-PG 等。这些 CSPG 都来源于 CNS 胶质细胞。例如，星形胶质细胞可分泌 brevican、neurocan 和 NG2 等；O-2A 前体细胞可分泌 NG2、DSD-1-PG、phosphacan 和 versican 等。

　　CSPG 对 CNS 的作用是复杂的。其中一些蛋白质能刺激轴突的生长并支持视网膜神经元的存活。例如，DSD-1-PG 具有促进胚胎 14 天（E14）大鼠中脑神经突起生长和胚胎 18 天（E18）大鼠海马区神经元生长的作用。然而，更多的 CSPG 成员却表现出抑制神经突起生长的作用。早先有学者发现星形胶质细胞、少突胶质细胞以及 O-2A 前体细胞系能够分泌抑制轴突再生的蛋白质分子，这些蛋白质包括 NG2 和 versican 等。此外，neurocan 和 phosphacan 的核心蛋白也具有抑制神经突起生长的活性。免疫组织化学研究表明，phosphacan 和 TN-R 共同定位于成年大鼠的视网膜和视神经上。另外，虽然 phosphacan 具有全面的抑制海马区神经突起生长的作用，但是，phosphacan 与 TN-R 结合后的复合物却能够抵消 phosphacan 的上述抑制性作用；同时，TN-R 排斥生长锥的作用也随之被抑制，提示 phosphacan 和 TN-R 在体内存在相互作用的可能性。进一步研究发现，phosphacan 与 TN-R 相互作用的结合位点分别位于 phosphacan 分子上的核心蛋白和 TN-R 分子上的 EGF-L 结构域。可见，TN-R 和 phosphacan 可能正是借助上述相应位点，发生特异性的受体配体结合，进而封闭彼此的抑制性位点，最终导致 phosphacan 抑制海马区神经突起生长的活性以及 TN-R 排斥生长锥的活性同时受限。此外，有学者发现，phosphacan 与 TN-R 相互作用的发生是通过一条不依赖于氨基葡聚糖的途径来得以实现的。

　　体内应用细菌的软骨素酶去分解脊髓损伤处胶质瘢痕组分——硫酸软骨素蛋白聚糖，可以促进大鼠脊髓损伤模型的轴突生长和功能恢复。结果提示可以通过直接抗胶质瘢痕来促进神经再生。

（二）中枢神经固有的生长再生能力缺陷

髓磷脂和胶质瘢痕的抑制作用仅仅是阻止中枢神经成功再生的部分因素。神经元固有的生长能力在成功的再生前也必须被改善。David 和 Aguayo 经典实验，除了揭示中枢神经系统存在外在的抑制作用，也强调中枢神经元存在持续的被抑制的内在再生能力。这就要求我们去弄清其机制，通过机制的了解，促使中枢神经元进入再生的模式。

1. 内在生长程序

周围神经系统的神经元对于切割和挤压伤的反应是哺乳动物神经元重建很有特征的例子。当周围轴突损伤后，功能完全不同的成熟神经元转变成生长模式，它们的特殊功能（传导感觉的或控制运动的）被关闭，表达特殊的基因序列去促进轴突的生长。在周围神经系统，阐明这些再生相关基因（regeneration-associated gene，RAG）在周围神经系统性质和功能的工作已进行了许多年，从这些基因的转录因子到蛋白质结构和完全未知功能的蛋白质均已有相关研究详细阐述。

Neumann 等已经证明了 RAG 的转录和表达在调节中枢神经神经再生反应中的重要性。DRG 被认为是在其周围突损害后再生最为活跃的神经元，但是横断脊髓背索内 DRG 的中枢突的过程，并不引起神经再生反应。Neumann 和 Woolf 注意到如果在背索损伤之前，先切断其周围突，横断的中枢突可以在脊髓的背柱内生长很长距离。这种周围突"条件性损伤"，使有内在生长能力的成熟 DRG 具有了克服中枢神经系统不利再生环境的能力。这个资料证明这种反应是通过激活（周围突损伤后）再生相关基因发生在细胞核的反应，它对发生在轴突生长锥已被证明的再生反应是一个关键。

2. 生长锥的再生信号——内在因素和外在因素的综合

GAP43 是神经发育生长锥延伸的重要调节因子，也是 RAG 表达产物已知最好的例子。它在 CNS 损伤后表达上调，引起生长锥的 GAP43 高表达。此外，受损局部过表达 GAP43 和其功能相关的 CAP23，可以引起 DRG 神经元内在的再生能力的激活，但当 GAP43 和 CAP23 各自过表达时，这种反应并不发生。这一点与条件性损害中观察到的相似。已知 GAP43 和 CAP23 通过封闭膜磷脂 PIP2 分散的、微小的、调节其功能的作用域去影响生长锥上的肌动蛋白。GAP43 和 CAP23 上调表达可能帮助封闭向前延伸轴突膜的 PIP2，从而稳定轴突表层的肌动蛋白，抑制轴突分支。

Bomze 的工作强调了 RAG 表达和生长锥活动之间的直接关系，同时也揭示了生长锥的反应是 CNS 神经元内的再生能力的关键。生长锥既是提供肌动蛋白聚合和随后轴突延长所需条件的地方，也是遭遇细胞外抑制因素（Nogo-A、MAG 和 OMgp）的地方。因此，生长锥必须综合内在生长信号和细胞外环境信号去指导轴突的延伸。

因为尽管有抑制因子髓磷脂和胶质瘢痕的存在，在条件性损害中，神经再生能够继续，大量的证据显示充分的神经内在的再生能力在轴突延长的开始乃是必要条件。但是，什么信号机制来指导 RAG 的表达和引导神经元的内在生长程序？神经发育学资料在这个问题上给我们一些启示，揭示了一个潜在机制，通过这种机制，条件性损害延迟了外在抑制信号。在发育学上，cAMP 和 cGMP 就像调节生长或不生长的开关。细胞内这些环核苷分子水平增高，似乎促进生长锥的延伸，反之，则引起生长锥的崩溃。两组研究也强调了 cAMP 的水平在 CNS 轴突再生中的作用。一个研究显示，升高 cAMP 的水平，可以模仿 DRG 的条件性损害中枢轴突长入脊髓背索的过程。Qiu 等研究显示，在 Neumann 等的经典条件性损害 DRG 神经元中有 cAMP 水平的升高。

由 cAMP 的水平引导这种反应的确切机制尚不完全清楚，但有很大的可能性，cAMP 除了通过抑制 Rho GTPase 而直接防止外在抑制因子的信号转换外，在抑制性环境中，cAMP 也能激活独立的转录依赖程序促进轴突生长。进一步需要进行激活这种再生反应的基因转录和特殊信号转导途径的研究，对于这种特殊机制的研究，在治疗上可以促进 CNS 的再生能力。

3. 促进内在再生能力的外在因素

长期以来神经营养因子被认为是增强 CNS 内在再生能力的主要因子。大量的研究支持神经营养因子刺激 CNS 再生。例如，脑源性神经营养因子（BDNF）或神经营养素-4/5（NT-4/5）灌注可以引起两个已知 RAG 基因 GAP43 和 Tα1-α微管蛋白上调表达。在脊髓损伤后，将它们应用于损伤的神经元胞体，可以促进末梢轴突再生，穿过周围神经移植物。Ramer 等研究观察到，给予神经营养素-3（NT-3）或胶质衍生神经营养因子（GDNF），成年 DRG 轴突能穿过背根长入脊髓带并产生功能连接，但是，给予 BDNF，则无这种作用。

（三）神经再生相关的诱向因子

近年来相继发现了多种神经轴突吸引因子（attractant）和排斥因子（repellent）。这些因子在 CNS 发育中，对轴突的正确寻路起着明显的诱向作用，因此统称为神经轴突诱向因子。近年来，对神经诱向因子的分子结构、功能和作用机制进行了较为深入的探讨，为解决 CNS 损伤后的再生问题开辟了一条新的途径。目前已明确的神经生长导向因子包括 ephrin 家族、netrin 家族、semaphorin 家族和 slit 家族，这些导向因子各自的跨膜受体也已明确。

1. netrin 家族

netrin 家族包括 unc-6、netrin-A、netrin-B、netrin-1、netrin-2，它们的结构同源，功能相似。其中对于 netrin-1 的研究较为深入。

1994 年，Serafini 等第 1 次从鸡脑组织中提取了化学吸引因子 netrin，是一个分子质量为 78kDa 分泌型蛋白质。胚胎期表达在脊髓腹侧中线处底板细胞，能诱导原来在背侧的痛温觉神经元轴突向腹侧生长，而对背侧投射性的滑车神经元则有排斥作用。原位杂交显示，netrin-1 在脊髓、延脑、中脑等部位的底板处都有高水平的表达；netrin-2 以较低的水平在底板的邻近区域表达。提示 netrin 在胚胎期 CNS 发育中是广泛存在的诱向因子。

有意思的是，在体实验中，联络神经元轴突在到达底板之前趋向分泌 netrin-1 的底板生长，穿过底板以后则对底板分泌的 netrin-1 失去了敏感性。这可能与 netrin-1 激活底板细胞内信号传递系统，降低 cAMP 的水平有关。这种敏感性的改变保证了联络神经元向底板方向投射而又不中止于底板，同时也说明了轴突的投射是一个多种因素共同作用的动态变化过程。

1996 年，Reter 等发现，果蝇 DDC 家族中的 *Frazzled* 基因编码的跨膜蛋白是果蝇 netrin A 和 netrin B 的受体。现在认为，netrin 是通过受体和 G 蛋白介导的信号传递级联反应，以 cAMP 或 cGMP 为第二信使作用于轴突的。另外，Song 等还发现，调节生长锥内 cAMP 和 cGMP 的水平，可使同一诱向因子对同一轴突的作用在吸引和排斥之间相互转换，netrin-1 受 cAMP 的调节，升高 cAMP，诱向因子趋向于表现吸引活性，降低 cAMP 的水平则趋向于表现抑制活性。

2. semaphorin/collapsin 家族

在 20 世纪 90 年代初，Luo 等分别发现，在 CNS 中除吸引因子外，还存在着化学排斥因子，并分别提取纯化了神经生长抑制因子 semaphorin I（后命名为 sema-I）和 collapsin-1。semaphorin/collapsin（sema）是一大家族分泌型或跨膜型糖蛋白。它们的共同特点是氨基端都含有 532 个氨基酸残基组成的保守序列——sema 区；这段保守序列被认为是 sema 致萎缩功能的关键部位。根据羧基端序列的不同分为 7 个亚家族，其中研究最清楚的是第三亚家族，即 sema III/collapsin-1（最新命名为 sema 3A）。collapsin-1 是成年鸡脑中提取的一种分泌型糖蛋白，分子质量为 100kDa，包括 N 端的 sema 区、Ig 样区和 C 端功能未明的碱性序列区（basic region）；sema III 和 sema D 分别是 collapsin-1 在人类和大鼠中的同源物，三者在分子结构上有 90% 以上的同源性。体外实验证明，sema III/collapsin-1 特异性地抑制背根神经节神经元和颅神经轴突的延伸，导致其生长锥的萎缩。原位杂交显示，在胚胎发育期，其 mRNA 高度表达在脊髓的腹侧半，并特异性地抑制背侧投射的皮肤感觉轴突向腹侧投射，而对腹侧投射性的肌支则无作用。近年来的研究表明，其 mRNA 在胚胎发育期的皮层下白质、海马及小脑等结构中都有较高水平的表达，提示它们在皮层向皮层下白质的投射、海马及小脑轴突网络的形成中都起着重要的作用。多数 sema 成员的研究都是用胚胎组织来进行的，而且这一家族的绝大部分成员都在胚胎发育期的 CNS 中有高度的表达，出生以后表达水平明显下降甚至消失。而 collapsin-1 来源于成年鸡脑组织这一事实说明，在正常成年期 CNS 中也有 sema 的表达。推测这些抑制因子的表达可能与正常神经轴突环路的维持以及阻止异常轴突的长出有关。同时，也有理由相信抑制因子在阻止 CNS 损伤后的再生中也起着关键作用。

He 等发现，neuropilin-1 和 neuropilin-2 分别是 sema III 和 sema IV 的受体，它们和 netrin mRNA 有相似的表达模式。体外实验显示，neuropilin 能与 sema III 和 sema IV 特异性地结合，前者的抗体可阻断后者的抑制活性。

sema 像 netrin 一样也是通过受体和 G 蛋白介导的信号传递级联反应，以 cAMP 或 cGMP 为第二信使作用于轴突的。只是 sema III 受 cGMP 的调节。升高 cGMP 水平，诱向因子趋向于表现吸引活性，降低 cGMP 水平则趋向于表现抑制活性。这些发现提示，诱向因子对生长锥的吸引和排斥活性可能共用某些细胞内机制。

3. slit 家族

早在 1984 年，德国发育生物学家 Nusslein-Vollhard 等在筛选影响果蝇型式发生的基因时，就证明了 *slit* 基因的存在。耶鲁大学的 Artavanis-Tsakonas 实验室于 1988 年克隆了果蝇的 *slit* 基因。

slit 是一组分子质量为 170～190kDa 分泌型蛋白质，包括 N 端短的信号肽，富含亮氨酸的重复序列，6～9 个表皮生长因子样序列，一个 ALPS（agin-laminin-perlecan-slit）区域和一个 C 端富含半胱氨酸的区域。原位杂交观察到 slit 的 mRNA 表达在神经管的腹侧中线结构、背侧中线结构和运动神经元前体区域。果蝇由腹侧中线胶质细胞分泌 slit 蛋白。

1998 年，Goodman 实验室首先发现了一个叫 robo 的跨膜蛋白，随后 Kidd 等发现果蝇 robo 蛋白在非交叉性投射的轴突生长锥上高度表达，而在一些向对侧交叉投射的生长锥中，交叉前表达水平低，交叉后表达水平增加，根据这些结果提出设想：robo 是中线排斥因子的受体。1999 年，Kidd 等通过基因分析法证明了 robo 是中线排斥因子 slit 的受体。robo 蛋白是免疫球蛋白超家族中的一员，它是一个跨膜蛋白，胞外区包括 5 个 Ig 样重复结构和 3 个 III 型纤维素连接素的重复结构；细胞内区有 4 个短的保守序列 CC 基序（conserved cytoplasmic motif）——CC0、CC1、CC2、CC3，可作为细胞质内传递配体信号的调控蛋白的连接位点。研究发现 CC2、CC3 富含脯氨酸，可能连接 Ena 或 Ab1 酪氨酸激酶。Ena 与 CC2 反应，对 robo 信号起正向调控，Ab1 与 CC3 反应，对 robo 信号起负向调控。robo 能形成同种或异种二聚体，可能影响信息的传递。果蝇 robo 的原位杂交显示其 mRNA 在 CNS 有广泛的高度表达。robo 蛋白在所有非交叉投射的轴突生长锥上都是高水平表达，而在连合神经元生长锥向前延伸及交叉过中线时，robo 蛋白表达几乎没有或很少，然而，当这些生长锥交叉后转向纵向投射时，robo 蛋白的表达水平明显增高。

Wu 等的研究显示，slit 能对轴突生长和神经细胞运动起排斥性导向作用，它是通过浓度梯度而非绝对浓度来导向的。基因分析法显示，robo 编码的蛋白质能控制 CNS 轴突的侧向定位，并对 slit 的浓度梯度反应，它对 slit 的长短程作用都能介导，两者之间是以剂量敏感方式相互作用的。

4. 受体的模块性质

普遍认为引导轴突投射和神经元迁移的导向因子分 4 种：① 表达在细胞表面起短距离作用的排斥因子；② 表达在细胞表面起短距离作用的吸引因子；③ 可扩散的起长距离作用的排斥因子；④ 可扩散的起长距离作用的吸引因子。这些因子同时作用，合作指导轴突寻路。但在研究导向因子时有个令人意外的发现：有些导向因子蛋白质是双重功能的，如 netrin、sema 和 slit 可以发出排斥及吸引信号。那么，生长锥如何对一个双重功能的导向因子起反应呢？Bashaw 等通过嵌合受体实验发现，是由跨膜受体决定生长锥视导向因子为吸引还是排斥，而且受体是模块性的，不同受体间的胞外区和胞内区可以交换而受体的功能并不丧失。嵌合受体实验是交换 frazzled（fra）和 robo 的胞内区，然后在转基因果蝇发育的轴突中表达这些嵌合受体。fra 是中线吸引因子 netrin

家族的受体，robo 是中线排斥因子 slit 家族的受体。netrin 和 slit 都在中线表达，而两受体都有相关结构（胞外区都编码 Ig 区和 III 型 FN 重复序列，胞内区编码富含脯氨酸的序列），常在相同神经元表达。

fra-robo（fra 的胞外区＋robo 的胞内区）：fra 正常时介导对 netrin 的吸引，在换成 robo 的胞内区后，介导对 netrin 的排斥反应；robo-fra（robo 的胞外区＋fra 的胞内区）：robo 正常时介导对 slit 的排斥，在换成 netrin 的胞内区后，介导对 slit 的吸引反应。通过实验得出结论：① 所有生长锥都有适宜的胞内机制对导向因子发出的排斥吸引信号做出反应。② 导向因子受体是模块性的，胞外区决定受体所连接的配体，胞内区是编码反应性质的效应分子，能决定反应是吸引还是排斥。③ 嵌合受体表达的基因表型是剂量依赖性的。

对诱向因子的结构、功能和调节机制的研究为人为干预 CNS 的再生提供了可能性：人们可以通过抑制 sema 的表达、干扰它的二聚体化、阻断 G 蛋白的传导过程、改变 cGMP 的水平等多种途径来解除 sema 对 CNS 的抑制作用，促进损伤后 CNS 的再生。

四、CNS 重建基本策略

（一）神经保护剂

作为继发性损害的结果——进行性的神经元死亡是限制 CNS 再生的基本原因之一。简单地说，损伤后存活神经元数量越少，再生反应越轻。因此，神经保护剂的使用目的在于减少 CNS 损伤后的继发性神经元损害，为再生提供一个良好基础。

现在已经使用神经保护剂去减少这种继发性损害并获得一定的效果，可供临床使用的是大剂量的甲基强的松龙。还有许多神经保护剂在动物模型试验成功，如离子通道阻滞剂、谷氨酸拮抗剂、一氧化氮合酶抑制剂、抗凋亡药物和炎性介质调节因子等，但临床应用尚未确定。

（二）神经营养因子

可使用的神经营养因子很多。神经营养因子作用包括：① 神经再生作用直接作用于轴突，通过受体介导细胞内信号转导，激活各种分化因子，发挥神经趋化作用，引导和加快轴突生长；调控施旺细胞的增殖和分化；炎性细胞的趋化作用和促进再生神经的血管形成。② 促进神经的芽生作用。③ 保护受损的神经元，减少受损神经元的死亡和调控受损神经元基因表达。给予方法由最初的灌注发展到转基因技术：向 CNS 系统移植分泌神经营养因子的转基因细胞和通过载体以神经营养因子基因转染原位宿主细胞。

（三）消除蛋白质的抑制作用

目前，虽然对 Nogo 的分子功能的认识还不充分，有一点是肯定的，Nogo 分子能够抑制神经突起的生长。它的抑制作用可能与受体分子——NgR 有关。去除神经元表面的 Nogo66 受体和其他相关 GPI 蛋白，可使神经元对 Nogo66 不再敏感。Stritmatter

等（2002）制作了 NgR 的一个竞争性拮抗肽 NEP1-40，发现能有效抑制 Nogo 的神经再生抑制作用，促进神经再生。目前针对 Nogo 抗体封闭或基因敲除实验以及受体的信号转导通路等的研究已成为神经再生领域的热点。

（四）细胞及组织移植

1. 周围神经移植

通过周围神经移植，科学家第一次成功实现了成年哺乳动物 CNS 损伤后的轴突再生。但再生的轴突只能长入周围神经移植物，再次进入中枢环境后便又停止生长。

2. 施旺细胞移植

施旺细胞的存在是周围神经损伤后能够再生的根本原因。大量的实验已证实，在脊髓损伤部位移植施旺细胞可以支持轴突再生，同时施旺细胞还可使损伤后结构连续但发生脱髓鞘改变的轴突重新髓鞘化，从而恢复电传导能力。

3. 胚胎脑、脊髓组织移植

胚胎神经组织移植可有以下方面的作用：① 移植物中的胚胎神经细胞可以产生一些神经营养因子，从而促进受损神经元的存活；② 移植物作为连接损伤断端的桥梁，切断的轴突由此长过损伤区；③ 移植物中的胚胎神经元可与脊髓内及超脊髓神经元建立突触联系，从而成为神经通路的中继。

4. 嗅鞘细胞移植

嗅觉系统是神经系统的特例，嗅觉上皮里的嗅感受神经元终生具有更新能力，同时其轴突也可以再生长入中枢部位的嗅球，这是嗅鞘细胞作用的结果。嗅鞘细胞与施旺细胞具有相似的特点，而其优点在于它可以通过 PNS-CNS 移行区并存在于中枢环境。嗅鞘细胞移植不仅可促进切断的轴突再生长过损伤区，还可形成髓鞘包裹再生及脱髓鞘轴突，从而促进运动功能的恢复。

5. 胚胎及神经干细胞移植

胚胎干细胞及神经干细胞体外培养及体内移植实验均已证实，神经干细胞可以自我更新并分化为神经元和神经胶质细胞。这一特点使其被认为是理想的替代细胞，以用于中枢变性及损伤性疾病的移植治疗，这方面已取得可喜的进展。

6. 骨髓基质细胞移植

在骨髓，除造血干细胞外，还有一类具有干细胞特点的可向多种非造血组织分化的细胞，被称为骨髓基质细胞（marrow stromal cell，MSC）。由于其具有多向分化潜能，加之取材培养简单，尤其是可做自体移植，因而被认为是进行人体基因治疗的理想载体细胞，移植细胞可长期存活并良好整合入 CNS 组织，这些特点使 MSC 成为极具吸引力的候选细胞，以用于 CNS 损伤的临床基因治疗。

7. 活化巨噬细胞移植

在周围神经，活化的巨噬细胞可以清除变性的轴突及髓鞘碎片，并分泌一些促进轴突再生的细胞因子，因而有助于神经再生。

（五）借助高分子材料促进 CNS 再生

许多研究表明，高分子材料在促进周围神经再生方面发挥着重要的作用。如利用高分子材料制造的神经导管包覆受到损伤的周围神经能促进其更好地再生。借助高分子材料促进 CNS 再生的研究也受到很大重视，主要包括以下两个方面。

1. 利用高分子材料制备药物控释体系（DDS）

由于血脑屏障的存在，NGF 不能通过常规给药方法由血液循环进入脑内，因此寻找新的给药方式被认为是确保 NGF 发挥效力的重要因素。直接向脑内输注 NGF 的方法不适于长期给药，同时还存在 NGF 在溶液中的稳定性问题，而通过植入 DDS 的方法有着很好的前景。这一方法是先将药物如 NGF 等与高分子材料复合制成 DDS，通过手术将 DDS 植入脑内特定部位，DDS 能在较长时间（几天至几年）内缓慢释放药物达到治疗目的。这一方法不仅绕过了血脑屏障的影响，同时药物可直接作用于患病部位而在身体其他部分浓度很小，可减少副作用。

用来制备 NGF-DDS 的高分子材料和分散药物的方法可以有多种选择，最终得到的 DDS 的形态可为微球、细棒、药片等。Powell 等将 NGF 与高分子材料（乙烯醋酸乙烯酯的共聚物 EVA）共同溶解再经冷冻除去溶剂得到 DDS，细胞培养实验表明这种 DDS 能在大约一个月的时间里有效地释放 NGF，刺激细胞生长。Hoffman 等利用类似方法仍采用 EVA 制成 DDS。应用细胞培养实验和植入鼠脑实验证明制得的 DDS 在十几天的时间里释放出 NGF，刺激培养细胞生长，保护鼠脑不受损伤影响；植入的 DDS 对组织不产生不良反应，具有良好的生物相容性。Camarata 等以可生物降解的乙交酯丙交酯共聚物为材料将 NGF 水溶液分散在高分子材料的有机溶液中制成油包水乳状液，再除去溶剂得到 DDS。经扫描电子显微镜观察、细胞培养实验、动物体内植入等检验，DDS 能在 1 个月的时间里释放 NGF，刺激细胞生长而 DDS 自身逐渐降解。

人们还研究了另一种类型的 DDS，即用高分子材料包覆经基因改性可分泌 NGF 的细胞，将这一复合体植入脑内作为 NGF 的 DDS。这种方法避免了直接植入细胞可能发生的组织排斥反应。研究中选用的材料为丙烯腈和氯乙烯的共聚物，制成中空纤维后将经基因改性的细胞引入。生物学评价和植入鼠脑的实验都表明该体系能很好地释放 NGF 而无排斥反应。

2. 借助高分子水凝胶体系促进 CNS 再生

除可作为制造 DDS 材料外，高分子材料还可用于其他手段促进 CNS 再生。其中引人注目的是高分子水凝胶的应用。高分子水凝胶是一种具有三维空间交联结构的高分子体系，其内部空隙填充大量的水和其他物质。已被试验制造用于促进 CNS 再生的高分子水凝胶的材料有很多种，包括胶原蛋白 I、聚甲基丙烯酸羟乙酯和聚甲基丙烯酸甘油酯等。

在促进脊髓神经再生方面，一系列研究显示，人为截断鼠的脊柱后，在受损伤处植入胶原蛋白制成的水凝胶可以明显地促进血管、皮质纤维束、轴突的生长，尽管还不能达到恢复行走功能的效果，但植入组的肌张力要好于不植入的对照组。水凝胶植入受损伤处后，可与分离的组织良好地连接，促进细胞接触，传输体液和养料，促进再生。

由于水凝胶体系内部存在许多空隙，可以容纳其他物质，这使其可以成为释放药物的载体。Joosten 等还进行了这一方面的有益探索。他们注意到刚出生的幼鼠的脊髓具有很强的再生能力，便将幼鼠脊椎的提取液与胶原蛋白溶液混合制成凝胶，再植入已人为截断脊椎的成年鼠的受损处，得到了更好地促进再生的结果。除直接植入神经受损处外，水凝胶还可作为植入细胞的载体植入，Schugens 等研究了用聚乳酸制备多孔泡沫体用于神经细胞移植。

（六）电刺激促进神经再生

在神经系统损伤和再生的研究中，已有许多体外实验的资料说明微弱静电场可以加快轴索生长速度并引导轴突朝阴极方向生长。这些结果使研究者相信，在体应用电场也可激发轴突的再生。解剖、电生理及行为研究表明，在啮齿类动物外周神经和 CNS 损伤后使用弱电场轴突再生加快，并有部分功能恢复。电场促进轴突生长涉及许多复杂机制：①电场治疗后引起的组织血液再灌注可能抑制了血管损害，这对减轻脊髓继发性损伤，使损伤组织存活尤其重要；②局部微环境对神经通向靶细胞的通道确立至关重要，受到一系列生物电化学过程，如生长中轴突和胶质细胞间互相作用的时间组合等的影响，电场可能改变局部微环境，促使损伤区域轴突的再生和生长；③电场本身是促生长因素，损伤的神经系统对电场治疗本身有反应即电激励或向电性效应。

（顾晓松 撰）

第二节　神经组织移植

一、神经组织移植研究的历史及现状

长期以来，神经系统的许多疾病如帕金森病（PD）、阿尔茨海默病（AD）以及亨廷顿舞蹈病（HD）均没有有效的防治方法。科学家们为探索如何能促进中枢神经的再生并重建新的通路进行了不懈的努力，但仍未发现理想的方法。神经组织移植的研究是人类与疾病抗争中探索到的一种基础与临床相结合的有效措施。

（一）脑内移植历史简介

神经组织移植（neural transplantation）即脑内移植（intracerebral grafting），简称脑移植（brain transplantation），就是将胚脑组织即神经组织（包括肾上腺髓质）移

植至患病动物的脑内。最近又有细胞取代（cell replacement）的提法，人们探索用不同的细胞移植至脑内。

第一个进行哺乳动物神经组织移植的美国科学家是 W. Gilman Thompson，他将成年猫的大脑皮质移植入狗的大脑皮质内。他的实验虽未获成果，但他的实验给后人以极大的启示。1907 年意大利的 G. Delcontle 首次将胚脑移植入成体动物脑内，未获得理想的结果。成功的移植是美国的 Elizabath Dunn 于 1917 年完成的。她用生后 10 天的同窝鼠脑作为供体和受体，结果 10％动物获得成功，术后 3 个月在移植区内见有存活的神经元。1924 年意大利的 G. Faldino 首次报道了胚脑移植入眼前房获成功，1940 年美国的 W. E. Legros Clark 报道了将兔胚脑移植入 6 周龄兔脑获成功。以后虽有一些研究，但由于方法简单，技术不先进，更主要的可能是受旧的观点认为哺乳动物中枢神经不能再生论点的影响，未被神经科学家所重视。直到 20 世纪 70 年代由于移植技术的改进及新的检测手段，如免疫组化等的发展，神经组织移植进入了新的时期。

20 世纪 70 年代初期 Olson Das 等应用³H 标记的胸腺嘧啶注入新生鼠脑内，然后把已标记的小脑片移植至同窝动物的相应部位，2 周后经放射自显影术证明宿主脑内已有标记神经元存活。这一实验证明了移植入未成熟的神经元在宿主脑内能存活并继续发育。之后瑞典的 BjÖklund 及其同事、英国的 Stenevi 及 Das 等继续进行了许多研究，于 1979 年 Perlow 及其同事以及 BjÖklund 和 Stenevi 几乎同时发表文章报道了胚脑多巴胺神经元移植能修复帕金森病鼠的运动功能障碍，并重建黑质纹状体通路，从此揭开了功能性神经组织移植的新篇章。近 20 年来神经组织移植研究像雨后春笋一样遍布全球，但以瑞典、英国、美国研究多且深入。我国的脑内移植研究开始于 20 世纪 80 年代中后期，研究也日益深入。

（二）神经组织移植研究的现状和展望

自从 20 世纪 70 年代末英国和瑞典科学家发现胚脑移植不仅能存活，而且具有功能效应，20 多年来的研究集中在探讨其机制，但 20 世纪 80 年代中后期已有开始临床试验治疗的报道。已进行的用胚脑移植修复退行性疾病的研究有帕金森病、亨廷顿舞蹈病、脑外伤、脑缺血等，见表 17-1。但进行临床实践且有正式报道的最多的还是 PD 及 HD，世界上究竟有多少人进行了神经组织移植报道不一，但至少有数以百计的 PD 及 HD 患者进行了胚脑移植。最初将自体肾上腺髓质移植入 PD 患者脑内，可不产生免疫排斥，结果未见肾上腺髓质组织在脑内存活。另一种方法将富含多巴胺神经元的人胚中脑组织移植入 PD 患者脑内，虽不能完全消除所有症状，但病情有好转。PD 症胚脑移植成功条件是移植入的胚脑能存活，并能分泌多巴胺递质，并使 DA 受体的敏感性正常化，动物由药物引导的旋转趋于正常，受移植患者症状好转，移植入宿主脑内的多巴胺神经元和宿主神经元形成交互突触，患者可减少 L-DOPA 用药量的 30％～60％，有些患者已产生长期效应。有一患者在移植后因其他疾病死亡，死后神经病理学检查显示移植物存活良好，纹状体内有大量的多巴胺能神经元及其突起，证实存活的多巴胺神经元已支配了纹状体并形成了突触联系。用正电子发射断层扫描成像技术（PET）测试患者

表 17-1　已进行神经组织移植的动物模型

疾病	动物模型	移植组织
帕金森病	6-OHDA 损害鼠或猴黑质，MPTP 损害猴或小鼠	黑质、肾上腺髓质、分泌多巴胺或 L-dooa 的基因修饰细胞、多潜能的祖细胞等
亨廷顿舞蹈病	海人酸或鹅膏蕈氨酸损害鼠、猴纹状体	胚纹状体
阿尔茨海默病	鹅膏蕈氨酸或使君子酸损害鼠或猴隔-海马、基底前脑	隔区、蓝斑、基底前脑或移植能产生 NGF 的基因修饰细胞
脊髓损伤	手术半切或横切、神经毒损害	胚脊髓、蓝斑、基底前脑
脑外伤	吸引、重物或神经毒	胚大脑皮质
内分泌失常	低生殖能力小鼠、Brattleboro 鼠	视前区、下丘脑
癫痫	穹隆伞横断、海人酸损害	蓝斑、大脑皮质、海马、小脑皮质、隔
缺血	颈动脉结扎	海马
侧索硬化	海人酸损害脊髓、腹根横断	脊髓
遗传性共济失调	浦肯野细胞退变、畸变小鼠	小脑

纹状体内[^{18}F]荧光多巴胺含量，表明[^{18}F]在移植区的含量和症状改善相一致，症状改善明显的病例其[^{18}F]含量几乎和正常人水平一致。大多数单侧移植患者对侧肢体运动改善明显，少数 60 岁或更年轻患者进行了双侧移植后生前症状有改善，死后发现一侧纹状体内达 7000～40 000个，有报道达80 000～135 000个多巴胺神经元。推测至少要有80 000个多巴胺移植神经元（为正常成体的 1/5）存活才能产生良好的功能效应。近十年来用胚脑移植修复亨廷顿舞蹈病（HD）报道渐增，而且已用于临床，HD 是一种遗传性疾病，是基因突变（HD 基因）的结果，其脑部的变化主要是纹状体内大量中等大小的有棘投射神经元缺失，目前无药物治疗。科学家们发现移植入纹状体内的胚脑纹状体原基不具备 HD 基因，因此，可以取代受损宿主纹状体神经元并重建皮质-纹状体-苍白球环路，并且产生功能效应，使运动和认知功能改善，并重建了新的习惯性学习系统（new habit learning system），而且还发现移植入宿主脑内的胚脑神经元不受宿主突变基因影响，也无病理变化。有一患者在胚脑移植后生存了 18 个月后因心脏病死亡，尸解发现患者脑纹状体内存活的胚脑细胞均能表达纹状体投射神经元、中间神经元的多种递质如 GABA、P 物质及脑啡肽等，而且还发现来自黑质的多巴胺纤维与这些神经元相联系。3 个 HD 患者用 PET 及[^{18}F]-氟脱氧葡萄糖（[^{18}F]-Fluorodeoxyglucose）检查发现尾壳核代谢活跃，患者临床症状也有改善。移植至一侧去神经纹状体要 1～4 个胚中脑，由于来源困难影响了神经组织移植的应用和推广。为了提高疗效，必须增加存活神经元及其发出的神经纤维，方法之一是在移植基质中增加神经营养因子如 BDNF 及 GDNF 等。另一种方法就是移植基因工程细胞系入动物模型脑内，以期提高移植的功能效应。基因治疗是一个十分复杂的专题。目前已进行用基因治疗的退行性疾病有帕金森病、早老性痴呆等（表 17-2）。研究得最多的仍是 PD 的基因治疗，方法之一是用基因修饰细胞进行递质置换，即将 *TH* 基因转染入成纤维细胞或成肌细胞后移植入 PD 动物，但迄今效果并不理想，原因是转染的 *TH* 基因表达时间短而且表达逐渐降低；方法之二是用基因修饰细胞传递神经营养因子，即将神经营养因子基因导入成纤维细胞或星形胶质细胞再注入动物纹状体内以保护多巴胺能神经元。

表 17-2　神经系疾病基因治疗的模式举例

疾病	修饰基因	方法
神经退行性病变		
阿尔茨海默病	NGF 或其他营养因子	(1) 基因修饰细胞移植至基底前脑或皮质
		(2) 直接将载体传递至基底前脑
帕金森病	酪氨酸羟化酶	(1) 基因修饰细胞移植至基底节
		(2) 直接将载体传递至基底节或中脑
溶酶体储存失常	溶酶体	(1) 移植基因改造骨髓
		(2) 直接将载体传入脑
损伤	生长因子	将基因修饰细胞或载体送入受损区
	营养因子	

　　目前研究的其他动向是异种移植及异位移植。异种移植是将猪脑移植至鼠脑及人脑的研究，观察其存活力、产生的效应及免疫排斥，初步认为免疫排斥不明显。异位移植是胚脑（约 1g）皮质移植至患者腋窝中（12 个患者自愿接受移植），发现症状有所改善，但机制不清。另有的研究是进一步研究胚脑移植机制，如是否多点移植优于单点，多处移植优于仅移植至纹状体，并有研究移植物移植至宿主脑内的转归、凋亡及发育。但研究最多的还是探索供体来源问题。诸如用猪胚脑细胞作为供体，其他的细胞有 Satori 细胞、虹膜色素上皮细胞、脐血管细胞、颈动脉体自体移植、自体骨髓基质细胞、各类永生化细胞、胚胎干细胞以及神经干细胞。其中神经干细胞是最有希望的供体来源。这是由于近年来发现胚脑及成体脑内存在着多潜能的能自我更新的神经干细胞。神经干细胞的移植将成为最有应用前景的治疗神经系退行性疾病的新手段。因为神经干细胞能在体外培养中扩增传代并冻存。可用神经干细胞直接移植，也可用神经干细胞或神经元的祖细胞作为基因治疗的基因靶细胞，不但能分泌和表达外源基因产物，而且能在脑内形成功能性突触与宿主脑整合，形成新的神经环路，比用成纤维细胞或肌细胞优越和理想，但目前还仅仅是研究的一个方面。

　　细胞移植治疗中枢神经系退行性疾病的研究正在不断深入。胚脑细胞移植研究已表明移植细胞能够存活，不形成肿瘤且可以形成新的神经环路，其中 PD、HD 已用于临床实践，并有疗效，但由于胚脑来源困难，今后研究的重点是探索新的供体来源，尽管新的供体多种多样，但最有希望的应属神经干细胞，但在神经干细胞移植至宿主脑之前，必须使神经干细胞主要分化为神经母细胞，并诱导使之分化为特定区域的特化的细胞即所期望的细胞。或者在体内能诱导神经干细胞向所希望细胞分化。为了使实验研究能用于临床，我们必须做出更大的努力，更细致的工作，弄清楚在受损的中枢神经系中如何控制细胞的分化、再生及功能恢复的机制。希望就在前面，但科学家的道路仍是任重而道远。

二、神经组织移植修复退行性疾病的机制

　　脑内移植的方法就是将神经组织注入宿主（受体）脑内，所有的实验均在立体定位仪上进行。移植所用的供体可以是胚脑的小片或者是将脑组织经过胰蛋白酶处理后制成悬液，然后定位注入宿主脑内。至于移植哪一类细胞，取什么部位脑组织，则取决于所

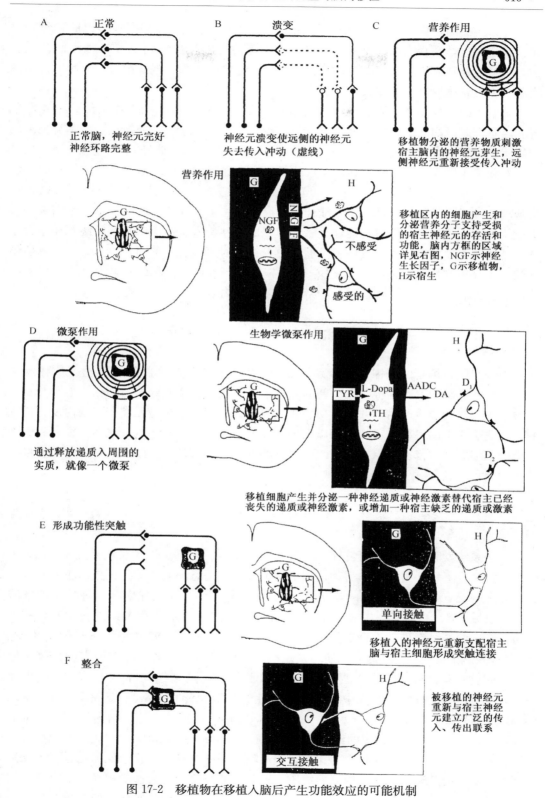

图 17-2　移植物在移植入脑后产生功能效应的可能机制

患疾病，丢失的是哪一类神经细胞，缺失的是什么递质。若 PD 因黑质多巴胺神经元退变，则先制成帕金森病动物模型后再移植中脑黑质多巴胺神经元或 TH 基因修饰细胞等。若是 AD 则先制成 AD 模型，移植富含胆碱能神经元的胚基底前脑。HD 也先制成模型，将纹状体原基悬液注入宿主脑内。

神经组织产生功能效应的可能机制主要归结为：① 营养作用，移植细胞可能产生营养因子等刺激宿主脑神经元发出侧支并支持宿主神经元存活，受损宿主脑本身也可能产生营养因子；② 生物学微泵作用，移植入宿主脑内存活的神经元能产生或分泌神经递质取代宿主脑失去的递质或神经激素或增加宿主缺乏的递质或激素，形成一个内源性的生物学微泵，不断产生所需递质；③ 形成功能性突触，已有许多研究证明移植入宿主脑内的神经元不仅能存活，而且能伸出轴突和宿主脑形成传出联系。宿主脑内神经元也能与移植入的神经元形成功能性突触，即形成相互传入、传出联系，最终互相整合建立广泛的传入、传出联系，进一步发展为更复杂的神经环路（图 17-2）。例如，将神经毒注入 HD 模型鼠纹状体破坏了皮质-纹状体-苍白球通路，移植纹状体原基入病鼠纹状体内后重建了皮质-纹状体-苍白球环路，改善了动物运动和认知功能。

三、神经组织移植与中枢神经系统的发育

神经组织移植是研究中枢神经系统发育的一种有效手段。将胚脑移植至成体脑中后，可观察胚脑的发育中神经元在新的环境中能否继续存活、分裂、分化？能否与宿主脑整合重建新的神经环路，并产生功能效应？胚脑的发育中神经元在宿主脑内发育过程中是否重现正常的发育过程？是否出现程序性死亡——凋亡？弄清楚这些问题有利于进一步阐明细胞移植修复中枢神经系的机制。20 世纪末及 21 世纪有较多的研究探索移植细胞的凋亡和发育。

（一）移植神经元的凋亡

神经系统发育的一个显著特征是神经元为死而生、为生而死。细胞死亡是一种正常的生理现象，贯穿于整个生命活动过程中，生和死的动态平衡才能保证机体正常的发育和内环境的稳定。1926 年 Ernst 提出在脊椎动物的正常发育过程中有 3 种类型的细胞死亡，以后 1951、1965 年 Gluckmann 提出在系统发生、形态发生和组织发生时均有细胞的死亡，例如，脊椎动物脊髓尾侧段的神经细胞退化后形成仅有胶质细胞的终丝。Hamburger 和 Levi-Montalcini 的实验发现在发育的肢体中，当神经末梢突触连接在肌纤维上形成神经肌肉连接时，已发出轴突进入肢体的运动神经元有 40%～70% 发生死亡，这表明在神经系发育过程中存在着程序性的神经元死亡（programmed cell death，PCD）或称为细胞的自然死亡（cell natural occurring death）、基因指导性死亡（gene directed cell death）和发育中的细胞死亡（development cell death）。实验还发现植入额外的肢体可减少运动神经元死亡的比例，而摘除肢芽则加剧运动神经元的死亡，提示运动神经元竞争由其靶组织提供的营养物质，还表明环境变化也会影响神经元的存活。

神经元过量的增殖，以及随后出现的一些细胞存活、一些细胞死亡的现象，这是所

有发育中脊椎动物神经系统的一种共同的生存模式。一旦支配一特定靶位的神经元群体通过细胞死亡已被限定，则存活的神经元彼此间为争夺突触领地而竞争，竞争的结果常导致一些终末分支或原先已形成的突触的丢失，另一些终末生存，这一过程称作修剪（pruning）。通过修剪能保证一群特定的神经元对一个靶位形成合适而完全的支配，建立了神经支配的特异性，这种竞争性修剪也见于神经对骨骼肌的支配。在成体一个运动神经元支配多达 300 根肌纤维，但每根肌纤维由一支轴突支配，而在发育早期中，每根肌纤维由来自数个运动神经元轴突终末支配，在其后发育过程中部分轴突分支消除了形成了的成体支配模式。这种发育中神经元的死亡及选择性的修剪是神经系构筑必不可少的过程。

Kerr 和 Wyllie 1972 提出细胞凋亡（apoptosis）概念，提出细胞凋亡是机体正常发育生长、细胞分化和病理状态中细胞自主性死亡过程，均由细胞内基因编码调控的、按严格程序执行的细胞"自杀"过程，是由于激活了细胞内在的自杀机制的过程，它能介导有序的 DNA 和蛋白质的降解。

神经系在正常发育过程中存在着神经元的死亡，那么将胚脑发育中的神经元及神经干细胞移植至去神经宿主脑内，是否也出现一部分移植细胞死亡了，另一部分细胞存活了，而且进行了分化和迁移。以前的研究认为移植细胞的死亡主要为坏死，但近年来的研究发现，移植细胞同时存在着凋亡和坏死。大多数学者认为在移植入脑内的发育神经元的死亡以细胞凋亡为主。通过对发育的鼠胚腹侧中脑移植物观察发现，移植后 1 天移植物中酪氨酸羟化酶（TH）阳性神经元已存活，到 8～10 天时已有相当多的 TH 阳性纤维伸入宿主脑内，并发现发育中移植物呈 GAP43 阳性反应，表明移植物发育良好。与此同时，发育中的移植细胞出现了大量死亡，而且可能较正常的发育更为严重。Barker 的研究发现，多巴胺神经元的死亡始于移植后最初的 7 天。有研究报道凋亡主要发生在 24h 内。尤其是在最初 8h，几乎 50% DA 神经元丢失，免疫荧光双标证实 DA 神经元中有 TUNEL 阳性的细胞核，在 8～44h 细胞的丢失率是渐进的，移植后 2 周移植物内仍见有凋亡细胞，至 4 周时，少见凋亡细胞。Mahalik 用 TUNEL 法观察了凋亡神经元及细胞凋亡相关分子 Rp8 mRNA 的表达，结果发现移植后 15h 移植区中细胞内有破碎的 DNA，这种细胞成串或散在分布，到移植后 21 天仅见少数细胞含有破碎的 DNA，到了 28 天这种细胞仅少见。Rp8 mRNA 原位杂交法研究发现移植后 10 天时开始 Rp8 mRNA 细胞表达，15 天时这种细胞多且成群分布，至 21 天和 28 天时这种细胞少见，Rp8 mRNA 的表达支持了移植细胞在发育过程出现神经元凋亡的结论。

最近瑞典科学家研究了移植至脑内的发育中细胞的凋亡及坏死，他们用石蜡切片及半薄切片观察了移植入脑内细胞的时程变化，发现 3 天内大量的细胞死亡。此外，他们用 calpain-cleaved fodrin 抗体研究了 calpain（一种依赖于 Ca^{2+} 的丝氨酸蛋白酶，fodrin 为其底物）的活力，发现移植 90min 达高峰，在随后时间段未见多巴胺神经元数量有何变化，提示移植后 90min 时确实存在大量的细胞死亡。

这些研究提示移植细胞凋亡，在移植后不久即发生，8h 内几乎达 50%，3 天内大量凋亡，1 周后渐减少，2 周后凋亡细胞少见。而且凋亡比正常发育更为严重，这可能是由于移植入宿主脑的发育中细胞的生存环境从胚胎转入成体，环境发生了很大的变化，原来有的促进胚胎发育的各种物质如神经生长因子在成体动物中含量变少了，有的消失了；环境的变化影响了细胞的存活；成体脑组织的损害、缺血及退变均可能诱导产生其他因子，不利于移植细胞的成活；此外在制备单细胞悬液的过程中，机械的吹打以及消化均可能影响细胞的活力；这些因素均可能使细胞间的竞争更为激烈，从而促进了细胞的凋亡。

（二）移植神经元的发育分化及迁移

近年来对神经干细胞的研究已表明神经系统中不仅仅是 SVZ 区及海马的颗粒下层具有能分裂增殖、自我更新的神经干细胞，而且脑的许多部位均有神经干细胞的存在，并且发现从出生至衰老的哺乳动物脑内均存在有神经干细胞，但随着年龄增长而逐渐减少，而胚脑组织中更含有丰富的神经干细胞。

最近对于胚脑细胞移植修复中枢神经系疾病研究中不仅研究其功能机制，而且还探索移植入脑内的发育中细胞的增殖和分化。胚脑纹状体具有由纹状体基质投射神经元形成的片状结构特征，目前还不清楚这种细胞的形态是如何发育演变的，移植区中的纹状体神经元是否属有丝分裂后成神经细胞或者由纹状体祖细胞分裂而来。为弄清其来源，在移植前或移植后用 BrdU 标记移植区的分裂细胞（dividing cell），动物存活 2～6 月后处死。移植前用 BrdU 及 calbindinD（CBD）进行双标，发现 30% CBD 阳性细胞标记BrdU，表明移植的胚纹状体原基细胞在移植前进行了最后分裂。而在移植后用 BrdU标记，约 17% CBD 阳性细胞有 BrdU 标记。此结果表明移植区中大部分的纹状体基质棘细胞是有丝分裂后细胞，而另一些纹状体祖细胞在移植后能继续分裂并在宿主脑环境中渐渐成熟。

将人脑纹状体细胞移植至鼠脑并用 Ki67（细胞增殖抗原标记物）检测增殖细胞，移植后 6 周发现，移植区增殖显著，并见少数细胞迁离移植区，移植区内及迁离移植区的细胞主要是神经元。存活 6 个月鼠脑移植区中心细胞数较 6 周时分散，还发现大量由移植细胞衍生的细胞，吻侧迁移至嗅球，尾侧至黑质，而且分化为神经元及星形胶质细胞。这一实验结果提示人胚纹状体细胞含有能增殖、分化及迁移的细胞。

类同的研究将人胚脑细胞扩增，用绿色荧光蛋白（GFP）标记后移植至不同部位，结果发现移植至纹状体移植区的细胞其神经元的分化主要在移植区中心，这些细胞的轴索能沿着内囊投射至中脑，移植区细胞可远距离迁移至白质中。移植至海马的移植细胞能迁移到整个海马及海马附近白质，而分化的细胞既分布在齿状回也分布于 CA1～CA3 区。移植至 SVZ 区的细胞则经吻侧流迁移至嗅球。在这三个部位的移植中均有胶质细胞的分化。

在用胚纹状体组织移植至 HD 模型的研究中发现，伤侧纹状体接受来自移植神经元的传出纤维，与黑质纹状体传入相当。并且移植神经元还接受了来自新皮质和丘脑的传出纤维，移植神经元还发出传出纤维至纹状体靶区包括苍白球内外侧部。这些解剖学连接逆转了由损害引起的原发和继发的纹状体神经元活动的变化，即胚纹状体移植至宿主纹状体修复了运动和认知功能的缺失。

另有研究提出神经元祖细胞具有神经干细胞的特性，也能在体外扩增。将这种细胞移植至帕金森病鼠脑中也能形成长轴突。用猪的胚脑细胞扩增后移植至 PD 脑中，在有 bFGF 条件时能增殖，表达神经上皮标志物巢蛋白并分化成神经元、星形胶质细胞及少数少突胶质细胞，其中神经元能伸出长突起；当移植至黑质时，伸出纤维遍布整个纹状体。移植至纹状体的神经元发出纤维至壳及黑质，并形成突触，其中少数细胞分化为单胺细胞，但其数量少，不足以产生功能效应。

在脑缺血的移植实验中发现，移植入宿主的移植细胞 2/3 位于移植区，1/3 迁移至对侧半球。迁移是经过胼胝体至对侧皮质和纹状体的，在移植前用 PKH26 荧光标记移植细胞，再用 NeuN 标记神经元，GFAP 标记星形胶质细胞，结果发现 40% 细胞为 NeuN/PHK26 双标细胞，60% 为 GFAP/PHK26 双标细胞，即多数分化为胶质细胞，而神经元属性细胞可以是生长抑素细胞、胆碱乙酰转移酶或是 Parvalbumin Calretinin 阳性细胞。

已有研究将中脑神经干细胞或神经祖细胞扩增传代后移植至 PD 鼠纹状体中，发现神经干细胞能存活并能分化为功能性多巴胺神经元。

四、神经组织移植修复中枢神经系统退行性疾病

虽然已经证实成体中枢神经系统也存在着神经干细胞，但其增殖能力有限，很难产生足够的功能性神经元以取代受损的神经元，更不能重建新的神经环路，而神经组织移植能提供外源的神经组织，以补充退变脑组织的不足。

本章在前面介绍了胚脑移植的可能机制以及已经进行的用胚脑细胞移植修复退行性疾病实验研究的概况。这里着重介绍已进行临床或临床前治疗退行性疾病的进展。

（一）细胞移植修复帕金森病（PD）

自 20 世纪 70 年代末动物实验结果肯定了移植至宿主脑内的胚脑细胞不仅能存活而且能产生功能效应以来，研究工作不断深入，20 世纪 80 年代中后期起全世界已有近千 PD 患者接受了胚脑移植。

根据啮齿动物及灵长类 PD 模型的移植实验初步明确了 PD 移植的可能机制。帕金森病的主要病因是黑质多巴胺神经元的退行性变，黑质多巴胺神经元的丢失导致黑质纹状体-苍白球-丘脑-皮质环路发生变化，而将胚中脑腹侧富含多巴胺神经元悬液移植入宿主纹状体内后恢复了纹状体中多巴胺递质含量，重建了黑质-纹状体-丘脑-皮质环路，改善了纹状体的功能。表现在 3 个方面：① PD 患者接受了 6～9～12 周人胚中脑黑质后，黑质多巴胺神经元能产生 DA 递质，起治疗作用，减轻了症状；② 移植存活的多巴胺神经元能重新支配纹状体形成突触连接（由多个因其他疾病死亡病例尸解检查所证实）；③ 通过正电子发射（positron emission tomography，PET）技术观察 $[^{18}F]$-Fluorodopa（$[^{18}F]$-氟多巴）的摄取证实移植入患者纹状体中的黑质多巴胺神经元合成和储存多巴胺递质达正常水平，并有自发的以及药物诱导的多巴胺释放（通过测量 D2 受体），且许多症状改善的患者均有与皮质相关的运动功能的恢复，提示纹状体皮质环路的重建(图 17-3)。

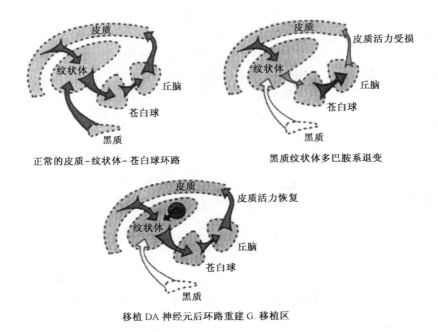

图 17-3　PD 病多巴胺递质恢复的图解

　　有研究者提出若移植的不是多巴胺神经元则不能建立新的多巴胺联系储存网，移植效果受影响。近年来有研究将胚多巴胺神经元移植至黑质的研究也取得有效的结果，但如果仅移植至下丘脑则无改善。科学家们还研究了移植存活 TH 神经元的数量，究竟要多少才能有好的功能效应。根据受移植患者因其他疾病死亡后，尸解标本存活 TH 神经元最少的不到 1 万，有的 4 万～8 万，最多的达 13 万，而 8 万多巴胺神经元为正常黑质神经元数的 1/5。有学者提出这一数字是患者能获得良好治疗效果的基础。

　　近年来由于人胚脑来之不易加上存在着伦理学的限制，因而有研究进行异种移植，即将猪脑细胞进行扩增（expended neural precusor，ENP），这种猪的 ENP 细胞与其他种系细胞一样，在体外培养中存在 EGF 及 FGF2 时能增殖并能表达神经上皮标记物，呈巢蛋白阳性，且能分化成神经元、星形胶质细胞及偶尔也分化为少突胶质细胞。这种猪的 ENP 细胞通过异种移植至鼠脑后，再用猪特化标记物检测，发现许多细胞能分化为神经元并见轴索延伸很长，如将之置于黑质中，纤维能投射至纹状体的神经中。移植至纹状体中的神经元纤维能投射入正常纹状体以及苍白球和黑质中，并可发现形成突触，还发现小量细胞分化为单胺类神经元表型。Fink 等报道 12 个 PD 患者接受了猪胚神经细胞移植，临床症状标准巴金森氏病评分标准（unified Parkinson's disease rating scale，UPDRS）评分改善约 19%，其中 3 个患者甚至达 30%，一患者术后存活 7 个月后尸检发现有存活的猪胚腹侧中脑细胞。Ventura 等用探索自体颈动脉体移植，18 个月后发现 6 个 PD 患者中 5 个患者症状减轻（根据 UPDRS），其中 3 个患者疗效尤为明显，唯一未见疗效的患者是由于颈动脉体的纤维化。

　　21 世纪以来细胞移植修复帕金森病研究不断向纵深发展，限于篇幅，简介至此。

（二）细胞移植修复亨廷顿舞蹈病

亨廷顿舞蹈病（HD）是一种常染色体显性遗传性疾病，患病基因定位于 4 号染色体短臂上，称 *huntington* 基因或 huntington 蛋白，主要含有多态核苷酸重复序列（CAG_n），导致自发性的神经退行性病变，其病理特征是大脑萎缩尤以额叶、基底节的尾状核和壳为最明显，且苍白球纹状体通路变性，胶质细胞增生，此病有家族性，在壮年发病。患者智力和记忆障碍，并出现舞蹈病及精神障碍且呈进行性发展，且至今无药物治疗。因此探索如何修复其神经环路的缺失，是十分重要的。

鉴于动物（鼠和灵长类）实验的结果，表明在纹状体内注射外源性神经毒性，能引起与 HD 相类同的神经病理、神经化学以及行为学变化。许多 HD 症状的产生是由于失去了发自纹状体至其他结构的抑制性的连接。在 HD 患者首先出现纹状体神经元的进行性退变随之扩展至皮质，破坏了皮质-纹状体-苍白球环路，导致运动和认知功能的障碍。纹状体的 GABA 能投射神经元对苍白球及黑质-纹状体进行抑制性的控制，失去这些神经元使苍白球的传出纤维失去抑制性控制。而将胚胎纹状体原基移植至 HD 动物的纹状体中，移植成活的细胞能分化为成熟的纹状体投射神经元，发出 GABA 能神经纤维支配失神经的苍白球，并且能接受来自皮质的投射，重建了皮质-纹状体-苍白球环路，使运动和认知功能恢复正常，这些实验的结果不仅见于啮齿类动物也来自猴的实验。现已知运动的学习不论在动物或人都通过纹状体，因而由于纹状体受损，使好的学习运动的习惯受影响后，移植至纹状体的功能性移植物能使动物重新进行运动的学习，重建一新的习惯性学习系统，并与宿主皮质-纹状体环路相整合（图 17-4）。

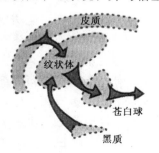

正常的皮质-纹状体-苍白环路

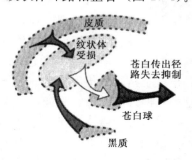

皮质-纹状体-苍白环路受损

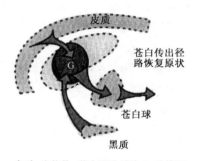

皮质-纹状体-苍白环路重建 G. 移植区

图 17-4　亨廷顿病基底节环路重建图解

　　基于动物实验的基础，20世纪90年代起，美国某些医院及研究中心有用胚脑纹状体原基移植至患者纹状体内的临床实践的报道，根据一患者在移植手术后18个月因心肌梗死的尸检研究发现，huntington蛋白集聚在皮质及纹状体的神经细胞核中，而移植入患者脑内的发育中神经元核未见有变异的huntington蛋白，存活良好，并能发育，不受HD病程的影响。移植存活的神经细胞还能伸出轴突支配宿主神经元，而宿主的多巴胺纤维也能支配移植组织中神经元，提示重建了黑质-纹状体-皮质环路。此外也未见有移植排斥的组织学证据即未见有大小吞噬细胞，受移植患者的临床症状有明显的运动和认知功能改善，表明移植细胞能取代退变死亡和失去功能的细胞。

　　由于胚脑来源困难，有研究将猪胚脑移植至HD患者脑内的临床实践，有12个HD患者接受了猪脑的移植，免疫排斥不明显，有一患者同侧纹状体发现有2400万（24×10^6）猪胚纹状体细胞植入。有学者认为猪胚脑移植不失为移植修复HD的好方法。

（三）神经组织移植修复脑卒中"缺血"（stroke）

　　脑缺血通常由两种原因引起，一种是心源性的脑卒中，常引起海马CA1区受损害，另一类是大脑中动脉梗塞引起，形成损害中心不可逆转的损害和周围区的可逆性损害。研究细胞移植治疗脑卒中，始于1992年并有证据表明移植物能存活并且与宿主间产生连接。移植细胞类型各不相同，有鼠胚脑细胞、猪胚脑细胞、培养的人神经干细胞、永生细胞系、骨髓基质细胞、Sertoli支持细胞、松果体细胞等。动物模型主要为鼠模型，以灵长类为模型的研究少见。人克隆细胞系移植涉及伦理学问题较少，自体干细胞是十分诱人的供体来源，既不存在伦理问题，也没有排斥反应，但是否可能诱导变成神经元还有待探讨。已有研究将胚脑组织移植至海马，产生明显的功能改进及建立了移植区和宿主的交互联系。将胚皮质细胞移植至缺血鼠皮质，移植区能接受来自宿主皮质丘脑的传入，但从移植区至宿主的传出投射却十分稀少。另有研究将脑膜瘤衍生细胞系NT2N细胞移植至脑内，但未见这种细胞能发育成纹状体神经元。最近有用永生化神经上皮干细胞MHP3移植至大脑中动脉梗阻动物模型（MCAD）的感觉皮质和纹状体后，动物出现功能改善，通过双标技术发现40%移植细胞呈神经源性（NeuN）及PKH26阳性。这些神经源性细胞部分为生长抑素阳性神经元、胆碱能神经元、Parvalbumin、Calretinin阳性神经元，其余的细胞为胶质细胞，呈PKH26及GFAP阳性，但这些神经元产生功能效应的机制不甚清楚，推测移植促进了细胞分泌神经营养因子或移植细胞与宿主建立了功能环路。

　　值得一提的是有研究将LacZ阳性的人神经干细胞静脉注射至实验性脑内出血（experimental intracerebral hemorrhage，ICH）成鼠，结果发现标记细胞能到达脑并能存活、迁移并产生功能效应。

　　有关细胞移植修复阿尔茨海默病以及海马损害引起癫痫的实验研究，国内外均有报道，但尚未进入临床实践，因此在此不再介绍。

　　综观目前细胞移植修复中枢神经退行性疾病的研究，用胚脑移植修复PD、HD是有效的且已用于临床，胚脑移植存活力高并能重建神经环路，这是因为胚脑组织中既有已经分化的具有该区特有递质的神经元，又有有丝分裂后细胞，还含有丰富的神经干细胞或祖细胞。但将胚脑干细胞在体外扩增后进行移植，是细胞移植最有希望的前景，这方面的研究将在本世纪用于临床（有关神经干细胞已在第二章介绍）。

（徐慧君　金国华　撰）

主要参考文献

金国华，徐慧君，武义鸣等. 1999. BDNF、NGF 对 AD 模型鼠移植区胚胆碱能神经元发育生长的调控. 解剖学报，30(2)：107～112

Bartsch U. 1996. The extracellular matrix molecule tenascin-C：Expression *in vivo* and functional characterization *in vitro*. Prog Neurobiol, 49：145～168

Becker D, Sadowsky CL, McDonald JW. 2003. Restoring function after spinal cord injury. Neurologist, 9：1～15

Björklund A, Lindvall O. 2000. Cell replacement therapies for central nervous system disorders. Nature Neurosci, 3(6)：537～544

Boonman Z, Isacson O. 1999. Apoptosis in neuronal development and transplantation role of caspases and trophic factors. Exp Neurol, 156：1～15

Drucker-Colin R, Verdugo-Diaz L. 2004. Cell transplantation for Parkinson's disease：present status. Cell Mol Neurobiol, 24(3)：301～316

Emgard M, Hallin U, Karlsson J, et al. 2003. Both apoptosis and necrosis occur early after intracerebral grafting of ventral mesencephalic tissue：a role for protease activation. J Neurochem, 86(5)：1223～1232

Gaura V, Bachoud-Levi AC, Ribeiro MJ, et al. 2004. Striatal neural grafting improves cortical metabolism in Huntington's disease patients. Brain, 127(1)：65～72

Gordon PH, Yu Q, Qualls C, et al. 2004. Reaction time and movement time after embryonic cell implantation in Parkinson's disease. Arch Neurol, 61(6)：858～861

Jacobs W, Bradley, Fehlings, et al. 2003. The Molecular Basis of Neural Regeneration. Neurosurgery, 53：943～949

Jeong SW, Chu K, Jung KH, et al. 2003. Human neural stem cell transplantation promotes functional recovery in rats with experimental intracerebral hemorrhage. Stroke, 34(9)：2258～2263

Kelly S, Bliss TM, Shah AK, et al. 2004. Transplanted human fetal neural stem cell survive migrate and differentiate in ischemic rat cerebral cortex. Proc Natl Acad Sci USA, 101(32)：11839～11844

Klein RL, Hirko AC, Meyers CA, et al. 2000. NGF gene transfer to intrinsic basal forebrain neurons increases cholinergic cell size and profects from age-related, spatial memory deficits in middle-aged rats. Brain Res, 875(1～2)：144～151

Luo YL, Shepherd I, Li J, et al. 1995. A family of molecules related to collapsin in the embryonic chick nervous system. Neuron, 14：1131～1140

Morgenstern DA, Asher RA, Fawcett JW. 2002. Chondroitin sulphate proteoglycans in the CNS injury response. Prog Brain Res, 137：313～332

Newman MB, Davis CD, Borlongan CV, et al. 2004. Transplantation of human umbilical cord blood cells in the repair of CNS disease. Expect Opin Biol Ther, 4(2)：121～130

Niederost B, Oertle T, Fritsche J, et al. 2002. Nogo-A and myelin-associated glycoprotein mediate neurite growth inhibition by antagonistic regulation of RhoA and Racl. J Neurosci, 22：10 368～10 376

Patrick V, Christian A. 2004. Oligodendrocyte myelin glycoprotein (OMgp)：evolution, structure and function. Brain Research Reviews, 45：115

Roitberg B. 2004. Transplantation for stroke. Neurol Res, 26(3)：256～264

Shirasaki R, Katsumata R, Murakami F. 1998. Change in chemoattractant responsiveness of developing axon at an intermediate target. Science, 279: 105~107

Simpson JH, Bland KS, Fetter RD, et al. 2000. Short-range and long-range guidance by slit and its robo receptor: a combinatorial code of robo receptors controls lateral position. Cell, 103: 1019~1032

Turner DA, Shettty AK. 2003. Clinical prospects for neural grafting therapy for hippocampal lesion and epilepsy. Neurosurgery, 52(3): 632~644

Veizovic, Beech JS. 2001. Resolution of stroke deficits following contralateral graft of conditionally immortal neuroepithelial stem cells. Stroke, 32(4): 1012~1019

Ventura A, Minguez-Castellanos. 2003. Autotransplantation of human carotid body cell aggregates for treatment of Parkinson's disease. Neurosurgery, 53(2): 321~330

第十八章　神经系统发育与肿瘤

　　在了解了胚胎时期神经系统的发生和发育以后，让我们再来研讨与之有关的肿瘤的发生。这似乎有些令人费解。肿瘤与胚胎的发生有什么关系吗？事实上，肿瘤是细胞增殖失控及终末分化受抑的一种发生生物学异常的疾病，是由于正常细胞的遗传物质组构或基因表达程式与错误编码而出现转化（transformation）和癌变（carcinogenesis）的结果。从发生学观点来看，肿瘤细胞和胚胎细胞在细胞的增殖、生长和分化等方面都有许多共同特点，尤其是它们都具有惊人的分裂能力和受原癌基因的调控。从一个受精卵开始的人胚发育，经过 9 个多月后形成体重达 3000～3500g 的临产胎儿；同样，一个恶变的肿瘤细胞，通过失控增殖可以于数月内在体内产生大量的癌细胞，形成致命的赘生物。然而，它们之间非常不同的是前者的增殖、生长与分化受胚胎整体性的调控管制，而后者则"离经叛道"，任意生长和不受约束。正常干细胞（stem cell）在化学致癌物、病毒和辐射等因素作用下，使其基因转录和翻译的某个表达环节受到干扰，于是导致细胞转化、恶性增殖和分化异常，引起畸形或是肿瘤的发生。

第一节　胚胎发育与肿瘤的相似性

　　早在 1829 年，法国生物学家 Lobstein 和 Recamier 便提出了肿瘤的胚胎性起源的概念。他们认为，肿瘤的发生是由于持续存在于成体内的胚胎细胞的增殖。1884 年，Durante 也提出类似的见解。在整个 19 世纪，肿瘤的胚胎来源学说得到了广泛的支持。因为在当时的条件下，已发现胚胎组织与肿瘤组织有许多相似之处。但后来有人将胚胎组织接种到成年动物体内，并不能产生肿瘤。因此，肿瘤的胚胎形成学说受到人们的怀疑。以后随着显微技术的发展，人们对肿瘤进行了细致地分类，发现肿瘤细胞与胚胎细胞仍有诸多差别，肿瘤的胚胎性起源假说才逐渐被人们所遗忘。然而，近二三十年来，随着细胞生物学、分子肿瘤学、实验胚胎学、实验肿瘤学、免疫胚胎学以及生物芯片技术的发展，累积了不少资料，说明肿瘤是胚胎性基因产物的表现，或者是人体中"癌基因"的激活与大量表达的结果。由此看来，胚胎与肿瘤之间确实存在着密不可分的关系。

一、肿瘤细胞的播散与胚胎细胞的迁移

就某些方面来说，肿瘤细胞从原发部位脱离下来，然后播散到机体的其他部位，与胚胎细胞的迁移颇为相似。原始生殖细胞最早见于胚胎的卵黄囊壁，以后迁移至生殖腺内，在这里进一步增殖与分化。神经嵴细胞（neural crest cell）也要迁移到体内多个区域，成为周围神经系统中所有躯体和内脏感觉神经元的来源。视神经也要迁移到脑的顶盖层（optic tectum）。胚胎细胞从发生部位迁移至特定部位进行增殖和分化，与该部位有其特异识别的受体以及某些生长因子有关。Barbera 等就提出过视神经从视网膜迁移到脑顶盖层可能与特异性黏附识别（specific adhesive recognition）机制有关。

肿瘤播散的机制可能也与胚胎细胞迁移的机制相同。Nicolson 和 Winkelhake 曾提出从原发性肿瘤脱落下来的癌细胞在特殊部位形成继发性肿瘤是因为它们在这一特定区域有最佳的附着。例如，将恶性黑色素瘤细胞与正常体细胞一起旋转，结果显示黑色素瘤细胞比起与其他细胞来更容易与肺细胞黏附在一起。体内实验也证明，肺是发生继发性肿瘤最多的部位。此外，不少研究证明，细胞播散或转移的器官亲和性（organ specificity）与该器官分泌的细胞因子有关。肝脏之所以成为癌转移的焦点之一，在于它所分泌的肝细胞生长因子（hepatocyte growth factor，HGF）与转化生长因子 α（TGF-α）能刺激癌细胞增殖的缘故。Müller 及其同事近来也证明肺、骨髓等细胞表面存在一种被称为 CXCL12 的趋化因子（chemokine），可吸引乳腺癌在该部位的黏附。因此，正如黏附识别控制了胚胎细胞迁移至胚胎特定部位一样，它也控制了继发性肿瘤形成的部位。

有报道证明，肿瘤细胞与某些胚胎细胞都具有可移动的细胞表面受体位点（mobile cell surface receptor site）。运用荧光标志的植物凝集素与细胞表面受体位点相结合的原理，可观察到受体的移动。由于肿瘤细胞与某些胚胎细胞表面都不会限制特异性受体的运动，因此使得肿瘤细胞与胚胎具有迁移的能力。

二、肿瘤细胞有胚胎性基因的表达

关于肿瘤的形成是胚胎性基因重现与过量表达的结果，近年来已获得了较多的证据。现在已有不少学者提出癌基因本来就是生命必需的基因，尤其为早期胚胎发育所需的观点。这一点将在以后讨论。

现已证明许多肿瘤可以分泌某些异位激素。目前认为异位激素的产生是正常失活的基因去抑制的缘故，或许也是所谓的"基因返祖"（gene atavism）现象，另外也可能是由于编码异位蛋白的 mRNA 增多所致。与胚胎发育有关的异位激素见表 18-1。

表 18-1　肿瘤分泌的异位激素（部分）

激素	肿瘤
HCG	肺癌、肝癌、纵隔畸胎瘤、睾丸瘤、子宫颈癌、卵巢癌、子宫内膜癌
EPO	肝癌、小脑血管瘤等
ACTH	肝癌、甲状腺癌、甲状旁腺癌、胸腺癌、卵巢癌
MSH	乳腺癌、前列腺癌、胰腺癌、腮腺癌、食管癌、肝癌
ADH	肺癌、十二指肠癌、胰腺癌
PTH	肺癌、胰腺癌、肝癌、结肠癌、腮腺癌、卵巢癌、膀胱癌、肾癌
TSH	支气管癌
CT	甲状腺髓样癌、小细胞肺癌、胰腺癌、上颌窦癌、肝癌、肾癌、前列腺癌、膀胱癌

注：HCG. 人绒毛膜促性腺激素；EPO. 促红细胞生成素；ACTH. 垂体促肾上腺皮质激素；MSH. 黑色素细胞刺激素；ADH. 抗利尿激素；PTH. 甲状旁腺激素；TSH. 促甲状旁腺素；CT（calcitonin）. 降钙素

从表 18-1 中可以看出，能分泌异位激素的肿瘤涉及消化系统、呼吸系统、生殖系统以及神经系统等。肺癌也是最常见的产生异位激素的肿瘤之一。一般认为，这类肺癌来自胚胎的神经嵴，而神经嵴在胚胎发育过程中可以衍生为多种内分泌器官的某些成分。

为什么特殊异位激素的产生只限于某些肿瘤，而不是所有的肿瘤都产生异位激素呢？这个问题目前仍未完全阐明。一般认为肿瘤或多或少地由于去分化而回到胚胎的形式。例如，几乎所有的肝细胞瘤，某些胰腺癌、胃癌、肺腺癌都可以产生 AFP，这些肿瘤的来源与胚胎卵黄囊内胚层有关，而卵黄囊内胚层则是 AFP 产生的胚胎位置。肿瘤形成过程中有胚胎性基因表达的另一个强有力的证据是：肿瘤与早期胚胎组织往往具有共同的抗原性及免疫现象。迄今在肿瘤中发现的胚胎抗原已有癌胚抗原（carcino-embryonic antigen，CEA）、α-甲胎蛋白（α-fetoprotein，AFP）、γ-甲胎蛋白、硫糖蛋白、胎铁蛋白、T 球蛋白、乙胎蛋白、波形蛋白（vimentin）、结蛋白（desmin）、胰癌胚抗原（糖蛋白，40kDa）、鳞状细胞抗原（糖蛋白，44～48kDa）、组织多肽抗原（细胞角蛋白 8、18、19）等。肿瘤组织具有胚胎性抗原以及胚胎细胞与肿瘤细胞表面的相似性，提示肿瘤细胞与胚胎细胞具有共同的免疫逃逸机制。例如，用胚胎细胞或经射线照射的肿瘤细胞都可使动物获得免疫性，这也证明肿瘤具有重现那些与免疫逃逸有关的早期胚胎发育基因产物的机制，从而使肿瘤细胞能够存活下来。有人认为，这些基因的重现可能是恶性转化必需的步骤。

有实验表明，从小鼠肿瘤及胚胎中提取出一种 RNA，注射到同种小鼠的体内，可以引起实体瘤的坏死、出血及肿瘤的消退。如果注射到孕鼠，则可以引起胚胎的吸收，但对带瘤宿主和孕鼠本身都无毒性。这种共同存在于肿瘤及胚胎中的 RNA 及其作用的特异性，表明肿瘤中有胚胎性基因的重现。

三、神经细胞的正常分化与成神经瘤细胞的诱导分化

个体发育实质上是细胞有控生长与逐步分化的结果，而肿瘤则是生长失控与去分化的结果。因此分化是细胞正常或恶性的分水岭。

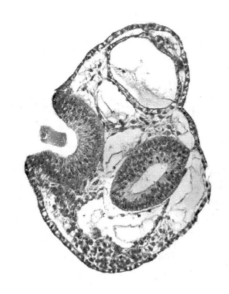

图 18-1　神经组织的分化和诱导分化

细胞分化以功能的专一化为特征，主要标志是合成具有特殊功能的蛋白质，停止或失去细胞分裂活动能力，同时出现该细胞特有的表型结构。最有力的证据之一就是胚胎诱导现象。在发育过程中，胚胎细胞从早期高度可塑性和未分化状态向定型的细胞或组织类型发展，皆以出现特异性蛋白质合成开始，随之表现出特征性的功能与形态表型。例如，鸡胚胚盘外胚层细胞在脊索中胚层的诱导下首先形成神经板，再经过神经沟、神经管、脑脊区野等初级分化阶段，逐渐向特异类型神经元的方向分化，出现嗜银蛋白质并伸出轴突和树突，最终成为典型的神经细胞。而脊索中胚层本身也能分化为脊索和肌节等中胚层衍生物。另外，它起着组织者（organizer）的作用，诱导与其接触的外胚层定向分化为相应区的神经组织，诱导其下方的内胚层分化为原始消化道组织。而且这种"自我分化"与"诱导分化"的现象不仅存在于卵内，在体外都可发生。图 18-1示 4 期鸡胚外胚层在原结诱导下分化成为神经褶（NF）；原结本身分化成神经管（NT）以及肠管（G）和中胚层组织（M）。

细胞分化的分子遗传基础是基因的选择性激活、转录和翻译。在这一基因表达过程中，任何环节或其正常基因功能错误编码，甚至只是一个核苷酸的改变即可引起突变。这就是基因突变致癌、异常分化和许多遗传性疾病发生的物质基础。在某种情况下，也可能因成体细胞特异基因表达被抑制而代之以胚胎性基因的重现，导致发生癌变。例如，肝癌中甲胎蛋白就是这种胚胎性基因的产物。

正常细胞固然可以在化学致癌物、病毒或射线等因素作用下发生恶性转化，而肿瘤细胞也可在某些因子作用下发生分化，朝正常方向改变。最常观察到的肿瘤分化见于哺乳动物的畸胎瘤。1985 年，Wartiovara 报道以视黄酸和双丁酰 cAMP 处理小鼠畸胎癌 F9 细胞系可诱导形成神经样细胞，并产生乙酰胆碱酯酶，而且如果被以上两种药物较长时间地处理，则细胞内还有神经纤丝蛋白的形成。国内有科学家用维生素 A 处理 F9 小鼠胚胎癌细胞也观察到分化现象。王振义、陈竺等用全反式维生素 A 治疗急性粒细胞白血病，不但观察到白血病细胞向正常方向分化，还观察到细胞凋亡（apoptosis）以及某些基因表达的改变。

成神经细胞瘤的组成细胞类似于人体早期发生中的神经母细胞。胚胎性的神经母细胞可以分化为神经节细胞，而成神经细胞瘤细胞可分化为节细胞神经瘤细胞。此外，在某些病例中还可见到成神经细胞瘤可以自发消退。这在年幼的儿童患者中更为多见。体外研究能更直接地观察到成神经细胞瘤细胞的分化。例如，将人成神经细胞瘤细胞进行体外培养，最初它们是圆形的，没有胞质突起，然而一旦附于基质，便产生轴突和树突，特别是当它们聚集在一起时更为明显。电子显微镜的观察证明，它们已有了分化，并且和神经节细胞相似，即具有突起，并终止于突触小结。此外，这些细胞可以合成和降解儿茶酚胺，将多巴转变成多巴胺及去甲肾上腺素。因此可以在培养液中检测到胺的代谢物。这些细胞可为神经生长因子所刺激，细胞内出现中枢神经系统的特异神经蛋白。

第二节　肿瘤的病因及致癌机制

提到肿瘤，不能不了解肿瘤形成的原因。肿瘤分子生物学的研究证明，肿瘤是体细胞的遗传性疾病。肿瘤的发生是细胞的遗传物质发生突变的结果。所以，所有能导致细胞遗传物质改变的因素均可导致肿瘤产生。

一、化学致癌物

可以诱发肿瘤形成的化学物质称为化学致癌物。动物诱癌实验发现上千种致癌物质，包括自然界存在的和人为生产的致癌物，但是已确定的人类癌症病因的化学致癌物并不多。

化学致癌物的致癌过程大致可分为 4 个阶段，即启动阶段（initiation）、促进阶段（promotion）、转化阶段（transformation）和演进阶段（progression）。启动阶段是指化学致癌物对细胞遗传物质的损伤阶段。这种损伤是不可逆的，但是细胞的表型并不改变。经历了启动阶段的细胞在一定量的促瘤因子的作用下，转变成恶性细胞，导致肿瘤发生并无限制的生长，形成大的赘生物。例如，有人将小鼠皮肤涂以已知的 DNA 损伤物如苯并芘，使一些表皮基底细胞获得突变，理论上使它们具有肿瘤转变的危险，即为启动。然后在该处皮肤反复涂以某一类化合物（促进剂），如佛波酯（phorbol ester），8～10 周后出现乳头状瘤，这一过程称为促进。其中一些乳头状瘤是促进剂依赖的，即如果停止使用促进剂，它们则会退化。而一些不依赖促进剂，约 6 个月后形成癌肿。从良性到恶性病变的变化过程称为转化。肿瘤促进剂是一类辅致癌物。许多辅致癌物可通过增强代谢特性，降低致癌物的灭活或抑制 DNA 修复而发挥作用。肿瘤演进指的是已经恶变的肿瘤其恶性程度的不断发展。这些特性包括耐药、侵袭性增强、转移等。演进与启动和转化一样，可能是由于突变的结果，因而演进通常与核型异常的增加有关。

二、病　毒　致　癌

不是所有的病毒都能引起人或动物肿瘤。能引起人及动物肿瘤的病毒称之为致癌病毒或肿瘤病毒。

肿瘤病毒可分为两大类：DNA 肿瘤病毒（onco-DNA-virus）和 RNA 肿瘤病毒（onco-RNA-virus），后者可称为致癌逆转录病毒（oncogenic retrovirus）。病毒的基因组（DNA 或 RNA）通常在被感染的细胞核内复制，有时可在细胞浆内复制。

DNA 病毒由 DNA 核心以及外围的蛋白质壳组成。它们侵袭细胞时，通常先附着于细胞表面，然后把它们的 DNA 核心注入细胞内，病毒 DNA 一旦进入细胞，它们或者开始增殖，产生许多病毒颗粒，并将细胞杀死；或者病毒 DNA 掺入到宿主细胞的基因组中。于是细胞被转化成为癌细胞。这是因为宿主基因组中的病毒基因可以编码新的蛋白质，改变细胞行为，即所谓的癌蛋白（oncoprotein），从而诱发正常细胞成为癌细胞，或者病毒 DNA 插入的本身便可损伤宿主细胞的 DNA，使得它的生长调节过程受到损害，变成永不停止繁殖的细胞。

RNA 病毒由 RNA 核心及蛋白质外衣组成。在其生活周期中有一个将基因组 RNA 逆转录成 DNA 的过程，所以称之为逆转录病毒（retrovirus）。Rous 肉瘤病毒（RSV）即是一个典型的逆转录病毒。目前认为，RNA 病毒首先吸附于细胞表面，然后将 RNA 注入细胞内，借逆转录酶（依赖于 RNA 的 DNA 聚合酶）在病毒 RNA 模板上合成病毒 DNA。此时这种病毒 DNA 便可插入到宿主细胞的 DNA 内，编码新的蛋白质，改变细胞的行为，或者通过改变细胞分裂的调控而诱发肿瘤。

三、辐射致癌

辐射包括电离辐射和非电离辐射（紫外线，UV），它们原是我们环境中的正常成分。临床上早就利用电离辐射和紫外线进行疾病的诊断和治疗。

电离辐射对细胞的直接效应是导致靶分子化学键的破坏，还可直接或间接地引起 DNA 碱基的损伤，导致碱基的改变或碱基的缺失。如果损伤了 DNA 的骨架，还可导致单链或双链的断裂。

UV 对细胞的作用与电离辐射不同。它可使细胞内 DNA 分子的嘧啶碱基（胸腺嘧啶和胞嘧啶）激活，与水分子起反应产生水合嘧啶，或与邻近的嘧啶碱基反应形成稳定的嘧啶二聚体等，形成异常的碱基序列。

正常情况下，细胞是能修复损伤的。在细菌和哺乳动物的细胞中，均有对 DNA 损伤的修复机制。这一点对维持遗传信息的稳定来说是很重要的。例如，当 DNA 分子在某种致癌因素作用下，其中某一片段发生改变后，首先在内切酶的作用下，在发生改变的片段附近打开一个缺口，其次在外切酶的作用下，将此切口扩大，并将此异常的片段切除，然后在 DNA 聚合酶作用下，用互补的核苷酸将切除的部分补上，最后在 DNA 连接酶的作用下，封闭切口，恢复正常的 DNA 结构。通过上述修复系统的作用，就可以保护个体正常细胞免于轻易地遇到环境中致癌因素的作用而发生突变。有一种隐性遗传病——着色性干皮病（xeroderma pigmentosum），患者的皮肤对日光非常敏感，皮肤癌的发病率很高。体外培养患者皮肤纤维母细胞的实验表明，缺少对 DNA 损伤的修复能力，这是由于缺少 DNA 修复系统的酶所致。这一事实表明 DNA 修复系统在防止细胞癌变方面的重要性。

第三节　癌基因与肿瘤

一、癌基因、抑癌基因与肿瘤发生

迄今为止，癌基因与肿瘤形成的关系已毋庸置疑。然而，对癌基因的认识与一般科学发展的规律一样，也经历了一个漫长的历程。从 1911 年 Peyton Rous 从鸡肉瘤的滤液中发现第一种逆转录病毒（后来称为 Rous sarcoma virus，RSV），到 1966 年对该逆转录病毒的致癌特性的阐明整整经历了 50 年。以后的 20 多年中，在这方面的工作又取得了重大进展。1970 年，D. Baltimore 和 H. M. Temin 等分别从 RSV 中分离出逆转录酶。20 世纪 80 年代，Bishop 和 Varmus 等用 RSV 癌基因的 cDNA 作为探针对各种动物的各种组织进行了检测，发现与病毒癌基因的同源序列不仅在鸡，而且在果蝇、小鼠、大鼠和人类都存在。这种癌基因的同源序列因存在于细胞内，故取名为细胞癌基因（cellular oncogene，c-onc），又称原癌基因（proto-oncogene），即逆转录病毒中存在的癌基因实际上是来源于正常细胞所含的基因。正常生理情况下，原癌基因对正常细胞的生长和生理活动都起重要的作用，只有在原癌基因发生基因突变、扩增、易位而异常表达时才具有恶性转化活性，因此原癌基因是细胞潜在的癌基因。根据这一理论，每一个正常细胞中都隐含着可以毁灭自己的种子，只是这些癌基因平时都处于不活动的封闭状态，所以称为"原癌基因"。当在某种因子或几种因子的联合作用下被激活时，就可以表达出一些致癌的蛋白质产物，使细胞发生癌变。迄今已发现的癌基因已达 100 多个。

（一）原癌基因的激活与肿瘤发生

原癌基因是细胞基因组的正常成分，只有当某些因素作用后，原癌基因的结构或表达调控异常，使之激活才具有转化活性。一般认为原癌基因的激活可通过以下途径完成：

1. 点突变（point mutation）

原癌基因在编码序列的特定位置上某一个核苷酸发生突变，使其表达的蛋白质中相应的氨基酸发生变化。例如，膀胱癌细胞 *C-Ha-ras* 基因中，其编码序列的第 35 位核苷酸由 G 突变成 T，则编码的 p21 蛋白相应的第 21 位甘氨酸变为缬氨酸，从而获得了转化活性，这样，p21 蛋白就改变成致癌蛋白，使细胞发生无休止的增殖。而这种改变与正常蛋白质相比仅仅是一个氨基酸残基的改变。

2. 基因易位与重排（translocation and rearrangement）

如果原癌基因从它在染色体的正常位置转移到另外一条染色体的某个位置上，使其调控环境改变，导致从相对静止状态转变为激活状态；或者正常基因断裂后插入到原癌基因之前，尤其是当含有启动子的末端重复序列插入到原癌基因前，使得原癌基因得以表达而发生癌变。

3. 基因扩增与过表达（amplification and overexpression）

原癌基因通过某些机制在原来染色体上复制成多个拷贝，超出了正常细胞原癌基因的剂量，导致表达产物增加，干扰了细胞的功能。例如，髓细胞白血病细胞系 HL60 和结肠神经内分泌瘤细胞系中有 c-myc 的扩增，原发性肝癌中有 N-ras 的扩增，小细胞肺癌中有 L-myc 和 N-myc 的扩增，而且许多癌基因的扩增直接和死亡率及癌的演进有关。

4. 启动子的插入（promoter insertion）

有些癌基因的激活与过度表达是由于其上游插入了一个强启动子之故。例如，将鸟类白细胞组织增生病毒（avian leukosis virus，ALV）启动子插到 c-myc 基因附近，即可使 c-myc 转录增强。这使 c-myc 基因的染色质结构变成了高度活跃的基因构象（configuration），对 DNA 酶也很敏感，其表达也就增高，导致细胞发生转化。

近代分子生物学的发展大大加速了原癌基因激活机制的深入研究。目前认为，原癌基因表达也受顺式作用元件（cis-acting element）和反式作用因子（trans-acting factor）两方面的调控。例如，jun 基因蛋白就是一种核内 DNA 结合蛋白，也是一种转录活化因子，可与某些基因的顺式作用 DNA 区域特异结合，进而调节这些基因的表达。癌基因的表达还与染色体的构象密切相关。基因的复制和表达主要发生在结构比较松散的染色体上，癌基因表达也是如此。近来，有人提出基因表达调控的另一种机制是基因的领域效应（gene territorial effect）。这种机制对原癌基因的激活也起作用。任何消除旁侧基因领域效应的机制都可能激活和增强原癌基因表达。

（二）肿瘤抑制基因与肿瘤发生

如果将癌基因活化作为癌形成的关键因素似乎并不完全令人信服。因为不是所有的人体肿瘤中都能找到被激活的癌基因。现今只在 15%～20% 人体肿瘤中发现活化的癌基因，因此人们认为可能还有别的因素可以引起肿瘤发生。

20 世纪 60 年代，有人发现当高度恶性的细胞株与低度恶性的细胞株在体外混杂时，能自发产生具有每一方亲代性质的杂种细胞（hybrid），此即细胞融合实验。以后，有人在进行细胞融合实验中发现，如果将许多自发性肿瘤和病毒、化学致癌物诱发的肿瘤细胞与正常的成纤维细胞、淋巴细胞、巨噬细胞融合后，肿瘤细胞的致瘤作用消失或明显减弱。起初这种杂种细胞会保持两套染色体，但随着细胞生命的延续，有些染色体保留下来，有些则会丢失。杂种细胞只要缺失了某条正常染色体，便会重新恢复其致癌性，提示该染色体上存在有抑制肿瘤生长的因子。例如，将人纤维细胞、肉瘤细胞与二倍体成纤维细胞融合，只要在杂种细胞中保留人的一号染色体，尽管有 N-ras 岛的表达，致癌作用仍然能被抑制。HeLa 细胞或 Wilm 细胞与人的二倍体细胞融合后，第 11 号染色体的存在也抑制其致癌性。在 EJ 膀胱癌细胞-人纤维母细胞杂交细胞，尽管有突变的 C-Ha-ras 癌基因的持续表达，但致癌性却受到抑制。这些结果表明，尽管存在活化的原癌基因，肿瘤抑制基因的作用是显性的。通过基因转染实验，目前已证实将 Rb 基因的一个正常拷贝引入恶性的视网膜母细胞瘤细胞，这些细胞的致癌性便受到抑制。1985 年，Knudson 正式提出抑癌基因的概念。如今，人们称它们为隐性癌基因（recessive oncogene）或肿瘤抑制基因（tumor suppressor gene），有时也俗称为抗癌基因（antioncogene）。通过各种基因定位的方法，尤其是通过构建 cDNA 文库及染色体步行（chromosome walking）方法，已分离到与成视网膜细胞瘤发病有关的 Rb 基因。此外，还可用消减杂交（subtractive hybridization）或差异显示（differential display）、DNA 芯片技术等方法来寻找癌基因、抑癌基因或与分化有关的基因。迄今已初步证实人类的

1、2、3、11 号染色体，小鼠 4 号染色体及叙利亚仓鼠 15 染色体中都可能存在这种肿瘤抑制基因。

至今已发现的抑癌基因有 10 余个。最早被确定的抑癌基因是 *Rb* 基因，位于 13 号染色体的长臂上 (13q44)。这是对遗传性成视网膜细胞瘤（RB）进行分析实验所获得的。染色体分析技术证实 RB 患儿有 13q44 的丢失。该基因至少有 200kb，含 27 个外显子，其编码的蛋白质 P105RB 含有 928 个氨基酸。除了 RB 患者以外，在其他类型的人恶性肿瘤中也发现了 *Rb* 基因异常，包括骨肉瘤、小细胞肺癌等。因此 *Rb* 基因可能是带有普遍意义的抑癌基因。若将完整的 *Rb* 基因导入 *Rb* 基因异常的 RB 细胞或骨肉瘤细胞中，肿瘤细胞的恶性表型和生长均受到抑制。这充分说明了 *Rb* 基因在抑制癌变过程中的作用。

P53 是近年来发现的第二个抑癌基因。该基因位于第 17 号染色体短臂上，所编码的蛋白质分子质量为 53kDa，故称 P53 蛋白。染色体检查已发现好几种肿瘤细胞（肺癌、乳腺癌、肠癌等）17P 有缺失。最初发现 *P53* 基因时以为它属于癌基因，因为用抗 P53 蛋白的抗体检测许多肿瘤细胞，均发现 *P53* 过度表达。例如，低度恶性胶质细胞瘤中 *P53* 表达是明显的 Kendall 等级相关关系。后来才发现，在瘤细胞中过度表达的 *P53* 基因是发生了点突变的基因，突变前的 *P53* 基因是抑癌基因，突变后 *P53* 基因转变成了癌基因。结果是突变型的 *P53* 基因使野生型的 *P53* 基因失去了活性。

P16 是一个颇有争议的肿瘤抑制基因蛋白产物，其基因称为 *MTS1* 和 *MTS2*，位于人第 9 号染色体短臂。已有的实验证据表明它与人类 75% 的癌症有关，而且 P16 还可直接调控细胞周期的进程，而 P53 必须通过 P21 蛋白才有调控作用。

Patched（*ptc*）基因是 1989 年最早在果蝇（*Drosophila*）中识别出来的。它与胚胎发生中的分布以及极性形成有关，即它属于一种分化基因，决定着胚胎各部分的布局、分节、轴性，尤其是神经系统与肢芽分化等。该基因目前已在小鼠、鸡中分离得到。

有意义的是，新近科学家在人的 Gorlin 综合征，即痣样基底细胞癌（NBCC）中也找到了该基因，但它是 *ptc* 的突变形式。NBCC 是一种遗传性、非性别相关性（即常染色体显性）的癌症。患者的特征是，除了易发生皮肤基底细胞癌之外，还可发生髓样细胞瘤、卵巢纤维瘤以及多处畸形，如颅面部畸形、大头畸形、肋骨发育不良（相当于果蝇翅膀畸形）、神经管缺陷等。

深入研究发现，在正常的野生型细胞中，*ptc* 基因编码有 12 个跨膜结构区的蛋白质，可能是一种受体，或是转运子（transporter）。它可以抑制靶基因的转录，只有在另一个基因产物，即 Hedgehog 存在时，这种抑制作用方可解除。然而在 NBCC 细胞中，不论是否存在 Hedgehog，只要有 *ptc* 等位基因的丢失或失活，都可导致下游基因的转录，引发肿瘤形成。该结论也已在人肿瘤标本中得到证实。例如，在受检的基底细胞癌中，可在标本中检测出 9 号染色体的 *ptc* 区有大约 15 个碱基对的丢失，而另一条染色体有 *ptc* 的突变。

然而，ptc 与 Rb 和 P53 有所不同。P53 与 Rb 蛋白是在核内与细胞周期钟（cell cycle clock）的成分相互反应的，而 ptc 是个膜蛋白，可能调控着细胞内一个复杂的级联反应（cascade），并最终导致转录的抑制。

二、癌基因的种类及生理功能

（一）原癌基因与细胞生长调节

近年来的研究表明，生长因子和许多调节肽参与细胞增殖的调节。某些癌基因可直接表达生长因子样的活性物质，最典型的例子是 *sis* 基因表达产物与血小板源性生长因子（PDGF）B 链同源。此外，*int-2* 和 *hst* 癌基因编码蛋白质与成纤维细胞生长因子（FGF）也高度同源，它可促进成纤维细胞生长。许多生长因子如表皮生长因子（EGF）、PDGF 等也可促进一些癌基因表达，如 EGF 促进 *fos*、*myc* 基因表达。一些神经递质和调节肽可促进细胞的生长增殖，其机制可能与癌基因有关。例如，去甲肾上腺素可促进 *myc* 基因表达，血管紧张素可促进 *sis* 基因表达，内皮素可促进 *fos* 和 *myc* 基因表达。

（二）原癌基因与细胞分化调节

细胞分化是一个由前体细胞转变成终末细胞的多步骤过程。在细胞分化中，原癌基因的表达呈现严格的组织细胞类型和发育时相的特异性，可以在分化过程中的不同分支点起"正性"或"负性"调节作用。例如，神经视网膜和小脑中，随着神经元细胞分化开始与增殖终末，*src* 基因特异性表达。又如果蝇中 *v-src* 同源基因，在发育早期，此基因在所有细胞中均有表达；但 8h 后，它的表达仅限于神经组织和肠道平滑肌，这个时相与细胞分化一致，而与细胞增殖无关。应用佛波酯（phorbol ester）或二甲亚砜（DMSO）诱导人髓性淋巴细胞白血病（HL-60）分化成巨噬细胞或中性粒细胞过程中，均可见诱导细胞分化。在某些细胞分化过程中，*myc* 基因表达减少，DNA 合成也降低，提示它在细胞分化过程中呈"负性"调节作用。

（三）原癌基因与细胞内信息传递

原癌基因可表达多种受体蛋白、蛋白激酶及细胞内其他信息传递分子，调节细胞内信息的传递。受体是细胞接受信息的特异性感受器。现已证明，*erb-B* 基因产物 p68 与 EGF 受体膜内区的序列高度同源，可以在没有 EGF 作用的条件下产生细胞增殖信息。*neu* 基因可编码 PDGF 受体；*fms* 基因可编码集落刺激因子（CSF-1）受体。癌基因还可表达一些非生长因子受体，如 *mas* 基因可编码血管紧张素（AGT）受体或肾上腺素 α 受体；*erb-A* 编码甲状腺素受体和类固醇激素受体等。酪氨酸蛋白激酶（TPK）是信息传递的传感器（transducer）。EGF、PDGF、FGF、CSF-1 和转化生长因子 α（TGF-α）等受体的胞内区均具有 TPK 活性。生长因子与其相应受体结合后，由于受体构象变化，可使其 TPK 活性升高，催化细胞内某些底物蛋白质的酪氨酸残基磷酸化，导致细胞增殖信息的传递。已证明 *abl*、*src*、*yes* 等多种癌基因的表达产物都具有 TPK 活性。有些癌基因如 *mos*、*mil*/*raf* 等还可表达丝氨酸/苏氨酸蛋白激酶，它们也参与信息传递过程。

鸟苷酸结合蛋白（G 蛋白）是细胞信息传递的偶联因子，是多种激素信号分子传递的调节器（modulator）。G 蛋白与 GTP 结合可介导多种信号分子的传递。*Ras* 癌基因家族编码的 P21ras 与 G 蛋白的 α 亚基相似，也具有与 GTP 结合的功能。P21ras 与 GTP 结合可激活磷脂酶 C，促进磷酸肌醇酯代谢，产生三磷酸肌醇（IP_3）和二酰基甘油（DG）。*ros* 和 *erc* 的表达产物也具有蛋白激酶活性，可促进 PI-PIP-PIP_2 代谢。最近发现的 *crk* 癌基因，其编码产物也具有磷脂酶 C 活性。

有些癌基因表达产物位于细胞核内，一般是 DNA 结合蛋白，如 *myc*、*myb*、*fos*、*ski*、*jun* 等。它们是信息传递的终端，即靶分子（target molecule）。成纤维细胞接受 PDGF 作用后，2h 内 c-myc 的 mRNA 增加 40 倍，c-fos 的 mRNA 也明显增高，且出现得更早。由于这些基因表达 DNA 结合蛋白，它们可以促进或抑制有关基因开放，调节细胞增殖。在细胞信息传递和转化过程中，常常需要两种或多种癌基因的协同作用，如 *ras* 和 *myc* 基因协同才能促进成纤维细胞转化。

三、与神经系统分化发育有关的癌基因

（一）*c-src* 原癌基因的表达与分化

c-src 原癌基因的产物为一种磷蛋白，符号为 pp60 c-src，它在神经元细胞中的特异表达提供了一个原癌基因在细胞分化中作用的最佳例子。在小鸡视网膜和小脑中，pp60 c-src 的表达首先是在神经元开始分化时被检出，这时增殖停止，而此原癌基因产物的表达则持续到神经元的终末分化。与此相同的现象见于大鼠脑内，神经元和星形细胞中含有的 c-src 蛋白和激酶活性都比成纤维细胞者为高。这些发现说明，*c-src* 原癌基因在神经元分化中的功能，并非起细胞增殖的作用。

在胚胎组织中，*c-src* 原癌基因产物 pp60 c-src 也显示最高的表达水平。如在胚胎脑中，CNS 神经元和星形细胞所含的 c-src 蛋白比正常成纤维细胞高 15～20 倍，其酪氨酸激酶活性高 10 倍。与胚胎中的 pp60 c-src 的表达情形相反，在完全分化的成年组织中，c-src 的表达是为了维持这些组织的功能。例如，肾上腺髓质的嗜铬细胞是从神经嵴的发育而衍生的，它参与胞泌作用中释放传递物的非常特异的功能。此外，神经母细胞瘤也有很高的 pp60 c-src 的表达。总之，在胚胎形成中和成年组织中，pp60 c-src 的功能还不十分清楚，可能与细胞形态改变、细胞在胚胎中的移动、分化信号的诱导、神经介质的释放、离子通道活性的调节和生长因子受体的功能等都有关系。这些问题尚待进一步探讨。

（二）*ras* 基因的结构及其表达

在正常细胞中有 3 种 *ras* 原癌基因，其符号为 *c-Ha-ras1*、*c-Ki-ras2* 和 *N-ras*。它们的结构相似，都可编码含有 188 个或 189 个氨基酸的基因产物（蛋白质）。这种蛋白质的分子质量约为 21kDa，因此称为 P21ras。ras 蛋白能与鸟苷酸结合，逐渐水解

GTP，即 ras 蛋白具有 GTP 酶的活性，而在 ras 原癌基因被活化后，此 P21ras 蛋白则降低其 GTP 酶的活性。在肿瘤细胞中，ras 基因高度表达时呈现 GTP 酶活性大为降低。从测定信使 RNA 水平来看 Ha-ras 和 Ki-ras 基因的表达在胚胎和胎儿发育过程中基本不变，而在成年的小鼠脏器中 ras 蛋白的水平则按细胞类型不同以及细胞分化的不同阶段而有明显的改变。在未成熟细胞和增殖中的细胞，以及某些具有特殊分化功能的细胞中，P21ras 的水平有相当程度的增高。增殖中的未成熟细胞比成熟的细胞含较多的 P21ras 蛋白；相反，高度分化的细胞，如神经元和内分泌腺体的上皮细胞也表达了很多的 P21ras 蛋白，在甲状腺、肾上腺皮质、胰脏的胰岛都含有 ras 蛋白。脑中的 P21ras 蛋白含量比其他脏器高 5～10 倍。这些结果说明，P21ras 蛋白在细胞增殖中和某些特殊细胞的功能中都起作用。

　　ras 基因与多种癌症的关系已有不少报道，它在膀胱癌、肺癌、肝癌等肿瘤中的高度表达已被证实。但与神经系统发生发育的关系及在神经系统肿瘤的发生中有什么作用尚不十分清楚。

（三）c-myc 和 c-myb 原癌基因的表达

　　在成神经细胞瘤细胞分化过程中，以及用视黄酸诱导 F9 畸胎癌细胞过程中，c-myc 和 N-myc mRNA 水平降低。这个结果表明 c-myc 和 c-myb 所编码的基因产物的作用是促进增殖或抑制分化。在机体内，c-myc 基因在许多生长中的细胞中表达，N-myc 和 L-myc 基因则在小鼠的产后早期阶段的脑和肾脏中表达，说明这些原癌基因在小鼠发育中起作用。

　　在不同体系中所观察的 c-myc、N-myc 和 c-myb mRNA 水平的下调造成增殖活性的丧失，与之相伴的则为分化诱导的出现。因为这些基因都和生长的控制机制有关。在某些细胞中，c-myc 和 c-myb 的表达关闭，正是分化发动所需求。在 DMSO 诱导的小鼠红白血病 Friend 细胞的红细胞分化，以及神经生长因子诱导 PC12 嗜铬细胞瘤细胞的神经元分化中，c-myc 基因的表达是在分化以后暂时增加，可能是由于 c-myc 的表达与细胞谱系有关，也可能和此细胞谱系的分化阶段有关。因此，c-myc 基因对增殖和分化过程都能起作用。同样，c-myb 基因产物可在胸腺淋巴细胞的分化中起作用，而在其他细胞中，c-myb 的表达则在细胞周期的调控中起作用。

第四节　神经系统与胚胎发生有关的肿瘤

一、神经系统遗传性肿瘤视网膜母细胞瘤

　　视网膜母细胞瘤（RB）是最典型的神经系统基因异常导致的肿瘤，起源于视网膜核层原始干细胞，属于胚胎性恶性肿瘤。这种肿瘤发生在儿童的眼部，尤其好发于 3 岁以下的婴幼儿。随年龄的增长，肿瘤发生的可能性越小，但也偶见于成年人。儿童 5～6 岁后，该肿瘤即不再发生。

　　RB 有遗传型和非遗传型两种类型。遗传型 RB 是由于种系突变引起的。其中 80%

的患者肿瘤发生于双眼，15%是单眼受累，另有 5%是无临床症状的突变携带者。遗传型 RB 的发生特点遵循肿瘤发生的多阶段学说。Knudson 在 1971 年就提出，视网膜上的这些胚胎细胞需要经历两次突变才能转变为癌细胞。第一次突变发生于种系（即发生于生殖细胞内），这样在胚胎形成后，视网膜中的每一种细胞都已经历了一次突变，成为启动细胞，其中任何一个启动细胞若发生第二次突变即能形成肿瘤。由于有大量的视网膜细胞已处于被启动状态，因此，RB 常常是多发的。在染色体水平，不论是遗传型或非遗传型 RB，第一次突变即导致第 13 号染色体长臂 1 区 4 带（13q1.4）丢失，第二次突变则可发生于另一条染色体上的正常 RB 等位位点上。因此在细胞水平，突变呈现为隐性的，即 RB 需在两个等位基因都发生突变时才会出现。在视网膜发育过程中，如果第二个等位基因丢失，则细胞会不停地增殖，而不发生正常的末端终止，从而产生视网膜母细胞瘤。

已经证明 RB 蛋白是成人所有细胞的转录调节因子。激活的 RB 蛋白可抑制细胞在整个细胞分裂周期所必需的基因表达。细胞周期中的多种调节蛋白可使 RB 蛋白磷酸化，使 RB 蛋白失活，从而使细胞开始分裂。由此不难理解，导致 RB 蛋白缺损或缺乏的基因突变将有利于细胞增殖继而可产生癌症或使原有癌的恶性程度升高。正常情况下，视网膜中的活性 Rb 基因控制着视网膜细胞的生长发育，一旦它们失去功能或先天性地缺失，视网膜细胞便不断增殖，形成视网膜母细胞瘤。在任何视网膜母细胞瘤中都检测不到 RB 蛋白。此外，Rb 基因对化学致癌物十分敏感，极易受化学致癌物的作用而失活，这样又使得癌基因如 N-myc 活跃起来，促进肿瘤的形成。

二、神经系统其他与胚胎发生有关的肿瘤

原发性中枢神经系统肿瘤有颅内肿瘤（简称脑瘤）及脊管内肿瘤两大类，其中 85%为颅内肿瘤，15%为脊管内肿瘤。原发性颅内肿瘤可发生于脑组织、脑膜、颅神经、下丘脑、血管及胚胎残余组织，其中以神经外胚层来源的胶质瘤（glioma）最多。它包括星形胶质细胞瘤、少突胶质细胞瘤、室管膜瘤（包括视管膜下瘤，subependymoma）、多形性胶质母细胞瘤等多种，其中以星形胶质细胞瘤最为常见。它可发生于任何年龄，但发病年龄与肿瘤部位和组织学类型密切相关。儿童及青少年期的星形胶质细胞瘤多位于小脑、下丘脑、第三脑室、视神经交叉等处，而且分化一般较好。相反地，成年人的星形胶质细胞瘤多位于大脑，分化往往较差。新近 WHO 将一种称之为胚胎发育不良性神经上皮瘤（dysembryoplastic neuroepithelial tumor）归为神经元和混合神经元神经胶质细胞瘤。

近年来，人们已从原发瘤中分离到 4 种肿瘤基因，其中 PTEN（phosphatase and tensin homolog deleted on chromosome ten）基因的突变多与胶质母细胞瘤、星形细胞瘤发生有关。髓母细胞瘤也好发生于儿童，肿瘤起源于原始胚胎残余细胞，儿童中以发生于小脑蚓部或后髓帆较多，成人则多见于小脑半球。

脑膜瘤则来自中胚层的蛛网膜细胞，属于原发性颅内良性肿瘤。近年来研究表明，该肿瘤的发生与 22 号染色体异常有关。

颅咽管肿瘤，又称颅颊囊瘤，肿瘤细胞来自颅颊囊上皮剩余细胞。

　　松果体区肿瘤。由于松果体区组织结构复杂，肿瘤来源也较多，主要类型有生殖细胞瘤、畸胎瘤、松果体细胞瘤及松果母细胞瘤。

　　神经母细胞瘤或称为成神经细胞瘤（neuroblastoma），则是起源于原始神经嵴细胞的恶性肿瘤，多发生于肾上腺髓质或交感神经节细胞。成熟型称神经节细胞瘤，为良性肿瘤；未成熟型称为神经母细胞瘤；移行型称为神经节母细胞瘤。后两者为恶性肿瘤。三型肿瘤在发展过程中可互相转化，即

　　　　　　神经节细胞瘤 ⟵——→ 神经节母细胞瘤 ⟵——→ 神经母细胞瘤

　　神经母细胞瘤是儿童常见的恶性肿瘤之一。目前认为与 $N\text{-}myc$ 基因过表达有关，某些病例可发生肿瘤自发消退，但多见于 1 岁以下的婴儿，可能与 $N\text{-}myc$ 表达正常有关。

　　由上所述，不难看出，神经系统发生发育异常可形成多种不同肿瘤，但迄今有关神经系统肿瘤形成的分子细胞学研究仍然还很不够。

（章静波　撰）

主要参考文献

陈方宏，郑树. 1992. 肿瘤癌变机理的研究进展. 实用癌症杂志，7(3)：226

方炳良. 1992. 视网膜膜母细胞瘤. 基因诊断技术及应用. 北京：北京医科大学中国协和医科大学联合出版社，61

林志雄. 2003. 脑胶质瘤侵袭微生态系统的研究.《癌的侵袭与转移：基础与临床》. 北京，科学出版社，349

刘定干. 1990. 抗癌基因时代正在到来：抗癌基因研究的最新进展. 生理科学进展，7(3)：226

刘培楠. 1990. 癌基因产物的生理功能：正常组织的原癌基因在细胞增殖与分化中表达和其转录的普遍机制. 生理科学进展，21(2)：112

马文丽，郑文岭. 2003. 分子肿瘤学. 北京：科学出版社

汤健，周爱儒. 1990. 原癌基因与心血管疾病. 生理科学进展，21(2)：119

吴昊. 1986. 癌基因进展研究. 国内外医学科学进展. 北京：科学出版社，213

徐宁志，邓国仁. 1989. 人类基因定位的进展及在肿瘤研究中的应用. 生物化学与生物物理进展，16(3)：166

杨定成，李通. 1992. RAS 基因突变和人类肿瘤的发生. 实用癌症杂志，7(3)：322

章静波，林建银，杨恬. 2002. 医学分子细胞生物学. 北京：中国协和医科大学出版社

章静波，宗书东，马文丽. 2002. 干细胞. 北京：中国协和医科大学出版社

赵文华. 1996. 肿瘤临床应用研究肿瘤分子生物学. 中国肿瘤，5(4)：26

Ben-Zion S. 1996. Dispatched from patched. Nature, 382：115

Bishop JM. 1987. The molecular genetics of cancer. Science, 235：305～311

Chada S, Ramesh R, Mhashilkar AM. 2003. Cytokine- and chemokine-based gene therapy for cancer. Curr Opin Mol Ther, 5(5)：463～474

Friend SH. 1987. Deletions of a DNA sequence in retinoblastomas and mesenchymal tumors：organization of the sequence and its encoded protein. Proc Natl Acad Sci, 84：9059～9063

Gerhard DS. 1987. Evidence against Ha-ras-1 involvement in sporadic and familial melanoma. Nature, 325：73～75

Gotley DC, Ooi LPJ. 1996. Molecular and cellular biology of tumor metastasis. Asian Journal of Surgery, 19(3)：218～224

Harris H. 1988. The analysis of malignancy by cell fusion：the position in 1988. Cancer Res, 48(12)：3302～3306

Horowitz JM. 1989. Point mutational inactivation of the retinoblastoma antioncogene. Science, 243：937～940

Macara IG. 1989. Oncogenes and cellular signal transduction. Physiol Res, 69(3)：797～820

Meyess RA. 1995. Molecular biology and comprehensive desk reference. New York：VCH Publishers

Morgan JI, Curran T. 1991. Stimulus-transcription coupling in the nervous system: involvement of the inducible proto-oncogenes fos and jun. Annu Rev Neurosci, 14: 421~451

Pennisi E. 1996. Gene linked to commonest cancer. Science, 272: 1583~1584

Smith JS, Tachibana I, Passe SM, et al. 2001. PTEN mutation, EGFR amplification, and outcome in patients with anaplastic astrocytoma and glioblastoma multiforme. J Natl Cancer Inst, 15(16): 1246~1256

第十九章　发育与组织分化研究的实验技术

第一节　概　　述

　　现代生物学技术在帮助我们了解发育和分化的分子调控方面起到了巨大的作用。在神经生物学这一发展十分迅速的领域中，分子生物学技术被扩展应用于神经科学并在其中扮演了重要角色。当今各种分子生物学技术如分子克隆、染色体基因定位图（chromosome mapping）、原位杂交、细胞转染、转基因和基因敲除等均已有详细的操作步骤介绍。因此，本章不拟再对这些已在大卷书本提供的资料予以赘述，而侧重介绍一些对研究组织分化十分重要但又长期被人们忽略的基本细胞生物学实验技术。这些技术如胚胎培养和异位细胞生长技术等，一旦与分子生物学技术结合将在发育神经生物学的研究领域成为十分有力的研究策略（strategy）。

　　神经系统的早期分化是十分具有挑战性和吸引力的研究课题。已知中枢神经系统是由神经管发育而来，小鼠胚胎的神经管在植入后几天内就开始发育。在哺乳动物，胚胎植入子宫内所致的胚胎不可接近性（inaccessibility），阻碍了对神经管发育的直接实验研究和连续监测。正如原位细胞标记技术和组织移植技术在发育中的两栖类和鸟类胚胎十分容易实现，但对大部分时间都在宫内发育的哺乳类胚胎却十分困难。然而，胚胎培养技术的发展使得在体外维持小鼠或大鼠胚胎发育成为可能。鼠胚在体外可存活相当一段时间，在这段时间内可完成原肠胚形成（gastrulation）和早期的器官发育。胚胎培养现已为各种实验操作所认可，最重要的是胚胎培养技术可允许直接的、不间断的观察胚胎发生的详细过程。应用这一技术，在神经嵴形成、神经管的分化和各种影响神经管发育的因素等方面获得了进一步的资料。本章第二节将以小鼠胚胎作为模型详细叙述着床后的胚胎培养技术。

　　即使采用最好的培养系统，大鼠与小鼠的胚胎也仅能生长在器官发生的一定阶段，超过这一阶段，体外培养会发生异常。由于存在这一局限性，因此不可能获得足够的神经元分化。有两种方法用以研究神经管的长期分化，即将组织进行组织培养或异位培养。就组织分化而言，胚胎组织在异位生长要优于原位组织培养。这可能是由于宿主相对培养基而言能够提供更为丰富的营养因子。在本章的第二节，将介绍离体培养神经管的方法，而在第三节，将对外植体培养方法，即肾被膜下间隙与眼前房胚胎异位移植技术加以描述。

上述的方法已广泛应用于形态学、分子生物学及基因表达的研究。随着反义技术的发展，应用特别设计的反义寡核苷酸能够减少活体组织与细胞特异基因的表达进而研究它们基因表达产物的生物学功能。反义寡核苷酸是根据已知基因序列设计并人工合成的短片段基因序列（经典的为 13～25 个核苷酸），能够减少基因编码的蛋白质的产生。这些设计合成的分子能够干扰蛋白质合成的一个或多个步骤，引起细胞产生的特定基因产物减少。检测细胞或结构特定基因产物的缺乏能够阐明该蛋白质的功能。在本章的第四节，将对反义寡核苷酸技术结合全胚胎培养方法进行描述，该方法主要用以研究神经系统在早期胚胎发育过程中基因的功能。

本章以小鼠为实验动物。

第二节　胚胎组织的培养

一、植入后小鼠胚胎培养

研究哺乳动物胚胎发育的困难在于其植入子宫后的不可接近性。本章中介绍的方法允许小鼠或大鼠胚胎在子宫外发育 2～3 天，相当于其在体外发育的（post coitum，p．c.)8.0～10.5 天。在体外培养这一阶段，器官发生的主要过程与器官原基的形成将初步完成。这一培养方法能够有效控制胚胎的环境，并为进行胚胎细胞在正常环境中的实验研究提供了条件。在我们的实验室中，这一体外培养系统已成功用于研究肢芽的再生、药物与自然产物的致畸效应、神经嵴细胞的迁移、器官发生中基因的相互作用等。在本章中，将对器官发生的早期阶段（8.0～10.5 天 p.c.）小鼠胚胎外植体培养方法进行描述，因为在这一发育阶段，胚胎体外生长大多能够成功，器官发生的早期阶段也是广泛应用于胚胎操作性实验的发育阶段之一。

（一）胚　　龄

小鼠生长在人工控制的光照周期，即 12h：12h（暗：亮）。从早上 6 点到下午 6 点为光照期，下午 6 点到次晨 6 点为黑暗期。将一至几只雌鼠置入一铁丝笼内，在黑暗期开始时放入一具有生育力的雄鼠。假设动物在黑暗周期的中期即在清晨零时有过交配并在交配后立即受精。次晨，应用一钝头的刮铲检查雌鼠，在阴道处有黄白色的栓子表示是精液的凝聚，即为阴栓。有阴栓存在表示有过交配行为。习惯上将发现阴栓的当天中午称为交配后 0.5 天。小鼠妊娠期依品种而定，通常为 19～20 天。受精以后，受精卵沿着输卵管边移动边进行一系列的有丝分裂。在交配后 1～2 天形成 2 个细胞到 4 个细胞的胚胎。在交配后 3.0～3.5 天，当胚胎进入子宫时，已发育成桑椹胚（morula）或者早期的胚泡（blastocyst）。此期胚胎与母体组织无直接的接触而是游离浮动于输卵管或子宫腔内，称为植入前期（pre-implantation period）。往后至 4.0～4.5 天 p.c.，胚胎开始种植入子宫，先附着然后侵入子宫内膜，最后种植入子宫内，开始了植入后的胚胎发育期。胚胎逐渐增大并经历一系列结构的改变，在 6.0～6.5 天 p.c.成为圆柱状。在此阶段，胚胎由二层上皮性胚层组成，即脏壁内胚层在外，外胚层在内。次日（7.0～7.5 天 p.c.），第三个胚层即中胚层由原肠胚形成（gastrulation）。在 8.0 天 p.c.，胚胎前部外胚层开始增厚形成神经板，神经板在中线部分略凹入，这个凹入的部分，称为神经沟。当神经板两侧合拢形成神经褶时，神经沟变得更为明显。继之，在 8.0～8.5 天 p.c.，神经褶在颈部水平融合，神经板变成一个关闭的贯穿整个胚胎长度的神经管。神经管即中枢神经系统的原基（primordium）。神经嵴发生于神经褶的背侧。神经嵴细胞在同一天即 8.0～8.5 天 p.c.在中脑水平从神经管迁移出来，分布到全身各部位，演变为一系列不同的组织类型，包括黑色素细胞、外周感觉和自主神经系统的组成成分。紧靠神经管前端的腹侧中胚层形成心脏的原基，并在 8.5 天末开始有节律地收缩。9.0天 p.c.卵黄囊血岛逐渐出现，建立了复杂的卵黄囊血液循环，在 9.5 天 p.c.前，肢芽开始出现，眼、耳和嗅觉的原基形成，可见三对鳃弓、心脏已有搏动，并建立了原始的消化管。在 10.5 天 p.c.，胚胎进一步发育，肢芽增长，脑泡增大，颅侧和背根神经节形成，运动神经元开始分化。总之，在 8.0～10.5 天 p.c.主要的器官原基已经分化。应用体外全胚胎培养技术，此阶段的胚胎在培养基中易于成功培养。

（二）操作缓冲液的制备

PB1 应用于植入后 8.0 天 p.c.小鼠胚胎的操作缓冲液。PB1 是用 Dulbecco 袋装的磷酸缓冲液粉（D-PBS，Gibco，11500-030）配制。一袋 D-PBS 溶于 800ml 双蒸水中，加入 0.6g 的氯化钙，在粉末充分溶解后加入 4g 牛血清白蛋白（BSA，Sigma，A9418），置于室温直至所有的 BSA 溶解为止。调整 pH 至 7.4，然后加入双蒸水至1000ml。最后，溶液经 $0.22\mu m$ 的微孔滤过膜（millipore）过滤消毒后储存于 4℃备用。

（三）培养基的制备

8.0 天 p.c.小鼠全胚胎培养应用的培养基是纯鼠血清。从大鼠抽取全血后立即离心，全血抽取步骤如下。

将 Sprague-Dawley（S.D）大鼠放入盛有乙醚的罐内使之失去知觉，置于木板上，用 70%乙醇消毒腹部，在腹部作"V"形切口，将腹内小肠取出置于鼠的右侧，将直肠与小肠从相连的肠系膜分离，应用两对镊子暴露背主动脉。背主动脉位于中线偏右，粉红色，可见随心跳而搏动。在背主动脉旁可见一略大、暗红色的静脉。暴露 1cm 的背主动脉，插入大小为 21G 的针头，插入以前必须将针筒内空气抽净，针头一旦刺入主动脉不能再拔出，否则血会喷出。必须注意保持大鼠一直活着，具有节律性的心跳和呼吸。一旦大鼠死亡，就不能用注射器再获取血液。用一只手持注射器轻轻吸取，如果抽取过猛，红细胞会被溶解从而降低血清的质量。抽血持续到大鼠呼吸停止为止。将血转入 1.5ml 的离心管，立即在 2200r/min（Hellich universal II）离心至少 5min。在转入离心管时必须轻柔以免造成红细胞溶血。在血抽完以后，用剪刀在大鼠膈肌上剪个孔以保证其死亡。离心后，在血的上层形成一白色的纤维性凝块。应用一消毒的 Pasteur 吸管挤压后获得血清，再在 10℃下 2500～3000r/min（Jouan，CR112）离心 5min，应用巴斯德吸管获取上清液并注入一新的离心管，将血清置于 56℃ 45min 灭活补体，同时使乙醚挥发，然后把灭活的血清离心管加盖保存于−20℃。用前将血清管在水浴孵育至37℃。在超净工作台内取 5ml 血清转入一个 50ml 消毒的培养消毒瓶（Wheaton Millville，NJ）内，瓶置于生物学安全柜内，然后将血清于隔水式培养箱（water-jacked incubator，Forma Scientific）内用 5％ CO_2 的气体在临用前预平衡几个小时。

（四）分 离 胚 胎

将要致死的孕鼠置于笼中并使其抓住笼的顶部，应用一只手的拇指和食指紧抵住小鼠头颈后部。以便使头部固定，用另一只手将鼠尾向后拉扯致小鼠颈部与脊髓分离。将新鲜处死的孕鼠置于实验台上，应用 70％乙醇消毒腹部。乙醇消毒有助于将孕鼠腹部毛湿润，以防毛发飞扬而导致污染腹腔脏器（图 19-1A）。然后在腹部作一"Ｖ"形切口，"Ｖ"形切口的尖端向着耻骨联合（图 19-1A），将小肠置于一侧以暴露子宫（图19-1B）。切断子宫的阴道端，用尖镊垂直提起（图 19-1C），用一把小剪刀沿着子宫系膜方向剪开（图 19-1D）。当子宫角完全打开后，用一对钝剪从子宫角沿子宫壁分离蜕膜，在这个过程中子宫角的阴道端始终被直立提起（图 19-1E），需小心注意不要挤压蜕膜，否则蜕膜内的胚胎会被挤压变形。将被剥离的蜕膜置于盛有预温的 PB1 培养基的 Petri 碟中（图 19-1F）。子宫另一侧的蜕膜应用与上面相似的步骤分离，将分离后的蜕膜置于 PB1 培养基中，用一支孔径较大的 Pasteur 移液器将蜕膜轻轻地转移于盛有温

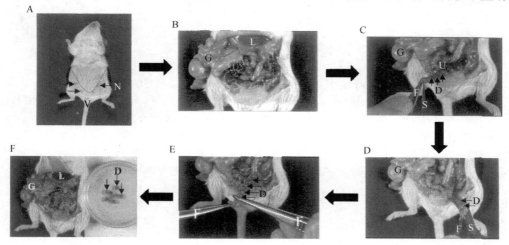

图 19-1 显示从孕鼠分离后蜕膜的程序

A. 孕鼠离断颈椎后，用 70％乙醇消毒腹部，做 "Ｖ" 形切口，打开腹部。N：乳头；V：阴道。B. 打开腹部，暴露两侧子宫角。L：肝脏；G：肠。C. 一侧子宫角被切开，用镊子将子宫拉直。D：蜕膜；F：镊子；S：剪刀；U：子宫角。D. 用小剪刀沿着子宫膜打开子宫角，箭头示另一侧子宫角。E. 用一只镊子提住子宫角一端，另一端镊子沿子宫壁活动，从子宫角分离蜕膜。F. 将蜕膜移入盛有预温 PB1 的平皿中

暖的 PB1 培养基的培养碟之间以洗去组织碎片和血。在转移过程中同样应避免过度的挤压以防止造成胚胎的变形。用两对纤细的镊子（Dumont，biologic 5）在解剖显微镜下仔细将包在蜕膜中的胚胎在温暖的 PB1 培养液中从蜕膜组织分离。在 8.0～8.5 天 p.c. 的蜕膜呈三角形，具有一个宽的底部叫胎盘极（placental pole）和一个尖顶部称为胚极（embryonic pole）（图 19-2A），剥离从只有蜕膜组织的胎盘极开始，用细镊子从胎盘极处分离蜕膜（图 19-2B），用一对镊子分别夹住胎盘极一侧的蜕膜瓣，轻轻将蜕膜撕扯成两瓣。去掉一半蜕膜，留下另一半包有胚胎的蜕膜（图 19-2C），然后一片片地剥除包围胚胎的蜕膜组织后，胚胎即被暴露出来（图 19-2D），其次打开极薄和富有血管的 Reichert 氏膜，首先在胚极处制造一个小孔，然后向着胎盘极的方向逐渐一片片地去除（图 19-2F），将 Reichert 氏膜在胎盘极边界以外清除干净，留下完整的脏层卵黄囊（visceral yolk sac）和外胎盘圆锥（ectoplacental cone）（图 19-2G），到此胚胎分离完成，可应用于培养前的实验操作，即组织标记、移植切除等。

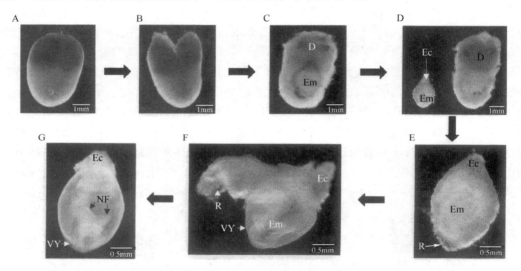

图 19-2　显示从蜕膜中分离 8.0～8.5 天 p.c. 鼠胚的操作

A. 蜕膜上方为胎盘极，下方为胚极；B. 在只有蜕膜组织的胎盘极做一切口；C. 移去一半蜕膜，留下完整胚胎（Em）与另一半蜕膜（D）；D. 具有完好胚膜外胎盘锥（Ec）的胚胎已从蜕膜分离；E. 具有完好胚膜（Em）和外胎盘锥（Ec）的胚胎，最外层为 Reichert 氏膜（R）；F. Reichert 氏膜（R）被部分分离。其余部分仍与 Ec 相连。注意脏层卵黄囊（VY）必须是完好的，否则胚胎在体外不能正常发育；G. Reichert 氏膜（R）已被分离至 Ec 处，留下完好的 VY，可以清楚看见羊膜腔内已出现神经褶（NF）的胚体

（五）全胚胎培养

将准备进行培养的胚胎转入一含有事先已用合适的混合气体预平衡（pre-equilibrated）的大鼠血清的消毒瓶中。每 5ml 大鼠血清可培养 5 个小鼠胚胎，它们占据全部体积的 1/10。将装有胚胎的瓶加入混合气（含 5% CO_2），以后每间隔 8～12h 加入气体。24h 以后，加入 40% O_2、5% CO_2 和 55% N_2 的混合气体，将胚胎置入 37℃ 的旋转培养箱内（BTC engineering，U.K.），旋转速度为 20～30r/min。培养以后，在固定和切

片以前，检查胚胎的形态学特征。

（六）培养胚胎的形态学检查

培养 45h 以后，把它们从含气的培养瓶移入到一含有预温的 PB1 的 Petri 培养碟中，检查卵黄囊循环和心脏搏动并记录。然后从脏壁卵黄囊和羊膜囊中分离胚胎以便检查，在解剖显微镜下检查胚胎的形态学特征，并与在宫内同步发育的胚胎相比较。形态学检查的内容包括体节的数目、鳃弓、前肢芽、眼和耳的原基、神经管的关闭和胚体的旋转等。

二、神经板、神经嵴和神经管的培养

神经板是中枢神经系统的原基，位于胚体背侧，神经板由两个神经褶组成，神经褶起源于将要形成神经外胚层的外胚层。当神经管形成（neurulation）时，两侧的神经褶在背侧中线增高并相互接触，最后它们跨过中线，在表面上皮和神经外胚层连接部位融合后，形成神经管，以后发育成为脑与脊髓。在小鼠胚胎，神经褶大约 8.5 天 p.c.开始融合，约 10.0 天 p.c.形成完全封闭的神经管。神经管在关闭过程中，一些细胞从表面上皮和神经外胚层的连接部位分离，即神经嵴。在头端，神经嵴细胞从正在关闭的神经管迁移，而躯干部的神经嵴细胞则在两相邻神经褶完全融合以后迁移。神经嵴细胞将参与周围神经系统、肠道神经系统和其他一些非神经源性结构的形成。神经板、神经嵴细胞和神经管都可在体外培养以研究它们的发育和分化。

（一）组织的制备

神经板或神经管的分离可用酶消化法，然后应用显微外科技术。0.5g 胰蛋白酶（Sigma，type II）和 2.5g 的胰酶制剂（pancreatin，Sigma，grade III）加入 100ml 无钙镁的磷酸缓冲液（PBS）中于 4℃过夜，以使酶颗粒完全溶解。酶溶液通过微孔滤膜（孔径 0.22μm）过滤消毒，为防止不溶性颗粒滤过困难，可用玻璃纤维滤器（Whatman，type C）预过滤，消毒的酶液分装成 2ml 一瓶于 -20℃保存。用时取出一瓶解冻后加入分离的神经板或神经管的片段于室温下消化 2～5min，然后将组织转入到含 20%、已灭活（56℃、30min）小牛血清的 PB1 中以终止酶消化作用，再用新鲜 PB1 洗两次。这时在解剖显微镜下，神经板下面的中胚层呈成束的疏松组织状，因而应用一对合金的针头（PolyScience）很容易使神经板或神经管与下面的中胚层组织分离。

（二）培　养　基

合成培养基包括 RPM1、F10、F12 和 DMEM，它们或与血清混合或单独应用于神经管或神经板的原代培养。其中 DMEM 与大鼠血清联合应用曾被视为支持神经板细胞生长的最佳培养基。血清补充如牛血清和胎牛血清也有很大帮助，但至今无证据表明同种小鼠血清能比大鼠血清培养效果更好。在已试过的血清浓度中，20%热灭活（56℃、30min）大鼠血清或胎牛血清在 DMEM 培养基中可提供最佳的生长条件。还必须在培养基中加入抗生素如青霉素（GIBCO，10U/L）和链霉素（GIBCO，50mg/L），必要时可加入 α-黑色素刺激激素（Sigma，稀释至 0.4μg/ml PBS）。

（三）　含纤维粘连蛋白培养平皿的制备

神经板或神经管的组织片段能被接种于覆盖有 FN 或 FN-胶原蛋白的底物上，用 FN 制备培养皿的程序如下：①配制冻干牛血浆 FN（Sigma）于消毒的 PBS 中，终浓度为 0.2mg/ml；②准备 4 个组织培养平皿（Nunclon）；③每个平皿内加入 300μl FN 溶液；④于 37℃孵育平皿 3～4h 或过夜；⑤用 PBS 洗 2 次，培养基洗 1 次；⑥使用前每一平皿加入 0.5ml 培养基，用含 5% CO_2 的气体于 37℃孵育过夜以使其均衡。

（四）　含胶原蛋白/FN 培养皿的制备

含胶原蛋白/FN 培养皿的制备程序为：①取成年大鼠的尾，用 75%乙醇洗，每根鼠尾含有约 1g 胶原蛋白；②待乙醇干后，将鼠尾切成小片；③分离鼠尾中的胶原纤维，不用时储存于 4℃；④将分离的胶原纤维称重；⑤用 300 ml 以 1∶1000 稀释的乙酸溶液提取胶原蛋白，提取是在 4℃并保持振荡条件下进行；⑥室温下台式离心机 2300g 离心 2～3min，以甩去不溶性纤维；⑦轻轻吸出上清，移入消毒的小瓶中于 4℃保存；⑧涂抹平皿前，加牛血浆 FN（Sigma）入上述胶原蛋白溶液中，浓度为 10μg/ml；⑨准备 4 个培养平皿；⑩每个平皿内加入 250μl 上述制备好的鼠尾胶/FN；⑪准备一个 Eppendorff 管，内含培养基 10×MEM（minimum essential medium，GIBCO）和 0.34mol/L NaOH 的混合液，二者的比例为 2∶1（即 400μl MEM∶200μl NaOH）；⑫1500r/min 离心 3min；⑬每一平皿加入 59μl 上清液，使其在培养平板表面旋转混匀；⑭1～2min 后培养平板表面成凝胶状；⑮用紫外线照射 30min 消毒；⑯用培养基洗 2 次；⑰用前加 0.5ml 培养基入每一平皿，然后以含 5% CO_2 的气体于 37℃过夜均衡。

（五）　组　织　培　养

组织培养的程序为：①用微量移液器将取自神经板或神经管的二三片胚胎组织移入含已被充分均衡的培养皿内；②于 5% CO_2、37℃孵育；③每隔 24h，在倒置显微镜下检测组织生长情况；④每隔 3 天更换培养基，更换液为总量的 2/3，培养 3～4 周，以后细胞逐渐死亡。

第三节　胚胎异位移植技术

一、肾被膜下间隙胚胎异位移植技术

胚或包括神经系统原基在内的胚胎组织能植入在肾脏的被膜下间隙和眼前房等部

位，并能生长较长一段时间。胚胎组织异位移植的目的是保证胚胎的组织分化和器官发生在一定程度上处于体内的环境条件中。例如，肾被膜下间隙就能维持胚胎移植物的生长而不影响其分化过程。在异位发育的起始阶段，胚胎组织失去了原有的局部关系，分隔成为疏松的细胞团，以后可能是通过细胞之间的识别，这些细胞重新组织成细胞团或一上皮层，并从中分化出各种结构。这种细胞混合和重组可发掘细胞间建立相互作用的潜能，导致发现新的参与分化的环境因素，移植组织分化的情况可最大程度地反映组织在原位的分化发育潜能，因而异位移植是研究已限定分化的胚胎细胞群体和组织器官原基发育能力的理想技术。

（一）组　织　制　备

根据本章中描述的方法制备神经板、神经嵴、神经管或其他胚胎组织，如原肠期的胚胎细胞等。

（二）微量移液管制备

在显微加热器（microfume）上用普通玻璃吸管拉制为外径为 $200 \sim 400 \mu m$ 的吸管，选择这种直径是为了吸管的内径刚好适合于移植的组织片段，而外径适合于肾被膜的切口直径。用显微锻炉（microforge，Beaudouin）加热和抛光吸头，以免损伤肾被膜。

将吸管的嘴吸部用一长 $80 \sim 100cm$ 的胶管和一个吸管调节器（pipette adaptor）连接在微量移液管上（图 19-3A）。

（三）受体动物和麻醉

为避免宿主对移植物反应的并发症，人们总是喜欢选择同种动物作为受体。事实上不管应用同型基因移植物或异型基因移植物，移植物于两周内在肾被膜下生长得都很好，并无严重的排斥反应。受体动物的性别和年龄似乎不影响移植物分化，但是选择 $6 \sim 8$ 周雄鼠可避免宿主激素对移植物的影响。移植前，对受体鼠进行深麻醉，以便使其在安静状态下接受操作。可根据角膜反射和疼痛反射的消失估计麻醉程度。戊巴比妥（Nembutal）和阿佛丁（avertin，三溴乙醇）是最常用的两种麻醉剂，对新鲜配制的麻醉剂，其有效剂量可根据试用三四只试验动物得出。其中戊巴比妥最常用，用前将储备液（60mg/ml，Abbott）稀释，或用干粉（Sigma）溶于消毒生理盐水，浓度为 $6mg/ml$，剂量为 $0.06mg/g$ 体重腹腔内注射。因此一只 $30g$ 重的小鼠可注射 $0.3ml$ 戊巴比妥溶液。麻醉剂应避光保存于 $4℃$，但用前必须摇动并使其达到体温温度。

（四）移　植　步　骤

1. 暴露肾脏

动物麻醉后，在脊柱旁最后一根肋骨下方做 $1cm$ 的切口，在肌层做约 $0.7cm$ 的切

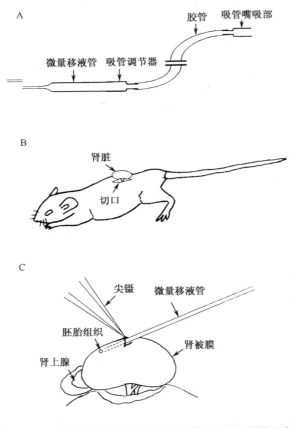

图 19-3　显微移液管和肾被膜下胚胎组织片的移植程序

口，于肋侧暴露肾脏，用一对钝镊分离肾脏上部区域的脂肪垫并轻轻将肾脏托出腹腔。最重要的是在肌层做的切口要刚好稍大于肾脏的较小直径，以便能较容易地沿切口从肾脏长轴方向移出肾脏而不需用其他仪器阻止肾脏滑回腹腔（图 19-3B）。

2. 经肾被膜植入胚胎移植物

　　将肾脏暴露 1min，使其被膜稍干一点，以便用镊抓住。同时，用被一根柔韧的胶管连接在嘴吸部的移液管通过毛细管作用，吸取存放在少量 PB1 中的胚胎组织，用一对尖镊（Dumont，Biologie 5）稍稍提住肾被膜，以增大被膜下间隙（图 19-3C），用一根细针（PolyScience）在距尖镊 1~2mm 处的被膜上刺一 200~400μm 的小孔，将含有胚胎组织的移液管慢慢插入小孔 2~6mm，用嘴轻轻将组织从吸管吹出，边吹边抽出吸管。组织被正确植入到被膜下间隙后，用尖镊轻轻放下被膜，以便使组织陷在被膜和肾实质之间。在显微镜下检查吸管头以保证组织完全植入；同时用解剖显微镜检查肾脏以保证组织正确地植入到被膜下间隙。注意在针刺和移植过程中，不能损伤肾实质，否则会引起出血影响移植。当发生出血时，可另外选择一个移植部位，移植完成后，用一钝镊将肾脏送回腹腔，用可吸收的外科线缝合肌层和皮肤。

（五）术后护理

受体动物通常 2～3h 内苏醒，低温是麻醉后的主要死因。因此，在术中应用桌布保温，恢复期应保持动物在温暖的平台上。如果所有步骤都按无菌操作，伤口感染是不常见的，但是对动物身体状况的常规检查仍是必要的。

二、眼前房胚胎异位移植技术

眼前房是免疫特免部位，通常不产生免疫应答，所以它适合于早期器官发生阶段的胚胎组织生长和分化。眼前房移植较肾被膜下有如下优点：

①技术简单，快捷，无出血，无需外科缝合；②适合于植入小片胚胎组织，而这种胚胎组织在肾被膜下的异位环境难以生长；③组织在眼前房的生长较易通过角膜观察控制，这在腹腔内是不可能的；④在眼前房内，可将两片组织放置互相密切接近植入，以便研究它们的相互作用，这在肾被膜下从技术上看也几乎是不可能的。

组织移植到眼前房后，虹膜前表面的移植物通常在 2～3 天内与宿主建立血管关系，移植物继续生长。到第二周末，当移植物生长速度逐渐减慢时，绝大部分发育中移植物仍保持未分化状态。以后移植物才迅速分化，28～30 天后，整个移植物均为分化的组织构成。

（一）受体动物

作为受体的同系小鼠可为雄性或雌性，年龄在 4 周至 6 月。有证据表明眼前房不易受到免疫应答的排斥，而且移植物的生长和分化与宿主的年龄、性别和品系无关。因此，受体小鼠可为同系或非同系动物。

（二）麻　　醉

受体鼠用戊巴比妥溶液（Abbott Lab）麻醉，储备液为 60mg/ml，用消毒的 PBS 稀释于 6mg/ml，剂量为 0.01ml/g 体重，腹腔内注射。在移植过程中，这种剂量（60μg/g）能保证受体鼠的存活（死亡率少于 0.5%），而且眨眼被有效地抑制，一些研究者喜欢麻醉后对接受移植物的眼滴 1%阿托品预处理，可起散瞳作用并能防止虹膜通过角膜上的切口膨出。然而，在大多数情况不必进行这种预处理。

（三）供体组织制备

用一对电解针（electrolytically sharpened needle）分离胚胎组织入 PB1 内，并切成正方或长方形，长度不能超过 600μm。

（四）微量移液管

根据本章描述方法制备微量移液管。

（五）移植技术

　　将麻醉鼠侧卧于解剖显微镜（WILD M5A）下，放大 50 倍，用一锋利消毒的手术刀做切口。手术时一只手固定小鼠头部，其食指和拇指控制眼睑，另一只手水平握住手术刀在角膜下方做一切口，切口不能长于 $600\mu m$。注意应避免损伤虹膜，用手将眼睑轻轻回缩，以便当角膜切开时挤出最少量房水，以使虹膜停留在原位而不致通过切口膨出。一旦切口做好，立即将胚胎组织植入眼前房，不能延搁，因为角膜切口表面会在 5～10min 内变得黏稠。将尖部带有胚胎组织的移液管慢慢插入眼前房，用嘴将组织片轻轻吹出（图 19-4A），用一个很钝的移液管将组织片推向眼的侧角或背侧部，置于虹膜角膜角（前房角）（图 19-4B）以保证其与虹膜前表面最大程度地接触，且避免影响视野。一般用一只眼做手术，另一只作对照，尽管很少出现并发症，但一旦手术后出现并发症，另一侧视野仍能保证动物的自由活动，随着操作熟练程度的增加，整个移植程序能由一个人在 2～3min 内做完。

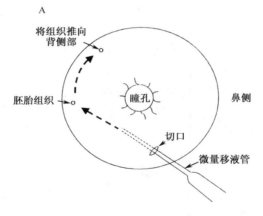

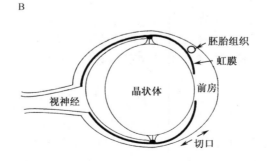

图 19-4　眼前房组织植入的位置

（六）组织在眼内的生长和分化

虹膜的良好血管化是组织能分化的关键因素。如果组织漂浮在前房内，也能存活，并能通过细胞分裂生长一段时间，但无明显的分化。有时与宿主未建立关系的组织可能会在移植后 2 天或 3 天消失。虽然移植物的大小不会影响其分化，但是组织越大（但最大不超过 $600\mu m$ 直径），植入到虹膜成功的可能性越大。植入成功率为 $60\%\sim80\%$。

植入后 2～3 天可观察到移植物的血管建立。在其后的 1～2 周，组织继续增大。移植后 12～15 天，绝大部分发育中组织仍然没有分化，但组织大小停止增加。一般来说，移植组织的覆盖面不会超过虹膜表面的 3/4，根据移植组织的胚龄，组织的充分分化阶段是在第 18 天到 25 天。

（七）术后护理和并发症

术后受体鼠应以手术侧向上侧卧于笼中。正常情况于 2～3h 后苏醒。间隔 1 天用解剖显微镜观察受体动物，一方面检测组织的生长，另一方面观察有无术后并发症出现。一旦发现移植物生长覆盖了眼球面积的 3/4，应将受体鼠立即处死，因为这种情况可能会导致眼内出血或其他疾患（如青光眼）。在常规无菌操作下，术后眼的感染极少发生。然而一旦感染，应立即处死动物，移植宣告失败，因为感染可能会影响组织的分化。移植中不慎损伤虹膜时会发生眼内出血。如果发生这种情况，移植很难再继续进行。角膜血管形成是另一种可能的并发症，可形成小血管斑和较严重的情况。如血管侵入角膜的一些部分，可能是由于术中的伤害引起。虽然角膜的血管化有时可影响视野，但对移植物无害。其他并发症如免疫排斥极少发现，在同系移植物内甚至连淋巴细胞浸润也不常见。

（八）固　　定

移植后第 18～25 天，处死小鼠，用镊子取出整个眼球，PBS 漂洗，Sanfelice 或 Bouin 液固定做常规 H-E 染色，或用 4% 多聚甲醛固定进行原位杂交，也可用 7∶1 无水乙醇和冰乙酸混合液进行碱性磷酸酶染色。固定后，移植组织随角膜与房水一并进行分离以进行进一步的组织学检测。

第四节　应用反义寡（脱氧）核苷酸结合全胚胎培养减少基因表达

基因表达的操作能够对神经发育不同阶段的基因功能进行精确分析。目前广泛用于改变基因表达的方法为通过基因重组构建靶基因缺失的基因敲除小鼠，然而这一方法的缺陷为操作复杂而且费用昂贵。反义寡（脱氧）核苷酸（ODN）的设计可以尽可能避免这些技术上的限制。ODN 为合成的单链 DNA 分子，与目的片段 RNA 互补。它们是长度为 13～25bp 的短片段核苷酸序列，能与靶 mRNA 形成 Watson-Crick 形式的杂交。这些寡脱氧核苷酸能够与靶 mRNA 形成足够亲合性与特异性的杂交，封闭或抑制蛋白质的合成。这种蛋白质合成的抑制可以通过下列方式：① RNA 酶 H 介导的降解，ODN 与靶 mRNA 发生杂化作用后，mRNA 随后被 RNA 酶 H 降解。RNA 酶 H 为一广泛分布在真核细胞的酶。RNA 酶 H 属于内切核酸酶，选择性裂解 DNA：RNA 杂合链中的 mRNA，产物 mRNA 片段含有暴露的 $5'$-磷酸与 $3'$-羟基端。这就允许靶 mRNA 被其他内源性内切核酸酶进行进一步降解，因而 RNA 酶 H 介导的降解为催化 mRNA 降解的有效通路。② 翻译阻滞，这一过程包括应用 ODN 简单封闭核糖体进入 mRNA，依次阻滞蛋白质合成。在反义介导的翻译阻滞，ODN 分子以 mRNA $5'$起始密码子临近区域为靶位点，与靶 mRNA 进行紧密结合，产生核蛋白体亚单位的空间封闭。③ 通过反义结合，干扰 mRNA 的适当裂解。在哺乳动物，许多 mRNA 前体通过差异剪接，一个基因能够产生不同的蛋白质。反义干扰可以反义结合到 mRNA 前体剪接位点，通过适当的 mRNA 偏性剪接（bias splicing）高效用于选择特殊形式的靶蛋白。

一、化学稳定性

ODN 不是非常稳定，特别是在血清中，能够被细胞内通常具 $3'\rightarrow5'$ 活性的内切核酸酶与外切核酸酶进行迅速裂解，因而其在体内的稳定性依赖于对酶的耐受，未经修饰的 ODN 在爪蟾卵或胚胎中的半衰期仅为数分钟。对连接核苷酸的磷酸二酯键进行修饰能够增加对核酸酶的耐受。目前，最方便购置的 ODN 修饰体为磷硫酰 ODN，这些 ODN 分子含有磷硫酰主链，其中非桥接氧由硫进行取代，修饰后的 ODN 能够耐受核酸酶的消化。然而，硫的掺入产生手性中心，降低了与靶 mRNA 的杂交亲和性，磷硫酰 ODN 通常采用较高的浓度并进行其他的化学修饰。其他常用的修饰包括 $2'$-O-甲基-核酸糖和酰胺化修饰。与采用磷硫酰或 $2'$-O-甲基修饰不同，酰胺化修饰往往引起电荷的变化，使通常情况下呈负电荷的磷酸二酯键变为中性（甲氧乙基胺）或带正电荷（diethylethylenediamine）。其他的修饰还包括采用 $5'$-$2'$构建 ODN，肽结合的寡聚物，进行进一步的修饰改变主链的内部化学结构，同时在适当的空间位置，安排嘌呤和嘧啶以保持杂交潜能。ODN 化学形式的选择要适应一定的实验要求，如 ODN 在细胞内的作用的持续时间和机制，而更为实际的是考虑入胞模式和所需要的 ODN 的量。

二、杂交靶序列的选择

靶位点的选择对于产生可用的 ODN 至关重要，遗憾的是，尽管针对这一问题有许多经验性、计算机应用及统计学方法的研究，目前还没有一种可信的预测方法来选择理想的在体作用靶点。ODN 与特定序列的结合能力依赖于其进入 RNA 的相应区域的情况。对这一位点的竞争来自于 RNA 的二级结构及其他核苷酸或蛋白质与 RNA 的结合。在反义实验中可以采用多种不同的靶点包括起始位点、$3'$ UTR 与 mRNA 上的不同位点。基因组的结构已知情况下，桥接剪接位点的寡核苷酸是有效的。尽管 AUG 翻译起始位点通常被认为是有效的靶点，但是该区域并非总是好的选择。因此，通常要选择几个潜在的靶点，并对这些 ODN 减少 mRNA 和蛋白质水平的能力进行筛选。在本实验室往往采用 13～25 寡聚物，以确保其特异性。同时也采用 NCBI Blast 寻找短的能够精确配对的反义序列。靶位点的选择应尽量避免同一家族分子采用同一序列，因而一核苷酸的结合位点或 DNA 结合区域在一类蛋白质分子中往往高度保守的序列在反义研究中要尽量避免。另外，反义 ODN 若含有自身互补区域或含鸟嘌呤则能够形成复合体进而阻滞与 RNA 靶区的有效结合。

三、细胞内转运

反义 ODN 必须穿透入靶细胞或器官才能有效减低基因的表达。目前关于 ODN 进入细胞的机制并不十分清楚。摄取主要是通过主动转运，这一过程依赖于温度、ODN 的结构和浓度以及选用的细胞株。目前，普遍认为吸附性入胞作用或液体相胞饮作用是 ODN 入胞的主要机制。在极低 ODN 浓度，入胞作用主要通过与膜结合受体的相互作用。大量的研究报道指出裸露的 ODN 被细胞的内化作用极低，不管其是否带有负电荷。更为特别的是，裸露的 ODN 定位于包含体/溶酶体，该处亦非反义作用的位点。为了改善细胞的摄取，开发了一系列的技术与载体。第一代载体是脂质体，为双层磷脂（类）与胆固醇组成的脂质囊泡。脂质体根据磷脂类的特性可为中性或带正电荷。ODN 能够较易包裹在含有液相小室的脂质体内或通过静电相互作用与脂质体表面结合。这些载体由于带有阳性电荷，与生理条件下带有负电荷的 ODN 及细胞膜表面有较高亲和性的许多商业化载体，如脂质体（lipofectin）和复合物（如 lipofectamines、FuGenes、Eufectins、cytofectin）等已经广泛应用于实验研究。同时也开发有生物载体，如用于运送反义 ODN 的腺相关病毒载体，它能够提供更为有效的定向转运，特别是可以用于神经组织。腺相关病毒需要腺病毒存在才能复制，因而在体使用较为安全，能够进入非分裂细胞并整合入它们的染色体中。采用这些转运载体，在一定条件下，ODN 浓度低于 50nmol/L 也能成功应用。另外一种 ODN 内化入胞的方法是使质膜产生短暂通透进而允许裸露的或包裹的 ODN 穿透入细胞内。这一方法包括在膜内形成短暂的小孔、应用链球菌溶血素 O 进行化学透化、电穿孔和机械性的显微注射。所有的这些方法，在特定的条件下，能够允许带电荷或不带电荷的 ODN 迅速进入细胞定位于核内，进而产生基因功能的反义抑制。

四、适当对照实验的设计

反义寡核苷酸未受到足够重视的原因之一为反义寡核苷酸效应的非特异性。因而，在减低（knockdown）基因功能的研究中，反义寡核苷酸的使用需要设立相应的对照实验以排除非特异效应。对照实验对于评估序列相关反义机制引起的生化与生物学效应及序列相关或 ODN 相关的副反应是非常重要的。ODN 作为阴性对照，其设计标准为：①对照的长度与杂交特性与相应的反应 ODN 相似；②对照与反义 ODN 有相同的化学修饰；③对照与反义靶区没有或有极低的杂交活性；④对照 ODN 与细胞内的其他 RNA 无同源性；⑤重要的结构域，如 G-四重体在与对照组与反义 ODN 组必须同时存在或不存在。有几种类型的 ODN 作为阴性对照：

1）正义对照：ODN 与反义 ODN 的序列互补，尽管这一类型的对照被广泛用作阴性对照，许多研究报告指出正义 ODN 通常会产生一些非特异性的生物学效应。尽管这些效应的基础并不清楚，但可以推测，正义序列可能会干扰 mRNA 内的发夹结构、与 DNA 的正义链相互作用、与不相关的基因序列结合或干扰细胞内天然存在的反义序列的功能。

2）随机对照：随机对照是由计算机产生的与反义 ODN 长度相同的随机序列。并与序列库如 GenBank 或 EMBL 中任何已知序列无交叉同源性。

3）混杂对照：混杂对照是将反义 ODN 中的碱基以随机序列重新混合排列。该序列与已知序列应当无同源性。

4）反式对照：反式对照是将反义序列进行反转变为相应的 $5'{\to}3'$ 方向。其序列较正义对照有较低的交叉同源性。

5）错义对照：是在反义 ODN 中引入一个或几个特意错配的核苷酸。

除了阴性对照外，阳性对照可以为观察到的生物学效应的真实性提供额外的证据。通常，阳性对照可以是针对靶 RNA 的不同部分设计的另一反义 ODN。

五、培养小鼠胚胎进行反义敲除的程序步骤

1）合成不同种类的 ODN，包括对照〔随机、混杂、错义、反式和（或）正义对照〕与实验（一或两个反义）序列。每一 ODN 含有 13～25 个核苷酸，包含由未经修饰的磷酸二酯键连接的 6～8 个碱基组成的核心链，在核心链的两侧有磷硫酯修饰的 6～8 个碱基。反义序列的设计可以针对起始点（起始密码子附近）、mRNA 全长的各编码区、剪接位点间区域或 $3'$ UTR。许多商业公司能够提供不同种类的修饰和未修饰的 ODN。

2）ODN 溶解在无菌 PBS 中，其终浓度为 1mmol/L，作为母液 4℃储存。所有的工作液浓度为 10～80μmol/L，临用前用无菌的 PB 将原液进行稀释。在需要应用载体以更高效转运 ODN 到胚胎的情况下，FuGene6（Roche）或 oligofectamine（Invitrogen）可以用来将 ODN 溶液与载体混匀。

3）雌性和雄性的 ICR 小鼠笼养过夜进行交配，以次日清晨检测到阴栓为孕 0.5 天 p.c.。

4）孕 8.5 天的小鼠断颈处死，收集胚胎，在 PB 中剥离胎盘组织，注意完整保留卵黄囊、羊膜和绒（毛）膜锥。

5）小鼠胚胎至少分为 4 组，每组需有 10 个以上胚胎。4 组胚胎包括：

（a）正义 ODN 对照组；

（b）随机、混杂、反式或错义对照组；

（c）反义 ODN 实验组；

（d）荧光素标记的反义 ODN 实验组：将反义 ODN 标记上荧光素（如 FITC）用以进行反义 ODN 的追踪定位。

如果允许，可增加 1～2 个反义 ODN 实验组，对照组（b）也可以扩展为 2～4 组。

6) 小鼠胚胎的显微注射采用注射吸量管，由垂直的吸量管拉制器将内径为0.85mm 的玻璃微量吸量管（Clark Electromedical Instruments，GC100T-15）拉成内径为 10～15μm 的微量吸量管。注射针的尖端用显微拉制仪（Beaudouin 或 Narishige Scientific，MF-79）加热抛光。注射针的另一端连接到由衔嘴、长 80～100cm 橡皮管、吸量管接头（图 19-3A）或毛细管抽吸器（Sigma-Aldrich，St Louis，USA）组成的手持的操作系统上。注射吸量管的尖端充以 ODN 溶液。在注射过程中，注射微量管穿过卵黄囊和羊膜时，用一对精细的镊子把胚胎膜和绒毛膜完整的胚胎固定在处理液 PB 中，将约 20nl ODN 溶液直接注射入胚胎的心脏，或者将 50nl ODN 溶液注射到胚胎的神经管。

7) 注射完毕后，胚胎在纯大鼠血清中 37℃ 培养 4～24h。培养系统每间隔 12h 通以 20% O_2、5% CO_2 和 75% N_2 组成的混合气。

8) 培养结束后，检查胚胎中的 FITC 标记以及胚胎是否出现形态学异常。将胚胎冷冻用以进行 Western 印迹或 Northern 印迹分析，或者将胚胎固定进行常规组织学分析和免疫组织化学染色。

致　谢

笔者感谢蔡文琴教授将此文翻译成中文，张翠珊和容俭明为本章准备照片，张国权进行了反义核酸部分的实验。本研究部分得到了香港特别行政区科研基金会的基金资助（No. CUHK 4016/01M 和 CUHK 4418/03M）。

（陈活彝 撰）

主要参考文献

Beddington RSP. 1983. Histogenetic and neoplastic potential of different regions of mouse embryonic egg cylinder. J Embryol Exp Morphol, 75: 189～204

Brown NA, Fabro S. 1981. Quantitation of rat embryonic development in vitro: a morphological scoring system. Teratology, 24: 65～78

Chan AOK, Yung RKM, Chan WY. 1997. Migration of cells from the caudal neural tube of the mouse embryo. Neurosci Lett, 47 (Supplement): 21

Chan WY. 1991. Intraocular growth and differentiation of tissue fragments isolated from primitive streak-stage mouse embryos. J Anat, 175: 41～50

Chan WY, Cheung CS, Yung KM, et al. 2004. Cardiac neural crest of the mouse embryo: axial level of origin, migratory pathway and cell autonomy of the *splotch* (Sp^{2H}) mutant effect. Development, 131: 3367～3379

Chan WY, Lee KKH. 1992. The incorporation and dispersion of cells and latex beads on microinjection into the amniotic cavity of the mouse embryo at the early-somite stage. Anat Embryol (Berl), 185: 225～238

Chan WY, Lee KKH, Tam PPL. 1991. Regenerative capacity of forelimb buds following amputation in the early-organogenesis-stage mouse embryo. J Exp Zool, 260: 74～83

Chan WY, Ng TB. 1995a. Adverse effect of *Tripterygium wilfordii* extract on mouse embryonic development. Contraception, 51: 65～71

Chan WY, Ng TB. 1995b. Changes induced by pineal indoles in post-implantation mouse embryos. Gen Pharmacol, 26: 1113～1118

Chan WY, Ng TB, Lu JL, et al. 1995. Effects of decoctions prepared from *Aconitum carmichaeli*, *Aconitum kusnezoffii and Tripterygium wilfordii* on serum lactate dehydrogenase activity and histology of liver, kidney, heart and gonad in mice. Hum Exp Toxicol, 14: 489~493

Chan WY, Ng TB, Wu PJ, et al. 1993. Developmental toxicity and teratogenicity of trichosanthin, a ribosome-inactivating protein, in mice. Teratog Carcinog Mutagen, 13: 47~57

Chan WY, Ng TB, Yeung HW. 1992. Beta-momorcharin, a plant glycoprotein, inhibits synthesis of macromolecules in embryos, splenocytes and tumor cells. Int J Biochem, 24: 1039~1046

Chan WY, Ng TB, Yeung HW. 1994. Differential abilities of the ribosome inactivating proteins luffaculin, luffins and momorcharin to induce abnormalities in developing mouse embryos *in vitro*. Gen Pharmacol, 25: 363~367

Chan WY, Tam PPL. 1986. The histogenetic potential of neural plate cells of early-somite-stage mouse embryos. J Embryol Exp Morphol, 96: 183~193

Chan WY, Tam PPL. 1998. A morphological and experimental study of the mesencephalic neural crest cells in the mouse embryo using wheat germ agglutinin-gold conjugate as the cell marker. Development, 102: 427~442

Chan WY, Yung RKM. 1997. Migration of mouse hindbrain neural crest cells to the heart. Proceeding of the British Society for Developmental Biology Meeting, Warwick, UK. 30

Cheung CS, Wang L, Dong M, et al. 2003. Migration of hindbrain neural crest cells in the mouse. Neuroembryology, 2: 164~174

Crooke ST. 2004. Progress in antisense technology. Annu Rev Med, 55: 61~95

Dagle JM, Weeks DL, Walder JA. 1991. Pathways of degradation and mechanism of action of antisense oligonucleotides in Xenopus laevis embryos. Antisense Res Dev, 1: 11~20

Dias N, Stein CA. 2002. Antisense oligonucleotides: basic concepts and mechanisms. Mol Cancer Ther, 1: 347~355

Le Douarin NM. 1982. The Neural Crest. Cambridge, Cambridge University Press

Lee KKH, Chan WY. 1991. A study on the regenerative potential of partially excised mouse embryonic forelimb bud. Anat Embryol (Berl), 184: 153~157

Lee KKH, Chan WY, Sze LY. 1993. Histogenetic potential of rat hind-limb interdigittal tissues prior to and during the onset of programmed cell death. Anat Rec, 236: 568~572

Leslie RA, Hunter AJ, Robertson HA. 1999. Antisense technology in the central nervous system. United States, New York, Oxford University Press

Ng TB, Chan WY. 1993. Action of pineal indoleamines on the reproductive systems of the male C57 mouse and golden hamsters. J Neural Transm Gen Sect, 93: 99~107

Ng TB, Lo LLH, Chan WY. 1992. Gonadotropin bioactivities in mouse, hamster, rat and guinea pig pituitaries are largely adsorbed on Concanavalin A-Sepharose. Biochem Int, 28: 999~1007

Ng TB, Shaw PC, Chan WY. 1996. Importance of the Glu 160 and Glu 189 residues to the various biological activities of the ribosome inactivating protein trichosanthin. Life Sci, 58: 2439~2446

Scherer LJ, Rossi JJ. 2003. Approaches for the sequence-specific knockdown of mRNA. Nat Biotechnol, 21: 1457~1465

Srivastava D, Cserjesi P, Olson EN. 1995. A subclass of bHLH proteins required for cardiac morphogenesis. Science, 270: 1995~1999

Tam PPL. 1993. Histogenetic potency of embryonic tissues in ectopic sites. Methods Enzymol, 225: 190~204